# TRAITÉ

# D'HYDRAULIQUE

TOURS. — IMPRIMERIE DESLIS FRÈRES 6, RUE GAMBETTA

ENCYCLOPÉDIE THÉORIQUE & PRATIQUE DES CONNAISSANCES CIVILES & MILITAIRES

**PARTIE CIVILE**

# COURS DE CONSTRUCTION

Publié sous la direction de

### G. OSLET, INGÉNIEUR DES ARTS ET MANUFACTURES

*DOUZIÈME PARTIE*

# TRAITÉ D'HYDRAULIQUE

## ALIMENTATION ET DISTRIBUTION D'EAU

## JAUGEAGES. — ÉTABLISSEMENTS DE FONTAINES PUBLIQUES

PAR

## J. OLIVE

Ingénieur des Arts et Manufactures, officier d'Académie,
Membre de la Société centrale des Architectes.

PARIS

## H. CHAIRGRASSE FILS, ÉDITEUR

25, RUE DE GRENELLE, 25

# TRAITÉ D'HYDRAULIQUE

## INTRODUCTION HISTORIQUE

### Généralités.

L'art de conduire les eaux, qui est assurément un des plus anciens, s'est perfectionné, à travers les âges, à mesure que les progrès de la civilisation ont fait mieux sentir les avantages que procure la jouissance facile d'eaux saines et abondantes.

Personne n'ignore les travaux gigantesques entrepris en Égypte, dès l'origine des sociétés organisées, pour remédier aux graves inconvénients des crues du Nil et en tirer profit, en encaissant les eaux de ce fleuve inconstant. On parle beaucoup, depuis quelques années, des travaux entrepris par les Chinois pour canaliser leurs fleuves et les utiliser, non seulement comme moyens de communication, mais encore pour les besoins de l'agriculture. Parmi les souvenirs des peuples qui se mêlent à nos origines, le peuple romain est celui chez lequel on rencontre les principaux monuments hydrauliques. — On peut dire que successivement, les Assyriens, les Grecs et les Romains ont couvert les bords de la Méditerranée de ce genre d'établissements publics.

L'amenée des eaux à l'aide d'aqueducs en maçonnerie ou en poterie était le moyen généralement employé par les anciens qui ont laissé des travaux fort remarquables dans ce genre.

### Époque romaine.

Environ trois cents ans avant l'ère chrétienne, Appius Claudius fit construire le premier aqueduc; puis il est fait ensuite mention dans l'histoire romaine de l'*Anio Vieux* (an 273 av. J.-C.) ; — l'*Eau Marcia* (an 146 av. J.-C.); — l'*Eau Tepula*, l'*Eau Julia*, l'*Eau Vierge* (an 22 av. J.-C.).

L'agrandissement de Rome exigeant encore de plus grandes quantités d'eau, Agrippa, gendre d'Auguste, rendit son édilité célèbre par les soins qu'il prit de réparer les anciens aqueducs, d'en construire de nouveaux et de multiplier les fontaines jaillissantes dans la ville. On fait remonter à cette époque la construction de l'aqueduc de Nîmes.

C'est sous Caligula et l'empereur Claude que furent construits les aqueducs d'amenée des eaux *Claudia* et du nouvel *Anio*. Les papes restaurèrent trois des aqueducs romains qui conduisent encore une partie des eaux de la Rome actuelle. Nous voulons parler de l'*Aqua Vergine*, de l'*Aqua Felice* et de l'*Aqua Paola*.

C'est à *Rome* qu'on trouve le plus grand nombre de ces monuments. Cette ville, située aux bords du Tibre, dont les eaux sont souvent troubles et insalubres, était alimentée par différentes sources et le lac *Alsietinus*.

Les eaux prises dans la vallée de l'*Anio* (Téverone actuel) étaient amenées par six aqueducs appelés : *Appia, Anio vetus, Marcia, Aqua Virgo, Claudia* et *Anio novus.* — Deux autres aqueducs nommés *Tepula* et *Julia* servaient à l'adduction des eaux de source situées sur la rive gauche du Tibre inférieur. Enfin, les eaux du lac Alsietinus étaient conduites par l'aqueduc *Alsietina.* — A ces neuf aqueducs, il faut en joindre deux autres appelées *Aqua Trajana* et *Aqua Alexan-*

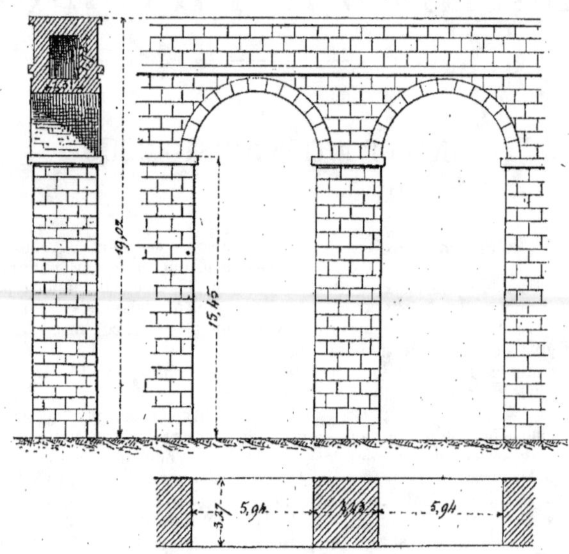


Fig. 1. — Aqueduc de l'eau Claudia.

*drina.* — Le premier, construit sous Trajan, amenait les eaux du lac *Labatinus*. Le second, édifié sous Alexandre Sévère, alimentait spécialement les thermes qui portaient le nom de cet empereur.

C'est surtout près de Rome qu'on voyait ces aqueducs s'élever pour arriver au sommet des monts renfermés dans l'enceinte de la ville. Le premier aqueduc (eau Appia) ne portait les eaux qu'à 8$^m$,37 au-dessus de l'étiage du Tibre, tandis que le dernier les portait à 47 mètres au-dessus de ce même niveau.

Le volume d'eau fourni par ces aqueducs était de 800 000 mètres cubes en vingt-quatre heures. Encore Frontin indique-t-il, dans son rapport, qu'on aurait pu le doubler en recueillant toutes les eaux détournées par la fraude ou par la négligence.

En dehors de ces aqueducs principaux, il en existait une foule d'autres destinés à des usages particuliers, de sorte que le volume d'eau qui était amené à Rome peut être évalué à 1 500 000 mètres cubes en vingt-quatre heures.

*Frontin*, qui fut nommé par Nerva surintendant des eaux de Rome, a donné une description des neuf aqueducs qui existaient de son temps dans son ouvrage : « *De aquæductibus urbis Romæ commentarius restitutus opera et studio Jo. Poleni Patavii, apud Maufre* ». Traduit par l'architecte *Rondelet* en 1820.

Les figures 1 et 2 représentent, en élévations, plans et coupes, les deux principaux aqueducs, une partie de l'aqueduc de l'eau Claudia en pierre de taille (*fig.* 1)

et les arcs en brique (*fig.* 2) construits par Néron pour conduire la même eau près du temple de Claude, actuellement l'église de Saint-Étienne-le-Rond.

Pour avoir une idée de la magnificence de ces ouvrages et de leur importance, il suffira de dire que la longueur totale des aqueducs était d'environ 400 kilomètres, dont trois cents environ en conduits souterrains et plus de trente en aqueducs avec des arches ayant jusqu'à 32 mètres de hauteur.

Au surplus, nous ne saurions mieux faire que de donner ici la liste et la longueur de ces aqueducs.

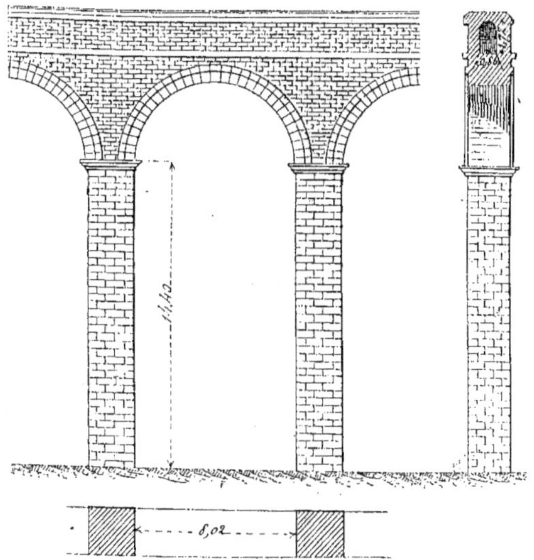

Fig. 2. — Arcs de l'eau Claudia.

| | | | |
|---|---|---|---|
| Aqueduc de l'eau Appia | | 16 kil. 325 | |
| Canal de l'eau Augusta | 9 kil. 450 | | |
| Acqueduc de l'Augusta nuova 1 — 200 | | 10 kil. 650 | |
| — de l'Anio vieux | | 64 kil. 300 | |
| — de la Marcia | | 89 kil. 710 | |
| — de la Tépula et de la Julia | | 20 kil. 426 | |
| — de l'Eau Vierge | | 20 kil. 510 | |
| — de l'Alsietina | | 33 kil. 172 | |
| — de la Claudia | | 68 kil. 406 | |
| — du nouvel Anio | | 83 kil. 700 | |
| Total | | 407 kil. 199 | |

Les eaux amenées par ces aqueducs arrivaient dans de grands réservoirs couverts, appelés *piscines*, où elles se décantaient ; elles passaient de là dans les châteaux d'eau où débouchaient les tuyaux destinés à les conduire dans les différents quartiers.

La plus grande partie de ces eaux était destinée aux usages publics. Elles coulaient nuit et jour par les fontaines, se rendaient ensuite, par des canaux souterrains, dans les thermes et les naumachies où le peuple romain pouvait assister à des combats de vaisseaux, spectacle dont il était très avide.

Toutes les eaux de Rome n'étaient pas également limpides, nous dit Frontin, ce qui détermina le surintendant à les classer selon les usages auxquels on les destinait. L'eau Marcia fut réservée tout entière pour la boisson. Le vieil Anio, au contraire, fut destiné à l'arrosage et aux besoins ordinaires de la vie domestique.

Six de ces eaux venaient se rendre dans les piscines couvertes aux environs du septième miliaire de la voie Latine. C'est là que, suspendant leurs cours, elles déposaient leur limon. C'est aussi là que leur quantité était déterminée par les mesures qui y étaient placées. Il faut observer que, à la sortie de ces piscines, trois de ces différentes eaux étaient réunies dans un même aqueduc : la plus élevée, *la Julia*; au-dessous, *la Tepula* et plus bas, la *Marcia*.

Les eaux du *nouvel Anio* et de la *Claudia* passaient des réservoirs qui leur

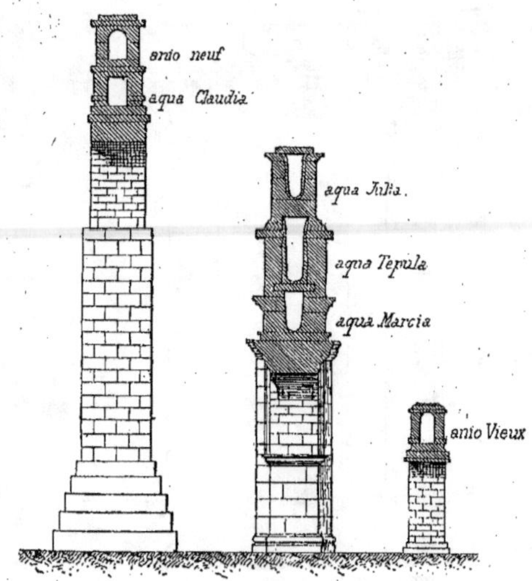


Fig. 3.

étaient destinés au-dessus des arcs les plus élevés, de manière que l'Anio coulait dans le conduit supérieur. Ces arcades se terminaient derrière les jardins de Pallante.

Ni l'*eau Vierge*, ni l'*Appia*, ni l'*Alsietina* n'avaient de ces sortes de réservoirs épuratoires appelés *piscines*.

Nous donnons (*fig.* 3) une coupe des différents aqueducs et de leurs grandeurs et situations respectives après ces piscines épuratoires.

Nous donnons également (*fig.* 4) le plan et la coupe d'une de ces piscines dont la construction est en blocage, revêtue, à l'extérieur, de petits mœllons de tuf et, à l'intérieur, d'un ciment très dur avec arrondissements dans les angles et le fond en cuvette — Au moyen de la coupe faite sur la longueur de cette citerne à deux étages, on voit que la partie inférieure est divisée en trois parties voûtées A, B, C.

D est une ouverture percée dans le haut du mur pignon de la division C du côté du puits P.

E, autre ouverture du même côté dans le mur pignon de la division A.

F, orifice d'environ 2 pieds, revêtu en briques, par lequel l'eau montait de la partie inférieure de la citerne, marquée B, à la partie supérieure.

G et H, ouvertures dans les divisions de la citerne supérieure du côté de l'aqueduc.

Le seuil de ces ouvertures est élevé lé-

## ÉLÉVATION

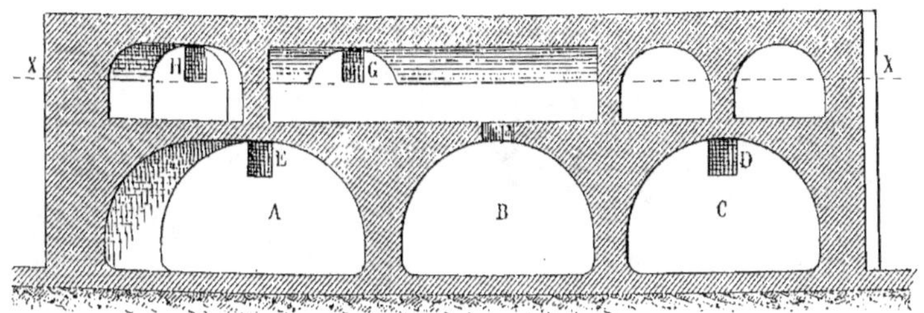


## COUPE VERTICALE

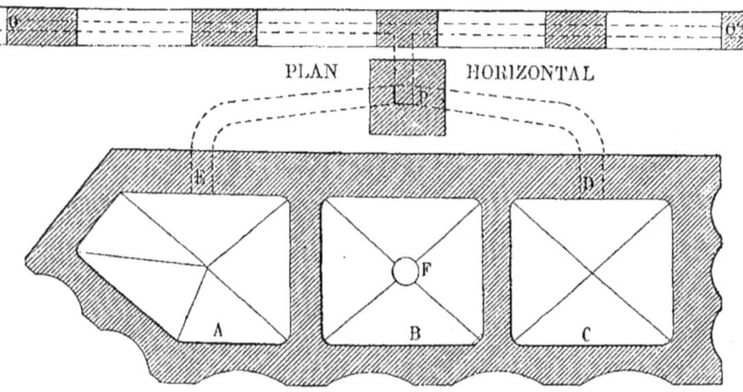


Fig. 4. — Piscine couverte de décantation.

gèrement au-dessus du pavé du fond de l'aqueduc oo′

XX′, ligne qui indique le niveau auquel s'élevaient les eaux dans la citerne supérieure.

Il y avait ainsi, au milieu du cours de l'aqueduc lui-même, un véritable syphon épurateur par décantation des eaux dans le double système de ces deux rangs de citernes.

Au sortir de *ces piscines*, se faisait la distribution par des tuyaux en plomb ou

en terre, nommés *fistula*. Le jaujeage s'o-
pérait au sortir des châteaux d'eau à l'aide
de divers calibres (au nombre de 25) en
bronze appelés, *calix*.

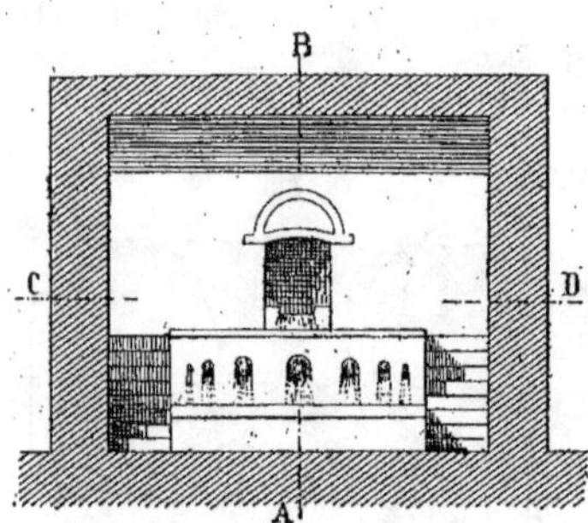

Fig. 5. — Vue sur EF du plan (*fig.* 6.

Nous donnons (*fig.* 5, 6 et 7) une coupe
et une vue intérieure d'une de ces chambres de jauge et de distribution.

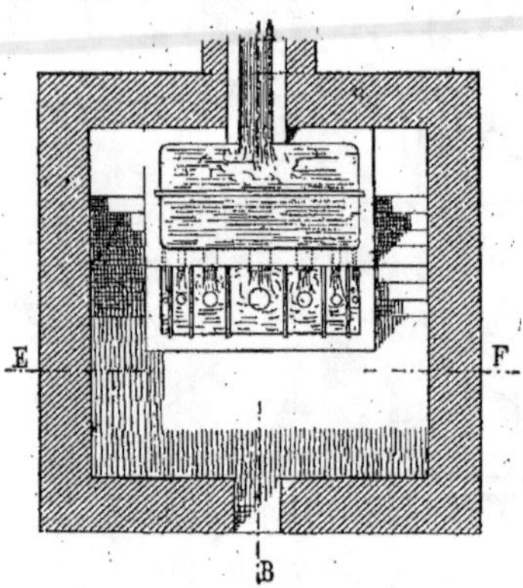

Fig. 6. — Plan sur CD (*fig.* 5).

Dans l'intérieur de la ville, les tuyaux
de distribution étaient, tantôt enfouis dans
le sol, tantôt portés sur des arcades. On
comptait jusqu'à deux cent quarante-sept
réservoirs ou châteaux d'eau secondaires
du type que nous venons de donner (*fig.* 5,
6 et 7), d'où partaient une multitude de
tuyaux soigneusement calibrés suivant la
concession.

Les naumachies et les égoûts formaient
le complément de cette magnifique distribution. Ces derniers recevaient les eaux
et les immondices et les rejetaient dans le
Tibre en dehors de la ville. Ce système,
très remarquable, a servi souvent de
modèle aux ingénieurs des xve et xvie siècles
d'abord, puis à nos ingénieurs modernes
jusqu'au commencement du xixe siècle.

La question des eaux était d'une grande
importance pour les Romains et on
retrouve dans les sénatus - consultes,
jurisprudence des Romains, de véritables
arrêtés préfectoraux sur la conservation

Fig. 7. — Coupe suivant AB du plan

et l'administration des aqueducs et des
eaux. On retrouve dans Poleni les principales dispositions suivantes :

Les administrateurs des eaux étaient
tenus de veiller à ce que les fontaines
publiques coulassent très exactement jour
et nuit pour l'usage public.

Celui qui désirait jouir personnelle-
ment, pour ses besoins particuliers, de
l'eau publique, devait en obtenir l'autorisation préalable du *princeps* qui lui dési-
gnait le tuyau de jauge correspondant à
la quantité d'eau concédée. Le diamètre
du tuyau de plomb qu'on y adoptait devait
être le même que celui de jauge jusqu'à
16 mètres de distance.

Ce tuyau de jauge avait un *module* ou
unité de mesure en bronze dont le diamètre était de cinq quarts de doigt. Il
s'appelait *quinaire*. Celui dont le module

était de six quarts de doigt était appelé *sextaire*. Celui dont le module était de dix quarts de doigt était appelé *dinaire*. Ainsi de suite, jusqu'au *vingtenaire* dont le diamètre était de vingt quarts de doigt.

Quant aux modules d'un plus grand diamètre, on les distinguait par le nombre de doigts carrés que comprenait la superficie de leur orifice.

Les moyens que possédaient les anciens pour évaluer le produit des tuyaux de pierre, comme celui placé par l'architecte Fontana pour les eaux tirées du lac Bracciano par lequel l'eau sortait avec une charge H = 15 onces, qui, selon Fontana, donnait une vitesse devant diminuer en raison du chemin qu'elle avait à parcourir pour arriver au château d'eau d'où l'eau se distribuait.

Il faut noter la prescription suivante, marque du principe faux qui a régi pendant le cours de plusieurs siècles, toutes les canalisations et distributions d'eau jusqu'à M. Charles Mary (1830) :

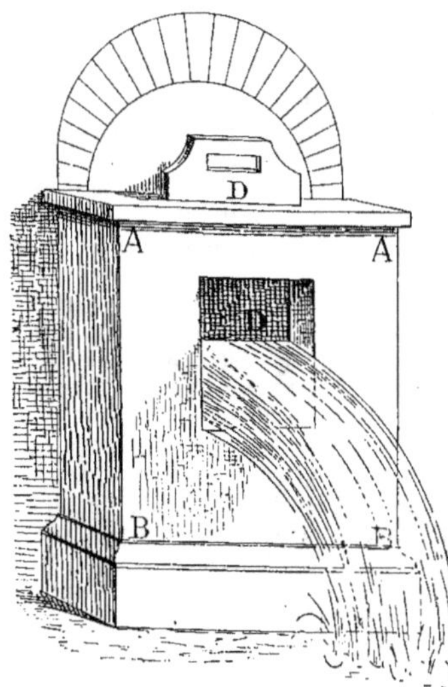

Fig. 8.

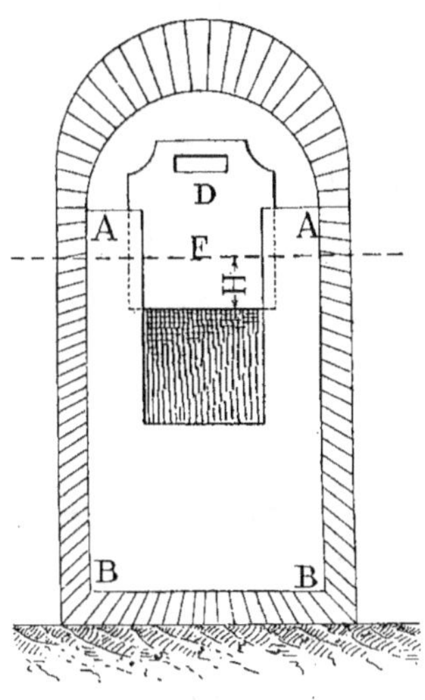

Fig. 9.

jauge étaient rudimentaires. Pour trouver le nombre de modules que fournit le canal d'un aqueduc, ils plaçaient à la tête ou sur le côté un espèce d'encaissement portant une vanne mobile ajustée dans des rainures et placée de manière que le haut de l'ouverture se trouve à 15 onces au-dessous de la superficie de l'eau du canal, ainsi qu'on le voit indiqué par les figures 8 et 9.

Ces mesures pouvaient être des ouvertures en pertuis rectangulaires formés en

*Aucun particulier ne pouvait tirer de l'eau des canaux publics; il fallait que le tuyau de concession partît du château d'eau.*

Le titre de concession était renouvelé avec le possesseur qui ne pouvait le transmettre, ni à l'héritier, ni à l'acquéreur. Les bains publics seuls jouissaient, par destination, d'un privilège perpétuel pour le volume d'eau une fois accordé.

Les travaux d'entretien des aqueducs étaient confiés à un millier d'individus,

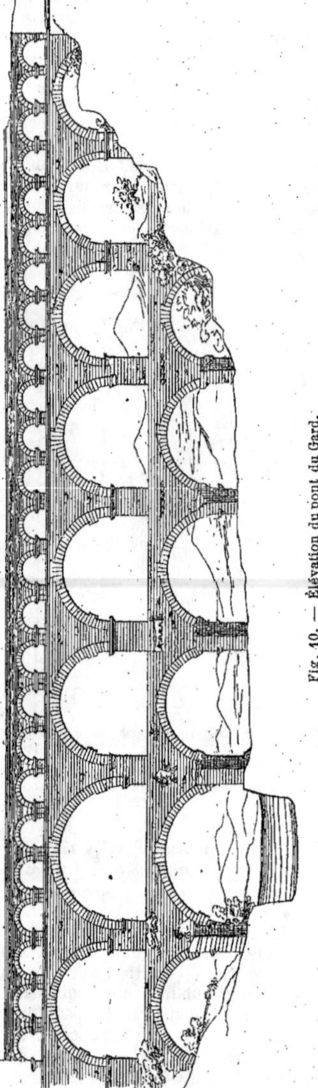

Fig. 10. — Élévation du pont du Gard.

contrôleurs, gardiens de château, inspecteurs, paveurs, faiseurs d'enduits ; ils étaient payés par le trésor public, défrayé de cette dépense par la rentrée des droits des eaux.

Tout ce qui pouvait être tiré des champs des particuliers, comme la terre, la glaise, la pierre, la brique, le sable, le bois et les autres matériaux nécessaires, après avoir été estimé par des arbitres, était pris et enlevé sans que personne pût s'y opposer. C'était de véritables prestations en nature.

Pour le transport de ces matériaux, il était pratiqué, toutes les fois que le besoin l'exigeait, des chemins ou sentiers au travers des champs des particuliers en les indemnisant pour le dommage causé momentanément.

Pour faciliter les réparations des canaux et des conduits, il n'était permis de construire des édifices et de planter des arbres qu'à la distance de 1$^m$,60 de chaque côté des canaux apparents ou souterrains qui étaient dans l'intérieur des villes. Il devait y avoir un isolement de 4$^m$,90 de chaque côté des fontaines, murs et voûtes des aqueducs en pleine campagne.

Si quelque propriétaire faisait des difficultés pour vendre la partie de son champ dont on avait besoin, on l'achetait en entier et on revendait le surplus afin d'établir, d'une manière certaine, le droit des limites des particuliers et celui de l'État.

De très fortes amendes étaient prononcées contre ceux qui, par mauvaise intention et à dessein, avaient percé, rompu ou tenté de percer et de rompre les canaux, les conduits souterrains, les tuyaux, les châteaux d'eau et les réservoirs dépendant des eaux publiques. Quiconque augmentait ou diminuait l'écoulement des eaux, faisait des plantations ou des constructions en dedans de l'espace réservé, était passible d'un procès-verbal et d'une condamnation à une grosse indemnité.

Dans toutes les villes fondées par les Romains, on retrouve des traces de travaux hydrauliques analogues à ceux de Rome. Citons ceux d'entre eux qui paraissent les plus remarquables :

*Nîmes* était alimentée, à l'égal de Rome, par des sources : celles d'*Aire* près d'*Uzès* et celle d'*Eure* à 13 kilomètres de Nîmes.

Les eaux étaient amenées par un aqueduc et passaient au-dessus de la rivière le Gardon, sur le fameux pont du Gard (*fig.* 10), dont les restes permettent de juger de l'importance du travail. Cet ouvrage composé de trois rangs d'arcades est à 50 mètres au-dessus des plus basses eaux du Gardon. Le premier rang a une longueur de 270 mètres, et le troisième, 238 mètres. L'aqueduc proprement dit est formé par un massif de béton enduit d'une couche de ciment fin ; il était recouvert de dalles en pierre. Le fond est creusé en arc de cercle. La largeur intérieure était de 1ᵐ,22. Sa pente était de 4 centimètres par 100 mètres. Aujourd'hui, on constate l'existence d'un dépôt calcaire de 29 centimètres d'épaisseur et de 1 mètre de hauteur au-dessus du fond du canal. En se basant sur la hauteur totale de ce dépôt, on peut évaluer à 63 234 mètres cubes le volume d'eau qui devait être débité chaque jour par cet aqueduc. C'était une quantité énorme pour la population de la ville de Nîmes.

A *Lyon*, on remarque aussi les vestiges de quatre aqueducs qui amenaient les eaux à des hauteurs différentes. C'étaient les aqueducs du *Mont-d'Or*, de *Feurs*, du mont *Pila* et du Rhône. Ce dernier correspondait à un bas service; les aqueducs du Mont d'Or et de Feurs, à un moyen service, et, enfin, l'aqueduc du mont Pila constituait à lui seul un haut service. — Il amenait 25 000 mètres cubes d'eau par jour. (chiffre de la distribution actuelle.)

Les anciens aqueducs romains présentent cette particularité qu'ils forment tous une ligne continue ayant une *pente uniforme* depuis la source jusqu'au château d'eau.

Ce n'est que dans le premier siècle de l'ère chrétienne qu'on rompit avec cette tradition pour commencer à appliquer le principe des syphons à la rencontre des vallées.

Les architectes romains en ont fait l'usage pour la première fois à Lyon, afin de conduire les eaux du mont *Pila* près de Saint-Étienne à 50 kilomètres de Lyon. L'eau qui descend dans l'une des branches

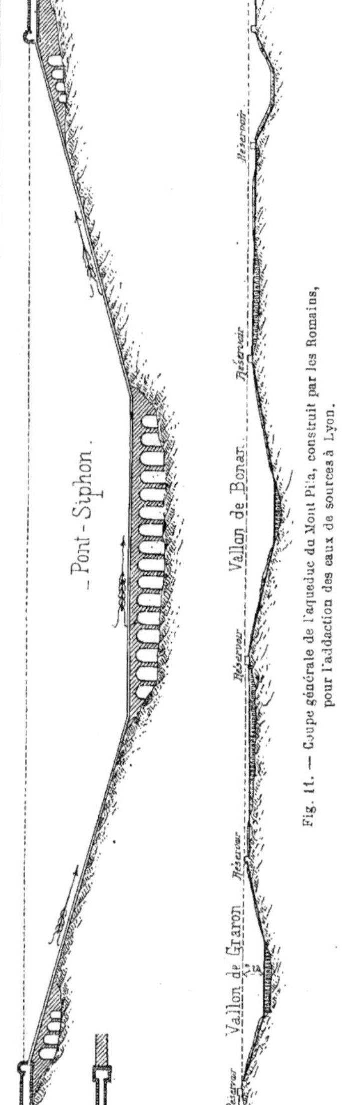


Fig. 11. — Coupe générale de l'aqueduc du Mont Pila, construit par les Romains, pour l'adduction des eaux de sources à Lyon.

du tuyau syphon remonte l'autre branche pour reprendre son niveau.

Nous donnons (*fig.* 11) une coupe générale de l'aqueduc et une coupe du pont siphon du vallon de Bonan.

On a pu, grâce à ce moyen, éviter les dépenses considérables qu'aurait nécessitées l'établissement d'un grand aqueduc en maçonnerie élevé sur des arcatures jusqu'au niveau des deux faîtes à réunir. Nous verrons plus loin, dans le cours de cet ouvrage, le projet de siphon destiné à faire passer le canal d'irrigation du Rhône de la rive gauche sur la rive droite. Notons que les siphons des Romains étaient exécutés avec des tuyaux de plomb.

Les ouvrages d'art construits par eux pour l'adduction des eaux du mont Pila à

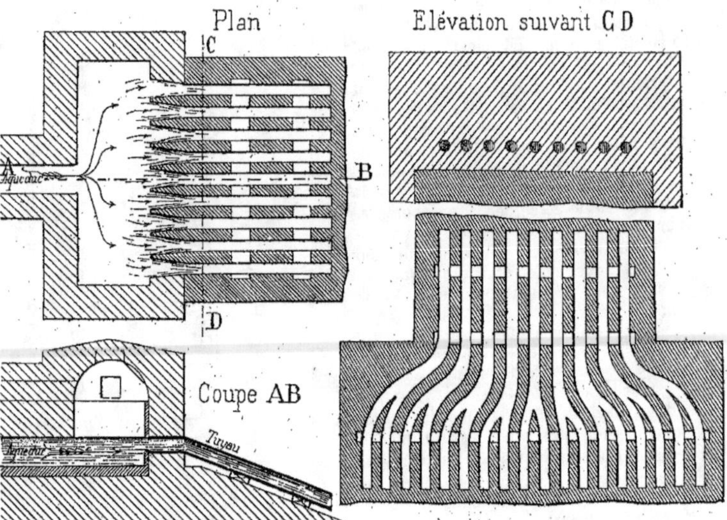


Fig. 12. — Réservoirs placés aux extrémités des siphons.

Fig. 13. — Plan de la partie des siphons où les tuyaux se divisaient en plusieurs branches.

Lyon comprenaient treize ponts aqueducs sur arcatures et trois siphons composés de douze tuyaux de plomb de 21 centimètres de diamètre. Aux extrémités des deux branches du siphon, étaient des réservoirs. Voir les détails d'exécution (*fig.* 12 et 13).

Dans le fond de la vallée, le siphon du Mont-Pila était supporté par des arcatures construites dans les mêmes proportions que les ponts-aqueducs. Comme on le voit, ces tubes-siphons étaient anciennement employés concurremment avec les ponts-aqueducs à arcades.

Ces derniers ouvrages affectaient des proportions grandioses et constituent de magnifiques modèles qui ont été imités dans les constructions modernes comme nous le verrons plus loin.

Les anciens donnaient à leurs aqueducs des proportions beaucoup plus considérables qu'aujourd'hui. Ainsi, pour l'adduction des eaux des sources d'Uzès à Nîmes, les Romains avaient construit un

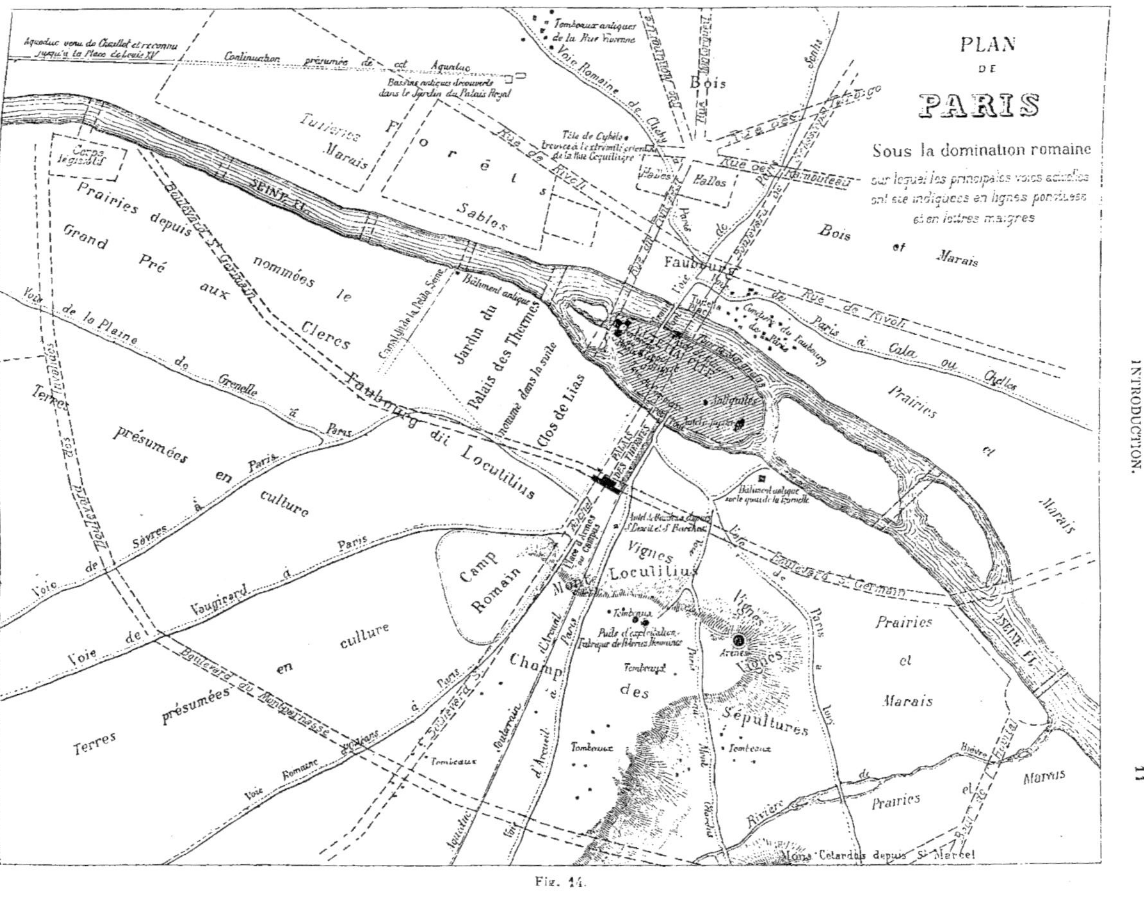

PLAN
DE
PARIS
Sous la domination romaine
sur lequel les principales voies actuelles
ont été indiquées en lignes ponctuées
et en lettres maigres
Aqueduc venu de Cazillet et reconnu jusqu'à la Place de Louis XV
Continuation présumée de cet Aqueduc
Bassins antiques découverts dans le Jardin du Palais Royal
Tombeaux antiques de la Rue Vivienne
Voie Romaine de Clichy
Bois
Tuileries Marais
Forêts
Rue de Rivoli
Tête de Cybèle trouvée à l'extrémité orientale de la Rue Coquillière
Halles
Bois
et
Marais
Corps de garde
Prairies depuis Grand Pré aux Clercs nommées le
SEINE FL.
Sablos
Faubourg
Combat du Faubourg de Gloire
Rue de Paris à Cala ou Gallas
Prairies
et
Marais
Voie de la Plaine de Grenelle à Paris
Constantin la Petite Seine
Bâtiment antique
Jardin du Palais des Thermes nommé dans la suite Clos de Lias
Faubourg dit Locutilius
Antiquités
présumées en Paris à culture
Sèvres
Paris
Bâtiment antique sur le quai de la Tournelle
Camp Romain
Hôtel de Bourbon depuis S. Louis et S. Barthel
Vignes Locutilius
Mont Locutilius
Voie de
Vaugirard
Voie de
culture en
Paris
Tombeaux
Puits d'exploitation Fabrique de Pièces Romaines
Arènes
Vignes
Prairies
et
Marais
présumées du Montparnasse
Terres
Champ des
Tombeaux
Sépultures
d'Arcueil
Tombeaux
Voie Romaine
Tombeaux
Rivière
de
Prairies et
Marais
Mons Cetardus depuis St Marcel
Fig. 11.

aqueduc dans lequel un homme pouvait facilement se promener en suivant la banquette placée à côté de la cuvette, c'est-à-dire à côté de la rigole qui reçoit l'eau. Ces errements furent suivis pour la construction des aqueducs jusqu'à notre siècle. Nous en retrouverons la preuve dans le cours de cet ouvrage, lorsque nous aurons occasion de parler des aqueducs d'Arcueil à Paris et du Peyrou à Montpellier.

En France, on retrouve de nombreux vestiges des travaux hydrauliques de l'époque Romaine.

C'est sous Caligula et l'empereur Claude qu'il faut placer les constructions des aqueducs de Lyon dont nous avons parlé plus haut — également celles des canaux de dérivation de Metz.

A *Paris*, en l'an 360, l'empereur Julien fit construire l'aqueduc d'Arcueil (voir la carte de Lutèce à cette époque figure 14), qui conduisait, à travers la vallée de la Bièvre, les eaux de Rungis et de quelques sources éloignées au palais des Thermes (palais de Cluny actuel). Cet ouvrage, commencé par Constance Chlore, avait environ 10 kilomètres de longueur. Il paraîtrait que, dans une grande partie de son cours, cet aqueduc n'était qu'un petit canal à découvert de 40 à 50 centimètres de largeur creusé dans le tuf et recouvert intérieurement de mortier de cailloux et enduit de ciment. De petits ponts avaient été jetés de distance en distance sur cette rigole.

Un autre aqueduc souterrain, celui de Chaillot, prenait son commencement sur les hauteurs de Chaillot, à la source des eaux minérales d'Auteuil, près de la *rue de la source* actuelle, traversait l'emplacement du rond-point des Champs-Élysées, celui du jardin des Tuileries et aboutissait au Palais-Royal où l'on découvrit, en 1781, vers la galerie de Valois dans le jardin, les vestiges d'un bassin en maçonnerie de briques à un mètre seulement au-dessous du sol actuel. Les fouilles mirent au jour des pièces de monnaies et des médailles d'Aurélien, de Dioclétien, de Posthume, de Magnence-Valentinien, ce qui ferait remonter l'époque de la construction du bassin à l'an 375.

## Ère chrétienne et temps modernes.

On doit à Philippe-Auguste d'avoir fait le premier conduire dans Paris, pour l'usage de ses habitants, une portion des eaux du Pré-Saint-Gervais et de Belleville au XII<sup>e</sup> siècle. Au commencement du XVI<sup>e</sup> siècle, dix-huit fontaines, alimentées par les eaux des aqueducs du Pré-Saint-Gervais et de Belleville, répandaient leurs bienfaits sur la seule partie septentrionale de Paris, tandis que la Cité et la partie méridionale de cette ville en étaient entièrement privées. De plus, ces dix-huit fontaines ne fournissaient qu'une faible quantité d'eau ou pas du tout. Cette stérilité provenait des concessions d'eau que la cour faisait à des communautés religieuses ou à des hôtels de personnes puissantes.

En 1598, on cessa enfin d'accorder gratuitement des concessions d'eau. On les fit payer aux concessionnaires et on entreprit de faire de grandes réparations aux aqueducs du Pré-Saint-Gervais et de Belleville. François Miron, prévôt des marchands, put établir ainsi la première fontaine de la cité alimentée par les eaux de l'aqueduc du Pré-Saint-Gervais. Un peu avant, Henri IV faisait installer une fontaine et une *pompe dite de la Samaritaine*.

Cette pompe, établie par les soins d'un flamand, Jean Liothœr, éleva, pour la première fois, les eaux de la Seine dans un réservoir construit à une hauteur suffisante pour être, de là, conduites dans les bâtiments du Louvre et des Tuileries. Cette machine hydraulique était sujette à se déranger et exigeait de fréquentes réparations.

Marie de Médicis fit rétablir l'ancien aqueduc d'Arcueil (1624).

En 1669 et 1671, on construisit deux nouvelles pompes, toutes deux situées au Pont-Notre-Dame, qui augmentèrent le volume des eaux de Paris de 80 pouces d'eau.

C'est sous le règne de Louis XIV qu'on vit s'élever de beaux monuments hydrauliques et que la France se plaça au-dessus de l'Italie, non seulement par les entreprises nouvelles, mais surtout par les recherches scientifiques et les expériences sur le mouvement de l'eau dans les canaux, les rivières et les tuyaux de conduite, travaux et recherches qui furent appliqués avec tant de succès à Versailles où ils contribuent à transformer un site sauvage et aride en un lieu de délices.

Les eaux, sous Louis XIV, y étaient exclusivement fournies par plusieurs étangs et amenées par des aqueducs dans des réservoirs immenses dominant tout le parc. Les ouvrages principaux, entrepris à cette époque pour les rassembler, consistent, d'après les documents historiques :

1° Dans l'exécution de digues pour l'établissement d'environ vingt-cinq étangs, retenues ou réservoirs;

2° Dans l'exécution de 120 000 mètres de rigoles;

3° Dans l'exécution de 34 000 mètres de longueur d'aqueducs, établis partie à l'air libre et partie sous terre ;

4° Enfin, dans l'exécution d'un grand pont-aqueduc de Buc de 600 mètres de longueur établi sur la Bièvre.

Il n'est pas indifférent de noter que le principe de ce vaste projet avait pour but de recueillir l'eau tombée sur une surface de plus de 15 000 hectares. Si donc, on ne perdait pas d'eau, on trouverait, en multipliant cette surface de 15 000 hectares par 0,50 cent. de hauteur moyenne d'eau tombée annuellement, un volume de soixante-quinze millions de mètres cubes. Les travaux entrepris et terminés, on fut loin de ce volume énorme d'eau et la perte causée par les infiltrations et l'évaporation, ramena le volume d'eau utilisée à deux millions de mètres cubes. Aujourd'hui, les pertes sont telles, par suite du délabrement des réservoirs et des conduites, que ce chiffre est descendu à près de 500 000 mètres cubes. Le volume d'eau obtenu par les moyens qui précèdent était insuffisant, on entreprit l'exécution de deux projets qui consistaient:

1° A amener les eaux de l'Eure, en traversant le vallon de Maintenon, par un aqueduc à trois rangs d'arcades dont la hauteur totale aurait été de 71 mètres;

2° A établir la machine de Marly sur un des bras de la Seine. Ce dernier projet seul fut mené à bonne fin. Rouuequin construisit, en 1682, une machine qui élevait près de 6 000 mètres cubes à 162 mètres d'altitude. Cette machine fut remplacée, en 1816, par une machine à vapeur de soixante-quatre chevaux qui élevait à cette même hauteur de 162 mètres, environ 1 500 mètres cubes en vingt-quatre heures. Elle est remplacée elle-même, aujourd'hui, par les splendides roues hydrauliques dont nous aurons occasion de parler dans le cours de cet ouvrage.

A Paris, sous Louis XV et sous Louis XVI, la pénurie d'eau allait toujours croissant.

En 1769, le chevalier d'Auxiron proposa l'établissement des pompes à feu, à l'instar de celles d'Angleterre.

En 1771, fut mis en avant un projet de pompes à manèges établies sur des bateaux.

Enfin, en 1778, les sieurs Perrier formèrent une compagnie de capitalistes et commencèrent les travaux de la *pompe à feu de Chaillot* et ceux de la *pompe à feu du Gros-Caillou.*

La première, située au bas du village de Chaillot, sur le quai de Billy, était alimentée par un canal d'un mètre de largeur pratiqué sous le chemin de Versailles. L'eau prise ainsi, au milieu du cours de la Seine, arrivait sous la maison de la pompe à feu dans un puisard d'où elle était reprise par deux pompes aspirantes et foulantes, destinées à se suppléer au besoin. Une de ces pompes élevait l'eau au-dessus du niveau moyen de la Seine à la hauteur de 37 mètres et la versait dans quatre réservoirs placés sur la partie éminente du coteau de Chaillot, réservoirs dont chacun contenait environ 150 mètres cubes. *Un tuyau de fonte* d'un pied de diamètre, partant de ces réservoirs, passait sous la rue du faubourg Saint-Honoré et allait le long du boulevard jusqu'à la porte Saint-Antoine. Il se divisait en plusieurs branches suivant les rues principales ; ces branches se subdivisaient elles-mêmes en moindres branches aboutissant aux maisons abonnées. Cette machine, la première qui parut en France, fut notablement perfectionnée en 1805.

La seconde pompe à feu, celle du Gros-

Caillou, fut destinée à alimenter les quartiers de la rive gauche. Comme le sol du côté du Gros-Caillou ne présentait point d'éminence pour placer les réservoirs, on fut obligé, dans la construction du bâtiment destiné à la machine hydraulique, d'ajouter une tour carrée haute de près de 36 mètres pour y placer le réservoir des eaux.

La compagnie des eaux (Perrier frères) fournissait gratuitement toutes les eaux nécessaires contre les incendies. A cet effet, elle avait établi, dans les rues où passent ses principales conduites, des robinets multipliés.

La spéculation s'empara, en 1785 et 1786, des actions de cette première compagnie des eaux, si bien que, en 1788, le gouvernement, se trouvant maître des 4/5 du capital, recommença à être le fournisseur de la ville de Paris.

#### ÉTAT DES EAUX DE PARIS AU COMMENCEMENT DU SIÈCLE

Avant de terminer cette étude rétrospective, il nous a paru intéressant de donner quelques indications sur l'état des eaux de Paris au commencement de ce siècle. Le tableau suivant pourra être ultérieurement comparé avec celui que nous donnerons à la fin de cet ouvrage et qui traitera de la question actuelle des eaux qui préoccupe tous les habitants de Paris et les édiles de la capitale.

C'est à la suite d'un décret du 29 floréal an X (19 mai 1802) que fut ouvert un canal de dérivation de la rivière de l'Ourcq pour amener cette rivière dans le bassin de la Villette. La prise d'eau de l'Ourcq fut fixée au bief supérieur du moulin de Mareuil, distant du bassin de la Villette de près de 98 kilomètres.

Ce canal avait un quadruple but :

1° Amener dans le bassin de la Villette, point assez élevé par rapport au niveau de la ville, une assez grande quantité d'eau pour servir aux besoins de Paris et pour lui procurer de l'embellissement;

2° Établir, par une large conduite d'eau, une communication navigable entre la rivière d'Ourq et Paris;

3° Former, au nord de Paris, un canal de la Seine à la Seine par deux branches également navigables : l'une, allant de Saint-Denis au bassin de la Villette; l'autre, de ce bassin à la gare de l'Arsenal, près de la place de la Bastille actuelle. Ces deux branches sont alimentées par l'eau du bassin;

4° Disposer du superflu des eaux pour former des usines dans Paris.

Le premier but fut rempli en créant, dans le bassin, aux deux angles de son extrémité du côté de la ville, deux issues aux eaux dont l'une avait spécialement pour mission d'alimenter l'*aqueduc de ceinture*, long de 4 350 mètres, allant de ce bassin jusqu'à celui de *Monceaux*, situé près de la barrière de *Monceaux* (aujourd'hui à l'angle du boulevard des Batignolles et de la rue de Constantinople). Sur cet aqueduc étaient branchées deux galeries, dites de *Saint-Laurent* et *des Martyrs*, aboutissant toutes deux au grand égout. De ces deux galeries, partaient des conduites en fonte pour l'alimentation publique.

Le second but fut atteint au moyen de la deuxième issue alimentant le canal Saint-Martin et la gare de l'Arsenal.

Le troisième but ne fut atteint que beaucoup plus tard, en 1821, par l'achèvement du canal de Saint-Denis.

En même temps, ces fontaines se multiplièrent et celles qui, depuis des siècles, étaient frappées à chaque instant de stérilité, reçurent une nouvelle vie.

Un véritable réseau de conduites fut établi sous toute la surface de la ville à la suite d'un décret de 1806 portant que, outre les soixante-six fontaines existant alors, il en serait construit quinze nouvelles. Il y avait, en outre, les fontaines établies dans les palais et leurs jardins et les *fontaines marchandes* pour les prises d'eaux sur la voie publique.

Le tableau suivant fait connaître la quantité d'eau distribuée à ces fontaines pendant 24 heures à Paris, vers 1830.

Ainsi qu'on le voit dans le tableau, les eaux du canal de l'Ourcq se composent de celles de la rivière de ce nom, puis de celles des rivières de la *Collinance*, de la *Gergogne*, de la *Thérouenne* et de la *Beuvronne*.

| EAUX<br>fournies en 24 heures | RIVIÈRES<br>et sources | KILOLITRES |
| --- | --- | --- |
| Par le canal de l'Ourcq | Ourcq ........<br>Collinance ....<br>Gergogne ......<br>Therouenne ...<br>Beuvronne.... | 26 082 000 |
| Par l'aqueduc du Pré-Saint-Gervais..... | Fontaine du Chaudron près de Pantin .... | 17 388 |
| Par l'aqueduc de Belleville et de Ménilmontant....... | | 11 592 |
| Par l'aqueduc d'Arcueil ........... | | 96 600 |
| Par la pompe Notre-Dame........... | Seine........ | 96 600 |
| Par la pompe de Chaillot......... | Seine........ | 423 108 |
| Par la pompe du Gros Caillou ......... | Seine........ | 135 240 |
| Par les établissements particuliers ...... | Pompes épuratoires....... | 19 320 |
| Total........... | | 26 881 848 |

Par les analyses faites en 1816 sur les eaux qui alimentaient le canal de l'Ourcq et sur celles des autres eaux dont s'abreuvaient les Parisiens, les eaux de la Seine furent reconnues meilleures que celles de l'Ourcq ; les eaux de l'Ourcq, meilleures que celles d'Arcueil, du Pré-Saint-Gervais, de Belleville et de Ménilmontant.

Citons encore parmi les ouvrages remarquables construits pour amener des eaux, ceux de l'aqueduc de *Caserte* dans le royaume de Naples et de *Montpellier* en France.

L'aqueduc de *Caserte* a été construit par ordre du roi de Naples, Charles III, pour amener les eaux dans le château qu'il avait fait bâtir à Caserte, ville située à cinq lieues au nord de Naples, dans la plaine où était *Capua*. Des sources aux jardins de Caserte, il y a plus de neuf lieues de longueur.

L'aqueduc traverse des vallées profondes et de hautes montagnes pour arriver à un réservoir près du château, à 130 mètres d'altitude.

L'aqueduc de *Montpellier* fut établi en 1752, sous la direction de l'ingénieur Pitot. Il parcourt un espace de 14 kilomètres, depuis la source de Saint-Clément jusqu'au Peyrou où se trouvait le château d'eau considéré alors comme nécessaire à toute distribution d'eaux.

## Revue historique des recherches scientifiques.

A l'exemple des anciens, on n'employa pendant longtemps que des aqueducs pour la conduite des eaux.

L'emploi des machines hydrauliques installées autrefois à Paris au pont Notre-Dame et à la Samaritaine puis à Marly ne donna que des résultats incertains par suite de l'irrégularité du service.

Aujourd'hui, l'emploi des machines à vapeur doit permettre de donner l'eau avec sécurité et avec des pressions supérieures à celles que les anciens savaient obtenir avec les principes primitifs qu'ils mettaient seuls en œuvre.

Rome, avec tous les hydrauliciens de l'antiquité, n'a jamais su donner l'eau à ses habitants autrement que par une concession partant du château d'eau. Ce procédé dont nous avons retrouvé la tradition dans toute l'Italie, a été longtemps employé en France. Il est aussi compliqué que dispendieux à raison de la multitude des petits tuyaux qu'il nécessite. Les frais qu'il cause aux consommateurs éloignés en bornent à peu près l'utilité à la classe aisée.

Dans le nouveau système, au contraire, un tuyau principal part de l'établissement des machines, suivant autant que possible la ligne médiane de la contrée à desservir. Sur ce tuyau, sont branchées d'autres conduites secondaires qui parcourent les rues ou les districts les plus importants et les plus populeux. Sur ces conduites secondaires sont branchées des conduites, dites de service, qui seules desservent les voies ou rues où elles passent On forme ainsi un véritable réseau d'alimentation qui doit être accompagné de bassins de réserve, de trop pleins et de conduite de décharge. Sur les conduites, dites de service, sont branchées les conduites des particuliers, lesquelles peuvent être constituées de même par un réseau complexe semblable en tous points au précédent.

Il est évident que, avec les pressions obtenues par l'usage des machines élévatoires, avec les volumes d'eau considérables mis en mouvement, les ingénieurs modernes ont dû laisser de côté le plomb pour le reléguer dans les réseaux de détail et ne plus faire usage que de la fonte et du fer plus résistants aussi bien aux pressions intérieures qu'aux pressions extérieures, celles-là plus ou moins permanentes.

Les considérations qui précèdent sur l'historique des grandes lignes de l'art du fontainier hydraulicien doivent être suivies, pour être complètes, d'une sorte de revue générale rétrospective des principes mathématiques et physiques qui régissent la question.

Les Assyriens, les Grecs, les Romains et les premiers Gaulois n'ont su appliquer autre chose qu'une pratique simple du nivellement pour le tracé de leurs conduites souterraines et de leurs aqueducs.

Archimède, le premier des anciens, traita de la théorie des liquides.

Ce n'est qu'avec Galilée et Torricelli, au xvii° siècle, que commence à naître la science physico-mathématique qui doit servir à poser plus tard, avec Belanger, les bases de l'hydraulique appliquée.

*Le principe de la pesanteur de l'air* et la connaissance de cette force (*poids de l'air*) pour expliquer l'ascension de l'eau dans les corps de pompe, permit à Stevin et à Pascal de prouver la direction de la force de pesanteur des liquides.

Mariotte appuya, par des expériences, la théorie du mouvement des eaux posée par Torricelli. Après avoir établi les principes de la science hydrostatique, il chercha les lois du mouvement des liquides et trouva que le résultat théorique différait du résultat pratique.

Dans ses ouvrages, on rencontre une foule d'expériences. Ainsi, il constata que lorsque l'eau s'échappe par un ajutage d'un petit diamètre et de peu de longueur adapté à un réservoir constamment plein, le jet ne s'élève pas à la hauteur du niveau de l'eau dans le réservoir. Il donna une règle pour calculer la perte de charge.

Il examina les premières règles de l'hydrodynamique et apprit à jauger les eaux qui s'échappaient d'un réservoir par un orifice infiniment petit, ou par un tuyau de faible longueur. Il apprit à mesurer la vitesse des eaux qui coulaient dans un lit de rivière, en se servant d'une boule

de cire qu'on laissait flotter à la surface.

Picard, Lahire, Vauban, Riquet firent de grandes applications des principes d'eux connus pour les grands travaux hydrauliques du siècle de Louis XIV.

Les premiers efforts de l'académie des sciences à l'origine de son organisation sont pour l'hydraulique. Citons :

1° Le traité d'hydrostatique de Guglielmini (1690) ;

2° Les expériences faites à Versailles par Couplet, sur l'écoulement des eaux (1732), et sur les résistances dues aux retenues d'air ;

3° Les travaux de De Parcieux (1734).

C'est à un étranger, Daniel Bernouilli, qu'est dû l'honneur d'avoir le premier établi les principes de relation entre la vitesse de l'eau et les quantités relatives à l'inclinaison, à la forme et aux dimensions de la conduite.

L'un de ces principes est celui de la conservation des forces vives ; l'autre est celui du parallélisme des tranches. Le premier de ces principes rencontre des exceptions, notamment dans le cas où la loi de continuité cesse de régner dans les phénomènes. Il n'a pas lieu quand les corps se meuvent dans un milieu résistant ou quand ils éprouvent un frottement contre des obstacles fixes.

Contrairement à l'hypothèse de Bernouilli, qui suppose à toutes les particules de ses tranches parallèles un mouvement commun, l'expérience prouve qu'il y a, vers la partie inférieure de la masse liquide, une convergence très sensible de direction vers l'orifice par lequel l'eau s'écoule. Il faut donc, pour que les phénomènes réels du mouvement ne diffèrent pas sensiblement de ceux sur lesquels la formule d'écoulement est établie, qu'il y ait, sur l'orifice, une charge d'eau considérable et que le vase soit cylindrique.

Le principe de d'Alembert (1774) permit de donner une autre solution du problème de l'écoulement des liquides. Ce principe consiste à établir l'équilibre entre les quantités de mouvement perdues ou gagnées à chaque instant par les corps qui composent le système considéré.

Chezy, le premier, en 1775, introduisit dans les formules du mouvement des eaux, les causes dues à la cohésion des molécules entre elles et indiqua la résistance qu'elles éprouvent de la part des parois de la conduite qui les contient. A ces forces retardatrices, est due l'uniformité du mouvement constaté dans la nature, mouvement qui s'établit dans un canal ou un tuyau dont la pente et la section restent les mêmes. — Ces forces de résistance sont proportionnelles à la longueur de la portion du lit dans laquelle on considère le mouvement, au périmètre de la section et au carré de la vitesse.

Les expériences de Dubuat (1779) faites pour élucider ce point de la question, le conduisirent à l'établissement de formules qui, aujourd'hui, sont remplacées par d'autres plus simples et plus générales.

Le XIX<sup>e</sup> siècle coordonna toutes les idées ainsi que les expériences mal rattachées des deux siècles précédents. Coulomb, puis Girard, prouvent par la théorie et la pratique qu'on pouvait, dans le cas de mouvements très lents, forcer la résistance, fonction entière de la vitesse, en deux termes, l'un du premier et l'autre du second degré.

De Prony, en 1804, publie une théorie des eaux courantes où l'on trouve enfin un exposé complet des formules analytiques qui renferment la solution générale du problème du *mouvement uniforme* et des appréciations nettes sur les formules données par ses prédécesseurs.

Puis, en 1838, Bélanger donne une théorie relative au mouvement simple permanent.

Ce mouvement a pour simple condition que le courant soit décomposable en filets fluides invariables de formes et de position, dépensant un volume d'eau constant pendant l'unité de temps, mais dont la section, et par conséquent la vitesse, peuvent être variables d'un point à un autre d'un même filet, tandis que, dans le mouvement uniforme, la vitesse et la section de chaque filet est constante.

Enfin, les derniers travaux entrepris pour la distribution de l'eau dans les villes ont également fait sentir la nécessité de ne plus se borner à étudier le phénomène de l'écoulement dans un tuyau droit qui reçoit l'eau d'un bassin supérieur et le transmet dans un bassin inférieur.

Citons enfin quelques ouvrages récents de nos contemporains qui ont contribué le plus à élucider les divers problèmes d'hydraulique et d'hydrodynamique.

*De Corancey.* — Mémoire du mouvement de l'eau dans les vases (1830).

*Anatole de Coligny.* — Mémoire sur la théorie des oscillations de l'eau dans les tuyaux de conduite (1838).

*Henri Sonnet.* — Recherches sur le mouvement des eaux dans les tuyaux de conduite et dans les canaux découverts (1845).

*H. Darcy.* — Recherches expérimentales relatives au mouvement de l'eau dans les tuyaux (1857).

*H. Bazin.* — Recherches sur l'hydraulique, véritable suite aux travaux de Darcy (1865).

*Maurice Lévy.* — Théorie d'un courant liquide à filets rectilignes et parallèles, application aux tuyaux de conduite (1867).

*Edouard Collignon.* — Cours d'hydraulique (1870).

Enfin, le récent mémoire de M. *Henri Vallot* communiqué en 1886 à la société des ingénieurs civils de Paris.

# PREMIÈRE PARTIE

# HYDROLOGIE

**1.** *L'hydrologie* est celle des sciences naturelles qui traite des eaux en général, de leurs différentes espèces et de leurs qualités.

C'est donc par elle qu'il convient de faire précéder l'étude de la partie de l'hydraulique que nous nous proposons d'examiner.

## CHAPITRE PREMIER

### § I. — ORIGINE DES EAUX

**2.** Toutes les eaux qui coulent à la surface de la terre proviennent de l'immense réservoir formé par la mer. On sait que l'évaporation enlève chaque année à la surface des eaux une couche évaluée en moyenne à 3 ou 4 millimètres d'épaisseur chaque jour. La superficie des mers étant d'au moins les deux tiers de celle du globe, il en résulte que le volume d'eau vaporisée est de plus de 1 000 kilomètres cubes par jour.

Cette énorme masse s'élève sous forme de vapeur pure.

(C'est le produit d'une distillation, semblable à celle qui a lieu dans l'alambic). Elle se répand dans l'air qui s'en sature plus ou moins et est emportée par les vents. Puis quand elle parvient dans des régions froides, elle se condense comme l'eau distillée dans le réfrigérant de l'alambic, et elle forme les nuages d'abord, puis la pluie, les brouillards. La pluie n'est donc que de l'eau de mer distillée.

Les deux tiers environ de cette eau retombent dans la mer et le reste arrive au sol sous forme de pluie ou se condense en neige au sommet des montagnes où elle entretient aussi les glaciers, s'arrête ainsi dans les latitudes les plus froides d'où les élévations de température en liquéfient une partie de temps en temps.

Une fois arrivée au sol, l'eau se partage en deux portions: l'une court à la surface et se rend directement aux ruisseaux, aux rivières et aux fleuves, l'autre s'imbibe dans les terrains perméables et pénètre à l'intérieur où elle forme les nappes souterraines. Ces nappes, qui reposent sur les bancs imperméables et en suivent les pentes, sont animées d'un courant plus ou moins sensible qui les amène parfois à émerger sous forme de *sources* lorsque le banc imperméable vient affleurer la surface.

Enfin les fleuves reconduisent toute cette eau condensée à la mer d'où elle était sortie et dont le niveau se trouve maintenu ainsi absolument constant.

## § II. — *DES EAUX EN GÉNÉRAL*

**3.** Les *eaux* que fournit *la nature* sont chargées de principes en proportions variables suivant les terrains qu'elles traversent. Elles peuvent renfermer des gaz, des acides libres, des sels, des matières organiques.

Suivant qu'elles sont plus ou moins propres à la boisson ou complètement inaptes à cet usage, on les distingue en eaux douces, potables et en eaux non potables.

Les premiers comprennent :

Les *eaux de pluie;* des *citernes;*

Les *eaux des sources; quelques eaux minérales;*

Les *eaux courantes* (de rivières ou de fleuves);

Les *eaux de puits,* de fonte des neiges et des glaciers.

Les secondes comprennent :

Les *eaux des mers* et des *lacs salés;*

Les *eaux limoneuses* et *stagnantes;*

*La plupart des eaux minérales.*

**4.** L'ingénieur qui aura à s'occuper d'une captation de source, d'une distribution d'eaux, sera aussi conduit à classer les eaux au point de vue de leurs applications à l'économie domestique, à la médecine, à l'industrie et à l'agriculture.

En *eaux potables,*

*Eaux de voirie,* dites de *lavage;*

*Eaux industrielles* et *d'irrigations;*

*Eaux vannes et d'égouts;* et à mettre cette classification en regard de celle-ci faite seulement au point de vue analytique et chimique :

*Eaux potables;*

*Eaux séléniteuses;*

*Eaux calcaires;*

*Eaux minérales,* renfermant une quantité suffisante de matières étrangères en dissolution pour qu'elles deviennent utiles à l'industrie, comme l'eau de mer, ou à la médecine comme les eaux minérales proprement dites ou *médicinales.*

### Eaux potables.

**5.** Toutes les eaux douces peuvent être bues par l'homme, mais elles ne sont pas toutes sans inconvénient, et, il faut préciser avec soin les caractères des eaux potables.

L'eau destinée *à la boisson* doit être :

*Limpide, fraîche* en été, *tempérée* en hiver *sans odeur,* d'une *saveur agréable* et très faible, ni douce, ni amère, ni salée, renfermer de *l'air en dissolution;*

*Dissoudre le savon* sans former de grumeaux ni beaucoup de mousse;

*Cuire les légumes* sans les durcir;

Ne pas se troubler par l'ébullition;

Contenir une petite quantité de matières minérales dissoutes dont le poids ne s'élève pas au-dessus de 50 centigrammes par litre;

Et enfin, ne précipiter que faiblement par l'azotate d'argent, l'azotate de baryte et l'oxalate d'ammoniaque.

La fraîcheur, la limpidité, le manque d'odeur sont des qualités des eaux potables que notre goût même nous indique.

La *limpidité* de l'eau peut être obtenue facilement aujourd'hui à l'aide des appareils à filtrer. Mais il ne suffit pas qu'une eau soit limpide pour qu'on puisse la regarder comme propre à la boisson; en effet un grand nombre d'eaux très impures conservent une transparence parfaite. La coloration de l'eau est généralement due à la présence d'une matière organique et indique que cette eau est impropre aux usages domestiques. Les eaux troubles qui tiennent en suspension des matières terreuses ne doivent pas être employées à la boisson avant d'avoir été filtrées, c'est ce qui arrive généralement pour les eaux de rivières en temps de crue.

La *température* de l'eau potable doit être de 8 à 15 degrés; et pour être dans les meilleures conditions, on devrait faire usage en toute saison d'une eau ayant une température constante comprise entre 9 et 10 degrés toujours en rapport avec la température intérieure du corps humain.

Au-dessus de 15 degrés l'eau ne nous donne pas cette sensation agréable que nous recherchons; au-dessous de 8 degrés elle est fatigante pour l'estomac, et quel-

dustriels et à la cuisson des légumes, en y versant une dissolution de carbonate de soude ; On voit une partie de la chaux précipiter à l'état de carbonate de chaux ; l'autre partie rester en dissolution à l'état de sulfate de chaux sans inconvénient pour la plupart des opérations industrielles.

$$CaOSo^3 + NaoCo^2 = NaoSo^3 + CaoCo^2.$$

D'autre part, les eaux séléniteuses ne dissolvent pas le savon parce qu'elles le décomposent ; le savon est, en principe, un stéarate de soude que les sels de chaux convertissent en stéarate de chaux insoluble. On peut, par suite, à l'aide du savon lui-même, rendre l'eau séléniteuse propre au savonnage : une petite quantité de savon précipitera d'abord toute la chaux à l'état de margarate, de stéarate et d'oléate de chaux insolubles ; ces précipités une fois formés, le savon pourra se dissoudre sans éprouver de décomposition.

Comme exemple d'une eau très séléniteuse, nous citerons l'analyse suivante de l'eau d'un puits de Paris près la Porte-Maillot ; analyse due à M. Poggiale.

1000 parties de cette eau renferment :

| | |
|---|---|
| Carbonate de chaux................. | 0,330 |
| Sulfate de chaux................. | 1,320 |
| Chlorure de magnésium......... | 0,300 |
| Chlorures de sodium et de calcium. | 0,420 |
| Silice................. | 0,020 |
| Azotate alcalin................. | 0,030 |
| Matières organiques......... | 0,005 |
| Perte................. | 0,015 |
| | 2,440 |

A Paris, la source de Belleville contient par litre 1 gramme de sulfate de chaux.

La présence du sulfate de chaux se constate surtout dans les eaux de source qui sourdent des terrains gypseux.

Il ressort des analyses faites à Lyon par M. Dupasquier et par M. Seeligmann que les eaux de plusieurs sources alimentant des fontaines de cette ville contenaient $0^{gr},25$, $0^{gr},942$, et même $1^{gr},15$ de sulfate de chaux par litre.

Les eaux des fleuves et des rivières en contiennent une bien moins grande quantité, comme l'indique le tableau suivant :

| QUANTITÉ de SULFATE de CHAUX par LITRE D'EAU | |
|---|---|
| Eau de la Seine................. | 0,039 |
| Eau du Rhône................. | 0,005 |
| Eau de la Saône................. | 0,003 |
| Eau de la Loire................. | 0,002 |

Le *chlorure de calcium* et l'*azotate de chaux* peuvent exister également dans l'eau et la rendre séléniteuse en décomposant le savon. Comme les acides de l'estomac sont sans action sur ces deux sels, leur présence en quantité notable est aussi nuisible à l'organisme que le sulfate de chaux.

### Eaux calcaires.

**11.** Certaines eaux qui ont été soumises à de fortes pressions dans les couches inférieures du sol, sont chargées d'acide carbonique, et traversant des terrains calcaires, dissolvent des quantités notables de carbonate de chaux à l'état de bicarbonate ou de carbonate acide. Quand elles viennent à sourdre à la surface du sol, la pression diminuant, elles perdent de l'acide carbonique et laissent déposer du carbonate de chaux. L'eau du ruisseau de Saint-Allyre, en Auvergne, donne un dépôt si abondant, qu'un objet plongé quelques heures dans cette eau se recouvre d'une couche uniforme et solide de carbonate calcaire.

La plupart des stalactites et beaucoup de dépôts de carbonate ou de phosphate calcaire sont formés par ce mode de précipitation lente. Les dépôts que laissent certaines eaux dans les tuyaux de conduite ont la même origine.

Ces eaux bleuissent la dissolution de bois de campêche, se troublent par l'ébullition et par l'exposition à l'air sous l'influence de l'eau de chaux qui précipite l'excès d'acide carbonique dissous.

Elles peuvent être rendues potables et propres à l'usage domestique par les procédés suivants :

1° L'ébullition puis ensuite abandon jusqu'à repos complet et soutirage. Il y a aussi dégagement de l'acide carbonique libre et de l'acide carbonique en excès qui formait le bicarbonate soluble ; le carbonate insoluble se précipite alors sous forme de poudre blanche ;

2° Agitation ou contact de l'air ; ce moyen mécanique atteint le même but que le précédent ;

3° Traitement par l'eau de chaux jusqu'à ce que cette liqueur ne précipite plus.

Il se passe la réaction suivante :

$$Cao2\ Co^2 + Cao = 2\ (Cao\ Co^2).$$

**12.** Au point de vue industriel ces eaux ont de fort grands inconvénients. C'est à leur présence que sont dus les dépôts calcaires dans les chaudières à vapeur. La dureté de ces dépôts est telle qu'il faut employer le marteau et le ciseau pour les détacher des parois des générateurs. On remédie à cette cause de détérioration des appareils en introduisant dans l'eau de la râpure de pommes de terre ou de l'argile ou du chlorhydrate d'ammoniaque ou du carbonate de soude. Ces corps étrangers ont pour effet d'empêcher le résidu calcaire de l'évaporation de s'agréger et permettent de l'enlever ensuite facilement.

**13.** *Eaux minérales non potables.* — En dehors des sels précédents, il nous faut encore considérer les sels de magnésie qui se trouvent souvent dans les eaux avec les sels de chaux ; ils présentent les mêmes inconvénients que ceux-ci dès que leur proportion est supérieure à 15 ou 20 grammes par litre.

Le sulfate de magnésie, le chlorure de magnésium et le sulfate de soude existent d'ordinaire dans les eaux mais en assez petite quantité pour ne pas modifier sensiblement leur nature.

### Eaux médicinales.

**14.** Les eaux médicinales ne sont pas potables, excepté les eaux acidulées et faiblement minéralisées, qui sont au contraire très recherchées comme boissons de table.

Les eaux minérales peuvent être divisées en sept classes, suivant la nature des principes qui y dominent. Celles qui sortent du sol à une température supérieure à 20 degrés sont dites *thermales*.

*Eaux alcalines.* Elles sont froides et renferment des bicarbonates alcalins (Eaux de *Vichy*, de *Vals*, d'*Ems*).

*Eaux acidulées.* Elles sont caractérisées par la présence du gaz carbonique ; ce sont elles qu'on utilise comme boisson ordinaire ; elles comprennent les eaux de *Seltz*, *Saint-Galmier*, de *Condillac*.

*Eaux chlorurées.* Chaudes ou froides ; elles renferment du chlorate de sodium, de potassium de magnésium (de 3 à 25 grammes par litre). Eaux de *Niederbronn*, *Balaruc*, *Bourbon l'Archambault*.

*Eaux sulfatées.* Caractérisées par le sulfate de magnésie, comme les eaux d'*Epsom*, de *Sedlitz*, ou par le sulfate de soude, comme l'eau de *Carlsbad*.

*Eaux sulfureuses.* Elles contiennent des sulfures alcalins, comme les eaux des Pyrénées, et sont presque toujours thermales.

*Eaux ferrugineuses.* Elles doivent leurs propriétés à la présence du fer ; elles sont nombreuses : on cite les eaux de *Spa*, *Pyrmon*, *Forges*, *Bussang*, *Orezza*.

*Eaux bromurées* et *iodurées*. Elles contiennent des bromures et des iodures alcalins ; telle est l'eau de *Saxon*.

### Eaux limoneuses. — Eaux stagnantes.

**15.** En dehors des eaux qui viennent d'être énumérées, il existe encore dans la nature les eaux limoneuses et, dans la vie domestique et industrielle, des eaux particulières et des eaux dites de voirie. Les ingénieurs ont quelquefois à les étudier au point de vue soit de leur utilisation pour l'agriculture, soit des inconvénients qu'elles peuvent présenter pour les cours d'eau où elles se déchargent. Il n'y a pas lieu de donner ici aucune indication sur la nature de ces eaux qui varie dans chaque cas en raison de leur origine. Nous dirons toutefois quelques mots des eaux *limoneuses*, souvent si intéressantes au point de vue des colmatages.

La quantité des matières en suspension entraînées non dissoutes par les fleuves est très variable non seulement d'une époque à l'autre de l'année, mais aussi de cours d'eau à cours d'eau.

Elle augmente avec les pluies, les crues

qui, en accélérant la vitesse du courant, favorisent les érosions des rives. Aussi les cours d'eau torrentiels fournissent-ils beaucoup plus de limon que les rivières tranquilles. C'est ainsi qu'en France la Durance a porté au Rhône, en 1860, plus de 18 millions de tonnes de limon, tandis que la Seine, avec un débit plus considérable, n'en entraînait, avant le relèvement de l'étiage par les écluses, que 200 000 tonnes par an.

Voici la composition moyenne des limons du Rhône :

| | |
|---|---|
| Résidu argileux, insoluble dans les acides........................ | 48,60 |
| Alumine et péroxyde de fer....... | 9,95 |
| Carbonate de chaux............ | 31,84 |
| Azote ...................... | 0,14 |
| Autres matières diverses organiques et autres............... | 9,47 |
| Total....................... | 100,00 |

D'une manière générale, les matières organiques contenues en quantité notable dans les eaux les rendent tout à fait impropres à la boisson. La proportion de celles-ci ne doit pas dépasser 1 milligramme par litre.

Les matières organiques peuvent non seulement se corrompre, entrer en putréfaction et communiquer à l'eau une saveur désagréable, mais encore elles lui enlèvent l'oxygène dissous et la font entrer dans la catégorie des eaux non aérées.

Toutes les eaux *stagnantes* sont des eaux insalubres, et les organismes qui y sont contenus ne peuvent qu'agir fâcheusement sur l'économie. Il y a lieu de penser que la mauvaise qualité des eaux dans les pays de marais contribue au développement des fièvres palustres. Les belles études de M. Pasteur sur cette question ont éclairé d'un jour nouveau les problèmes de l'alimentation des eaux dans les villes. — Ces recherches n'ont pas peu contribué à faire à peu près disparaître à Paris l'usage de l'eau de la Seine auquel il faut attribuer en grande partie les ravages de la fièvre thyphoïde dans cette ville.

## § III. — ANALYSE DES EAUX

### Procédés rapides.

**16.** *Les procédés rapides* qui peuvent permettre de reconnaître si une eau est plus ou moins pure au point de vue hygiénique et industriel sont les suivants :

1° *Mettre l'eau en ébullition.* Pour être reconnue pure, l'eau ne doit laisser après complète évaporation qu'un faible résidu.

2° *Essai par le savon.* L'eau pure doit le dissoudre immédiatement et ne former avec lui aucuns grumeaux.

3° *Essai par la cuisson des légumes.* L'eau potable doit les cuire sans les durcir.

4° *Essai par le nitrate d'argent l'azotate de baryte* ou *l'oxalate d'ammoniaque :* il ne doit y avoir aucun trouble.

Ces procédés rapides sont insuffisants. Il faut employer des méthodes plus précises pour soumettre les eaux à une analyse consciencieuse.

### Dosage de l'air.

**17.** Pour déterminer les proportions de l'air on fait bouillir une quantité connue d'eau dans un ballon qu'elle remplit entièrement et l'on mesure le gaz dégagé.

L'expérience se dispose comme il est indiqué au croquis ci-contre (*fig.* 15). La fiole A qui reçoit l'eau est pesée vide Pv puis remplie d'eau jusqu'au goulot et pesée de nouveau Pp. La différence (Pv-Pp) est le poids de l'eau sur lequel on opère.

On bouche alors la fiole avec un bouchon muni d'un tube $a\,b\,c$ recourbé qui se remplit naturellement d'eau. On met la fiole sur un fourneau et on amène le tube dans une cuvette remplie à moitié de mercure, sur laquelle on renverse un tube barométrique $e\,d$ divisé en centimètres cubes entièrement plein de mercure. On chauffe et immédiatement l'eau achève de remplir le tube abducteur $a\,b\,c$. Au bout d'un instant, l'eau commençant à sortir par le bec, on introduit celui-ci sous le tube barométrique renversé. Puis l'ébullition se produisant, la vapeur d'eau se dégage et va se condenser au-dessus du mercure dans le tube, tandis que les gaz en gagnent le sommet. Lorsque le mercure cesse de baisser dans le tube, on éteint le fourneau et on laisse refroidir. La pression diminuant le mercure surmonté d'une petite couche d'eau de 1 à 2 centimètres remonte dans le tube. .

Lorsque le tout est revenu à la température ambiante, on place le tube verticalement et on lit le nombre N de centimètres occupés par les gaz.

On lit le nombre $n$ de centimètres occupés par le mercure en réduisant la petite colonne d'eau restée en hauteur de mercure (voir les tables).

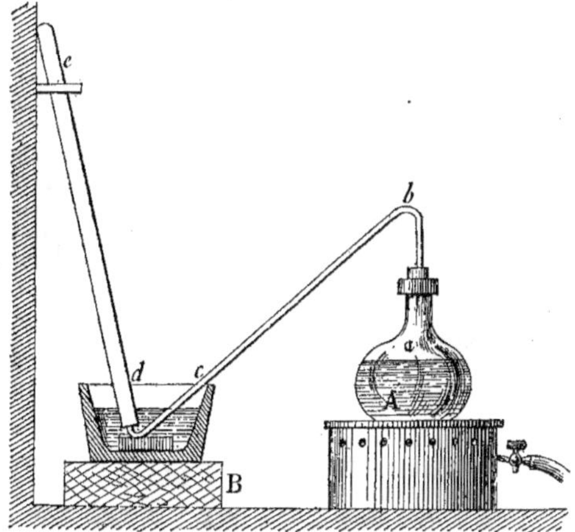



Fig. 15.

On a le volume V de gaz ramené à 0° et à la pression $0^m,760$ par la formule :

$$V = N \times \frac{H - n - f}{0,760} \times \frac{1}{1 + 0,0037 \times t}$$

dans laquelle :

H. — Pression barométrique.

$f$. — Tension de la vapeur d'eau à la température ambiante.

$t$. — Température ambiante.

Connaissant le volume total du gaz, on aura par différence celui de l'acide carbonique en faisant passer sous le tube un morceau de potasse caustique. Soit V' le nouveau volume ramené par le calcul comme précédemment à 0° et à la pression 760 millimètres, on a :

$V - V'$ = volume de l'acide carbonique.

On introduit alors sous le tube une petite goutte d'acide pyrogallique qui absorbe l'oxygène et si V'' est le nouveau volume ramené à 0° et à 760 millimètres de mercure, on a :

$V' - V''$ = volume de l'oxygène.

Le volume restant est celui de l'azote qu'on calculera également à 0° et 760 millimètres de mercure.

### Dosage des matières organiques.

**18.** On reconnaît la présence des matières organiques en évaporant l'eau à siccité au bain-marie et mouillant le résidu avec de l'acide sulfurique qui le noircit.

Pour doser les matières organiques, on évapore plusieurs litres d'eau dans une capsule tarée, au bain-marie d'abord, puis au bain de sable, jusqu'à siccité

complète. La différence de poids de la capsule avant et après l'évaporation donne la quantité totale des matières dissoutes par l'eau et tenues en suspension.

Puis, on calcine au rouge pour détruire les matières organiques.

Une seconde pesée indique leur proportion.

## Dosage des principes fixes. Hydrotimétrie.

**19.** Les matériaux fixes des eaux douces sont presque entièrement formés de sels de chaux et de magnésie. Les autres substances s'y trouvent en proportions peu sensibles; il suffit donc de déterminer les premières; c'est à quoi l'on arrive au moyen de l'analyse hydrotimétrique.

Ce procédé est fondé sur la propriété que possède le savon de donner avec l'eau distillée pure une mousse persistante, tandis que les eaux calcaires ou magnésiennes ne donnent de mousse que lorsque tous leurs sels ont été précipités par le savon à l'état de stéarate de chaux ou de magnésie.

Ceci étant posé, si l'on fait une solution de savon dans l'alcool et qu'on la verse goutte à goutte dans une eau calcaire, il ne se fera de mousse qu'alors que tout le sel calcaire aura décomposé une quantité correspondante de savon : pour avoir la richesse de l'eau en sels calcaires, il suffit d'avoir une *solution titrée* de savon.

Le mode d'opération est le suivant :

On prépare une liqueur titrée de savon en dissolvant à chaud 50 grammes de savon de Marseille *blanc amygdalin*, dans 800 grammes d'alcool à 90°.

On filtre la liqueur ainsi obtenue, et on y ajoute 500 grammes d'eau distillée. On a ainsi 1 350 grammes de liqueur d'essai.

Cette liqueur d'épreuve ainsi formée contient en dissolution $\dfrac{1}{4\,000^e}$ de son poids de chlorure de calcium fondu, soit $0^{gr},25$ de ce sel par litre d'eau distillée. On la soumet d'ailleurs à un essai pour constater sa valeur réelle.

On prend une quantité de cette liqueur égale à $2^{cm},4$; on l'introduit dans une burette hydrotimétrique d'une contenance totale de 7 centimètres cubes, et l'on divise une capacité de cette burette de $2^{cm},4$ en vingt-trois parties.

La liqueur est telle que vingt-deux de ces divisions renferment une quantité de solution savonneuse qui neutralise 1 centigramme de chlorure de calcium. Le n° 0 de ces divisions placées du haut en bas de la burette, comme le montre la figure 16 ci-contre, n'est pas marqué au premier trait, mais au second; on a constaté, en effet, que la quantité de solution savonneuse correspondant à cette première division est nécessaire pour amener une mousse persistante dans 40 centimètres cubes d'*eau distillée pure*. Au-dessous du chiffre 22, on continue à marquer sur la burette des divisions égales.

Vingt-deux de ces divisions correspondant à 1 centigramme de chlorure de calcium, chaque division dite *degré hydrotimétrique* correspond à un poids de chlorure de calcium égal à

$$\frac{0^{gr},01}{22}$$

Comme on fait toujours l'essai des eaux sur une quantité de 40 centimètres cubes, c'est-à-dire sur le 25° d'un litre, chaque degré hydrotimétrique de solution savonneuse employé par ces 40 centimètres cubes représentera une quantité de chlorure de calcium vingt-cinq fois plus grande pour le litre. L'essai fait sur 40 centimètres cubes représente donc pour chaque degré hydrotimétrique un poids de chlorure de calcium par litre égal à

$$\frac{0^{gr},01}{22} \times 25 = 0,0114$$

Soit $0^{gr},01$ de carbonate de chaux pour la même quantité d'eau.

Il suffit donc, pour avoir la richesse d'une eau en sels calcaires (supposés à l'état de chlorure de calcium) de multiplier par 0,0114 le nombre de degrés hydrotimétriques consommés par 40 centimètres cubes de l'eau à essayer.

Comme les poids moléculaires des sels calcaires ne sont pas très différents, on peut admettre, avec une exactitude suffisante pour la pratique, que le chiffre donné par l'analyse indique la quantité des sels calcaires et magnésiens quels qu'ils soient. Ainsi une eau qui marque 20° hydrotimétriques renferme de 0$^{gr}$,23 à 0$^{gr}$,24 de sels calcaires par litre.

Le nécessaire hydrotimétrique de Bou-

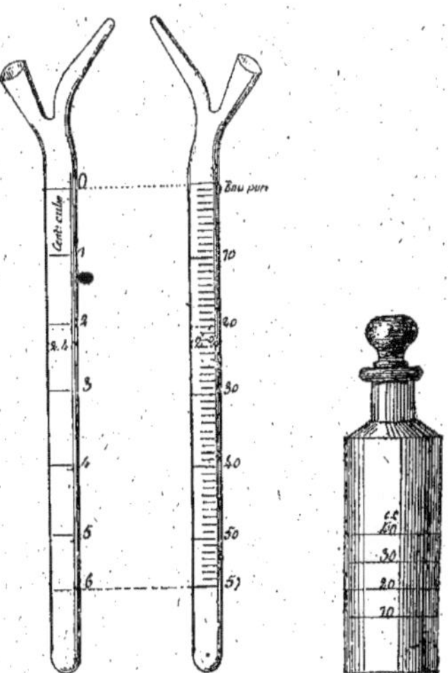


Fig. 16.                    Fig. 17.

tron et Boudet qui ont appliqué les premiers cette méthode imaginée en principe au commencement de ce siècle par le chimiste Clarke se compose de :

1° Un hydrotimètre ou burette graduée (*fig.* 16).

La graduation est faite de telle manière que le trait circulaire marqué au sommet de l'instrument est la limite que la liqueur y doit atteindre pour qu'il soit chargé.

La division comprise entre ce trait circulaire et 0$^b$ représente la proportion de liqueur nécessaire pour produire le phénomène de la mousse avec l'eau distillée pure. Les degrés hydrotimétriques commencent à partir de 0° ;

2° Un flacon d'essai (*fig.* 17) de 60 centimètres cubes de capacité et jaugé à 10, 20, 30, 40 centimètres cubes par des traits circulaires ;

3° Un flacon de liqueur savonneuse hydrotimétrique ;

4° Un flacon d'eau distillée ;

Cela suffit pour la plupart des essais ; mais si on veut pousser l'analyse plus loin, et déterminer suivant les procédés de MM. Boutron et Boudet l'acide carbonique des sels de chaux et de magnésie et la proportion d'acide sulfurique à l'état de sulfates contenu dans les eaux, le nécessaire doit contenir en outre :

5° Un flacon d'une dissolution d'oxalate d'ammoniaque au 60° ;

6° Un flacon d'azotate de baryte titré à 20° pour un centimètre cube ;

7° Une pipette divisée en dixièmes de centimètre cube ;

8° Un ballon jaugé par un trait circulaire au col ;

9° Divers accessoires.

**20.** *Essai hydrotimétrique.* — Pour essayer une eau quelconque, on en mesure dans le flacon d'essai 40 centimètres cubes, et on y ajoute peu à peu la liqueur hydrotimétrique, en essayant de temps en temps si elle produit par l'agitation une mousse légère et persistante. La mousse doit former à la surface de l'eau une couche régulière de plus d'un demi-centimètre d'épaisseur et se maintenir au moins dix minutes sans s'affaisser. Le degré qu'on lit sur l'hydrotimètre quand on a obtenu cette mousse est le degré hydrotimétrique de l'eau examinée. Ce degré indique :

1° Le nombre de décigrammes de savon que cette eau neutralise par litre ;

2° La mesure de sa pureté ou de la place qu'elle occupe dans l'échelle hydrotimétrique.

*Exemple* — Si l'on a lu le nombre 19°, il en résulte qu'un litre d'eau essayée neutralise 19 décigrammes de savon et que cette eau porte pour numéro d'ordre 19° dans l'échelle hydrotimétrique.

Le tableau suivant donne l'échelle hydrotimétrique des eaux de source et de rivière.

| DÉSIGNATION DES EAUX | | ORIGINE | DEGRÉS trigonométriques | QUANTITÉ de savon décomposé avant de produire la mousse pour 1ᵐᵉ d'eau |
|---|---|---|---|---|
| Eaux | distillée | | 0, | 0k |
| | de neige | Paris | 2,5 | 0,250 |
| | de pluie | Paris | 3,5 | 0,350 |
| | de l'Allier | Moulins | 3,5 | 0,350 |
| | de la Dordogne | Libourne | 4,5 | 0,450 |
| | de la Garonne | | 5,0 | 0,500 |
| | de la Loire | Tours et à Nantes | 5,5 | 0,550 |
| | du puits de Grenelle | Paris | 9,0 | 0,900 |
| | du puits de Passy | Paris | 11,0 | 1,100 |
| | de la Somme soude | | 13,5 | 1,350 |
| | du Rhône de la Saône | | 15,0 | 1,500 |
| | de l'Yonne | à 1 kil. en aval de l'embouchure de l'Armançon | 15,5 | 1,550 |
| | de la Seine | Pont d'Ivry | 17,0 | 1,700 |
| | — | Chaillot | 23,0 | 2,300 |
| | de la Marne | Charenton | 23,0 | 2,300 |
| | de la Dhuis | la source | 24,0 | 2,400 |
| | de l'Escaut | Valenciennes | 24,5 | 2,450 |
| | d'Arcueil | | 28,0 | 2,800 |
| | du canal de l'Ourcq | | 30,0 | 3,000 |
| | des Prés Saint-Gervais | | 72,0 | 7,200 |
| | de Belleville | | 128,0 | 12,800 |

Il permet de se faire une idée par comparaison de la valeur de l'eau essayée et de voir si elle est applicable à certains usages.

On voit par ce qui précède qu'avant d'obtenir dans une eau quelconque le phénomène de la mousse qui ne se manifeste qu'après la neutralisation de sels de chaux et de magnésie, il faut d'abord dépenser en pure perte pour 1 mètre cube ou 1000 litres d'eau une proportion de savon proportionnelle au degré hydrométrique.

Ainsi avec l'eau du puits de Grenelle qui marque 9° à l'hydrotimètre, il y aurait par mètre cube ou 1000 litres d'eau une perte de 0,900 grammes de savon précipités à l'état insoluble, après quoi l'eau étant débarrassée de ses sels calcaires pourrait servir au blanchiment. Pour celle de la Seine, il faudrait 1 kil. 500 ou 2 kil. 500, etc. etc.

**21.** Ce que nous venons d'exposer suffit dans la plupart des cas pour reconnaître si une eau est plus ou moins pure ou plus ou moins applicable à certains usages.

Toutefois MM. Boutron et Boutet ont complété leur procédé en l'appliquant à la détermination exacte des proportions de carbonate de chaux, de sulfate de chaux et autres sels calcaires, de sels de magnésie et d'acide carbonique contenues dans l'eau qu'on analyse. Voici d'après eux la méthode à suivre :

On prendra le degré hydrotimétrique de l'eau :

1° A l'état naturel ;

2° Après en avoir précipité la chaux par l'oxalate d'ammoniaque ;

3° Après en avoir éliminé par l'ébullition l'acide carbonique et le carbonate de chaux ;

4° Enfin après avoir précipité par l'oxalate d'ammoniaque les sels de chaux qui n'ont pas été isolés par l'ébullition. Voici le détail des opérations :

Connaissant le degré hydrotimétrique de l'eau à l'état naturel, on prend 50 centimètres cubes de cette eau, on ajoute 2 centimètres cubes d'une dissolution d'oxalate d'ammoniaque au soixantième. On agite et on laisse reposer le liquide pendant une demi-heure. On filtre et on obtient de l'eau débarrassée des sels de chaux. On prend le degré de 40 centimètres cubes de cette eau.

*Exemple.* — Supposons que l'on ait trouvé dans la première opération 26° pour le degré hydrotimétrique de l'eau à l'état naturel, et que l'on trouve dans la seconde opération 9°.

On reprend une nouvelle quantité de l'eau qu'on veut analyser, on la fait bouillir doucement pendant une demi-heure pour précipiter le carbonate de chaux et chasser l'acide carbonique. Après refroidissement, on ajoute de l'eau distillée pour rétablir le volume pris au début de l'expérience, on mélange bien, on filtre, puis on prend le degré hydrotimétrique de 40 centimètres cubes de liquide filtré, soit par exemple 13° le chiffre trouvé.

On prend ensuite 50 centimètres cubes du liquide précédent bouilli et filtré, et on y verse 2 centimètres cubes de la liqueur oxalate d'ammoniaque au soixantième pour éliminer la chaux qui s'y trouve à l'état de carbonate et qui n'a pas été précipitée par l'ébullition. Après avoir laissé reposer et avoir filtré, on prend encore le degré hydrotimétrique de 40 centimètres cubes de la liqueur, soit par exemple 7° le chiffre trouvé.

Comme le carbonate de chaux est soluble dans l'eau, il n'a pas été entièrement précipité par l'ébullition dans la troisième opération ; il faut donc faire subir une correction au degré lu après l'ébullition ; elle consiste à retrancher une constante 3 de ce chiffre. Ce qui nous donnera dans le cas présent :

$$13° — 3° = 10 \text{ degrés}$$

Des lectures faites précédemment on tirera les conséquences suivantes :

Le premier degré hydrotimétrique lu : 26 indique que l'acide carbonique, les sels de chaux (carbonate et autres) et de magnésie contenus dans un litre d'eau, sont neutralisés par 26 décigrammes de savon.

Le deuxième degré lu : 9° indique les sels de magnésie et l'acide carbonique restant dans l'eau après qu'on a éliminé la chaux.

$$\text{Donc : } 26° — 9° = 17 \text{ degrés}$$

donne par différence la proportion hydrotimétrique des sels de chaux.

Le troisième degré qui après correction est 10°, représente les sels de magnésie et les sels de chaux autres que le cabonate ;

$$\text{donc : } 26° — 10° = 16 \text{ degrés}$$

donne par différence la proportion hydrotimétrique de carbonate de chaux et d'acide carbonique.

Enfin le quatrième degré : 7 indique les sels de magnésie qui ont échappé à l'action de l'ébullition et de l'oxalate d'ammoniaque.

Par sommation, en ajoutant les degrés représentant les sels de chaux et de magnésie,

$$\text{soit } 17° + 7° = 24 \text{ degrés.}$$

On voit que dans les 26° de l'eau naturelle il entre seulement 2° pour l'acide carbonique.

L'eau essayée contient donc en degrés hydrotimétriques :

| | |
|---|---|
| Acide carbonique libre (26° — 24°) = | 2° |
| Carbonate de chaux (16° — 3°) . . = | 13° |
| Sulfate de chaux et autres sels (17 — 13). . . . . . . . . . . . . = | 4° |
| Sels de magnésie. . . . . . . . . = | 7° |
| | 26° |

**22.** Le tableau ci-dessous donne l'équivalent en poids d'un degré hydrotimétrique pour un litre d'eau d'un certain nombre de corps simples et composés :

| | | |
|---|---|---|
| Chaux. . . . . . . . . . . . | 1 degré — | $0^{gr},0057$ |
| Chlorure de calcium. | » — | 0, 0114 |
| Carbonate de chaux. | » — | 0, 0103 |
| Sulfate de chaux . . . . | » — | 0, 0140 |
| Magnésie . . . . . . . . . . | » — | 0, 0042 |
| Chlorure de magnésium . . . . . . . . . . . . | » — | 0, 0090 |
| Carbonate de magnésie . . . . . . . . . . . . . | » — | 0, 0088 |
| Sulfate de magnésie. . | » — | 0, 0125 |
| Chlorure de sodium. . | » — | 0, 0120 |
| Sulfate de soude. . . . . | » — | 0, 0146 |
| Acide sulfurique. . . . . | » — | 0, 0082 |
| Chlore. . . . . . . . . . . . | » — | 0, 0073 |
| Savon à 30 0/0 d'eau. | » — | 0, 1061 |
| Acide carbonique libre | » — | $0^{lit},005$ |

Ce tableau permet d'évaluer le poids des sels trouvés en degrés hydrotimétriques dans l'eau qu'on essaye :

*Exemple.* — Dans l'analyse précédente, on a trouvé pour l'acide carbonique 2 degrés hydrotimétriques, il suffira de multiplier ce nombre par le nombre $0^{lit},005$ du tableau précédent, soit :

$$2 \times 0,005 = 0^{lit},010 \text{ d'acide carbonique}$$

libre.

Pour le carbonate de chaux on a trouvé 13 degrés, ce qui donnera en poids :

$$13 \times 0,0103 = 0^{gr},133$$

Pour le sulfate de chaux :

$$4 \times 0,0140 = 0^{gr},056$$

Pour le sulfate de magnésie :

$$7 \times 0,0125 = 0^{gr},0875.$$

On peut, en raison de la faible teneur en poids de l'acide carbonique, conclure de ce qui précède que le degré hydrométrique d'une eau représente à peu près le poids en décigrammes des sels terreux qu'elle contient.

## § IV. — SOURCES D'ALIMENTATION

**23.** Nous venons d'examiner les eaux au point de vue analytique et chimique ; nous examinerons maintenant dans leur origine chacune des espèces d'eaux qui par leur nature sont utilisables aux usages domestiques et industriels : les eaux de pluie, les eaux courantes de sources proprement dites et de rivières.

### Eaux de pluie.

**24.** L'eau de pluie est une eau potable qui convient parfaitement à la boisson bien qu'un peu lourde parce qu'elle est insuffisamment chargée de sels calcaires.

Les eaux de pluie provenant de la distillation et de l'évaporation des humeurs aqueuses qui s'élèvent à la surface de la terre, des mers, des lacs, des fleuves, etc... n'est pas pure lorsqu'elle arrive sur le sol.

**25.** *Composition de l'eau de pluie.* — En tombant des nuages sur le sol, elle traverse l'atmosphère et s'y charge des matières solubles et insolubles qu'elle rencontre et est impure avant d'arriver sur le sol. Les matières solubles sont les gaz de l'air, l'oxygène, l'azote et l'acide carbonique ; un peu d'ammoniaque qui s'y trouve toujours un peu répandue, par suite de la décomposition des matières organiques ; un peu d'acide nitrique provenant de l'action des étincelles électriques des régions nuageuses sur le mélange d'oxygène et d'azote, enfin des traces à peine sensibles de sels minéraux fournis par les poussières que les vents soulèvent à la surface de la terre ou sur la crête des vagues. Le chlorure de sodium contenu dans l'eau de pluie provient de la mer :

plus on avance dans l'intérieur des terres, plus la proportion de ce sel diminue.

Les eaux de pluie et notamment les pluies d'orage renferment une plus grande proportion d'azotate d'ammoniaque que les eaux de sources et de rivières : elles renferment aussi une assez grande quantité de sels minéraux comme l'indique l'analyse suivante extraite de l'ouvrage de M. E. Marchand sur les eaux potables en général :

Matières contenues dans un kilogramme d'eau de pluie recueillie à Fécamp :

| | |
|---|---|
| Bicarbonate d'ammoniaque. . . | 0,00174 |
| Azotate. . . . . . . . . . . . | 0,00189 |
| Chlorure de sodium. . . . . . | 0,01143 |
| Sulfate de chaux. . . . . . . | 0,00087 |
| Sulfate de soude. . . . . . . | 0,01007 |
| Matières organiques. . . . . . | 0,02486 |
| | 0,05086 |

L'azotate d'ammoniaque provient de la décomposition de la vapeur d'eau sous l'influence de l'étincelle électrique. Comme l'a démontré M. Liebig, l'électricité décompose l'eau en hydrogène et en oxygène. Le premier de ces deux gaz se combine avec l'azote de l'air pour former de l'ammoniaque ($AzH^3$) ; le second s'empare également d'une certaine quantité d'azote pour donner naissance à de l'acide azotique.

L'acide azotique et l'ammoniaque en présence se combinent à leur tour pour donner de l'azotate d'ammoniaque ($Az o^5 AzH^4 o$). Comme les produits ammonicaux jouent un rôle très important dans la végétation, on peut dire que les eaux pluviales sont d'autant plus fertilisantes qu'elles contiennent plus d'azote.

La quantité d'ammoniaque trouvée dans l'eau de pluie est des plus variables. Elle augmente aux abords des villes où abondent les foyers de putréfaction ; elle est plus grande dans une pluie même faible venant à la suite d'une longue sécheresse, que dans une pluie abondante ou succédant à une ondée antérieure. M. Boussingault a trouvé en rase campagne une moyenne de $0^{gr},75$ d'ammoniaque par mètre cube d'eau tombée. Dans les villes on a constaté beaucoup plus : 3 grammes à Paris et à Marseille, et jusqu'à 7 grammes à Lyon.

L'acide nitrique se trouve surtout dans les pluies d'orage. On en a dosé jusqu'à 6 grammes par mètre cube dans certaines pluies. Il se rencontre également dans les rosées, les brouillards, les neiges. Mais la moyenne des expériences de M. Boussingault, sur l'eau recueillie en rase campagne, ne dépasse pas $0^{gr},18$ par mètre cube d'eau.

On constate aussi dans l'eau de pluie la présence de petites quantités d'iodures et de bromures. Ces sels accompagnent d'ailleurs les chlorures de l'eau de mer.

Le sulfate de chaux et le sulfate de soude existent également dans les eaux de pluie, mais il faut attribuer leur présence surtout au mode employé pour recueillir les eaux. Enfin, comme nous l'avons indiqué plus haut, les trois gaz de l'atmosphère se retrouvent dans l'eau de pluie, mais en proportions différentes. Cette proportion varie avec la température et la pression. M. Peligot a trouvé dans une eau de pluie 2 à 4 0/0 de gaz acide carbonique et azote.

Quant aux matières organiques entraînées, leur nature et leur quantité dépendent de l'état de l'atmosphère. On constate que dans le voisinage des villes les eaux de pluie sont chargées des poussières plus ou moins nombreuses qui voltigent dans l'atmosphère. Elles entraînent des particules charbonneuses, des débris de végétaux, des germes divers, etc..., et si l'on ajoute à cette nomenclature les matières entraînées par l'eau dans son trajet sur les toits et dans les gouttières, on comprendra facilement que l'eau des citernes soit facilement putrescible. En principe l'eau de pluie est privée de matières solides, ce qui permet de l'employer en guise d'eau distillée dans les opérations chimiques. Il faut alors qu'elle soit recueillie avec soin.

Pour les usages domestiques et industriels, tels que les bains, les lessivages, l'arrosage, etc., les eaux de pluie sont des meilleures qu'on puisse utiliser. Pour la boisson on peut la ranger au nombre des meilleures eaux potables, si on a la précaution de rejeter les premières portions d'eau recueillie.

Les eaux de neige et celles qui proviennent de la fonte des glaciers, les eaux des lacs, se rapprochent de l'eau de pluie par leurs éléments ; mais elles sont inférieures parce qu'elles ne sont pas aérées.

Malgré leur petite quantité, les principes solides contenus dans l'eau de pluie n'en jouent pas moins un rôle important dans la végétation. Suivant M. I. Pierre, un hectare de terre, en Normandie, reçoit par an 50 kilogrammes de chlorures, dont 44 kilogrammes de chlorure de sodium, 23 kilogrammes de sulfate de chaux et 26 kilogrammes de chaux fournis par les eaux de pluie.

### Eaux de sources.

**26.** *Composition des eaux courantes et de puits.* — Les eaux courantes, celles des sources et des puits sont de l'eau de pluie qui est restée en contact plus ou moins prolongé avec le sol. Elles renferment donc les mêmes éléments et, en outre, des éléments solubles pris au sol, puis des matières entraînées, telles que la silice, l'argile.

On y trouve donc les mêmes gaz, oxygène, azote et acide carbonique dans les mêmes proportions, puis de l'acide nitrique et de l'ammoniaque. Mais comme l'argile a la propriété d'absorber et de retenir les sels ammoniacaux, et que, d'autre part, une partie de l'ammoniaque se nitrifie dans le sol, cet élément s'y rencontre en moins grande dose que dans la pluie. Ainsi la moyenne des analyses faites sur divers cours d'eau n'a donné que $0^{gr},17$ d'ammoniaque par mètre cube d'eau courante. Cette proportion descend même à $0^{gr},009$ pour les sources.

Les éléments empruntés au sol sont : quelques matières organiques en dose variable suivant l'état du sol traversé; puis des matières minérales, formées soit de sels solubles tels que les chlorures et les sulfates, soit de sels terreux dissous à la faveur de l'acide carbonique de l'eau sous forme de bicarbonates.

Il est évident que les eaux de sources les plus pures doivent se rencontrer dans les terrains primitifs où elles sont arrêtées par des roches.

Les eaux qui ont traversé les terrains secondaires renferment du carbonate de chaux; nous avons vu, au chapitre des eaux calcaires, que ce sel n'exerce pas d'influence fâcheuse sur l'organisme lorsqu'il est en petite quantité. Si donc une eau ayant traversé des terrains calcaires ne donne pas à l'analyse plus de 3 décigrammes de sels par litre, elle peut être captée et être employée aux usages domestiques.

Pour l'alimentation, on préfère ordinairement les eaux de sources aux eaux de rivières, parce qu'elles sont fraîches en été et relativement tempérées en hiver.

Voici d'ailleurs des indications fournies par M. Dupasquier, d'où il résulte que la température des eaux de source est à peu près constante en toute saison :

Source de Neuville, en été 13°  en hiver 12°
  —     Roye,      —    13°    —    11°,7
  —     Rouziers,  —    12°,2  —    11°,2
  —     Fontaine,  —    12°    —    11°

Ces expériences ont toutes été prises sur des sources des environs de Lyon. — D'autres expériences faites par M. Dupasquier, pour connaître la température des eaux des sources des environs de Dijon ont donné des résultats analogues. D'après M. Georges Dumont, la variation de température des eaux prises à la source et à son débouché dans les basses fontaines de la ville, à Dijon, est de un degré environ; la différence de température des eaux à la source au mois d'août et au mois de janvier n'est pas de plus de deux degrés.

Les eaux de sources présentent encore sur les eaux de rivières l'avantage de circuler à l'abri de la chaleur et de la lumière dans l'intérieur du sol, alors qu'en été, pendant les fortes chaleurs, avec l'aide de la végétation, les eaux de rivière peuvent se corrompre facilement sous la double influence de la chaleur et de la lumière, deux puissants agents pour le développement des microbes.

Quelquefois ces eaux sont insuffisamment aérées, mais on remédie facilement à cet inconvénient en les faisant tomber en cascades multiples avant de les mettre en usage.

Dans ces eaux, le plus souvent limpides, les matières fixes dépassent rarement un petit nombre de décigrammes par litre.

Ainsi, on a trouvé en matières fixes par mètre cube :

dans La Loire........... 135 grammes
  — La Garonne....... 137 —
  — Le Rhin.......... 171 —
  — Le Rhône......... 184 —
  — La Seine......... 211 —
  — L'Escaut......... 294 —

On aura une idée de la composition de ces résidus par la moyenne des résultats d'analyses faites pendant trois ans jour par jour au laboratoire de l'École des Ponts et chaussées sur l'eau de la Seine prise à l'amont de Paris :

| | | |
|---|---|---|
| Matières organiques par mètre cube d'eau.. | | 13gr10 |

| Matières minérales par mètre cube | | |
|---|---|---|
| Silice................... | 6gr6 | |
| Peroxyde de fer et alumine | 1 2 | |
| Chaux................... | 92 5 | |
| Magnésie ............... | 6 0 | 197gr70 |
| Alcalis. ?.............. | 8 7 | |
| Chlore................. | 4 3 | |
| Acide sulfurique ........ | 10 8 | |
| Acide carbonique........ | 67 6 | |
| | 197 7 | |

Résidu total par mètre cube....... 210gr80

## Eaux de puits, de lacs et d'étangs.

**27.** Les *eaux de puits* ont souvent la même composition que les eaux de sources. Mais, quelquefois, elles sont beaucoup plus chargées de matières fixes, lorsqu'elles proviennent de nappes sans écoulement ou d'un écoulement très lent, surtout au milieu de terrains gypseux. C'est ce qui arrive notamment à Paris où les eaux de puits donnent souvent des résidus de près de 2 grammes par litre, composés en majeure partie de sulfate de chaux. Il arrive aussi que, les puits étant placés, en général, à proximité des habitations, près de fosses à fumier ou d'aisances mal étanchées, leurs eaux renferment souvent une dose relativement élevée de matières organiques, d'ammoniaque et d'acide nitrique.

L'eau fournie par les puits ordinaires entre pour une quantité notable dans l'approvisionnement des villes ou des villages. Ces ouvrages sont essentiellement privés. On peut se servir des eaux de puits lorsque la quantité des sels qui y sont généralement contenus ne dépasse pas 50 centigrammes par litre, toute réserve faite sur la nature de ces sels d'une part ; et sur la nature des principes organiques, d'autre part, que l'analyse sérieuse fera connaître.

Si les puits ordinaires fournissent généralement une eau impure et de mauvaise qualité, il n'en est pas de même des puits artésiens et des fontaines jaillissantes dont les eaux viennent le plus souvant de couches très profondes.

Nous ne nous arrêterons pas davantage sur cette question des eaux de puits, nous réservant de traiter plus loin celle du forage des puits.

On emploie quelquefois les *étangs* pour réunir et emmagasiner les eaux d'alimentation et d'arrosage des villes et des campagnes. Nous avons vu, dans le résumé historique placé au commencement de cet ouvrage, qu'il existe à Versailles un vaste réseau de rigoles et de plaines qui sillonnent les campagnes environnantes et versent, dans les étangs naturels et les pièces d'eau créées par la main de l'homme les eaux sauvages qu'elles recueillent sur leur parcours. A quelques lieues d'Orléans, il existe une vaste contrée, la Sologne, où ce système de drainage poursuit le double but d'assainir les landes et d'emmagasiner de l'eau qui est en général chargée de principes organiques et, par suite, de très mauvaise qualité pour la boisson, mais excellente pour l'arrosage et pour les usages domestiques.

Les *lacs*, au contraire, constituent d'excellents réservoirs naturels. La ville de Glascow (Ecosse), alimentée par les eaux du lac Katrin, fournit un excellent exemple d'alimentation d'eau de cette espèce.

## Eaux de fleuves et de rivières.

**28.** Nous nous occuperons maintenant des eaux de fleuves et de rivières qui sont largement employées aux usages journaliers et à l'alimentation des villes.

Leurs principes minéraux varient avec les terrains qu'elles traversent : si le fond du cours d'eau est établi sur un terrain granitique, les eaux contiennent une moins grande proportion de matières solubles que si le lit est dans un terrain d'alluvion. La proportion des matières fixes diminue après les grandes pluies, tandis qu'elle augmente après les débordements. On peut dire qu'il y a là une double action chimique et mécanique, le sol agissant sur les eaux et les eaux à leur tour agissant sur le sol chimiquement par les sels qu'elles renferment en dissolution, mécaniquement par leur mouvement. Cette double action a pour résultat l'entraînement par l'eau d'une masse plus ou moins considérable de limons et d'alluvions.

Certains fleuves roulent avec eux une énorme masse de matières en mouvement et en suspension.

En *France*, le *Rhône* entraîne actuellement environ 21 millions de mètres cubes de limon portés seulement par 53 millions de mètres cubes d'eau.

La *Dordogne* charrie en temps ordinaire, au bec d'Ambès, près de 500 grammes de limon par mètre cube.

La *Loire* en contient à Tours 225 gram.

La *Seine* en temps ordinaire, en amont de Paris, charrie 170 grammes de matières terreuses, et dans la saison des fortes crues jusqu'à 500 grammes par mètre cube.

Enfin, la *Durance* qui charrie en temps ordinaire 280 grammes de matières terreuses par mètre cube, voit cette quantité s'élever jusqu'à $4^k,180$ au moment de ses grandes crues annuelles.

En *Egypte*, le *Nil* entraîne $1^k,580$ de matières en suspension par mètre cube d'eau en temps normal. En temps de débordement, cette proportion est centuplée et ce fleuve roule quelquefois vers la mer près de 500.000 mètres cubes de matières solides par jour.

En Asie, il faut citer le *Gange* qui, pendant l'hiver, entraîne environ 500 grammes de matières solides par mètre cube ; en été 250 grammes seulement, et dans la saison des pluies près de 2 kilos.

Le fleuve *Jaune* en *Chine* qui roule jusqu'à 5 kilos par mètre cube d'eau.

Quant aux matières solubles contenues dans les différentes eaux des fleuves ou des rivières, leur poids par litre varie dans des limites très étendues selon chaque cours d'eau et aussi chaque point du parcours où on puise l'eau comme le montre le tableau suivant :

| NOMS des FLEUVES | NOMS des LOCALITÉS | POIDS DU RÉSIDU par LITRE D'EAU |
|---|---|---|
| | | grammes |
| Rhône | Lyon | 0,107 |
| Moselle | Metz | 0,116 |
| Garonne | Toulouse | 0,137 |
| Saône | Lyon | 0,141 |
| Maine | Angers | 0,147 |
| Seine | Villeneuve-S-Georges | 0,178 |
| Marne | Joinville-le-Pont. | 0,180 |
| Doller | Mulhouse | 0,184 |
| Isère | Grenoble | 0,188 |
| Vesle | en amont de Reims | 0,190 |
| Vienne | Troyes | 0,198 |
| Doubs | Besançon | 0,230 |
| Rhin | Strasbourg | 0,232 |
| Escaut | Cambrai | 0,294 |
| Gironde | ap. le bec d'Ambès | 0,301 |
| Deule | en amont de Lille | 0,308 |
| Loire | Firminy | 0,350 |
| Lys | Menin | 0,351 |
| Tamise | Greenwich | 0,397 |
| Tibre | Rome | 0,546 |

Les eaux courantes contiennent aussi des phosphates, une petite quantité d'iode.

Le carbonate de chaux forme la majeure partie des sels dissous.

Voici la proportion de carbonate de chaux contenue pour 100 parties de sels dissous dans quelques eaux des fleuves :

| NOMS DES FLEUVES | PROPORTION de carbonate de chaux dans 100 parties de principes dissous |
|---|---|
| Rhône | 82 à 94 % |
| Seine | 75 |
| Danube | 61 |
| Rhin | 55 à 75 |
| Loire | 53 |
| Tamise | 43 à 57 |

En outre, l'eau des fleuves, surtout après leur passage dans de grandes villes, contient beaucoup de matières organiques qui la rendent malsaine. Ces matières proviennent des égouts, des plantes aquatiques qui se décomposent dans l'eau après y avoir vécu et lui cèdent ainsi des produits ammoniacaux ; elles proviennent aussi des animaux et des animalcules qui vivent dans l'eau douce. La décomposition de toutes ces matières rend les eaux absolument insalubres à l'alimentation, quelquefois même au lavage des grandes villes, et l'on est conduit à les désinfecter, avant de les livrer aux usages domestiques, par des procédés que nous étudierons plus tard en détail.

Plus particulièrement, les petits cours d'eau ne peuvent être utilisés pour la boisson quand ils sont partiellement stagnants : ils ne s'aèrent pas et permettent le développement d'un monde d'êtres organisés et la putréfaction des matières organiques.

Bien qu'en principe les eaux de sources leur soient préférables, on a souvent recours aux fleuves pour fournir l'eau aux villes qu'ils traversent, mais on la prend en dehors des grands centres de population et on a soin de la filtrer après s'être assuré qu'elle ne renferme pas plus de 50 centigrammes de substances minérales par litre.

Dans les grands centres, on est souvent conduit par la nature des eaux à organiser deux services distincts de distribution : l'un, recevant seulement les eaux de source, est destiné à l'alimentation et aux usages domestiques ; l'autre recevant les eaux de rivière, est destiné aux usages grossiers du nettoyage des voies publiques, aux lavoirs, aux besoins de l'industrie, aux fontaines publiques, à l'arrosage des plantations d'alignement des boulevards et avenues, ainsi qu'à celui des parcs, des squares, etc. etc.

La température de ces eaux est toujours plus élevée que celle des eaux de source. Par contre, elles sont plus aérées.

Les eaux courantes que l'on considère comme les plus pures sont celles des torrents qui descendent des montagnes granitiques. On doit cependant leur préférer pour la boisson, des eaux moins pures qui contiennent une petite quantité de sels calcaires.

# CHAPITRE II

## RECHERCHE DES EAUX



### § I. — GÉNÉRALITÉS SUR LA RECHERCHE DES SOURCES

**29.** L'art de découvrir les sources a été de tous les temps un sujet de recherches plus ou moins basées sur des connaissances scientifiques. Les écrits de Vitruve, de Pline, de Cassiodore sur cette question nous font connaître que les anciens n'avaient recours la plupart du temps qu'à des moyens empyriques. Au commencement du xviiie siècle, alors que Couplet découvrait plusieurs sources eił Bourgogne, on croyait surtout à la fameuse *baguette divinatoire*.

La recherche des sources doit avoir pour base, avant tout, la connaissance parfaite de la configuration extérieure et de la structure intérieure des terrains. Les données du problème ne sont donc pas des théorèmes susceptibles de démonstration ni des lois physiques exemptes de toute exception ; ce sont des observations faites sur des terrains visibles qui ont été reconnues plus ou moins constantes dans un grand nombre de localités, et qui nous fournissent les moyens de juger, par des inductions probables, quelle est la nature et l'inclinaison des terrains qui nous sont cachés.

*Par exemple.* Si des deux côtés d'une montagne, nous voyons une couche de rocher, ou de sable, ou de calcaire qui ait la même épaisseur, nous en concluons que probablement son épaisseur est la même dans l'intérieur de la montagne, parce que l'observation nous a fait connaître que l'épaisseur d'une couche varie rarement.

L'hydrographie souterraine, entièrement subordonnée au gisement et à la constitution des dépôts terrestres, présente les mêmes anomalies et les mêmes exceptions que les terrains.

*Par exemple.* En principe, *tout cours d'eau visible ou souterrain qui se rend dans un plus grand, converge vers l'aval de celui-ci.* Cependant le Gier, marchant à peu près en ligne droite du midi au nord, se jette à Givors dans le Rhône dont le cours va du nord au midi.

L'ingénieur doit donc posséder tout d'abord la connaissance de la géognosie et de la topographie de la contrée où il se trouve.

Nous allons donc commencer cette étude de la recherche des sources par donner ici quelques indications qui doivent permettre la découverte raisonnée des sources.

Plusieurs de ces indications sont empruntées à l'ouvrage de l'abbé Paramelle dont on ne saurait négliger les ingénieuses observations en pareille matière.

### § II. — PRINCIPES GÉNÉRAUX DE GÉOGNOSIE

**30.** La surface de la terre est loin d'être parfaitement arrondie. Il faut donc tout d'abord que l'homme de l'art reconnaisse les éminences et les dépressions qui sont assez uniformes dans chaque espèce de terrain et conservent entre elles des relations assez constantes. Donc il faut noter sur le papier ou reconnaître sur une carte les montagnes, leur sommet, leur base, les parties escarpées et les plateaux s'il y en a, le faîte d'une chaîne de montagnes ou de collines, les cols qui la coupent, les versants dont l'inclinaison n'est jamais symétrique.

En général, la chaîne qui partage les eaux entre deux rivières observe avec celles-ci un certain parallélisme, et les rameaux qui s'en détachent vont toujours en s'abaissant et convergent vers l'aval des rivières aux bords desquelles ils vont expirer. Les contre-forts ont la même allure à l'égard des ruisseaux qui marchent à leurs pieds.

Il faut noter avec beaucoup de soin le *thalweg*, ligne d'intersection plus ou moins sinueuse que forment toujours en bas d'une manière visible ou invisible, les deux flancs ou versants et que suivent les eaux qui tombent sur la vallée.

En principe, dans toutes les vallées ou vallons qui renferment une rivière ou un ruisseau qui n'a pas été dérangé par la main de l'homme, le cours d'eau suit *exactement le thalweg*, qui est toujours la ligne la plus basse de la plaine suivant un plan perpendiculaire à l'arête de l'angle dièdre formé par les deux versants. Dans les vallées et vallons qui n'ont point de cours d'eau visible, on peut reconnaître le vrai thalweg en supposant qu'il s'y établit un cours d'eau qui en parcourrait toute la longueur ; la ligne qui suivrait ce cours d'eau supposé est le vrai thalweg. Tout ingénieur hydraulicien devra donc bien étudier sur le terrain cette ligne, qui est de la plus grande importance dans la recherche des sources.

Les diverses espèces de terrain qui composent l'écorce du globe ne sont pas placées confusément et au hasard ; elles observent un certain ordre de superposition, et le passage d'un terrain à l'autre s'opère selon certaines lois ; en sorte qu'à la simple inspection des terrains visibles l'ingénieur exercé doit pouvoir dire avec assez de probabilités quels sont ceux qui sont au-dessous et qu'on ne peut voir, quels sont ceux qui étaient au-dessus et qu'on ne voit plus. Ainsi, le *gneiss* est ordinairement superposé au granit ; le *calcaire* repose sur l'*argile* ; le *grès houiller* recèle les *dépôts de charbon* ; les terrains *detritique*, *clysmien* et *alluvial* reposent sur des terrains de même nature que ceux qui les environnent. Nous n'avons pas l'intention de donner ici une description complète de chaque espèce de terrain ; ceux qui voudront se familiariser avec cette question et les termes usités devront étudier les traités élémentaires de géologie de MM. *d'Aubuisson, Rozet, Brongniart, Gase, Lyell, Demerson, — Burat, d'Orbigny, de Selle, de Chancourtois*, etc. etc.

Les différents terrains ne pouvant agir sur la formation et l'écoulement des eaux que de deux manières différentes, on les divisera en *terrains non stratifiés* et *terrains stratifiés*. Cette division, qui est très réelle dans la nature, est facile à saisir et suffit pour l'intelligence de ce qui va suivre.

Les *terrains non stratifiés* n'ont ni couches ni joints parallèles, ils ont une stratification irrégulière ou peu sensible.

Il se trouve des terrains non stratifiés dans tous les terrains, primaires ou secondaires, ou tertiaires, etc. etc.

Dans les terrains *primitifs* on classe dans les terrains non stratifiés : les granites, porphyres, micaschistes, syénites, quartz, calcaires primitifs.

Dans les terrains *secondaires;* les calcaires compactes, les craies, les trapps, les ophiolithes

Dans les terrains *tertaires* : les marnes, les molasses, les gypses, les sels gemmes.

Dans les terrains *diluviens* ou de *transport* non stratifiés : les sables, les dunes, les tourbes, les éboulis, les limons, etc.

Les roches stratifiées sont celles qui ont été formées pendant que les eaux couvraient le globe. Les couches déposées sont généralement horizontales, parallèles entre elles, d'épaisseurs très diverses et renferment des débris de coquilles ou de végétaux pétrifiés. Toutefois, des dislocations postérieures produites par des soulèvements ou des affaissements du sol ont, dans beaucoup d'endroits, dérangé l'horizontalité et le parallélisme des couches.

Presque toutes les roches qui composent les terrains secondaires, tels que les *grès*, les calcaires, les craies, etc., sont distinctement stratifiés.

En France, on rencontre plus particulièrement la craie en Champagne; le grès bigarré dans les Vosges; les marnes en Lorraine ; les terrains volcaniques en Auvergne et dans le Vivarais; les terrains clysmiens en Provence et en Alsace; les grands affaissements dans la Charente, le Lot et le Vaucluse; les grands éboulements, glissements et bouleversements dans les Alpes et les Pyrénées.

## § *III. — ORIGINE DES SOURCES*

### Leur formation.

**31.** La signification du mot *source* est bien mal déterminée. Doit-on entendre par là *l'eau qui sort de terre* en un point fixé de la surface du globe ? L'ingénieur hydraulicien ne doit pas se contenter de cette définition, car la partie visible de l'eau qui coule est toujours bien minime si on la compare au corps entier de la source, qui ne se met au jour qu'après avoir parcouru une distance plus ou moins considérable, et, lorsqu'elle est très forte, après un trajet de plusieurs lieues. L'apparition d'une source n'est pas même une condition essentielle de son existence, puisqu'il y en a une infinité qui marchent souterrainement depuis leur origine jusqu'aux rivières dans lesquelles elles se rendent, et ne se montrent sur aucun point de leur parcours.

Nous dirons, avec l'abbé Paramelle, que, pour constituer une véritable source, l'eau doit former un cours d'eau souterrain ; c'est-à-dire :

1° Être réunie en un courant assez gros pour être sensible, ce que ne sont pas l'humidité ou les humeurs qui circulent dans la terre ;

2° Être en mouvement ;

3° Le mouvement de ce courant d'eau doit avoir une certaine durée, en sorte que les courants d'eau qui ne se forment sous terre que pendant les temps pluvieux et qui cessent aussitôt ou peu après, pour ne reparaître qu'aux premières pluies, ne sont pas des sources.

Ainsi que nous l'avons dit précédemment, la véritable origine des sources vient de l'évaporation des eaux de la mer.

Lorsqu'il tombe de fortes pluies qui n'ont qu'une courte durée, que d'épaisses couches de neige viennent à se fondre, ou que le terrain est d'essence imperméable, il s'établit sur terre des courants d'eau qui n'apparaissent que momentanément. La terre ne pouvant, dans aucun de ces trois cas, absorber instantanément toute l'eau qui se répand à sa surface, la partie qui ne peut être absorbée ruisselle sur le terrain, descend dans les ruisseaux et les rivières, les fait déborder et retourner à la mer sans avoir contribué en rien à humecter la terre.

Mais cette quantité d'eau est toujours bien faible, comparée à toute celle qui ne se rend à la mer qu'après avoir pénétré l'intérieur de la terre.

La profondeur à laquelle la terre est mouillée lors de chaque pluie est fort variable avec la quantité de pluie qui tombe, sa durée, la porosité du terrain et sa pente. La quantité d'eau que peut recevoir intérieurement une masse de terrain déterminée ne peut être comparée à celle que peut contenir une autre masse de mêmes dimensions, mais qui est plus ou moins poreuse.

Il y a encore une cause extérieure qui met de l'inégalité entre les sources que produisent deux terrains de même nature et égaux en étendue ; c'est lorsque l'un d'eux est boisé et que l'autre ne l'est pas ; car tout terrain boisé produit des sources plus abondantes ou plus nombreuses que celui qui est dénudé. Toutefois, cette cause est certainement secondaire. Les déboisements appauvrissent sans doute les sources ; mais ils ne les détruisent pas, ou ne détruisent que celles qui sont extrêmement faibles.

**32.** Il faut distinguer avant tout les terrains imperméables des terrains perméables.

Les *terrains imperméables* sont ceux que l'eau ne peut pénétrer, et sur lesquels elle est obligée de glisser ou de séjourner dans les creux qu'elle rencontre. Les principaux de ces terrains sont les roches massives, certaines roches d'agrégation, les argiles et les glaises. Ces dernières espèces, mêlées en certaine quantité à des terrains naturellement perméables, les rendent imperméables.

Toutes les roches massives stratifiées ou non qui sont fort étendues, sans fissures verticales ni obliques, sont des roches imperméables. De ce nombre sont les granits, les porphyres, les gneiss, les micaschistes, les quartz, les grès, etc.

Ces terrains imperméables aux eaux pluviales ne pourront donc jamais produire de sources par eux-mêmes ; mais lorsqu'ils sont recouverts ou entremêlés de couches perméables, elles concourrent à la formation des sources en arrêtant les eaux et les transmettant hors de terre par les affleurements.

Les *terrains perméables* sont les roches non stratifiées séparées par des fentes ou crevasses ; des roches à stratification à peu près horizontale divisées par des fissures verticales des terrains désagrégés ou détritiques. Ces terrains se laissent traverser par les eaux pluviales, les arrêtent en certains points imperméables et il arrive dans le sein de la terre ce qu'on voit arriver à la surface, c'est-à-dire que les petits courants vont toujours se jeter dans des courants plus considérables. Ainsi l'on peut regarder ces énormes sources comme de vrais fleuves souterrains qui résultent de la réunion d'une infinité de ruisseaux.

## § IV. — *DIRECTION SOUTERRAINE DES SOURCES*

**33.** Ces filets d'eau qui se forment dans les montagnes et les collines perméables, descendant sur les couches imperméables, ne marchent pas du tout au hasard. Ils se partagent sous terre de la même manière que les eaux pluviales à la surface : en sorte que le faîte extérieur indique et suit exactement la ligne qui sépare les eaux souterraines : chacun des deux versants conduit tous les petits cours d'eau souterrains qui peuvent s'y former, dans le vallon vers lequel il est incliné.

Ces filets tendent vers les fonds des vallons, parce que dans les terrains stratifiés les assises qui composent les deux coteaux sont le plus souvent inclinées dans le même sens que la surface des coteaux et plongent des deux côtés vers le thalweg.

Dans les terrains non stratifiés, les filets d'eau tendent encore à aller de l'intérieur à l'extérieur, parce que le vide que forme le vallon n'offrant aucune résistance à leur écoulement, ils trouvent beaucoup plus de facilité à marcher du dedans au dehors par les conduits qui se tracent peu à peu, qu'à s'enfoncer à travers les masses solides.

La largeur des collines étant en général peu considérable, le filet d'eau qui en résultera, sera en général peu considérable lui-même, mais le thalweg du vallon qui recueille tous les filets peut recevoir un filet d'eau assez important. Aussi peut-on dire avec assurance que c'est presque toujours au fond des vallons et dans la ligne du thalweg qu'on voit les sources sortir de terre, et lorsqu'il n'y en a pas d'apparentes, elles y sont cachées et courent sous le terrain de transport.

Lorsque le terrain dont se compose le fond d'un vallon est assez solide pour que, pendant les grosses pluies, il puisse se former un cours d'eau à la surface, le cours d'eau souterrain et permanent suit assez exactement la même ligne que le cours d'eau superficiel et momentané, partout où les bases des deux coteaux sont contiguës.

Cependant cette concordance des deux cours d'eau marchant l'un au-dessus de l'autre pendant les pluies est souvent dérangée :

1° Par la strafication des coteaux ;

2° Par les travaux faits de main d'homme ;

3° Par les cours d'eau visibles livrés à eux-mêmes dans les plaines où ils forment des atterrissements qui en changent le cours.

Dans le cas où les roches qui composent les deux coteaux sont à stratification concordante et que les assises du coteau C à pente douce (*fig.* 18) vont plonger sous les

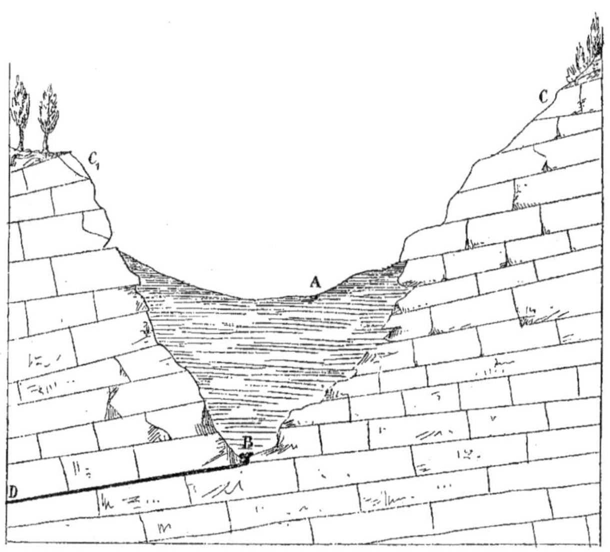

Fig. 18.

assises du coteau opposé qui est le plus rapide $C_1$, le cours d'eau passe en B au pied de ce dernier et quelquefois va marcher en BD sous les strates de $C_1$, cette dérivation peut se continuer quelquefois sur toute la longueur du vallon et alors l'épanchement se jette dans un autre vallon au-dessus du terrain d'alluvion. Mais ce changement de vallon de la part des cours d'eau est fort rare.

## § V. — *POINT OU LES FOUILLES DOIVENT ÊTRE FAITES*

**34.** A certains points de son parcours la source souterraine est très près de la surface du sol ; à d'autres, elle est très profonde ; sous certains points où la nappe d'eau se resserre, l'eau court abondamment, sous d'autres la source s'étale. Enfin, il faut tenir compte de la friabilité et de la dureté du sol à traverser. Il ne suffit donc pas de connaître la ligne que parcourt une source sous terre pour en tenter la découverte, il faut encore savoir quels sont les points de son parcours qui peuvent réunir le plus d'avantages et offrir le moins d'inconvénients pour la fouille.

Examinons d'abord en quels points une

source doit avoir la moindre profondeur. Ce sont :

1° Le point central du premier pli de terrain où se réunissent sur la plage élevée tous les filets d'eau qui forment son commencement. Plus loin, en aval, la culture et les eaux sauvages auront fait des dépôts augmentant la couche perméable au-dessus du thalweg où coulera la source ;

2° Le centre du cirque où elle commence ;

3° Le bas de chaque pente du thalweg visible, parce que en dessous se trouve un banc de rocher, une couche de terre dure ou même un mur placé en travers du vallon et formant barrage. D'ailleurs, c'est en général en ces points que s'épanchent presque toutes les sources qui sortent de terre d'elles-mêmes ;

4° L'approche de son embouchure, parce que lorsqu'une source dégorge ses eaux dans un cours d'eau visible et permanent, elle ne peut jamais être au-dessous du niveau du cours d'eau dans lequel elle se jette ;

5° L'endroit où l'on voit croître *naturellement* des saules, des peupliers, des aulnes, des osiers, des joncs et autres arbres ou plantes aquatiques.

## Point où une source doit être plus abondante.

**35.** Les points où les sources ont la plus grande abondance sont les pieds des descentes. En effet, elles ne traversent ordinairement les bancs de rochers ou de terre dure que par un seul conduit qui les vomit sous terre au pied de la descente ou de la cascade invisible. A partir de ce point, les eaux de la source entrent sous une nouvelle plaine encombrée de terrain de transport dans laquelle ses eaux se répandent en formant une nappe d'eau nouvelle plus ou moins large, ou bien elle se divise en une masse de filets.

Les sources ne se trouvent pas seulement au thalweg de chaque vallon, mais elles se trouvent encore sur les montagnes et collines de toute hauteur et sur leurs versants. Dans ces deux cas leur découverte se rattache essentiellement à l'examen des stratifications, de leur inclinaison, de leur composition.

## § VI. — RECHERCHE DE LA PROFONDEUR D'UNE SOURCE EN UN POINT DÉTERMINÉ

**36.** La fouille que l'on veut faire pour mettre une source au jour peut être placée dans le thalweg d'un vallon ; dans la ligne côtière, dans un coteau, à sa corniche ou à son plateau, suivant l'examen préalable qui aura été fait du terrain.

1° Quand on veut creuser dans le thalweg et que celui-ci est franchement indiqué sur le sol, il faut examiner si la source est reconnue déjà dans le vallon soit naturellement, soit par la main de l'homme. Par un simple nivellement, on connaîtra immédiatement la profondeur de la source moins quelque chose par suite de la pente de la source, à moins cependant que la source sorte de terre par un mouvement ascensionnel, auquel cas il faudrait aller chercher le conduit horizontal.

2° Lorsqu'on manque de points de repères, il faudra rechercher le thalweg invisible et, comme il peut être en désaccord avec le thalweg visible, observer attentivement les deux plans inclinés que forment les deux côteaux opposés et savoir que le cours d'eau suit sous terre leur ligne d'intersection. Ceci fait, on pose un jalon au point D où l'on veut pratiquer la fouille (*fig.* 19).

On mesure la distance horizontale DC, du jalon D au pied C du coteau le plus incliné.

On cherche par le nivellement la hauteur BC du coteau et la projection AB de sa pente. On a alors l'équation :

$$\frac{AB}{BC} = \frac{CD}{DX} \quad \text{d'où} \quad \frac{BC \times CD}{AB} = DX.$$

Il faudra donc creuser d'une profondeur

DX pour rencontrer le niveau où coule la source. Si l'on suppose la pente du coteau uniforme, on pourra facilement, connaissant la pente de la partie visible AC, trouver la projection verticale du point X sur la ligne horizontale CD.

Quelquefois, il arrive que la stratification s'est disloquée et que, par suite, les eaux en s'infiltrant au travers des roches les ont dégradées, puis creusées; en sorte qu'elles coulent plus bas au fond d'une gorge telle que X'.

Le plus souvent on court la chance de rencontrer la source plus haut que le point d'intersection des deux coteaux, en ZZ' par exemple; car les terrains de transport sont presque toujours composés d'une série de couches perméables et imperméables alternatives qui soutiennent la source bien plus près de la surface du sol qu'on ne saurait l'espérer.

3° Ces deux moyens de recherche ne sont applicables qu'aux sources qui suivent les basses plaines.

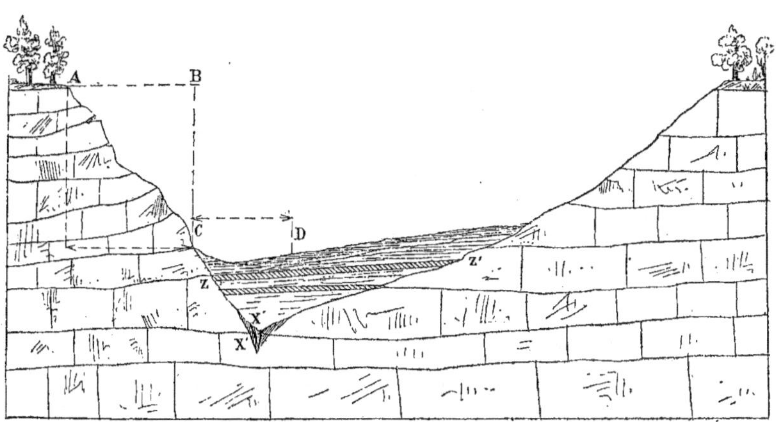

Fig. 19.

S'il s'agit de celles qui sont dans les coteaux ou sur des plateaux, on procède différemment. Ici tout se résume dans la connaissance des couches perméables et imperméables. — Il faut donc connaître la coupe géologique du terrain.

Lorsqu'on est fixé sur le point où doit être placée la fouille, dans la pente ou à la crête d'un coteau, comme en A, par exemple (*fig.* 19), on part de ce point en suivant la pente AC et on examine attentivement l'inclinaison et la constitution de chaque couche de roche ou de terre, et, au besoin, pour ce faire, on enlève la couche légère d'humus qui recouvre le sol véritable, afin de le mettre à nu.

Si l'inclinaison de la stratification conduit les eaux en sens inverse de la pente superficielle on ne doit y faire aucune fouille parce qu'alors la stratification conduit les eaux loin de ce coteau en un autre point de la montagne ou de la colline.

Si la stratification est horizontale on s'arrêtera en descendant le long du coteau, à la première couche imperméable horizontale et la distance verticale de cette couche au point où l'on veut creuser fera connaître la hauteur à laquelle on rencontrera la source.

## § VII. — *RECHERCHE DU VOLUME D'UNE SOURCE SOUTERRAINE*

**37.** Il n'y a pas, en principe, de calcul rigoureux qui permette de démontrer que dans une étendue de terrain donnée, il y a une source *cachée* qui, dans un espace de temps donné, débite telle quantité d'eau ; car, pour cela, il faudrait connaître d'avance l'époque de chaque pluie et la quantité d'eau qu'elle versera sur le bassin qui produit la source et tenir compte encore du degré d'absorption dont le terrain est susceptible.

Nous ne saurions mieux faire que donner ici les indications fournies sur cette question par l'abbé Paramelle :

Dans les plateaux recouverts d'une couche de terrain détritique de 2 à 8 mètres d'épaisseur et reposant sur une couche imperméable convenablement inclinée, il indique que chaque surface d'environ 5 hectares produit, dans le temps de sécheresse ordinaire, une source d'environ 1 centimètre de diamètre, débitant près de 4 litres d'eau par minute.

Rappelons qu'on appelle *un centimètre d'eau fontainier*, la quantité qu'en fournit un orifice circulaire et latéral d'un centimètre de diamètre, la surface de l'eau étant supposée entretenue constamment à 6 millimètres au-dessus du centre de cet orifice (*fig.* 20).

A partir de cette quantité, indiquée par l'abbé Paramelle pour 5 hect., quantité qui est le produit ordinaire des terrains les plus favorables aux sources, on trouve, selon les différentes localités, des terrains qui, à raison de leur porosité, disposition ou compacité, produisent des quantités d'eau qui varient depuis 1 centimètre par 5 hectares jusqu'à zéro. Car il y a des terrains si compactes et si imperméables à l'eau que 20, 50 ni même 100 hect. d'étendue ne produisent pas la moindre source.

Pour qu'un terrain soit favorable à la découverte des sources, il faut qu'il ait à sa surface une couche perméable de quelques mètres d'épaisseur et que sous cette couche perméable il y en ait une imperméable convenablement inclinée. — Si cette disposition de terrain se répète plusieurs fois, une source plus ou moins abondante coule certainement sous chaque couche imperméable.

Les terrains primitifs quoique peu perméables de leur nature, lorsqu'ils sont tourmentés, disloqués et qu'ils ont leurs plateaux recouverts de terrains détritiques ou de roches pourvues d'un très grand nombre de fissures verticales, renferment des sources très nombreuses peu éloignées les unes des autres et toutes d'un faible volume.

Les terrains de transition étant naturellement assez perméables à l'eau lorsqu'ils sont immédiatement superposés à

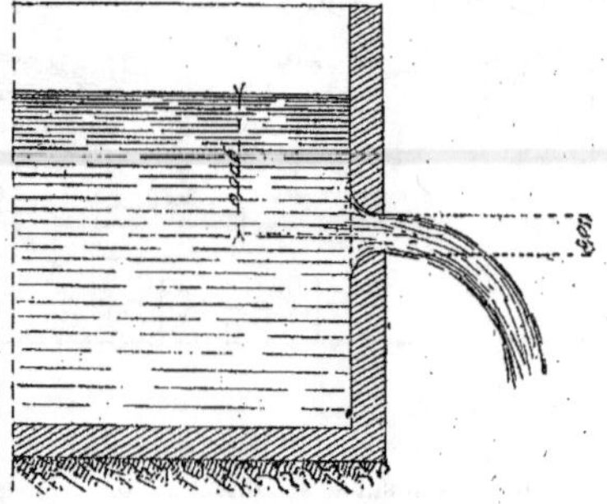

Fig. 20.

des terrains primitifs, les filtrations y descendent généralement jusqu'à la surface de ceux-ci, en suivant les pentes, et s'épanchent au dehors par les fentes qui séparent les uns des autres. Ces terrains sont les poudingues, les arkoses, les grauwackes, les grès rouges, le grès houillers, les molasses, les ardoises, les marbres, le calcaire bitumineux.

Dans les terrains secondaires, les sources visibles ne sont pas aussi multipliées que dans les terrains primitifs, mais elles sont plus volumineuses. Les terrains secondaires les plus propices à la découverte des sources sont : les calcaires oolithiques, compactes, saccaroïdes, marneux et grossiers, le terrain tufleau ou travertin.

## Sources intermittentes et intercalaires.

**38.** Les sources intermittentes sont celles qui, indépendamment des saisons, coulent durant certains intervalles réglés et cessent entièrement de couler pendant d'autres. Les sources intercalaires sont celles qui, à des intervalles fixes et indépendants des saisons, rendent alternativement des quantités d'eau différentes; leur intermission ne dure que quelques minutes, quelques heures ou quelques jours.

La cause de cette intermittence des fontaines s'explique par le jeu des siphons dont le mécanisme est parfaitement connu.

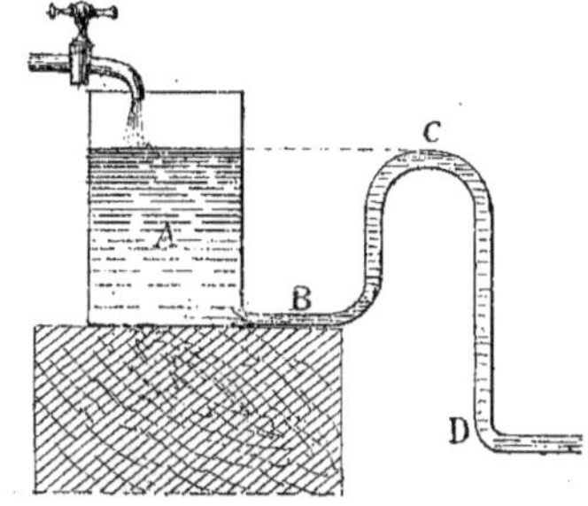

Fig. 21.

On voit par la figure 21 que si l'on verse de l'eau dans le vase A, elle va s'élever en même temps dans la branche BC et quand elle arrive à la courbure C elle

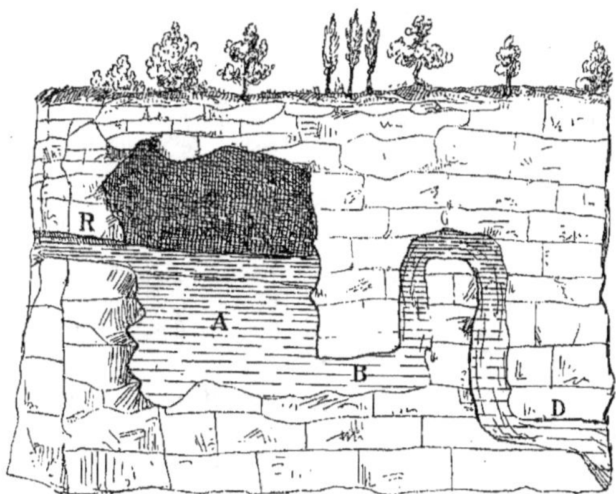

Fig. 22. — Coupe d'un terrain calcaire renfermant une source intermittente.

R, source dont les eaux tombent dans la cavité;
A, cavité servant de bassin;
B, courte branche du boyau souterrain;

C, courbure du boyau;
D, débouché de la longue branche du boyau.

s'échappe par le tuyau D et le vase se vide rapidement si la surface de l'eau y est librement à découvert.

D'après ces données, on voit qu'il y a tout lieu de supposer pour ces sources, dites intermittentes et intercalaires, que l'eau rencontre sous terre une cavité plus ou moins spacieuse et ensuite un boyau disposé comme un siphon. On peut se représenter ce boyau et cette cavité sous la forme suivante (*fig.* 22).

Parmi ces fontaines intermittentes, citons en France celle de Fontestorbe dans la commune de Belesta (Ariège). Son écoulement est ordinairement intercalaire de juin à octobre, puis il devient continu pendant l'hiver après les pluies. Cet écoulement en été commence tous les trois quarts d'heures et dure dix-huit à vingt minutes. Citons également :

La fontaine du Touillon près Pontarlier (Doubs);

La fontaine de Jaude à Clermont-Ferrand.

# CHAPITRE III

## MOYENS DE RECUEILLIR ET DE RETENIR LES EAUX

### § I. — CAPTATION DES SOURCES

#### Travaux à exécuter pour mettre les sources à découvert.

**39.** Les hommes de l'art qui ont à faire creuser pour mettre des sources au jour, et à faire bâtir pour assurer leur conservation, ont à se préoccuper d'obtenir la plus grande quantité d'eau possible, à faire les creusements et les constructions avec économie et solidité, à prévenir un grand nombres d'accidents et à les réparer lorsqu'il en surviendra.

Après que les eaux de la mer se furent retirées des continents et que les sources eurent établi leurs chemins sous terre, toutes celles qui se trouvèrent peu profondes et sous une couche de terre friable, ne tardèrent pas à expulser le peu de terre qui les recouvrait, se firent jour, continuèrent de couler et coulent encore à la surface du sol. Mais celles qui se trouvèrent à des profondeurs considérables, sous des roches dures, ou qui ont été depuis recouvertes de dépôts amenés par des transports ou des affaissements, n'ayant jamais pu trouer les obstacles qui s'opposaient à leur mise au jour, sont restées cachées.

Les sources cachées se trouvent, ainsi que nous l'avons dit plus haut, à toutes sortes de profondeurs, depuis deux jusqu'à plusieurs centaines de mètres.

On met les sources au jour en les amenant hors de terre avec des conduits, en établissant sur leur parcours des débouchés appelés *fontaines*, *puits ordinaires* ou *puits artésiens*. Chacun de ces procédés a des règles particulières dont voici les principales :

#### Conduite d'une source hors de terre.

**40.** Toute source qu'on veut directement conduire hors de terre doit être peu profonde, se rencontrer facilement à un niveau assez élevé par rapport à la contrée voisine pour pouvoir descendre au point désigné pour l'usage journalier, être suffisamment abondante pour les besoins auxquels elle doit suffire.

Les sources qui sont à 7 ou 8 mètres de profondeur, 10 mètres ou plus, sont généralement les seules qui puissent être conduites hors de terre, à cause des frais considérables que leur mise au jour nécessite.

Quand les bancs argileux règnent à une faible profondeur au-dessous du sol et se trouvent placés sur des coteaux plus ou moins inclinés il est rare que l'on trouve en dessous de ces bancs des eaux forcées; mais par contre si le terrain qui les recouvre est perméable, on trouvera certainement, arrêtées par eux, les eaux pluviales qui ont filtré à travers ce terrain.

Lorsque le passage d'une source est indiqué par les pieds de deux coteaux qui se joignent non loin de la surface du sol (*fig.* 19), ou qu'elle marche dans une crevasse de rocher dont elle ne peut s'écarter, on n'a qu'à faire sur la ligne du thalweg un creux rond en forme de puits, d'environ 3 mètres de diamètre; mais lorsque le point où l'on veut placer la fouille se trouve dans une plaine et que le terrain est désagrégé, ce simple creux ne suffirait pas, parce que, dans ce cas, la source principale est presque toujours accompagnée de sources accessoires qui marchent à ses côtés parallèlement et à la même profondeur. Pour arriver à recueillir la plus grande quantité d'eau possible, on doit creuser, dans le banc argileux, à travers le vallon, des rigoles souterraines dirigées de manière à leur donner une pente et des dimensions en rapport avec le volume des eaux à recueillir, et une tranchée perpendiculaire au cours d'eau, large d'environ 2 mètres et d'une longueur suffisante pour capter le plus grand nombre de filets d'eau.

Lorsque la plaine est assez étroite pour que l'on puisse pratiquer la tranchée d'un coteau à l'autre, la tranchée doit la comprendre tout entière, *sans cependant entamer le terrain solide* des deux coteaux. On n'enlèvera donc que le terrain de transport au bas duquel coulent ordinairement les filets d'eau.

Lorsque la plaine est fort large, on doit, par esprit d'économie, restreindre les rigoles et la tranchée au point où l'on suppose les filets d'eau plus abondants; mais l'on devra, autant que possible, proportionner la longueur de la tranchée aux besoins de la consommation.

Avant de construire ces rigoles. il importe de reconnaître, par des sondages exécutés sur un grand nombre de points, la position exacte du banc d'argile par rapport à un plan horizontal de comparaison. Pour faire les sondages, on peut employer soit une espèce de tarière de huit à dix centimètres de diamètre, emmanchée au bout d'une tige en bois ou en fer de longueur suffisante, soit exécuter des trous à ciel ouvert. — On fait ainsi un relevé exact de tous les points de sondage en plan et en profondeur, de façon à avoir un plan coté exact du banc d'argile rapporté à un niveau horizontal de comparaison.

Au moyen de cette étude préparatoire, il devient facile de déterminer la direction qui correspond à une pente continue et uniforme de la surface de l'argile ; de sorte que si l'on ouvre des rigoles suivant cette direction, elles draineront les eaux et les conduiront vers leur point bas.

Si le thalweg visible concorde avec le thalweg invisible, on sera, en général, gêné par un cours d'eau continu ou intermittent. Pour empêcher ce cours d'eau à fleur du sol de venir déranger les ouvriers pendant les travaux, et plus tard la source elle-même, on devra d'abord creuser un fossé de dérivation pour détourner les eaux superficielles.

Le point de départ de ce fossé devra être au moins à 4 ou 5 mètres de la fouille, avoir une capacité suffisante et être prolongé assez loin pour que le cours d'eau superficiel ne puisse jamais revenir dans l'excavation. — On devra employer les déblais à combler le vieux lit.

**41.** *Tranchée de drainage.* — La tranchée doit être perpendiculaire à la direction des eaux souterraines ; en la creusant, on doit descendre à peu près d'aplomb. Si les parois menacent de s'ébouler, il faut les étayer avec des planches appliquées contre le terrain et maintenues en place par des poutrelles appuyées contre le côté opposé. — Il faut avoir grand soin de porter les déblais à plus de 2 mètres des bords de la tranchée, et dans tous les cas à une distance suffisante pour que leur poids ne vienne pas contribuer à déterminer des éboulements.

On ne doit pas s'arrêter à l'apparition de l'eau, mais on doit continuer de creuser jusqu'à ce que la source principale et les veines d'eau qui l'accompagnent toujours fassent dans la tranchée une véritable petite chute de 5 à 10 centimètres environ ; ce qui dénote qu'il ne reste aucune partie de source au-dessus du fond de fouille.

Lorsque la source devient, pendant les travaux, assez abondante pour gêner, on ne doit pas se contenter de chercher à l'épuiser ; mais on fera en aval une tranchée qui sert immédiatement à faire écouler les eaux, et, plus tard à placer les tuyaux de conduite.

La tranchée étant à fond de fouille, on lui donne une pente au plafond pour faire arriver toute l'eau à l'un de ses bouts.

Mais comme une excavation ainsi faite ne se maintiendrait pas et détériorerait le terrain dans lequel on l'aurait creusée, que d'ailleurs les eaux s'évaporeraient à l'air libre ; il faut, pour faire un travail durable, construire dans le fond de la tranchée un ouvrage qui permette aux eaux de s'écouler et qui soit assez solide pour recevoir la plus grande partie des terres de la fouille. Cet ouvrage porte le nom de *pierrée* ou de drain suivant son mode d'exécution.

On bâtit au fond de la tranchée, et sur toute sa longueur, un aqueduc en pierres sèches et un peu taillées ayant le plus souvent de 0,30 à 0,40 centimètres de largeur et de 0,50 à 0,60 de hauteur, et on couvre cet aqueduc avec des dalles solides. L'aqueduc doit être en pierres sèches pour permettre à tous les filets d'eau d'y entrer librement partout.

On pose tout à fait à sec le pied droit d'amont mais on garnit de glaise ou mieux de mortier les joints de celui d'aval.

Nous donnons, figure 23, une coupe verticale faite sur une pierrée.

Il sera préférable, quand on le pourra, de donner à cet aqueduc des dimensions suffisantes pour qu'on y puisse circuler librement, et ainsi le réparer et le nettoyer.

L'aqueduc étant bâti, il faut combler tout le fond de la tranchée à partir des dalles avec des pierrailles jusqu'à moitié ou deux tiers de la profondeur. On comble le reste avec de la terre du déblai par tranches horizontales de 30 à 40 centi-

mètres de hauteur, mouillées et pilonnées à chaque tranche horizontale.

Ce second empierrement sert à recueillir les filets d'eau qui peuvent se trouver plus élevés que la source principale, et à faciliter leur chute dans l'aqueduc. On est en outre assuré que, par la suite, si un tassement se produit dans l'aqueduc, des vides y subsisteront toujours, parce que l'éboulis produit n'entraînera que les pierrailles, et non de la terre qui comblerait l'aqueduc.

On a soin de ménager un petit puits ou regard au point de l'aqueduc où arrive le filet d'eau principal, et un autre au point bas de la tranchée.

On les recouvre à fleur du sol d'une petite dalle percée d'un trou.

Outre les moyens de visite qui sont ainsi réservés pour l'avenir, ce regard facilite l'entrée de l'air qui permettra à l'eau de courir dans les tuyaux. Ce regard sert aussi au besoin, dans les temps de grandes pluies, de réservoir aux eaux, et évite ainsi les dégâts que causeraient inévitablement une abondance d'eau supérieure au débit des tuyaux.

Il faut bien se garder d'établir une sorte de barrage en faisant ce travail, en cherchant ainsi à élever le niveau de l'eau, car alors on s'expose à la perdre : Cette eau ainsi refoulée peut se créer, sinon immédiatement, du moins à la longue, une issue latérale qui s'agrandira peu à peu et absorbera tout le débit.

Une fois la tranchée en pierre sèche établie, et la source recueillie, on creuse une tranchée en aval pour y poser le conduit dont le point de départ doit être au point le plus bas de la tranchée en pierre sèche. Il faut lui donner une pente minima de 0,003 par mètre. Le premier tuyau doit être muni d'une sorte de crapaudine percée de trous pour arrêter les détritus qui produiraient des engorgements. Cette crapaudine peut être en plomb, en cuivre, en terre cuite vernissée ou en fonte, et se trouve placée au fond du regard. Au fur et à mesure que le tuyau s'éloigne du puits ou regard, on peut, tout en observant la pente ci-dessus indiquée, le rapprocher du sol naturel jusqu'à ce qu'on atteigne une profondeur de

0^m,60. Cette profondeur est suffisante en été pour garder à l'eau sa fraîcheur et l'empêcher de geler en hiver. Si l'on place les conduits trop profondément, on est amené par la suite à des dépenses d'entretien trop considérables.

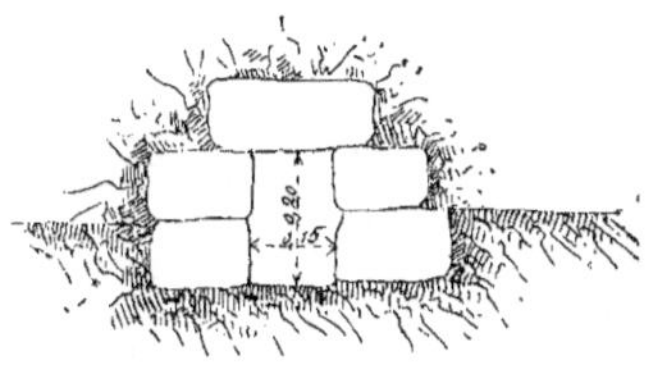

Fig. 23.

Nous verrons plus loin qu'on doit éviter les tournants subits et prendre des précautions et dispositions spéciales pour le passage sous les routes

Disons également dès maintenant que les tuyaux qu'on emploie ordinairement sont en plomb, en fonte, en terre cuite ou en bois.

Ils doivent avant tout, avoir un diamètre et une épaisseur proportionnés à la quantité d'eau qu'on veut conduire. Tous les joints doivent être calfatés avec du mastic. Citons ici une composition fort souvent employée pour ce mastic :

Ciment de Pouilly. . . . . . 50 %
Chaux hydraulique . . . . . 25 %
Fragments de briques ou
 de tuiles pulvérisés . . . . 25 %
———
100 %

On gâche ce mélange avec de l'eau, comme le plâtre, et on l'emploie aussitôt préparé dans l'auge, également comme le plâtre.

**42.** *Pierrées.* — D'après ce que nous venons de dire, la pierrée doit nécessairement reposer directement sur l'argile, et être disposée de manière que les eaux, arrêtées dans leur cours naturel sur cette argile par la pierrée, y soient reçues en totalité et ne puissent plus suivre leur ancien écoulement.

Pour atteindre ce double but, lorsque la surface supérieure du banc d'argile est ondulée, il faut nécessairement s'enfoncer dans les parties où elle est trop élevée, afin qu'en aucun point la pierrée ne soit au-dessus de l'argile. Si elle ne s'y appuyait pas partout, l'eau se perdrait dans les points où elle rencontrerait le sol perméable, et le travail que l'on aurait exécuté se trouverait sans résultat.

**43.** *Drains.* — Depuis quelques années, on remplace avec avantage les pierrées par des tuyaux de drainage dont le diamètre est proportionné au volume d'eau à écouler. Les tuyaux de drainage doivent être enfoncés de toute leur épaisseur dans l'argile pour conserver les eaux qui y arrivent en empêchant qu'elles s'écoulent sur cette argile et leurs joints doivent être recouverts par des éclats de tuyaux d'un diamètre supérieur à celui du tuyau de drain.

Pour prévenir l'obstruction des drains et des pierrées, il faut proscrire à 10 ou 15 mètres de part et d'autre de leur emplacement la plantation des arbres à racines traînantes, peupliers, saules, noyers, ormes, etc.

Pour n'avoir pas un travail de recherche trop long et trop dispendieux à faire quand on s'aperçoit de la diminution des eaux d'une pierrée par suite d'engorgement, il faut, au moment où on la construit, établir, à des distances assez rapprochées de 50 à 100 mètres suivant que les engorgements sont plus ou moins à craindre, des regards au moyen desquels on peut facilement constater, soit par le gonflement des eaux, soit par leur diminution, les points sur lesquels l'obstruction existe.

**44.** *Cheminées.* — Ces regards ou plutôt ces cheminées se construisent, comme les pierrées, avec des pierres sèches : ils sont placés dans la même direction, et ont 0^m,60 à 0^m,80 dans œuvre ; on les élève jusques à 0^m,50 ou 0^m,60 au-dessous de la surface du sol, et là on les recouvre d'une dalle sur laquelle on remblaie ; mais dont on indique la position par une borne comme on le fait pour les aqueducs.

**45.** *Tuyaux de conduite.* — Les tuyaux *en plomb* sont les plus commodes, les plus solides et les plus durables ; ils peuvent se plier à tous les tracés. — Leur durée dépasse la vie humaine. — S'ils coûtent cher ils sont peu coûteux d'entretien.

Des *tuyaux en fonte* nous ne dirons rien dans ce chapitre, nous réservant de traiter plus loin en détail la question des tuyaux de conduite.

Mais nous dirons dès maintenant que *les tuyaux en terre cuite* sont fort souvent employés pour les eaux de sources parce que ce sont ceux qui altèrent le moins la pureté des eaux, qu'ils s'encrassent peu ou point — qu'ils sont moins coûteux que ceux des deux catégories précédentes et que leur emploi est indiqué pour les conduites où il n'y a pas de pression intérieure.

*Les tuyaux de bois*, tuyaux primitifs, sont de véritables rouleaux longs d'environ 2 mètres. On les perce avec de longues tarières en fer de grosseurs différentes et que l'on fait succéder les unes aux autres. On ajoute ces tuyaux tantôt en augmentant l'ouverture de l'un et amincissant suffisamment le bout de l'autre pour qu'il puisse s'y emboîter; tantôt on les pose bout à bout et on les joint par une douille en fer, large d'environ 1 décimètre et épaisse d'environ 3 à 4 millimètres; cette douille qui a les bords tranchants et le diamètre un peu inférieur à celui extérieur des deux tuyaux qu'elle conjoint est enfoncée à force dans les deux tuyaux.

Les tuyaux de bois, s'ils sont les moins coûteux, de premier établissement, sont les plus coûteux d'entretien. Ils se fendent et se pourrissent.

Le nettoyage des conduites doit se faire au moins une fois par an; on procède en général par chasse d'eau et pour cela on ferme toutes les sorties des eaux, puis on laisse les conduites se remplir et on ouvre ensuite en grand au robinet dégorgeoir placé au bas de la conduite.

Ces conduites aboutissent à une ou plusieurs fontaines. Nous traiterons cette question plus tard à un chapitre spécial.

## § II. — CITERNES

**46.** Certains pays sont dépourvus de sources naturelles ou de cours d'eau; d'autres n'ont que des eaux d'une nature marécageuse; ailleurs, les dépenses à faire pour l'adduction des eaux de source ou la dérivation des eaux de rivières seraient trop considérables en raison du but qu'on se propose d'atteindre. Dans ces pays qui seraient inhabitables sans eau, on se sert, non seulement pour les usages domestiques et industriels, mais aussi pour l'alimentation, des eaux de pluie reçues par les toits, quelquefois même, en pays de montagnes plus particulièrement, de celles recueillies par les fossés des routes pierreuses; ces eaux ainsi recueillies sont emmagasinées dans des réservoirs appelés *citernes*.

L'usage des citernes remonte à la plus haute antiquité; les Romains en ont laissé plusieurs de fort belles, parmi lesquelles nous citerons celles de *Pouzzoles*; mais la plus remarquable de toutes celles qui existent à cette heure est la grande citerne de *Constantinople*; 424 piliers disposés sur deux rangs en soutiennent la voûte.

Nous donnons ici (*fig.* 24) un plan et une coupe de la citerne Mauresque de l'*Alhambra* à *Grenade* (ESPAGNE) dont la voûte en double arcature est soutenue par une série de piliers.

Les eaux peuvent être amenées par des ruisseaux, mais le plus souvent elles tombent directement des tuyaux de descente des toits dans les citernes. Les eaux qui coulent dans des canivaux, en pierres creusées, en briques ou en tuiles arrondies, sont généralement moins chargées de matières étrangères que celles qui sont amenées par les ruisseaux en pavés de grès, en cailloutis ou en béton.

Lorsque ces eaux doivent servir à l'alimentation, on dispose les conduits qui aboutissent aux citernes de manière à permettre de rejeter les premières eaux tombées au commencement d'une pluie pour n'introduire dans le réservoir que celles suivantes, qui, n'ayant rencontré ni les poussières de l'air, ni les immondices du sol, sont plus pures.

Pour atteindre ce but, on place sur le conduit venant de la toiture un robinet à trois eaux, qui, dans sa position normale, laisse écouler l'eau au dehors au commencement de la pluie ; au bout de quelques instants on fait tourner le robinet d'un

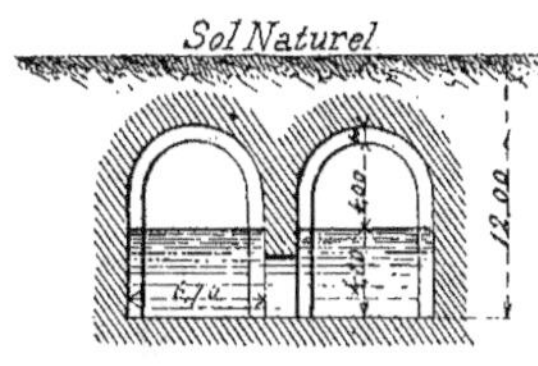


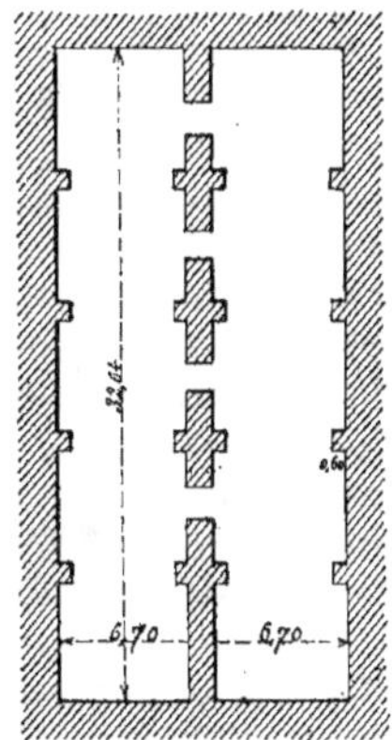

Fig. 24. — Citerne mauresque de l'Alhambra.

quart de tour, ce qui interrompt la communication du tuyau de descente avec l'extérieur, et met au contraire directement en communication le toit et la citerne, figures 25 et 26.

On trouve ce dispositif dans la ville de *Cadix* (Espagne) où chaque maison est munie d'une citerne.

Quelquefois, pour faire dévier la direction des eaux, parce qu'elles sont sales, de mauvaise nature, ou qu'elles proviennent de pluie d'orage, on peut simplement disposer une petite vanne à l'entrée de la citerne.



Ces réservoirs, destinés à *recueillir* et *conserver* l'eau pluviale, doivent avoir des rigoles, des conduits propres pour l'aménagement, avoir des parois bien étanches et dans le cas où ils ne sont pas situés immédiatement sous les bâtiments, être souterrains et munis d'une couverture suffisamment épaisse pour protéger l'eau contre la gelée ou contre l'échauffement ; être placés à l'ombre pour que l'évaporation soit moins rapide.

L'eau de pluie ainsi emmagasinée dans les citernes exige quelques précautions pour être conservée dans un état hygiénique satisfaisant.

Il lui faut l'obscurité qui empêche le développement des baccilles végétaux cryptogamiques et microbiens, toujours rencon-

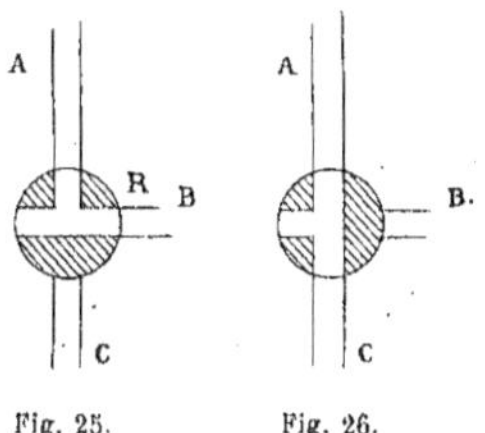


Fig. 25.        Fig. 26.

trés par l'eau dans sa chute et toujours entraînés. Aussi a-t-on soin, lorsque la partie supérieure de la citerne est au-dessus du sol, de disposer une baie d'accès pratiquée dans une des parties verticales, fermée par une porte en bois ou en tôle et tournée vers le nord. Cette baie permet l'accès dans l'intérieur pour l'usage courant et aussi pour le nettoyage.

Quelquefois aussi la citerne est à fleur du sol et son orifice fermé par un châssis et un tampon de fosse (Voir la figure 27).

Il faut aussi tenir la citerne en parfait état de netteté et de propreté, et pour cela la curer et la nettoyer à des intervalles réguliers et suffisamment rapprochés.

Enfin, il faut établir un tuyau de trop plein à quelques décimètres au-dessous de la clef de voûte, et un tuyau de vidange. Le dégorgeoir et la vidange correspondent à un fossé d'écoulement ou à un puits perdu.

Ces réservoirs sont généralement divisés en deux chambres de grandeur inégale : le *citerneau* où les eaux se réunissent et déposent les matières qui les troublent et la *citerne* proprement dite où elles se conservent.

Dans certaines contrées, en *Vénétie*, par exemple, on clarifie les eaux en établissant autour des citernes de véritables filtres au moyen d'excavations remplies de sable assez fin au travers duquel les eaux s'écoulent d'abord avant de pénétrer dans la citerne. Voir plus loin la figure 31.

On doit autant que possible éviter dans le choix des matériaux l'emploi de pierres calcaires, et pour la construction l'usage du mortier de chaux dont le contact peut donner à l'eau de la dureté. Le mortier de ciment ou les enduits de ciment de Portland ont moins d'inconvénients.

Il est préférable de couvrir la citerne par une voûte assez épaisse ou par un plancher en fer hourdé en ciment, car le plancher en bois sur lequel on dépose de la terre serait défectueux et pourrait, à un moment donné, causer des accidents ou laisser passer des racines.

*Diverses dispositions des citernes.*

**47.** Il nous suffira tout d'abord de citer ici les deux exemples de citernes choisis par M. Oslet dans la troisième partie du *cours de construction* pour donner les principaux éléments et les dispositifs généralement employés aujourd'hui en France.

On peut disposer le tout comme l'indique le croquis (*fig.* 27). Cette citerne a ses parois verticales formées par deux murs parallèles entre lesquels on place une couche de terre glaise fortement pilonée ; les deux murs intérieurs sont surmontés d'une voûte dans laquelle on ménage un orifice O destiné au nettoyage de la citerne. Cet orifice est couvert par une dalle en pierre ayant $0^m,85$ sur $0^m85$ et $0^m12$ d'épaisseur. L'eau après avoir déposé une grande partie de ses impuretés dans un fossé, se rend dans le *citerneau* B qui mesure 1 mètre cube de capacité : il est ordinairement rempli au fond de graviers et sables à travers lesquels l'eau filtre avant d'arriver à la citerne ; une plaque de fonte placée verticalement forme si-

phon et oblige l'eau à circuler dans le sable. L'eau de la citerne est extraite à l'aide d'une pompe. Le tuyau d'aspiration est fixé aux parois au moyen de colliers qui doivent être scellés au fur et à mesure que l'on monte la construction pour éviter les fissures qui pourraient se produire après coup. Les citernes peuvent être circulaires ou rectangulaires, il est dans tous les cas, préférable d'augmenter la profondeur en réduisant la surface.

La figure 28 représente un autre type de citerne ; dans cette dernière on peut extraire l'eau comme on le ferait dans un puits ordinaire. Les parois de cette citerne sont en bonne maçonnerie hydraulique, doublée à l'extérieur d'une couche de terre glaise fortement pressée.

Cette citerne est précédée de deux citerneaux A et B ; le premier reçoit les eaux du dehors ; ces eaux se déposent une première fois dans le citerneau A, puis une seconde fois dans le citerneau B avant de passer dans la citerne.

Dans son ouvrage sur les eaux publiques, M. Grimaud de Caux donne d'intéressants détails sur l'alimentation hydraulique de la ville de Venise et sur la construction raisonnée d'une des citernes qu'on y rencontre :

Pendant fort longtemps les habitants de *Venise* n'eurent à leur disposition que les eaux de pluie pour tous leurs besoins. Ce n'est que vers le milieu du XIX<sup>e</sup> siècle qu'on a augmenté considérablement la quantité d'eau disponible en dérivant dans un canal appelé la *Seriola* les eaux de la rivière *Brenta*. Encore ce canal n'arrive-t-il pas jusqu'à Venise : il s'arrête à Fusine au bord de la lagune. L'eau potable amenée par le canal est prise ensuite par des bateliers qui la transportent en ville dans des barques spécialement aménagées pour cet usage. Chaque barque peut contenir environ 20 mètres cubes d'eau : il entre dans Venise environ quarante fois cette capacité par jour ; c'est donc près de 800 mètres cubes d'eau que la Brenta fournit à cette ville. Cette eau est vendue directement aux habitants par les bateliers qui font office de véritables porteurs d'eau.

La quantité d'eau fournie ainsi annuellement par la *Seriola*, soit environ 300,000 mètres cubes n'est encore qu'une faible partie de la consommation totale dont plus des trois quarts est fournie par les citernes.

La ville de Venise occupe au milieu de

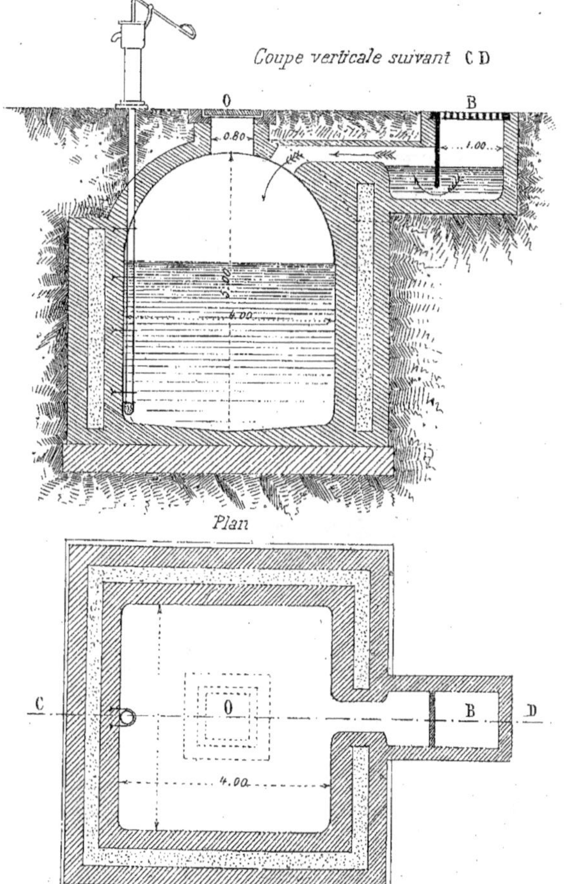


Fig. 27.

la lagune une surface d'environ 5,200,000 mètres carrés et compte 2 077 citernes dont 177 réservées aux besoins publics et 1 900 appartenant aux particuliers. La capacité totale de ces 2 077 citernes est de 202,535 mètres cubes.

Dans une année commune, il tombe à Venise au pluviomètre 0,82 centimètres de hauteur d'eau, ce qui donnerait une quantité d'eau totale de :
5,200,000 × 0,82 = 4,264,000 mètres cubes.

Or, la pluie tombe en abondance suffisante et à des époques de l'année assez espacées pour remplir les citernes, environ cinq fois par an, ce qui porte le volume d'eau recueilli à :

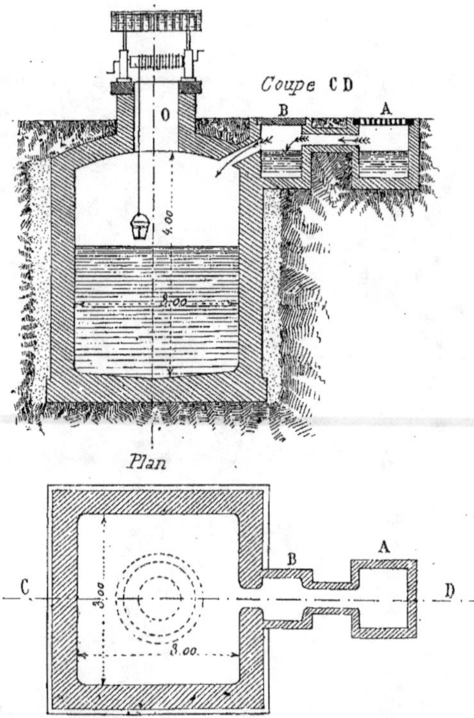


Fig. 28.

5 × 202 535 = 1 012 675 mètres cubes.

Nous extrayons également de l'ouvrage de M. Grimaud de Caux la description d'une des citernes de Venise dont le mode de construction parfaitement rationnel peut servir de type.

On commence par pratiquer dans le sol une excavation ayant la forme d'un tronc de pyramide dont la hauteur est de 4 mètres environ. La petite base du tronc se trouve occuper le fond de l'excavation.

On garnit cette dernière d'un bâti en bois pour maintenir le terrain composé de trois ou quatre rouets circulaires derrière lesquels on insère des palplanches. Puis, on dépose par dessus cette enveloppe en bois une couche d'argile pure, bien liée et dont on lisse avec soin la surface. Le tronc de cône en boisage est ainsi préservé de l'humidité par l'argile qu'il préserve des poussées extérieures. Dans les plus grandes citernes, l'épaisseur de cette couche d'argile ne dépasse pas 30 centimètres dans ses parties les plus minces; c'est suffisant pour résister à la pression de l'eau d'une part et d'autre part à la pénétration par les racines des

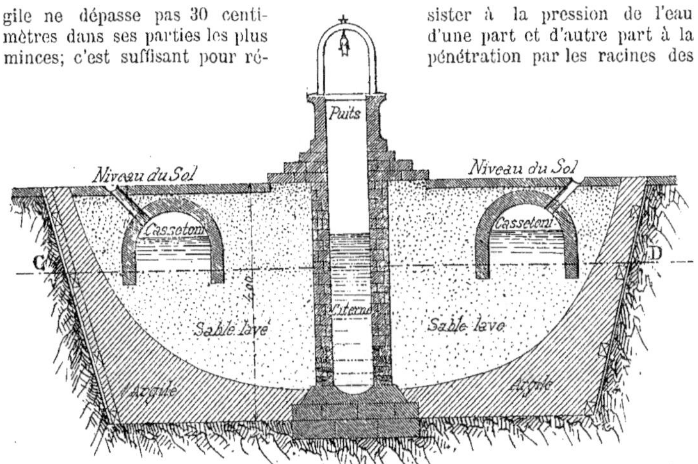


Fig. 29. — Citerne de Venise (coupe AB).

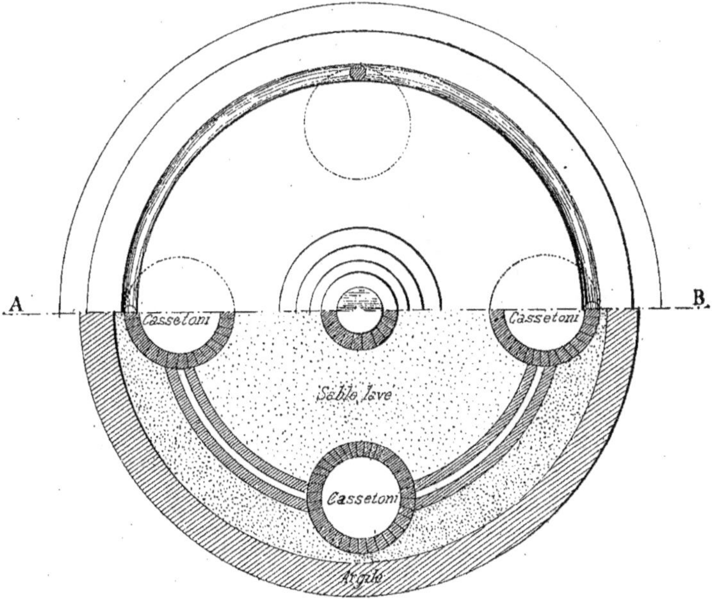


Fig. 30 et 31. — Plan et coupe suivant CD.

végétaux toujours avides d'humidité. Le fond de l'excavation reçoit une bonne fondation en pierre, établie sur béton pour recevoir une pierre circulaire creusée en son milieu. Elle forme la base d'un cylindre creux ayant les dimensions d'un puits ordinaire et qu'on bâtit en briques sèches. Les briques du fond sont percées de trous coniques. Le puits s'élève jusqu'au-dessus du sol et se termine par une margelle ordinaire.

L'espace compris entre la paroi extérieure du puits et les parois intérieures de l'excavation dont il occupe le centre est rempli avec du sable de mer lavé.

A chacun des angles de la fosse, on dispose une sorte de niche en pierre ou en briques, fermée par un couvercle en pierre

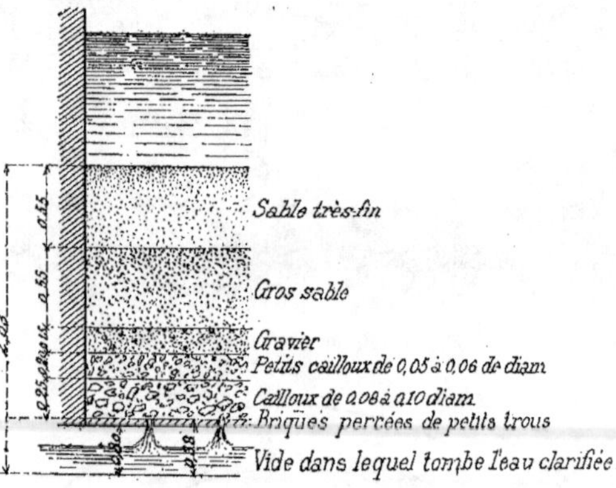


Fig. 32.

percé de trous ; ces niches ou {cassettoni sont reliées entre elles par un petit canal en briques sèches. L'eau de pluie entre directement dans les *cassettoni*, traverse le sable, se filtre et pénètre enfin dans le puits central d'où on la retire avec des seaux. La surface du sable reçoit un pavage ordinaire qui est incliné de manière à amener vers l'orifice des cassettoni l'eau pluviale qui y tombe.

Dans ce mode de construction on n'emploie comme matériaux essentiels que le sable et l'argile et on exclue autant que possible le contact de l'eau avec le ciment ou la chaux.

Cet appareil est un véritable filtre, et on comprend que, dans ces conditions, l'eau pluviale isolée d'une façon absolue de toutes les eaux d'infiltration de terrains environnants puisse se conserver limpide et fraîche.

Nous donnons, figures 29, 30 et 31, les plans et coupe verticale d'une des citernes de Venise.

Comme dernier exemple de citerne, nous citerons celle du village de Manissès près Valence (Espagne). Cette citerne, véritable ouvrage public, peut contenir 3 000 mètres cubes d'eau.

Les eaux pluviales passent tout d'abord dans un bassin de décantation M de 75 mètres de longueur sur 8 mètres de largeur, d'où elles passent ensuite au travers de petites ouvertures dans quatre grandes cuves N où elles traversent verticalement un filtre de 2 mètres de hauteur (*fig.* 33).

Ces cuves immenses ont leur fond fait de petites briques percées de petits trous pour laisser passer l'eau clarifiée. Au-dessus on a disposé des couches successives et superposées de cailloux, de gravier, de gros sable et de sable fin. L'eau est recueillie clarifiée en dessous de ces cuves dans un conduit P voûté d'où elle sort par un conduit Q qui la dirige vers

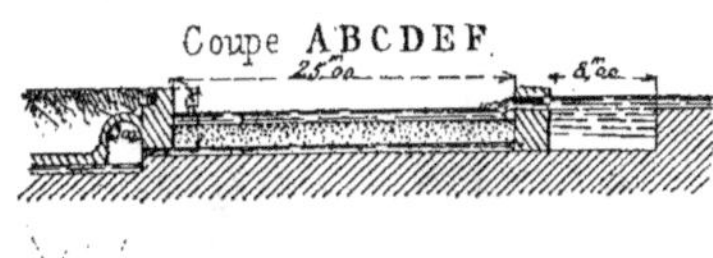


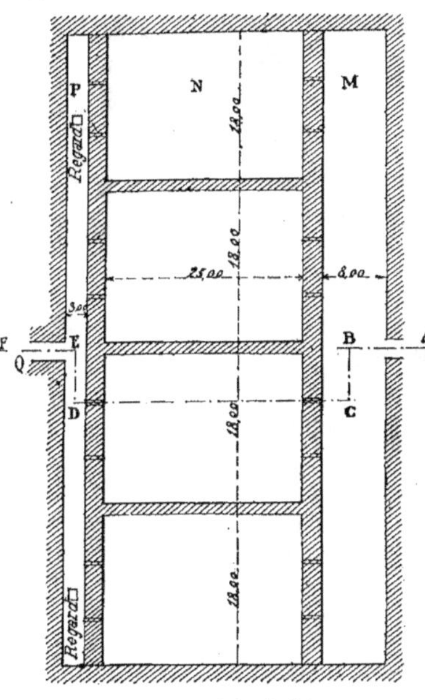


Fig. 33. — Filtre de Valence.

les citernes. La figure 32 donne le plan et une coupe verticale du filtre. La figure 34

un plan et deux coupes de la citerne du village de Manissés.

*Dimensions des citernes.*

**48.** La capacité des citernes dépend de deux éléments : la quantité d'eau qui tombe annuellement sur terre au point considéré, la quantité d'eau nécessaire aux besoins à desservir.

La première donnée correspond dans notre climat à une quantité d'eau égale à une colonne de $0^m,50$ de hauteur. C'est-à-dire qu'une surface d'alimentation de 1 mètre carré devrait fournir au réservoir un demi-mètre cube d'eau. Pour les citernes, il ne faut adopter que la moitié ou le tiers de ce chiffre à cause des éléments de perte.

Pour la seconde donnée, nous admettrons avec M. Grimaud de Caux les quantités d'eau suivantes comme nécessaires dans une ferme par exemple :

10 lit. par jour, soit $3^{mc},600^{lit}$. par an pour une personne adulte ;
50 — 18 ,000 — un cheval ;
30 — 11 ,000 — une vache ou un bœuf;
2 — 0 ,750 — un mouton ;
3 — 1 ,100 — un porc.

Total $33^{mc},450$

On voit que si la ferme admet quatre personnes, un cheval, une vache et un porc, il faudra recueillir par an $44^m.500^{lit}$, ce qui exige une surface de toit de $90^{m2}$ produisant 68 mètres cubes d'eau, c'est la surface de toiture de l'habitation d'un petit cultivateur. Dans les campagnes, l'établissement des citernes et l'utilisation convenable des surfaces de toits permettent de rassembler assez d'eau pour abreuver les animaux qui sont trop souvent conduits à des mares où l'eau corrompue contient le germe d'épizooties.

## § III. — PUITS

**49.** Un puits est un creux profond, fait de main d'homme, revêtu de maçonnerie et destiné à fournir de l'eau. La majeure partie des hommes s'abreuve de l'eau des puits.

Toutes les fois qu'une source ne peut être amenée à portée des usages domestiques au moyen des drainages et du mode de captation que nous avons indiqué, parce qu'elle ne se trouve pas assez élevée par rapport au point où l'on veut se servir de l'eau, ou parce qu'elle est trop faible etc., etc., on établit un puits sur la source qu'on reconnaît être la plus proche et la plus abondante.

Une source trop faible pour former une

fontaine coulant à l'extérieur, peut, recueillie ainsi dans un puits, fournir à des besoins encore assez importants parce que l'eau s'y ramasse continuellement alors que le puisage est loin d'être continuel.

Dans l'établissement d'un puits, il faut considérer plusieurs opérations :

La recherche de son emplacement —

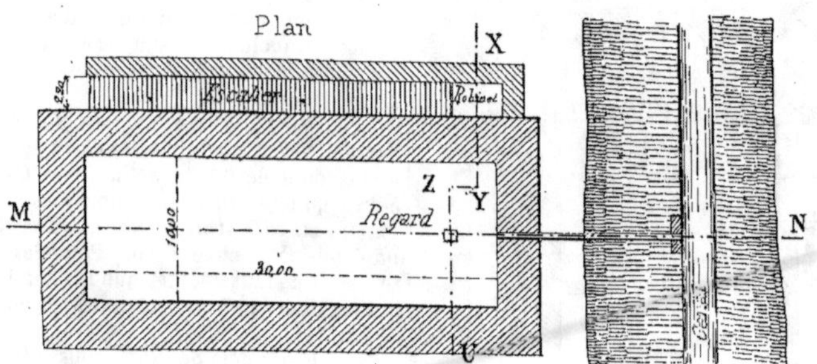


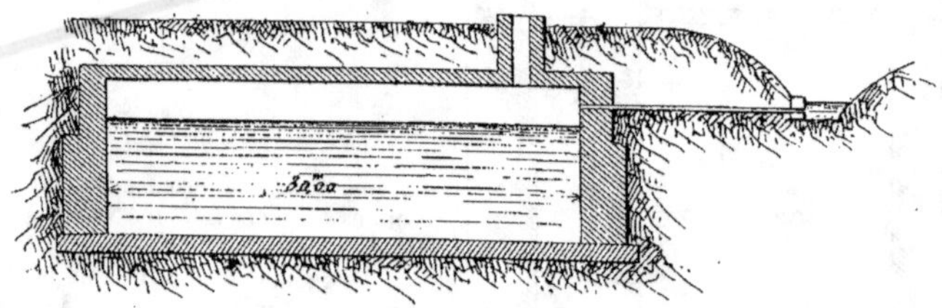


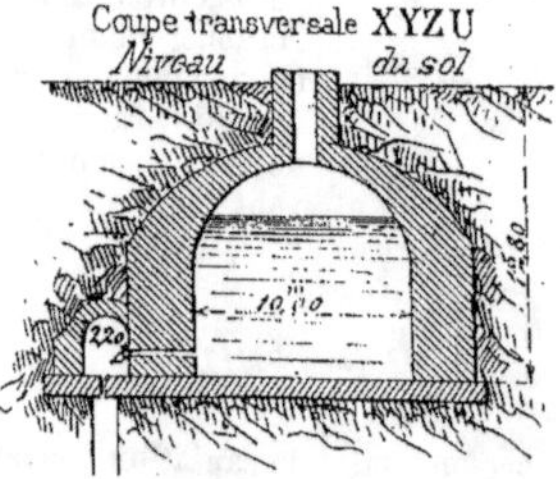


Fig. 34. — Citerne de Manissès (Espagne)

l'exécution de la fouille et celle de la maçonnerie.

### Recherche de l'emplacement.

**50.** On peut dire que, d'une manière générale, on doit toujours rencontrer une nappe d'eau en un point quelconque choisi, mais souvent à une profondeur telle que les difficultés et les frais de creusage d'abord, et par la suite les dépenses nécessitées par la mise en service rendraient l'opération au moins inutile.

Il faut donc commencer par reconnaître la situation du lieu au point de vue hydroscopique d'après les données indiquées précédemment et savoir aussi bien que possible à l'avance où l'on a le plus de chance de rencontrer la nappe d'eau souterraine à la plus faible profondeur.

Quand il existe dans le voisinage un puits déjà creusé, il devient facile de se rendre compte de la profondeur qu'il faudra probablement donner à celui que l'on veut exécuter: il suffit de tenir compte de la profondeur donnée à celui qui existe et de la pente des couches géologiques entre le premier puits et le second.

En général, pour établir un puits ordinaire, on commence par creuser le sol sur une étendue circulaire en ayant soin, à mesure qu'on descend, de soutenir les terres au moyen de planches appliquées contre les parois et maintenues en place par des étrésillons mis en travers. Quand on est arrivé à la nappe d'eau sur le terrain imperméable, on l'examine et si on reconnaît que ce terrain, qui par sa nature aurait dû être imperméable, se laisse traverser par l'eau, on doit abandonner immédiatement l'entreprise ; car on n'a aucun indice permettant de reconnaître à quelle profondeur on retrouvera un sol imperméable. — Si cependant le terrain qu'on rencontre, sans être le fond du coteau, est une couche imperméable de transport plus ou moins argileuse, par exemple, donnant des indices certains que les eaux courantes coulent à sa surface, on s'y arrête.

Dans le cas où l'on touche le rocher constitutif du coteau, et où on le reconnaît imperméable, on examine attentivement de quelle manière il se présente; on étudie son inclinaison, sa stratification. Si les assises du rocher sont inclinées et que la ligne d'intersection des deux stratifications passe par le milieu de l'excavation, on continue de creuser jusqu'à la profondeur où coule la source. Si cette ligne ne se trouve pas posée sur le milieu du creux, il faut élargir celui-ci jusqu'à ce qu'elle y passe, car cette ligne est le vrai thalweg du vallon souterrain,

et nous avons vu que c'est toujours au thalweg que coule la source.

Lorsqu'on est arrivé au rocher, si l'on voit que l'on est tombé sur l'un des deux plans inclinés qui forment la base d'un des deux coteaux, on doit pratiquer une galerie allant vers l'aval de ce plan pour savoir à quelle distance est la base du coteau opposé. Si l'on reconnaît la base de l'autre coteau à 1 mètre ou deux de distance, on déplace l'axe et on continue l'approfondissement en se tenant à cheval sur la ligne d'intersection.

Si l'on rencontre la base de l'autre coteau à plus de 2 mètres, il faut alors faire un autre creux.

Si l'on tombe sur un rocher dont les assises sont horizontales, alors on continue de creuser là où on se trouve, parce qu'il n'y a pas de raison de croire que la source peut passer à côté.

*Creusage du puits.*

**51.** Lorsqu'on a reconnu l'emplacement, on procède au creusage du puits. On y emploie des ouvriers spéciaux appelés *puisatiers*. Le mode de fonçage dépend de la nature du terrain et des moyens locaux. Le plus souvent un ou deux puisatiers creusent le puits pendant que deux autres au niveau du sol manœuvrent un treuil provisoire pour enlever les déblais et les rouler à une certaine distance.

Lorsque l'on rencontre un terrain suffisamment résistant, on se contente de creuser jusqu'au terrain imperméable dans lequel on entre de 1 mètre ou 2, après quoi on procède à la construction de la maçonnerie.

Lorsque le terrain offre peu de consistance, il faut avoir soin d'étayer au fur et à mesure que l'on creuse; dans certains cas on devra faire cet étayement sur toute la hauteur du puits; quelquefois seulement pour la traversée de couches ébouleuses, on étaye avec des planches étrésillonnées par des cercles en fer placés généralement de mètre en mètre.

Dans les terrains très coulants, il faut garnir les planches par des fougères, de la paille, garnie au besoin de terre glaise.

### Construction de la maçonnerie.

**52.** Lorsque le fond du terrain imperméable, dans lequel on a pénétré, n'est pas de roche, ce qui est le cas le plus ordinaire, on dispose les premières assises de la maçonnerie sur une base solide qui se compose tantôt de quatre forts chevrons assemblés en carré, tantôt d'un grand anneau de bois appelé *rouet*, auquel on donne la même épaisseur qu'au revêtement. C'est sur ce rouet que repose le revêtement en maçonnerie. Celui-ci, presque toujours de forme circulaire, est le plus souvent, dans la partie inférieure du puits, en pierres sèches appareillées en forme de voussoirs pour laisser filtrer l'eau ; dans la partie haute, il est appareillé de même, mais hourdé en bon mortier hydraulique. Lorsque la nature du terrain oblige à commencer la maçonnerie hourdée en mortier hydraulique dès le fond du puits, on dispose dans cette partie un certain nombre de fentes ou barbacanes pour faciliter l'arrivée de l'eau. Il faut avoir soin en montant le revêtement de bourrer en pilonnant l'intervalle qui le sépare du terrain naturel.

Il va sans dire que lorsque celui-ci est composé de roches, il devient inutile de le revêtir, les roches remplaçant elles-mêmes le revêtement.

On pratique en outre de distance en distance, sur toute la hauteur de la construction, des ouvertures dites *trous de boulins*, où on scelle des échelons en fer, pour y placer les pieds, quand on veut descendre dans le puits. La maçonnerie se termine au-dessus du sol par un appui d'environ 80 centimètres de haut dont le rebord se nomme *margelle* (fig. 35).

Le sol qui environne le puits doit être pavé ou cimenté jusqu'à une distance de 2 à 3 mètres; avec une pente sur une rigole pour conduire les eaux dans un ruisseau d'écoulement.

Quelques constructeurs procèdent d'une façon différente. Ils creusent et bâtissent le puits en même temps. Ils commencent par pratiquer une excavation d'environ 1m,50 de profondeur, puis ils posent le rouet, et y établissent leurs assises jusqu'au niveau du sol et au-dessus. Alors, ils creusent la terre par dessous le rouet de manière à faire descendre ensemble et peu à peu toute la maçonnerie par son propre poids. Cette méthode présente une grande économie de main-d'œuvre, parce

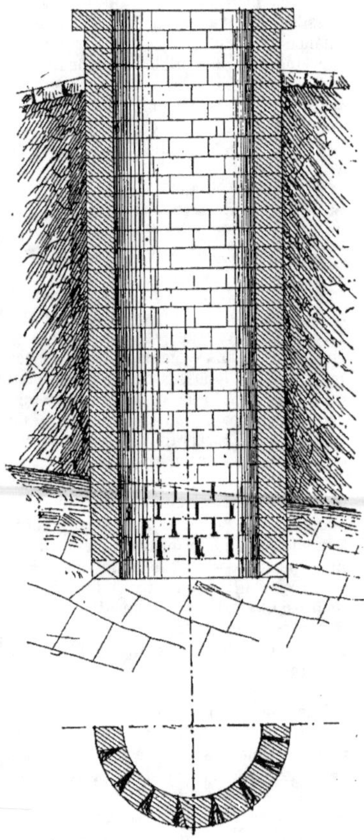

Fig. 35.

qu'on n'est pas obligé de descendre les matériaux dans le puits et qu'ensuite les ouvriers travaillent bien mieux et plus vite sur le terrain que dans un espace étroit où ils se gênent mutuellement.

Au fur et à mesure que l'on avance en profondeur, l'air respirable allant en diminuant, il faut souvent avoir recours à des moyens spéciaux pour le renouveler. Quelquefois, il suffit de descendre au fond du creux un peu de chaux pour absorber l'acide carbonique.

On creuse ordinairement les puits sur un diamètre de 2 mètres à 2<sup>m</sup>,50 ; ce qui porte le diamètre du puits maçonné à 1<sup>m</sup>,50 ou 2 mètres environ.

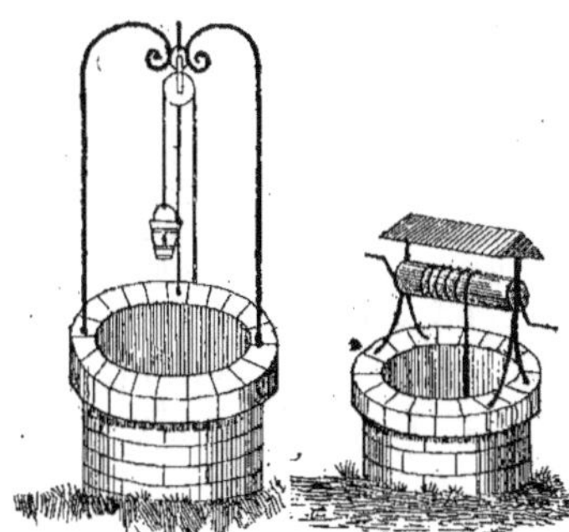

Fig. 36.        Fig. 37.

On extrait l'eau des puits soit avec des seaux que l'on fait monter par un treuil ou une poulie au moyen d'une corde ou d'une chaîne ; voir les figures 36 et 37, soit avec des pompes ; alors la pompe est installée sur un bâtis au-dessus de l'orifice du puits dont la maçonnerie s'arrête au niveau du sol ; l'orifice est fermé par une dalle munie d'un tampon, ou une plaque en tôle ou en fonte (*fig*. 38 et 39).

On trouvera dans la première partie du *Traité des fondations, mortiers, maçonneries*, par MM. Oslet et Chaix, d'intéressants détails sur la construction des puits et les divers dispositifs employés pour amener l'eau à la surface du sol.

Le puits le plus remarquable que nous possédions en France est celui de l'hospice de Bicêtre près Paris qui a été construit par Boffrand au siècle dernier. Il a environ 55 mètres de profondeur et 2 mètres de largeur.

A l'étranger, nous mentionnerons le puits d'Orvieto, en Italie, et le puits dit *Puits de Joseph* au *Caire*, en *Egypte*. Ce dernier est ainsi appelé parce qu'il a été construit par ordre du sultan *Saladin*. Ce puits est de forme carrée et divisé en deux parties. Son fond est au niveau du Nil et sa profondeur est de 91 mètres. On y des-

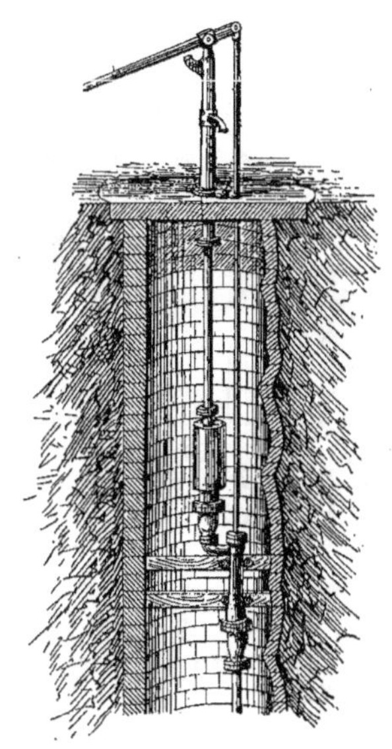

Fig. 38.

cend par un escalier tournant, l'eau est élevée au niveau du sol par un manège mu par deux bœufs.

*Règlements sur les puits.*

Ordonnance de police concernant l'épuisement des eaux des puits (14 mai 1704).

Ordonnance de police concernant le percement, le curage, la réparation des puits (8 mars 1815).

Ordonnance de police du 20 juillet 1838.

*Article premier.* — Aucun puits, soit ordinaire, soit d'absorption, ne sera percé, aucune opération d'approfondissement, de sondage et autres ne sera entreprise, aucun puisard ne sera établi sans une dé-

claration préalable. Cette déclaration indiquera l'endroit où l on a le projet de
faire les travaux (les déclarations pour

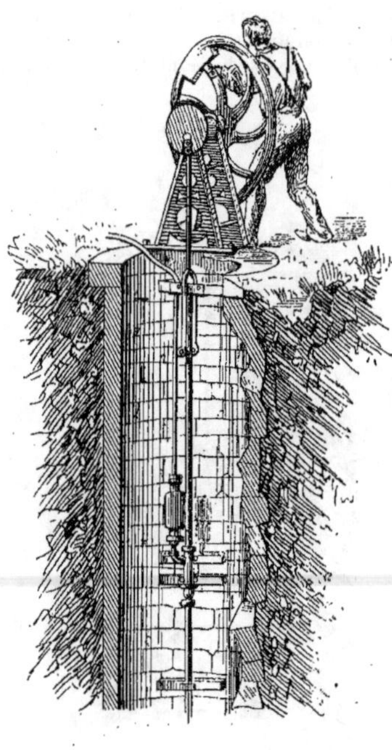

Fig. 39.

travaux seront faites par écrit sur feuille
de papier timbré et remises à la direc-

tion du service municipal des travaux
publics, bureau de l'inspecteur des égouts
et vidanges.)

*Article 2.* — Il ne pourra être procédé
à aucun curage de puits ou de puisard
sans une déclaration préalable qui sera
faite par écrit, quarante-huit heures à
l'avance. Des mesures nécessaires dans
l intérêt de la salubrité et de la sûreté
des ouvriers seront prescrites par suite
de cette déclaration.

*Article 3.* — Nul ne pourra exercer la
profession de cureur de puits ou de puisards s'il n'est pourvu d'une permission
de l'administration.

Celui dont le puits se trouve à moins
de 2 mètres de distance de l'héritage de
son voisin ne peut convertir ce puits en
cloaque, ou y laisser couler les eaux des
toits, des cours, des fumiers, des cuisines.

### Sources artificielles.

**54.** On peut chercher à tirer parti des
eaux souterraines, pour les besoins industriels et domestiques en formant de véritables sources artificielles partout où il
existe, à une profondeur plus ou moins
considérable, une couche argileuse imperméable, au dessous ou au-dessus de
laquelle circulent ces eaux souterraines.
Lorsque ces eaux circulent au-dessus de
la couche argileuse, on creuse un puits
qui s'arrête sur cette couche.

Lorsqu'elles sont dessous, on peut ou
les amener au jour par ce moyen et à l'aide
d'un instrument d'élévation tel que treuil,
pompe, etc. etc., ou si la couche argileuse
descend de lieux plus élevés, par le procédé des puits artésiens.

## § IV. — PUITS ARTÉSIENS

**55.** On donne le nom de *puits artésiens*,
*puits forés* à des fontaines jaillissantes
creusées de main d'homme, ou même à de
simples puits d'un faible diamètre alimentés par des eaux venant d'une grande
profondeur. On obtient ces puits lorsqu'en
forant verticalement le sol jusqu'à des
profondeurs suffisantes, on atteint une
nappe d'eau souterraine qui remonte à la
surface du sol le long du conduit que la
sonde lui a ouvert. Ces eaux forment

souvent des jets abondants et élevés. Les
puits artésiens sont appelés ainsi du nom
de la province française de l'Artois où ils
ont été pratiqués depuis plusieurs siècles.
Il paraît néanmoins que des puits de cette
espèce étaient parfaitement connus des
anciens :

Olympiodore, qui vivait à Alexandrie
vers le milieu du VIe siècle, rapporte que
lorsqu'on creusait des puits dans l'Oasis,
à une profondeur qui allait quelquefois

jusqu'à 550 pieds, ces puits lançaient par leurs orifices des gerbes d'eau dont les agriculteurs profitaient pour arroser leurs cultures.

Il est certain que les anciens Égyptiens ont connu l'existence des sources jaillissantes et les procédés qui sont encore usités aujourd'hui par les Arabes du désert.

La Chine connaît aussi depuis longtemps les puits forés.

Dans certaines parties de l'Italie on faisait probablement usage des puits artésiens à une époque reculée.

Citons en France le puits foré en 1176 dans l'ancien couvent des Chartreux, à Lillers.

A Stuttgard, plusieurs puits forés au $XII^e$ ou $XIII^e$ siècle.

Diverses hypothèses ont été formulées pour expliquer l'origine de l'eau qui jaillit ainsi par l'orifice d'un trou foré à travers la terre. Pendant longtemps, on a cru que l'eau de la mer devait pénétrer par voie d'infiltration dans l'intérieur des continents et y former à la longue une immense nappe liquide.

Descartes supposait que la chaleur centrale de la terre pouvait faire monter cette eau à l'état de vapeur à la surface du sol; que là, elle se condensait par le refroidissement et formait les sources jaillissantes. Il paraît plus naturel de supposer que l'eau des puits ordinaires, des puits artésiens et des sources, n'est autre chose que de l'eau de pluie qui a coulé à travers les pores ou les fissures du sol jusqu'à la rencontre de quelque couche de terre imperméable où elle s'arrête pour former une nappe d'eau courante. Si une fissure naturelle ou quelque perforation artificielle parvient jusqu'à l'une de ces nappes, l'eau s'élevera aussitôt par cette issue à peu près jusqu'à la hauteur du point où les eaux se rassemblent, et cela en vertu de la loi hydrostatique qui fait que l'eau se met de niveau dans les deux branches d'un siphon renversé ou d'un tuyau recourbé en U. Le point le plus élevé auquel l'eau parvient dans le tube d'un puits artésien prolongé au-dessus du sol, porte le nom de *niveau hydrostatique* du puits.

Quelques fontaines artésiennes, par exemple celle de Lillers, en Artois, jaillissent au milieu d'immenses plaines, d'où l'on n'aperçoit aucune colline ; en sorte qu'on peut se demander où se trouve la colonne hydrostatique dont la pression doit ramener les eaux souterraines au niveau de leurs points les plus élevés? Il faut nécessairement placer la source de cette veine d'eau bien au-delà des limites de la vue à 100, 150 et 200 kilomètres ; peut-être même à une distance plus grande. La nécessité d'admettre l'existence d'une nappe liquide souterraine, de 400 kilomètres d'étendue ne saurait être une objection, quand on considère que la même structure géologique s'étend parfois bien au delà de cette limite.

La coupe géologique représentée par la figure 40, fait comprendre la manière dont l'eau du ciel, après s'être condensée, se distribue dans les couches terrestres. Elle fait voir très clairement que la hauteur à laquelle l'eau remonte dans le trou d'un puits artésien dépend, de l'élévation du réservoir qui fournit la nappe aqueuse souterraine à laquelle aboutit le puits, ainsi le puits $P_1$, qui aboutit à la nappe $a$, dont les eaux proviennent de la filtration M, donnera de l'eau qui débordera à la surface du sol, tandis que dans le puits $P_2$, qui aboutit à la même surface, l'eau jaillira au-dessus du sol et que dans le puits $P_3$, elle ne l'atteindra même pas.

La même figure nous montre qu'un puits artésien traverse souvent plusieurs nappes aqueuses s'élevant à des niveaux différents. Dans le puits $P_3$, par exemple, il y a cinq colonnes d'eau ascendantes venant des nappes $a$, $b$, $c$, $d$, $e$ : chacune peut s'élever à une hauteur **proportionnelle** à la hauteur du point d'où elle tire son origine. Parmi ces colonnes aqueuses, les unes seront jaillissantes ou tout au moins se déverseront à la surface du sol, pendant que les autres ne s'élèveront pas au niveau de cette surface.

**56.** En résumé, on n'a d'espoir d'obtenir des eaux artésiennes sur un point qu'autant qu'il existe, sous le bassin géologique où on les cherche, une couche argileuse qui, régnant sur une très grande étendue de territoire, se relève graduellement de manière à remonter jusqu'à fleur du sol en des points plus élevés que celui où l'on se propose de créer, avec ces eaux, une source artificielle et susceptible de recueillir des eaux naturelles, comme nous l'avons vu précédemment. Toutefois, il faut noter que jusqu'à présent les forages faits dans les terrains jurassiques n'ont donné que des résultats insignifiants. C'est sous l'argile plastique des terrains tertiaires et dans le gault des terrains secondaires que l'on a obtenu les volumes d'eau les plus considérables.

La quantité d'eau que fournit un puits artésien, varie suivant le diamètre du tuyau d'ascension. la hauteur du niveau hydrostatique du puits, et la facilité plus ou moins grande avec laquelle l'eau se meut dans les canaux souterrains.

Le fameux puits de Grenelle, creusé par Mulot, jaugé au niveau du sol, donne 2 300 litres d'eau par minute. A 21 mètres au-dessus du niveau du sol, il donne encore de 1 300 à 1 400 litres.

Le puits artésien foré à Bages, près de Perpignan, par Fabre et Espérignotte, donne 2 000 litres par minute.

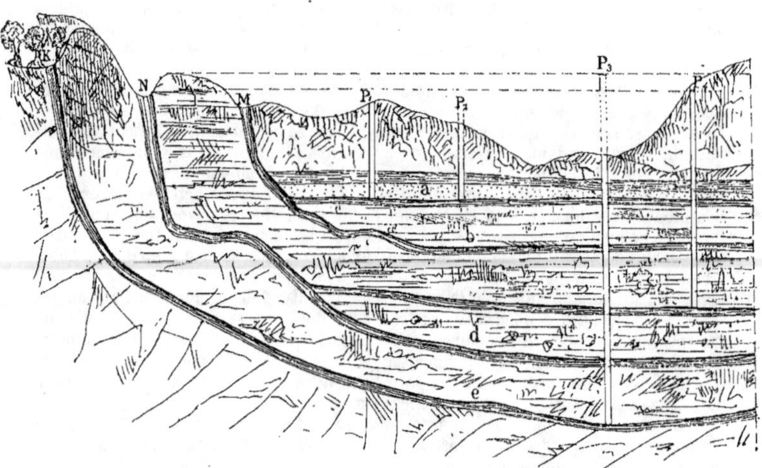


Fig. 40.

Enfin, le puits jaillissant que Degousé a foré à Tours, dans le quartier de cavalerie, jaugé à près de 2 mètres de hauteur au-dessus du sol, a donné 1 100 litres d'eau. Un des plus profonds des puits artésiens que nous connaissions est celui de l'abattoir de Grenelle, à Paris. Il a une profondeur totale de 548 mètres. Ce puits a été commencé en 1834 et terminé en 1841. Il est tubé en tôle très forte jusqu'à 538 mètres. L'orifice supérieur a 55 centimètres de diamètre, et l'orifice inférieur 18 centimètres. Il a coûté environ 300 000 francs

à la ville de Paris, qui en a fait conduire les eaux dans un réservoir situé près du Panthéon.

**57.** *Nota.* — Le flux et le reflux de la mer influe souvent sur le niveau hydrostatique d'un puits artésien, et par conséquent dans son débit. Ainsi Boillet de Belloi, a reconnu que le niveau du puits artésien de Noyelle-sur-Mer (Somme), monte et baisse avec la marée, et, d'après F. Arago, il existe à Fulham (Angleterre), un puits foré de 97 mètres de profondeur, dont la dépense varie de 363 à 276 litres d'eau par minute, selon que la marée est haute ou basse.

Les eaux provenant de puits artésiens ont une chaleur constamment supérieure à la température moyenne que l'on observe à la surface du sol. Cette température croît proportionnellement à la profondeur du puits. Arago a montré qu'elle s'élevait en tout lieu, à raison d'un degré centigrade environ, pour chaque 20 à 30 mètres de profondeur. Ainsi, les eaux du puits de Grenelle ont une température constante de + 27°,8, la température moyenne du sol étant + 10°,6, à Paris. A une profondeur de 66 mètres, les eaux de la fontaine jaillissante de la gare Saint-Ouen, ont + 12°,9. Les eaux du puits creusé à Sherness (Angleterre), ont une température de + 15°,5, la température moyenne de la surface étant + 10°,5. Ce puits est profond de 110 mètres. Il n'est pas douteux que ces eaux n'arrivent au jour avec le degré de chaleur que possèdent les couches inférieures entre lesquelles elles sont enfermées, et sous ce rapport la détermination de la température des fontaines jaillissantes est devenue d'un grand intérêt pour la physique du globe que nous habitons.

Les eaux des puits forés sont en général d'une grande pureté, si l'on excepte toutefois celles qui sont situées entre des couches argileuses, car alors elles ont presque toujours un goût et une odeur désagréables. L'eau du puits de Grenelle renferme environ moitié moins de sels calcaires que l'eau de la Seine, et ne contient pas de sulfate de chaux.

L'eau des fontaines artésiennes ne sert pas seulement à l'irrigation des campagnes et à la salubrité des villes, l'industrie a su encore l'appliquer à une foule d'usages. Ainsi, ces sources ont été recherchées comme moteurs, même dans les pays où les cours d'eau ne sont pas rares. En effet, leur température élevée et constante permet de les appliquer au service des usines pendant les hivers les plus rigoureux, soit directement quand elles sont abondantes, soit simplement comme moyen de fondre les glaçons qui arrêtent le mouvement des roues hydrauliques. Dans le nord de la France, on trouve un grand nombre de moulins alimentés par les eaux d'un ou de plusieurs puits artésiens. Dans le Wurtemberg, on a fait circuler l'eau de puits artésiens dans des tuyaux convenablement disposés pour échauffer des ateliers. Elle peut également servir à entretenir dans les serres une température uniforme. Les papeteries qui sont souvent obligées d'interrompre leur travail au moment des grandes pluies, évitent ces chômages forcés par l'emploi des eaux jaillissantes dont la limpidité est inaltérable. Dans quelques localités, ces eaux constamment pures et possédant une température invariable, ont servi à établir des cressonnières artificielles très productives. Dans le département du Nord, on rouit le lin à l'aide de puits artésiens. Enfin, en versant l'eau de ces puits dans les étangs, on empêche les variations extrêmes de chaleur et de froid qui font quelquefois périr une grande quantité de poissons.

Les Chinois ont employé depuis plus de 2 000 ans le procédé des puits artésiens pour se procurer de l'eau. Vorepierre, auquel nous avons emprunté quelques-uns des renseignements qui précèdent, dit qu'ils vont chercher les eaux salées jusqu'à la profondeur de 584 mètres.

Nous ne nous étendrons pas, dans cet ouvrage, sur ce qui touche *l'art du fontainier artésien* et nous renverrons le lecteur aux publications spéciales. Nous nous bornerons à donner quelques renseignements et à adresser quelques conseils aux personnes qui auraient l'intention de se procurer de l'eau au moyen de sondages artésiens.

### Procédés de forage.

**58.** Les procédés de forage consistent tous à pratiquer dans le sol, avec des instruments appelés *sondes*, des trous d'un diamètre variant depuis 0,20 centimètres jusqu'à 1 mètre, 2 mètres et même 4 mètres. C'est ainsi que le sondage de *la Chapelle* commencé à 1ᵐ,80, a subi des rétrécissements successifs par suite de tubages nécessités par les terrains ébouleux.

Cette opération du forage se fait par trois moyens différents :

*Le sondage chinois ou sondage à la corde.*

*Le sondage ordinaire ou sondage à la barre.*

*Le sondage continu ou sondage Fauvelle.*

**59.** *Sondage à la corde.* — Le sondage à la corde ou sondage chinois est à la fois le procédé le plus simple, le plus ancien et le plus économique. Il consiste à opérer le forage avec un outil suspendu à une longue corde, et qui agit toujours par percussion en montant et descendant alternativement dans le trou : le même instrument attaque le sol et remonte les détritus. L'engin, tel que l'a employé pour la première fois en Europe, Jobbard de Bruxelles, en 1828, se compose d'une simple chèvre munie d'une poulie de renvoi et d'un treuil sur lequel s'enroule la corde. On imprime un mouvement de sonnette à cette dernière au moyen de cordelettes sur lesquelles agissent des ouvriers. Quant à l'outil lui-même, sa forme varie, bien entendu, suivant la nature du terrain ; mais sa *levée* ne dépasse jamais 60 centimètres.

Dans les terrains durs, l'outil consiste en une espèce de mouton terminé à la partie inférieure par des dents aciérées et muni à la partie supérieure d'une tige à laquelle s'attache la corde. Le haut de cette tige porte une sorte de couronne pour empêcher que l'outil ne dévie de la verticale. Enfin, le mouton est cannelé extérieurement afin de permettre aux barres de se dégager, et il est creusé à l'intérieur de manière à former un cône renversé destiné à recevoir les détritus qui pendant le battage, jaillissent à chaque coup par les cannelures. Quand on suppose que ce cône est plein, on le remonte au niveau du sol pour le vider.

Dans les terrains mous on fait usage d'un cylindre creux, de forte tôle aciérée ayant à sa base deux soupapes en ailes de papillons qui s'ouvrent de bas en haut. (Voir la figure 41). Ce cylindre est surmonté d'un monton qui glisse le long d'une tige de fer. Aussitôt qu'il arrive au terrain qu'il s'agit d'attaquer, le mouton le frappe à petits coups et le force à pénétrer dans la matière molle, qui, soulevant elle-même les soupapes, pénètre dans l'intérieur.

**60.** *Sondage ordinaire* ou *sondage à la barre.* — C'est le procédé le plus usité. Il consiste en l'emploi d'un instrument perforateur, la *sonde*, à tige rigide, instru-

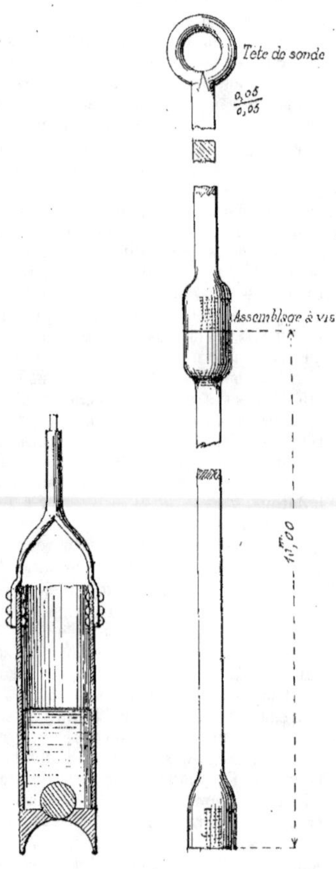


ment que l'on retire de temps en temps pour pouvoir faire le curage du trou.

On distingue trois parties dans la sonde : la *tête*, la *tige* et l'*outil*.

La *tête* sert à suspendre l'appareil. Elle

offre un anneau tournant pour recevoir la chaîne de suspension, et un ou deux yeux dans lesquels on introduit des leviers pour faire tourner la sonde.

La *tige* sert à relier la tête à l'outil placé au fond du trou. Elle se compose de plusieurs barres de fer, solidement assemblées entre elles. On augmente le nombre de ces barres à mesure que la profondeur augmente.

Ces barres de fer d'égale longueur sont à section carrée, ce qui permet de saisir la tige par des outils pour la faire tourner et en assembler facilement les diverses parties. — Les portions de tige portent toutes une extrémité filetée en saillie, le *tenon*, l'autre extrémité étant filetée en creux pour saisir le *tenon*. Nous donnons (*fig.* 42), les détails de la tête, de la tige et d'un assemblage. — La disposition du filetage permet de faire l'assemblage en douze tours de clef. — Les portions de tige ont de 10 à 20 mètres de longueur et plus généralement 10 mètres. Elles pèsent de 20 kilogrammes à 30 kilogrammes le mètre courant, ce qui donne un poids de 4 000 à 6 000 kilogrammes pour 200 mètres de longueur.

L'outil est destiné soit à entailler la roche, soit à extraire les débris des roches broyées, soit enfin à retirer du fond du trou les parties de la sonde qui se sont brisées. Il doit donc varier de forme, suivant le rôle particulier qu'il a à remplir.

Les outils qui servent à attaquer le terrain se divisent à leur tour en plusieurs classes, selon qu'ils entaillent la roche par leur extrémité ou par leurs côtés, et surtout selon qu'ils agissent par percussion ou par rotation,

Les outils agissant *par rotation* sont employés dans les terrains tendres et friables : on les appelle *tarières* (*fig* 43). La tarière que nous donnons figure 43 est employée pour les terres siliceuses. — Elle est du type dit *ouvert*, comme on le voit, elle peut servir aussi à ramener les matières désagrégées, à cause de sa disposition en forme de *cuiller*.

Les outils qui fonctionnent par percussion sont réservées aux roches dures, et on les nomme *trépans* ou *ciseaux*. Ils sont

concaves ou convexes, ou terminés par un couteau droit ou par une pointe à deux ou plusieurs biseaux diversement disposés (*fig.* 44). On enlève les débris qu'ils ont détachés, soit avec la tarière, soit lorsqu'on a affaire à des sables où à des argiles rendus presque liquides par l'eau, avec la *cuiller à soupape* (*fig.* 41). Cet instrument consiste en un cylindre creux, muni intérieurement, au-dessus de son

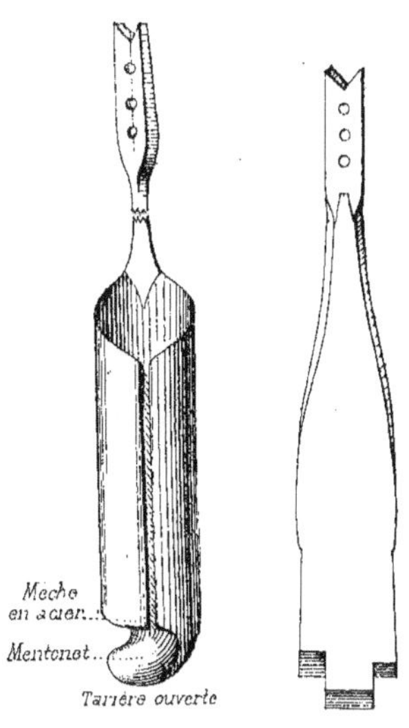


Fig. 43.          Fig. 44.

ouverture, d'un boulet mobile qui la ferme exactement. Lorsque la cuiller pénètre dans le sable, celui-ci soulève le boulet et pénètre dans le cylindre ; mais dès qu'on commence à retirer la sonde, le boulet retombe par son propre poids, bouche l'orifice et permet de ramener à la surface le sable dont le cylindre est alors rempli.

Quand le trou pratiqué par les outils précédents n'est pas assez grand, on l'élargit avec un *équarrisseur* qui consiste en un cylindre massif garni à sa surface de lames verticales dont le tranchant est aciéré (*fig.* 45). Enfin on l'alèse, lorsque cela est nécessaire, au moyen d'un outil composé de deux disques de fer réunis ensemble par des barres carrées de fer aciéré qui sont bombées et agisent sur les parois en les rodant.

Dans les opérations de sondage qui s'exécutent à de grandes profondeurs, il arrive assez fréquemment que les outils se brisent et restent engagés au fond du trou : on éprouve souvent des difficultés

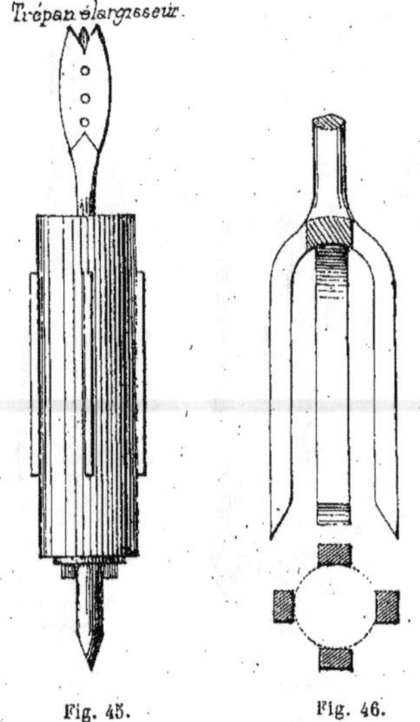


Fig. 45.           Fig. 46.

extraordinaires pour les retirer. On se sert pour retirer les parties brisées de la sonde, d'instruments désignés sous le nom d'*outils accrocheurs*. Les plus usités sont la *caracole*, le *tire-bourre*, la *cloche à écrou* et l'*accrocheur à pinces de Kind*.

Nous mentionnerons aussi l'outil appelé *vérificateur de sondage* à l'aide duquel on reconnaît la nature du terrain traversé par la sonde à quelle que profondeur que ce soit, et qui permet de prendre des témoins. C'est une sorte de *trépan à fourche* (*fig.* 46). La disposition écartée des lames permet de laisser dans le terrain un témoin circulaire qu'on va ensuite chercher au moyen d'une cloche. Au commencement du travail, l'opération est facile à cause de la nature du terrain.

On traverse généralement la terre végétale, les sables et les argiles ou terrains moins argileux, avec une tarière à bras que l'on maintient dans une position bien verticale.

Parfois, cependant, on traverse ces terrains au moyen d'un puits d'un diamètre assez grand, au fond duquel on commence le sondage proprement dit. Le puits est utilisé pour installer les guidages des instruments de sondage. Arrivé au rocher, on remplace la tarière par un trépan à biseau, que l'on soulève à bras et qu'on laisse retomber en lui faisant faire chaque fois 1/5 à 1/6 de tour. Si le trou est sec, on y jette, de temps en temps, un peu d'eau, afin de rafraîchir le tranchant de l'outil et de l'empêcher de se détremper.

Lorsqu'on a atteint ainsi une profondeur de 8 à 10 mètres, il faut remplacer la force humaine par celle des machines. Ces machines renferment deux espèces d'organes, les uns servant à faire danser la sonde dans le trou, et les autres à la faire tourner. Pour obtenir le premier résultat, on emploie un grand lévier fixé à une charpente et pouvant tourner autour d'un point de rotation : on attache à une de ses extrémités la tête de la sonde, soit directement, soit par l'intermédiaire d'une chaîne et on lui imprime un mouvement de bascule à l'aide d'une roue à cames qui agit sur l'autre extrémité. Enfin, pour faire tourner la sonde dans le trou on se sert d'instruments appelés *clefs à lévier*, qui embrassent la tige, et offrent généralement une section carrée. Quand la sonde a traversé la quantité de terrain au-delà de laquelle son action deviendrait nulle ou peu profitable, on la remonte jusqu'au sol, en démontant successivement chacune des parties qui la composent, puis on descend dans le trou de nouveau, soit le même outil soit un outil différent, en rajustant de nouveau les diverses barres qui forment la tige.

Lorsque le sondage devient profond, la tige vient battre contre les parois, les désagrège et y produit de grandes cavernes, surtout lorsque l'outil attaque des roches dures par un battage constant; si on a disposé un tubage, soit pour maintenir des éboulis, soit pour préparer au fur et à mesure le conduit définitif, ces vibrations de la tige contre les parois détériorent le tubage. A ces inconvénients, il faut encore ajouter l'augmentation du poids de la tige qui va croissant avec la longueur ; sous les chocs violents et la charge de son propre poids, la tige se courbe et souvent elle se brise.

*Tige à coulisse d'Œynhausen.* — Pour faire disparaître ces causes de détérioration de l'appareil perforateur, un ingénieur allemand, *Œynhausen*, a imaginé de séparer la ligne des barres formant la *tige* en deux sections rendues indépendantes par une coulisse. Au moyen de cette disposition, à chaque coup de battage, la partie inférieure qui porte l'outil, reçoit seul le choc vibrant, tandis que la partie supérieure continue à descendre en glissant dans la coulisse. La partie supérieure n'a d'autre fonction que de remonter l'outil et de lui imprimer le mouvement de rotation qui lui est nécessaire. (Voir figure 24).

*Sonde à chute libre de Kind.* — Un autre ingénieur allemand, *Kind*, a apporté d'heureuses améliorations dans les appareils de forage. La sonde est, comme dans le cas précédent, formée de deux parties distinctes ; mais, d'une part, la longueur de la partie inférieure de la tige a pu être réduite en augmentant le poids de l'outil et l'équarrissage des tiges, et de l'autre, le poids de la partie supérieure a été diminué en la composant de barres de bois qui pèsent moins que le volume d'eau qu'elles déplacent dans le trou, en sorte que le poids à soulever n'augmente pas avec la profondeur. En un mot, Kind a remplacé la coulisse d'Œynhausen par une espèce de mouvement à déclic qui produit le même résultat et fonctionne bien mieux.

Ce système s'emploie surtout pour les trous d'un grand diamètre. Sur la tige est disposé un disque (*fig.* 48) qui en redescendant avec la partie supérieure de la tige forcera l'eau ou les matières qui existent plus ou moins à l'état pulvérisé, sablonneux à passer au dessus. Ce disque formera donc parachute, ralentira ainsi la vitesse

de la partie inférieure jusqu'au moment où il viendra frapper sur le heurtoir A (*fig.* 49); à ce moment où la partie inférieure redevenue libre par le mouvement imprimé au déclic, tombera en chute libre au fond du trou. C'est avec des sondes de ce genre que Kind a foré le puits jaillissant de Mondorff, près de Luxembourg, qui a plus de 700 mètres, et celui de Passy, à Paris, qui a 586 mètres de profondeur.

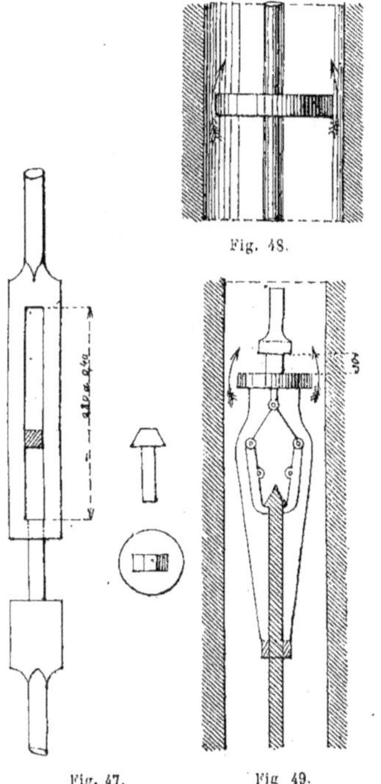

Fig. 48.

Fig. 47.

Fig 49.
Coulisse d'Œynhausen.

Depuis, de nombreux systèmes reposant sur le principe de la chute libre ont été imaginés ; nous nous contenterons de donner la description du système *Degousé et Lippmann*, qui est disposé de manière que la chute ait toujours lieu de la même hauteur.

La figure 50 donne la position de l'outil
au fond, la figure 51, de celle de l'outil
repris par la partie supérieure de la tige,
la figure 52, celle de l'outil au moment où
la tige AB venant à toucher au sol, le
déclic va opérer pour laisser tomber l'outil
en *chute libre*.

Il faut noter aussi le système à chute
libre de M. Saint-Just-Dru Nous nous contenterons de donner du système Dru un
détail d'un trépan qu'il a imaginé.

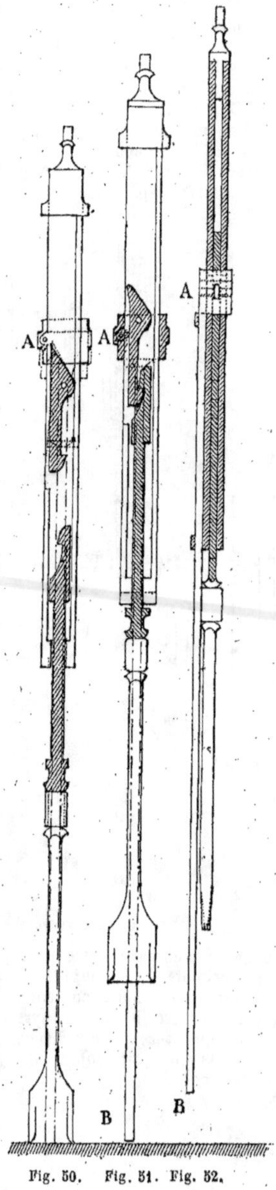

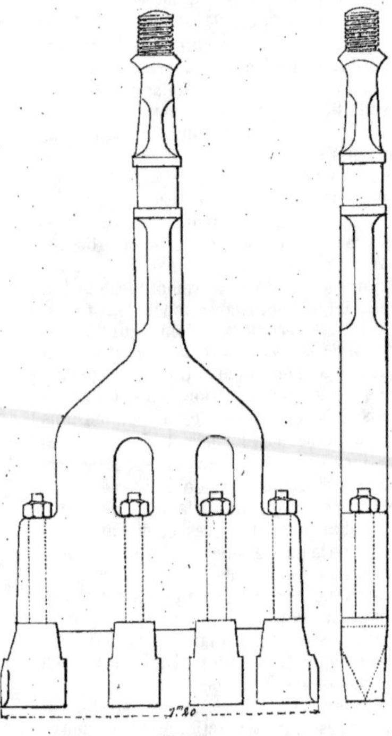


Fig. 53.

**61.** *Sondage Fauvelle*. — Ce procédé
de forage porte le nom de l'ingénieur qui
l'a imaginé vers 1845. Ce qui le caracté-
rise essentiellement, c'est qu'il supprime
le curage du trou, lequel a lieu spontané-
ment et d'une manière continue par la
manœuvre de la sonde. Celle-ci est creuse,
formée de tubes vissés bout à bout et

Fig. 50.    Fig. 51.  Fig. 52.

dont l'extrémité inférieure porte un outil perforateur, approprié aux terrains qu'il s'agit d'attaquer, tandis que son extrémité supérieure est en communication avec une pompe foulante au moyen de tuyaux articulés qui suivent son mouvement descendant sur une longueur de quelques mètres. On fait mouvoir cette sonde par percussion à l'aide d'un treuil à déclic, ou par rotation avec un tourne-à-gauche. Enfin, son outil a un diamètre plus grand que celui des tubes afin de réserver autour de ceux-ci un espace annulaire.

*Mode d'opération.* — Après avoir mis la pompe en mouvement, on injecte jusqu'au fond du trou, par l'intérieur de la sonde, une colonne d'eau qui, en remontant dans l'espace annulaire, y établit un courant ascensionnel. On fait alors agir l'outil comme à l'ordinaire, et, à mesure que la roche est broyée, ses débris sont aussitôt entraînés par le courant. Il résulte de là que l'on n'a plus besoin de remonter la sonde pour débarrasser le trou des détritus qu'y laissent les autres procédés, ce qui procure une économie de temps considérable. Un autre avantage non moins précieux, c'est que l'outil perforateur n'est jamais entravé par les détritus, et agit toujours librement au fond de l'excavation. Au lieu de faire remonter l'eau par l'espace annulaire, on la fait quelquefois remonter dans l'intérieur de la sonde. On adopte surtout cette disposition lorsqu'il s'agit d'enlever des graviers ou des pierres d'un certain volume. Ainsi, l'expérience a prouvé que par ce procédé on peut extraire sans les broyer, des cailloux de 6 centimètres de longueur sur 3 centimètres de grosseur.

**62.** *Tubage.* — Lorsque, par un forage, on est parvenu à faire pénétrer la sonde jusque dans les sables à gros grains, que l'on rencontre ordinairement au-dessous des bancs d'argile, il faut pour faire remonter les eaux à la surface du sol et ensuite pour les y conserver, établir dans le trou de sonde, un tube continu qui traverse le dernier banc d'argile atteint et qui ferme ainsi, par le resserrement de cette argile autour du tube, tout passage à l'eau qui tendrait à remonter dans les

couches supérieures où elle se perdrait sans profit pour la surface du sol. L'opération de ce tubage est extrêmement importante et demande à être faite avec le plus grand soin; les tubes à employer

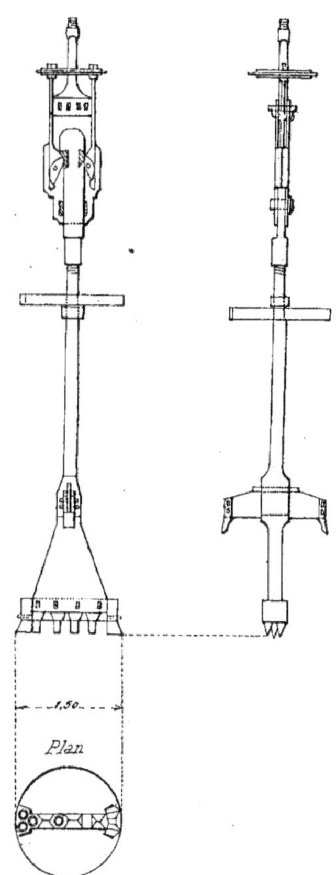

Fig. 54

doivent être en cuivre, lorsque les eaux sont oxydantes, ainsi que cela arrive presque toujours; sans cette précaution on serait conduit, par l'emploi des tuyaux en tôle à un renouvellement fréquent qui deviendrait nécessaire au bout de quelques années d'usage. Toutefois, à Paris, au puits de Grenelle, on a pu sans inconvénient employer des tuyaux en tôle de fer

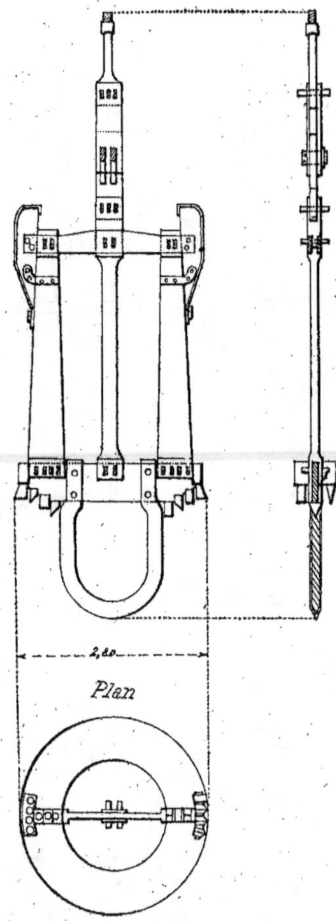



Fig. 55.

parce que les eaux rencontrées contenant un peu de carbonate de potasse n'ont aucune action sur le fer.

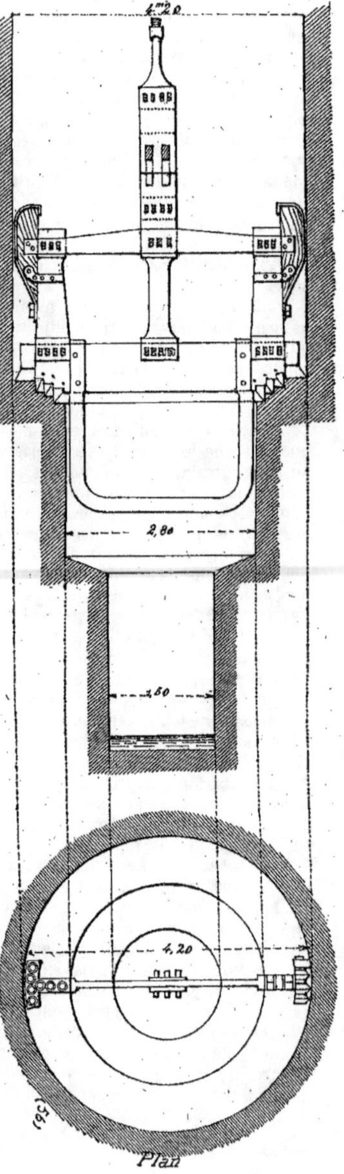



Fig. 56.

Ces tubes doivent avoir une épaisseur suffisante pour résister à la pression des argiles qu'ils traversent, et l'intervalle compris soit entre le tube ascensionnel et la paroi du trou de forage, soit entre ce tube et celui de retenue, doit être soigneusement rempli, pour empêcher les eaux de se perdre dans les couches perméables des terrains traversés. Du sable fin siliceux ou du ciment de Portland, peuvent être employés avec succès pour opérer ce remplissage, lorsqu'il ne s'est établi aucun courant dans cet espace annulaire.

Au puits de Passy, le tubage en bois que l'on a employé pour conserver les eaux, n'a pas résisté à la pression qu'il avait à supporter et les eaux se sont perdues en abondance dans le calcaire grossier.

**63.** Jusqu'au commencement de ce siècle, les procédés et les instruments ont toujours été les mêmes. En 1818, sur le rapport de M. de Thury, la société d'encouragement ouvrit un concours sur les perfectionnements à apporter à l'art de forer les puits. Depuis cette époque, grâce aux efforts de la société d'encouragement et de la société centrale d'agriculture, cet art fit de rapides et remarquables progrès. Les mémoires publiés mirent en évidence toute l'importance des fontaines artésiennes ; aussi, les puits forés se multiplièrent-ils rapidement dans toute l'Europe. Les derniers perfectionnements sont dus à *MM. Mulot et Kind.* C'est M. Mulot, ingénieur français, à qui l'on doit le forage du puits de Grenelle. C'est à M. Kind, ingénieur saxon, qu'il faut attribuer l'adoptation du sondage chinois et son perfectionnement. C'est lui qui, après avoir percé avec succès des puits en Allemagne, a entrepris le forage du puits de Passy.

Les procédés de forage actuels permettent aujourd'hui d'ouvrir le trou sur un diamètre beaucoup plus grand qu'on ne le faisait autrefois ; nous donnons ici (*fig.* 54, 55, 56), des outils de sondage améliorés pour puits à grande section (système Kind). Ces trépans ont tous des guidages qui permettent à l'outil de rester vertical et l'empêchent de se déverser. Le poids seul du trépan sert à donner l'impulsion nécessaire à l'outil ; la tige tout entière est équilibrée. Autrefois, avant les procédés par chute libre, on faisait des trépans, évidés et à fourche qui, ne pesant que 2 000 kilogs. ne donnaient dans certains terrains un peu durs qu'un avancement de 12 centimètres par jour. Aujourd'hui, les trépans sont massifs et ont, comme l'indiquent les figures 54, 55 et 56, des diamètres de 1$^m$,50, à 2$^m$,80, arrivent à peser 4 à 5 000 kilogs. et dans ces mêmes terrains un peu durs, assurent un avancement de 40 centimètres par jour.

Dans cet ordre d'idées, MM. Degousée et Lippmann ont imaginé un trépan dont la tige est composée d'un arbre en fer divisé en quatre branches qui viennent se fixer sur deux traverses en croix qui servent de porte-lames. Cet outil porte en outre deux traverses hautes qui servent de soutien en s'appuyant sur les parois latérales déjà forées. L'arbre se prolonge ensuite et reçoit à son extrémité supérieure un appareil de chute libre. Ce trépan, d'un diamètre de 4$^m$,20, pèse de 13, à 14 000 kilogs, se soulève de 40 centimètres et retombe de cette hauteur. Il peut être appliqué directement au forage d'un puits sans passer par les forages de diamètres successifs et permet ainsi d'éviter l'épuisement des eaux.

Pour terminer cette étude du sondage et du forage des puits, nous donnerons quelques descriptions des forages les plus récents qui nous permettront d'examiner plus particulièrement les machines et les appareils de manœuvre nouveaux. Disons auparavant qu'on construit d'ordinaire au-dessus ou à côté des puits artésiens un édifice supportant le tuyau d'ascension et un bassin de jaugeage et de distribution.

Si les eaux sont élevées au-dessus du sol ou au-dessus du niveau auquel on peut leur donner écoulement, on ménage au pied de l'édifice des moyens d'écoulement afin de pouvoir supprimer pour quelque temps la charge de la colonne ascensionnelle, ou réparer et nettoyer quelques parties du système de distribution. Cela permet aussi de pouvoir accroître accidentellement, par l'ouverture du robinet la vitesse de l'eau dans le tube et d'enlever, par ce moyen, les matières que les eaux auraient accumulées dans le bas.

### Exemples d'installation de forage.

**64.** Les puits artésiens de Passy, de Grenelle, de la Butte-aux-Cailles, et de la Chapelle, à Paris, fournissent des exemples fort intéressants de ces travaux hydrauliques. Nous nous arrêterons plus particulièrement sur les travaux auxquels ont donné lieu les forages de ces deux derniers puits artésiens et nous commencerons par celui de la Chapelle. Les renseignements qui vont suivre sont extraits, pour la majeure partie, d'une note de M. Lippmann, ingénieur et associé des entrepreneurs du sondage, note publiée dans les Annales industrielles.

**65.** *Puits de la Chapelle.* — Ce puits, qui est aujourd'hui foré et dont le projet et les études primitives sont dues à l'initiative de M. Belgrand, ingénieur en chef de ponts-et-chaussées, est situé place Hébert, dans le xviii<sup>e</sup> arrondissement de Paris

L'installation générale de ce travail se rattache, comme but, au même ordre d'idées que celui de Passy, exécuté quelques années avant, et celui de la Butte-aux-Cailles, dont les travaux ont marché parallèlement avec celui de Grenelle. Les eaux de ce puits sont destinées à alimenter l'un des quartiers les plus populeux et les plus industriels de Paris.

On se proposait, au puits de la place Hébert, non seulement d'atteindre à une profondeur de 610 mètres environ, la nappe jaillissante des sables verts, dans laquelle le puits de Passy a pénétré de quelques mètres, mais de pousser l'approfondissement jusqu'à 900 mètres, au besoin, pour traverser tout l'étage géologique placé en dessous et étudier les diverses nappes aquifères qui s'y succèdent en fournissant chaque fois un débit et une force ascensionnelle plus considérables, jusqu'aux terrains jurassiques.

Les services techniques de la ville de Paris demandèrent d'abord l'exécution d'un puits en maçonnerie de 2 mètres de diamètre, que l'on devait pousser par les procédés ordinaires de fonçage de puits de mines jusqu'à la profondeur de 135 mètres environ pour traverser tous les ter-

rains tertiaires qui recouvrent la craie. Mais on eût bientôt à lutter dans cette opération, contre les dangers que présentaient pour la vie des travailleurs, la nature essentiellement ébouleuse des terrains traversés et l'insuffisance des machines d'épuisement. C'est alors que les ingénieurs du Service Municipal, sur les indications de M. Belgrand, jugèrent bon de modifier l'ordonnance générale du travail et demandèrent, le 20 mai 1865, aux entrepreneurs du forage, MM. Degonsée, Laurent et C<sup>ie</sup> de commencer plus tôt leurs opérations proprement dites de forage et avec un diamètre plus grand qu'on ne l'avait prescrit tout d'abord. Le puits de 2 mètres de diamètre, prévu par les plans et devis du projet initial, n'avait alors atteint que la profondeur de 34<sup>m</sup>,50.

Pendant qu'on préparait l'outillage nécessaire au nouveau travail, on exécuta un petit sondage de reconnaissance de 20 centimètres de diamètre.

L'installation générale du chantier ne fut terminée qu'au commencement de l'année 1866. Les figures 57, 58, 59, avec leurs légendes donnent les indications relatives à l'ensemble de l'installation

*L'appareil de battage* comprend un producteur de force, un moteur de battage, un balancier, la sonde et le trépan. Nous allons examiner successivement ses diverses parties :

*Le producteur de force* se compose d'une chaudière et d'une machine à vapeur.

La *chaudière* A comprend deux générateurs dont un de rechange. La machine à vapeur C, de la force de quinze à dix-huit chevaux, est horizontale et à changement de marche. La bielle du piston est attelée par une manivelle directement à l'arbre du pignon qui commande la roue calée sur l'arbre d'un tambour. Sur ce tambour s'enroule la chaîne qui passe dans la gorge d'une forte poulie installée dans l'axe du puits, au haut d'une chèvre en charpente de 16 mètres d'élévation.

Deux poulies de frein sont portées par le pignon du *treuil de manœuvre*. Une seule serait suffisante, mais il est toujours plus prudent d'en avoir une de secours.

Le pignon est posé sur l'arbre ; mais un | un levier à fourche, permet de leur faire
manchon d'embrayage, manœuvré par | commander la roue du tambour. Cet ar-

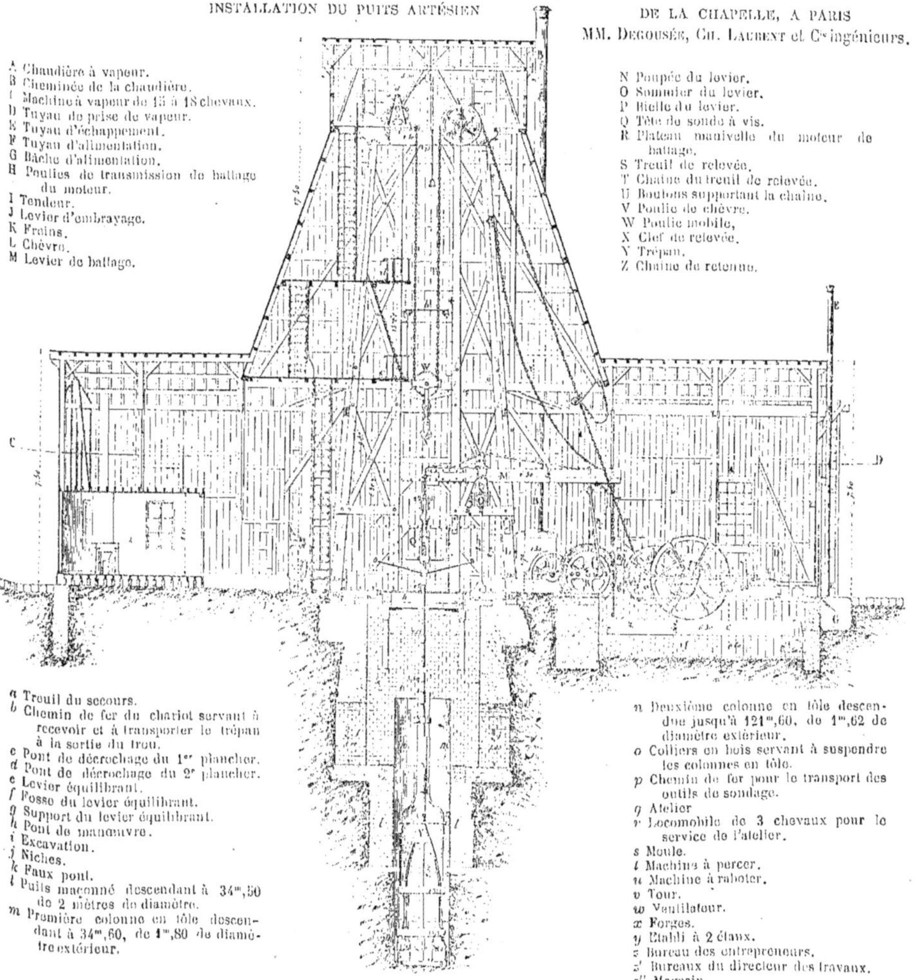


Fig. 57. — Coupe longitudinale suivant AB de la figure 58.

bre est muni de son côté, d'une poulie folle, | mais à embrayage aussi pour actionner, par courroie, le moteur qui sert à soulever et à laisser retomber le trépan pour le forage par percussion;

*Moteur de battage.* Ils consiste en un arbre du pignon engrenant avec la roue dont l'axe porte à son extrémité un grand plateau manivelle R, percé sur tout un diamètre de trous inégalement distants. Suivant que le bouton de la manivelle occupera l'un ou l'autre de ces trous, on donnera une course plus ou moins longue à la bielle articulée P par son extrémité supérieure à un énorme balancier M.

*Balancier.* Ce balancier qui a 6$^m$,30 de longueur est formé d'une forte pièce en bois de chêne, armée à sa face supérieure d'un

de battre, soit pour manœuvrer les soupapes, soit pour sortir la sonde, on peut déplacer la tête du balancier en dehors de l'axe horizontal de la chèvre passant par le milieu du tambour.

*Sonde.* La sonde est formée de tiges en fer carré de 45 millimètres de grosseur et de 11 mètres de longueur, avec emmanchements à vis.

On la sort et on la descend à l'aide du tambour et de la chaîne. Pour la première manœuvre, on remonte la première tige jusqu'à ce que le deuxième épaulement de la tige suivante apparaisse au-dessus du plancher qui recouvre le puits. On embrasse alors, à l'aide d'une griffe ou clef de

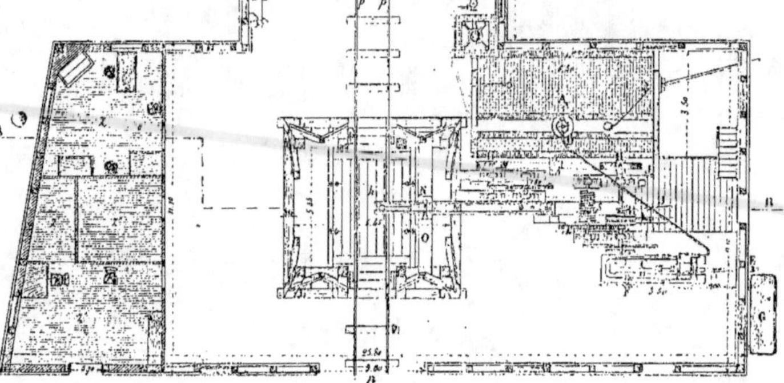



Fig. 58. — Coupe horizontale suivant CD de la figure 57.

poinçon et de deux tirants en fer qui lui assurent une grande résistance à la flexion. Il porte sur l'axe d'une poupée en fonte N, à laquelle on peut imprimer un mouvement de rotation horizontale; ce qui permet d'amener, dans l'aplomb de l'axe du puits, l'extrémité antérieure du balancier à laquelle on adapte la tête de la sonde au moyen d'une forte chaîne, lorsque l'on veut faire le battage au trépan. Lorsqu'au contraire on cesse

retenue, le carré du fer immédiatement au-dessous de cet épaulement, on redescend légèrement la tige supérieure, et tout le reste de la sonde se trouve suspendu sur cette griffe, posée à plat sur le plancher dans lequel n'est ménagée qu'une petite ouverture cylindrique, juste suffisante pour laisser passer les emmanchements des tiges.

La tige que l'on veut sortir se trouve ainsi accrochée par le premier épaulement de son emmanchement, à la chaîne de manœuvre, au moyen d'une sorte de fer à cheval horizontal, portant deux petites colonnes verticales qui reçoivent en haut le tourillon d'un anneau tournant. Cet anneau se lie à la dernière maille de la chaîne, et, au moyen de cet appareil de suspension qu'on appelle *clef de relevée* ou *pied de bœuf*, ou peut imprimer à la tige un mouvement de rotation pour la dévisser, et on la dépose ensuite le long d'un des montants de la chèvre.

Le changement de marche de la machine permet alors de redescendre la clef de relevée jusqu'au premier épaulement de la tige suivante, et l'on recommence l'opération précédente jusqu'à ce que l'outil qui termine la sonde arrive près du plancher. Pour le laisser passer, il faut

Le balancier, pour cette manœuvre, imprime à la sonde un mouvement vertical alternatif, tandis qu'un second balancier, placé dans une fosse et relié au premier par une bielle, porte des masses de fonte équilibrant presque le poids complet

INSTALLATION DU PUITS ARTÉSIEN
DE LA CHAPELLE, A PARIS

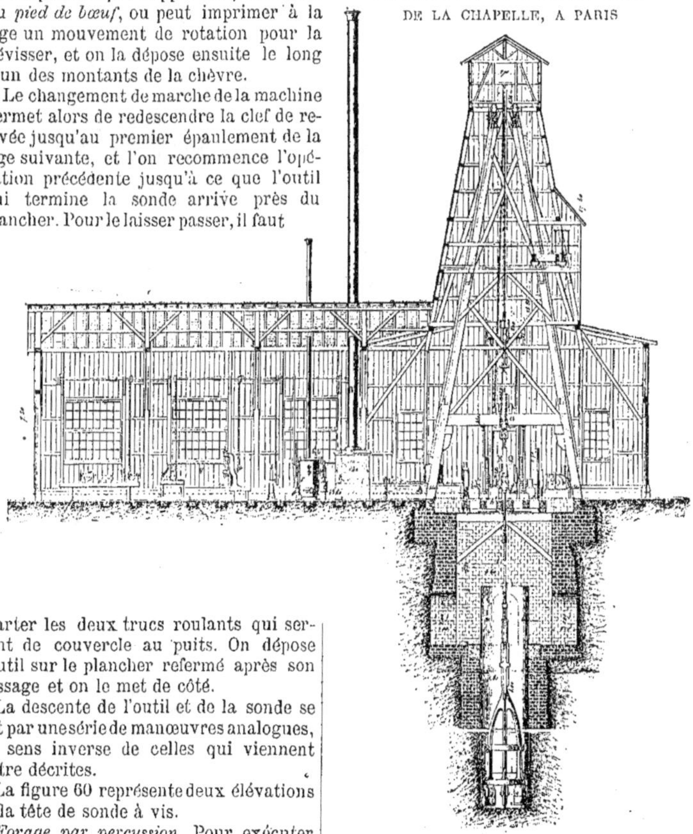

Fig. 59. — Coupe longitudinale suivant *mn* de la figure 58.

écarter les deux trucs roulants qui servent de couvercle au puits. On dépose l'outil sur le plancher refermé après son passage et on le met de côté.

La descente de l'outil et de la sonde se fait par une série de manœuvres analogues, en sens inverse de celles qui viennent d'être décrites.

La figure 60 représente deux élévations de la tête de sonde à vis.

*Forage par percussion.* Pour exécuter le forage par percussion, on s'est servi d'un système de déclic, dit coulisse à chute libre, placé à l'extrémité supérieure de la sonde, immédiatement au-dessus du trépan.

de la sonde ; quelle que soit alors la profondeur du puits, la machine, pendant le battage, a donc peu de force à dépenser.

Le trépan est soulevé, par le jeu de la coulisse, à la hauteur voulue et réglée par le rayon de manivelle du plateau; alors le déclic se fait, et le trépan, qui pèse 4 000 kilogrammes, retombe de tout son poids sur le fond. On peut opérer ainsi vingt à vingt-cinq chutes de l'outil par minute, et, après chaque coup, on fait tourner la sonde de $1/15$ de circonférence.

vis, *caracole*, les outils pour extraire du fond du trou des témoins cylindriques, et enfin nous parlerons des cuvelages et des engins nécessaires pour la descente de ces énormes colonnes en tôle, dont le poids est de 600 à 1 000 kilogrammes le mètre

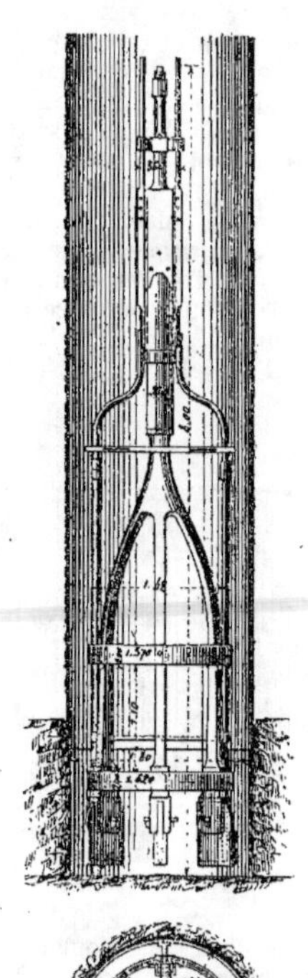

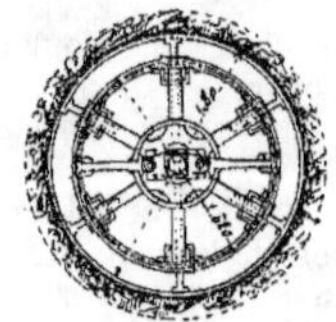

Fig. 60. — Élévations de la tête de sonde à vis

Fig. 61. — Élévation et plan du trépan à 6 branches.

Nous allons maintenant décrire la disposition et le fonctionnement des outils que l'on fait agir au fond du forage et qui sont : *le trépan avec déclic ou chute libre, les soupapes pour le nettoyage des détritus ou pour le pompage des terrains meubles, les outils raccrocheurs* tels que *cloche à vis, cloche à galets, rateaux dragues, pince à*

courant, suivant le diamètre et l'épaisseur qui n'a pas été inférieure à $0^m,02$

Le *trépan* employé dès le principe avait $1^m,80$ de diamètre et était en tout semblable à celui que nous représentons (*fig.* 61), et qui, pour fonctionner dans le

deuxième tubage, n'a plus ici que 1<sup>m</sup>,62.
— Le corps, composé de six branches,
est tout en fer forgé : chaque branche est
terminée par une chape destinée à recevoir une lame d'acier qui s'y fixe au moyen
d'une mortaise dans laquelle on serre une
clavette double. Les lames sont munies à
leur partie extérieure d'une large gouge,
de manière à ne laisser aucune aspérité
sur les parois du puits. Ainsi disposé, le
trépan, en fonctionnant, ferait au fond
une rigole de 35 centimètres, qui est la
largeur des lames, et laisserait au centre
un *témoin* de $0^m,90$ de diamètre environ.
Mais, comme l'extraction de ce témoin entraîne à une manœuvre spéciale, et qu'il
n'est nécessaire que lorsqu'on désire être
complètement renseigné sur la disposition
des assises du terrain que l'on traverse,
sur la direction et l'inclinaison des couches, sur les fossiles qu'elles contiennent,
etc., on préfère, le plus souvent, pour
éviter des pertes de temps, broyer la roche
sur toute la surface du fond. Pour cela,
on enlève deux lames diamétralement opposées, et on leur substitue, par le même
mode d'assemblage, une seule lame dont
la longueur fait juste le diamètre du trou.
On laisse les quatres autres branches
garnies de leur petite lame, afin non-seu-
lement d'attaquer le fond avec le plus
grand développement de taillant à la fois,
mais aussi pour donner plus d'assiette au
trépan.

Au-dessus du trépan se place la *coulisse
à chute libre* (*fig.* 62).

L'appareil se compose :

1° De la coulisse proprement dite suspendue en $\alpha$ à la tige de sonde, et qui
porte les deux crochets verticaux $\gamma\gamma$ et
deux contre-crochets, dont nous expliquerons le jeu tout à l'heure. Tout ce système est logé dans la partie supérieure de
la coulisse, ayant là une section rectangulaire ; la partie inférieure a une
section cylindrique qui lui a fait donner le
nom de *canon*, et porte sur une longueur $\beta\omega$ deux rainures verticales diamétralement en face l'une de l'autre.

2° De la tige ronde $\mu$ formant la *tête* du
trépan, et dont l'extrémité supérieure est
munie d'un champignon $\varphi$ servant à l'ac-
crochage du trépan par les deux crochets $\gamma\gamma$ ; une clavette double faisant
saillie sur la tige ronde par ses deux extrémités guide cette tige dans les deux rainures $\beta\lambda$.

3° Du poids mort qui se compose de
deux tringlages latéraux $\sigma\pi\rho\theta$ reliés entre
eux par un collier $\rho\rho$, et dont les extrémités inférieures reposent sur le fond du
forage, et les extrémités supérieures sont
guidées par des parties rondes glissant
dans les coussinets en bronze d'une
pièce $\theta\theta$ fixée sur la tige de la coulisse : la
partie $\sigma\pi$ de ces tringlages forme coulisse,
dans laquelle se promène l'extrémité extérieure des contre-crochets ; dans la petite
fenêtre $\pi\omega$ se trouve un taquet qui
embraye de chaque côté les crochets $\gamma\gamma$
pour que le trépan reste accroché pendant
la descente ; précaution nécessaire, car,
si on le descendait débrayé, un obstacle
rencontré dans la paroi du forage pourrait
l'arrêter, faire prendre le champignon dans
les crochets, et, en continuant la descente,
le déclic se produirait, le trépan tomberait
dans le vide, et la chute de ce poids considérable, frappant, par l'effet de la clavette double, sur la partie $\beta\beta$ du canon, occasionnerait la rupture de la sonde et la
chute de toute la partie détachée, qui
viendrait se briser en plusieurs pièces sur
le fond du forage. L'outil est donc représenté ici pendant sa descente ; en arrivant au fond, les deux extrémités des
tringlages du poids mort vont porter les
premières ; puis le trépan avec la coulisse continuant à descendre, les deux
taquets d'embrayage quittent leur disposition horizontale et pendent dans les
fenêtres $\pi\omega$. Alors, l'appareil est prêt à
fonctionner et son jeu se comprend facilement : on imprime à la sonde un mouvement vertical alternatif à l'aide du balancier M, de la bielle P et du plateau manivelle R (*fig.* 57 et 58), les deux crochets $\gamma\gamma$, qui ont saisi le trépan au fond,
remontent en restant maintenus fermés
par les extrémités intérieures des deux
contre-crochets $ii$ qui, rappelés par de
petits ressorts à boudin, viennent se
loger contre l'extrémité supérieure et intérieure des crochets $\gamma\gamma$, lorsque ceux-ci
se placent verticalement. Arrivée à la
hauteur voulue pour produire la chute du

trépan, l'extrémité extérieure des contre-crochets μ rencontre la barrière zz qu'on place dans la rainure de chaque tringlage

et l'autre des deux crochets λ pour les faire ouvrir à leur base et lâcher le trépan; le plateau-manivelle achevant son tour, les deux crochets redescendent alors pour ressaisir le trépan, reprennent leur position verticale une fois que l'hameçon est passé sous le champignon; les deux contre-crochets viennent les embrayer et la sonde soulève le trépan. — A ce moment, on donne à la sonde un mouvement de rotation de 1/15 à 1/20 de circonférence pour faire tomber le trépan dans une autre position, et c'est par l'effet de la clavette double que ce mouvement imprimé aux barres de sonde se transmet à la tige μ, c'est-à-dire au trépan. — On comprend que c'est aussi cette clavette qui, reposant sur la partie cylindrique ββ du bas de la coulisse, ramène au sol le trépan quand on remonte l'outil pour le vérifier ou faire le nettoyage du trou de sonde.

A l'extrémité supérieure de la sonde se trouve la pièce figurée (*fig.* 63) et appelée *tête de sonde à vis*; elle est suspendue au moyen de deux chaînes d'un fort calibre à la partie antérieure du levier de battage. Un anneau tournant a permet de donner à la sonde, en faisant avancer les leviers *bb* et *dd*, le mouvement de rotation et sans que les deux chaînes de suspension puissent se tordre. La vis d'allongement se manœuvre chaque fois que le trépan a fait un petit approfondissement, et qu'il faut baisser alors la partie de la coulisse qui suit le mouvement alternatif de la sonde, pour que les crochets, sans changer la course du balancier, puissent aller ressaisir le champignon. Les deux flasques qui supportent l'écrou sont graduées de telle sorte que le curseur *f*, fixé à la partie supérieure de la vis, indique, pendant toute l'opération, la quantité dont le trépan est descendu, c'est-à-dire l'approfondissement obtenu.

*La soupape* qui sert à remonter les détritus produits par le travail du trépan est composée d'un gros cylindre en tôle de $1^m,00$ de diamètre dont le fond est percé de huit ouvertures circulaires, à bords chanfreinés pour servir chacune de siège à un clapet en forme concave appelé *tympan*. Chacun de ces clapets est

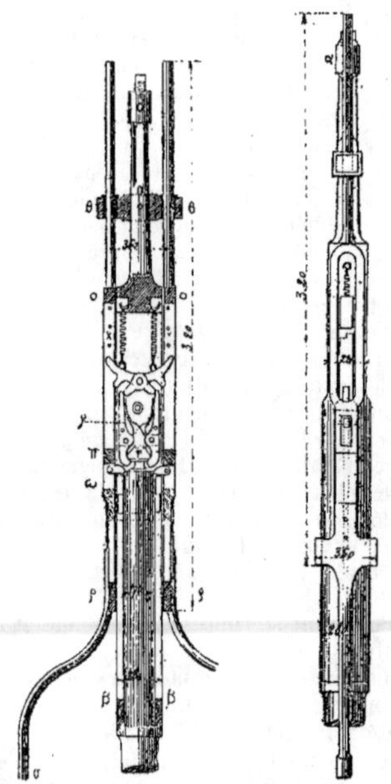

Fig. 62. — Élévation et coupe de la coulisse à chute libre du trépan.

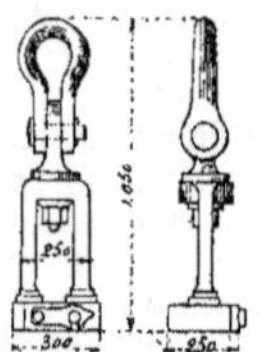

Fig. 63. — Élévation de la clef de relevée.

du poids mort ; à ce moment, les contre-crochets basculent, leurs deux extrémités intérieures quittent l'intérieur des deux crochets γγ pendant que le petit talon, qu'ils portent à l'autre bout, agit sur l'un

guidé dans sa course verticale par une tige dont l'extrémité supérieure passe dans un trou ménagé dans des traverses fixées au haut du cylindre. Autour de ce cylindre sont disposés douze autres cylindres à clapet également, ayant 0$^m$,26 de diamètre. L'ensemble de cet appareil atteint ainsi un diamètre tel que cet ou-til a juste l'espace nécessaire pour pouvoir manœuvrer le tube sans qu'il y ait assez d'espace libre pour permettre aux détritus plus ou moins boueux de se frayer d'autre passage que celui des tympans qu'ils soulèvent par le jeu seul du mouvement alternatif vertical que le balancier imprime à l'outil. La construction

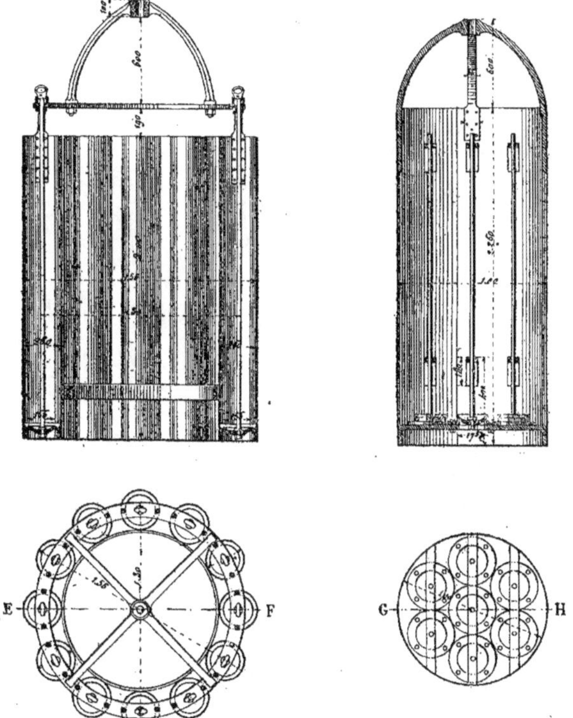

Fig. 64. — Soupape pour remonter les détritus.

de cet instrument est telle qu'on puisse, à volonté, relever le cylindre central quand on ne veut faire le nettoyage que dans la rigole qui règne autour du témoin qu'on veut extraire du fond ou, au contraire, n'utiliser que ce cylindre central lorsque le forage passe à un plus petit diamètre. Nous donnons (*fig.* 64), les plans et coupes de cet instrument dont nous avons séparé la position intérieure du cylindre extérieur.

Pendant la traversée des terrains tertiaires on a fait usage d'une autre sorte de soupape dite *pompe à sable* qui est devenue nécessaire pour enlever les terrains mouvants sur une hauteur de plus de 50 mètres. Dans cette traversée on a fait suivre l'approfondissement d'un cuvelage de 1$^m$,62 de diamètre intérieur. *Cette pompe à sable* était formée d'un cylindre en tôle de 1$^m$,50 de diamètre et de 1$^m$,50 de hauteur dont le fond, percé de trous, se trouvait à 0$^m$,15 au-dessus de la base. Cette sorte de cuve portait à la partie supérieure une anse ou fourche dans laquelle, correspondant à l'axe de l'instrument, se trouvait une ouverture pour le passage d'une tige de piston à laquelle était vissée la sonde. Dans l'intérieur de la cuve était solidement fixé, au moyen de colliers en fer, un corps de pompe en cuivre de 0$^m$,25 de diamètre, formé d'un cylindre ouvert à la partie supérieure dans lequel se mouvait un piston Letestu; un petit tuyau d'aspiration traversait le fond de la cuve. En attelant la sonde au levier H, auquel on imprimait un rapide mouvement de balancier, la pompe aspirait les sables qui se déversaient par le haut de son cylindre dans la cuve. L'instrument pénétrait ainsi peu à peu jusqu'au-dessous du pied des enveloppes qu'elle dégageait par suite de l'appel de sables qui se faisait, de l'extérieur dans l'intérieur de la cuve. A chaque relevée de l'instrument pour le vidage, on laissait descendre par son propre poids une certaine longueur de cuvelage. La cuve remontait avec le piston à l'aide d'une ambare que portait sa tige et qui, s'appliquant contre l'axe, l'entraînait dans son mouvement ascensionnel.

A leur sortie du trou pour recevoir les soupapes, on amène sur le chemin de fer p, (*fig.* 57, 58, 59), un petit wagonnet qui les transporte jusqu'à une grue de déchargement (*fig.* 65). Un petit treuil, placé sur la traverse de la grue, sert à soulever un des tympans par lequel tous les détritus boueux s'écoulent et se rendent, au moyen d'un petit canal, dans un égout qui passe près de là.

*Extraction des témoins.* Pour extraire du fond du trou les témoins cylindriques découpés par le trépan décrit plus haut, on s'est servi d'un tube en forte tôle, ayant une longueur plus grande que celle du témoin, et qui est porté par une anse dont l'axe est percé et fileté pour servir d'écrou fixe à une vis qui se relie à la sonde. Cette vis commande, par son extrémité inférieure, quatre tirants en fer appliqués contre la paroi intérieure du tube, et qui s'articulent avec quatre mains en acier, fixées à charnière tout à fait au bas de ce tube.

Lorsqu'on descend cet outil, appelé *emporte-pièce*, les quatre mains sont

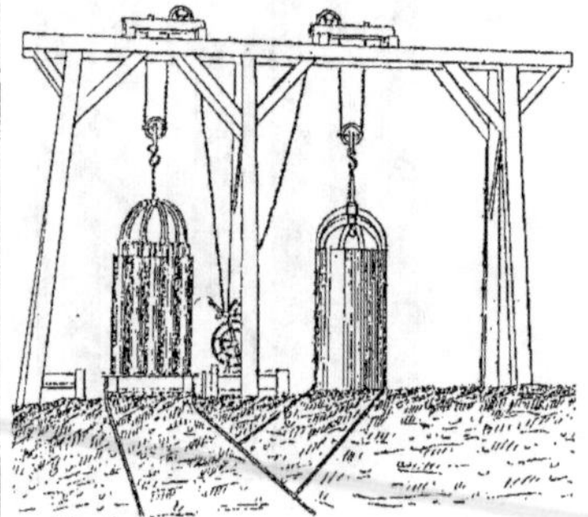

Fig. 65. — Grue pour la vidange des outils de nettoyage.

redressées verticalement contre le tube. On le fait reposer au fond de la rainure qui règne autour du témoin et, en imprimant un mouvement de rotation à la sonde, la vis fait rabattre les quatre mains en acier, qui pénètrent petit à petit dans la base du cylindre jusqu'à ce qu'elles deviennent horizontales; les quatre pointes sont alors assez rapprochées pour qu'il n'y ait plus qu'un petit effort de traction à opérer avec la sonde, pour détacher et remonter le témoin. C'est ainsi qu'on a pu prendre à diverses profondeurs, des cylindres de roche naturelle, de 2$^m$,10 de longueur et de 0$^m$,60 à 0$^m$,70 de diamètre. En orientant avec soin la sonde, quand on la descend et quand on la remonte, on peut les amener au jour exactement dans la position qu'ils occupaient au fond, et on peut faire sur ces gros blocs les mêmes études que si on les examinait dans une carrière, c'est à-dire reconnaître la nature des couches, leur composition, leur épaisseur, leur inclinaison, leur direction et les fossiles qui déterminent le rang qu'elles doivent occuper dans la classification géologique.

Les *outils raccrocheurs* le plus générale-ment employés dans les ruptures de tiges ou d'outils, ont été ceux déjà indiqués précédemment et communément usités. Citons :

La *cloche à vis* ou cône d'acier fileté à l'intérieur, à l'aide duquel on taraude l'extrémité supérieure de la partie de la du trou pour éviter des recherches dans un aussi grand diamètre.

La *cloche à galets*, destinée à saisir une tige ou portion de tige carrée, qui, n'ayant pas à sa base un outil pour l'empêcher de tourner en essayant de tarauder, ne peut être pour cela, remontée avec la cloche à vis : c'est une cloche cassée qui porte à l'intérieur deux galets en acier, ou mieux, deux mâchoires mobiles, glissant dans deux rainures obliques, de telle sorte que, poussées par la pièce que l'on veut atteindre, elles s'écartent jusqu'à ce qu'elles puissent s'engager entre elles deux; alors en remontant la sonde, cet objet se trouve pincé, et, par l'effet des rainures obliques, serré d'autant plus fort, qu'on tire avec plus d'énergie ou que la tige à prendre est plus lourde. La *caracole* sert à reprendre une portion de sonde brisée et laissée dans le trou : elle porte un emmanchement à vis à sa partie supérieure. Elle porte à sa partie infé-rieure, un grand doigt chercheur *a*, qu'une glissière *b* permet d'ouvrir plus

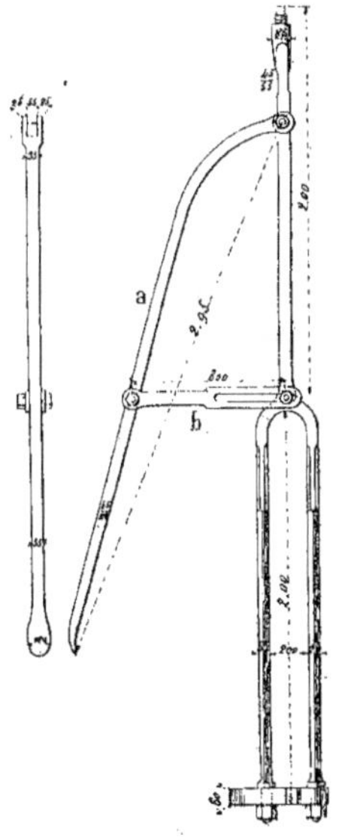

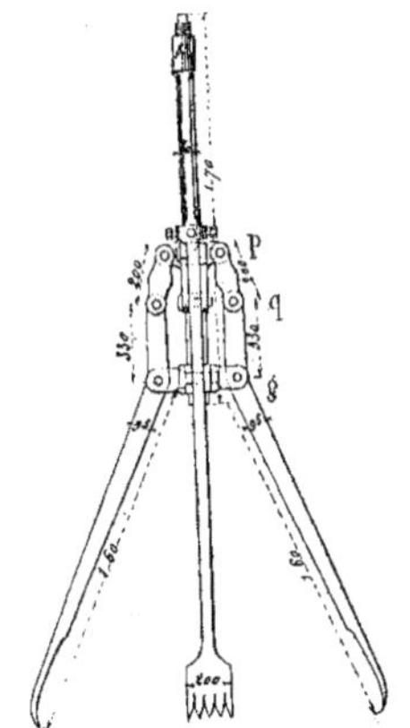

Fig. 66. — Élévation de la caracole avec doigt chercheur.

Fig. 67. — Élévation de la pince à vis à 4 branches.

sonde laissée dans le trou. Cet outil portait, à sa base, un large entonnoir en tôle, occupant presque toute la largeur ou moins, suivant le diamètre du forage, et qui sert à râcler les parois du trou de sonde, pour ramener au centre, et, par suite, dans l'échancrure *c*, l'extrémité de la partie de sonde cherchée, que sa flexibilité empêche de rester dans l'axe du trou. Nous donnons (*fig.* 66) deux élévations de la caracole, qui n'est en quelque sorte qu'une *clef de relevée* que l'on descend au bout de la sonde, et sur laquelle va s'appuyer l'épaulement de la tige.

La *pince à vis*, dont nous donnons une élévation (*fig.* 67) est employée pour remonter, du fond du trou, des morceaux de lame de trépan ou tous autres objets trop petits pour pouvoir être saisis par un des outils précédents : elle est formée de quatre branches terminées en griffes et portées en *g* dans quatre chapes diamétralement placées à l'extérieur d'un écrou *h*, dans lequel se meut la vis *j*. Cette vis porte une coulisse *m* sur laquelle tourne une douille *n* munie, comme l'écrou, de quatre chapes dans lesquelles s'articulent, par un boulon, de petites bielles *p q* dont l'autre extré-

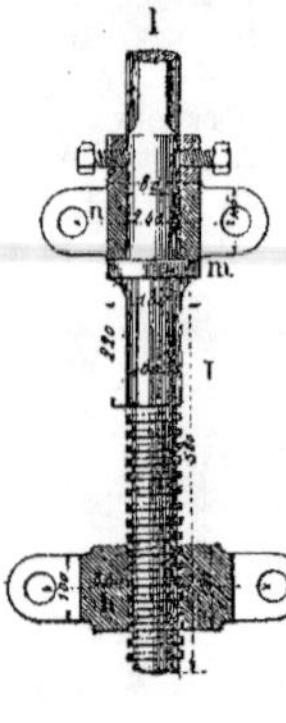

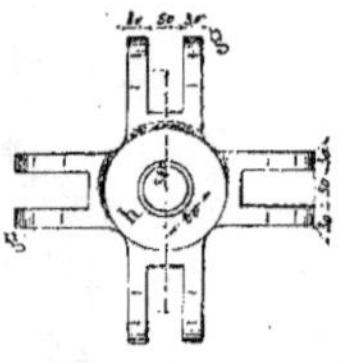

Fig. 68. — Détails de la pince à vis à 4 branches.

mité s'adapte également à charnière à l'extrémité *q* de chaque branche. La figure 68 donne un détail en plan et en coupe de la chape *g*, ainsi que de la douille folle *n* qui porte les petites bielles.

On comprend que, l'outil étant arrivé à fond, les quatres branches ouvertes, il va suffire de faire tourner la sonde pour que la vis en descendant pousse, par l'effet des bielles, l'extrémité supérieure des branches et fasse rapprocher les griffes qui vont ainsi ramener au centre et pincer le morceau cherché. La longueur des

bielles est calculée de manière que deux des griffes diamétralement opposées retardent sur les deux autres, dans le serrage, pour que ces deux dernières, arrivant à se toucher, les premières aient encore entre elles un écartement égal à la largeur des autres.

Il arrive souvent que le morceau d'un

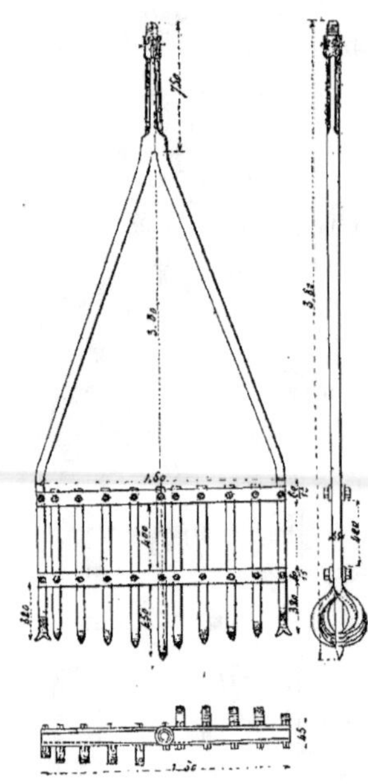

Fig. 69. — Élévation du râteau-drague.

outil se détache pendant le battage et qu'on ne s'en aperçoive que lorsque le trépan, ayant continué à fonctionner, l'a en quelque sorte encastré dans le terrain du fond. La pince ne pourrait plus le saisir; on descend alors le *râteau-drague* (*fig.* 69) dont la pointe centrale va pénétrer dans le terrain et servira de pivot à l'instrument : on fait tourner la sonde, les griffes du râteau vont faire des stries concentriques sur le fond, finiront par sortir le morceau de son alvéole, et, elles

sont disposées de telle sorte, qu'en conti- | ramèneront vers le centre, où la pince à
nuant le mouvement de rotation, elles le | vis le prendra ensuite du premier coup,

Fig. 70 et 70 *bis*. — Coupe de l'appareil à vis pour la descente des colonnes en tôle.

s'il ne se trouve pas déjà remonté dans la | concavité de la grille de la drague.

**66.** *Cuvelage du puits de la Chapelle.* — Le travail du cuvelage a dû donner lieu à des dispositions spéciales, en raison des grands diamètres imposés. Les tubes employés ont uniformément 2 centimètres d'épaisseur : pour obtenir cette dimension, on a fait usage de deux feuilles de tôle de 1 millimètre d'épaisseur chacune, rivées l'une sur l'autre, mais, en croisant leurs joints verticaux et horizontaux. Ce mode de construction permet d'assembler successivement, les uns avec les autres, tous les tronçons de cuvelage, qui sont amenés au chantier par longueur de 4 mètres, et ayant à cet effet, aux deux extrémités, une demi-hauteur de feuille redoublée sur tout le périmètre. Ainsi, les plaques de tôle étant de 1 mètre de hauteur, les feuilles intérieures dépasseront de 50 centimètres les feuilles extérieures à la partie supérieure du tronçon, et, au contraire, seront en retrait de 50 centimètres sur les feuilles extérieures à la partie inférieure. Ces feuilles ayant leurs trous de rivets percés d'avance et fraisés, on comprend qu'en venant coiffer chaque bout de tube par un autre, et en faisant les rivures, on obtiendra une colonne qui présentera sur toute sa longueur une surface lisse au dedans et au dehors; et cette disposition est nécessaire pour que le tube trouve le moins de cause d'arrêt possible, lorsqu'on a à lui faire suivre l'approfondissement à travers des terrains meubles ou se resserrant.

Le doublage du tube a été fait en tôle de cuivre, chaque fois qu'on a rencontré des eaux oxydantes ou pyriteuses, pour éviter l'action chimique qui se serait produite avec la tôle de fer.

Les procédés mis en usage pour la descente de ces cuvelages devaient satisfaire à la condition suivante :

*Laisser toujours l'intérieur du tube libre pour permettre le passage d'un outil élargisseur qui doit aller attaquer les parois du forage, au-dessous de la base de la colonne, lorsque, dans une couche argileuse, elles se seront gonflées au contact de l'eau et s'opposeront à la descente du cuvelage; ou pour la manœuvre de la* SOUPAPE A POMPE, *qui, nous l'avons vu à la description de cet instrument, est nécessaire pour favoriser l'avancement du tube à travers les sables.*

C'est cette condition qui a obligé à tenir ces lourdes colonnes suspendues seulement par la partie supérieure et au moyen d'une forte pression extérieure, que l'on obtient par la superposition de grands colliers ou freins en bois $cc$ (voir les figures 70 et 70 *bis*), serrés par de forts boulons et reposant sur le fond solide de la fouille maçonnée $F_1$. Sans cela on aurait pu alléger, autant qu'on l'aurait voulu, le poids de ces colonnes, en faisant usage, à la base du tube, d'un obturateur analogue à celui adopté pour la descente des cuvelages en fonte dans le fonçage des puits de mine à niveau plein, ou en remplissant une grande partie de l'intérieur du tube d'une matière légère et d'un prix peu élevé.

*L'appareil à vis* employé pour la descente des cuvelages en tôle se compose de deux forts bâtis en charpente $A_1$ laissant juste entre eux un espace correspondant au diamètre extérieur du tube, et sur lesquels se place une traverse T en bon bois de chêne, faite de deux pièces de fort équarrissage réunies par de gros boulons : le plan de jonction de ces deux pièces est à l'aplomb d'un diamètre du trou de sonde. Quatre trous cylindriques sont percés dans l'axe de cette traverse, pour le passage des vis $V_1$ de 5 mètres de longueur, se mouvant dans quatre écrous qui reposent sur des plaques de friction. Chaque écrou porte une roue dentée que commande une vis sans fin fixée sur chacun des arbres à manivelles $M_1$. L'emmanchement de sonde E sert à suspendre le système à la chaîne de manœuvre pour l'amener à sa place ou le tirer de côté.

Les grands vis $V_1$ s'articulent, par leur partie inférieure, à des chapes qui sont fixées sur le diamètre d'un tampon cylindrique en bois très épais SS garnissant l'intérieur du cuvelage, et qui butte contre quatre brides à cornières $p$, boulonnées à l'intérieur du tube.

Les choses ainsi disposées, on va faire descendre la colonne jusqu'à ce que les quatre cornières $q$, semblables aux précédentes, mais placées à l'extérieur, viennent presque sur les colliers *cc*. Pour cela, des hommes armés de clefs vont desserrer très légèrement les boulons de ces freins, jusqu'à ce qu'un léger craquement annonce que le tube a fait un petit mouvement ; on cesse alors d'agir sur les colliers, qu'on laisse frotter, et on ne fait que rendre doucement aux manivelles $H$, de manière que les vis tournent très lentement, et avec ensemble, et le tubage descend ainsi par l'effet de son poids presque équilibré par le frottement des freins. Lorsqu'il est arrivé assez bas, on serre les colliers à refus, on s'assure, en lâchant un peu des vis, qu'il ne se produit plus de mouvement, on enlève les cornières *p*, on remonte le tampon $S$, jusqu'au-dessus du plancher, on déboulonne les pièces qui fixent sur les bâtis $A$, la traverse $T$, qu'on transporte, par l'emmanchement E, avec tampon, vis, écrous et manivelles, sur l'extrémité des bâtis pour laisser la place au nouveau tronçon de tube qu'on amène avec la chaîne au-dessus du précédent : on les emboîte en faisant bien communiquer les trous des rivets ; puis, deux chaudronniers sont descendus, à l'aide d'un plateau du diamètre du tube suspendu à la chaîne de la chèvre, jusqu'à ce qu'ils soient à portée pour faire à l'intérieur la tête du rivet qui leur est présenté, préalablement chauffé au rouge, par un aide qui à l'extérieur maintient l'autre tête serrée dans la fraisure.

Lorsque tous les rivets sont en place, on enlève, l'une après l'autre, les quatre cornières *q*, et on bouche, par des rivures les trous qu'on avait laissés pour recevoir leurs boulons. On remonte les chaudronniers, après leur avoir fait replacer, au haut du nouveau tronçon, les cornières extérieures *d*, on tend les vis et on fait descendre le cuvelage d'une nouvelle longueur de 4 mètres ; et ainsi de suite. Il faut en moyenne 24 heures pour amener, mettre en place, river et descendre un tronçon de cuvelage de $1^m,62$ de diamètre.

Ce tubage se compose de quatre colonnes de diamètre différents :

La première colonne, établie sur une hauteur de 35 mètres, a $1^m,80$ de diamètre intérieur ;

La seconde colonne, établie sur une hauteur de 120 mètres, a $1^m,60$ de diamètre intérieur ;

La troisième colonne, établie sur une hauteur de 140 mètres, a $1^m,30$ de diamètre intérieur.

La quatrième colonne, établie sur une hauteur de 718 mètres, a $1^m,10$ de diamètre intérieur ;

Le poids de mètre courant de tubage est :

|  |  |  |  |
| --- | --- | --- | --- |
| pour la 1re colonne | . . . | 860 | kilogs. |
| — 2e — | . . . | 790 | — |
| — 3e — | . . . | 640 | — |
| — 4e — | . . . | 550 | — |

Le mode de descente pour les trois premières colonnes a été celui que nous venons d'indiquer ; mais il a fallu avoir recours à un dispositif nouveau pour la descente de la quatrième colonne longue de 718 mètres ; malgré la difficulté de ce travail la perfection des moyens employés n'a pas arrêté l'entreprise.

Le puits artésien, commencé le 2 janvier 1866 au diamètre de $1^m,80$, atteignait, le 26 novembre 1860, c'est-à-dire en moins de quatre années, la profondeur de 552 mètres. Si de ce temps nous défalquons les suspensions de travail, pour les grosses réparations qu'il y a eu à faire aux machines de manœuvre, pour les décisions à attendre et le temps nécessaire pour la construction des cuvelages, etc., et qui n'ont pas duré ensemble moins de 15 mois, nous trouvons qu'il n'a pas fallu plus de 32 mois pour amener le travail à cette profondeur de 552 mètres. Dans ce temps est comprise, bien entendu, la réparation des accidents qu'il n'y a pas possibilité d'éviter dans un forage de ce diamètre et de cette profondeur, surtout avec la nature des 135 mètres de terrains tertiaires par lesquels on a eu à débuter, et les passages excessivement durs qu'on a rencontrés dans la craie.

Malgré cette marche sure, intelligente et rapide, ce n'est qu'en juillet 1887 qu'on a atteint la nappe jaillissante (cela pour des causes non inhérentes à la conduite des travaux) à la cote 706 mètres au dessus du sol de la place Hebert, soit à 638 au-dessus du niveau de la mer. Bien qu'il ait été prévu au début que l'on continuerait le forage jusqu'à la base du terrain jurassique à la cote 900 mètres, on n'a pas été au-dessous des terrains contenant la nappe et on est resté dans les terrains aquifères depuis la cote 706 jusqu'à la cote 719,50. L'eau se perd actuellement dans les terrains tertiaires un peu en

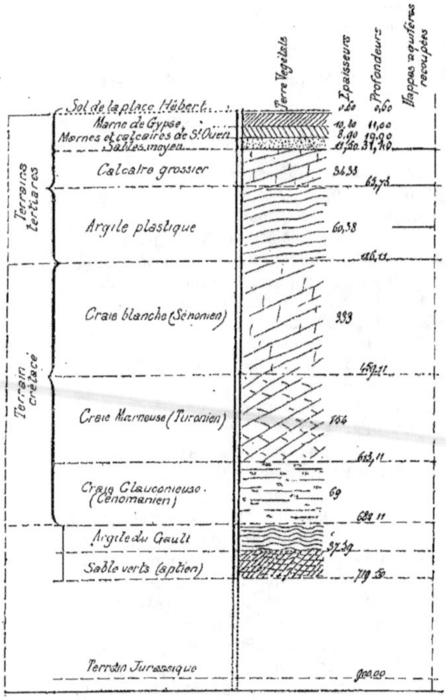

Fig 71.

contrebas du sol. Elle vient couler près de la surface dans un égout à 4 mètres au dessous du sol de la place. Le débit ne sera jaugé qu'après le captage dont les travaux ne sont pas commencés. Dès maintenant on peut prévoir que le grand diamètre de ce puits contribuera à une diminution de la force ascensionnel de l'eau qui arrivera par suite en moins grande

abondance que si le puits avait un diamètre normal de 0ᵐ,80 à 1 mètre. La température actuelle est de 30 degrés ; les eaux sauvages des couches superficielles venant, en se mélangeant à celles de la nappe, faire descendre la température de celles-ci, il y a lieu de croire qu'après le captage la température sera de 33 degrés.

Pour compléter cette étude, nous donnons, figure 71, une coupe géologique prise sur l'axe du puits de la place Hebert. Les cotes sont prises par rapport au niveau du sol de la place qui est à 48 mètres au-dessus du niveau de la mer.

Enfin nous devons citer les noms des ingénieurs du Service Municipal qui ont participé à ce travail important dont l'achèvement doit-être prochain. A l'origine le directeur du service a été M. Belgrand et à sa mort ce fut M. Alphand. Les ingénieurs ont été successivement M. Rousselle, M. Couche, et actuellement M. Humblot avec M. Renard, ingénieur inspecteur des aqueducs.

Les ingénieurs entrepreneurs de ce forage ont été d'abord MM. Degousée et Ch. Laurent ; depuis 1870 M. Lippmann. Il faut reconnaître que la perfection des procédés employés, presque entièrement due à l'intelligente conception de M. Gault, l'habile directeur des travaux, a rendu le nombre des accidents relativement peu fréquent.

**67.** *Puits artésien de la Butte-aux-Cailles.* — Comme second exemple, nous citerons les travaux du puits artésien de la Butte-aux-Cailles — treizième arrondissement.

Il a fallu, tout d'abord traverser des argiles de diverses natures, un banc de sable, des calcaires grossiers, des calcaires pisolithiques et des marnes ; et, quoiqu'on n'ait pas eu à beaucoup près à vaincre ici toutes les difficultés qu'on a rencontrées au puits artésien de la place Hebert à la Chapelle-Saint-Denis, il y a eu néanmoins différents obstacles qu'on a surmontés très heureusement. Après la première nappe qu'on a rencontrée à la cote 24 (au-dessus du niveau de la mer) et qu'on a pu arrêter au moyen d'un cuvelage cylindrique en tôle, une seconde nappe a été rencontrée à la cote 18 et a été maintenue par un cuvelage en bois, qui a été descendu douve par douve et qui a été ensuite noyé dans la maçonnerie.

A la cote 17$^m$,50, on est entré dans les argiles panachées, et la maçonnerie a pu être continuée sans contre-temps jusqu'à la cote 5. Pour l'exécution de cette maçonnerie, on a fait une succession de zones annulaires de 1$^m$,50 seulement de hauteur chacune ; chaque anneau, en meulière, forme extérieurement, et à moitié de sa hauteur, un renflement considérable qui s'enchasse dans les parois de l'argile, de sorte qu'il s'y trouve accroché et ne vient pas peser sur l'anneau qui lui succède. De cette manière on est arrivé à reporter la charge et à éviter l'écrasement qui se serait produit sous les anneaux inférieurs qui auraient eu, sans cette précaution, tout le poids de la partie supérieure à porter.

On rencontra à la cote 5, les calcaires pisolithiques d'où s'échappa une nappe d'eau jaillissante et fort abondante. Pour cette couche, on procéda par épuisement, en installant une pompe de la force de vingt chevaux, et lorsqu'on fut maître de la nappe, on construisit une chemise circulaire en briques, derrière laquelle on versa un coulis de ciment qui vint calfater la maçonnerie et arrêta tout suintement.

A cette profondeur, on pratiqua une sorte de chambre, à partir de laquelle on recommença les zones annulaires de maçonnerie de 50 centimètres de hauteur seulement et se retraitant de 20 centimètres à chaque zone jusqu'à ce que le diamètre du puits fût réduit à quatre mètres de diamètre en dedans œuvre.

A la cote 4 au-dessous du niveau de la mer, on rencontra les premières couches de terrains crétacés : ce sont des alluvions où la craie commence à se montrer mêlée à d'autres matières : elle précède le banc de craie pure.

Un peu plus bas, au-dessous du banc de craie, se trouve une nappe très puissante, fournissant près de 1000 litres à la minute, et il fallut installer de nouveau des pompes d'épuisement pour arriver à se rendre maître du suintement.

Le banc de craie atteint, le travail de-vait devenir plus facile puisqu'on se trouve en principe dans une partie solide qui n'a pas besoin de mur de soutènement, et qu'on n'a pas à craindre la rencontre de nappes importunes ; les 500 mètres de craie percés et les sables verts traversés, on devait arriver à la nappe artésienne qui alimente les puits de Grenelle et de Passy ; mais alors aurait commencé pour ce puits une nouvelle phase ; car pour ne pas appauvrir le rendement des deux premiers, il faudrait traverser cette nappe, en trouer la cuvette, et aller chercher une nappe nouvelle beaucoup plus bas à travers des couches inexplorées jusqu'ici. La nature ébouleuse du terrain crétacé traversé, a conduit à l'arrêt absolu des travaux à la cote de 500 mètres, les difficultés de soutènement devenant insurmontables avec les procédés mis en œuvre. Aujourd'hui le puits entrepris par M. Dru est malheureusement abandonné !

**68.** AUTRES EXEMPLES. — *Puits artésien de Rochefort.* — Citons encore en France, le puits artésien creusé dans la cour de l'hôpital maritime de Rochefort Le sondage a atteint 856$^m$,78 qui est la plus grande profondeur que l'on ait atteint en France jusqu'à ce jour. On avait rencontré une première fois la nappe jaillissante à la profondeur de 816$^m$,30 et constaté un débit de 150 litres par minute. Puis à la suite d'un éboulement, l'eau cessa de couler, et l'on dut reprendre le forage puis le continuer. Une seconde nappe rencontrée à 830 mètres fut reconnue insuffisante ; et l'on dut continuer ; ce n'est qu'à 856 mètres qu'on trouva la nappe captée actuellement : elle se trouve dans un calcaire bitumineux fendillé alternant avec un grés très dur appartenant très probablement au terrain pénéen qui est très bouleversé en cet endroit. Le débit de ce puits varie entre 150 et 180 litres par minute. Clair et limpide au sortir du tube, l'eau se trouble au contact de l'air, perd des bulles d'acide carbonique dû à la décomposition du bicarbonate de fer qu'elle renferme, et dépose sur les parois des vases qui la contiennent un précipité de sexquioxyde de fer hydraté ; il se dégage de l'azote en même temps que de l'acide carbonique.

On a reconnu à l'analyse que cette eau renferme environ 6 grammes de sels en dissolution par litre d'eau. Son poids spécifique est de 1,0053. Elle est impropre aux usages domestiques, mais peut avoir un emploi médicinal à cause des quantités considérables d'iodures et de bromures qu'elle contient et aussi à cause de sa température élevée qui a été d'abord de 43°,10 et qui est aujourd'hui de 40°,60 au sortir du tube d'ascension. Elle contient surtout des sulfates de soude, de chaux et de magnésie, des chlorures de sodium de calcium et de magnésium, des bicarbonates de chaux, de magnésie, de fer et de manganèse, des silicates de potasse et d'alumine, des bromures et des iodures de sodium et enfin trois gaz à l'état libre : l'azote, l'acide carbonique et l'acide sulfhyrdique.

**69.** C'est surtout dans certaines parties de l'Algérie que les puits artésiens peuvent être d'une immense utilité, en fournissant une eau abondante à une contrée privée presque entièrement d'humidité. La constitution géologique du Sahara a fait reconnaître l'existence d'une nappe d'eau souterraine suivant toutes les ondulations du sol, et formant une série de bassins étagés qui se déversent les uns dans les autres du nord au sud. Cette nappe d'eau est à une profondeur qui peut varier entre 40 et 100 mètres. En certains points, il existe plusieurs couches liquides superposées, de sorte que la sonde pourrait faire jaillir en ces points plusieurs sources provenant de diverses profondeurs. Les populations du Sahara ont toujours eu connaissance de cette nappe.

Dans les temps anciens, comme de nos jours, les indigènes ont creusé des puits à eaux jaillissantes ; mais, de tout temps, ils n'ont employé pour ce travail que des moyens grossiers ; aussi leur fallait-il plusieurs années pour creuser un puits de 50 à 60 mètres. Ils étaient arrêtés lorsque, au lieu de sable, ils rencontraient des roches un peu dures, et abandonnaient leur travail alors qu'il ne restait plus que quelques mètres à creuser pour arriver à la nappe jaillissante.

En 1856, grâce à l'initiative du général Desvaux, M. Laurent vint creuser le premier puits dans le Sahara oriental : le forage ne dura que quarante jours ; à 60 mètres de profondeur, on atteignit la nappe très puissante qui fournit plus de 1 500 litres à la minute ; cet ouvrage qui émerveilla les Arabes fut nommé par eux : *la fontaine de la paix*. L'oasis de Sidi-Roched, jadis florissante et fertile, fut rendue à la culture par un forage qui donna 4300 litres à la minute. Il existe aujourd'hui dans le Sahara oriental plus de 700 puits forés qui ont permis d'habiter de nouveau de nombreuses oasis et de fixer ainsi plusieurs tribus nomades. Dans plusieurs de ces forages on rencontra des poissons vivants qui sortirent des sables des nappes jaillissantes en plein désert ; on y trouva également des crabes, des coquilles vivantes, découvertes qui ne contribuèrent pas peu à jeter un nouveau jour sur cette question si controversée de l'origine des nappes souterraines.

**69** *bis*. Enfin, pour terminer ce chapitre, nous citerons *en Amérique* parmi les points où l'on rencontre le plus de puits artésiens, la ville de Chicago où l'on en compte actuellement vingt-neuf pour une population de 500 000 habitants. Tous ces puits donnent de l'eau en abondance. Leur profondeur varie entre 360 et 490 mètres. La profondeur la plus usuelle est de 360 mètres à 390 mètres ; et le prix de revient moyen de 30 000 fr. pour un puits de 360 mètres de profondeur et de 14 centimètres de diamètre, et de 25.000 francs pour un puits de même profondeur, et de 11 centimètres seulement. Le puits le plus profond à 492 mètres et 9 centimètres de diamètre.

### Forages instantanés.

**70.** Parmi les moyens de recueillir les eaux, il en est un fort simple que les Chinois ont appliqué depuis fort longtemps et qui consiste à se mettre en communication immédiate avec la nappe aquifèrée au moyen d'un tube et d'aspirer ensuite avec un appareil mécanique quelconque pour y faire monter l'eau ; ce procédé ne peut être mis en pratique qu'autant que l'on saura cette nappe à une faible distance du sol et séparée de la surface par des couches peu résistantes. Lorsqu'ils savaient cette

double condition remplie, les Chinois pre-
naient une forte perche de bambou, parfaitement creuse à l'intérieur, ils garnis-
saient l'une de ses extrémités d'une pointe
de fer et perçaient au-dessus de cette garniture quelques trous dans la tige de bambou ; puis ils l'enfonçaient dans le sol à
coups de masse ou par rotation hélicoïdale,
et, lorsqu'ils supposaient l'extrémité trouée
en contact avec la nappe, suspendaient
l'enfonçage. Ils s'assuraient alors que la
communication avec l'eau souterraine était
établie en descendant une pierre dans le
tube au moyen d'une petite corde. Lorsque
la pierre remontée au jour, revenait
mouillée, et confirmait ainsi leurs suppo-
sitions, ils adaptaient à l'extrémité libre
un corps de pompe et aspiraient, pour faire
monter l'eau à la surface.

Cette idée a été reprise récemment par
plusieurs ingénieurs qui ont trouvé là un
moyen économique de se procurer l'eau.
Successivement M. Jobard à Bruxelles,
M. Norton à Londres, M. Clark ensuite,
ont cherché un moyen pratique de résoudre le problème. Nous donnons ici la
description du *procédé Clark*.

Lorsque l'on suppose rencontrer à l'endroit choisi pour y recueillir de l'eau, une
nappe souterraine sous des terrains relativement peu résistants, on enfonce en
terre un tube en fer. à parois de 0,01 à
0,02 centimètres, capable d'offrir une certaine résistance à la pression verticale
qu'il faudra donner pour obtenir l'enfonçage. L'extrémité de ce tube est munie
d'un premier raccord à pointe d'acier
très dur effilé en forme conique ou hélicoïdale, suivant qu'on procédera pour
l'enfoncement par choc, ou par pression
et rotation. Dans le premier cas, on opère
très rapidement en frappant sur l'autre
extrémité du tube à l'aide d'un mouton ;
le choc est donné non sur le tube lui-
même, manœuvre qui pourrait le fausser,
mais sur un manchon de bois adapté à la
partie supérieure. A la suite de ce premier raccord conique vient un premier
bout d'un mètre dont la partie inférieure
est percée de trous pour permettre à l'eau
de pénétrer de l'extérieur à l'intérieur.
Lorsque le premier bout est enfoncé, on
visse à la suite un second raccord, puis

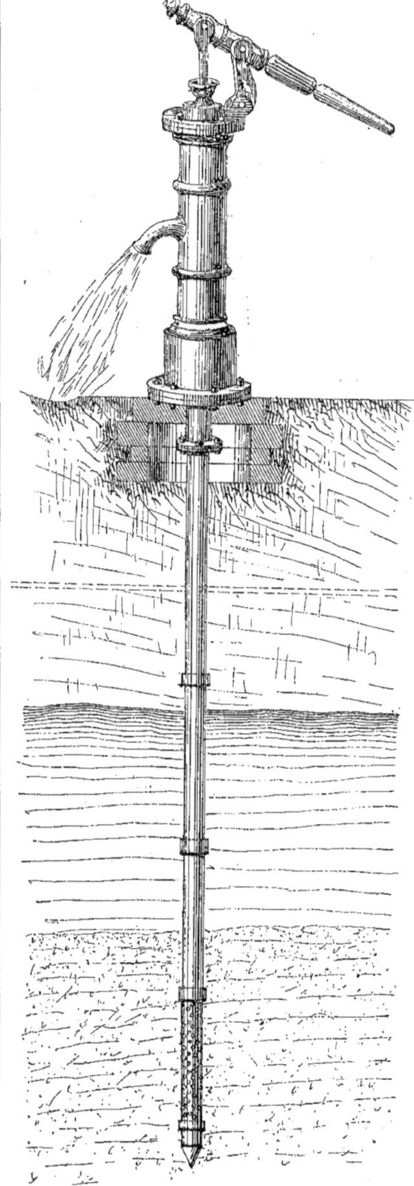

Fig. 72.

un troisième et ainsi de suite jusqu'à ce que l'on ait atteint la nappe d'eau.

Si cette nappe est telle, qu'au point où on la rencontre elle soit sous pression, elle montera dans le tube et jaillira à la surface; si au contraire, elle est dormante et à moins de 9 mètres du sol, on adoptera un corps de pompe aspirante sur le dernier raccord et l'on fera monter l'eau à la surface en actionnant le bras de levier de la pompe; si enfin elle se trouve à plus de 9 mètres du sol, on pourra encore mettre en œuvre ce procédé, mais alors il faudra creuser une sorte de puits autour de la partie supérieure du tube en fer pour y installer à 8 à 9 mètres de la nappe un corps de pompe aspirante et foulante.

Comme on le voit, ce procédé, bien que très économique en principe, rencontre des difficultés de mise en œuvre et n'a qu'un rayon d'application limité. Il n'est réellement avantageux que si l'on sait le terrain peu résistant et si l'on a la certitude de rencontrer la nappe d'eau à moins de 8 mètres du sol; dans ce cas son installation est fort simple, comme l'indique la figure 72, et dans un temps très court, de une heure à trois heures, selon la résistance du sol, le puits est établi. Si, lorsqu'on enfonce ce tube, on rencontre une masse trop dure comme un rognon de silex, par exemple, on est obligé d'enlever le tube et de recommencer le travail à côté.

Un des inconvénients à signaler est celui qui est causé par la nature même du terrain propice à ce genre d'installation : la pompe élève l'eau et le sable aussi quand ce dernier est fin et par conséquent susceptible d'être entraîné sous une faible vitesse. Il s'en suit que souvent ce sable bouche les trous de crépine percés dans le premier raccord, ou encrasse le corps de pompe et le détériore. Néanmoins ce système est économique, facile à établir et peut rendre de très grands services.

## Puits à cuvelage filtrant.

**71.** Ainsi que nous venons de le voir, avec les puits à forage instantané, on rencontre souvent des sables tenus qui ont une fluidité telle qu'ils coulent avec l'eau de la source, s'ils en contiennent une, et rendent ainsi le pompage fort difficile si non impraticable ; en sorte que jusqu'à ce jour on s'est trouvé dans l'impossibilité d'utiliser certaines nappes d'eau relativement assez proches de la surface et d'autant plus pures qu'elles se rencontrent dans ces sables fluides. C'est en effet ce qui arrive dans un grand nombre de contrées semblables à celle des environs de Paris où le sol placé immédiatement sous la couche d'humus est constitué par d'épaisses assises de terrain de sables très fins dans lequel circule au-dessus du terrain imperméable plus ou moins argileux une eau naturellement filtrée, limpide, pure, à température constante variant à peine entre 10 et 13 degrés centigrades de l'hiver à l'été, et présentant des qualités exceptionnelles ; mais la ténuité de ces sables est telle qu'ils montent dans les conduits avec l'eau, fatiguent les organes des machines élévatoires, encrassent les crépines et les clapets, encombrent les réservoirs et les tuyaux de conduite et rendent impraticable l'utilisation de la nappe d'eau.

Depuis longtemps on a cherché à résoudre ce problème qui consiste à laisser le sable pour ne conduire à la surface que le liquide qu'il contient : une solution vient d'en être trouvée récemment par M. Ed. Lippmann, l'un des Ingénieurs hydrauliciens français, qui depuis plus de vingt ans s'est voué tout entier à la recherche des solutions difficiles rencontrées dans l'art du sondage. L'application du procédé imaginé par cet ingénieur habile et distingué vient d'être consacrée de la manière la plus probante par l'expérience récente faite à Rambouillet, en présence de toutes les autorités municipales et sous le contrôle et la direction de de M. Legouez, ingénieur des ponts et chaussées. Nous en donnerons la description d'après les intéressants documents publiés par M. Max de Nansouty dans le journal le *Génie civil.*

M. Legouez avait été chargé d'étudier le moyen d'alimenter d'eau la ville de Rambouillet, qui, de prime abord, semble admirablement pourvue ; car tout le monde connaît le bel étang de la Tour et les canaux du château dans lesquels on pourrait certainement puiser, sans risquer de les tarir, toute l'eau nécessaire à l'important service qu'on cherche à organiser. Malheureusement, ces magnifiques réservoirs ne fourniraient que des eaux contaminées par d'actives décompositions de matières végétales, par des souillures provenant des lessivages et des bains, par le mélange des eaux d'égout de la ville, etc. etc...

Par la connaissance qu'il possédait de la constitution géologigique de la région, M. Legouez fut convaincu que dans l'épais banc de sables de *Fontainebleau* existant entre la craie et l'argile à meulière qui constitue la couche superficielle du terrain, il devait se trouver une puissante nappe souterraine alimentée par les eaux pluviales qui tombent dans la forêt de Rambouillet et sur les plateaux qui entourent la ville. Un sondage d'exploration a servi à confirmer ces prévisions et a permis de constater que l'eau ainsi recueillie, comme nous l'avons dit plus haut, possède une fraicheur et une pureté qui l'assimilent aux meilleures eaux de source; son degré hydrotimétrique indique qu'elle ne contient que juste ce qu'il faut de principes calcaires pour qu'elle n'ait pas l'insipidité de l'eau distillée.

Mais quand on a voulu la pomper, malgré toutes les précautions prises, et malgré les essais nombreux et variés, les inconvénients et dangers dus à la fluidité des sables se sont manifestés avec une telle intensité et une telle persistance, qu'il n'y avait pas moyen de pouvoir organiser, dans de telles conditions, le moindre service d'alimentation. Il ne serait plus alors resté d'autre ressource que d'aller puiser à grands frais, à une cinquantaine de mètres de profondeur, et après avoir masqué les sables fluides par un cuvelage strictement étanche, les eaux calcaires qu'on trouve dans les fissures du terrain crétacé.

Mais nous devons ici rendre justice à la persévérante initiative du conseil municipal de Rambouillet et en particulier aux généreux efforts des membres de la Commission spéciale des eaux, lesquels,

frappés de l'immense avantage que la ville retirerait de n'avoir à prendre qu'à douze mètres de profondeur l'eau parfaite des sables de Fontainebleau, ont décidé de ne renoncer à ce projet que si, après avoir consulté les principaux spécialistes, il ne leur était proposé aucune solution acceptable.

Une minutieuse enquête dont tous les détails ont été consignés dans un intéressant mémoire présenté à la municipalité de Rambouillet, fut faite par la Commission des eaux, guidée par M. l'ingénieur Legouez. Elle a pleinement atteint le but, car cette question avait été depuis longtemps l'objet des préoccupations, des études et des essais de M. Lippmann qui a imaginé le procédé de captage spécial

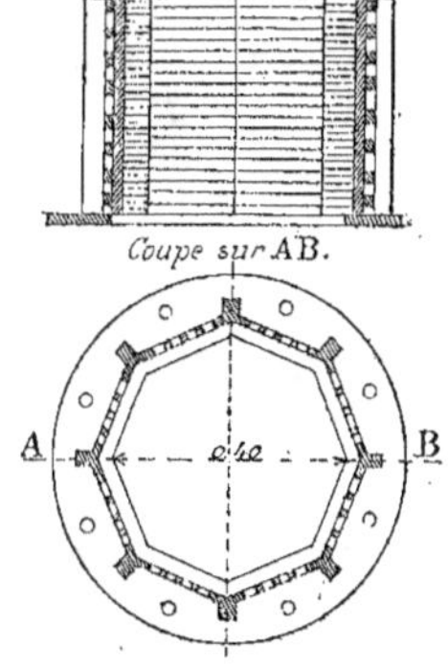



Fig. 73.

que nous allons décrire et que nous ne craindrions pas d'appeler, dit M. de Nansouty : *une conquête dans l'hydrologie souterrainne,* car en cherchant à faire ressortir le grand intérêt et l'importance de la question dont nous nous occupons, nous aurions dû, en première ligne, insister sur le service que cette heureuse innovation rendra à l'humanité en mettant fin aux luttes périlleuses que les puisatiers engagent chaque jour, pour tâcher d'arracher à ces couches de sables fluides, et trop souvent meurtrières, l'eau qu'elles contiennent et qu'il leur semble si facile d'atteindre

L'appareil auquel M. Lippmann a donné le nom de *cuvelage filtrant* est un tube qui avait dans le cas présent, la forme polygonale, ainsi que nous l'indiquons figure 73, et dont la face extérieure est totalement faite de sortes d'alvéoles rectangulaires dont la surface est percée de trous ; dans les cadres de ces alvéoles viennent se loger des plaques en matière poreuse ou filtrante. La composition de ces plaques doit varier suivant la nature des matières contenues dans l'eau qu'on veut utiliser. Le cuvelage filtrant est fermé à sa base par un fond hermétique.

Pour l'utiliser, on exécute d'abord un puits foré qu'on garnit, comme d'ordinaire, d'un tube en tôle pleine, pour pouvoir pénétrer dans les sables aquifères jusqu'à la profondeur jugée nécessaire pour obtenir une hauteur de charge en rapport avec le volume d'eau qu'on veut avoir, et qui est naturellement aussi fonction du diamètre du cuvelage filtrant.

Puis on descend ce dernier dans le forage

Fig 74.

en le prolongeant à sa partie supérieure, c'est-à-dire pour toute la portion qui doit émerger, par une longueur considérable de tuyaux absolument étanches.

On procède ensuite à l'extraction totale du tube en tôle pleine qui a servi à l'exécution du forage. Les sables aquifères se trouvant alors au contact des plaques de filtration, l'eau de la nappe pénètre claire et limpide dans l'intérieur de l'appareil où elle est aspirée par une pompe. Notre figure 74, exécutée d'après une photographie, représente l'opération au moment où le forage étant terminé, on opère la descente du cuvelage filtrant, en le garnissant sur place de ses dalles poreuses.

Notre figure 75, représente une vue géométrale de l'appareil en place après l'enlèvement du tube en tôle pleine. On voit qu'un puits maçonné a été pratiqué à un diamètre

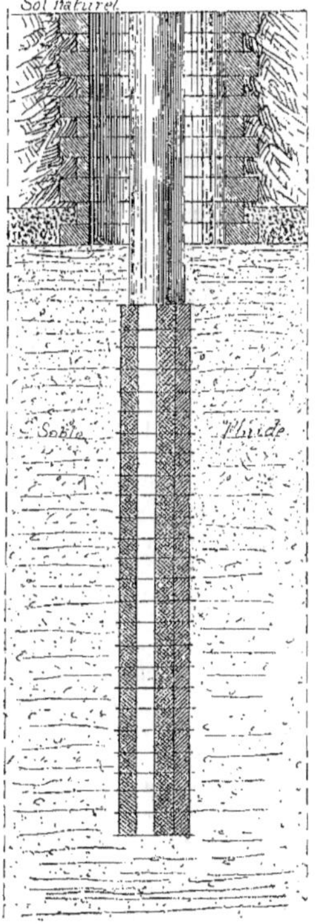


Fig. 75.

beaucoup plus grand au-dessus de la couche de sable sur laquelle on l'a assis pour permettre de faire plus parfaitement le travail de forage proprement dit.

Dans l'expérience de Rambouillet, le diamètre du forage était de 0ᵐ,56, celui du cuvelage filtrant a été de 0ᵐ,40 donnant une surface de filtration de 0ᵐ²,85 par mètre de hauteur et pour 3ᵐ,50 de haut; la filtration

se faisait donc sur une superficie de 3 mètres carrés. Au début, on avait donné 7 mètres de hauteur au cuvelage filtrant, mais un accident, indépendant du procédé et survenu avant l'expérience, a fait réduire cette hauteur de moitié. La base du cuvelage était à 12 mètres de profondeur dont 7 mètres de hauteur d'eau. Deux pompes aspirantes, débitant ensemble 12 mètres cubes à l'heure, ont fonctionné simultanément pendant plusieurs jours de suite, sans parvenir à faire baisser le niveau jusqu'à la limite de l'aspiration. L'eau est restée d'une fraîcheur et d'une limpidité remarquables.

Le rapport du volume débité à la surface de filtration donne la vitesse de l'eau à travers les plaques filtrantes; cette vitesse est ici d'un millimètre. C'est précisément celle présumée par M. Legouez qui, dans son rapport, faisait remarquer que cette vitesse était celle que prend l'eau sous l'effet d'une charge de 0,00000005, soit cinq cents millionièmes de mètre. La perte de charge due au filtre est donc presque de la totalité de la charge moyenne de 5ᵐ,25 existant à l'extérieur. Il y a alors certitude que la filtration ne diminuera pas, ni par encrassage du filtre, ni par le tassement des sables autour de celui-ci, puisque l'eau circule pour ainsi dire sans vitesse dans la couche qui la contient; il n'y a aucun déplacement du sable, qui reste dans son état normal autour du cuvelage filtrant.

En partant des données qui précèdent et du résultat correspondant, on calculera aisément les dimensions à donner aux cuvelages filtrants pour obtenir des volumes d'eau fixés à l'avance.

Il est facile de comprendre qu'en adoptant cette disposition au crépinage des pompes, il est possible de puiser des eaux claires et limpides dans des rivières ou des puits ordinaires à eau trouble; que si on donne une composition particulière aux plaques filtrantes, ou si on les met en double cloison avec interposition de matières spéciales, on peut prendre des eaux saines, dans des nappes contaminées.

C'est ce que prévoit le brevet pris par M. Lippmann, qui se propose aussi d'appliquer ce procédé aux têtes de conduites

de distribution, à leur départ des réservoirs recevant des eaux troubles, ainsi
qu'à des canalisations souterraines faisant
drains (*fig.* 76), pour recueillir et utiliser
des eaux superficielles difficiles à isoler

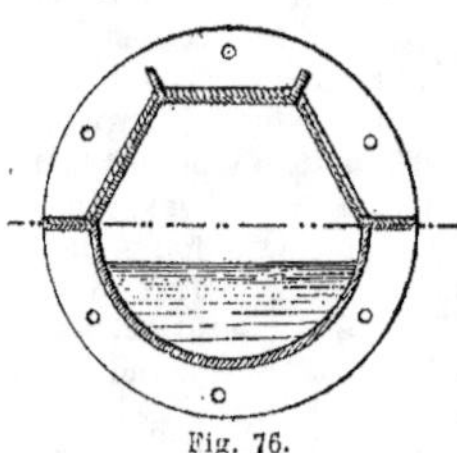

Fig. 76.

des terres ou matières au travers desquelles elles circulent comme celles qu'on
trouve sur certains plateaux sableux dans
des terrains marécageux.

### Puits absorbants.

**72.** Pour terminer ce chapitre des
moyens de retenir et de recueillir les eaux,
nous dirons quelques mots des puisards et
des puits absorbants qui sont reliés intimement aux forages et à tous les procédés
d'amenée d'eau à la surface du sol comme
véritables conséquences de ceux-ci pour
recevoir leur trop plein, et leur excédent
de production.

Supposons une couche perméable, un
lit de sable, situés dans le sein de la terre
et ne s'ouvrant pas à la surface. Cette
couche casernée entre des couches imperméables, n'a jamais absorbé une goutte
d'eau. On conçoit donc qu'un puits creusé
dans ces circonstances doit nécessairement arriver à une nappe absorbante ;
c'est en effet ce qui s'est produit dans différentes localités. Cette propriété absorbante
est souvent utilisée pour se débarrasser
d'eaux nuisibles, et pour opérer l'assèche-
ment de vastes terrains auparavant marécageux et impropres à la culture. C'est
ainsi que le roi René eut autrefois l'idée
de faire creuser dans la plaine des *Pahins*,
près de Marseille, formant un grand bassin marécageux qu'il paraissait impossible de dessécher, un grand nombre de
trous ou puisards qui jettèrent et jettent
encore aujourd'hui dans des couches per-

méables situées à une certaine profondeur,
les eaux qui rendaient toute cette contrée
improductive.

De nos jours, M. Mulot a tiré de ces
propriétés-absorbantes de certaines couches, un parti ingénieux pour résoudre
un problème qui importait beaucoup à la
plaine de Saint-Denis. L'eau d'une fontaine
creusée sur l'ancienne place dite de la
Poste-aux-Chevaux fournissait en été des
éléments surabondants et précieux de propreté ; mais, en hiver, l'accumulation des
glaces sur la voie publique nuisait beaucoup à la circulation. Cet inconvénient
allait peut-être faire renoncer à creuser
une fontaine sur une autre place, lorsque
M. Mulot imagina le procédé suivant : de
l'eau d'excellente qualité, provenant d'une
couche située à 65 mètres de profondeur,
monte dans un tube métallique d'un certain diamètre poussée par la force naturelle ascensionnelle. Un second tube, notablement plus grand, enveloppe le second
jusqu'à la profondeur de 55 mètres où il
va rencontrer une nappe d'eau encore
très potable, mais moins bonne cependant
que la première. Par suite de la disposition cette eau ne peut remonter que dans
l'espace annulaire compris entre les deux
tubes. Enfin un troisième tube envelop-
pant le second et notablement plus grand
que lui, descend seulement jusqu'à la
profondeur d'une couche absorbante. Ce
second espace annulaire est donc stérile ;
mais il sert, en hiver, à ramener dans le
sein de la terre, à une couche absorbante,
la partie non employée des eaux jaillissantes des deux couches, qui, en se répandant à la surface du sol, auraient formé
une épaisse couche de glace fort encom-
brante qui se serait transformée en un
vaste marécage aux époques du dégel.

Citons encore comme exemple de l'utilisation de ces couches absorbantes, la
plupart des carrières des environs de
Paris, où l'on se débarrasse des eaux au
moyen de trous de sonde forés jusqu'à la
profondeur des couches fissurées supérieures de la craie. La voirie de Bondy se
débarrasse encore actuellement, par le
même procédé, de plus de 100 mètres
cubes matières liquides par vingt-quatre
heures.

# DEUXIÈME PARTIE

# HYDRAULIQUE

**73.** L'*Hydraulique* est la science qui a pour objet le mouvement des eaux et la construction des machines destinées à les conduire : c'est proprement la partie pratique de l'*hydrodinamique*. Quelques auteurs cependant donnent le nom d'*hydraulique* à toute la partie de la physique qui traite des fluides. Ainsi comprise, l'hydraulique se divise en *hydrostatique* et en *hydrodynamique*, de telle sorte que cette dernière branche de la science devient une subdivision de l'hydraulique dont, au contraire, elle n'est d'après la première définition qu'une application. Mais la première définition du mot *hydraulique* est la plus généralement usitée.

Les principales questions relatives à l'art de l'hydraulique étant l'objet d'ouvrages spéciaux, nous nous contenterons de parler ici de celles qui en hydrostatique et en hydrodynamique intéressent plus spécialement l'art du fontainier.

La partie de l'hydraulique que nous nous proposons d'examiner comprend, en premier lieu l'approvisionnement en eau potable et industrielle, des villes, des établissements privés et publics, ainsi que celui des campagnes, en second lieu l'assainissement mécanique des villes et des campagnes. Dans la suite de cet ouvrage nous distinguerons donc l'hydraulique urbaine et l'hydraulique agricole ; mais dans cette deuxième partie nous nous occuperons de questions générales qu'intéressent les distributions d'eaux de toute nature et de toute destination.

L'eau est un objet de première nécessité pour les besoins domestiques. L'industrie et l'agriculture la réclament, la première comme un agent indispensable à assurer le succès de ses opérations, la seconde comme un élément nécessaire à toute culture. Les villes ne sauraient exister sans eau potable et pure. Mais toutes les eaux ne possèdent pas les mêmes qualités ; on les trouve rarement réunies sur les lieux où doit se faire leur emploi ; ou bien elles en occupent les points les plus bas : suivant les cas, on devra aller chercher au loin de nouvelles sources souterraines, dériver des sources déjà connues, créer de vastes réserves d'eau en amont des vallons, et constituer ainsi des réservoirs considérables, faire des drainages pour recueillir les eaux sauvages, ou creuser des puits artésiens ; presque toujours il faut élever les eaux, qu'elles proviennent des rivières, des fleuves ou de canaux de dérivation, au-dessus de leur niveau naturel et avoir recours pour cela aux machines à vapeur ou hydrauliques. Puis ensuite les faire circuler dans les tuyaux de conduite jusqu'aux points de consommation. Ce simple exposé montre que la science des distributions d'eau constitue pour l'ingénieur une série de problèmes difficiles.

Pour diriger les cours d'eau, et les amener sur un sol qui n'est pas naturellement destiné à les recevoir, il faut leur créer un lit en pente, soit qu'on le creuse dans la terre, soit qu'on l'élève en maçonnerie, ce qui comprend les *canaux de dérivation* et les *aqueducs* ; ou bien on peut employer une *conduite* formée de tuyaux qui suivent une ligne non interrompue et se prêtent à tous les accidents du sol. Ces deux modes d'écoulement sont très différents: suivant le premier, l'eau n'éprouve à sa surface que la pression naturelle de l'atmosphère, et son mouvement résulte naturellement de la pente qui s'y établit ; suivant le second, l'eau remplit toute la capacité du tuyau, exerce contre les parois une pression qui est d'autant plus considérable que le tuyau est plus bas relativement à la prise d'eau ou que la force d'impulsion de la machine est plus grande, et prend une vitesse qui, toutes choses égales d'ailleurs, dépend de la charge motrice produite soit par la différence du niveau entre le point de départ et celui d'arrivée, soit par la force d'impulsion de la machine.

------

# CHAPITRE PREMIER

## THÉORIE GÉNÉRALE DU MOUVEMENT DES EAUX COURANTES

### § 1. — CAUSES QUI DÉTERMINENT LE MOUVEMENT DE L'EAU

**74.** Bien que nous n'ayons pas, dans cet ouvrage, l'intention de traiter les questions théoriques de la mécanique des liquides, et que nous renvoyions dès à présent le lecteur aux ouvrages techniques spéciaux tels que ceux de MM. Nadaud de Buffon, Belanger, Darcy, Gouilly, Édouard Collignon, etc., nous essayerons de rappeler les principes d'hydrostatique et d'hydrodynamique sur lesquels on s'appuie pour l'établissement des formules usuelles et de donner une idée précise des causes qui produisent le mouvement de l'eau, et des éléments entre lesquels nous devons établir des rapports pour obtenir la mesure de leurs effets.

L'eau à l'état liquide, doit être regardée comme composée de molécules peu adhérentes les unes aux autres et susceptibles d'obéir facilement et individuellement aux lois de la pesanteur. Elles ne restent en équilibre ou en repos que lorsqu'elles sont contenues dans un vase dont les parois résistent à la pression exercée par l'eau perpendiculairement à la surface de ces parois.

**75.** L'*Hydrostatique*, dont les premiers principes ont été établis par Archimède, est la science qui s'occupe des conditions de l'équilibre des liquides et des pressions qu'ils exercent sur les parois des vases qui les contiennent.

*Principe de l'égalité des pressions.*

La plupart des lois de l'hydrostatique dérivent d'un principe fondamental qui est connu sous le nom de *principe d'égalité des pressions* et qui a été établi par *Pascal:*

*Lorsqu'on exerce une pression en un point quelconque d'un liquide, cette pression se transmet dans tous les sens avec la même intensité.*

Ainsi par exemple, si l'on a un vase de forme quelconque rempli de liquide et muni de tubes cylindriques (*fig.* 77), de même diamètre PFGH, renfermant des pistons très mobiles, et si l'on exerce un certain effort de dehors en dedans sur l'un de ces pistons P, il faudra exercer un effort égal sur chacun des autres pour qu'ils ne soient pas repoussés. Il faut remarquer toutefois que la pression ne se transmet avec la même intensité que sur des surfaces égales. Une surface plane deux fois plus grande que le piston P (*fig.* 78), recevra une pression double, car elle peut se décomposer en deux surfaces égales qui reçoivent chacune la même pression. Dans la figure 78, si le grand piston possède une surface dix fois plus

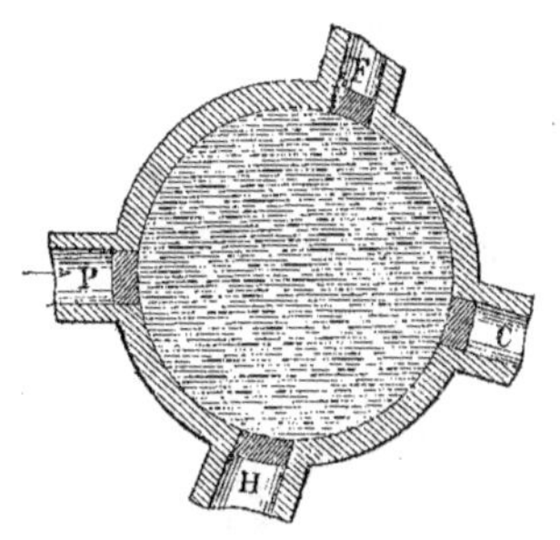



Fig. 77.

grande que celle du petit, une pression de 1 kilogramme sur ce dernier fera équilibre à un effort de 10 kilogrammes sur le premier.

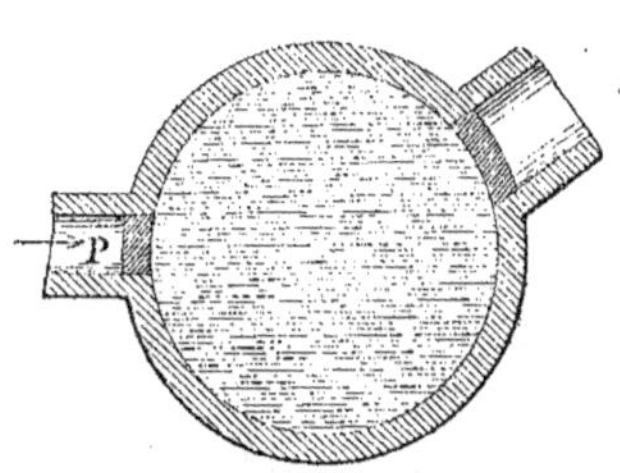



Fig. 78.

*Pression sur les parois des vases.* Quand l'eau, en repos dans un vase, est en contact avec l'atmosphère et qu'on néglige la pression atmosphérique comme s'exerçant également à l'extérieur du vase, la grandeur de la pression de l'eau sur les parois intérieures croît proportionnellement à l'enfoncement, et elle est toujours égale pour une portion de la paroi au poids du filet vertical du liquide qui a pour base l'aire de la paroi et pour hauteur, la distance au niveau de l'eau.

*Sciences générales.*

L'air presse également sur la surface de l'eau. La pression se distribue également dans toute la masse, et lorsque le vide est fait dans un tube vertical fermé en haut, ouvert en bas et plongé dans l'eau, ce liquide monte jusqu'à une hauteur qui est, en terme moyen, de $10^m,40$ pour une pression atmosphérique moyenne de 760 millimètres de mercure.

*Surfaces de niveau.*

On appelle *surface de niveau* dans un liquide en équilibre le lieu géométrique des points pour lesquels la pression est la même; — si le liquide a une surface libre, la pression est la même en tous les points de cette surface, et c'est une surface de niveau.

Si nous supposons que la pesanteur soit la seule force extérieure agissant sur le liquide, les surfaces de niveau dans ce liquide seront des plans horizontaux.

## Hydrodynamique des liquides.

**76.** Le problème général du mouvement des liquides consiste à déterminer, en fonction du temps, pour chaque point de l'espace occupé par le liquide, les valeurs de la pression et des composantes de la vitesse des molécules qui viennent successivement passer en ce point; — seulement à l'inverse de ce qui a lieu ordinairement en mécanique, au lieu de suivre les points mobiles le long de leurs trajectoires, on se place en des points géométriques fixes et l'on observe en ces points les mouvements des molécules qui sont amenées à y passer.

Les lois générales de l'hydrodynamique lient entre elles cinq fonctions : d'une part, les trois composantes de la vitesse, la densité du liquide et la pression subie par la molécule considérée, et d'autre part, les quatre variables indépendantes, le temps et les trois coordonnées rectangulaires de la molécule considérée en un point quelconque de sa trajectoire.

Ces lois sont établies dans les hypothèses suivantes :

1° Que dans le liquide en mouvement, de même que dans un liquide un équilibre, la pression en un point est la même dans toute direction autour de ce point : ce qui revient à admettre une *viscosité nulle*;

2° Que le mouvement du liquide n'en détruit pas la continuité.

Elles sont traduites au moyen de trois équations générales qui ne sont pas intégrables et dont les analystes ont renoncé à chercher la solution générale. Toutefois, elles se simplifient beaucoup dans certains cas particuliers, — qui sont ceux que l'on a admis constamment pour retrouver et contrôler théoriquement les résultats des expériences.

### Régime permanent.

L'étude du régime permanent fait l'objet principal de l'hydraulique.

On dit que le mouvement d'un liquide est permanent lorsque, à toute époque, et dans toute la masse en mouvement, les molécules qui passent en un même point géométrique sont animées des mêmes vitesses, en grandeur et en direction, sont soumises à la même pression.

Ce phénomène peut s'observer à peu près, lorsque l'eau s'écoule par un canal ou par un tuyau, dès que le *régime est établi*. Alors, chaque portion du liquide qui abandonne une région géométrique, s'y trouve remplacée par une portion semblable, placée dans des conditions tout à fait identiques.

Pour introduire cette hypothèse dans les trois équations générales du mouvement, il suffit de rendre nuls tous les termes de ces équations contenant $t$.

On peut alors en déduire le *théorème de Daniel Bernouilli*, théorème fondamental de l'hydraulique, dont nous nous contenterons de donner ici l'énoncé appliqué au seul cas des liquides pesants qui nous intéresse dans cet ouvrage :

*Théorème de Daniel Bernouilli appliqué aux liquides pesants* (cas de l'eau).

En tous les points d'un même filet liquide, homogène et sans viscosité, soumis à la seule action de la pesanteur, et satisfaisant aux conditions de la permanence, la hauteur du plan de charge est la même.

## § II. — ÉCOULEMENT DES LIQUIDES PAR DES ORIFICES

### Loi de Torricelli.

**77.** La science de l'hydraulique est née en Italie avec *Torricelli*, comme créateur, au vxii° siècle. Torricelli découvrit la loi de l'écoulement d'un liquide qui sort d'un vase par un orifice en mince paroi. En pratiquant l'orifice dans la paroi d'un tube sans longueur, infiniment court, adapté au vase et de telle manière que le jet fut dirigé de bas en haut (*fig.* 79), il observa que le liquide en mouvement remontait, à peu de chose près, au même niveau que celui de la surface libre AB du liquide dans le vase; il en conclut qu'à sa sortie le liquide possède la vitesse d'un corps pesant tombant de la même hauteur $h$.

L'équation

$$V = \sqrt{2gh}.$$

s'applique donc au mouvement de l'eau sortant d'un vase.

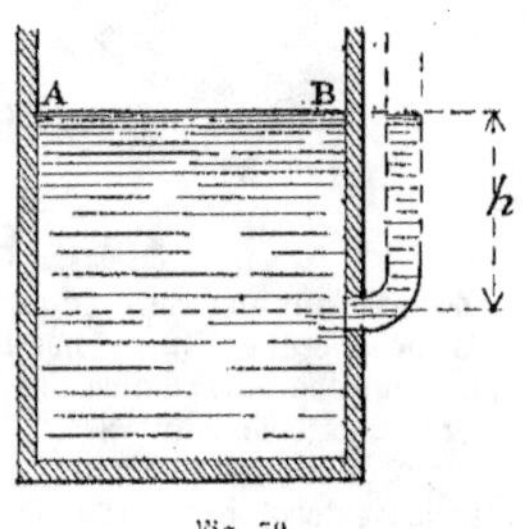


Fig. 79.

$v$ étant la vitesse de l'écoulement.

$h$ étant la hauteur du niveau libre de l'eau au-dessus du centre de l'orifice.

Torricelli donne ce résultat comme un fait d'expériences.

La démonstration de la loi de Torricelli, résulte de l'application du théorème de Bernouilli étendu à plusieurs filets réunis en un même faisceau, pourvu que la *viscosité* soit négligeable et que la *permanence* du régime soit assurée.

Examinons dans quelles conditions on pourra appliquer le théorème de Bernouilli au mouvement d'un courant de section finie.

1° Si les différents filets liquides qui traversent une section de ce courant sont tous sensiblement rectilignes et parallèles, animés chacun d'une vitesse uniforme, les forces d'inertie des molécules liquides pourront être considérées comme nulles, et par suite, les pressions se distribueront dans cette section comme si le liquide était en repos. Cette conclusion n'est pas tout à fait rigoureuse parce que les différents filets liquides n'ont pas chacun un mouvement rectiligne et uniforme et que les différences de vitesse des filets développent des frottements à leur contact mutuel.

Ainsi lorsque l'écoulement s'opère par filets parallèles, les pressions se distribuent dans une même section transversale conformément aux lois de l'hydrostatique, c'est-à-dire comme si le liquide était en repos dans le canal qui le contient;

2° Si l'écoulement se fait à l'air, la pression atmosphérique règne dans toute section liquide où l'écoulement se produit par filets parallèles. Considérons (*fig.* 80) une section normale MN quelconque, faite dans la veine liquide, dans laquelle cette condition soit remplie. Cette section forme généralement la limite entre la région d'amont AMN, où les filets vont en se rapprochant de $m, n$, vers MN, et la région d'aval MNB où ils vont en s'éloignant en parcourant chacune des paraboles qu'ils parcourraient sous l'action de la pesanteur s'ils étaient indépendants les uns des autres. La veine sur tout son trajet, subit sur son pourtour la pression atmosphérique.

Cette pression est équilibrée en chaque point par les pressions et les forces d'inertie du liquide. Or l'écoulement se fait dans la section MN par filets paral-

lèles et que l'on peut considérer comme rectilignes; on peut dire que chaque filet, au passage dans cette section, se comporte comme s'il était seul, et n'exerce point d'action qui tende à faire dévier les filets voisins. Donc la pression intérieure est, en tout point de cette section, égale à la pression du dehors. Si elle était plus grande, la veine subirait du dehors en dedans une poussée qui ne serait équilibrée par aucune force. Il n'en est pas de même dans la région A où les filets sont convergents, car l'excès de pression intérieure de la veine y est équilibré par les forces centrifuges dues au mouvement curviligne des trajectoires.

Théoriquement, la pression dans un liquide en mouvement permanent peut être aussi petite qu'on veut pourvu qu'elle ne soit jamais nulle. Dans le cas où l'écoulement se fait dans l'air, il est impossible que la pression en un point de la veine

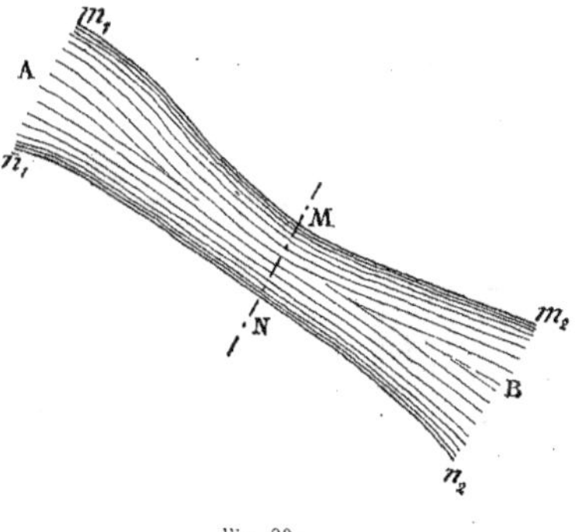

Fig. 80.

devienne plus faible que la pression atmosphérique extérieure; il semble du moins que dans un tuyau fermé, le mouvement permanent soit compatible avec une pression moindre que cette limite. L'expérience le prouve dans le cas des syphons. Mais il ne faut pas perdre de vue que l'eau d'une conduite est toujours saturée d'air, et que si la pression s'abaisse notablement au-dessous de la pression atmos-

# TABLEAU
RÉSUMANT LES FORMULES USUELLES DE L'ÉCOULEMENT PAR LES ORIFICES.

| DÉSIGNATION DES CAS. | VITESSE. | DÉPENSE. | PRESSION. | OBSERVATIONS. |
|---|---|---|---|---|
| **1.** Orifice très-petit en mince paroi 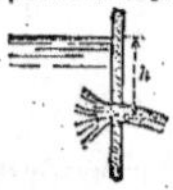<br><br>A, aire de l'orifice.<br>$\omega$, aire de la section contractée. | $v = \sqrt{2gh}.$ | $Q = \omega v$<br>$= mA \sqrt{2gh}.$ | Pression dans la section contractée, égale à la pression atmosphérique. | Valeur moyenne de $m$ :<br>$m = 0,62.$ |
| **2.** Orifice rectangulaire en mince paroi <br><br>$a$, dimension horizontale du rectangle.<br>A, aire de l'orifice $= a \times (h - h')$.<br>$H = \dfrac{h + h'}{2}.$ | $v = \dfrac{2}{3} \sqrt{2g}\, \dfrac{h^{\frac{3}{2}} - h'^{\frac{3}{2}}}{h - h'}.$<br><br>Formule approximative:<br>$v = \sqrt{2gH}.$ | $Q = \dfrac{2K}{3} a \sqrt{2g}\, (h^{\frac{3}{2}} - h'^{\frac{3}{2}}).$<br><br>Formule approximative:<br>$Q = KA \sqrt{2gH}.$ | Pression atmosphérique. | $K = 0,62$<br>en moyenne. |
| **3.** Ajutage rentrant de Borda <br><br>A, aire de l'orifice.<br>$\omega$, aire de la section contractée | $v = \sqrt{2gh}.$ | $Q = \omega \sqrt{2gh}$<br>$= 0,50A \sqrt{2gh}.$ | Pression atmosphérique. | |
| **4.** Orifice noyé (§ 72). <br><br>A, aire de l'orifice de la vanne. | $v_1 = \sqrt{2gH}.$ | $Q = mA \sqrt{2gH}.$ | Distribution hydrostatique. | $m = 0,62$<br>en moyenne. |
| **5.** Orifice suivi d'un coursier <br><br> | $v = \sqrt{2gH}.$ | $Q = mA \sqrt{2gH}.$ | Distribution hydrostatique. | $m = 0,62$<br>en moyenne. |
| **6.** Orifice ayant exactement la forme de la veine 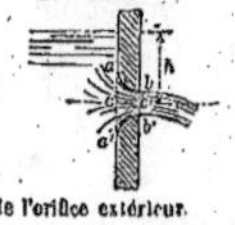<br><br>A, aire de l'orifice extérieur. | $v = \sqrt{2gh}.$ | $Q = A \sqrt{2gh}.$ | Pression atmosphérique. | $aa' = 100.$<br>$bb' = 19$ à $80.$<br>$cc' = 39$ à $59.$ |

| DÉSIGNATION DES CAS | VITESSE | DÉPENSE | PRESSIONS | OBSERVATIONS |
|---|---|---|---|---|
| **7.** Ajutage cylindrique extérieur<br><br>A, aire de l'orifice et de la section de l'ajutage.<br>ω, aire de la section contractée = 0,62 A. | $v = 0{,}82\,\sqrt{2gh}.$ | $Q = A \times 0{,}82\,\sqrt{2gh}.$ | En P : $$\frac{p}{\Pi} = \frac{p_0}{\Pi} - \frac{3}{4}\,h.$$ En R : Pression atmosphérique. | Perte de charge, du point P au point R : $\frac{h}{3}$. |
| **8.** Ajutage conique convergent<br><br>A, aire de la section extrême de l'orifice. | $v = \mu\,\sqrt{2gh}.$ | $Q = mA \times \mu\,\sqrt{2gh}.$ <br> $= (m\mu)\,A\,\sqrt{2gh}.$ | | Maximum du $(m\mu)$ et de la dépense, pour un angle au sommet du cône de 12°.<br><br>$m = 0{,}99$<br>$\mu = 0{,}955$<br>$m\mu = 0{,}912.$ |
| **9.** Ajutage conique divergent<br><br>A, Aire extrême de l'orifice.<br>ω, aire minimum. | $v = \sqrt{2gh}.$ | $Q = A\,\sqrt{2gh}.$ | Pression en P : $$\frac{p}{\pi} = \frac{p_0}{\pi} - h\left[\left(\frac{A}{\omega}\right)^2 - 1\right].$$ | Maximum théorique de A :<br>$$A = \omega\sqrt{1 + \frac{p_0}{\Pi h}}.$$ $$Q = \omega\sqrt{2g\left(h + \frac{p_0}{\Pi}\right)},$$ (correspondant à $p = 0$). |
| **10.** Déversoir rectangulaire en mince paroi<br><br>L, dimension horizontale de l'échancrure.<br>H, hauteur d'eau en *amont*, au-dessus du seuil.<br>e, épaisseur de l'eau *sur le seuil.*<br>S, hauteur du seuil au-dessus du fond d'amont. | | $Q = 0{,}40\,LH\,\sqrt{2gH}.$ <br> $= 1{,}77\,LH\,\sqrt{H}.$ <br> Grands déversoirs. <br> $Q = 1{,}96\,LH\,\sqrt{H}.$ | | Formule de M. Boileau.<br>$$Q = \frac{S + H}{\sqrt{(S+H)^2 - H^2}} \times {} \times \sqrt{1 - \frac{e}{H}}\;LH\,\sqrt{2gH}.$$ Formule de M. Clarinval.<br>$$Q = LHe\sqrt{\frac{v}{H + e}}.$$ |

phérique, il se fait un dégagement de gaz aux points insuffisamment pressés, le gaz mis en liberté, rompt l'équilibre des causes qui assurent le mouvement et l'arrête s'il est en trop grande quantité. Il faut donc avoir grand soin. quand on étudie un projet de distribution d'eau, de vérifier que, en aucun point des conduites, la pression ne s'abaissera notablement au-dessous de la pression atmosphérique.

## Formules usuelles de l'écoulement par les orifices.

**78.** Sans entrer dans plus de développements sur la théorie de la dynamique des liquides en général et de l'eau en particulier nous donnons ici un tableau qui résume les lois de l'écoulement par des orifices. On ne doit pas oublier que ces règles posées n'ont rien d'absolu, qu'elles reposent sur l'hypothèse du parallélisme des filets, de la permanence du régime et de l'uniformité du mouvement, toutes hypothèses qui, dans les applications, ne sont jamais rigoureusement vérifiées. Il suffit qu'elles soient à peu près vraies pour que les formules de l'hydraulique soient applicables au moins à titre d'approximation.

# CHAPITRE II

## CONDUITE DES EAUX

### § I. — ÉTABLISSEMENT DES CANAUX DÉCOUVERTS

### Mouvement de l'eau dans les canaux découverts.

**79.** Si l'eau n'est pas retenue dans tous les sens, elle coule par la partie où la résistance manque. C'est ce qui a lieu lorsqu'elle est simplement renfermée dans le lit d'un cours d'eau, un canal ou un tuyau de conduite. Dans ces conditions pour bien analyser le phénomène de l'écoulement, il importe de distinguer :

Le volume ou la quantité d'eau qui s'écoule dans un temps donné ;

Le profil ou la section transversale du lit par un plan perpendiculaire à l'axe du filet liquide ;

La profondeur de l'eau ;

La vitesse de l'eau ;

La pente de la surface.

Dans les cas les plus ordinaires de l'écoulement, il existe une relation mathématique entre ces cinq quantités, c'est-à-dire que quatre d'entre elles étant connues, on peut toujours déterminer la cinquième ainsi que nous l'expliquerons plus loin. Toutefois, dans les applications de la formule du mouvement, on ne peut pas le plus souvent se donner à l'avance quatre de ces cinq quantités. Il arrive qu'on ne connaît avec certitude que les limites entre lesquelles on doit les faire varier ; et que ce n'est que par des tâtonnements et des essais que l'on parvient à satisfaire aux différentes conditions de la question.

Mais de tous ces éléments, le plus important à considérer, c'est la vitesse.

En effet, les hypothèses sur lesquelles cette théorie se fonde tiennent à des considérations sur la vitesse des molécules des filets liquides.

L'action des forces accélératrices qui produisent le mouvement, et celle des forces retardatrices qui le modifient, s'expriment en fonction de la vitesse.

La résistance due au frottement du lit est une fonction de la vitesse : elle est proportionnelle à l'aire des surfaces frottantes : enfin, elle est indépendante de la pression. Les anciens expérimentateurs avaient ajouté qu'elle était indépendante de la nature de la paroi ; mais les expériences récentes de MM. Darcy et Bazin ont démenti cette assertion.

Les effets qui résultent du mouvement et de la résistance, comme la corrosion contre les parois du lit, la dépense d'eau, l'impulsion que le courant est capable de donner à un corps flottant, se mesurent par la vitesse.

Les filtrations, l'évaporation étant plus ou moins considérables, suivant que l'eau met plus ou moins de temps à parcourir un espace donné, ces causes de déperdition se lient également à la vitesse.

De Prony, le premier, en 1804, en publiant *ses recherches physico-mathématiques sur la théorie des eaux courantes*, a donné des formules au moyen desquelles on peut résoudre facilement et avec toute l'exactitude désirable toutes les questions pratiques relatives au mouvement des *eaux courantes*, pourvu que l'on puisse supposer le mouvement comme *uniforme* dans les limites fixes de l'espace où on les considère.

Bélanger ensuite, en 1828, a généralisé la question et trouvé la formule qui s'applique au mouvement simplement *permanent* des eaux courantes. Il a le premier établi la distinction entre le régime *uniforme* et le régime simplement *permanent* ce qui a permis de faire faire un grand pas à cette partie mathématique de l'hydraulique.

Nous ne pouvons mieux faire que d'extraire de son traité tout ce que nous avons à dire sur ce sujet.

**80.** *Mouvement uniforme et permanent.* — Imaginons, dit-il, un canal d'une longueur quelconque dont les parois soient immobiles et inaltérables par le courant qui pourra s'y établir ; supposons que sa pente et son profil transversal varient suivant une loi quelconque, pourvu qu'il n'en résulte pas, dans les parois, des changements brusques de direction qui puissent occasionner des tournoiements ou des ondulations dans l'eau qui y coulera ; concevons enfin qu'un tel canal soit alimenté à l'une de ses extrémités par une source d'un produit constant par seconde et offre à l'autre bout un mode fixe d'évacuation, par exemple une embouchure dans un bassin d'un niveau invariable, ou un déversoir de superficie, ou bien encore une cataracte de fond entièrement libre du côté de l'aval. Après un certain laps de temps écoulé à compter de la première introduction de l'eau dans le canal, il s'établira, dans toute son étendue, un courant dont chaque section transversale dépensera, par seconde, précisément la même quantité d'eau que fournit la source. Dès lors, la surface du cours d'eau conservera une position invariable, de manière qu'à quelque instant que l'on prenne une section du courant, par un même plan fixe quelconque, cette section sera toujours la même. Cet état du cours d'eau s'appelle en général *régime permanent*.

Il a pour seule condition, que le courant soit décomposable en filets liquides invariables de forme et de position, dépensant un volume d'eau constant pendant l'unité de temps, mais dont la section, et par conséquent la vitesse, peuvent être variables d'un point à un autre d'un même filet.

Si on ajoute de plus la condition que la vitesse et la section de chaque filet en particulier sont constantes, le régime devient alors *uniforme*.

Dans le cas où la pente et le profil transversal du canal seront constants et sa direction restera rectiligne, on sent que cette uniformité ne peut avoir lieu, à moins que la surface de l'eau ne prenne exactement la même pente que le fond du canal ; ce qui n'est pas toujours possible, par exemple, lorsque le fond est horizontal ou en pente contraire à celui de l'écoulement. Il était donc indispensable d'établir la distinction entre les deux espèces de régime, et de ne regarder le régime uniforme que comme une modification du régime permanent ; c'est-à-dire qu'il fallait trouver une formule générale qui représentât toutes les circonstances du mouvement permanent des eaux courantes, et montrer qu'une manière simple de satisfaire à cette formule se trouvait dans le cas particulier du régime uniforme.

C'est ce que M. Bélanger a fait, en adoptant les mêmes hypothèses que ceux qui l'avaient précédé dans ces recherches.

1° On imagine que l'espace occupé par un courant en régime permanent soit partagé en tranches infiniment minces, par des plans normaux à l'axe d'un des filets liquides ; on admet que la *vitesse* des molécules d'eau est constamment la même pour toutes celles qui traversent une même tranche, et qu'elle ne varie qu'en passant d'une tranche à une autre ;

2° On suppose que chaque molécule d'eau se meut sensiblement en ligne droite, de sorte qu'on puisse négliger la force centrifuge due au mouvement curviligne, s'il a lieu, comme disparaissant sans erreurs appréciables auprès des autres forces agissant sur le système ;

3° Enfin, l'on suppose que les dimensions de la section transversale du courant varient de quantités très petites en comparaison de la longueur, de sorte qu'on peut considérer à chaque instant la vitesse de chaque molécule comme perpendiculaire à la tranche qu'elle traverse, en négligeant les vitesses transversales qui existent, dès que la section est variable d'une tranche à l'autre.

De ces trois hypothèses sur lesquelles se fonde la théorie mathématique du mouvement de l'eau, la première, celle du mouvement par tranches successives parallèles, ne se réalise jamais dans la nature, parce que la résistance que la paroi du lit oppose au mouvement de l'eau ne se transmet qu'en s'atténuant aux filets intérieurs, jusqu'à un certain filet central qui a plus de vitesse que les autres. Les divers filets liquides parallèles à la direction générale du mouvement ne sont pas animés des mêmes vitesses ; ceux qui sont en contact avec la paroi éprouvent de sa part une résistance qui tend à les ralentir ; ils retardent à leur tour les filets voisins, et ainsi de suite ; en sorte que le maximum de vitesse a lieu vers le milieu du courant près de la surface, tandis qu'elle va en diminuant depuis ce point jusqu'à la paroi. Mais, comme en général les vitesses ne diffèrent pas beaucoup entre elles, dans les questions usuelles, on n'a point égard à ces différences et l'on ne considère que la *vitesse moyenne*. Cette vitesse moyenne est donnée par la formule :

$$U = \frac{\text{dépense}}{\Omega}.$$

Dans laquelle U est la vitesse moyenne, supposée commune à toutes les molécules qui traversent une même tranche.

$\Omega$, est l'aire de la tranche au point considéré.

Dépense, est le volume dépensé dans l'unité de temps.

Cette vitesse moyenne est liée, d'après *Dubuat*, à la vitesse maximum V, par la relation :

$$\frac{U}{V} = \frac{V + 2,37}{V + 3,15}.$$

Dans les cas les plus ordinaires, on peut prendre

$$U = 0,80\ V$$

Mais dans les cours d'eau d'une grande profondeur le coefficient 0,80 s'abaisse à 0,75 et même à 0,62 ; et lorsque le fond est tapissé de joncs, ce coefficient descend à 0,60 et au-dessous. D'après les expériences faites en petit par Dubuat, on aurait en nommant W la vitesse au fond ou près de la paroi,

$$U = \frac{1}{2}(V + W) \qquad (1)$$

relation qui, lorsqu'on suppose

$$U = 0,80\ V.$$

donne $\qquad W = 0,60\ V$

et par suite, $\quad U = 1,33\ W.$

Dans les canaux, il ne faut pas que la vitesse de fond dépasse une certaine limite, au dessus de laquelle ce fond serait dégradé par les eaux. On se donne donc U de telle sorte que cette dégradation n'ait pas lieu et on en déduit la vitesse moyenne V qu'il ne faut pas dépasser. L'expérience a donné à cet égard les indications suivantes :

*Tableau des valeurs de* W *et de* U *au delà desquelles le fond des canaux commence à être entraîné.*

| NATURE DES TERRAINS | W | U |
|---|---|---|
| | m. | m. |
| Terres détrempées, brunes.. | 0.076 | 0.101 |
| Argiles tendres............ | 0.152 | 0.203 |
| Sables.................... | 0.305 | 0.407 |
| Graviers.................. | 0.609 | 0.812 |
| Cailloux.................. | 0.614 | 0.819 |
| Pierres cassées, silex....... | 1.220 | 1.630 |
| Poudingues, schistes tendres | 1.520 | 2.026 |
| Roches stratifiées.......... | 1.830 | 2.440 |
| Roches dures.............. | 3.050 | 4.066 |

Ces nombres, bien entendu, ne sauraient être pris qu'à titre de renseignements ; d'ailleurs la formule (1) de Dubuat ne peut-être considérée comme absolue, et diverses considérations conduisent à la modifier comme suit pour les cours d'eau d'une grande largeur par rapport à la profondeur.

$$U = \frac{1}{2}(2V + W) \qquad (2)$$

On peut remarquer en effet, que W étant nécessairement compris entre 0 et V, le rapport $\frac{U}{V}$ serait d'après cette formule (2) compris entre $\frac{2}{3}$ et 1, valeurs dont la moyenne est 0,833, ce qui s'accorde avec les résutats moyens de la pratique.

On peut encore faire une autre remarque qui contribue à justifier l'emploi de la formule (2). M. Defontaine a fait sur un bras du Rhin, une série d'expériences d'après lesquelles la loi de décroissement de la vitesse, dans une même verticale, au milieu du fleuve, peut être représentée par la relation :

$$v = 1^m,266 - 0,25247\gamma^2,$$

dans laquelle $v$ est la vitesse à la profondeur $\gamma$. Cette relation donne pour la vitesse du fond : c'est-à-dire pour $\gamma = 1^m,50$, la valeur $W = 0,698$. Or, cette valeur est peu supérieure à la moitié de la vitesse $1^m,266$ à la surface ; substituée dans la formule (2), elle donne :

$$\frac{U}{V} = 0,85,$$

valeur qui se rapproche beaucoup de celle de Dubuat.

L'hypothèse de la vitesse uniforme étant admise, chaque filet liquide peut être considéré comme retardé par une force qui agit à la manière du frottement en sens contraire du mouvement.

**81.** *Formule du mouvement uniforme.*

Lorsque le cours d'eau est rectiligne, que la section transversale du lit est constante, et que la pente a une valeur convenable, le mouvement de l'eau peut être uniforme, c'est ce qui arrive ordinairement, pour les canaux, et fréquemment pour les rivières, au moins dans quelques parties de leur cours. La relation entre la vitesse moyenne, la pente, la section et le périmètre mouillé, se déduit alors sans difficulté du théorème de la quantité de mouvement. Elle peut s'écrire ainsi :

$$RI = 0,001\varphi\,(U) \qquad (3)$$

dans laquelle :

R, est le rapport de la section au périmètre mouillé ;

I, est la pente par mètre;

U, est la vitesse moyenne ;

De Prony a montré que la fonction qui exprime la force retardatrice a en général pour expression :

$$a\,U + b\,U^2$$

la formule précédente devient par suite

$$RI = a\,U + b\,U^2$$

Les valeurs de $a$ et de $b$ qui représentent les coefficients constants de la vitesse ont été déterminées par de Prony, d'après trente et une expériences, choisies et discutées avec soin (trente expériences de Dubuat et une expérience de Chezy), et dans lesquelles la vitesse moyenne se trouvait donnée par l'observation, ou déduite de la vitesse à la surface. Ces valeurs sont :

$$a = 0,000444499$$

$$b = 0,000309314$$

Plus tard, Eytelwein ajoutant aux expériences de Dubuat et de Chezy qui avaient servi à de Prony. celles de Brunings, de Woltmann et de Funck, a déduit les valeurs :

$$a = 0,\,0002426$$

$$b = 0,0003655.$$

qui sont généralement adoptées.

Les données sur lesquelles Eytelwein établit sa formule sont au nombre de 99, savoir :

36 de Dubuat.

1 de Chezy,

16 de Brunings,

4 de Woltmann,

35 de Funck,

3 de Bidone,

4 de Bonati.

——

99

M. de Saint-Venant a proposé pour la fonction $\varphi\,(U)$ une autre forme; et il pose :

$$RI = 0,000401\ U^{\frac{21}{11}}$$

Nous donnons ci-dessous une table qui pour des valeurs de U, de centimètre en centimètre depuis 0,01 jusqu'à 3 mètres, donne les valeurs correspondantes de la fonction $a\,U + b\,U^2$ calculées avec les coefficients d'Eytelwein et de Prony, et celle de la fonction $0,000401\,U^{\frac{21}{11}}$. de Saint-Venant.

Dans chaque moitié du tableau, les trois colonnes de valeurs de RI sont : « VALEURS DE RI CORRESPONDANT A CELLES DE U $aU + bU^2$ » (colonnes EYTELWEIN et DE PRONY) et « VALEURS de RI CORRESPONDANT à celles de U $0{,}000401\,U^{\frac{21}{11}}$ » (colonne SAINT-VENANT).

| VITESSES MOYENNES $=U$ | EYTELWEIN | DE PRONY | SAINT-VENANT | VITESSES MOYENNES $=U$ | EYTELWEIN | DE PRONY | SAINT-VENANT |
|---|---|---|---|---|---|---|---|
| 0.01 | 0.0000003 | 0.0000005 |  | 0.78 | 0.0002413 | 0.0002229 |  |
| 0.02 | 0.0000006 | 0.0000010 |  | 0.79 | 0.0002473 | 0.0002282 |  |
| 0.03 | 0.0000011 | 0.0000016 |  | 0.80 | 0.0002534 | 0.0002335 | 0.0002619 |
| 0.04 | 0.0000016 | 0.0000023 |  | 0.81 | 0.0002595 | 0.0002389 |  |
| 0.05 | 0.0000021 | 0.0000030 | 0.0000013 | 0.82 | 0.0002657 | 0.0002444 |  |
| 0.06 | 0.0000028 | 0.0000038 |  | 0.83 | 0.0002720 | 0.0002500 |  |
| 0.07 | 0.0000035 | 0.0000046 |  | 0.84 | 0.0002783 | 0.0002556 |  |
| 0.08 | 0.0000043 | 0.0000055 |  | 0.85 | 0.0002847 | 0.0002613 | 0.0002941 |
| 0.09 | 0.0000051 | 0.0000065 |  | 0.86 | 0.0002912 | 0.0002670 |  |
| 0.10 | 0.0000060 | 0.0000075 | 0.0000049 | 0.87 | 0.0002978 | 0.0002728 |  |
| 0.11 | 0.0000071 | 0.0000086 |  | 0.88 | 0.0003044 | 0.0002786 |  |
| 0.12 | 0.0000082 | 0.0000098 |  | 0.89 | 0.0003111 | 0.0002846 |  |
| 0.13 | 0.0000093 | 0.0000110 |  | 0.90 | 0.0003179 | 0.0002906 | 0.0003280 |
| 0.14 | 0.0000106 | 0.0000123 |  | 0.91 | 0.0003248 | 0.0002966 |  |
| 0.15 | 0.0000119 | 0.0000136 | 0.0000107 | 0.92 | 0.0003317 | 0.0003027 |  |
| 0.16 | 0.0000132 | 0.0000150 |  | 0.93 | 0.0003387 | 0.0003089 |  |
| 0.17 | 0.0000147 | 0.0000165 |  | 0.94 | 0.0003458 | 0.0003151 |  |
| 0.18 | 0.0000162 | 0.0000180 |  | 0.95 | 0.0003530 | 0.0003214 | 0.0003636 |
| 0.19 | 0.0000178 | 0.0000196 |  | 0.96 | 0.0003602 | 0.0003277 |  |
| 0.20 | 0.0000195 | 0.0000213 | 0.0000186 | 0.97 | 0.0003675 | 0.0003342 |  |
| 0.21 | 0.0000212 | 0.0000230 |  | 0.98 | 0.0003749 | 0.0003406 |  |
| 0.22 | 0.0000230 | 0.0000245 |  | 0.99 | 0.0003823 | 0.0003472 |  |
| 0.23 | 0.0000249 | 0.0000266 |  | 1.00 | 0.0003898 | 0.0003538 | 0.0004010 |
| 0.24 | 0.0000269 | 0.0000285 |  | 1.01 | 0.0003974 | 0.0003604 |  |
| 0.25 | 0.0000289 | 0.0000304 | 0.0000284 | 1.02 | 0.0004051 | 0.0003672 |  |
| 0.26 | 0.0000310 | 0.0000325 |  | 1.03 | 0.0004128 | 0.0003739 |  |
| 0.27 | 0.0000332 | 0.0000346 |  | 1.04 | 0.0004206 | 0.0003808 |  |
| 0.28 | 0.0000354 | 0.0000367 |  | 1.05 | 0.0004286 | 0.0003877 | 0.0004402 |
| 0.29 | 0.0000378 | 0.0000389 |  | 1.06 | 0.0004364 | 0.0003947 |  |
| 0.30 | 0.0000402 | 0.0000412 | 0.0000403 | 1.07 | 0.0004445 | 0.0004017 |  |
| 0.31 | 0.0000425 | 0.0000435 |  | 1.08 | 0.0004526 | 0.0004088 |  |
| 0.32 | 0.0000452 | 0.0000459 |  | 1.09 | 0.0004607 | 0.0004159 |  |
| 0.33 | 0.0000478 | 0.0000484 |  | 1.10 | 0.0004690 | 0.0004232 | 0.0004810 |
| 0.34 | 0.0000505 | 0.0000509 |  | 1.11 | 0.0004773 | 0.0004304 |  |
| 0.35 | 0.0000533 | 0.0000534 | 0.0000541 | 1.12 | 0.0004857 | 0.0004378 |  |
| 0.36 | 0.0000561 | 0.0000561 |  | 1.13 | 0.0004942 | 0.0004452 |  |
| 0.37 | 0.0000590 | 0.0000588 |  | 1.14 | 0.0005027 | 0.0004527 |  |
| 0.38 | 0.0000620 | 0.0000616 |  | 1.15 | 0.0005113 | 0.0004602 | 0.0005237 |
| 0.39 | 0.0000651 | 0.0000644 |  | 1.16 | 0.0005200 | 0.0004678 |  |
| 0.40 | 0.0000682 | 0.0000673 | 0.0000697 | 1.17 | 0.0005288 | 0.0004754 |  |
| 0.41 | 0.0000714 | 0.0000702 |  | 1.18 | 0.0005376 | 0.0004831 |  |
| 0.42 | 0.0000747 | 0.0000732 |  | 1.19 | 0.0005465 | 0.0004909 |  |
| 0.43 | 0.0000780 | 0.0000763 |  | 1.20 | 0.0005555 | 0.0004988 | 0.0005680 |
| 0.44 | 0.0000814 | 0.0000794 |  | 1.21 | 0.0005646 | 0.0005067 |  |
| 0.45 | 0.0000849 | 0.0000826 | 0.0000873 | 1.22 | 0.0005737 | 0.0005146 |  |
| 0.46 | 0.0000885 | 0.0000859 |  | 1.23 | 0.0005829 | 0.0005226 |  |
| 0.47 | 0.0000922 | 0.0000892 |  | 1.24 | 0.0005921 | 0.0005307 |  |
| 0.48 | 0.0000959 | 0.0000926 |  | 1.25 | 0.0006015 | 0.0005389 | 0.0006140 |
| 0.49 | 0.0000997 | 0.0000960 |  | 1.26 | 0.0006109 | 0.0005471 |  |
| 0.50 | 0.0001035 | 0.0000996 | 0.0001068 | 1.27 | 0.0006205 | 0.0005553 |  |
| 0.51 | 0.0001075 | 0.0001031 |  | 1.28 | 0.0006300 | 0.0005637 |  |
| 0.52 | 0.0001115 | 0.0001068 |  | 1.29 | 0.0006396 | 0.0005721 |  |
| 0.53 | 0.0001155 | 0.0001104 |  | 1.30 | 0.0006493 | 0.0005805 | 0.0006618 |
| 0.54 | 0.0001197 | 0.0001142 |  | 1.31 | 0.0006591 | 0.0005890 |  |
| 0.55 | 0.0001239 | 0.0001180 | 0.0001281 | 1.32 | 0.0006690 | 0.0005976 |  |
| 0.56 | 0.0001282 | 0.0001219 |  | 1.33 | 0.0006789 | 0.0006063 |  |
| 0.57 | 0.0001326 | 0.0001258 |  | 1.34 | 0.0006889 | 0.0006150 |  |
| 0.58 | 0.0001370 | 0.0001298 |  | 1.35 | 0.0006990 | 0.0006237 | 0.0007112 |
| 0.59 | 0.0001416 | 0.0001339 |  | 1.36 | 0.0007091 | 0.0006326 |  |
| 0.60 | 0.0001461 | 0.0001380 | 0.0001512 | 1.37 | 0.0007193 | 0.0006414 |  |
| 0.61 | 0.0001508 | 0.0001422 |  | 1.38 | 0.0007296 | 0.0006504 |  |
| 0.62 | 0.0001556 | 0.0001465 |  | 1.39 | 0.0007400 | 0.0006594 |  |
| 0.63 | 0.0001604 | 0.0001508 |  | 1.40 | 0.0007504 | 0.0006685 | 0.0007623 |
| 0.64 | 0.0001653 | 0.0001551 |  | 1.41 | 0.0007609 | 0.0006776 |  |
| 0.65 | 0.0001702 | 0.0001596 | 0.0001762 | 1.42 | 0.0007715 | 0.0006868 |  |
| 0.66 | 0.0001753 | 0.0001641 |  | 1.43 | 0.0007822 | 0.0006961 |  |
| 0.67 | 0.0001803 | 0.0001686 |  | 1.44 | 0.0007929 | 0.0007054 |  |
| 0.68 | 0.0001855 | 0.0001733 |  | 1.45 | 0.0008037 | 0.0007148 | 0.0008151 |
| 0.69 | 0.0001908 | 0.0001779 |  | 1.46 | 0.0008146 | 0.0007242 |  |
| 0.70 | 0.0001961 | 0.0001827 | 0.0002030 | 1.47 | 0.0008258 | 0.0007337 |  |
| 0.71 | 0.0002015 | 0.0001875 |  | 1.48 | 0.0008366 | 0.0007433 |  |
| 0.72 | 0.0002070 | 0.0001924 |  | 1.49 | 0.0008477 | 0.0007529 |  |
| 0.73 | 0.0002125 | 0.0001973 |  | 1.50 | 0.0008589 | 0.0007626 | 0.0008697 |
| 0.74 | 0.0002181 | 0.0002023 |  | 1.51 | 0.0008701 | 0.0007724 |  |
| 0.75 | 0.0002238 | 0.0002073 | 0.0002316 | 1.52 | 0.0008814 | 0.0007822 |  |
| 0.76 | 0.0002296 | 0.0002124 |  | 1.53 | 0.0008928 | 0.0007921 |  |
| 0.77 | 0.0002354 | 0.0002176 |  | 1.54 | 0.0009043 | 0.0008020 |  |

| VITESSES MOYENNES = U | VALEURS DE RI correspondant a celles de U — $aU + bU^2$ ‖ EYTELWEIN | DE PRONY | VALEURS de RI correspondant à celles de U — $0,000401\,U^{2\frac{4}{14}}$ ‖ SAINT-VENANT | VITESSES MOYENNES = U | VALEURS DE RI correspondant a celles de U — $aU + bU^2$ ‖ EYTELWEIN | DE PRONY | VALEURS de RI correspondant à celles de U — $0,000401\,U^{2\frac{4}{14}}$ ‖ SAINT-VENANT |
|---|---|---|---|---|---|---|---|
| 1.55 | 0.0009158 | 0.0008120 | 0.0009258 | 2.28 | 0.0019555 | 0.0017093 | |
| 1.56 | 0.0009274 | 0.0008221 | | 2.29 | 0.0019725 | 0.0017239 | |
| 1.57 | 0.0009391 | 0.0008322 | | 2.30 | 0.0019895 | 0.0017385 | 0.0013667 |
| 1.58 | 0.0009509 | 0.0008424 | | 2.31 | 0.0020067 | 0.0017532 | |
| 1.59 | 0.0009627 | 0.0008527 | | 2.32 | 0.0020238 | 0.0017680 | |
| 1.60 | 0.0009746 | 0.0008630 | 0.0009837 | 2.33 | 0.0020410 | 0.0017828 | |
| 1.61 | 0.0009866 | 0.0008733 | | 2.34 | 0.0020584 | 0.0017977 | |
| 1.62 | 0.0009986 | 0.0008838 | | 2.35 | 0.0020757 | 0.0018126 | 0.0020492 |
| 1.63 | 0.0010108 | 0.0008943 | | 2.36 | 0.0020932 | 0.0018277 | |
| 1.64 | 0.0010230 | 0.0009048 | | 2.37 | 0.0021107 | 0.0018427 | |
| 1.65 | 0.0010352 | 0.0009155 | | 2.38 | 0.0021284 | 0.0018579 | |
| 1.66 | 0.0010476 | 0.0009261 | 0.0004432 | 2.39 | 0.0021460 | 0.0018731 | |
| 1.67 | 0.0010599 | 0.0009369 | | 2.40 | 0.0021637 | 0.0018883 | 0.0021332 |
| 1.68 | 0.0010725 | 0.0009477 | | 2.41 | 0.0021816 | 0.0019037 | |
| 1.69 | 0.0010850 | 0.0009586 | | 2.42 | 0.0021995 | 0.0019190 | |
| 1.70 | 0.0010977 | 0.0009695 | 0.0011044 | 2.43 | 0.0022175 | 0.0019345 | |
| 1.71 | 0.0011104 | 0.0009805 | | 2.44 | 0.0022355 | 0.0019500 | |
| 1.72 | 0.0011231 | 0.0009915 | | 2.45 | 0.0022538 | 0.0019656 | 0.0022180 |
| 1.73 | 0.0011360 | 0.0010026 | | 2.46 | 0.0022718 | 0.0019812 | |
| 1.74 | 0.0011489 | 0.0010138 | | 3.47 | 0.0022900 | 0.0019969 | |
| 1.75 | 0.0011620 | 0.0010251 | 0.0011672 | 2.48 | 0.0023084 | 0.0020126 | |
| 1.76 | 0.0011750 | 0.0010364 | | 2.49 | 0.0023268 | 0.0020285 | |
| 1.77 | 0.0011881 | 0.0010477 | | 2.50 | 0.0023453 | 0.0020443 | 0.0023061 |
| 1.78 | 0.0012014 | 0.0010592 | | 2.51 | 0.0023638 | 0.0020603 | |
| 1.79 | 0.0012146 | 0.0010706 | | 2.52 | 0.0023824 | 0.0020763 | |
| 1.80 | 0.0012281 | 0.0010822 | 0.0012317 | 2.53 | 0.0024012 | 0.0020924 | |
| 1.81 | 0.0012414 | 0.0010938 | | 2.54 | 0.0024199 | 0.0021085 | |
| 1.82 | 0.0012551 | 0.0011055 | | 2.55 | 0.0024388 | 0.0021247 | 0.0023949 |
| 1.83 | 0.0012686 | 0.0011172 | | 2.56 | 0.0024577 | 0.0021409 | |
| 1.84 | 0.0012822 | 0.0011290 | | 2.57 | 0.0024768 | 0.0021572 | |
| 1.85 | 0.0012960 | 0.0011409 | 0.0012978 | 2.58 | 0.0024958 | 0.0021736 | |
| 1.86 | 0.0013097 | 0.0011528 | | 2.59 | 0.0025149 | 0.0021900 | |
| 1.87 | 0.0013237 | 0.0011648 | | 2.60 | 0.0025340 | 0.0022065 | 0.0024853 |
| 1.88 | 0.0013375 | 0.0011768 | | 2.61 | 0.0025534 | 0.0022231 | |
| 1.89 | 0.0013516 | 0.0011889 | | 2.62 | 0.0025728 | 0.0022397 | |
| 1.90 | 0.0013657 | 0.0012011 | 0.0013656 | 2.63 | 0.0025922 | 0.0022564 | |
| 1.91 | 0.0013798 | 0.0012133 | | 2.64 | 0.0026118 | 0.0022731 | |
| 1.92 | 0.0013941 | 0.0012256 | | 2.65 | 0.0026313 | 0.0022900 | 0.0025774 |
| 1.93 | 0.0014084 | 0.0012380 | | 2.66 | 0.0026509 | 0.0023068 | |
| 1.94 | 0.0014228 | 0.0012504 | | 2.67 | 0.0026707 | 0.0023238 | |
| 1.95 | 0.0014373 | 0.0012628 | 0.0014350 | 2.68 | 0.0026905 | 0.0023407 | |
| 1.96 | 0.0014519 | 0.0012754 | | 2.69 | 0.0027104 | 0.0023578 | |
| 1.97 | 0.0014664 | 0.0012880 | | 2.70 | 0.0027303 | 0.0023749 | 0.0026710 |
| 1.98 | 0.0014811 | 0.0013000 | | 2.71 | 0.0027504 | 0.0023921 | |
| 1.99 | 0.0014959 | 0.0013134 | | 2.72 | 0.0027704 | 0.0024093 | |
| 2.00 | 0.0015107 | 0.0013262 | 0.0015062 | 2.73 | 0.0027906 | 0.0024266 | |
| 2.01 | 0.0015257 | 0.0013390 | | 2.74 | 0.0028108 | 0.0024440 | |
| 2.02 | 0.0015405 | 0.0013519 | | 2.75 | 0.0028311 | 0.0024614 | 0.0027663 |
| 2.03 | 0.0015556 | 0.0013649 | | 2.76 | 0.0028515 | 0.0024789 | |
| 2.04 | 0.0015707 | 0.0013779 | | 2.77 | 0.0028720 | 0.0024965 | |
| 2.05 | 0.0015859 | 0.0013910 | 0.0015788 | 2.78 | 0.0028925 | 0.0025141 | |
| 2.06 | 0.0016012 | 0.0014042 | | 2.79 | 0.0029131 | 0.0025318 | |
| 2.07 | 0.0016165 | 0.0014174 | | 2.80 | 0.0029338 | 0.0025495 | 0.0028631 |
| 2.08 | 0.0016320 | 0.0014307 | | 2.81 | 0.0029545 | 0.0025673 | |
| 2.09 | 0.0016474 | 0.0014440 | | 2.82 | 0.0029754 | 0.0025851 | |
| 2.10 | 0.0016630 | 0.0014574 | 0.0016532 | 2.83 | 0.0029963 | 0.0026031 | |
| 2.11 | 0.0016786 | 0.0014709 | | 2.84 | 0.0030172 | 0.0026210 | |
| 2.12 | 0.0016943 | 0.0014844 | | 2.85 | 0.0030383 | 0.0026391 | 0.0029615 |
| 2.13 | 0.0017101 | 0.0014980 | | 2.86 | 0.0030594 | 0.0026572 | |
| 2.14 | 0.0017257 | 0.0015117 | | 2.87 | 0.0030806 | 0.0026754 | |
| 2.15 | 0.0017419 | 0.0015254 | 0.0017291 | 2.88 | 0.0031018 | 0.0026936 | |
| 2.16 | 0.0017579 | 0.0015392 | | 2.89 | 0.0031232 | 0.0027119 | |
| 2.17 | 0.0017740 | 0.0015530 | | 2.90 | 0.0031446 | 0.0027302 | 0.0030615 |
| 2.18 | 0.0017901 | 0.0015669 | | 2.91 | 0.0031661 | 0.0027487 | |
| 2.19 | 0.0018063 | 0.0015804 | | 2.92 | 0.0031876 | 0.0027671 | |
| 2.20 | 0.0018226 | 0.0015949 | 0.0018067 | 2.93 | 0.0032092 | 0.0027857 | |
| 2.21 | 0.0018389 | 0.0016090 | | 2.94 | 0.0032309 | 0.0028043 | |
| 2.22 | 0.0018554 | 0.0016231 | | 2.95 | 0.0032527 | 0.0028229 | 0.0030631 |
| 2.23 | 0.0018719 | 0.0016373 | | 2.96 | 0.0032745 | 0.0028417 | |
| 2.24 | 0.0018885 | 0.0016516 | | 2.97 | 0.0032965 | 0.0028605 | |
| 2.25 | 0.0019052 | 0.0016659 | 0.0018859 | 2.98 | 0.0033185 | 0.0028793 | |
| 2.26 | 0.0019218 | 0.0016803 | | 2.99 | 0.0033405 | 0.0028982 | |
| 2.27 | 0.0019387 | 0.0016948 | | 3.00 | 0.0033627 | 0.0029172 | 0.0032661 |

Comme on le voit à l'inspection de cette table les deux formules de Prony et d'Eytelwein s'accordent pour U = 0ᵐ,36 ; au-dessous, la formule d'Eytelwein donne pour RI des valeurs plus petites que la formule de Prony. Au-dessus, l'inégalité est renversée, mais les écarts sont toujours assez petits pour n'avoir pas une grande influence au point de vue de la pratique, d'autant plus que les vitesses de l'écoulement dans les canaux sont généralement faibles et voisines de la vitesse $0^m,36$ pour laquelle il y a accord complet entre les deux formules.

### Application à la résolution de quelques problèmes relatifs à l'établissement des canaux découverts.

**82.** La véritable loi suivant laquelle on doit régler la pente des canaux est celle qu'on a adoptée jusqu'à présent comme la plus simple, et elle consiste à établir un rapport constant entre les distances horizontales et les ordonnées ou cotes de hauteur; seulement, il ne faut pas perdre de vue que pour un volume d'eau donné, à chaque pente qu'on adopte, correspond une profondeur d'eau déterminée relative au régime uniforme.

Nous allons, à l'aide de la table précédente et des formules indiquées, résoudre divers problèmes auxquels peut donner lieu l'hypothèse du mouvement uniforme de l'eau dans les canaux découverts.

### Premier problème.

**83.** *Étant données la pente d'un canal et sa section, déterminer la dépense.* — Connaissant la section $\Omega$, on connaît par suite le périmètre mouillé $\chi$. On en déduira le rapport $\dfrac{\Omega}{\chi}$ de la section au périmètre mouillé, rapport que l'on désigne sous le nom de *rayon moyen* R...

Dans la relation (3) :
$$RI = 0,001 \, \varphi (U).$$

On connaît donc RI : la table donnera par suite la valeur de U correspondante.

Connaissant la vitesse moyenne U, il suffira de la multiplier par la section $\Omega$ pour avoir la dépense.

*Exemple :* Soit donnée, la pente par mètre :    $I = 0,0008.$

Soit donnée la section :
$$\Omega = 6 \text{ mètres carrés.}$$
Soit donné le périmètre mouillé :
$$\chi = 3^m,60.$$
On en déduira d'abord :
$$R = \frac{6}{3,60} = 1,667,$$
d'où $RI = 1,667 \times 0,0008 = 0,0013333.$

Si dans la table nous prenons comme expression de $\varphi$ (U) la forme $aU + bU^2$, nous trouvons $U = 1^m,876$ ; on a donc pour la dépense :
$$Q = \Omega \, U = 6,00 \times 1^m,876 = 11^{mc}, 256.$$

### Deuxième problème.

**84.** *Étant données la section et la dépense, déterminer la pente.* — Connaissant la section, on en déduira R le *rayon moyen*, de la relation :
$$R = \frac{\Omega}{\chi}.$$

Connaissant la section et la dépense on en déduira la vitesse moyenne U de la relation :
$$U = \frac{\Omega}{Q}.$$

Dans la table on trouvera ensuite la valeur correspondante de RI ; puis en divisant par R, on en déduira la pente I demandée.

*Exemple :* Supposons que l'on propose d'établir un canal ayant une section 10 mètres carrés avec un périmètre mouillé de 7 mètres qui débite un volume de 5 mètres cubes par seconde. On aura :
$$R = \frac{10^{mc}}{7} \text{ et } U = \frac{5}{10}.$$

La table donne pour la valeur de RI correspondante, toujours dans le cas de $(aU + bU^2) RI = 0,0001035$. Divisant par $\dfrac{10}{7}$ on trouve pour la pente :
$$I = 0,0001035 - 0,7 = 0,0007255.$$

### Troisième problème.

**85.** *Connaissant la pente et la dépense déterminer la section.* — Dans ce cas, la forme de la section transversale du canal, étant connue, le problème consiste à trouver la *ligne d'eau*, c'est-à-dire l'intersection du profil de cette section transversale du canal avec la surface supérieure de l'eau.

En général, ce problème ne peut se résoudre que par tâtonnements. On fait une hypothèse sur la position de la ligne d'eau ; la section de la tranche liquide $\Omega$ est alors connue ; la pente étant donnée, on en déduit, Q la dépense correspondante. Si cette dépense ainsi obtenue correspond à celle donnée, le problème serait du premier coup résolu et la ligne d'eau choisie correspondrait exactement à la solution cherchée. Mais il n'en va pas ordinairement ainsi ; et, si l'on a obtenu une dépense trop forte, il faudra abaisser un peu la ligne d'eau hypothétique, si au contraire on a trouvé une dépense trop faible, il faudra l'élever ; puis recommencer jusqu'à ce que l'on ait obtenu la position de la ligne d'eau qui répond à la dépense donnée.

*Exemple* : Supposons que l'on donne au canal une pente I de 0,0005, que la dé-

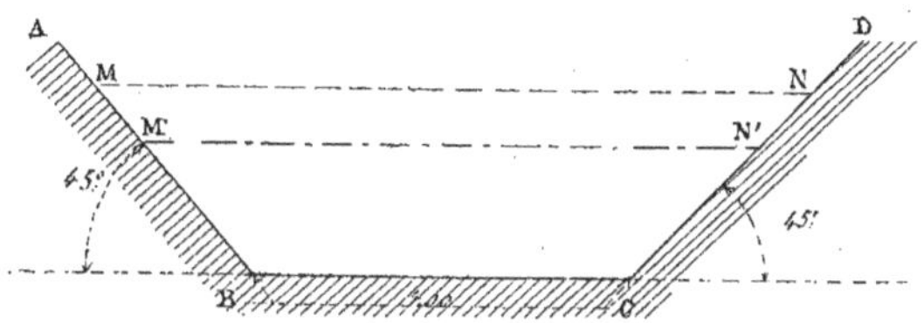


Fig 81.

pense Q soit de 12 mètres cubes et que la section transversale du canal soit celle ci-dessus ABCD (*fig*. 81). Nous supposerons d'abord que le plan d'eau passe en MN à 2 mètres au-dessus du fond. D'après la forme du trapèze MBCN on aura :

MN = BC + 2 fois 2 mètres = 8 mètres.

La surface du trapèze sera donc :

$$2,00 \times \frac{8+4}{2} = 12 \text{ mètres carrés.}$$

Le périmètre mouillé sera donc :

$$4 + 2\sqrt{2} = 9^m,656.$$

On a donc :

$$R = \frac{\Omega}{\chi} = \frac{9,656}{12} = 1,2427 \text{ et par suite}$$

RI = 1,2427 × 0,0005 = 0,00062135.

En se reportant à la table on trouve pour cette valeur, la valeur correspondante de U = $1^m$,27.

Par conséquent, il en résulte pour :

$$Q = 12 \times 1^m,27 = 15^{mc},24$$

Le nombre étant supérieur à celui donné pour la dépense, il faut recommencer le tâtonnement en prenant une nouvelle ligne d'eau M'N' plus basse.

Supposons-la à $1^m$,80 seulement du fond ; en recommençant les calculs analogues aux précédents, nous trouverons pour la dépense correspondante Q = $12^{mc}$,74. Valeur encore trop grande.

On arrivera par une suite de tâtonnements analogues à une ligne d'eau placée à $1^m$,743 au-dessus du fond et qui correspondra à $\Omega$ = $10^{mc}$,01 et U = $1^m$,207.

**86.** *Remarque.* — Tout ce qui précède suppose que le profil transversal présente un fond uniforme. Si au contraire, il offre des sinuosités trop accentuées comme dans la figure 82, on partagera alors la section transversale en deux parties par une cloison fictive au point haut ; puis l'on appliquera à chaque section les formules précédentes. En faisant la somme des dépenses ainsi calculées, on aura une dépense totale beaucoup plus exacte qu'en appliquant la formule à la section entière. Le cas que nous considérons se présente dans les inondations où le courant sort de son lit habituel pour envahir une partie des rives ; mais c'est un cas exceptionnel et qui n'intéresse pas les questions des canaux d'amenée pour les distributions d'eau.

## Recherches expérimentales de MM. Darcy et Bazin.

**87.** On remarquera que la formule tirée de la formule de Prony :

$$U = 56,86\sqrt{RI} - 0,072,$$

donnant la vitesse de l'eau dans un canal dont on connaît la pente I, fait abstraction de la nature des parois. Or, il résulte des recherches de MM. Darcy et Bazin que, si dans la pratique, la pente longitudinale et la ligne du profil transversal du canal n'ont pas grande influence sur le débit, il n'en est pas de même de a nature de la paroi.

Les expériences commencées en 1855 par H. *Darcy*, à Dijon, sur une rigole détachée du canal de Bourgogne, mirent en évidence l'insuffisance de l'ancienne théorie. « M. Darcy, dit M. Bazin, établit « successivement cinq canaux rectangu- « laires de 0$^m$,50 à 2 mètres de largeur, « ayant tous une même pente de 1$^m$,005 « par mètre, et ne différant que par la « nature de la paroi. Le premier était en « ciment, le deuxième en planches, le troi-

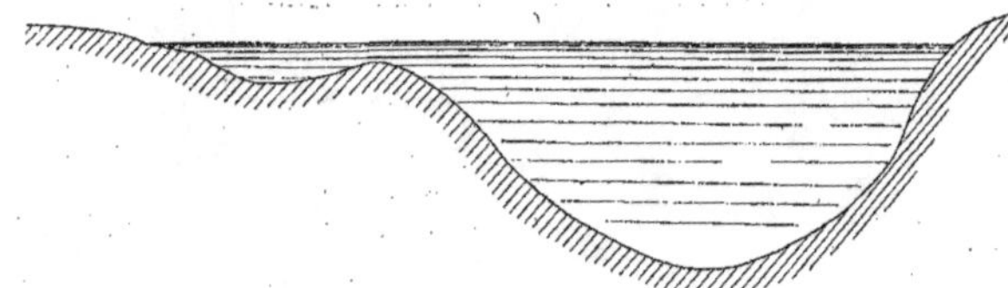

Fig. 82.

« sième en briques, le quatrième et le « cinquième étaient recouverts de gra- « vier engagé dans du ciment, de manière « à simuler un fond de rivière. En y fai- « sant couler un même volume d'eau de « 1$^m$,236 par seconde, on obtient pour le « rapport $\frac{RI}{U^2}$ qui, d'après la formule de « Prony, ont été presque constants, les « valeurs suivantes : »

| NATURE de LA PAROI | VALEURS DE $\frac{RI}{U^2}$ DONNÉES | |
|---|---|---|
| | par L'EXPÉRIENCE | par la formule DE PRONY |
| Canal en ciment............ | 0.000127 | 0.000327 |
| — en planches........ | 0.000229 | 0.000329 |
| — en briques........ | 0.000277 | 0.000330 |
| — revêtu de petit gravier | 0.000472 | 0.000335 |
| — revêtu de gros gravier | 0.000661 | 0.000338 |

En répétant ces expériences sur les rigoles d'alimentation du canal de Bourgogne, on trouva les résultats suivants que nous empruntons aux *Recherches hydrauliques* de M. Bazin.

| NATURE de LA PAROI | VALEURS DE $\frac{RI}{U^2}$ DONNÉES | |
|---|---|---|
| | par L'EXPÉRIENCE | par la formule DE PRONY |
| Canal en terre, fond et talus vaseux......... | 0.000749 | 0.000407 |
| Canal en terre, fond et talus pierreux......... | 0.001300 | 0.000383 |
| Canal revêtu d'un perré couvert de mousse..... | 0.002331 | 0.000343 |
| Même canal revêtu du perré sans mousse......... | 0.001024 | 0.000335 |

Des expériences analogues ont été répétées en grand en 1857 et en 1859, sur les grandes rigoles d'alimentation du canal de Bourgogne, les rigoles de Gros-Bois et de Chazilly.

On a étudié l'influence des formes de la section après celle de la nature de la paroi. On a soumis aux expériences des sections triangulaires, rectangulaires, trapézoïdales, demi-circulaires et l'on a reconnu que les formes polygonales donnent toutes des résultats sensiblement identiques. Pour les sections triangulaires, rectangulaires ou trapézoïdales, la vitesse est déterminée d'une manière absolue par la pente et le rayon moyen ; pour les sections circulaires, on a trouvé une augmentation de débit d'un dixième environ sur le débit d'un canal à section rectangulaire de débit équivalent d'après la formule. Les nouvelles formules ayant été établies pour des sections rectangulaires ou trapézoïdales, on devra, quand on les appliquera à des formes courbes, avoir soin de se rappeler qu'elles donnent un débit un peu trop petit.

En résumé M. Bazin a considéré quatre cas généraux correspondant autant que possible aux données les plus ordinaires de la pratique et a indiqué pour chacun d'eux les formules reproduites ci-dessous :

Parois très unies :

$$\frac{RI}{U^2} = 0,00015 \left( 1 + \frac{0,03}{R} \right)$$

Parois unies :

$$\frac{RI}{U^2} = 0,00019 \left( 1 + \frac{0,07}{R} \right)$$

Parois peu unies :

$$\frac{RI}{U^2} = 0,00024 \left( 1 + \frac{0,025}{R} \right)$$

Parois en terre :

$$\frac{RI}{U^2} = 0,00028 \left( 1 + \frac{1,25}{R} \right)$$

Si on représente par M les seconds membres des formules ci-dessus, on a la formule générale :

$$\frac{RI}{U^2} = M$$

d'où

$$U = \sqrt{\frac{RI}{M}}.$$

On trouve ci-dessous des tables toutes calculées donnant les valeurs de M qui correspondent à des valeurs de R pour chacune des quatre catégories dans lesquelles on a classé les parois ; de sorte que connaissant R et I, on en déduit facilement la vitesse moyenne d'écoulement de l'eau par la formule de MM. Darcy et Bazin :

$$U = \sqrt{\frac{RI}{M}}.$$

## MOUVEMENT DE L'EAU DANS LES CANAUX
### Formules de M. BAZIN
*Table des valeurs du coefficient M*

$$RI = MU^2$$

| VALEURS de R | VALEURS DE $\frac{RI}{U^2}$ | | | | VALEURS de R | VALEURS DE $\frac{RI}{U^2}$ | | | |
|---|---|---|---|---|---|---|---|---|---|
| | Parois très unies | Parois unies | Parois peu unies | Parois en terre | | Parois très unies | Parois unies | Parois peu unies | Parois en terre |
| 0,01 | 0,000 600 | » | » | » | 0,26 | 0,000 167 | 0,000 241 | 0,000 471 | 0,001 626 |
| 0,02 | 0,000 375 | 0,000 855 | » | » | 0,27 | 0,000 167 | 0,000 239 | 0,000 462 | 0,001 576 |
| 0,03 | 0,000 300 | 0,000 633 | » | » | 0,28 | 0,000 166 | 0,000 237 | 0,000 454 | 0,001 530 |
| 0,04 | 0,000 262 | 0,000 522 | » | » | 0,29 | 0,000 166 | 0,000 236 | 0,000 447 | 0,001 487 |
| 0,05 | 0,000 240 | 0,000 456 | 0,001 440 | » | 0,30 | 0,000 165 | 0,000 234 | 0,000 440 | 0,001 447 |
| 0,06 | 0,000 225 | 0,000 412 | 0,001 240 | » | 0,31 | 0,000 165 | 0,000 233 | 0,000 434 | 0,001 409 |
| 0,07 | 0,000 214 | 0,000 380 | 0,001 097 | » | 0,32 | 0,000 164 | 0,000 232 | 0,000 428 | 0,001 374 |
| 0,08 | 0,000 206 | 0,000 356 | 0,000 990 | » | 0,33 | 0,000 164 | 0,000 230 | 0,000 422 | 0,001 341 |
| 0,09 | 0,000 200 | 0,000 338 | 0,000 907 | » | 0,34 | 0,000 163 | 0,000 229 | 0,000 416 | 0,001 309 |
| 0,10 | 0,000 195 | 0,000 323 | 0,000 840 | 0,003 780 | 0,35 | 0,000 163 | 0,000 228 | 0,000 411 | 0,001 280 |
| 0,11 | 0,000 191 | 0,000 311 | 0,000 785 | 0,003 462 | 0,36 | 0,000 163 | 0,000 227 | 0,000 407 | 0,001 252 |
| 0,12 | 0,000 188 | 0,000 301 | 0,000 740 | 0,003 197 | 0,37 | 0,000 162 | 0,000 226 | 0,000 402 | 0,001 226 |
| 0,13 | 0,000 185 | 0,000 292 | 0,000 702 | 0,002 972 | 0,38 | 0,000 162 | 0,000 225 | 0,000 398 | 0,001 201 |
| 0,14 | 0,000 182 | 0,000 285 | 0,000 669 | 0,002 780 | 0,39 | 0,000 162 | 0,000 224 | 0,000 394 | 0,001 177 |
| 0,15 | 0,000 180 | 0,000 279 | 0,000 640 | 0,002 613 | 0,40 | 0,000 161 | 0,000 223 | 0,000 390 | 0,001 155 |
| 0,16 | 0,000 178 | 0,000 273 | 0,000 615 | 0,002 468 | 0,41 | 0,000 161 | 0,000 222 | 0,000 386 | 0,001 134 |
| 0,17 | 0,000 176 | 0,000 268 | 0,000 593 | 0,002 339 | 0,42 | 0,000 161 | 0,000 222 | 0,000 383 | 0,001 113 |
| 0,18 | 0,000 175 | 0,000 264 | 0,000 573 | 0,002 224 | 0,43 | 0,000 160 | 0,000 221 | 0,000 380 | 0,001 094 |
| 0,19 | 0,000 174 | 0,000 260 | 0,000 556 | 0,002 122 | 0,44 | 0,000 160 | 0,000 220 | 0,000 376 | 0,001 075 |
| 0,20 | 0,000 172 | 0,000 256 | 0,000 540 | 0,002 030 | 0,45 | 0,000 160 | 0,000 220 | 0,000 373 | 0,001 058 |
| 0,21 | 0,000 171 | 0,000 253 | 0,000 526 | 0,001 947 | 0,46 | 0,000 160 | 0,000 219 | 0,000 370 | 0,001 041 |
| 0,22 | 0,000 170 | 0,000 250 | 0,000 513 | 0,001 871 | 0,47 | 0,000 160 | 0,000 218 | 0,000 368 | 0,001 025 |
| 0,23 | 0,000 170 | 0,000 248 | 0,000 501 | 0,001 802 | 0,48 | 0,000 159 | 0,000 218 | 0,000 365 | 0,001 009 |
| 0,24 | 0,000 169 | 0,000 245 | 0,000 490 | 0,001 738 | 0,49 | 0,000 159 | 0,000 217 | 0,000 362 | 0,000 994 |
| 0,25 | 0,000 168 | 0,000 243 | 0,000 480 | 0,001 680 | 0,50 | 0,000 159 | 0,000 217 | 0,000 360 | 0,000 980 |

VALEURS DE $\frac{RI}{U^2}$ (A)

| VALEURS de R | Parois très unies | Parois unies | Parois peu unies | Parois en terre |
|---|---|---|---|---|
| 0,51 | 0,000 159 | 0,000 216 | 0,000 358 | 0,000 966 |
| 0,52 | 0,000 159 | 0,000 216 | 0,000 355 | 0,000 955 |
| 0,53 | 0,000 158 | 0,000 215 | 0,000 353 | 0,000 940 |
| 0,54 | 0,000 158 | 0,000 215 | 0,000 351 | 0,000 928 |
| 0,55 | 0,000 158 | 0,000 214 | 0,000 349 | 0,000 916 |
| 0,56 | 0,000 158 | 0,000 214 | 0,000 347 | 0,000 905 |
| 0,57 | 0,000 158 | 0,000 213 | 0,000 345 | 0,000 894 |
| 0,58 | 0,000 158 | 0,000 213 | 0,000 343 | 0,000 883 |
| 0,59 | 0,000 158 | 0,000 213 | 0,000 342 | 0,000 873 |
| 0,60 | 0,000 158 | 0,000 212 | 0,000 340 | 0,000 863 |
| 0,61 | 0,000 157 | 0,000 212 | 0,000 338 | 0,000 854 |
| 0,62 | 0,000 157 | 0,000 211 | 0,000 337 | 0,000 845 |
| 0,63 | 0,000 157 | 0,000 211 | 0,000 335 | 0,000 836 |
| 0,64 | 0,000 157 | 0,000 211 | 0,000 334 | 0,000 827 |
| 0,65 | 0,000 157 | 0,000 210 | 0,000 332 | 0,000 818 |
| 0,66 | 0,000 157 | 0,000 210 | 0,000 331 | 0,000 810 |
| 0,67 | 0,000 157 | 0,000 210 | 0,000 330 | 0,000 802 |
| 0,68 | 0,000 157 | 0,000 210 | 0,000 328 | 0,000 795 |
| 0,69 | 0,000 157 | 0,000 209 | 0,000 327 | 0,000 787 |
| 0,70 | 0,000 156 | 0,000 209 | 0,000 326 | 0,000 780 |
| 0,71 | 0,000 156 | 0,000 209 | 0,000 325 | 0,000 773 |
| 0,72 | 0,000 156 | 0,000 208 | 0,000 323 | 0,000 766 |
| 0,73 | 0,000 156 | 0,000 208 | 0,000 322 | 0,000 759 |
| 0,74 | 0,000 156 | 0,000 208 | 0,000 321 | 0,000 752 |
| 0,75 | 0,000 156 | 0,000 208 | 0,000 320 | 0,000 747 |
| 0,76 | 0,000 156 | 0,000 208 | 0,000 319 | 0,000 741 |
| 0,77 | 0,000 156 | 0,000 207 | 0,000 318 | 0,000 735 |
| 0,78 | 0,000 156 | 0,000 207 | 0,000 317 | 0,000 729 |
| 0,79 | 0,000 156 | 0,000 207 | 0,000 316 | 0,000 723 |
| 0,80 | 0,000 156 | 0,000 207 | 0,000 315 | 0,000 718 |
| 0,81 | 0,000 156 | 0,000 206 | 0,000 314 | 0,000 712 |
| 0,82 | 0,000 155 | 0,000 206 | 0,000 313 | 0,000 707 |
| 0,83 | 0,000 155 | 0,000 206 | 0,000 312 | 0,000 702 |
| 0,84 | 0,000 155 | 0,000 206 | 0,000 311 | 0,000 697 |
| 0,85 | 0,000 155 | 0,000 206 | 0,000 311 | 0,000 692 |
| 0,86 | 0,000 155 | 0,000 205 | 0,000 310 | 0,000 687 |
| 0,87 | 0,000 155 | 0,000 205 | 0,000 309 | 0,000 682 |
| 0,88 | 0,000 155 | 0,000 205 | 0,000 308 | 0,000 678 |
| 0,89 | 0,000 155 | 0,000 205 | 0,000 307 | 0,000 673 |
| 0,90 | 0,000 155 | 0,000 204 | 0,000 307 | 0,000 668 |
| 0,91 | 0,000 155 | 0,000 205 | 0,000 306 | 0,000 665 |
| 0,92 | 0,000 155 | 0,000 204 | 0,000 305 | 0,000 660 |
| 0,93 | 0,000 155 | 0,000 204 | 0,000 305 | 0,000 656 |
| 0,94 | 0,000 155 | 0,000 204 | 0,000 304 | 0,000 652 |
| 0,95 | 0,000 155 | 0,000 203 | 0,000 303 | 0,000 648 |
| 0,96 | 0,000 155 | 0,000 203 | 0,000 303 | 0,000 645 |
| 0,97 | 0,000 155 | 0,000 203 | 0,000 302 | 0,000 641 |
| 0,98 | 0,000 155 | 0,000 203 | 0,000 301 | 0,000 637 |
| 0,99 | 0,000 155 | 0,000 203 | 0,000 301 | 0,000 634 |
| 1,00 | 0,000 155 | 0,000 203 | 0,000 300 | 0,000 630 |
| 1,02 | 0,000 154 | 0,000 203 | 0,000 299 | 0,000 623 |
| 1,04 | 0,000 154 | 0,000 203 | 0,000 298 | 0,000 617 |
| 1,06 | 0,000 154 | 0,000 203 | 0,000 297 | 0,000 610 |
| 1,08 | 0,000 154 | 0,000 202 | 0,000 296 | 0,000 604 |
| 1,10 | 0,000 154 | 0,000 202 | 0,000 295 | 0,000 598 |
| 1,12 | 0,000 154 | 0,000 202 | 0,000 294 | 0,000 592 |
| 1,14 | 0,000 154 | 0,000 202 | 0,000 293 | 0,000 587 |
| 1,16 | 0,000 154 | 0,000 201 | 0,000 292 | 0,000 582 |
| 1,18 | 0,000 154 | 0,000 201 | 0,000 291 | 0,000 577 |
| 1,20 | 0,000 154 | 0,000 201 | 0,000 290 | 0,000 572 |
| 1,22 | 0,000 154 | 0,000 201 | 0,000 289 | 0,000 567 |
| 1,24 | 0,000 154 | 0,000 201 | 0,000 288 | 0,000 562 |
| 1,26 | 0,000 154 | 0,000 201 | 0,000 288 | 0,000 558 |
| 1,28 | 0,000 154 | 0,000 200 | 0,000 287 | 0,000 553 |

VALEURS DE $\frac{U}{V}$

| VALEURS de R | Parois très unies | Parois unies | Parois peu unies | Parois en terre |
|---|---|---|---|---|
| 1,30 | 0,000 153 | 0,000 200 | 0,000 286 | 0,000 549 |
| 1,32 | 0,000 153 | 0,000 200 | 0,000 285 | 0,000 545 |
| 1,34 | 0,000 153 | 0,000 200 | 0,000 285 | 0,000 541 |
| 1,36 | 0,000 153 | 0,000 200 | 0,000 284 | 0,000 537 |
| 1,38 | 0,000 153 | 0,000 200 | 0,000 283 | 0,000 534 |
| 1,40 | 0,000 153 | 0,000 199 | 0,000 283 | 0,000 530 |
| 1,42 | 0,000 153 | 0,000 199 | 0,000 282 | 0,000 526 |
| 1,44 | 0,000 153 | 0,000 199 | 0,000 282 | 0,000 523 |
| 1,46 | 0,000 153 | 0,000 199 | 0,000 281 | 0,000 520 |
| 1,48 | 0,000 153 | 0,000 199 | 0,000 281 | 0,000 516 |
| 1,50 | 0,000 153 | 0,000 199 | 0,000 280 | 0,000 513 |
| 1,52 | 0,000 153 | 0,000 199 | 0,000 279 | 0,000 510 |
| 1,54 | 0,000 153 | 0,000 199 | 0,000 279 | 0,000 507 |
| 1,56 | 0,000 153 | 0,000 199 | 0,000 278 | 0,000 504 |
| 1,58 | 0,000 153 | 0,000 198 | 0,000 278 | 0,000 502 |
| 1,60 | 0,000 153 | 0,000 198 | 0,000 277 | 0,000 499 |
| 1,62 | 0,000 153 | 0,000 198 | 0,000 277 | 0,000 496 |
| 1,64 | 0,000 153 | 0,000 198 | 0,000 277 | 0,000 493 |
| 1,66 | 0,000 153 | 0,000 198 | 0,000 276 | 0,000 491 |
| 1,68 | 0,000 153 | 0,000 198 | 0,000 276 | 0,000 488 |
| 1,70 | 0,000 153 | 0,000 198 | 0,000 275 | 0,000 486 |
| 1,72 | 0,000 153 | 0,000 198 | 0,000 275 | 0,000 483 |
| 1,74 | 0,000 153 | 0,000 198 | 0,000 274 | 0,000 481 |
| 1,76 | 0,000 153 | 0,000 198 | 0,000 274 | 0,000 479 |
| 1,78 | 0,000 153 | 0,000 197 | 0,000 274 | 0,000 477 |
| 1,80 | 0,000 153 | 0,000 197 | 0,000 273 | 0,000 474 |
| 1,82 | 0,000 152 | 0,000 197 | 0,000 273 | 0,000 472 |
| 1,84 | 0,000 152 | 0,000 197 | 0,000 273 | 0,000 470 |
| 1,86 | 0,000 152 | 0,000 197 | 0,000 272 | 0,000 468 |
| 1,88 | 0,000 152 | 0,000 197 | 0,000 272 | 0,000 466 |
| 1,90 | 0,000 152 | 0,000 197 | 0,000 272 | 0,000 464 |
| 1,92 | 0,000 152 | 0,000 197 | 0,000 271 | 0,000 462 |
| 1,94 | 0,000 152 | 0,000 197 | 0,000 271 | 0,000 460 |
| 1,96 | 0,000 152 | 0,000 197 | 0,000 271 | 0,000 459 |
| 1,98 | 0,000 152 | 0,000 197 | 0,000 270 | 0,000 457 |
| 2,00 | 0,000 152 | 0,000 197 | 0,000 270 | 0,000 455 |
| 2,10 | 0,000 152 | 0,000 196 | 0,000 269 | 0,000 447 |
| 2,20 | 0,000 152 | 0,000 196 | 0,000 267 | 0,000 439 |
| 2,30 | 0,000 152 | 0,000 196 | 0,000 266 | 0,000 432 |
| 2,40 | 0,000 152 | 0,000 196 | 0,000 265 | 0,000 426 |
| 2,50 | 0,000 152 | 0,000 195 | 0,000 264 | 0,000 420 |
| 2,60 | 0,000 152 | 0,000 195 | 0,000 263 | 0,000 415 |
| 2,70 | 0,000 152 | 0,000 195 | 0,000 262 | 0,000 410 |
| 2,80 | 0,000 152 | 0,000 195 | 0,000 261 | 0,000 405 |
| 2,90 | 0,000 152 | 0,000 195 | 0,000 261 | 0,000 401 |
| 3,00 | 0,000 152 | 0,000 194 | 0,000 260 | 0,000 397 |
| 3,10 | 0,000 151 | 0,000 194 | 0,000 259 | 0,000 393 |
| 3,20 | 0,000 151 | 0,000 194 | 0,000 259 | 0,000 389 |
| 3,30 | 0,000 151 | 0,000 194 | 0,000 258 | 0,000 386 |
| 3,40 | 0,000 151 | 0,000 194 | 0,000 258 | 0,000 383 |
| 3,50 | 0,000 151 | 0,000 194 | 0,000 257 | 0,000 380 |
| 3,60 | 0,000 151 | 0,000 194 | 0,000 257 | 0,000 377 |
| 3,70 | 0,000 151 | 0,000 194 | 0,000 256 | 0,000 375 |
| 3,80 | 0,000 151 | 0,000 194 | 0,000 256 | 0,000 372 |
| 3,90 | 0,000 151 | 0,000 193 | 0,000 255 | 0,000 370 |
| 4,00 | 0,000 151 | 0,000 193 | 0,000 255 | 0,000 368 |
| 4,25 | 0,000 151 | 0,000 193 | 0,000 254 | 0,000 362 |
| 4,50 | 0,000 151 | 0,000 193 | 0,000 253 | 0,000 358 |
| 4,75 | 0,000 151 | 0,000 193 | 0,000 253 | 0,000 354 |
| 5,00 | 0,000 151 | 0,000 193 | 0,000 252 | 0,000 350 |
| 5,25 | 0,000 151 | 0,000 193 | 0,000 251 | 0,000 347 |
| 5,50 | 0,000 151 | 0,000 192 | 0,000 251 | 0,000 344 |
| 5,75 | 0,000 151 | 0,000 192 | 0,000 250 | 0,000 341 |
| 6,00 | 0,000 151 | 0,000 192 | 0,000 250 | 0,000 338 |

### Section et forme du lit.

**88.** Nous venons de voir les différents éléments qu'il faut considérer dans l'établissement d'un canal : la forme du lit, le profil en travers, le volume d'eau à dépenser, la hauteur de la ligne d'eau qui correspond au régime uniforme, la vitesse et la pente. Tous ces éléments sont liés entre eux par des considérations analytiques qui influent sur leur détermination ; mais il est, en outre, des considérations physiques qui servent aussi à déterminer les éléments variables de la formule du mouvement uniforme.

La *section du lit* présente le plus souvent la forme d'un trapèze ; quand on se trouve dans le rocher, on peut adopter une forme à peu près rectangulaire : le profil en travers du fond étant horizontal et les talus des côtés établis de un et demi à deux de base pour 1 hauteur, suivant la nature du terrain et son talus naturel d'éboulement. Quand le canal est creusé dans la terre, la largeur du fond est prise égale à environ quatre à six fois la profondeur de l'eau. Les talus sont inclinés dans le rapport de 1 de base pour 2 de hauteur, dans le cas où ils sont perreiés ; dans le rapport de 1 sur 1 pour les terres fortes et enfin de 2 de base pour 1 de hauteur quand il s'agit de terres ordinaires.

A un autre point de vue, la largeur du fond dépend du volume d'eau à dépenser et de la profondeur du courant. Le volume d'eau étant connu, ainsi que la vitesse, plus la profondeur sera considérable, moins la surface du plan d'eau sera grande ; l'évaporation en sera par suite d'autant moins forte : mais d'autre part il deviendra nécessaire d'augmenter proportionnellement l'épaisseur des digues pour résister à la poussée de l'eau et s'opposer aux filtrations. Il faut noter qu'on ne peut guère donner moins de 1 mètre de largeur au fond, ni moins de 50 centimètres de profondeur, on s'arrange toujours de manière à avoir sur la berge une crête d'au moins 30 à 40 centimètres au-dessus de l'eau.

Nous donnons page 114 une table qui aidera au calcul du rayon moyen d'un canal de section trapézoïdale, et de l'aire de cette section.

**89.** En principe, le volume d'eau qu'on se propose de faire passer par le canal est toujours connu ; il faut toujours tenir compte dans ce volume d'eau des pertes dues à l'évaporation naturelle et aux filtrations à travers les terres qui forment le lit du canal. Ces pertes sont d'autant plus importantes dans l'espèce, qu'elles portent précisément sur la matière exploitée. Malheureusement une d'elles n'est guère évitable : l'évaporation ne peut être combattue par l'art technique. M. Halley a trouvé comme résultat statistique d'une suite d'expériences, que la dépense dûe à l'évaporation était moyennement sous notre climat de 0$^m$,0027 de hauteur sur une surface de 1 mètre, exposée à l'air en été pendant une heure, et qu'en général, la quantité d'eau qui s'évapore dans une année était les trois cinquièmes de celles qui tombe en pluie.

Cette question fort importante dans l'établissement des voies de navigation artificielles a toujours préoccupé les ingénieurs :

MM. Clausade et Pin ont reconnu qu'en défalquant l'effet des filtrations, les eaux du canal de Languedoc et le bassin de Saint-Ferréol, dans le midi de la France, perdent, par an, 78 à 80 millimètres par l'évaporation naturelle. Ce chiffre doit être un peu élevé.

Une autre cause de dépense est celle qui est due aux infiltrations. Lorsque le canal est établi à travers une terre franche ou un sable fin et profond, les pertes d'eau sont peu considérables et vont peu à peu en diminuant à partir du jour de la mise en service. Mais, si au contraire, il rencontre le gros sable, du gravier, des terrains remplis de pierrailles, des roches fissurées ou désagrégées, on est forcé d'établir des revêtements intérieurs imperméables. Ceux-ci peuvent être faits soit en terre franche, soit en argile mêlée de sable ; il faut alors prévoir l'épaisseur de ces revêtements dans le profil du canal, et calculer les déblais en en tenant compte ; quelquefois on place des corrois en terre glaise dans l'épaisseur des digues ; si ces différents moyens ne suffisent pas, alors on emploie franchement le principe dispendieux du canal avec murs de soutènement, et radier général en maçonnerie , dans laquelle toute la paroi intérieure, mouillée par l'eau et sur 30 centimètres d'épaisseur environ, sera établie en mortier dé chaux hydraulique. Ces muraillements pourront être faits suivant les circonstances locales, en moellons, en cailloux, en briques, ou en béton.

Pour les parties en remblais, on est conduit également à adopter des cuvettes

## TABLE POUR AIDER AU CALCUL DU RAYON MOYEN D'UN CANAL DE SECTION TRAPÉZOIDAL ET DE L'AIRE DE CETTE SECTION

Section $\Omega$.

Périmètre mouillé $\chi$.

Rayon moyen $\dfrac{\Omega}{\chi}$.

$$\Omega = h\,(1 + nh).$$
$$\chi = 1 + 2h\,\sqrt{1 + n^2}.$$

Profondeur de l'eau $h$.

Largeur au plafond $=$ l'unité.

Rapport de la base à la hauteur du talus, $n$.

| $n$ | $h=0^m,1$ | | $h=0^m,2$ | | $h=0^m,3$ | | $h=0^m,4$ | | $h=0^m,5$ | | $h=0^m,6$ | | $h=0^m,7$ | | $h=0^m,8$ | | $h=0^m,9$ | | $h=1^m,0$ | |
|---|---|---|---|---|---|---|---|---|---|---|---|---|---|---|---|---|---|---|---|---|
| | $\Omega$ | $\frac{\Omega}{\chi}$ | $\Omega$ | $\frac{\Omega}{\chi}$ | $\Omega$ | $\frac{\Omega}{\chi}$ | $\Omega$ | $\frac{\Omega}{\chi}$ | $\Omega$ | $\frac{\Omega}{\chi}$ | $\Omega$ | $\frac{\Omega}{\chi}$ | $\Omega$ | $\frac{\Omega}{\chi}$ | $\omega$ | $\frac{\omega}{\chi}$ | $\omega$ | $\frac{\omega}{\chi}$ | $\omega$ | $\frac{\Omega}{\chi}$ |
| | m.q. | m. | m.q. | m. | m.q. | m. | m.q. | m. | m.q. | m. | m.q. | m. | m.q. | m. | m.q. | m. | m.q | m. | m.q. | m. |
| 0.0 | 0,100 | 0,083 | 0,200 | 0,143 | 0,300 | 0,187 | 0,400 | 0,222 | 0,500 | 0,252 | 0,600 | 0,273 | 0,700 | 0,291 | 0,800 | 0,308 | 0,900 | 0,321 | 1,00 | 0,333 |
| 0.1 | 0,101 | 0,084 | 0,204 | 0,146 | 0,309 | 0,193 | 0,416 | 0,231 | 0,525 | 0,262 | 0,636 | 0,288 | 0,749 | 0,311 | 0,864 | 0,331 | 0,981 | 0,349 | 1,10 | 0,365 |
| 0.2 | 0,102 | 0,085 | 0,208 | 0,148 | 0,318 | 0,197 | 0,432 | 0,238 | 0,550 | 0,272 | 0,672 | 0,302 | 0,798 | 0,329 | 0,928 | 0,353 | 1,062 | 0,374 | 1,20 | 0,394 |
| 0.3 | 0,103 | 0,085 | 0,212 | 0,150 | 0,327 | 0,201 | 0,448 | 0,244 | 0,575 | 0,281 | 0,708 | 0,314 | 0,847 | 0,344 | 0,992 | 0,371 | 1,143 | 0,397 | 1,30 | 0,421 |
| 0.4 | 0,104 | 0,086 | 0,216 | 0,151 | 0,336 | 0,204 | 0,464 | 0,249 | 0,600 | 0,289 | 0,744 | 0,325 | 0,896 | 0,357 | 1,056 | 0,387 | 1,224 | 0,416 | 1,40 | 0,444 |
| 0.5 | 0,105 | 0,086 | 0,220 | 0,152 | 0,345 | 0,206 | 0,480 | 0,253 | 0,625 | 0,295 | 0,780 | 0,333 | 0,945 | 0,368 | 1,120 | 0,402 | 1,305 | 0,433 | 1,50 | 0,463 |
| 0.6 | 0,106 | 0,086 | 0,224 | 0,153 | 0,354 | 0,208 | 0,496 | 0,256 | 0,650 | 0,300 | 0,816 | 0,340 | 0,994 | 0,378 | 1,184 | 0,413 | 1,386 | 0,447 | 1,60 | 0,480 |
| 0.7 | 0,107 | 0,086 | 0,228 | 0,153 | 0,363 | 0,210 | 0,512 | 0,259 | 0,675 | 0,304 | 0,852 | 0,346 | 1,013 | 0,385 | 1,248 | 0,423 | 1,467 | 0,459 | 1,70 | 0,494 |
| 0.8 | 0,108 | 0,086 | 0,232 | 0,153 | 0,372 | 0,210 | 0,528 | 0,261 | 0,700 | 0,306 | 0,888 | 0,350 | 1,092 | 0,391 | 1,312 | 0,430 | 1,548 | 0,469 | 1,80 | 0,505 |
| 0.9 | 0,109 | 0,086 | 0,236 | 0,153 | 0,381 | 0,211 | 0,544 | 0,262 | 0,725 | 0,309 | 0,924 | 0,353 | 1,141 | 0,396 | 1,376 | 0,436 | 1,629 | 0,476 | 1,90 | 0,515 |
| 1.0 | 0,110 | 0,086 | 0,240 | 0,153 | 0,390 | 0,211 | 0,560 | 0,263 | 0,750 | 0,311 | 0,960 | 0,356 | 1,190 | 0,399 | 1,440 | 0,441 | 1,710 | 0,482 | 2,00 | 0,522 |
| 1.1 | 0,111 | 0,086 | 0,244 | 0,153 | 0,399 | 0,211 | 0,576 | 0,263 | 0,775 | 0,312 | 0,996 | 0,358 | 1,239 | 0,402 | 1,504 | 0,445 | 1,791 | 0,487 | 2,10 | 0,528 |
| 1.2 | 0,112 | 0,085 | 0,248 | 0,153 | 0,408 | 0,210 | 0,592 | 0,263 | 0,800 | 0,312 | 1,032 | 0,359 | 1,288 | 0,404 | 1,568 | 0,448 | 1,872 | 0,491 | 2,20 | 0,533 |
| 1.3 | 0,113 | 0,085 | 0,252 | 0,152 | 0,417 | 0,210 | 0,608 | 0,263 | 0,825 | 0,312 | 1,068 | 0,360 | 1,337 | 0,406 | 1,632 | 0,450 | 1,953 | 0,494 | 2,30 | 0,537 |
| 1.4 | 0,114 | 0,085 | 0,256 | 0,152 | 0,426 | 0,210 | 0,624 | 0,263 | 0,800 | 0,312 | 1,104 | 0,360 | 1,386 | 0,407 | 1,696 | 0,452 | 2,034 | 0,496 | 2,40 | 0,540 |
| 1.5 | 0,115 | 0,084 | 0,260 | 0,151 | 0,435 | 0,209 | 0,640 | 0,262 | 0,875 | 0,312 | 1,140 | 0,360 | 1,435 | 0,407 | 1,760 | 0,453 | 2,115 | 0,498 | 2,50 | 0,543 |
| 1.6 | 0,116 | 0,084 | 0,264 | 0,150 | 0,444 | 0,208 | 0,656 | 0,261 | 0,900 | 0,312 | 1,176 | 0,360 | 1,484 | 0,407 | 1,824 | 0,454 | 2,196 | 0,500 | 2,60 | 0,545 |
| 1.7 | 0,117 | 0,084 | 0,268 | 0,150 | 0,453 | 0,208 | 0,672 | 0,261 | 0,925 | 0,311 | 1,212 | 0,360 | 1,533 | 0,407 | 1,888 | 0,454 | 2,277 | 0,500 | 2,70 | 0,546 |
| 1.8 | 0,118 | 0,084 | 0,272 | 0,149 | 0,462 | 0,207 | 0,688 | 0,260 | 0,950 | 0,310 | 1,248 | 0,360 | 1,582 | 0,407 | 1,952 | 0,455 | 2,358 | 0,500 | 2,80 | 0,547 |
| 1.9 | 0,119 | 0,083 | 0,276 | 0,148 | 0,471 | 0,206 | 0,704 | 0,259 | 0,975 | 0,310 | 1,284 | 0,360 | 1,631 | 0,497 | 2,016 | 0,455 | 2,439 | 0,500 | 2,90 | 0,548 |
| 2.0 | 0,120 | 0,083 | 0,280 | 0,148 | 0,480 | 0,205 | 0,720 | 0,258 | 1,000 | 0,309 | 1,320 | 0,360 | 1,680 | 0,407 | 2,080 | 0,454 | 2,520 | 0,500 | 3,00 | 0,548 |
| 2.1 | 0,121 | 0,083 | 0,284 | 0,147 | 0,489 | 0,204 | 0,736 | 0,257 | 1,025 | 0,308 | 1,356 | 0,358 | 1,729 | 0,406 | 2,144 | 0,454 | 2,601 | 0,500 | 3,10 | 0,548 |
| 2.2 | 0,122 | 0,082 | 0,288 | 0,146 | 0,498 | 0,203 | 0,752 | 0,256 | 1,050 | 0,307 | 1,392 | 0,357 | 1,778 | 0,406 | 2,208 | 0,454 | 2,632 | 0,500 | 3,20 | 0,549 |
| 2.3 | 0,123 | 0,082 | 0,292 | 0,146 | 0,507 | 0,202 | -0,768 | 0,255 | 1,075 | 0,306 | 5,428 | 0,356 | 1,827 | 0,405 | 2,272 | 0,453 | 2,763 | 0,500 | 3,30 | 0,549 |
| 2.4 | 0,124 | 0,082 | 0,296 | 0,145 | 0,516 | 0,202 | 0,784 | 0,255 | 1,100 | 0,306 | 1,464 | 0,355 | 1,876 | 0,404 | 2,336 | 0,453 | 2,844 | 0,500 | 3,40 | 0,548 |
| 2.5 | 0,125 | 0,081 | 0,300 | 0,144 | 0,525 | 0,201 | 0,800 | 0,254 | 1,125 | 0,305 | 1,500 | 0,355 | 1,925 | 0,404 | 2,400 | 0,452 | 2,925 | 0,500 | 3,50 | 0,548 |
| 2.6 | 0,126 | 0,881 | 0,304 | 0,144 | 0,534 | 0,200 | 0,816 | 0,253 | 1,150 | 0,304 | 1,536 | 0,354 | 1,974 | 0,403 | 2,464 | 0,452 | 3,006 | 0,500 | 3,60 | 0,548 |
| 2.7 | 0,127 | 0,081 | 0,308 | 0,143 | 0,543 | 0,199 | 0,832 | 0,252 | 1,175 | 0,303 | 1,572 | 0,353 | 2,023 | 0,402 | 2,528 | 0,451 | 3,087 | 0,499 | 3,70 | 0,547 |
| 2.8 | 0,128 | 0,080 | 0,312 | 0,142 | 0,552 | 0,198 | 0,048 | 0,251 | 1,200 | 0,302 | 1,608 | 0,352 | 2,072 | 0,401 | 2,592 | 0,450 | 3,168 | 0,499 | 3,80 | 0,547 |
| 2.9 | 0,129 | 0,080 | 0,316 | 0,142 | 0,561 | 0,197 | 0,864 | 0,250 | 1,125 | 0,301 | 1,644 | 0,351 | 2,121 | 0,401 | 2,656 | 0,450 | 3,249 | 0,498 | 3,90 | 0,547 |
| 3.0 | 0,130 | 0,080 | 0,320 | 0,141 | 0,570 | 0,197 | 0,880 | 0,250 | 1,250 | 0,300 | 1,680 | 0,350 | 2,170 | 0,400 | 2,720 | 0,449 | 3,330 | 0,498 | 4,00 | 0,546 |

en maçonnerie ou à étancher le canal après que les tassements se sont produits. C'est ce qui est arrivé pour le canal de la *Gravona*, qui comprend une longueur de 5 336 mètres en remblai ou creusée dans un sol granitique très perméable. Après le tassement des terres, on dut revêtir le canal d'une couche de béton hydraulique à laquelle on donna une épaisseur au plafond de $0^m,15$, et sur les parois de $0^m,15$ à $0^m,10$. Le béton fut ensuite recouvert d'un enduit de $0^m,015$ en mortier hydraulique.

Si le canal a peu d'importance, on arrive plus économiquement à empêcher les infiltrations en délayant dans l'eau même de ce canal des terres argileuses et du sable. Ces matières finissent par se déposer dans le lit et par combler les fissures du sol.

Il faut tenir également compte des accroissements naturels apportés à la source : la pluie est une des causes d'accroissement. La quantité d'eau qui tombe ainsi varie beaucoup avec les pays et les latitudes. C'est ainsi qu'on a remarqué qu'il tombait plus de pluie dans le midi qu'au nord, dans les pays de montagnes que dans les plaines. Les résultats donnés par les différents pluviomètres des observatoires français permettent d'évaluer à $^7/_{10}$ de mètre cube la quantité d'eau qui tombe annuellement sur 1 mètre de la surface de la terre.

Nous donnons ici la moyenne des résultats des expériences faites dans divers observatoires français et dans divers départements, pendant une période de cinq années de 1882 à 1887.

| NOMS DES VILLES<br>ou<br>DES DÉPARTEMENTS | HAUTEUR D'EAU<br>constatée<br>AU PLUVIOMÈTRE. |
|---|---|
| Paris | 0.530 |
| Lille | 0.730 |
| Lyon | 0.790 |
| Montpellier | 0.770 |
| Nice | 0.410 |
| Evreux | 0.500 |
| Orne | 0.550 |
| Ille-et-Vilaine | 0.570 |
| Haute-Vienne | 0 680 |
| Isère | 0.870 |

Le nombre moyen des jours pluvieux est de 105 entre le 43° et le 46° degré de latitude.

Il varie avec les lieux et les circonstances particulières locales ; à Paris, il est de 134, soit un peu plus du tiers.

On voit d'après ce qui précède qu'on peut toujours diminuer les causes de dépenses dues à l'évaporation et aux infiltrations, souvent même on pourra détruire entièrement ces dernières ; mais il sera toujours indispensable d'y avoir égard dans le calcul du volume d'eau à dépenser.

**90.** Ce volume une fois déterminé, le second élément de calcul à considérer est la vitesse qu'il convient d'assigner au courant ; il est intimement lié aux éléments précédents. En effet, moins la vitesse est grande, plus l'eau met de temps à parcourir un espace donné, et plus il doit y avoir de pertes produites par l'évaporation et aussi les filtrations. Mais, d'autre part, si la vitesse est considérable, l'eau vient choquer en courant tous les obstacles qu'elle rencontre avec une plus grande quantité de mouvement et ronge les parois et le fond du canal où des affouillements se produiront d'autant plus facilement que la nature du sol du radier sera moins résistante. Il en résultera des dépenses d'entretien, souvent même des arrêts du canal.

Il faut donc prendre un terme moyen entre les vitesses extrêmes et approprier ce terme moyen à la nature des parois du canal et à la masse des eaux à conduire. Si le canal doit être alimenté par des eaux salubres, il faut que la vitesse soit assez grande pour qu'elles n'acquièrent pas de qualités malsaines par leur stagnation dans les bassins. Les eaux pluviales et toutes celles qui sont courantes, contiennent une certaine quantité d'oxygène qui se renouvelle par le contact de l'air ; mais si ces eaux viennent à être renfermées, si elles séjournent dans des bassins où elles ne se renouvellent que lentement, il arrive qu'au bout d'un certain temps la quantité d'oxygène diminue. Les matières animales et végétales que les eaux tiennent en dissolution se décomposent ; alors elles sont fades et insalubres. C'est surtout en été, sous l'action des rayons solaires, lorsque les eaux coulent difficilement sur un lit fangeux et tapissé d'herbes marécageuses, que cette fermentation putride se produit le plus. On a reconnu qu'il fallait ne pas descendre au-dessous d'une vitesse de 35 centimètres par seconde pour entretenir la salubrité des eaux, et que toutes les fois que cette vitesse existait, la fermentation ne pouvait se produire.

Lorsque le volume, la vitesse et le profil transversal du lit seront déterminés, en tenant compte des considérations que nous venons d'examiner, on pourra calculer la pente du canal au moyen de la formule du mouvement uniforme. Voir à l'article 82 le deuxième problème.

La pente par mètre I, qu'il convient de donner aux canaux, se trouve comprise entre certaines limites ; elle dépend de la nature des terrains et doit être suffisamment réduite afin de ne pas exagérer la vitesse de l'eau. Si on adopte une forte pente, on diminue la section du canal ainsi que les pertes par évaporation et infiltration, mais on diminue aussi la surface de terrain irrigable puisqu'on abaisse le plan d'eau.

Les pentes des grands canaux d'irrigation peuvent varier de $0^m,10$ à $0^m,30$ par kilomètre. Elles se trouvent généralement comprises entre $0^m,20$ à $0^m,30$ par kilomètre ; celles des rigoles secondaires peuvent s'élever au maximum de 1 mètre à $1^m,20$ par kilomètre. Cette dernière limite est rarement dépassée.

Voici les pentes adoptées sur plusieurs canaux d'exécution récente et dont les plans étaient exposés dans le pavillon du Ministère des travaux publics à l'exposition de 1878 de Paris.

1° Canal d'amenée de la Gravona pour l'alimentation de la ville d'Ajaccio et l'irrigation de son territoire.

|  | Pentes par mètres. |
|---|---|
| Parties en terre | 0,0005 |
| Ouvrages d'art | 0,0016 |
| Souterrains | 0,0010 |
| Levée de Ponte Bonello (pente exceptionnelle pour raison d'économie) | 0,0032 |
| Pont de Ponte-Bonello | 0,0050 |

2° Canal d'irrigation de la Bourne (Drôme).

|  | Pentes par mètres. |
|---|---|
| En section courante | 0,00025 |
| En section courante (exceptionnellement) | 0,00020 |
| En tunnels et déblais de rochers | 0,00030 |
| Ouvrages d'art | 0,00100 |

3° Canal du Verdon (branche mère) pour l'irrigation de la commune d'Aix et des communes environnantes.

|  | Pentes par mètres. |
|---|---|
| Pentes des parties à ciel ouvert | de 0,00019 à 0,00030 |
| Souterrains (section réduite) | 0,0011 |

**91.** EXEMPLE. *Établissement du Canal de l'Ourcq à Paris.* — Le Canal de l'Ourcq devait servir à atteindre un double but. En premier lieu l'établissement d'une voie de navigation artificielle entre la partie supérieure de la rivière d'Ourcq et la ville de Paris, et en même temps former un aqueduc d'amenée d'eaux suffisamment salubres dans la Capitale. On dut, par suite, régler sa pente, son profil et la vitesse des eaux de manière à ce que ces deux conditions d'établissement fussent remplies.

Le Canal de l'Ourcq, considéré comme navigable, devait avoir une section transversale et une profondeur d'eau qui permissent la navigation de bateaux proportionnés à ceux employés déjà sur les canaux avec lesquels il devait communiquer. Mais, considérée comme aqueduc, la pente ne pouvait pas être distribuée en différents ressauts rachetés par des écluses à sas ; il fallait obtenir un écoulement continu donnant au moins la vitesse minima de 35 centimètres par seconde ou de 43 centimètres environ à la surface et une vitesse assez faible cependant pour que les bateaux pussent naviguer facilement à la remonte.

La pente fut réglée à 0,0001.

La largeur du canal à $3^m,50$ au niveau du plafond avec des talus de un et demi de base sur un de hauteur (*fig.* 83).

Le volume d'eau à dépenser était d'ailleurs de 259 136 mètres cubes 35, en vingt-quatre heures, ce qui revient à 2 mètres cubes 999 par seconde.

D'après ces données on a :

$$x = 3,5 + 2 \times 1,5\, h = 3,5 + 3\, h$$

$$\Omega = \frac{x + 3,50}{2} \times h = \frac{h}{2}(7 + 3\, h)$$

$$U = \frac{Q}{\Omega} = \frac{2,999}{\frac{h}{2}\,(7 + 3\,h)}$$

$$i = 0,0001$$

$$\chi = 3,5 + 2\,h\,\sqrt{3,25}.$$

Si l'on applique ces données au deuxième problème de l'article 82, on trouvera après quelques tâtonnements que l'équation du mouvement uniforme est satisfaite approximativement par $h = 1^m,50$; c'est-à-dire que la hauteur du régime uniforme est de 1 mètre 50; ce qui donne pour la vitesse :

$$U = 0,3377,$$

c'est-à-dire une vitesse un peu inférieure à la vitesse minima qui régulièrement ne doit pas être dépassée.

On avait proposé à l'origine des études du projet de distribuer la pente, non pas uniformément, mais suivant la loi représentée par le rapport des coordonnées de la courbe funiculaire. D'après ces principes, une partie du canal est creusée sur une pente de $0^m,0000625$ par mètre, et l'autre sur une pente de $0,0001236$ ; il s'ensuit, que dans la réalité, la vitesse est encore moindre, et que les eaux doivent perdre de leur qualité, surtout en été où la diminution du volume augmente encore les causes d'insalubrité. On ne doit compter, d'après l'expérience de plusieurs années que sur 1 mètre cube 235 par seconde au lieu de 2 mètres cubes 999, qui ont servi de base à la détermination des dimensions du canal.

La pente est quelquefois déterminée par les localités, lorsqu'il s'agit, par exemple, de conduire les eaux d'une *source* sur le point culminant d'une ville ou d'un plateau;

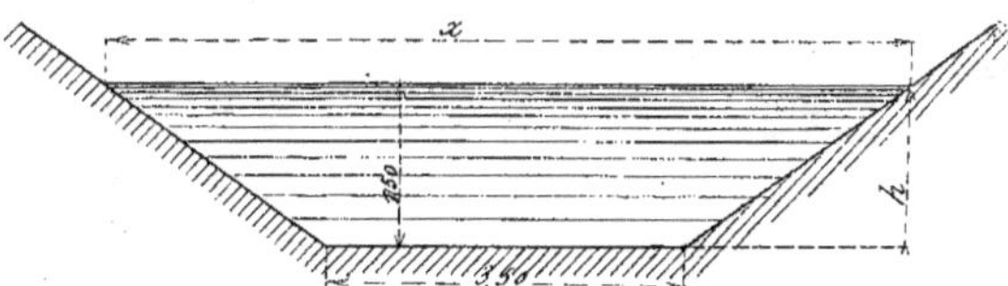

Fig. 83. — Profil du canal de l'Ourcq.

quelquefois on peut l'augmenter ou la diminuer dans de certaines limites, lorsqu'il s'agit de dériver simplement les eaux d'une rivière, et que l'emplacement de la prise d'eau n'est pas fixé d'avance. Nous venons de voir que le *minimum* qu'on peut lui donner doit correspondre à une vitesse de 0,32 à 0,35 par seconde ; ainsi, par exemple, la pente doit être d'environ un décimètre par kilomètre lorsque le rayon moyen du courant est de cinquante centimètres.

Nous ne nous étendrons pas davantage sur ce qui concerne la construction des canaux. Ce n'est que dans les ouvrages où l'on traite spécialement de cet objet que l'on peut entrer dans tous les détails que de semblables projets exigent. Nous examinerons plus loin dans cet ouvrage les conditions particulières de leur établissement lorsque nous traiterons la question des canaux d'irrigation.

Le nivellement et le tracé d'un canal étant arrêtés, on le creuse en commençant par l'endroit où il doit aboutir, et en remontant successivement jusqu'au point de partage ou de la prise d'eau.

Suivant les qualités du terrain que le canal traverse, on emploie les différents moyens que l'art suggère et que nous avons indiqués ci-dessus, pour s'opposer aux filtrations. Suivant la nature du sol on est conduit à modifier le profil en travers du canal. Nous avons réuni (*fig.* 84), différents types de profils en travers parmi lesquels figurent quelques-uns de ceux adoptés par M. Peuler, inspecteur général des Ponts et Chaussées, dans la construction du canal de Carpentras.

On rencontre quelquefois des ruisseaux, et des sources dont il peut convenir de ne pas recevoir les eaux dans le canal. Alors

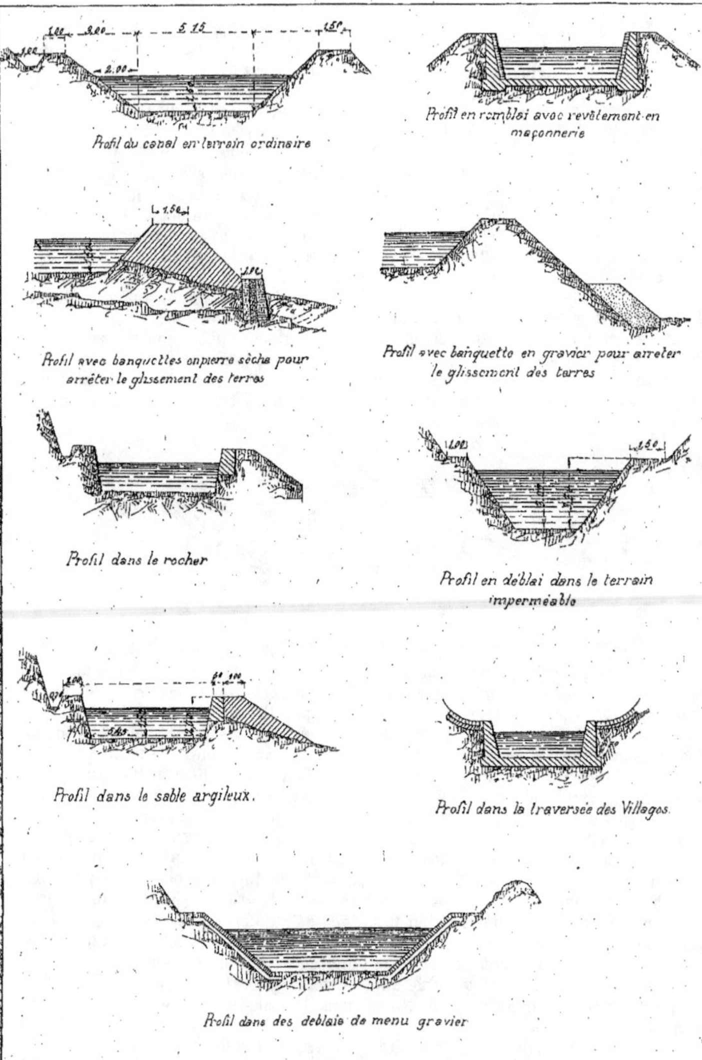


Fig. 84. — Principaux types de profils en travers du canal de Carpentras.

on établit des aqueducs, suivant que la situation locale l'exige, pour en éviter la rencontre.

Enfin, on peut être forcé de franchir un ravin profond, une rivière considérable ; on construit dans ce cas le canal en maçonnerie, et on le supporte par un pont à un ou plusieurs rangs d'arcades, suivant la hauteur à laquelle il faut l'élever pour conserver sa pente.

**92.** Mouvement varié. — Ces divers ouvrages produisent dans le canal des dilatations et des rétrécissements qui modifieront l'état de mouvement de l'eau ;

avant donc de quitter cette question des canaux nous dirons quelques mots de cette modification. Il est évident que le mouvement de l'eau dans un canal ou dans une rivière ne peut plus être uniforme si la section du lit varie, si la pente est variable, si elle est nulle ou, à plus forte raison, si elle se change en contrepente, c'est-à-dire si le lit va en se relevant en allant de l'amont vers l'aval. Il en est de même si on établit en travers du courant un barrage qui oblige les eaux à s'élever vers l'aval pour franchir l'obstacle. Mais quand le mouvement est *varié* on sup-

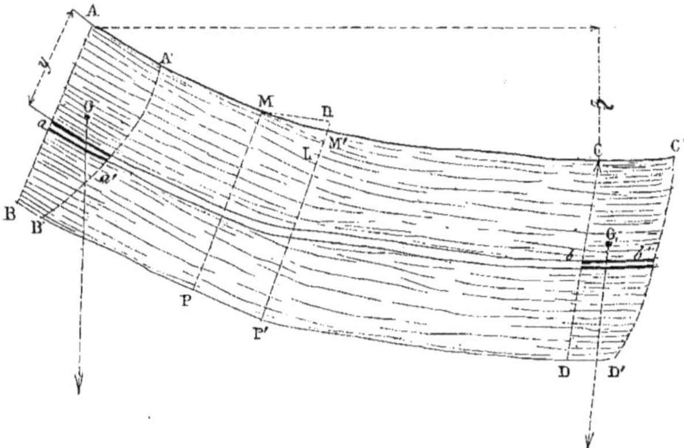

Fig. 85.

pose toujours qu'il est parvenu à l'état permanent. La relation qui lie la vitesse moyenne avec la pente par mètre I et la section transversale $\Omega$ s'obtient en appliquant le principe de *l'effet du travail*.

Soient (*fig.* 85) AB et CD deux sections prises transversalement par rapport à un filet liquide en mouvement et que nous considérerons comme normales à la direction de chaque filet en mouvement en AB et CD. Cette hypothèse est sensiblement vraie puisque en pratique la pente de la surface de l'eau est très faible. Les filets qui traversent la section AB n'ont pas tous la même vitesse dans cette section ;

considérons plus particulièrement le filet quelconque $ab$ qui passe en $a$ dans la section AB ; soit $v$ la vitesse de ce filet en $a$ ; soit $\omega$ la section de ce petit filet.

Pendant un instant très court $\theta$, le volume d'eau écoulé par la section $\omega$ est exprimé par :
$$\omega v \theta,$$
la masse de ce volume d'eau est :
$$\frac{\pi}{g}\,\omega v \theta,$$

$\pi$ étant le poids du mètre cube d'eau, sa puissance vive sera donc exprimée par
$$\frac{\pi \omega v^2 \theta}{2g}.$$

Soit A'B' la surface, évidemment courbe, sur laquelle au bout du temps très court $\theta$ sont venues se placer les molécules liquides qui étaient primitivement dans la section AB ; la puissance vive du liquide compris entre AB et A'B' aura pour expression :

$$\frac{\pi\theta}{2g}\, \Sigma\omega\nu^3$$

$\Sigma$ comprenant la somme pour tous les filets tels que celui $aa'$ qui traversent en même temps la section AB.

Désignons par $\Omega_0$ l'aire de la section AB et par $U_0$ la vitesse moyenne dans cette section ; alors on pourra substituer à l'expression $\Sigma\omega\nu^3$ celle $\Omega_0 U_0^3$.

Mais il faut tenir compte d'une quantité additionnelle attendu que la première expression est un peu plus grande que la seconde. On a en effet :

$$\nu = U_0 + \varepsilon \qquad (1)$$

$\varepsilon$ désignant ici la différence, positive ou négative, entre la vitesse moyenne et la vitesse du filet considéré; on tire de cette relation

$$\omega\nu^3 = \omega U_0^3 + 3\omega U_0^2\varepsilon + 3\omega U_0\varepsilon^2 + \omega\varepsilon^3$$

et

$$\Sigma\omega\nu^3 = \Sigma\omega U_0^3 + 3\Sigma\omega U_0^2\varepsilon + 3\Sigma\omega U_0\varepsilon^2 + \Sigma\omega\varepsilon^3$$

ou

$$\Sigma\omega\nu^3 = \Omega_0 U_0^3 + 3U_0^2\Sigma\omega\varepsilon + \Sigma\varepsilon^2\omega\,(3U_0 + \varepsilon)$$

ou

$$\Sigma\omega\nu^3 = \Omega_0 U_0^3 + 3U_0^2\Sigma\omega\varepsilon + \Sigma\varepsilon^2\omega(2U_0 + \nu) \quad (2)$$

Le second terme de cette relation est nul, car on a par définition

$$\Sigma\omega\nu = \Omega\omega_0 U_0$$

ou $\qquad \Sigma\omega\,(U_0 + \varepsilon) = \Omega_0 U_0$

ou $\qquad \Sigma\omega U_0 + \Sigma\omega\varepsilon = \Omega_0 U_0$

ou $\qquad \Omega_0 U_0 + \Sigma\omega\varepsilon = \Omega_0 U_0 \qquad (3)$

ce qui ne peut avoir lieu qu'autant que $\Sigma\omega\varepsilon$ est nul.

La relation (2) devient donc :

$$\Sigma \omega\nu^3 = \Omega_0 U_0^3 + \Sigma\varepsilon^2\omega\,(2U_0 + \nu).$$

Le second terme du second membre étant essentiellement positif, on a par conséquent,

$$\Sigma\omega\nu^3 > \Omega_0 U_0^3.$$

On adopte généralement 1,1 pour coefficient de la quantité $\Omega_0 U_0^3$ et l'on écrit :

$$\Sigma\omega\nu^3 = 1,1 \times \Omega_0 U_0^3,$$

en sorte que l'expression de la puissance vive du liquide écoulé dans le temps très court $\theta$ par la section AB est :

$$\frac{1,1\,\pi\ \Omega_0 U_0^3\theta}{2g}$$

ou en désignant par Q la dépense $\Omega_0 U_0$ ·

$$\frac{1,1 \times \pi Q\theta U_0^2}{2g} \qquad (4)$$

Considérons alors une section transversale normale CD quelconque en un autre point du filet liquide et cela au moment où nous considérons la section AB.

Il est évident qu'au bout du temps $\theta$, alors que les molécules de la section AB sont en A'B', les molécules de la section CD sont sur la surface courbe C'D'. On trouvera évidemment pour expression de la puissance vive du liquide qui s'écoule par cette section CD dans le temps $\theta$ une expression de même forme que l'expression (4).

$$\frac{1\,1 \times \pi Q\theta U_1^2}{2g} \qquad (5)$$

$U_1$ étant ici la vitesse moyenne dans la section CD.

Dans ces conditions, le mouvement étant supposé permanent, il est évident que la puissance vive du liquide compris entre la section AB et la section CD est la même à l'instant initial et au bout du temps très court $\theta$ ; l'accroissement total de puissance vive entre ces deux instants se réduit donc à la différence des expressions (4) et (5); c'est-à-dire à :

$$\frac{1,1 \times \pi Q\theta}{2g}\,(U_1^2 - U_0^2) \qquad (6)$$

Cette expression doit être égale à la somme des travaux des forces qui agissent sur la portion du liquide considérée.

Soit $y$ la profondeur du filet liquide $aa'$, au-dessous de la surface libre ; appelons $P_0$ la pression atmosphérique ; la pression par mètre qui s'exerce en $a$ est alors $P_0 + \pi y$ ; car le mouvement s'écartant toujours peu de l'uniformité, on doit évaluer les pressions d'après les règles de l'hydrostatique. La pression sur la section $\omega$ est donc $(P_0 + \pi y)\,\omega$ ; et le travail de cette pression est :

$$(P_0 + \pi y)\,\omega.\nu\theta$$

La somme des travaux des pressions exercées sur la section AB est donc :

$$\Sigma(P_0 + \pi y)\,\omega\nu\theta \quad \text{ou} \quad P_0\theta\Sigma\omega\nu + \pi\theta\Sigma\omega\nu y$$

Le premier terme de cette expression peut s'écrire $P_0\theta\Omega_0 U_0$ ou $P_0\theta Q$. La somme $\Sigma\omega\nu y$ n'est autre chose que la somme des moments des volumes $\omega \nu$ par rapport au plan horizontal passant par le point A. Si donc on appelle $\gamma_0$ la distance du centre de gravité du volume ABB'A à ce plan. on a $\Sigma\omega\nu y = \Omega_0\Sigma_0\gamma_0$ et par conséquent $\pi\theta\Sigma\omega\nu y = \pi Q\theta\gamma_0$. Le travail des pressions exercées sur AB est donc exprimé par :

$$+ P_0 Q\theta + \pi\gamma_0 Q\theta$$

On trouvera évidemment de même pour expression du travail des pressions exercées sur la section CD :

$$- (P_0 Q\theta + \pi\gamma_1 Q\theta)$$

en désignant par $\gamma_1$ la distance du centre de gravité du volume CDD'C' au plan horizontal passant par le point $G_1$. La somme algébrique des pressions d'amont et d'aval se réduit donc à :

$$\pi Q\theta (\gamma_0 - \gamma_1) \tag{7}$$

Le travail produit par la pesanteur sur l'ensemble du système que nous considérons est le même que si le volume ABB'A' s'était transporté directement en CDD'C'. Il s'obtiendra donc en multipliant le poids du liquide ABB'A', c'est-à-dire $\pi Q\theta$, par la distance verticale entre le centre de gravité du volume ABB'A' et CDD'C'. Or, si nous désignons par $z$ la différence de niveau entre les points A et C, $z$ sera la *pente totale* entre A et C et la différence entre les deux centres de gravité $G_1$ et $G_0$, sera exprimée par :

$$z + \gamma_1 - \gamma_0$$

Le travail de la pesanteur a donc pour expression :

$$\pi Q\theta (z + \gamma_1 - \gamma_0) \tag{8}$$

En l'ajoutant à l'expression (7) du travail des pressions d'amont et d'aval, on obtient simplement :

$$\pi Q\theta . z \tag{9}$$

Les résistances normales du lit sont supposées ici ne donner lieu à aucun travail ; il reste donc à évaluer celui de sa résistance longitudinale. On admet que dans le cas où le mouvement s'écarte peu de l'uniformité, la résistance longitudinale du lit sur une tranche du courant comprise entre deux sections transver-sales faites à une distance $ds$ l'une de l'autre, s'exprime, comme dans le mouvement uniforme, par la fonction $\varphi$ (U) de la vitesse moyenne multipliée par l'aire $\chi ds$ de la surface mouillée. Son travail négatif est donc exprimé par :

$$- \chi \, ds\varphi \text{ (U) W}\theta.$$

Remplaçant dans ce facteur $W\theta$ qui exprime le chemin parcouru, la vitesse du fond du canal W par la vitesse moyenne U, afin de tenir compte, comme on l'a vu plus haut. du travail absorbé par la résistance mutuelle des filets, on trouve pour expression du travail total de la résistance du lit :

$$- \int_0^s \chi \, ds.\varphi \text{ (U) U}\theta.$$

$s$ représentant la longueur développée du fond BD du lit. En mettant pour U sa valeur $\dfrac{Q}{\Omega}$ dans le premier facteur, on peut écrire :

$$- Q\theta \int_0^s \frac{\chi}{\Omega} \varphi \text{ (U) } ds \tag{10}$$

L'équation de l'effet du travail devient donc, dans le cas qui nous occupe :

$$\frac{1,1\times\pi Q\theta}{2g} (U_1^2 - U_0^2) = \pi Q\theta z - Q\theta \int_0^s \frac{\chi}{\Omega}\varphi(U)ds,$$

d'où l'on tire la valeur de $z$ :

$$z = 1,1 \left( \frac{U_1^2}{2g} - \frac{U_0^2}{2g} \right) + \int_0^s \frac{\chi}{\Omega} 0,001 . \varphi \text{ (U) } ds$$

ou, en l'écrivant immédiatement avec la notation de M. Bazin, nous aurons la formule (11) qui sera l'équation du mouvement *varié* de l'eau dans les canaux et les rivières :

$$z = 1,1 \left( \frac{U_1^2}{2h} - \frac{U_0^2}{2g} \right) + \int \frac{\chi}{\Omega} MU^2 ds \tag{11}$$

La *pente* totale $z$ de la surface libre du courant prise entre deux points A et C se compose donc de deux parties :

L'une $1,1 \left( \dfrac{U_1^2}{2g} - \dfrac{U_0^2}{2g} \right)$ est presque la différence des hauteurs dues aux vitesses moyennes dans les deux sections extrêmes ; elle peut être positive, nulle ou négative ;

L'autre $\int \dfrac{\chi}{\Omega} MU^2 ds$, toujours positive, $ds$ étant compté dans le sens du mouvement et des forces intérieures sur la portion considérée du courant.

La pente totale $z$, peut donc être positive, négative ou nulle entre deux points donnés. Il n'y a donc pas lieu d'être surpris de constater quelquefois des *contrepentes* dans la surface libre d'un cours d'eau.

M. Bazin a fait plusieurs expériences pour déterminer la valeur du coefficient M. Il a reconnu qu'on peut attribuer à ce coefficient la valeur du coefficient M dans la formule du mouvement uniforme. Il n'y a donc pas à cet égard de différence marquée entre le mouvement uniforme et le mouvement varié.

## Applications de la formule 11.

**93.** Nous donnerons quelques applications de la formule générale du mouvement varié dans les canaux découverts à la solution de différents problèmes d'hydraulique.

### Premier problème

**94.** *Étant donnés le profil en long d'une rivière et une série de profils en travers, trouver le débit Q.*

Au moyen du profil en long, on connaîtra la pente totale superficielle $z$ entre deux points donnés du cours d'eau.

On pourra, par des profils en travers convenablement choisis, évaluer pour un certain nombre de sections les valeurs de $\chi$ et de $\Omega$.

Les distances des profils en travers successifs indiquent les longueurs auxquelles ces quantités doivent être appliquées.

Soit Q la dépense cherchée ;

Soit $\Omega_0$, $\Omega_1$, $\Omega_2$, ... $\Omega_n$, les surfaces des sections mouillées ;

Soit $\chi_0$, $\chi_1$, $\chi_2$, ... $\chi_n$ les valeurs des périmètres mouillés correspondants ;

Soit $l_1$, $l_2$, $l_3$, .., $l_{n-1}$ les distances des profils entre eux.

Les vitesses dans les différentes sections seront exprimées par :

$$\frac{Q}{\Omega_0} \; , \; \frac{Q}{\Omega_1} \; , \; \frac{Q}{\Omega_2} \; ... \; \frac{Q}{\Omega_n}.$$

Prenons pour M la même valeur applicable aux divers profils, en ayant égard à la nature du lit,

Nous aurons l'équation en remplaçant le coefficient $1,1$ par $1$.

$$z = Q^2 \left[ \frac{1}{2g} \left( \frac{1}{\Omega_n{}^2} - \frac{1}{\Omega_0{}^2} \right) + M \left( \frac{\chi_0}{\Omega_0{}^2} \frac{l_1}{2} \cdots \right) \right]$$

d'où l on tirera la valeur de Q.

### Deuxième problème.

**95.** *Étant donnés le débit Q d'une rivière, le profil en long du lit, et une série de profils en travers, connaissant enfin le niveau de l'eau dans l'un de ces profils, trouver la pente $z$ de la surface libre du liquide.*

On fera un certain nombre de sections transversales; pour chacune on mesurera l'aire $\Omega$, le périmètre mouillé $\chi$ et on calculera la vitesse moyenne U ; on tracera ensuite deux axes rectangulaires ; on portera en abcisses les distances $s$ entre la section AB et celles où l'on a fait les mesures indiquées ; on portera en ordonnées les valeurs de $\frac{\chi}{\Omega} 0,001.\varphi$ (U) ; on fera passer une courbe par les extrémités de ces ordonnées : cette courbe déterminera ainsi une surface qui représentera le second terme du second membre ; on pourra donc connaître la valeur de $z$.

### Troisième problème.

**96.** On peut également se servir de cette formule pour déterminer l'effet produit par un *barrage* sur le plan d'eau. Nous renvoyons pour cette question et toutes celles qui se rattachent aux différents cas qu'on peut rencontrer dans l'établissement des canaux aux ouvrages spéciaux.

L'équation du mouvement permanent varié des eaux dans les canaux découverts a été établie vers 1828 par *Bélanger* dans un mémoire publié sous le titre d'*Essai sur le mouvement permanent des eaux courantes*, et par Poncelet ensuite. Le même sujet a été traité depuis par Navier, par Vauthier et par Coriolis. On trouvera également dans *le cours de Mécanique appliquée* de M. *Bresse* à l'Ecole des Ponts et Chaussées, une intéressante discussion relative au problème dont il vient d'être question. — Enfin citons le *cours de Mécanique* appliquée de M. *Collignon* à l'Ecole des Ponts et Chaussées.

## § II. — ÉTABLISSEMENT DES AQUEDUCS

**97.** Le canal d'amenée découvert n'est applicable qu'autant que l'on dispose d'une grande pente, et que le trajet à parcourir est faible, parce que, dans le cas contraire, l'eau s'échauffe et s'altère. Mais comme il arrive rarement qu'on puisse disposer d'une pente rapide et qu'il faut, par-dessus tout, distribuer des eaux pures, salubres et fraîches, si cela est possible, on est généralement conduit à préférer l'écoulement couvert à l'écoulement à l'air libre.

Les aqueducs, conduites couvertes en maçonnerie, en poterie ou métalliques doivent être préférées toutes les fois que le volume d'eau dont on peut disposer n'est pas très considérable.

### Mouvement de l'eau dans les aqueducs.

**98.** *Débit d'un aqueduc voûté.* — Les lois de l'écoulement de l'eau dans les

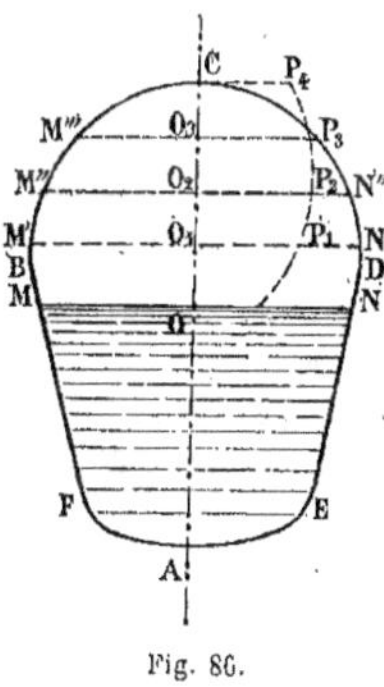

Fig. 86.

aqueducs seront les mêmes que celles adoptées pour les canaux.

Appliquons à un aqueduc voûté l'une quelconque des formules de Prony ou d'Eytelwein par exemple :

Prenons un aqueduc dont le profil transversal serait ABCD (*fig.* 86). Si nous supposons la ligne d'eau placée en MN, nous aurons :

$$\Omega = \text{surface MNEAF}$$
$$\chi = \text{MF} + \text{FE} + \text{EN}.$$

Nous pouvons donc calculer $R = \dfrac{\Omega}{\chi}$, et si nous admettons que la pente I soit donnée, nous en déduirons la vitesse U, puis le débit.

$$Q = \Omega + U$$

Ce débit variera évidemment avec la hauteur MN de la ligne d'eau dans l'aqueduc. Si nous portons, à partir de l'axe AC au point $o$, une ordonnée OP proportionnelle au débit Q correspondant à la section $\Omega$; une ordonnée $oP_1$, proportionnelle au débit $Q_1$ pour la section $\Omega_1$ ; une ordonnée $oP_2$ proportionnelle au débit $Q_2$ pour la section $\Omega_2$ ; nous aurons en joignant les points P, $P_1$, $P_2$. $P_n$ la courbe des débits. Si on pousse les opérations jusqu'au point où l'aqueduc est entièrement rempli, on voit que la courbe des débits présente un maximum en un point $o_3$ situé au-dessous de la clef de voûte. Ce fait s'explique facilement : en effet un petit accroissement de la hauteur de la ligne $o_3 P_3$ dans la région voisine de la clef, augmente notablement le périmètre mouillé $\chi$ et très peu la section $\Omega$. Le rayon moyen diminuant, la vitesse moyenne diminuera et par suite aussi la dépense $\Omega U$.

On reconnaît en appliquant la construction de cette courbe à différents aqueducs voûtés qu'une section de la forme $AM'''B_3N'''$ de la figure 86 permet d'écouler un volume d'eau supérieur de 5 à 6 pour 100 au volume débité à plein tuyau.

**99.** *Vitesse de l'eau dans un aqueduc.* — La vitesse de l'eau dans un aqueduc doit être réglée d'après les mêmes principes que lorsqu'elle s'écoule dans un canal. Seulement, comme elle ne peut pas dissoudre les parois et contracter une saveur désagréable, ni les dégrader par le frottement, il s'ensuit qu'on peut faire varier la vitesse dans des limites plus étendues.

Pour déterminer les dimensions à donner à la cuvette destinée à écouler les eaux, on se sert de la formule de de Prony, modifiée par Eytelwein.

$$RI = 0,0000242651 \; V + 0,000365543 \; V^2$$

dans laquelle R est le rapport de la section d'écoulement à son périmètre mouillé.

I la pente par mètre,

V la vitesse moyenne de l'eau.

Si on nomme Q le volume à débiter, $\omega$ la section d'écoulement, $\chi$ le périmètre mouillé, cette formule deviendra la suivante :

$$\frac{\omega}{\chi} I = 0,0000242651 \; \frac{Q}{\omega} + 0,000365543 \; \frac{Q^2}{\omega^2}.$$

Le problème à résoudre est évidemment indéterminé, puisque l'on n'a qu'une seule équation et trois inconnus I, $\omega$ et $\chi$ : on peut donc essayer diverses combinaisons pour arriver à celle qui est la plus favorable. Ordinairement, la pente doit être réduite à son minimum; alors il convient de se donner la vitesse en la prenant la plus faible possible, c'est-à-dire $0^m,25$ à $0^m,30$ par seconde, afin de conserver à l'eau sa salubrité. La vitesse étant connue, on trouve dans les tables de Prony la valeur de RI correspondante, et on arrive facilement à trouver, par un court tâtonnement, la combinaison de pente et de rayon moyen qui convient le mieux à la localité dont on s'occupe.

Quand on n'est gêné par aucune condition particulière, il est convenable de laisser plus de pente pour que l'eau coule rapidement. Mais il est essentiel quelquefois de ne pas perdre inutilement une partie de la hauteur lorsqu'il s'agit surtout de conduire les eaux dans une ville, afin qu'elles puissent être distribuées dans les quartiers les plus élevés, ou recueillies dans des réservoirs supérieurs, soit pour en tirer des cascades, soit pour desservir des habitations élevées à grande hauteur, soit pour donner de la vitesse aux bouches d'incendie, soit pour avoir une plus grande force motrice.

Genieys, dans son *Essai sur les moyens de conduire les eaux*, indique que les Romains avaient donné à la plupart de leurs aqueducs une pente telle que la vitesse de leurs eaux devait être de plusieurs mètres par seconde ; mais à cette époque, l'hydraulique n'était pas assez avancée pour que des principes sûrs servissent à la détermination de cette vitesse. Frontin remarque dans son commentaire sur les aqueducs de Rome, écrit vers l'an 97 de l'ère vulgaire, que les premiers Romains conduisaient les eaux à une élévation trop faible, soit qu'ils n'eussent pas porté l'art de niveler à sa perfection, soit qu'ils aimassent mieux enfouir les conduits, de crainte qu'ils ne fussent coupés par l'ennemi, dans un temps où ils étaient continuellement en guerre avec leurs voisins. Il est aussi probable que les Romains eurent l'intention de faire couler l'eau de leurs aqueducs avec une vitesse à peu près égale à celle des eaux vives que la nature répandait avec abondance autour d'eux, et qu'ils durent adopter pour cela des règles pratiques que l'expérience leur suggéra.

Les grands travaux hydrauliques exécutés sous Louis XIV, pour l'embellissement de Versailles, ne se recommandent pas par un grand but d'utilité publique, mais ils ont eu le précieux avantage de fournir l'occasion de perfectionner les méthodes de nivellement ; de présenter une application des premières découvertes sur la pesanteur de l'air, la pression des liquides, les phénomènes de leur écoulement, et de fournir les moyens de faire des expériences qui, plus tard, ont servi de base à des théories plus parfaites et plus rigoureuses.

On fit couler les eaux avec moins de vitesse et l'on perdit le moins possible de la hauteur de charge, soit pour recueillir les eaux les moins élevées, soit pour augmenter l'effet hydraulique, une fois qu'elles étaient arrivées à leur destination.

Afin de présenter à cet égard un terme de comparaison, nous donnons ci-dessous, dans un tableau également dû à Genieys, les pentes de quelques rivières, celles des différentes rigoles qui alimentent les points de partage de plusieurs canaux de navigation, et des aqueducs tant anciens que modernes.

## TABLEAU

*de quelques expériences faites sur le mouvement des eaux courantes dans les rivières et canaux.*

| DÉSIGNATION DES RIVIÈRES, CANAUX, RIGOLES ET AQUEDUCS | PENTE par kilomètre exprimée en millimètre | VITESSE par SECONDE | OBSERVATIONS |
|---|---|---|---|
| Tibre | » | 1.00 | A Rome, pendant les basses eaux. |
| Seine | 125.00 | 0.78 | Observation faite par de Chezy, entre Suresne et Neuilly, la hauteur sur l'étiage étant de $1^m,26$. |
| Loire | 382.00 | 1.30 | |
| Rhône, à Arles | » | 1.46 | Dans les basses eaux. |
| Rhône, à Bamaire | » | 2.60 | Même époque. |
| Durance | » | 2.60 | Vitesse ordinaire depuis Sisteron jusqu'à l'embouchure, la hauteur des eaux sur l'étiage ne surpassant pas 3 mètres. |
| Rigole de Saint-Privé (canal de 'Briare) | 77 90 | » | |
| Rigole de Courpalet (canal d'Orléans) | 35.50 | 0.09 | |
| Rigole du canal du centre | 277.80 | » | |
| Canal de l'Ourcq | 62.50 | 0.375 | La vitesse a été calculée en supposant une hauteur d'eau de $1^m,50$. |
| Id. | 123.60 | 0.540 | Id. |
| Aqueducs de Rome | 1 543.32 2 315.00 | » » | |
| — de Nimes (pont du Gard) | 400.00 | 0.61 | Vitesse calculée d'après la formule. |
| — du Mont Pyla (à Lyon) | 1 666.67 | 0.90 | Id. |
| — de Metz | 1 003 43 | 0.85 | Id. |
| — d'Arcueil | 416.70 | » | |
| — de Trappes | 125.00 | 0.54 | D'après une expérience de M. Picard. |
| — de Roquencourt | 294.12 | » | |
| — de Maintenon | 210.00 | » | |
| — de Caserte | 208.33 | 0.41 | D'après la formule. |
| — de Montpellier | 289.00 | 0.22 | |
| Aqueduc de ceinture à Paris, pour la distribution des eaux de l'Ourcq | 0.00 | » | Le fond de l'aqueduc est de niveau et l'eau coule en vertu de la pente qui s'établit à la surface. |

## § III. — TRACÉ ET CONSTRUCTION DES AQUEDUCS

**100.** Bien que leur pente doive être réglée de manière à donner à l'eau une vitesse déterminée, leur tracé diffère essentiellement de celui d'un canal. L'eau étant contenue dans une cuvette en maçonnerie, on peut plus facilement s'enfoncer dans la terre, percer une montagne, tailler les rochers sans crainte des fissures, s'élever au-dessus du sol dans les vallées profondes, traverser les cours d'eau et ne plus hésiter en raison de la dimension restreinte du profil en travers à soutenir la rigole d'amenée des eaux sur un mur ou sur un pont formé d'un ou de plusieurs rangs d'arcades ce qui serait trop dispendieux dans le cas d'un canal l'irrigation.

Les acqueducs sont donc *souterrains* ou *apparents*.

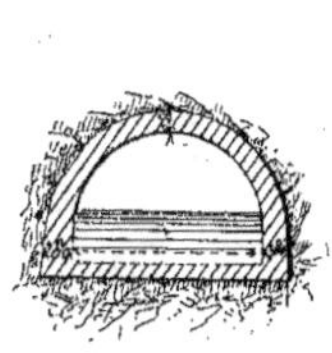

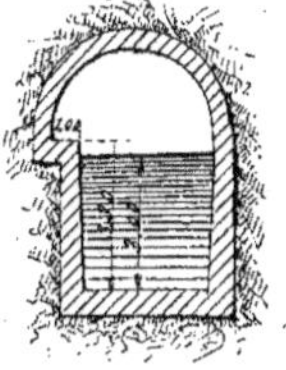

Fig. 87.                    Fig. 88.

Les premiers se composent ordinairement d'une simple cuvette en maçonnerie, formée par un radier, deux murs latéraux ou pieds-droits, et une couverture en plate-bande ou cintrée. Voir les figures 87 et 88.

Les seconds se composent également d'une cuvette en maçonnerie, mais elle est soutenue sur un massif en maçonnerie, lorsque l'élévation au-dessus du sol nécessaire pour conserver la pente est faible, 2 à 3 mètres par exemple, et sur

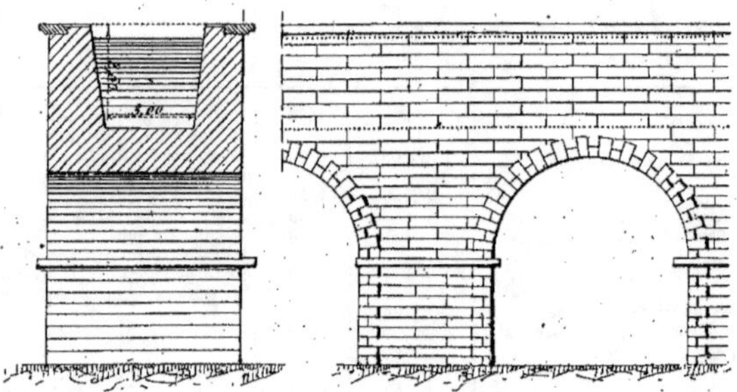

Fig. 89. — Types d'acqueduc à arcatures.

un ou plusieurs rangs d'arcades lorsque l'élévation au-dessus du sol vient à augmenter. Voir figure 89.

Quant à la disposition de ces rigoles elle varie et avec le volume et avec l'importance de la distribution. La cuvette se

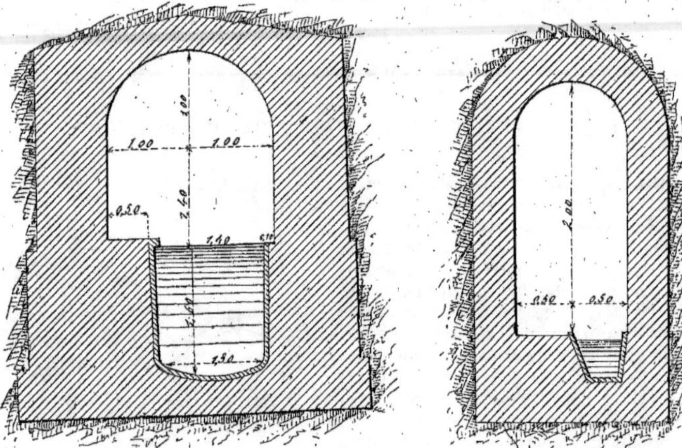

Fig. 90. — Aqueduc de ceinture pour les eaux de l'Ourcq, à Paris.

Fig. 91. — Aqueduc pour amener les eaux d'Arcueil, à Paris.

construit généralement en maçonnerie de bons moellons posés à bains de mortier de chaux hydraulique, de manière à ce que le mortier remplisse absolument tous les vides. A l'extérieur, on peut avoir un parement smillé, mais à l'intérieur on bloc le moellon brut remplissant les vides avec de petits morceaux de garnis, sans épargner le mortier pour éviter toute cause de filtration. Le parement intérieur doit être recouvert au moins sur tout le périmètre mouillé d'une première couche de ciment de 5 centimètres d'épaisseur, composé de chaux, de sable fin et de briques presque pulvérisées, la couche d'enduit lissé non comprise. Quelquefois on augmente l'épaisseur de la couche sur le fond, qui est légèrement creusé en forme d'arc de cercle; on fait alors au radier une sorte de béton de ciment de 8 à 16 centimètres d'épaisseur. Cette première couche de ciment faite en crépi est ensuite recouverte d'une seconde couche en ciment de Portland ou de Grenoble première qualité, bien lissée, de 2 à 3 millimètres d'épaisseur. Les parties apparentes, aussi bien à l'intérieur pour les parties à 10 centimètres au-dessus du plan d'eau qu'à l'extérieur, peuvent être construites en pierres de taille en moellons, en meulières ou en briques suivant l'importance du monument et la nature des matériaux indigènes.

Sans nous étendre longuement sur les différentes parties des ouvrages qui entrent dans la composition d'un aqueduc, sur leurs formes et leurs dimensions parce qu'elles dépendent dans chaque cas particulier de la nature du terrain sur lequel il doit être établi; des résistances qu'elles ont à offrir suivant qu'elles sont plus ou moins enfoncées en terre ou élevées au-dessus du sol, que l'ouverture des arcatures est plus grande et que le poids de l'eau à supporter est plus considérable, nous dirons cependant quelques mots des cas principaux dans les hypothèses le plus généralement rencontrées dans la pratique.

On pourra, par exemple, pour les aqueducs souterrains, lorsque le sol est bon et qu'il n'y a pas plus de 1 mètre à 1$^m$,25 d'épaisseur de terre en remblai sur la voûte, donner au radier 0$^m$,36 à 0$^m$,40 d'épaisseur, non compris, bien entendu, la

couche de béton, et aux murs latéraux de 0$^m$,38 à 0$^m$,65 centimètres.

Lorsqu'il s'agit de l'alimentation d'une grande ville, ayant des ressources lui permettant de faire un sacrifice pour n'être jamais exposée à manquer d'eau, on doit disposer l'aqueduc de manière que l'on puisse facilement le parcourir pour le visiter et le réparer. La forme qu'il convient le mieux de donner à la rigole dans ce cas est celle des figures 90 et 91 qui donnent les coupes transversales de l'aqueduc-ceinture pour les eaux de l'Ourq

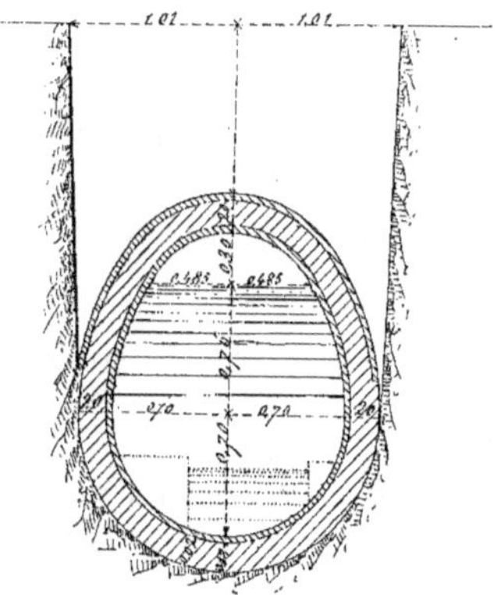

Fig. 92. — Coupe de l'aqueduc d'amenée des eaux de la Dhuis, à Paris.

à Paris et de celui établi pour les eaux d'Arcueil. Si le sol est argileux, alors pour résister à la poussée, il convient de donner la forme elliptique ou circulaire avec ou sans cuvette. La figure 92 donne un exemple de cette disposition adoptée dans certaines sections du canal d'amenée des eaux de Dhuis à Paris.

Quand le volume d'eau est faible, ou quand, par un motif quelconque, on cherche à faire le travail très économiquement, on réduit la largeur de l'aqueduc à celle de la cuvette, et sa hauteur est simplement calculée pour que, au moment des eaux les plus abondantes leur surface n'atteigne pas les dalles de recouvrement ou la naissance de la voûte. Dans ces circonstances, si la largeur de la rigole est de 30 ou 40 centimètres au maximum, il y a souvent avantage à recouvrir la rigole avec des dalles formées de pierres plates dont on se borne à maçonner les joints pour empêcher les eaux d'infiltration d'entraîner les terres dans la cuvette. Voir la figure 93.

La rigole peut, dans ce cas, s'exécuter tout entière en béton en employant des planches verticales pour soutenir les parois de la cuvette pendant qu'on exécute le pilonnage, et jusqu'à la prise du mortier ; puis en appliquant ensuite un bon enduit en ciment sur les parements nus. Pendant le travail, les planches posées sur la couche de béton formant le radier et la fondation des piédroits peuvent être maintenues d'écartement par des entretoises dont les unes reposent sur le béton et les autres sont assemblées à queue d'aronde sur les planches.

On peut aussi monter en béton de ciment la cuvette et le recouvrement et les mettre rapidement en place dans la tranchée après qu'elle a été parfaitement régularisée, le contour mouillé et bien pilonné pour les recevoir. On réunit ensuite les différentes pièces avec du mortier de ciment. L'aqueduc d'Avallon, construit par M. Belgrand, en fournit un excellent exemple. Ses dimensions sont les suivantes :

Largeur de la cuvette $0^m,30$, hauteur $0^m,15$.

La voûte qui la surmonte a une flèche de $0^m,11$ et une épaisseur de $0^m,10$. Ce conduit débite au moins 1 850 mètres cubes d'eau en vingt-quatre heures, soit un peu plus de 77 mètres cubes à l'heure. Voir la figure 94. Cet aqueduc a été exécuté sur place au moyen de pièces moulées en ciment de Vassy avec des moules spéciaux.

D'une manière générale, on peut dire qu'il y a lieu de recouvrir l'aqueduc par une voûte en plein cintre chaque fois que le volume d'eau à débiter exige une section minima de $0^m,60$ sur $0^m,40$ de profondeur d'eau, et même, dès que la section dépasse ces limites, on peut, sans grande augmention de dépense, porter la hauteur de l'aqueduc de $0^m,90$ à 1 mètre sous clé

afin que l'on puisse, à la rigueur, en mettant des bottes d'égoutier, circuler dans l'intérieur de l'ouvrage. Dans la construction de l'aqueduc de Dijon, en 1840, M. Darcy a adopté ce système. Nous donnons (*fig.* 95) une coupe de cet aqueduc dans lequel on peut encore circuler assez facilement ; d'ailleurs des regards ou cheminées en maçonnerie, fermés par une trappe, sont ménagés de distance en distance et permettent une visite facile de l'ouvrage ainsi que les réparations.

En résumé, dans la construction d'un aqueduc souterrain, quelles que soient la forme et les dimensions, on doit toujours s'attacher à suivre les principes suivants :

1° Fonder solidement l'ouvrage de manière à éviter les tassements qui occasionneraient des lézardes et par suite des pertes quelquefois considérables ;

2° Revêtir le radier et les parois mouillées avec un enduit très soigneusement exécuté ;

3° N'exécuter cet enduit qu'après l'achèvement complet de la voûte et quand la maçonnerie a produit son effet de tassement ; il est bon d'attendre que la température intérieure se soit rapprochée de celle qui régnera habituellement lorsque les eaux couleront ;

4° Il faut avoir soin de préparer d'avance des moyens faciles pour pénétrer dans l'aqueduc.

## Regards, cheminées.

**101.** Comme moyens de faciliter les visites, on exécute soit des regards élevés au dessus du sol avec des escaliers qui descendent jusqu'au niveau de la banquette, soit simplement des cheminées. Celles-ci s'établissent en surhaussant les piédroits et en élevant sur la voûte deux murs verticaux de part et d'autre du vide que l'on a ménagé dans cette voûte. Elles ont la forme rectangulaire avec un côté de $0^m,80$ à 1 mètre sur la longueur de l'aqueduc. Ce vide est recouvert d'une ou deux dalles en pierre percées d'un trou de clef que l'on recouvre de $0^m,30$ à $0^m,40$ de terre et dont on a soin d'indiquer la position par une borne. Quelquefois on place la cheminée à côté de l'aqueduc afin de pouvoir descendre à sec au niveau de l'eau.

Nous donnons (*fig.* 96) les plan, coupe et élévations d'un regard avec descente de l'aqueduc de Bordeaux (*fig.* 97) le plan et la coupe d'une cheminée construite laté-ralement à l'aqueduc et (*fig.* 98) le plan et la coupe d'un regard placé sur l'aqueduc même.

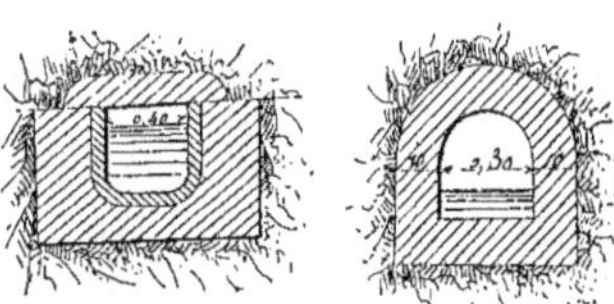

Fig. 93.　　　　Fig. 94.

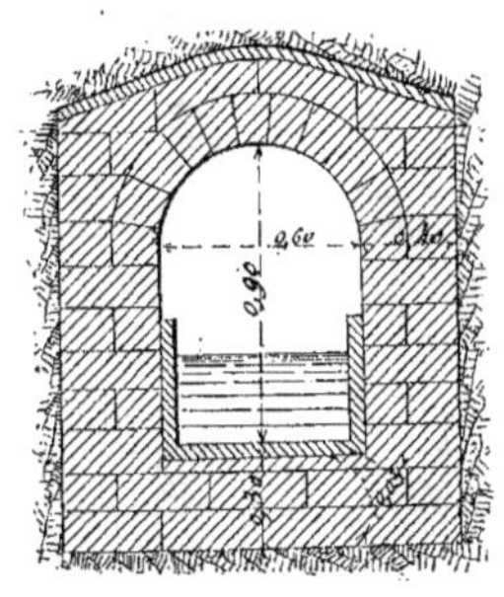

Fig. 95.

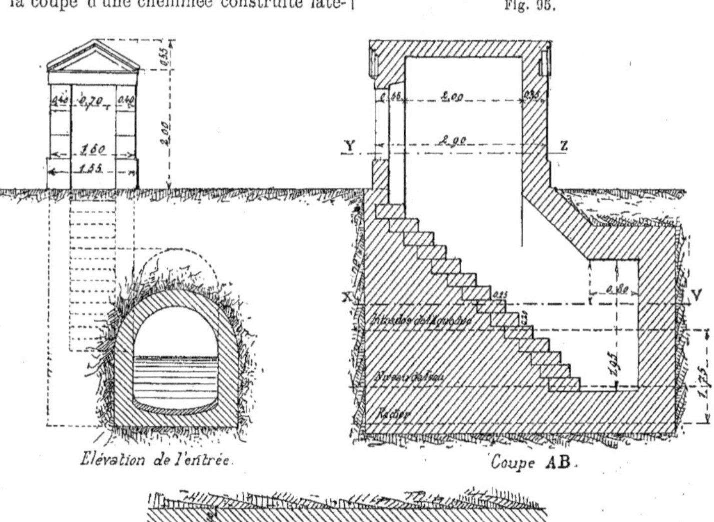

Élévation de l'entrée.　　　　Coupe AB.

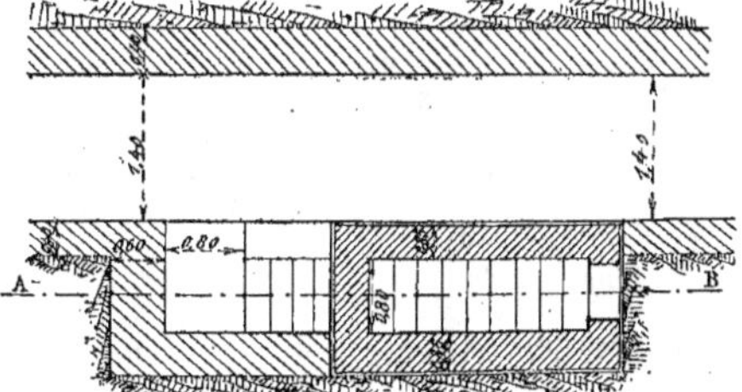

Fig. 96. Plan. — Suivant les coupes XV — YZ.

Il est très utile de placer ces regards et cheminées ainsi que les bornes qui en font connaître les emplacements aux angles que présente en plan la direction générale de la rigole afin de signaler au jour la servitude exercée sur les fonds traversés.

**102.** Dans les aqueducs apparents, le massif en maçonnerie qui porte la cunette a une épaisseur qui dépend de celle de la cunette. Si nous admettons par exemple

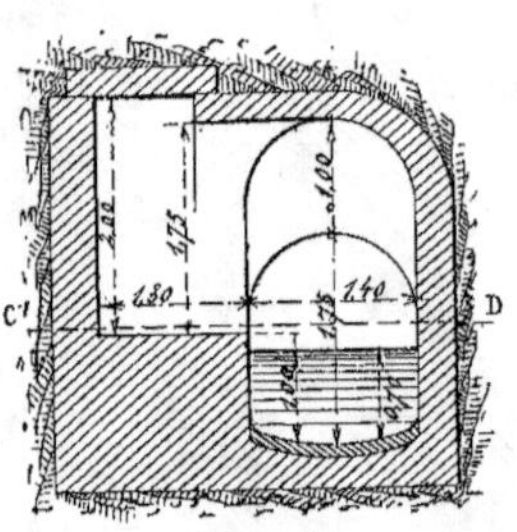

Coupe AB

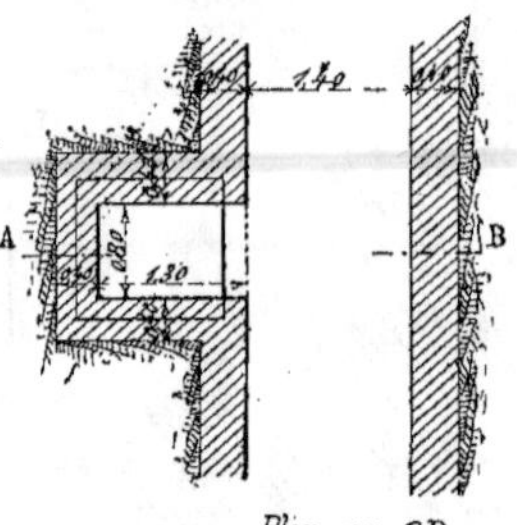

Plan sur CD

Fig. 97.

le cas où la largeur du vide intérieur serait de 1 mètre, l'épaisseur de ce massif pourrait être de 2ᵐ,50, lorsque l'élévation au-dessus du sol ne serait que de 2 mètres à 2ᵐ,50. Si la hauteur vient à augmenter on emploie alors un ou plusieurs rangs d'arcades; et par suite c'est de l'élévation totale que dépend la longueur des piles dans le sens transversal de l'ouvrage. On formera d'ailleurs des retraites à chaque rang d'arcatures.

Les aqueducs apparents ont quelquefois une largeur assez considérable pour permettre aux voitures d'en parcourir la longueur sur une chaussée publique ménagée sur l'édifice. Tel est le cas de l'aqueduc construit dans la plaine de Buc pour amener les eaux à Versailles. On trouve ainsi l'avantage de faire franchir l'eau à une vallée et en même temps de faciliter les moyens de communication.

Lorsqu'il arrive qu'un aqueduc souterrain doit passer sous la voie publique, il faut protéger la rigole par une maçonnerie très forte. Une précaution analogue doit être prise lorsque l'eau coule dans des *tuyaux de conduite* sous les grands chemins. On évite ainsi les fuites d'eau qui

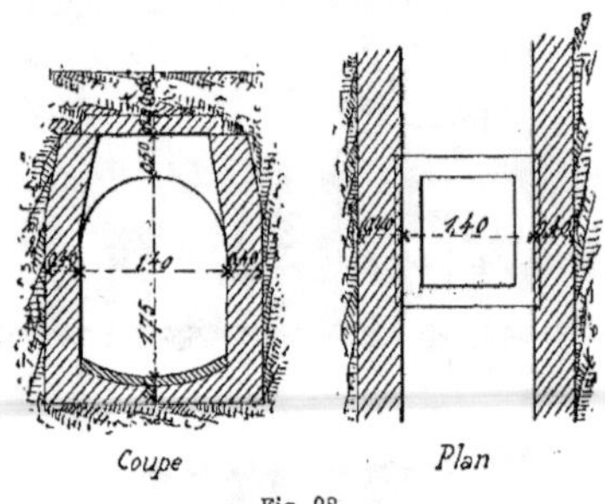

Coupe                          Plan

Fig. 98.

seraient dues à l'ébranlement produit par les voitures, et l'on peut faire les réparations sans interrompre le passage.

### Siphons.

**103.** Il arrive souvent qu'un canal d'amenée vient à franchir des vallons d'une profondeur considérable. Pour résoudre ce problème on peut avoir recours à trois solutions principales:

1° Doubler le fond de la vallée sans interrompre la ligne de pente du canal;

2° Construire un pont aqueduc sur arcades;

3° Employer un siphon.

On sera guidé dans le choix entre ces trois solutions par l'économie sur les frais de construction et l'économie sur la pente.

Les anciens qui n'avaient à leur disposition que des tuyaux de poterie incapables de résister à une pression intérieure un peu considérable n'avaient pas la ressource des conduites forcées à grande flèche. *De là ces magnifiques ponts aqueducs que les Romains ont laissés dans tous les pays qu'ils ont occupés et que nous devons admirer et ne pas imiter*, dit M. Dupuit dans son *Traité sur la conduite des eaux*. Nous avons déjà cité dans notre introduction le pont du Gard, près de Nîmes. Il existe également un certain nombre de *ponts-siphons*, solution mixte, qui permet d'éviter la construction coûteuse d'un grand aqueduc tout en réduisant beaucoup la charge intérieure des tuyaux de la conduite forcée; ce système n'est plus employé aujourd'hui que pour faire franchir en dessus une rivière à une conduite forcée. — Il en existe presque toujours au moins un dans une conduite forcée. Mais alors, il faut prendre des précautions pour que l'air ne gêne pas le mouvement de l'eau au point culminant de la conduite dans le pont siphon.

Aujourd'hui c'est à l'emploi du siphon que l'on a recours de préférence.

Soient par exemple (*fig.* 99), AB et DE,

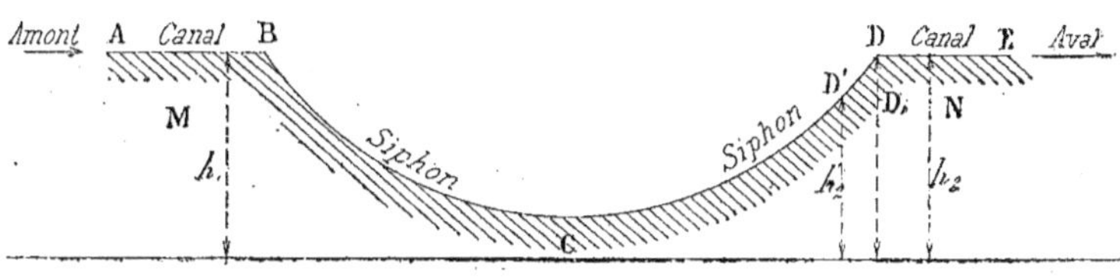


Fig. 99.

deux portions d'un canal, tracées à flanc de coteau le long de deux contreforts d'une vallée. Le canal se trouve interrompu par la traversée de cette dépression brusque du terrain. Pour faire passer l'eau du contrefort M au contrefort N, on pourra se servir d'une conduite forcée BCD qui suivra les sinuosités des deux coteaux suivant les lignes de plus grande pente et éviter ainsi la dépense coûteuse d'un grand aqueduc sur arcades.

Examinons les conditions du mouvement de l'eau dans cette conduite.

Supposons connu le débit Q du canal qui devra évidemment être aussi celui du tuyau.

Soit D le diamètre du tuyau que nous supposerons connu ; et demandons-nous à quelle hauteur $h_2$ il faut placer l'origine du conduit à l'aval de l'autre côté de la vallée par rapport au sens du tracé, pour que le débit du tuyau soit égal à Q. On connaît évidemment la cote $h_1$, la hauteur à laquelle le canal est arrêté du côté d'amont.

Soit L, la longueur du tuyau.

Notons la quantité

$$\frac{h_1 - h_2}{L} = J$$

Différence des niveaux piézométriques aux deux extrémités de la conduite forcée; la vitesse U dans le tuyau sera donnée par la relation

$$U = \frac{Q}{\Omega}$$

ou en fonction du diamètre du tuyau

$$U = \frac{LQ}{\pi D^2}.$$

Portons cette valeur de U dans la formule de Darcy que nous donnerons plus loin pour le mouvement de l'eau dans les tuyaux de conduite

$$RJ = b_1 U^2$$

dans laquelle R est le rayon intérieur de la section du tuyau ; nous aurons l'équation

$$R \times \frac{h_1 - h_2}{L} = b_1 U^2$$

qu'il faudra résoudre par rapport à $h_2$ ou

ce qui revient au même par rapport à la différence $h_1 - h_2$. Ce qui donne

$$h_1 - h_2 = \frac{b_1 U^2 L}{R} \qquad (1)$$

Or, nous avons supposé la longueur L connue ce qui n'a pas lieu pratiquement. Il s'en suit, qu'on devra avoir recours à un premier tracé graphique qui fera connaître approximativement la longueur de L ; ce qui conduira à s'arrêter d'abord à un point D', voisin du point cherché ;

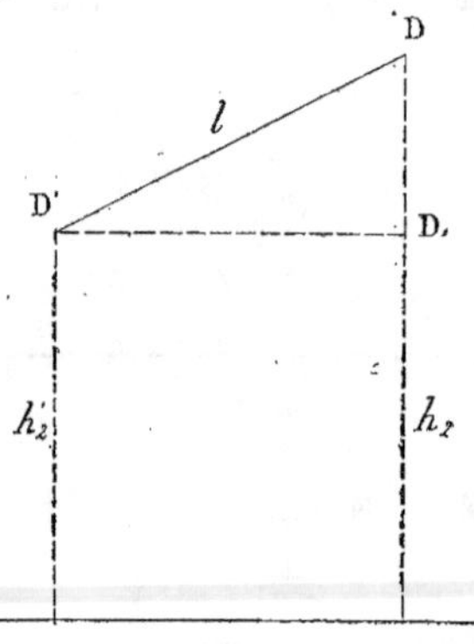


Fig. 100.

le chaînage fera connaître la longueur L' correspondante, et le nivellement fera connaître la différence $h_1 - h_2'$ des cotes de niveau du point B et du point D'. Si l'on substitue dans l'équation, il arrivera généralement qu'elle ne sera pas satisfaite.

On peut alors corriger rigoureusement, et d'un seul coup le point D' pourvu que D' et le point D se trouvent dans une région où le coteau N a sensiblement une pente uniforme, ce qui est le cas général.

Soit $i$ la pente par mètre du coteau.

Soit $l$ la quantité qu'il faut ajouter à L' pour avoir la longueur exacte L. La longueur $l =$ D'D a pour projection verticale D'D (*fig.* 100).

$$DD_1 = l \times \frac{i}{\sqrt{1 + i^2}}$$

et par suite,

$$h_2 - h'_2 = l \times \frac{i}{\sqrt{1 + i^2}}.$$

On connait $h_2 - h'^2$ quantité fournie par nivellement ; on connait L' fournie par le chaînage ; remplaçons dans notre équation (1) $h_1 - h_2$ par $h - h'_2 - (h_2 - h'_2)$ ou par

$$h - h'_2 - \left( l \times \frac{i}{\sqrt{1 + i^2}} \right), \text{ et L par L}' + l ;$$

nous aurons la relation :

$$h - h'^2 - \frac{l \times i}{\sqrt{1 + i^2}} = \frac{b_1 U^2}{R} \times (L' + l)$$

qui fera connaître la valeur de $l$ en fonction de quantités connues.

$$l = \frac{(h - h'_2) - \dfrac{b_1 U^2 L}{R}}{\dfrac{b_1 U^2}{R} + \dfrac{i}{\sqrt{1 + i^2}}}$$

Il faut observer que les chaînages faits pour déterminer la valeur de L doivent être faits par la méthode de *cultellation à plat* suivant la pente du sol et non horizontalement.

On disposera donc à chaque extrémité du siphon des réservoirs plus ou moins grands ; l'eau descend de l'un B pour remonter dans l'autre D à une hauteur moindre : la différence de hauteur venant de la perte de charge subie par le frottement et variant avec l'accélération de la vitesse de l'eau dans la conduite, suivant que sa direction diffère plus ou moins de la section vive du courant dans l'aqueduc.

**104.** *Exemples.* — Comme exemple nous citerons le pont à siphon, dit *delle Arcate*, qui traverse à Gènes la vallée du torrent *Geivato*, portant les eaux de la colline de Molossana à celle de Pino. L'embouchure du siphon est plus élevée que la sortie de 7ᵐ,43, et la distance horizontale de ces deux points est de 668ᵐ,65. La partie inférieure du siphon se trouve à une distance verticale de 50ᵐ,02 de son embouchure et à 42ᵐ 49 de la sortie. La conduite en tuyaux de fonte de 0ᵐ,90 à 1 mètre de longueur suit la courbure du pont sur lequel elle est couchée. On a eu soin de placer dans la partie inférieure deux tuyaux à tubulure, destinés à décharger les eaux dans le cas où on serait forcé de vider le siphon ; et dans la partie supérieure près de l'embouchure, deux tuyaux de même forme, pour faciliter l'introduction de l'eau, en donnant une issue à l'air. Pour retenir les rameaux, feuillages et autres matières qui pourraient obstruer le siphon, l'eau avant d'y pénétrer coule dans un bassin portant en son milieu une grille qui arrête toutes ces matières. Ce bassin a un réservoir placé à 1 mètre au-dessus de l'embouchure du siphon, ce qui permet, lorsque l'eau est plus abondante, d'augmenter le niveau de départ de l'eau ; dans ce cas, la charge totale en vertu de laquelle s'opère le mouvement est de $8^m,43$ et la dépense correspondante devient 696 mètres cubes à l'heure.

L'aqueduc de Gênes a 28 260 mètres de longueur. On ne lui avait d'abord donné, en 1293 que 7 700 mètres et on a augmenté son développement en 1782 pour recueillir de nouvelles sources.

Pendant longtemps lorsque la vallée à franchir était large, on formait plusieurs conduites à siphon, en élevant des massifs en maçonnerie pour soutenir autant de cuvettes placées à des hauteurs différentes, eu égard a la perte de charge nécessaire pour vaincre les forces retardatrices dues au frottement dans les tuyaux. L'eau descendait du réservoir terminant la première partie de l'aqueduc à l'amont, suivait la pente du coteau, puis remontait par une conduite verticale dans la première cuvette intermédiaire ; elle redescendait ensuite, suivait le fond de la vallée et remontait dans la deuxième cuvette intermédiaire et ainsi de suite jusqu'à ce qu'elle soit parvenue dans le réservoir placé sur le revers opposé du coteau et formant l'origine de la seconde partie de l'aqueduc. On avait soin de disposer des ouvertures au sommet des piles afin de donner une issue à l'air, qui sans cela pouvait gêner le mouvement de l'eau dans la conduite. C'est sur ce principe que sont construits les *souterazi* près de Constantinople. Les moyens pratiques dont on dispose aujourd'hui, soit pour emmagasiner les eaux et les contenir, soit pour se débarrasser de l'air, permettent d'éviter ces colonnes ascensionnelles intermédiaires qui ont le tort d'être dispendieuses et de perdre de la charge.

On peut employer le principe du siphon pour la traversée des rivières, sur lesquelles la construction d'un pont-aqueduc serait trop coûteuse. On immerge alors une rigole en lui faisant suivre le fond du profil en travers du cours d'eau ; et l'on constitue la rigole de tuyaux de fonte liés par des articulations à genouillères de manière que la conduite puisse prendre un mouvement dans le sens vertical et s'appliquer exactement sur le fond du lit.

Les anciens connaissaient le principe du siphon : on a retrouvé, nous dit Gauthey dans son *Traité de la construction des chemins*, dans le fond du Rhône, une conduite en plomb posée par les Romains, qui traversait ce fleuve depuis la ville d'Arles vers Trinquetaille. Cette conduite qui avait 180 mètres de longueur était composée de tuyaux de plomb de 18 à 20 centimètres de diamètre et de 0,008 à 0,010 millimètres d'épaisseur, soudés dans toute la longueur au moyen d'une lame de plomb de pareille épaisseur, et réunis de deux mètres en deux mètres environ par des collets également en plomb et soudés à la soudure autogène. Cette conduite flexible suivait le fond du lit à 12 ou 14 mètres de profondeur.

**105.** De même qu'il est intéressant de pouvoir faire franchir une vallée par une rigole d'amenée sans construire un aqueduc, de même, il peut être important quelquefois de lui faire traverser une colline sans pour cela être obligé de la contourner ou de la percer. On peut atteindre ce but en déterminant l'écoulement de l'eau au moyen d'un siphon renversé, à la condition expresse que la hauteur à franchir ne dépasse pas 10 mètres au-dessus du niveau de l'eau dans la vallée du côté d'amont. Concevons en effet une conduite fermée qui, plongeant dans l'eau de cette vallée ou du réservoir d'arrivée, s'élève en rampant jusqu'au sommet de la colline et redescende ensuite sur la pente opposée ; il suffit d'amorcer ce grand siphon pour déterminer le mouvement de l'eau.

Pour cela, on ferme ses deux extrémités, et au lieu d'y faire le vide, on le remplit d'eau par une ouverture pratiquée à sa partie supérieure. On ferme cette ouverture; on débouche ensuite les deux extrémités, et l'écoulement s'établit; on le règle ensuite à sa sortie de manière à maintenir le niveau constant du côté du bassin où plonge la plus courte branche.

Il faut, dans l'emploi de ce système, prendre soin, lorsque l'on emploie un siphon d'un diamètre un peu grand, que l'air ne vienne à s'introduire dans l'une des colonnes, filer le long des parois, et parvenir à la partie supérieure où sa présence opérera une solution de continuité et par suite fera cesser l'écoulement.

Pour éviter cet inconvénient, il faut tenir l'extrémité de la branche, par laquelle l'eau s'écoule, constamment plongée dans le bassin de départ au-dessous du niveau de l'eau, et placer au sommet du siphon une ventouse. Nous donnerons plus loin la description de ces ventouses.

### Notes sur quelques aqueducs.

**106.** Pour terminer cette étude sur les aqueducs, nous citerons quelques-uns de ceux les plus remarquables et nous donnerons la description détaillée de la construction de l'aqueduc établi pour la dérivation des eaux de la Vanne en vue de l'alimentation de Paris, d'après plusieurs articles publiés par M. Carlier, dans les *Annales industrielles*.

*Aqueduc de Nîmes.* — Cet aqueduc mentionné dans notre introduction historique était destiné à amener dans cette ville les eaux des sources des rivières d'Eure et d'Airon, situées à l'est et au pied de la vallée d'Uzès.

Nous avons donné page 8 et 9 de cet ouvrage une vue et quelques indications relatives au pont du Gard qui est l'un des vestiges de cet important travail hydraulique. L'aqueduc proprement dit n'était pas en pierre de taille. Il avait $1^m,62$ de largeur intérieure, sa pente était réglée à 40 centimètres par kilomètre. On retrouve dans l'aqueduc des dépôts considérables collés contre l'enduit en ciment que formait le parement intérieur.

Cette concrétion pierreuse a environ, sur $1^m,00$ de hauteur à partir du fond, une épaisseur à peu près constante de 30 centi-

mètres environ, puis elle va en diminuant, pour disparaître au point le plus élevé où les eaux pouvaient atteindre. Ceci permet de conclure que le débit des sources était variable, que la hauteur la plus constante de l'eau était de 1 mètre au dessus du fond et qu'elle ne dépassait pas $1^m,40$.

Ces renseignements ont permis de déterminer la section vive $\Omega$ du courant de l'aqueduc, ainsi que son périmètre mouillé, d'autre part, la pente étant connue, on a pu calculer par la formule du mouvement unifrome de Prony (voir paragraphe 87) que la vitesse des eaux devait être de $0^m,61$ par seconde et que la quantité d'eau fournie était de plus de 63 000 litres en vingt-quatre heures.

*Aqueduc du Mont-Pyla à Lyon.* Cet aqueduc, construit sous l'empereur Claude, pour amener les eaux à Foürvières, sur la partie la plus élevée de Lyon, devait traverser des vallons qui avaient une grande profondeur. L'établissement de ponts aqueducs pour conserver la régularité de la pente devant occasionner des travaux immenses et une dépense énorme, on eut l'heureuse idée de substituer au canal des tuyaux en plomb, formant syphon, d'où il est résulté un travail et une dépense bien moins considérables.

La largeur intérieure de l'aqueduc était de $0^m,568$, la hauteur de $0^m568$, également et la pente de $1^m,60$ par kilomètre.

*Aqueduc de Metz.* Construit par les Romains, il amenait les eaux prises dans une vallée au-dessus de *Gorze*, nommée les *Bouillons*, par un conduit qui avait dedans œuvre $1^m,95$ de hauteur sur $0^m,97$ de largeur. La hauteur des eaux dans ce conduit paraît avoir été de $0^m,67$ et la pente de 1 mètre par kilomètre. De ces données, il résulte une vitesse de $0^m,85$ par seconde et un produit de 552 litres par seconde. Soit 47 692 mètres cubes par vingt-quatre heures.

L'*Aqueduc de Trappes.* Construit pour conduire les eaux de l'étang de Trappes à Versailles n'avait que $0^m,125$ de pente par kilomètre.

L'*Aqueduc de Roquencourt* qui amène l'eau à Versailles a 3 400 mètres de longueur et en tout 1 mètre de pente, soit $0^m,29$ centimètres par kilomètre.

Pour le construire, on a été obligé, en plusieurs endroits, de faire des fouilles à 28 mètres de profondeur, ce qui en a rendu l'exécution très difficile. Il a coûté 325,000 francs. Accru de toutes les eaux qu'on y a pu réunir, il donne environ dix litres par seconde. On fit cent-cinquante regards sur la longueur de cet aqueduc, à distances inégales et aux lieux qui étaient les plus favorables pour le transport des matériaux : quatre-vingts de ces regards sont revêtus de maçonnerie ; les soixante-dix autres, qui n'ont été nécessaires que pour la construction de l'aqueduc, furent coffrés en bois, bouchés par le bas en voûte de cul-de-four et comblés de terre jusqu'au niveau du sol.

L'*Aqueduc de Montpellier*, cité dans notre introduction, page 15, a 32 centimètres de largeur intérieure et 27 centimètres de hauteur : le fond en est réglé d'après une pente uniforme de 289 millimètres par 1 000 mètres sur 13 904 mètres de longueur. — Nous donnons (*fig.* 101) une coupe de cet aqueduc suivant une section transversale au tracé.— La profondeur de l'eau varie suivant les saisons; mais elle n'est pas en général au-dessous de 15 centimètres.

*Aqueduc de Monceaux*. L'aqueduc en maçonnerie établi pour conduire les eaux du bassin de la Villette jusqu'au bassin de Monceaux, formait ainsi une ceinture d'eau vive de laquelle on pouvait dériver en différents points, le volume d'eau nécessaire à l'approvisionnement de chaque quartier. Pour conserver aux conduites de distribution la plus grande hauteur de charge possible, on a soutenu le radier de l'aqueduc, dans toute sa longueur, au même niveau que le fond du bassin de la Villette, et les eaux ne peuvent y couler qu'en vertu de la pente qui s'établit à la surface. Il était important de connaître cette pente ainsi que la vitesse qui en résulte, et de s'assurer si l'aqueduc pourrait fournir une quantité d'eau suffisante pour alimenter les dérivations et satisfaire aux besoins des quartiers qu'elles devaient approvisionner.

M. Girard, qui s'est le plus occupé de la distribution des eaux de l'Ourcq, n'a point traité cette question. Le devis, imprimé en 1810, contient la description générale des ouvrages proposés par lui, mais il ne fait pas connaître le volume d'eau qui passerait par l'aqueduc et les rigoles d'embranchement.

Ce devis devait être précédé d'un mémoire sur les moyens d'exécution du projet et les avantages qu'on pouvait en obtenir. On l'imprima en 1812. La dépense d'eau de l'aqueduc de ceinture y est fixée à 80 000 kilolitres en vingt-quatre heures, ou 0^m,92 par seconde; et l'on ajoute qu'il serait à propos de donner à cet aqueduc une section qui pût, au besoin, doubler la dépense que nous venons d'indiquer.

Il aurait été à désirer que M. Girard entrât dans quelques développements sur les calculs qui lui ont servi à déterminer

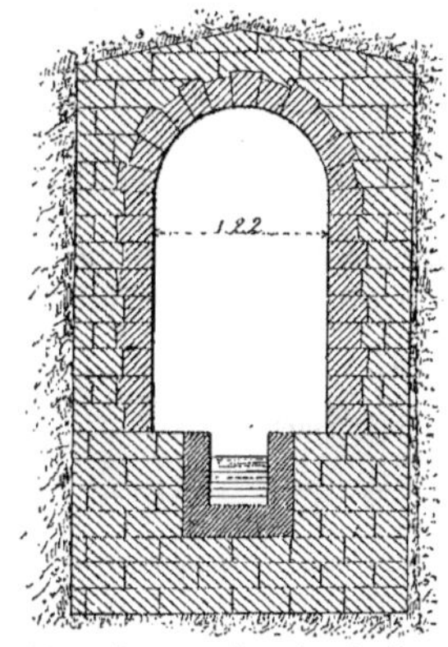


Fig. 101. — Coupe de l'aqueduc de Montpellier.

les dimensions de l'aqueduc de ceinture. Il ne l'a point fait, et c'est à M. Bélanger que l'on doit la solution de cette importante question.

Après avoir indiqué, dans le mémoire déjà cité, les dimensions principales de l'aqueduc, il se pose ces deux questions :

*Première question.* — Supposé que l'aqueduc de ceinture reçoive constamment du bassin de la Villette un volume de 0^m,80 par seconde, qui n'ait d'issue que par le regard de Monceaux (placé à l'extrémité), les autres rigoles d'embranchement étant supposées fermées, on demande à quelle hauteur il faudra que s'élève la surface de l'eau à l'origine de l'aqueduc, en admettant qu'à son embouchure dans le regard de Monceaux cette surface se tienne à 0$^m$,40 au-dessus du radier.

M. Bélanger trouve, en appliquant les formules relatives au mouvement permanent des eaux courantes, que cette hauteur est de 1$^m$,671 ; et, comme la longueur de l'aqueduc est de 4 357 mètres, il s'ensuit que la pente à la surface est de 0$^m$,00029.

La vitesse correspondante à la profondeur de 1$^m$,671 serait entre 0$^m$,35 et 0$^m$,37. Elle augmente ensuite successivement, et devient égale à 1$^m$,523 à l'extrémité de l'aqueduc, où la profondeur est de 0$^m$,40.

Dans le projet de distribution des eaux de l'Ourcq, on n'a pas eu dessein de porter par l'aqueduc de ceinture 800 litres par seconde jusqu'au regard de Monceaux, ni d'élever le niveau du bassin de la Villette à près de 1$^m$,70 au-dessus du radier de cet aqueduc.

L'aqueduc devait fournir ses eaux à trois rigoles d'embranchement, placées ainsi qu'il suit :

Depuis l'origine de l'aqueduc jusqu'à la rigole de St-Laurent, distance.　905 m.

Depuis la rigole Saint-Laurent jusqu'à celle des Martyrs.　1 592 —

Depuis la rigole des Martyrs jusqu'à celle de Monceaux située à l'extrémité de l'aqueduc de ceinture. . . . . . . . . . .　1 860 —

Total égal à la longueur de l'aqueduc. . . . . . . . . . .　4 357 m.

*Deuxième question.* M. Bélanger se propose alors cette deuxième question :

Les rigoles étant placées ainsi qu'il est dit ci-dessus, et le volume total fourni par le bassin de la Villette étant toujours de 0$^m$,80 par seconde, on suppose que son partage s'opère de la manièree suivante :

Par la rigole Saint-Laurent, $\frac{3}{10}$ du produit de l'aqueduc, ou par seconde..　0,24

Par la rigole des Martyrs, $\frac{4}{10}$ du produit de l'aqueduc, ou par seconde　0,32

Par le regard de Monceaux, $\frac{3}{10}$ du produit de l'aqueduc, ou par seconde　0,24

De sorte que l'aqueduc de ceinture devrait dépenser, par seconde, sur 905 mètres de longueur, depuis son origine jusqu'à la rigole Saint-Laurent . . . . . . . . . . . . . , . .　0,80

Sur 1 592 mètres de longueur ensuite, jusqu'à la rigole des Martyrs.　0,56

Sur 6 860 mètres de longueur ensuite, jusqu'au regard de Monceaux.　0,24

On suppose, de plus, qu'à l'origine de l'aqueduc, du côté de la Villette, la surface du courant se tienne à 1$^m$,40 au-dessus du radier, et l'on demande quelles pentes s'établiront dans les trois parties ci-dessus indiquées de l'aqueduc de ceinture, par suite de la permanence du régime.

Voici le résumé des calculs sur cette question.

| | VOLUME D'EAU fournie par seconde | PROFONDEUR D'EAU | PENTES par PARTIES | LONGUEUR des PARTIES | DÉPENSE de chaque PARTIE |
|---|---|---|---|---|---|
| | mc | m. | m. | m. | m. |
| Origine de l'aqueduc de ceinture,........ | 0.80 | 1.400 | » | » | » |
| — de la rigole Saint-Laurent,....... | 0.24 | 1.222 | 0.178 | 905 | 0.80 |
| — de la rigole des Martyrs ........ | 0.32 | 0.984 | 0.238 | 1592 | 0.56 |
| Extrémité de l'aqueduc.............. | 0.24 | 0.898 | 0.086 | 1660 | 0.24 |
| Longueur totale.............. | | | 3.357 | | |

Cette étude, bien qu'un peu ancienne, de M. Bélanger nous a permis de donner ici un exemple des applications des principes théoriques exposés précédemment. Nous terminerons cette revue par l'examen de quelques travaux plus récents :

### Aqueduc de la Dhuis.

**107.** La ville de Paris a construit, en 1864, un aqueduc destiné à amener dans cette ville les eaux des sources de la Dhuis, petit ruisseau, affluent du Surmelin qui tombe lui-même dans la Marne à peu de distance de *Château-Thierry*. Cet aqueduc est exécuté en maçonnerie de meulière et ciment romain de 0,20 centimètres seulement d'épaisseur. Il a l'inconvénient de ne pouvoir être visité même en bateau.

### Détails sur la dérivation des eaux de la Vanne.

**108.** *Aqueduc de la Vanne.* — La dérivation des eaux de la Vanne, due à M. Belgrand, est le premier grand ouvrage hydraulique contemporain qui est venu enfin modifier le système d'alimentation de la ville de Paris en allant chercher l'eau des usages domestiques au loin dans le bassin de la Seine.

La Vanne est une petite rivière qui prend sa source dans le département de l'Aube, près d'Estissac et qui se jette dans l'Yonne, à Sens, après un parcours de 45 kilomètres (Voir la figure 102).

La vallée proprement dite n'offre qu'une largeur moyenne de 1 kilomètre environ ; elle est bordée de coteaux assez rapides qui s'élèvent à plus de 100 mètres au-dessus du lit de la rivière.

Les sources se divisent en deux groupes, les sources hautes et les sources basses.

Une des nécessités du projet était de desservir certains quartiers, il fallait arriver à Paris à la cote de 80 mètres au-dessus du niveau de la mer, soit environ 50 mètres au-dessus du niveau moyen de la Seine. La pente totale de la dérivation ne pouvait être inférieure à 25$^m$,70. Ce qui a conduit à fixer la cote de départ à 105$^m$,70.

Pour satisfaire à cette condition, il a fallu remonter au moyen d'une usine hydraulique les eaux des sources basses qui ne sont à leur origine qu'à la cote 80 environ.

Si nous examinons la carte de l'ensemble

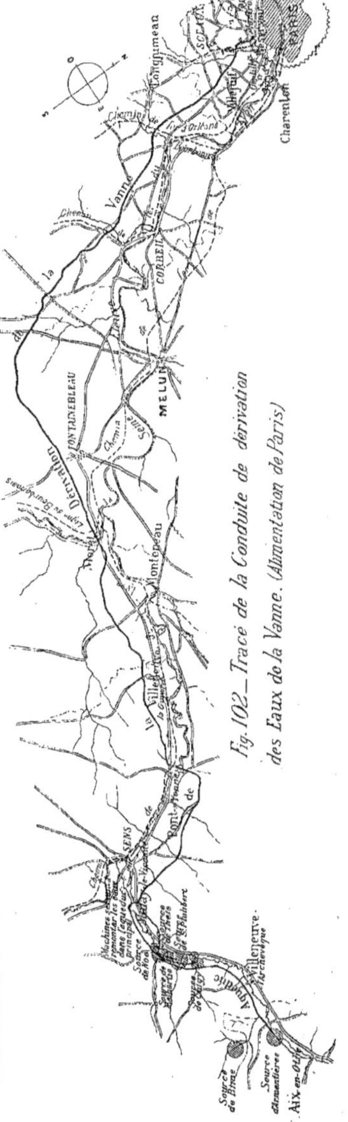



*Fig. 102 — Tracé de la Conduite de dérivation des Eaux de la Vanne. (Alimentation de Paris)*

du tracé de la dérivation (*fig.* 102), nous voyons que l'aqueduc principal a son point de départ près du village *Theil* ; il laisse la ville de *Sens* à gauche, et suit la rive droite de l'Yonne jusqu'en aval du petit village de *Pont-sur-Yonne*, où il traverse la vallée en ligne droite. A partir de ce point, il reste constamment sur la rive gauche de l'Yonne ou de la Seine, court d'abord à flanc de coteaux jusqu'à *Moret* où il franchit le *Loing* et pénètre dans la forêt de Fontainebleau qu'il traverse à peu près en ligne droite, laissant à droite la ville de *Fontainebleau ;* il entre dans le territoire des sables gréseux des environs d'Etampes pour éviter les plateaux de la Brie qui sont de 10 mètres trop bas ; puis tourne à droite à *Champoneil* pour suivre les grands plateaux qui bordent la vallée de la Seine, coupe perpendiculairement la vallée de l'*Essonne* qu'il franchit à *Mennecy*, franchit la petite rivière l'*Orge* à *Savigny*, puis la *Bièvre* à *Arcueil* et gagne *Montrouge* pour atteindre à *Paris* les grands réservoirs de *Montsouris*.

La longueur totale de cet aqueduc principal, du village Theil à Paris, est de 138 kimètres ainsi répartis :

En tranchées. . . . . .    58 kilomètres
En souterrain . . . . .    36    —
Sur arcades . . . . . .    26    —
En siphons . . . . . . .    18    —

Total . . . 138 kilomètres

La pente de cet aqueduc est de 0$^m$,13 par kilomètre dans la plus grande partie de son parcours ; elle se réduit à 0$^m$,10 aux abords de Paris ; dans les siphons elle atteint 0$^m$,60 par kilomètre.

Des aqueducs secondaires, d'une longueur totale de 38 kilomètres, amènent les eaux dans l'aqueduc principal en divers points.

Le canal d'amenée des eaux depuis son point de départ jusqu'au point d'arrivée dans les réservoirs de la ville de Paris, présente plusieurs cas particuliers dans les détails desquels nous entrerons successivement en suivant la description qui en a été donnée par M. Lucien Carlier dans les *Annales industrielles*.

1° Les parties en tranchées et en souterrains ;

2° Les parties en relief sur arcades ;
3° Les parties en relief sans arcades ;
4° Les siphons.

*Parties en tranchées et en souterrains.*

**109.** Les conduites libres ont été considérées comme en *tranchées* lorsque la fouille mesurait verticalement, au minimum, du fond au bord supérieur le plus déprimé :

Pour les aqueducs de
    prises d'eau et collec-
    teurs d'usines . . . .    1$^m$,03 et plus
Pour les aqueducs secon-
    daires à petite section.    1$^m$,57    —
Pour les aqueducs à
    grande section . . . .    1$^m$,65    —
Pour l'aqueduc principal    1$^m$,94    —

Les conduites libres ont au contraire été considérées comme en *souterrains* chaque fois que la distance verticale du

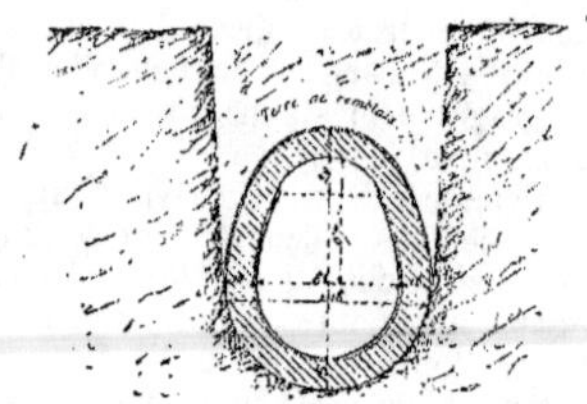

Fig. 103. — Aqueducs de prises d'eau et collecteurs d'usines.

dessous du radier à la surface du sol, mesurée sur l'axe, était de 5 mètres et au-dessus.

La section droite des maçonneries brutes des *aqueducs de prises d'eau* et des *collecteurs des usines* a pour profil intérieur un demi-cercle dans la partie inférieure qui a 0$^m$,84 de diamètre dans œuvre, surmonté d'une partie d'ellipse dont le petit axe, placé horizontalement, a la même dimension que le diamètre du cercle, soit 0$^m$,84, et dont le demi-grand axe a 0$^m$,67. L'épaisseur de la maçonnerie porte partout 0$^m$,16. La flèche de l'arc qui reste brut sans enduit au cerveau est de 0$^m$,20. Voir la figure 103.

La section droite des maçonneries de *l'aqueduc secondaire à petite section* est comprise entre deux cercles concentriques. Le diamètre du cercle intérieur est de 1ᵐ,70, l'épaisseur de la maçonnerie de 0ᵐ,40. La flèche de l'arc qui reste brut au cerveau est de 0ᵐ,33 (*fig.* 104).

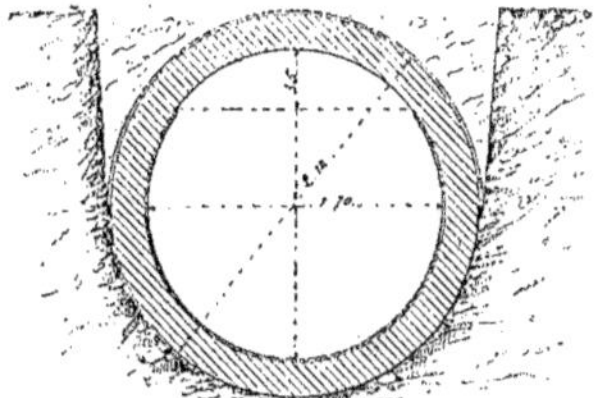

Fig. 104. — Aqueduc secondaire (petite section).

La section droite de l'*aqueduc secondaire à grande section* est comprise entre un cercle intérieur et une ellipse extérieure concentrique. Le diamètre du cercle est de 1ᵐ,84. Le grand axe de l'ellipse est horizontal et a 2ᵐ,32. Son petit axe a 2ᵐ,24. La flèche de l'arc, qui reste brut au cerveau, est de 0ᵐ,37 (*fig.* 105).

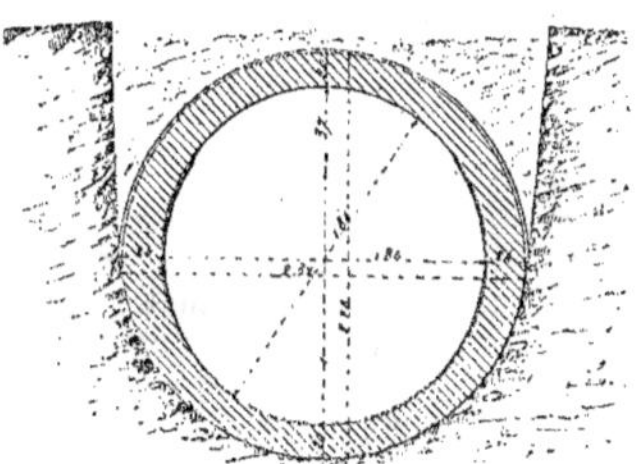

Fig. 105. — Aqueduc secondaire (grande section).

La section droite de l'*aqueduc principal à petite section* ne diffère de la précédente que par les dimensions, qui sont, pour le diamètre du cercle intérieur, de 2ᵐ,04, pour le grand axe horizontal de l'ellipse extérieure, 2ᵐ,60, et pour son petit axe 2ᵐ,44. La flèche de l'arc qui reste brut au cerveau est de 0ᵐ,37 (*fig.* 106).

Le section droite des maçonneries de l'*aqueduc principal à grande section* ne dif-

fère des deux dernières que par les dimensions qui sont : pour le diamètre du cercle intérieur 2ᵐ,14, pour le grand axe

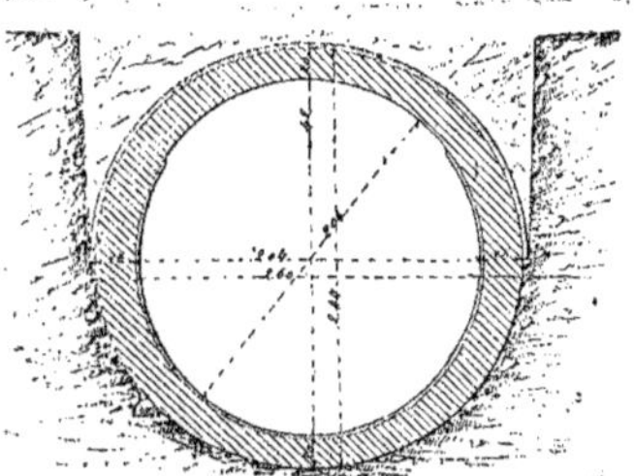

Fig. 106. — Aqueduc principal (petite section).

horizontal de l'ellipse extérieure 2ᵐ,70, et pour son petit axe 2ᵐ,54 (*fig.* 107). La flèche de l'arc qui reste brut au cerveau est de 0ᵐ,42, comme pour l'aqueduc principal à petite section.

Comme on le voit, on a été conduit à

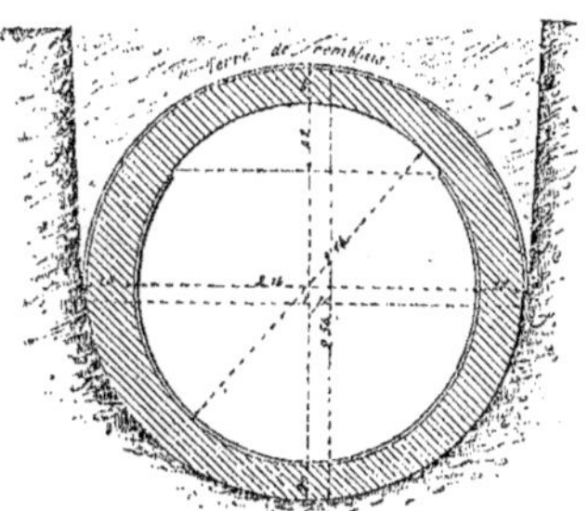

Fig. 107. — Aqueduc principal (grande section).

adopter un profil ovoïde pour les aqueducs de dimensions réduites à faible débit, afin de permettre le passage d'un homme dans la conduite, sans pour cela faire un cube de maçonnerie beaucoup trop grand pour le volume d'eau correspondant. C'est la même raison qui a conduit au type ovoïde dans la dérivation des eaux de la Dhuis.

Si maintenant nous comparons les divers types de section droite que nous venons de décrire et qui sont appliqués dans le cas où le sol est bon, avec celui adopté pour le cas de mauvais sol, nous voyons qu'il est le même intérieurement. Extérieurement, l'un ou les deux flancs de l'aqueduc sont renforcés par un contrefort continu, en maçonnerie de pierre brute avec mortier de ciment, comme l'enveloppe annulaire. La section droite de chaque contrefort est limitée en-dessus par une droite horizontale tangente à l'extérieur du profil annulaire, verticalement par une droite passant à $0^m,52$ de l'intérieur de l'enduit; en-dessus par une droite inclinée à 45°, tangente au profil de l'extrados des maçonneries brutes. Une chape de $0^m,02$ d'épaisseur, en mortier de ciment, posée comme sur les conduites précédemment décrites, s'étend jusqu'à la rive extérieure de chaque contrefort.

La section droite des maçonneries des parties en conduite libre et en souterrains est, pour chaque type, la même que celle de l'aqueduc en tranchée; la chape est seulement supprimée.

Pour l'exécution des maçonneries de la conduite libre en tranchée ou en galerie, on a suivi les prescriptions du cahier des charges que nous reproduisons ci-dessous.

On a commencé par dresser les parois de la fouille suivant le profil en terrain prescrit par les indications portées aux plans; puis on a fait le radier et la partie inférieure de l'aqueduc jusqu'aux naissances de la voûte, comme pour une maçonnerie, en se servant de cordeaux et de cerces; on a ensuite posé les cintres formés de couchis jointifs, et on a monté la voûte, toutes les pierres rayonnant vers le centre. La meulière employée provenait de Rungis, Clamart, Verrières, localités situées autour de Paris.

Le mortier employé était composé, en volume, de deux parties de ciment de Bourgogne, et de cinq parties de sable, ou de deux de ciment de Portland et de quatre de sable.

Les maçonneries en tranchées ou en souterrain ont été rigoureusement appliquées contre le terrain naturel, jusqu'aux naissances des parties voûtées, de façon à combler les arrachements, si le dressement des parois ne les avait pas tous effacés. Dans les galeries, les parements ont été ensuite dressés à bain de mortier pour combler tous les vides.

Il n'a été tenu aucun compte aux entrepreneurs, ni des surcroîts d'épaisseur de la maçonnerie, ni des remplissages en pierre brute dus à l'inhabileté des terrassiers ou des mineurs.

Dans les tranchées ou les galeries, on a monté les maçonneries cinq jours au plus après le commencement des fouilles, à moins de cas de force majeure dûment constatés.

Avant l'exécution des enduits, on a fait tomber avec soin toutes les bavures de mortier de ciment qui se trouvaient entre les joints du parement, puis balayé le parement au balai de bouleau pour dégrader les creux des joints et nettoyer la poussière. — Une fois cette surface nettoyée, on l'a bien humectée, puis on a bouché tous les vides par un rocaillage en plein en petits éclats de pierre dure noyés à bain de mortier; sur ce rocaillage, on a appliqué l'enduit, en projetant, par petites parties, du mortier composé d'une partie de ciment et d'une de sable tamisé, qu'on a étendu et régularisé avec la *truelle* ou la *taloche*; on a enlevé ensuite le poli de la surface en la lavant avec un fort pinceau convenablement mouillé. L'enduit a $0^m,02$ d'épaisseur. Les chapes ne diffèrent des enduits que par la composition du mortier qui est la suivante : une partie de ciment et deux parties de sable tamisé. Elles sont appliquées sur les maçonneries aussitôt le décintrement des voûtes. Les chapes ont aussi $0^m,02$ d'épaisseur. Par les chaleurs, tous les parements bruts destinés à recevoir une chape ont été préservés de l'action du soleil par de fortes toiles ou des paillassons.

Aussitôt que les chapes ne se laissaient plus déformer par la pression du doigt, on les recouvrait par le remblais.

La maçonnerie n'a pas reçu de chape dans les parties en souterrain.

Les alignements droits consécutifs de la conduite libre sont raccordés sur l'axe par des arcs de cercle de 5 mètres au moins de rayon.

Afin d'avoir une plus grande sécurité à l'égard de la bonne exécution des travaux, l'entrepreneur adjudicataire a été forcé de payer à la journée et non à la tâche la façon de la maçonnerie aussi bien que la fabrication des mortiers.

La conduite une fois faite, on est venu la recouvrir avec des terres de remblai sur une largeur de 10 mètres, symétriquement par rapport à l'axe de la conduite pour les types que nous avons donnés (*fig.* 104-105-106 et 107).

Dans le cas où le sol était horizontal, la couche de remblai fait saillie dans l'axe

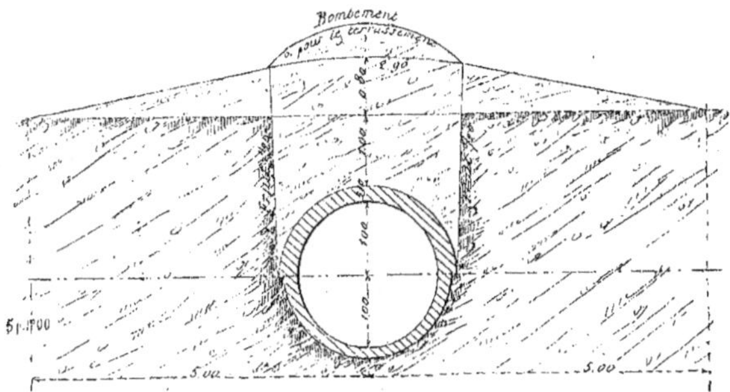

Fig. 108. — Type de remblai (Terrain horizontal).

de la conduite de 0$^m$,80 au-dessus du niveau du sol naturel, et s'en va en mourant à droite et à gauche de la conduite. De plus, sur ce remblai, on a rajouté une certaine quantité de terre formant bombement pour tenir compte du tassement subséquent, qui doit être nécessairement plus grand dans la partie où

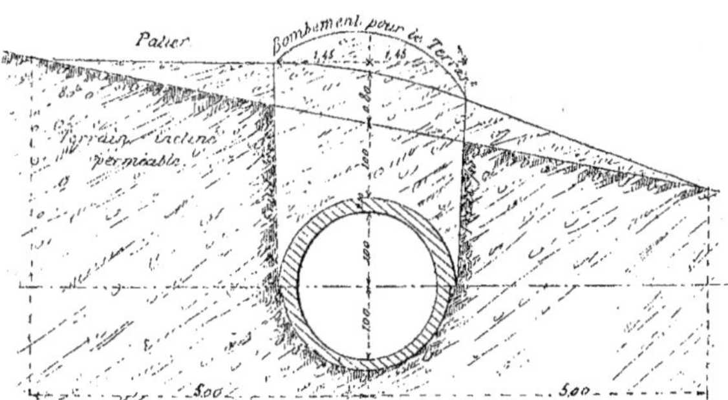

Fig. 109. — Remblai (Terrain perméable incliné).

le sol a été creusé plus profondément (*fig.* 108).

Dans le cas où le sol naturel est incliné et perméable, le remblai, qui occupe encore une largeur de 10 mètres, fait toujours saillie de 0^m,80 dans l'axe de la conduite au-dessus du niveau du sol naturel. Ceci produit une pente de 0,04 centimètres par mètre dans le sens de celle du terrain, dans la partie la plus élevée, et une pente encore plus forte dans la partie basse ; un bombement en terre pour tenir compte du tassement correspond aussi à la fouille (*fig.* 109).

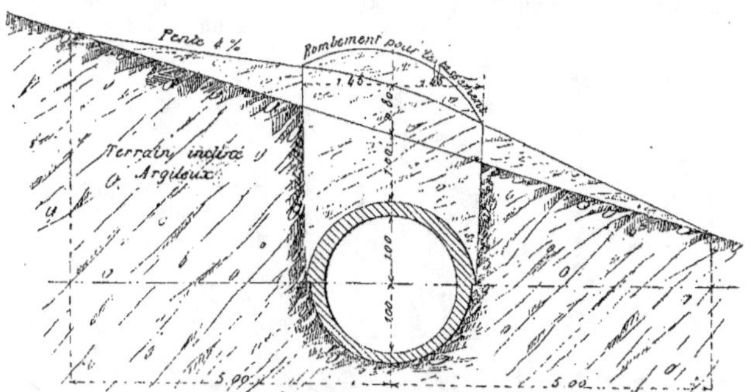

Fig. 110. — Remblai (Terrain argileux incliné).

Dans le cas où le sol naturel n'est pas perméable, est argileux par exemple, sur la partie la plus élevée par rapport à la conduite, le remblai forme palier, il fait toujours saillie de 0^m,80 dans l'axe au-dessus du niveau du sol, et dans la partie basse le remblai va en mourant jusqu'à 5 mètres de l'axe de la conduite. Un bom-

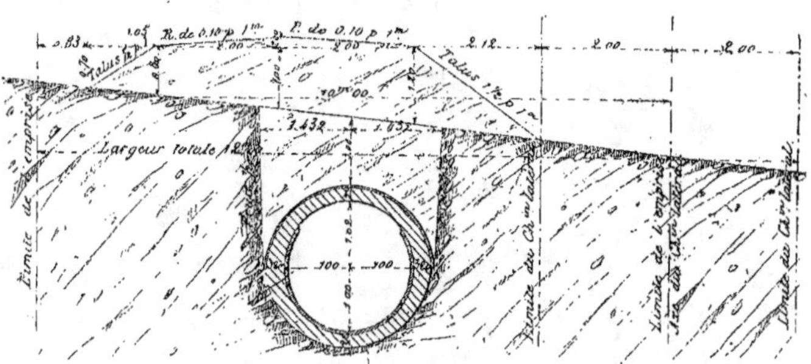

Fig. 111. — Remblai sur aqueduc en conduite avec chemin latéral.

bement en terre est aussi ménagé pour le tassement correspondant à la fouille (*fig.* 110).

Les points où le tracé est venu recouvrir des voies de communication a donné lieu, suivant les cas particuliers à chacune de ces rencontres, à des dispositions spéciales :

Les chaussées empierrées ou pavées des voies de communication, coupées sous un angle très faible par le tracé de l'aqueduc, ont été reportées latéralement sur un parcours plus ou moins long suivant les cas particuliers. Nous donnons (*fig.* 111) une coupe transversale sur le profil qui donne un exemple de l'un de ces cas.

Dans plusieurs endroits, les chaussées en terre ont été simplement empierrées sur l'aqueduc, sans déplacement.

Les fossés des voies publiques ont été pourvus d'aqueducs dallés avec radiers et pieds-droits en maçonnerie brute et mortier de chaux hydraulique, sur la conduite libre aussi bien que sur les conduites forcées.

### Regards de la conduite libre.

**110.** Sur la conduite libre est établi pour la visite de l'aqueduc un petit regard tous les 500 mètres. Chaque regard se compose d'un radier ou escalier dirigé normalement à l'axe de l'aqueduc, recouvert d'une voûte en descente et d'un palier supportant une petite tourelle verticale pourvue intérieurement d'une échelle en fer scellée dans la maçonnerie.

La tourelle est surmontée d'une voûte en *cul-de-four* fermée par une porte à deux vantaux. Le seuil de la porte est en pierre de taille. Chaque petit regard est placé du côté de la conduite libre où le sol est le plus élevé. Dans les parties où l'aqueduc est en relief, le regard est placé à gauche de l'axe en allant de l'amont vers l'aval. Nous donnons (*fig.* 112 et 112 *bis*) les coupes horizontales et plusieurs coupes et élévations verticales qui feront parfaitement comprendre la disposition adoptée pour ces petits regards sur conduite libre, enterrée, ou en relief.

Pour l'accès des souterrains, on a conservé les puits qui avaient servi à l'exécution des travaux, puits qui ont été, aussitôt leur ouverture, revêtus intérieurement d'une chemise en maçonnerie, trouvée en mortier de sable et de ciment, de 0,02 centimètres d'épaisseur, rejointoyés à pierre vue. Une calotte, disposée comme celle des petits regards de visite, surmonte chaque puits définitif.

Partout où la nature du sol a pu faire craindre des infiltrations d'eau sous l'aqueduc en conduite libre, après l'exécution, il a été pratiqué dans le fond du déblai, sous l'axe du vide intérieur, une

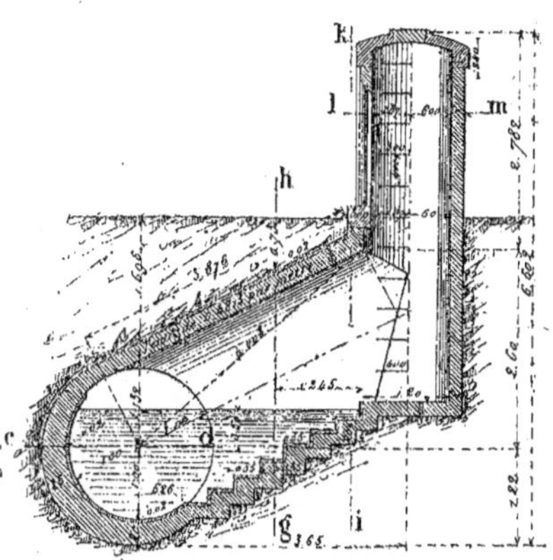

Coupe horizontale *cdlm*.

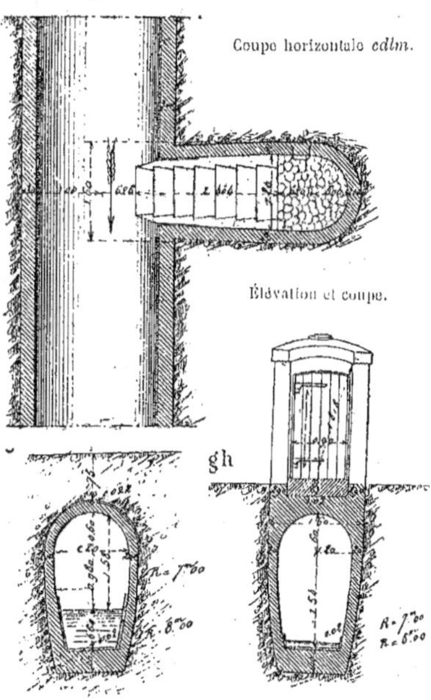

Élévation et coupe.

Fig. 112. — Petit regard sur conduite libre.

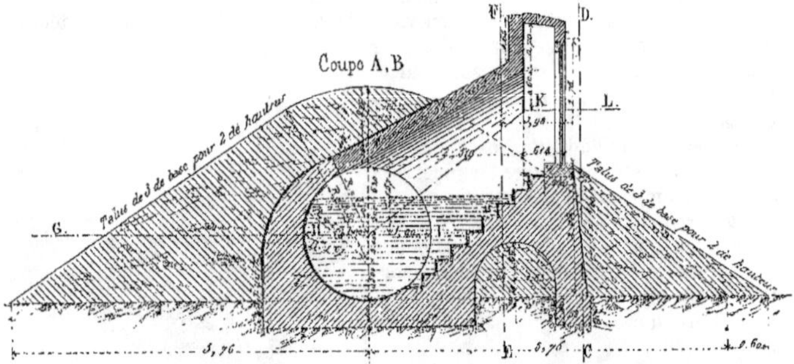

Coupe A, B

Plan suivant G. I. K. L.

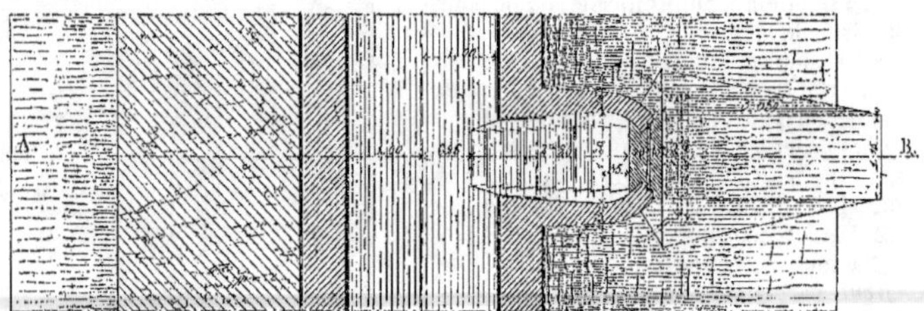

Coupe CD.

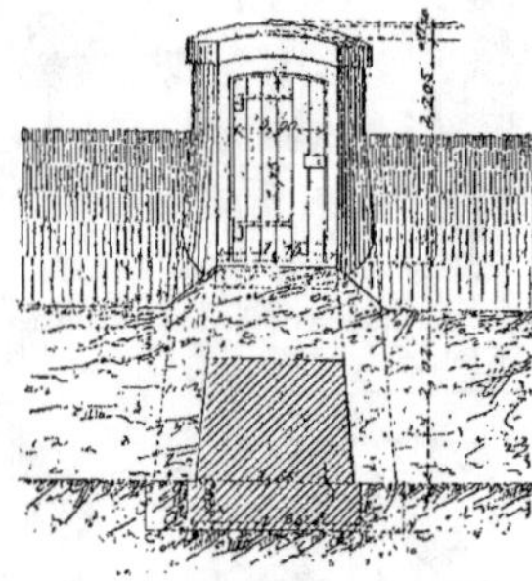

Coupe EF.

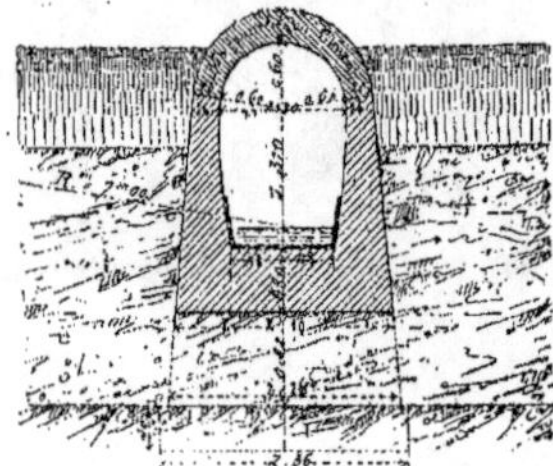

Coupe NO.

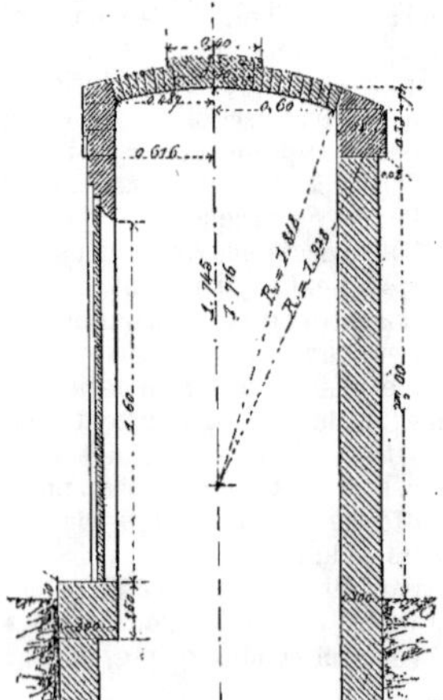

Fig. 112 *bis.*

fouille à section carrée de 0ᵐ,40 de côté. Cette fouille a été remplie de maçonnerie brute à mortier de ciment, dans laquelle on a logé un cours de tuyaux de drainage de 10 centimètres de diamètre intérieur, placés à la partie centrale inférieure de la ssction.

De mètre en mètre, une petite pierrée est ménagée d'équerre à l'axe de l'aqueduc et en direction du côté du sommet du coteau pour recevoir les eaux d'infiltration.

Chacune de ces pierrées a 0ᵐ,50 centimètres de longueur et une section de 0ᵐ,20 centimètres sur 0ᵐ,20 centimètres ; elle est poursuivie au travers de la maçonnerie jusqu'au tuyau de drainage. Tous les cent mètres, autant que possible, le cours des drains posés sous l'aqueduc a été saigné par un cours de drains posés d'équerre à la conduite et débouchant à l'air libre.

Quand la conduite libre rencontre des drains appartenant à des particuliers, chacun d'eux est soutenu sur l'aqueduc au moyen d'un arc boutant, transversal évidé en dessus, en maçonnerie brute à mortier de ciment ; ou on les fait passer sous l'ouvrage au moyen d'une cheminée en maçonnerie tombant dans un drain noyé dans un manchon également en maçonnerie. Les cheminées et les manchons sont en pierre brute avec mortier de ciment.

Sur des flancs trop rapides où sur des terrains glaiseux ou glissants, on s'est trouvé forcé de soutenir l'aqueduc ou de le protéger au moyen de murs latéraux construits en maçonnerie de pierre brute avec mortier de chaux hydraulique, rejointoyée en mortier de ciment. Ces murs latéraux sont couronnés par un hérisson de 20 centimètres de hauteur, et leur parement vu est incliné avec fruit de ¹/₁₀.

Dans les terrains mauvais, on a bandé par-dessus la conduite libre des arcs boutants en maçonnerie brute avec mortier de ciment portant contre les parois à maintenir.

#### Conduite libre en relief sur arcades.

Sur certaines parties de l'aqueduc secondaire et de l'aqueduc principal à petite et à grande section, la conduite libre est soutenue par des arcades. Les douelles des arcades sont horizontales et en plein cintre avec une portée uniforme de 6 mètres entre les appuis. Nous donnons (*fig.* 113) une vue latérale de l'aqueduc sur arcades et deux coupes faites transversalement à l'axe qui donnent une idée exacte des dispositions adoptées.

Parallèlement à l'axe du vide de l'aqueduc, les piles des arcades au niveau du centre des voûtes de support ont 0ᵐ,80 d'épaisseur horizontale, quand la distance verticale contre l'extrados de la conduite, quel que soit son type et le sol naturel, n'excède pas 8 mètres. Pour les arcades plus hautes, l'épaisseur de 0ᵐ,80 est portée à 1 mètre.

Tous les parements vus des piles et des arcades sont inclinés avec fruit de ¹/₂₀. En terre, les parements extérieurs sont verticaux.

D'équerre à l'axe du vide de la conduite libre, à l'aplomb du milieu des piles, la section droite des grosses maçonneries de *l'aqueduc secondaire à petite section sur arcades* est comprise entre un cercle intérieur de 1ᵐ,74 de diamètre et un arc extérieur de 2ᵐ,80 de diamètre prolongé sur chaque flanc de l'ouvrage par la droite inclinée au vingtième, menée tangentiellement au cercle d'extrados jusqu'au terrain naturel. Le cercle intérieur de l'aqueduc et son arc de cercle d'extrados ont leur centre sur la même verticale ; l'épaisseur à la clef du vide de l'aqueduc est de 0ᵐ,25. (Voir la figure 114.)

Pour l'*aqueduc secondaire à grande section sur arcades*, le diamètre du cercle intérieur est de 1ᵐ,84, et le diamètre de l'arc du cercle extérieur est de 3 mètres (*fig.* 115).

Pour l'*aqueduc principal à petite section sur arcades*, le diamètre du cercle intérieur est de 2ᵐ,04 et le diamètre de l'arc du cercle extérieur est de 3ᵐ,34 (*fig.* 116).

Pour l'*aqueduc principal à grande section sur arcades*, le diamètre du cercle intérieur est de 2ᵐ,14 et le diamètre de l'arc du cercle extérieur est de 3ᵐ,44 (*fig.* 117).

Chacun des profils qui viennent d'être décrits se poursuit sur toute la longueur des arcades du type correspondant.

L'épaisseur à la clef des voûtes de sup-

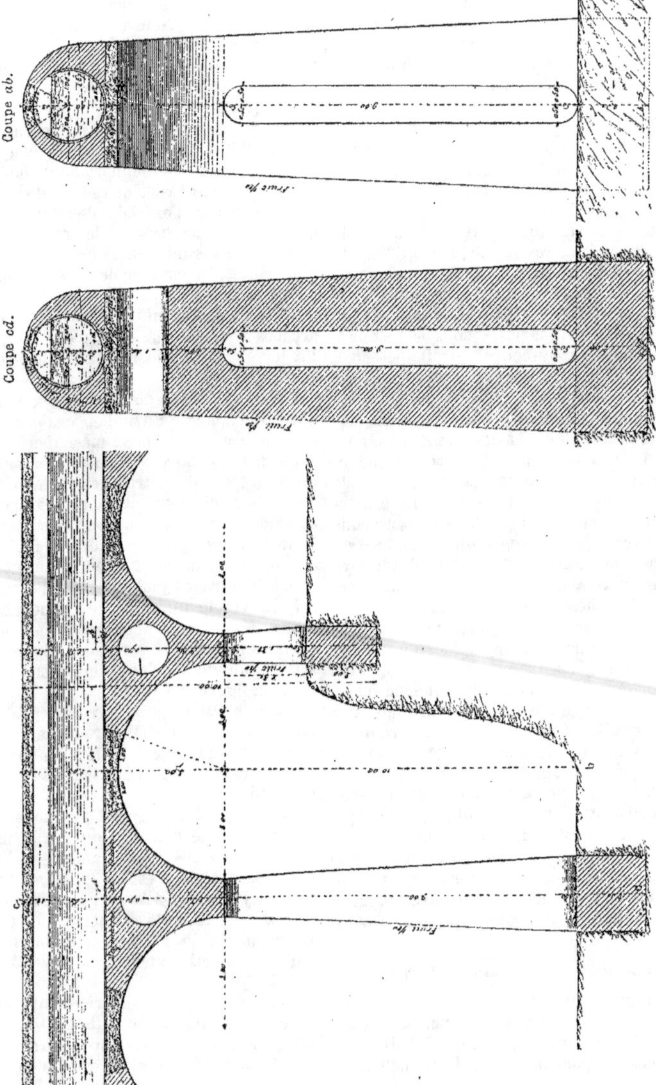

Fig. 113 — Conduite sur arcades. — Type en maçonnerie. — Radier à 4<sup>m</sup>,00 au-dessus du sol.

port est de 0ᵐ,40 dans l'axe vertical de la section droite de l'aqueduc, non compris l'enduit intérieur.

Chacun des tympans des arcades est percé perpendiculairement à l'axe de la conduite libre par un œil-de-bœuf cylindrique à section droite circulaire de 1ᵐ,40

de pierre brute avec mortier de ciment. Ce claveau mesure 0ᵐ,30 sur l'arc d'intrados de la section droite, de chaque côté de la verticale, passant par le centre dudit arc.

2° Du cerveau de chaque voûte de sup-

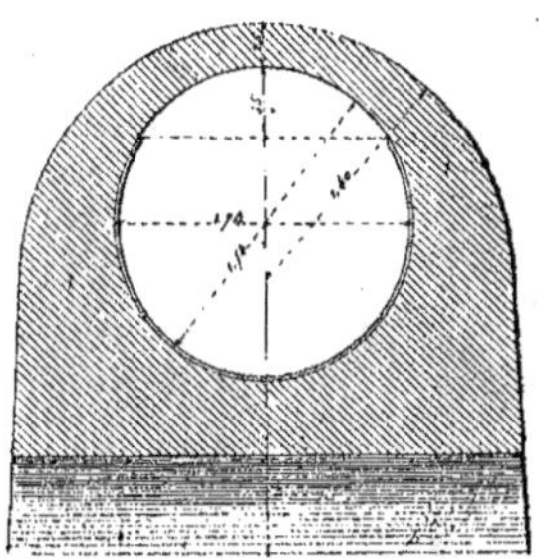

Fig. 114. — Aqueduc secondaire sur arcade.

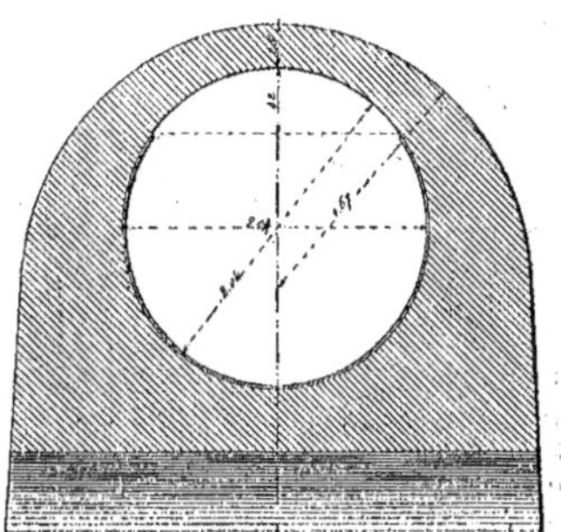

Fig. 116. — Aqueduc principal sur arcade (petite section).

de diamètre. L'axe de cet œil-de-bœuf est horizontal et a 2ᵐ,30 en contrebas du plan des naissances des voûtes de support.

port, qui est également formé par un claveau en maçonnerie hourdé de même. Ce

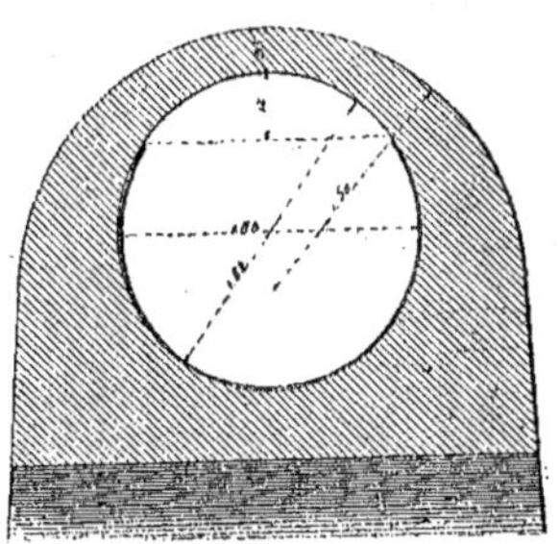

Fig. 115. — Aqueduc secondaire sur arcade (grande section).

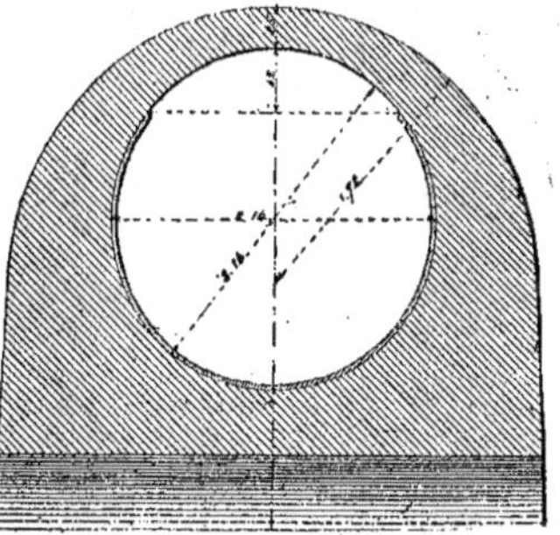

Fig. 117. —Aqueduc principal sur arcades (grande section).

Les grosses maçonneries de l'aqueduc sur arcades sont exécutées en pierre brute avec mortier de chaux hydraulique, à l'exception :

1° Du cerveau de la conduite libre qui est formé par un claveau en maçonnerie

claveau mesure 1 mètre sur l'arc d'intrados du plein cintre de la voûte, de chaque côté de la verticale, passant par le centre du dit arc. Il est extradossé à un plan horizontal, mené à 3ᵐ,40 au-dessus de la naissance de ces voûtes.

D'ailleurs, à la jonction du vide de l'aqueduc et du claveau en maçonnerie avec mortier de ciment, celle-ci est renflée et épouse la forme de l'enduit.

De chaque côté de l'axe, le renflement s'arrête au rayon du cercle intérieur, sur lequel il mesure 0<sup>m</sup>,20 d'épaisseur entre l'enduit et le plan d'extrados du claveau. Les piles sont évidées dans leur partie centrale, parallèlement à l'axe de l'aqueduc. L'évidement a 1 mètre de largeur et est terminé en-dessus par une voûte en plein cintre, tangente au plan des naissances des voûtes de support, et en-dessous par une voûte renversée pareille, affleurant le sol.

Quand les piles atteignent 1 mètre de hauteur, l'évidement devient cylindrique. Quand elles ont moins de 1 mètre, elles sont pleines.

Le parement intérieur de la conduite sur arcades est, comme celui de l'aqueduc souterrain et en tranchée, revêtu d'un enduit de 2 centimètres d'épaisseur en mortier spécial de ciment, toujours à l'exception du cerveau qui reste brut jusqu'au plan horizontal indiqué plus haut pour les autres types en tranchée.

Tous les parements vus et les parements cachés par la terre jusqu'à une profondeur de 0<sup>m</sup>,20 dans le sol, sont rejointoyés à pierres vues avec mortier spécial de ciment.

Quand le relief de l'aqueduc, par rapport au terrain, n'a pas été assez fort pour faire saillir les voûtes de support intégralement, la partie supérieure de ces voûtes a été conservée pour asseoir la fondation.

Dans ce cas, les centres des arcs des sections droites d'intrados desdites voûtes sont espacés horizontalement de 6<sup>m</sup>,80. Les tympans qui forment alors les appuis de voûtes de support sont toujours assis sur le sol par un plan horizontal ou par une surface en crémaillère formée de plans horizontaux et verticaux alternatifs.

L'œil-de-bœuf de chaque tympan est supprimé et remplacé par un remplissage en maçonnerie brute hourdée en mortier de chaux hydraulique, chaque fois que la surface naturelle du sol montera jusqu'au niveau des naissances des voûtes de support.

Quand le terrain est de mauvaise qualité, au droit de la base d'une pile, sa fondation a été renforcée par un socle formant, sur le pied des parements à fruit, des saillies horizontales variant suivant les cas particuliers.

Dans certaines portions de la conduite libre sur arcade, lorsque le relief de l'aqueduc n'a pas été assez fort pour faire saillir les voûtes de support intégralement, au lieu de conserver la partie supérieure de ces voûtes pour asseoir la fondation, on a trouvé avantage à construire la conduite sur arcades basses à section elliptique. Le grand axe de l'ellipse est de 4 mètres ; le petit de 2 mètres.

Dans ce cas les arcs sont espacés de 4<sup>m</sup>,60 d'axe en axe de la section droite de chaque voûte.

L'épaisseur de la maçonnerie aux retombées est de 0<sup>m</sup>,60, et le profil du pied-droit descend à partir de ce point avec un fruit de un vingtième jusqu'au bas du sol.

A la clef de voûte est un claveau de 2 mètres en maçonnerie hourdée en ciment comme précédemment ; l'épaisseur à la clef est la même que dans le cas de la conduite sur grandes arcades.

Lorsque la voûte est complètement enterrée, sans pour cela que les pieds-droits aient besoin de descendre bien loin pour atteindre le bon sol, les voûtes sont en arc de cercle avec une flèche de 0<sup>m</sup>,30. Les arcs desdites voûtes ont le même espacement que dans le cas précédent. Les pieds-droits ont aussi 0<sup>m</sup>,60 de section droite et descendent alors verticalement jusqu'au bon sol ; l'épaisseur à la clef est 0<sup>m</sup>,30 comme ci-dessus ; mais les claveaux en maçonnerie de ciment sont supprimés et le hourdis est fait en mortier de chaux hydraulique.

Toutes les grandes vallées étant traversées en siphons, les arcades ont généralement peu d'élévation ; cependant, pour éviter des pertes de charges trop considérables qui résultent toujours de l'interposition d'un siphon sur la conduite, ainsi que nous l'avons vu, article précédent, on a dû, dans *la forêt de Fontainebleau* notamment, se tenir sur d'assez grandes longueurs à des hauteurs de près de 15 mètres au-dessus du sol naturel. Le même motif a conduit dans la vallée de l'*Yonne* à construire des arcades à Moret et à Pont-sur-Yonne et dans la vallée de la *Bièvre* à faire un aqueduc à double arcature en édifiant un second rang d'arcades sur celles de l'ancien aqueduc d'Arcueil, non loin de la station du chemin de fer.

Avant de quitter l'examen des parties de la conduite construites en maçonnerie ordinaire, il nous faut compléter ce que nous venons de dire, au sujet des parties sur arcatures, par quelques mots sur le *Pont-aqueduc d'Arcueil.*

A la traversée de la vallée de la Bièvre, l'aqueduc a été maintenu en conduite libre, et franchit la vallée au-dessus d'un pont-aqueduc construit spécialement pour les eaux.

Le type de l'aqueduc à cette traversée est le même que celui des parties sur arcades ; seulement le fruit des parois latérales est réduit de 0,05 à 0,046, afin d'arriver ainsi à raccorder exactement ces parois avec celles des piliers contre-forts du pont-aqueduc actuel, et qu'extérieurement il présente au niveau de la naissance du cercle d'extrados un cordon saillant en briques. Il est porté sur arcades au-dessus du pont-aqueduc actuel, et dans toute la partie aux abords où le niveau normal de l'eau de la dérivation est à plus de 7ᵐ,30 au-dessus du sol naturel. Dans les parties extrêmes, où cette hauteur n'est pas atteinte, l'aqueduc est assis sur une fondation longitudinale évidée.

Dans la partie sur arcades, celles-ci sont formées de voûtes en plein cintre, reposant sur des piliers de 1ᵐ,47 de largeur qui prolongent, sans fruit en élévation, les contreforts du pont-aqueduc actuel ; ces voûtes correspondent exactement à celles de ce pont-aqueduc, dans la partie qui s'étend au-dessus, c'est-à-dire que leurs ouvertures respectives varient de 8ᵐ,45 à 11ᵐ,35 ; elles ont toutes en dehors une distance fixe de 10 mètres.

Le nouveau pont-aqueduc présente une longueur totale d'arcades de 794ᵐ,60 entre les culées extrêmes ; il comporte soixante-

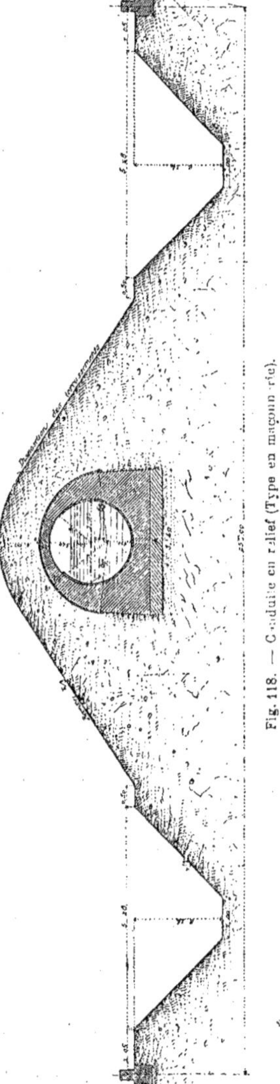

Fig. 118. — Conduite en relief (Type en maçonnerie).

neuf voûtes ; ces voûtes sont en briques de 0^m,45 d'épaisseur ; leur extrados affleure le radier intérieur de l'aqueduc.

L'inégalité d'ouverture indiquée plus haut, pour les voûtes correspondant au pont-aqueduc actuel est la conséquence de l'inégalité même des voûtes de ce pont-aqueduc. La différence de niveau qui en résulte, dans la hauteur des naissances des voûtes, est rachetée par une partie droite de 0^m,25 de hauteur pour les voûtes de 10 mètres d'ouverture, et variable pour chaque ouverture, de telle sorte que le cordon en briques, qui couronne les piliers, suit régulièrement la pente générale de l'aqueduc. Toutes les voûtes sont ainsi plus ou moins surhaussées, sauf une seule, de plus de 10^m,50 d'ouverture, qui est légèrement surbaissée. Le remplissage entre les voûtes et le radier de l'aqueduc est en maçonnerie brute de meulière hourdée en mortier de ciment.

Les piliers de 1^m,45 de largeur en ma-

çonnerie brute de meulière hourdée en mortier de ciment, sauf revêtement en briques des faces en élévation, sont consolidés sur leurs faces intérieures par des contre-forts inclinés au fruit de $^1/_{40}$, de 2^m,30 de largeur, c'est-à-dire de la largeur du pont-aqueduc actuel, sur la voûte même duquel ils s'appuient dans la longueur de ce pont.

Comme dans toutes les parties vues de l'aqueduc en général, les maçonneries de ce pont-aqueduc sont rejointoyées en mortier de ciment.

### Conduite libre en relief sans arcades
#### (maçonnerie ordinaire)

La conduite libre n'est établie en relief sans arcades que sur certaines parties de l'aqueduc principal à petite et à grande section, où le sol trop bas n'est pas à 0^m,40 au-dessous du cercle intérieur des maçonneries brutes. Dans ces parties, la section droite des maçonneries pour chacun des deux types est la même

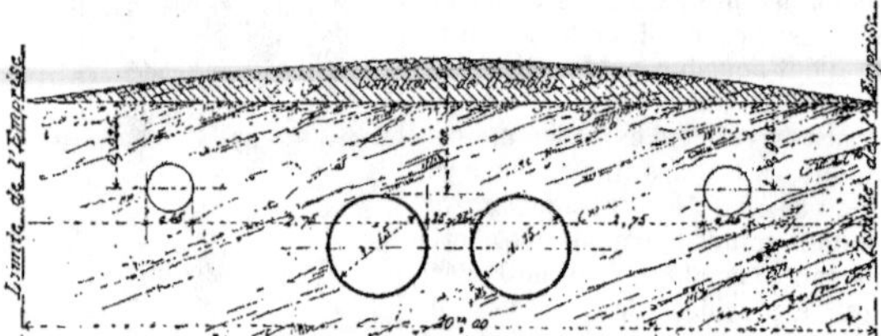


Fig. 119. — Profil en travers du remblai sur siphon.

que celle des maçonneries de l'aqueduc sur arcades, au-dessus du plan tangent aux pleins cintres d'intrados des voûtes de support. La fouille ayant été dressée rectangulaire suivant le profil des maçonneries, comme il a été dit pour la conduite libre en tranchée ou en galerie.

L'aqueduc en relief sans arcades est formé des mêmes maçonneries que l'aqueduc sur arcades, si ce n'est que le radier de la conduite libre ne contient pas de maçonnerie brute hourdée en mortier de ciment, et que le rejointement des parements extérieurs est remplacé, sur toute

la partie circulaire, par une chape en mortier spécial de 0^m,02 d'épaisseur.

Après l'exécution de l'aqueduc, soit qu'il ait été fait en maçonnerie ou en fonte, les déblais ont été repris et disposés en cavalier sur les conduites qui sont toujours enterrées de 1 mètre au moins, si ce n'est sur les parties supportées par des arcades.

Les cavaliers de remblai affectent, suivant la disposition du terrain, différents profils que nous avons indiqués plus haut (fig. 108, 109, 110 et 111). Nous donnons (fig. 119) un type de remblai sur syphon.

Nous donnons également (*fig.* 118) un profil en travers pris sur conduite en relief.

De distance en distance, il a été établi des rampes pour permettre aux voitures

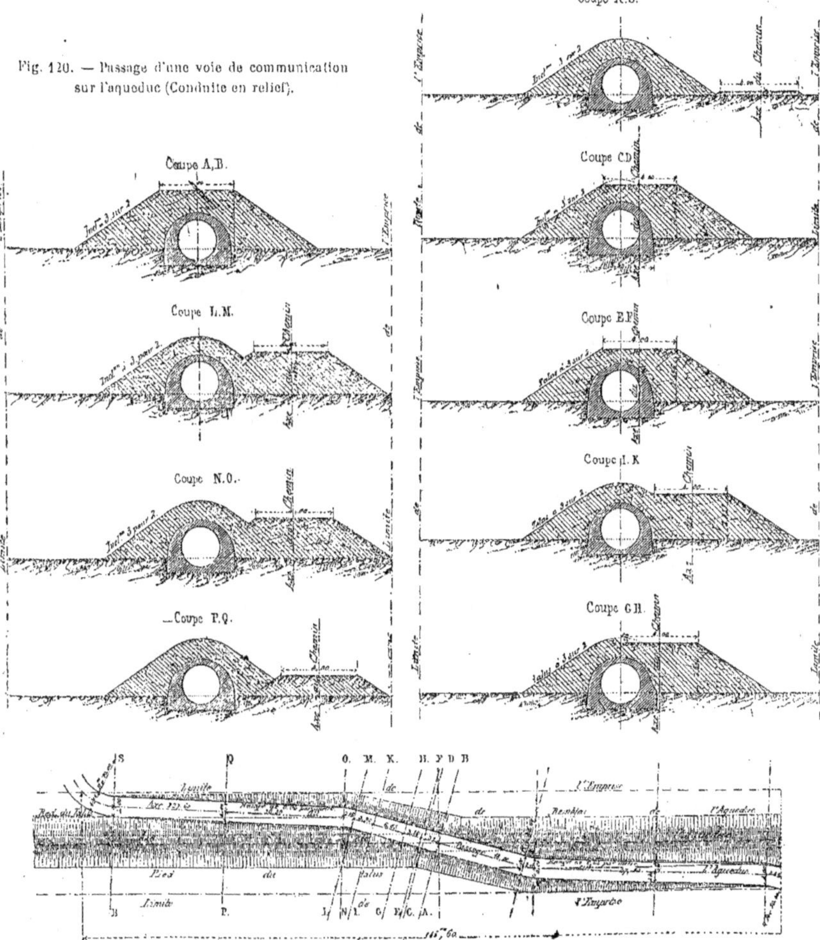

Fig. 120. — Passage d'une voie de communication sur l'aqueduc (Conduite en relief).



d'agriculture de traverser l'aqueduc sur ses parties en relief. Ces rampes sont empierrées comme les chemins et franchissent les emprunts latéraux, s'il y en a, sur des terre-pleins percés ou non, suivant les cas, d'un cours de tuyau de drainage ou sur des aqueducs dallés. Nous donnons (*fig.* 120) un plan et des coupes qui donnent divers types de passages sur l'aqueduc.

Les diverses compositions de mortier, pour constructions, enduits et chapes sont les suivantes :

*Pour maçonnerie de pierre brute*, le mètre cube de mortier hydraulique est formé en volume de :

2 parties de ciment de Bourgogne ;

5 parties de sable ;

Ou :

1 partie de ciment de Portland (Boulogne) ;

Et 4 parties de sable.

*Pour maçonnerie de pierre de taille et de pierre smillée, ou smillée ou piquée en parement, et pour chapes*, le mètre cube de mortier de ciment est formé, en volume, de :

1 partie de ciment ;

2 parties de sable tamisé.

*Pour jointement, enduits, rocaillages*, le mètre cube de mortier de ciment est formé, en volume, de :

1 partie de ciment ;

1 partie de sable tamisé.

### Conduites en béton Coignet

Une partie seulement de la conduite est exécutée en maçonnerie ordinaire d'après les renseignements que nous venons de donner. Pour le surplus, notamment depuis la limite du département de l'Yonne jusqu'à la tête aval du siphon de Moret, les conduites ont été établies en béton aggloméré du système *Coignet* ; ce qui a permis une exécution plus rapide et moins coûteuse qu'on n'aurait pu le faire avec la maçonnerie ordinaire.

Les années ont aujourd'hui consacré l'emploi du béton aggloméré qui donne toute satisfaction pour ce travail. Les figures ci-contre 121 et 122 donnent des coupes comparées de la conduite en tranchée et en relief dans le cas de l'emploi de la maçonnerie ordinaire et dans le cas de l'emploi du béton Coignet.

### Conduite en tranchées (type Coignet).

Pour les conduites en tranchées, après avoir creusé le sol comme pour la conduite en maçonnerie ordinaire, on a commencé par faire le radier en béton et à plat, puis on a établi des couches formées de pièces de bois, suivant le profil de la voûte, et tenues à distance par des fers en ailes. De 4 mètres en 4 mètres de distance : on a mis des planches retenues par des sergents. On a ainsi formé une sorte de coffre dans lequel on a mis le béton pilonné ensuite par couches.

Dans les aqueducs en tranchées et en souterrain on a employé le sable blanc de la forêt de Fontainebleau, la composition du béton était la suivante, en volume :

Sable fin de Fontainebleau. 4 parties
Chaux hydraul. de Seilley. . 1 —
Ciment de Portland de Boulogne . . . . . . . . . . 0,33

Lorsqu'on employait le sable de carrière trouvé sur place, la composition du béton était modifiée comme suit :

Sable de carrière. . . . . 5 parties
Chaux hydraul. de Seilley . 1 —
Ciment de Portland de Boulogne . . . . . . . . . . 0,20

Lorsqu'on employait le sable de rivière, ce que l'on n'a fait que sur deux points où on le rencontrait sur place, la composition du béton était celle-ci :

Sable de rivière. . . . . . 4 parties
Chaux de Seilley . . . . . 1 —

Les pieds-droits de voûte une fois faits, on a raccordé le radier plat, fait pendant le cours de la construction, avec les pieds-droits au moyen d'une voûte renversée en béton faite à l'œil avec 10 centimètres de flèche. La coupe D (*fig.* 123) fera comprendre facilement l'ordre dans lequel le travail est effectué.

Pour que le béton nouveau fasse corps avec l'ancien, on commence par laver au pinceau toute la surface sur laquelle on veut établir la nouvelle couche, puis, avec un autre pinceau, on étend une couche très mince de ciment, on couvre ensuite de béton et on pilonne. Les pieds-droits et le radier faits, on procède à la confection de la voûte en ayant soin de prendre les précautions semblables à celles dont nous venons de parler pour obtenir l'adhérence de la partie neuve et de la partie ancienne. L'exécution de ce tra-vail est difficultueuse et demande l'emploi d'ouvriers spéciaux et exercés.

On a été forcé d'adopter, pour les par-

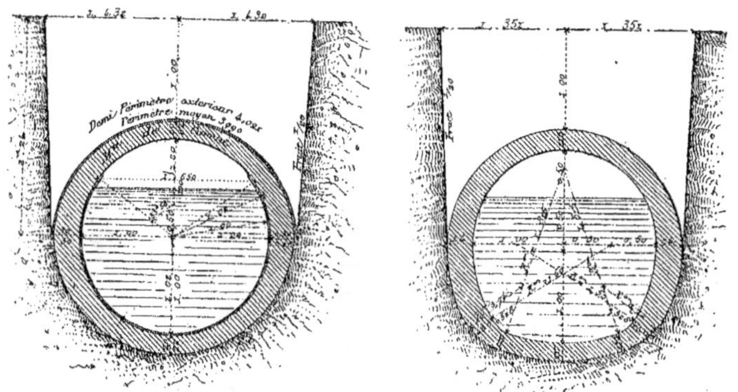



Fig. 121. — Conduite en tranchée.

ties de la conduite exécutées en béton, le profil dont nous venons de donner le des-sin, à cause de la difficulté matérielle que l'on aurait éprouvé à faire le radier avec

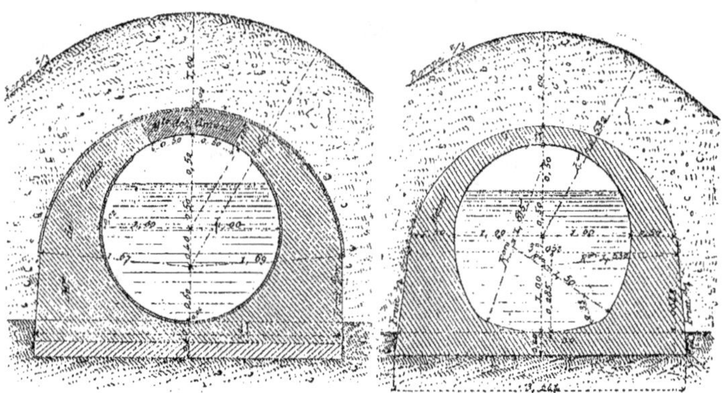



Fig. 122. — Conduite en relief.

le profil de la construction en maçonnerie donné précédemment.

*Conduite en souterrains.* — La construction de l'aqueduc n'a présenté aucune difficulté de construction dans toutes les parties en tranchées et en souterrains dans la craie où l'on avançait régulièrement par anneaux de 2 mètres. Il n'en pas été de même dans les parties en souterrains de la portion de sables ébouleux de la forêt de Fontainebleau.

Il a fallu employer des boisages très ré-

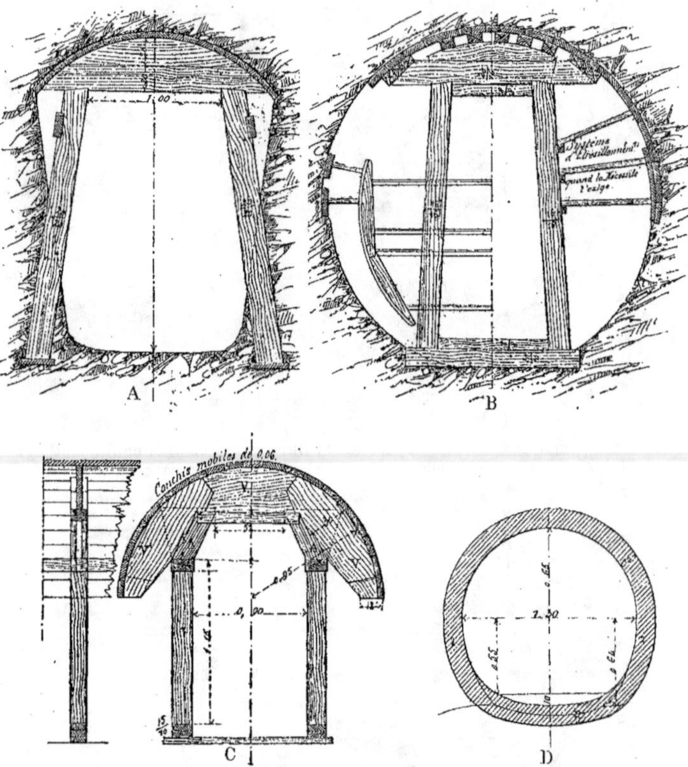

Fig. 123. — Construction d'une conduite (Type Coignet).

A. Position de la galerie sur les cadres ;
B. 1ʳᵉ transformation. — Les portants enlevés et remplacés à l'aval et à l'amont.
C. 2ᵉ transformation. — Établissements des couchis mobiles. Construction de la partie supérieure de l'aqueduc.
D. Achèvement de la galerie. Raccords du radier avec les parois.

sistants et des couchis jointifs : le tunnel a été creusé successivement par partie d'une longueur de 1ᵐ,70 et boisé à mesure, sur la même longueur, au moyen de deux poteaux moisés, surmontés d'un chapeau ; par dessus, des pièces de bois furent mises en langrines pour supporter

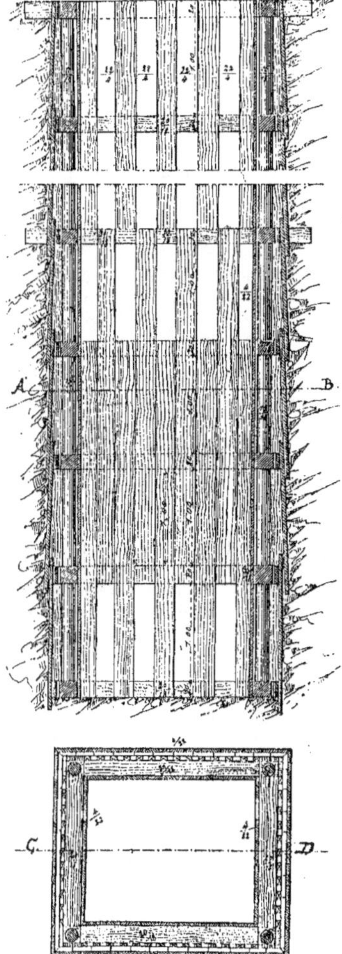

Fig. 124.

le ciel. Nous donnons (*fig.* 124) une coupe

verticale sur l'axe d'un de ces points et une coupe horizontale qui feront comprendre le blindage et le montage. Des puits creusés de 100 mètres en 100 mètres et maçonnés immédiatement servaient à l'apport des matériaux et à l'enlèvement du sable que l'on employait sur place à la confection du béton. — Dans les parties profondes, les puits étaient creusés de 200 mètres en 200 mètres.

Lorsque le boisement était opéré sur une longueur convenable on procédait à la confection de la maçonnerie et pour ce faire, on remplaçait sur des longueurs successives de 1 mètre, le boisage précédent par des couches horizontales disposées suivant le profil extérieur de la conduite et les pièces porteurs par des chandelles moisées en haut et en bas. Après avoir fait le radier comme dans le cas de conduites à ciel ouvert, puis les pieds-droits faits et le radier raccordé en ayant soin dans tout ce travail d'étrésillonner les murs de la galerie, on a mis de nouveaux cintres à couchis jointifs et mobiles, et l'on a pilonné le béton horizontalement ; le béton était ainsi posé par longueurs successives de 1 mètre, de telle sorte qu'à la moindre apparence de danger, les mineurs n'avaient que quelques pas à faire pour trouver un refuge assuré. Nous donnons *fig.* 123 plusieurs coupes faites pendant les diverses phases de ce travail, qui, avec la légende compléteront ce qui était nécessaire de dire sur ce sujet.

*Conduite sur arcades en béton Coignet.*

Nous allons donner quelques indications sur la marche du travail pour la confection de ces arcades et sur les différentes particularités de leur construction :

Dans la partie sur terre on creusa les fondations jusqu'au bon sol, puis on coula dans les fosses faites, du béton composé avec du sable tout-venant, provenant de de la rivière. Le béton, mis par couche, était soigneusement pilonné. Lorsque la maçonnerie était arrasée à fleur du sol, on plaçait autour du massif une boîte formée de panneaux profilant la forme de la voûte, et dont les pièces étaient réunies au moyen de boulons garnis de de manchons en poterie ; le béton amené à pied d'œuvre était pilonné dans cette boîte. L'assise faite, on mettait une autre boîte au-dessus de la première une fois enlevée, et l'on continuait l'opération ainsi jusqu'au niveau de la retombée des voûtes ; à ce point de l'opération, les cintres profilant la voûte étaient mis en place, et l'on continuait le travail avec des boîtes à trois faces dans lesquelles on pilonnait le béton, en ayant soin de prendre toutes les précautions que nous avons indiquées déjà plus haut pour le contact de chaque assise. Les manchons employés servaient à l'enlèvement facile des boulons qu'on aurait perdus sans cela. Les trous laissés ainsi dans la maçonnerie étaient bouchés plus tard par des ouvriers spéciaux qui étaient chargés aussi du régalage de la construction.

Dans la construction des arches dont nous parlons et de celles variant entre 20 et 40 mètres de portée, on a appliqué le procédé que M. Belgrand a décrit depuis longtemps et qui a pour but d'éviter que le tassement des voûtes n'agisse sur leur résistance, et l'on doit comprendre en effet, dans le cas d'une voûte construite en béton Coignet, c'est-à-dire dans laquelle il n'y a pas de voussoirs, l'importance de son application.

Ce procédé consiste à ne faire la maçonnerie aux différents points de rupture, que lorsqu'elle a été exécutée dans tout le reste de la voûte ; à cet effet on laisse au cours du travail, des coffres en ces différents points. Le tassement a pu s'effectuer au moment où l'on vient enlever ces coffres pour remplir les intervalles ; et l'on a ainsi évité le fâcheux effet que pouvait produire le tassement sur les points de rupture.

Dans les parties où le relief de l'aqueduc n'a pas été suffisant pour faire saillir les voûtes de support intégralement, les arcades ont alors 6 mètres de portée et une section elliptique dont le petit axe a 2 mètres ; les pieds-droits de ces voûtes sont alors munis de contreforts de 0$^m$,50 de saillie, et de 1 mètre dans le sens de

de l'axe ; la force extérieure du contrefort descend jusqu'au niveau du sol, avec un joint de 0$^m$,05 pour mètre, et verticalement dans la fondation jusqu'au bon sol. Chacun de ces contreforts confond son axe perpendiculaire au plan d'axe vertical de la maçonnerie avec celui de la fondation.

Dans le passage des voûtes de 7 mètres aux voûtes de 12 mètres, le pied-droit a à sa base une épaisseur de 2$^m$,50, le contrefort fait saillie de 0$^m$,50, et a 1$^m$,50 de longueur dans le sens de l'axe longitudinal ; il est disposé comme dans le cas précédent, mais les tympans sont évidés.

Dans la conduite régulière sur arcades, la construction tout entière est faite en béton. Des évidements qui diminuent le cube de maçonnerie, tout en donnant un aspect plus gracieux à la construction, sont ménagés à des distances égales tout le long de la conduite ; ils sont à section droite dans les arcades de la forêt de Fontainebleau, et à section arrondie dans les autres parties de la conduite ; on a préféré cette dernière forme qui présente une plus grande facilité de construction tout en étant plus gracieuse.

Une voûte de 2 mètres de portée doit rester au moins vingt-quatre heures sur cintres en tranchées. En souterrain, si le terrain est solide, on peut décintrer dès que la voûte est terminée.

Une voûte elliptique de 6 mètres de portée et de 1 mètre de flèche reste quatre jours sur cintres.

Une voûte elliptique de 8 mètres de portée et de 2 mètres de flèche reste cinq jours sur cintres.

Une voûte elliptique de 22$^m$,60 de portée et de 2 mètres de flèche reste vingt et un jours sur cintres.

Une voûte elliptique de 30 mètres de portée et de 2 mètres de flèche reste trente jours sur cintres.

Une voûte elliptique de 40 mètres de portée et de 2 mètres de flèche reste quarante jours sur cintres.

Nous donnons (*fig.* 125, 126, 127 et 128) les divers types de conduite libre qui compléteront les notes ci-dessous.

*Siphons.* Les siphons des aqueducs de prise d'eau et de l'aqueduc secondaire

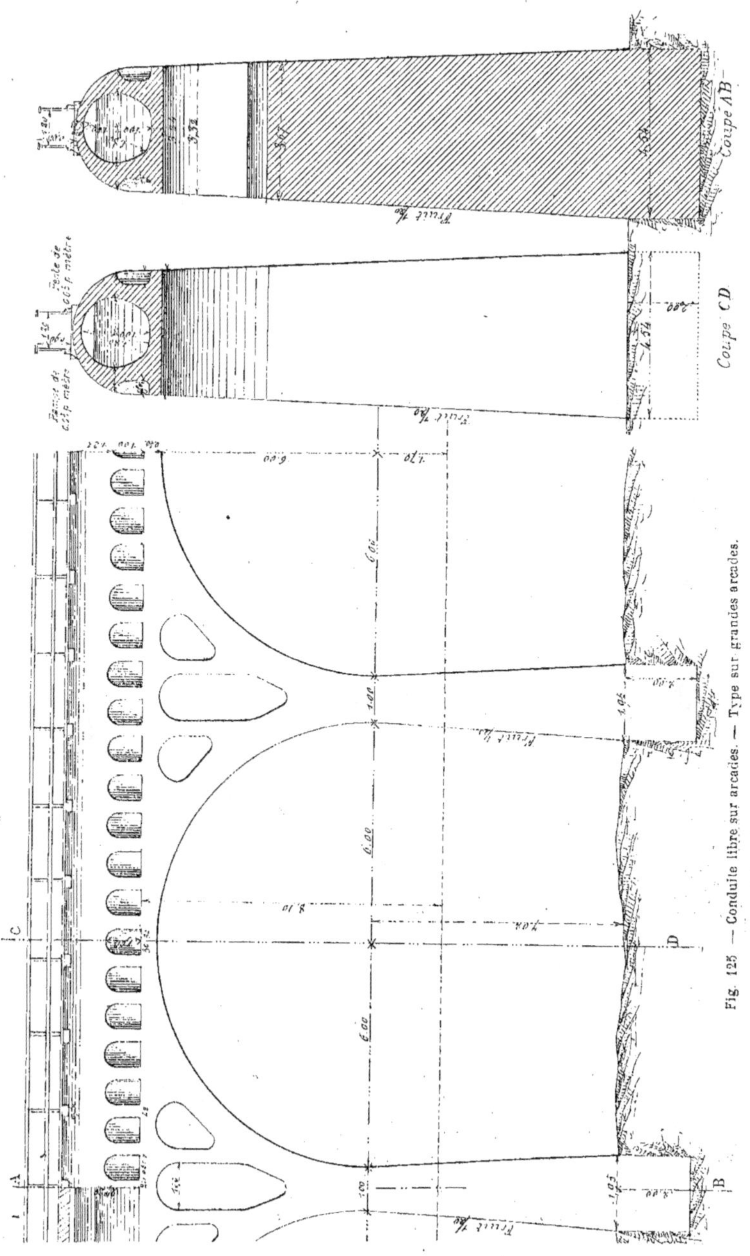



Fig. 125 — Conduite libre sur arcades. — Type sur grandes arcades.

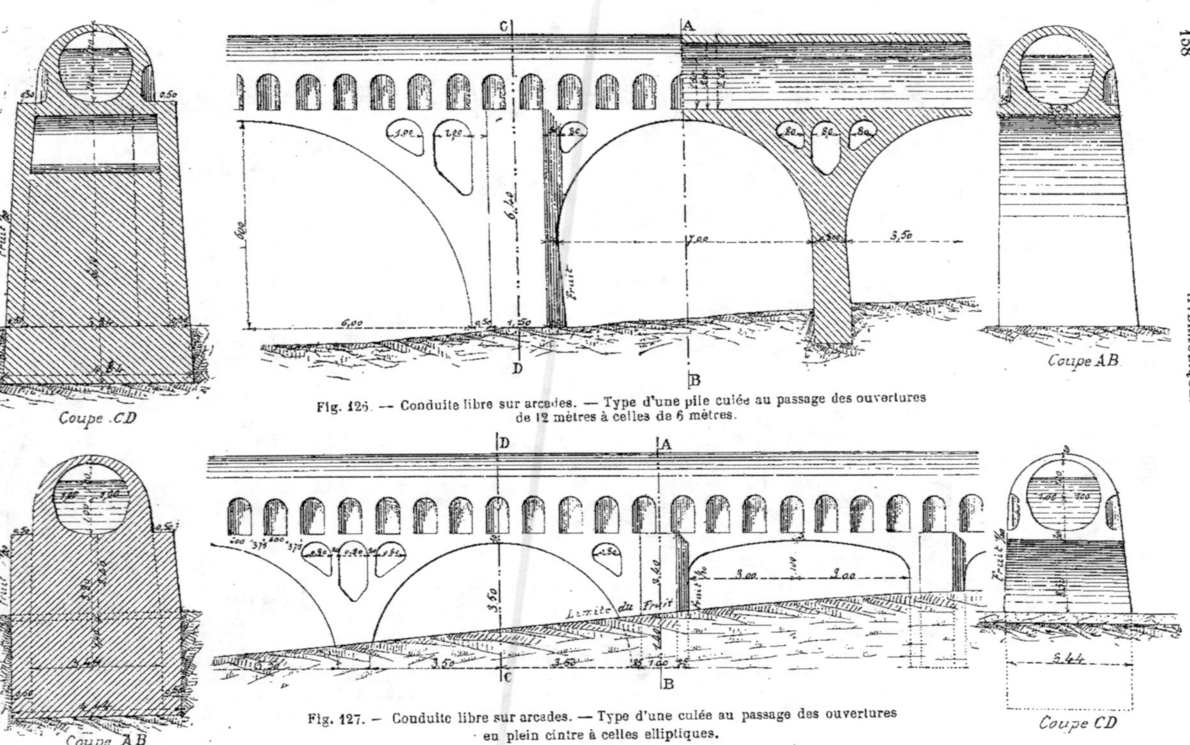



Fig. 126. — Conduite libre sur arcades. — Type d'une pile culée au passage des ouvertures
de 12 mètres à celles de 6 mètres.

Fig. 127. — Conduite libre sur arcades. — Type d'une culée au passage des ouvertures
en plein cintre à celles elliptiques.

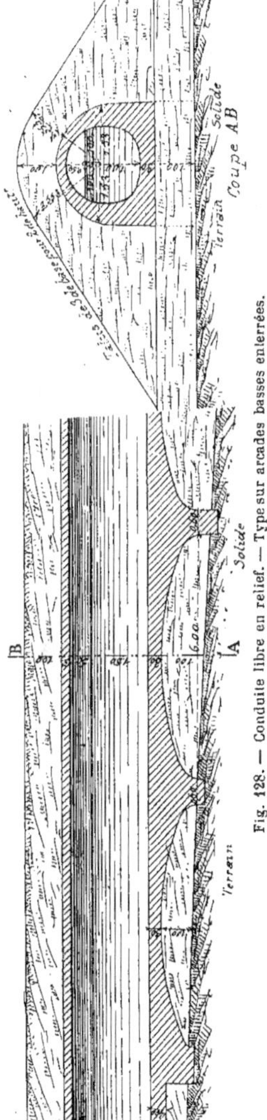



sont formés d'un seul cours de tuyau en fonte à emboîtement et cordon, qui occupe la partie centrale de l'emprise. Le diamètre, la longueur et l'épaisseur de ces tuyaux varient évidemment suivant les débits à écouler.

Pour les aqueducs de prise d'eau et collecteur des usines, le diamètre intérieur des tuyaux varie de 0$^m$,60 à 0$^m$,80 ; la longueur de chacun d'eux est de 6$^m$,10 et l'épaisseur du métal varie de 18 à 20 millimètres.

Pour l'aqueduc secondaire à petite et à grande section, le diamètre intérieur est fixé à 1$^m$,10, la longueur à 4$^m$,10 et l'épaisseur à 25 millimètres.

Les siphons de l'aqueduc principal à petite et à grande section sont formés chacun de deux conduites forcées en tuyaux de fonte à emboîtement et à cordon qui sont espacés de 1$^m$,60 d'axe en axe. Les parties courbes des conduites forcées sont en tuyaux droits, quand les rayons de courbure sont très grands, et en pièces courbes quand les inflexions du tracé l'exigent. Ces pièces, de formes, variées sont généralement des quarts, des huitième et des seizième de cercle de 2 mètres de rayon sur l'axe, à brides ou autrement. Il y a aussi dans les conduites forcées des manchons avec ou sans tubulure, des tuyaux à mamelons venus à la fonte pour recevoir, au moyen de trous taraudés, des prises d'eau de 27 millimètres de diamètre.

Les tuyaux sont le plus souvent logés dans une tranchée qui mesure verticalement 1$^m$,40 de profondeur depuis la surface naturelle du sol jusqu'au dessus du métal des conduites. Cependant au fond des vallées, les conduites forcées ont été posées sur des remblais minces ou consolidés par des pieux, quand la nécessité en a été reconnue.

A *Moret*, le siphon est formé de deux cours de tuyaux en fonte de 1$^m$,15 de diamètre et reposant sur la partie supérieure des arcades par l'intermédiaire de petits murs transversaux, soit en briques comme à *Moret*, soit en moellons comme à Champigny, pour la traversée de Pont-sur-Yonne. Ces tuyaux sont joints par emboîtement avec garniture en plomb.

Les cours des tuyaux sont cachés par

deux cours de balustrades construites aussi en béton Coignet, recouvertes par des arcades de 2 mètres de portée, en brique à plat, retombant sur une série de fers simple T qui supportent ces petits voutains.

Des ouvertures sont ménagées de distance en distance tout le long de la balustrade, de façon à permettre l'écoulement de l'eau en cas de fuite. Ces ouvertures sont bouchées par des briques à plat, placées les unes sur les autres sans mortier (voir la figure 129). De petits évidements en forme d'arceaux ont été ménagés dans les tympans des arcades faites en béton. Ces évidements ont, dans les voûtes d'une portée de 7 mètres, une portée propre de 0<sup>m</sup>,80, et dans celles de 12 mètres, une portée de 1 mètre.

Pour les manœuvres, on a établi à chaque tête, aval et amont des siphons, de grands regards avec déversoir qui renferment les vannes de décharge et d'arrêt. Ces ouvrages sont voûtés. Les grands regards ont été exécutés en maçonnerie brute avec mortier de ciment, enduite intérieurement et rejointoyée à pierres vues extérieurement. On trouvera dans les *Annales industrielles*, cinquième année, aux planches 103 et 104 les plans complets des regards d'amont et d'aval du siphon Moret. Nous nous contenterons de donner ici (*fig.* 130) une vue d'ensemble du siphon de Moret.

Bien que nous anticipions sur un des chapitres suivants de cet ouvrage, nous ne quitterons pas ce sujet de la dérivation

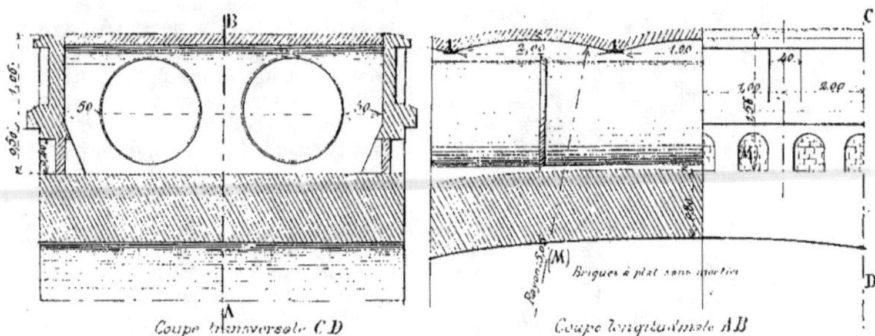


Fig. 129.

de la Vanne; sans dire au moins quelques mots des dispositions prises pour l'établissement des conduites en fonte des siphons.

Avant de couvrir de terre chaque portion de conduite exécutée, on remplit les conduites jusqu'à leur maximum de charge. Les conduites ainsi remplies ont été soumises à l'action d'une presse hydraulique, sous une charge de quatre atmosphères au-dessus du tuyau le plus élevé; les parties qui ont pu céder ont été remplacées aux frais de l'entrepreneur de la Fontainerie.

Les joints à emboîtement ont été composés d'un anneau intérieur en corde goudronnée et d'un anneau en plomb fondu dont la longueur était 0<sup>m</sup>,04, remplissant

tout le vide compris entre la corde et le bout du tuyau. Cet anneau était ensuite maté à refus.

Les joints à manchons étaient cordés, coulés et matés comme les joints à emboîtement; on commençait par glisser le manchon sur l'un des tuyaux, puis on ajoutait ensuite les deux tuyaux bout à bout de manière à les engager chacun de 0<sup>m</sup>,10 au moins dans le manchon.

Les joints à brides ont été formés par une rondelle en plomb interposée entre les brides des tuyaux et par des boulons en fer réunissant les brides. Les rondelles de plomb avaient 0<sup>m</sup>,12 d'épaisseur avant la pose; dans les parties biaises, le bord le plus mince avait au moins 1 centimètre.

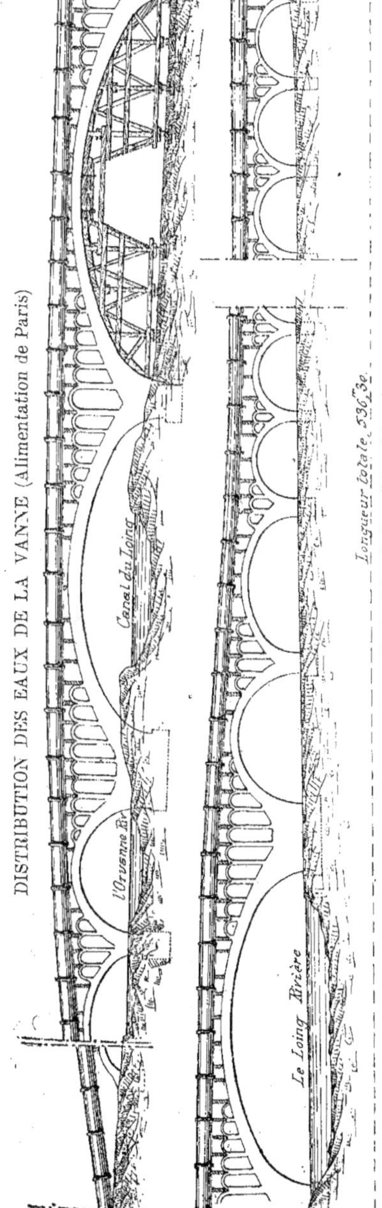



Fig. 130. — Vue d'ensemble du siphon de Moret (béton Coignet).

Ces rondelles avant leur pose ont été convenablement dressées et enduites de minium.

Dans certains cas, où la présence de l'eau n'était pas considérable, dans le passage d'une conduite sur arcades peu élevées, à travers une route, par exemple, au lieu de faire le siphon avec un cours de tuyaux en fonte on a simplement exécuté tout le siphon en maçonnerie de ciments.

Des regards sont toujours placés à l'amont et à l'aval, et de simples vannes en bois servent à retenir les eaux afin de pouvoir travailler en cas de réparation.

Dans la construction des siphons, on n'a rencontré de difficultés sérieuses d'exécution que dans les parties submersibles ou tourbeuses des vallées.

Dans les vallées de l'Yonne et du Loing, es tuyaux de fonte reposent sur des arches en maçonnerie dont plusieurs ont des portées de 35 mètres. La conduite est posée sur un pont-siphon à une hauteur telle qu'elle soit toujours au dessus du niveau des plus hautes eaux.

Dans la vallée de l'Essonne, les difficultés ont été très sérieuses ; on se trouvait en présence d'une couche de tourbe dont la puissance va jusqu'à 12 mètres. Sur certains points même le bon sol ne se rencontre qu'à 20 mètres. On a dû poser la conduite sur pilotis cloisonnés.

## § III. — ÉTABLISSEMENT DES CONDUITES D'EAU

**111.** L'usage des canaux et des aqueducs pour amener les eaux d'un point à un autre moins élevé par le mouvement propre de l'écoulement de l'eau, nécessite, nous l'avons vu, des travaux considérables, fort dispendieux par la nécessité où l'on se trouve de conserver une pente uniforme. Toutefois, on ne doit pas hésiter à avoir recours à l'un de ces deux moyens chaque fois qu'il s'agit de l'approvisionnement d'une ville nécessitant un volume d'eau *en mouvement* considérable ; mais lorsque la section d'eau vive doit être faible, on doit préférer au contraire l'emploi d'une ligne non interrompue de *tuyaux* depuis la *prise d'eau* jusqu'au *réservoir* d'arrivée sur le lieu de distribution. D'autre part, dans la plus grande généralité des cas, les eaux de distribution doivent être élevées et refoulées dans des conduites fermées jusque dans les réservoirs d'attente à l'aide de pompes mues par machines à vapeur ou machines hydrauliques ou machines éoliennes. Des réservoirs de distribution placés généralement à un niveau plus élevé que les quartiers à desservir, partent des conduites qui amènent l'eau jusqu'aux fontaines publiques et chez les particuliers. Les tuyaux employés peuvent être en bois, en pierre, en ciment, en plomb, en fonte de fer ou de cuivre, pourvu qu'ils offrent assez de résistance contre la pression de l'eau. Ce mode d'écoulement présente évidemment de grands avantages, puisque la conduite suit les pentes naturelles du sol, descend dans les lieux profonds, remonte sur les plans des coteaux, se prête, en un mot, à tous les accidents du terrain : mais ils sont rachetés par des inconvénients dont il est important de se faire une juste idée.

Nous allons les examiner successivement, en ne considérant, toutefois, la question que d'une manière générale, et nous réservant de nous appesantir sur les détails relatifs à l'établissement des conduites dans le chapitre qui sera exclusivement consacré à la distribution des eaux.

### Mouvement uniforme de l'eau dans les tuyaux.

**112.** Quand il s'agit de l'écoulement de l'eau par un tuyau, *l'uniformité du mouvement* se réalise au moyen de certaines conditions, qui sont : que le tuyau offre une section transversale constante ; qu'il soit partout plein d'eau ; qu'il soit droit ou n'ait que des inflexions peu sensibles ; que le réservoir d'où il part soit constamment alimenté de manière à entretenir sur l'orifice d'entrée une nappe d'eau invariable et suffisante ; que la pression sur l'orifice de sortie soit aussi constante ; qu'enfin la longueur du tuyau excède une certaine limite, en deçà de laquelle le phénomène de la *contraction* s'oppose à l'existence du mouvement par filets parallèles. Or, ces conditions ont fréquemment lieu dans les conduites d'eau, et l'on peut se servir avec confiance, dans la pratique, de la formule qui s'applique au mouvement uniforme.

Nous allons indiquer une méthode pour trouver directement cette formule dans le cas du mouvement permanent de l'eau dans les tuyaux à section uniforme.

La théorie de l'écoulement de l'eau par les tuyaux se déduit très simplement de l'application des théorèmes de la mécanique et des lois du frottement des liquides. Pour simplifier le plus possible ce premier exposé, admettons tout d'abord que le mouvement de l'eau se passe dans chaque section du tuyau, par filets parallèles et animés d'une même vitesse. Supposons un tuyau de diamètre constant et par suite à section constante ; supposons

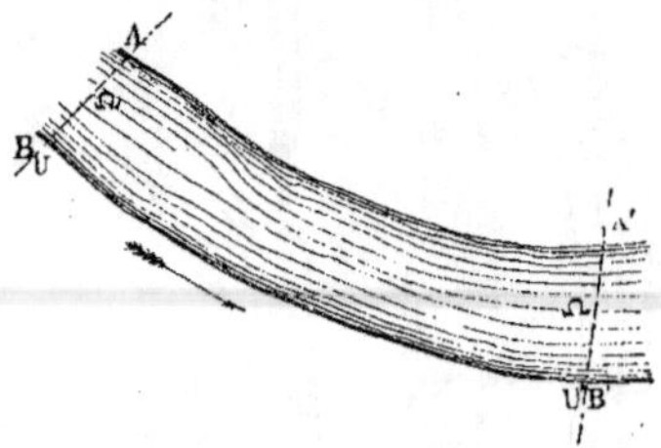

Fig. 131.

également que l'eau y coule à *plein tuyau*; il s'en suivra que la *vitesse de l'écoulement* sera la même en tous les points de la section du tuyau considéré. Supposons que dans cette section (*fig.* 131) l'écoulement se passe dans le sens de la flèche de AB vers A'B'. La quantité d'eau qui entre par la section AB, dans la partie du tuyau ABA'B' sera, par suite de la permanence, exactement égale à celle qui sort pendant le même espace de temps par la section A'B'. Si donc on appelle $\Omega$ la surface de la section AB, U la vitesse en AB et $\Omega'$ la surface de la section A'B', U' la vitesse en A'B'; on aura :

$$\Omega U = \Omega' U',$$

et par suite

Si $U = U'$ on aura $\Omega = \Omega'$.

Le produit $\Omega U$ est ce qu'on appelle la *dépense du tuyau.*

Si donc on appelle $u$ la vitesse moyenne, Q la dépense ; on aura :

$$u = \frac{Q}{\Omega}.$$

Ceci posé, prenons sur la longueur du tuyau un fragment assez court pour qu'on puisse le considérer comme rectiligne. — Soit MN, M'N' ce fragment (*fig* 132). Le mouvement étant permanent et uniforme, il y a équilibre entre les forces qui sollicitent le système matériel MN, MN'. Ces forces sont :

1° La pesanteur ou le poids P du liquide ;

2° Les pressions exercées sur le liquide

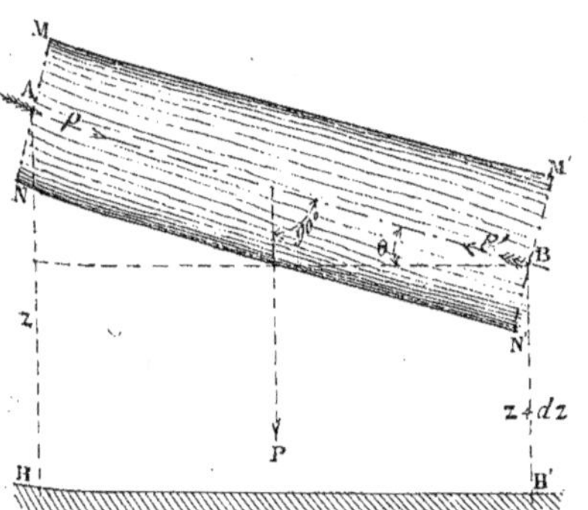

Fig. 132.

par les molécules liquides situées au-delà des sections MN et M'N' ; nous admettons que ces pressions sont normales aux plans MN et M'N' ; l'une $p$ est mouvante, l'autre $p'$ résistante ; $p$ et $p'$ représentent les expressions moyennes rapportées à l'unité de surface, les pressions totales subies par le liquide MN seront $p\Omega$, dans le sens du mouvement et $p'\Omega$ en sens contraire ;

3° Enfin, les réactions des parois des tuyaux sur le liquide ; chacune de ces réactions se décompose en deux forces : l'une normale au tuyau, l'autre tangentielle, et c'est celle-ci que nous appelons le *frottement.* Projetons toutes les forces sur l'axe du tuyau pour éliminer toutes les réactions normales. Les réactions tangentielles, parallèles à l'axe du tuyau, s'ajoutent pour former le frottement total subi par le liquide ; il est évidemment proportionnel à la *surface mouillée* dans l'intervalle MN, M'N' et aussi fonction de la vitesse.

Soit donc $ds$ la longueur AB ; soit $\chi$ le *périmètre mouillé* de la section du tuyau, lequel est ici le périmètre total.

La surface mouillée sera $\chi ds$ ; et pour avoir le frottement, il faudra multiplier cette surface par une certaine fonction $f(u)$, de la vitesse $u$ de l'écoulement. Le frottement total est donc égal à :

$$\chi ds + f(u)$$

$f(u)$ étant une fonction qui devient nulle pour $u = o$, qui croît avec la variable $u$, et qu'on devra déterminer par une série d'expériences.

La force qui sollicite la masse MN, M'N dans le sens du mouvement, est son poids décomposé suivant l'axe du tuyau et une force normale à cet axe. Le poids P est égal à $\pi \Omega ds$ ; projeté sur l'axe du tuyau, il a pour composante parallèle à cet axe :

$$\pi \Omega \, ds \sin \theta.$$

$\theta$ étant l'angle que fait l'axe du tuyau avec l'horizon.

Mais en appelant $dz$ la différence de niveau des points A et B, on a :

$$dz = ds \times \sin \theta \text{ d'où } ds = \frac{dz}{\sin \theta}.$$

Enfin les pressions sur les sections MN, M'N', donnent en projection sur l'axe du tuyau la force :

$$(p - p') \, \Omega$$

Nous poserons donc l'équation d'équilibre :

$$(p - p') \, \Omega - \pi \Omega dz - \chi ds \times (u) = o$$

Remplaçons $p' - p$ par $dp$ ; et divisons par $\pi \Omega$ puis, changeons les signes, il viendra :

$$\frac{dp}{\pi} + dz + \frac{\Omega}{\chi} \frac{f(u)}{\pi} \, ds = o.$$

Si on intègre depuis l'origine du tuyau jusqu'à l'extrémité de sortie ; comme on suppose que le tuyau a une section constante, la vitesse $u$ est la même partout ;

$\chi$ et $\Omega$ sont d'ailleurs aussi des constantes on aura la relation :

$$\frac{p}{\pi} + z + \frac{\Omega}{\chi}\frac{f(u)}{\pi} \times s = \text{constante},$$

ajoutons aux 2 membres de cette égalité la constante $\frac{2g}{u^2}$ ($u$ étant constant) nous aurons la nouvelle relation :

$$\left(z + \frac{p}{\pi} + \frac{u^2}{2g}\right) + \frac{\chi}{\Omega}\frac{f(u)}{\pi} \times s = \text{H} \quad (1)$$

H étant ici une nouvelle constante qui représente une hauteur de colonne liquide et qui définit un plan horizontal.

Dans cette relation (1) :

$$\left(z + \frac{p}{\pi} + \frac{u^2}{2g}\right)$$

est la hauteur du *plan de charge* en un point quelconque de la conduite. Par suite, dans un tuyau où le régime permanent est établi, la hauteur du plan de charge varie d'un point à un autre; on voit aussi par cette relation que dans ce

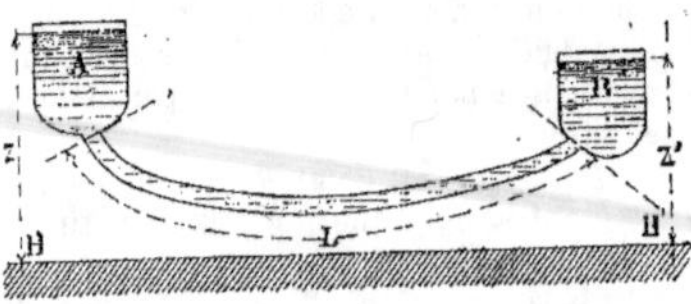



Fig. 133.

tuyau entre deux sections, il y a une perte de charge due au frottement, $\frac{\chi}{\Omega}$ et égale à :

$$\frac{\Omega}{\chi}\frac{f(u)}{\pi} \times s.$$

Cette perte de charge est donc fonction de la longueur du tuyau, de son diamètre et de la vitesse de l'eau.

Ceci posé, supposons que l'on ait déterminé dans tous les cas possibles, la valeur de $f(u)$ et que l'on connaisse également le tracé de la conduite et les dimensions du tuyau, on pourra tirer de la relation (1) la valeur de la vitesse :

Considérons par exemple (*fig.* 133) une conduite réunissant deux réservoirs,

placés à des hauteurs différentes. Supposons qu'au moment où nous examinons cet ensemble, l'écoulement ait lieu de A vers B, et que le régime permanent soit établi. Pour simplifier la question, nous admettrons que l'on ait pu supprimer à l'entrée du tuyau la perte de charge due à la contraction de la veine.

Soit E la longueur du tuyau, la vitesse moyenne dans cette conduite simple à diamètre constant, sera donnée par la relation :

$$\frac{f(u)}{\pi} = \frac{z - z' - \dfrac{u^2}{2g}}{L} \times \frac{\Omega}{\chi}. \quad (2)$$

On donne habituellement une autre forme à cette relation, en faisant entrer la constante $\pi$ dans la fonction $f(u)$, et en écrivant :

$$\frac{f(u)}{\pi} = \varphi(u).$$

La relation (2) devient alors :

$$\varphi(u) = \frac{z - z' - \dfrac{u^2}{2g}}{L} \times \frac{\Omega}{\chi} \quad (3)$$

$\frac{\Omega}{\chi}$ est le *rayon moyen*.

Pour un tuyau circulaire de diamètre D,

$$\Omega = \frac{\pi D^2}{4}$$

et

$$\chi = \pi D$$

Donc le *rayon moyen* $\frac{\Omega}{\chi} = \frac{D}{4}.$    (4)

Le *rayon moyen* pour les tuyaux, égal au quart du diamètre du tuyau, est donc égal à la moitié du rayon du tuyau, ou la moyenne des rayons de toutes les couches concentriques liquides qui se meuvent à l'intérieur de ce tuyau.

Pour simplifier la relation (3), on pose :

$$\frac{z - z' - \dfrac{u^3}{2g}}{L} = \text{J} \quad (5)$$

J représente donc la *perte de charge par unité de longueur de tuyau*. En introduisant les notations J et $\frac{D}{4}$ dans la relation (3), on a une relation plus simple qui donne $u$.

$$\varphi(u) = \frac{1}{4} \text{DJ} \qquad (6)$$

et qui sera la formule de l'écoulement dans les tuyaux à diamètre constant.

Connaissant D et J, on en déduira donc $u$ sous la condition qu'on pourra connaître la forme de la fonction $\varphi(u)$. Par suite, on connaîtra la dépense :

$$Q = \Omega u = \frac{1}{4} \pi \text{D}^2 \times u$$

**113.** *Diverses expressions de la fonction* $\varphi(u)$. — Pour déterminer $\varphi(u)$, fonction dans laquelle entre le frottement par unité de surface, il a fallu nécessairement avoir recours à l'expérience.

De Prony — le premier — a cherché à rendre pratique l'usage et l'application de la relation (6).

Il admit avec Coulomb que cette fonction $\varphi(u)$ dans laquelle entre l'expression $z - z' - \dfrac{u^2}{2g}$ croissait plus rapidement que la variable $u$, et moins rapidement que le carré de cette variable $u^2$ et pour :

$$\varphi(u) = au + bu^2$$

ou $$\frac{1}{4} \text{DJ} = au + bu^2 \qquad (7)$$

De Prony a déterminé les valeurs de $a$ et $b$ en prenant une moyenne entre cinquante et une expérience faite sur les tuyaux de conduite par Couplet, Bossut et Dubuat, savoir :

Sept de Couplet.

Vingt-six de Bossut.

Dix-huit de Dubuat.

Les expériences de Couplet avaient porté sur les tuyaux de conduite de Versailles, déjà en service au moment de ces expériences, depuis de longues années. La plupart des tuyaux expérimentés avaient 135 millimètres de diamètre, l'un seulement avait un diamètre beaucoup plus gros, 487 millimètres.

Les expériences plus sérieuses de l'abbé Bossut, au contraire, avaient été faites sur des tuyaux neufs en fer-blanc, de très

petit diamètre : variant de 1 à 2 pouces. Elles ont été utilisées par Dubuat et complétées par lui en 1781 et 1783, sur des tuyaux de 1 pouce (27 millimètres).

Dans chaque expérience on avait mesuré la *perte de charge totale z — z'*, d'un bout du tuyau à l'autre au moyen d'un *tube piézométrique* et la longueur totale E du tuyau ; on pouvait donc calculer le rapport $\dfrac{z - z'}{\text{L}} = \text{J}$, et former pour chaque expérience le produit $\frac{1}{4}$ DJ. L'expérience consistait à évaluer le débit Q du tuyau ; divisant ensuite le débit Q par la section, on obtenait la vitesse moyenne. On dressait ainsi un tableau contenant en regard de celle de $u$ ; les valeurs correspondantes de $\frac{1}{4}$ DJ, et donnant par suite, toutes les valeurs de $\varphi(u)$ pour les cas examinés.

Toutes ces expériences furent ensuite discutées par Prony qui sut en tirer des formules pratiques dans lesquelles il indiqua pour les coefficients $a$ et $b$ les valeurs :

$$a = 0,00017$$
$$b = 0,003446.$$

On a donc l'équation :

$$0,00017u + 0,003446u^2 = \frac{1}{4} \text{DJ}.$$

Faisant ensuite varier la vitesse $u$ de centimètre en centimètre, depuis $0^m,01$ jusqu'à 3 mètres, de Prony a calculé les valeurs correspondantes de $\frac{1}{4}$ DJ, de manière qu'on n'a qu'à jeter les yeux sur cette table de nombres pour connaître la relation qui existe entre la dépense, le diamètre, la longueur, la pente totale du tuyau et la différence de pression sur les extrémités.

On entre dans cette table par la vitesse.

Elle est construite d'après la formule 7

$$\frac{1}{4} \text{DJ} = au + bu^2.$$

Nous discuterons plus loin sa valeur actuelle ; et bien qu'elle ne soit plus d'un usage fréquent nous allons la donner ici :

## 114. MOUVEMENT DE L'EAU DANS LES TUYAUX

TABLE DE PRONY

donnant la valeur de $\frac{1}{4}$ DJ

$$\left(\text{formule } au + bu^2 = \frac{1}{4}\text{ DJ}\right).$$

| VITESSES MOYENNES $u=$ | VALEURS correspondant à celles de $u$ de $\frac{1}{4}$ de DJ dans les tuyaux | VITESSES MOYENNES $u=$ | VALEURS correspondant à celles de $u$ de $\frac{1}{4}$ de DJ dans les tuyaux | VITESSES MOYENNES $u=$ | VALEURS correspondant à celles de $u$ de $\frac{1}{4}$ de DJ dans les tuyaux | VITESSES MOYENNES $u=$ | VALEURS correspondant à celles de $u$ de $\frac{1}{4}$ de DJ dans les tuyaux | VITESSES MOYENNES $u=$ | VALEURS correspondant à celles de $u$ de $\frac{1}{4}$ de DJ dans les tuyaux |
|---|---|---|---|---|---|---|---|---|---|
| 0.01 | 0.0000002 | 0.61 | 0.0001402 | 1.21 | 0.0005309 | 1.81 | 0.0011723 | 2.41 | 0.0020645 |
| 0.02 | 0.0000005 | 0.62 | 0.0001446 | 1.22 | 0.0005395 | 1.82 | 0.0011851 | 2.42 | 0.0020815 |
| 0.03 | 0.0000008 | 0.63 | 0.0001491 | 1.23 | 0.0005482 | 1.83 | 0.0011980 | 2.43 | 0.0020985 |
| 0.04 | 0.0000013 | 0.64 | 0.0001537 | 1.24 | 0.0005570 | 1.84 | 0.0012110 | 2.44 | 0.0021157 |
| 0.05 | 0.0000017 | 0.65 | 0.0001584 | 1.25 | 0.0005658 | 1.85 | 0.0012240 | 2.45 | 0.0021329 |
| 0.06 | 0.0000023 | 0.66 | 0.0001631 | 1.26 | 0.0005747 | 1.86 | 0.0012371 | 2.46 | 0.0021502 |
| 0.07 | 0.0000029 | 0.67 | 0.0001679 | 1.27 | 0.0005837 | 1.87 | 0.0012502 | 2.47 | 0.0021675 |
| 0.08 | 0.0000036 | 0.68 | 0.0001728 | 1.28 | 0.0005928 | 1.88 | 0.0012635 | 2.48 | 0.0021849 |
| 0.09 | 0.0000044 | 0.69 | 0.0001778 | 1.29 | 0.0006019 | 1.89 | 0.0012768 | 2.49 | 0.0022024 |
| 0.10 | 0.0000052 | 0.70 | 0.0001828 | 1.30 | 0.0006111 | 1.90 | 0.0012901 | 2.50 | 0.0022199 |
| 0.11 | 0.0000061 | 0.71 | 0.0001879 | 1.31 | 0.0006204 | 1.91 | 0.0013036 | 2.51 | 0.0022376 |
| 0.12 | 0.0000071 | 0.72 | 0.0001930 | 1.32 | 0.0006297 | 1.92 | 0.0013171 | 2.52 | 0.0022553 |
| 0.13 | 0.0000081 | 0.73 | 0.0001982 | 1.33 | 0.0006391 | 1.93 | 0.0013307 | 2.53 | 0.0022730 |
| 0.14 | 0.0000093 | 0.74 | 0.0002035 | 1.34 | 0.0006486 | 1.94 | 0.0013443 | 2.54 | 0.0022908 |
| 0.15 | 0.0000104 | 0.75 | 0.0002089 | 1.35 | 0.0006581 | 1.95 | 0.0013581 | 2.55 | 0.0023087 |
| 0.16 | 0.0000117 | 0.76 | 0.0002143 | 1.36 | 0.0006677 | 1.96 | 0.0013718 | 2.56 | 0.0023267 |
| 0.17 | 0.0000130 | 0.77 | 0.0002198 | 1.37 | 0.0006774 | 1.97 | 0.0013857 | 2.57 | 0.0023443 |
| 0.18 | 0.0000144 | 0.78 | 0.0002254 | 1.38 | 0.0006871 | 1.98 | 0.0013996 | 2.58 | 0.0023629 |
| 0.19 | 0.0000159 | 0.79 | 0.0002310 | 1.39 | 0.0006970 | 1.99 | 0.0014136 | 2.59 | 0.0023810 |
| 0.20 | 0.0000174 | 0.80 | 0.0002368 | 1.40 | 0.0007069 | 2.00 | 0.0014277 | 2.60 | 0.0023993 |
| 0.21 | 0.0000190 | 0.81 | 0.0002425 | 1.41 | 0.0007168 | 2.01 | 0.0014418 | 2.61 | 0.0024176 |
| 0.22 | 0.0000207 | 0.82 | 0.0002484 | 1.42 | 0.0007268 | 2.02 | 0.0014560 | 2.62 | 0.0024360 |
| 0.23 | 0.0000224 | 0.83 | 0.0002543 | 1.43 | 0.0007369 | 2.03 | 0.0014703 | 2.63 | 0.0024545 |
| 0.24 | 0.0000242 | 0.84 | 0.0002603 | 1.44 | 0.0007471 | 2.04 | 0.0014847 | 2.64 | 0.0024730 |
| 0.25 | 0.0000261 | 0.85 | 0.0002663 | 1.45 | 0.0007573 | 2.05 | 0.0014991 | 2.65 | 0.0024916 |
| 0.26 | 0.0000280 | 0.86 | 0.0002725 | 1.46 | 0.0007677 | 2.06 | 0.0015136 | 2.66 | 0.0025102 |
| 0.27 | 0.0000301 | 0.87 | 0.0002787 | 1.47 | 0.0007780 | 2.07 | 0.0015281 | 2.67 | 0.0025290 |
| 0.28 | 0.0000322 | 0.88 | 0.0002849 | 1.48 | 0.0007885 | 2.08 | 0.0015428 | 2.68 | 0.0025478 |
| 0.29 | 0.0000343 | 0.89 | 0.0002913 | 1.49 | 0.0007990 | 2.09 | 0.0015575 | 2.69 | 0.0025667 |
| 0.30 | 0.0000365 | 0.90 | 0.0002977 | 1.50 | 0.0008096 | 2.10 | 0.0015722 | 2.70 | 0.0025856 |
| 0.31 | 0.0000388 | 0.91 | 0.0003042 | 1.51 | 0.0008202 | 2.11 | 0.0015871 | 2.71 | 0.0026046 |
| 0.32 | 0.0000412 | 0.92 | 0.0003107 | 1.52 | 0.0008310 | 2.12 | 0.0016020 | 2.72 | 0.0026237 |
| 0.33 | 0.0000436 | 0.93 | 0.0003173 | 1.53 | 0.0008418 | 2.13 | 0.0016169 | 2.73 | 0.0026429 |
| 0.34 | 0.0000462 | 0.94 | 0.0003240 | 1.54 | 0.0008526 | 2.14 | 0.0016320 | 2.74 | 0.0026621 |
| 0.35 | 0.0000487 | 0.95 | 0.0003308 | 1.55 | 0.0008636 | 2.15 | 0.0016471 | 2.75 | 0.0026814 |
| 0.36 | 0.0000514 | 0.96 | 0.0003376 | 1.56 | 0.0008746 | 2.16 | 0.0016623 | 2.76 | 0.0027007 |
| 0.37 | 0.0000541 | 0.97 | 0.0003445 | 1.57 | 0.0008856 | 2.17 | 0.0016775 | 2.77 | 0.0027202 |
| 0.38 | 0.0000569 | 0.98 | 0.0003515 | 1.58 | 0.0008968 | 2.18 | 0.0016928 | 2.78 | 0.0027397 |
| 0.39 | 0.0000597 | 0.99 | 0.0003585 | 1.59 | 0.0009080 | 2.19 | 0.0017082 | 2.79 | 0.0027592 |
| 0.40 | 0.0000627 | 1.00 | 0.0003656 | 1.60 | 0.0009193 | 2.20 | 0.0017237 | 2.80 | 0.0027789 |
| 0.41 | 0.0000656 | 1.01 | 0.0003728 | 1.61 | 0.0009306 | 2.21 | 0.0017392 | 2.81 | 0.0027986 |
| 0.42 | 0.0000687 | 1.02 | 0.0003800 | 1.62 | 0.0009420 | 2.22 | 0.0017548 | 2.82 | 0.0028184 |
| 0.43 | 0.0000718 | 1.03 | 0.0003873 | 1.63 | 0.0009535 | 2.23 | 0.0017705 | 2.83 | 0.0028382 |
| 0.44 | 0.0000750 | 1.04 | 0.0003947 | 1.64 | 0.0009651 | 2.24 | 0.0017862 | 2.84 | 0.0028581 |
| 0.45 | 0.0000783 | 1.05 | 0.0004022 | 1.65 | 0.0009767 | 2.25 | 0.0018021 | 2.85 | 0.0028781 |
| 0.46 | 0.0000817 | 1.06 | 0.0004097 | 1.66 | 0.0009884 | 2.26 | 0.0018179 | 2.86 | 0.0028982 |
| 0.47 | 0.0000851 | 1.07 | 0.0004173 | 1.67 | 0.0010002 | 2.27 | 0.0018339 | 2.87 | 0.0029183 |
| 0.48 | 0.0000886 | 1.08 | 0.0004249 | 1.68 | 0.0010120 | 2.28 | 0.0018499 | 2.88 | 0.0029385 |
| 0.49 | 0.0000921 | 1.09 | 0.0004327 | 1.69 | 0.0010240 | 2.29 | 0.0018660 | 2.89 | 0.0029588 |
| 0.50 | 0.0000957 | 1.10 | 0.0004405 | 1.70 | 0.0010359 | 2.30 | 0.0018822 | 2.90 | 0.0029791 |
| 0.51 | 0.0000994 | 1.11 | 0.0004483 | 1.71 | 0.0010480 | 2.31 | 0.0018984 | 2.91 | 0.0029995 |
| 0.52 | 0.0001032 | 1.12 | 0.0004563 | 1.72 | 0.0010601 | 2.32 | 0.0019147 | 2.92 | 0.0030200 |
| 0.53 | 0.0001070 | 1.13 | 0.0004643 | 1.73 | 0.0010723 | 2.33 | 0.0019310 | 2.93 | 0.0030405 |
| 0.54 | 0.0001109 | 1.14 | 0.0004724 | 1.74 | 0.0010845 | 2.34 | 0.0019475 | 2.94 | 0.0030612 |
| 0.55 | 0.0001149 | 1.15 | 0.0004805 | 1.75 | 0.0010969 | 2.35 | 0.0019640 | 2.95 | 0.0030819 |
| 0.56 | 0.0001189 | 1.16 | 0.0004887 | 1.76 | 0.0011093 | 2.36 | 0.0019806 | 2.96 | 0.0031026 |
| 0.57 | 0.0001230 | 1.17 | 0.0004970 | 1.77 | 0.0011217 | 2.37 | 0.0019972 | 2.97 | 0.0031234 |
| 0.58 | 0.0001272 | 1.18 | 0.0005054 | 1.78 | 0.0011343 | 2.38 | 0.0020139 | 2.98 | 0.0031443 |
| 0.59 | 0.0001315 | 1.19 | 0.0005138 | 1.79 | 0.0011469 | 2.39 | 0.0020307 | 2.99 | 0.0031653 |
| 0.60 | 0.0001358 | 1.20 | 0.0005223 | 1.80 | 0.0011596 | 2.40 | 0.0020476 | 3.00 | 0.0031863 |

De Prony ajouta que lorsqu'il s'agissait de calculs pratiques ordinaires, et que la vitesse de l'eau dans le tuyau ne devait pas être excessivement petite, on pouvait l'évaluer par l'équation très simple

$$u = 26,79 \sqrt{DJ}$$

que l'on obtient en négligeant l'expression de la première puissance de la vitesse dans l'équation fondamentale.

J représente ici la pente par mètre de la conduite, c'est-à-dire la hauteur divisée par la longueur L.

En remplaçant $u$ par sa valeur déduite de l'équation qui exprime la dépense Q par seconde et qui est :

$$\frac{\pi D^2}{4} \times u = Q$$

on aura :

$$u = \frac{4Q}{\pi D^2} \text{ et } Q = 21\sqrt{D^5 J}.$$

Le coefficient 21 varie suivant la vitesse, ses valeurs sont comprises dans le tableau suivant :

Vitesses de : 0,20 valeur du coefficient : 18,23
— 0,30 ... 19,50
— 0,40 — 19,84  } moyenne 20
— 0,50 — 20,07
— 1,00 — 20,56
— 2,00 — 20,79

La formule usuelle de Prony devient donc :

$$Q = 20 \sqrt{D^5 J}. \qquad (8)$$

Cette formule suppose que la conduite est en ligne droite et ouverte à ses deux bouts.

Les ingénieurs ont fait pendant longtemps largement usage des formules et de la table de Prony qui sont même encore appréciées des praticiens.

**115.** *Modifications apportées à la théorie de Prony.* — La formule adoptée par Prony :

$$au + bu^2 = \frac{1}{4} DJ \qquad (7)$$

a été employée pour l'établissement d'une foule de canalisations d'eau sur lesquelles on a pu procéder ensuite à des expériences de vérifications de la théorie. On constata alors de très grandes différences entre les résultats fournis par le calcul et ceux donnés par les expériences pratiques ; et on conclut que la formule précédente est loin d'être exacte. Toutefois, il n'y a pas eu grand inconvénient à l'employer, car si elle conduisait à prendre pour les canalisations neuves des diamètres de tuyaux trop grands pour le débit, les dépôts qui se forment toujours par la suite dans une conduite en service venant réduire le diamètre intérieur, l'emploi de la formule apportait le remède à la réduction ultérieure.

Une autre objection peut être faite à l'emploi de cette formule : elle suppose que les filets liquides contenus à l'intérieur du tuyau sont tous animés d'une même vitesse ; or, il est certain que, en réalité, les filets glissent les uns sur les autres avec des vitesses différentes ; par suite il y a lieu de considérer non seulement les frottements du liquide contre la paroi du tuyau, mais encore les frottements des molécules liquides les uns sur les autres. Ces frottements disparaissent évidemment dans la formule puisque les forces intérieures dont ils font partie disparaissent toutes en projection sur l'axe ; mais le frottement sur la paroi ne sera pas fonction de la vitesse $u$ comme le suppose la formule, mais bien fonction d'une vitesse propre aux filets liquides qui coulent le long de cette paroi. Il faudrait donc pour se rapprocher un peu plus de l'exactitude exprimer cette vitesse de frottement en fonction de la vitesse moyenne $u$, ce qui n'a pu être fait jusqu'ici. Nous renvoyons toutefois le lecteur aux Mémoires de Navier sur cette question et aux Mémoires de M. Maurice Levy ingénieur des Ponts et Chaussée (*Hydrodynamique des liquides homogènes et en particulier sur l'écoulement rectiligne et permanent*. Sans entrer plus avant dans cette partie de l'écoulement de l'eau dans les tuyaux, constatons que la formule de Prony renferme une source d'erreurs, résultant de ce qu'on y exprime le frottement à la paroi *en fonction de la vitesse moyenne* seule, tandis que, vraisemblablement, la *vitesse à la paroi*, variable propre de la fonction qui mesure le frottement, dépend non seulement de la vitesse moyenne, mais encore des dimensions de la section et que par suite il y a lieu de substituer aux coefficients donnés par de Prony, des coefficients variables avec le diamètre de la conduite.

*D'Aubuisson*, le premier, s'attachant plus aux expériences faites avec de gros tuyaux que ne l'avait fait de Prony, fut conduit à augmenter la valeur de $a$ et à diminuer celle de $b$ : il proposa les valeurs :
$$a = 0,0000188$$
$$b = 0,000343$$

*Eitelweyn* ensuite tint compte de la perte de charge due à la contraction de la veine à l'entrée dans les tuyaux ; ce qui avait été complètement négligé jusqu'alors. Il entreprit donc le calcul des coefficients $a$ et $b$ en tenant compte de la perte de charge $\frac{u^2}{2g} \times 0,49$ dont Prony n'avait pas tenu compte et il trouva les valeurs suivantes :
$$a = 0,0000222$$
$$b = 0,000280$$

Notons en passant que cette contraction peut être évitée parfaitement dans la pratique en évasant convenablement l'orifice d'entrée.

M. *Dupuit* ayant observé que le coefficient $a$ était beaucoup plus petit que le coefficient $b$ proposa de négliger le terme $a u$ devant le terme $bu^2$, sauf dans le cas où la vitesse $u$ est très petite.

Au-dessus de $0^m,10$ de vitesse, il posa l'équation
$$bu^2 = \frac{1}{4} DJ$$

qui, résolue par rapport à $u$, donne
$$u = \sqrt{\frac{\frac{1}{4} DJ}{b}}$$

Il donna à $b$ la valeur suivante :
$$b = 0\ 0003855$$
qui, substituée dans l'expression précédente, donne : $0,0003855\ u^2 = \frac{1}{4} DJ$

d'où
$$u = 50,931 \sqrt{\frac{1}{4} DJ}$$

ou mieux
$$u = 51 \sqrt{\frac{1}{4} DJ}. \qquad (9)$$

Enfin M. *Barré de Saint-Venant* reprenant les résultats des expériences adoptées par de Prony chercha à exprimer la fonction $\varphi (u)$ sous une forme calculable par logarithmes et posa
$$cu^m = \frac{1}{4} DJ$$

dans laquelle les coefficients ont les valeurs moyennes :
$$c = 0,0002955$$
$$m = \frac{12}{7},$$

ce qui donne, substituée dans l'expression précédente :
$$0,0002955\ u^{\frac{12}{7}} = \frac{1}{4} DJ.$$

Ces diverses formules, à l'exception de celle de Dupuit, formule (9), n'ont pas été adoptées dans la pratique et jusqu'à la publication de la table de M. Darcy les ingénieurs chargés d'un service de distribution d'eau ont employé la formule de Prony et la table dressée par lui que nous avons donnée précédemment page 166

**116.** *Table de Mary*. Deux autres tables plus commodes ont été déduites de la formule de Prony.

L'une est due à M. Mary, Ingénieur des Ponts et chaussées. Elle est à double entrée et donne immédiatement la perte de charge par mètre J, et la vitesse $u$, nécessaires pour écouler, par un tuyau de *diamètre donné*, un certain volume d'eau par seconde. On entre donc dans la table par le diamètre D du tuyau et le volume Q à débiter par seconde. On évite la série d'opérations suivantes :
$$u = \frac{4Q}{\pi D^2}$$
et
$$J = \frac{au + bu^2}{\frac{1}{4} D}$$

Les diamètres varient de 5 centimètres à 60 centimètres. Les volumes varient de $^1/_{10}^e$ de pouce de fontainier (soit en mètre cube 0, 0000222) à 1200 pouces, (soit en mètre cube 0, 266604. On passe facilement des données inscrites dans la table

aux données intermédiaires par interpo-
lations.

La disposition de la table est la suivante :

| VOLUMES A ÉCOULER EXPRIMÉS EN MÈTRES CUBES par seconde | Diamètre 0<sup>m</sup>,00G Section 0<sup>mq</sup>,00282 | | Diamètre 0<sup>m</sup>,080 Section 0<sup>mq</sup>,05126 | | Diamètre 0<sup>m</sup>,081 Section 0<sup>mq</sup>,00515 | | Diamètre 0<sup>m</sup>,100 Section 0<sup>mq</sup>,00754 | | Diamètre 0<sup>m</sup>,320 Section 0<sup>mq</sup>,08042 | |
|---|---|---|---|---|---|---|---|---|---|---|
| | Charge | Vitesse | Charge | Vitesse | Charge | Vitesse | Charge | Vitesse | Charge | Vitesse |
| 0.00013097 | 0.00013702 | 2.00785 | 0.01303240 | 2.07284 | 0.00045988 | 1.00783 | 0.00310977 | 1.05281 | 0.00001125 | 0.01455 |

On la trouvera publiée in extenso à la
fin de cet ouvrage: Elle est très commode
pour résoudre par voie de tâtonnement
le problème de l'établissement d'une distribution d'eau, surtout lorsqu'on doit
faire usage des diamètres inscrits.

**117.** *Table de M. Fourneyron (théorie
ancienne).* — L'autre table est celle de
M. Fourneyron. Cette table, à simple entrée, donne le produit $J^2Q$ en fonction
de la vitesse. On arrive à ce produit au
moyen de l'équation du débit :

$$Q = \Omega u = \frac{\pi D^2}{4} \times u$$

et de celle de Prony :

$$\frac{1}{4} DJ = au + bu^2 \qquad (7)$$

Éliminons D entre ces deux relations,
et pour cela élevons la seconde au carré et
multiplions cette nouvelle relation par la
première membre à membre, nous aurons :

$$J^2Q = 4\pi u (au + bu)^2.$$

La table de Fourneyron est la plus
commode pour déterminer le diamètre
d'une conduite dont la dépense Q et la
perte de charge par mètre J sont données. On forme avec les données le produit $J^2 Q$ ; on le cherche dans la table.
On trouve en regard la vitesse $u$ que
l'on corrige par une interpolation si besoin est. Puis on divise la dépense Q par
cette vitesse, et on a la section $\frac{\pi D^2}{4}$. On
trouve D tout calculé dans les tables ordinaires des formulaires.

*Exemple.* On veut débiter un volume de
60 litres par seconde au moyen d'un
tuyau placé à une distance de 400 mètres

d'un réservoir dont le niveau est à 20
mètres au-dessus de l'orifice de sortie B
placé à l'air libre. On cherche le diamètre du tuyau répondant aux conditions de la question ainsi posée :

D'après la formule de Prony :

$$J = \frac{z - \frac{u^2}{2g} \times 1,49 - z'}{L}.$$

On aura

$$J = \frac{20 - \frac{u^2}{2g} \times 1,49}{400}.$$

Comme on ne connaît pas $u$, on procédera par approximation et l'on supprimera
tout d'abord le terme en $u$ ; on aura, en
supprimant le terme en $u$

$$J = \frac{20}{400} = \frac{1}{20}$$

Comme $Q = 0^m,060$, on aura :

$$J^2Q = \frac{0,060}{(20)^2} = \frac{0,060}{400}.$$

Multiplions les deux membres de cette
équation par $10^9$, nous aurons :

$$J^2Q \times 10^9 = \frac{0,060 \times 10^9}{400} = 150000.$$

La table place ce nombre entre 2,48 et
2,49 ; par interpolation on trouve pour $u$
la valeur :

$$u = 2,489$$

d'où

$$\frac{u^2}{2g} = 0,315.$$

Donc

$$\frac{u^2}{2g} \times 1,49 = 0,4725 ;$$

170

HYDRAULIQUE.

ce qui donne pour la valeur de J :

$$J = \frac{20 - 0{,}4725}{400} = \frac{19{,}5274}{400} = 0{,}0488,$$

d'où $J^2 = 0{,}0238144$ et $J^2Q = 0{,}0001428865$.

La table donne pour ce produit par interpolation $u = 2{,}455$. On peut considérer cette valeur de $u$ comme suffisamment exacte pour ne pas avoir besoin d'avoir recours à une autre approximation. On en déduit : $\dfrac{\omega D^2}{4} = \dfrac{0{,}060}{2{,}45} = 0{,}024$.

En cherchant dans les tables des formulaires, on trouvera pour le diamètre correspondant $0^m,77$ diamètre cherché pour le tuyau.

Nous donnons ci-dessous la table de M. Fourneyron.

TABLE DU MOUVEMENT DE L'EAU DANS LES TUYAUX

*d'après la théorie de Prony et les calculs de M. Fourneyron.*

| Vitesses moyennes | $J^2Q \times 10^9$ | Vitesses moyennes | $J^2Q \times 10^9$ | Vitesses moyennes | $J^2Q \times 10^9$ | Vitesses moyennes | $J^2Q \times 10^9$ | Vitesses moyennes | $J^2Q \times 10^9$ | Vitesses moyennes | $J^2Q \times 10^9$ |
|---|---|---|---|---|---|---|---|---|---|---|---|
| 0.01 | 0.000005 | 0.51 | 63.34867 | 1.01 | 1763.592 | 1.51 | 12766.26 | 2.01 | 52509.52 | 2.51 | 157919.5 |
| 0.02 | 0.000059 | 0.52 | 69.56020 | 1.02 | 1850.939 | 1.52 | 13189.09 | 2.02 | 53815.91 | 2.52 | 161065.6 |
| 0.03 | 0.000262 | 0.53 | 76.26882 | 1.03 | 1941.713 | 1.53 | 13623.04 | 2.03 | 55148.18 | 2.53 | 164261.7 |
| 0.04 | 0.000786 | 0.54 | 83.47467 | 1.04 | 2036.013 | 1.54 | 14068.33 | 2.04 | 56566.70 | 2.54 | 167508.3 |
| 0.05 | 0.001896 | 0.55 | 91.21488 | 1.05 | 2133.942 | 1.55 | 14525.20 | 2.05 | 57891.86 | 2.55 | 170806.0 |
| 0.06 | 0.003966 | 0.56 | 99.51864 | 1.06 | 2235.602 | 1.56 | 14993.86 | 2.06 | 59304.05 | 2.56 | 174155.5 |
| 0.07 | 0.007498 | 0.57 | 108.4162 | 1.07 | 2341.100 | 1.57 | 15474.54 | 2.07 | 60743.67 | 2.57 | 177557.2 |
| 0.08 | 0.013140 | 0.58 | 117.9387 | 1.08 | 2450.543 | 1.58 | 15967.46 | 2.08 | 62211.10 | 2.58 | 181012.0 |
| 0.09 | 0.021704 | 0.59 | 128.1186 | 1.09 | 2564.041 | 1.59 | 16472.87 | 2.09 | 63706.76 | 2.59 | 184520.3 |
| 0.10 | 0.034185 | 0.60 | 138.9894 | 1.10 | 2681.705 | 1.60 | 16990.99 | 2.10 | 65231.05 | 2.60 | 188082.9 |
| 0.11 | 0.051780 | 0.61 | 150.5856 | 1.11 | 2803.650 | 1.61 | 17522.07 | 2.11 | 66784.38 | 2.61 | 191700.2 |
| 0.12 | 0.075902 | 0.62 | 162.9428 | 1.12 | 2929.990 | 1.62 | 18066.35 | 2.12 | 68367.16 | 2.62 | 195372.9 |
| 0.13 | 0.108208 | 0.63 | 176.0980 | 1.13 | 3066.843 | 1.63 | 18624.07 | 2.13 | 69979.80 | 2.63 | 199101.8 |
| 0.14 | 0.150603 | 0.64 | 190.0892 | 1.14 | 3196.331 | 1.64 | 19195.47 | 2.14 | 71622.73 | 2.64 | 202887.3 |
| 0.15 | 0.205273 | 0.65 | 204.0556 | 1.15 | 3336.574 | 1.65 | 19780.82 | 2.15 | 73296.37 | 2.65 | 206730.2 |
| 0.16 | 0.274891 | 0.66 | 220.7375 | 1.16 | 3481.696 | 1.66 | 20380.35 | 2.16 | 75001.16 | 2.66 | 210631.2 |
| 0.17 | 0.361044 | 0.67 | 237.4767 | 1.17 | 3631.823 | 1.67 | 20994.34 | 2.17 | 76737.51 | 2.67 | 214590.8 |
| 0.18 | 0.469248 | 0.68 | 255.2161 | 1.18 | 3787.085 | 1.68 | 21623.04 | 2.18 | 78505.80 | 2.68 | 218609.7 |
| 0.19 | 0.600066 | 0.69 | 273.9996 | 1.19 | 3947.612 | 1.69 | 22286.70 | 2.19 | 80306.70 | 2.69 | 222688.6 |
| 0.20 | 0.760624 | 0.70 | 292.8729 | 1.20 | 4113.525 | 1.70 | 22925.61 | 2.20 | 82140.41 | 2.70 | 226828.1 |
| 0.21 | 0.952437 | 0.71 | 314.8827 | 1.21 | 4284.991 | 1.71 | 23600.02 | 2.21 | 84007.46 | 2.71 | 231029.0 |
| 0.22 | 1.181017 | 0.72 | 337.0769 | 1.22 | 4462.117 | 1.72 | 24290.20 | 2.22 | 85908.32 | 2.72 | 235291.9 |
| 0.23 | 1.451400 | 0.73 | 360.5049 | 1.23 | 4645.052 | 1.73 | 24996.44 | 2.23 | 87843.43 | 2.73 | 239617.6 |
| 0.24 | 1.769059 | 0.74 | 385.2175 | 1.24 | 4833.937 | 1.74 | 25719.02 | 2.24 | 89813.25 | 2.74 | 244006.5 |
| 0.25 | 2.139925 | 0.75 | 411.2668 | 1.25 | 5028.917 | 1.75 | 26458.20 | 2.25 | 91818.24 | 2.75 | 248459.6 |
| 0.26 | 2.570403 | 0.76 | 438.7063 | 1.26 | 5230.138 | 1.76 | 27214.29 | 2.26 | 93858.90 | 2.76 | 252977.4 |
| 0.27 | 3.067394 | 0.77 | 467.5908 | 1.27 | 5437.749 | 1.77 | 27987.56 | 2.27 | 95936.66 | 2.77 | 257560.7 |
| 0.28 | 3.638309 | 0.78 | 497.9768 | 1.28 | 5651.900 | 1.78 | 28778.31 | 2.28 | 98049.03 | 2.78 | 262210.2 |
| 0.29 | 4.291090 | 0.79 | 529.9219 | 1.29 | 5872.745 | 1.79 | 29586.83 | 2.29 | 100199.5 | 2.79 | 266926.7 |
| 0.30 | 5.034226 | 0.80 | 563.4854 | 1.30 | 6100.439 | 1.80 | 30413.42 | 2.30 | 102387.5 | 2.80 | 271710.6 |
| 0.31 | 5.876776 | 0.81 | 598.7281 | 1.31 | 6335.142 | 1.81 | 31258.38 | 2.31 | 104613.6 | 2.81 | 276563.0 |
| 0.32 | 6.828380 | 0.82 | 635.7120 | 1.32 | 6577.012 | 1.82 | 32122.02 | 2.32 | 106878.2 | 2.82 | 281484.4 |
| 0.33 | 7.899285 | 0.83 | 674.5011 | 1.33 | 6826.214 | 1.83 | 33004.64 | 2.33 | 109181.8 | 2.83 | 286475.7 |
| 0.34 | 9.100358 | 0.84 | 715.1601 | 1.34 | 7082.912 | 1.84 | 33906.55 | 2.34 | 111525.1 | 2.84 | 291537.6 |
| 0.35 | 10.443190 | 0.85 | 757.7570 | 1.35 | 7347.275 | 1.85 | 34828.08 | 2.35 | 113908.2 | 2.85 | 296670.7 |
| 0.36 | 11.939690 | 0.86 | 802.3591 | 1.36 | 7619.472 | 1.86 | 35769.53 | 2.36 | 116332.2 | 2.86 | 301875.9 |
| 0.37 | 13.60296 | 0.87 | 849.0367 | 1.37 | 7899.677 | 1.87 | 36731.23 | 2.37 | 118797.4 | 2.87 | 307153.8 |
| 0.38 | 15.44645 | 0.88 | 897.8646 | 1.38 | 8188.065 | 1.88 | 37713.51 | 2.38 | 121303.7 | 2.88 | 312505.4 |
| 0.39 | 17.48441 | 0.89 | 948.9007 | 1.39 | 8484.814 | 1.89 | 38716.69 | 2.39 | 123852.3 | 2.89 | 317931.2 |
| 0.40 | 19.73182 | 0.90 | 1002.247 | 1.40 | 8790.104 | 1.90 | 39741.10 | 2.40 | 126443.7 | 2.90 | 323432.2 |
| 0.41 | 22.20441 | 0.91 | 1057.959 | 1.41 | 9104.119 | 1.91 | 40787.08 | 2.41 | 129078.2 | 2.91 | 329009.1 |
| 0.42 | 24.91867 | 0.92 | 1116.121 | 1.42 | 9427.044 | 1.92 | 41854.97 | 2.42 | 131756.4 | 2.92 | 334662.6 |
| 0.43 | 27.89191 | 0.93 | 1176.813 | 1.43 | 9759.067 | 1.93 | 42945.12 | 2.43 | 134479.0 | 2.93 | 340393.6 |
| 0.44 | 31.14219 | 0.94 | 1240.117 | 1.44 | 10100.38 | 1.94 | 44057.85 | 2.44 | 137246.3 | 2.94 | 346202.8 |
| 0.45 | 34.68845 | 0.95 | 1306.116 | 1.45 | 10451.17 | 1.95 | 45193.54 | 2.45 | 140059.0 | 2.95 | 352091.0 |
| 0.46 | 38.55012 | 0.96 | 1374.804 | 1.46 | 10811.65 | 1.96 | 46352.52 | 2.46 | 142917.7 | 2.96 | 358059.1 |
| 0.47 | 42.74873 | 0.97 | 1446.540 | 1.47 | 11182.00 | 1.97 | 47535.16 | 2.47 | 145822.8 | 2.97 | 364107.9 |
| 0.48 | 47.30486 | 0.98 | 1521.441 | 1.48 | 11562.43 | 1.98 | 48741.81 | 2.48 | 148775.0 | 2.98 | 370238.1 |
| 0.49 | 52.24124 | 0.99 | 1598.788 | 1.49 | 11953.15 | 1.99 | 49972.84 | 2.49 | 151774.8 | 2.99 | 376450.6 |
| 0.50 | 57.58107 | 1.00 | 1679.574 | 1.50 | 12354.36 | 2.00 | 51228.62 | 2.50 | 154822.8 | 3.00 | 382746.3 |

**118.** *Formules et tables de Darcy.* — Henri Darcy alors qu'il était chargé du service des eaux de Paris a recherché directement l'influence de l'état des surfaces sur le débit des conduites et l'influence du diamètre de ces conduites sur la résistance qu'elles opposent au mouvement de l'eau. Les belles expériences exécutées par cet ingénieur à Chaillot en 1849-51 ont marqué une ère nouvelle dans l'étude du mouvement de l'eau dans les tuyaux. Elles ont porté sur les conduites de diamètres très variés depuis les plus petits jusqu'à ceux de $0^m,50$. Ces conduites étaient en fer étiré, en plomb, en fer bitumé et neuves, en verre, en fonte neuve sans dépôts ou altérée par ceux-ci. Les tuyaux de fer et de fonte avaient 100 mètres au moins de longueur ; ceux de plomb 50 mètres ; ceux de verre $44^m,80$. Tous étaient parfaitement calibrés. Les débits étaient soigneusement reconnus en recueillant l'eau dans des bassins de jauge. Les vitesses observées ont varié depuis 0,005 jusqu'à 6 mètres par seconde. La pente de la conduite était soigneusement réglée, tous les coudes et toutes les déviations brusques évitées, ainsi que toute perturbation due à la présence de l'air.

M. Darcy fit ainsi près de deux cents expériences qui lui ont permis de déterminer les nouvelles lois de l'écoulement, et de dresser une table qui résume ces lois pour les *tuyaux en fonte neuve* qui se rencontrent le plus souvent dans la pratique. Il vérifia l'indépendance entre le frottement des liquides et la pression mutuelle des molécules ainsi que la proportionnalité du frottement à l'aire des surfaces frottantes. Mais il reconnut que la nature de la paroi avait sur le frottement une influence souvent considérable et qui avait été négligée par tous ceux qui avant lui s'étaient occupés de la question. Par exemple, les formules de Prony conduisent pour les tuyaux en fer bitumé et les tuyaux en verre à des produits plus petits d'un tiers que la réalité tandis que pour les tuyaux en fonte, elles donnent ainsi que nous l'avons indiqué plus haut un débit trop grand au moment de la mise en service ; débit qui va en diminuant au fur et à mesure que la surface intérieure vient à se modifier.

La variation des diamètres, pour une même nature de tuyaux a permis de constater que la fonction $(u)$ décroît quand le diamètre augmente ; en sorte que les coefficients de la formule de Prony au lieu

d'être des constantes, sont des fonctions du diamètre qui varient à l'inverse de la variation du diamètre, diminuant tous deux quand il augmente, augmentant quand il diminue.

Darcy simplifia heureusement la forme de l'expression et admit la suppression du terme en $u^2$ pour les vitesses moindres que 10 centimètres par seconde et au contraire la suppression du terme en $u$ pour les vitesses supérieures à 10 centimètres.

Pour les vitesses supérieures à 10 centimètres la formule de Darcy est la suivante :

$$RJ = b_1 u^2 \qquad (10)$$

dans laquelle $R = $ le rayon du tuyau ; $b_1 = $ fonction de R qui décroît quand R augmente.

Cette fonction a été déterminée par la relation :

$$b_1 = \alpha + \frac{\beta}{R},$$

dans laquelle $\alpha$ et $\beta$ sont des constantes dépendant de la nature du tuyau.

Pour comparer la relation (10) avec celle de Prony (7), mettons l'équation de Prony

$$\frac{1}{4} DJ = au + bu^2$$

sous la forme

$$RJ = 2au + 2bu^2,$$

dans laquelle le rayon entre à la place du diamètre, puis divisons par $u^2$ ; il vient :

$$\frac{RJ}{u^2} = \frac{2a}{u} + 2b.$$

Posons

$$2a = \beta' \qquad \text{et} \qquad 2b = \alpha'$$

on a la formule de Prony sous cette forme nouvelle :

$$\frac{RJ}{u^2} = \alpha' + \frac{\beta'}{u}. \qquad (10)$$

Dans la formule (9) de Darcy,

$$RJ = b_1 u^2,$$

remplaçons $b_1$ par son expression en fonction des constantes ; il vient, en divisant par $u^2$ :

$$\frac{RJ}{u^2} = \alpha + \frac{\beta}{R}. \qquad (11)$$

On voit en comparant les deux nouvelles relations 10 et 11 que Darcy a fait entrer le rayon du tuyau là où Prony ne tenait compte que de la vitesse.

Pour les vitesses inférieures à 10 centimètres Darcy a conservé à l'équation de Prony sa forme primitive ; mais il a introduit le rayon du tuyau et par suite des constantes variables avec la nature de la paroi, ce qui donne :

$$RJ = \left(\alpha + \frac{\alpha_1}{R^2}\right) u + \left(\beta + \frac{\beta_1}{R}\right)u^2.$$

Les valeurs de ces coefficients pour les tuyaux en fonte à parois lisses sont les suivantes :

$$\alpha = 0,000064 \qquad \beta = 0,0001286$$
$$\alpha_1 = 0,000\,000\,007 \qquad \beta_1 = 0,0000129$$

On peut encore résoudre l'équation de Darcy par rapport à $u$. On trouve alors suivant le diamètre du tuyau :

$$\text{pour} \quad D = 0^m,01 \qquad u = 33\sqrt{\frac{1}{4}\,DJ},$$
$$D = 0^m,10 \qquad u = 41\sqrt{\frac{1}{4}\,DJ},$$
$$D = 0^m,50 \qquad u = 63\sqrt{\frac{1}{4}\,DJ},$$
$$D = 1^m,00 \qquad u = 63\sqrt{\frac{1}{4}\,DJ},$$

De sorte qu'à partir des diamètres $0^m,50$ on peut se servir de cette dernière équation très simple pour les tuyaux à parois lisses.

Le tableau suivant donne toutes les valeurs de $b_1$ et de $\alpha$ pour les diamètres de tuyaux depuis $0^m,01$ jusqu'à 1 mètre.

TABLE DU MOUVEMENT DE L'EAU DANS LES TUYAUX NEUFS
*d'après les formules de Darcy*

$$RJ = b_1 u^2 = \left(\alpha + \frac{\beta}{R}\right)u^2 \quad \text{et} \quad \alpha = \frac{J}{Q^2}$$

| DIAMÈTRES D. | VALEURS de $b_1$ | VALEURS de $\alpha$ | DIAMÈTRES D. | VALEURS de $b_1$ | VALEURS de $\alpha$ | DIAMÈTRES D. | VALEURS de $b_1$ | VALEURS de $\alpha$ |
|---|---|---|---|---|---|---|---|---|
| m. | | | m. | | | m. | | |
| 0,01 | 0,001 804 | 116 790 000 | 0,18 | 0,000 578 | 19,836 | 0,39 | 0,000 540 | 6,388 11 |
| 0,02 | 0,001 154 | 2 338 500 | 0,19 | 0,000 575 | 15,059 | 0,40 | 0,000 539 | 0,341 34 |
| 0,027 | 0,000 986 | 445 600 | 0,20 | 0,000 571 | 11,571 | 0,41 | 0,000 538 | 0,501 12 |
| 0,03 | 0,000 938 | 250 310 | 0,21 | 0,000 568 | 9,0185 | 0,42 | 0,000 537 | 0,266 45 |
| 0,04 | 0,000 830. | 52 561 | 0,216 | 0,000 566 | 7,8061 | 0,43 | 0,000 537 | 0,236 87 |
| 0,05 | 0,000 765 | 15 874 | 0,22 | 0,000 565 | 7,1092 | 0,44 | 0,000 536 | 0,210 76 |
| 0,054 | 0,000 746 | 10 535 | 0,23 | 0,000 563 | 5,6722 | 0,45 | 0,000 535 | 0,188 01 |
| 0,06 | 0,000 722 | 6 020,9 | 0,24 | 0,000 560 | 4,5610 | 0,46 | 0,000 535 | 0,168 44 |
| 0,07 | 0,000 691 | 2 666,1 | 0,25 | 0,000 558 | 3,7052 | 0,47 | 0,000 534 | 0,150 00 |
| 0,08 | 0,000 668 | 1 321,9 | 0,26 | 0,000 556 | 3,0345 | 0,48 | 0,000 533 | 0,135 65 |
| 0,081 | 0,000 666 | 1 238,6 | 0,27 | 0,000 554 | 2,5036 | 0,49 | 0,000 533 | 0,122 36 |
| 0,09 | 0,000 650 | 713,81 | 0,28 | 0,000 553 | 2,0836 | 0,50 | 0,000 532 | 0,110 39 |
| 0,10 | 0,000 636 | 412,42 | 0,29 | 0,000 551 | 1,7420 | 0,55 | 0,000 530 | 0,068 288 |
| 0,108 | 0,000 626 | 276,27 | 0,30 | 0,000 550 | 1,4677 | 0,60 | 0,000 528 | 0,044 031 |
| 0,11 | 0,000 624 | 251,25 | 0,31 | 0,000 548 | 1,2412 | 0,65 | 0,000 526 | 0,029 307 |
| 0,12 | 0,000 614 | 160,01 | 0,32 | 0,000 547 | 1,0571 | 0,70 | 0,000 525 | 0,020 256 |
| 0,13 | 0,000 606 | 105,84 | 0,325 | 0,000 546 | 0,976 47 | 0,75 | 0,000 524 | 0,010 319 |
| 0,135 | 0,000 602 | 87,058 | 0,33 | 0,000 546 | 0,904 70 | 0,80 | 0,000 523 | 0,010 359 |
| 0,14 | 0,000 599 | 72,222 | 0,34 | 0,000 545 | 0,777 83 | 0,85 | 0,000 522 | 0,007 628 9 |
| 0,15 | 0,000 593 | 50,630 | 0,35 | 0,000 543 | 0,670 42 | 0,90 | 0,000 521 | 0,005 721 5 |
| 0,16 | 0,000 587 | 36,301 | 0,36 | 0,000 542 | 0,581 26 | 0,95 | 0,000 520 | 0,063 461 5 |
| 0,162 | 0,000 586 | 34,057 | 0,37 | 0,000 541 | 0,505 91 | 1,00 | 0,000 519 | 0,003 365 5 |
| 0,17 | 0,000 583 | 26,626 | 0,38 | 0,000 541 | 0,442 75 | | | |

M. Darcy a réuni les résultats de ses nombreux calculs basés sur les expériences qu'il a faites en une table qui est comme celle de Mary à double entrée; on entre dans la table par le diamètre ou la section des tuyaux et par les vitesses. Le diamètre des tuyaux varie de centimètre en centimètre depuis 0,01 jusqu'à 1 mètre. La vitesse varie de centimètre en centimètre de $0^m,10$ à $0^m,50$ — puis de 2 en 2 centimètres de $0^m,50$ à 2 mètres, puis enfin de 5 en 5 centimètres de 2 mètres à 3 mètres. Cette table très commode en pratique donne à la fois le débit Q et la perte de charge pour 100 mètres de longueur du tuyau, c'est-à-dire le produit J $\times$ 100. La disposition est la suivante :

| TUYAUX NEUFS | | VITESSE | | | | | |
| --- | --- | --- | --- | --- | --- | --- | --- |
| | | 10 centimètres | | 11 centimètres | | 12 centimètres | |
| DIAMÈTRES | SECTIONS | Charges par 100 mètres | Volume débité | Charge par 100 mètres | Volume débité | Charges par 100 mètres | Volume débité |
| D | $\Omega$ | J $\times$ 100 | Q | J $\times$ 100 | Q | J $\times$ 100 | Q |

On la trouvera publiée in extenso à la fin de cet ouvrage.

Elle concerne exclusivement les tuyaux en fonte neuve. Si l'on veut en faire usage pour des conduites déjà anciennes dans lesquelles le poli des surfaces est altéré par de légers dépôts ou par l'oxydation de la fonte, il faudra avoir égard suivant Darcy à certaines corrections.

**119.** *Application de la formule de Darcy à la résolution de quelques problèmes usuels sur l'écoulement uniforme et permanent dans les tuyaux.* — Nous appliquerons dans ce qui va suivre la relation :

$$\mathrm{R}J = b_1 u^2 = \left( \alpha + \frac{\beta}{\mathrm{R}} \right) u^2.$$

dans laquelle :

R = rayon du tuyau ;

J = pente de la ligne de charge par unité de longueur mesurée sur l'axe du tuyau.

$u$ = vitesse moyenne dans une section quelconque ;

$\alpha$ et $\beta$ constantes déterminées par les expériences de M. Darcy.

Nous allons à l'aide des tables de Darcy et de la formule précédente résoudre les divers problèmes auxquels peut donner lieu l'hypothèse du mouvement uniforme de l'eau dans les tuyaux. Dans chacun des cas suivants on cherchera à déterminer deux des quatre quantités $u$, J, Q et R en fonction des deux autres.

**120.** 1er PROBLÈME. — *Connaissant le diamètre du tuyau et la vitesse de l'écoulement, déterminer la pente par mètre et le débit.* La table de Darcy donnée précédemment fournit immédiatement le résultat cherché.

On cherche dans la table le diamètre donné et la colonne verticale qui correspond à la vitesse donnée.

On trouve à l'intersection des deux lignes la valeur de 100 J et la valeur de Q.

Soit par exemple une conduite à parois lisses en fonte de 0,10 de diamètre dans laquelle la vitesse de l'écoulement est de 10 centimètres.

On trouve dans la table pour 100 J = 0,012728. La pente par mètre est donc de 0,00012728 et le volume du débit celui lu Q = 0 lit. 785.

La table étant établie dans le cas de parois lisses, il se peut qu'on ait à résoudre ce problème pour le cas de parois incrustées, on cherche alors la solution par le calcul direct. Connaissant le diamètre D on connaîtra le rayon R.

Connaissant R et $u$, on aura le débit Q = $\pi \mathrm{R}^2 u$ et l'on tirera J de l'équation $\mathrm{R}J = b_1 u^2$, dans laquelle on remplacera $b_1$ par sa valeur en fonction de R.

| Diamètre | Rayons | Valeurs numériques correspondantes de $b_1$. | |
| --- | --- | --- | --- |
| D | R | Parois lisses | Parois recouvertes de dépôts |
| 0m,01 | 0m,005 | 0,001 801 | 0,003 602 |
| 0 ,05 | 0 ,025 | 0,000 765 | 0,001 530 |
| 0 ,10 | 0 ,05 | 0,000 036 | 0,001 272 |
| 0 ,20 | 0 ,10 | 0,000 571 | 0,001 142 |
| 0 ,30 | 0 ,15 | 0,000 550 | 0,001 100 |
| 0 ,40 | 0 ,20 | 0,000 539 | 0,001 078 |
| 0 ,50 | 0 ,25 | 0,000 532 | 0,001 064 |
| 1 ,00 | 0 ,30 | 0,000 519 | 0.001 038 |

La table ci-contre calculée par Darcy, donne d'ailleurs les valeurs numériques pour les tuyaux en fonte

**121.** 2ᵉ Problème. — *Connaissant la perte de charge par unité de longueur J et la dépense Q, calculer la vitesse u et le diamètre D.* — On élimine $u$ entre les deux équations

$$RJ = \left( \alpha + \frac{\beta}{R} \right) u^2,$$
$$Q = \pi R^2 u.$$

Pour cela élevons au carré les deux membres de la seconde et divisons ensuite les deux égalités membre à membre, il vient :

$$\frac{RJ}{Q^2} = \frac{\alpha + \frac{\beta}{R}}{\pi^2 R^4},$$

d'où

$$\frac{\alpha + \frac{\beta}{R}}{\pi^2 R^5} = \frac{J}{Q^2}.$$

Connaissant J et Q on en déduira le rapport $\frac{J}{Q^2}$ ; et on sera ramené à résoudre une équation du sixième degré en R :

$$\pi^2 R^6 \frac{J}{Q^2} - \alpha R - \beta = 0.$$

On néglige le terme $\beta$ qui est très petit et il restera :

$$\pi^2 R^5 \frac{J}{Q^2} - \alpha = 0,$$

d'où l'on tirera :

$$\alpha = \sqrt[5]{\frac{\alpha Q^2}{\pi^2 J}}.$$

On aura ainsi une valeur approchée de R que l'on portera dans l'équation en $R^6$ d'où on tirera une valeur plus approchée

$$R = \sqrt[6]{\frac{(\alpha R + \beta)\, Q^2}{\pi^2 J}}.$$

On arrivera ainsi par des tâtonnements successifs à une valeur de R suffisamment exacte, d'où on déduira la valeur du diamètre D et la vitesse $u$ par les formules

$$D = 2R \qquad \text{et} \qquad u = \frac{Q}{\pi R^2}.$$

Nous renvoyons le lecteur à une table dressée par M. *Bresse* et publiée dans son cours d'hydraulique qui simplifie beaucoup les calculs. Elle donne les valeurs du quotient $\frac{J}{Q^2}$ en fonction du diamètre ; elle se rapporte aux valeurs de $\alpha$ et $\beta$ qui conviennent aux tuyaux dont les parois sont déjà garnies de dépôt.

**122.** 3ᵉ Problème. — *Connaissant la pente J et le diamètre D, calculer la dépense et la vitesse.* — Nous donnerons deux solutions :

1ʳᵉ *Solution.* — On cherchera dans la table de Darcy le diamètre D ; on trouvera en regard différentes valeurs de J ; on choisira celle qui se rapproche le plus de la valeur donnée. A côté dans la même colonne on trouvera la dépense Q correspondante ; en tête de cette colonne on trouvera la vitesse $u$.

2ᵉ *Solution.* — On peut également se servir de la table de M. Bresse.

On y cherchera le diamètre D ; on trouvera la valeur correspondante $\frac{J}{Q^2}$ ; Connaissant J on en déduira la valeur du débit Q ; puis on obtiendra la vitesse par la relation :

$$u = \frac{Q}{\frac{\pi D^2}{4}}.$$

**123.** 4ᵉ Problème. *Connaissant la pente J et la vitesse u, trouver le diamètre D et la dépense Q.*

1ʳᵉ *Solution.* — De l'équation $RJ = b_1 u^2$, on tirera :

$$\frac{J}{u^2} = \frac{b_1}{R} = \frac{\alpha + \frac{\beta}{R}}{R}.$$

On connaît par les données la valeur de $\frac{J}{u^2}$ et par suite R que l'on tirera de la résolution de l'équation du second degré précédente.

On pourra procéder, comme nous l'avons fait pour le 2ᵉ problème, par approximations successives. On supprimera d'abord le terme très petit qui contient $\beta$, ce qui donne : $$R = \alpha + \frac{u^2}{J}.$$

On substituera ensuite cette valeur

dans le terme en $\beta$ supprimé, ce qui fournira une seconde approximation

$$R = \frac{u^2}{J}\left(\alpha + \frac{\beta J}{\alpha u^2}\right) = \frac{\alpha u^2}{J} + \frac{\beta}{\alpha}.$$

On arrivera ainsi par des tâtonnements successifs à la valeur exacte de R, d'où on déduira la valeur de Q par l'équation de la dépense

$$Q = \pi R^2 u.$$

2ᵉ *Solution*. — On peut également trouver facilement la valeur de R par l'emploi d'une table de Darcy donnant $\dfrac{J}{u^2}$ en fonction du diamètre D.

**124.** 5ᵉ Problème. — *Connaissant le diamètre D et la dépense Q, déterminer la vitesse u et la pente J.*

1ʳᵉ *Solution*. — On trouvera dans la table de Darcy en regard du diamètre D, une valeur de Q égale à la dépense donnée. A côté on lira la pente J correspondante pour 100 mètres de conduite ; divisant le nombre lu par 100, on aura la valeur de J pour 1 mètre. On trouve ensuite la vitesse u correspondante inscrite en tête de la double colonne J et Q.

2ᵉ *Solution*. — On pourra résoudre ce problème directement par un calcul très simple :

On calculera u par la formule :

$$u = \frac{Q}{\dfrac{\pi D^2}{4}}$$

et alors on est ramené à chercher la pente J connaissant le diamètre et la vitesse (Voir le 1ᵉʳ problème).

**125.** 6ᵉ Problème. — *Connaissant la vitesse u et la dépense Q, trouver la pente et le diamètre D.* — On divisera la valeur de Q par celle de u ce qui fera connaître celle de $\dfrac{\pi D^2}{4}$ par la formule de la dépense. Les tables des cercles des formulaires donneront le diamètre par une simple lecture.

On est alors amené à chercher la pente J connaissant le diamètre et la vitesse (Voir le 1ᵉʳ problème).

**126.** Méthodes graphiques. — On peut résoudre ces questions au moyen de tableaux graphiques qui donnent le diamètre et la dépense en fonction de J et de la vitesse u.

Sur un axe horizontal de coordonnées, on a porté des abscisses proportionnelles aux valeurs successives de la pente par mètre J de 0ᵐ,10 à 0ᵐ,50 ; sur un axe vertical, des longueurs proportionnelles aux diverses vitesses u.

Chaque point du plan des deux axes perpendiculaires l'un sur l'autre correspondra donc à des valeurs définies de J et de u ; or la formule de Darcy

$$R J = b\, u^2 \text{ ou mieux encore}$$

$$RJ = \left(\alpha + \frac{\beta}{R}\right) u^2,$$

relie entre elles les quatre quantités R, J, u et Q.

Si donc on donne au paramètre R une certaine valeur, on pourra tracer une courbe parabolique correspondante rapportée aux deux axes de coordonnées qui représentera la relation liant entre elles les quantités variables J et u pour la valeur déterminée du diamètre du tuyau. On pourra tracer ainsi une succession de paraboles et inscrire le long de la courbe correspondante la valeur du diamètre du tuyau.

En chaque point du plan des deux axes, on trouve ainsi déterminés, le diamètre du tuyau D, la pente J et la vitesse u ; on connaît donc le débit Q ; et par suite sur ce même tableau on pourra tracer des *courbes d'égal débit*.

Au lieu des courbes avec les coordonnées J et u, on peut construire des lignes correspondantes à ces courbes, et ayant pour coordonnées non plus les valeurs de ces variables, mais les logarithmes de ces valeurs. On a ainsi une épure construite avec des lignes droites parallèles, plus commodes, sur laquelle on a encore facilité les lectures en inscrivant le long des axes les valeurs mêmes de J et u au lieu de valeurs de leurs logarithmes.

Nous donnons à la fin de cet ouvrage un tableau construit d'après ces données et les formules de Darcy. Nous donnons également un tableau construit également d'après ces données et les formules de Bazin pour les canaux découverts.

### Table pour le calcul des conduites d'eau d'après la théorie de M. Maurice Lévy.

**127.** La sagacité et les soins minutieux avec lesquels les expériences de Darcy ont été conduites aussi bien que la remarquable discussion des résultats trouvés par lui, ont assuré aux formules qu'il en a déduites une grande autorité qui les fait adopter presque constamment dans les calculs des distributions d'eau. Malheureusement, les formules de Darcy sont comme toutes celles posées par ceux qui l'ont précédé dans l'étude de cette question délicate, empreintes d'un cachet d'empirisme qui fait naître le doute dès qu'on dépasse les limites entre lesquelles les expériences ont été faites, c'est-à-dire dès qu'on dépasse $0^m,50$ pour la fonte neuve et $0^m,25$ pour la fonte recouverte de dépôts. Si l'on ajoute à cette considération, celle de l'emploi de conduites dont le diamètre va croissant avec les progrès des besoins d'une part et de l'industrie d'autre part, on voit qu'il est nécessaire de n'appliquer la table et les formules de Darcy qu'avec une grande réserve ; on fait aujourd'hui facilement usage de tuyaux de fonte de 1 mètre, $1^m,10$ et $1^m,50$ de diamètre ; au canal de Veudon en Provence on a employé des tuyaux en tôle dont le diamètre atteint quelquefois $1^m,75$, 2 mètres et $2^m,30$.

On se trouve donc aujourd'hui assez souvent dans des conditions très éloignées de celles qui ont servi aux expériences de Darcy et à l'établissement de ces formules. D'autre part les recherches expérimentales devenant fort difficiles pour ces gros tuyaux, il a fallu demander à l'analyse mathématique de venir combler la lacune existante.

Parmi ceux qui ont cherché à relier les divers éléments de la question par des méthodes rationnelles et des formules dépouillées de tout empirisme, il faut citer les noms de Barré de Saint-Venant, Bresse, Boussinesq, Maurice Lévy, Kleitz, à la fois ingénieurs et analystes distingués.

De tous ces travaux, celui de M. Maurice Lévy, Ingénieur en chef des Ponts et chaussées et membre de l'institut, plus particulièrement remarquable par le côté pratique de ses déductions, nous a paru de nature à devoir être tout au moins relaté dans cet ouvrage.

Ce travail, publié en 1867 dans les *Annales des Ponts et chaussées* sous le titre : *Théorie d'un courant liquide à filets rectilignes et parallèles de forme transversale quelconque, application aux tuyaux de conduite*, a fait l'objet d'un mémoire fort bien exposé de M. Henri Vallot, mémoire inséré in extenso dans le *Bulletin de la Société des Ingénieurs civils* de décembre 1887. Nous nous contenterons de citer ici une note publiée par M. H. Vallot dans le numéro du *Génie Civil* du 15 septembre 1888.

M. Maurice Lévy, dit l'auteur de cette note, après avoir défini le rôle des frottements dans une masse liquide en mouvement, démontre l'*impossibilité* de la loi admise par Darcy, et lui substitue une loi nouvelle fondée sur l'étude rigoureuse des effets du frottement dans un courant liquide à filets rectilignes et parallèles de forme transversale quelconque ; il arrive à montrer quelle est, dans cette hypothèse, la forme de l'équation qui fait connaître la distribution des vitesses dans une même section transversale, et l'applique aux conduites à section circulaire. La discussion des expériences de Darcy lui permet de déterminer non seulement la nature de la fonction qui relie les vitesses aux éléments de la section, mais encore les modifications à leur faire subir pour tenir compte de ce que le mouvement réel s'éloigne plus ou moins du mouvement idéal supposé.

Une première vérification consiste dans la comparaison des résultats déduits de la formule des vitesses avec ceux obtenus par Darcy dans différents points des sections. La formule répond aux conditions de l'expérience d'une manière encore plus satisfaisante que celle de Darcy, particulièrement vers les grands diamètres.

M. Maurice Lévy introduit ensuite dans les conditions du problème, la vitesse définie par le quotient du débit par la section, que l'on désigne sous le nom de *vitesse moyenne*, et arrive, ainsi, en se laissant toujours guider par les résultats de l'expérience pour la détermination des constantes numériques, aux relations existant entre les différents éléments des sections et les vitesses particulières qui ont reçu en hydraulique les dénominations de : *vitesses moyennes, vitesse au centre, vitesse à la paroi*. Nous ne reproduisons pas ces relations qui offrent un caractère plutôt théorique que pratique : nous nous contenterons de donner les formules usuelles qui serviront généralement à l'établissement des conduites.

**128.** *Formules pratiques.* — Les formules définitives, qui donnent la vitesse moyenne en fonction des éléments de la section, ont été mises, par M. Maurice Lévy, sous la forme suivante :

*Conduites en fonte neuve :*

$$\left(\frac{U}{36,4}\right)^2 = RI\,(1 + 3\sqrt{R}).$$

*Conduites chargées de dépôts :*

$$\left(\frac{U}{20,5}\right)^2 = RI\,(1 + 3\sqrt{R}).$$

U est la vitesse moyenne, I la *pente* de la conduite et R le rayon de sa section.

Ces formules, comparées aux résultats de l'expérience, y répondent aussi bien que celles de Darcy, et même mieux vers les grands diamètres ; on est donc en droit de dire, en dehors de toute autre considération théorique, qu'elles méritent plus de confiance, puisque les formules de Darcy reposent sur une loi qui est démontrée être *mathématiquement impossible*.

Les conduites devant tôt ou tard se recouvrir de dépôts, c'est généralement dans ce cas que l'on devra se placer pour les calculs pratiques ; aussi, la seconde des deux formules ci-dessus, est-elle celle dont on fera le plus fréquemment usage. Pour en rendre l'application plus facile, il est commode d'avoir égard aux considérations suivantes :

Posons :

$$\mu = 20,25\,\sqrt{R\,(1 + 3\sqrt{R})}$$

Il en résulte :

$$U = \mu\sqrt{I}. \qquad (a)$$

Si, de plus, on remarque que l'on a :

$$Q = \omega U = \frac{\pi D^2}{4}\,U. \qquad (b)$$

Q étant le débit, $\omega$ la section, et D le diamètre, on déduit des deux équations $(a)$ et $(b)$ :

$$Q = \mu\omega\sqrt{I} = \beta\sqrt{I}. \qquad (c)$$

Les quantités $\mu$ et $\beta$ ne dépendent que du rayon du tuyau ; on peut donc en calculer à l'avance les valeurs pour une série de diamètres déterminés, le diamètre devant être généralement substitué au rayon dans les formules pratiques.

M. Henri Vallot a calculé une table qui figure à la suite de cette note page 184, et qui contient tous les éléments correspondants à 260 diamètres, depuis $0^m.01$ jusqu'à 3 mètres. Il y a fait figurer également les logarithmes des quantités $\mu$ et $\beta$, ainsi que leurs différences premières.

Entre les quatre quantités : D, I, U, Q, existent les deux équations distinctes $(a)$ et $(b)$ et la relation auxiliaire $(c)$, ce qui donne lieu aux six problèmes suivants :

### Problèmes.

| | Données | Inconnues |
|---|---|---|
| 1. | D, I. | U, Q. |
| 2. | D, U. | I, Q. |
| 3. | D, Q. | I, U. |
| 4. | I, U. | D, Q. |
| 5. | I, Q. | D, U. |
| 6. | U, Q. | D, I. |

### Solutions.

1. — La table donne $\mu$, et on a :

$$U = \mu\sqrt{I};$$

puis

$$Q = \omega U;$$

ou directement au moyen des données et de la table qui donne $\beta$ :

$$Q = \beta\sqrt{I}.$$

2. — La table donne $\mu$, et l'on a :

$$\sqrt{I} = \frac{U}{\mu};$$

puis

$$Q = \omega U.$$

3. — La table donne $\beta$, et l'on a :

$$\sqrt{I} = \frac{Q}{\beta};$$

puis

$$U = \frac{Q}{\omega}.$$

4. — On a :

$$\mu = \frac{U}{\sqrt{I}},$$

ce qui détermine D avec le secours de la table, puis

$$Q = \omega U,$$

ou directement :

$$Q = \beta \sqrt{I}.$$

5. — On a :

$$\beta = \frac{Q}{\sqrt{I}},$$

ce qui détermine D au moyen de la table, puis

$$U = \mu \sqrt{I}.$$

6. — On a :

$$\omega = \frac{Q}{U},$$

ce qui détermine D au moyen de la table, car celle-ci contient une colonne des sections correspondant à chaque diamètre ; puis

$$\sqrt{I} = \frac{U}{\mu} = \frac{Q}{\beta}.$$

M. Bresse, en se basant sur les formules de Darcy, a indiqué une formule approximative permettant de calculer, sans le secours des tables, le diamètre d'une conduite répondant à une pente et à un débit donnés ; cette formule est la suivante :

$$D = 0,32 \sqrt[5]{\frac{Q^2}{I}} + 0,004.$$

M. H. Vallot a cherché, en prenant pour point de départ les formules de M. Maurice Lévy, une relation approchée qui répondît au même but, et il est arrivé à la suivante :

$$D = 0,324 \left( \frac{Q}{\sqrt{I}} \right)^{\frac{3}{8}}.$$

L'erreur absolue, comme le montre le tableau suivant, n'atteint pas 3 millimètres pour tous les diamètres compris entre $0^m01$ et 2 mètres, et elle est toujours *en plus*, ce qui, en pratique, est plutôt un avantage qu'un inconvénient.

| VALEUR EXACTE du DIAMÈTRE | DIAMÈTRE obtenu PAR LA FORMULE | VALEUR EXACTE du DIAMÈTRE | DIAMÈTRE obtenu PAR LA FORMULE |
|---|---|---|---|
| 0,010 | 0,011.1 | 0,300 | 0,301.6 |
| 0,020 | 0.021.6 | 0,400 | 0,400.7 |
| 0,030 | 0.031.9 | 0,500 | 0,500.1 |
| 0,040 | 0,042.2 | 1,000 | 0,998 |
| 0,050 | 0,052.3 | 1,500 | 1,500 |
| 0,100 | 0,102.6 | 2,000 | 2,003 |
| 0,150 | 0,152.4 | 2,500 | 2,510 |
| 0,200 | 0,202.2 | 3,000 | 3,016 |
| 0,250 | 0,251.8 | | |

**129.** *Comparaison avec les formules de Darcy et de différents auteurs.* — |Les formules de Darcy étant, jusqu'ici, celles auxquelles leur origine permet d'accorder le plus de confiance, il importe de faire ressortir les différences qu'elles présentent avec celles de M. Maurice Lévy, différences qui s'accentuent de plus en plus à mesure que les diamètres grandissent.

Darcy a résumé la plupart de ses expériences dans la formule :

$$RI = b_4 U^2,$$

applicable à la fonte neuve en faisant :

$$b_4 = 0,000507 + \frac{0,00000647}{R}.$$

Pour les tuyaux chargés de dépôts, Darcy a donné une règle consistant à doubler le coefficient $b$, ou à écrire :

$$\frac{RI}{2} = b_4 U^2.$$

Il est facile de mettre la formule de M. Maurice Lévy :

$$U = \mu \sqrt{I},$$

sous la forme précédente, et l'on voit ainsi que la quantité $\frac{R}{\mu^2}$ y joue le rôle de $b_4$ (ou de $2b_4$, suivant le cas).

La comparaison devient alors facile en prenant pour base les *valeurs moyennes expérimentales* de ce coefficient données par Darcy dans son ouvrage.

M. Henri Vallot ajoute encore que les expériences sur la *fonte nettoyée* peuvent donner lieu à une représentation de même forme que celle adoptée par M. Maurice Lévy pour les autres natures de conduites, et propose dans ce cas :

$$\mu = 32,5 \sqrt{R(1 + \sqrt{R})}.$$

La quantité $\dfrac{R}{\mu^2}$ prend alors les valeurs suivantes :

Fonte neuve :
$$\frac{0,000755}{1 + \sqrt{R}} \, ;$$

Fonte chargée de dépôts :
$$\frac{0,00238}{1 + 3\sqrt{R}} \, ;$$

Fonte nettoyée :
$$\frac{0,000947}{1 + \sqrt{R}} \, .$$

On a ainsi les éléments nécessaires pour former le tableau comparatif suivant :

| NATURE DES CONDUITES | DIAMÈTRES | $b_1$ expérimental | $b_1$ Darcy | $\dfrac{R}{\mu^2}$ Maurice Lévy | OBSERVATIONS |
|---|---|---|---|---|---|
| FONTE NEUVE | 0.0819 | 0.000695 | 0.000665 | 0.000627 | Tuyau présentant un remarquable degré de poli. |
|  | 0.137 | 0.000553 | 0.000601 | 0.000598 |  |
|  | 0.188 | 0.000584 | 0.000576 | 0.000578 |  |
|  | 0.500 | 0.000509 | 0.000533 | 0.000503 |  |
| FONTE Chargée de dépôts | 0.0359 | 0.001873 | 0.001734 | 0.001698 |  |
|  | 0.0795 | 0.001472 | 0.001340 | 0.001490 |  |
|  | 0.2432 | 0.001168 | 0.001120 | 0.001163 |  |
| FONTE NETTOYÉE | 0.0364 | 0.000751 | 0.000862 | 0.000834 |  |
|  | 0.0801 | 0.000792 | 0.000669 | 0.000789 |  |
|  | 0.2447 | 0.000702 | 0.000560 | 0.000702 |  |
|  | 0.297 | 0.000612 | 0.000547 | 0.000684 | Tuyau nettoyé avec soin. |

Nous venons d'établir, entre les formules des deux auteurs, une comparaison qui s'appuie sur les données expérimentales. Il est facile également de les comparer au point de vue des résultats auxquels elles conduisent pour l'évaluation de la vitesse (ou du débit) obtenue avec un tuyau de diamètre et de pente donnés.

Nous n'insisterons pas ici sur le détail des calculs qui ne constituent guère qu'un exercice d'algèbre, et nous nous contenterons de renvoyer au graphique de la figure 134 qui donne les valeurs du rapport :

$$\frac{U'}{U} = \frac{\text{vitesse Maurice Lévy}}{\text{vitesse Darcy}},$$

pour les deux natures de conduites (neuves ou avec dépôts), et pour les diamètres jusqu'à 2ᵐ,50. On voit que dans ce dernier cas, les nouvelles formules conduisent à un résultat supérieur de plus de $^1/_3$ à celui obtenu par les formules de Darcy. C'est là une conséquence importante et qui méritait d'être signalée.

**130.** *Comparaison des deux méthodes au point de vue du rapport entre le frottement dans les deux natures de conduites.* — Il importe enfin de remarquer que Darcy a admis peut être, comme le dit M. Bresse, sur la foi d'un trop petit nombre d'expériences, que le coefficient $b$, établi pour les conduites en fonte neuve, devait être doublé pour celles qui ont un certain temps d'usage. M. Bresse a déjà montré que cette manière de voir ne pouvait être admise et qu'elle exagère les résultats vers les grands diamètres.

C'est précisément la conséquence à laquelle est arrivé M. Maurice Lévy, comme on peut le voir par le tableau suivant, qui donne quelques valeurs du rapport supposé par Darcy constant et égal au nombre 2 :

| | | |
|---|---|---|
| D = 0,000 | rapport = | 3,153 |
| 0,010 | | 2,785 |
| 0,100 | | 2,309 |
| 0 328 | | 2,000 |
| 0,500 | | 1,892 |

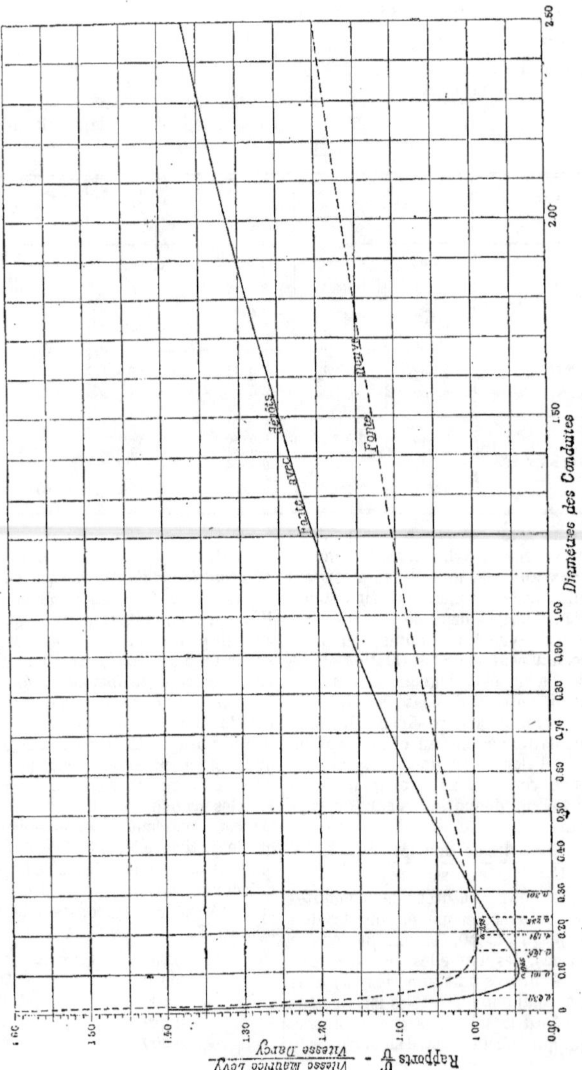



Fig. 134. — Comparaison des vitesses obtenues par les formules de Darcy
et celles de M. Maurice Lévy.

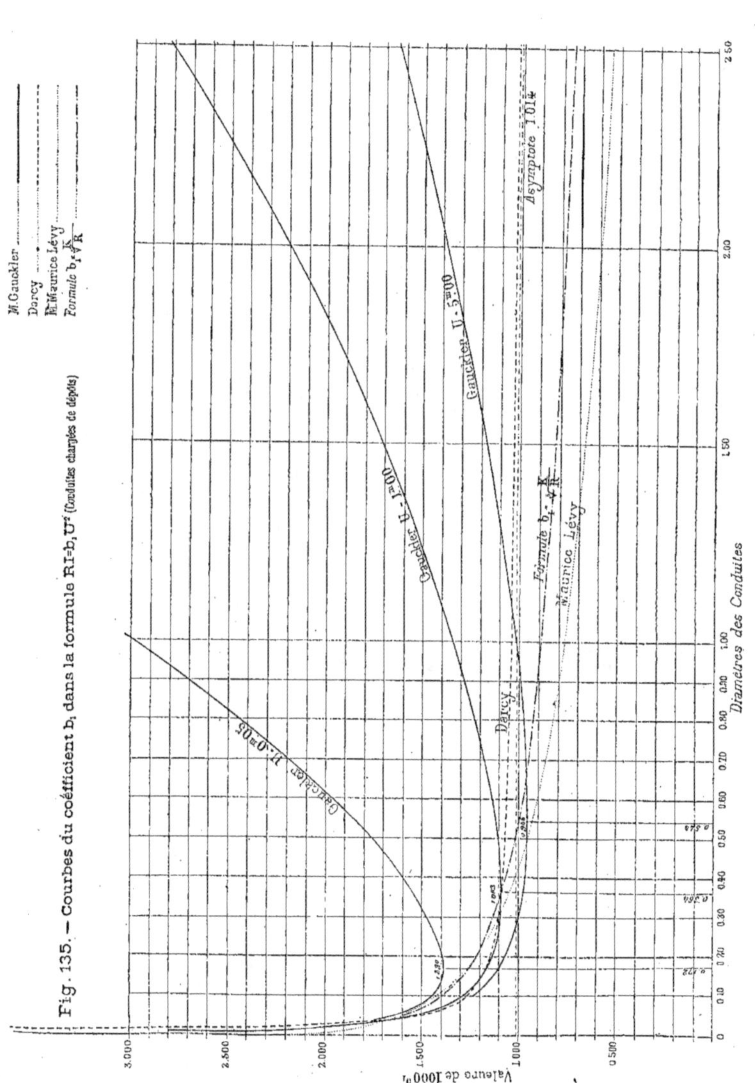


Fig. 135. — Courbes du coéfficient $b_1$ dans la formule $RI = b_1 U^2$ (Conduites chargées de dépôts)

| | |
|---|---|
| 1,00 | 1,724 |
| 1,50 | 1,635 |
| 2,00 | 1,376 |
| 3,00 | 1,301 |
| $\infty$ | 1,051 |

**131**. *Revue succincte de quelques théories relatives à l'écoulement de l'eau dans les tuyaux.* — D'autres auteurs ont abordé ce sujet et l'ont traité à différents points de vue. M. Vallot en a cité quelques-uns dans son mémoire présenté à la société des ingénieurs civils ; mais il déclare n'avoir pu trouver dans les recherches d'aucun d'entre eux des indications précises sur la variation continue du coefficient affectant le carré de la vitesse, avec la grandeur des sections. Aussi n'est-il pas posssible d'établir, entre les formules de ces auteurs et celles qui viennent d'être exposées, une comparaison présentant un réel intérêt pratique. Il nous suffira donc ici de signaler l'existence de ces études, dont plusieurs, du reste, comme celles de M. Boussinesq sur la *théorie des eaux courantes*, présentent une série de remarquables déductions sur le sujet général du mouvement des eaux.

Le graphique de la figure 135 indique les variations du coefficient $b$, suivant différents auteurs.

En mettant de côté les courbes obtenues par la formule empirique de M. Gauckler qui présentent un minimum dont l'existence est inadmissible, on voit que la courbe de Darcy est asymptotique, tandis que celle de M. Maurice Lévy se rapproche indéfiniment de l'axe des $x$. Enfin, nous avons également indiqué, à titre de comparaison, la courbe représentative de la formule :

$$b_i = \frac{0,00077}{\sqrt[6]{R}}$$

que nous avons établie en nous basant sur certaines considérations introduites par M. Boussinesq dans un supplément au mémoire que nous venons de mentionner.

**132**. *Exemple d'application des formules : Siphons du Canal du Verdon.* — Le canal du Verdon en Provence comprend plusieurs siphons à grand diamètre, qui ont été décrits dans les mémoires de M. de Tournadre (*Annales des ponts* 1876-1881) et de M. Bricka (*Annales des ponts*, Siphon métallique de Saint Paul, sur le canal du Verdon 1877). Ces siphons sont formés de tuyaux en tôle ou même en maçonnerie de $1^m,75$ et $2^m,30$ de diamètre Ces derniers fonctionnent sous des pressions d'eau atteignant 40 mètres. Quelques-uns sont formés de galeries circulaires creusées dans le rocher, maçonnées et enduites de ciment. On a aussi employé le système mixte, emploi de la maçonnerie avec tuyaux en tôle intérieurement.

Ces ouvrages ont été établis en général pour débiter le volume d'eau maximum qui alimente le canal, soit $6^{m3}$ par seconde avec une pente de 0,001 représentant le rapport de la chute de l'amont à l'aval à la longueur développée de l'axe du siphon. Trois d'entre eux sont formés d'une conduite unique de $2^m,30$ de diamètre, et le quatrième de deux conduites de $1^m,75$ de diamètre chacune.

« La formule de Prony, dit M. de Tournadre dans un des mémoires cités, a servi à faire le calcul ainsi qu'on l'avait fait au canal de Marseille. Celles de MM. Bazin et Darcy étaient encore peu usitées a ce moment où on a commencé les études ».

L'application de la formule de Prony ne conduit pas avec les données qui viennent d'être indiquées, à un débit de $6\overline{m}^3$ mais bien à un débit de $5,50\overline{m}^3$ pour les siphons en question. Cependant, M. de Tournadre dit à propos de l'un d'eux : « La section, qui est un cercle de $2^m,30$ de diamètre, suffit à écouler les $6\overline{m}^3$ du canal à la prise. La vitesse correspondante serait de $1^m,444$ en la calculant par les formules ordinaires », et un peu plus loin, il ajoute : « Il convient de faire observer que le périmètre à ouvrir ne comporte pas plus de $5\overline{m}^3$ par seconde, et que si on a ouvert le canal pour $6\overline{m}^3$, c'est uniquement en vue des déperditions inévitables dans un parcours de 82 kilomètres ».

Quoi qu'il en soit, voici pour divers cas les résultats comparatifs de l'application du calcul à ces conduites, en admettant que l'on puisse assimiler les conduits enduits de ciment, ou plutôt les dépôts qui s'y produisent, à ceux des tuyaux en fonte, ce qui n'est pas tout à fait exact :

1° *Siphons de* 2$^m$,30 *de diamètre*

$$\text{Section} = 4^{m2},1548$$

On a :

$$\frac{1}{4} DJ = 0,0006325.$$

Les tables de Prony donnent par interpolation :

$$U = 1,323 \qquad Q = 5,50.$$

Les formules de Darcy donnent :

$$\frac{1}{4} DJ = b_1 U^2,$$

$$b_1 = 0,000507 + \frac{0,0000129}{C} = 0,000512,$$

d'où

$$U^2 = 1,234,$$
$$U = 1,111,$$
$$Q = 4,62.$$

Enfin, par les formules de M. Maurice Lévy, on obtient :

$$\mu = 45,145$$
$$U = \mu \sqrt{I} = 1,4975$$
$$Q = 6,22.$$

Nous ferons remarquer que la formule de M. Gauckler aurait donné :

$$U = 0,649$$
$$Q = 2,70.$$

2° *Siphons formés de deux tuyaux de* 1$^m$,75 *de diamètre*

$$\text{Section} = 2 \times 2,4053 = 4^{m2},8106.$$

On obtient, par les formules que nous venons d'indiquer, les résultats suivants :

Formule de Prony :

$$\frac{1}{4} DJ = 0,00048$$

puis par les tables :

$$U = 1,150 \qquad Q = 5,53 ;$$

Formule de Darcy :

$$b = 0,000514$$

d'où

$$U^2 = 0,937$$
$$U = 0,968$$
$$Q = 4,66 ;$$

Formule de M. Maurice Lévy :

$$\mu = 37,41$$
$$U = 1,241 \qquad Q = 5,97 ;$$

Formule de M. Gauckler :

$$U = 0,66 \qquad Q = 3,18.$$

Le tableau suivant résume ces différents résultats.

| Formules employées. | Tuyaux de 2,30 | | Tuyaux de 1,75 | |
|---|---|---|---|---|
| | Vitesse U. | Débit Q. | Vitesse U. | Débit Q. |
| De Prony......... | 1.323 | 5.50 | 1.150 | 5.53 |
| Darcy ........... | 1.111 | 4.62 | 0.968 | 4.66 |
| Maurice Lévy...... | 1.497 | 6.22 | 1.241 | 5.97 |
| Gauckler ......... | 0.649 | 2.70 | 0.660 | 3.18 |

On peut tirer de cette comparaison les conséquences suivantes :

Si le débit est réellement de 6$\overline{m}^3$ avec la perte de charge annoncée, la formule de M. Maurice Lévy est la seule qui rende compte de ce résultat. Même, dans le cas où le débit serait de 5$\overline{m}^3$,50, la formule de Darcy donnerait un résultat notablement trop faible, ce qui prouve, comme on l'a pressenti et comme M. Bresse l'avait déjà fait remarquer, que cette formule *exagère les résistances pour les grands diamètres* ; la formule de M. Maurice Lévy. s'approche donc d'avantage de la réalité. Enfin, comme le fait voir M. H. Vallot par une discussion spéciale, sous le chapitre V de sa note, la formule de M. Gauckler

$$\sqrt{U} + \frac{1}{4} D\sqrt{U} = \alpha \sqrt[3]{D} \sqrt[4]{I}$$

est inapplicable aux sections dont il s'agit.

Dans cette formule $\alpha$ est un coefficient variable avec la nature des parois et qui prend la valeur 5,5, lorsque celles-ci sont recouvertes de dépôt.

La question soulevée par M. Henri Vallot, ainsi que les résultats qui précèdent, nous paraissent de nature à intéresser les hydrauliciens ; nous croyons, dans tous les cas, avoir fait notre possible pour attirer leur attention sur un problème de l'hydraulique dont l'étude n'est pas dépourvue d'utilité au point de vue des applications pratiques.

Au surplus nous renvoyons le lecteur au mémoire original d'où nous avons extrait ce qui précède « *Du mouvement de l'eau dans les tuyaux circulatoires* », par M. *Henri Vallot*, publié chez *Steinheil, éditeur*.

## 133. TABLE DE M. HENRI VALLOT

### RELATIVE AU MOUVEMENT DE L'EAU DANS LES TUYAUX DE CONDUITE

(Voir les formules page 177).

| DIAMÈTRE D | SECTIONS ω | $\mu = \dfrac{U}{\sqrt{I}}$ | LOG. $\mu$ | DIFFÉRENCE log. $\mu$ | $\beta = \dfrac{Q}{\sqrt{I}}$ | LOG. $\beta$ | DIFFÉRENCE log. $\beta$ |
|---|---|---|---|---|---|---|---|
| 0.010 | 0.0000785 | 1.5959 | 0.20301 | 2254 | 0.0001253 | $\bar{4}$.09810 | 10533 |
| 0.011 | 0.0000950 | 1.6809 | 0.22555 | 2065 | 0.0001597 | $\bar{4}$.20343 | 9622 |
| 0.012 | 0.0001131 | 1.7628 | 0.24620 | 1904 | 0.0001904 | $\bar{4}$.29065 | 8857 |
| 0.013 | 0.0001327 | 1.8418 | 0.26524 | 1769 | 0.0002445 | $\bar{4}$.38822 | 8206 |
| 0.014 | 0.0001539 | 1.9184 | 0.28293 | 1650 | 0.0002933 | $\bar{4}$.47028 | 7643 |
| 0.015 | 0.0001767 | 1.9927 | 0.29943 | 1548 | 0.0003521 | $\bar{4}$.54671 | 7153 |
| 0.016 | 0.0002011 | 2.0649 | 0.31491 | 1457 | 0.0004152 | $\bar{4}$.61824 | 6725 |
| 0.017 | 0.0002270 | 2.1354 | 0.32948 | 1377 | 0.0004847 | $\bar{4}$.68540 | 6340 |
| 0.018 | 0.0002545 | 2.2042 | 0.34335 | 1306 | 0.0005609 | $\bar{4}$.74889 | 6002 |
| 0.019 | 0.0002835 | 2.2715 | 0.35631 | 1241 | 0.0006440 | $\bar{4}$.80891 | 5696 |
| 0.020 | 0.0003142 | 2.3373 | 0.36872 | 1183 | 0.0007343 | $\bar{4}$.86587 | 5421 |
| 0.021 | 0.0003464 | 2.4019 | 0.38055 | 1130 | 0.0008319 | $\bar{4}$.92008 | 5170 |
| 0.022 | 0.0003801 | 2.4652 | 0.39185 | 1081 | 0.0009371 | $\bar{4}$.97178 | 4913 |
| 0.023 | 0.0004155 | 2.5223 | 0.40266 | 1038 | 0.0010500 | $\bar{4}$.02121 | 4734 |
| 0.024 | 0.0004524 | 2.5885 | 0.41304 | 997 | 0.0011710 | $\bar{4}$.06855 | 4543 |
| 0.025 | 0.0004909 | 2.6486 | 0.42301 | 960 | 0.0013001 | $\bar{3}$.11398 | 4366 |
| 0.026 | 0.0005309 | 2.7077 | 0.43261 | 924 | 0.0014376 | $\bar{3}$.15765 | 4202 |
| 0.027 | 0.0005626 | 2.7660 | 0.44185 | 893 | 0.0015837 | $\bar{3}$.19967 | 4052 |
| 0.028 | 0.0006158 | 2.8235 | 0.45078 | 862 | 0.0017386 | $\bar{3}$.24019 | 3910 |
| 0.029 | 0.0006605 | 2.8801 | 0.45940 | 834 | 0.0019023 | $\bar{3}$.27929 | 3779 |
| 0.030 | 0.0007069 | 2.9359 | 0.46774 | 809 | 0.0020753 | $\bar{3}$.31708 | 3656 |
| 0.031 | 0.0007548 | 2.9911 | 0.47583 | 783 | 0.0022576 | $\bar{3}$.35364 | 3541 |
| 0.032 | 0.0008042 | 3.0455 | 0.48366 | 761 | 0.0024493 | $\bar{3}$.38905 | 3434 |
| 0.033 | 0.0008553 | 3.0994 | 0.49127 | 739 | 0.0026509 | $\bar{3}$.42339 | 3332 |
| 0.034 | 0.0009079 | 3.1525 | 0.49866 | 718 | 0.0028623 | $\bar{3}$.45671 | 3236 |
| 0.035 | 0.0009621 | 3.2051 | 0.50584 | 699 | 0.0030837 | $\bar{3}$.48907 | 3146 |
| 0.036 | 0.0010179 | 3.2571 | 0.51283 | 681 | 0.0033154 | $\bar{3}$.52053 | 3060 |
| 0.037 | 0.0010752 | 3.3086 | 0.51964 | 664 | 0.0035574 | $\bar{3}$.55113 | 2980 |
| 0.038 | 0.0011341 | 3.3595 | 0.52628 | 647 | 0.0038101 | $\bar{3}$.58093 | 2904 |
| 0.039 | 0.0011946 | 3.4099 | 0.53275 | 631 | 0.0040735 | $\bar{3}$.60997 | 2830 |
| 0.040 | 0.0012566 | 3.4598 | 0.53906 | 616 | 0.0043478 | $\bar{3}$.63827 | 2761 |
| 0.041 | 0.0013202 | 3.5093 | 0.54522 | 603 | 0.0046392 | $\bar{3}$.66588 | 2696 |
| 0.042 | 0.0013854 | 3.5583 | 0.55125 | 589 | 0.0049299 | $\bar{3}$.69284 | 2633 |
| 0.043 | 0.0014522 | 3.6069 | 0.55714 | 575 | 0.0052380 | $\bar{3}$.71917 | 2572 |
| 0.044 | 0.0015205 | 3.6551 | 0.56289 | 563 | 0.0055576 | $\bar{3}$.74489 | 2515 |
| 0.045 | 0.0015904 | 3.7028 | 0.56852 | 552 | 0.0058890 | $\bar{3}$.77004 | 2460 |
| 0.046 | 0.0016619 | 3.7501 | 0.57404 | 540 | 0.0062322 | $\bar{3}$.79404 | 2408 |
| 0.047 | 0.0017349 | 3.7970 | 0.57944 | 530 | 0.0065875 | $\bar{3}$.81872 | 2359 |
| 0.048 | 0.0018096 | 3.8436 | 0.58874 | 519 | 0.0069552 | $\bar{3}$.84231 | 2310 |
| 0.049 | 0.0018857 | 3.8898 | 0.58993 | 509 | 0.0073352 | $\bar{3}$.86541 | 2264 |
| 0.050 | 0.0019635 | 3.9357 | 0.59502 | 499 | 0.0077277 | $\bar{3}$.88805 | 2219 |
| 0.051 | 0.0020428 | 3.9812 | 0.60001 | 490 | 0.0081328 | $\bar{3}$.91024 | 2177 |
| 0.052 | 0.0021237 | 4.0264 | 0.60491 | 482 | 0.0085509 | $\bar{3}$.93201 | 2136 |
| 0.053 | 0.0022062 | 4.0713 | 0.60973 | 473 | 0.0089819 | $\bar{3}$.95337 | 2097 |
| 0.054 | 0.0022902 | 4.1158 | 0.61446 | 464 | 0.0094263 | $\bar{3}$.97434 | 2058 |
| 0.055 | 0.0023758 | 4.1601 | 0.61910 | 456 | 0.0098837 | $\bar{3}$.99492 | 2021 |
| 0.056 | 0.0024630 | 4.2040 | 0.62366 | 449 | 0.010354 | $\bar{2}$.01513 | 1986 |
| 0.057 | 0.0025518 | 4.2477 | 0.62815 | 441 | 0.010839 | $\bar{2}$.03499 | 1952 |
| 0.058 | 0.0026421 | 4.2910 | 0.63256 | 434 | 0.011337 | $\bar{2}$.05451 | 1918 |
| 0.059 | 0.0027340 | 4.3341 | 0.63690 | 427 | 0.011849 | $\bar{2}$.07369 | 1887 |

| DIAMÈTRE D | SECTIONS $\omega$ | $\mu = \dfrac{U}{\sqrt{I}}$ | LOG. $\mu$ | DIFFÉRENCE log. $\mu$ | $\beta = \dfrac{Q}{\sqrt{I}}$ | LOG. $\beta$ | DIFFÉRENCE log. $\beta$ |
|---|---|---|---|---|---|---|---|
| 0.060 | 0.0028274 | 4.3769 | 0.64117 | 421 | 0.012376 | $\overline{2}.09256$ | 1857 |
| 0.061 | 0.0029225 | 4.4195 | 0.64538 | 414 | 0.012916 | $\overline{2}.11113$ | 1826 |
| 0.062 | 0.0030191 | 4.4619 | 0.64952 | 408 | 0.013471 | $\overline{2}.12939$ | 1793 |
| 0.063 | 0.0031172 | 4.5040 | 0.65360 | 401 | 0.014046 | $\overline{2}.14737$ | 1769 |
| 0.064 | 0.0032170 | 4.5458 | 0.65761 | 396 | 0.014626 | $\overline{2}.16506$ | 1743 |
| 0.065 | 0.0033183 | 4.5874 | 0.66157 | 390 | 0.015223 | $\overline{2}.18249$ | 1716 |
| 0.066 | 0.0034212 | 4.6288 | 0.66547 | 384 | 0.015836 | $\overline{2}.19965$ | 1690 |
| 0.067 | 0.0035256 | 4.6699 | 0.66931 | 379 | 0.016465 | $\overline{2}.21655$ | 1666 |
| 0.068 | 0.0036317 | 4.7108 | 0.67310 | 373 | 0.017108 | $\overline{2}.23321$ | 1641 |
| 0.069 | 0.0037393 | 4.7515 | 0.67683 | 369 | 0.017767 | $\overline{2}.24962$ | 1619 |
| 0.070 | 0.0038484 | 4.7920 | 0.68052 | 363 | 0.018442 | $\overline{2}.26581$ | 1595 |
| 0.071 | 0.0039592 | 4.8323 | 0.68415 | 359 | 0.019132 | $\overline{2}.28176$ | 1573 |
| 0.072 | 0.0040755 | 4.8724 | 0.68774 | 354 | 0.019838 | $\overline{2}.29749$ | 1553 |
| 0.073 | 0.0041814 | 4.9123 | 0.69128 | 350 | 0.020560 | $\overline{2}.31302$ | 1531 |
| 0.074 | 0.0043008 | 4.9519 | 0.69478 | 344 | 0.021298 | $\overline{2}.32833$ | 1510 |
| 0.075 | 0.0044179 | 4.9914 | 0.69822 | 341 | 0.022051 | $\overline{2}.34343$ | 1492 |
| 0.076 | 0.0045365 | 5.0307 | 0.70163 | 336 | 0.022822 | $\overline{2}.35835$ | 1471 |
| 0.077 | 0.0046566 | 5.0698 | 0.70499 | 333 | 0.023608 | $\overline{2}.37306$ | 1454 |
| 0.078 | 0.0047784 | 5.1088 | 0.70832 | 328 | 0.024412 | $\overline{2}.38760$ | 1434 |
| 0.079 | 0.0049017 | 5.1475 | 0.71160 | 324 | 0.025231 | $\overline{2}.40194$ | 1417 |
| 0.080 | 0.0050265 | 5.1861 | 0.71484 | 321 | 0.026068 | $\overline{2}.41611$ | 1400 |
| 0.081 | 0.0051530 | 5.2245 | 0.71805 | 314 | 0.026922 | $\overline{2}.43011$ | 1382 |
| 0.082 | 0.0052810 | 5.2626 | 0.72121 | 314 | 0.027793 | $\overline{2}.44393$ | 1367 |
| 0.083 | 0.0054106 | 5.3008 | 0.72435 | 309 | 0.028681 | $\overline{2}.45760$ | 1349 |
| 0.084 | 0.0055418 | 5.3338 | 0.72744 | 306 | 0.029586 | $\overline{2}.47109$ | 1334 |
| 0.085 | 0.0056745 | 5.3765 | 0.73050 | 302 | 0.030509 | $\overline{2}.48443$ | 1318 |
| 0.086 | 0.0058088 | 5.4141 | 0.73352 | 299 | 0.031449 | $\overline{2}.49761$ | 1303 |
| 0.087 | 0.0059447 | 5.4515 | 0.73651 | 296 | 0.032407 | $\overline{2}.51064$ | 1288 |
| 0.088 | 0.0060821 | 5.4887 | 0.73947 | 293 | 0.033383 | $\overline{2}.52352$ | 1275 |
| 0.089 | 0.0062211 | 5.5258 | 0.74240 | 289 | 0.034377 | $\overline{2}.53627$ | 1260 |
| 0.090 | 0.0063617 | 5.5628 | 0.74529 | 287 | 0.035389 | $\overline{2}.54887$ | 1246 |
| 0.091 | 0.0065039 | 5.5996 | 0.74816 | 284 | 0.036419 | $\overline{2}.56133$ | 1233 |
| 0.092 | 0.0066476 | 5.6363 | 0.75100 | 281 | 0.037468 | $\overline{2}.57366$ | 1220 |
| 0.093 | 0.0067929 | 5.6729 | 0.75381 | 278 | 0.038536 | $\overline{2}.58586$ | 1207 |
| 0.094 | 0.0069398 | 5.7093 | 0.75659 | 275 | 0.039622 | $\overline{2}.59793$ | 1195 |
| 0.095 | 0.0070882 | 5.7456 | 0.75934 | 272 | 0.040727 | $\overline{2}.60988$ | 1181 |
| 0 096 | 0.0072382 | 5.7818 | 0.76206 | 270 | 0.041850 | $\overline{2}.62169$ | 1170 |
| 0.097 | 0.0073898 | 5.8178 | 0.76476 | 267 | 0.042992 | $\overline{2}.63339$ | 1158 |
| 0.098 | 0.0075430 | 5.8537 | 0.76743 | 265 | 0.044154 | $\overline{2}.64497$ | 1147 |
| 0.099 | 0.0076977 | 5.8895 | 0.77008 | 262 | 0.045336 | $\overline{2}.65644$ | 1135 |
| 0.100 | 0.0078540 | 5.9251 | 0.77270 | 1273 | 0.046536 | $\overline{2}.66779$ | 5511 |
| 0.105 | 0.0086590 | 6.1015 | 0.78543 | 1218 | 0.052833 | $\overline{2}.72290$ | 5259 |
| 0.110 | 0.0095033 | 6.2750 | 0.79761 | 1166 | 0.059633 | $\overline{2}.77549$ | 5027 |
| 0.115 | 0.010387 | 6.4457 | 0.80927 | 1118 | 0.066951 | $\overline{2}.82576$ | 4814 |
| 0.120 | 0.011310 | 6.6138 | 0.82045 | 1076 | 0.074800 | $\overline{2}.87390$ | 4622 |
| 0.125 | 0.012272 | 6.7797 | 0.83121 | 1035 | 0.083199 | $\overline{2}.92012$ | 4442 |
| 0.130 | 0.013273 | 6.9432 | 0.84156 | 998 | 0.092160 | $\overline{2}.96454$ | 4276 |
| 0.135 | 0.014314 | 7.1047 | 0.85154 | 964 | 0.10169 | $\overline{1}.00730$ | 4123 |
| 0.140 | 0.015394 | 7.2640 | 0.86118 | 931 | 0.11182 | $\overline{1}.04853$ | 3979 |
| 0.145 | 0.016513 | 7.4215 | 0.87049 | 901 | 0.12255 | $\overline{1}.08832$ | 3846 |
| 0.150 | 0.017671 | 7.5770 | 0.87950 | 874 | 0.13390 | $\overline{1}.12678$ | 3721 |
| 0.155 | 0.018869 | 7.7310 | 0.88824 | 847 | 0.14508 | $\overline{1}.16399$ | 3605 |

 HYDRAULIQUE.

| DIAMÈTRE D | SECTIONS ω | $\mu = \dfrac{U}{\sqrt{I}}$ | LOG. $\mu$ | DIFFÉRENCE log. $\mu$ | $\beta = \dfrac{R}{\sqrt{I}}$ | LOG. $\beta$ | DIFFÉRENCE log. $\beta$ |
|---|---|---|---|---|---|---|---|
| 0.160 | 0.020106 | 7.8833 | 0.89671 | 822 | 0.15850 | $\overline{1}$.20001 | 3495 |
| 0.165 | 0.021382 | 8.0340 | 0.90493 | 799 | 0.17179 | $\overline{1}$.23499 | 3394 |
| 0.170 | 0.022698 | 8.1832 | 0.91992 | 776 | 0.18575 | $\overline{1}$.26893 | 3212 |
| 0.175 | 0.024053 | 8.3307 | 0.92068 | 757 | 0.20038 | $\overline{1}$.30185 | 3204 |
| 0.180 | 0.025447 | 8.4772 | 0.92825 | 736 | 0.21572 | $\overline{1}$.33389 | 3115 |
| 0.185 | 0.026880 | 8.6221 | 0.93561 | 187 | 0.23176 | $\overline{1}$.36504 | 3035 |
| 0.190 | 0.028353 | 8.7658 | 0.94279 | 700 | 0.24853 | $\overline{1}$.39539 | 2956 |
| 0.195 | 0.029865 | 8.9082 | 0.94979 | 683 | 0.26604 | $\overline{1}$.42495 | 2882 |
| 0.200 | 0.031416 | 9.0404 | 0.95662 | 667 | 0.28429 | $\overline{1}$.45377 | 2812 |
| 0.205 | 0.033006 | 9.1805 | 0.96329 | 652 | 0.30332 | $\overline{1}$.48189 | 2745 |
| 0.210 | 0.034636 | 9.3284 | 0.96981 | 637 | 0.32310 | $\overline{1}$.50934 | 2681 |
| 0.215 | 0.036305 | 9.4662 | 0.97618 | 623 | 0.34368 | $\overline{1}$.53615 | 2630 |
| 0.220 | 0.038013 | 9.6031 | 0.98241 | 610 | 0.36505 | $\overline{1}$.56225 | 2562 |
| 0.225 | 0.039761 | 9.7391 | 0.98851 | 598 | 0.38723 | $\overline{1}$.58797 | 2507 |
| 0.230 | 0.041548 | 9.8740 | 0.99449 | 585 | 0.41024 | $\overline{1}$.61304 | 2452 |
| 0.235 | 0.043374 | 10.008 | 1.00034 | 573 | 0.43407 | $\overline{1}$.63756 | 2402 |
| 0.240 | 0.045239 | 10.141 | 1.00607 | 562 | 0.45876 | $\overline{1}$.66158 | 2353 |
| 0.245 | 0.047143 | 10.273 | 1.01169 | 552 | 0.48430 | $\overline{1}$.68511 | 2307 |
| 0.250 | 0.049087 | 10.404 | 1.01721 | 541 | 0.51071 | $\overline{1}$.70818 | 2261 |
| 0.255 | 0.051060 | 10.535 | 1.02262 | 531 | 0.53801 | $\overline{1}$.73079 | 2217 |
| 0.260 | 0.053093 | 10.664 | 1.02793 | 521 | 0.56619 | $\overline{1}$.75296 | 2176 |
| 0.265 | 0.055115 | 10.793 | 1.03314 | 512 | 0.59528 | $\overline{1}$.77472 | 2136 |
| 0.270 | 0.057256 | 10.921 | 1.03826 | 503 | 0.62529 | $\overline{1}$.79608 | 2097 |
| 0.275 | 0.059396 | 11.048 | 1.04329 | 495 | 0.65622 | $\overline{1}$.81705 | 2060 |
| 0.280 | 0.061575 | 11.175 | 1.04824 | 486 | 0.68810 | $\overline{1}$.83765 | 2023 |
| 0.285 | 0.063794 | 11.300 | 1.05310 | 478 | 0.72091 | $\overline{1}$.85788 | 1988 |
| 0.290 | 0.066062 | 11.425 | 1.05788 | 470 | 0.75468 | $\overline{1}$.87776 | 1955 |
| 0.295 | 0.068349 | 11.550 | 1.06258 | 463 | 0.78943 | $\overline{1}$.89731 | 1923 |
| 0.300 | 0.070686 | 11.674 | 1.06721 | 456 | 0.82517 | $\overline{1}$.91654 | 1892 |
| 0.305 | 0.073062 | 11.797 | 1.07177 | 448 | 0.86191 | $\overline{1}$.93546 | 1860 |
| 0.310 | 0.075477 | 11.919 | 1.07625 | 442 | 0.89963 | $\overline{1}$.95406 | 1832 |
| 0.315 | 0.077931 | 12.041 | 1.08067 | 435 | 0.93828 | $\overline{1}$.97238 | 1803 |
| 0.320 | 0.080425 | 12.162 | 1.08502 | 428 | 0.97816 | $\overline{1}$.99041 | 1775 |
| 0.325 | 0.082958 | 12.283 | 1.08930 | 423 | 1.0190 | 0.00816 | 1749 |
| 0.330 | 0.085530 | 12.403 | 1.09353 | 416 | 1.0608 | 0.02565 | 1722 |
| 0.335 | 0.088141 | 12.523 | 1.09769 | 411 | 1.1038 | 0.04287 | 1698 |
| 0.340 | 0.090792 | 12.641 | 1.10180 | 405 | 1.1478 | 0.05985 | 1673 |
| 0.345 | 0.093482 | 12.760 | 1.10585 | 399 | 1.1928 | 0.07658 | 1649 |
| 0.350 | 0.096211 | 12.878 | 1.10984 | 394 | 1.2390 | 0.09307 | 1626 |
| 0.355 | 0.098980 | 12.995 | 1.11379 | 388 | 1.2863 | 0.10933 | 1603 |
| 0.360 | 0.10179 | 13.112 | 1.11766 | 384 | 1.3346 | 0.12536 | 1582 |
| 0.365 | 0.10463 | 13.228 | 1.12150 | 379 | 1.3841 | 0.14118 | 1560 |
| 0.370 | 0.10752 | 13.344 | 1.12529 | 373 | 1.4348 | 0.15668 | 1539 |
| 0.375 | 0.11045 | 13.459 | 1.12902 | 369 | 1.4865 | 0.17217 | 1519 |
| 0.380 | 0.11341 | 13.574 | 1.13271 | 365 | 1.5394 | 0.18736 | 1501 |
| 0.385 | 0.11642 | 13.689 | 1.13636 | 360 | 1.5936 | 0.20237 | 1481 |
| 0.390 | 0.11946 | 13.803 | 1.13996 | 355 | 1.6488 | 0.21718 | 1462 |
| 0.395 | 0.12254 | 13.916 | 1.14351 | 351 | 1.7053 | 0.23180 | 1443 |
| 0.400 | 0.12566 | 14.029 | 1.14702 | 348 | 1.7629 | 0.24623 | 1427 |
| 0.405 | 0.12882 | 14.142 | 1.15050 | 343 | 1.8218 | 0.26050 | 1400 |
| 0.410 | 0.13203 | 14.254 | 1.15393 | 339 | 1.8819 | 0.27459 | 1392 |
| 0.415 | 0.13527 | 14.366 | 1.15732 | 335 | 1.9432 | 0.28851 | 1375 |
| 0.420 | 0.13854 | 14.477 | 1.16067 | 332 | 2.0057 | 0.30226 | 1359 |

| DIAMÈTRE D | SECTIONS $\omega$ | $\mu = \dfrac{U}{\sqrt{i}}$ | LOG. $\mu$ | DIFFÉRENCE log. $\mu$ | $\beta = \dfrac{R}{\sqrt{i}}$ | LOG. $\beta$ | DIFFÉRENCE log. $\beta$ |
|---|---|---|---|---|---|---|---|
| 0.425 | 0.14186 | 14.588 | 1.16399 | 328 | 2.0695 | 0.31585 | 1344 |
| 0.430 | 0.14522 | 14.698 | 11.6727 | 324 | 2.1345 | 0.32929 | 1329 |
| 0.435 | 0.14862 | 14.808 | 1.17051 | 320 | 2.2008 | 0.34258 | 1312 |
| 0.440 | 0.15205 | 14.918 | 1.17371 | 317 | 2.2683 | 0.35570 | 1299 |
| 0.445 | 0.15553 | 15.027 | 1.17688 | 314 | 2.3372 | 0.36869 | 1285 |
| 0.450 | 0.15904 | 15.136 | 1.18002 | 310 | 2.4073 | 0.38154 | 1269 |
| 0.455 | 0.16260 | 15.245 | 1.18312 | 308 | 2.4787 | 0.39423 | 1257 |
| 0.460 | 0.16619 | 15.353 | 1.18620 | 304 | 2.5515 | 0.40680 | 1244 |
| 0.465 | 0.16982 | 15.461 | 1.18924 | 301 | 2.6257 | 0.41924 | 1229 |
| 0.470 | 0.17349 | 15.569 | 1.19225 | 297 | 2.7011 | 0.43153 | 1216 |
| 0.475 | 0.17721 | 15.676 | 1.19522 | 295 | 2.7777 | 0.44369 | 1205 |
| 0.480 | 0.18096 | 15.782 | 1.19817 | 292 | 2.8559 | 0.45574 | 1193 |
| 0.485 | 0.18475 | 15.889 | 1.20109 | 289 | 2.9354 | 0.46767 | 1179 |
| 0.490 | 0.18857 | 15.995 | 1.20398 | 287 | 3.0162 | 0.47946 | 1169 |
| 0.495 | 0.19244 | 16.101 | 1.20685 | 284 | 3.0985 | 0.49115 | 1157 |
| 0.500 | 0.19635 | 16.206 | 1.20969 | 559 | 3.1821 | 0.50272 | 2279 |
| 0.510 | 0.20448 | 16.416 | 1.21528 | 549 | 3.3536 | 0.52551 | 2236 |
| 0.520 | 0.21237 | 16.625 | 1.22077 | 539 | 3.5308 | 0.54787 | 2193 |
| 0.530 | 0.22062 | 16.833 | 1.22616 | 529 | 3.7136 | 0.56980 | 2153 |
| 0.540 | 0.22902 | 17.039 | 1.23145 | 520 | 3.9024 | 0.59133 | 2114 |
| 0.550 | 0.23758 | 17.245 | 1.23665 | 512 | 4.0971 | 0.61247 | 2077 |
| 0.560 | 0.24630 | 17.449 | 1.24177 | 502 | 4.2977 | 0.63324 | 2039 |
| 0.570 | 0.25518 | 17.652 | 1.24679 | 494 | 4.5043 | 0.65363 | 2005 |
| 0.580 | 0.26421 | 17.854 | 1.25173 | 486 | 4.7171 | 0.67368 | 1970 |
| 0.590 | 0.27340 | 18.055 | 1.25659 | 478 | 4.9361 | 0.69338 | 1938 |
| 0.600 | 0.28274 | 18.255 | 1.26137 | 471 | 5.1614 | 0.71276 | 1907 |
| 0.610 | 0.29225 | 18.454 | 1.26608 | 464 | 5.3930 | 0.73183 | 1876 |
| 0.620 | 0.30191 | 18.652 | 1.27072 | 456 | 5.6311 | 0.75059 | 1846 |
| 0.630 | 0.31172 | 18.849 | 1.27528 | 449 | 5.8756 | 0.76905 | 1817 |
| 0.640 | 0.32170 | 19.045 | 1.27977 | 443 | 6.1266 | 0.78722 | 1790 |
| 0.650 | 0.33183 | 19.240 | 1.28420 | 436 | 6.3844 | 0.80512 | 1762 |
| 0.660 | 0.34212 | 19.434 | 1.28856 | 430 | 6.6487 | 0.82274 | 1736 |
| 0.670 | 0.35257 | 19.627 | 1.29286 | 424 | 6.9199 | 0.84010 | 1711 |
| 0.680 | 0.36317 | 19.820 | 1.29710 | 418 | 7.1980 | 0.85721 | 1686 |
| 0.690 | 0.37393 | 20.011 | 1.30128 | 412 | 7.4829 | 0.87407 | 1662 |
| 0.700 | 0.38485 | 20.202 | 1.30540 | 406 | 7.7748 | 0.89069 | 1638 |
| 0.710 | 0.39592 | 20.392 | 1.30946 | 402 | 8.0737 | 0.90707 | 1616 |
| 0.720 | 0.40715 | 20.581 | 1.31348 | 396 | 8.3798 | 0.92323 | 1595 |
| 0.730 | 0.41854 | 20.770 | 1.31744 | 391 | 8.6932 | 0.93918 | 1752 |
| 0.740 | 0.43008 | 20.958 | 1.32135 | 385 | 9.0136 | 0.95490 | 1551 |
| 0.750 | 0.44179 | 21.145 | 1.32520 | 381 | 9.3414 | 0.97041 | 1532 |
| 0.760 | 0.45365 | 21.331 | 1.32901 | 376 | 9.6768 | 0.98573 | 1511 |
| 0.770 | 0.46566 | 21.517 | 1.33277 | 372 | 10.019 | 1.00084 | 1493 |
| 0.780 | 0.47784 | 21.701 | 1.33649 | 367 | 10.370 | 1.01577 | 1473 |
| 0.790 | 0.49017 | 21.886 | 1.34016 | 362 | 10.728 | 1.03050 | 1455 |
| 0.800 | 0.50265 | 22.069 | 1.34378 | 358 | 11.093 | 1.04505 | 1437 |
| 0 810 | 0.51530 | 22.252 | 1.34736 | 354 | 11.466 | 1.05942 | 1420 |
| 0.820 | 0.52810 | 22.434 | 1.35090 | 350 | 11.847 | 1.07362 | 1403 |
| 0.830 | 0.54106 | 22.615 | 1.35440 | 349 | 12.236 | 1.08765 | 1386 |
| 0.840 | 0.55418 | 22.796 | 1.35786 | 342 | 12.633 | 1.10151 | 1370 |
| 0.850 | 0.56745 | 22.976 | 1.36128 | 338 | 13.038 | 1.11521 | 1354 |
| 0.860 | 0.58088 | 23.156 | 1.36466 | 334 | 13.451 | 1.12875 | 1338 |
| 0.870 | 0.59447 | 23.335 | 1.36800 | 331 | 13.872 | 1.14213 | 1323 |

| DIAMÈTRE D | SECTIONS $\omega$ | $\mu = \dfrac{U}{\sqrt{I}}$ | LOG. $\mu$ | DIFFÉRENCE log. $\mu$ | $\beta = \dfrac{\sqrt{I}}{Q}$ | LOG. $\beta$ | DIFFÉRENCE log. $\beta$ |
|---|---|---|---|---|---|---|---|
| 0.880 | 0.60821 | 23.513 | 1.37131 | 327 | 14.301 | 1.15536 | 1930 |
| 0.890 | 0.62211 | 23.691 | 1.37458 | 324 | 14.738 | 1.16845 | 1294 |
| 0.900 | 0.63617 | 23.868 | 1.37782 | 320 | 15.184 | 1.18139 | 1280 |
| 0.910 | 0.65039 | 24.045 | 1.38102 | 317 | 15.638 | 1.19419 | 1266 |
| 0.920 | 0.66476 | 24.221 | 1.38419 | 313 | 16.101 | 1.20685 | 1252 |
| 0.930 | 0.67929 | 24.396 | 1.38732 | 310 | 16.572 | 1.21937 | 1239 |
| 0.940 | 0.69398 | 24.571 | 1.39042 | 307 | 17.052 | 1.23176 | 1227 |
| 0.950 | 0.70882 | 24.745 | 1.39439 | 304 | 17.540 | 1.24403 | 1213 |
| 0.960 | 0.72382 | 24.919 | 1.36053 | 301 | 18.037 | 1.25616 | 1201 |
| 0.970 | 0.73898 | 25.092 | 1.39954 | 298 | 18.543 | 1.26817 | 1189 |
| 0.980 | 0.75430 | 25.265 | 1.40252 | 296 | 19.057 | 1.28006 | 1178 |
| 0.990 | 0.76977 | 25.438 | 1.40548 | 292 | 19.581 | 1.29184 | 1165 |
| 1.000 | 0.78540 | 25.609 | 1.40840 | 1421 | 20.114 | 1.30349 | 5659 |
| 1.050 | 0.86590 | 26.461 | 1.42261 | 1357 | 22.913 | 1.36008 | 5398 |
| 1.100 | 0.95033 | 27.301 | 1.43618 | 1357 | 25.946 | 1.41406 | 5161 |
| 1.150 | 1.0387 | 28.131 | 1.44918 | 1246 | 29.219 | 1.46567 | 4942 |
| 1.200 | 1.1310 | 28.950 | 1.46164 | 1197 | 32.741 | 1.51509 | 4743 |
| 1.250 | 1.2272 | 29.759 | 1.47361 | 1152 | 36.519 | 1.56252 | 4559 |
| 1.300 | 1.3273 | 30.559 | 1.48513 | 1111 | 40.562 | 1.60811 | 4389 |
| 1.350 | 1.4314 | 31.350 | 1.49624 | 1071 | 44.874 | 1.65200 | 4230 |
| 1.400 | 1.5394 | 32.133 | 1.50695 | 1035 | 49.465 | 1.69430 | 4083 |
| 1.450 | 1.6513 | 32.908 | 1.51703 | 1001 | 54.341 | 1.73513 | 3915 |
| 1.500 | 1.7671 | 33.676 | 1.52731 | 970 | 59.500 | 1.77458 | 3818 |
| 1.550 | 1.8869 | 34.436 | 1.53701 | 940 | 64.977 | 1.81276 | 3698 |
| 1.600 | 2.0106 | 35.189 | 1.54641 | 912 | 70.752 | 1.84974 | 3585 |
| 1.650 | 2.1382 | 35.936 | 1.55553 | 886 | 76.840 | 1.88559 | 3479 |
| 1.700 | 2.2698 | 36.677 | 1.56439 | 861 | 83.249 | 1.92038 | 3378 |
| 1.750 | 2.4053 | 37.411 | 1.57300 | 858 | 89.084 | 1.95416 | 3285 |
| 1.800 | 2.5447 | 38.140 | 1.58138 | 816 | 97.054 | 1.98701 | 3196 |
| 1.850 | 2.6880 | 38.863 | 1.58954 | 794 | 104.465 | 2.01897 | 3111 |
| 1.900 | 2.8353 | 39.580 | 1.59748 | 774 | 112.22 | 2.05008 | 3030 |
| 1.950 | 2.9865 | 40.293 | 1.60522 | 756 | 120.33 | 2.08038 | 2955 |
| 2.000 | 3.1416 | 41.000 | 1.61278 | 738 | 128.80 | 2.10993 | 2883 |
| 2.050 | 3.3006 | 41.702 | 1.62016 | 720 | 137.64 | 2.13876 | 2813 |
| 2.100 | 3.4636 | 42.399 | 1.62736 | 704 | 146.85 | 2.16689 | 2748 |
| 2.150 | 3.6305 | 43.092 | 1.63440 | 688 | 156.45 | 2.19437 | 2685 |
| 2.200 | 3.8013 | 43.781 | 1.64128 | 674 | 166.43 | 2.22122 | 2625 |
| 2.250 | 3.9761 | 44.465 | 1.64802 | 659 | 176.80 | 2.24747 | 2569 |
| 2.300 | 4.1548 | 45.145 | 1.65461 | 645 | 187.57 | 2.27316 | 2512 |
| 2.350 | 4.3374 | 45.821 | 1.66106 | 632 | 198.74 | 2.29828 | 2461 |
| 2.400 | 4.5239 | 46.493 | 1.66738 | 620 | 210.33 | 2.32289 | 2411 |
| 2.450 | 4.7144 | 47.161 | 1.67358 | 607 | 222.33 | 2.34700 | 2362 |
| 2.500 | 4.9087 | 47.825 | 1.67965 | 596 | 234.76 | 2.37062 | 2316 |
| 2.550 | 5.1071 | 48.486 | 1.68561 | 585 | 247.62 | 2.39378 | 2271 |
| 2.600 | 5.3093 | 49.143 | 1.69146 | 574 | 260.91 | 2.41649 | 2229 |
| 2.650 | 5.5155 | 49.796 | 1.69720 | 563 | 274.65 | 2.43878 | 2187 |
| 2.700 | 5.7256 | 50.446 | 1.70283 | 554 | 288.83 | 2.46065 | 2147 |
| 2.750 | 5.9396 | 51.093 | 1.70837 | 544 | 303.48 | 2.48212 | 2109 |
| 2.800 | 6.1575 | 51.737 | 1.71381 | 534 | 318.58 | 2.50321 | 2072 |
| 2.850 | 6.3794 | 52.378 | 1.71915 | 525 | 334.14 | 2.52393 | 2035 |
| 2.900 | 6.6052 | 53.015 | 1.72440 | 517 | 350.17 | 2.54428 | 2002 |
| 2.950 | 6.8349 | 53.650 | 1.72957 | 508 | 366.68 | 2.56430 | 1968 |
| 3.000 | 7.0686 | 54.281 | 1.73465 | » | 383.69 | 2.58398 | » |

## Du mouvement de l'eau dans les conduites à diamètre variable.

**134.** Nous avons admis jusqu'ici des conduites ayant partout même diamètre, dirigées en ligne droite et entièrement ouvertes à leur extrémité; mais il n'en est pas toujours ainsi. Elles versent quelquefois leurs eaux par des ajutages; elles sont composées le plus souvent de tuyaux de différents diamètres, et presque toujours, elles présentent des étranglements et des coudes plus ou moins considérables.

Ces changements, tant dans la section de la masse fluide en mouvement que dans sa direction, exercent une influence sur la vitesse, influence qu'il est important d'apprécier. Ils sont tantôt brusques, tantôt graduels. Le premier cas est le plus important et le plus fréquent dans la pratique.

**135.** *Résistance provenant des étranglements.* — Lorsqu'une conduite diminue de grosseur, l'eau est obligée de prendre une plus grande vitesse, puisque. le débit étant réglé et constant, il passe nécessairement par chacune des sections transversales de la conduite, quelle que soit sa grandeur, le même volume d'eau, dans le même temps. Cet excès de vitesse ne peut être produit que par la charge d'eau, qui détermine le mouvement général; de telle sorte que l'étranglement absorbe une partie de l'action de cette force, en développant une résistance qui s'ajoute à celle des parois.

Pour en déterminer l'expression représentons par $u$ et $u'$, les vitesses dans les deux parties de la conduite dont les diamètres sont inégaux et par $z$ et $z'$ les hauteurs dues à ces vitesses; nous aurons d'après le principe de Torricelli :

$$z = \frac{u^2}{2g} \text{ et } z' = \frac{u'^2}{2g}.$$

La différence $z' - z = \dfrac{u'^2 - u^2}{2g}$ mesurera la perte de charge occasionnée par l'excès de vitesse.

Mais, si l'on désigne par $D$ et $D'$ les diamètres des deux parties de la conduite, on a : $u = \dfrac{4Q}{\pi D^2}$ et $u' = \dfrac{4Q}{\pi D'^2}$

le débit Q étant partout le même.

Portons ces volumes de $u$ et de $u'$ dans la relation précédente, il vient:

$$z' - z = \frac{16Q^2}{2\pi^2 g}\left(\frac{1}{D'^4} - \frac{1}{D^4}\right).$$

Nous verrons également plus loin que lorsque l'eau qui coule dans un tuyau est obligée de passer par une ouverture plus petite, il se fait une contraction de la veine fluide qui tend encore à diminuer la section de la masse fluide en mouvement, et à augmenter l'effet de l'étranglement. On a égard à cette dernière circonstance en multipliant la vitesse, qui a lieu sur la longueur de l'étranglement, par un coefficient $m$, dont l'expérience fait connaître la valeur, suivant la forme de l'étranglement.

Nous avons donc pour l'expression de la charge destinée à produire uniquement l'excès de vitesse que l'étranglement rend nécessaire.

$$z' - z = \frac{16Q^2}{2\pi^2 g}\left(\frac{1}{mD'^4} - \frac{1}{D^4}\right)$$

En pratique, les pertes de charges qui résultent des changements brusques de section, peuvent se calculer au moyen des formules suivantes :

1° Perte de charge due à un changement de diamètre, $D'$ étant le plus petit diamètre :

$$z' - z = \frac{Q^2}{12,09}\left(\frac{1}{D'^4} - \frac{1}{D^4}\right)$$

2° Perte de charge due à un étranglement :

$$z' - z = \frac{12,09}{Q^2}\left(\frac{1}{mD^4} - \frac{1}{D^4}\right)$$

Pour un étranglement causé par une paroi transversale, $m$. . . . . $= 0,62$
Pour un étranglement produit par un tuyau plus étroit que le tuyau antérieur, $m$ . . . $= 0,82$
Pour un étranglement produit par une partie conique qui se trouve entre deux tuyaux de différents diamètres, $m$ . , . . . . $= 0,90$
En résumé, au lieu de prendre la quantité J, le quotient $\dfrac{z - r'}{L}$, ce qui est le cas de la figure 133, on doit diminuer la différence du niveau des deux réservoirs

$(z - z')$ de toutes les pertes de charge dues aux changements brusques de section, savoir :

1° de $0,49 \dfrac{u^2}{2g}$ à chaque point où le diamètre de la conduite diminue brusquement, la vitesse $u$ étant celle dans le tuyau de la plus petite section.

2° de $\left(\dfrac{u - u'}{2g}\right)^2$ à chaque point où le diamètre de la conduite augmente brusquement ; $u$ et $u'$ étant les vitesses moyennes avant et après ce changement de section.

3° de $\dfrac{u^2}{2g}\left(\dfrac{\Omega}{mA} - 1\right)^2$ à chaque point où l'écoulement se fait à travers un orifice percé dans un diaphragme ; A étant la section diaphragmée, $\Omega$ celle du tuyau qui y fait suite, $u$ la vitesse correspondante à la section $\Omega$, et $m$ le coefficient de contraction.

La figure 136 résume ces divers cas particuliers,

$abn$, plan de charge du réservoir d'amont à l'altitude $Z = z + \dfrac{p_0}{\pi}$ ;

$lm$, plan de charge du réservoir d'aval.

$abcdefghiklm$, ligne de charge.

$c'd'$, $e'f'$, $g'h'$, $i'k'$, lignes des niveaux piézométriques pour chaque tuyau.

Nous avons, dans le cas de cette figure, quatre parties de conduite différentes,

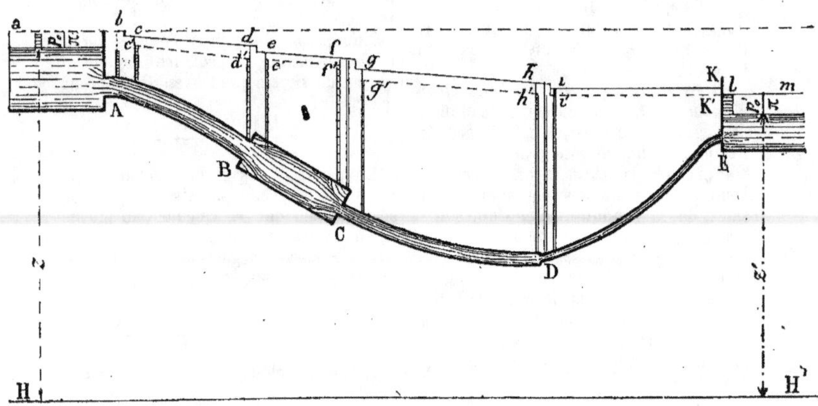


Fig. 136.

présentant chacune un cas particulier. Pour chaque partie de conduite nous aurons à considérer comme le montre le tableau suivant, le diamètre, la section, la vitesse, la longueur et le périmètre de la section.

Rappelons que les vitesses $u$, $u'$ $u''$, $u'''$, sont liées entre elles par la formule du débit, en sorte que l'on a :

$$\Omega u = \Omega'u' = \Omega''u'' = \Omega'''u'''$$

relations qui permettent d'exprimer $u'$, $u''$, $u'''$ en fonction de $u$.

Pour déterminer cette inconnue, on exprimera que la différence :

$$\left(z' + \frac{p_0}{\pi}\right) - \left(z + \frac{p_0}{\pi}\right),$$

ou $z - z'$ est la somme de toutes les pertes de charge, dues les unes aux changements brusques de section, les autres au frottement le long des parois des conduites. On aura donc l'équation :

$$z - z' = 0,49 \frac{u^2}{2g} + \frac{L\chi}{\Omega} f(u) + \frac{(u - u')^2}{2g}$$

$$+ \frac{L'\chi'}{\Omega'} f(u') + \frac{u''^2}{2g}\left(\frac{\Omega''}{m\mathrm{A}} - 1\right)^2$$

$$+ \frac{L''\chi''}{\Omega''} f(u'') + 0,49\,\frac{u'''^2}{2g}$$

$$+ \frac{L'''\chi'''}{\Omega'''} f(u''') + \frac{u'''^2}{2g}\cdot$$

On emploira la formule de Darcy

$$\varphi(u) = \left(\alpha + \frac{\beta}{R}\right)u^2 \ \text{(voir page 171) ou toute}$$

autre relation, et on remplacera $u'$, $u''$, $u'''$, par leurs valeurs en fonction de $u$. On sera ainsi ramené à une équation en $u^2$ d'où on pourra tirer la valeur de $u$.

TABLEAU POUR LE CALCUL DES PERTES DE CHARGE DANS UNE CONDUITE A SECTION VARIABLE (*fig.* 136)

| Points particuliers | Conduite | Diamètre | Section | Vitesse | Longueur | PÉRIMÈTRE de la section | Perte de charge |
|---|---|---|---|---|---|---|---|
| A | ........ | ........ | ........ | ........ | ........ | ........ | $0,49\,\dfrac{u^2}{2g}$ |
|  | AB | D | $\Omega$ | $u$ | L | X |  |
| B | ........ | ........ | ........ | ........ | ........ | ........ | $\dfrac{(u - u')^2}{2g}$ |
|  | BC | D' | $\Omega'$ | $u'$ | L' | X' |  |
| C | ........ | ........ | ........ | ........ | ........ | ........ | $\dfrac{u'^2}{2g}\left(\dfrac{\Omega''}{m\mathrm{A}} - 1\right)$ |
|  | CD | D'' | $\Omega''$ | $u''$ | L'' | X'' |  |
| D | ........ | ........ | ........ | ........ | ........ | ........ | $0,49\,\dfrac{u'''^2}{2g}$ |
|  | DE | D''' | $\Omega'''$ | $u'''$ | L''' | X''' |  |
| E | ........ | ........ | ........ | ........ | ........ | ........ | $\dfrac{u'''^2}{2g}$ |

### Piézomètre différentiel de M. Bélanger.

**136.** Pour vérifier par expériences les variations de hauteur provenant des pertes de charge, on peut se servir de l'appareil imaginé par M. Bélanger, appelé *piézomètre différentiel*. Les hauteurs piézométriques peuvent être très grandes, mais leurs différences pour deux points voisins sont toujours assez faibles, et ce sont les différences qu'il importe surtout d'évaluer pour contrôler les résultats de la théorie. On obtient cette différence au moyen de l'instrument de la figure 137 où se trouvent réunis, en un seul, deux tubes piézométriques implantés dans la conduite, l'un en $c$, dans la partie A de faible diamètre, l'autre en $d$, dans la partie B de diamètre plus grand. Pour cela, M. Bélanger a fait aboutir les deux tubes à un même tube recourbé MON en verre, (*fig.* 137), au sommet O duquel on a pratiqué une ouverture munie d'un robinet R. L'eau monte dans chaque branche du piézomètre et comprime l'air qui y est con-

tenu. On ouvre, avec précaution, le

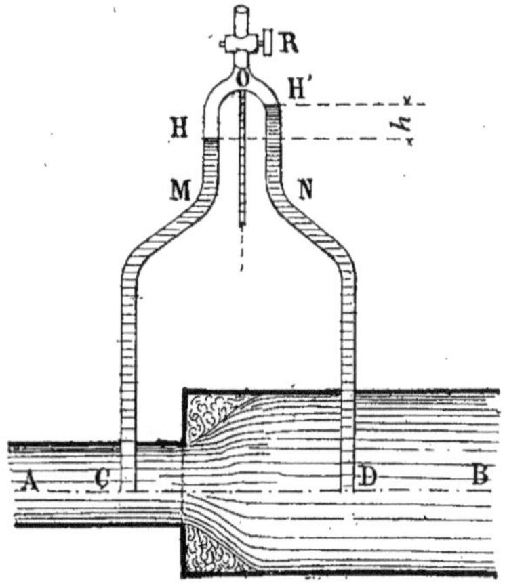


Fig. 137.

robinet R pour faire écouler une partie

de cet air, jusqu'à ce que l'eau arrive dans les deux branches du tube en verre; elle s'arrête en H dans la branche CO ; en H', dans la branche DO. La différence de niveau entre H' et H mesure en colonne liquide la différence des pressions cherchées. Car la pression en D est mesurée par la hauteur du plan de charge H' au-dessus de D, augmentée de la hauteur représentative de la pression de l'air qui est resté dans le tube. De même la pression en C est mesurée par la hauteur

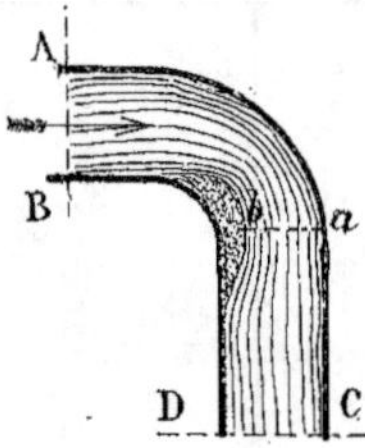

Fig. 138.

de H au-dessus de B, augmentée de la même colonne. La différence des pressions est donc bien égale à la différence des niveaux H' et H, qu'on lit sur l'échelle de l'instrument.

**137.** *Résistance due aux coudes.* — Les coudes provoquent évidemment des changements dans la direction des molécules d'une masse liquide en mouvement qui tendent à diminuer la vitesse ; c'est-à-dire qu'ils produisent une résistance, et qu'il y a une partie de la force motrice employée à la détruire pour que le débit reste toujours le même.

Lorsqu'une conduite s'infléchit brusquement, comme l'indique la figure 138, les filets placés du côté extérieur AC sont obligés de suivre la direction de la paroi ; mais les filets placés du côté intérieur BD, suivent encore, pendant un certain espace, au-delà du point d'inflexion, leur direction primitive. Il en résulte un rétrécissement graduel de la section, en sorte qu'au delà des coudes, le liquide coule par une section $ab$ moindre que la section de la conduite. Mais bientôt

après, le liquide remplit de nouveau la conduite, et dans une certaine section CD recommence à couler par filets parallèles. Il y a donc passage brusque d'une section plus petite $ab$ à une section plus grande CD et c'est ce *changement brusque de section* qui occasionne la perte de charge.

En général, elle est difficile à apprécier.

En l'absence de théorie satisfaisante sur cette question, on pouvait se servir des résultats empiriques donnés par quelques hydrauliciens.

Dans les expériences de *Daubuisson*, cet observateur a vu la dépense réduite d'un *quart* par *sept* coudes à 45 degrés. Il a vu toujours la résistance croître sensiblement comme le carré de la vitesse et à peu près comme le sinus carré de l'angle du coude, en sorte que si $z$ représente la hauteur piézométrique avant le coude et $z'$, la hauteur piézométrique immédiatement après, on aurait :

$$Z - z = \frac{u^2}{2g} \sin^2 \alpha, \qquad (1)$$

 $u$, représente la vitesse de l'eau ;
 $\alpha$, représente l'angle de réflexion.

Cette formule peut être employée pour les valeurs de $\alpha$ comprises entre 20 et 90 degrés ; au delà, il y a incertitude.

Dubuat, voulant obtenir une expression générale de cette résistance, entreprit une suite d'expériences pour déterminer l'augmentation de charge nécessaire pour imprimer une même vitesse à l'eau dans un tuyau coudé, que quand il était droit et qu'il avait même longueur. Il essaya ensuite de les lier par une formule qu'il jugea d'autant plus certaine, qu'il en trouva les résultats assez approchants de ceux auxquels les observations le conduisirent.

Selon lui, l'expression de la *résistance* particulière à un coude, est :

$$Z - z = \frac{u^2 \sin \alpha^2}{m} \qquad (2)$$

dans laquelle
 $u$ représente la vitesse de l'eau
 $\alpha$  —  l'angle de réflexion
 $m$ est une constante.

Dubuat a trouvé
$$m = 81,$$

Ce qui donne pour l'expression la valeur simplifiée

$$\frac{u^2 \sin \overline{\alpha}^2}{m} = 0,0123\, u^2 \overline{\sin \alpha}^2$$

*Navier* a exprimé les résultats des expériences de *Dubuat* par une formule.

Soit $y$, le rayon de courbure de l'axe du tuyau ;

$c$, la longueur développée de l'arc de ce tuyau ;

$u$, la vitesse moyenne ;

$z$, la perte de charge due au coude.

La formule de Navier est la suivante :

$$Z = \frac{u^2}{2g}\,(0,0039 + 0.0186 r) \times \frac{C}{r^2}$$

Cette formule, nous parait mériter d'autant moins de certitude qu'elle ne tient pas compte du diamètre de la conduite.

En principe, il faut éviter dans les conduites les coudes trop brusques, de manière à n'avoir pas de perte de charge

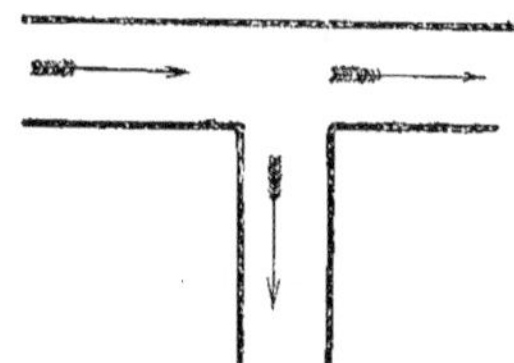

Fig. 139.

sensible causée par la déviation des filets. Pendant longtemps on admettait que l'on évitait toute perte de charge chaque fois que le rayon de courbure de la ligne d'axe est au moins égal à dix fois le diamètre du tuyau. Cette règle ne peut plus être admise avec les gros tuyaux dont on fait usage aujourd'hui. Elle conduirait à des rayons de courbure considérables.

D'une manière générale on peut dire empiriquement, avec les résultats combinés de la théorie et de la pratique, que les rayons de deux mètres dans les coudes sont toujours considérés comme assez grands pour donner une perte de charge négligeable.

Lorsque l'embranchement se fait à angle droit (*fig.* 139), la perte de charge d'après MM. Bélanger et Genieys serait égale au double de la hauteur due à la vitesse, ce qui exigerait que la formule (1) fut affectée du coefficient 2.

Il serait à désirer que de nouvelles études théoriques et expérimentales fussent entreprises sur ce sujet.

**138.** *Résistance due à l'introduction de l'air.* — L'air est aussi une des causes nuisibles à l'écoulement régulier de l'eau qui, dans toute la théorie précédemment exposée, est supposé se faire à *plein tuyau*.

En pratique, il n'en est pas ainsi : l'air qui remplit une conduite au moment où on la met en charge, ainsi que celui entraîné par l'eau avec des gaz en dissolution ou mieux en émulction, se loge dans les parties les plus hautes. Lorsque l'air et les gaz se sont accumulés en certains points en quantité suffisante, la section d'eau vive s'y trouve diminuée au point que l'écoulement peut être tout à fait interrompu. Le volume d'air compressible logé ainsi dans la portion élevée de la conduite qu'il remplit en entier, s'y comprime, de plus en plus, y acquiert de la densité et finit par former un tampon qui intercepte complètement le passage de l'eau après avoir diminué peu à peu l'écoulement.

**139.** *Moyens employés pour diminuer l'effet des résistances.* — On ne peut empêcher le frottement des molécules liquides contre la paroi de la conduite; mais on doit chercher à diminuer l'effet des autres causes de résistance.

Quand la conduite change de direction, on donne à la courbure le plus grand développement possible pour éviter les retours brusques et diminuer la perte de charge. Si le pli du terrain, dans le sens vertical, est de peu d'étendue, on préfère le niveler par un court *aqueduc*; la dépense est moins forte et les réparations moins fréquentes. Quand la conduite doit passer sous une route, traverser une rivière, pénétrer dans une montagne, on ne peut guère se dispenser encore de la renfermer dans un aqueduc en maçonnerie, pour reconnaître plus facilement les joints qui perdent, et s'assurer des parties qui exigent des réparations.

**140.** On a plusieurs moyens d'éviter l'effet de l'air. Le premier se réduit à placer dans les points culminants un robinet, qu'on tourne pour laisser sortir l'air, toutes les fois qu'on s'aperçoit que l'eau cesse d'arriver ; dès que les eaux des deux branches de la conduite se sont rejointes, on ferme ce robinet, et l'écoulement se rétablit.

Le second consiste à laisser un coude ouvert, ou à y placer une cuvette qui communique à l'atmosphère. On ne peut, dans ce cas, faire arriver l'eau en un lieu plus élevé que le niveau de cette cuvette, et toute la pente comprise depuis ce niveau jusqu'à la prise d'eau, est perdue, tant pour la vitesse de l'écoulement ultérieur, que pour le degré de hauteur qu'il est permis de lui donner à son issue. On a coutume de placer dans cette partie un aqueduc, qui règne suivant une plus ou moins grande étendue, suivant les cas.

Le troisième, qui est le plus employé, se réduit à placer à ce coude un tuyau enté sur la conduite et soutenu par un pilier, soit en bois, soit en maçonnerie, dont la hauteur est égale à celle de la charge motrice, diminuée de la perte due aux frottements depuis l'origine de la conduite. L'eau monte dans ce tuyau, y atteint cette hauteur, et y demeure suspendue. Rien n'empêche même d'y construire un réservoir, qui servirait de château-d'eau pour en dériver d'autres conduites, et porter le liquide en divers lieux. C'est sur ce principe que sont construits les *souterazzi*, près de Constantinople, dont nous avons déjà parlé page 133.

Si l'eau coule dans un aqueduc, le souterazzi n'est qu'un siphon qui permet de faire passer l'eau d'un côté à l'autre d'une vallée, en perdant toutefois la charge due à la vitesse de l'eau dans la première partie de l'aqueduc, et celle nécessaire pour vaincre le frottement dans les tuyaux. Si l'eau coule au contraire dans une *conduite forcée*, le souterazzi remplit réellement l'office d'une ventouse. La hauteur de la colonne qui porte le réservoir se détermine d'après l'une ou l'autre de ces conditions.

Nous retrouverons cette disposition employée dans les siphons ; — il en existe un exemple intéressant à l'usine d'Asnières pour l'utilisation des eaux d'égouts de la ville de Paris.

On peut aussi ne mettre pour ventouse qu'un tuyau vertical très court, formé d'une soupape pesante. Lorsque l'expansion de l'air est devenue assez forte pour forcer la soupape, il se crée de lui-même une issue et jamais l'écoulement ne s'arrête.

**141.** *Autres causes de résistance.* — Parmi les causes de résistance, il faut citer les *queues de renard*, obstructions produites par des racines qui s'introduisent à travers les joints ou les fissures ou par des multitudes de fibres entrelacées.

Dans les parties les plus basses et dans les coudes où l'eau a moins de vitesse, il se forme des dépôts, provenant soit des sels calcaires qui y sont dissous, soit des sables et limons qui s'y trouvent en suspension. A force de s'ajouter et de s'accroître, ces dépôts bouchent enfin la conduite. On a vu des tuyaux de la conduite d'Arcueil, tuyaux de 16 centimètres de diamètre, agrégés en une pierre très dure, provenant des dépôts séléniteux des eaux en mouvement.

Pour reconnaître ce point d'engorgement, on attache un liège à une ficelle et on l'abandonne au cours de l'eau, dans la conduite ; le liège s'arrête au point dont il s'agit ; ou s'il réussit à se faire un passage entre les obstacles et vient flotter en l'un des réservoirs, on peut attacher quelque instrument au bout de la corde, qu'on suppose avoir assez de résistance, en sorte qu'en la retirant les pétrifications soient arrachées.

Nous voyons d'après cela que l'écoulement de l'eau dans des tuyaux de conduite exige que l'on puisse disposer d'une charge motrice beaucoup plus considérable que lorsqu'on emploie des canaux de dérivation ou des aqueducs, parce que le périmètre mouillé étant plus grand, relativement à la section du courant, et la conduite plus longue, il se développe plus de frottements ; que les coudes trop prononcés produisent également des refoulements nuisibles et des résistances ; que la présence de l'air, quels que soient les moyens mis en usage pour s'en debarrasser, présente toujours un obstacle au cours de l'eau ; et que les dépôts qui se forment diminuent peu à peu le produit de l'écoulement.

On ne peut remédier à ces inconvénients qu'en rendant les conduites forcées les plus courtes possibles, en ne les appliquant en général qu'aux distributions de détail où leur emploi devient obligatoire et où l'effet des résistances est moins sensible.

# CHAPITRE III

## JAUGEAGE DES EAUX COURANTES

**142.** Il est souvent nécessaire de pouvoir déterminer d'une façon précise la vitesse et le volume d'eau qui s'écoule pendant l'unité de temps pour une masse liquide en mouvement donnée.

Par exemple, pour le creusement d'un canal, l'établissement d'une conduite, de fontaines, etc... il est souvent indispensable de connaître si l'on peut compter sur la masse d'eau propre à alimenter les besoins domestiques, agricoles ou industriels que l'on a à desservir et l'on peut avoir à évaluer le débit d'une source à capter, le volume d'eau roulé par un fleuve, une rivière, un ruisseau, etc., etc.

Nous allons successivement considérer les divers cas qui peuvent se présenter, *jaugeage d'une source*, du *débit d'un ruisseau*, d'une *rivière ;* mais avant d'indiquer les moyens que l'on peut employer suivant que le volume d'eau en mouvement est plus ou moins considérable, nous allons examiner comment il convient d'exprimer le produit de l'écoulement, quelle est l'*unité de mesure* qu'il faut choisir.

**143.** *Unité de mesure usuelle pour le jaugeage des eaux courantes.* — Il ne s'agit pas ici d'avoir la mesure cubique d'un volume d'eau, ni la mesure du vase qui la renferme ; mais de tenir compte de l'état de mouvement dans lequel le *volume d'eau fourni* est fonction d'une *capacité cubique* et aussi du *temps ;* il faudra donc multiplier l'orifice par lequel l'eau s'écoule ou la *section vive*, par la vitesse, qui n'est que l'espace parcouru pendant l'unité de temps ; et le produit, ainsi obtenu, exprimé en mètres cubes, représente le volume d'eau qui s'est écoulé pendant cette unité de temps.

Au lieu de rappeler chaque fois cette circonstance de temps, on a pensé qu'il serait plus simple d'adopter une unité de mesure qui renfermerait en elle-même l'idée du temps, et pour cela on n'a eu qu'à prendre un volume représentant le produit de l'écoulement par un orifice connu dans un temps donné.

A Paris, le *pouce de fontainier* est l'unité pour la mesure des eaux qui s'écoulent par des tuyaux de conduite. L'ancien pouce de Paris était égal à la quantité d'eau que fournit dans une seconde un tuyau de 1 *pouce* ou 27 millimètres de diamètre, et placé de manière que le centre de son orifice soit à 7 *lignes* ($0^m,01579$) de distance de la surface de l'eau du réservoir où il est adapté. Pour évaluer le produit, il faudrait déterminer encore la longueur de l'ajutage ou l'épaisseur de la paroi dans laquelle est percé le trou par lequel l'eau s'écoule.

Or, c'est ce qu'on n'a pas fait : de manière qu'on ne s'accorde pas sur la valeur exacte de cette mesure ; cependant il est assez généralement admis qu'elle vaut

13$^{lit}$,33 par minute, ou 19$^{mc}$,1953 en vingt-quatre heures.

Le produit théorique, calculé d'après la règle de Torricelli est de 27$^{mc}$,677. Si on le compare avec le précédent, on en conclut que le coefficient de contraction est de 0,69; coefficient qui convient à un ajutage cylindrique dont la longueur serait égale à trois fois le diamètre. Ainsi dans la supposition que nous avons faite, les trous ne doivent pas être percés en mince paroi, mais on doit y appliquer un tuyau cylindrique de 3 pouces de longueur pour avoir le *pouce de fontainier* (ancien).

Le pouce d'eau ancien se subdivisait en 144 *lignes de fontainier*, dont chacune était équivalente au produit d'un orifice d'une ligne de diamètre chargé sur son centre d'une hauteur d'eau de 7 lignes, c'est-à-dire, percé de manière que son centre fût à 7 lignes au-dessous du niveau de l'eau du bassin.

Le pouce d'eau ancien a été remplacé, lors de l'établissement du système métrique par une unité de même espèce, à laquelle on a conservé le même nom, mais dont la définition s'exprime en fractions décimales du mètre. De Prony à qui l'on doit le choix de cette unité, supposait que l'on perce dans la paroi verticale d'un bassin un orifice circulaire de 2 centimètres de diamètre, dont le centre soit à 4 centimètres au-dessous du niveau du bassin; mais au lieu de supposer cet orifice percé en mince paroi, on le suppose muni d'un ajutage de 17 millimètres de longueur; le produit de l'eau écoulée par cet orifice est le nouveau pouce d'eau.

En appliquant la formule relative à un *ajutage cylindrique* (Voir page 101) on trouve qu'en 24 heures ce produit est de 20 *mètres cubes*. Le pouce d'eau nouveau est donc plus grand que le pouce d'eau ancien. Il se subdivise en centièmes.

## § I. — *JAUGEAGE DE L'EAU QUI S'ÉCOULE PAR UN PETIT ORIFICE*

**144.** Lorsque l'eau s'écoule par une ouverture pratiquée dans un vase, elle acquiert une vitesse égale à celle que prendrait un corps abandonné à la pesanteur, et tombant depuis la surface libre du liquide jusqu'à l'orifice. Ce principe, découvert par Torricelli, va nous fournir le moyen d'évaluer le volume d'eau qui sort du vase dans un temps donné.

En effet, si le niveau, est constant, ce volume, très court pendant l'instant $dt$, est égal au produit $\omega v dt$

($\omega$ étant égal à l'aire de l'orifice, et $v$ représentant la vitesse); si donc Q exprime le volume d'eau sorti, ou ce qu'on appelle la dépense pendant le temps $t$, on aura pour un temps $dt$:

$$dQ = \omega v dt;$$

d'où l'on conclura par l'intégration la valeur de Q en fonction de $t$.

Mais d'après le principe précédent,

$$v = \sqrt{2gh},$$

en représentant par $h$ la hauteur ou charge d'eau, et par $g$ la vitesse communiquée à un corps matériel par la pesanteur au bout de l'unité de temps, d'où

il suit que la relation précédente peut s'écrire :

$$dQ = \omega\sqrt{2gh}\ dt,$$

et par suite :

$$Q = \omega\sqrt{2gh}.\ t.$$

Si le niveau était variable, il faudrait chercher d'abord la valeur de $h$ en fonction de $t$; en la substituant dans l'équation :

$$dQ = \omega\sqrt{2gh}\ dt,$$

on aura, par une intégration, la valeur de Q en fonction du temps.

Pour faciliter les calculs de ce genre, il sera bon de calculer à l'avance une table qui, comme la suivante, donne la vitesse théorique $v$ correspondant à différentes hauteurs de chute; parce qu'alors, dans chaque cas particulier, connaissant la hauteur ou charge d'eau sur l'orifice, on n'aura qu'à voir dans la table la vitesse qui y correspond, et multiplier ensuite cette vitesse par la surface de l'orifice, pour avoir le volume d'eau qui s'est écoulé.

$$Q = \omega v.$$

Mais, il ne faut pas perdre de vue qu'à ces vitesses théoriques correspondront des débits également théoriques.

**145.** *Table des vitesses théoriques* v $= \sqrt{2gh}$ *correspondant à différentes hauteurs de chute*

| HAUTEURS de chute | VITESSES correspondantes | HAUTEURS de chute | VITESSES correspondantes | HAUTEURS de chute | VITESSES correspondantes | HAUTEURS de chute | VITESSES correspondantes | HAUTEURS de chute | VITESSES correspondantes | HAUTEURS de chute | VITESSES correspondantes | HAUTEURS de chute | VITESSES correspondantes |
|---|---|---|---|---|---|---|---|---|---|---|---|---|---|
| m. | m. | m. | m. | m. | m. | m. | m. | m. | m. | m. | m. | m. | m. |
| 0.001 | 0.140 | 0.65 | 3.571 | 1.38 | 5.203 | 2.11 | 6.434 | 2.84 | 7.464 | 3.57 | 8.369 | 4.30 | 9.185 |
| 0.002 | 0.198 | 0.66 | 3.598 | 1.39 | 5.222 | 2.12 | 6.449 | 2.85 | 7.477 | 3.58 | 8.380 | 4.31 | 9.195 |
| 0.003 | 0.243 | 0.67 | 3.625 | 1.40 | 5.241 | 2.13 | 6.464 | 2.86 | 7.490 | 3.59 | 8.392 | 4.32 | 9.206 |
| 0.004 | 0.280 | 0.68 | 3.652 | 1.41 | 5.259 | 2.14 | 6.479 | 2.87 | 7.503 | 3.60 | 8.404 | 4.33 | 9.217 |
| 0.005 | 0.313 | 0.69 | 3.679 | 1.42 | 5.278 | 2.15 | 6.494 | 2.88 | 7.517 | 3.61 | 8.415 | 4.34 | 9.227 |
| 0.006 | 0.343 | 0.70 | 3.706 | 1.43 | 5.297 | 2.16 | 6.510 | 2.89 | 7.530 | 3.62 | 8.427 | 4.35 | 9.238 |
| 0.007 | 0.370 | 0.71 | 3.732 | 1.44 | 5.315 | 2.17 | 6.525 | 2.90 | 7.543 | 3.63 | 8.439 | 4.36 | 9.248 |
| 0.008 | 0.395 | 0.72 | 3.758 | 1.45 | 5.333 | 2.18 | 6.540 | 2.91 | 7.556 | 3.64 | 8.450 | 4.37 | 9.259 |
| 0.009 | 0.420 | 0.73 | 3.784 | 1.46 | 5.351 | 2.19 | 6.555 | 2.92 | 7.569 | 3.65 | 8.462 | 4.38 | 9.270 |
| 0.01 | 0.443 | 0.74 | 3.810 | 1.47 | 5.370 | 2.20 | 6.570 | 2.93 | 7.582 | 3.66 | 8.474 | 4.39 | 9.280 |
| 0.02 | 0.626 | 0.75 | 3.836 | 1.48 | 5.388 | 2.21 | 6.584 | 2.94 | 7.594 | 3.67 | 8.485 | 4.40 | 9.291 |
| 0.03 | 0.767 | 0.76 | 3.861 | 1.49 | 5.406 | 2.22 | 6.599 | 2.95 | 7.607 | 3.68 | 8.497 | 4.41 | 9.301 |
| 0.04 | 0.886 | 0.77 | 3.886 | 1.50 | 5.425 | 2.23 | 6.614 | 2.96 | 7.620 | 3.69 | 8.508 | 4.42 | 9.312 |
| 0.05 | 0.990 | 0.78 | 3.911 | 1.51 | 5.443 | 2.24 | 6.629 | 2.97 | 7.633 | 3.70 | 8.520 | 4.43 | 9.322 |
| 0.06 | 1.085 | 0.79 | 3.936 | 1.52 | 5.461 | 2.25 | 6.644 | 2.98 | 7.646 | 3.71 | 8.531 | 4.44 | 9.333 |
| 0.07 | 1.172 | 0.80 | 3.961 | 1.53 | 5.479 | 2.26 | 6.658 | 2.99 | 7.659 | 3.72 | 8.543 | 4.45 | 9.343 |
| 0.08 | 1.253 | 0.81 | 3.986 | 1.54 | 5.496 | 2.27 | 6.673 | 3.00 | 7.672 | 3.73 | 8.554 | 4.46 | 9.354 |
| 0.09 | 1.329 | 0.82 | 4.011 | 1.55 | 5.514 | 2.28 | 6.688 | 3.01 | 7.684 | 3.74 | 8.566 | 4.47 | 9.364 |
| 0.10 | 1.401 | 0.83 | 4.035 | 1.56 | 5.532 | 2.29 | 6.703 | 3.02 | 7.697 | 3.75 | 8.577 | 4.48 | 9.375 |
| 0.11 | 1.468 | 0.84 | 4.059 | 1.57 | 5.550 | 2.30 | 6.717 | 3.03 | 7.710 | 3.76 | 8.588 | 4.49 | 9.385 |
| 0.12 | 1.534 | 0.85 | 4.083 | 1.58 | 5.567 | 2.31 | 6.732 | 3.04 | 7.722 | 3.77 | 8.600 | 4.50 | 9.396 |
| 0.13 | 1.597 | 0.86 | 4.107 | 1.59 | 5.585 | 2.32 | 6.746 | 3.05 | 7.735 | 3.78 | 8.611 | 4.51 | 9.406 |
| 0.14 | 1.657 | 0.87 | 4.131 | 1.60 | 5.603 | 2.33 | 6.761 | 3.06 | 7.748 | 3.79 | 8.623 | 4.52 | 9.417 |
| 0.15 | 1.715 | 0.88 | 4.155 | 1.61 | 5.620 | 2.34 | 6.775 | 3.07 | 7.760 | 3.80 | 8.634 | 4.53 | 9.427 |
| 0.16 | 1.772 | 0.89 | 4.178 | 1.62 | 5.637 | 2.35 | 6.790 | 3.08 | 7.773 | 3.81 | 8.645 | 4.54 | 9.437 |
| 0.17 | 1.826 | 0.90 | 4.202 | 1.63 | 5.655 | 2.36 | 6.804 | 3.09 | 7.786 | 3.82 | 8.657 | 4.55 | 9.448 |
| 0.18 | 1.879 | 0.91 | 4.225 | 1.64 | 5.672 | 2.37 | 6.819 | 3.10 | 7.798 | 3.83 | 8.668 | 4.56 | 9.458 |
| 0.19 | 1.931 | 0.92 | 4.248 | 1.65 | 5.690 | 2.38 | 6.833 | 3.11 | 7.811 | 3.84 | 8.679 | 4.57 | 9.468 |
| 0.20 | 1.981 | 0.93 | 4.271 | 1.66 | 5.707 | 2.39 | 6.847 | 3.12 | 7.823 | 3.85 | 8.691 | 4.58 | 9.479 |
| 0.21 | 2.030 | 0.94 | 4.294 | 1.67 | 5.724 | 2.40 | 6.862 | 3.13 | 7.836 | 3.86 | 8.702 | 4.59 | 9.489 |
| 0.22 | 2.078 | 0.95 | 4.317 | 1.68 | 5.741 | 2.41 | 6.876 | 3.14 | 7.849 | 3.87 | 8.713 | 4.60 | 9.500 |
| 0.23 | 2.124 | 0.96 | 4.340 | 1.69 | 5.758 | 2.42 | 6.890 | 3.15 | 7.861 | 3.88 | 8.725 | 4.61 | 9.510 |
| 0.24 | 2.170 | 0.97 | 4.362 | 1.70 | 5.775 | 2.43 | 6.904 | 3.16 | 7.873 | 3.89 | 8.736 | 4.62 | 9.520 |
| 0.25 | 2.215 | 0.98 | 4.384 | 1.71 | 5.792 | 2.44 | 6.919 | 3.17 | 7.886 | 3.90 | 8.747 | 4.63 | 9.530 |
| 0.26 | 2.259 | 0.99 | 4.407 | 1.72 | 5.809 | 2.45 | 6.933 | 3.18 | 7.898 | 3.91 | 8.758 | 4.64 | 9.541 |
| 0.27 | 2.301 | 1.00 | 4.429 | 1.73 | 5.826 | 2.46 | 6.947 | 3.19 | 7.911 | 3.92 | 8.769 | 4.65 | 9.551 |
| 0.28 | 2.344 | 1.01 | 4.451 | 1.74 | 5.842 | 2.47 | 6.961 | 3.20 | 7.923 | 3.93 | 8.780 | 4.66 | 9.561 |
| 0.29 | 2.385 | 1.02 | 4.473 | 1.75 | 5.859 | 2.48 | 6.975 | 3.21 | 7.936 | 3.94 | 8.792 | 4.67 | 9.572 |
| 0.30 | 2.426 | 1.03 | 4.495 | 1.76 | 5.876 | 2.49 | 6.989 | 3.22 | 7.948 | 3.95 | 8.803 | 4.68 | 9.582 |
| 0.31 | 2.466 | 1.04 | 4.517 | 1.77 | 5.893 | 2.50 | 7.003 | 3.23 | 7.960 | 3.96 | 8.814 | 4.69 | 9.592 |
| 0.32 | 2.506 | 1.05 | 4.539 | 1.78 | 5.909 | 2.51 | 7.017 | 3.24 | 7.973 | 3.97 | 8.825 | 4.70 | 9.602 |
| 0.33 | 2.544 | 1.06 | 4.560 | 1.79 | 5.926 | 2.52 | 7.031 | 3.25 | 7.985 | 3.98 | 8.836 | 4.71 | 9.612 |
| 0.34 | 2.582 | 1.07 | 4.582 | 1.80 | 5.942 | 2.53 | 7.045 | 3.26 | 7.997 | 3.99 | 8.847 | 4.72 | 9.623 |
| 0.35 | 2.620 | 1.08 | 4.603 | 1.81 | 5.959 | 2.54 | 7.059 | 3.27 | 8.009 | 4.00 | 8.858 | 4.73 | 9.633 |
| 0.36 | 2.658 | 1.09 | 4.624 | 1.82 | 5.975 | 2.55 | 7.073 | 3.28 | 8.022 | 4.01 | 8.869 | 4.74 | 9.643 |
| 0.37 | 2.694 | 1.10 | 4.645 | 1.83 | 5.992 | 2.56 | 7.087 | 3.29 | 8.034 | 4.02 | 8.880 | 4.75 | 9.653 |
| 0.38 | 2.730 | 1.11 | 4.666 | 1.84 | 6.008 | 2.57 | 7.101 | 3.30 | 8.046 | 4.03 | 8.892 | 4.76 | 9.663 |
| 0.39 | 2.766 | 1.12 | 4.687 | 1.85 | 6.024 | 2.58 | 7.114 | 3.31 | 8.058 | 4.04 | 8.903 | 4.77 | 9.673 |
| 0.40 | 2.801 | 1.13 | 4.708 | 1.86 | 6.041 | 2.59 | 7.128 | 3.32 | 8.070 | 4.05 | 8.914 | 4.78 | 9.684 |
| 0.41 | 2.836 | 1.14 | 4.729 | 1.87 | 6.057 | 2.60 | 7.142 | 3.33 | 8.082 | 4.06 | 8.925 | 4.79 | 9.694 |
| 0.42 | 2.870 | 1.15 | 4.750 | 1.88 | 6.073 | 2.61 | 7.156 | 3.34 | 8.095 | 4.07 | 8.936 | 4.80 | 9.704 |
| 0.43 | 2.904 | 1.16 | 4.770 | 1.89 | 6.089 | 2.62 | 7.169 | 3.35 | 8.107 | 4.08 | 8.946 | 4.81 | 9.714 |
| 0.44 | 2.938 | 1.17 | 4.790 | 1.90 | 6.105 | 2.63 | 7.183 | 3.36 | 8.119 | 4.09 | 8.957 | 4.82 | 9.724 |
| 0.45 | 2.971 | 1.18 | 4.811 | 1.91 | 6.122 | 2.64 | 7.197 | 3.37 | 8.131 | 4.10 | 8.968 | 4.83 | 9.734 |
| 0.46 | 3.004 | 1.19 | 4.831 | 1.92 | 6.138 | 2.65 | 7.210 | 3.38 | 8.143 | 4.11 | 8.979 | 4.84 | 9.744 |
| 0.47 | 3.037 | 1.20 | 4.852 | 1.93 | 6.154 | 2.66 | 7.224 | 3.39 | 8.155 | 4.12 | 8.990 | 4.85 | 9.754 |
| 0.48 | 3.069 | 1.21 | 4.872 | 1.94 | 6.170 | 2.67 | 7.237 | 3.40 | 8.167 | 4.13 | 9.001 | 4.86 | 9.764 |
| 0.49 | 3.100 | 1.22 | 4.892 | 1.95 | 6.186 | 2.68 | 7.251 | 3.41 | 8.179 | 4.14 | 9.012 | 4.87 | 9.774 |
| 0.50 | 3.132 | 1.23 | 4.913 | 1.96 | 6.202 | 2.69 | 7.265 | 3.42 | 8.191 | 4.15 | 9.023 | 4.88 | 9.784 |
| 0.51 | 3.163 | 1.24 | 4.933 | 1.97 | 6.217 | 2.70 | 7.278 | 3.43 | 8.203 | 4.16 | 9.034 | 4.89 | 9.794 |
| 0.52 | 3.194 | 1.25 | 4.953 | 1.98 | 6.232 | 2.71 | 7.291 | 3.44 | 8.215 | 4.17 | 9.045 | 4.90 | 9.804 |
| 0.53 | 3.224 | 1.26 | 4.972 | 1.99 | 6.248 | 2.72 | 7.305 | 3.45 | 8.227 | 4.18 | 9.055 | 4.91 | 9.814 |
| 0.54 | 3.253 | 1.27 | 4.991 | 2.00 | 6.264 | 2.73 | 7.318 | 3.46 | 8.239 | 4.19 | 9.066 | 4.92 | 9.824 |
| 0.55 | 3.285 | 1.28 | 5.011 | 2.01 | 6.279 | 2.74 | 7.332 | 3.47 | 8.251 | 4.20 | 9.077 | 4.93 | 9.834 |
| 0.56 | 3.314 | 1.29 | 5.031 | 2.02 | 6.295 | 2.75 | 7.345 | 3.48 | 8.263 | 4.21 | 9.088 | 4.94 | 9.844 |
| 0.57 | 3.344 | 1.30 | 5.050 | 2.03 | 6.311 | 2.76 | 7.358 | 3.49 | 8.274 | 4.22 | 9.099 | 4.95 | 9.854 |
| 0.58 | 3.373 | 1.31 | 5.069 | 2.04 | 6.326 | 2.77 | 7.372 | 3.50 | 8.286 | 4.23 | 9.109 | 4.96 | 9.864 |
| 0.59 | 3.402 | 1.32 | 5.089 | 2.05 | 6.341 | 2.78 | 7.385 | 3.51 | 8.298 | 4.24 | 9.120 | 4.97 | 9.874 |
| 0.60 | 3.431 | 1.33 | 5.108 | 2.06 | 6.357 | 2.79 | 7.398 | 3.52 | 8.310 | 4.25 | 9.131 | 4.98 | 9.884 |
| 0.61 | 3.459 | 1.34 | 5.127 | 2.07 | 6.372 | 2.80 | 7.411 | 3.53 | 8.322 | 4.26 | 9.142 | 4.99 | 9.894 |
| 0.62 | 3.488 | 1.35 | 5.146 | 2.08 | 6.388 | 2.81 | 7.425 | 3.54 | 8.333 | 4.27 | 9.152 | 5.00 | 9.904 |
| 0.63 | 3.516 | 1.36 | 5.165 | 2.09 | 6.403 | 2.82 | 7.437 | 3.55 | 8.345 | 4.28 | 9.163 | 5.25 | 10.145 |
| 0.64 | 3.543 | 1.37 | 5.184 | 2.10 | 6.418 | 2.83 | 7.451 | 3.56 | 8.357 | 4.29 | 9.174 | 5.50 | 10.387 |

| HAUTEURS de chute | VITESSES correspondantes | HAUTEURS de chute | VITESSES correspondantes | HAUTEURS de chute | VITESSES correspondantes | HAUTEURS de chute | VITESSES correspondantes | HAUTEURS de chute | VITESSES correspondantes | HAUTEURS de chute | VITESSES correspondantes | HAUTEURS de chute | VITESSES correspondantes |
|---|---|---|---|---|---|---|---|---|---|---|---|---|---|
| m. | m. | m. | m. | m. | m. | m. | m. | m. | m. | m. | m. | m. | m. |
| 5.75 | 10.621 | 15.00 | 17.454 | 36.00 | 26.922 | 57.00 | 33.742 | 78.00 | 39.367 | 99.00 | 44.070 | 200.00 | 62.658 |
| 6.00 | 10.849 | 16.00 | 17.717 | 37.00 | 27.303 | 58.00 | 34.021 | 79.00 | 39.616 | 100.00 | 44.292 | 205.00 | 63.416 |
| 6.25 | 11.073 | 17.00 | 18.257 | 38.00 | 26.660 | 59.00 | 34.309 | 80.00 | 39.863 | 105.00 | 45.386 | 210.00 | 64.185 |
| 6.50 | 11.272 | 18.00 | 18.791 | 39.00 | 28.013 | 60.00 | 34.593 | 81.00 | 40.108 | 110.00 | 46.454 | 215.00 | 64.944 |
| 6.65 | 11.507 | 19.00 | 19.306 | 40.00 | 28.361 | 61.00 | 34.875 | 82.00 | 40.352 | 115.00 | 47.498 | 220.00 | 65.695 |
| 7.00 | 11.710 | 20.00 | 19.804 | 41.00 | 28.704 | 62.00 | 35.155 | 83.00 | 40.594 | 120.00 | 48.519 | 225.00 | 66.438 |
| 9.25 | 11.926 | 21.00 | 20.297 | 42.00 | 29.044 | 63.00 | 35.433 | 84.00 | 40.835 | 125.00 | 49.520 | 230.00 | 67.171 |
| 7.50 | 12.130 | 22.00 | 20.775 | 43.00 | 29·380 | 64.00 | 35.709 | 85.00 | 41.074 | 130.00 | 50.500 | 235.00 | 67.898 |
| 7.75 | 12.330 | 23.00 | 21.145 | 44.00 | 29.742 | 65.00 | 35.983 | 86.00 | 41.313 | 135.00 | 51.462 | 240.00 | 68.616 |
| 8.00 | 12.528 | 24.00 | 22.226 | 45.00 | 30.040 | 66.00 | 36.254 | 87.00 | 41.412 | 140.00 | 52.407 | 245.00 | 69.328 |
| 8.25 | 12.722 | 25.00 | 22.198 | 46.00 | 30.365 | 67.00 | 36.524 | 88.00 | 41.549 | 145.00 | 53.334 | 250.00 | 70.031 |
| 8.75 | 12.913 | 26.00 | 23.461 | 47.00 | 30.685 | 68.00 | 36.791 | 89.00 | 41.785 | 150.00 | 54.246 | 255.00 | 70.728 |
| 8.75 | 13.102 | 27.00 | 24.580 | 48.00 | 31.004 | 69.00 | 37.057 | 90.00 | 42.019 | 155.00 | 55.143 | 260.00 | 71.418 |
| 9.00 | 13.238 | 28.00 | 23.437 | 49.00 | 31.329 | 70.00 | 37.321 | 91.00 | 42.252 | 160.00 | 56.025 | 265.00 | 72.102 |
| 9.25 | 13.476 | 29.00 | 23.852 | 50.00 | 31.631 | 71.00 | 37.583 | 92.00 | 42.483 | 165.00 | 56.804 | 270.00 | 72.780 |
| 9.50 | 13.652 | 30.00 | 23.260 | 51.00 | 31.939 | 72.00 | 37.843 | 93.00 | 42.713 | 170.00 | 57.749 | 275.00 | 73.450 |
| 9.75 | 13.930 | 31.00 | 24.661 | 52.00 | 32.245 | 73.00 | 38.101 | 94.00 | 42.942 | 175.00 | 58.592 | 280.00 | 74.114 |
| 10.00 | 14.006 | 32.00 | 25.055 | 53.00 | 32.549 | 74.00 | 38.358 | 95.00 | 43.170 | 180.00 | 59.424 | 285.00 | 74.773 |
| 11.00 | 14.690 | 33.00 | 25.444 | 54.00 | 32.848 | 75.00 | 38.613 | 96.00 | 43.397 | 185.00 | 60.243 | 290.00 | 75.426 |
| 12.00 | 15.349 | 33.00 | 25.826 | 55.00 | 33.145 | 76.00 | 38.866 | 97.00 | 43.622 | 190.00 | 61.052 | 295.00 | 76.074 |
| 13.00 | 15.970 | 34.00 | 26.203 | 56.00 | 33.440 | 77.00 | 39.117 | 98.00 | 43.84. | 195.00 | 61.850 | 300.00 | 76.716 |
| 14.00 | 15.572 | 35.00 | 26.575 | | | | | | | | | | |

Lorsqu'un liquide s'écoule par une ouverture qu'on a faite à un vase, il prend la forme d'un *filet* auquel on donne en général le nom de *veine*.

Si l'on suit exactement la forme de la veine liquide, on remarque que d'abord elle a le même diamètre que l'ouverture faite dans le vase ; mais à partir de cette ouverture, et tout de suite, elle va en diminuant, de manière qu'elle tend à former une surface conique ; elle se relève ensuite, de manière qu'il y a une section de la veine qui est plus petite que toutes les autres. L'endroit où la section se trouve la plus petite, s'appelle section de la veine contractée, et ce phénomène est exprimé par le nom de la *contraction de la veine fluide*.

Cette contraction a une influence sur le produit de l'écoulement, c'est-à-dire que l'écoulement dû à la théorie, ou calculé d'après la règle de Toricelli, diffère de l'écoulement réel.

Lorsque l'écoulement a lieu *en mince paroi*, c'est-à-dire comme s'il s'opérait par une ouverture pratiquée dans une feuille infiniment mince, le résultat de l'expérience, comparé à celui de la théorie pris pour unité, donne 0,62 pour le produit de l'écoulement. Voir page 100 le tableau des formules de l'écoulement par les orifices.

Lorsque l'écoulement a lieu par un *ajutage*, c'est-à-dire par un tuyau cylindrique ou conique ou composé de deux cônes adossés sur la petite base, qu'on applique à l'ouverture du vase, le résultat de l'expérience se rapproche davantage de celui de la théorie, suivant la forme et la dimension de l'ajutage.

Avec un tuyau cylindrique qui aurait une longueur égale à trois fois le diamètre de l'orifice, le résultat peut être porté de 0,62 à 0,82.

Avec un ajutage conique, dont le diamètre inférieur de la petite base serait 1, celui de la grande base 1,24, et la distance entre les deux bases du cône tronqué 0,75, on peut obtenir un écoulement qui irait à 0,90.

## § II. — JAUGEAGE D'UNE SOURCE, D'UN RUISSEAU

**146.** Quand on veut capter une source pour une distribution d'eau dans un centre de population, la première opération consiste à la jauger aux diverses époques de l'année, surtout dans les temps de sécheresse, afin de s'assurer que son volume sera suffisant pour l'alimentation.

Pour constater le débit d'une source en litres et par seconde, on peut recueillir l'eau dans un vase d'une capacité connue, et constater avec un chronomètre le nombre de secondes nécessaires pour le remplir.

Ce procédé n'est applicable que lorsque le volume d'eau fourni par la source est peu important.

**147.** Pour évaluer le volume d'eau débitée par un petit ruisseau, on y fait un barrage transversal, auquel on dispose une *jauge*. C'est une feuille de fer blanc percée de trous munis d'ajutage de 17 millimètres de longueur, ayant leurs centres sur une ligne horizontale et un diamètre de 2 centimètres. L'eau ainsi arrêtée dans son cours, s'amasse et son niveau s'élève, On attend qu'il vienne affleurer un trait marqué à 4 centimètres au-dessus de la ligne de tous les trous; on laisse ensuite écouler l'eau par un nombre suffisant de ces trous pour que tout y passe, et n'en laissant débouchés que ce qu'il faut pour que le niveau se maintienne juste au-dessus de la tangente à tous les cercles. La source débite donc dans ces conditions tout le volume d'eau qui passe par ces orifices puisque le niveau reste constant, ce qui prouve qu'il s'en écoule autant qu'il en arrive. Ainsi le nombre de trous ouverts, mesure exactement *en pouces de fontainier* la source à jauger.

On a reconnu quelques défauts à cet appareil. Pour éviter les fluctuations qui ont lieu à la surface supérieure de l'eau dans la caisse, il conviendrait de recevoir l'eau de la source dans un réservoir d'une grande étendue qui environnerait la caisse de jaugeage. Au lieu de faire cette caisse en plomb, l'emploi du zinc serait préférable ; ce métal étant plus dur, les trous circulaires se déformeraient plus difficilement par l'enfoncement répété des tampons en bois. Il est indispensable de mettre la caisse à l'abri du vent et des courants d'air qui agiteraient la surface de l'eau ; il faut aussi avoir attention de séparer les trous par des intervalles égaux d'environ 20 millimètres au moins.

**148.** Le mode de jaugeage que nous venons d'indiquer ne suffit plus dès que les ruisseaux fournissent plus de 400 mètres cubes par vingt-quatre heures.

On mesure alors les eaux courantes en formant à l'aide de planches un barrage avec échancrure rectangulaire dite *pertuis*, soit horizontal, soit vertical, par lequel les eaux s'écoulent sous une charge constante. On s'assurera que la crête du déversoir est bien horizontale. Au bout de quelques instants l'eau prendra son niveau et son cours normal.

On mesurera alors la hauteur d'eau H au-dessus du seuil du déversoir et la largeur L du déversoir et l'on calculera le volume Q au moyen de la formule (Voir page 101 n° 10 les formules et la figure théorique)

$$Q = m\mathrm{LH}\,\sqrt{2g\mathrm{H}}$$

dans laquelle $g$ est égal à 9,8088 et $m$ un coefficient numérique égal à 0.405.

La valeur de ce coefficient varie suivant les hauteurs différentes de H. Ainsi, MM. Poncelet et Lesbros indiquent les valeurs suivantes pour des hauteurs H comprises entre $0^m,01$ et $0^m,22$.

| H = | 0,01 | 0,02 | 0,03 | 0,04 | 0,06 | 0,08 | 0,10 | 0,15 | 0,20 | 0.22 |
|---|---|---|---|---|---|---|---|---|---|---|
| m = | 0,424 | 0,417 | 0,411 | 0,407 | 0,401 | 0,397 | 0,395 | 0,393 | 0,390 | 0,385 |

En prenant l'une de ces valeurs selon la hauteur mesurée H, ou en adoptant la valeur moyenne de 0,405, la formule précédente donnera le volume d'eau débité à la seconde, en mètres cubes.

L'expression $\sqrt{2g\mathrm{H}}$ représente la vitesse de l'eau.

Pour jauger la source du Rosoir à Dijon, M. Darcy s'est servi d'un barrage en planches. Afin d'avoir un orifice en mince paroi, tout le pourtour était garni du côté d'amont de feuilles de fer blanc appliqués contre le bois, et dépassant celui-ci de 3 à 4 centimètres.

L'orifice étant complètement noyé du côté d'amont, on avait la dépense théorique en appliquant la formule :

$$Q = \frac{2}{3}\, l \ \sqrt{2g} \ (h_1 \ \sqrt{h_1} - h \ \sqrt{h})$$

et la dépense effective s'obtenait en multipliant Q par le coefficient de contraction $0^\mathrm{m},62$ ;

Dans la relation précédente :

$l$ est la largeur de l'orifice ;

$h_1$ la charge sur l'arête inférieure de l'orifice ;

$h$ la charge sur l'arête supérieure.

Il est indispensable, si l'on ne veut pas mettre une trop grande discordance entre les phénomènes réels du mouvement et ceux introduits dans les formules :

1° D'avoir sur l'orifice, soit vertical, soit horizontal, une charge d'eau suffisante pour que les convergences de direction et les variations de vitesse des molécules n'aient lieu que dans une petite partie de la masse liquide ;

2° D'arriver en *amont* du barrage à l'établissement du *calme* suffisamment sensible ;

3° De rendre l'écoulement en *aval* du *pertuis* parfaitement libre, afin d'avoir la certitude qu'au barrage, ni la vitesse d'écoulement, ni la contraction des filets, ne soient gênés par la pression de l'eau inférieure :

4° De régler l'ouverture du pertuis, de manière que la hauteur d'eau H au-dessus de la crête soit constante, afin que le produit Q soit exactement donné par la section de l'orifice affectée à l'écoulement ;

5° De tenir compte de la contraction de la veine liquide.

Il va sans dire que la nécessité de réunir toutes ces conditions ne laisse pas que de présenter certaines difficultés. C'est ce qui a conduit de Prony à chercher une méthode qui dispense de faire aucune hypothèse tant sur la loi de l'écoulement par orifice soit horizontal soit vertical que sur la contraction de la veine liquide.

**149.** *Méthode de de Prony pour le jaugeage des eaux courantes par déversoir.* — Elle présente cet avantage qu'on n'a aucun besoin de connaître la forme de l'orifice, ses dimensions et la hauteur de l'eau au-dessus de la crête.

Voici cette méthode réduite à sa plus simple expression et considérée quant à la presque totalité des cas auxquels on aura à l'appliquer.

Choisir une partie du lit du ruisseau dont on puisse prendre commodément plusieurs profils en travers, la distance comprise entre les deux sections extrêmes étant de 100 à 200 mètres, autant que les localités le permettront.

Établir au point le plus bas de cette longueur un barrage avec un pertuis d'écoulement, et, au point le plus haut, une vanne disposée de manière qu'on puisse la fermer instantanément : cette vanne étant maintenue à une ouverture fixe, demeurera levée jusqu'à ce que l'eau ait acquis une hauteur constante en amont du barrage ; ce dont on s'assurera en examinant si un flotteur plongé dans un tuyau recourbé qui communique avec l'eau du ruisseau, est parfaitement stationnaire. Lorsque cette condition sera obtenue, on fermera instantanément la vanne, de manière que l'eau s'écoule par le pertuis qui est à l'autre extrémité du réservoir. On observera alors avec un chronomètre les temps correspondants à différents abaissements de l'eau.

On fera, avant ou après l'observation des abaissements successifs de l'eau dans le réservoir, un nombre suffisant de profils en travers du ruisseau, pour évaluer avec exactitude, par les méthodes connues du toisé des solides, les volumes d'eau écoulés qui correspondent à chacun des abaissements ; et il faudra par conséquent tracer sur chacun de ces profils la ligne de plus grande hauteur à laquelle l'eau s'est élevée en amont du pertuis.

D'après toutes ces données, on calculera, le produit du ruisseau pendant une seconde, de la manière suivante :

Soient,

| LES TEMPS<br>observés<br>EN SECONDES | LES VOLUMES D'EAU<br>écoulée pendant<br>LES TEMPS CORRESPONDANTS |
|---|---|
| 0 | 0 |
| $\tau$ . . . . . . . . . | $q_1$ |
| 2 $\tau$ . . . . . . . . | $q_2$ |
| 3 $\tau$ . . . . . . . . | $q_3$ |
| 4 $\tau$ . . . . . . . . | $q_4$ |
| . . . . . . . . . | . . . . . . . . . |
| $n\tau$ . . . . . . . . | $q_n$ |

Le volume Q d'eau fournie par le ruisseau pendant l'unité de temps, se calculera par l'une des équations suivantes :

Pour une observation,

$$Q = \frac{1}{\tau} q_1.$$

Pour deux observations,

$$Q = \frac{1}{\tau}\left(2q_1 - \frac{q_2}{2}\right).$$

Pour trois observations,

$$Q = \frac{1}{\tau}\left(3q_1 - 3\frac{q_2}{2} + \frac{q_3}{3}\right).$$

. . . . . . . . . . . . .

Pour $n$ observations,

$$Q = \frac{1}{\tau}\left(nq_1 - \frac{n\,(n-1)}{1.2}\frac{q_2}{2}\right.$$
$$\left. + \frac{n\,(n-1)\,(n-2)}{1.2.3}\frac{q_3}{3} - \text{etc...} \pm \frac{q_n}{n}\right).$$

Les quantités $q_1$, $q_2$, $q_3$.....$q_n$ sont respectivement multipliées par les coefficients du binôme, et divisées ensuite par la suite des nombres naturels, 1, 2, 3..... $n$.

La méthode de de Prony se réduit donc à lier entre eux un certain nombre de résultats obtenus par une série d'expériences et l'emploi d'une formule d'interpolation, qui permet d'arriver à la solution particulière à la question.

## § III. — JAUGEAGE DES COURS D'EAU

**150.** Les dimensions du cours d'eau sont trop considérables pour qu'on puisse directement mesurer le produit de l'écoulement par une méthode de jauge directe.

Nous distinguons deux cas : celui où le mouvement est uniforme, et celui où le mouvement est varié.

### a. — Cas du mouvement uniforme.

**151.** Lorsque le mouvement est uniforme, du moins dans une certaine étendue du cours d'eau, le jaugeage se réduit à déterminer la section transversale $\Omega$ et la vitesse moyenne U.

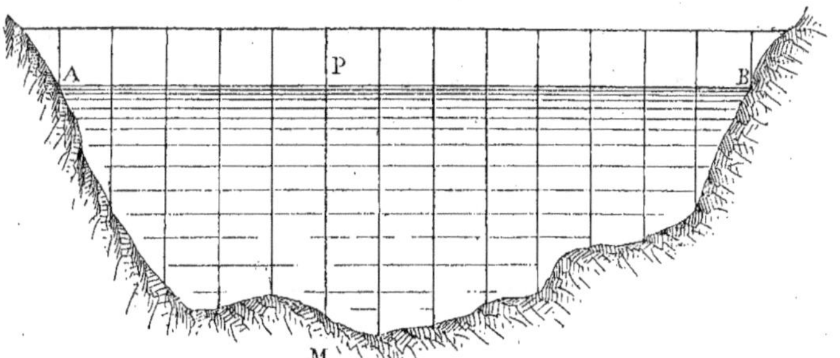


Fig. 140.

Lorsque le lit du cours d'eau est régulier sur une longueur suffisante au point considéré, on se contente du relevé d'une seule section transversale.

Si, au contraire le lit présente certaines irrégularités, on calcule une section moyenne en prenant le relevé de plusieurs profils en travers et prenant la moyenne des résultats trouvés ; on a soin de prendre ces profils en les espaçant régulièrement, par exemple de 20 en 20 mètres. On pouvait aussi procéder par intégration comme nous le verrons plus loin.

Le jaugeage direct d'un cours d'eau comprend donc deux opérations distinctes: le levé de la section transversale et la mesure de la vitesse moyenne.

## I. — Levé de la section transversale.

**152.** *Pour lever un profil en travers sur un cours d'eau*, on opère généralement de la manière suivante. On établit d'abord une corde solidement amarrée aux deux rives où elle porte sur deux chevalets afin de se trouver maintenue au-dessus de la surface de l'eau.

Un peu en avant de cette forte corde, appelée *troille* et parallèlement à sa direction, on tend un cordeau en fil métallique

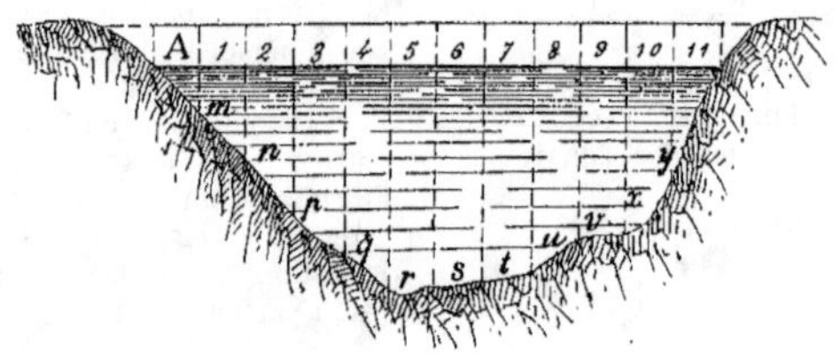


Fig. 141.

ou en écorce de tilleul et on le maintient dans une position aussi horizontale que possible. — Ce cordeau est divisé en mètres, soit par des nœuds, soit avec des cordelettes ; les décamètres sont indiqués par de petits rubans de couleurs.

Sous l'action de tensions différentes, les divisions du cordeau pourraient varier d'une opération à l'autre et les résultats ne seraient plus comparables. Pour éviter cet inconvénient, on fixe le cordeau à un piquet sur l'une des rives, et l'autre extrémité passe sur une poulie. — Un poids suffisamment lourd, suspendu à cette extrémité du cordeau, donne toujours la même tension. Le poids étant toujours le même, les divisions reprennent toujours les mêmes longueurs.

On amène le bateau en face de chaque division, et, dans chacune de ces positions, on mesure la profondeur du profil au-dessous de la surface de l'eau au moyen d'une sonde graduée que l'on maintient bien verticalement. — Le fond du lit se trouve ainsi déterminé par rapport à la surface de l'eau.

Les résultats de l'opération donnent les abscisses horizontales telles que A1 — 12 — 23 (*fig.* 141) et les ordonnées verticales telles que $m1$, $n2$, $p3$..., d'un certain nombre de points du lit.

On reporte ces points, à une échelle convenue, sur une feuille de dessin, et, par ces points, on fait passer une courbe continue ou une ligne brisée qui représente le contour de la section. — On peut alors évaluer l'aire de la section par les procédés connus de quadrature approchée.

**152.** Voici un autre procédé imaginé par M. Rakowski et décrit par M. Prud'homme dans son cours de construction, pour déterminer la section d'un cours d'eau. « Ce procédé n'exige pas le déplacement de l'opérateur de l'un des bords de la rivière et dispense en outre de manœuvrer un bateau. — On n'a donc pas à craindre non plus la modification du plan normal de l'eau produite par les oscillations du bateau. »

« Le procédé de M. Rakowski consiste à établir en travers du lit un cordeau gradué par des nœuds et régulièrement tendu, soit par un poids suspendu à son extrémité, à l'aide d'une poulie, comme il est indiqué plus haut, soit plus simplement en l'amarrant, après l'avoir bandé le plus possible, à deux pinces de carrier, qu'on enfonce profondément en terre, sur chaque rive, dans une direction opposée à l'effort que fait le cordeau pour se débander. »

« Sur ce cordeau ainsi fixé se meut un anneau A (*fig.* 142) simplement enfilé, et qu'un aide-opérateur, se tenant sur la rive opposée à celle où se trouve l'opérateur, arrête à chaque nœud, au moyen d'une ficelle AF attachée audit anneau. Dans le même anneau se meut librement,

à son tour, un autre cordeau *dm*M portant suspendu à son extrémité M un poids M; l'autre extrémité reste dans la main de l'opérateur. Lorsque celui-ci commence à relever le profil du fond du lit, l'anneau A étant à la première division, il laisse tomber le poids M jusqu'au fond, et quand, tout en maintenant la corde tendue, il ne sent plus sa main attirée, c'est que ce poids touche le fond. L'opérateur saisit alors son cordeau au point D, l'attire à lui horizontalement, jusqu'à ce que le poids affleure l'eau en *m*, et dans cette position la distance D*d* est la même que celle de *m*M. Cette cote inscrite sur le carnet d'opération, l'aide-opé-

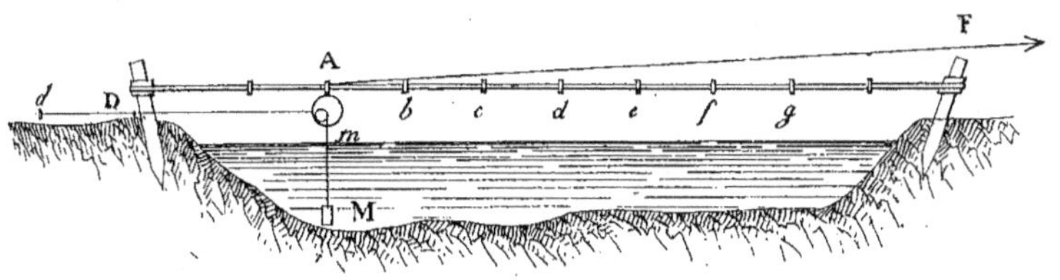



Fig. 142.

rateur attire l'anneau en *b* et on recommence l'opération comme en A, de même qu'en *c* et *d*, etc... »

« Comme on le voit, ce procédé est applicable non seulement dans le cas de jaugeage, mais encore et surtout dans les études pour les règlements d'usines ou de curage de cours d'eau, où un très grand nombre de profils est nécessaire. Il peut s'appliquer pour relever le profil transversal d'un cours d'eau dont la vitesse ne dépasse pas 1<sup>m</sup>,50 par seconde. Au-dessus de cette limite, l'action du courant sur le fil à plomb ne permet plus d'avoir des ordonnées exactes entre le fond du lit et la surface de l'eau, car le fil s'éloigne de la position verticale et prend une forme parabolique. Ce procédé ne saurait non plus être étendu aux cours d'eau importants, comme sur un lit de plus de 30 mètres de largeur par exemple. — Le procédé de M. Rakowski nous paraît devoir se restreindre, dans son application, aux cours d'eau non na-

vigables, mais il n'est pas moins ingénieux et des plus simples. »

**153.** M. Pontzen a eu l'occasion, dans un voyage aux États-Unis, de voir un appareil qui rend les meilleurs services que l'on puisse demander à un procédé de sondage, quand il s'agit de connaître exactement le lit d'un cours d'eau. — L'appareil a été composé par le major Hoffmann et employé sur le Mississipi.

Dix tubes verticaux équidistants sont disposés en ligne droite ; dans chacun d'eux une longue tige peut descendre facilement par son propre poids. En laissant à la fois descendre ces dix tiges jusqu'à ce qu'elles touchent le fond, on a d'un seul coup dix sondages. A chaque opération on détermine exactement la cote du plan d'eau, la hauteur de chute de chaque tige et la position du ponton qui porte l'appareil.

La hauteur de chute des tiges est donnée par un système enregistreur mû par un mouvement d'horlogerie, et portant des crayons en relation avec chacune des tiges ; la cote du plan d'eau et la position du ponton sont relevés de la rive.

Pour éviter que les tiges de sondage ne soient inclinées par l'action du courant, ce qui fausserait les résultats, le pied de ces tiges porte un cordon qui roule sur un tambour conique, dont l'ouverture est calculée de telle sorte que la longueur développée du fil soit dans un rapport voulu avec l'enfoncement de la tige supposée ramenée à la verticale.

L'ingénieuse organisation de cet appareil de sondage, ainsi que la répartition du travail entre le personnel qui se trouve sur le ponton et celui qui reste sur la rive, ont permis, dans des circonstances favorables, de relever soixante sondages, soit six cents cotes de sondages par heure.

## II. — Instruments de jaugeage.

**154.** Après avoir mesuré la section transversale du courant, il faut encore évaluer le second facteur du produit qui donne le débit c'est-à-dire la vitesse *moyenne*.

Mais ici se présente une difficulté pratique. — Si on mesure la vitesse d'un filet géométriquement placé par rapport au plan du cours d'eau, on a sa *vitesse réelle* au moment de l'opération pendant le temps *dt*; *vitesse réelle* qui n'a souvent rien de commun avec la *vitesse moyenne* ou point géométrique considéré. Il en résulte que pour obtenir cette *vitesse moyenne locale*, il faudra faire plusieurs observations locales et en prendre la moyenne.

De ce résultat et d'autres pris également en d'autres points, on pourra arriver à déduire la *vitesse moyenne générale*.

Quand on n'a pas besoin d'une grande exactitude pour la détermination du débit du cours d'eau, on se contente de mesurer la *vitesse à la surface* au point où elle paraît être la plus grande — point qu'on appelle le *fil de l'eau*. Pour atteindre ce but on emploie les *flotteurs de surface*.

Lorsqu'on veut au contraire obtenir un résultat plus exact, il faut connaître les diverses vitesses qui animent chaque élément de la surface de la section et par suite tenir compte dans l'expression de la *vitesse moyenne générale* de la *vitesse à l'intérieur du courant*. On est alors conduit à employer des instruments qui permettent de faire connaître cet élément de la question ; parmi ces instruments il faut indiquer les *doubles flotteurs*, les *moulinets* et en particulier celui de *Woltmann* — le *tube de Pitot* et les instruments qui en dérivent.

### a. — Instruments destinés a mesurer la vitesse a la surface

**155.** Les *flotteurs simples* servent à mesurer la *vitesse à la surface*.

Un flotteur se compose de deux parties : une partie submergée, destinée à subir l'action du courant, et une partie visible destinée à rendre possibles les observations de l'opérateur. Il doit remplir les conditions essentielles suivantes :

1° Les parties exposées au vent doivent être les plus petites possible, tout en ayant des dimensions assez grandes pour être facilement vues et pour donner un excès de flottaison suffisant ;

2° Les parties submergées doivent être les plus petites possible, afin d'apporter la moindre perturbation possible au mouvement naturel de l'eau ;

3° Toutes les parties doivent être d'une forme telle qu'elles exposent, tant au vent qu'au courant, une surface sensiblement constante, quoique l'instrument tourne sur lui-même pendant son mouvement ;

4° Toutes ses parties doivent être formées de matières peu affectées par des alternatives de sécheresse et d'humidité (ce qui indique l'usage de pièces métalliques de préférence au bois) ;

5° L'instrument doit être facile à manier et assez fort pour résister à des secousses un peu rudes ;

6° Il doit être bon marché et léger, afin de pouvoir être construit et transporté facilement par grandes quantités. C'est ainsi que les conditions à remplir par des flotteurs ont été formulées par le capitaine Allan Cunningham.

Cet ingénieur, dans ses expériences hydrauliques, faites sur le canal du Gange, employait des flotteurs en bois ayant la forme de disque de 3 à 6 millimètres d'épaisseur et de deux modèles, l'un de 76 millimètres, l'autre de 25 à 32 millimètres de diamètre.

Ordinairement, les flotteurs de surface sont de petits morceaux de bois de chêne, ayant une section de 0$^m$,05 de diamètre et 0$^m$,35 de longueur environ. Ils sont quelquefois des boules de cire ou des rondelles de liège qu'on leste avec des clous ou du plomb pour qu'elles affleurent la surface de l'eau et n'offrent pas de prise au vent. On peut encore employer des boules en bois de 10 à 12 centimètres de diamètre, convenablement lestées avec du plomb, de manière à être à peu près entièrement recouvertes par l'eau courante.

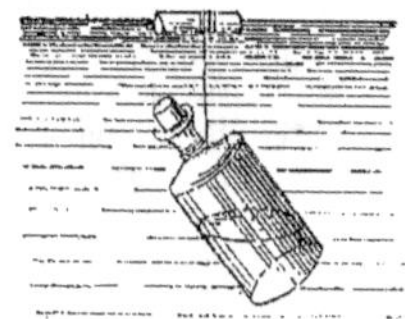

Fig. 143.

« Nous avons trouvé, dit M. Debeauve, une assez grande régularité dans les indications du flotteur suivant, bien facile à construire :

« Nous prenons une petite bouteille (*fig.* 143), d'un décilitre par exemple; à son goulot, nous attachons par une courte ficelle un bouchon ordinaire ; la bouteille est munie de son bouchon ; on la leste à l'intérieur, soit avec de la grenaille de plomb, soit avec de l'eau, de telle sorte que tout l'appareil flotte, le bouchon restant seul à la surface du liquide; après quelques tâtonnements on arrive en un instant à ce résultat. On a alors un flotteur presque insensible au vent et à la résistance de l'air et qui marche avec la vitesse moyenne des filets situés dans le voisinage de la surface. Lorsqu'on lance l'appareil dans l'eau, il plonge d'abord, puis se relève, et après quelques oscillations se fixe dans la position indiquée par la figure. Les ingénieurs Américains, dans leurs expériences sur le Mississipi, ont em-

ployé en grand ce genre de flotteur ; ils se servaient de barils sans fond, lestés avec des saumons de plomb, de manière à rester verticaux ; chaque baril était lié par un cordage à un flotteur de surface, portant une tige en fil de fer terminé par un petit drapeau.

**156.** Pour faire une observation on plante aux deux bords d'une même section transversale (*fig.* 141) deux piquets destinés à servir de jalons; on choisit à une distance connue en aval de cette première section, une seconde section transversale que l'on marque de même par deux jalons plantés aux deux bords.

On détermine ainsi un *poste de jaugeage ;* il doit autant que possible être choisi dans une partie rectiligne et régulière du cours d'eau.

On fait alors jeter en amont de la première station et au *fil de l'eau* les flotteurs.

Chaque flotteur sous l'impulsion du courant se déplace avec l'eau et ne tarde pas à prendre la même vitesse que celle des molécules d'eau à la surface. Au moment où le flotteur arrive au niveau des deux premiers jalons un observateur note son passage avec un chronomètre exactement réglé avec le chronomètre d'un autre observateur placé dans la ligne des deux autres jalons d'aval et qui note également le moment du passage du flotteur dans cette deuxième section. La différence des heures indiquées par les deux chronomètres donne le temps employé par le flotteur pour franchir la distance des deux stations. On divisera alors cette distance, connue par le nombre de secondes relevé par les chronomètres et l'on aura la vitesse de marche du flotteur ou ce qui revient au même la vitesse de l'eau à sa surface.

*Si par exemple* la distance des deux sections est de 300 mètres et que les heures lues aux deux chronomètres aux deux passages soient 8$^h$ 20′ 15″ et 8$^h$ 29′10″, le temps employé par le flotteur pour son parcours étant la différence de ces deux heures soit 9′ 35″ ou 595 secondes, la vitesse du flotteur ou mieux celle à la surface de l'eau sera $\frac{300}{595}$ ou 0$^m$,504. Pour opérer avec le plus d'exactitude possible, on doit faire usage de plusieurs flotteurs et prendre la moyenne des résultats.

Lorsqu'on a pu établir un cordeau à chaque section transversale, on le divise par des nœuds numérotés de manière à jalonner les divers filets du courant dont on veut mesurer la vitesse.

Un flotteur, partant d'une division du cordeau amont suit rarement une direction parallèle au fil de l'eau ; mais la vitesse observée n'est que très peu influencée par cette déviation; cependant on doit rejeter les observations dans lesquelles la déviation serait considérable.

Les observateurs sont placés en aval et en amont des cordeaux extrêmes sur de petits bateaux, qui leur permettent de traverser d'un bord à l'autre pour lâcher les flotteurs ou les recueillir. En outre il est bon qu'il y en ait pour recueillir et retirer ceux des flotteurs qui s'y attardent et qui ne doivent pas être inscrits à l'expérience.

L'expérience a fait reconnaître que les courses de 15 à 30 mètres donnaient plus de résultats concordants pour des cours d'eau de largeur moyenne que les courses plus courtes ou plus longues.

### b. — Instruments destinés a mesurer la vitesse a l'intérieur

**157.** *Doubles flotteurs.* — La première idée de cet instrument, destiné à mesurer la vitesse à l'intérieur, est due à Léonard de Vinci (1643) ; c'est Mariotte qui le premier en 1685 fit usage du double flotteur sous sa forme actuelle.

Pour la mesure des vitesses à une certaine profondeur d'un courant, les doubles flotteurs n'exigent pas d'aussi grandes sujétions que les autres appareils. Malheureusement, la facilité et la promptitude des observations sont trop souvent compensées par des causes d'erreurs dont l'importance croît avec la profondeur et la vitesse du courant au point que l'on est forcé la plupart du temps de renoncer à ce procédé expéditif.

On sait qu'il consiste à faire usage de deux flotteurs, reliés par un cordeau ; le flotteur de surface, seul apparent, soutient un flotteur inférieur plus volumineux, lesté de manière à s'enfoncer jusqu'à la profondeur voulue. Pour que cet appareil fonctionne convenablement, il faut :

1° Que la vitesse commune du système soit la même que celle de la couche liquide où plonge son extrémité inférieure;

3° Que le flotteur inférieur se maintienne à la profondeur où il a été primitivement immergé.

Ces deux conditions ne peuvent jamais être complètement remplies. Le flotteur inférieur est entraîné par le flotteur de surface et par le cordeau, et cet effet est d'autant plus sensible que le cordeau est plus long. D'autre part, les mouvements irréguliers qui se propagent sans cesse dans la masse liquide, tendent, lorsque la vitesse du courant est un peu grande, à déplacer verticalement le flotteur inférieur, en le portant dans des couches où la vitesse est plus grande. De là, deux causes d'erreurs, croissant, l'une avec la profondeur, l'autre avec la vitesse absolue, et contribuant toutes deux à donner des vitesses exagérées.

« 1° *Entraînement du flotteur.* Cette action, dont on ne paraît pas s'être préoccupé au début, est loin d'être négligeable. Si la liaison établie par le cordeau venait à cesser subitement, les flotteurs et le cordeau seraient entraînés avec des vitesses différentes, savoir : le flotteur de surface avec la vitesse superficielle V, le flotteur inférieur avec la vitesse $v$ correspondante à la profondeur $h$ où il est immergé; quant au cordeau, on peut admettre, en l'assimilant à une tige verticale, que sa vitesse différerait peu de la moyenne $u$ de toutes les vitesses depuis la surface jusqu'à la profondeur $h$. Par suite de la liaison de ses diverses parties, le système aura donc une vitesse intermédiaire entre $u$ et $v$. Cette vitesse pourra même être plus rapprochée de $u$ que de $v$, si la surface du flotteur inférieur est plus petite que celle du flotteur de surface et du cordeau, c'est-à-dire que dans ce cas, le paramètre de la parabole des vitesses, déduit des données expérimentales, se trouverait trop faible de plus d'un tiers. »

« 2° *Déplacement vertical du flotteur.* L'action d'entraînement qui vient d'être signalée se comprend aisément et pourrait même être calculée avec un certain degré d'approximation. Il n'en est pas de même du déplacement vertical du flotteur résultant des mouvements intérieurs de la masse fluide. Rattaché par un cordeau faiblement tendu à un léger flotteur de surface, le flotteur inférieur se trouve, en effet, dans un état d'équilibre très instable et peut se déplacer avec une grande facilité sous l'action des tourbillons qui se produisent dans la masse fluide.

« L'énergie de ces tourbillons croît avec la vitesse générale du courant, et lorsque cette vitesse dépasse $1^m,50$ par seconde, on ne peut plus être certain de la position réelle du flotteur. On remarque d'ailleurs, en parcourant les tableaux d'expériences que la longueur du cordeau est parfois supérieure à la profondeur totale, ce qui prouve évidemment que les deux flotteurs sont loin d'être sur la même verticale et que le cordeau est emporté avec eux dans une direction plus ou moins oblique. Le procédé d'expérimentation tombe alors complétement en défaut. »

*Dimensions des doubles flotteurs.* Dans des expériences faites sur le Connecticut en 1874, M. Ellis a employé des doubles flotteurs ayant les dimensions suivantes :

Surface du flotteur inférieur, 4 décimètres carrés, 66 ;

Surface du flotteur supérieur, 0 décimètre carré, 23 ;

Diamètre du cordeau, 0 millimètre, 9 (surface, 0 décimètre carré, 55 pour une immersion maximum de $6^m,10$).

$$\text{Rapport } S' = \frac{0,78}{4,66} = 0,17.$$

M. A. Cunningham, dans ses premières expériences sur le canal du Gange (1875), a employé des flotteurs ayant les dimensions ci-dessous :

Surface du flotteur inférieur, 0 décimètre carré, 456 ;

Surface du flotteur supérieur, 0 décimètre carré, 048 ;

Diamètre du cordeau, 0 millimètre, 3 (surface, 0 décimètre carré, 083 pour une immersion maximum de $2^m,75$);

$$\text{Rapport } S = \frac{0,131}{0,466} = 0,29.$$

Afin de réduire autant que possible l'influence perturbatrice du cordeau, M. A. Cunningham a employé des fils de soie très fins, huilés de manière à empêcher l'absorption de l'eau.

A partir de 1876, toutes les dimensions ont été réduites, mais surtout celles du flotteur inférieur d'où résulte une notable augmentation du rapport S :

Surface du flotteur inférieur, 0 décim. carré, 134 ;

Surface du flotteur supérieur, 0 décimètre carré, 013 ;

Diamètre du cordeau, 0 mill., 2 (surface, 0 décim. carré, 061 pour une immersion maximum de $3^m,05$).

$$\text{Rapport } S = \frac{0,074}{0,134} = 0,55.$$

Les dimensions suivantes sont celles qui ont été adoptées par MM. Nazzani et Zucchelli, dans les expériences qu'ils ont faites sur le Tibre en 1880 et 1881 :

Surface du flotteur inférieur, 4 décim. carrés, 62 ;

Surface du flotteur supérieur, 0 décim. carré, 46 ;

Diamètre du cordeau, 1 mill. 5 (surface de 0 décim. carré, 37 pour une immersion maximum de $2^m,50$ et de 1 décim. carré, 35 pour une immersion maximum de 9 mètres). De ces dimensions résultent les rapports suivants :

$$S = \frac{0,83}{4,62} = 0,18 \text{ pour le premier groupe}$$

d'expériences, et,

$$S = \frac{1,81}{4,62} = 0,39 \text{ pour le dernier groupe.}$$

M. Robert Gordon, dans ses expériences sur l'Irrawaddi, s'est servi de doubles flotteurs ayant les dimensions ci-dessous :

Surface du flotteur inférieur, 4 décim. carrés, 64 ;

Surface du flotteur supérieur, 0 décim. carré, 29 ;

Diamètre du cordeau, 1 millim., 6 (surface de 1 décim. carré, 95 pour une immersion maximum de $12^m,20$, et de 3 décim. carrés, 42 pour une immersion maximum de $21^m,40$.

$$\text{Rapports } S : S = \frac{2,24}{4,64} = 0,48 \text{ et}$$

$$S = \frac{2,71}{4,64} = 0,80.$$

Enfin, sur le Mississipi, MM. Humphreys et Abbot employèrent des doubles flotteurs ayant les dimensions suivantes :

(Expériences de 1851) : surface du flotteur inférieur, 9 décim. carrés, 67 ;

Surface du flotteur supérieur, 1 décim. carré, 10 ;

Diamètre du cordeau, 3 mill. 5 (surface de 6 décim. carrés 40, pour une immersion maximum de 25$^m$,60, basses eaux, et de 7 décim. carrés, 75 pour une immersion maximum de 31 mètres, hautes eaux).

Rapports $S : S = \dfrac{7,50}{9,67} = 0,78$ (basses eaux)

$$S = 8,85 = 0,92 \text{ (hautes eaux)}.$$

(Expériences de 1858) : surface du flotteur inférieur, 6 décim. carrés, 49 ;

Surface du flotteur supérieur, 0 décim. carré, 20 ;

Diam. du cordeau, 4 millimètres (surface de 6 décim. carrés, 08 pour une immersion maximum de 15$^m$,20).

$$\text{Rapport } S : S = \frac{6,28}{6,19} = 1,01.$$

De la comparaison et de la discussion des expériences que nous venons de citer, M. Bazin tire des conclusions qui démontrent les critiques formulées plus haut, au sujet de l'emploi des doubles flotteurs pour la mesure des vitesses dans les grands cours d'eau (Ann. des P. et C. 1884).

M. A. Cunningham dit aussi qu'on peut objecter à l'usage des doubles flotteurs :

« 1° La déviation possible du flotteur inférieur ;

« 2° La résistance du flotteur supérieur et du fil, c'est-à-dire l'action du courant sur ces parties ;

« 3° Le soulèvement du flotteur inférieur provenant soit de sa déviation latérale, soit de son avance ou de son retard par rapport au flotteur superficiel ;

« 4° Enfin, s'il n'est pas sphérique, l'inclinaison qu'il peut prendre. »

En discutant ces objections l'auteur conclut que l'exactitude des indications d'un double flotteur diminue lorsque la profondeur d'immersion du flotteur inférieur augmente, et que, pour un instrument donné, il y a une limite de profondeur au-delà de laquelle il cesse de donner une approximation suffisante de la vitesse profonde : mais que l'on peut avoir une approximation égale à toutes les profondeurs si l'on augmente le volume et le poids net du flotteur inférieur, en même temps que la profondeur s'accroît.

### Tiges lestées ou flotteurs plongeants.

**158.** Les tiges lestées qu'on désigne encore sous le nom de flotteurs plongeants sont destinées à mesurer la *vitesse moyenne sur une verticale*. — Elles sont ordinairement en bois de chêne et se trouvent lestées naturellement après quelques jours d'immersion par saturation d'eau. Il faut donc avoir soin de conserver des flotteurs dans l'eau, au moins pendant les quelques jours qui précèdent les opérations du jaugeage. C'est la seule précaution à prendre.

Quelquefois les tiges lestées se font en fer blanc. Ce sont alors des tubes cylindriques de 0$^m$,06 de diamètre dont le lest, formé par du plomb, doit être tel que le tube immergé dépasse la surface de l'eau de 0$^m$,05 environ. — Les tiges lestées doivent avoir une longueur égale à la profondeur totale de l'eau, moins 0$^m$,20 environ pour le jeu nécessaire entre l'extrémité inférieure de la tige et le fond du lit plus ou moins inégal, et aussi pour que la tige donne à peu près exactement la vitesse moyenne des filets liquides de la verticale occupée par la tige.

« L'usage des tiges lestées pour mesurer la vitesse moyenne sur une verticale a été introduit en 1812 par Krayenhoff. Il est clair qu'une tige lestée prend, après un certain temps d'immersion, une vitesse qui doit être une sorte de moyenne des vitesses des couches fluides qu'elle traverse. Il s'agit de savoir si la vitesse $u$ de la tige est véritablement la même que la vitesse moyenne U. C'est ce que l'auteur (le capitaine A. Cunningham) examine d'abord expérimentalement et ensuite théoriquement. » C'est ce que nous allons voir avec cet auteur (compte rendu des expériences hydrauliques, déjà citées, sur le canal du Gange, par M. Flamant (Annales des P. et C. 1882).

« On peut remarquer avant tout, que la différence des vitesses sur une même verticale étant petite par rapport à ces vitesses elles-mêmes, celle de la tige, qui est nécessairement intermédiaire entre les extrêmes, doit constituer une première approximation de la vitesse moyenne.

Les tiges lestées doivent satisfaire aux conditions générales indiquées précédemment pour tous les flotteurs et, en outre, aux suivantes : la tige doit être cylindrique, de diamètre uniforme, et aussi mince que possible eu égard à la rigidité qu'elle doit avoir ; sa surface doit être partout dans le même état physique, le plus uni est le meilleur ; son centre de gravité, dans l'eau, doit être aussi bas que possible ; la partie exposée au vent doit être la plus petite possible, eu égard à la nécessité d'être visible ; et cependant la tige doit avoir une flottaison suffisante pour remonter rapidement après une submersion accidentelle ; la charge additionnelle placée au bas, doit être fixée de telle manière qu'elle y reste, même lorsque la tige est retournée.

En comparant les résultats des observations faites avec les tiges à ceux des autres expériences, l'auteur conclut que la vitesse d'une tige lestée dont la longueur immergée est presque égale, soit à une partie, soit à toute la profondeur du lit, donne une valeur approximative de la vitesse moyenne, soit sur la partie, soit sur la totalité de la verticale, et que l'approximation ainsi obtenue est généralement plus grande que celle que l'on peut obtenir par les doubles flotteurs. — Les tiges présentent en outre, sur les doubles flotteurs, les avantages suivants : elles sont à l'abri de l'incertitude résultant de l'instabilité et du relèvement inconnu du flotteur ; elles fournissent le résultat d'une façon plus exacte et plus rapide ; elles sont maniables et moins délicates ; d'une construction plus simple, moins chère et plus durable. En sorte que leur emploi doit être préféré à celui de tous les autres instruments pour mesurer la vitesse moyenne sur une verticale, chaque fois qu'on se trouve dans des conditions favorables à leur emploi.

C'est-à-dire chaque fois qu'on rencontrera dans un cours d'eau, un bief rectiligne de pente uniforme sur une longueur de 200 à 300 mètres et présentant, en outre, un lit d'une profondeur régulière dans le sens de la pente, ne dépassant pas $4^m,50$.

L'emploi des tiges est cependant sujet à des erreurs provenant de leur inclinaison. La tige ne se tient pas verticale, et sa longueur immergée n'est pas égale à la profondeur verticale de l'immersion, mais si le centre de gravité est placé très bas, l'inclinaison est faible et la différence peut être négligée.

Une autre cause d'erreur provient de ce que la longueur immergée $l$ de la tige est nécessairement plus petite que la profondeur H du courant. L'expérience montre toutefois que la vitesse moyenne U sur la verticale égale à la profondeur totale H est la même que celle d'une tige dont la longueur immergée $l$ est un peu plus petite que H. Il y a donc là une compensation des erreurs.

Nous ne donnerons pas ici la *théorie du mouvement des tiges* que l'on trouvera dans le *Traité des Ponts* de M. J. Chaix, page 97 et nous nous contenterons d'indiquer cette conclusion :

Les tiges lestées rasant presque le fond ayant une vitesse moindre que la vitesse moyenne sur la verticale qu'elles occupent, il faut pour mesurer la vitesse moyenne avec une approximation convenable, que la longueur immergée des tiges soit notablement plus petite que la profondeur totale.

### Moulinet de Woltmann.

**159.** Il existe un autre moyen de déterminer la vitesse moyenne V ; c'est de mesurer à l'aide du moulinet de Woltmann la vitesse des filets à différentes profondeurs sur une même verticale, de tracer la courbe de ces vitesses $v$, $v'$, $v''$, et de déterminer l'ordonnée moyenne, ou la vitesse moyenne V dans cette verticale ; en la multi-

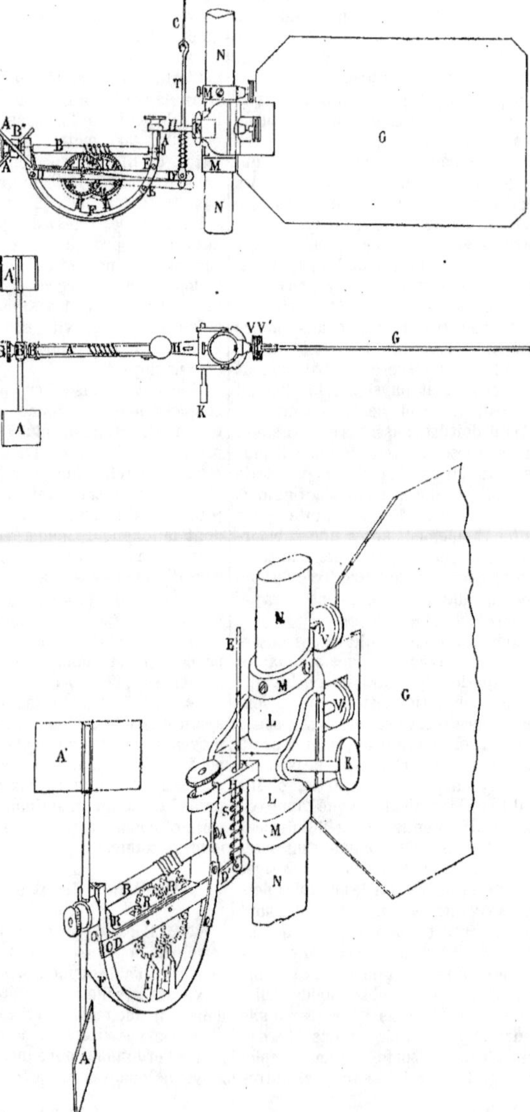


Fig. 144. — Moulinet de Woltmann.

pliant par 0,88 ou 0,90, on obtient la vitesse moyenne U du cours d'eau. C'est la méthode employée par beaucoup d'ingénieurs allemands ; elle suppose la mesure d'une durée.

Le *Moulinet de Woltmann* se compose d'une roue à ailettes inclinées AAA′, montées sur un axe horizontal B que l'on place dans le sens du courant, les ailettes en amont. Cet axe porte une vis sans fin qui engrène avec une roue dentée R. Celle-ci porte sur son axe un pignon qui engrène avec une seconde roue dentée R′. Les axes de ces deux roues sont fixés à une traverse DD′, mobile autour du point D. Une tringle verticale DT′, articulée en D′ permet d'élever ou d'abaisser la traverse DD′ en la faisant tourner autour du point D. L'axe B tourne dans des collets ménagés aux extrémités d'un demi-anneau EFD, fixé, à l'aide de la vis de pression V, à une forte tige en fer NN. Dans l'état de repos, la traverse DD′ est abaissée, la roue R n'engrène pas avec la vis sans fin, et les roues R et R′ sont rendues immobiles par l'introduction entre leurs dents des saillies II′, adaptées au demi-anneau EFD. Lorsqu'on veut mettre l'appareil en expérience, on fixe le moulinet à la tige NN en un point tel qu'en plongeant cette tige dans le courant, de manière que sa pointe inférieure touche le fond, l'axe BB soit à la hauteur du filet dont on veut mesurer la vitesse. Le courant agissant sur les ailettes fait tourner l'appareil qui ne tarde pas à prendre un mouvement uniforme.

Quand on l'a laissé tourner ainsi quelques instants, on soulève la tringle CD′ ; la traverse DD′ tournant autour du point D, la roue R vient engrener avec la vis sans fin, et les deux roues R et R′ se mettent en marche. On a eu soin de déterminer exactement leur position avant l'expérience. Lorsqu'on a maintenu ainsi le système en mouvement pendant un certain temps, une ou deux minutes par exemple, temps que l'on détermine au moyen d'un chronomètre, on abaisse la tringle CD′, la roue R cesse d'engrener avec la vis sans fin, et en même temps, les deux roues R et R′ sont rendues immobiles par les saillies II′ qui pénètrent entre leurs dents. On retire l'appareil, et l'on observe la position des roues. On détermine le nombre de tours et la fraction de tours exécutés par la roue R ; on en conclut le nombre de tours faits par la roue à ailettes. Ce nombre de tours est sensiblement proportionnel à la vitesse du courant. Il suffit donc pour être en état de calculer cette vitesse de connaître le nombre de tours que fait l'appareil plongé dans un courant dont la vitesse est connue.

Si, par exemple, on sait par une expérience préalable que l'appareil fait 10 tours par seconde lorsqu'il est plongé dans un courant animé d'une vitesse de $0^m,90$ et qu'on veuille connaître la vitesse d'un courant dans lequel le moulinet fait 16 tours par seconde, on posera la proportion

$$\frac{10}{16} = \frac{0^m,90}{x}$$

$x$ désignant la vitesse inconnue. De cette proportion on tire

$$x = 1^m,44.$$

Le constructeur de l'appareil a soin d'y marquer le nombre de tours qui correspond ainsi à une vitesse connue ; c'est-à-dire qu'il fait le tarage de l'appareil.

On détermine ce nombre de tours, soit en plongeant le moulinet dans un courant dont la vitesse a été déterminée directement par une autre voie, soit en le faisant mouvoir dans une eau tranquille avec une vitesse déterminée.

L'inconvénient du moulinet de Woltmann, inconvénient qui lui est du reste commun avec tous les appareils du même genre, est d'altérer la vitesse du courant au point même où l'on se propose de la mesurer. C'est d'ailleurs un instrument délicat susceptible de se déranger aisément ; et il est nécessaire de vérifier fréquemment ses indications par des expériences comparatives faites dans des courants dont la vitesse soit connue.

La théorie de cet appareil est la suivante :

Soit $v$ la vitesse du courant ;

$n$, le nombre de tours du moulinet par seconde ;

$a$ et $b$, des constantes particulières à chaque appareil ;

On a :     $v = a + bn$

Et, comme $a$ est ordinairement très petit, on peut regarder $v$ comme proportionnel à $u$.

### Perfectionnement de M. Baumgarten.

**160.** Le moulinet de Woltmann n'est plus assez sensible dès que la vitesse devient trop faible pour qu'il fasse plus de deux tours par seconde.

Pour mesurer les faibles vitesses, M. Baumgarten substitue aux ailettes planes, des ailettes hélicoïdes.

Les premières ailettes hélicoïdes étaient ouvertes au pourtour de la roue.

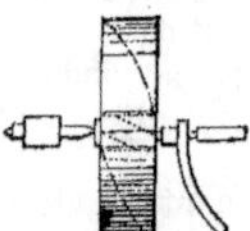

Fig. 145. — Roue hélicoïdale de M. Baumgarten.

L'adjonction d'une couronne au pourtour des ailettes a l'avantage de donner plus de solidité au moulinet et contribue en outre à régulariser le mouvement en préservant les ailettes des actions latérales et en substituant à leur clapotis plus ou moins tumultueux au milieu du courant extérieur, le frottement plus homogène de la couronne cylindrique qui fait en même temps office de volant. Ces ailettes sont au nombre de quatre, elles ont un pas de $0^m,08$ à $0^m,12$. La couronne cylindrique qui les limite extérieurement a $0^m,08$ de diamètre et $0^m,02$ de largeur. La figure 145 représente la roue à ailettes hélicoïdes.

Dans cette figure, les lignes ponctuées indiquent les branches hélicoïdales qui vont de l'arbre à la couronne cylindrique.

M. Baumgarten a donné, pour calculer la vitesse $v$ une autre formule que celle indiquée précédemment

$$v = 0,3595n + \sqrt{An^2 + B}$$

dans laquelle A et B sont des constantes propres à chaque appareil, et qu'il faut déterminer préalablement en faisant mou-

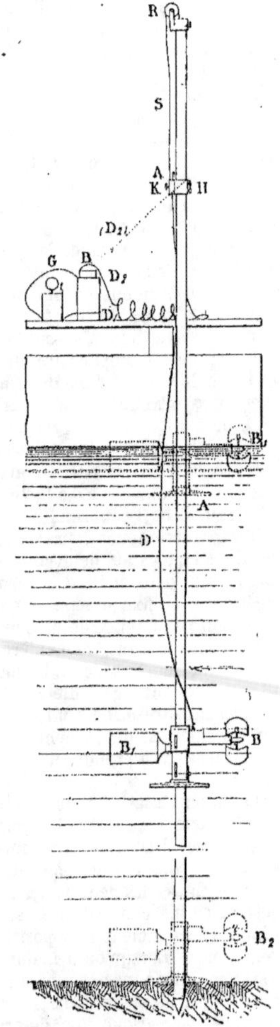

Fig. 146. — Moulinet de M. Harlacher.

voir le moulinet dans une eau absolument dormante avec des vitesses successives données.

Lorsqu'au moyen de cet appareil on a obtenu la *vitesse moyenne*, on la multiplie par la section transversale du cours d'eau et l'on a la dépense.

Supposons par exemple qu'on ait trouvé pour la vitesse moyenne, dans une verticale déterminée du cours d'eau, la valeur

$$V = 0^m,653$$

On aura $U = 0,653 \times 0,88 = 0,578$, et par suite si on a $\Omega$ pour la valeur on aura pour le débit

$$\Omega = 10^{mq},85$$
$$Q = 10,85 \times 0,578 = 6^{mc},261.$$

**161.** *Remarque.* — Les moulinets dont nous venons de parler présentent un grand inconvénient ; à chaque opération, il faut retirer l'appareil de l'eau pour faire la lecture du nombre de tours effectués par les ailettes, et l'y replonger ensuite pour l'expérience suivante. — Il résulte de ces manœuvres répétées une perte de temps pouvant influencer les résultats obtenus surtout quand il s'agit d'un grand cours d'eau ; car il est essentiel, si on veut faire un bon jaugeage, d'opérer rapidement, afin de se mettre à l'abri des variations de hauteur et de débit qui peuvent survenir pendant l'opération.

On a donc cherché à construire des moulinets pouvant indiquer le nombre de tours des ailettes, sans qu'il soit nécessaire de les retirer de l'eau. — On y est arrivé de diverses manières.

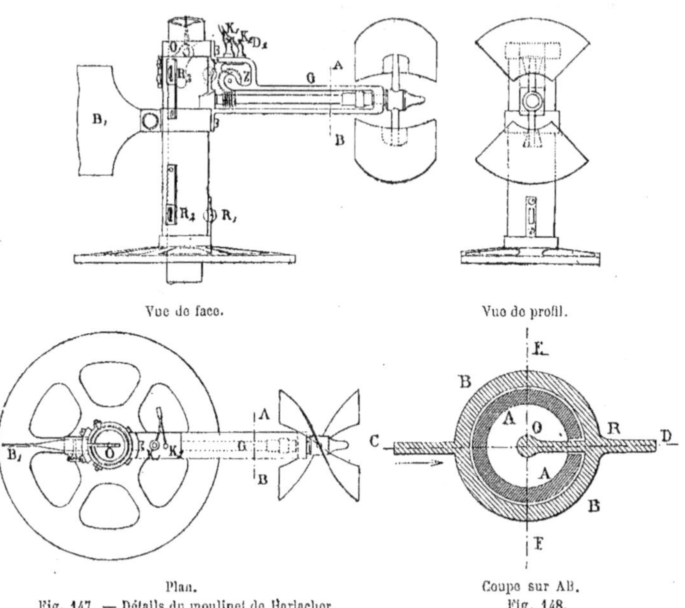


Fig. 147. — Détails du moulinet de Harlacher.

Fig. 148.

## Moulinet de M. Harlacher.

**162.** M. Harlacher, professeur à l'École polytechnique de Prague et chef des travaux hydrométriques de la Bohême, a apporté au moulinet d'importantes et ingénieuses modifications.

Une analyse abrégée de l'ouvrage publié en allemand par M. Harlacher, sur les procédés et les appareils employés pour mesurer, au moyen du moulinet, les vitesses de l'Elbe, du Danube et d'autres cours d'eau importants de l'Autriche a été faite par M. de Lagrené ingénieur en chef des Ponts et chaussées dans les *Annales des Ponts et chaussées* (1883). — Nous extrayons de cette analyse les quelques renseignements suivants :

Lorsqu'on jauge un cours d'eau, peu rapide et peu profond, on se contente quelquefois de suspendre le moulinet à l'extrémité d'une perche à laquelle on fait occuper successivement les hauteurs voulues. Mais cette manière de faire présenterait de graves inconvénients dans un courant rapide et profond, la perche pouvant se déformer et le moulinet se déplacer.— Pour corriger ces défauts, M. Harlacher donne pour support au moulinet, un tube métallique suffisamment rigide, légèrement enfoncé à sa partie inférieure dans le fond

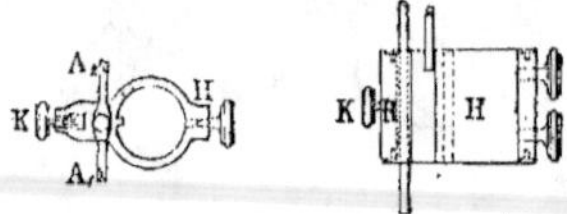

Fig. 149.

du cours d'eau, et maintenu verticalement en tête par un appontement convenable (*fig.* 146). Le moulinet glisse le long de ce tube; il est soutenu à la hauteur voulue par une corde S qui passe dans l'intérieur du tube. Nous donnons figure 147 une vue de face, une vue de profil et un plan du moulinet proprement dit. On voit qu'il porte à sa partie inférieure un disque qui limite sa course en venant reposer sur le fond du lit, de manière que le moulinet ne puisse y toucher lui-même et s'y détériorer. — L'écartement vertical entre le disque inférieur d'arrêt et le moulinet est de 0ᵐ,15 à 0ᵐ,20. Le mouvement des ailes du moulinet lorsqu'il se trouve ainsi en B, figure 146, est protégé efficacement.

La corde S qui soutient le moulinet s'attache au point O (*fig.* 148), extrémité intérieure d'un rayon OR faisant corps avec la douille B de l'appareil. — Ce rayon passe dans une fente rabotée, pratiquée

suivant une génératrice du tube creux de support A. — La flèche montre la direction du courant ; le point C, en amont, est le côté du moulinet ; le point D, en aval, est le côté du gouvernail. — EF représente donc la direction du profil en travers normal au courant. — C'est ainsi que l'appareil doit être orienté pour les expériences.

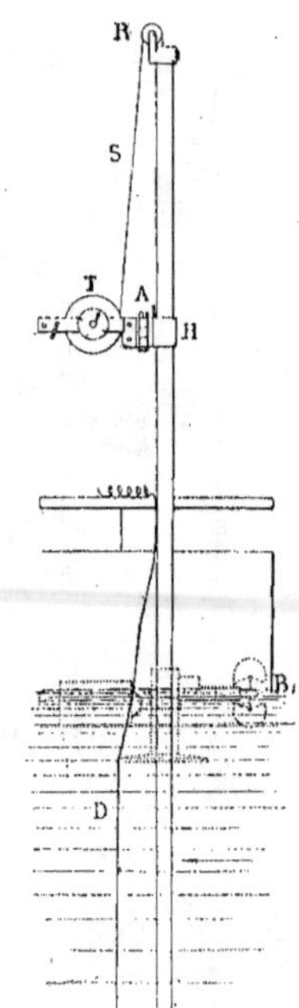

Fig. 150.

On comprend que, par cette disposition du support, l'orientation de l'appareil se fait par celle du support lui-même, de sorte qu'ici le gouvernail n'a plus pour but cette orientation. Le gouvernail sert uniquement de contrepoids, équilibrant le moulinet de manière que le centre de gravité de l'appareil soit sur l'axe du tube.

Les mouvements de montée et de descente de l'appareil le long du tube sont rendus faciles et sûrs par six petits galets $R_1$ $R_2$ (*fig.* 147), placés trois en haut et trois en bas dans l'épaisseur de la douille. — Avec ce mouvement de roulement ne produisant qu'une très faible résistance, on est certain que l'appareil descendra par son propre poids.

La corde de rappel est arrêtée à volonté par une pince K (*fig.* 146) fixée à portée de la main de l'opérateur sur la partie du tube qui est hors de l'eau. Le détail de cette pince est représenté par la figure 149 (plan et en élévation). Ou bien la corde de rappel s'enroule sur un petit cylindre T (*fig.* 150) mû à volonté par une manivelle et pourvu d'un encliquetage. — Ce tambour T a une circonférence dont le dé-

par conséquent, dans la direction du courant.

M. Harlacher a établi un *compteur électrique* permettant la lecture du nombre de tours du moulinet sans qu'il soit besoin de tirer l'appareil hors de l'eau. — Le moulinet est en communication électrique avec le plancher sur lequel se tient l'observateur. Ce dernier a ainsi connaissance du nombre de tours à chaque instant, sans déplacer l'instrument.

On imagine facilement qu'une pile placée près de l'observateur peut être rattachée au moulinet par un fil placé dans le tube support, et que ce fil peut être disposé de telle sorte que chaque rotation produise une interruption et une reprise du courant ; enfin qu'à chaque période de cinquante ou de cent tours, par exemple,

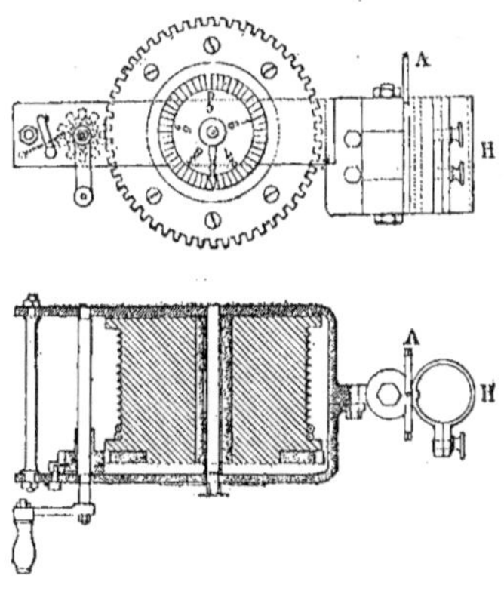

Fig. 151.

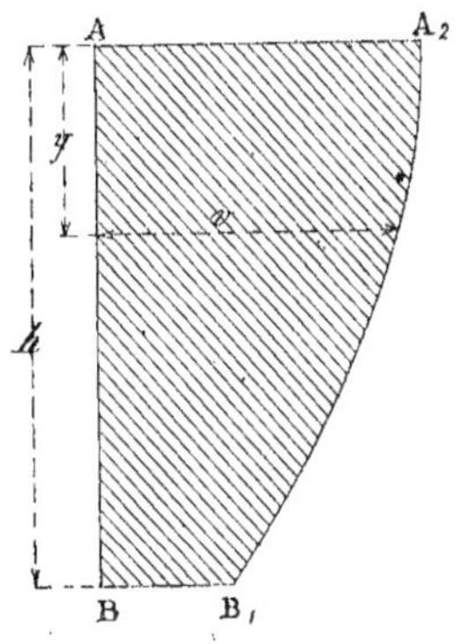

Fig. 152.

veloppement mesure $0^m,50$ ; il porte un cadran divisé en cinquante parties égales, de sorte que chaque division indique un mouvement vertical du moulinet de 1 centimètre. — Le nombre des rotations est compté, soit directement, soit par une aiguille disposée à cet effet. Le détail du mécanisme est représenté par la figure 151 en coupe horizontale et élévation.

Le curseur qui porte la pince K (*fig.* 146), porte également une ligne de visée $A_1A_2$ (*fig.* 149) servant à orienter le moulinet normalement au profil en travers, et,

on soit averti par un signal voulu, soit acoustique, soit optique, soit graphique. — Telle est l'idée générale de l'appareil réalisé par M. Harlacher qui démontra, en 1872, que le contact entre le moulinet et le conducteur peut avoir lieu au milieu de l'eau sans qu'il soit besoin de placer ce contact dans une enveloppe étanche plus ou moins compliquée. — La présence de l'eau entre les surfaces qui donnent les contacts successifs a même, suivant l'auteur, l'avantage de pouvoir rendre suffisant un faible courant électrique.

Sur la figure 146 on voit en D le fil conducteur, en B la batterie, en G la cloche, en $D_2$ un second conducteur, fermant le circuit avec le fil $DD_1$.

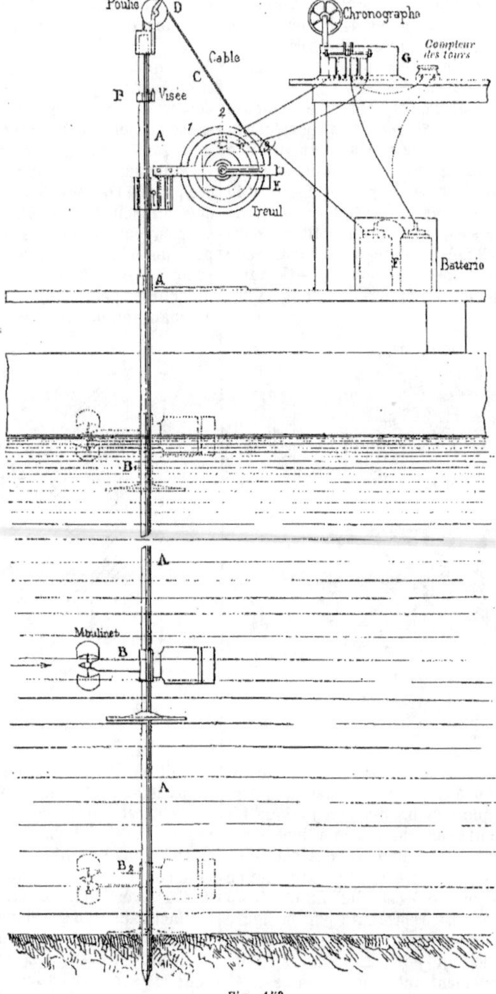


Fig. 153.

Le moulinet dont nous venons de don- | ner une description sommaire est désigné par son auteur sous le nom d'*appareil à cloche*. — Cet appareil à cloche donne un procédé très simple pour compter le nombre des rotations. Le courant électrique naturellement interrompu n'est fermé qu'après un nombre déterminé de rotations. Au moment du contact qui produit la fermeture, une cloche sonne. Autant de fois la cloche aura sonné, autant de fois le moulinet aura fait le nombre déterminé de rotations. Le temps est mesuré par un chronomètre.

**163.** M. Harlacher a aussi imaginé un *appareil enregistreur graphique.* — Un appareil Morse, c'est-à-dire une bande de papier animée d'une vitesse connue et recevant l'empreinte d'une plume ou d'un crayon tant que dure chaque contact, se trouve intercalé dans le courant. — A chaque rotation correspond une marque, et l'examen du graphique permet de se rendre compte immédiatement de la régularité du courant, de ses variations continuelles en chaque point, de la périodicité plus ou moins marquée de ses variations. Les variations de la vitesse en un point sont si nombreuses que pour pouvoir en apprécier exactement la vitesse moyenne, il faut, suivant M. Harlacher, faire durer l'observation pendant au moins cinq minutes.

**164.** Le moulinet peut aussi servir *d'intégrateur mécanique pour déterminer la vitesse moyenne suivant une verticale.* — La vitesse de l'eau en un point s'obtient, comme on le sait, en multipliant par le coefficient de tarage, le nombre de tours effectués par le moulinet pendant une seconde. Nous étudierons ce coefficient plus loin.

Si, après avoir déterminé la vitesse au droit des différents points d'une verticale AB (*fig.* 152), on construit la courbe $A_2B_1$, qui a pour ordonnées ces vitesses, on donne le nom de vitesse moyenne au quotient de la surface $AA_2B_1B$ par la hauteur AB, ce qui s'exprime par l'équation :

$$V_m = \frac{\int_0^h v\, dy}{h}.$$

La surface $AA_2B_1B$ peut se mesurer sur l'épure au moyen du planimètre polaire et conduire ainsi à la connaissance de la vi-

tesse moyenne $V_m$ ; mais on peut obtenir directement cette vitesse moyenne au moyen du moulinet glissant le long de son tube de support et muni de l'enregistreur graphique. Il suffit en effet de laisser descendre le moulinet de A en B *avec une vitesse uniforme* et d'examiner sur le graphique le nombre de tours $n$ effectué pendant cette descente ; un compteur à seconde donne d'ailleurs la durée $t$ de la descente ; le quotient $\frac{n}{t}$ donne le nombre ne tours correspondant à la vitesse moyenne $V_m$, et par suite, on a cette vitesse en multipliant $\frac{n}{t}$ par le coefficient de tarage.

Le mouvement descendant (ou ascendant) du moulinet est rendu uniforme par divers procédés, soit par un système de déclanchement mû par un pendule à secondes laissant passer, à chaque battement, une dent de l'engrenage que porte le tambour sur lequel s'enroule la corde de support, soit par un volant convenable monté sur ce cylindre, soit simplement par une manivelle.

Dans le mouvement d'intégration à la descente, on place le moulinet au-dessus de l'eau, afin qu'il ait déjà acquis une vitesse uniforme quand il atteint la surface liquide, et c'est à ce moment qu'on met en mouvement d'une part l'appareil enregistreur graphique et d'autre part le chronoscope.

Quand la vitesse uniforme de descente de l'intégrateur est obtenue à l'aide d'une manivelle, on n'a plus besoin de faire monter d'abord l'appareil au-dessus de la surface de l'eau puisqu'on peut immédiatement donner à l'appareil un mouvement uniforme.

M. Harlacher recommande de chercher la vitesse moyenne en descendant uniformément le moulinet, puis ensuite en le remontant uniformément ou inversement, puis de prendre la moyenne des deux résultats s'ils ne sont pas identiques.

La figure 153 montre la disposition générale du moulinet intégrateur. Le câble C de suspension est en fils de cuivre et sert en même temps de conducteur. Le tube forme le second conducteur. De cette manière les fils conducteurs ne sont pas exposés au courant et ne peuvent gêner le mouvement vertical uniforme du moulinet (1).

### Moulinet Bréguet.

**165.** Depuis quelques années, la maison Bréguet construit un moulinet à compteur de tours. Le moulinet proprement dit B (*fig.* 154) a ses bras horizontaux; son axe de rotation est vertical. Au-dessus du moulinet se trouve une boîte de contact A. Un support C porte d'un côté le moulinet et la boîte de contact, et de l'autre côté, un gouvernail à quatre ailes D muni d'un contrepoids de réglage E. L'appareil est guidé dans son mouvement descendant ou ascendant, par un câble tendu par un poids de 5 kilogrammes. Ce câble passe dans un anneau cylindrique F, portant des oreilles G.

A chaque tour du moulinet, un courant électrique est établi et déclenche à la surface un compteur auquel il est relié par deux conducteurs. La figure 155 montre la marche du courant, B étant la pile, C le moulinet et A le compteur. On voit en H

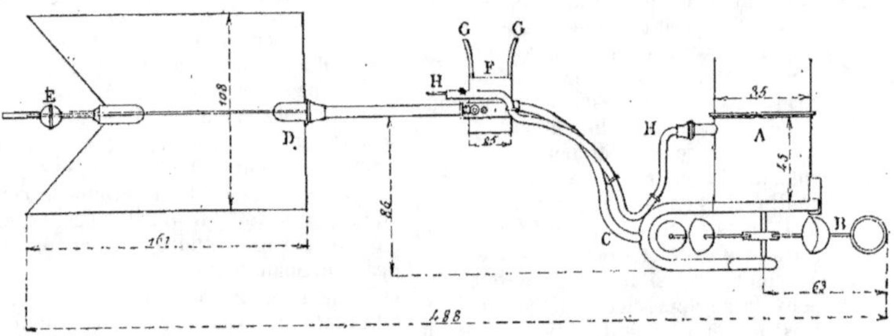

Fig. 154

sur la figure 154, le câble conducteur allant de la pile à la boîte de contact.

Cette boîte de contact est composée de la manière suivante. L'axe vertical du moulinet traverse le fond de la boîte et porte un aimant vertical *a* (*fig.* 156) qui tourne en même temps que le moulinet. Un autre aimant en fer à cheval *b* est horizontal et peut prendre un léger mouvement de rotation autour d'un axe d'oscillation *o*. Ce dernier aimant est attiré par le premier chaque fois que les pôles de noms contraires passent en conjonction. Il se produit donc une attraction à chaque tour du moulinet. Au repos, les branches de l'aimant horizontal *b* sont tenues levées au moyen d'un léger ressort antagoniste *r* qui agit sur la pince P de l'aimant, de

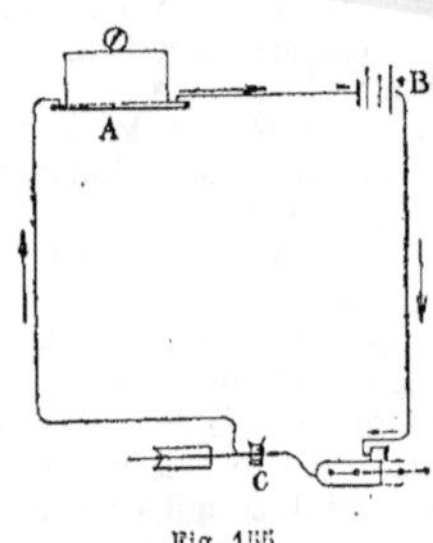

Fig. 155.

l'autre côté du pivot par rapport aux branches. Ce ressort est en communication avec le câble conducteur *c* venant de la pile. Lorsque l'aimant *b* est attiré, le

(1) Pour plus de détails, le lecteur pourra consulter l'ouvrage de M. Harlacher « *Die Messungen in der Elbe und Donau, und die hydrometrischen Apparate und Methoden des Verfassers*, von Harlacher, professor an der deutschen technischen Hochschule in Prag. — Leipzig, Verlag von Arthur Felix. »

courant venant de la pile arrive par le câble *c*, passe par le ressort *r*, l'aimant *b*, l'aimant *a*, la masse de l'appareil, et retourne à la pile en traversant le compteur de tours.

L'ensemble est contenu dans une boîte cylindrique en laiton, hermétiquement

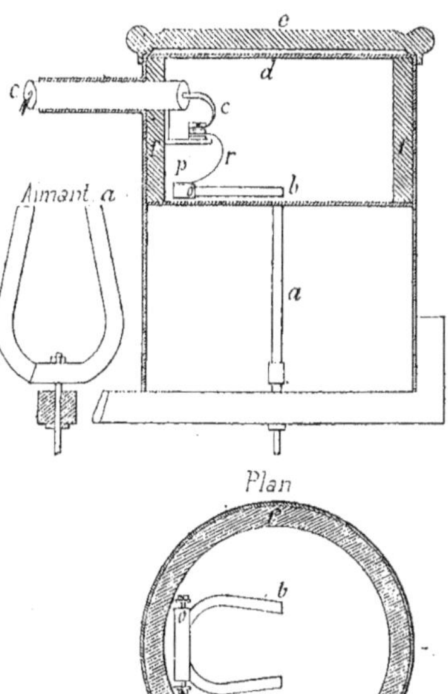

Plan

Fig. 156.

fermée par un couvercle vissé *e*, pressant sur une rondelle de cuir *d*. La partie supérieure de la boîte est garnie d'un revêtement *f* d'ébonite destiné à isoler les supports.

Dans le compteur (*fig.* 157) on a réuni à la fois le chronomètre et le contrôleur de tours. Le même mouvement qui déclanche le chronomètre ferme le circuit du compteur et l'appareil fonctionne. Le chronomètre L marque la seconde à la grande aiguille et totalise les minutes par la

petite. Il est muni d'une remise à zéro R et d'un départ S donnant simultanément le contact du totalisateur Le totalisateur des tours M porte sur sa base deux bornes P d'attache des conducteurs.

Avec ce moulinet, on peut jauger en rivière sans quitter la rive : un câble tendu

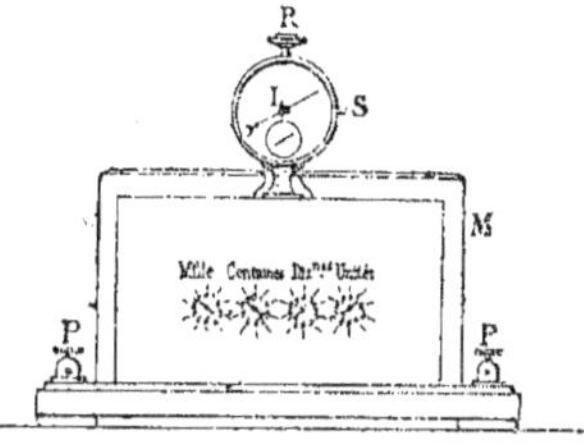


Fig. 157.

au-dessus de la section considérée est le chemin de roulement de l'appareil d'immersion composé de deux poulies au moins : l'une affectée à la cordelette du moulinet et au câble-guide, l'autre aux conducteurs.

### Moulinet de M. Ritter.

**166.** M. Ritter, ingénieur en chef des Ponts et Chaussées, a cherché à rendre l'usage du moulinet plus facile en lui faisant subir quelques modifications. Il décrit son nouveau moulinet de la manière suivante (*Annales des P. et C.*, 1885) :

« Le moulinet, auquel nous conservons les ailettes hélicoïdales, est à *transmission électrique*, avec sonnerie à chaque cinquantaine de tours. Il est placé *à l'entrée et à l'intérieur d'un manchon cylindrique* de même diamètre que lui. Ce manchon le préserve des chocs, mais il a surtout pour objet de *soustraire les ailettes à l'action latérale et essentiellement perturbatrice des courants obliques.* Enfin ce manchon facilite la suspension libre de l'instrument qui peut, sous l'action d'un gouvernail s'orienter dans la direction du courant.

Le moulinet s'adapte à volonté à la partie inférieure d'une tige fixe, ou bien

il est attaché à l'extrémité d'un câble | de l'autre et qui servent de conducteurs
formé de deux fils de cuivre isolés l'un | au courant venu d'une petite pile.

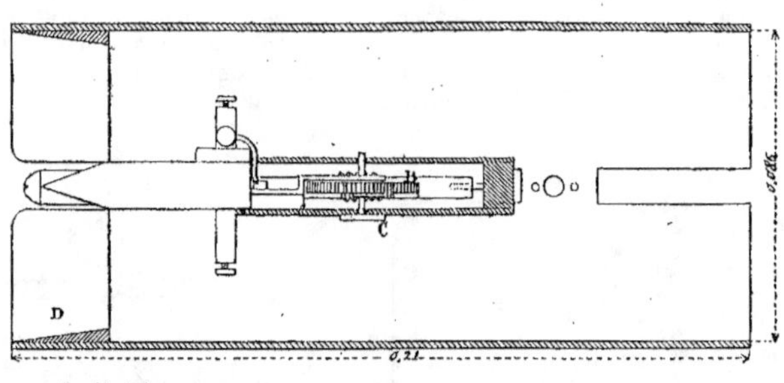

PLAN.

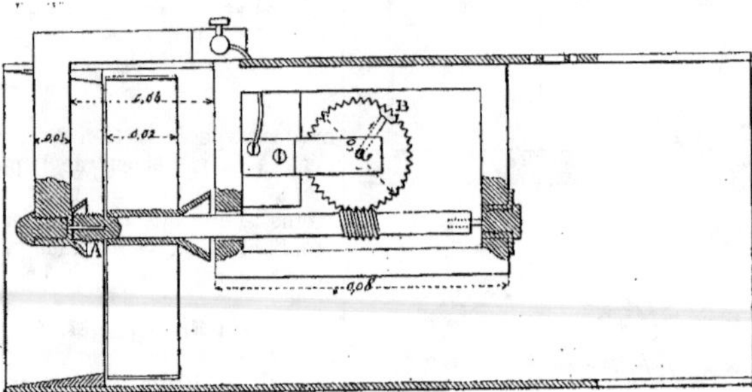

COUPE.

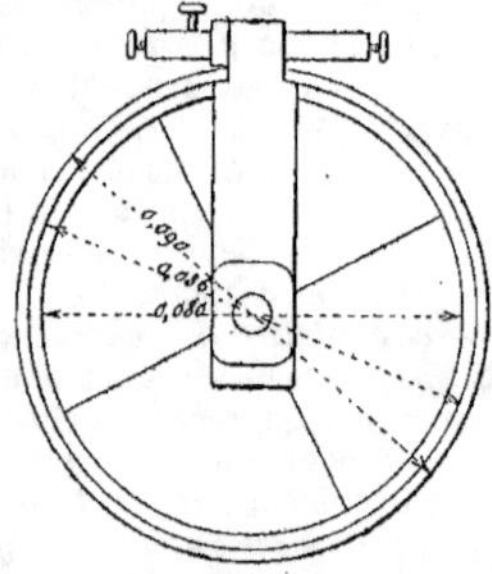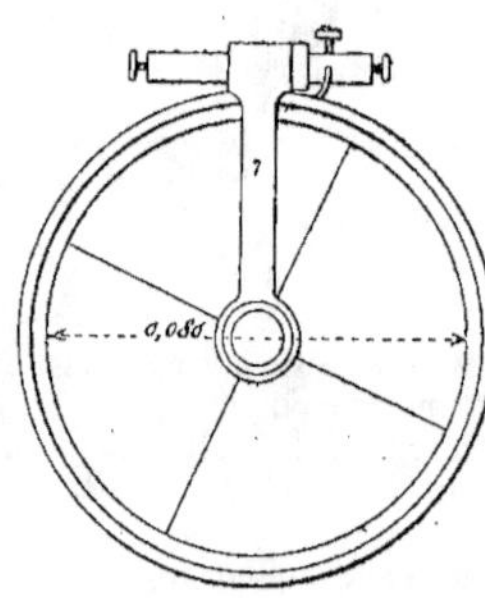

VUE D'AVAL.                          VUE D'AMONT.

Fig. 158. — Moulinet de M. Ritter.

« L'appareil de support est étudié en | *en prenant pour point d'application les pa-*
vue d'*opérations à faire du haut des ponts* | *rapets*. Cet appareil, dont nous avons

plusieurs types, comporte, dans le cas le plus compliqué, deux petits treuils : l'un sur lequel s'enroule le câble de suspension, et qui complète le circuit électrique formé par le moulinet, la pile et la sonnerie ; l'autre auquel est fixé un câble directeur tendu par un poids reposant sur le fond de la rivière. C'est le long de ce câble que, guidé par un petit chariot, l'instrument descend à la profondeur voulue, et sans que les courants le fassent dévier sensiblement de la verticale. »

Voici quelques détails de construction de ce moulinet électrique, indiqués par l'auteur, M. Ritter, dans la note déjà citée :

*Moulinet.* Les ailettes du moulinet sont celles adoptées par M. Baumgarten : au nombre de quatre, insérées dans une couronne cylindrique de $0^m,08$ de diamètre et $0^m,02$ de hauteur ; elles représentent, par leur ensemble, une hélice complète de $0^m,08$ de pas.

*Arbre.* L'arbre du moulinet, dont chaque extrémité est creusée d'une alvéole cylindrique, est supporté par des aiguilles fixes qui s'engagent dans ces alvéoles et autour desquelles il tourne, surtout dans l'eau, avec de très faibles frottements. — L'appareil est représenté en plan-vues et coupes par la figure 158.

Du côté de l'amont et dans le petit espace compris entre le moulinet et son support, l'arbre porte une petite bague A à filet hélicoïdal saillant, et dont l'office est d'écarter, en tournant, et de rejeter vers l'aval, les herbes et les filaments de toute nature communs dans beaucoup de rivières, et qui, si on les laisse s'enrouler autour des aiguilles de support, peuvent gêner la marche de l'instrument.

*Mécanisme de comptage.* La roue de comptage à laquelle l'arbre du moulinet communique le mouvement, est unique ; elle est constamment engrenée et n'a donc à redouter aucun choc d'embrayage. Aussi a-t-elle pu être construite en ébonite ou caoutchouc durci, qui a le grand avantage d'être un isolant pour les courants électriques.

La roue est divisée en cinquante dents correspondant chacune à un tour de moulinet. Une de ces cinquante dents est en cuivre, ainsi que le rayon qui la relie à l'axe de la roue. Cet axe lui-même est métallique, mais il est monté sur des coussinets dont l'un C (*fig.* 158) est en ébonite de façon à isoler la roue de l'arbre du moulinet. Les pôles d'une pile étant mis en relation, l'un avec l'axe de la roue de comptage, et, par conséquent, avec la dent métallique de cette roue, et l'autre, avec l'arbre du moulinet ; le courant ne peut donc passer qu'à chaque cinquantaine de tours, au moment du contact de la dent métallique avec l'arbre, et, à ce moment, le courant met en branle une sonnerie placée sur son trajet.

M. Ritter a réussi, en recourant à la roue dentée en ébonite à *éviter, pour ouvrir ou fermer le courant, l'emploi d'aucun frotteur à ressort* ; car, le moindre changement de tension de pareils ressorts, dont on fait souvent usage, peut changer notablement le tarage de l'instrument.

La dent de cuivre de la roue est unique ; mais M. Ritter a reconnu par l'expérience que, quelquefois, tant qu'il n'y avait que cette seule dent, le courant ne passait pas, et cela se comprend : il y a toujours, en effet, trois ou quatre dents de la roue engrenées simultanément sur le filet hélicoïde de l'arbre ; or, la moindre imperfection dans l'exécution de la roue, ou bien une variation subite dans la vitesse des ailettes, peuvent faire que l'une des dents engrenées ne touche pas l'arbre, et si c'est précisément la dent métallique qui ne touche pas, le courant demeure interrompu.

M. Ritter a évité cet inconvénient en adoptant trois dents métalliques consécutives au lieu d'une seule, et, dans ces conditions, le courant a toujours passé régulièrement. Le bruit de la sonnerie s'en trouve un peu prolongé, il est vrai, mais il n'en résulte aucune erreur, si l'on a soin de pointer le chronomètre à l'instant même où commence la sonnerie, ou, mieux encore, dès que l'on aperçoit le premier mouvement du marteau du timbre.

La roue de comptage et la partie filetée de l'arbre du moulinet sont enfermées dans une boîte métallique. Elles se trouvent ainsi préservées à la fois des chocs et des impuretés que charrient les eaux.

*Manchon.* — Le moulinet et son arbre sont fixés à l'intérieur d'un manchon cylindrique en cuivre de 0$^m$,20 de longueur, ouvert aux deux bouts et dont le diamètre intérieur (0$^m$,086) ne dépasse le diamètre extérieur du moulinet (0$^m$,080) que du petit jeu nécessaire pour qu'il n'y ait pas frottement. Afin d'empêcher l'eau de s'écouler par cet espace annulaire du manchon, une bague (*fig.* 158) (de 0$^m$,079 de diamètre) couvre cet espace et est taillée en biseau de façon à diriger les eaux sur les ailettes.

Le manchon tient naturellement tout

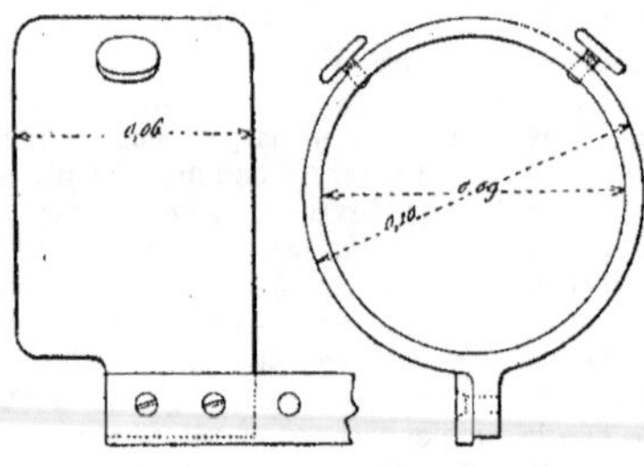

Fig. 159.

l'instrument à l'abri des chocs, mais son principal avantage est de *soustraire le moulinet à l'action latérale et directe des courants obliques*, et de *contribuer*, de la sorte, *à la régularité de sa marche, comme à la constance de sa tare.*

Avec le manchon et le mode de suspension auquel il se prête, on évite aussi la présence, à l'aval des ailettes, de la tige de support qui, dans les instruments ordinaires, est une entrave à l'écoulement des eaux.

Le manchon permet encore, si on y introduit un diaphragme plus ou moins ouvert, de modérer le mouvement des ailettes dans les courants rapides, ou, sans cela, les sonneries se succéderaient trop rapidement pour être d'une observation facile.

Enfin, le manchon rend des services spéciaux dans les opérations de tarage, soit comme tube d'écoulement, soit comme point d'appui d'organes accessoires.

*Étrier et gouvernail.* — Le manchon a pour support un étrier ou bague cylindrique dans laquelle il s'engage et est maintenu par des vis de pression (*fig.* 159).

Cet étrier porte un gouvernail, et c'est par l'étrier que l'instrument se trouve, selon les cas, fixé au bas d'une tige rigide, ou bien suspendu à un câble.

En faisant varier la longueur de la tige du gouvernail, en avançant plus ou moins le manchon sur l'étrier, on amène facilement sur la verticale du point de suspension le centre de gravité ou plutôt le centre de pression de l'instrument, de manière que, dans l'eau, il se tienne horizontal.

Un simple bout de ficelle, tendu entre l'anneau de suspension et la tête du manchon, est, du reste, le préservatif le meilleur contre les écarts de l'instrument dans le sens vertical.

*Pile.* — On emploie une pile de (0$^m$,08 de hauteur et 0$^m$,05 de diamètre), au peroxyde de manganèse, et qui, ne s'épuisant nullement tant que le circuit n'est pas fermé, reste en charge et toujours prête à fonctionner, sans qu'il y ait à manipuler aucun liquide.

*Sonnerie.* — La sonnerie est réunie avec la pile dans une seule et même boîte de 0$^m$,10 sur 0$^m$,08 et 0$^m$,08.

*Compteur à pointage.* — M. Ritter se sert du compteur ordinaire à aiguille de pointage. Par le plus ou moins de régularité dans l'écartement des points, on reconnaît de suite si les vitesses sont régulières, si leurs irrégularités se reproduisent avec une certaine périodicité, ou si le changement survient brusquement et persiste, et c'est d'après ces indices que l'opérateur doit prolonger plus ou moins l'observation.

Un ralentissement brusque et persistant de la vitesse est un signe de l'arrêt d'un corps étranger dans les ailettes; il faut, en ce cas, retirer le moulinet pour le débarrasser.

Mais il n'est pas nécessaire pour cela de recommencer l'opération, car on peut utiliser tous les pointages opérés avant le ralentissement brusque des ailettes, et

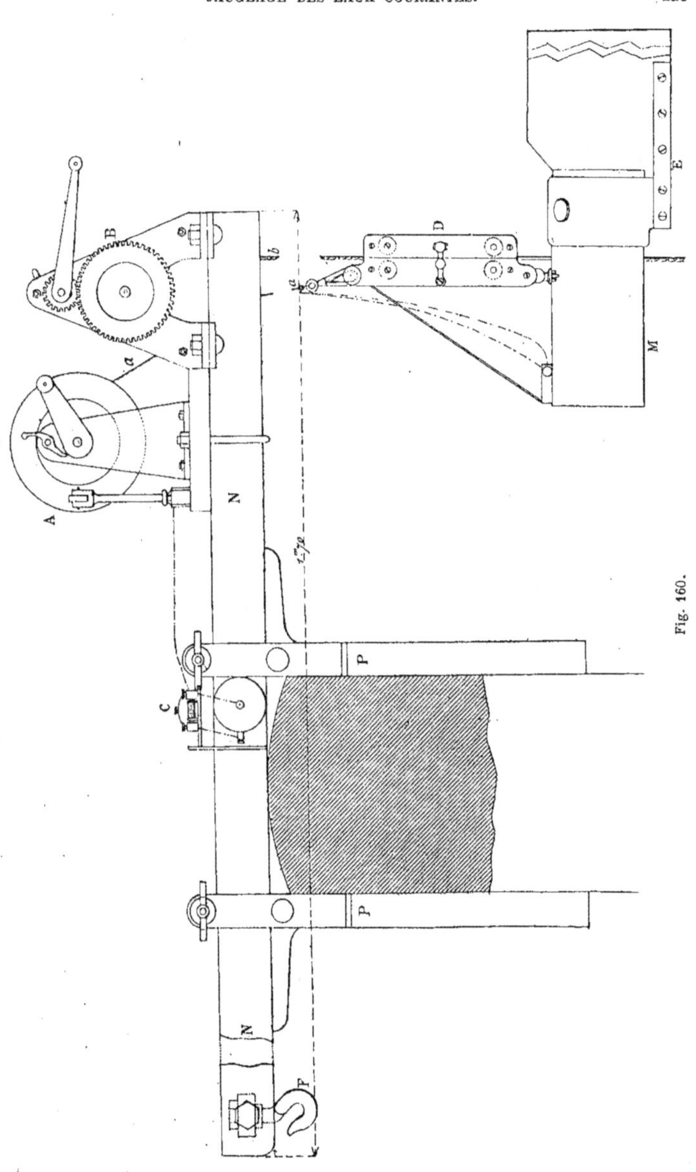


Fig. 160.

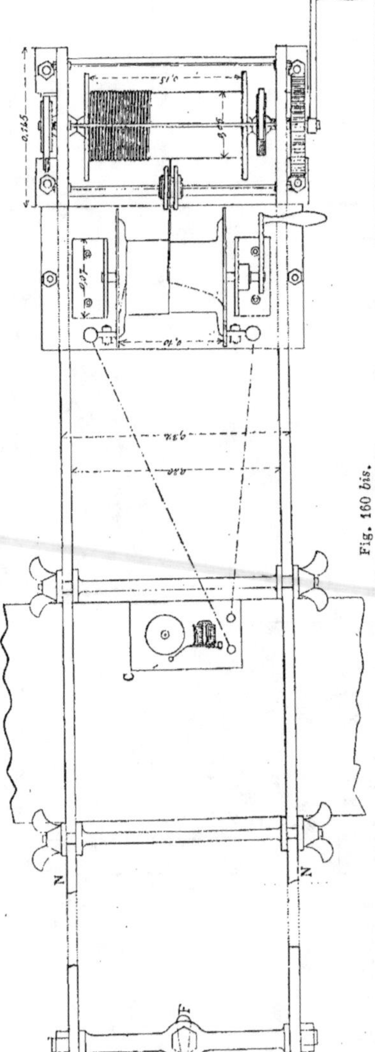

Fig. 160 bis.

c'est là précisément ce qui permet d'employer le moulinet électrique dans des eaux charriant des feuilles ou autres débris, et où le moulinet ordinaire ne fournirait que des indications très incertaines.

M. Ritter donne ensuite, dans le même mémoire, des détails très intéressants sur les appareils de suspension, de direction et de support de son moulinet électrique. Voici la description qu'il fait de ces divers appareils :

**167.** APPAREIL DE SUSPENSION. — *Suspension rigide.* — Pour de faibles profondeurs, et si l'on est rapproché de la surface de l'eau, le support de l'instrument est une tige creuse en cuivre de 0ᵐ,024 de diamètre, formée de deux parties de 1ᵐ,50 se vissant l'une au bout de l'autre.

La tige porte, à son extrémité inférieure, une virole à laquelle on fixe le moulinet, et qui, étant à volonté fixe ou mobile, permet à l'instrument de s'orienter dans le sens du courant ou de rester dans une direction fixe.

Le long de la tige glissent des pédales d'appui et des crochets auxquels on suspend la pile et la sonnerie. Si entre deux pédales on serre comme dans un étau un des madriers du pont de service et que, avec une corde tendue en haubans, on maintienne la tige verticalement, il n'est plus besoin de tenir l'instrument et l'opérateur, libre des deux mains, peut faire et noter ses observations seul et tout à l'aise.

*Suspension mobile.* — *Câble conducteur.* — Lorsque, en raison de la grande longueur qu'il faudrait lui donner, la tige n'est plus d'un emploi facile, le moulinet est suspendu à un câble (*fig.* 160). Ce câble, qui sert en même temps de conducteur du courant, est formé de deux fils de cuivre enduits de gutta-percha et enveloppés d'une gaîne de soie.

Très flexible, il supporte sans danger le poids du moulinet qui est d'environ 3 kilogrammes.

*Treuil conducteur.* — Le câble est enroulé sur un treuil A de 0ᵐ,06 de diamètre et 0ᵐ,10 de largeur, et combiné de façon qu'il tourne sans qu'il en résulte d'interruption dans le courant électrique : c'est pour cette raison qu'il a été nommé *treuil conducteur*.

*Profondeur d'immersion*. — Une graduation du câble de 50 en 50 centimètres comptée à partir de l'axe du moulinet, suffit pour donner assez exactement la profondeur de l'instrument au-dessous de la surface de l'eau.

**168.** APPAREIL DE DIRECTION. — *Câble directeur*. — Le moulinet, s'il était suspendu simplement au câble conducteur, serait entraîné à la dérive dès qu'on le

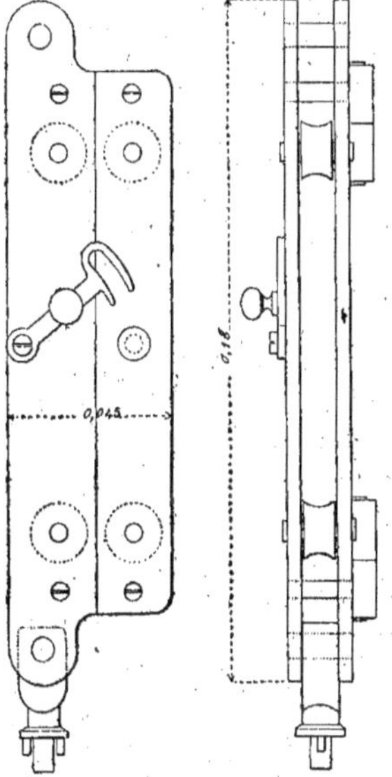

Fig. 160 *ter*.

plongerait dans un courant un peu fort; pour l'en empêcher, M. Ritter s'est arrêté, comme solution générale, à l'emploi d'un *câble directeur b* (*fig.* 160), tendu verticalement d'un côté par un poids reposant sur le fond de la rivière et hors de l'eau par un treuil B sur lequel le câble s'enroule et qui est le *treuil tenseur* (*fig.* 160 et 160 *bis*). Le moulinet, entraîné par son propre poids, descend de lui-même le long

du câble directeur, près duquel il est retenu par un petit chariot à galets D (*fig.* 160) et que nous donnons en demi grandeur (*fig.* 160 *ter*).

Les cordes ordinaires ayant l'inconvénient de se détordre, surtout dans l'eau, lorsqu'elles ont à supporter un poids, on a adopté un câble en fils de fer galvanisés qui, avec un diamètre de $0^m,005$, résiste parfaitement aux efforts auxquels il est exposé.

*Treuil tenseur*. — Le treuil, de $0^m,06$ de diamètre et $0^m,15$ de largeur, est à cliquet et muni d'un frein. Il permet de soulever sans fatigue, à la vitesse de 12 mètres par minute, un poids de 40 kilogrammes, le maximum à employer.

*Poids tenseur*. — Le poids tenseur avait primitivement la forme allongée d'un poisson ; mais cette forme, très rationnelle dans un courant à filets parallèles, convient moins dans les courants naturels dont la direction change à chaque instant, car c'est elle qui présente les résistances les plus variables et expose le poids, tant qu'il est suspendu entre la surface et le fond de l'eau, aux oscillations les plus extrêmes et les plus dangereuses pour la conservation du treuil et du câble. Aussi a-t-on été amené à préférer pour les poids tenseurs la forme sphérique.

Le boulet en fonte, employé par M. Ritter, d'un diamètre de $0^m,22$, pèse 40 kilogrammes. Il est formé de quatre segments superposés que l'on détache lorsque l'on a besoin de 10, 20 ou 30 kilogrammes.

Au-dessous du boulet, on fixe quelquefois une broche en fer qui s'enfonce dans le sol et donne un ancrage plus solide.

L'importance du poids dépend naturellement de la vitesse. Un poids de 10 kilogrammes a suffi dans des vitesses de $0^m,60$; on a employé 20 kilogrammes pour des vitesses de 1 mètre. Au delà, il faut un poids plus considérable, à moins que, pour les fortes vitesses, on ne recoure, comme M. Ritter le croit préférable, à des moulinets de moindre diamètre et offrant par conséquent moins de résistance au courant.

**169.** APPAREIL DE SUPPORT. — *Solution générale*. — Un même bâti supporte les deux treuils ; il est composé de deux barres de fer N (*fig.* 160 et 160 *bis*) de $0^m,050$

sur 0^m,008 et 1^m,70 de longueur posées de champ sur le parapet ou la balustrade du pont et reliées entre elles, à l'écartement de 0^m,20 par quatre tirants.

Sur chacune de ces barres glissent deux équerres P en fer de 0^m,40 de longueur que l'on place et maintient par des vis de serrage, l'une contre la face amont, l'autre contre la face aval du parapet.

Ces barres sont, du côté de l'eau, en saillie sur le parapet de toute la longueur nécessaire pour que le treuil tenseur, fixé à leur extrémité, soit à l'aplomb de l'arête de la corniche et qu'ainsi puisse s'effectuer, sans gêne, la descente verticale du poids tenseur et du moulinet.

A l'autre extrémité des barres d'appui, un crochet F supporte le contrepoids consistant habituellement en un seau plein d'eau, posé sur le trottoir.

Ce bâti porte à la fois le treuil tenseur et le treuil conducteur, aussi rapprochés que possible l'un de l'autre afin de diminuer l'obliquité relative des deux câbles.

Quand la saillie de la corniche est considérable, l'opérateur ne pourrait plus, en se tenant sur le trottoir du pont, ni manœuvrer les treuils, ni suivre du regard l'instrument dans sa descente. On attache alors, en dehors du parapet et en l'appuyant sur la corniche, un grand panier de 1^m,15 et 0^m,60 sur 0^m,80 dans lequel l'opérateur se tient à l'abri de tout danger. Ce panier est assez solide pour servir, au besoin, comme une nacelle d'aéronaute et permettre à l'opérateur de descendre jusqu'auprès du niveau de la rivière, si cela était nécessaire pour certaines vérifications.

Pour opérer en barque, on débarrasse le bâti de ses équerres, et on le couche à l'avant en l'y maintenant par des cordages et un contrepoids.

*Solutions particulières.* — L'appareil complet de support, tel que nous venons de le décrire, comporte selon les cas de grandes simplifications. Si les balustrades sont étroites et les corniches peu saillantes, on remplace les grandes barres d'appui horizontales par des barres verticales de 0^m,50 de longueur, recourbées en crochets et que l'on suspend simplement à la balustrade ; — on trouve même

commode alors d'avoir deux supports séparés, un pour chaque treuil et placés l'un à côté de l'autre.

Enfin, si le poids tenseur n'excède pas 10 kilogrammes, on peut se passer tout à fait du treuil tenseur, et opérer à la main la tension du câble directeur pour lequel on prend une corde ordinaire, en s'aidant d'une ou deux poulies fixées à la balustrade.

**170.** Manœuvre des appareils. — Rien n'est plus simple que la manœuvre des appareils que nous venons de décrire et la meilleure preuve que nous puissions en donner, dit M. Ritter, c'est que, à part les cas où le poids tenseur excède 20 kilogrammes, nous avons toujours opéré tout seul, en procédant dans l'ordre suivant :

*a.* — *Installation sans aucune difficulté sur le parapet, du bâti supportant les deux treuils et pourvu de son contrepoids.*

*b.* — *Immersion du poids tenseur.* — De toutes les manœuvres c'est la plus délicate. On commence par dérouler du câble directeur ce qu'il en faut de longueur pour amener près de l'opérateur jusque sur le parapet l'extrémité du câble qui se termine par un porte-mousqueton ; puis on serre le frein du treuil tenseur.

On pose alors sur le parapet le boulet auquel est attachée une chaînette en fer. On fixe le boulet au porte-mousqueton et on le descend lentement, en dehors du parapet, en le soutenant par la chaînette, jusqu'à ce qu'il arrive à tendre verticalement la portion libre et déroulée du câble directeur. A ce moment, on lâche sans crainte la chaînette et le boulet ; c'est le câble qui les supporte. Il ne reste plus, après avoir mis la main à la manivelle du treuil, qu'à desserrer le frein et à descendre lentement le boulet jusqu'au fond de l'eau.

*c.* — *Suspension du moulinet.* — La seconde manœuvre qui exige aussi quelque attention a pour but, après avoir accroché au câble conducteur le chariot à galets avec le moulinet, d'introduire dans ce chariot le câble directeur le long duquel il devra se mouvoir.

A cet effet, on laisse mollir le câble directeur assez pour que, en le tirant, on puisse sans peine l'engager entre les galets du chariot lequel, en vue précisément de cette opération, s'ouvre et ferme à charnière. En même temps, on introduit le câble directeur dans la fente ménagée pour lui à l'arrière du manchon. Enfin, on met en place l'étrier du manchon, qui vient, en fermant la fente, empêcher désormais le câble de s'échapper. On tend alors le câble directeur pour le rendre vertical et tout est prêt pour commencer les observations.

*d.* — *Déplacement des appareils.* — Après avoir opéré sur une verticale, pour transporter l'instrument sur une autre verticale, on laisse mollir le câble directeur et celui du contrepoids. Le bâti soulagé de la sorte est soulevé et déplacé sans peine. Le déplacement effectué, on rétablit par le moyen du treuil la tension du câble directeur qui ramène le câble et le poids sur la verticale nouvelle.

Tout cela se fait très rapidement, excepté si, pour passer d'une arche à une autre, on rencontre des saillies d'arrière-becs de piles qui obligent à retirer complètement hors de l'eau l'instrument et le poids tenseur.

*e.* — *Retrait du moulinet et du poids tenseur.* — A la fin de l'opération, on répète, dans l'ordre inverse, les manœuvres du commencement. On retire d'abord le moulinet, puis, par le moyen du treuil, on remonte le boulet jusqu'à la hauteur où on l'avait accroché primitivement, et, à partir de cette hauteur, on le soulève à l'aide de sa chaînette pour le déposer sur le parapet où on n'a plus qu'à le décrocher du câble (1).

### Tachomètre de Brünings.

**171.** Le tachomètre de Brünings est également un instrument employé pour mesurer la vitesse des courants à une profondeur quelconque. La partie principale de cet appareil (*fig.* 161) est une plaque métallique *a* que l'on expose perpendiculairement au sens du courant au point où l'on cherche à mesurer la vitesse. Cette plaque est fixée à l'extrémité d'une tige horizontale qui traverse

(1) Extrait du *Traité des Ponts* de M. Chaix.

à frottement doux le support *ef* de l'appareil, de telle sorte que, sous l'action du courant, la plaque recule en faisant glisser cette tige, dont l'extrémité opposée tire à elle un fil passant sur une petite poulie et venant se fixer à l'extrémité *c* d'une petite balance romaine. On règle la position *d* du poids curseur de la romaine, de manière que ce poids fasse équilibre à la pression du courant, transmise en *c* par l'intermédiaire du

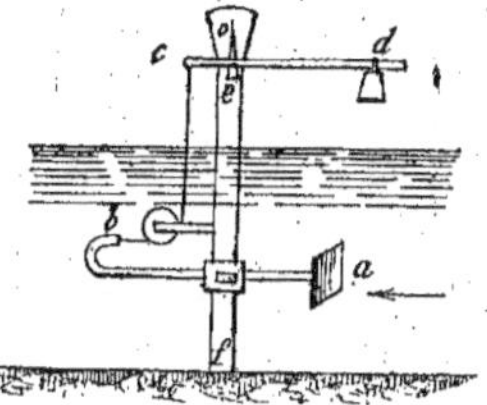

Fig. 161. — Tachomètre de Brünings.

fil. Si F est la force exercée sur la plaque, et *p* le poids du curseur, on a :

$$F = p \times \frac{od}{oc} \qquad (1)$$

Mais on sait que cet effort est aussi proportionnel au carré de la vitesse de l'eau.

Appelant A l'aire de la plaque;
K, un coefficient numérique ;
Et V la vitesse du courant au centre de la plaque
on aura la relation :

$$F = KAV^2 \qquad (2)$$

On en conclut :

$$KAV^2 = p \times \frac{od}{oc}. \qquad (3)$$

De cette équation, on pourra déduire V lorsqu'on connaîtra le coefficient K. Pour le déterminer, on peut mesurer la vitesse V à la surface au moyen d'un flotteur, placer ensuite la plaque *a* près de la surface et mesurer la valeur de *od* pour faire équilibre à la pression que la plaque éprouve dans cette position; par cette double expérience, on connaîtra dans l'équation précédente toutes les quantités qui y entrent à l'exception du coefficient K. Une fois le coefficient K ainsi déterminé, on se servira de l'équation (3) pour calculer la vitesse V du courant à une profondeur quelconque. On pourra graduer empiriquement l'échelle de la romaine pour pouvoir lire immédiatement la vitesse cherchée à l'endroit où s'arrête le poids mobile quand la plaque arrive à l'état d'équilibre.

Cet appareil a été peu employé en France, on doit lui préférer le moulinet de Woltmann ou le tube de Pitot.

### Tube de Pitot.

**172.** L'instrument proposé par Pitot en 1732 pour mesurer la vitesse d'un courant liquide à une profondeur déterminée a, sur ceux que nous avons décrits précédemment, le grand avantage de ne pas nécessiter l'emploi d'un compteur chronométrique. Il est fondé sur la théorie des

duc au dérangement que la présence du tube fait subir au courant. Cette petite perte de charge qui abaisse le niveau de $ss$ d'une faible quantité $mn$ a un rapport constant avec la hauteur $\dfrac{v^2}{2g}$ due à la vitesse des filets liquides.

Considérons maintenant un *tube recourbé du côté d'amont* (*fig.* 163) plongé également dans le liquide $ss$, l'ouverture recourbée se trouvant ainsi placée en sens contraire du courant, la quantité de liquide qui pénètre dans la branche verticale A tend à y conserver sa vitesse et occasionne une augmentation de pression dans le tube : la colonne liquide lorsqu'elle y a pris son état de repos, doit équilibrer non seulement la pression statique de l'eau au point B, mais encore la force qui anime chaque filet liquide arrivant en ce même

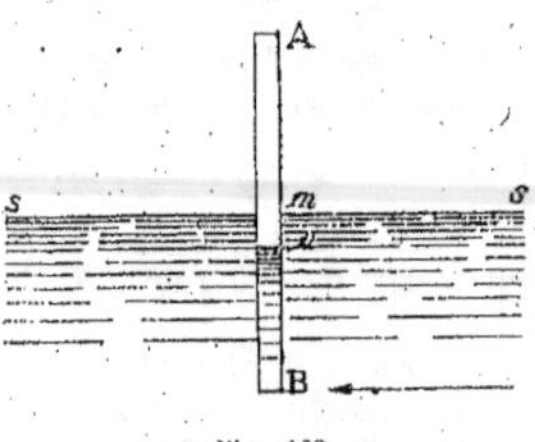

Fig. 162.

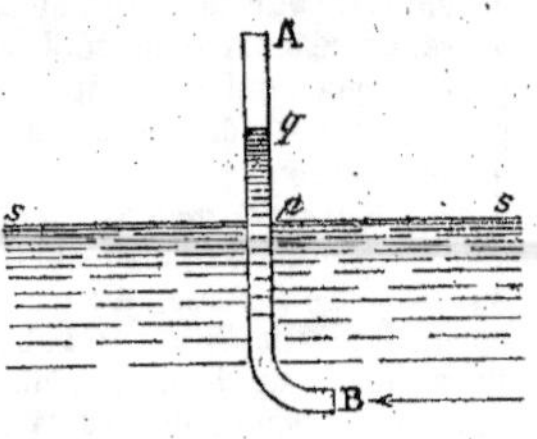

Fig. 163.

actions mutuelles des solides et des liquides en mouvement. Considérons en effet la surface $ss$ (*fig.* 162), d'un courant liquide dont tous les filets sont supposés être animés d'un mouvement parallèle à la surface suivant la direction de la flèche par exemple. Soit $v$ la vitesse de tous ces filets.

Si l'on enferme dans le liquide un tube droit AB, placé verticalement, ouvert aux deux bouts, l'eau s'élèvera dans ce tube à un niveau sensiblement égal à celui du liquide environnant, mais en restant cependant à un niveau inférieur. Soit $mn$ la différence de niveau qui s'établira constante entre les deux surfaces du liquide à l'intérieur et à l'extérieur et qui est causée par la *perte de charge* au point B

point B animé d'une vitesse $v$ : par suite, à l'inverse du cas précédent, le niveau à l'intérieur du tube sera supérieur d'une hauteur $pq$ au niveau extérieur $ss$, et cette différence de niveau $pq$ sera d'autant plus grande que la vitesse du courant sera plus considérable.

Pitot a, le premier, proposé d'utiliser ce phénomène pour la mesure de la vitesse $v$; mais, il admettait et l'on croyait du temps de Pitot que cette hauteur était précisément égale à la hauteur due à la vitesse du courant au point A ; mais cela n'est pas exact.

Pitot négligeait la dépression $mn$ du tube droit plongé verticalement dans l'eau.

D'après la théorie actuelle de la résistance des liquides, la pression P exercée par le courant sur un plan remplaçant l'orifice B est exprimée par :

$$P = \pi \left( z + K \frac{v^2}{2g} \right)$$

$z$, représentant la hauteur du niveau $pq$ au-dessus du point B;

$v$, la vitesse du liquide en B ;

$\pi$, le poids du mètre cube de ce liquide;

Et K, un coefficient numérique, plus grand que l'unité.

D'un autre côté, l'eau contenue dans le tube y étant sensiblement en équilibre, on a :

$$P = \pi (z + h)$$

$h$ étant égale à $pq$.

En comparant ces deux formules, on en conclut :

$$h = K \frac{v^2}{2g} \qquad (1)$$

c'est-à-dire que l'excès de pression dû au mouvement des filets liquides, quand on dirige vers l'amont la bouche de l'appareil, est proportionnel au carré de la vitesse, et s'obtient en faisant le produit d'un coefficient constant par la hauteur $\frac{v^2}{2g}$.

La relation (1) peut se mettre sous la forme :

$$\frac{v^2}{2g} = \frac{h}{K} = \mu \times h \qquad (2)$$

D'après quelques expériences de Dubuat, on pouvait prendre en moyenne :

$$K = 1,15$$

d'où

$$\frac{1}{K} = \mu = 0,87$$

Mais il reste encore beaucoup d'incertitude sur ce point.

Pitot remarqua aussi qu'en dirigeant l'ouverture du tube recourbé dans le sens du courant (*fig.* 164), la pression intérieure diminue, et le niveau arrive en $t$, ce qui prouve que la pression intérieure tombe au-dessous de la pression hydrostatique. On pourra poser dans ce cas comme dans le précédent

$$h = K' \frac{v^2}{2g} \qquad (3)$$

K' étant ici un coefficient plus petit que l'unité, d'où

$$\frac{v^2}{2g} = \mu' \times h \qquad (4)$$

expression de la même forme que l'expression (2) précédente dans laquelle $\mu'$ est aussi un coefficient constant.

Cette remarque conduisit Pitot, pour tenir compte de la dépression du tube

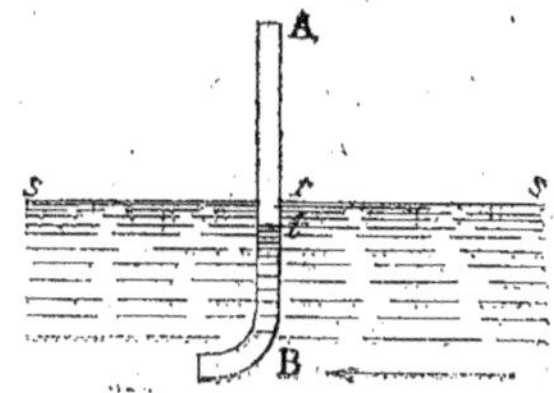

Fig. 164.

droit, à composer son appareil de deux tubes accolés l'un à côté de l'autre, l'un recourbé vers l'amont, l'autre droit, ayant tous deux leur extrémité inférieure au même niveau (*fig.* 165).

Lorsque cet appareil est plongé dans un courant, l'eau s'élève dans le tube recourbé vers l'amont AB, au-dessus de la surface, d'une hauteur $mq$, tandis qu'il se produit une petite dépression $mn$ dans le tube droit CD. Si on admet

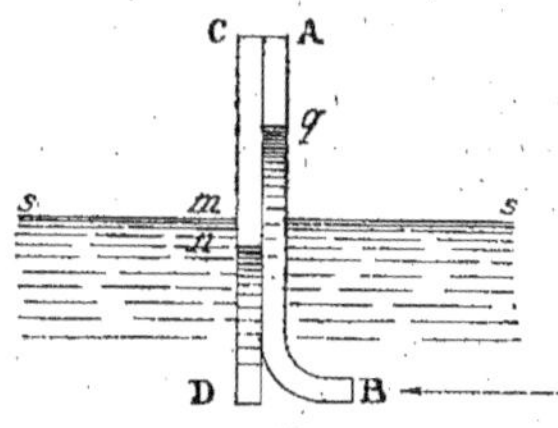

Fig. 165.

que la perte de charge dans le tube recourbé AB est sensiblement égale à celle qui se produit dans le tube CD, la première sera mesurée précisément par la dépression $mn$, de sorte que la différence de niveau $mn + mq = nq$ représentera la hauteur $h$ due à la vitesse $v$ des filets en B.

De la mesure de cette hauteur on

pourra donc déduire la vitesse $v$ au moyen de la relation :

$$v = \sqrt{2gh}.$$

Comme il importe de tenir l'instrument tourné directement contre le courant, parce que, sans cela, on n'aurait pas l'effet dû à la vitesse entière, on dirige l'instrument dans divers sens, et on l'arrête à la situation qui donne la plus grande hauteur dans le tube; et cette direction peut être droite ou oblique au lit du fleuve, parce qu'il arrive souvent que la vitesse suit une ligne inclinée au rivage.

Le tube de Pitot primitif se compose d'un tube vertical en fer blanc soudé à la partie inférieure à une partie horizontale terminée en cône de manière à estimer un grand nombre de filets liquides.

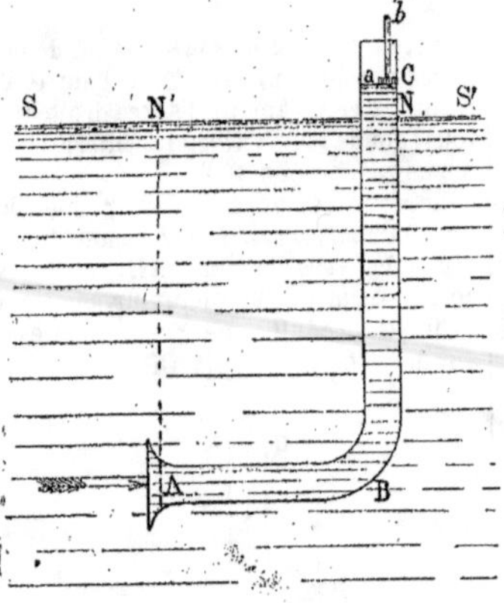



Fig. 166.

Pour estimer le niveau du liquide dans le tube qui n'est pas transparent, on y a disposé (*fig.* 166) une baguette graduée $ab$ qui est soulevée par un flotteur $a$ en liège, ou une ampoule pleine d'air, à la manière des aréomètres.

Voici l'usage qu'on peut faire de l'instrument. On a un bâton armé, à son bout, d'une pointe qu'on implante dans le fond de la rivière, à l'endroit où l'on veut expérimenter. Cette pointe est surmontée d'un disque qui ne lui permet d'entrer que jusqu'à une hauteur qui sera constante durant l'expérience entière. On accole le tube à ce bâton, en l'y maintenant lié, ou seulement en les serrant avec la main l'un contre l'autre, et l'on descend le coude à la profondeur où l'on veut explorer; des divisions marquées sur le bâton donnent la hauteur du niveau, qu'on tâche de rendre *la plus grande possible*, en faisant varier la direction du coude BA, sans en changer l'enfoncement. Ensuite, on tourne ce coude jusqu'à ce que le niveau de l'eau soit dans le tube *au point le plus bas*, ce dont on juge par la baguette $b$ saillante en haut du tube. Le flotteur et le poids de la baguette s'enfoncent dans le liquide au même degré dans les deux cas. Mais le niveau de l'eau n'étant pas le même, la partie saillante de la baguette a changé, ce qui fait connaître deux hauteurs : la différence est celle des niveaux. On note cette différence, qui est la hauteur cherchée.

On répète l'épreuve à diverses profondeurs, et on note pareillement à chacune d'elles la différence des niveaux : la moyenne, entre ces quantités, est la hauteur propre à donner la vitesse moyenne dans la verticale où le tube a été plongé.

On essaye de la même manière l'effet de l'instrument en tous les points d'une coupe transversale au lit du fleuve ou du ruisseau, et la moyenne de ces résultats donne la vitesse moyenne du courant.

L'aire de la section transversale s'évalue géométriquement, puisqu'on a fait des sondes en tous les points, et qu'on a pris les profondeurs et la largeur. Multipliant la vitesse moyenne par cette surface, on a donc le volume d'eau qui s'est écoulé en une seconde, et par suite, en une minute, une heure, ou un jour.

## Modifications de MM. Darcy et Baumgarten.

**173.** Le tube de Pitot, ainsi composé, avec son embouchure en forme d'entonnoir présentait de graves inconvénients; la disposition évasée de l'orifice avait pour effet de déterminer des oscillations très gênantes pour la lecture, notamment pour la mesure des faibles vitesses; elle avait de plus l'inconvénient de faire intervenir un grand nombre de filets dans la production des variations de hauteur, et par suite de fournir, non pas la vitesse d'un filet en particulier, mais une sorte de moyenne entre les vitesses de tous ces filets. MM. Darcy et Baumgarten ont apporté à cet instrument des modifications qui l'ont rendu plus précis et plus commode (Voyez le *Cours de mécanique* appliquée de M. Bresse à l'École des Ponts et chaussées).

Le perfectionnement dû à M. Darcy, corrige tous les inconvénients que nous venons de signaler et transforme le tube de Pitot en un appareil exact et d'un emploi facile. Il fut introduit à la suite d'expériences qui firent reconnaître à M. Darcy que, si dans une eau courante, on plonge un tube *vertical* recourbé horizontalement à sa partie inférieure et dont l'orifice soit disposé successivement contre le courant, dans le sens du courant et rectangulairement à sa direction, il existe un rapport constant pour un appareil déterminé, entre la hauteur théorique $\frac{v^2}{2g}$, hauteur due à la vitesse $v$ du filet considéré et les hauteurs lues sur la branche du tube vertical, $h'$, $h''$, $h'''$ :

$h'$ représentant la différence positive entre le niveau $ss'$ et le niveau intérieur, cas de la figure 163 ;

$h''$ représentant la différence négative entre le niveau $ss'$ et le niveau intérieur, cas de la figure 164 ;

$h'''$ représentant la différence négative entre le niveau $ss'$ et le niveau intérieur, cas où la branche de l'orifice est perpendiculaire au sens du courant.

Voici la disposition théorique de l'appareil tel que le décrit M. Collignon dans son *Cours de Mécanique hydraulique* (*fig.* 167) :

Un tube en verre ABC est prolongé aux points A et C par deux tubes en cuivre de très petit diamètre ; l'un GEF vient déboucher contre le courant, l'autre HKL est dirigé en sens contraire ou s'ouvre à angle droit sur le premier.

Supposons pour la description de l'appareil que les branches EF, KL soient dirigées en sens contraire l'une de l'autre. Au point B est un robinet qui permet d'ouvrir et de fermer à volonté le haut du tube en verre ; un fragment de tube B' permet à l'observateur d'exercer une aspiration à l'intérieur du tube ABC. Une échelle graduée RS sépare les deux branches AB, BC.

On plonge l'appareil dans l'eau en l'orientant dans le sens du courant, et en ayant soin qu'il soit placé verticalement.

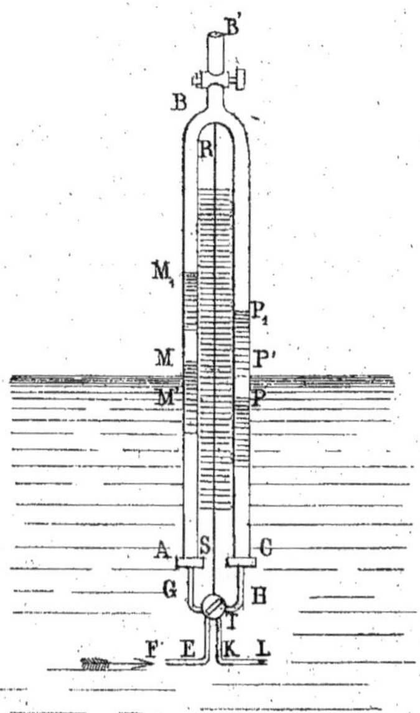

Fig. 167.

Il est maintenu dans cette position à l'aide d'une vis, le long d'une tige de fer solidement fichée dans le lit du cours d'eau, au point où l'on veut chercher les vitesses.

On ouvre le robinet T, qui donne entrée à l'eau dans les tubes d'amont et d'aval. L'eau monte aussitôt dans ces deux tubes et s'arrête en deux points M et P, l'un un peu au-dessus du niveau M' de l'eau, l'autre un peu au-dessous du même niveau P' ; et en appelant, $\mu$, $\mu'$ deux coefficients, constants pour un même appareil, on aura :

$$\frac{v^2}{2g} = \mu \times MM'$$

et

$$\frac{v^2}{2g} = \mu' \times PP'$$

d'où

$$\frac{1}{\mu} \times \frac{v^2}{2g} = MM'$$

et

$$\frac{1}{\mu'} \times \frac{v^2}{2g} = PP'$$

faisant la somme de ces deux égalités, il vient :

$$\left(\frac{1}{\mu} + \frac{1}{\mu'}\right) \frac{v^2}{2g} = MM' + PP'$$

d'où

$$v = \sqrt{\frac{1}{\frac{1}{\mu} + \frac{1}{\mu'}} \times 2g\,(MM' + PP')}$$

ou en posant

$$K = \frac{1}{\frac{1}{\mu} + \frac{1}{\mu'}}$$

$$= K \times \sqrt{2g\,(MM' + PP')}.$$

La vitesse $v$ s'obtiendra donc en mesurant la somme $MM' + PP'$, et en multipliant par un coefficient unique K, la vitesse due à une hauteur égale à cette somme.

Pour mesurer commodément la somme $MM' + PP'$, on transporte, par une simple aspiration exercée en B', les deux sommets des colonnes d'une même quantité $MM_1 = PP_1$; puis on ferme le robinet B'. On amène ainsi les sommets des deux colonnes en une région de l'échelle où la lecture est facile. En même temps on ferme le robinet inférieur T, pour empêcher les oscillations auxquelles les niveaux M et P sont exposés tant qu'ils communiquent librement avec les filets en mouvement.

La petitesse des diamètres des branches F et L permet de déterminer la vitesse propre à un filet unique. La réunion des deux tubes, celui d'amont et celui d'aval,

double la hauteur à mesurer, ce qui permet une plus grande précision. Le peu d'épaisseur donné à la partie basse de l'appareil a pour objet de réduire à sa plus faible limite la perturbation produite par la présence de l'instrument au sein des filets liquides. Enfin, l'aspiration élève d'une même quantité les sommets des colonnes et facilite des lectures qui seraient presque impossibles au niveau même de l'eau. On reconnaît là un artifice analogue à celui du piézomètre différentiel (Voir n° 136, page 191).

Les précautions à prendre pour faire une bonne observation sont les suivantes :

1° S'assurer que les ajutages ne sont ni bouchés ni faussés ; une circonstance, en apparence peu importante, peut faire varier notablement le coefficient $\mu$ ; il faut avoir soin que les branches qui portent les ajutages soient parfaitement horizontales et perpendiculaires à l'axe de l'instrument ;

2° Fixer l'instrument sur une tringle à l'aide de la douille et de la vis de pression, et y adapter, quand il y a lieu, le gouvernail à la partie inférieure ;

3° Maintenir l'instrument, lorsqu'il est plongé, dans une position parfaitement verticale ; il est bon d'y ajouter un petit fil à plomb ;

4° Attendre, avant de faire la lecture, que les niveaux des deux colonnes liquides soient devenus sensiblement constants, ou du moins ne fassent plus que des oscillations régulières ; fermer alors le robinet inférieur, afin de rendre le niveau immobile, et faire la lecture sur l'échelle placée entre les deux tubes ;

5° Répéter trois ou quatre fois la même observation et prendre la moyenne des résultats obtenus.

EXEMPLE :

| HAUTEURS DANS LE TUBE | | DIFFÉRENCES |
|---|---|---|
| AMONT | AVAL | |
| mètres | mètres | mètres |
| 0.952 | 0.840 | 0.112 |
| 0.946 | 0.831 | 0.115 |
| 0.939 | 0.825 | 0.114 |
| 0.931 | 0.817 | 0.114 |
| Moyenne............ | | 0.114 |

D'où l'on conclut pour la vitesse V du courant, le coefficient $\mu$ étant égal à 0,84 pour les ajutages dirigés à angle droit

$$V = 0,84 \sqrt{19,62 \times 0,114} = 1^m,25.$$

Les explications précédentes supposent que la partie inférieure de l'instrument est seule plongée ; mais l'observation se ferait de la même manière si la profondeur du courant était assez grande pour que l'instrument fût tout entier sous l'eau ; dans ce cas, il faut, avant de le plonger, fermer le robinet supérieur ; lorsqu'il est à une certaine profondeur, l'eau s'élève dans les deux tubes en comprimant l'air qu'ils renferment.

Dès qu'on juge que le niveau de l'eau des tubes est devenu invariable, on ferme le robinet inférieur, et l'on retire l'instrument pour faire la lecture comme dans le premier cas.

Le coefficient $\mu$ des formules précédentes doit être déterminé pour chaque instrument par un tarage spécial. On verra plus loin comment MM. Darcy et Bazin ont fait le tarage du tube de Pitot modifié par eux.

### Tube jaugeur de M. Ritter (1).

**174.** M. Ritter a aussi modifié le tube de Pitot, dans le but de rendre son emploi plus facile et plus pratique. Le tube jaugeur transformé de M. Darcy se compose, comme nous venons de le voir, de deux ajutages et d'un manomètre. Celui que M. Ritter a fait construire se distingue du type habituel de Darcy, d'abord par l'indépendance du manomètre et des ajutages entre lesquels la communication est établie par des tubes de caoutchouc.

Débarrassée du manomètre, la tige qui porte les ajutages devient beaucoup plus maniable et l'opérateur peut suspendre le manomètre de façon à avoir toujours sous les yeux les sommets des deux colonnes dont un régulateur permet en outre de réduire notablement les oscillations.

Une seconde modification essentielle porte sur les ajutages : M. Ritter n'a pas changé l'ajutage antérieur, celui qui est opposé directement au courant, mais pour second ajutage il a adopté un *ajutage statique* qui offre l'avantage d'indiquer, sans

(1) Extrait du *Cours des Ponts* de M. Chaix.

nécessiter aucune correction, la pression correspondant au niveau de la surface du courant.

M. Ritter a donné la description de son tube jaugeur dans les *Annales des Ponts et chaussées* de 1885 ; nous y renvoyons le lecteur.

Cet instrument se compose essentiellement d'un manomètre, des ajutages, des tubes de transmission et d'un support.

Le *manomètre* qui, à la rigueur, pourrait n'avoir que deux tubes, en a trois ; soit un pour chacun des deux ajutages, le troisième servant de tube de rechange et pouvant surtout être utilisé pour certaines opérations de tarage. Ces trois tubes débouchent dans une chambre supérieure A (*fig.* 168 et 169) munie d'un robinet d'aspiration B ; la communication de l'un quelconque des tubes avec cette chambre peut être interrompue à volonté par un robinet d'arrêt particulier à chacun d'eux.

La longueur des tubes est de $0^m,25$ à $0^m,30$ avec 8 à 10 millimètres au moins de diamètre ; avec des tubes plus étroits, on s'exposerait à voir à chaque instant des gouttes se transformer en diaphragmes laminaires qui modifieraient complètement la marche du manomètre et pourraient occasionner des erreurs grossières. Sur les tubulures inférieures du manomètre s'adaptent des tubes de caoutchouc communiquant avec les ajutages.

*Ajutages.* L'ajutage *antérieur* est un tube droit A (*fig.* 169), aminci du bout, de 4 à 8 millimètres de diamètre et $0^m,10$ à $0^m,15$ de longueur, présentant son ouverture normalement au courant et, mis en relation, par son extrémité postérieure avec le manomètre par un tube de transmission.

Quant à l'ajutage *latéral* ou *ajutage statique*, il peut être de divers types ; nous avons choisi de préférence, dit l'auteur, un tube de $0^m,10$ de long, avec 10 millimètres de diamètre intérieur, ouvert par les deux bouts de façon que le courant y passe. En son milieu, ce tube C est percé d'un petit orifice latéral $o$ de 1 à 2 millimètres autour duquel est soudé extérieurement le second tube de transmission allant au manomètre.

*Tubes de transmission.* Les tubes de | tages et le manomètre sont formés de
transmission des pressions entre les aju-

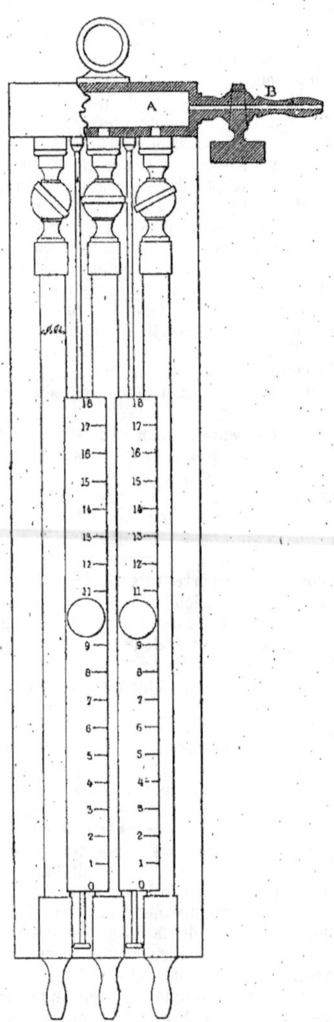

Fig. 168.

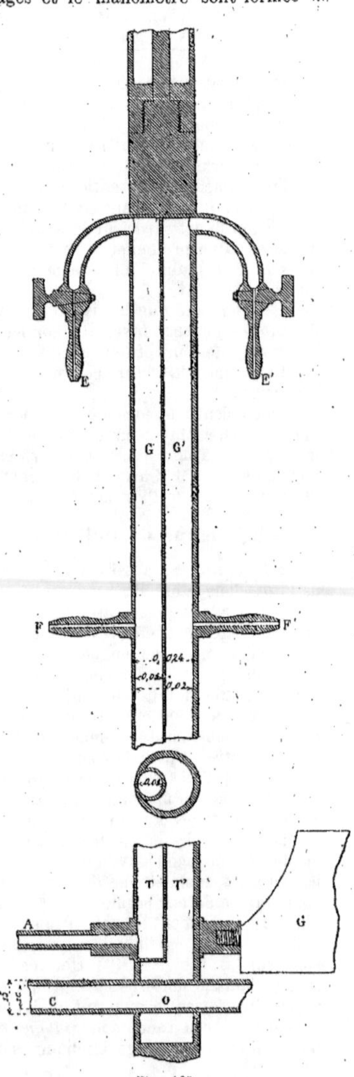

Fig. 169.

deux parties, une partie rigide en cuivre et une partie flexible en caoutchouc.

Les tubes en cuivre, T, T' (*fig.* 169) se terminent, chacun à sa partie supérieure, par une chambre à air G, G', munie d'un robinet d'amorçage E, E', et pourvue d'un raccord latéral F, F' pour le tube de caoutchouc allant au manomètre.

Il importe pour le bon fonctionnement de l'instrument que le diamètre des tubes de transmission ne descende pas au-dessous de certaines limites.

Les petits diamètres présentent, en effet, deux inconvénients sérieux ; ils retardent beaucoup l'établissement de l'équilibre dans les colonnes manométriques, puis ils sont facilement obstrués par des bulles d'air. Nous avons adopté, dit M. Ritter, 6 millimètres pour limite inférieure du diamètre de nos tubes en cuivre ; car nous avons observé que ce n'est qu'à partir de ce diamètre que les bulles d'air cessent de s'arrêter dans les tubes comme des pistons immobiles et qu'elles commencent à y cheminer en s'allongeant, de façon à monter assez rapidement dans les chambres à air.

Pour les tubes de caoutchouc, qui dans notre instrument sont peu exposés à recevoir des bulles d'air, nous nous contentons du diamètre intérieur de 4 millimètres, mais nous leur donnons un diamètre extérieur de 10 millimètres ; cette forte épaisseur leur permet de se courber sans s'écraser, ce qui interromprait à chaque instant les transmissions.

*Évacuation de l'air et amorçage.* C'est aussi par succions successives sur les robinets des deux chambres à air que l'on arrive à enlever les bulles d'air qui se trouvent dans les tubes de transmission et dans les chambres, et à remplir ou amorcer l'instrument après que l'on a plongé dans l'eau ses deux ajutages et le robinet B du manomètre (*fig.* 168). Une fois l'instrument amorcé et tous les robinets fermés, on retire de l'eau le manomètre, on le suspend en place et il ne reste plus qu'à y laisser pénétrer par son robinet B entr'ouvert ce qu'il faut d'air pour que l'eau descende dans ses deux branches à un niveau commode pour l'observation.

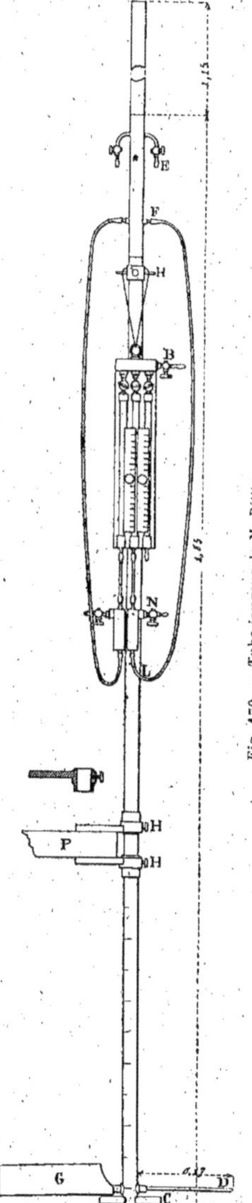

Fig. 170. — Tube jaugeur de M. Ritter.

*Support.* Nous donnons (*fig.* 170) une vue d'ensemble de l'appareil qui donne la disposition du support. C'est une tige creuse qui renferme les deux tubes de transmission. On maniera l'instrument à la manière d'une mire.

Un gouvernail G, fixé au bas de cette tige, facilite l'orientation des ajutages dans le sens du courant. La tige est graduée de cinq en cinq centimètres ; trois curseurs H, l'un à crochet et deux à pédales servent, le premier à supporter le manomètre, les deux autres à appuyer et consolider la tige sur les madriers P du plancher sur lequel se tient l'opérateur.

*Organes complémentaires.* La variation continuelle de la vitesse dans les courants naturels a pour conséquence de déterminer dans les colonnes du manomètre des oscillations qui gênent la lecture.

On a recommandé, pour faciliter la lecture des colonnes oscillantes, d'immobiliser ces colonnes en fermant simultanément par des robinets, la communication entre les deux ajutages et le manomètre ; mais il ne faut pas trop compter sur ce moyen, car il est possible qu'à l'instant où l'on ferme, la dénivellation des colonnes du manomètre ne représente pas du tout la différence des pressions effectives s'exerçant à ce même instant sur les ajutages, et dès lors on commet des erreurs que l'on n'aurait quelque chance de corriger que par une répétition prolongée des observations.

M. Ritter a essayé, au lieu de fermer complètement les robinets, de les laisser entr'ouverts, de façon à en faire des diaphragmes à très petit orifice. Mais alors on s'expose à voir, dans ce passage rétréci, s'arrêter des bulles d'air qui viennent encore fausser les observations, et on a finalement renoncé à l'emploi d'aucun robinet entre les ajutages et le manomètre.

Pour réduire les oscillations, M. Ritter interpose sur le trajet du tube de caoutchouc venu de chacun des ajutages, un *régulateur*, consistant en un petit réservoir cylindrique en cuivre (*fig.* 170), long de 0<sup>m</sup>,07 et d'un diamètre de 0<sup>m</sup>,02, à l'intérieur duquel sa tubulure supérieure M se prolonge en un tube capillaire.

Par la petitesse de son orifice, ce tube oppose au rapide écoulement de l'eau un obstacle suffisant pour diminuer notablement l'amplitude et le nombre des oscillations manométriques, sans que l'on puisse ni même doive jamais chercher à les faire disparaître complètement, car elles sont un signe du bon fonctionnement de l'instrument.

Comme en outre, ce tube est recourbé et s'ouvre de côté, son orifice ne peut être obstrué par des bulles d'air qui viendraient d'en bas et ces bulles vont se loger au sommet du réservoir, d'où l'on a soin

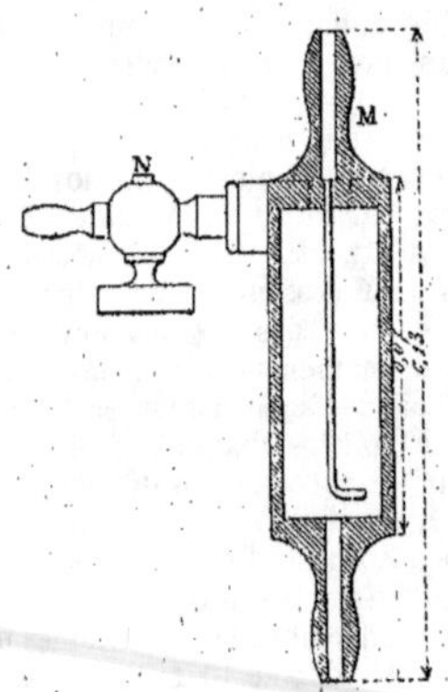

Fig. 171.

de les extraire de temps à autre par un robinet de succion N (*fig.* 171) ; on trouve d'ailleurs une cause régulatrice des oscillations dans la longueur même des colonnes d'eau que l'instrument renferme ainsi que dans l'élasticité des tubes en caoutchouc. (Pour amorcer un instrument pourvu des régulateurs, il faut avoir soin, après avoir rempli d'eau à la manière ordinaire, d'extraire, par succion directe sur le robinet de chaque régulateur, l'air qui reste emprisonné à sa partie supérieure.)

*Évacuation des bulles d'air et ajutages.* Tant que les ajutages restent plongés dans l'eau, il n'y a guère de probabilités pour qu'il s'y introduise de l'air, mais cela peut arriver accidentellement, si les ajutages viennent à sortir de l'eau, ne fût-ce qu'un instant.

Pour chasser, en pareil cas, la bulle en général fort petite, restée dans l'un ou l'autre des ajutages, il suffit de provoquer un écoulement par les ajutages en ouvrant un instant le robinet B du manomètre. La bulle est entraînée, vient éclater à la surface du courant, et alors, par une aspiration nouvelle, on remplace dans le manomètre l'eau évacuée.

Si, au contraire, il a pénétré beaucoup d'air, ce que l'on remarque de suite au manomètre, il faut vider complètement l'instrument et le réamorcer.

**175.** Types divers. M. Ritter a imaginé des dispositions différentes, suivant les diverses profondeurs dans lesquelles son instrument est destiné à fonctionner.

*Faibles profondeurs.* L'instrument du type le plus facile à manier, a une longueur totale de 2 mètres ; mais il ne convient que pour des profondeurs ne dépassant pas $1^m00$. En vissant à la partie supérieure de la tige une rallonge, on peut opérer jusqu'aux profondeurs de $1^m,50$ à $1^m,80$.

Pour les *grandes profondeurs*, plusieurs raisons s'opposent à ce que l'on emploie des instruments disposés comme celui que nous venons de décrire. D'abord, il ne serait pas facile de monter ni de maintenir verticalement dans l'air, des tubes rigides de plus de 3 mètres, ce qui devient nécessaire au moment où les ajutages sont près de la surface.

Puis la forte diminution de la pression dans la partie émergée des tubes, occasionnerait des dégagements d'air exigeant à chaque instant des réamorçages partiels ; ce qu'il faut donc chercher pour les grandes profondeurs c'est une combinaison permettant de ne jamais élever aucune partie de l'instrument à plus de 2 à 3 mètres au-dessus de l'eau.

M. Ritter, espère avoir trouvé une solution pratique par l'emploi du *plongeur* aérocapillaire, qu'il a imaginé en 1885 et qui a pour objet de transmettre à un monomètre placé à distance, par un tube flexible rempli d'air, les variations de la pression exercée sur un orifice plongé sous l'eau.

## Tachymètre de surface de M. Ritter (1).

**176.** M. Ritter est arrivé, en effet, à composer un instrument qu'il appelle *tachymètre de surface*, servant à mesurer la vitesse des courants à la surface, et pouvant être employé du haut des ponts. Ce nouvel instrument est surtout utilisable pour le *jaugeage rapide et approximatif des crues.* — M. Ritter a donné une description complète du tachymètre de surface dans une note intitulée *Méthode et procédé de jaugeage rapide et approximatif des crues* (Annales des Ponts et Chaussées 1886). Nous empruntons à cette note ce qui suit, relatif au tachymètre.

Pour obtenir, en des points nombreux et déterminés de la surface, les vitesses effectives telles qu'on a besoin de les connaître, si on veut se rapprocher des conditions des expériences de MM. Baumgarten et Harlacher, l'observation des flotteurs serait un moyen trop imparfait et auquel on doit songer d'autant moins que ce procédé ne peut se pratiquer que sur des portions choisies de rivière. Il fallait renoncer également au moulinet, surtout pour mesurer les vitesses à la surface ; puisque c'est à la surface précisément qu'en temps de crue se trouvent tous les débris flottants. C'est alors au tube de Pitot, modifié par M. Darcy, que M. Ritter a voulu recourir ; seulement pour que la solution fût vraiment générale, il fallait absolument que le tube pût être employé du haut des ponts : car, sur bien des rivières où l'on ne trouve pas de barques, les ponts sont les seuls endroits où un opérateur puisse s'installer immédiatement en toute sécurité. On va voir que l'instrument appelé *tachymètre de surface* remplit précisément cette importante condition.

*Ajutages aérocapillaires.* Dans l'instrument de M. Ritter, on retrouve, comme dans le tube de Darcy, les deux ajutages, l'ajutage antérieur opposé au courant et l'ajutage statique ; mais ce qui le dis-

(1) Tous les instruments imaginés par M. Ritter, dont nous avons donné la description, ont été exécutés par M. Démichel, successeur de M. Salleron, à Paris.

tingue, c'est que, *entre chacun des aju-*
*tages et le tube de transmission au mano-*
*mètre, est interposé un tube capillaire*
*horizontal* d'une longueur d'environ 1^m,20,
et qui, pour occuper moins d'espace, est
enroulé en spirale (*fig.* 172). En outre, le
*tube de transmission ne contient pas d'eau:*
*il reste toujours rempli d'air;* et c'est précisément grâce à cette substitution de l'air

comprimé à l'eau pour la transmission
des pressions que l'on peut augmenter à
volonté la distance entre les ajutages et
le manomètre, et par conséquent opérer
du haut des ponts.

Le fonctionnement de l'appareil repose
sur ce fait de capillarité que, dans les
tubes cylindriques dont le diamètre intérieur n'excède pas 5,5 millimètres, l'eau

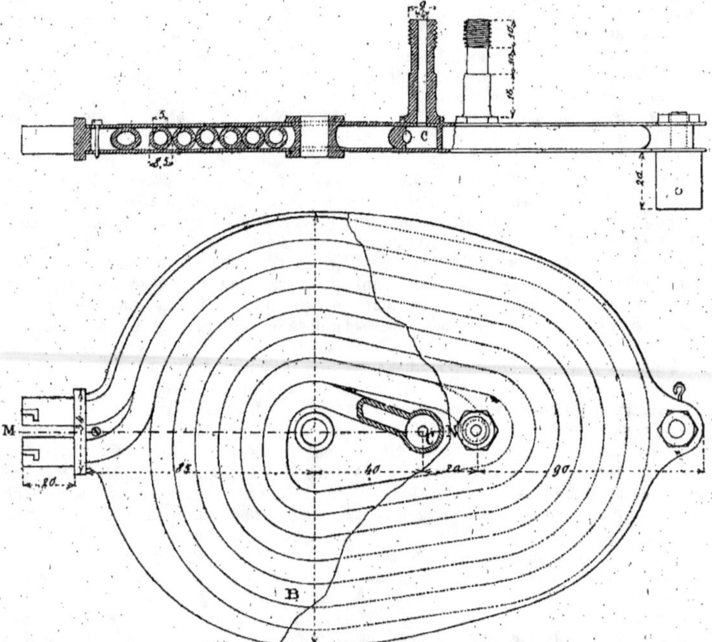

Fig. 172.

se dispose toujours en piston occupant
la section entière du tube.

*Manomètre.* Le manomètre est un tube
en U (*fig.* 173), dont l'emploi présente
divers avantages. Le premier, c'est que
les deux colonnes liquides ayant une longueur totale constante, l'opérateur n'a
besoin d'en observer qu'une seule ; comme

l'échelle du manomètre est mobile et
porte une double graduation en millimètres et en vitesses, il suffit de placer
le zéro de l'échelle sur l'horizontale du niveau des deux colonnes au repos pour que
l'on puisse lire directement, sur l'échelle,
la vitesse quand l'instrument est plongé
dans un courant.

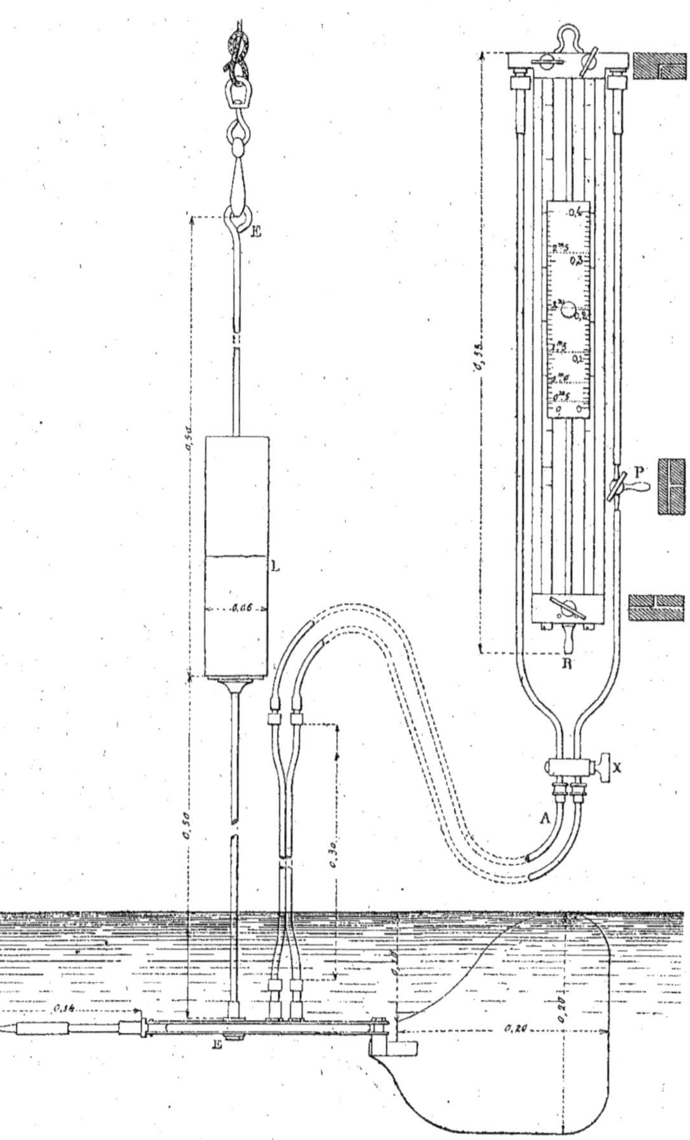

Fig. 173.

Un autre avantage du tube en U est de permettre, dans le manomètre, l'emploi de vin dans les temps de gelée et à la rigueur de mercure, si l'on avait à mesurer des vitesses très considérables.

Plusieurs robinets sont adaptés au manomètre :

Un *robinet régulateur* R (*fig.* 173) placé dans la courbe inférieure de l'U sert à la fois, comme on le verra plus loin, au remplissage des deux branches verticales et à la fermeture plus ou moins complète de leur communication lorsque l'on veut modérer les oscillations des deux colonnes.

Un *robinet de purge* P, dans lequel on souffle de temps à autre, permet de chasser l'eau qui se serait introduite accidentellement dans les tubes de transmission, ou de dégager les orifices des ajutages, s'ils étaient obstrués.

Enfin, un *robinet commutateur*, disposé en X, intervertit, quand on le tourne, la communication entre le manomètre et les ajutages, de sorte que la même colonne indique, à volonté, la pression sur l'un ou l'autre des ajutages.

L'opérateur peut ainsi, en chaque point, faire la lecture successivement sur chacune des deux colonnes. Mais il est plus simple d'observer toujours la même colonne et d'y faire deux lectures séparées par une oscillation que l'on provoque en intervertissant durant un court instant le jeu du robinet X.

Cette brusque oscillation de la colonne a l'avantage de vaincre la paresse du liquide qui est quelquefois retenu par son adhérence au tube, surtout si le tube n'est pas très propre.

*Tube de transmission.* La communication du manomètre avec les ajutages ou avec leurs spirales capillaires se fait par des tubes de caoutchouc (de 4 millimètres de diamètre intérieur). Ces tubes de caoutchouc *a* (*fig.* 174) se raccordent avec les spirales *b* par l'intermédiaire du bout *cc* de tube vertical et *non capillaire*, de 12 à 15 millimètres de diamètre intérieur, qui constitue le *puisard de purge* dont le rôle est essentiel. C'est, en effet, dans ce puisard que viennent éclater et s'arrêter les diaphragmes d'eau *d* qui, poussés accidentellement jusqu'à l'extrémité de la spirale capillaire, s'élèveraient sans cela dans les tubes de caoutchouc *a*, et fausseraient, dès ce moment, les indications du manomètre.

Les tubes *a* sont d'ailleurs, en morceaux de 2 mètres au plus afin qu'il soit facile, en y soufflant, de les assécher à l'intérieur.

**177.** APPAREIL DE SUPPORT. — La partie de l'instrument qui plonge dans l'eau ou le *plongeur*, et qui comprend les ajutages et leurs spirales, est supportée par une petite tige EE (*fig.* 173) autour de laquelle il peut tourner. Cette tige s'accroche à une corde retenue à la main ou attachée au parapet du pont et dont la longueur est réglée de façon que les ajutages soient de 0$^m$,10 à 0$^m$,15 au-dessous de la surface de l'eau. Cette même corde soutient également, par le moyen d'agrafes placées de distance en distance en distance, les tubes de transmission de façon à les empêcher de se plier.

La tige est lestée par des poids L qui la maintiennent verticale malgré le choc de l'eau ; un gouvernail assure l'orientation des ajutages dans la direction du courant.

**178.** OPÉRATIONS. — Comme l'instrument fonctionne rempli d'air il n'exige aucun amorçage ; il suffit de le plonger dans l'eau, pour que immédiatement le manomètre indique la dénivellation et la vitesse elle-même, si l'on emploie l'échelle mobile à double graduation.

L'observation terminée en un point, l'opérateur retire l'instrument de l'eau et le porte en un autre point où il fait également une observation, et, ainsi de suite, en parcourant le profil sur toute sa largeur et multipliant plus ou moins les points selon la régularité du courant.

L'installation de l'appareil est si simple, d'ailleurs, que l'opérateur peut, à la rigueur, se passer d'aucun aide.

On peut, en opérant simultanément avec plusieurs instruments sous les diverses arches d'un pont, lever très rapidement, on le comprend, le profil transversal des vitesses de surface et il ne reste plus, pour avoir tous les éléments du calcul du débit limite, qu'à connaître les profondeurs et la section que l'on a pu mesurer d'avance.

La méthode est donc, à la fois expéditive, applicable partout et suffisamment précise pour donner des résultats compa-

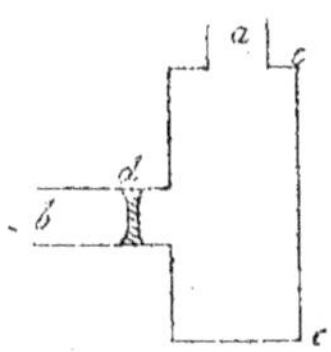

Fig. 174.

rables et que l'on peut considérer comme proportionnels aux débits des crues.

Voici d'ailleurs la marche à suivre pour préparer l'instrument et s'en servir.

**a.** — *Remplissage du manomètre.* Adapter à l'embouchure inférieure $r$ (*fig.* 175), un bout de tube de caoutchouc que l'on fait plonger dans un verre $v$.

Donner aux robinets $r$ et $p$ la position 1. Aspirer par l'embouchure latérale $p$ de

que l'on fixera le zéro de l'échelle mobile.

**b.** — *Pose des tubes de transmission.* Relier le manomètre avec les ajutages par le moyen des tubes de transmission; mais, auparavant, vérifier les joints et raccords des tubes : pour cela, immerger sous l'eau chaque joint à examiner ou simplement le recouvrir d'une grosse goutte d'eau, puis, après avoir bouché l'une des extrémités du tube, souffler par l'autre extrémité : le joint est bon, s'il ne laisse dégager aucune bulle d'air; sinon il faudra le serrer davantage et, au besoin, l'enduire d'un peu de suif.

**c.** — *Suspension de l'instrument.* Fixer l'instrument à sa tige et le descendre à $0^m,10$ environ au-dessous de la surface de l'eau.

**d.** — *Lecture de la cote.* Faire la lecture sur l'échelle, en ayant soin, si la colonne éprouve beaucoup d'oscillations, de les réduire en donnant au robinet $r$ la position 3 (*fig.* 177), dont l'inclinaison est limitée par une goupille.

Si l'on veut une seconde lecture, tour-

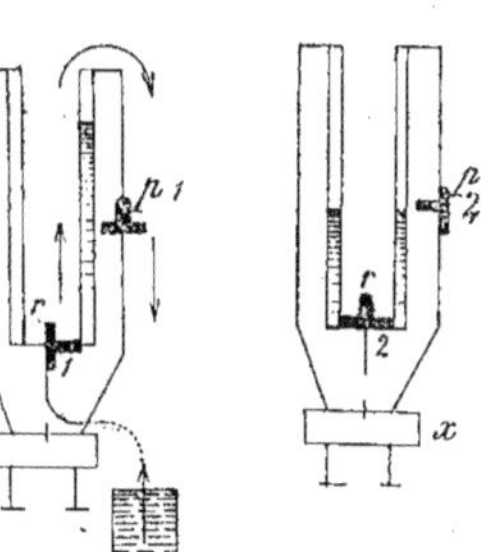

Fig. 175.     Fig. 176.

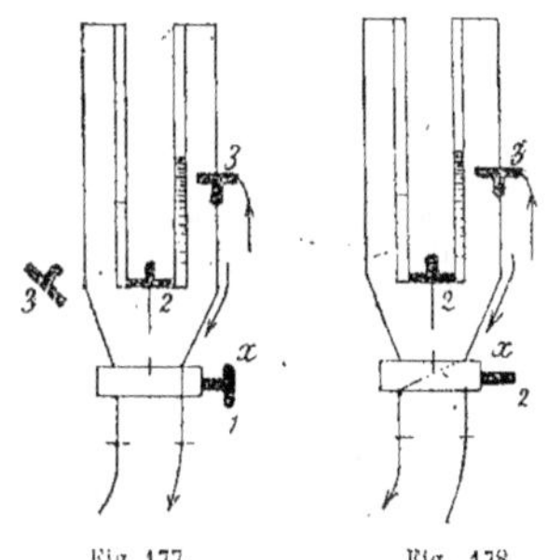

Fig. 177.     Fig. 178.

façon à faire monter l'eau dans le tube manométrique le plus voisin; mais cesser d'aspirer avant que l'eau arrive au haut du tube, afin qu'elle ne pénètre pas dans le coude supérieur du manomètre, et au même moment, retourner les robinets $r$ et $p$ dans la position 2 (*fig.* 176), en commençant par le robinet $r$.

L'eau, alors, se mettra de niveau dans les deux colonnes, et c'est à ce niveau

ner un instant le robinet $x$, ce qui a pour effet d'imprimer une oscillation à la colonne, et lorsque l'eau est remontée dans le tube, lire de nouveau la cote.

**e.** — *Chasse dans les ajutages.* Lorsque l'on change de place, profiter de ce que l'instrument est soulevé dans l'air, pour purger les ajutages de l'eau qu'ils contiennent et dont l'accumulation, à la longue, ne serait pas sans inconvénient.

A cet effet, donner au robinet $p$ la position 3 (*fig.* 177 et 178), et pendant quelques instants y souffler avec force, en tenant le robinet $x$ successivement dans les deux positions 1 (*fig.* 177) et 2 (*fig.* 178) qui font passer le courant d'air par l'un, puis par l'autre des deux ajutages. Remettre ensuite le robinet $p$ dans la position 2 pour recommencer l'opération en un autre point.

### Hydro-dynamomètre de M. De Perrodil.

**179.** M. De Perrodil, ingénieur en chef des Ponts et Chaussées, a imaginé, pour mesurer la vitesse existant en un point déterminé d'une masse liquide en mouvement, un appareil auquel il a donné le nom d'hydro-dynamomètre. — Avec cet appareil on peut évaluer la pression exercée par le liquide au point considéré. Cette pression est équilibrée par l'élasticité de torsion d'une tige métallique. Un cercle gradué permet d'observer l'amplitude de cette torsion. — On a ainsi la mesure du moment de la pression exercée par le mouvement de l'eau contre la palette de l'appareil, laquelle est normale à la direction de la vitesse. Comme à un moment donné correspond nécessairement une vitesse déterminée, le problème de la vitesse de l'eau est résolu, soit à l'aide de la formule :

$$v = m \sqrt{\alpha},$$

soit avec une table empirique si le coefficient $m$ n'est pas constant. — Voici du reste, la description que M. De Perrodil donne de son instrument, dans les *Annales des Ponts et Chaussées* de 1877 (1).

*Description de l'instrument.* L'hydro-dynamomètre consiste en un châssis ABCD (*fig.* 179) placé verticalement dans le cours d'eau et ayant une hauteur au moins égale à la profondeur de celui-ci. — Les deux montants de ce châssis, reliés par les traverses AB, ST, UV, XY et CD, se réunissent hors de l'eau en formant une circonférence située comme eux dans un

plan vertical et supportant un cercle gradué horizontal EF. — Ce système est mobile autour de son axe. A cet effet, il est suspendu par un pivot placé en G sur un plan d'appui relié par un bras GI à un tube KL. fixé par des vis de pression à un jalon MN.

D'autres bras horizontaux, parallèles à GI, sont fixés au même tube et servent de guides à l'axe vertical du système qui traverse leurs extrémités aux points H, O,P,Q.

Cet axe est constitué par le ressort de

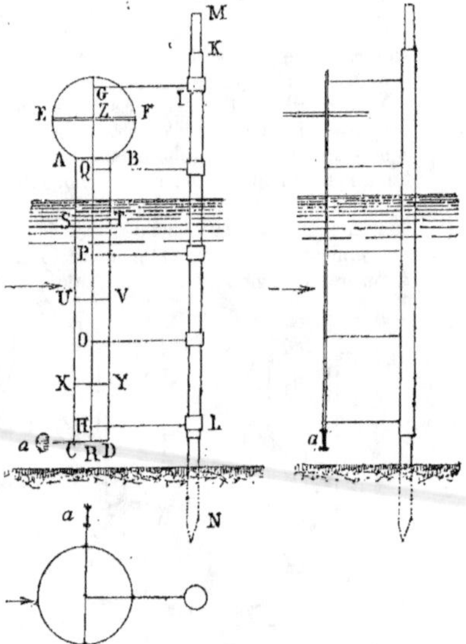

Fig. 179. — Hydrodynamomètre de M. de Perrodil.

torsion lui-même. C'est une tige cylindrique RZ de petit diamètre, fixée en R sur le milieu de la traverse inférieure du châssis, qui traverse librement les barreaux XY, UV, etc., de l'échelle ou châssis ainsi que le cercle gradué EF, et se termine en Z au-dessus de ce cercle par une aiguille horizontale dont les extrémités parcourent les divisions du limbe lorsqu'on exerce un effort de torsion sur le ressort

(1) Voir la théorie de cet appareil dans les *Annales des Ponts et Chaussées*, année 1877, page 471. Dunod éditeur.

RZ. Le plan d'appui G, qui reçoit sur sa face supérieure la pointe du pivot sur lequel tourne le châssis, est muni sur sa face inférieure d'un petit cylindre creux dans lequel vient pénétrer le prolongement du ressort. Une vis de pression permet d'arrêter le mouvement de rotation de ce prolongement dans le cylindre et de fixer ainsi l'extrémité supérieure du ressort sur le bras G I.

La force qu'il s'agit de mesurer est reçue par une palette circulaire *a* fixée au châssis dans le plan vertical qui contient les axes du ressort et des montants de l'échelle.

Pour observer les vitesses qui existent sur tous les points d'une même verticale, depuis le fond jusqu'à la surface, il faut pouvoir amener la palette à l'un quelconque de ces points. Pour cela le jalon MN devra avoir une longueur suffisante pour que le tube KL puisse parcourir une hauteur égale à la profondeur de l'eau. — Si dans la position la plus élevée de l'instrument, dans celle qui convient pour l'observation de la vitesse à la surface, le cercle gradué était hors de la portée de l'observateur, l'instrument devrait être disposé de manière que la palette *a* pût être fixée au châssis en un autre point de la hauteur que son extrémité inférieure, ce qui ne changerait pas l'intensité du moment de la force à mesurer.

*Mode d'opérer avec l'hydro-dynamomètre.* Le jalon étant en place, le tube est amené à la hauteur qui convient pour le point où l'on veut mesurer la vitesse de l'eau. — On place les axes des supports ou guides parallèlement à la direction du courant, de manière que l'instrument soit placé en amont du tube MN (*fig.* 179). — Tant que l'on n'exerce aucun effort sur l'aiguille, la palette *a* agissant comme gouvernail vient se placer à l'arrière de l'axe, et celui des deux montants du châssis qui est situé du côté de la palette vient s'appuyer sur les bras des guides. Dans cette position, la palette ne reçoit aucune pression, le ressort est sans torsion et l'aiguille est dans le plan du châssis dans lequel a été placé le diamètre du zéro de la graduation du limbe. Il faut alors agir sur l'aiguille avec la main pour

amener le plan vertical contenant le châssis, la palette et le zéro à être perpendiculaire au courant. Cela ne peut se faire qu'en tordant le ressort. — L'amplitude de cette torsion sera donnée d'ailleurs par le nombre de degrés dont l'aiguille aura été écartée du zéro.

L'observation nous a montré, dit M. de Perrodil, que la vitesse de l'eau en un même point n'est pas constante. Elle varie entre des limites plus ou moins rapprochées. Ces variations suivent probablement la loi d'une fonction périodique du temps.

Ainsi qu'on doit s'y attendre, ces limites sont d'autant plus éloignées l'une de l'autre que la vitesse moyenne est plus considérable. Il résulte de cette variabilité que l'aiguille oscille continuellement. Il est assez difficile pour l'œil d'observer bien exactement les limites de ces oscillations. Pour y parvenir il faut, à l'aide de la vis de pression G, fixer l'extrémité supérieure du ressort dans une position telle que le plan du châssis soit aussi exactement que possible perpendiculaire à la direction du courant.

L'aiguille est ainsi retenue dans une position invariable, et c'est le châssis qui oscille autour de son axe. — Les deux mains de l'observateur se trouvant libres, il peut suivre alors assez aisément, avec une loupe, les mouvements relatifs de l'aiguille sur le limbe, de manière à noter bien exactement les limites extrêmes de ces mouvements. La moyenne des deux angles correspondants à ces limites est l'angle qui doit être inscrit par l'observateur comme répondant à la moyenne des vitesses qui se produisent au point proposé.

C'est évidemment cette vitesse moyenne qui devrait entrer dans le calcul du débit du cours d'eau.

### Pendule hydrométrique.

**180.** Cet instrument (*fig.* 180), proposé pour mesurer la vitesse d'un courant d'une profondeur quelconque, consiste en une boule d'ivoire A ou de laiton creux, suspendue par un fil OA en un point fixe O. Si la boule est plongée dans un courant liquide, le fil s'écarte de la verticale d'un angle que nous désignerons par $\alpha$. La droite AB étant verticale, l'angle d'écart

$$\text{BOA} = \alpha$$

permet d'apprécier la vitesse $v$ du filet qui choque la boule A.

En effet dans cette position, la boule est en équilibre sous l'action verticale de son poids, de l'action horizontale dynamique du liquide et de la tension du fil.

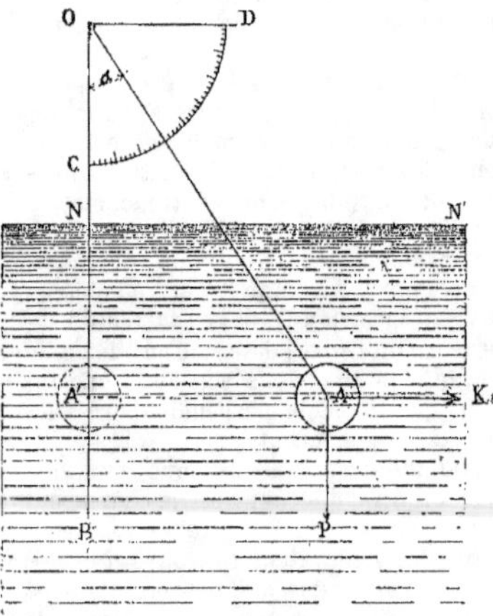



Fig. 180.

Soit F cette force horizontale et P le poids de la boule, diminué de la poussée statique du liquide.

La résultante des forces P et F devant être dirigée suivant le prolongement du fil, on aura :

$$\text{F} = \text{P tang. } \alpha.$$

Mais d'après la théorie de la résistance des liquides, la force F est proportionnelle au carré de la vitesse du courant au point P, et peut être représentée par $\text{K}v^2$, K étant un coefficient numérique, indépendant de l'angle $\alpha$. On aurait donc :

$$\text{P tang } \alpha = \text{K}v^2 \qquad (1)$$

d'où

$$v = \sqrt{\frac{1}{\text{K}} \text{ P tang } \alpha} \qquad (2)$$

ou

$$v = \sqrt{m \text{ tang } \alpha}$$

$m$ étant un coefficient numérique constant spécial à l'appareil employé.

Ce coefficient se détermine pour chaque instrument comme nous le verrons en traitant la question du tarage des instruments de jaugeage.

On peut le déterminer en mesurant à l'aide des flotteurs de surface la vitesse $v$ à la surface du courant et en déterminant la valeur que prend l'angle $\alpha$ lorsque la boule est elle-même tout près de la surface. Dans l'équation (1) il n'y a plus alors que K d'inconnu. Une fois K déterminé, on se servira de la formule (2) pour déterminer la vitesse du courant à une profondeur quelconque. Si $l$ désigne la longueur du fil, augmentée du rayon de la boule, la distance de l'horizontale AA' au-dessous du point O sera :

$$\text{OA}' = l \cos \alpha.$$

Il suffira donc d'en retrancher la distance ON pour avoir la profondeur de cette horizontale où le courant a la vitesse $v$.

Le point O est ordinairement le centre d'un quadrant divisé, empiriquement dont un côté est vertical, et sur le limbe duquel on lit immédiatement l'angle $\alpha$ et par suite à l'aide d'une table la vitesse $v$ correspondante.

Bien employé cet instrument peut fournir des indications assez exactes.

*Nota.* — Parmi tous les instruments qui précèdent, le *moulinet de Woltmann* est le seul qui réponde à un procédé applicable aux rivières où la vitesse est très grande ; le tube de Pitot dans les courants un peu vifs serait d'un maniement difficile et serait bientôt brisé.

M. L. Prudhomme recommande l'emploi des flotteurs plongeants, lorsque les vitesses atteignent et dépassent $1^\text{m},50$ par seconde. — Jusqu'à cette vitesse, les flotteurs de surface donnent une approximation suffisante, en prenant pour la vitesse moyenne cherchée, les 80 centièmes de la vitesse mesurée.

## III. — Tarage des instruments de jaugeage.

**181.** Parmi les instruments décrits précédemment plusieurs prennent la vitesse même du courant qu'on veut mesurer; tels sont les flotteurs simples, les doubles flotteurs et les tiges lestées. Les autres instruments ne donnent la vitesse du courant qu'au moyen d'une relation algébrique dans laquelle la vitesse est fonction de certaines quantités fournies par la lecture sur l'instrument lui-même; tels sont les moulinets, les tubes jaugeurs, le tachomètre de Brünings, l'hydrodynamomètre de M. de Perrodil, le pendule hydrométrique.

#### a. — TARAGE DU MOULINET

**182.** Dans les moulinets, ainsi que nous l'avons vu, la vitesse est donnée en fonction du nombre de tours de la roue à ailettes. Les relations trouvées sont les suivantes :

pour le moulinet de Woltmann (n° 159)

$$v = a + bn \qquad (1)$$

formule dans laquelle $a$ est très petit;
pour le moulinet perfectionné par M. Baumgarten (n° 160)

$$v = 0,3595\, n + \sqrt{An^2 + B} \qquad (2)$$

ou, si l'on prend la formule simple donnée par d'Aubuisson

$$v = An. \qquad (3)$$

Ces deux dernières formules sont applicables aux moulinets de Harlacher, Bréguet, Ritter.

Pour chaque instrument particulier, il y aura lieu au préalable de tout usage de déterminer les coefficients $A, B, ab$, etc. etc.

Cette détermination constitue le *tarage* de l'instrument. Il peut se faire soit en *eau tranquille*, soit en *eau courante*.

**183.** *Tarage en eau tranquille.* — En eau tranquille on animera le moulinet d'une vitesse connue et portant cette vitesse et le nombre de tours relevé sur l'instrument, dans une des formules 1, 2 ou 3 ci-dessus, on en tirera les constantes correspondantes.

On opère ainsi :

On plante en lignes droites sur les bords d'un bassin, d'un étang ou d'un canal une double série de jalons également espacés de 50 en 50 mètres ou de 100 en 100 mètres par exemple.

L'opérateur se place dans une barque avec l'instrument un peu en amont du premier jalon, puis on imprime à la barque en la tirant à la corde un mouvement aussi uniforme et l'opérateur plonge l'instrument dans l'eau pour que les ailettes prennent elles-mêmes un mouvement régulier, en sorte que, au moment où la barque arrive devant la première section $v$ et $n$ soient tous deux en pleine allure. On compte alors le temps au moyen d'un chronomètre, ce qui permet d'en déduire la connaissance de $v$ par celle de la distance parcourue ; on lit le nombre $n$ et l'on porte ces deux valeurs dans la formule.

Comme exemple d'une semblable opération, nous donnons ici textuellement le rapport de M. L. Prudhomme sur ses propres expériences faites près d'Orléans au canal de Combleux (1).

Nous avons commencé, dit M. L. Prudhomme, par mesurer sur l'une des rives du canal une longueur de 100 mètres et nous avons placé un jalon à chaque extrémité de cette base ; sur la rive opposée et en face de ces deux jalons, nous en avons fait placer deux autres dans une direction perpendiculaire à la base d'opérations. Nous nous sommes ensuite placés dans une petite barque et nous avons fixé la tige du moulinet à 0<sup>m</sup>,80 du bord de cette barque. Le moulinet était plongé de 0<sup>m</sup>,50 sous la surface de l'eau. Des mariniers imprimèrent ensuite au bateau, à l'aide de rames, une certaine vitesse et lui firent parcourir à plusieurs reprises une distance de 100 mètres en suivant une direction parallèle à la base tracée sur l'une des rives. On avait d'ailleurs soin de faire parcourir au bateau une trentaine de mètres avant d'arriver aux jalons des extrémités de la base, pour que le mouvement fût bien établi ; au moment du passage de la barque dans la ligne des jalons de la première extrémité de la base, on faisait partir l'aiguille d'un chronomètre à secondes, et l'on tirait en même temps la ficelle du ressort du moulinet pour faire engrener l'axe du moulinet avec les roues qui indiquent le nombre de tours ; arrivé à la ligne des jalons de l'autre extrémité

(1) *Cours de Construction*, par L. Prudhomme, Baudry éditeur.

de la base, on arrêtait le chronomètre et on désembrayait le moulinet ; nous connaissions ainsi le nombre de tours du moulinet, le temps et l'espace parcouru ; nous avions ainsi tous les éléments pour calculer le coefficient de tarage.

Le tableau suivant donne le résumé des expériences qui ont été faites alternativement en remontant et en descendant le canal pour compenser les légères différences que le vent ou un courant insensible aurait pu occasionner.

TABLEAU DES EXPÉRIENCES DE TARAGE, FAITES PAR M. PRUD'HOMME<br>AU CANAL DE COMBLEUX

| NUMÉRO des expériences | ESPACES parcourus $e$ | TEMPS employé par expériences $t$ | VITESSE du parcours par seconde $v = \dfrac{e}{t}$ | NOMBRE DE TOURS | | COEFFICIENT de tarage $\alpha = \dfrac{v}{n} = \dfrac{t}{N}$ |
|---|---|---|---|---|---|---|
| | | | | total $N$ | par seconde $n = \dfrac{N}{t}$ | |
| | mètres | secondes | mètres | | | |
| 1....D | 100 | 125 | 0,800 | 852 | 6,82 | 0,117 |
| 2....M | 100 | 143 | 0,725 | 845 | 6,12 | 0,118 |
| 3....D | 100 | 157 | 0,637 | 812 | 5 17 | 0,123 |
| 4....M | 100 | 149 | 0 671 | 820 | 5,50 | 0,122 |
| 5....D | 100 | 139· | 0,719 | 842 | 6,06 | 0,119 |
| 6....M | 100 | 146 | 0,685 | 834 | 5,71 | 0,120 |
| 7....D | 100 | 142 | 0,704 | 835 | 5,88 | 0,120 |
| 8....M | 100 | 130 | 0,769 | 846 | 6,51 | 0,118 |
| TOTAUX .... | 800 | | 5,710 | 6 886 | 47,77 | 0,957 |

COEFFICIENT MOYEN $\dfrac{0.957}{8} = 0,1196$

Les lettres M, D de la première colonne veulent dire montée et descente.

Pour avoir la valeur moyenne du coefficient $\alpha$, il suffit, d'après la formule :

$$\alpha = \frac{\Sigma v}{\Sigma n},$$

de diviser 5,710 par 47,77 et l'on a :

$$\alpha = 0,1196.$$

On peut aussi obtenir $\alpha$ en se servant de la formule :

$$\alpha = \frac{\Sigma e}{\Sigma N}$$

et l'on obtient :

$$\alpha \times \frac{800}{6\,886} = 0,1196.$$

Enfin, on peut obtenir $\alpha$ en divisant la somme totale 0,957 par le nombre 8 des expériences et l'on trouve encore $\alpha = 0,1196$.

On voit donc que, pour déterminer ce coefficient moyen $\alpha$ de la manière la plus simple, il suffirait de deux colonnes, celles des espaces parcourus $e$ et celle des nombres de tours N. C'est d'ailleurs ce que la formule $\alpha = \dfrac{\Sigma e}{\Sigma N}$ avait indiqué.

Mais le tableau nous fait voir que, pour la vitesse du parcours $v = 0,637$, le coefficient est $\alpha = 0,123$, tandis que pour $v = 0,800$, le coefficient est $\alpha = 0,117$, ce qui semble indiquer que le coefficient de tarage diminue au fur et à mesure que le nombre de tours par seconde augmente. C'est en effet ce qui arrive et ce que d'autres expériences ont démontré. Ainsi, nous avons trouvé, pour le moulinet dont nous nous sommes servi, que le coefficient de tarage était 0,125 pour une vitesse de 0,50 correspondant à trois tours du moulinet par seconde ; ce coefficient était de 0,117 pour une vitesse de 1$^m$,40, correspondant à douze tours par seconde.

Il est donc nécessaire de déterminer le coefficient de tarage correspondant à différentes vitesses de parcours, c'est-à-dire à différents tours du moulinet par seconde.

Si donc on a à jauger un cours d'eau dont on connaît à peu près la vitesse $v$ par seconde, il faut faire l'opération du tarage dans une eau stagnante, en imprimant autant que possible au bateau cette même vitesse $v$ par seconde.

**184.** *Tarage en eau courante.* — Ici $v$ est la vitesse de l'eau courante qu'il est nécessaire de déterminer au préalable au moyen d'instruments de jaugeage. Cette opération peut se faire soit au moyen d'un moulinet taré, soit au moyen des flotteurs plongeants (n° 158).

Si l'on se sert de ces derniers on déterminera d'abord la vitesse d'un filet liquide à une certaine profondeur et l'on recommencera l'expérience avec le moulinet comme nous venons de la décrire au n° 182 en ayant soin que le filet liquide soit assez profond pour que les ailettes soient tout à fait immergées ; on lit le nombre de tours correspondant au chemin parcouru dans un temps donné et on en déduit le nombre de tours $n$ par seconde qui correspond à la vitesse $v$.

On répète l'expérience pour des profondeurs différentes. On a ainsi un certain nombre de valeurs de $n$ correspondant à un même nombre de vitesses $v$ connues. On peut alors construire une courbe qui exprime graphiquement les relations existant entre ces différentes valeurs; courbe d'où l'on déduira la formule algébrique spéciale à l'instrument taré.

Le tarage en eau courante peut aussi se faire au moyen du tube jaugeur de M. Ritter. Il a adapté sur le manchon de son moulinet (n° 166) les deux ajutages du tube, l'ajutage antérieur s'avançant sur le prolongement même de l'axe du moulinet; ces ajutages sont mis en communication avec le manomètre.

« En plongeant, dit M. Ritter, l'instrument ainsi disposé dans un courant, on obtient à la fois la vitesse $v$ du courant par les ajutages et le nombre de tours $n$ correspondant des ailettes par les indications de la sonnerie, et en opérant ainsi successivement en divers points, on a les éléments qui permettent de calculer le *tarage* de l'instrument. Ce procédé a le grand avantage d'être applicable sur place au moment même du jaugeage et de permettre à l'opérateur de constater quels changements ont pu, par suite d'usure ou d'accidents, survenir dans les frottements et dans la tare antérieurement déterminée. » — On détermine ainsi dans chaque cas particulier, avec une approximation suffisante, les deux coefficients de la formule

$$v = \alpha + \beta n$$

Toutefois pour des vitesses inférieures à $0^m,40$ il est nécessaire de se servir du tarage de l'instrument fait au préalable dans un *courant régulier*, de débit et de vitesse connus.

(Voir plus loin le jaugeage du volume d'une nappe d'eau).

C'est ainsi que M. Ritter, pour ces vitesses inférieures à $0^m,40$ par seconde, a été conduit à renoncer à l'emploi de la barque qui aurait donné une traction irrégulière et par suite à opérer dans la rigole d'expériences de l'avenue d'Iéna en courant absolument régulier.

« Pour cette opération, nous avons remplacé, dit M. Ritter, le tuyau de 4 centimètres qui nous avait servi pour le tarage des ajutages, par un tuyau d'un diamètre de 9 centimètres tel que la partie antérieure du manchon du moulinet s'y engageait à frottement. Nous faisions arriver dans le réservoir successivement divers courants d'un débit uniforme et dont la vitesse s'y amortissait complètement avant d'arriver au manchon ; le niveau de l'eau s'élevait dans le réservoir jusqu'à ce que le débit par le manchon et le moulinet devînt égal au débit du courant alimentaire. A partir de ce moment le mouvement du moulinet devenait uniforme et nous l'observions au compteur. — Nous mesurions directement le débit par la durée du remplissage d'un bassin de capacité connue, un demi-hectolitre.

M. Ritter a fait dans ces conditions seize expériences dont il a déduit la formule suivante

$$V = 0,02 + 0,064 \times n$$

applicable à son moulinet pour les vitesses inférieures à $0^m,40$ par seconde.

D'une manière générale on peut dire que les variations indéterminées, que présente la vitesse de l'eau en un même point, rendent l'opération du tarage en eau courante extrêmement difficile et qu'on doit lui préférer le tarage en eau tranquille.

Pour cette opération M. Ritter et M. Harlacher ont tous deux employé cette dernière méthode pour le tarage de leur moulinet.

M. Ritter, pour s'assurer de la stagnation de l'eau, a fait ses expériences dans un bief d'usine rectiligne de 400 mètres de longueur, 16 mètres de largeur et 2 mètres de profondeur dans lequel il n'y avait plus aucun courant, les eaux ayant été détournées par un vannage placé à l'entrée du bief. L'opérateur, ayant sous ses yeux le compteur et la sonnerie, était placé dans un canot traîné par deux brins également tendus et tirés par des hommes marchant sur les rives du bief. Le moulinet était maintenu à $0^m,50$ de profondeur sous l'eau.

Le tarage de l'instrument a donné pour la formule précédente

$$v = 0,13 + 0,40 \quad n$$

M. Harlacher pour le tarage de son appareil a opéré dans un canal de 7 mètres de largeur et $1^m,50$ de profondeur présentant sur le lieu de l'expérience un tracé rectiligne de plus de 1 kilomètre. Son moulinet était suspendu à une passerelle roulant sur des rails placés sur les rives. Il était maintenu dans l'eau au moyen d'une perche verticale de manière que son axe put rester parfaitement horizontal. Une caisse, placée un peu au-dessus du plan d'eau et suspendue à la passerelle, contenait les appareils enregistreurs et un opérateur pour faire les lectures à chaque traversées des profils en travers.

Dans ces conditions la formule de tarage a donné

$$v = 0,14 + 0,009 \times n.$$

### b. — TARAGE DU TUBE JAUGEUR

**185.** *Le tube jaugeur de MM. Darcy et Bazin*, que nous avons décrit au n° 173, a été taré par trois procédés différents :

1° En comparant les vitesses superficielles, déterminées par l'emploi de flotteurs, aux vitesses déduites des inclinaisons du tube ; la moyenne de 92 expériences a donné $K = 1,007$ ;

2° En faisant mouvoir, à l'aide d'une barque, l'instrument dans une eau tranquille ; la moyenne de 32 expériences a donné $K = 1,034$.

Mais ce nombre paraît beaucoup trop fort; M. Bazin attribue l'excès de cette valeur à la forme même de la barque qu'il avait employée pour cette détermination ;

3° Enfin, en mesurant à l'aide du tube la vitesse en un grand nombre de points de la section d'un courant dont le débit est connu d'avance. On a pu comparer le débit connu avec le débit calculé d'après les vitesses accusées par l'instrument et par suite déterminer la valeur de K. La moyenne de 31 expériences a donné $K = 0,993$.

M. Bazin, écartant la valeur 1,034, qui paraît exagérée, a pris pour valeur définitive de K, la moyenne entre les deux autres valeurs, ce qui donne $K = 1$ pour le coefficient applicable à son instrument.

Nous renvoyons au mémoire de M. Bazin pour la description des procédés de tarage employés pour déterminer le débit des vannes.

Nous renvoyons également à la note déjà citée de M. Ritter où il expose la méthode qu'il emploie pour le tarage des tubes jaugeurs et la détermination des coefficients $\mu$ et $\mu'$ de la formule

$$v = \sqrt{\frac{1}{\frac{1}{\mu} + \frac{1}{\mu'}} \times 2g\,(A + L)}.$$

A représentant la suppression MM' qui se produit sur l'orifice antérieur.

L représentant la dépression PP' qui se produit sur l'orifice moyen ou postérieur.

Voir page 232 l'établissement de cette formule et la figure 167.

Lorsque les tubes jaugeurs sont munis d'*ajutages statiques*, ces ajutages indiquant au manomètre le niveau de la surface du courant, on a évidemment $\mu' = 0$ et par suite $K = 1$. Ces instruments n'exigent donc pas de tarage.

Pour les *ajutages latéraux non statiques* la valeur de K est en moyenne

$$K = 0,88.$$

### c. — TARAGE DU TACHOMÈTRE DE BRUNINGS

**186.** Le tarage de cet instrument s'obtient ainsi que nous l'avons dit au n° 171 par l'emploi des flotteurs de surface et des flotteurs lestés ; on dispose à chaque expérience la plaque *a* (*fig.* 161) de manière qu'elle soit placée à la même profondeur que les filets liquides dont les flotteurs donnent la vitesse. Nous n'insisterons pas sur les expériences faites pour obtenir la valeur du coefficient K qui sont analogues à celles déjà décrites précédemment pour les autres instruments.

#### d. — TARAGE DE L'HYDRODYNAMOMÈTRE DE M. DE PERRODIL.

**187.** M. de Perrodil a fait le tarage de son instrument en le faisant mouvoir en *eau tranquille* au laboratoire du bureau des phares du Trocadéro à Paris.

Nous ne saurions mieux faire que de le citer textuellement lui-même pour donner ici l'explication de sa méthode :

« Un petit pont tournant ou passerelle « en bois avait été établi dans ce but au-« dessus du bassin. L'axe de rotation de « cette espèce de manège le partageait « ainsi en deux moitiés bien symétriques. « La circonférence décrite par les extré-« mités se projetant sur le bord extérieur « d'une rigole annulaire de $0^m,60$ de lar-« geur. — L'instrument était fixé au ma-« nège dans l'axe de la rigole. Pour ob-« server le temps d'une révolution, on « avait fixé au manège une petite lan-« guette de bois, formant ressort, qui « venait rencontrer un obstacle fixe pro-« duisant un bruit sec pour prévenir l'ob-« servateur muni d'un compteur à poin-« tage. Cet observateur étant placé sur « une extrémité du pont et l'observateur « du dynamomètre sur l'autre extrémité, « un homme poussait le manège à la main, « et l'observateur du dynamomètre ré-« glait sa marche de manière que l'angle « observé sur le cercle soit invariable. — « On a dû tenir compte de la vitesse im-« primée par entraînement à l'eau pendant « chaque observation, afin d'obtenir exac-« tement la vitesse relative de l'instru-« ment.

Les expériences ont été faites avec une petite palette pour les vitesses de 1 à 3 mètres ; avec une palette moyenne pour les vitesses de $0^m,40$ à 1 mètre, et avec une grande palette pour les vitesses inférieures à $0^m,40$.

M. de Perrodil, à la suite de ces expériences a donné trois formules pour calculer la vitesse $v$ cherchée du courant, connaissant par lecture, sur le cercle de l'appareil le nombre $n^o$ de degrés dont le bras de la palette est dévié. Ces formules sont les suivantes :

1° Avec la petite palette employée pour des vitesses de 1 à 3 mètres

$$v = 0,3126 \sqrt{n^o}$$

2° Avec la palette moyenne employée pour des vitesses de $0^m,40$ à 1 mètre.

$$v = 0,1177 \sqrt{n^o}$$

3° Avec la grande palette employée pour des vitesses ne dépassant pas $0^m,40$

$$v = 0,0349 \sqrt{n^o}.$$

#### e. — TARAGE DE QUELQUES AUTRES INSTRUMENTS

Nous ne dirons rien du tarage du tachymètre de surface décrit plus haut et dont l'usage est réservé surtout au calcul du débit des cours d'eau au moment des crues.

En ce qui touche le tarage du pendule hydrométrique les renseignements donnés sur la question au n° 180 sont suffisants pour faire comprendre l'usage de l'instrument.

### IV. — Méthodes de calcul des débits.

**188.** Les méthodes de calcul de débit varient avec le type de l'instrument employé pour la mesure de la vitesse. D'après ce qui précède sur la description et l'usage de ces appareils, nous sommes conduits à considérer trois cas différents pour le calcul des débits suivant qu'on aura fait usage :

1° Des appareils qui donnent la vitesse V à la surface — tels que les flotteurs de surface et le tachymètre de M. Ritter ;

2° Des tiges lestées ou de l'intégrateur mécanique de M. Harlacher qui donnent la vitesse moyenne sur une même verticale ;

3° Des moulinets et des tubes jaugeurs de l'hydro-dynamomètre qui donnent la vitesse en un point quelconque de la section tranversale du courant.

#### 1° CAS OU L'ON A MESURÉ LA VITESSE A LA SURFACE

**a.** — *Emploi des flotteurs de surface.*

**189.** On emploiera pour la sureté des résultats de l'expérience plusieurs flotteurs qui servent ainsi à mesurer la vitesse des filets superficiels ; c'est le procédé le plus élémentaire ; il exige simplement la mesure d'une durée et d'un espace parcouru correspondant pour chaque flotteur. On prendra pour vitesse à la surface, la moyenne des vitesses trouvées pour chaque flotteur

$$V = \frac{v_1 + v_2 + v_3 + v_4 + v_5 \ldots v_n}{n}$$

Une fois la plus grande vitesse V déterminée, on en déduit la vitesse moyenne U en se servant des formules de Prony ou mieux encore de celles de M. Bazin qui établissent une relation entre la vitesse à la surface *au fil de l'eau* et la vitesse moyenne.

Nous avons vu précédemment page 104, à propos du mouvement des eaux dans les canaux que Dubuat fit dans ce but une série d'expériences sur des canaux à vitesse artificielle qui permirent à de Prony d'exprimer le rapport de la vitesse moyenne U à la surface V par la relation suivante :

$$\frac{U}{V} = \frac{V + 2,37}{V + 3,15}$$

qui pour les valeurs de V, croissant de $0^m,50$ en $0^m,50$ donne les valeurs suivantes pour le rapport $\dfrac{U}{V}$ :

| V | $\dfrac{U}{V}$ |
|---|---|
| m. | |
| 0.50 | 0.786 |
| 1.00 | 0.812 |
| 1.50 | 0.832 |
| 2.00 | 0.848 |
| 2.50 | 0.862 |
| 3.00 | 0.873 |
| 3.50 | 0.883 |
| 4 00 | 0.891 |

Dans les circonstances ordinaires on peut prendre

$$U = 0,80 \text{ de V.}$$

Ainsi dans l'exemple précédent, on aurait

$$U = 0,80 \times 0^m,504$$
$$U = 0^m,4032$$

De Prony a calculé d'après les expériences de Dubuat et la formule précédente une table qui donne à vue la vitesse moyenne U correspondante à une vitesse V à la surface moindre que 3 mètres et réciproquement. Nous donnons page 251 cette table n° 189 *bis*.

Pour les grands cours d'eau, la formule précédente paraît donner des valeurs trop grandes : M. Raucourt dans ses expériences sur la Neva, n'a trouvé que $0^m,75$ ; et d'autres expériences faites sur la Seine ont donné 0,62. Dans les canaux tapissés de joncs le rapport de U à V s'abaisse à $0^m,60$ et au-dessous.

D'une manière générale on peut dire qu'il est préférable de faire usage des formules de M. Bazin ou mieux encore de ses tables que nous donnons ici page 253, n° 189 ter.

Elles tiennent compte du rayon moyen R. La formule de M. Bazin est la suivante

$$U = V - 14 \sqrt{RI}.$$

Enfin le débit Q s'obtiendra en multipliant la vitesse moyenne U par la section transversale $\omega$ du courant.

Si le lit est régulier on se contentera de relever un profil en travers ; si au contraire il est irrégulier, on prendra plusieurs sections et on fera une moyenne. Dans ce dernier cas, si l'on emploie les formules et les tables de M. Bazin, il est préférable de tenir compte du rayon moyen trouvé pour chaque profil en travers, — de l'introduire dans la vitesse moyenne correspondante et de calculer un débit correspondant ainsi à chaque section. — Le débit sera le débit obtenu en faisant la moyenne des débits calculés.

**189** bis. *Table de de Prony pour le calcul de la vitesse moyenne des cours d'eau.*

$$\text{Formule}\quad \frac{U}{V} = \frac{V + 2{,}37}{V + 3{,}15}.$$

| VITESSES À LA SURFACE | VITESSES MOYENNES | DIFFÉRENCES | VITESSES À LA SURFACE | VITESSES MOYENNES | DIFFÉRENCES | VITESSES À LA SURFACE | VITESSES MOYENNES | DIFFÉRENCES |
|---|---|---|---|---|---|---|---|---|
| mètres. | mètres. | | mètres. | mètres. | | mètres. | mètres. | |
| 0.00 | 0.00000 | 754 | 0.62 | 0.49163 | 827 | 1.24 | 1.01949 | 873 |
| 0.01 | 0.00754 | 754 | 0.63 | 0.49990 | 829 | 1.25 | 1.02822 | 873 |
| 0.02 | 0.01508 | 756 | 0.64 | 0.50819 | 829 | 1.26 | 1.03369 | 874 |
| 0.03 | 0.02264 | 758 | 0.65 | 0.51648 | 830 | 1.27 | 1.04569 | 874 |
| 0.04 | 0.03022 | 759 | 0.66 | 0.52478 | 831 | 1.28 | 1.05443 | 875 |
| 0.05 | 0.03781 | 761 | 0.67 | 0.53309 | 832 | 1.29 | 1.06318 | 875 |
| 0.06 | 0.04542 | 762 | 0.68 | 0.54141 | 833 | 1.30 | 1.07193 | 876 |
| 0.07 | 0.05304 | 764 | 0.69 | 0.54974 | 833 | 1.31 | 1.08069 | 877 |
| 0.08 | 0.06068 | 763 | 0.70 | 0.55807 | 835 | 1.32 | 1.08946 | 877 |
| 0.09 | 0.06843 | 766 | 0.71 | 0.56642 | 835 | 1.33 | 1.09823 | 878 |
| 0.10 | 0.07599 | 768 | 0.72 | 0.57477 | 837 | 1.34 | 1.10701 | 878 |
| 0.11 | 0.08367 | 770 | 0.73 | 0.58314 | 837 | 1.35 | 1.11579 | 879 |
| 0.12 | 0.09137 | 770 | 0.74 | 0.59151 | 837 | 1.36 | 1.12458 | 879 |
| 0.13 | 0.09907 | 772 | 0.75 | 0.59988 | 839 | 1.37 | 1.13337 | 880 |
| 0.14 | 0.10679 | 774 | 0.76 | 0.60827 | 840 | 1.38 | 1.14217 | 880 |
| 0.15 | 0.11453 | 773 | 0.77 | 0.61667 | 840 | 1.39 | 1.15097 | 881 |
| 0.16 | 0.12228 | 776 | 0.78 | 0.62507 | 841 | 1.40 | 1.15978 | 881 |
| 0.17 | 0.13004 | 778 | 0.79 | 0.63348 | 842 | 1.41 | 1.16859 | 883 |
| 0.18 | 0.13782 | 778 | 0.80 | 0.64190 | 843 | 1.42 | 1.17742 | 882 |
| 0.19 | 0.14560 | 781 | 0.81 | 0.65033 | 844 | 1.43 | 1.18624 | 883 |
| 0.20 | 0.15341 | 781 | 0.82 | 0.65877 | 844 | 1.44 | 1.19507 | 884 |
| 0.21 | 0.16122 | 783 | 0.83 | 0.66721 | 845 | 1.45 | 1.20391 | 883 |
| 0.22 | 5.16905 | 784 | 0.84 | 0.67566 | 846 | 1.46 | 1.21274 | 885 |
| 0.23 | 0.17689 | 786 | 0.85 | 0.68412 | 846 | 1.47 | 1.22159 | 885 |
| 0.24 | 0.18475 | 786 | 0.86 | 0.69258 | 848 | 1.48 | 1.23044 | 886 |
| 0.25 | 0.19261 | 788 | 0.87 | 0.70106 | 848 | 1.49 | 1.23930 | 886 |
| 0.26 | 0.20049 | 789 | 0.88 | 0.70954 | 849 | 1.50 | 1.24816 | 886 |
| 0.27 | 0.20838 | 791 | 0.89 | 0.71803 | 850 | 1.51 | 1.25702 | 887 |
| 0.28 | 0.21629 | 791 | 0.90 | 0.72653 | 850 | 1.52 | 1.26589 | 888 |
| 0.29 | 0.22420 | 793 | 0.91 | 0.73503 | 851 | 1.53 | 1.27477 | 887 |
| 0.30 | 0.23213 | 794 | 0.92 | 0.74354 | 852 | 1.54 | 1.28364 | 889 |
| 0.31 | 0.24007 | 795 | 0.93 | 0.75206 | 852 | 1.55 | 1.29253 | 889 |
| 0.32 | 0.24802 | 797 | 0.94 | 0.76058 | 854 | 1.56 | 1.31042 | 889 |
| 0.33 | 0.25599 | 797 | 0.95 | 0.76912 | 854 | 1.57 | 1.31031 | 890 |
| 0.34 | 0.26396 | 799 | 0.96 | 0.77766 | 855 | 1.58 | 1.31921 | 890 |
| 0.35 | 0.27195 | 800 | 0.97 | 0.78621 | 855 | 1.59 | 1.32811 | 890 |
| 0.36 | 0.27995 | 801 | 0.98 | 0.79476 | 856 | 1.60 | 1.33701 | 892 |
| 0.37 | 0.28796 | 802 | 0.99 | 0.80332 | 857 | 1.61 | 1.13593 | 892 |
| 0.38 | 0.29598 | 803 | 1.00 | 0.81189 | 858 | 1.62 | 1.35485 | 892 |
| 0.39 | 0.30401 | 805 | 1.01 | 0.82047 | 858 | 1.63 | 1.36377 | 892 |
| 0.40 | 0.31206 | 805 | 1.02 | 0.82905 | 859 | 1.64 | 1.37169 | 893 |
| 0.41 | 0.32011 | 706 | 1.03 | 0.83764 | 859 | 1.65 | 1.38162 | 894 |
| 0.42 | 0.32817 | 808 | 1.04 | 0.84623 | 861 | 1.66 | 1.39056 | 894 |
| 0.43 | 0.33625 | 809 | 1.05 | 0.85484 | 861 | 1.67 | 1.39950 | 894 |
| 0.44 | 0.34434 | 809 | 1.06 | 0.86345 | 861 | 1.68 | 1.40844 | 895 |
| 0.45 | 0.35243 | 811 | 1.07 | 0.87206 | 862 | 1.69 | 1.41739 | 895 |
| 0.46 | 0.36054 | 812 | 1.08 | 0.88068 | 863 | 1.70 | 1.42634 | 885 |
| 0.47 | 0.36866 | 813 | 1.09 | 0.88931 | 864 | 1.71 | 1.43529 | 896 |
| 0.48 | 0.37679 | 814 | 1.10 | 0.89795 | 864 | 1.72 | 1.44425 | 897 |
| 0.49 | 0.38493 | 815 | 1.11 | 0.90659 | 864 | 1.73 | 1.45322 | 897 |
| 0.50 | 0.39308 | 815 | 1.12 | 0.91523 | 866 | 1.74 | 1.46219 | 897 |
| 0.51 | 0.40123 | 817 | 1.13 | 0.92389 | 866 | 1.75 | 1.47116 | 898 |
| 0.52 | 0.40940 | 818 | 1.14 | 0.93255 | 867 | 1.76 | 1.48014 | 898 |
| 0.53 | 0.41758 | 819 | 1.15 | 0.94122 | 867 | 1.77 | 1.48912 | 899 |
| 0.54 | 0.42577 | 820 | 1.16 | 0.94989 | 868 | 1.78 | 1.49811 | 899 |
| 0.55 | 0.43397 | 821 | 1.17 | 0.95857 | 869 | 1.79 | 1.50710 | 899 |
| 0.56 | 0.44218 | 822 | 1.18 | 0.96726 | 869 | 1.80 | 1.51609 | 900 |
| 0.57 | 0.45040 | 823 | 1.19 | 0.97595 | 869 | 1.81 | 1.52509 | 900 |
| 0.58 | 0.45863 | 823 | 1.20 | 0.98464 | 870 | 1.82 | 1.53409 | 901 |
| 0.59 | 0.46686 | 825 | 1.21 | 0.99334 | 871 | 1.83 | 1.54310 | 901 |
| 0.60 | 0.47511 | 825 | 1.22 | 1.00205 | 872 | 1.84 | 1.55211 | 901 |
| 0.61 | 0.48336 | 827 | 1.23 | 1.01077 | 872 | 1.85 | 1.56112 | 902 |
| 0.62 | 0.49163 | | 1.24 | 1.01949 | | 1.86 | 1.57014 | |

| VITESSES | | DIFFÉRENCES | VITESSES | | DIFFÉRENCES | VITESSES | | DIFFÉRENCES |
| A LA SURFACE | MOYENNES | | A LA SURFACE | MOYENNES | | A LA SURFACE | MOYENNES | |
| --- | --- | --- | --- | --- | --- | --- | --- | --- |
| mètres. | mètres. | | mètres. | mètres. | | mètres. | mètres | |
| 1.86 | 1.57014 | | 2.24 | 1.91551 | | 2.62 | 2.26545 | |
| 1.87 | 1.57916 | 902 | 2.25 | 1.92467 | 916 | 2.63 | 2.27471 | 926 |
| 1.88 | 1.58819 | 903 | 2.26 | 1.93383 | 916 | 2.64 | 2.28398 | 927 |
| 1.89 | 1.59722 | 903 | 2.27 | 1.94299 | 916 | 2.65 | 2.29324 | 926 |
| 1.90 | 1.60625 | 903 | 2.28 | 1.95215 | 916 | 2.66 | 2.30251 | 927 |
| 1.91 | 1.61529 | 904 | 2.29 | 1.96132 | 917 | 2.67 | 2.31179 | 928 |
| 1.92 | 1.62433 | 904 | 2.30 | 1.97049 | 917 | 2.68 | 2.32106 | 927 |
| 1.93 | 1.63337 | 904 | 2.31 | 1.97966 | 917 | 2.69 | 2.33034 | 928 |
| 1.94 | 1.64242 | 905 | 2.32 | 1.98884 | 918 | 2.70 | 2.33962 | 928 |
| 1.95 | 1.75147 | 905 | 2.33 | 1.99802 | 918 | 2.71 | 2.34890 | 928 |
| 1.96 | 1.66053 | 906 | 2.34 | 2.00720 | 918 | 2.72 | 2.35818 | 928 |
| 1.97 | 1.66959 | 906 | 2.35 | 2.01639 | 919 | 2.73 | 2.36747 | 929 |
| 1.98 | 1.62865 | 906 | 2.36 | 2.02557 | 918 | 2.74 | 2.37676 | 929 |
| 1.99 | 1.68772 | 907 | 2.37 | 2.03476 | 919 | 2.75 | 2.38605 | 929 |
| 2.00 | 1.69679 | 907 | 2.38 | 2.03396 | 920 | 2.76 | 2.39533 | 930 |
| 2.01 | 1.69679 | 908 | 2.39 | 2.05315 | 919 | 2.77 | 2.40464 | 929 |
| 2.02 | 1.70686 | 908 | 2.40 | 2.06235 | 920 | 2.78 | 2.41394 | 930 |
| 2.03 | 1.71494 | 908 | 2.41 | 2.07156 | 921 | 2.79 | 2.42324 | 930 |
| 2.04 | 1.73310 | 909 | 2.42 | 2.08076 | 920 | 2.80 | 2.43255 | 931 |
| 2.05 | 1.74219 | 910 | 2.43 | 2.08997 | 921 | 2.81 | 2.44185 | 930 |
| 2.06 | 1.75129 | 909 | 2.44 | 2.09918 | 921 | 2.82 | 2.45116 | 931 |
| 2.07 | 1.76038 | 910 | 2.45 | 2.10840 | 922 | 2.83 | 2.46047 | 931 |
| 2.08 | 1.76948 | 910 | 2.46 | 2.11761 | 921 | 2.84 | 2.46979 | 932 |
| 2.09 | 1.77858 | 911 | 2.47 | 2.12683 | 922 | 2.85 | 2.47910 | 931 |
| 2.10 | 1.78769 | 611 | 2.48 | 2.13606 | 923 | 2.86 | 2.48842 | 432 |
| 2.11 | 1.79680 | 911 | 2.49 | 2.14528 | 922 | 2.87 | 2.49774 | 932 |
| 2.12 | 1.80591 | 912 | 2.50 | 2.15451 | 923 | 2.88 | 2.50706 | 932 |
| 2.13 | 1.81503 | 912 | 2.51 | 2.16374 | 923 | 2.89 | 2.51639 | 933 |
| 2.14 | 1.82415 | 912 | 2.52 | 2.17297 | 923 | 2.90 | 2.52571 | 932 |
| 2.15 | 1.83327 | 912 | 2.53 | 2.18221 | 924 | 2.91 | 2.53504 | 933 |
| 2.16 | 1.84239 | 913 | 2.54 | 2.19145 | 924 | 2.92 | 2.54437 | 933 |
| 2.17 | 1.85152 | 913 | 2.55 | 2.20069 | 924 | 2.93 | 2.55370 | 933 |
| 2.18 | 1.86065 | 914 | 2.56 | 2.20993 | 924 | 2.94 | 2.56304 | 934 |
| 2.19 | 1.86979 | 914 | 2.57 | 2.21918 | 925 | 2.95 | 2.57238 | 934 |
| 2.20 | 1.87893 | 914 | 2.58 | 2.22843 | 925 | 2.96 | 2.58172 | 934 |
| 2.21 | 1.88807 | 915 | 2.59 | 2.23768 | 925 | 2.97 | 2.59106 | 934 |
| 2.22 | 1.89722 | 914 | 2.60 | 2.24693 | 925 | 2.98 | 2.60040 | 934 |
| 2.23 | 1.90636 | 9 5 | 2.61 | 2.25615 | 926 | 2.99 | 2.60975 | 935 |
| 2.24 | 1.91551 | 910 | 2.62 | 2.26545 | 926 | 3.00 | 2.61910 | 935 |

*2° Cas où l'on a mesuré la vitesse moyenne sur une verticale.*

**190.** On pourra obtenir la vitesse moyenne sur une verticale, soit indirectement, en la déduisant d'une mesure de vitesse faite à la surface, soit directement, par l'usage des tiges lestées ou de l'intégrateur mécanique de M. Harlacher. Voici comment, dans ce cas, on calculera le débit du cours d'eau.

On disposera sur une même section le long d'un cordeau tendu d'une rive à l'autre des lignes verticales dont on déterminera la profondeur et où on cherchera la vitesse moyenne. On divise alors la section transversale par des verticales placées à droite et à gauche des premières et à égale distance de celles-ci ; ce qui donne une certaine quantité de trapèzes dont on a la surface et le débit. La somme de ces débits partiels est le débit total. Voir ci-dessous le tableau D et la figure 182.

*3° Cas où l'on a mesuré la vitesse en un point quelconque de la section transversale du courant.*

**191.** C'est le cas où l'on emploie les doubles flotteurs, les moulinets, les tubes jaugeurs ou l'hydrodynamomètre, instruments qui tous permettent de mesurer la vitesse d'un filet liquide de position à peu près quelconque.

On peut, dans ce cas, pour trouver le débit, faire usage de plusieurs méthodes.

Nous ne dirons que quelques mots de plusieurs d'entre elles, dont la description détaillée nous conduirait ici à un trop grand développement.

Nous citerons seulement les méthodes des courbes de vitesses, la méthode de la parabole, la méthode de la mesure d'une seule vitesse, la méthode des surfaces égales, pour lesquelles nous renvoyons au *Traité des Ponts*, de M. J. Chaix, page 151 et suivantes.

La méthode des courbes de débit de M. Harlacher, la méthode des lignes isotakes de M. Ritter, que l'on trouvera longuement décrites, soit dans le même ouvrage, soit dans les *Annales des Ponts et Chaussées*, année 1885 et suivantes.

D'une manière générale, on peut dire que toutes ces méthodes sont analogues en principe à la précédente.

On partage une section transversale du courant en un certain nombre de verticales également espacées, seulement au lieu de déduire la vitesse moyenne, d'une vitesse observée à la surface, on la déduit de la mesure d'un certain nombre de vitesses en des points situés sur la verticale considérée.

On se contente le plus souvent de mesurer sur chaque verticale, trois vitesses seulement : à la surface, au milieu et au fond, et on prend la moyenne que l'on considère comme vitesse moyenne sur la verticale considérée; c'est cette vitesse moyenne que l'on applique à la surface du trapèze correspondant. On a ainsi autant de débits partiels qu'il y a de verticales dont la somme est égale au débit total.

Voir ci-dessous les tableaux B et C et la figure 181.

**189** *ter.* *Table de M. Bazin donnant les valeurs du rapport* $\frac{U}{v}$ *des vitesses moyennes et maxima correspondantes aux valeurs de* $\frac{RI}{U^2}$ *comprises entre* 0,00015 *et* 0,003, *pour des valeurs comprises entre* $0^m,01$ *et* 6 *mètres.*

| VALEURS DE | | | | | |
|---|---|---|---|---|---|
| $\frac{RI}{U^2}$ | $\frac{U}{V}$ | $\frac{RI}{U^2}$ | $\frac{U}{V}$ | $\frac{RI}{U^2}$ | $\frac{U}{V}$ |
| 0,000 150 | 0,854 | 0,000 310 | 0,802 | 0,000 470 | 0,767 |
| 0,000 155 | 0,852 | 0,000 315 | 0,801 | 0,000 475 | 0,766 |
| 0,000 160 | 0,850 | 0,000 320 | 0,800 | 0,000 480 | 0,765 |
| 0,000 165 | 0 848 | 0,000 325 | 0,798 | 0,000 485 | 0,764 |
| 0,000 170 | 0,846 | 0,000 330 | 0,797 | 0,000 490 | 0,763 |
| 0,000 175 | 0,844 | 0,000 335 | 0,796 | 0,000 495 | 0,763 |
| 0,000 180 | 0,842 | 0,000 340 | 0,795 | 0,000 500 | 0,762 |
| 0,000 185 | 0,840 | 0,000 345 | 0,794 | 0,000 510 | 0,760 |
| 0,000 190 | 0,838 | 0,000 350 | 0,792 | 0,000 520 | 0,758 |
| 0,000 195 | 0,836 | 0,000 355 | 0,791 | 0,000 530 | 0,756 |
| 0,000 200 | 0,835 | 0,000 360 | 0,790 | 0,000 540 | 0,754 |
| 0,000 205 | 0,833 | 0,000 365 | 0,789 | 0,000 550 | 0,753 |
| 0,000 210 | 0,831 | 0,000 370 | 0,788 | 0,000 560 | 0,751 |
| 0,000 215 | 0,830 | 0,000 375 | 0,787 | 0,000 570 | 0,750 |
| 0,000 220 | 0,828 | 0,000 380 | 0,786 | 0,000 580 | 0,748 |
| 0,000 225 | 0,826 | 0,000 385 | 0,784 | 0,000 590 | 0,746 |
| 0,000 230 | 0,825 | 0,000 390 | 0,783 | 0,000 600 | 0,745 |
| 0,000 235 | 0,823 | 0,000 395 | 0,782 | 0,000 610 | 0,743 |
| 0,000 240 | 0,822 | 0,000 400 | 0,781 | 0,000 620 | 0,741 |
| 0,000 245 | 0,820 | 0,000 405 | 0,780 | 0,000 630 | 0,740 |
| 0,000 250 | 0,819 | 0,000 410 | 0,779 | 0,000 640 | 0,739 |
| 0,000 255 | 0,817 | 0,000 415 | 0,778 | 0,000 650 | 0,737 |
| 0,000 260 | 0,816 | 0,000 420 | 0,777 | 0,000 660 | 0,735 |
| 0,000 265 | 0,814 | 0,000 425 | 0,776 | 0,000 670 | 0,734 |
| 0,000 270 | 0,813 | 0,000 430 | 0,775 | 0,000 680 | 0,733 |
| 0,000 275 | 0,812 | 0,000 435 | 0,774 | 0,000 690 | 0,731 |
| 0,000 280 | 0,810 | 0,000 440 | 0,773 | 0,000 700 | 0,730 |
| 0,000 285 | 0,809 | 0,000 445 | 0,772 | 0,000 710 | 0,728 |
| 0,000 290 | 0,808 | 0,000 450 | 0,771 | 0,000 720 | 0,727 |
| 0,000 295 | 0,806 | 0,000 455 | 0,770 | 0,000 730 | 0,726 |
| 0,000 300 | 0,805 | 0,000 460 | 0,769 | 0,000 740 | 0,724 |
| 0,000 305 | 0,803 | 0,000 465 | 0,768 | 0,000 750 | 0,723 |

| VALEURS DE | | | | | |
|---|---|---|---|---|---|
| $\frac{RI}{U^2}$ | $\frac{U}{V}$ | $\frac{RI}{U^2}$ | $\frac{U}{V}$ | $\frac{RI}{U^2}$ | $\frac{U}{V}$ |
| 0,000 760 | 0,721 | 0,001 160 | 0,677 | 0,001 800 | 0,627 |
| 0,000 770 | 0,720 | 0,001 180 | 0,675 | 0,001 820 | 0,626 |
| 0,000 780 | 0,719 | 0,001 200 | 0,673 | 0,001 840 | 0,625 |
| 0,000 790 | 0,718 | 0,001 220 | 0,672 | 0,001 860 | 0,623 |
| 0,000 800 | 0,716 | 0,001 240 | 0,670 | 0,001 880 | 0,622 |
| 0,000 810 | 0,715 | 0,001 260 | 0,668 | 0,001 900 | 0,621 |
| 0,000 820 | 0,714 | 0,001 280 | 0,666 | 0,001 920 | 0,620 |
| 0,000 830 | 0,713 | 0,001 300 | 0,665 | 0,001 940 | 0,619 |
| 0,000 840 | 0,711 | 0,001 320 | 0,663 | 0,001 960 | 0,617 |
| 0,000 850 | 0,710 | 0,001 340 | 0,661 | 0,001 980 | 0,616 |
| 0,000 860 | 0,709 | 0,001 360 | 0,659 | 0,002 000 | 0,615 |
| 0,000 870 | 0,708 | 0,001 380 | 0,658 | 0,002 050 | 0,612 |
| 0,000 880 | 0,707 | 0,001 400 | 0,656 | 0,002 100 | 0,609 |
| 0,000 890 | 0,705 | 0,001 420 | 0,655 | 0,002 150 | 0,606 |
| 0,000 900 | 0,704 | 0,001 440 | 0,653 | 0,002 200 | 0,604 |
| 0,000 910 | 0,703 | 0,001 460 | 0,651 | 0,002 250 | 0,601 |
| 0,000 920 | 0,702 | 0,001 480 | 0,650 | 0,002 300 | 0,598 |
| 0,000 930 | 0,701 | 0,001 500 | 0,648 | 0,002 350 | 0,596 |
| 0,000 940 | 0,700 | 0,001 520 | 0,647 | 0,002 400 | 0,593 |
| 0,000 950 | 0,699 | 0,001 540 | 0,645 | 0,002 450 | 0,591 |
| 0,000 960 | 0,697 | 0,001 560 | 0,644 | 0,002 500 | 0,588 |
| 0,000 970 | 0,696 | 0,001 580 | 0,643 | 0,002 550 | 0,586 |
| 0,000 980 | 0,695 | 0,001 600 | 0,641 | 0,002 600 | 0,584 |
| 0,000 990 | 0,694 | 0,001 620 | 0,640 | 0,002 650 | 0,581 |
| 0,001 000 | 0,693 | 0,001 640 | 0,638 | 0,002 700 | 0,579 |
| 0,001 020 | 0,691 | 0,001 660 | 0,637 | 0,002 750 | 0,577 |
| 0,001 040 | 0,689 | 0,001 680 | 0,635 | 0,002 800 | 0,574 |
| 0,001 060 | 0,687 | 0,001 700 | 0,634 | 0,002 850 | 0,572 |
| 0,001 080 | 0,685 | 0,001 720 | 0,633 | 0,002 900 | 0,570 |
| 0,001 100 | 0,683 | 0,001 740 | 0,631 | 0,002 950 | 0,568 |
| 0,001 120 | 0,681 | 0,001 760 | 0,630 | 0,003 000 | 0,566 |
| 0,001 140 | 0,679 | 0,001 780 | 0,629 | | |

## APPLICATIONS DES INSTRUMENTS DE JAUGEAGE

**192.** Pour compléter les indications qui précèdent, nous donnons ici un exemple du jaugeage d'un cours d'eau en prenant une section de la Marne et en appliquant à cette section successivement l'emploi des flotteurs, celui du moulinet Woltmann et celui du tube de Pitot. Pour chacun de ces cas, nous avons donné un tableau type donnant la disposition des notes à inscrire au cours de l'expérience,

**Croquis-Type.**

# JAUGEAGE D'UN COURS D'EAU

NOTA : On doit toujours choisir, pour faire la section d'un cours d'eau, l'emplacement où il présente le plus de régularité dans sa largeur et dans sa pente, sur une longueur d'au moins 300 mètres en ayant soin de faire cette section au milieu de la longueur considérée.

## SECTION DE LA MARNE A 150 MÈTRES DE LA BORNE KILOMÉTRIQUE

### N° 15

(L'eau étant à 2 mètres au-dessus de l'étiage à l'échelle de Nogent)

N. B. — Cette même section S devant servir pour les *trois modes de jaugeage* A, B et C, *appliqués* ci-dessous.

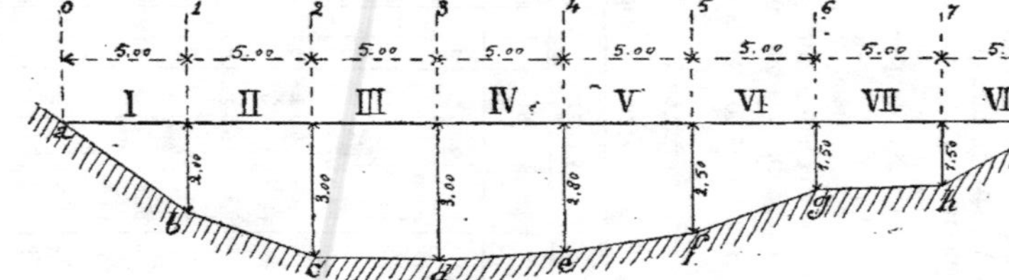


Fig. 181.

**Tableau Type A.**   DÉBIT S'APPLIQUANT A LA SECTION QUI PRÉCÈDE (*fig.* 181).

LA VITESSE MESURÉE AVEC FLOTTEURS DE SURFACE.

NOTA : Pour plus d'exactitude. il faut mesurer la vitesse de surface avec plusieurs flotteurs à 5 mètres des rives au moins. Ces flotteurs, autant que possible, correspondront aux divisions élémentaires de la section totale du cours d'eau. On admet que la vitesse moyenne réelle, est égale aux 4/5 de la vitesse de surface. soit à $0^m,80$ de la vitesse des flotteurs.

| EMPLACEMENT de la SECTION mesurée | LONGUEUR à laquelle s'applique l'expérience (E) | SECTIONS DU COURS D'EAU | | | | | TEMPS ÉCOULÉ exprimé en secondes | | NOMBRE de FLOTTEURS (N) | TEMPS moyen exprimé en secondes $t$  $t = \dfrac{T}{N}$ | VITESSE moyenne de surface  $V = \dfrac{E}{t}$ | VITESSE .moyenne réelle $v$  $(v = 0.80\,V)$ | DÉBIT Q  $(Q = S v)$ |
|---|---|---|---|---|---|---|---|---|---|---|---|---|---|
| | | PARTIELLES | | | | TOTALES (S) | à parcourir la longueur considérée | TOTAL pour tous les flotteurs (T) | | | | | |
| | | Divisions élémentaires | Profondeur | Largeur | Produit | | | | | | | | |
| **Rivière de la Marne** sur 500 mèt. en aval de la borne kil. n° 15 | $500^m$ | I | 1.00 | 5.00 | 5.00 | 81.50 | | 1.117 | 6 | $185^m$ | 2.68 | 2.14 | $174^m,41$ |
| | | II | 2.50 | 5.00 | 12.50 | | 180 | | | | | | |
| | | III | 3.00 | 5.00 | 15.00 | | 160 | | | | | | |
| | | IV | 2.90 | 5.00 | 14.50 | | 166 | | | | | | |
| | | V | 2.65 | 5.00 | 13.25 | | 166 | | | | | | |
| | | VI | 2.00 | 5.00 | 10.00 | | 175 | | | | | | |
| | | VII | 1.50 | 5.00 | 7.50 | | 270 | | | | | | |
| | | VIII | 0.75 | 5.00 | 3.75 | | | | | | | | |

NOTA : Pour avoir plus de certitude sur le débit obtenu. on pourrait opérer sur divers points convenables pou.vu qu'ils se trouvent compris entre deux affluents successifs, et adopter comme *résultat*, la *moyenne des débits obtenus* sur les différents points.

**Tableau-Type B.**  DÉBIT S'APPLIQUANT A LA SECTION QUI PRÉCÈDE (*fig.* 181)

LA VITESSE MESURÉE AVEC LE MOULINET DE VOLTMAMN



NOTA.  Le tarage de l'instrument doit avoir lieu fréquemment. Cette opération s'effectue en plongeant le moulinet dans une eau stagnante et parcourant une distance mesurée $e$ il accusera un certain nombre de tours N. Le quotient de $\frac{e}{N}$ donnera le coefficient $\alpha$.

| N°s des STATIONS | POSITION DU MOULINET à CHAQUE STATION | NOMBRE DE TOURS par POSITION | PAR STATION N | DURÉE DES EXPÉRIENCES EXPRIMÉE EN SECONDES par POSITION | par STATION (t) | NOMBRE MOYEN DE TOURS par SECONDE N $\left(n=\frac{N}{t}\right)$ | VITESSE MOYENNE V = α n (α=0.113) | SURFACES profondeur (h) | largeur (l) | produits (S = lh) | DÉBITS (Q = SV) | NOTES |
|---|---|---|---|---|---|---|---|---|---|---|---|---|
| I | Surface..... / 1/2 profond. / Fond ....... | 1.809 / 1.626 / 1.616 | 4.541 | 100″ / 100 / 100 | 300″ | 15.14 | 1.71 | 1.00 | 5.00 | 5.00ᵐ | 8.55ᵐ | L'opération a été faite en commençant sur la rive droite. |
| II | Id. | 2.257 / 2.040 / 1.613 | 5.910 | Id. | 300 | 10.70 | 2.23 | 2.50 | 5.00 | 12.50 | 27.88 | |
| III | Id. | 2.526 / 2.115 / 1.824 | 6.465 | Id. | 300 | 21.55 | 2.44 | 3.00 | 5.00 | 15.00 | 36.60 | |
| IV | Id. | 2.550 / 2.092 / 1.775 | 6.417 | Id. | 300 | 21.39 | 2.42 | 2.90 | 5.00 | 14.50 | 35.09 | |
| V | Id. | 2.550 / 2.092 / 1.775 | 6.417 | Id. | 300 | 21.39 | 2.42 | 2.65 | 5.00 | 13.25 | 32.07 | |
| VI | Id. | 2.475 / 2.004 / 1.690 | 6.167 | Id. | 300 | 20.56 | 2.32 | 2.00 | 5.00 | 10.00 | 23.20 | |
| VII | Id. | 1.663 / 1.483 / 1.197 | 4.343 | Id. | 300 | 14.45 | 1.64 | 1.50 | 5.00 | 7.50 | 12.30 | |
| VIII | Id. | 750 / 713 / 524 | 1.987 | Id. | 300 | 6.62 | 0.74 | 0.75 | 5.00 | 3.75 | 2.78 | |
| | | | | | | | | | | 81ᵐ,50 | 178ᵐ,50 | |

NOTA. — Cette opération pourrait-être répétée ainsi qu'il est indiqué au bas du tableau précédent.

**Tableau-Type C.** DÉBIT S'APPLIQUANT A LA SECTION QUI PRÉCÈDE (*fig.* 181).

LA VITESSE MESURÉE EN OPÉRANT AVEC LE TUBE DE PITOT

Nota : Le tarage de l'instrument se fait de la même manière que pour le moulinet de Woltmann ; d'après les expériences de M. Darcy, le coefficient K est égal à 0,84.

| NUMÉROS des STATIONS | POSITION du TUBE à chaque STATION | HAUTEUR DE L'EAU dans le tube | | MOYENNE DES DIFFÉRENCES de hauteur sans les DEUX TUBES ($h$) | VITESSE À APPLIQUER $V = K\sqrt{2gh}$ $K = 0.84$ $g = 9.808$ | SECTIONS | | | DÉBITS $Q = SV$ | NOTES |
|---|---|---|---|---|---|---|---|---|---|---|
| | | ORIFICE de vitesse | ORIFICE du niveau de l'eau | | | PROFONDEUR ($p$) | LARGEUR ($l$) | PRODUITS $S = lp$ | | |
| I | Surface.... | 0.28 | 0.00 | | | | | | | |
| | 1/2 profond. | 0.71 | 0.50 | | | | | | | |
| | Fond...... | 1.14 | 1.00 | | | | | | | |
| | | 2.13 | 1.50 | 0.21 | 1.71 | 1.00 | 5.00 | 5.00 | 8.55 | |
| | | 0.63 | | | | | | » | » | |
| | | 3 | | | | | | » | » | |
| | | | | | | | | » | » | |
| | | | | | | | | » | » | |
| II | | | | | | | | » | » | |
| » | | | | | | | | » | » | |
| » | | | | | | | | » | » | |
| » | | | | | | | | » | » | |
| » | | | | | | | | » | » | |
| VIII | | | | | | | | » | » | |
| | Totaux........ | | | | | | | 81.50 | 178.47 | |

Nota : Cette opération pourrait être répétée ainsi qu'il est indiqué au bas du tableau de la page 255.

**Croquis-Type.**

# JAUGEAGE D'UN COURS D'EAU

## SECTION DE LA MARNE A 200 MÈTRES EN AVAL DE LA BORNE KILOMÉTRIQUE

### N° 15

(L'eau étant à 2 mètres au-dessus de l'étiage à l'échelle de Nogent.)

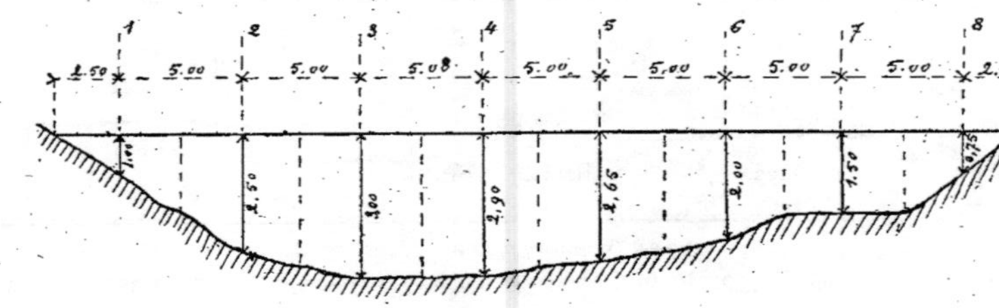


Fig. 182.

**Tableau-Type D.**   DÉBIT S'APPLIQUANT A LA SECTION QUI PRÉCÈDE (*fig.* 182).

LA VITESSE MESURÉE AVEC DES FLOTTEURS PLONGEANTS OU AVEC L'INTÉGRATEUR MÉCANIQUE DE M. HARLACHER

NOTA : Pour plus d'exactitude, les deux divisions extrêmes doivent être de 5 mètres seulement au maximum; les autres verticales peuvent être plus espacées. — Dans cet exemple, les verticales sont plus rapprochées.

| EMPLACEMENT de la SECTION mesurée | DÉSIGNATION des VERTICALES | SURFACES PARTIELLES | | | VITESSES MOYENNES relevées $v$ | DÉBITS PARTIELS $q = S \times v$ | DÉBIT TOTAL $Q$ | NOTES |
| --- | --- | --- | --- | --- | --- | --- | --- | --- |
| | | COTES des verticales $h$ | LARGEURS des trapèzes $l$ | SURFACES des trapèzes $S = l \times h$ | | | | |
| | 1 | m. 1.00 | m. 5.00 | 5.50 | 1.72 | 9.47 | | |
| Rivière de la Marne Section à 200 mèt. de la borne kilométrique N° 15 | 2 | 2.50 | 5.00 | 12.50 | 2.25 | 28.32 | | |
| | 3 | 3.00 | 5.00 | 15.00 | 2.45 | 36.70 | | |
| | 4 | 2.95 | 5.00 | 14.75 | 2.42 | 35.60 | | |
| | 5 | 2.65 | 5.00 | 13.25 | 2.43 | 33.65 | 182<sup>m</sup>,08 | L'opération a été faite en commençant sur la rive droite. |
| | 6 | 2.00 | 5.00 | 10.00 | 2.32 | 23.20 | | |
| | 7 | 1.50 | 5.00 | 7.50 | 1.65 | 12.39 | | |
| | 8 | 0.75 | 5.00 | 3.75 | 0.73 | 2.75 | | |
| | | | | | | 182<sup>m</sup>,08 | | |

### b. — Cas du mouvement varié.

**193.** Lorsque le mouvement est varié, les méthodes précédentes, ne peuvent plus être employées. On peut recourir alors à une méthode purement expérimentale, qui consiste à établir en travers du cours d'eau un *barrage* qui force l'eau à s'écouler en *déversoir*. En appliquant les formules relatives à ce genre d'écoulement, on peut obtenir assez exactement la dépense. Dans un canal, on peut faire servir au même usage l'écoulement par les vannes d'écluses.

Une autre méthode, plus exacte, mais moins rapide, consiste à faire usage de la formule du mouvement varié de l'eau dans les canaux et rivières. Si l'on se reporte à la théorie mécanique du mouvement varié de l'eau dans les canaux découverts (Voir page 119 et suivantes), on sera conduit à appliquer la formule 11 page 121 ou tout au moins celle ci-dessous qui n'en est qu'une transformation :

$$Z = 1,1 \left( \frac{U_1{}^2 - U_0{}^2}{2g} \right) + \int_0^s \frac{\chi}{\Omega}(aU + bU^2 ds) \quad (1)$$

dans laquelle

Z représente la pente totale de la surface entre deux sections transversales extrêmes ;

$U_1$ et $U_0$ sont les valeurs de la vitesse *moyenne* dans les deux sections extrêmes considérées ;

$s$ est la distance de ces deux sections extrêmes ;

U est la vitesse moyenne dans une section intermédiaire quelconque ;

$\Omega$ est l'aire de cette section intermédiaire ;

$\chi$ est son périmètre mouillé.

Si l'on remplace dans cette relation (1), U, U' et U″ par leurs valeurs respectives en fonction de la dépense Q et de la section, on a :

$$Z = 1,1 \frac{Q^2}{2g} \left( \frac{1}{\Omega''^2} - \frac{1}{\Omega'^2} \right) + aQ \int_0^s \frac{\chi}{\Omega^2} ds$$

$$+ bQ^2 \int_0^s \frac{\chi}{\Omega^2} ds \quad (2)$$

On peut déterminer facilement la pente $z$ par une opération de nivellement. Les sections $\Omega''$ et $\Omega'$ seront relevées comme nous l'avons indiqué précédemment page 222 (*fig.* 140 et 145). Le calcul de la première intégrale définie, s'obtiendra en prenant un certain nombre de sections transversales dans lesquelles on mesurera la surface $\Omega$ et le périmètre mouillé correspondant ; ce qui permettr a de connaître chaque fois la quantité $\frac{\chi}{\Omega^2}$. On regardera les valeurs de cette quantité comme les ordonnées d'une courbe dont les valeurs correspondantes de $s$ seront les abscisses ; on tracera cette courbe à une échelle convenue, et l'on évaluera son aire par un des procédés quelconques de quadrature : l'aire ainsi obtenue sera la valeur de l'intégrale définie que l'on considère. Les mêmes mesures serviront à calculer de la même manière la seconde intégrale définie. Dès lors, dans l'équation (2), qui est du second degré par rapport à Q, tout sera connu, excepté cette quantité ; en résolvant cette équation par rapport à Q, on pourra avoir la valeur de la dépense.

Il faut remarquer que Z étant essentiellement positif, ainsi que le coefficient de $Q^2$, l'équation aura nécessairement une racine positive et une racine négative ; c'est la première qu'il faudra évidemment prendre. Au surplus, nous renvoyons le lecteur au cours d'*Hydraulique* fait par M. Bélanger, à l'École centrale, où il trouvera les discussions de tous les cas qui peuvent se présenter.

**194. Jaugeage du volume d'une nappe d'eau.** — Pour mesurer le volume d'une *nappe d'eau* telle qu'on en voit dans les étangs, les bassins des jardins et des parcs, etc., etc., il faut considérer que d'un côté cette eau est maintenue au-dessus de son niveau d'aval, et que de l'autre elle s'écoule en formant une nappe. Les expériences faites par Dubuat permettront de connaître exactement la vitesse et la quantité de l'écoulement.

On mesurera d'abord la largeur L de l'orifice rectangulaire, ou considéré comme tel, par lequel l'eau s'écoule en déversoir ; puis la hauteur $h$ du niveau d'amont au-dessus de la base inférieure de cet orifice ; c'est-à-dire la charge d'eau au-dessus de cette base ; et l'on trouve que, s'il y a évasement pour faciliter la sortie du liquide, le volume de l'eau qui s'écoule pendant une seconde, est, en mètres cubes, exprimé par la quantité :

$$Q = 2{,}526 \times L \times \sqrt{h^3} \qquad (1)$$

dans laquelle $h$ et $L$ sont exprimées en mètres linéaires.

Mais, si l'orifice par lequel passe l'eau n'est pas évasé, ce qui arrive dans la plupart des déversoirs, il se fait une contraction dans les deux parties latérales de la nappe, et même à son fond où elle quitte le barrage. L'expérience prouve que la dépense donnée par la relation précédente (1) est réduite aux trois-quarts, c'est-à-dire, qu'il faut remplacer le facteur 2,5261 par 1,895, ce qui donne pour la dépense, en une seconde, le nombre de mètres cubes désignés par :

$$Q = 1{,}895 \times L \times \sqrt{h^3} \qquad (2)$$

Notons que d'après les expériences de Bidone, le coefficient serait 1,78, et la relation :

$$Q = 1{,}78 \times L \times \sqrt{h^3} \quad (Bidone)$$

Il ne faut pas entendre par $h$ l'épaisseur de la nappe d'eau à l'orifice, attendu que la surface du liquide s'affaisse peu à peu en approchant de la nappe, et qu'à l'orifice la hauteur au-dessus de la base est déjà réduite aux $^7/_{10}$ environ de ce qu'elle était à l'amont. La dépense totale se trouve, comme ci-devant, en multipliant la dépense en une seconde, par le temps de l'écoulement exprimé en seconde.

**195. Considérations générales sur les différentes méthodes employées pour le jaugeage des eaux courantes.** — Nous terminerons ce chapitre du jaugeage des eaux par quelques considérations générales sur cette question dont plusieurs ont été extraites d'une *Notice sur les jauges de la rivière de l'Ourcq et de ses affluents*, par P.-S. Girard. Paris, 1804.

Après avoir indiqué les méthodes employées pour mesurer les eaux courantes et particulièrement celle de Dubuat, qui consiste à multiplier la section du courant par une certaine vitesse moyenne entre toutes celles dont les filets liquides sont respectivement animés, Girard fait observer :

1° Que le but ordinaire de cette opéra-tion est moins d'assigner avec précision la quantité d'eau qui s'écoule dans un seul instant déterminé, que de connaître celle qui est fournie par la rivière ou le courant dont il s'agit pendant un certain laps de temps, soit d'une année, soit de quelques mois, et que la méthode la plus rigoureuse consisterait donc à effectuer la mesure du volume chaque jour de l'année ; le produit moyen de ces jauges journalières donnerait évidemment la dépense du courant en vingt-quatre heures ;

2° Que, lorsque le courant est barré par des digues qui en soutiennent les eaux, soit pour le service de moulins ou d'usines, soit pour l'entretien d'une navigation artificielle, il n'est pas possible de regarder comme le produit actuel du courant, l'eau qui s'écoule pendant la durée d'une seule observation, par une section et avec une vitesse déterminées.

On conçoit, en effet, que, suivant les besoins des moulins et usines construits sur une certaine longueur du courant, ou pour le service des écluses qui y sont établies, les eaux sont retenues ou lâchées au-dessus du point où se fait l'observation, de sorte qu'il s'écoule en ce point plus ou moins d'eau suivant les heures de la journée ; d'où il peut arriver que les jauges faites le même jour donnent des résultats qui diffèrent considérablement entre eux, quoiqu'il n'y ait eu véritablement ni augmentation ni diminution dans la dépense moyenne de ce jour, et que les opérations relatives à chacune des observations aient été faites avec le même degré d'exactitude. On ne peut donc parvenir à évaluer la dépense d'une rivière barrée par des écluses ou des chaussées de moulins, sans faire ouvrir préalablement ces barrages, qu'en mesurant à des intervalles de temps très rapprochés les uns des autres, les quantités inégales de liquide qui s'écoulent par une section quelconque de cette rivière prise entre deux barrages et en prolongeant suffisamment la série de ces observations successives.

Il est très rare que les personnes intéressées à obtenir des résultats parfaitement exacts de semblables opérations, puissent disposer du temps nécessaire pour s'y livrer exclusivement pendant un an ; ce qui les oblige de les entreprendre sur le même courant en différentes saisons, et à s'en tenir au résultat moyen de leurs observations. D'ailleurs, lorsqu'il s'agit de livrer ces eaux à l'industrie, c'est surtout le *minimum* de leur produit qu'il s'agit de connaître, et l'on sait que, dans nos climats, la moindre des hauteurs annuelles des eaux courantes est vers l'équinoxe d'automne. C'est donc à cette époque qu'il paraît convenable de faire les observations.

Les principaux fleuves ont été jaugés par les divers procédés indiqués précédemment ; les jaugeages à différentes hauteurs ont permis d'exprimer par une formule le débit d'un cours d'eau dans ses divers états de crue ou d'eaux basses. La formule générale du débit en un point donné paraît devoir être de la forme

$$Q = mh\sqrt{h} + C$$

Dans laquelle :

$m$ est un coefficient constant ;

$c$, le débit en eaux basses ;

$h$, la hauteur au-dessus de l'étiage.

Pour la Garonne à Langon, on a adopté la formule trinôme :

$$Q = 86^{mc},518 + 120,184\ h + 41,698\ h^2$$

dans laquelle $h$ est en mètres la hauteur à l'échelle du pont. Cette formule a été vérifiée jusqu'à $7^m,50$. (Voir les *Annales des Ponts et Chaussées*, janvier 1868, page 37.)

Pour tenir compte de la seconde considération de Girard, il faut mesurer d'heure en heure, pendant plusieurs jours consécutifs, la quantité qui s'écoule par une section choisie ; section dont la superficie et la vitesse peuvent varier à chaque observation, suivant la profondeur du courant.

Il sera toujours facile d'avoir égard aux variations de superficie en établissant un repère fixe, auquel on rapporte la surface de l'eau à chaque observation.

Pour mesurer les différentes vitesses superficielles du courant, correspondantes aux variations de la section, on dissémine *au même instant* sur la surface de l'eau, à l'extrémité supérieure de la portion du bief qui sert de champ d'expérience, un certain nombre de boules de cire ou de bois, ou mieux encore de flotteurs en liège lestés par une plaque de plomb, qui, abandonnés au courant prennent vite la vitesse de l'eau à la surface, et on note comme nous l'avons indiqué précédemment pages 205 et 208, au moyen d'un chronomètre, ou de chronomètres réglés les uns sur les autres, le temps employé par chacun d'eux pour parcourir la longueur du bief ; puis l'on prend pour la vitesse à la surface, la moyenne entre leurs vitesses respectives.

Les vitesses superficielles étant ainsi déterminées, il ne s'agit plus que de leur faire subir la correction indiquée par les formules de Dubuat ou de M. de Prony, pour avoir la vitesse moyenne qui doit entrer comme facteur dans le produit du courant. Genieys, dans son *essai sur les moyens de conduire d'élever et de distribuer les eaux*, indique qu'on pourra éviter cette correction en substituant aux boules de bois ou de cire, des portions de cylindres creux d'une hauteur à peu près égale à la profondeur de la section, et dans l'intérieur desquelles on place une petite quantité de grains de plomb qui sert de lest, et détermine, par sa position, la coïncidence du centre de gravité du cylindre et du centre d'impulsion du liquide. Voir n° 158, les flotteurs lestés.

**196.** Pour le **jaugeage des sources** nous avons déjà fait connaître (p. 199) l'emploi du *déversoir* en mince paroi ; ce procédé n'est applicable qu'au jaugeage des sources qui sourdent à flanc de coteau. Lorsqu'il s'agit d'une source qui vient à sourdre au fond du lit d'un cours d'eau, ce qui se rencontre très fréquemment dans les terrains perméables, on la jaugera par différence ; c'est-à-dire, on mesurera au moyen du tube de *Pitot* ou *du moulinet de Woltmann* le débit du cours d'eau dans une section en amont de la source, et le débit dans une section en aval. L'augmentation constatée sera le débit cherché. Quelquefois, on pourra trouver une diminution au lieu d'une augmentation ; d'où on concluera que dans l'intervalle des deux profils, la rivière, au lieu de recevoir de nouvelles eaux, subit une perte. Toutes les rivières de la Craie-Blanche présentent ces caractères. Elles ne sont en réalité que des affleurements à ciel ouvert de l'immense nappe liquide souterraine qui coule au travers de ces terrains perméables par excellence. Les vallées profondes la laissent à découvert; celles moins profondes ou celles des plateaux restent sèches à leur surface; mais il suffit d'y forer un puits, ou d'y creuser un trou quelconque pour retrouver la nappe liquide à une distance du sol plus ou moins considérable; la limpidité des eaux de ces puits est une preuve indiscutable qu'ils recoupent en profondeur une eau courante. Dans ces conditions, les rivières grossissent ou diminuent de volume *apparent* de leur source à leur embouchure, sans qu'on aperçoive aucun affluent qui justifie cette augmentation de volume, ou une prise d'eau qui soit une cause superficielle de la diminution. Les petites rivières de la Champagne, qui sont des rivières de la Craie-Blanche, telle que la Somme, la Soude, la Vesle, la Coole, l'Aube, l'Ornain, se distinguent par la limpidité de leurs eaux et par une grande uniformité de régime.

Nota. — *Dans le § III relatif au jaugeage des cours d'eau, nous avons inséré de nombreux extraits du* Cours des Ponts, *par* M. J. Chaix *qui a fort bien traité cette question dans cet ouvrage.*

# TROISIÈME PARTIE

# ÉLÉVATION DES EAUX

**197.** Lorsque l'on emprunte à des sources ou à des cours d'eau naturels les eaux qui doivent alimenter une distribution, il peut arriver ou que ces eaux se trouvent à une hauteur suffisante pour s'écouler naturellement vers les points d'où la distribution doit se faire, ou qu'elles se trouvent à un niveau trop bas.

Nous avons vu ce qu'il y avait à faire dans le premier cas ; il nous reste à nous occuper du second cas, c'est-à-dire des moyens à employer pour élever les eaux à la hauteur nécessaire pour les distribuer par les canaux, les rigoles, et les conduites sur tous les points qui doivent être desservis.

Ces moyens trouvent une application si fréquente dans les distributions d'eau que nous croyons utile d'entrer, à ce sujet, dans tous les développements nécessaires pour donner à celui, qui aurait des eaux à élever, la possibilité de choisir avec discernement le parti le plus avantageux pour une localité spéciale.

Il conviendra de distinguer dans cette étude deux grands chapitres principaux :

*Les machines élévatoires ;*

*Les moteurs.*

# CHAPITRE PREMIER

## DES MACHINES ÉLÉVATOIRES

**198.** Les machines destinées à élever les eaux peuvent se partager en trois classes distinctes :

La première classe contient les appareils simples qui fonctionnent à la manière d'un *seau* ou d'une *écope* ;

La seconde renferme les *pompes* et tous les appareils qui utilisent la pression atmosphérique ;

La troisième est formée des machines qui, tout en servant à élever l'eau, sont mises en mouvement par l'eau d'une chute, et qui, à ce titre, appartiennent à la série des *récepteurs hydrauliques.*

### § I. — MACHINES SIMPLES A FAIBLE ACTION

**199.** Les machines de la première classe sont toutes très simples. Tout le monde connaît les *écopes*, les *seaux à bascules*, les *roues à chapelets* verticaux ou inclinés, les *norias*, les *tympans*, la *vis d'Archimède*, etc. etc.

#### a. — LES ÉCOPES

**200.** L'*écope* n'est autre qu'une pelle à eau creuse, en bois ou en métal, destinée seulement aux épuisements à de petites profondeurs ; l'ouvrier remplit son écope d'eau, et la lance à un mètre de haut environ. On estime que dans un travail journalier de huit heures un manœuvre peut élever ainsi à un mètre, de 45 à 60 mètres cubes d'eau

L'*écope hollandaise* est une grande écope en forme d'auge oblongue, le plus souvent en bois, suspendue sur un support à trois pieds que l'ouvrier manœuvre en levier par une corde. Il se place sur la planchette *a*. Voir la figure 183. On obtient ainsi un travail journalier un peu plus du double du précédent.

En employant des écopes d'un hectolitre on peut, par la manœuvre d'un seul homme élever jusqu'à douze cents litres d'eau à

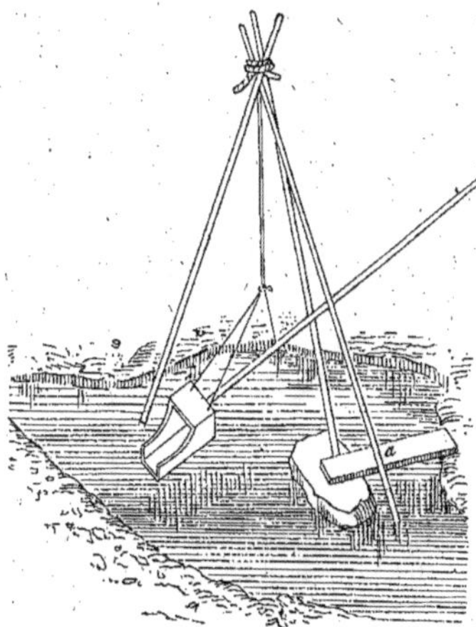



Fig. 183. — Écope hollandaise.

la hauteur moyenne de $0^m,35$ par minute. Les auges sont portées par des tourillons sur le bord du canal où l'on puise, et par une anse à la partie postérieure ; elles sont suspendues à des tiges s'articulant au bout d'un bras de levier. L'écope reçoit un mouvement alternatif au moyen d'une corde appliquée à un bras de levier ; mouvement qui est tel qu'elle se remplit dans le canal inférieur pour se vider dans le canal supérieur ; pour faciliter la vidange, le fond de l'écope est souvent muni

d'un ou de plusieurs clapets. Les auges sont également équilibrées de façon à ce que les deux parties d'avant et d'arrière se fassent contrepoids, pour que l'homme n'ait que le poids de l'eau à soulever.

Cet instrument primitif, simple de fonctionnement et de montage, est utilisé même pour des masses d'eau importantes. Il est alors actionné par la vapeur.

**b. — LES SEAUX**

**201.** Un mode simple d'élever les eaux consiste dans la manœuvre à bras d'homme de seaux, baquets, vases, soit au moyen de l'action directe, soit au moyen d'une corde, avec ou sans bras de levier, avec ou sans poulie, etc. etc.

On emploie encore ce système primitif mais seulement pour l'épuisement et l'arrosage dans les pays d'Orient — l'Inde, la Chine, etc. etc.

Le *nattal*, dans cet ordre d'idées, est une installation très primitive et peu coûteuse, encore très en usage en Égypte et dans l'Inde pour élever l'eau, sans grand effet utile, à des hauteurs qui ne dépassent pas un mètre.

Fig. 184. — Seau à bascule.

La berge du canal où l'on puise est entamée pour y pratiquer une petite plate-forme au niveau de l'eau, et la rigole à alimenter est amenée jusqu'en face, terminée par un bourrelet en terre que recouvre une natte qui le consolide. Deux hommes appuyés de chaque côté de la plate-forme, contre les parois entaillées dans la berge, à $1^m,50$ environ de distance l'un de l'autre, manœuvrent un panier à bord rigide, en feuilles de palmier tressées, de $0^m,40$ de diamètre et de $0^m,25$ de profondeur, dont le fond est quelquefois recouvert de cuir. Le panier étant muni de quatre cordes, les hommes en tiennent une dans chaque main, le lancent dans le canal puis le relèvent en rejetant ensemble le haut du corps en arrière, l'approchent de l'extrémité de la rigole, et chacun faisant ensemble le même mouvement de bras, vident son contenu dans la rigole.

On évalue de 4 à 5 mètres cubes par heure la quantité d'eau que deux hommes peuvent élever ainsi avec le *nattal* (1).

Les *seaux à bascule* sont des machines élévatoires également fort simples : un seau suspendu à une grande perche qui bascule sur un support et qui est manœuvré à l'autre extrémité au moyen d'une corde, ou comme l'indique la figure 184,

Fig. 185. — Chadouf égyptien.

un seau suspendu par une perche à un bras de levier équilibré par un contrepoids. Cet appareil est très usité dans le midi de la France — dans la rivière de Gênes et dans tout l'Orient.

Le *chadouf* de l'Égypte est basé également sur le principe du levier à contrepoids; employé depuis les temps reculés, cet appareil qui est reproduit sur les plus anciens monuments, se retrouve encore aux environs de Pise, où il sert à l'irrigation des champs. Il semble que les Arabes qui avaient un quartier particulier, assigné pour leur habitation dans cette ville, en aient alors introduit l'usage.

Le *chadouf* des Égyptiens modernes

consiste en deux piliers en bois ou en maçonnerie, éloignés l'un de l'autre de 1 mètre environ, et réunis au sommet par une traverse en bois à laquelle est attachée une forte perche. Cette perche porte à son extrémité antérieure une corde en palmier qui tient le vase pour puiser l'eau, et à l'extrémité opposée, la plus courte des deux, un contrepoids en pierre ou en argile. Le vase a le plus souvent la forme d'un chaudron ; l'anse est prise par la corde, et le fond est formé d'une pièce de cuir ou de feutre, cintrée par le cerceau même auquel l'anse est fixée : c'est un panier analogue à celui du nattal.

Pour faire descendre le vase dans l'eau, l'homme tire en bas la corde en détruisant la résistance du contrepoids, et quand

(1) Barois. *Irrigations en Égypte*, 1887, p. 93.

le vase est plein, le contrepoids aide à faire remonter le levier avec le vase dont le contenu est déversé dans la rigole supérieure. Comme on ne fait guère monter l'eau à plus de 2$^m$,50 à l'aide du *chadouf* et que les berges sont parfois beaucoup plus hautes au-dessus du niveau de la rivière, il faut que l'eau monte par degrés jusqu'au canal de distribution ; alors, on établit des chadoufs par gradins, en manœuvrant des leviers disposés perpendiculairement au canal d'amenée ou au cours d'eau. L'eau puisée par les chadoufs inférieurs est versée dans un premier bassin où la reprennent les chadoufs du deuxième étage pour la verser dans un bassin d'un troisième étage et ainsi de suite (*fig.* 185).

Le mouvement de l'appareil est lent ; un homme n'élève guère en moyenne que dix paniers par minute ou 100 litres ; soit 6 mètres cubes à l'heure, pendant un travail de deux heures consécutives. Un chadouf avec deux hommes suffit à l'arrosage d'un demi-hectare (1).

Au point de vue de l'effet utile, on peut dire d'après de nombreuses expériences que le travail produit par le fellah avec le chadouf est de 330 kilogrammètres par minute pour un travail de 216 kilogrammètres seulement pendant le même temps avec un seau à corde et une poulie.

Pour compléter la série des appareils à seaux il suffira de citer ici, pour mémoire, *le seau à poulie*, le *treuil* avec poulie simple ou avec poulie double : voir les figures 36 et 37, page 59.

On peut obtenir un résultat suffisant pour l'alimentation des besoins domestiques, habitation privée, ferme, avec l'emploi du *manège à treuil*, (*fig.* 186), mené par des chevaux, mulets, ânes ou bœufs.

Cette machine rudimentaire, facile à installer et peu coûteuse de frais de premier établissement et d'entretien, se compose d'un système de deux seaux manœuvrant dans le puits dans lequel ils sont suspendus aux bouts de deux brins d'une corde qui passent chacun dans une poulie. Les deux poulies tournent autour du même axe placé au-dessus de la margelle.

(1) Barois, *Irrigations en Égypte*, 1887, p. 94.

La corde part d'un des deux seaux, passe sur une des deux poulies verticales et s'enroule autour d'un tambour à axe vertical dont elle fait trois ou quatre fois le tour, pour y prendre certaine adhérence ; puis passe dans la gorge de la seconde poulie pour redescendre dans le puits où elle s'accroche au second seau. Quand le tambour tourne dans un sens, un des seaux monte plein, tandis que l'autre descend vide ; un échappement placé à hauteur convenable, détermine la limite de l'ascension : le seau se vide alors à bras ou mécaniquement, pendant ce temps

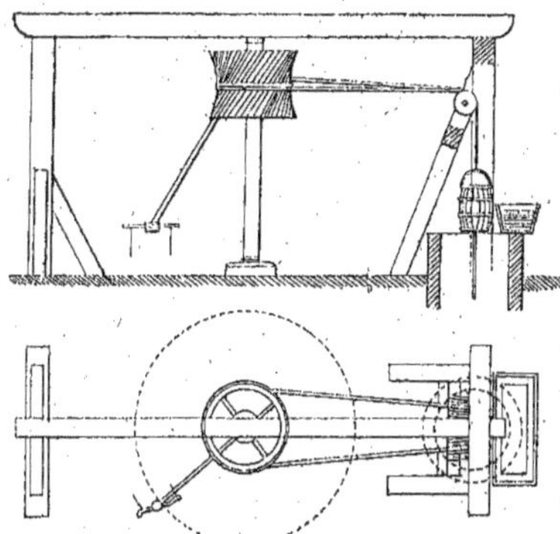

Fig. 186. — Manège à treuil, élévation et plan.

l'autre se remplit au fonds du puits, le tambour tourne alors en sens inverse.

Pour faciliter cette manœuvre, on incline la barre du manège, de manière que l'animal moteur puisse passer dessous et que le palonnier puisse tourner autour de son point d'attache. On a proposé beaucoup de dispositions diverses pour éviter ce changement dans le sens de la marche ; on en trouvera une indiquée dans l'ouvrage de M. Morin ayant pour titre : *Des Machines et appareils destinés à* l'élévation des eaux. Mais, tous ces mécanismes rendent l'installation du manège plus coûteuse, et hors de proportion avec les besoins correspondants à l'emploi du manège lui-même.

Le rendement du travail de ces appareils à seau est très variable. — Coulomb estime qu'avec le seau à poulie, un homme peut élever en une heure, un mètre cube d'eau à 10 mètres, et qu'avec un treuil l'effet utile peut être doublé. — D'Aubuisson établit qu'avec un treuil un homme peut en une journée de huit heures élever 760 mètres cubes d'eau à un mètre de hauteur.

### c. — LES CHAPELETS

**202.** Les chapelets sont encore des machines destinées à élever les eaux à des hauteurs relativement faibles pour des besoins privés ou d'ordre publique assez restreints.

On en distingue deux espèces : *le chapelet incliné* et le *chapelet vertical.*

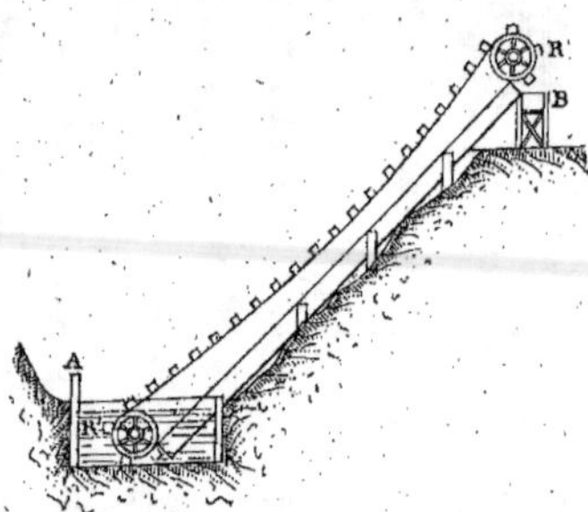

Fig. 187. — Pompe chinoise ou chapelet incliné.

*Le chapelet incliné* ou *pompe chinoise* (*fig.* 187) est une sorte de chaîne sans fin, en cuir ou formée de chaînons de fer articulés portant, chacun en son milieu une palette rectangulaire, perpendiculaire à sa direction. Cette chaîne est mise en mouvement par une sorte de roue R à axe horizontal dont les bras s'engagent entre les *grains* du chapelet ; la chaîne à son tour fait tourner une autre roue semblable R' placée un peu plus bas, et l'écartement des deux roues est calculé de manière à maintenir la chaîne suffisamment tendue. La branche inférieure du cha-

pelet plonge dans un canal rectangulaire A, incliné de 30 à 40 degrés à l'horizon.

L'extrémité supérieure est placée au-dessus d'une rigole B destinée à conduire les eaux au dehors. On conçoit que lorsque par le jeu de l'appareil, une des palettes émerge du canal A et monte sur le fond du canal incliné, l'eau placée au-dessus se trouve comprise entre cette palette et la suivante comme dans une sorte de vase mobile qui la transporte au haut du canal et la déverse dans la rigole C.

Cet appareil des plus économiques a été introduit par les Chinois : la courroie dans

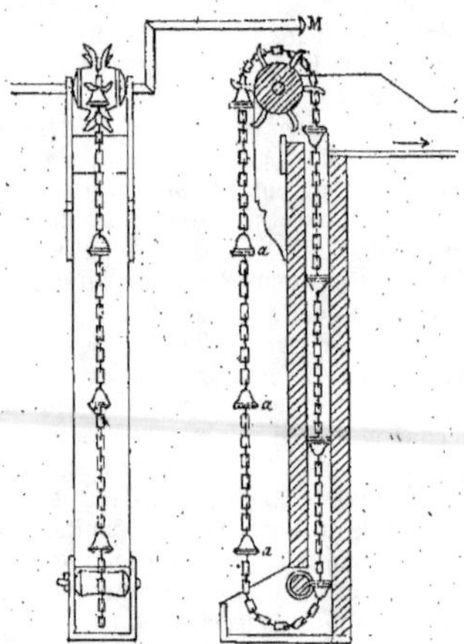

Fig. 188. — Chapelet à buse cylindrique.

cette *pompe chinoise* est en toile ou en caoutchouc. Le rendement est suffisant pour des pentes n'excédant pas 20 degrés et pour des hauteurs d'élévation d'eau de 1 mètre à 1$^m$,80. Il varie de 38 à 39 pour cent et devient nul lorsque l'élévation d'eau atteint 3 mètres, et la pente 30°. — La fuite d'eau qui se produit entre les palettes et les parois du canal varie aussi avec la vitesse : elle est d'autant moindre que la vitesse des palettes est plus grande ; mais d'un autre côté une trop grande vitesse occasionnerait une perte de puissance vive par le choc des palettes avec l'eau dans le moment de leur immersion, et par l'excès de vitesse inutilement acquise par l'eau à son arrivée au haut du chapelet ; l'expérience a montré que la vitesse la plus convenable à donner aux palettes est une vitesse de 1$^m$,50. On donne ordinairement aux palettes une hauteur égale à la distance de deux palettes consécutives et une largeur double de leur hauteur.

Dans le *chapelet vertical*, le canal incliné est remplacé par un tuyau vertical appelé *buse* à section circulaire ou carrée ; et chaque palette par deux disques en fonte comprenant entre eux un disque de cuir qui sert de garniture pour diminuer les fuites d'eau (*fig.* 188). Qu'elle soit carrée ou cylindrique, la buse plonge par son extrémité inférieure dans l'eau qu'on veut élever. La chaîne sans fin est maintenue convenablement tendue par une lanterne placée dans l'eau au-dessous de la buse. L'arbre de manœuvre est mis en mouvement soit par une manivelle M, soit par un manège de telle sorte que chaque planchette ou rondelle en émergeant de l'eau soulève une portion de liquide et la déverse en haut dans un conduit supérieur.

D'après l'expérience, le rendement du chapelet vertical peut s'élever à 0,64 et même 0,67. Il peut être utilisé pour des élévations d'eau allant jusqu'à 4 et 5 mètres.

### d. — LES NORIAS

**203.** La *noria* peut être considérée comme un *chapelet vertical* dans lequel les palettes sont remplacées par des pots ou des godets. Comme dans le chapelet, la chaîne est suspendue à une roue à laquelle on imprime un mouvement de rotation. La chaîne, saisie en différents points par la roue, avance en faisant monter et descendre en même temps les vases. Ceux qui émergent de l'eau, après s'y être emplis, s'élèvent peu à peu, puis se vident dans le conduit supérieur en s'inclinant.

On retrouve cette machine élévatoire dans toutes les contrées où s'est fait sentir la domination des Maures, en Espagne, en Égypte, sur tous les bords de la Méditerranée.

L'instrument encore en usage en Égypte et dans le Soudan où il est connu sous le nom de *Sakié, Sakié-Noria* ne doit pas beaucoup différer de celui qu'employaient les anciens. Nous en empruntons une description à l'ouvrage de M. Ronna sur les irrigations (1).

« La *Sakié*, dit M. Ronna, comprend une roue horizontale de 1$^m$,50 environ de diamètre, garnie d'alluchons de 0$^m$,20 de longueur ; l'arbre vertical repose au-dessous du sol sur une crapaudine grossière, formée de pièces de bois juxta-posées. Cet arbre est relié par des cordes à un levier horizontal de 3 mètres de longueur, qui, mû par un animal, entraîne dans sa rotation la roue horizontale. L'extrémité supérieure de l'axe passe dans un tourillon en bois ou en fer, fixé à une traverse horizontale de 6 à 7 mètres de longueur, dont les bouts portent sur deux piliers en terre ou en briques, établis en dehors de la piste. Souvent l'arbre vertical de la roue est formé d'une branche non équarrie, se bifurquant en haut, de manière que les deux bras de la fourche aident à consolider la liaison avec le levier horizontal du manège. Dans les petites sakiés, la traverse supérieure est supprimée et l'arbre est maintenu vertical par des pièces en bois assemblées au niveau du sol.

La roue horizontale engrène une roue dentée verticale en bois, de 1 mètre environ de diamètre, dont l'arbre passe au-dessous du niveau du sol, sous le manège, et porte à son autre extrémité la roue qui supporte la chaîne de la noria. Sur cette roue à noria, de 1$^m$,50 à 2 mètres de diamètre, est enroulée l'échelle de corde avec ses pots de terre cuite, espacés de 0$^m$,50 environ, qui s'élèvent pleins d'eau jusqu'à la partie supérieure de la roue et se déversent dans l'auge placée latéralement.

Tout l'appareil grossièrement établi avec des bois d'acacia à peine équarris ou avec des troncs de palmiers, se rencontre sur les bords du Nil ou des grands canaux, à l'état provisoire ou à demeure. Des expériences permettent de dire que pour des pots de 1 litre, 600 et du poids de 1 kilogramme environ, le débit d'une sakié varie de 4,200 à 4,800 litres par heure, suivant

(1) M. Ronna. *Les Irrigations*, tome I, page 558.

la hauteur qui atteint jusqu'à 10 et 11 mètres.

Un bœuf pouvant donner normalement un travail de 2,660 kilogrammètres par heure, n'utiliserait avec une sakié élevant l'eau à 10 mètres qu'un travail de 700 kilogrammètres. Il s'en suit que la sakié, bien que fort simple est peu économique comme rendement ; son travail utile n'étant guère que les 20 centièmes du travail dépensé. On substitue avec avantage à ces vases de terre, nécessairement fragiles des caisses prismatiques ou augets en bois, de forme allongée. On garnit les extrémités

de 5 mètres, et coûte de 800 à 900 francs. Le produit en eau est évalué à environ 0,66 du travail dépensé. *Pareto* donne pour le calcul du nombre de chevaux à employer avec une noria bien établie qui élève un volume d'eau déterminé à une hauteur déterminée, en une heure de temps, la formule suivante :

$$N = Q\,\frac{H + r}{120}$$

dans laquelle :

N, est le nombre de chevaux cherché ;

Q, le volume d'eau en mètres cubes à élever ;

H, la hauteur de la surface du bassin au-dessus de celle du puisard ;

r, la distance verticale entre la surface du bassin et le point le plus haut auquel l'eau est montée.

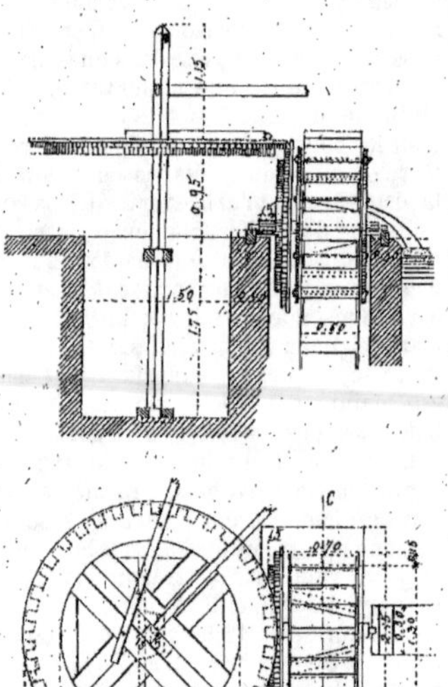

Fig. 189. — Sakié-noria, élévation et plan.

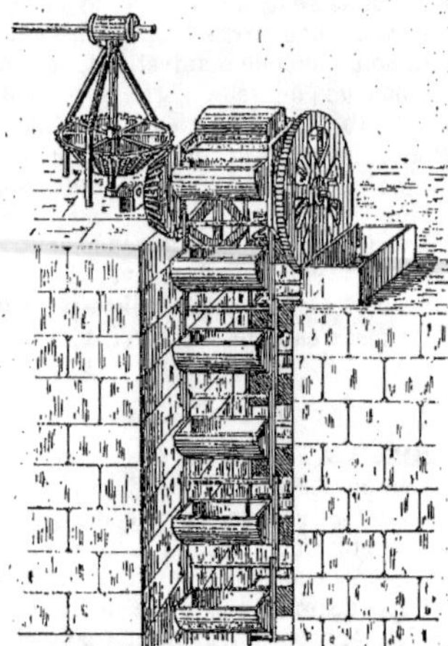

Fig. 190. — Noria Bonnaud.

des axes et les coussinets de ferrures qui atténuent les frottements. La figure 189 montre en élévation sur deux faces et en plan une sakié ainsi améliorée et pouvant être manœuvrée par un seul animal moteur. Une noria de ce type peut donner avec un cheval ordinaire, de 20 à 25 mètres cubes d'eau par heure, à la hauteur

Dans ces derniers temps on a perfectionné la *noria* et on est arrivé à utiliser jusqu'à 0,80 de la force dépensée.

Nous donnons comme exemples de norias modernes :

1° (*fig.* 190), une vue de la noria Bonnaud ;

2° (*fig.* 191), deux coupes de la noria Degousée et Laurent.

Une des difficultés qui se présente à tous les constructeurs de norias est celle de l'établissement des godets. On doit, en effet, chercher à ce que ceux-ci s'emplissent sans choc, ne perdent pas d'eau en montant et se vident intégralement dans le conduit de départ du liquide.

MM. Degousée et Laurent ont cherché à résoudre ce problème au moyen du dispositif à soupape (voir la figure 192). Nous donnons également (*fig.* 191) un dispositif de godets de norias sans clapets.

M. Gateau a donné aux godets des couvercles à charnières qui s'ouvrent lorsque

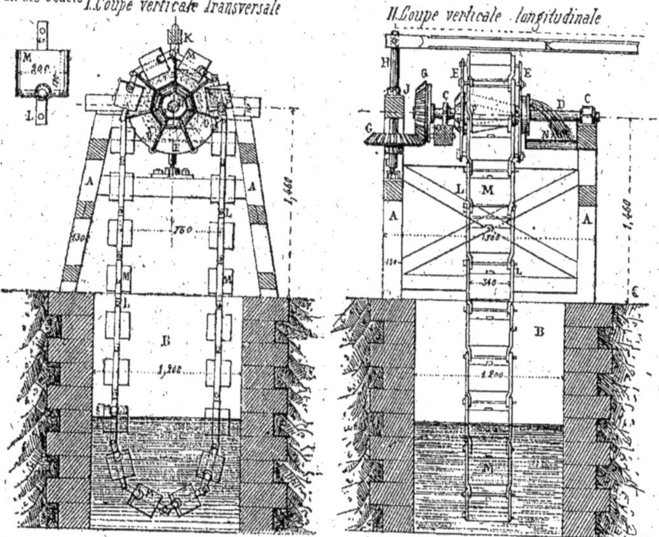


Fig. 191. — Noria Degousée et Laurent.

A. Bâti en bois.
B. Puits.
C. Paliers de l'arbre du tambour.
D. Arbre du tambour à sept pans.
E. Plateaux en fonte faisant corps avec ledit tambour.
F. Compartiment de ce tambour.
G. Engrenages de commande.
H. Arbre vertical de commande.

I. Crapaudine en fonte.
K. Barre d'attèle.
L. Chaînons en fer plat de $^{40}/_{15}$ millimètres.
M. Godets en tôle fortifiés par des cornières.
N. Conduit de départ.
O. Cliquet.
P. Soupape de godet.

le godet est parvenu au sommet de l'appareil. Ces couvercles évitent en partie le déversement de l'eau dû au balancement latéral, déversement auquel on a donné le nom de *baquetage* ; mais ils ne le font pas disparaître entièrement. Il convient de ne donner aux godets qu'une vitesse de 0$^m$,60 Pour tenir compte du baquetage,

des frottements et de diverses autres causes de perte, Navier a proposé de représenter le rendement des norias par la formule :

$$0,80 \frac{H}{H + 0^m,75}$$

dans laquelle : H, est la hauteur de la surface du bassin au-dessus de celle du puisard ;

0ᵐ,75 est une quantité introduite pour tenir compte de la nécessité où l'on est d'élever l'eau au-dessus du niveau du bassin.

### e. — LES VIS

**204.** Parmi les machines simples, il faut encore citer les vis.

La vis d'Archimède a été employée pour élever l'eau comme une machine d'un usage général au premier siècle avant Jésus-Christ. Vitruve la décrit longuement: elle se compose d'une ou plusieurs cloisons héliçoïdales en bois, ou en tôle, emboîtées dans une *enveloppe* cylindrique en bois et dans un noyau cylin-

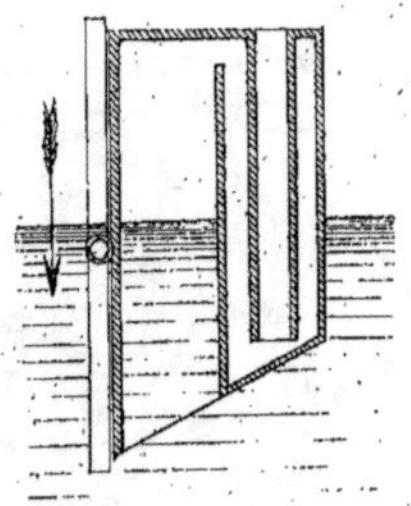 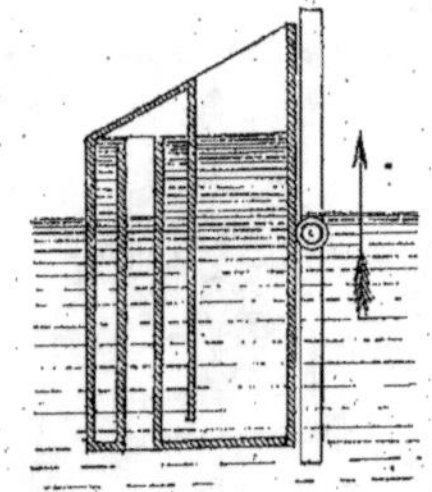

Fig. 192. — Godets de norias sans clapets.

drique en bois aussi ayant le même axe, mais un diamètre trois fois moindre. Les tours successifs de ces cloisons qui s'enroulent autour de l'axe forment dans l'intérieur du cylindre des canaux héliçoïdes

naison un peu moindre que l'angle de la tangente à l'hélice extérieure avec un plan perpendiculaire à l'axe ; en interrompant la surface héliçoïde qui représente une suite d'hélices faisant office d'un canal suivant lequel l'eau s'élève, l'air peut circuler librement le long du noyau, en sorte qu'il est à la même pression dans toute l'étendue de la vis, ce qui n'a pas lieu dans le cas d'un tuyau en hélice et peut même nuire à la régularité des effets de l'appareil.

On donne en général à la vis d'Archimède un diamètre de 0ᵐ,30 à 0ᵐ,60 et une longueur comprise entre 12 et 18 fois son diamètre, suivant la grandeur de ce diamètre. L'angle de l'hélice extérieure avec l'axe, que les anciens faisaient de 45 degrés, comme le montre la figure 193, est généralement aujourd'hui de 60 degrés. La vitesse habituelle de la rotation est de 40 tours par minute. Dans ces conditions, le produit moyen est de 75 mètres cubes d'eau élevés à 2 mètres.

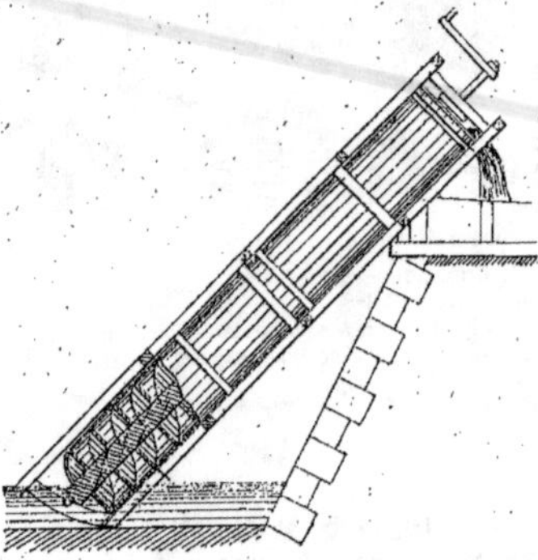

Fig. 193. — Vis d'Archimède.

qui circulent depuis le bas jusqu'en haut.

Une des extrémités du noyau plonge dans les eaux du bassin qu'il s'agit d'épuiser (*fig.* 193). On donne à l'axe une incli-

Bien que l'eau entre sans choc dans l'appareil et en sorte avec une médiocre vitesse, et que le frottement de l'eau contre les parois soit peu considérable, à cause de la lenteur du mouvement, le

rendement effectif est généralement faible.
MM. Gauthey et Lamandé n'ont pas pour
le rendement trouvé, dans leurs expériences, moins de 0 40, mais pas plus de
0,64, et ils ont attribué la faiblesse de ce
résultat au frottement sur les supports
d'une part, et d'autre part à ce que l'eau
est nécessairement élevée à une hauteur
plus grande que celle qui sépare les niveaux des deux bassins.

**205.** Vis hollandaise. — On emploie
cependant encore fréquemment en Hollande la vis d'Archimède ; mais cette machine dite *vis hollandaise* n'a point d'enveloppe et repose dans un canal demicylindrique, fixe, ne laissant entre le bord
des surfaces hélicoïdes et l'air que le jeu
strictement nécessaire. Les spires se meuvent dans ce coursier avec un mouvement
assez rapide pour que l'eau ne se répande
pas au dehors, dans son mouvement
ascensionnel.

L'appareil fonctionne d'ailleurs de la
même manière que la vis d'Archimède ; il
est mis en mouvement par un moulin à
vent à l'aide d'un *joint à la cardan* et
donne un assez bon produit. On conçoit
en effet que dans ce système le poids de
l'eau portant en grande partie sur le canal
cylindrique, le frottement sur les supports est moindre, et d'autre part, il est
facile de rapprocher l'orifice supérieur
du niveau du bassin supérieur et de diminuer ainsi une autre cause de perte.

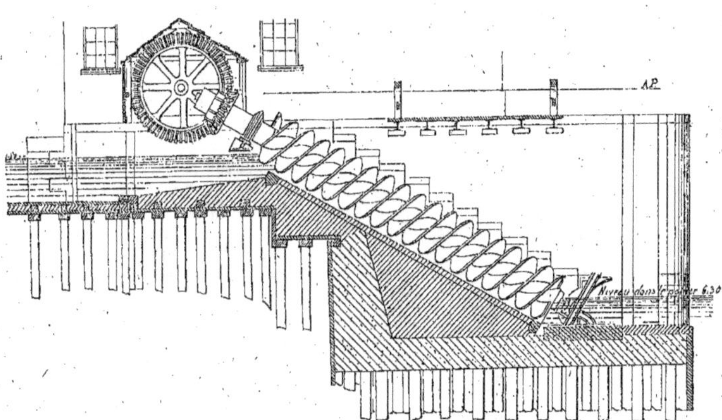

Fig. 194. — Vis hollandaise du polder Prince-Alexandre.

Quand il y a une grande différence de
niveau à surmonter, les arbres autour
desquels tournent les vis, devant avoir
une grande longueur, il en résulte une
certaine flexion et un frottement de la
circonférence hélicoïde sur la paroi enveloppante. En outre, le pivot inférieur
se détériore rapidement. Malgré ces inconvénients, les vis d'Archimède de diamètre considérable (2 mètres et au delà)
continuent à être utilisées en Hollande
pour l'épuisement. Dans le polder *Prince-Alexandre*, près de Rotterdam, elles élèvent l'eau de $4^m,50$. La figure 194 montre
la disposition d'une de ces vis construite
en fer forgé, au diamètre de $1^m,50$ en bas
et de $1^m,70$ en haut, avec son axe à 30 degrés d'inclinaison. Les vis coniques, ont
un pas triple, de $1^m,70$ chacune, et épuisent par une marche normale de la machine à vapeur, 75 mètres cubes par minute, pour 17 à 18 révolutions.

Le rendement des vis hollandaises n'est
pas le même, suivant les dimensions et le
mode de construction ; mais on peut admettre qu'il varie entre 60 et 65 $^0/_0$.

### f. — LES ROUES ÉLÉVATOIRES

**206.** Les roues considérées comme machines élévatoires ne sont encore que des instruments, pouvant, il est vrai, élever une grande masse d'eau, mais susceptibles d'une faible action élévatoire.

*La roue à tympan*, roue à axe horizontal, est une roue fort ancienne.

Le tympan de Vitruve (*fig.* 195) se compose d'un tambour en bois, à fonds pleins, partagé par des cloisons passant par son axe, en un certain nombre de secteurs tels que AOB, limités eux-mêmes du côté de l'axe par un second tambour intérieur *ab, a'b'*. Dans chacun des secteurs est pratiquée une ouverture, immédiatement

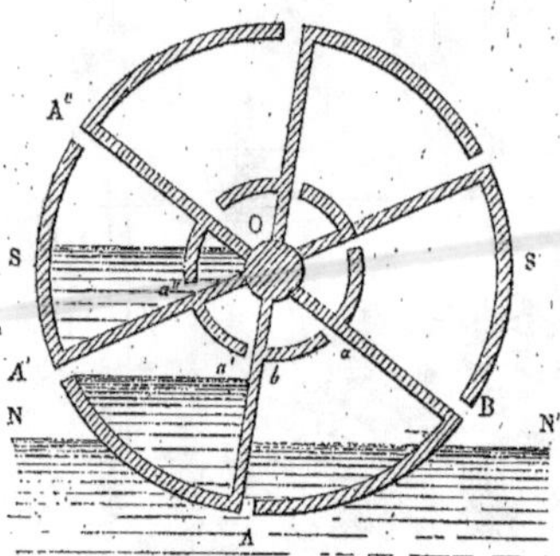

Fig. 195. — Roue à tympan.

après la cloison du secteur qui précède. L'ouverture présente une section de plusieurs centimètres, suivant la circonférence et de toute la largeur dans le sens perpendiculaire, entre les jouées. La surface du petit tambour intérieur porte de même des orifices longitudinaux *a, a', a"* par lesquels l'eau peut s'introduire dans ce petit tambour. Il dépasse d'un côté la largeur de la roue et est percé d'orifices autour de l'arbre que le moteur met en mouvement et par lesquels l'eau s'écoule dans le bassin supérieur SS'.

Quand un compartiment s'immerge, dans le bassin inférieur NN' l'eau entre et demeure emprisonnée jusqu'à ce que, par la rotation, le niveau de cette eau arrive à la hauteur de l'orifice central, alors elle s'échappe.

Pour diminuer la perte de travail due à l'introduction de l'eau, on ne donne à la roue qu'une vitesse de 0<sup>m</sup>,80 à 1 mètre à la circonférence. D'après M. Morin le rendement peut être représenté par la formule :

$$0,80 \; \frac{H}{H + 0^m,50}.$$

*Le tympan moderne* est attribué à Lafaye. Si, dans le tympan précédent, les cloisons sont courbées suivant le développement du cercle du noyau central, en supprimant l'enveloppe convexe, on réalise le *tympan de Lafaye*. L'eau s'y introduit par la circonférence et s'en écoule par l'axe, comme dans le tympan ordinaire ; mais en pénétrant dans les compartiments que forment les cloisons, tous les centres de gravité des masses d'eau contenues sont sur la même verticale, tangente au cercle extérieur de l'orifice central. Il en résulte que le travail est presque constamment le même, et qu'en outre, la vitesse, très grande à la circonférence, est presque nulle au centre ce qui est avantageux pour l'échappement de l'eau. L'inconvénient est que pour une différence de niveau de 4 mètres seulement, il faut des tambours de 9 à 10 mètres de diamètre.

On a employé autrefois une roue à tympan au barage du Pont-Neuf. La roue à développantes avait 6 mètres de diamètre ; on lui imprimait une vitesse de deux tours et demi par minute, soit 0<sup>m</sup>,90 par seconde, et le rendement était d'à peu près 80 pour cent ; mais la quantité élevée par minute ne dépassait pas 25 mètres cubes.

Nous donnons (*fig.* 196) un exemple de *roue à tympan* dont la roue à développantes a 8<sup>m</sup>,40 de diamètre ; on lui imprime, au moyen d'un pignon faisant dix-huit tours par minute, actionnant une roue à engrenage, une vitesse de 3<sup>t</sup>,08 par minute, ce qui donne à la circonférence extérieure une vitesse de 1<sup>m</sup>,30.

Section de l'eau prise par une spire :

$$abc = \frac{\pi \times 3,40^2}{12} - \frac{1}{2}(3.40 - 0,315)\; 2^m,28$$
$$= 0^{mc},599$$

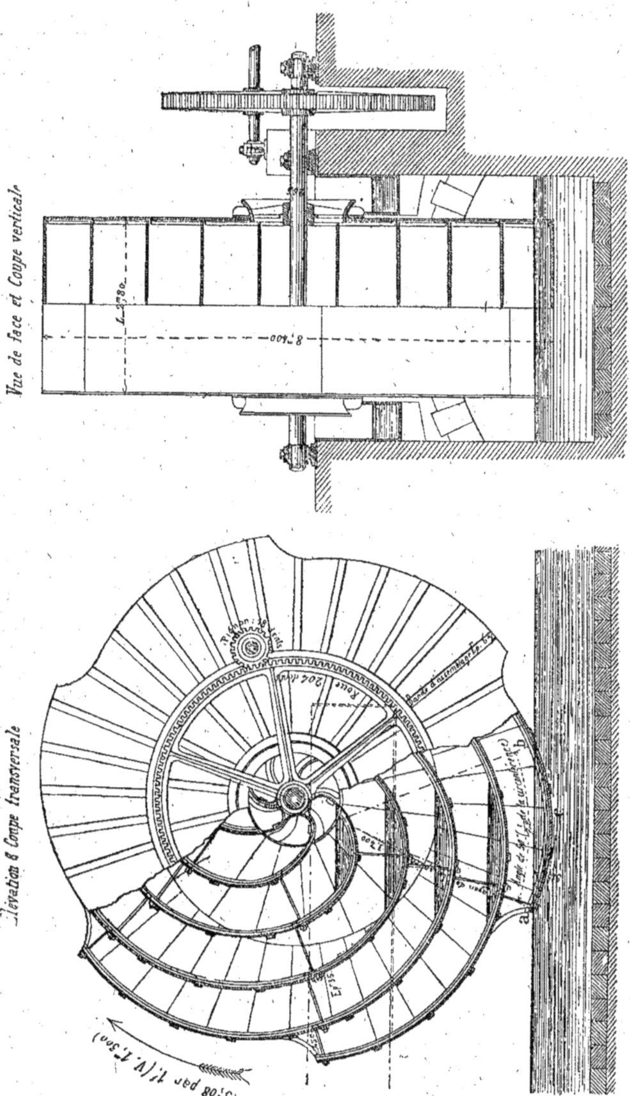


Fig. 196. — Roue à tympan.

employées comme machines élévatoires, mais plutôt pour les desséchements. On donne généralement à ces installations de grandes dimensions.

A Zeeburg près d'Amsterdam, il y a pour la machine d'épuisement huit roues de 8 mètres de diamètre sur 3ᵐ,25 de largeur (*fig.* 198). Ces roues sont fixées sur des essieux séparés et qui peuvent être accouplés suivant les besoins. La vitesse ne dépasse pas 2 mètres à la circonférence; ici la force motrice employée est la vapeur. La transmission se fait à l'aide d'engrenages qui sont, avec ceux calés sur l'essieu des roues, dans le rapport de un huitième à un douzième.

Les roues en dessous, à aubes, sont appliquées avec succès en Hollande pour les

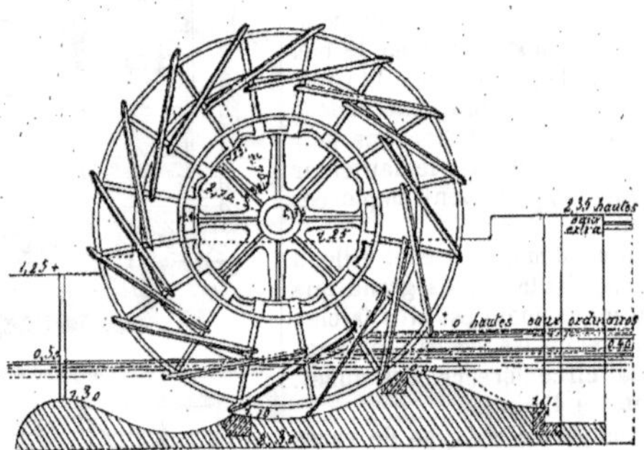

Fig. 198. — Roue à aubes de Zeeburg.

élévations inférieures à 2 mètres. Leur usage est surtout indiqué pour les eaux d'un niveau constant, car elles donnent leur rendement maximum lorsque l'angle de la palette entrante, avec la surface du niveau inférieur, est égal à celui de la

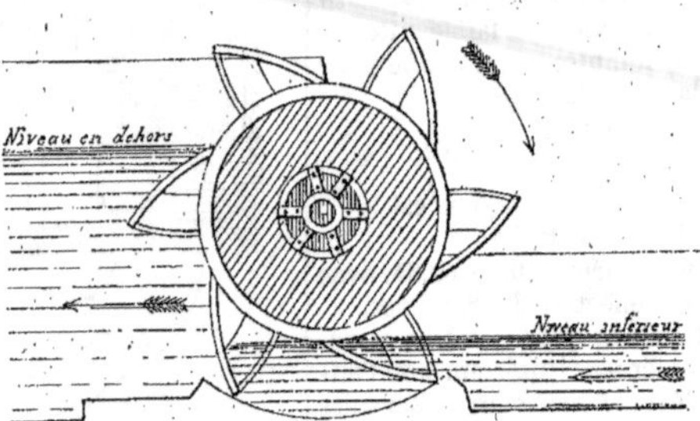


Fig. 199. — Roue à pompe Overmars.

palette sortante avec le niveau supérieur. L'avantage des roues à aubes courbes, en particulier, réside en ce que leur largeur, celle de l'orifice d'écoulement et du cour-sier, et leur poids, sont moindres pour un rendement supérieur que dans les roues à aubes planes.

*La Roue pompe d'Overmars* (*fig.* 199)

n'est qu'une modification de la roue à aubes. Les palettes sont courbes et appuyées sur un tambour étanche, tournant autour d'un axe horizontal. Le tambour étanche permettant de monter l'eau jusqu'à un niveau supérieur à celui de l'axe, une roue de petit diamètre pouvait suffire dans des circonstances déterminées ; mais la roue *Overmars*, quand elle monte à petite vitesse offre un rendement moindre qu'une bonne pompe, et quand elle est animée d'une grande vitesse, elle ne vaut pas, sous le rapport de la résistance dans l'eau, une bonne roue à aubes. Quoique les résultats n'aient pas répondu complètement à l'attente de l'inventeur, on a construit quelques roues pompes, notamment pour l'épuisement du polder Mostenbroeck (1).

Citons également les grandes roues élévatoires à godets, établies en Espagne, sur le Génil, un des affluents du Guadalquivir. — La chute motrice a 1 mètre ; le diamètre des roues est de 9$^m$,10.

Les bras disposés dans un seul plan vertical sont reliés entre eux à la circonférence par trois couronnes doubles formant moise, à l'intérieur desquelles deux plateaux massifs contreventent les extrémités inférieures des bras.

Toutes les pièces sont simplement assemblées par des chevilles.

A chacun des bras, au delà des couronnes, correspond une palette de 1$^m$,20 de longueur et de 0$^m$,40 de largeur, percée de quatre trous où s'engagent les harts qui portent les godets en poterie, sur double rang.

Les supports et les coussinets de la roue consistent en deux chapeaux couronnant des pieux, sur lesquels l'arbre s'emboîte par des entailles correspondantes. Une chantignole suffit pour fixer l'arbre qui tourne entre elle et les chapeaux.

D'après le jaugeage fait par Aymard (2), une roue de la dimension indiquée, portant 96 godets, se vidant pendant un tour d'une durée de 27 secondes, représente un débit par seconde de 17 litres élevés à une hauteur de 6$^m$,80.

(1) De Koning.
(2) *Irrigations du midi de l'Espagne*, 1864, p. 280.

### g. — LES POMPES A CHAPELETS

**208.** Ces instruments, bien qu'ayant le nom de pompe, sont, au point de vue théorique, de véritables chapelets verticaux : ils en diffèrent cependant par un dispositif particulier des plateaux qui les fait fonctionner en quelque sorte à la manière des pistons et permet de n'en avoir jamais plus de trois dans la colonne ascensionnelle, au lieu de vingt-cinq ou trente qui seraient nécessaires avec le chapelet vertical. — Ils servent pour des élévations d'eau depuis 12 mètres jusqu'à 30 mètres. Nous citerons deux exemples.

#### Pompe Murray.

**209.** La pompe Murray (*fig.* 200) n'a que trois plateaux dans la colonne ascen-

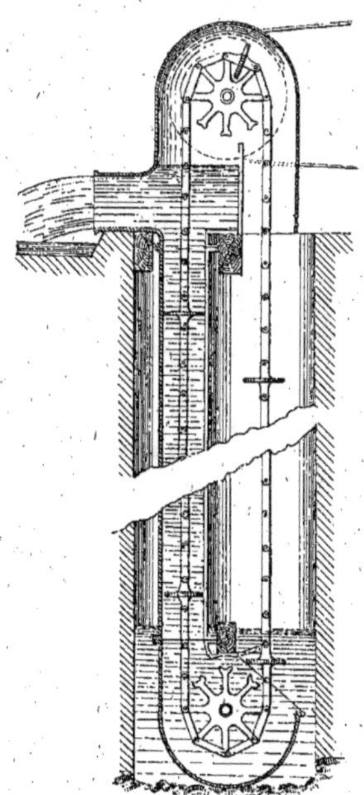

Fig. 200. — Pompe à chapelet, système Murray.

sionnelle, ce qui réduit beaucoup la résistance due au frottement. Ces plateaux sont fixés à la chaîne de manière à ne se relever à angle droit sur celle-ci qu'au moment où ils pénètrent dans la buse pour l'ascension. La chaîne, tendue sur un cylindre inférieur à axe horizontal mobile dans une coulisse verticale, est conduite à la partie supérieure par un pignon denté

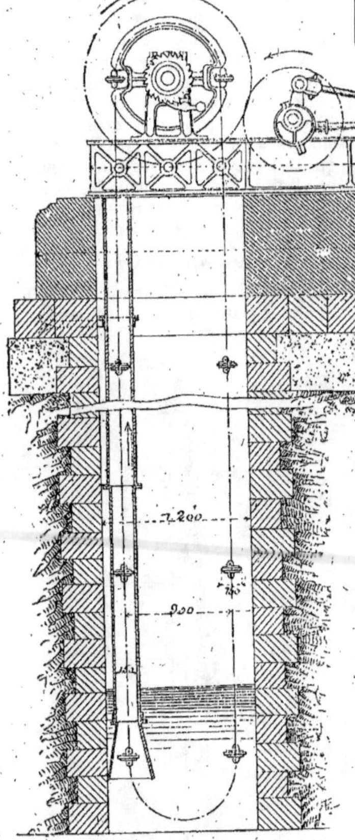

Fig. 201. — Pompe à chapelet, système Gwynne, avec moteur à vapeur.

s'engrenant sur le mécanisme du moteur. La chaîne ne peut pas reculer par glissement, en raison d'un encliquetage placé sur la roue d'engrenage qu'actionne le manège. Toutefois, en désabrayant cette roue, on peut donner un mouvement en arrière à la chaîne, pour le cas où une obstruction se produirait.

Cette pompe peut aller à une vitesse relativement grande sans risque de rupture ni de dérangement des clapets.

Pour une pompe de 13$^{m}$,75 de course, avec une buse de 0$^{m}$,75 sur 0$^{m}$,25 en fonte; avec des chaînes en acier et des plateaux espacés de 3 en 3 mètres, montant à la vitesse de 70 à 90 mètres par minute, le cube d'eau élevé peut atteindre 9 à 10 mètres cubes.

La plus grande course donnée en Angleterre aux pompes Murray est de 18 mètres; celles de Crossness, à Londres, sont mues chacune par une machine à vapeur horizontale de 30 chevaux faisant 30 tours par minute.

D'après l'ingénieur Lewick l'effet utile a été reconnu de 63 pour 100 de la force dépensée par la machine.

### Pompe Gwynne.

**210.** D'autres pompes anglaises de ce type, construites par la maison Gwynne et Cie, de Londres, fonctionnent aussi avec succès.

Celle que nous indiquons (*fig. 201*) peut

(avec un diamètre de tuyau de 0ᵐ,10) débiter de 450 à 680 litres par minute, et avec un diamètre de 0ᵐ,60, de 2 à 2ᵐᶜ,500.

Le prix d'une pompe Gwynne, avec ma-chine à vapeur directe et un tuyau de 0ᵐ,60 de diamètre, puisant à 10 mètres de profondeur, est de 10,000 francs environ, installation comprise.

## § *11. — MACHINES A PRESSION ATMOSPHÉRIQUE*
### *LES POMPES*

**211.** Les pompes ont été appliquées de tout temps avec succès à la distribution de l'eau dans les villes situées aux bords des rivières ; mais c'est surtout depuis que les perfectionnements apportés dans les récepteurs hydrauliques, et les machines à vapeur en ont facilité l'emploi, que leur usage s'est multiplié.

Elles fournissent un des moyens les plus utiles et les plus réguliers d'élever l'eau, qui exige à la fois le moins de place et le moins de constructions. On peut ajouter que ce sont les machines que l'on emploie le plus fréquemment et dans les circonstances où l'on doit produire les plus grands effets.

On peut distinguer trois catégories de pompes :

1° Les pompes à piston à mouvement rectiligne alternatif, à simple effet ou à double effet, *aspirantes*, *foulantes* ou *aspirantes et foulantes* à la fois ;

2° Les pompes oscillantes, à effet plus ou moins continu ;

3° Les pompes rotatives à un axe ou plusieurs axes, à effet plus ou moins continu ;

I. — POMPES A PISTON A MOUVEMENT ALTERNATIF

a. — *Pompe aspirante à simple effet.*

**212.** La *pompe aspirante* se compose de deux parties distinctes : l'une appelée le *corps de pompe*, l'autre le *tuyau d'aspiration* (*fig.* 202).

Le corps de pompe est un cylindre d'une certaine largeur qui se réunit à un tube plus étroit plongeant dans un réservoir d'eau. Le corps de pompe est séparé du tuyau d'aspiration par une soupape S

qui s'ouvre de bas en haut. Le piston P, qui se meut dans le corps de pompe, est percé dans son milieu et porte une soupape S, qui s'ouvre dans le même sens que l'autre. L'étendue que le piston parcourt s'appelle la *course du piston.*

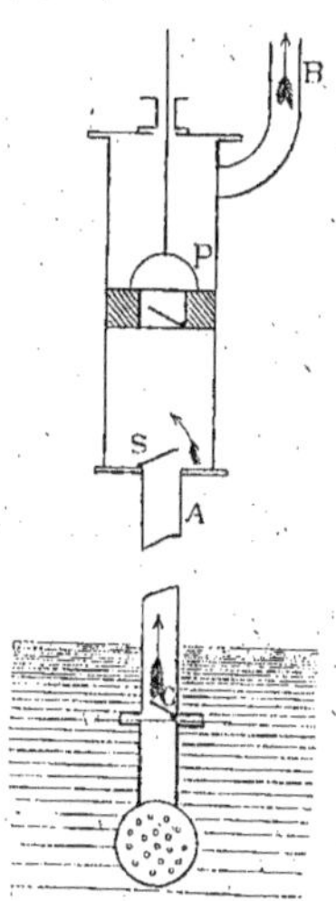



Fig. 202

Le piston étant au bas de sa course et reposant sur le fond du corps de pompe, les deux soupapes se trouvent fermées. Si on soulève le piston, il se fait un *vide* au-dessous, et l'air qui se trouve dans le tuyau d'aspiration soulève la soupape S dite *soupape dormante* et pénètre dans le corps de pompe. Dès lors, cet air occupant un espace plus grand que celui qu'il occupait, ne peut plus, par son ressort, faire équilibre au poids de l'air extérieur. Il faut par conséquent que le liquide s'élève à une certaine hauteur, de manière que la colonne d'eau soulevée, plus le ressort qui reste, fassent équilibre à la pression extérieure de l'air.

Le piston redescend ensuite : le ressort de l'air, qui était diminué, devient égal au ressort de l'air extérieur, et finit même par devenir plus grand. Une fois que cette condition est remplie, la soupape S, qui est soumise alors à une pression plus forte de bas en haut que de haut en bas, s'ouvre, l'air s'échappe, et le piston est ramené sans effort jusqu'au bas de sa course.

On remonte de nouveau le piston, la soupape S se ferme aussitôt, et s'il y a encore de l'air dans le tuyau d'aspiration, il soulève la soupape S, qui s'était refermée lors de la descente du piston, et se précipite dans l'espace vide. Cet air perdant son ressort et augmentant de volume, ne peut plus faire équilibre à l'air extérieur, par conséquent, il faut que l'eau monte encore d'une certaine quantité.

Après plusieurs coups de piston, l'eau montera jusqu'à la soupape S ou même jusque dans le corps de pompe. Si l'eau a pu s'élever dans le corps de pompe, le piston en descendant fera fermer la soupape inférieure ; la soupape supérieure s'ouvrira, et tout l'air renfermé dans l'espace compris entre les deux soupapes s'échappera. En retirant le piston nous ferons un vide, et comme la pression extérieure est constante, il en résultera que l'eau s'élèvera pour remplir ce vide. En descendant le piston, l'eau traversera la soupape *s*, et viendra se loger dans la partie supérieure. La période d'amorçage sera alors terminée. Alors, en continuant le jeu du piston, on forcera l'eau à s'élever à une hauteur indéfinie dans le *tuyau d'ascension* B, si la force qui fait mouvoir la pompe est suffisante.

Telle est la construction de la machine appelée pompe *aspirante*.

Il est bon d'y ajouter une crépine au bas du tuyau d'aspiration et également dans la partie inférieure de ce tuyau, un *clapet C de retenue* qui empêche la pompe de se désamorcer à l'état de repos, ce qui aurait lieu par suite des rentrées d'air qui tendent à avoir lieu.

Il s'agit d'examiner plus particulièrement les circonstances de son mouvement et d'obtenir la mesure de ses effets.

L'eau ne pouvant s'élever dans le tuyau d'apiration qu'en vertu de la pression que l'atmosphère exerce sur la surface du liquide dans lequel il plonge, il est évident que pour que l'eau pénètre dans le corps de pompe et parvienne au-dessus de la tête du piston, il faut que le corps de pompe soit placé à une hauteur inférieure à celle à laquelle l'eau peut être élevée par la pression atmosphérique. A la surface de la terre et au niveau de la mer, cette hauteur est moyennement de $10^m,336$, et la pression d'une colonne d'eau de cette hauteur est égale à celle d'une colonne de mercure de $0^m,76$, puisque le mercure pèse $13,59$ fois plus que l'eau. Si cette condition est remplie, l'eau montera dans le corps de pompe, et l'on pourra calculer les dilatations successives de l'air et les élévations correspondantes du liquide opérées par le jeu de la machine.

Si l'on veut avoir la mesure de l'effort qu'il faudra faire pour soulever le piston, il n'y a qu'à prendre la différence des pressions qui ont lieu dans la partie supérieure et dans la partie inférieure.

Dans la partie supérieure nous avons à surmonter, en soulevant le piston, la pression de l'air et le poids de la colonne d'eau qui repose sur le piston ; en désignant toujours la première par $h$ et la seconde par P, nous aurons pour la pression supportée par la tête du piston $h+$P. Sur la partie inférieure du piston, nous avons la pression de l'air qui agit par l'intermédiaire de l'eau, diminuée du poids de la colonne d'eau qui va depuis la base inférieure du piston jusqu'au réservoir, et qui agit en sens contraire de la pression atmosphérique ; par conséquent, en désignant le poids de cette colonne d'eau par $p$, la pression exercée sur la base inférieure du piston sera exprimée par $h-p$ ; retranchant ces deux expressions l'une de l'autre, nous aurons P$+p$ c'est-à-dire le poids de la colonne d'eau au-dessus du piston, plus le poids de la colonne d'eau inférieure, pour mesure de l'effort nécessaire pour soulever le piston.

Lorsque le piston descend, on n'a à exercer que l'effort nécessaire pour vaincre les frottements ; car, dès le moment que le piston descend, la soupape supérieure s'ouvre, et le piston nage librement dans l'air ou le liquide.

En résumé, nous pouvons établir que, pour assurer le jeu de la pompe aspirante, il faut théoriquement :

1° Que le corps de pompe soit placé à une hauteur moindre de $10^m,336$ au dessus du réservoir d'eau, ou, pour mieux dire, à une hauteur inférieure à celle à laquelle l'eau peut être élevée par la pression atmosphérique ;

2° Que le piston descende et vienne s'appliquer exactement sur la base inférieure du corps de pompe, de manière qu'il ne reste aucun espace nuisible où l'air puisse se loger entre le dessous du piston et la soupape dormante placée à la séparation du corps de pompe et du tuyau d'aspiration ;

3° Que la force appliquée à la tige du piston, et qui détermine son mouvement, soit plus grande que la somme des poids de la colonne d'eau au-dessus du piston, plus la colonne d'eau inférieure, et qu'elle puisse vaincre en outre le frottement du piston et les autres résistances.

Ces autres résistances sont nombreuses ; il y a le poids de la soupape d'aspiration S, celui du clapet de retenue, les frottements des charnières, du piston, de l'eau dans les tuyaux (elles varient avec chaque disposition particulière) ; les frottements dans la conduite. L'aspiration augmente lorsque cette conduite est traînante.

Ces conditions théoriques ne pourront pas être toutes remplies en pratique.

Lorsque le piston est au bas de sa course, il existe toujours entre sa face inférieure et le fond du corps de pompe un *espace dit espace nuisible*.

Soit, $v$, son volume ;

V, le volume engendré par la face inférieure du piston dans sa course ;

$h$, la hauteur de la *soupape dormante* au-dessus du niveau dans le puisard ;

Z, la hauteur du niveau de l'eau dans le tuyau d'aspiration après un certain nombre de coups de piston au-dessus de ce même niveau.

Pour que la soupape s'ouvre, il faut qu'on ait :

$$h < 10,334 \times \frac{V}{V + v} \qquad (1)$$

ce qui limite la hauteur de la soupape dormante au-dessus du puisard. On voit par la valeur de cette limite qu'il y a intérêt à diminuer autant que possible l'espace nuisible $v$ afin de pouvoir placer la soupape dormante le plus haut possible. Toutefois, à cause des fuites inévitables et de ce qui va suivre, on place rarement cette soupape à plus de $8^m,75$ (hauteur moyenne) au-dessus du niveau inférieur.

D'autre part, il ne suffit pas que l'eau franchisse la soupape dormante ; il pourrait arriver que le volume d'air compris entre le niveau de l'eau arrivée dans le corps de pompe et la face inférieure du piston au bas de sa course formât un espace nuisible suffisant pour empêcher l'aspiration. On évitera cet accident en faisant en sorte que la face inférieure du piston au bas de sa course soit à une hauteur au plus égale au second membre de l'inégalité (1).

Nous n'entrerons pas ici dans l'examen des conditions de travail nécessaire pour mettre l'appareil en marche et nous renvoyons le lecteur aux ouvrages spéciaux. Rappelons toutefois que le travail moteur nécessaire sera exprimé par la formule

$$T = (\pi \, \Omega \, Z + \varphi + \varphi') \, l$$

$\pi$, poids du mètre cube d'eau ;

$\Omega$, section du piston ;

Z, hauteur de l'eau dans le tuyau d'ascension ;

$\varphi$ et $\varphi'$, force du frottement et de résistance des soupapes, etc. etc. ;

$l$, course du piston.

**b.** — *Pompe aspirante et foulante à simple effet.*

**213.** La pompe *aspirante* et *foulante* (*fig.* 203) a, comme la première, un corps de pompe et un tuyau d'aspiration, qui sont séparés par une soupape S qui s'ouvre de bas en haut ; mais au lieu d'avoir le piston percé et garni d'une soupape, le piston est solide, et la soupape S′ est placée sur le côté du corps de pompe, à l'orifice d'un tuyau latéral, qui d'abord marche presque horizontalement, et s'élève ensuite parallèlement au corps de pompe. La soupape s'ouvre du dedans au dehors.

Supposons que le piston soit au bas de sa course, les soupapes S, S′ fermées. En

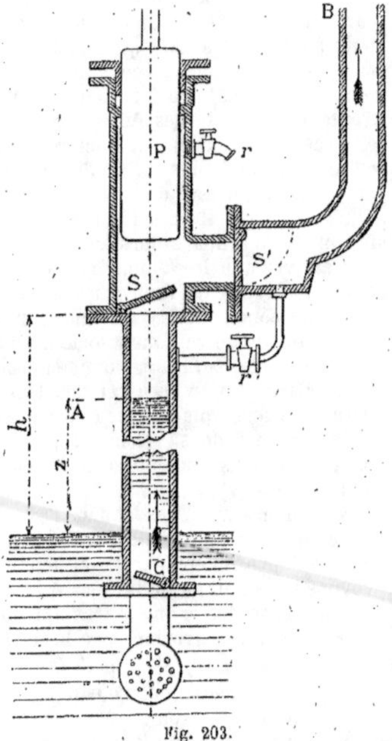


Fig. 203.

retirant le piston, on fait le vide dans l'intérieur, au-dessous du piston ; la soupape latérale reste fermée par la pression extérieure de l'air, qui agit par le tube ; mais la soupape inférieure doit s'ouvrir d'après sa position ; d'où résulte une raréfaction de l'air dans le tuyau d'aspiration, et une élévation d'une certaine colonne d'eau, comme dans la première pompe.

On descend ensuite le piston ; l'espace dans lequel l'air s'était dilaté diminue, l'air se comprime, la soupape inférieure se ferme ; mais la soupape latérale doit s'ouvrir, lorsque l'effort intérieur sera plus grand que l'effort extérieur, et l'air s'échappera par cette soupape, de manière que le piston pourra être ramené en bas immédiatement en contact avec le fond du corps de pompe.

En remontant le piston, on fera de nouveau le vide, l'air se précipitera en ouvrant la soupape, et l'eau montera à une certaine hauteur.

Après plusieurs coups de piston, on introduira l'eau dans le corps de pompe, pourvu qu'on ait rempli cette condition, de se placer à une hauteur moindre de 10$^m$,336. Une fois que l'eau est dans le corps de pompe, le piston, en descendant, presse l'eau et la force à ouvrir la soupape latérale, pour se loger dans le tuyau. La colonne dans le tuyau presse au contraire sur la base en raison de la hauteur, et si l'on peut disposer d'une puissance supérieure à cette pression, on pourra faire monter l'eau à une hauteur proportionnée à cette puissance.

Tel est le jeu de la pompe *aspirante* et *foulante*.

Pour avoir la mesure exacte de la force qu'il faut employer pour faire marcher cette machine, nous ferons observer d'abord que l'eau ne dépassant jamais le piston, l'effort qu'il faut faire pour monter ce piston est égal au poids de la colonne d'eau soulevée par aspiration. Mais quand le piston descend, il ne nage plus librement, comme dans le cas de la pompe aspirante ; il faut qu'il comprime l'eau et la force à passer par la soupape latérale, pour s'élever par le tube parallèle au corps de pompe, et par conséquent, il faut un effort qui soit supérieur au poids de la colonne d'ascension.

Il y a un grand avantage à régulariser ces deux efforts. Cela est très facile, toutes les fois qu'il s'agit d'élever l'eau à une hauteur moindre de 20 mètres, parce qu'alors on peut diviser en deux parties égales cette hauteur et placer le corps de pompe de manière que l'effort à faire pour soulever le piston, ou le poids de la colonne d'eau soulevée en aspirant, soit égal à l'effort nécessaire pour faire descendre le piston, ou au poids de la colonne d'eau élevée dans le tube d'ascension.

Mais si on devait élever l'eau à plus de vingt mètres, alors comme on ne peut pas se placer à plus de $10^m,336$ au-dessus de la surface de l'eau inférieure, il faudra faire un effort plus grand pour élever l'eau dans le tube que pour la faire arriver dans le corps de pompe; c'est-à-dire que l'effort nécessaire pour faire descendre le piston sera plus grand que l'effort à faire pour soulever ce même piston.

La force nécessaire pour faire monter le piston dans la pompe et pour le faire descendre dans la pompe aspirante et foulante, est égale au poids de la colonne d'eau soulevée. Et comme le poids d'une colonne d'eau de 10 mètres de hauteur exerce une pression de 1 kilogramme sur chaque centimètre superficiel de sa base, on peut le prendre pour unité de mesure et dire qu'il faudra exercer sur le piston un effort de 1, 2, 3, 4 kilogrammes par centimètre carré de sa base, suivant que l'on voudra élever l'eau à 10, 20, 30, 40 mètres de hauteur. Cet effort peut devenir très considérable : aussi l'usage des pompes aurait-il été borné si l'on n'avait pas eu la vapeur comme puissance motrice.

Il arrive quelquefois qu'on place directement le corps de pompe dans le puisard ; la pompe devient alors simplement *foulante* attendu qu'il n'y a plus d'aspiration nécessaire pour remplir le corps de pompe.

### c. — *Pompe aspirante et foulante à double effet.*

**214.** Dans les dispositions précédentes, l'eau n'est élevée que pendant une demi-oscillation du piston : pendant la montée s'il s'agit d'une pompe élévatoire, pendant la descente s'il s'agit d'une pompe foulante.

On peut par un dispositif spécial qui constitue la *pompe à double effet* obtenir que l'eau s'élève aussi bien pendant la montée que pendant la descente. Le corps de pompe VV (*fig.* 204) est muni de deux soupapes S et S′ à la partie inférieure et de deux autres T et T′, à la partie supérieure; les soupapes S′ et T sont des sou-

papes d'aspiration, les soupapes S′ et T sont des soupapes de refoulement. On voit qu'il y aura ainsi une même quantité d'eau élevée à chaque demi-oscillation du piston P, ce qui contribuera à la régularité du mouvement ascensionnel de l'eau.

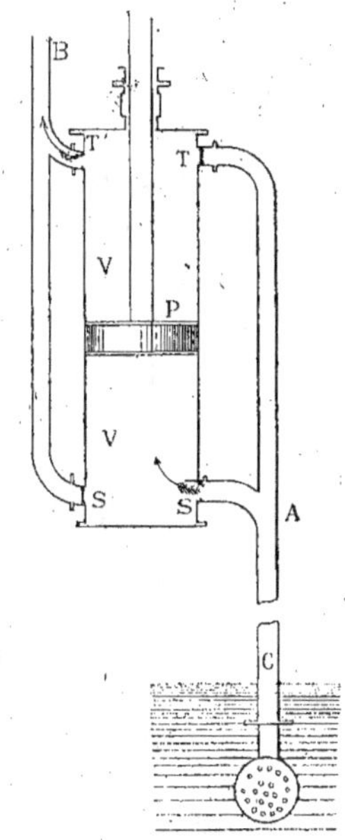

Fig. 204.

Mais c'est là, à peu près le seul avantage de ce dispositif; car s'il produit un effet utile double, il exige par contre un effort moteur double; et la complication du système augmente la surveillance et l'entretien de la machine ; aussi ce système est-il rarement employé. On préfère accoupler deux ou trois pompes sur un même arbre moteur de manière que le mouvement des pistons soit alternatif, et réunir les tuyaux d'aspiration en un seul et en y ajoutant au besoin un réservoir d'air.

### Pompe Delpech.

**215.** Comme exemple de pompe à double effet, nous citerons, la pompe de Delpech, constructeur, à Castres.

Le piston plein se meut dans un cylindre qui communique par ses deux extrémités avec une bâche dans laquelle l'eau circule par le jeu de soupapes sphériques. Les orifices de refoulement étant disposés immédiatement au-dessus de ceux d'aspiration, les pertes de force causées par le changement de direction dans le mouvement du liquide, sont en partie évitées. Le jeu de la pompe Delpech peut se prêter parfaitement aux épuisements dans les eaux limoneuses; il a donné aux essais faits au Conservatoire, 70 pour 100 d'effet utile pour 15 tours; mais pour 30 tours, l'effet utile s'est réduit à 47 pour 100 (1).

### Pompe de Schavaber.

**216.** La *castraise*, de Schavaber, offre une boîte à clapets sphériques, superposés, sous forme de cylindre latéral, placé dans la direction des tuyaux d'aspiration et de refoulement, de telle sorte que l'eau

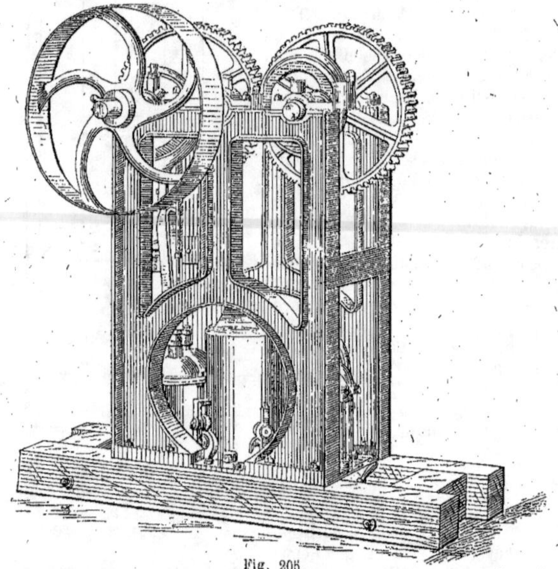

Fig. 205.

aspirée n'éprouve aucune déviation en le traversant. Des expériences officielles ont consacré les avantages de cette disposition spéciale qui met également le cylindre à l'abri des corps étrangers entraînés par l'eau (1).

### Pompe Noël.

**217.** Cette pompe, du type aspirant et foulant est à quadruple effet; elle présente un réservoir d'eau intermédiaire; nous donnons figure 205 une vue d'ensemble de la machine comme sur les deux pompes précédentes, il y a ici des clapets sphériques HH' (*fig.* 206), deux pour l'aspiration, deux pour le refoulement. Pour faciliter les nettoyages, on a ménagé un regard en face de chaque clapet. Les deux coupes longitudinales de la figure 206

(1) Ronna, *les Irrigations*, page 601.

(1) Tresca, rapports du Jury international 1856, t. 1, page 225.

feront facilement comprendre le jeu de l'appareil.

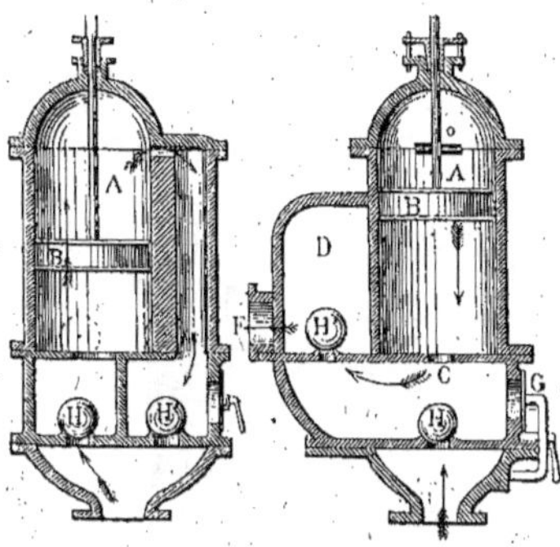

Fig. 206.

Lorsque le piston B se lève, l'eau aspirée soulève le boulet H et soulève le boulet H' pour pénétrer dans le second corps de pompe D, d'où elle s'échappe par le tuyau F sous la pression de l'air qui remplit le haut du second corps de pompe D, et ferme les boulets au moment où ceux du premier corps de pompe sont ouverts. La pression s'exerce dans le second corps de pompe par le petit orifice supérieur O qui le fait communiquer avec le premier, et cela lorsque l'air est refoulé par l'ascension du piston dans le premier corps de pompe.

Les pompes Noël donnent un rendement utile qui varie de 60 à 65 pour 100.

Si nous supposons une aspiration de 3 mètres et un refoulement égal soit 6 mètres d'élévation d'eau, elles exigeront une force motrice de 2 chevaux-vapeur, la poulie de commande faisant 30 tours à la minute, et fourniront 360 litres environ par minute. Le prix d'une telle pompe avec ses accessoires varie de 900 à 1 000 francs.

### Pompe Champonnois.

**218.** Cette pompe (*fig.* 207) qui est plutôt une pompe à bras pour l'usage domestique

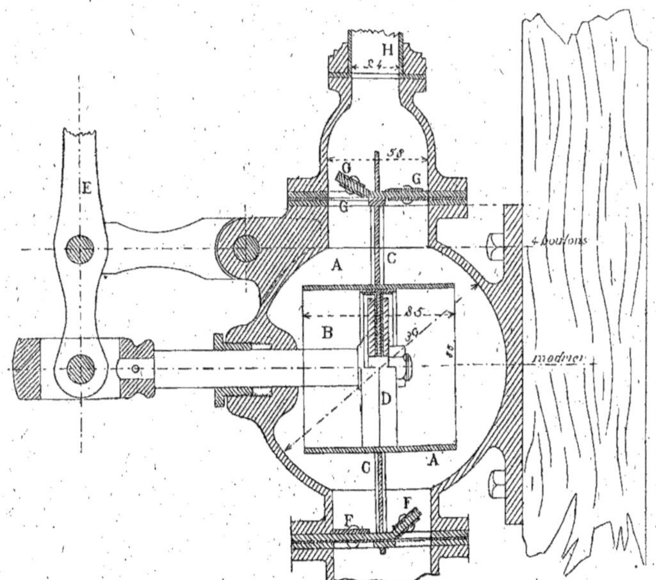

Fig. 207.

fonctionne avec des clapets. — La pompe marche au moyen d'un levier E à renvoi de mouvement de sonnette et d'une pièce en T qui forme balancier (*fig*. 207 *bis*). Ce balancier est relié au moyen de deux tiges à

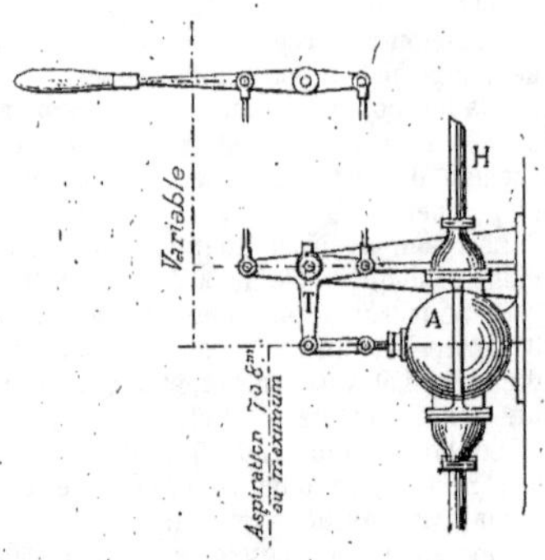


Fig. 207 *bis*.

un autre balancier mû à bras d'homme. Le piston se meut dans une sphère diaphragmée. Cette pompe s'emploie pour de petits volumes d'eau.

### Pompes Letestu.

**219.** Les pompes Letestu pour épuisement ou pour élévation des eaux se sont signalées les premières par la forme donnée aux pistons. Une corbeille en métal tourné, recouverte de segments de cuir formant une espèce d'artichaut. La corbeille métallique est à jeu libre dans le corps de pompe et par conséquent ne le « *chambre* » pas. Le joint est fait par les lèvres de cuir qui viennent s'appliquer par la pression contre les parois intérieures du corps de pompe. Lorsque le piston redescend, ces lèvres se relèvent pour laisser passage à l'eau. Un corps étranger d'un certain volume peut donc passer avec l'eau dans la pompe sans arrêter le jeu de cette dernière.

L'inconvénient de beaucoup de pompes consiste dans le frottement d'un piston métallique contre le corps de pompe, ce qui amène une usure au chambrage de ce dernier, et dans l'aspiration de moins en

moins forte qu'elles peuvent permettre, ce qui est dû à l'usure.

Les détériorations sont d'autant plus sensibles que l'eau est moins pure, chargée de limons, qui, une fois engagés dans les organes frottants, les usent très rapidement.

Les pistons Letestu sont moins sujets à ces causes de destruction. — On a pu même adopter ces pistons pour aspirer

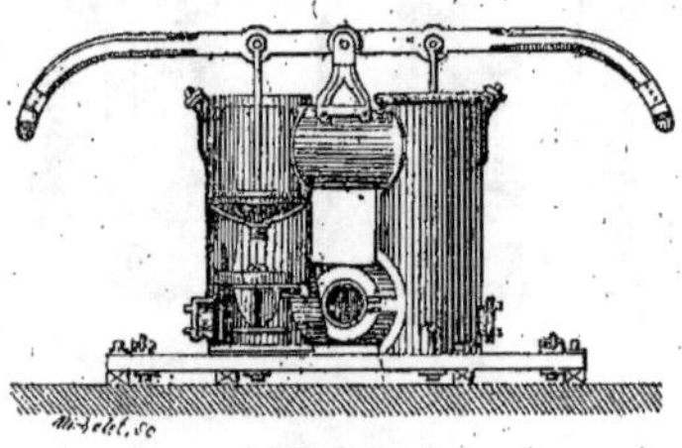

Fig. 208.

des eaux chargées de sables aurifères dans la proportion de 45 %.

Les pompes Letestu sont en outre munies de clapets d'aspiration à ailettes, à soulèvement parallèle à l'axe ; ces clapets sont garnis de caoutchouc, autre manière d'éviter l'accumulation des sables et limons dans une charnière qui serait souvent arrêtée dans son mouvement par un calage.

Le croquis ci-contre (*fig*. 208) représente une pompe d'épuisement, système Letestu, munie des organes que nous venons de décrire.

D'après les essais faits au Conservatoire des Arts et métiers, la pompe d'épuisement Letestu de $0^m,400$ de diamètre, ne donne toutefois qu'un rendement pour 15 tours par minute, de 49 pour 100 et pour 12 tours de 43, 5. Le faible résultat de cette expérience était dû à la petite hauteur d'élévation ($4^m,86$) ; avec une aspiration se rapprochant de 9 mètres le rendement eût été bien supérieur.

Du reste, les essais faits à la même époque sur une pompe Letestu à 2 corps, aspirante et foulante, ont donné avec une élévation de $20^m,25$, un rendement de 72, 5 pour 100.

Elle se compose essentiellement de deux corps de pompe (*fig*. 208), en tôle galvanisée, réunis par deux entretoises en tôle. Les assemblages sont rivés et soudés.

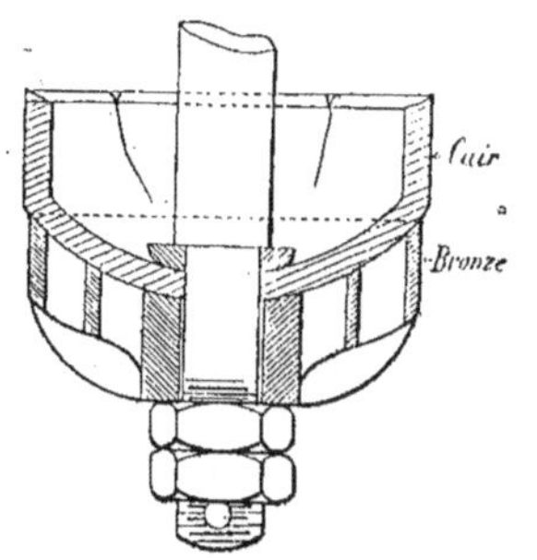

Fig. 209. — Coupe verticale du piston système Letestu.

L'entretoise inférieure sert de tubulure d'aspiration et reçoit le tuyau d'aspiration. L'entretoise supérieure sert de dé-

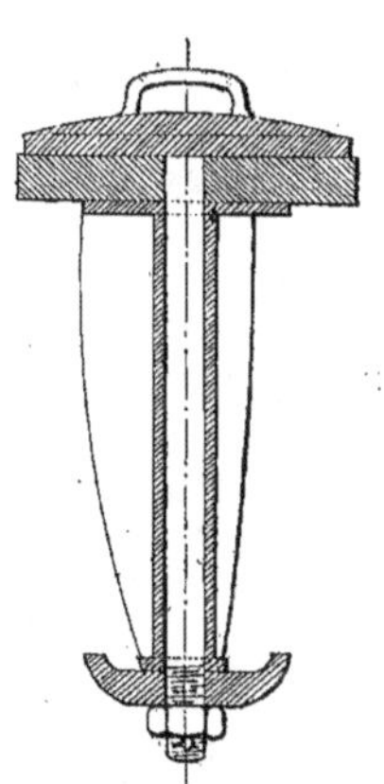

Fig. 209 *bis*. — Coupe verticale du clapet système Letestu.

versoir aux pompes et laisse écouler l'eau par un dégorgeoir.



Chaque corps de pompe est muni d'un clapet et d'un piston et, à sa base, d'une

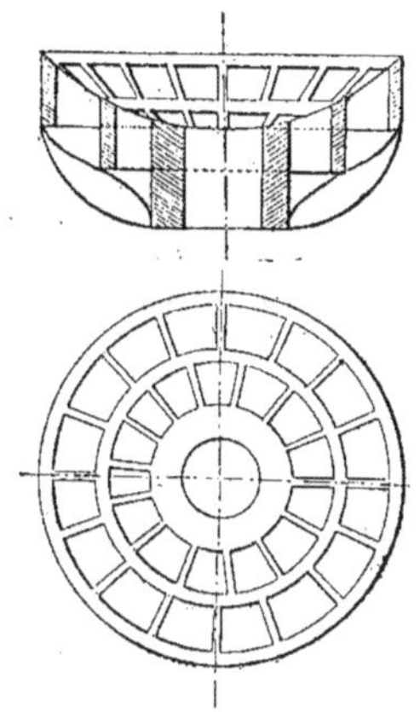

Fig. 209 *ter*. — Coupe verticale et plan de la grille concave en cuivre du piston Letestu.

boîte de visite. Cette boîte sert à enlever à la main toutes les vases et tous les

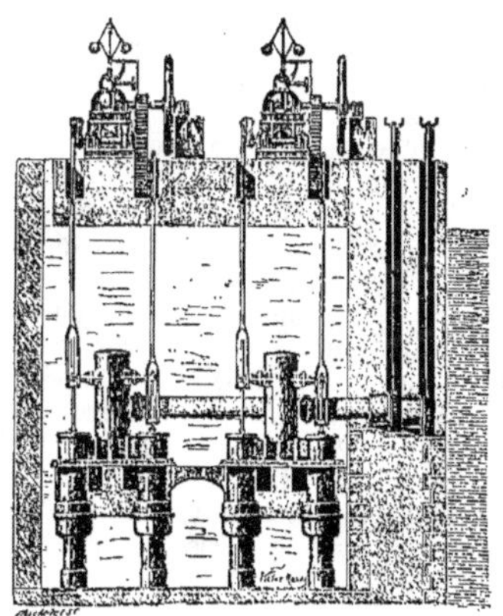

Fig. 210.

sables qui se déposent dans le bas de la pompe et peuvent l'obstruer.

Les pompes employées à bras, ont des diamètres correspondants aux divers débits. Le plus gros modèle figurant à l'Exposition de 1889 a 0<sup>m</sup>,50 de diamètre et peut débiter 1 000 litres par minute.

Nous donnons, figures 209, 209 *bis* et 209 *ter*, le croquis du piston et du clapet du système Letestu. Le piston offre un certain intérêt, car au lieu de terminer les faces de son piston par des surfaces planes, M. Letestu le forme avec une grille concave en cuivre percée d'un grand nombre de trous. La garniture en cuir qui le recouvre en formant clapet est préparée à la chaux.

La figure 210 donne une disposition d'ensemble d'une installation dans laquelle deux machines à vapeur actionnent chacune un système de pompes du type Letestu.

## II. POMPES OSCILLANTES

**220.** L'organe qui joue ici le rôle de piston oscille autour d'un axe entre certaines positions.

Le type de ce genre d'appareils est la **pompe Bramah** (*fig.* 211). — Le corps de pompe est constitué par un cylindre horizontal AA′ divisé, dans sa partie inférieure et à partir de son axe, en deux capacités distinctes A et A′ par une cloison verticale BB′. Chacune de ces capacités peut être mise en communication avec le tuyau d'aspiration C au moyen de deux soupapes S et S′. Le piston est la pièce DOD′ qui oscille autour d'un axe O supporté par la cloison BB′. Ce piston est muni de deux soupapes ou séries de soupapes qui s'ouvrent de bas en haut. Il est relié par une bielle à un arbre coudé qui tourne en O′ de telle sorte que le piston prend un mouvement alternatif autour de l'axe O quand la bielle prend un mouvement de rotation autour de l'axe O′. Une garniture en cuir, d'un système particulier, arme les bords de ce piston et le rend étanche.

Si le côté D′ s'élève, la soupape D′ s'abaisse, tandis que la soupape S′ s'élève et l'eau pénètre vers A′ ; en même temps le mouvement se produit de l'autre côté de la cloison et l'eau contenue dans A soulève la soupape S et pénètre dans E. L'inverse

a lieu quand le mouvement se produit dans l'autre sens. L'appareil fonctionne donc comme une pompe aspirante et foulante à double effet. L'eau qui a passé ainsi au-dessus du piston se rend dans un appareil cylindrique où un matelas d'air forme un ressort élastique qui contribue à faire monter l'eau d'une manière continue dans le tuyau d'ascension. L'axe de la manivelle est muni d'un volant.

Le principal défaut de cet appareil est que le mouvement du piston est trop court et qu'il reste trop éloigné des sou-

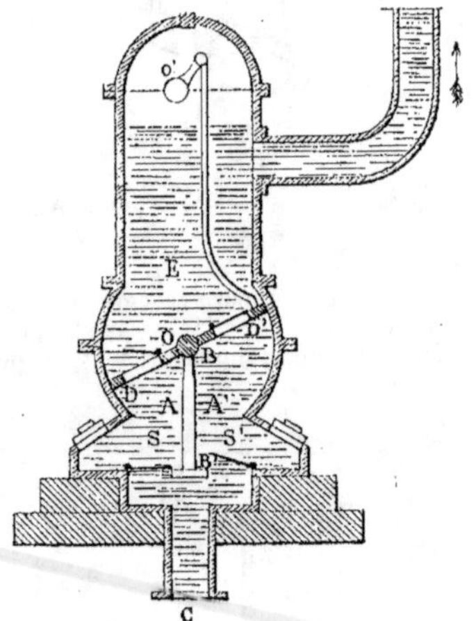

Fig. 211. — Pompe oscillante de Bramah.

papes d'aspiration pour produire un grand effet utile.

M. Vasselle, constructeur français, pour remédier à cet inconvénient a imaginé de disposer la cloison BB′ en deux parties et d'y placer les soupapes ; le piston peut alors à chaque oscillation se rapprocher beaucoup des soupapes. — La pompe de M. Vasselle ne donne pas cependant un rendement supérieur à 0,40.

M. Gray, constructeur anglais, a construit une pompe oscillante qui ne diffère essentiellement de la pompe du type Bramah que par le corps de pompe qui est sphérique, dans lequel se meut un piston en forme de cercle. — Le rendement de cette pompe est de 0,40 à 0,44.

On peut dire, d'une manière générale, que le vice de ces pompes est d'être d'un entretien très difficultueux.

III. — POMPES ROTATIVES A UN AXE

**221.** Le principe de ces pompes est fort ancien et l'on trouve dans un recueil de *A. Ramelli*, daté de 1588, la description d'un appareil de ce genre.

Si on examine la figure 212 représentant une ancienne pompe rotative, on voit qu'elle est à proprement parler un *ventilateur à eau*. Elle comprend deux parties :

1° Un tambour ou enveloppe externe, fixe, pourvu à la partie inférieure d'une

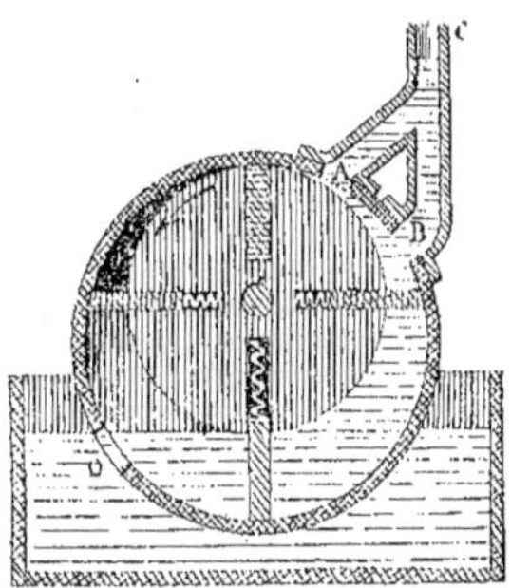

Fig. 212. — Pompe rotative (type ancien).

ouverture, pour l'entrée de l'eau, et O à la partie supérieure de deux conduits A et B se rejoignant dans un même conduit d'ascension C ;

2° Un cylindre intérieur mobile sur un arbre parallèle à l'axe du tambour et tangent à la partie supérieure sur une génératrice. Ce cylindre est armé de quatre palettes à angle droit, qui peuvent glisser dans des rainures armées de ressorts. Lorsque le cylindre mobile tourne dans le sens indiqué par la flèche, on voit que les palettes poussent l'eau dès qu'elles ont dépassé l'orifice O d'entrée de l'eau et l'obligent à monter vers les orifices de sortie de l'eau en la comprimant dans le dernier diaphragme mis en contact avec A et B.

On voit qu'avec une semblable disposition les frottements doivent être considérables, les pertes d'eau augmentant par l'usure des diaphragmes sur la paroi interne du tambour et l'air introduit par les presse-étoupes de l'arbre, par les joints de l'enveloppe, par l'aspiration qui, s'accumulant au centre de l'appareil, y acquiert une tension capable d'équilibrer la pression atmosphérique, d'où l'arrêt de la pompe.

Quoi qu'il en soit, l'idée de remplacer le mouvement de va-et-vient du piston des pompes ordinaires par un mouvement de rotation continue a repris faveur depuis quelques années.

Parmi ces pompes nouvelles citons la pompe de M. Stolz.

Dans une diposition neuve (*fig.* 213),

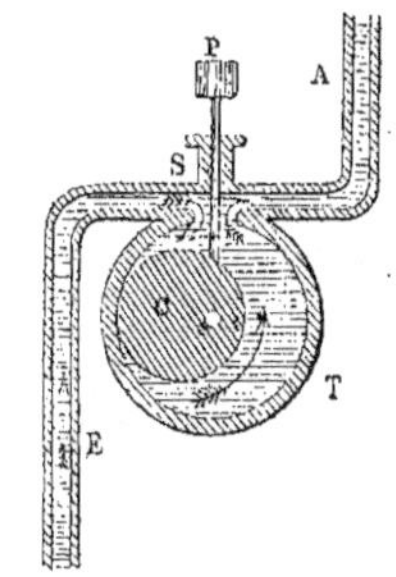

Fig. 213. — Pompe rotative (type amélioré).

l'action des ressorts est remplacée par celle d'un poids P qui maintient le diaphragme vertical en contact constant avec l'excentrique C, dont l'axe de rotation coïncide avec celui de l'excentrique du cylindre T. Une boîte à étoupe S empêche les fuites, et l'eau est puisée par un tuyau d'aspiration E pour être refoulée dans un tuyau A. Il n'y a ainsi qu'un diaphragme au lieu de quatre ; d'où il résulte moins de frottement et plus de durée de l'appareil.

Pour éviter la perte d'eau, quand le rayon vecteur du cylindre excentrique se trouve sur la verticale P S, auquel cas le tambour n'est plus exactement partagé en deux capacités, une soupape automatique, placée dans un des tubes d'aspiration ou de refoulement, peut interrompre la communication entre l'arrivée et la sortie de l'eau.

**222.** On pourrait rattacher aux pompes rotatives l'appareil connu sous le nom de *pompe spirale* (*fig.* 214) qui n'est applicable que pour de faibles élévations et de petits volumes d'eau et qui a l'inconvénient de donner autant d'air que d'eau.

Il se compose d'un tuyau cylindrique en cuivre A B enroulé en spires autour d'un tambour horizontal et venant se raccorder avec un tuyau formant l'axe du tambour; ce dernier tuyau tourne horizontalement dans une partie coudée C D dépendant du tuyau d'ascension DD'. Une boîte à presse-étoupe empêche l'eau de s'échapper à la jonction des deux tuyaux. La force du moteur se transmet par une manivelle, ou un engrenage, ou une poulie suivant le cas le plus favorable.

Si l'appareil est disposé de telle sorte que le niveau de l'eau à élever soit peu inférieur à l'arbre moteur, et que celui-ci tourne en laissant entrer l'eau par l'extrémité évasée du tube, celle-ci passera d'une spire à l'autre en poussant devant elle l'air qui a pénétré à chaque tour de spire, jusqu'à ce qu'elle s'élève dans le tube ascensionnel; l'air développant une force élastique capable d'équilibrer la colonne d'eau soulevée. La pression de l'air, qui croît d'une spire à l'autre, acquiert dans la dernière la force de soulever une colonne dont la hauteur maxima est

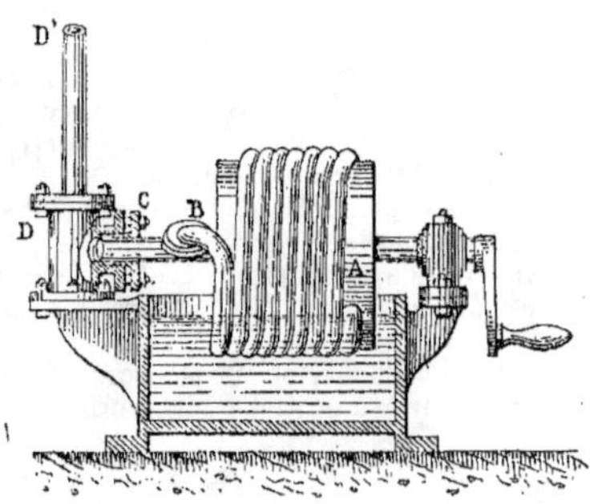

Fig. 214. — Pompe spirale.

égale à la somme des différences de niveau d'eau produites dans chaque spire successive.

Une pompe spirale dont le tambour a $1^m,20$ de diamètre et le tuyau d'ascension $0^m,087$ peut en élevant l'eau à 9 mètres de hauteur donner un rendement de $0^m,60$ à $0^m,65$.

## § III. — APPAREILS A HÉLICE ET A FORCE CENTRIFUGE

**223.** On donne le nom de pompes à divers appareils dans lesquels l'eau est élevée par l'intervention de la force centrifuge, bien que ce ne soient pas à proprement parler des pompes. Nous examinerons successivement quelques-uns des principaux types de cette classe de machines élévatoires.

### Hydrovores.

**224.** La spire hydrovore a été inventée par l'ingénieur *Chizzolini*: elle consiste en une enveloppe légèrement conique, en fonte ou en maçonnerie, dans laquelle tourne avec une vitesse plus ou moins grande un noyau porté par un arbre soit horizontal, soit légèrement incliné, armé de quatre palettes héliçoïdes (*fig.* 215). L'inclinaison de ces palettes sur l'axe est de moins en moins accentuée, de manière à ce que l'eau les quitte sans choc. Le contact entre la surface extérieure de ces spires et la surface enveloppante est aussi complet que possible.

On voit que l'un des avantages de cet appareil est de ne comporter, ni piston, ni garniture, ni clapets.

On donne au noyau qui porte les spires une vitesse proportionnelle à la hauteur de l'élévation de l'eau.

Un appareil hydrovore à deux spires, imaginé par l'ingénieur *Guidi*, a été appliqué au desséchement du marais d'Ostie.

En 17 jours, grâce à cette machine, les 900 hectares du marais ont été mis à sec. Les deux spires de l'appareil Guidi sont verticales et en partie enroulées dans une enveloppe cylindrique, où elles tournent à l'aide de la même machine. L'eau s'élève le long du noyau des vis jusqu'à l'orifice supérieur qui est fermé, mais pourvu d'un tube de trop-plein (1).

D'après le professeur Saviotti, cette double spire aurait un rendement supérieur à 50 pour 100, mais seulement pour la vitesse correspondant au maximum d'effet utile. Comme elle coûte peu, qu'elle élève les eaux tourbeuses, et s'adapte aux

Fig. 215. — Hydrovore système Chizzolini.

divers niveaux sans perte de chute, la machine Guidi peut rendre des services que l'on n'a pas à attendre des pompes ordinaires (2).

### Pompe Appold.

**225.** De tous les appareils à force centrifuge, la pompe *Appold*, est celui qui paraît produire le meilleur résultat. Nous empruntons à Sonnet la description théorique de cette machine :

L'organe principal est une petite roue AA (*fig.* 216) mobile autour d'un axe horizontal qui reçoit le mouvement au moyen

(1) Ronna. — Irrigations, page 608.
(2) Chizzolini, *Della ricerca de utilizzatione delle acque*, 1879.

d'une courroie sans fin passant sur une poulie D montée sur cet axe. La roue est divisée en deux parties par une cloison verticale, que l'on voit distinctement sur la figure 217 ; et les couronnes dans lesquelles les aubes sont emboîtées présentent de chaque côté de la roue un large orifice circulaire communiquant chacun avec un tuyau d'aspiration EE et par lesquels l'eau peut arriver sur les aubes. Lorsque la roue est animée d'un mouvement de rotation rapide, elle entraîne dans son mouvement l'eau en contact avec les aubes, et, par l'effet de la force centrifuge, ce liquide est projeté du centre vers la circonférence, et refoulé ainsi dans l'espace annulaire CC qui entoure la roue, et de là dans le tuyau d'ascension B qui communique avec cet espace annulaire. En même temps que la rotation de la roue projette l'eau vers la circonférence, elle produit du côté du centre une aspiration qui fait monter l'eau du puisard sur la roue par les tuyaux EE. La roue est le plus souvent immergée au-dessous du niveau du puisard. Elle est très petite par rapport à la distance des deux bassins inférieur et supérieur. Les aubes sont tracées de manière qu'en donnant à la roue une vitesse annulaire déterminée, l'eau entre sans choc sur ses aubes. Nous donnons (*fig.* 217) les détails du tambour et des aubes.

M. Bresse a donné dans son *Cours de Mécanique appliquée* à l'École des ponts et chaussées, une théorie de cette machine simplifiée que nous reproduirons en l'abrégeant. Il traite la question comme si l'eau pénétrait sur la roue par son axe; il admet, en outre, que l'on puisse évaluer les pressions comme dans l'état hydrostatique depuis le puisard jusqu'au point d'entrée, et du point de sortie jusqu'au point supérieur.

Soit $P_0$, la pression atmosphérique ;

$P$, la pression par mètre au point d'entrée.

$P'$, la pression par mètre au point de sortie.

$H$, la différence de niveau des deux bassins.

$h$, la distance du niveau inférieur au-dessus de l'axe de la roue.

$\pi$, le poids du mètre cube du liquide.

 HYDRAULIQUE.

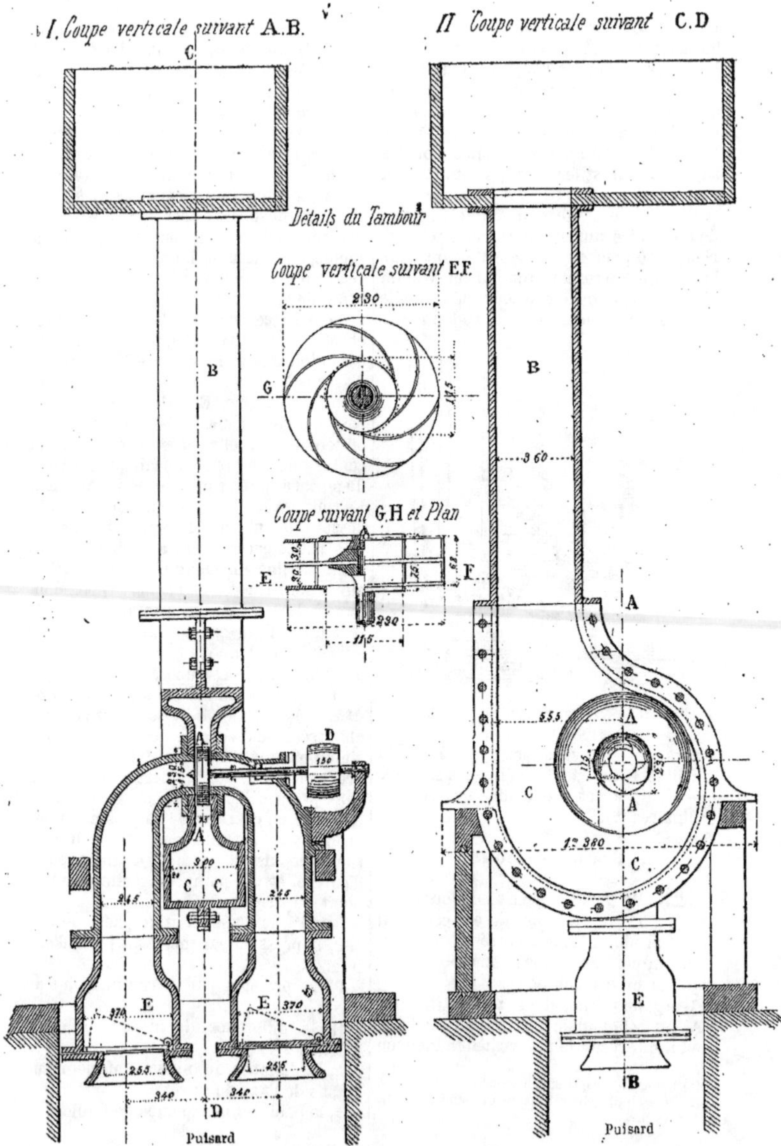


Fig. 216 et 217. — Pompe Appold.

On aura : $\mathrm{P} = \mathrm{P}_0 + \pi\,h$
$$\mathrm{P}' = \mathrm{P}_0 + \pi\,(\,\mathrm{H} + h)$$

d'où l'on tire :
$$\frac{\mathrm{P}' - \mathrm{P}}{\pi} = \mathrm{H}. \qquad (1)$$

Soit :

$u$, la vitesse de la roue à sa circonférence extérieure.

$w$, la vitesse relative de l'eau à sa sortie ;
$v$, la vitesse de sortie absolue.

Si on remarque que la vitesse relative au point d'entrée, c'est-à-dire près de l'entrée, est nulle, on a :
$$w^2 = u^2 + 2g\left(\frac{\mathrm{P} - \mathrm{P}'}{\pi}\right)$$

ou en vertu de l'équation (1)
$$w^2 = u^2 - 2g\mathrm{H} \qquad (2)$$

ce qui fait connaître $w$, attendu que $u$ est donné.

Connaissant la vitesse $w$, on peut calculer le volume d'eau Q débité par la roue dans l'unité de temps.

Soit $r$ le rayon extérieur,

Soit $e$ l'épaisseur de la roue dans le sens de son axe.

Soit $\alpha$ l'angle des aubes, avec la circonférence extérieure,

on a :  $\mathrm{Q} = 2\pi r \times e \times w \sin\alpha \qquad (3)$

Le rendement de la roue est :
$$\frac{\mathrm{T}_u}{\mathrm{T}_m} = \frac{\pi\mathrm{QH}}{\pi\mathrm{QH} + \pi\mathrm{Q}\dfrac{v^2}{2g}} = \frac{2g\mathrm{H}}{2g\mathrm{H} + v^2} \qquad (4)$$

Or, on a : $v = u^2 + w^2 - 2uw\cos\alpha$
et en remplaçant $w$ par sa valeur tirée de l'équation (2)
$$v^2 = 2u^2 - 2g\mathrm{H} - 2u\cos\alpha\sqrt{u^2 - 2g\mathrm{H}}.$$

Si l'on donne à $\alpha$ la valeur 30° pour qu'il n'y ait pas d'engorgement, on trouve pour le rendement maximum que l'on doit avoir
$$u = \sqrt{3g\mathrm{H}}$$
$$v = \sqrt{g\mathrm{H}}$$
et
$$\frac{\mathrm{T}_u}{\mathrm{T}_m} = \frac{2}{3}.$$

Au point de vue pratique, la pompe *Appold* est intéressante à cause de son prix peu élevé relativement au volume d'eau qu'elle débite. Ses organes essentiels sont simples : elle ne contient ni piston, ni soupape ; son seul inconvénient est d'exiger un mouvement rapide de rotation, d'autant plus rapide que la hauteur à laquelle on doit élever l'eau est plus grande.

Nous donnons plus loin un exemple d'application de la pompe Appold avec moteur à vapeur.

### Pompe Gwynne.

**226.** Ici les aubes légèrement recourbés à leur extrémité tournent dans une capacité cylindro-elliptique. L'axe de rotation du disque à aubes est supporté à une ex-

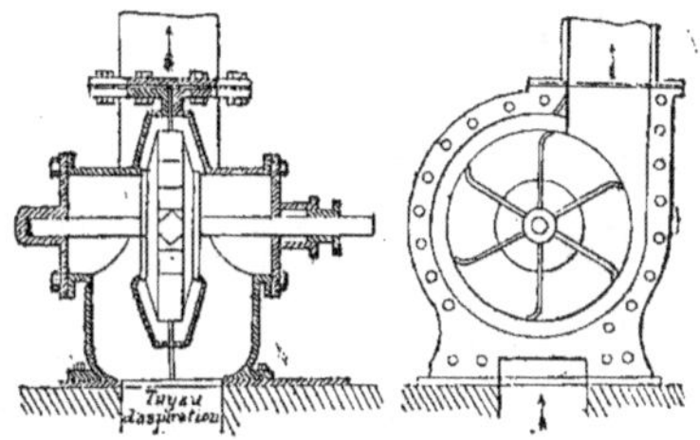

Fig. 218. — Pompe centrifuge Gwynne.

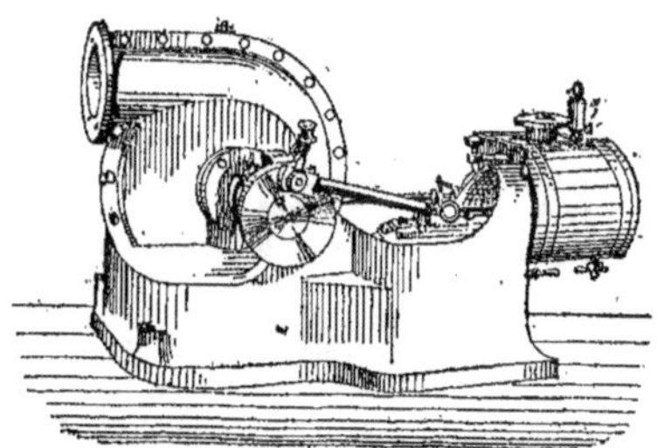

Fig. 219. — Pompe centrifuge Gwynne. Modèle Piller.

trémité dans un coussinet du renflement faisant corps avec la pompe elle-même, à l'aide d'une bride boulonnée, et à l'autre extrémité, après avoir traversé une boîte à étoupe, par deux paliers, entre lesquels est placée la poulie de très petit diamètre qu'actionne la poulie de la machine à vapeur, qui, elle, est de très grand diamètre.

Afin d'empêcher le mouvement de rotation de l'eau de continuer dans l'enveloppe, et pour lui donner sa direction vers le tuyau de sortie, une plaque d'arrêt, disposée à l'entrée de ce tuyau, s'étend jusqu'à la jonction du disque. Enfin les articulations entre le tuyau d'aspiration et le disque sont établies de manière qu'aucune matière étrangère, sable, boue, etc., puisse y séjourner ; ce qui met l'appareil à l'abri de l'usure. Les figures 218 et 219 représentent l'élévation et la coupe d'une de ces pompes.

Les appareils Gwynne sont de tous les modèles et de toutes les dimensions, depuis ceux qui débitent 3 litres par seconde à 20 mètres de hauteur, avec 0,20 de force en chevaux-vapeur pour élever l'eau de 1 mètre, jusqu'à ceux qui débitent 3,300 litres par seconde à la plus grande hauteur de 40 mètres, avec 57 chevaux-vapeur et demi pour l'élévation de 1 mètre.

L'air est le plus grand ennemi de cette pompe ainsi que de la pompe Appold. La machine se désamorce facilement. Il faut donc des clapets de retenue.

Pour éviter les rentrées d'air par le presse-étoupe, on a imaginé de placer autour de l'arbre, derrière le presse-étoupe, un anneau à circulation d'eau provenant du refoulement par un petit tube spécial.

### Pompe Neut et Dumont.

**227.** La pompe rotative à force centrifuge du type Neut et Dumont (*fig.* 220) repose sur un bâti en fonte qui supporte l'axe de rotation et la poulie avec laquelle la machine reçoit le mouvement de transmission par courroie. Le corps de pompe est composé de deux parties en forme de coquilles, réunies par des boulons et dans l'intérieur desquelles tourne une turbine verticale composée de deux joues en tôle qui renferment les aubes. Le conduit d'aspiration se divise en deux branches aboutissant de part et d'autre au centre de la pompe comme dans la figure 216. Une disposition convenable de cloisons force l'eau à suivre le conduit annulaire, situé entre le corps de pompe et la turbine, la section de cet encloisonnement va constamment en s'agrandissant, de manière que les chocs et les remous violents de l'eau sont empêchés : afin d'éviter la rentrée de l'air dans l'appareil, on détermine un excès

de pression à l'intérieur de la boîte à étoupe par un tuyau latéral venu de fonte avec les enveloppes et établissant une double communication avec la colonne ascensionnelle et l'enceinte ménagée autour du presse-étoupe. Le courant continu ainsi créé sert en outre au nettoyage des surfaces et au refroidissement des parties frottantes.

Il y a lieu d'insister sur ce que les palettes de la roue à aubes, ou turbine,

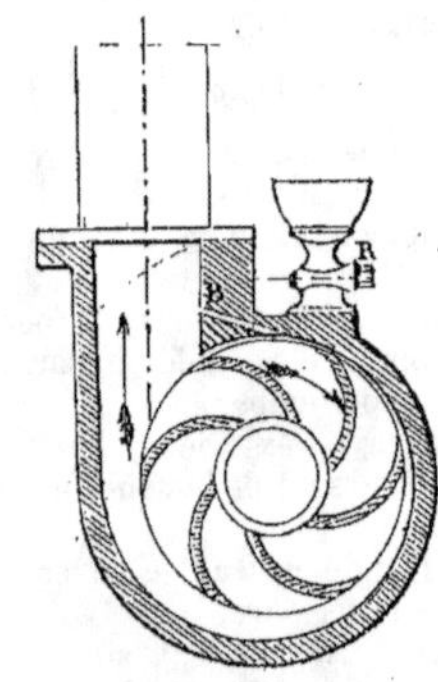

Fig. 220. — Pompe centrifuge Neut et Dumont.

Fig. 220 *bis*. — Pompe centrifuge L. Dumont.

courbées de façon à se dégager facilement de la colonne d'eau ascensionnelle, sont venues de fonte avec les deux plateaux annulaires et constituent avec le moyeu de la roue, les aubes directrices conduisant l'eau aspirée sur les palettes. Une nervure arrondie, ménagée au milieu de la largeur de chaque palette, amortit aussi le choc du liquide affluent dans les deux directions.

Enfin, le conduit d'aspiration est muni à sa partie inférieure de clapets qu'on peut placer au-dessus de l'eau dans les tuyaux et qui portent des charnières permettant une visite facile sans que l'on ait rien à démonter.

Les pompes Neut et Dumont, de toutes les grandeurs, débitant, suivant les dimensions, de 6 mètres à 500 mètres cubes par heure, rendent 61 pour 100 en moyenne du travail moteur, d'après les expériences suivies au Conservatoire, sous la direction de Tresca. Les applications de ces pompes aux irrigations se retrouvent partout dans l'est et le midi de la France : Vosges, Yonne, Aude, Hérault, etc., comme en Espagne en Italie, en Égypte et dans les colonies. Aux environs de Malaga, des pompes du type Neut et Dumont, mises en mouvement par des locomobiles, élèvent l'eau à 12, 15 et même 20 mètres.

### Pompe Coignard.

**228.** Les roues à palettes des types précédents sont remplacées ici par un système de deux plateaux distincts, callés aux extrémités de l'arbre et tournant à une très faible distance de l'enveloppe. L'eau comprise dans l'espace libre entre ces plateaux, s'y divise en deux colonnes dirigées vers des nervures en spirale, partant du moyeu pour aller à la circonférence de chaque plateau, puis, ne trouvant d'autre issue à l'enveloppe, pénètrent dans le tuyau d'ascension où l'eau suit encore une courbure arrondie.

Cette pompe hélicoïde-centrifuge consiste, en somme, par la disposition des deux tambours, en deux pompes conjuguées, entre lesquelles s'effectue l'aspiration de l'eau, la communication étant ménagée entre la colonne ascensionnelle et le milieu de la masse aspirée à l'intérieur. Du reste, on peut faire agir à volonté les deux tambours simultanément ou successivement; dans ce dernier cas l'eau n'est d'abord admise que dans l'un d'eux, d'où elle est refoulée dans le second, avec la vitesse acquise qu'augmente l'action motrice du second tambour; de telle sorte que l'on diminue ainsi le débit

en augmentant comme on veut la vitesse ou la charge. On peut également de cette manière diminuer sensiblement la vitesse de rotation sans crainte de voir la pompe se désamorcer (1).

### Pompe Maginot.

**229.** La pompe hélico-centrifuge, système Maginot, que construisent les ateliers de Pinette, à Chalon-sur-Saône, se compose essentiellement d'un propulseur à noyau conique, armé de directrices hélicoïdes, tournant dans une coque métallique. Ce propulseur, grâce au mouvement de rotation dont il est animé, refoule l'eau dans une gorge en spirale annulaire qui la conduit au tuyau d'ascension (*fig.* 221).

Pour une de ces pompes débitant de 300 à 600 litres par seconde, exigeant de 5,33 à 10,66 chevaux-vapeur par mètre d'élévation, avec des orifices de $0^m,390$ de diamètre et des poulies de $0^m,50$ de dia-

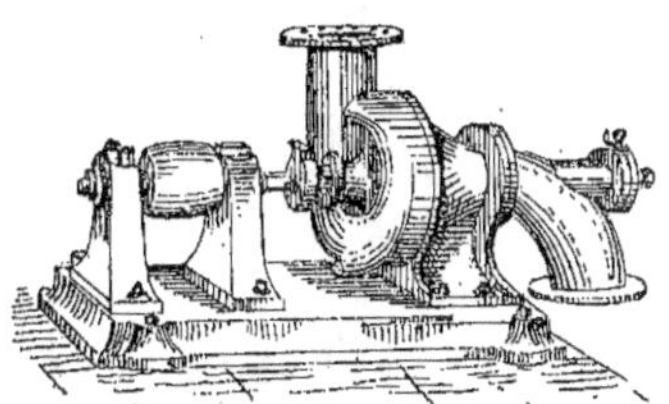

Fig. 221. — Pompe fixe hélico-centrifuge (système Maginot).

mètre, le prix est de 4,000 francs, y compris les clapets avec crépines.

C'est une des pompes qui se recommandent par sa résistance et par son rendement garanti de 60 à 80 pour 100, pour les irrigations et les submersions (2)

### Pompe Le Demours.

**230.** Parmi le pompes centrifuges, il faut encore citer celle de Le Demours, construite par Callon pour irriguer des prairies à Plobsheim. Cette pompe se

(1) Lebleu. — Rapports du jury, loc. cit., 1868.
(2) Ronna, irrigations, page 616.

compose de deux tubes en cuivre tournés en spire — et disposés sur une même boîte placée dans le bief inférieur. Le mouvement est donné par une turbine

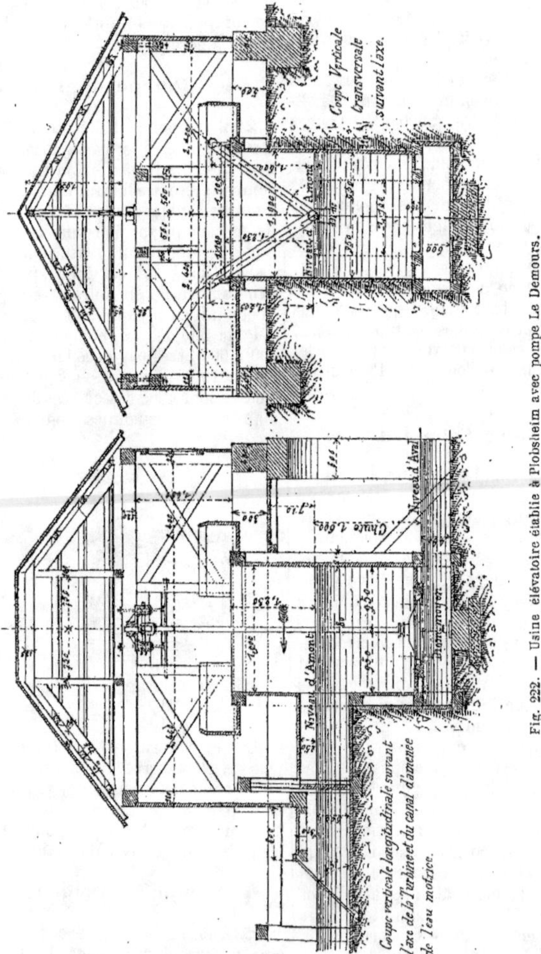

Fig. 222. — Usine élévatoire établie à Plobsheim avec pompe Le Demours.

disposée dans la chute dont la hauteur est de 1m,600. — La figure 222, où l'on trouve deux coupes longitudinale et transversale de l'usine, donne la disposition d'ensemble de cette usine.

L'eau, par l'effet de la force centrifuge,

monte dans les deux tuyaux — et se déverse ensuite dans le bief supérieur, après s'être élevée de 1ᵐ,230.

La théorie de cette machine est assez complexe, car il faut tenir compte de l'inclinaison du tuyau, des frottements dans la conduite etc , etc.

Les figures 223 et 223 *bis* donnent les détails de la pompe elle-même.

L'élévation de la figure 223 est un ra-

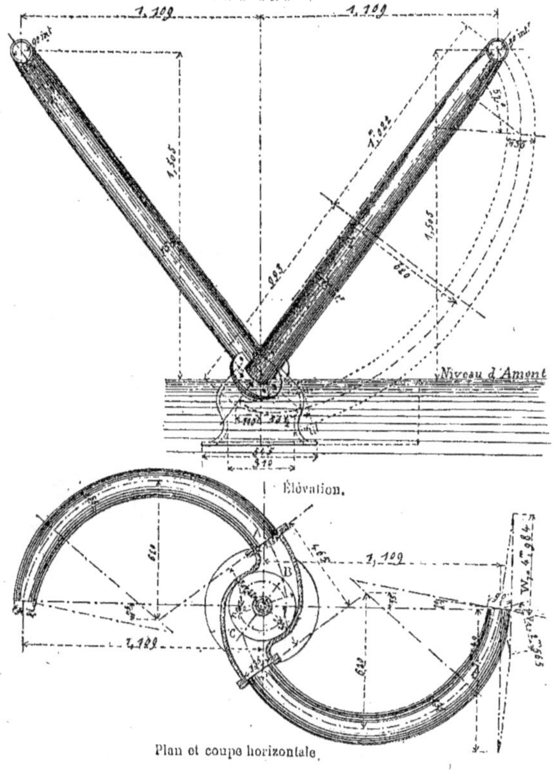


Fig. 223. — Pompe centrifuge de Le Demours.

battement sur le plan vertical de l'un des tuyaux en cuivre. Ce rabattement donne la forme exacte de chacun de ces tuyaux.

Pour l'établissement de cette usine, on s'est donné la hauteur dont il fallait élever l'eau, 1ᵐ,230; on a reconnu qu'il fallait pour cela que le plan des orifices de déversement fût à une distance de 1ᵐ,605 de l'orifice d'aspiration. On s'est donné également la quantité d'eau obtenue par seconde.

$$q = 50 \text{ litres par } 1''$$

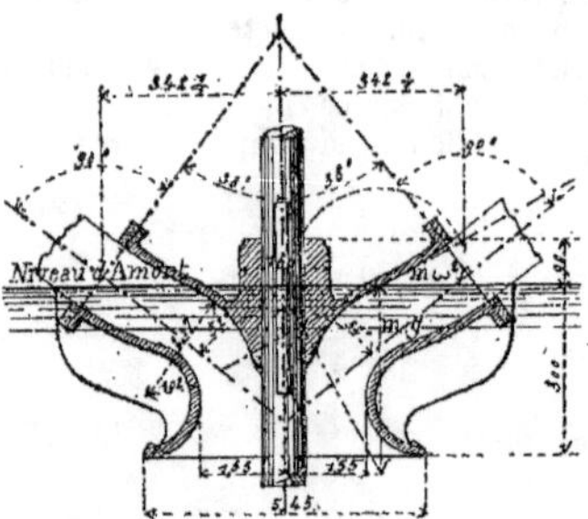

Fig. 223 *bis*. — Coupe verticale développée du pivot de la pompe (figure 223).

on a ici :

$$\frac{V_1^{\,2}}{2g} = \frac{\overline{2^m565}^2}{19,62} = 0^m,335.$$

La machine marche à 65 tours par 1'. — Le rayon de la circonférence décrite par les orifices de déversement est de 1$^m$,109. — L'angle des tuyaux est de 35° sur l'horizon.

Le rendement de cette pompe est d'environ 0,60.

Elle n'a pas reçu jusqu'à ce jour beaucoup d'applications.

## § IV. — MACHINES A ACTION DIRECTE

**231.** Nous avons réuni dans ce dernier paragraphe de la classification des machines élévatoires, toutes celles où le récepteur de la force motrice est intimement lié à la machine élévatoire proprement dite. — C'est le cas des roues à seaux et à godets — celui du Bélier hydraulique — également celui du pulsomètre.

### Roues à seaux et à godets.

**232.** Ces roues sont à la fois des moteurs et des machines élévatoires.

La figure 224 représente un instrument de ce genre. Une roue hydraulique quelconque recevant l'eau de côté ou en dessous, (comme sur la figure), pendante ou à aubes, peut être armée à sa circonférence de godets ou d'augets mobiles autour de leur axe de suspension ; ceux-ci, en plongeant dans le bassin inférieur, se rempliront et iront se vider par un système de basculeur à la partie supérieure de la roue.

Souvent on attelle la roue à godets à une roue motrice calée sur le même arbre.

« Dans l'emploi que Perronnet a fait « de cette dernière disposition pour le « pont de Neuilly, la roue à seaux était « distante jusqu'à 35 mètres de la roue « motrice à aubes. Cette dernière avait « 5$^m$,85 de diamètre et les aubes avaient « 6$^m$,50 de largeur sur 0$^m$,97 de hauteur. « La roue à seaux, pour un diamètre « de 5$^m$,36, portait 16 seaux cubant cha-

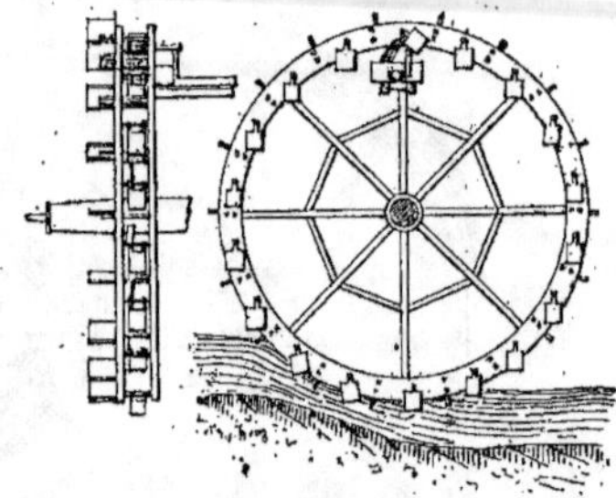

Fig. 224. — Roue à seaux et à godets.

« cun 123 litres ; mais à cause des pertes « d'eau à la montée, chaque seau n'en « donnait réellement que 103. La machine ainsi établie élevait en une heure 185 mètres cubes d'eau à 3$^m$,25 de « hauteur (1).

(1) Ronna, *Les irrigations*, p. 580.

Cette disposition est plus particulièrement adoptée pour élever des eaux en vue des irrigations.

Il faut citer parmi les roues motrices à augets celle de *Ciry-Salsogne*, près de *Soissons*, destinées à élever les eaux de la Vesle pour irriguer les prairies (*fig.* 197). Elle présente une disposition particulière due à MM. Thomas et Laurent. L'entrée de l'eau se fait au pourtour de la roue dans une série de godets qui ramassent l'eau en passant dans le bief d'aval, et qui la déversent à l'intérieur de la roue où deux réservoirs placés à des niveaux différents la recueillent.

La vitesse est lente — 0ᵐ,62. — La roue a 5ᵐ,90 de diamètre et fait seulement 2 tours par minute. Son rendement est de 60 à 65 pour cent.

Citons également les nombreuses roues de ce type qu'on rencontre à l'Isle sur Sorgues (Vaucluse) où elles sont employées pour élever l'eau de la Sorgues et la distribuer pour les besoins de diverses industries.

### Bélier hydraulique.

**233.** L'invention de cette machine à élever les eaux est généralement attribuée à Montgolfier qui a construit, en 1796, le premier appareil de ce genre.

Le croquis de la figure 225 représente la coupe transversale de l'un de ces appareils. Un tuyau EDA, dont la partie AD est horizontale, amène l'eau d'un bassin et le verse en A par un orifice circulaire qui peut être fermé par une soupape à boulet, ou une soupape légèrement plus dense que l'eau, se mouvant dans une tige directrice ; cette soupape, appelée *soupape d'arrêt*, est ouverte dans les premiers moments. Le tuyau horizontal DA se continue et communique par un orifice C avec une capacité M, dans laquelle s'abouche un tuyau d'ascension F ; l'orifice C peut s'ouvrir, mais dans les premiers instants il est fermé par une soupape également légère, le plus souvent une soupape à boulet, appelée *soupape d'ascension*.. L'écoulement, qui s'opère rapide par l'orifice A, produit une contraction analogue à celle qui se manifeste dans les ajutages cylindriques ; il en résulte en A une dépression légère en vertu de laquelle la soupape A est soulevée et appliquée contre l'orifice qu'elle ferme complètement. En vertu de la vitesse acquise, l'eau continue à s'écouler dans le tuyau ED; la masse d'eau en mouvement trouvant l'issue subitement fermée et perdant ainsi toute puissance vive, comprime les parois du tuyau et par suite de plus en plus la soupape A, soulève la soupape C, et l'eau s'élève dans la capacité M, en comprimant l'air qu'elle contient. Mais, par suite de cet écoulement, la masse d'eau en mouvement est bientôt ramenée au repos ; la soupape A s'ouvre, la soupape C se referme et l'écoulement recommence par

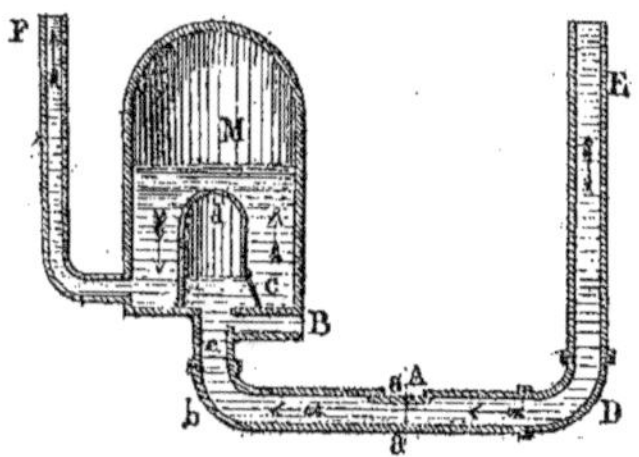

Fig. 225. — Bélier hydraulique de Montgolfier coupe verticale.

l'orifice A jusqu'à ce que, le phénomène de contraction de la veine se produisant, le jeu précédent des clapets se reproduise de nouveau. La même série de manœuvres des clapets se reproduisant périodiquement, il entrera périodiquement aussi de l'eau dans la capacité M. Chaque fois que la soupape C est fermée, l'air, comprimé un moment, se détend et refoule l'eau dans le tuyau d'ascension et de là dans un bassin supérieur, dont le niveau peut être *beaucoup plus élevé* que le niveau du bief alimentaire. A chaque période la soupape A, en se soulevant et en retombant, produit un choc violent auquel on a donné le nom de coup de Bélier.

Bossut, en 1798, et après lui Eytelwein, en 1822, ont fait de cet appareil d'une grande simplicité, une importante étude, pour en déterminer les dimensions, en vue de l'effet utile maximum.

Le rendement de cette machine sera évidemment donné par la relation

$$\frac{T_u}{T_m} = \frac{Qh}{Q'h'} \qquad (1)$$

dans laquelle :

Q, désigne le volume d'eau élevé par seconde dans le bassin supérieur.

$h$, désigne la hauteur entre le bassin supérieur et le bassin inférieur.

Q' désigne le volume d'eau dépensé par seconde par l'orifice A.

$h'$, désigne la hauteur du niveau de l'eau dans le bassin alimentaire d'amont, au-dessus de l'orifice A.

D'après ses observations, Eytelwein a été conduit aux conséquences suivantes :

La longueur du corps du tuyau d'amenée doit être égale à la hauteur d'ascension, augmentée de deux fois le rapport de cette hauteur à celle de la chute. Le diamètre du même tuyau doit être 1,70 fois la racine carrée du volume d'eau dépensé, et le diamètre du tuyau d'ascension doit être égal à la moitié. L'orifice de la soupape d'arrêt doit avoir la même surface que le tuyau de conduite ; la soupape d'ascension également.

La soupape d'ascension C et la capacité M, qui joue le rôle de réservoir d'air, doivent être placées le plus près possible de la tête du bélier $abe$ ; il y a intérêt à ne pas augmenter outre mesure le poids de la soupape d'arrêt ; car le nombre des coups de bélier par minute, et conséquemment le rendement de la machine, diminue quand le poids de cette soupape augmente. La durée de l'ouverture de la soupape est à celle de la fermeture à peu près dans le rapport de 5 à 2 ; de plus, la vitesse de descente est beaucoup plus grande que la vitesse de montée, ce qui explique pourquoi le choc est plus violent quand la soupape retombe sur son siège que lorsqu'elle vient fermer l'orifice A.

Eytelwein conseille de donner au réservoir d'air une capacité au moins égale à celle du tuyau d'ascension, et il adopte pour fixer la longueur L du corps de bélier une formule

$$L = h \times \left(1 + \frac{0,628}{h'}\right) \qquad (2)$$

elle suppose le tuyau d'ascension vertical.

M. Morin a déduit des expériences d'Eytelwein la formule suivante pour le rendement de la machine :

$$\frac{T_u}{T_m} = 0,258 \sqrt{12,80 - \frac{h}{h'}} \qquad (3)$$

On voit par cette formule que le rendement descend de 0,885 à zéro, quand la hauteur d'ascension $h$ varie depuis $h'$ jusqu'à 12, 8 de $h'$.

Cette formule permet de déterminer le rapport des volumes ci-dessus représentés par Q et Q' ; car des formules 1 et 3 on peut déduire :

$$\frac{Q}{Q'} = 0,258 \frac{h'}{h} \sqrt{12,80 - \frac{h}{h'}}. \qquad (4)$$

Connaissant Q' on en déduira le volume Q d'eau élevée, et par suite le volume Q' — Q d'eau perdue. De la connaissance des volumes Q et Q' on déduira le diamètre du tuyau d'ascension et celui du corps du bélier, en limitant à $0^m,50$ la vitesse de l'eau dans chacun de ces tuyaux afin que, d'une part, l'eau arrive dans le bassin supérieur avec une faible vitesse, et que d'autre part les coups du bélier ne prennent pas une trop grande intensité. On ne donne pas au corps du bélier un diamètre supérieur à $0^m,25$, ni inférieur à $0^m,025$.

Le Bélier doit être indiqué comme un appareil incomparable pour sa simplicité, son efficacité et son bas prix, dès que la hauteur à laquelle l'eau doit être élevée n'est pas dix fois plus grande que la hauteur de chute. Ainsi, avec une chute de $2^m,50$, un bélier pourra élever 18 000 litres d'eau par jour, à une distance de 800 mètres, et à une hauteur de 12 mètres au-dessus du point d'origine, si la source débite 170 litres par minute.

## Bélier hydraulique de M. Bolée.

**234.** M. Bolée a établi dans la tête du bélier un petit réservoir d'air, muni d'une soupape qui laisse entrer l'air extérieur quand la soupape d'ascension s'abaisse ; cette disposition atténue le choc de la soupape d'arrêt ; de plus, l'air introduit ainsi dans le petit réservoir arrive sous la soupape d'ascension dans le grand, et renouvelle ainsi l'air qui a pu être entraîné en dissolution dans l'eau. La figure 226 représente une coupe transver-

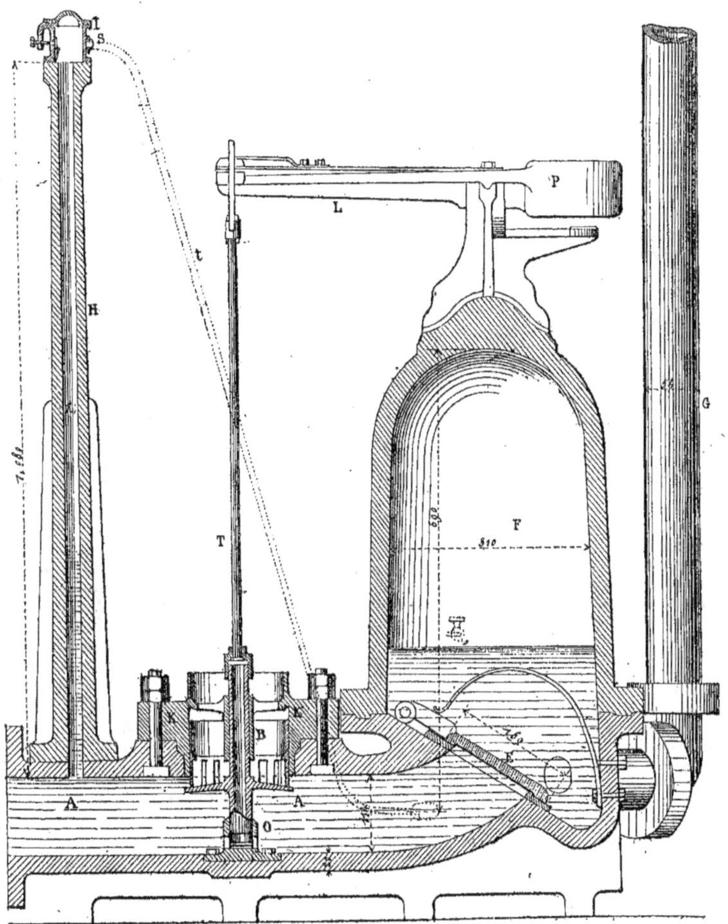



Fig. 226. — Bélier hydraulique de M. Bolée.

sale faite sur l'axe d'un bélier Bolée.

AA, Corps du bélier ;
B, Soupape d'arrêt en partie équilibrée par un contre-poids faisant partie d'un balancier L, qui oscille sur deux couteaux ; Cette soupape est à lanterne : sa tige

inférieure descend dans un petit cylindre O percé latéralement de deux ouvertures pour l'écoulement de l'eau ; le fond de ce cylindre est garni de rondelles élastiques. La partie supérieure de la soupape B est un cylindre mince qui pénètre dans une rainure annulaire K, dont la largeur est un peu plus grande que l'épaisseur de ce cylindre et où l'eau forme matelas ; cela atténue le choc de la soupape B contre son siège. — La tige T agit sur le balancier L au moyen d'un étrier et de deux lames de ressort; de cette façon les oscillations du balancier L s'effectuent aussi sans choc sensible ;

E, Soupape de refoulement, qui peut être munie d'un ressort ;

F, Réservoir d'air muni d'une soupape de sûreté ;

H, Colonne creuse en fonte dont le sommet dépasse le niveau des plus hautes eaux d'aval et porte une boîte rapportée I;

I, Boîte ou chambre à air; elle est munie d'un reniflard d'air S avec bouchon à vis et clapet et d'un clapet de refoulement S. Les oscillations de la colonne d'eau dans cette colonne creuse aspirent l'air extérieur et le refoulent dans le tuyau $t$ qui l'amène sous le clapet de refoulement E pour alimenter d'air le réservoir F.

La soupape d'arrêt peut être noyée par les eaux d'aval sans qu'il en résulte une diminution sensible dans le rendement de la machine.

Il importe que la hauteur de chute n'excède pas 6 mètres à cause de la résistance des clapets.

D'après Denton, quand la hauteur d'élévation est 8 fois celle de la chute, l'effet utile du bélier est de 66 % ; quand elle est 10 fois plus grande, l'effet utile se réduit à 50 % ; enfin, si elle est 20 fois plus grande, l'effet utile n'est plus que de 18 %. Ainsi, en admettant que l'on dispose de 200 litres d'eau par minute, avec une chute de 3 mètres, on aurait dans les trois cas :

$$\text{à } 24\,\text{m. de hauteur} \quad \frac{66}{100} \times \frac{200 \times 3}{24} = \overset{\text{lit.}}{16.50}$$

$$\text{à } 30\,\text{m. de hauteur} \quad \frac{50}{100} \times \frac{200 \times 3}{30} = \overset{\text{lit.}}{10.00}$$

$$\text{à } 60\,\text{m. de hauteur} \quad \frac{18}{100} \times \frac{200 \times 3}{60} = \overset{\text{lit.}}{1.80}$$

Les grandeurs et les débits des béliers Douglas sont indiqués, en regard des prix, dans le tableau ci-après :

| GRANDEUR | QUANTITÉ d'eau fournie par la source par minute | LONGUEUR DES TUYAUX de conduite | DIAMÈTRE DES TUYAUX | | PRIX |
|---|---|---|---|---|---|
| | | | D'ARRIVÉE | de DÉCHARGE | |
| nᵒˢ | litres | m. | m. | m. | fr. |
| 2 | 3 à 8 | 8 à 18 | 0.020 | 0.010 | 55 |
| 3 | 6 à 16 | — | 0.025 | 0.012 | 75 |
| 4 | 12 à 28 | — | 0.030 | 0.012 | 90 |
| 5 | 24 à 56 | — | 0.051 | 0.020 | 150 |
| 6 | 48 à 100 | — | 0.063 | 0.025 | 280 |
| 7 | 80 à 160 | — | 0.070 | 0.030 | 400 |
| 10 | 100 à 300 | -- | 0.100 | 0.051 | 1.000 |

Ces appareils que l'on trouve couramment aujourd'hui dans le commerce, sont établis dans d'excellentes conditions de durée, sans que les dépenses d'entretien soient onéreuses. En les munissant d'un appareil régulateur, surtout lorsque les sources sont soumises à des variations, à cause de la sécheresse ou des fortes pluies, on arrive à régler leur débit suivant la capacité.

Nous empruntons à Duplessis (1) les proportions de quelques béliers de récente construction, avec leur débit et leur effet utile:

(1) *Journ. agric. pratique*, 1866, t. II.

| DÉSIGNATION DES BÉLIERS | TUYAUX CONDUCTEURS | | HAUTEUR | | EAU fournie par LE COURANT | EAU élevée en UNE MINUTE | RAPPORT de l'effet utile à l'effet dépensé |
|---|---|---|---|---|---|---|---|
| | Longueur | Diamètre | de chute | d'élévation | | | |
| | m. | m. | m. | m. | lit. | lit. | lit. |
| Bélier établi par M. Fay-Sathonay, à Lyon................... | 32.50 | 0.04 | 10.60 | 34 » | 84 » | 17 » | 0.65 |
| Bélier de la sous-préfecture de Clermont (Oise)................. | 33 » | 0.027 | 7 » | 60 » | 12.40 | 0.97 | 0.67 |
| Bélier de M. Turquel, près Senlis.. | 8 » | 0.200 | 0.98 | 4.50 | 19.87 | 269 » | 0.63 |
| Bélier de Laveste, à Marseille..... | 40 » | 0.300 | 7 » | 39 » | 59 » | 6 » | 0.57 |

**235. Appareil Caligny.** — L'appareil hydraulique Caligny rentre dans la catégorie des béliers, mais il ne s'y produit pas de choc apparent comme dans le bélier ordinaire. La nécessité d'établir entre les parties mobiles de l'appareil et la pression exercée par le liquide un exact équilibre, fait que de très faibles variations dans les charges d'eau motrice, obligent à régler certaines pièces pour que le jeu de l'appareil ne soit pas interrompu. Autrement, ce bélier, essayé au Conservatoire des arts et métiers, a été trouvé d'un rendement de 43 °/₀ du travail moteur dépensé (1).

### Pulsomètre.

**236.** Ici la puissance utilisée n'est pas celle d'une chute hydraulique, mais celle de la vapeur par action directe.

Le pulsomètre se compose d'une seule pièce de fonte d'une forme conique et avec diverses chambres, dans lesquelles, au moyen d'ouvertures couvertes, les clapets sont placés. Le fonctionnement du pulsomètre est aussi simple que sa construction. Supposons d'abord un bout de tuyau ou corps de pompe sans piston, plongeant dans l'eau par son extrémité inférieure et portant un peu au-dessus du niveau de l'eau un clapet d'aspiration, et, plus haut, sur une tubulure latérale, un clapet de refoulement. Le bout de ce corps de pompe est fermé en y fixant un robinet pouvant amener de la vapeur. Si l'on ouvre le robinet quelques instants pour le refermer ensuite, bien entendu le corps de pompe se sera rempli de vapeur et, aussitôt abandonnée à elle-même, une partie de cette vapeur se condensera sous l'influence du refroidissement. Un vide se produira donc, et l'eau froide de la nappe inférieure soulevant le clapet d'aspiration, pénétrera brusquement dans le corps de pompe et condensera ce qui reste de vapeur. Si l'on ouvre à ce moment le robinet supérieur, la vapeur fera pression sur le liquide et l'expulsera dans le tuyau de refoulement. La vapeur se

condensera et remplira à nouveau la capacité. Cette idée sur laquelle est basée le pulsomètre étant bien comprise, nous donnons quelques détails sur l'un des pulsomètres les mieux établis.

### Pulsomètre de Ritter.

**237.** Au lieu d'avoir comme plus haut un seul corps de pompe, le nouveau *Pulsomètre de Ritter* (*fig.* 227) en a deux réunis AA en forme de poires juxtaposées; l'appareil se compose en outre d'une chambre d'aspiration D, au-dessus de laquelle sont deux clapets d'aspiration et au-dessous un clapet de retenue, d'une chambre de refoulement (*h*) latérale aux deux chambres en poires et contenant deux clapets de refoulement; d'une petite chambre de vapeur située au point où les deux chambres en poires se réunissent à leur partie supérieure et contenant le nouveau *clapet de vapeur à pendule* (Ritter) (*fig.* 228), qui, suspendu comme le balancier d'une pendule, en oscillant, ferme alternativement l'orifice par lequel chacune des chambres en poires communique avec cette dite chambre de vapeur, et enfin d'un réservoir d'air B qui a pour but d'éviter les chocs qui résulteraient de l'arrivée subite de l'eau dans le vide produit par la condensation de la vapeur. Supposez un tuyau d'aspiration appliqué après la bride de la chambre d'aspiration, un tuyau de refoulement à la bride de la chambre de refoulement et, enfin, un tuyau de vapeur appliqué à la bride de la chambre de vapeur, et l'appareil est complet et prêt à fonctionner. Les forces vives des colonnes d'eau en mouvement du côté de l'aspiration et du côté du refoulement feront le reste et assureront le fonctionnement automatique des organes décrits ci-dessus.

Pendant qu'une des chambres A se remplit d'eau, la vapeur agit dans la chambre voisine pour chasser l'eau introduite un moment auparavant. Le *clapet à pendule*, oscillant, vient refermer l'introduction de la vapeur sous l'influence de la condensation éprouvée par celle-ci, et ainsi de suite, les mêmes effets se reproduisent périodiquement, et les pulsations se succèdent plus ou moins vite, suivant

(1) Tresca, *Rapports du jury international,* 1866, t. I, p. 224.

là pression de la vapeur, la hauteur d'aspiration, du refoulement, etc... etc...

Le fonctionnement est donc absolument pareil à celui d'une pompe à pistons, une chambre se remplissant pendant que l'autre se vide, et ainsi de suite ; mais là

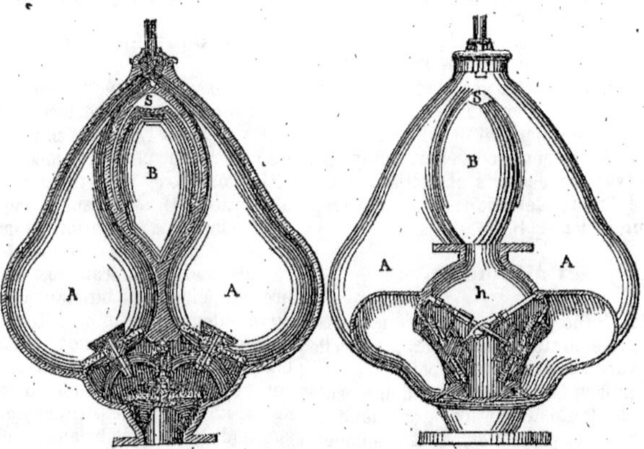

Fig. 227. — Pulsomètre de M. Ritter.

le grand avantage du pulsomètre est évident; il ne contient, ni tiges, ni pistons, ni garnitures. ni aucune pièce mécanique qui bouge. C'est simplement la vapeur qui agit comme piston refoulant dans une chambre, pendant que dans l'autre elle agit comme piston aspirant.

Il est aussi facile à comprendre qu'on peut, au lieu de clapets en caoutchouc, mettre des boulets en bronze qui laissent passer : *sable, vase, gravier*. On peut aussi suivant la nature de l'eau à élever, construire l'appareil, au lieu de fonte en bronze, étain, etc... Il peut donc être employé dans les villes d'eaux médicinales.

L'inconvénient grave de cet appareil est sa consommation considérable de vapeur qui force à limiter son emploi à des cas spéciaux.

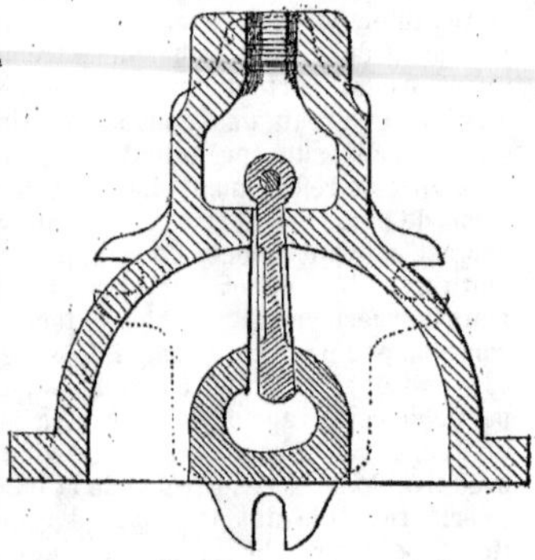

Fig. 228.

## § V. — *CONSIDÉRATIONS SUR LES CONDITIONS DE BON FONCTION-NEMENT DES MACHINES ÉLÉVATOIRES*

### Causes de pertes. — Leur importance.

**238.** Dans tous les appareils élévatoires, il y a des causes de pertes inhérentes à la nature même de l'instrument qui doivent préoccuper les constructeurs désireux d'entrer plus avant dans la voie des améliorations. Parmi ces causes de pertes, il faut signaler, la dimension et le mode particulier de fabrication des clapets ; la forme donnée à l'embouchure des tuyaux ; la disposition de la crépine ou de la lanterne d'aspiration ; la jonction des tuyaux d'aspiration et de refoulement avec le corps de l'appareil ; plus particulièrement pour les pompes, le rapport entre la section des cylindres et celle des tuyaux d'aspiration et de refoulement ; le rapport entre la longueur du cylindre et la profondeur à laquelle l'eau est puisée, etc. etc.

Nous étudierons successivement toutes ces causes de pertes et les moyens employés pour les atténuer en prenant le plus souvent pour exemple le cas de l'emploi des pompes qui est le plus fréquent en matière d'alimentation d'eau.

Si nous désignons par Q le volume d'eau, exprimé en mètres cubes que la machine élévatoire doit élever en une seconde, par Z la hauteur à laquelle ce volume doit être élevé, le travail de la machine en une seconde sera, exprimé en kilogrammètres par la relation :

$$T_u = 1\,000\,Q \times Z,$$

ce travail $T_u$ comprenant celui nécessaire pour vaincre les frottements dans le tuyau d'aspiration et celui de refoulement. Si nous désignons par F la perte de charge, exprimée en hauteur d'eau, due au frottement des divers organes, clapets, soupapes, corps de pompe ou de la machine, le travail moteur consommé par la machine sera également en une seconde et exprimé en kilogrammètres :

$$T_m = 1\,000\,Q \times (Z + F)$$

Le rendement mécanique sera donc :

$$\frac{T_u}{T_m} = \frac{Z}{Z + F}.$$

Il faut donc chercher à rendre F le plus petit possible en réglant la vitesse de l'eau, celle de la machine, ses organes. etc. etc., en évitant le plus possible dans la circulation de l'eau depuis l'aspiration jusqu'au refoulement, les changements brusques de section et de direction.

Les pompes dont il a été question précédemment, sont les machines qu'on emploie le plus fréquemment pour les élévations d'eau, et cela, sous les formes les plus diverses. Comme souvent, la hauteur à laquelle il faut élever les eaux est considérable, on la divise en plusieurs étages à chacun desquels on établit une pompe ; la pompe de chaque étage puisant l'eau dans un réservoir où elle a été versée par la pompe de l'étage inférieur : lorsque ces pompes peuvent être établies les unes au-dessous des autres, on leur transmet le mouvement par une même tige principale à laquelle sont rattachées des tiges secondaires latérales pour chaque pompe.

Le rendement des pompes à mouvement rectiligne alternatif varie beaucoup suivant les dispositions et les soins d'exécution. Dans quelques systèmes bien établis, on a pu atteindre jusqu'à 0,85 et 0,90 du travail moteur ; mais le plus ordinairement, on ne doit compter pour le travail utile que sur 0,70 à 0,80 du travail moteur ; les pompes ménagères descendent même à 0,40.

**239.** Les considérations générales du bon fonctionnement d'une pompe doivent porter sur les points suivants :

*a*, le remplissage ou l'amorçage ;

*b*, le ou les clapets de retenue à l'aspiration et au refoulement ;

*c*, la disposition des paniers — cloches ou lanternes d'aspiration ;

*d*, le captage de la source — la disposition du puits ou puisard ;

*e*, la dispositon de la conduite d'aspiration — verticale ou traînante ;

*f*, la construction des réservoirs d'air sur tuyaux horizontaux ou verticaux, l'objet de ces réservoirs (pompes conjuguées) et le mode d'alimentation d'air ;

*g*, la disposition des soupapes ou des clapets — la vitesse et la course du piston ;

*h*, le frottement du piston — les garnitures diverses intérieures et extérieures ;

*i*, le frottement de l'eau dans les conduits et l'influence du réservoir d'air ;

*j*, le déchet de la pompe (rendement en eau) ;

*k*, le rendement en travail, c'est-à-dire le travail en eau montée par rapport au travail moteur.

Nous allons examiner rapidement ces diverses conditions générales propres à assurer la bonne marche d'une pompe.

## a. — Remplissage ou amorçage.

**240.** La hauteur à laquelle la machine élévatoire est placée par rapport au niveau où l'eau doit être puisée, constitue l'aspiration : cette hauteur ne peut être prise arbitrairement : elle varie avec le type adopté.

Nous avons indiqué, précédemment pour les pompes, page 283, que la hauteur de la soupape dormante est limitée par la condition

$$h \leqslant 10{,}334 \times \frac{\mathrm{V}}{\mathrm{V} + u}$$

*h*, désignant la hauteur de la soupape dormante au-dessus du niveau dans le puisard.

Dans les pompes dont le piston est à garniture intérieure (corps de pompe alésé) et dont l'espace mort est très réduit, on peut avoir seulement :

$$v = 0{,}05\mathrm{V} ;$$

de telle sorte que l'on a pour l'inégalité (1) (Voir page 283) :

$$h \leqslant 10{,}334 \times \frac{1}{1{,}05}$$

$$h \leqslant 9^{\mathrm{m}}{,}83.$$

Dans certaines pompes à piston plongeur, c'est-à-dire à garniture extérieure, on a souvent :

$$v = 0{,}20\mathrm{V}$$

dans ce cas l'inégalité (1), donne :

$$h \leqslant 10{,}334 \times \frac{1}{1{,}20}$$

$$h \leqslant 8^{\mathrm{m}}{,}60$$

De ces nombres, il faut retrancher la perte de charge due au frottement de l'eau dans le tuyau d'aspiration.

Il faut aussi tenir compte de l'influence de la course du piston sur la hauteur à laquelle il convient de placer le corps de pompe par rapport au niveau de l'eau dans le puisard d'aspiration, pour qu'à la fin de la course il puisse être complètement rempli.

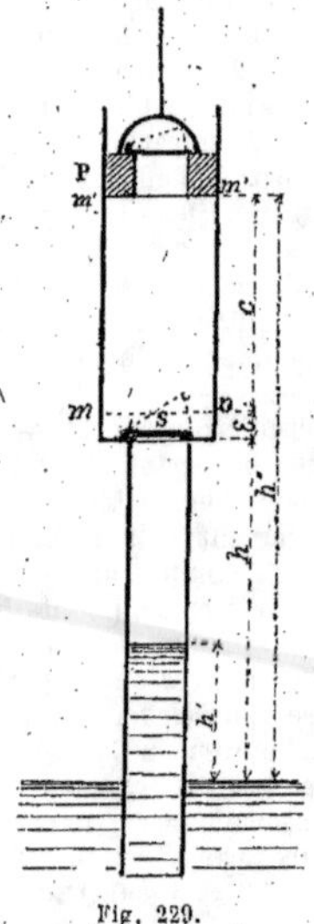

Fig. 229.

Supposons que la pompe soit en cours d'amorçage et que l'eau se soit élevée dans le tuyau d'ascension d'une hauteur $h + \varepsilon$ suffisante pour dépasser la soupape de retenue *s*, mais insuffisante pour atteindre le dessous du piston *mn* à fond de course. Soit $v'$ le petit espace nuisible existant entre le fond du piston à fond de course, en *mn*, et le niveau de l'eau en $h + \varepsilon$ (*fig.* 229).

Avant cette dernière course du piston, le piston étant en $m'n'$, le volume d'air $(V + v')$, compris entre $mn$ et la soupape dormante, était à une pression exprimée par :

$$10^m,334 - (h + \varepsilon);$$

à la fin de cette dernière course, le volume d'air est réduit à $v'$ et sa pression est :

$$[10^m,334 - (h + \varepsilon)] \times \frac{V + v'}{v'}.$$

Pour que l'amorçage puisse avoir lieu, il faut que l'on ait :

$$10^m,334 = [10^m,334 - (h + \varepsilon)] \times \frac{V + v'}{v'}$$

d'où $\quad h + \varepsilon = 10^m,334 \times \dfrac{V}{V + v'} \qquad (2)$

Soit $c$ la course du piston et $\Omega$ sa section, on a d'après la définition de $V$ (page 283) : $\qquad V = \Omega c$

et si l'on désigne par $h'$ la hauteur à laquelle il s'élève par rapport au niveau de l'eau dans le puisard :

$$V + v' = \Omega [h'' - (h + \varepsilon)].$$

Reportons ces valeurs de $V$ et $V + v'$ dans la relation (2).

on a $\quad h + \varepsilon = 10^m 334 \times \dfrac{c}{h'' - (h + \varepsilon)}$

d'où $(h + \varepsilon)^2 - h''(h + \varepsilon) + 10^m,334 c = o$ et par suite,

$$h + \varepsilon = \frac{h''}{2} \pm \sqrt{\frac{h''^2}{4} - 10^m,334\, c\cdot}$$

Pour que la valeur de $h + \varepsilon$ soit réelle, il faut que :

$$\frac{h''^2}{4} \geqslant 10,334\, c$$

ou $\qquad h'' \geqslant 2\sqrt{10,334 \times c}$

$\qquad\qquad h'' \geqslant 6,4 \times \sqrt{c}$

d'où $\qquad c \leqslant \dfrac{h''^2}{41^m,32}.$

Pour les pompes verticales dont le piston est à garniture intérieure, nous avons vu que la limite théorique de $h$ est $9^m,83$, il faut donc pour l'atteindre que l'on ait :

$$c \leqslant \frac{9,83^2}{41,32}$$

ou $\qquad c \leqslant 2^m,33.$

Pour les pompes verticales à piston plongeur, nous avons vu que la limite

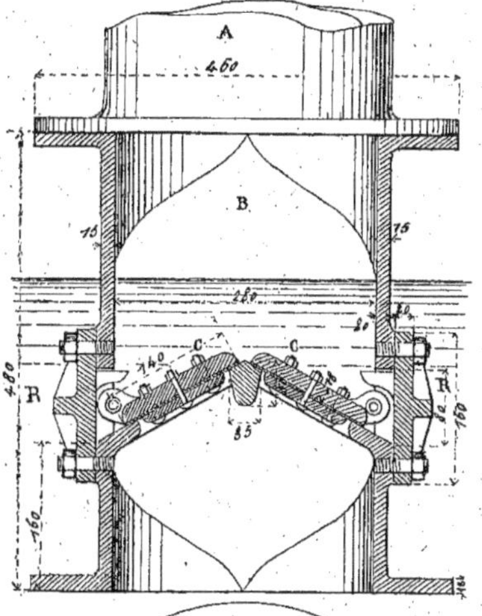

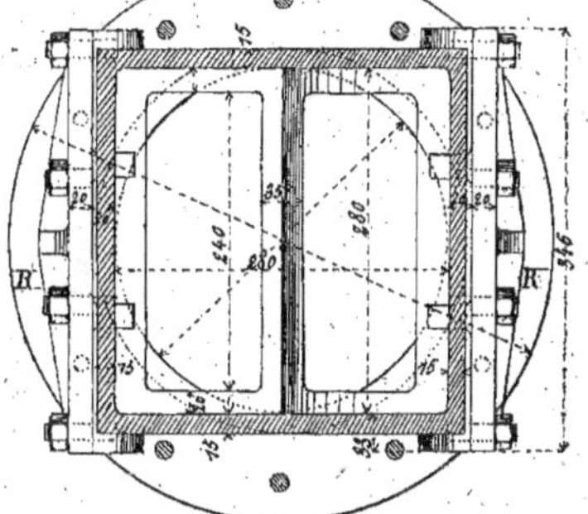

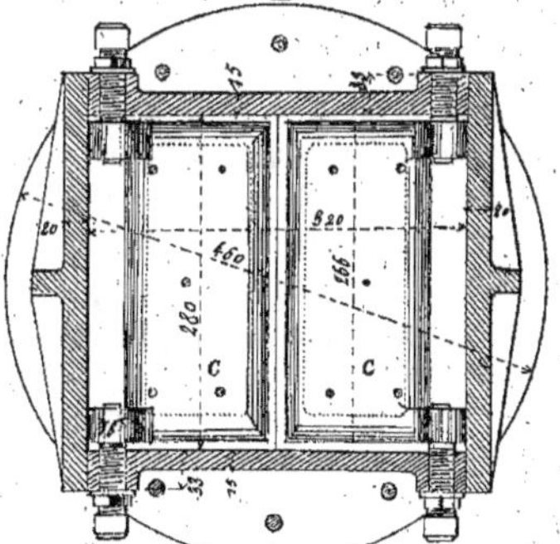

Fig. 230. — Clapet de retenue (coupes et plan).

théorique de $h$ est $8^m,60$ ; il faut donc pour l'atteindre que l'on ait :

$$c \leq 1^m,79$$

En principe, pour tenir compte des pertes de charges dans le tuyau d'ascension, etc. etc., il faut que la valeur de $h''$ ne dépasse pas 9 mètres pour les premières pompes et 7 mètres pour les secondes.

*Nota.* — Dans les pompes horizontales, la course $c$ n'intervient plus dans la hauteur $h''$ et, dans ce cas, les limites sont celles indiquées précédemment.

Pour cette raison et d'autres que nous signalerons plus loin, on choisit le plus souvent aujourd'hui les pompes horizontales de préférence aux pompes verticales.

Pour faciliter le travail d'amorçage on remplit souvent le tuyau d'aspiration avec de l'eau au moyen d'un robinet et d'une petite conduite de secours (*fig.* 226).

## b. — Clapets de retenue.

**241.** Lorsque la pompe cesse de fonctionner momentanément, il se produirait forcément un désamorçage si l'on n'avait pas la précaution d'y remédier par l'intro-

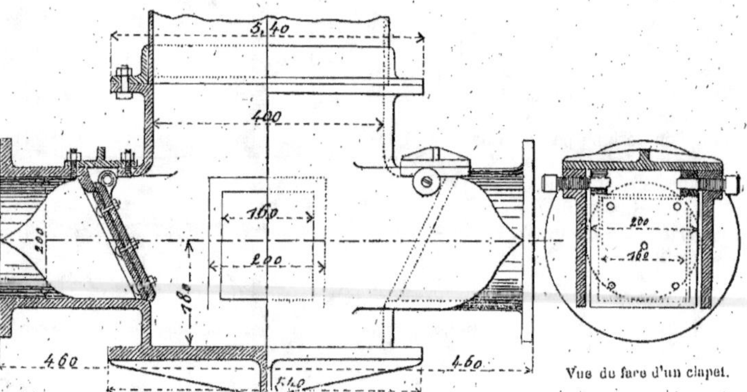


Fig. 231. — Boîte à clapets de retenue pour plusieurs pompes.

duction au bas du tuyau d'aspiration d'un clapet de retenue.

Nous donnons (*fig.* 230) deux coupes et un plan d'une boîte à clapets disposée sur la prise d'eau de la conduite d'aspiration.

Nous donnons (*fig.* 231) deux vues d'une boîte à clapets de retenue établie au bas de la conduite d'ascension dans le cas de l'alimentation de cette conduite par le jeu de plusieurs pompes.

## c. — Disposition de paniers-lanternes ou cloches d'aspiration.

**242.** Le débouché de la conduite d'aspiration est disposé de manière à former une surface qui laisse passer l'eau et retienne autant que possible les matières étrangères.

Dans les petites pompes la crépine est une simple sphère métallique percée de trous.

Pour les pompes plus importantes on fait déboucher le conduit d'aspiration dans une partie en forme de tronc de cône (*fig.* 232) ou en forme cylindrique, qui prend le nom de cloche.

Il faut faire attention que la surface d'aspiration doit être assez grande par rapport à la section du conduit pour que la vitesse des molécules liquides au droit de chaque trou soit aussi faible que possible. Car si cette vitesse était trop grande, les immondices auraient tendance à venir se coller contre la paroi de la cloche et boucher les trous.

Nous donnons (*fig.* 232 *bis*) la disposition prise pour la grandeur et l'espacement des trous à la surface de la cloche.

Nous donnons (*fig.* 233) une disposition de double grille de défense pour aspiration, placée en rivière.

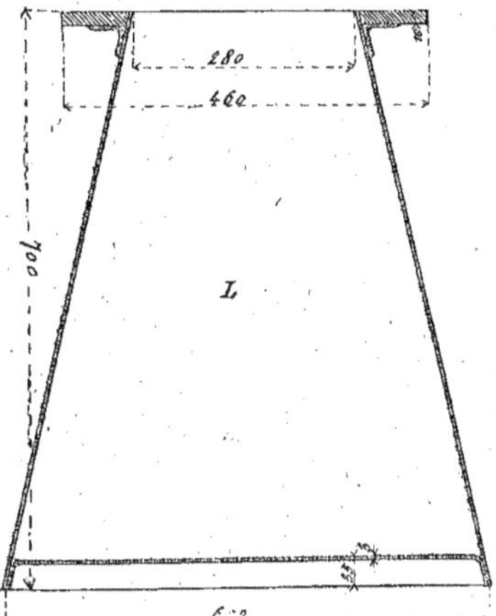

Fig. 232. — Lanterne d'aspiration.

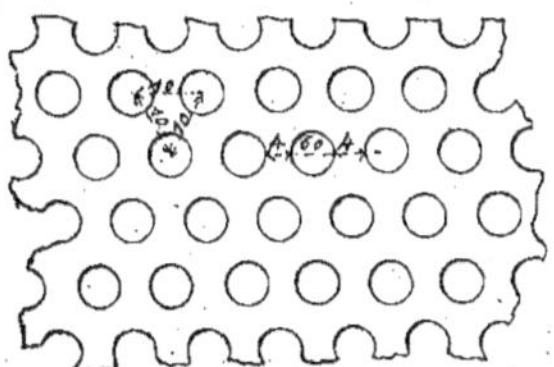

Fig. 232 *bis*. — Disposition des trous de la lanterne.

Le principe des puits filtrants (Voir page 90 et suivantes) n'est autre que celui de l'établissement d'une cloche filtrante à travers les sables mouvants.

### d. — Captage de la source. — Disposition du puits ou puisard.

**243.** Nous avons donné précédemment les renseignements relatifs au captage des sources (Voir page 44); nous les compléterons ici par divers exemples particuliers relatifs aux machines élévatoires.

La figure 234 représente le cas où l'on a capté les sources de fond en les faisant déboucher dans une chambre en maçonnerie A dont le plafond est hermétiquement fermé et traversé par le conduit d'aspiration, dans lequel l'eau des sources tendra à s'élever d'elle-même.

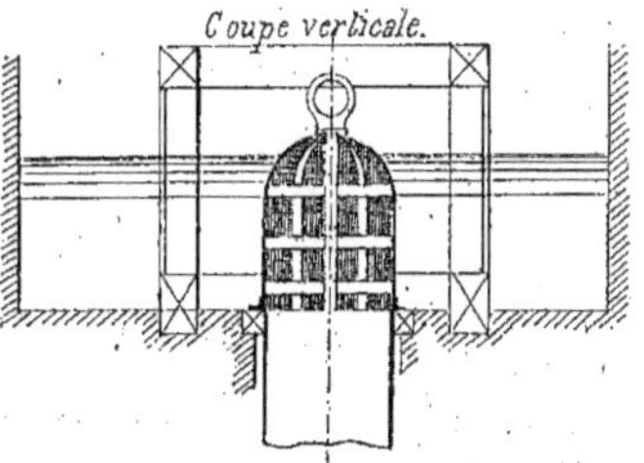


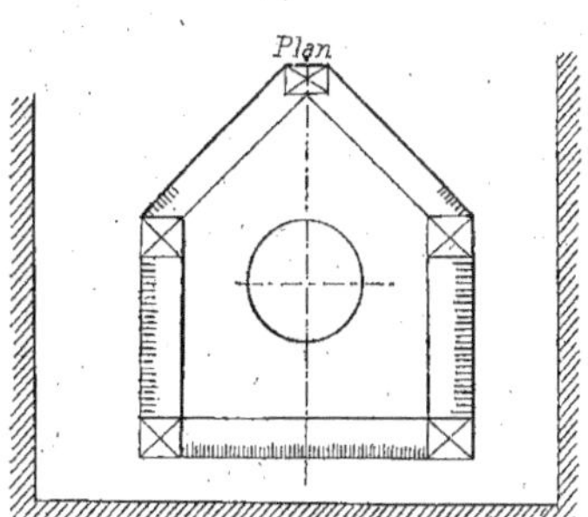


Fig. 233. — Double grille de défense pour conduite d'aspiration.

La solution de cette question se tient d'ailleurs étroitement liée avec celle de la suivante.

### e. — Disposition de la conduite d'aspiration.

**244.** La disposition de la conduite d'aspiration dépendra de plusieurs causes: notamment du mode de captation de la source, si l'eau à élever vient de la source directement, et de l'ensemble général de l'usine élévatoire.

Dans le cas d'un puits à aspiration forcée, on prendra la conduite d'ascension verticale (*fig.* 234).

Dans cette figure où l'on suppose que la source émerge du fond, on forme autour des sourcins une chambre maçonnée A et close dans laquelle pénètre la conduite d'aspiration et sa crépine, l'eau

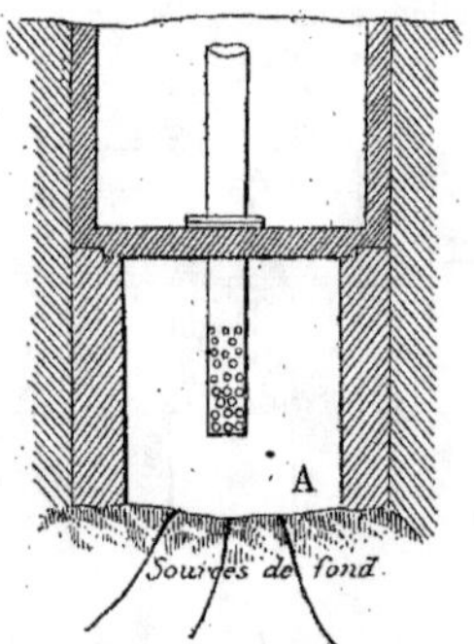

Fig. 234. — Puits à aspiration forcée.

monte par sa propre force d'expansion dans le tuyau et s'y maintiendra plus ou moins haut suivant la saison.

Le plus souvent, l'usine élévatoire ne pouvant être placée immédiatement au-dessus du niveau inférieur, il faut avoir recours à une conduite traînante.

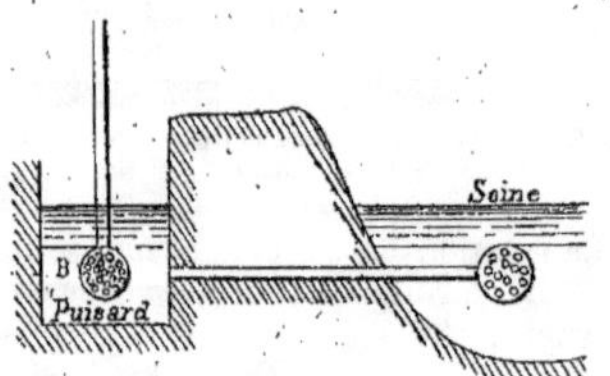


Fig. 235. — Prise d'eau d'Ivry.

On peut alors établir au moyen de cette conduite une aspiration directe ou indirecte.

S'il s'agit d'une source captée, par exemple, on recueillera d'abord l'eau

dans une tranchée remplie de cailloux et formant drain : cette tranchée est ensuite recouverte d'un corroi en terre glaise destiné à empêcher les eaux pluviales de pénétrer dans le drain. Celui-ci est soutenu par un mur muni de barbacanes établi en pierres sèches, par lesquelles l'eau de la source s'écoule dans un bassin où elle ne possède qu'une faible vitesse. De ce bassin l'eau se déverse par découlation dans une rigole qui la conduit à un puisard où se trouve la conduite d'ascension.

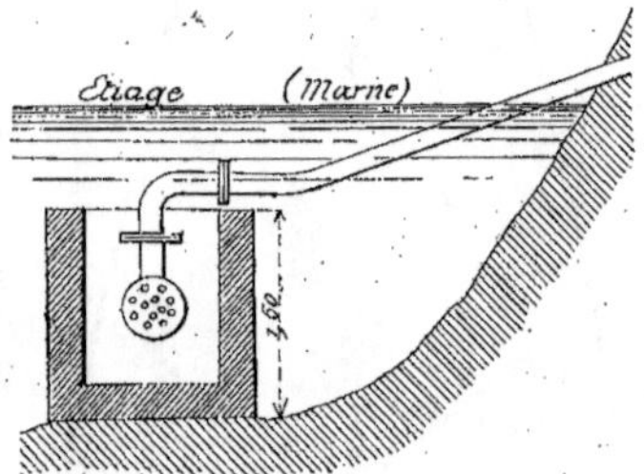


Fig. 236. — Prise d'eau de Créteil.

Si l'eau vient d'une rivière, on peut, comme pour la prise d'eau d'Ivry, (*fig.* 235), établir un puisard d'aspiration B que l'on met en communication avec l'eau de la rivière au moyen d'un conduit ho-

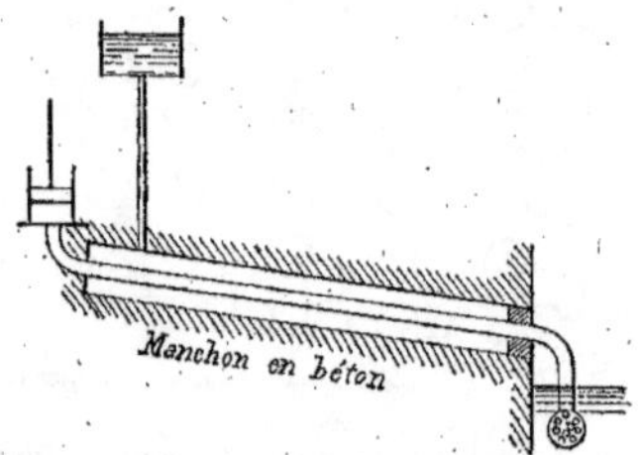


Fig. 237. — Conduite d'aspiration de Clichy.

rizontal ou au moyen d'un conduit en forme de syphon que l'on amorce ainsi que nous le verrons plus loin à propos de l'usine élévatoire de Bercy.

On peut encore, ainsi que cela a été fait

dans la Marne pour la prise d'eau de Créteil (*fig.* 236) établir en rivière une sorte de puisard, dans lequel on place la lanterne d'aspiration. La conduite d'aspiration est ici directe.

D'une manière générale, on peut dire qu'il vaut toujours mieux à cause des fuites chercher à diminuer autant que possible les joints. Aussi la conduite d'aspiration est-elle souvent noyée pour éviter les rentrées d'air aussi bien que les pertes d'eau.

Thomas et Laurens ont établi à Clichy une usine élévatoire où pour la première fois on a pris des précautions relatives à l'aspiration traînante. — Dans ce cas particulier l'eau prise dans la Seine devait être amenée par une conduite traînante sur un parcours de 300 mètres. On avait donc à redouter les conséquences inhérentes à un nombre de joints considérable. On établit, comme le montre la figure 237, autour du tuyau une sorte de manchon en béton avec circulation d'eau intérieure pour éviter les rentrées d'air par les joints mal faits.

## f. — Construction des réservoirs d'air sur tuyaux horizontaux ou verticaux.

**245.** On doit faire en sorte de réduire au minimum les pertes de charge dans les conduites d'ascension et de refoulement, éviter les coups de bélier, et pour cela, chercher à ce que le mouvement de l'eau y soit aussi uniforme que possible. Si le tuyau d'ascension a une hauteur considérable, le frottement de l'eau contre ses parois constituera une grosse perte de travail; or le travail dû à ce frottement variant à peu près comme le cube de la vitesse, ou comme

$$(au + bu^2).$$

On obtiendra une perte moindre avec une vitesse moyenne constante $u$, qu'avec des vitesses variables, les unes au-dessous de $u$, les autres au dessus.

Le cas le plus défavorable se rencontre lorsque l'on fait usage des pompes à mouvement rectiligne alternatif dans lesquelles le piston ayant une vitesse variant de zéro à zéro (au commencement et à la fin de chaque course) en passant par le maximum, imprime forcément à la masse d'eau un mouvement varié périodique. Cela rend donc nécessaire de placer entre le corps de pompe et chacune des conduites d'aspiration et de refoulement, un appareil qui emmagasine pour un temps plus ou moins long l'excédent d'eau fournie par la conduite (si l'on considère l'aspiration) et par la pompe (si l'on considère la conduite de refoulement), pour le restituer dans la période inverse ; en outre, cet appareil doit maintenir la pression dans des limites aussi constantes que possible et assurer la continuité du mouvement.

L'appareil qui remplit ces fonctions est une capacité en partie occupée par de l'air et que l'on nomme pour cette raison, *réservoir d'air*. L'eau sortant du corps de pompe ou aspirée par lui est versée dans ce réservoir, et y comprime l'air contenu, la pression du gaz s'exerçant sur la surface du liquide dans lequel plonge le tuyau de départ (ascension ou refoulement) a lieu sous une pression à peu près constante, et par conséquent d'un mouvement sensiblement uniforme.

On peut déterminer la capacité du réservoir d'air de manière qu'à l'instant de la plus grande compression de l'air, sa pression par mètre ne dépasse pas une limite donnée.

Soient :

$V_1$, le volume maximum occupé par l'air dans le réservoir ;

$P_1$, la pression correspondante ;

$V_2$, le volume minimum occupé par l'air dans le réservoir;

$P_2$, la pression correspondante;

$V_m$, le volume moyen de cet air

on a :
$$V_m = \frac{V_1 + V_2}{2} \qquad (1)$$

$P_m$ la pression moyenne (pression qui ne correspond pas au volume moyen), on a :
$$P_m = \frac{P_1 + P_2}{2} \qquad (2)$$

A le volume engendré par le piston de la pompe dans une course

$\frac{1}{n}$ la fraction de ce volume A représentant celui de l'eau que le réservoir d'air doit successivement emmagasiner et restituer dans une course du piston, d'où il résulte que,

$$\frac{1}{n} A = V_1 - V_2 \qquad (3)$$

$\frac{1}{N}$ la fraction de la pression moyenne, $P_m$ représentant la différence entre $P_1$ et $P_2$

$$\frac{1}{N} P_m = P_1 - P_2 \qquad (4)$$

On a évidemment d'après la loi de Mariotte,

$$\frac{V_1}{V_2} = \frac{P_2}{P_1}$$

d'où

$$\frac{V_1 + V_2}{V_1 - V_2} = \frac{P_2 + P_1}{P_2 - P_1}. \qquad (5)$$

On tirera des relations (1) et (3)

$$\frac{V_1 + V_2}{V_1 - V_2} = \frac{2n\,V_m}{A} \qquad (6)$$

et des relations (2) et (4)

$$\frac{P_1 + P_2}{P_2 - P_1} = 2N. \qquad (7)$$

De ces 3 dernières relations, on pourra tirer une relation (8)

$$\frac{n V_m}{A} = N \qquad (8)$$

permettant d'établir le rapport qui existe entre le volume moyen de l'air du réservoir et celui engendré par le piston de la pompe dans une course

$$V_m = \frac{1}{n} N.A. \qquad (9)$$

Suivant le volume, ou plutôt le diamètre et la longueur de la conduite, on a été conduit en pratique à donner à N une valeur qui varie de 25 à 100.

Quant au rapport $\frac{1}{n}$, il dépend absolument du système de pompe adopté. Il varie suivant que l'on emploie une pompe à simple ou double effet, ou suivant qu'il y a une seule pompe ou plusieurs pompes conjuguées.

Dans le cas d'une seule pompe à simple effet on a trouvé pour ce rapport la valeur

$$\frac{1}{n} = 0,21.$$

Dans le cas de deux pompes à double effet conjuguées à angle droit sur le même arbre moteur et ayant un réservoir d'air commun

$$\frac{1}{n} = 0,0766.$$

*Nota.* On trouvera l'exposé théorique de cette question dans l'ouvrage de M. Vigreux (*Théorie et Pratique de l'art de l'ingénieur*, page 139 et suivantes).

Nous donnons (*fig.* 238, 238 *bis*, et 238 *ter*), plusieurs exemples de dispositifs adoptés pour ces réservoirs.

Un autre moyen souvent employé pour

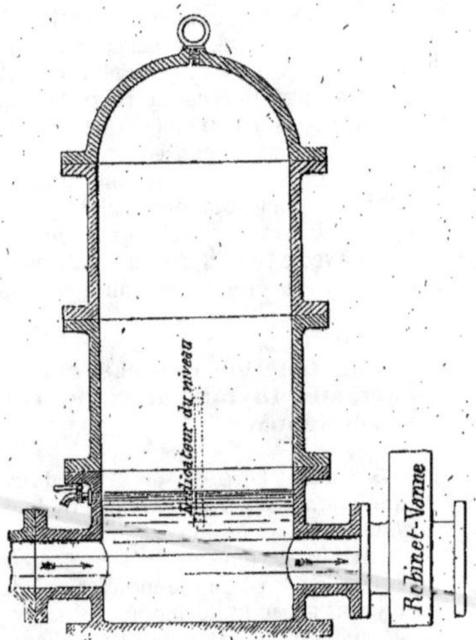


Fig. 233. — Réservoir d'air pour tuyau horizontal.

régulariser la vitesse de l'eau, consiste à employer plusieurs pompes conjuguées simples et égales, communiquant avec un même tuyau d'ascension, et dont les tiges sont mises en mouvement à l'aide de manivelles calées sur le même arbre moteur.

Considérons par exemple le cas de trois pompes conjuguées, et soient (*fig.* 239) A, B, C, les points d'articulation des trois tiges avec les trois manivelles, dont les rayons oA, oB, oC font entre eux des angles de 120 degrés. Nous supposerons les tiges assez longues pour que l'on puisse les considérer dans ce qui va suivre, comme demeurant sensiblement verticales.

Soit $v$, la vitesse supposée constante de chacun des points A, B, C; les vitesses des trois pistons seront les projections verticales des vitesses de ces trois points, et la vitesse de l'eau dans le tuyau d'ascension sera proportionnelle à la somme des vitesses des pistons ascendants. A certains instants, il y a un seul piston qui monte, tandis que les deux autres descendent; cela a lieu pour le piston correspondant à A, depuis l'instant où $o$A fait avec l'horizontale HH′ un angle de — 30 degrés jusqu'à

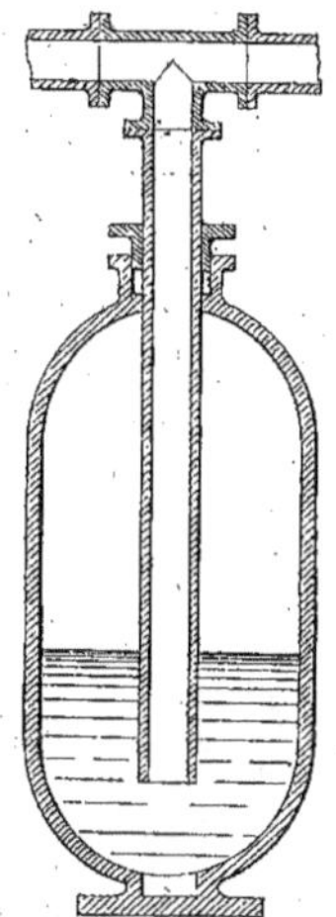

Fig. 238 *bis*. — Réservoir d'air, système Cordier.

l'instant où cet angle devient égal à + 30 degrés. Dans cet intervalle la vitesse du piston A est :

$$v \; \mathrm{Cos}\; \alpha,$$

en appelant $\alpha$ l'angle A$o$H ; la vitesse de l'eau dans le tuyau d'ascension est donc proportionnelle à cette quantité, qui varie de $0{,}866\,v$ à $v$, quand $\alpha$ varie de, — 30 degrés à 0; puis de $v$ à $0{,}866\,v$, quand $\alpha$ varie de 0 à + 30 degrés.

A d'autres instants, il y a deux pistons qui montent pendant que le troisième descend ; cela a lieu pour les pistons répondant à A et à C, depuis l'instant où $o$A fait avec $o$H un angle $\alpha = +$ 30 degrés jusqu'à l'instant où cet angle $\alpha$ atteint

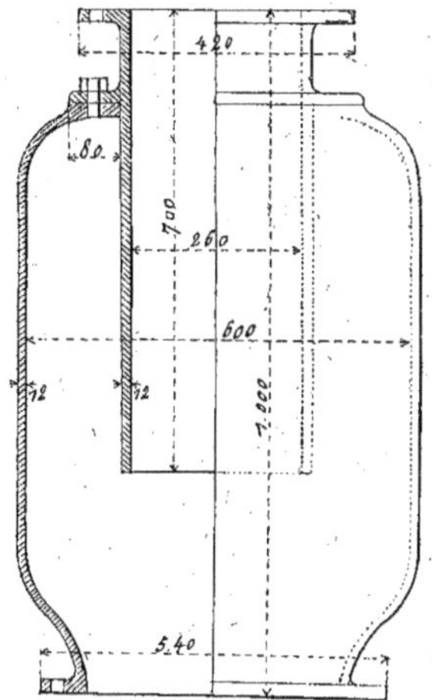

Fig. 238 *ter*. — Réservoir d'air.

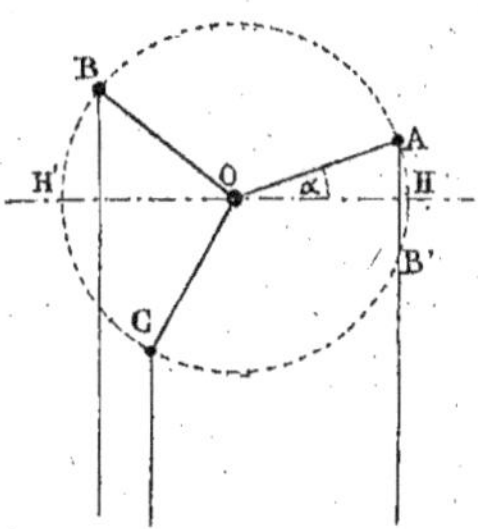

Fig. 239.

90 degrés. La somme des vitesses des pistons A et C est alors

$$v \, [\mathrm{Cos}\; \alpha + \mathrm{Cos}\; (\alpha + 240 \text{ degrés})]$$

$$\text{ou} \; \frac{1}{2}\, v \, (\cos \alpha + \sqrt{3} \sin \alpha)$$

et cette quantité, proportionnelle à la

vitesse de l'eau dans le tuyau d'ascension, varie encore de 0,866 $v$ à $v$, quand $\alpha$ varie de $+$ 30 degrés à $+$ 60 degrés, puis elle varie de $v$ à 0,866 $v$ quand $\alpha$ varie de 60 degrés à 90 degrés. Si $\alpha$ dépasse 90 degrés, c'est le piston C qui monte seul

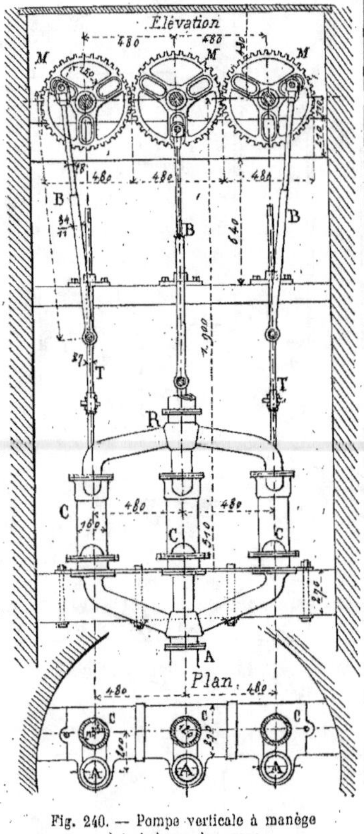

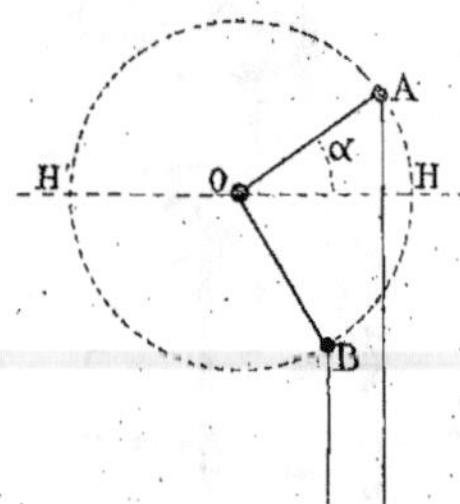



Fig. 240. — Pompe verticale à manège
à trois corps de pompe.

pendant que les deux autres descendent, et l'on retombe, pour la vitesse dans le tuyau d'ascension, sur des valeurs déjà obtenues. Cette vitesse reste donc comprise entre des valeurs proportionnelles à

0,866 et à l'unité. Le mouvement approche donc beaucoup d'être uniforme.

Nous donnons (*fig.* 240) le plan et l'élévation d'une pompe verticale à manège à 3 corps de pompe conjugués.

A, tuyau d'aspiration unique;
BBB, bielles;
CCC, corps de pompe;
R, tuyau de refoulement unique;

Les conditions de régularité que nous venons d'indiquer pourraient être remplies d'une manière satisfaisante avec deux pompes à double effet, égales, dont les tiges seraient mises en mouvement à l'aide de manivelles calées sur le même arbre. Mais dans ce cas, il est avantageux de placer les deux manivelles à angle droit comme l'indique la figure 241. Nous

Fig. 241.

donnons (*fig.* 242) un exemple de pompe conjuguée à 2 corps de pompe.

On reconnaît aisément que le produit des pompes est proportionnel à

$$\text{Sin } \alpha + \text{Cos } \alpha$$

ou $\quad 2 \text{ Sin } 45° \text{ Cos} (45° - \alpha)$

c'est-à-dire à:

$$\text{Cos} (45° - \alpha)$$

quantité qui ne varie que de 0,707 à l'unité, quand $\alpha$ varie de 90°. Mais il est préférable d'employer le système des trois pompes conjuguées à simple effet.

## g. — Disposition des soupapes ou des clapets. — Vitesse et course du piston.

**246.** Le rendement des machines élévatoires varie beaucoup suivant le soin avec lequel elles sont exécutées. Il est important que les clapets ou soupapes d'aspiration ou de refoulement soient établis de manière à réduire le plus possible les espaces nuisibles et les frottements qui leur sont propres. Nous renvoyons aux descriptions et aux figures qui précèdent et qui suivent des systèmes de pompes particuliers.

La vitesse et la course du piston dans les pompes à mouvement alternatif sont également des éléments du problème liés aux autres conditions de bon fonctionnement de la machine. Nous avons vu à propos de l'amorçage de la pompe les limites imposées à la course du piston. Il nous reste à examiner celles de la vitesse.

Pour qu'une pompe une fois amorcée, élève un volume d'eau sensiblement constant, il faut que l'eau suive le piston dans sa marche.

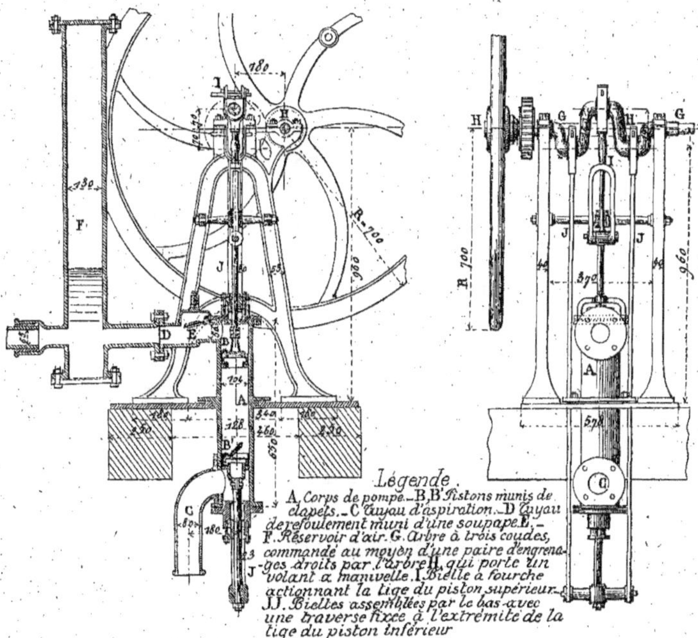


Fig. 242. — Pompe à bras à deux pistons.

Si nous nous reportons à la figure 229 et si nous négligeons les pertes de charge dues aux frottements de l'eau, nous aurons en appelant U la vitesse de l'eau au passage de la soupape S au moment où le piston atteint le haut de la course, la valeur maxima

$$U = \sqrt{2g\,(10{,}334 - h'')}.$$

Nous avons vu que la valeur de $h''$ peut être prise entre des limites variant de 6 à 9 mètres. Ce qui conduirait aux valeurs limites de U, s'il ne fallait pas encore tenir compte du rapport de la section du piston à celle de la soupape S.

Soit $\omega$ la section de l'orifice démasqué par la soupape S, K le coefficient de contraction applicable à cet orifice, $\Omega$ la section du piston et $u$ sa vitesse, on a la relation

$$K\omega U = \Omega u$$

d'où

$$u = U \times K \times \frac{\omega}{\Omega}$$

soit K $= 0,62$ ; on a :

$$u = U \times 0,62 \times \frac{\omega}{\Omega}.$$

On pourrait prendre pour K la valeur K $= 0,82$ et toutes valeurs intermédiaires entre celle-ci et la précédente suivant les cas.

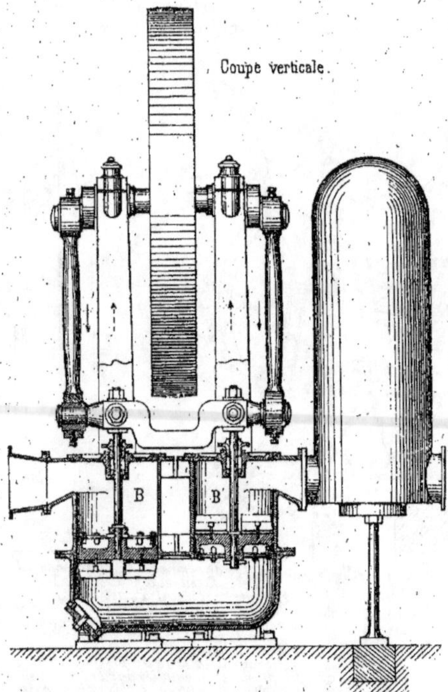


Fig. 243. — Pompe de MM. Farcot et fils pour l'alimentation de la ville de Lisbonne.

Lé rapport $\frac{\omega}{\Omega}$ varie de $\frac{1}{4}$ à $\frac{1}{1}$.

Cependant M. Farcot a fait une pompe dans laquelle la section des soupapes de refoulement et d'aspiration est plus grande que celle du corps de pompe.

Nous donnons (*fig.* 243) une coupe verticale de cette pompe et (*fig.* 243 *bis*) un détail du piston qui indique le dispositif des clapets d'aspiration.

Comme complément de ce qui précède, nous avons groupé dans le tableau ci-dessous la course, le nombre d'oscillations simples du piston par minute et sa vitesse moyenne dans quelques exemples de pompes élévatoires.

| DÉSIGATION DES POMPES | COURSE $c'$ | N. D'OSCILLAT$^s$ simples DU PISTON | VITESSE MOYENNE DU PISTON $u = \dfrac{Cn}{60}$ | POSITION DES CYLINDRES |
|---|---|---|---|---|
| | m. | | | |
| Pompe du manège............ | 0.30 | 20 | $u = \dfrac{0^m.30 \times 20}{60''} = 0^m.100$ | Verticale. |
| Marly (nouvelle machine).... | 1.60 | 5 à 6 | $0^m,133$ à $0^m,160$ | Horizontale. |
| Pompe domestique à bras.... | 0.21 | 56 | $0^m,196$ | Verticale. |
| Pompe d'incendie........... | 0.12 | 120 | $0^m,240$ | Verticale. |
| Pompe de la ville du Mans (roue turbine)............. | 0 70 | 22 | $0^m,260$ | Horizontale. |
| Pompe de Créteil............ | 0.60 | 30 | $0^m,300$ | Verticale. |
| Pompe de St-Maur........... | 0.80 | 32 | $0^m,420$ | Horizontale. |

Enfin les relations précédentes permettent d'établir le tableau suivant qui pour une valeur $\dfrac{\omega}{\Omega}$, donne les valeurs maxima de U et de $u$.

1° Dans le cas de la valeur maxima $h'' = 9^m,00$.   $U = \sqrt{2g\,(10^m,334 - 9^m,00)} = 5^m,10$

| VALEURS DE $\dfrac{\omega}{\Omega}$ | VALEURS MAXIMA DE $u = U \times K \times \dfrac{\omega}{\Omega}$ | | VITESSE MOYENNE DU PISTON | |
|---|---|---|---|---|
| | Pour K = 0,62 | Pour K = 0,82 | Pour K = 0,62 | Pour K = 0.82 |
| | m. | m. | m. | m. |
| 0.25 | 0.790 | 1.045 | 0.395 | 0.522 |
| 0.50 | 1.580 | 2.090 | 0.790 | 1.045 |
| 0.75 | 2.371 | 3.136 | 1.168 | 1.568 |
| 1.00 | 3.160 | 4.180 | 1.580 | 2.090 |

2° Dans le cas de la valeur $h'' = 6^m,00$. $U = \sqrt{2g\,(10^m,334 - 6^m,00)} = 9^m,21$

| VALEURS DE $\dfrac{\omega}{\Omega}$ | VALEURS MAXIMA DE $u = U \times K \times \dfrac{\omega}{\Omega}$ | | VITESSE MOYENNE DU PISTON | |
|---|---|---|---|---|
| | Pour K = 0,62 | Pour K = 0,82 | Pour K = 0,62 | Pour K = 0,82 |
| | m. | m. | m. | m. |
| 0.25 | 1.426 | 1.889 | 0.713 | 0.944 |
| 0.50 | 2.853 | 3.777 | 1.426 | 1.888 |
| 0.75 | 4.275 | 5.643 | 2.137 | 2.822 |
| 1.00 | 5.707 | 7.552 | 2.853 | 3.776 |

On peut tirer de l'examen de ces tableaux et de ce qui précède les conclusions suivantes :

1° La vitesse moyenne d'une pompe peut être d'autant plus grande,

Que la section de la soupape d'aspiration est plus proche de celle du piston ;

Que la contraction de la veine liquide dans l'orifice de cette soupape est plus réduite ;

Que la hauteur à laquelle la pompe aspire est plus petite ;

2° Une grande course convient mieux à une pompe horizontale qu'à une pompe verticale puisque dans ce cas la course n'intervient pas dans la hauteur à laquelle la pompe peut être placée au-dessus du niveau de l'eau dans le puisard d'aspiration.

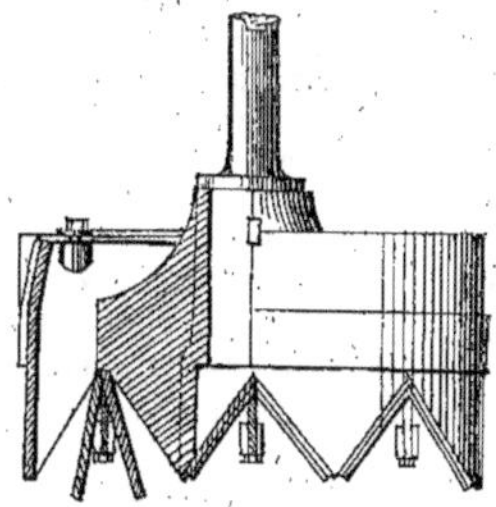

Fig. 243 *bis*. — Détail du piston.

Les constructeurs ont reconnu en outre par l'usage et la pratique :

1° Qu'avec des soupapes bien disposées et à grande section on peut atteindre jusqu'à 2 mètres pour la vitesse moyenne du piston ; c'est le cas de la pompe Farcot (Voir la figure 243) ;

2° Qu'une grande course permet d'atteindre plus facilement le maximum pour la vitesse moyenne parce que dans le même temps, les changements de sens dans le mouvement de l'eau sont moins fréquents qu'avec une course réduite, toute application des réserves d'air mise de côté ;

3° Qu'une grande course convient mieux à une pompe horizontale qu'à une pompe verticale ;

4° Que la vitesse moyenne du piston ne doit pas descendre au-dessous de 0$^m$,10 par seconde et que sa course ne doit pas beaucoup dépasser 2 mètres ;

5° Que le rapport $\dfrac{\omega}{\Omega}$ ne doit pas être inférieur à 0$^m$,25 ni supérieur à 0$^m$,50 ;

6° Qu'on doit rechercher à donner aux soupapes et clapets une grande dimension de section et une petite levée.

### h. — Le frottement du piston ; les garnitures diverses intérieures et extérieures.

**247.** En principe le frottement du piston d'une pompe dépend de la pression de l'eau et de la nature de la garniture.

Pour le cuir, le frottement est à peu près proportionnel à la pression.

Avec un garniture en chanvre, le frottement est à peu près constant quelle que soit la hauteur à laquelle on élève l'eau.

Nous renvoyons aux ouvrages spéciaux où l'on trouvera tous les détails relatifs aux divers modes de garnitures intérieures et extérieures, et nous donnons seulement ici deux coupes (*fig.* 244) d'une pompe dite sans frottement où la garniture est obtenue par un système de cannelures ménagées dans le piston.

On ne doit pas craindre ces cannelures dans le piston, dut-on même perdre de l'eau pour assurer par ce moyen la diminution du frottement.

On a cherché également à diminuer la perte de travail due au frottement du piston par un dispositif consistant en un cuir s'enroulant et se déroulant alternativement et attaché d'une part au cylindre et de l'autre au piston.

Au surplus, on trouvera plus loin dans

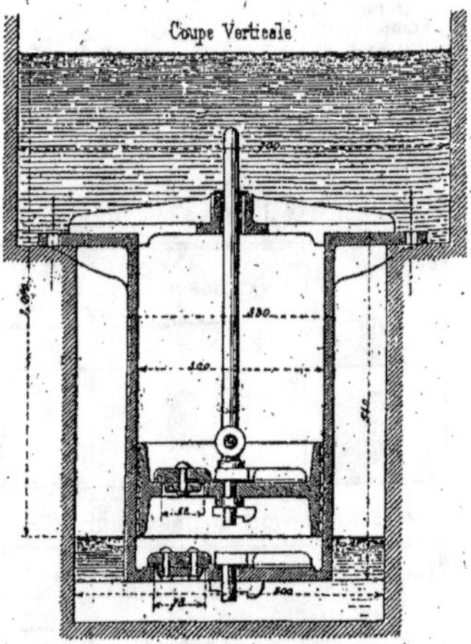


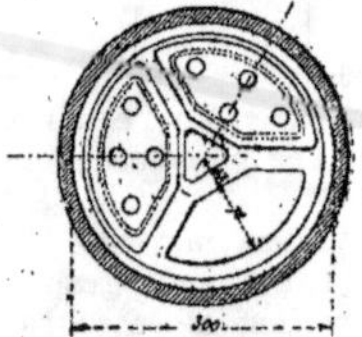


Fig. 244. — Pompe dite sans frottement.

les détails des diverses machines élévatoires que nous donnons plusieurs systèmes particuliers de garnitures.

### i. — Le frottement de l'eau dans les conduites et l'influence du réservoir d'air.

**248.** Nous avons déjà traité précédemment la résistance due au frottement de l'eau dans une conduite, et l'on peut appliquer ici la théorie générale du mouvement de l'eau dans les tuyaux pour se rendre compte de la perte de charge due à ce frottement..

Toutefois il convient d'indiquer que le choix du diamètre des conduits d'aspiration et de refoulement a peu d'importance pour de petites longueurs et qu'il en a au contraire une très grande pour le cas des grandes longueurs; comme exemple nous citerons la machine élévatoire que la Compagnie du chemin de fer d'Orléans a dû établir sur le Lot et qui se trouve placée à 12 kilomètres du réservoir.

On a déterminé pour une série de diamètres la perte de charge par mètre due au frottement dans des tuyaux (Voir le tableau donné plus loin dans cet ouvrage) et l'on peut en déduire facilement le diamètre qui convient pour un service déterminé.

Lorsque la pompe est sujette à des chocs, à des coups de bélier, une grande vitesse est un inconvénient.

Il faudra dans ce cas adopter, toutes choses égales d'ailleurs, ou de plus gros diamètres pour les conduites ou le principe des réservoirs d'air ou celui des pompes conjuguées, le plus souvent, pour les distributions d'eau importantes, les uns et les autres.

Nous avons vu que l'influence du réservoir d'air est favorable au rendement : on diminue en effet le frottement par la régularité du mouvement.

### j. — Le déchet de la pompe (rendement en eau).

**248.** En pratique le volume d'eau réellement élevé par une pompe est toujours inférieur au volume engendré par le piston. On dit que la pompe a *du déchet.* Celui-ci provient de causes multiples, mais notamment des imperfections du montage, des défauts des garnitures du piston et des clapets etc. etc., en sorte qu'une partie de l'eau aspirée redescend dans le tuyau d'aspiration quand le piston change de marche.

Dans une pompe établie avec soin et devant élever l'eau à une hauteur moyenne, il faut prévoir un déchet variant de 3 % à 5 %, — pour une pompe devant élever l'eau à une grande hauteur l'effet des fuites par la garniture du piston ou par les clapets sera plus important et pourra atteindre 10 %, — quelquefois même 15 %.

Quelquefois dans des pompes à grande vitesse l'écoulement se continue quand le piston est au point mort, les soupapes d'aspiration et de refoulement ne ferment pas. Il y a là un déchet négatif qui est un véritable défaut et qui a pour effet de détruire promptement les divers organes de la machine qui ne travaillent plus dans les conditions pour lesquelles ils ont été établis.

### k. — Rendement en travail.

**249.** Le rendement en travail est (nous l'avons vu au n° 150) égal au rapport entre le travail utile mesuré en eau élevée et le travail moteur mesuré sur l'arbre qui donne le mouvement au piston. C'est-à-dire que le travail dynamique utile de l'appareil élévatoire est égal au travail en eau montée diminué du travail négatif des frottements et pertes de charge diverses.

Le rendement varie évidemment avec la hauteur à laquelle l'eau est élevée et à l'inverse du rendement en eau; il sera d'autant plus grand que la hauteur d'élévation sera plus grande et d'autant plus petit qu'elle sera plus faible; car les frottements, les pertes de charge ne vont pas croissant avec la hauteur à laquelle l'eau est élevée. Nous avons indiqué précédemment pour chaque machine élévatoire la valeur du rendement dynamique. Pour une pompe à mouvement rectiligne alternatif il ne doit pas descendre au-dessous de 0,70 et atteint 0,90 pour une pompe en bon état et bien disposée au point de vue des clapets et des garnitures et élevant l'eau à une grande hauteur, 20 à 25 mètres par exemple.

# CHAPITRE II

## DES MOTEURS

**250.** Nous avons vu que pour élever les eaux, on peut employer, soit des pompes, soit le bélier hydraulique, soit des roues élévatoires, soit, pour de faibles hauteurs, les norias et autres appareils hydrauliques à faible action.

Les norias, les chapelets, les tympans et les machines analogues, ne sont ordinairement employés que pour les irrigations, parce que, quand l'élévation est considérable, le balancement de la chaîne des godets fait perdre une partie de l'eau contenue dans ces godets ; — les tympans ne peuvent élever l'eau qu'à une faible hauteur et les roues élévatoires ont évidemment une action limitée par leur diamètre que l'on ne peut lui-même augmenter indéfiniment.

Le bélier est assez souvent employé ; il est sorti des ateliers de MM. Brault, Teisset, et Gillet de Chartres (anciens ateliers Fontaine) plusieurs de ces machines qui fonctionnent avec succès pour des services particuliers. Mais les chocs des soupapes inhérents au principe théorique de cet appareil, la difficulté de la surveillance et de l'entretien des organes, ne permettent d'en faire usage que dans des circonstances trop rares, et toujours pour élever de petits volumes à des hauteurs relativement faibles.

Les pompes servent donc à peu près exclusivement à élever artificiellement les eaux lorsque celles-ci doivent être portées à une hauteur de plus de 4 à 5 mètres au-dessus de leur niveau naturel, mais si l'usage de cette machine est à peu près exclusif dans l'espèce, la disposition des moteurs que l'on y applique, leur construction, diffèrent beaucoup d'un cas à un autre.

Sans entrer dans les détails d'établissement des nombreux manèges, moulins, moteurs hydrauliques et à vapeur dont dispose l'industrie, nous apprécierons les mérites relatifs des moteurs, et nous signalerons quelques installations pour permettre au lecteur de se rendre compte du rendement et de l'économie des machines.

Sauf quelques machines simples à faible action, mues directement par un être animé ou par l'eau, les autres appareils exigent un moteur. La force employée peut être celle d'un être animé, mulet, bœuf, âne, cheval, soit même simplement celle de l'homme, ou bien le vent, l'eau, la vapeur.

## § I. — LES MOTEURS ANIMÉS

**251.** L'emploi de l'homme ou celui des chevaux ne peut guère convenir que dans le cas d'une dépense d'eau de peu d'importance, par exemple pour l'alimentation d'un établissement privé, pour l'embellissement et les besoins d'une propriété considérable. Nous avons précédemment, à propos des machines simples, écopes, chapelets, seaux, donné quelques renseignements sur leur effet utile, et nous avons vu combien la force motrice est variable suivant qu'elle agit par des leviers, des cordes, des treuils, des manivelles, des poulies, en tirant, en levant ou en baissant. L'énergie musculaire de l'homme aussi bien que celle des animaux et la continuité du travail qui sont les fonctions du régime alimentaire et hygiénique des êtres animés ne sont pas des quantités suffisamment appréciables pour que l'on puisse les introduire dans des formules de prix de revient. Dans certains cas, le prix d'établissement des machines est trop faible pour qu'il puisse influer d'une manière appréciable sur le prix de revient de l'eau ; dans d'autres cas les périodes de chômage sont telles que le prix de la journée de travail de l'homme, du cheval, de l'âne ou du bœuf ne peut entrer en ligne de compte pour l'établissement du travail moyen régulier.

Nous examinerons toutefois les moyens d'utiliser la force animale pour les élévations d'eau.

**252.** *Les Manèges.* — Les manèges auxquels on attelle les animaux pour faire mouvoir les appareils élévatoires hydrauliques, facilitent le mouvement, en imprimant une vitesse plus ou moins grande à l'arbre de couche. Ceux bien exécutés, et il n'en manque pas d'appropriés aux divers mouvements, n'absorbent au plus qu'un dixième du travail moteur, c'est-à-dire qu'ils rendent un effet utile de 0,90.

Dans les manèges les plus répandus, l'être moteur est assujetti à parcourir une circonférence ou piste, dont le centre est occupé par un axe mobile, entraîné par le propre mouvement du moteur et qui transmet son mouvement aux autres pièces du mécanisme, au moyen de roues dentées ou d'autres organes de transmission. La piste ne devant être ni trop petite, pour que la marche soit facile, ni trop grande, pour ne pas augmenter le poids des pièces et le rapport des vitesses entre les arbres du manège et de transmission, le rayon est compris entre des limites assez restreintes. Pour les bœufs attelés au double joug, le rayon est de 5 à 7 mètres ; pour les chevaux attelés isolément à chaque bras, 4 à 5 mètres suffisent, pour l'homme 2 mètres à 2$^m$,50. Le mode d'attelage a une influence sur le rendement d'un manège ; mais il faut noter que ceux dits à compensation ne font qu'introduire une complication.

Le manège peut être établi en métal et l'Exposition de 1889 en offre de nombreux exemples aux visiteurs ; mais, un bon manège en bois est largement suffisant aussi bien comme fonctionnement que

comme durée et comme solidité. Les engrenages sur la grande roue peuvent se remplacer par une gorge, à la circonférence de la couronne, qui reçoit une corde sans fin transmettant la force motrice à une autre poulie de diamètre convenable.

Nous ne pouvons mieux faire que de reproduire ici les prescriptions indiquées par Trischler de Limoges pour l'installation et la conduite des manèges simples à colonne en fer, que construit Rauschenbach, de Schaffouse.

« Le manège doit être placé autant que « possible dans une position horizontale « et être fortement consolidé par des

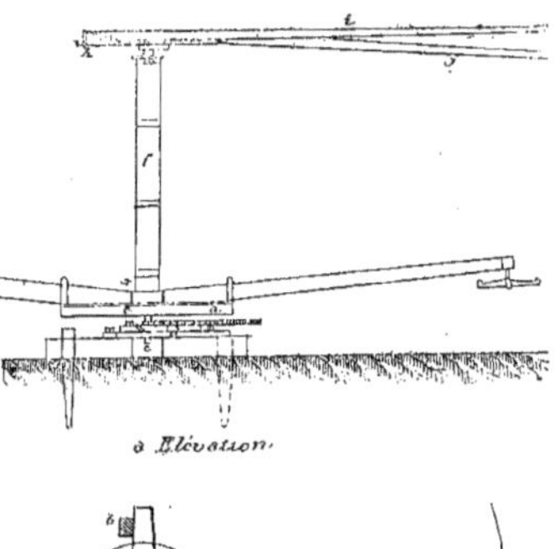

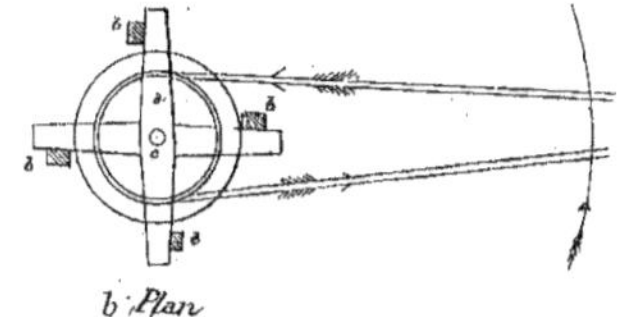



Fig. 245. — Manège à colonne de Rauschenbach.

« crampons fichés en terre. Le coussinet « du support de l'arbre de couche doit « être fixé sur une petite traverse en « bois, et arrêté également avec des cram- « pons. Lorsque le manège est enterré, il « faut avoir soin que l'arbre de couche ne « frotte pas sur le terrain pour aug- « menter le tirage et causer des rup- « tures. Le frottement s'évite en plaçant « l'arbre dans une gaîne faite avec trois « planches que l'on recouvre au besoin

« d'un couvercle. S'il est simplement
« posé sur le terrain, il faut établir un
« petit pont en bois pour le passage des
« animaux ; ce pont, à la hauteur de
« l'arbre de couche s'étend de chaque
« côté, sur une longueur de 1 mètre, afin
« d'avoir le moins de pente possible.

« Pendant le montage du manège, on
« doit faire en sorte que les parties frot-
« tantes et les supports soient bien net-
« toyés et graissés à l'huile fine.

« L'emplacement du manège ayant été
« choisi bien uni et assez grand pour
« que les bêtes de trait puissent avoir une
« piste de 6 mètres de diamètre environ,
« on place la croix $a$ (fig. 245) au milieu
« du cercle, et on ne l'encastre que lors-
« qu'elle est bien horizontale et solide.
« Quatre pieux $bbbb$ sont enfoncés en
« terre, du côté où le tirage doit se faire,
« pour consolider la croix qui porte la
« colonne du manège. On monte alors

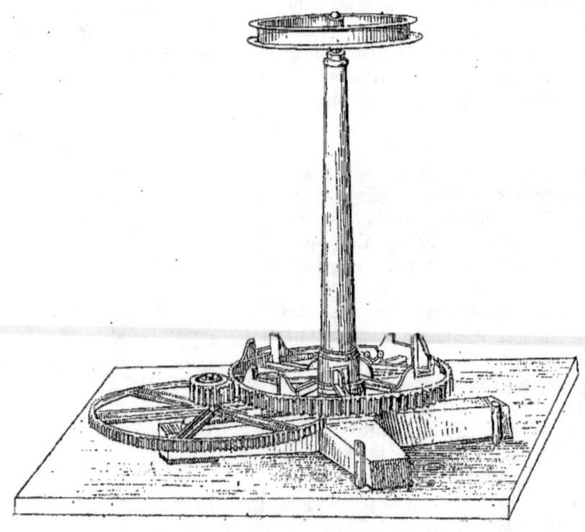

Fig. 246. — Manège en l'air de Pinet.

« le tourillon $c$ dans la plaque métal-
« lique $d$ ; la colonne $f$ est placée dans
« le moyeu de la grande roue $e$, de façon
« à ce que les bras de la roue tournent
« en haut ; alors on monte la colonne $f$
« munie de la roue $e$, sur la plaque $d$ et
« l'on serre fortement au moyen des
« boulons. Les barres d'attelage sont
« fixées sur la grande roue par des bou-
« lons, et la poulie $h$ est installée pour y
« placer la courroie $j$ qui communique
« avec la poulie de la pompe, ou de toute
« autre machine élévatoire.

« Les parties frottantes à graisser se
« trouvent : en haut de la colonne $m$
« sous le rochet ; au pivot $c$ par l'ouver-

« ture pratiquée au bas de la colonne ;
« au trou $a$ percé au centre du pignon
« de l'engrenage double, et à la rainure
« $x$, en haut et autour du moyeu de la
« grande roue. »

Le manège ainsi installé pour la force
de deux chevaux ou de quatre bœufs,
pouvant donner jusqu'à 120 tours par minute, pèse de 420 à 440 kilogrammes. Le
grand engrenage a 90 dents ; les engrenages
doubles ont 106 et 15 dents, et le pignon
17. Le diamètre de la poulie, à deux joues,
est de 0$^m$,75.

**253.** *Divers types de manèges.* — Les
meilleurs types de manèges sont les suivants :

Comme type vertical, il faut citer celui de *Pinet* (*fig.* 246) ; on le fixe au moyen de forts boulons sur une fondation en pierre ; la poulie est portée par une colonne creuse qui permet de la placer à 2ᵐ,20 du sol ou plus s'il est nécessaire. Près de la base de la colonne un long collet tourné reçoit le moyeu de la grande roue, à laquelle sont fixés les bras du manège. Pour une force de 2 à 3 chevaux, ou de 2 à 4 bœufs, le manège Pinet pèse 535 kilogrammes et coûte 300 francs. La poulie de commande du manège, animée d'une vitesse de 125 tours à la minute, dispense d'organes intermédiaires coûteux.

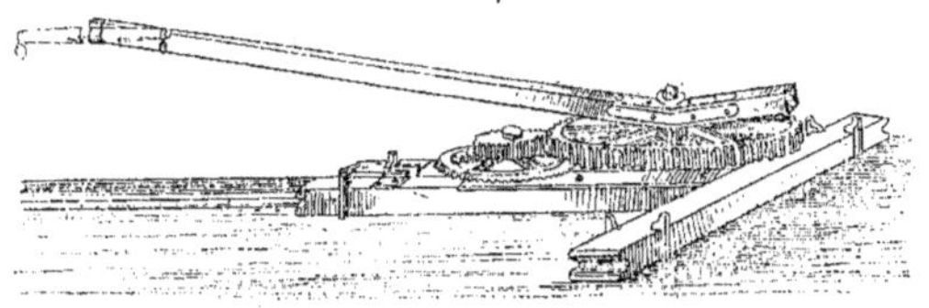

Fig. 247. — Manège à terre d'Albaret.

Comme type de manège à terre, citons les manèges anglais de Denton et Maddon Company, ceux de Pilter, ceux d'Albaret (*fig.* 247) ; dans ce dernier le bâti est en bois ainsi que la volée ; dans les premiers au contraire le métal a été partout substitué au bois.

Au point de vue du rendement, il faut faire choix autant que possible d'un manège ayant une piste de 6 mètres à 6ᵐ,50 de diamètre au moins ; le nombre de tours de l'arbre de couche par tour de manège doit être compris entre les limites de 30 à 50 ; on peut avec une machine établie dans ces limites compter sur un rendement de 0,70 à 0,80.

## § II. — *LE VENT*

**254.** La force du vent est souvent utilisée pour les élévations d'eau et cela au moyen de machines de formes très diverses ; mais les seules réellement pratiques sont les moulins à vent.

Parmi ceux-ci, on distingue les moulins à axe horizontal ou sensiblement horizontal et les moulins à axe vertical : les premiers sont ceux qui donnent les meilleurs résultats et plus particulièrement avec des ailes un peu obliques et légèrement recourbées à leur extrémité.

Il semble à première vue que l'utilisation de cette force soit une source d'économie : les irrégularités du vent en grandeur, en direction et en durée doivent souvent en faire rejeter l'emploi. En principe chaque fois que l'on voudra utiliser cette force naturelle, il faudra avant tout commencement de travail, s'assurer de la constance des vents en force et en direction surtout pendant la saison chaude. Même dans les meilleures conditions, en admettant que les brises puissent assurer le fonctionnement d'un moulin à vent pendant 12 heures par jour, le travail de cette machine n'arrivera pas à dépasser celui d'un cheval pour la même période de 24 heures. Bien entendu, il est nécessaire que le plan moyen des ailes puisse s'orienter sans que la charpente qui le porte soit obligée de se déplacer ; on résout cette difficulté en disposant à l'arrière une sorte de voile formant girouette.

Indépendamment des difficultés d'orientation des moulins, les moulins à vent à axe horizontal présentent deux autres inconvénients.

L'un d'eux consiste dans la difficulté de faire varier la surface des voiles avec la force du vent.

Le second consiste dans la variation de

vitesse du système tournant quand la vitesse du vent varie.

Nous examinerons quelques-uns des types de moulins à vent le plus souvent employés pour les élévations d'eau.

Dans le midi de la France, la violence des vents est telle qu'elle oblige souvent à diminuer l'envergure du volant des moteurs.

Le système *Berton* offre l'avantage de permettre de retrécir la largeur des ailes par le seul effet de la vitesse. Les ailes, étant formées de longues voliges de sapin qui peuvent s'étaler, ou se recouvrir l'une par l'autre, à l'aide de tringles à crémaillère, assemblées sur une roue dentée, au centre même des quatre bras, une manivelle ou un régulateur automobile sert à ralentir ou à accélérer le volant.

L'inconvénient du moteur à vent n'en reste pas moins le même, en raison de son irrégularité. Il faut donc l'appliquer avec un réservoir ou une citerne qui, sous certain climat doivent prendre des dimensions considérables, à raison souvent de 200 mètres cubes par hectare pour assurer une irrigation convenable des prairies, des jardins, etc. etc. On comprend qu'avec le moteur à vent, flanqué ainsi d'un réservoir, on soit conduit à une dépense de premier établissement qui fasse souvent rejeter son emploi.

Nous n'avons pas ici à nous occuper de l'étude de cette machine au double point de vue de la théorie et du rendement. Disons toutefois, sans entrer dans les détails de calcul que d'Aubuisson a donnés et des essais que Smeaton et Coulomb ont suivis sur le moulin du type hollandais, qu'il ressort de l'expérience que pour obtenir l'effet maximum du moteur, il faut que la vitesse à l'extrémité des ailes soit égale à 2,60 fois la vitesse du vent ; pour cela on découvre plus ou moins de toile, à l'aide d'un régulateur mécanique approprié à cette vitesse. Smeaton indique, pour évaluer la vitesse, de prendre le quart de celle de l'extrémité des ailes, quand le moteur marche à vide.

### Moulins en Hollande.

**255.** Les Hollandais ont utilisé la puissance du vent pour la conquête et le maintien de leur sol devant les envahissements de la mer et l'ont fait également servir pour l'arrosage de leurs cultures et des fertiles pâturages des Polders.

C'est encore aujourd'hui aux roues à palettes et aux écopes mues par le vent, qu'il est fait appel pour élever dans les canaux, les eaux des parties basses qui n'ont pas d'écoulement naturel, et les eaux de pluie qui ne disparaissent pas par l'évaporation, ou par l'infiltration.

En 1840, on comptait en Hollande plus de 2 500 moulins à vent, consacrés à l'élévation des eaux, par des roues, des écopes et des pompes. La figure 248 montre en coupe un de ces moulins conduisant une roue à palettes, qui ressemble à celui employé pour la mouture du grain, le concassage des graines oléagineuses, etc., sauf que l'arbre moteur descend jusqu'au plancher inférieur où une roue dentée engrène avec le pignon menant l'arbre de la roue à palettes. Ces palettes généralement plates ne rayonnent pas à partir du moyeu central, mais d'un cadre inscrit dans la roue, et émergent en dehors de la couronne pour pousser l'eau en haut du coursier dans lequel se meut la roue. Quoique cet appareil ne soit pas efficace pour des élévations qui surpassent la hauteur du centre de la roue au-dessus de celle de l'eau en amont, la perte augmentant quand la vitesse de rotation diminue, on obtient le plus grand effet utile si l'on donne aux palettes une forme rectangulaire et une largeur double de la longueur.

Jenkins cite l'exemple de la ferme Oosting, aux environs de Heerenveen (Frise), où le moulin à vent sert à deux fins ; la vis d'Archimède qu'il fait mouvoir, élève les eaux des fossés de drainage, dans un canal placé à un niveau supérieur, à l'aide duquel le sol est asséché dans la saison humide, ou bien irrigué dans la saison sèche. Sur les 60 hectares de la ferme Oosting, huit sont en prairie, et le reste en seigle, en sarrazin, en avoine, en pommes de terre (1).

Dans le nord de l'Europe, les grands moulins, dits hollandais, sont formés d'un arbre tournant, en bois, de 0$^m$,50 à

(1) *Report on the Netherlands* ; R. Commission on agriculture, 1881.

0ᵐ,60 d'équarrissage, incliné de 10 à 15 degrés à l'horizon, et de deux autres pièces de 0ᵐ,30 d'équarrissage, fixées en croix sur la tête de l'arbre, de manière à constituer quatre bras que l'on prolonge par des pièces de bois moins fortes, appelées *entes*. Les bras ont 13ᵐ,60 de longueur totale et reçoivent des ailes qui ont 2 mètres de largeur. Ces ailes rectangulaires, commençant à 2 mètres du centre de rotation, forment une surface gauche dont l'arête la plus proche de l'axe rotatif

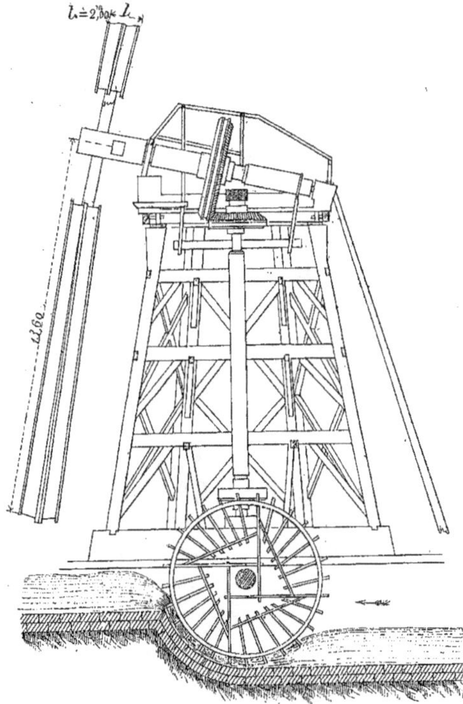

Fig. 248. — Moulin, dit Hollandais, actionnant une roue à palettes.

fait avec le plan du mouvement, un angle d'environ 18 degrés, et l'arête la plus éloignée, un angle de 7 degrés. La surface gauche s'obtient par des lattes traversant les entes à une distance de 0ᵐ,40 les unes des autres. La première latte fait 60 degrés avec l'axe; la dernière, 80 degrés. C'est sur ces lattes se terminant par des planches de longueur que l'on étend la toile. Le volant du moulin constitué par les ailes a 27ᵐ,20 de diamètre. L'arbre tournant transmet par une série d'engrenages le mouvement aux appareils élévatoires.

Nous donnons, (*fig.* 248), un moulin de ces dimensions actionnant une roue à palettes.

Quand le vent donne, ce moulin élève 300 litres par seconde, à la hauteur minima de 2 mètres ; soit 600 kilogram-mètres ou 8 chevaux-vapeur en eau montée ; quand le vent est faible, la quantité d'eau descend à 200 litres ; 250 litres étant la moyenne, le travail utile pour une durée moyenne de 15 heures par jour serait de 6 chevaux et demi. Au coût de l'appareil complet, il y a lieu d'ajouter les frais d'entretien et de surveillance continuelle (1).

Au point de vue du travail économique, on a noté les observations suivantes pour ce moulin :

| Vitesse du vent en mètres. | Travail moteur en kilogramm. |
|---|---|
| $2^m,27$ | $24^{km},30$ |
| 4, 00 | 90, 58 |
| 6, 75 | 579, 38 |
| 9, 10 | 778, 03 |

## Moulins en France.

**256.** C'est surtout pour l'arrosage des jardins que les moulins à vent sont

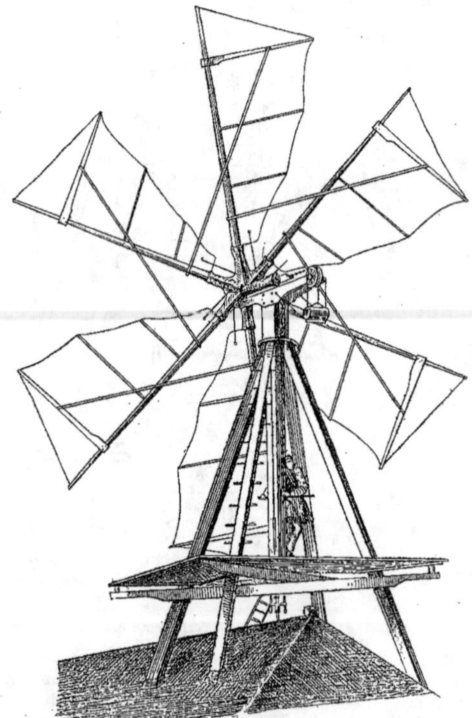

Fig. 249. — Moulin Amédée Durand.

employés en Catalogne, dans le delta de l'Ebre, dans le midi de la France et sur quelques autres points des côtes de la Méditerranée.

(1) *Ronna. Les Irrigations*, 1888.

*a.* — MOULINS A RÉGULATION PAR RESSORT.

Parmi ceux qui se sont le plus occupés de la construction des moulins à vent, il faut citer *Amédée Durand* qui a trouvé dans l'excès même de la vitesse du vent, le moyen de ralentir le mouvement et d'assurer la stabilité du moteur, et de permettre ainsi son fonctionnement pendant les trois quarts de l'année.

D'un prix modique, le moulin Durand, tel que le représente la figure 249, est à ailes verticales : son arbre horizontal porte une manivelle qui donne le va-et-vient au piston d'une pompe. La tige de ce piston descend dans l'axe d'un tuyau de fonte pouvant tourner sur des collets quand le vent vient à changer ; car alors les ailes servent à faire pirouetter le moulin qui de lui-même se met au vent, les ailes le prenant par derrière. Un mât dressé près du puits, soutenu par des haubans, suffit pour résister aux bourrasques et garantir l'équipage du sommet.

Au lieu de voilures, les quatre ailes sont en tôle pleine, chacune tournant sur la vergue en fonte qui la traverse et partage sa surface aux deux cinquièmes de la largeur. Un ressort à boudin la retient contre l'action du vent qui tend à la faire tourner sur sa vergue, en vertu des forces inégales exercées sur les deux parties de la surface.

Quand le vent acquiert de la force, la rotation s'accélère ; mais un poids, placé au bout de l'aile, participant au mouvement, agit par la force centrifuge et contraint l'aile à s'obliquer sur sa vergue, pour ne présenter que la moindre surface, et même la tranche, au vent. L'appareil modère ainsi de lui-même sa marche. Un frein permet au besoin de l'arrêter complètement. Enfin, à chaque 100 tours, un compteur verse l'huile de graissage sur les points de friction et maintient le moteur en état.

D'après le rapport de Séguier à l'Académie des sciences, le moteur Durand possède ainsi deux mouvements parfaitement indépendants : l'un propre au corps du moteur, l'autre appartenant aux ailes du volant.

Au point de vue du rendement, on peut dire que cet appareil développe un travail utile moyen de 27 à 30 kilogrammètres, lorsqu'il est attelé à une pompe convenable, il donne par seconde 1 litre d'eau à la hauteur de 25 à 30 mètres pour une dépense de 1 500 à 1 800 francs environ.

Comme exemple de l'application de ce moulin, citons le domaine de *la Roche*, près de Clisson, où un moteur Durand élève les eaux souterraines par une pompe aspirante et foulante.

Le moteur est installé sur une tour de 15$^m$,50 de hauteur, surmontant elle-même un puits de 11$^m$,50 de profondeur. Le fond de ce puits est situé au-dessous de l'étiage de la Sèvre-Nantaise qui borde le domaine. Le réservoir dans lequel l'eau est refoulée par la pompe est placé à 38 mètres au-dessus du niveau du puits au sol, et à 280 mètres de distance. Cette application représente comme dépenses :

*Installation*

| | |
|---|---:|
| Bassin de 15 mètres de diamètre sur 1$^m$,25 de profondeur en chaux hydraulique et ciment romain | 1.200 fr. |
| Tour de 15 mètres de hauteur surmontant le mur maçonné du puits de 11$^m$,50 de profondeur | 1.350 — |
| Moulin Durand à 6 ou 3 vergues avec pompe munie de tiges et raccords de 28 mètres de longueur | 1.500 — |
| Bois et façon des supports pour installation du moteur sur la tour | 400 — |
| Conduits, citernes, robinets et rigoles | 3.400 — |
| Total | 7.850 fr. |

*Frais annuels*

| | |
|---|---:|
| Intérêt du capital et amortissement à 10 pour 100 | 785 fr. |
| Entretien et renouvellement des voiles | 26 — |
| Entretien de la pompe | 12 — |
| Huile et frais divers | 8 — |
| Total | 826 fr. |

Comme le moulin fonctionne pratiquement moitié du temps, dans le courant de l'année, avec une vitesse de 20 coups de piston, fournissant 40 litres d'eau par minute ou près de 10 mètres cubes et demi par an, le prix de revient du mètre cube d'eau est de 0 fr.,08 environ (1).

*b.* — MOULIN A ORIENTATION ET RÉGULA-
LATION AUTOMATIQUE.

**257.** Parmi les moulins des constructeurs français citons encore celui construit par la maison Beaume de Boulogne-sur-Seine, près Paris sous le nom de *l'Éclipse*. Ce moulin est aujourd'hui au premier rang des moteurs à vent. Il est à orientation et régulation automatique.

Ce moulin, que nous donnons figure 249 *bis*, utilise la force du vent d'après un principe entièrement nouveau dans son mécanisme, et c'est le plus simple, le plus efficace et le plus sûr de tous les moulins qui aient encore été inventés. Ses qua-

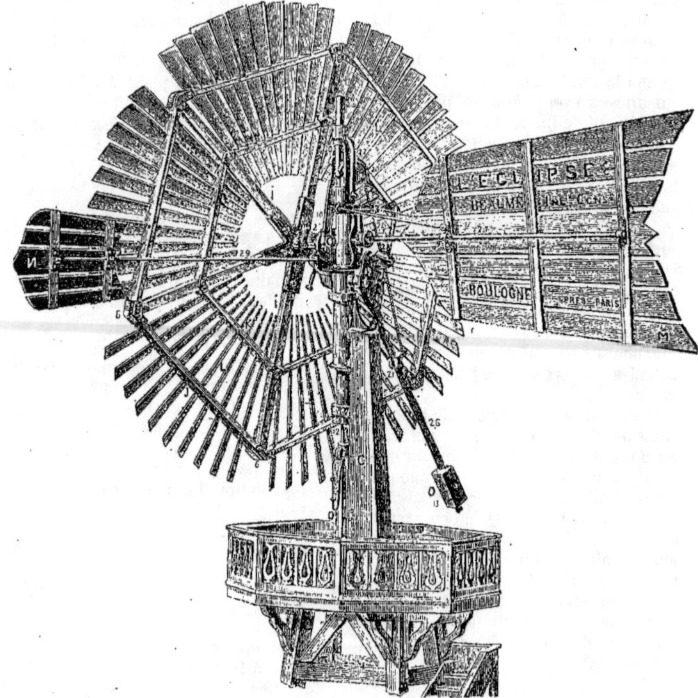


Fig. 249 *bis*. — Moulin Beaume.

lités auto-régulatrices sont parfaitement automatiques, elles résultent d'une combinaison de palette latérale régulatrice, avec girouette gouvernail flexible et levier

(1) C. Boudy, *Journal agriculture pratique,* 1867, t. 1.

compensateur. Le fonctionnement harmonieux de ce mécanisme guide, dirige et règle la roue motrice avec précision et exactitude, et met le moulin hors de danger par les grands vents. Lorsque le vent vient à faiblir, un contrepoids ramène tout ou partie de la roue au vent.

| NUMÉROS | DIAMÈTRE de la ROUE | PRIX avec MOUVEMENT rectiligne | PRIX avec MOUVEMENT rotatif | QUANTITÉ D'EAU ÉLEVÉE PAR LES POMPES PAR HEURE | | | | | | | | |
| --- | --- | --- | --- | --- | --- | --- | --- | --- | --- | --- | --- | --- |
| | | | | À 2 mèt. | À 5 mèt. | À 10 mèt. | À 15 mèt. | À 20 mèt. | À 25 mèt. | À 30 mèt. | À 40 mèt. | À 50 mèt. |
| | | Fr. | Fr. | Litres. | Litres. | Litres. | Litres. | Litres. | Litres. | Litres. | Litres. | Litres. |
| 0 | 2m40 | 500 | | 3.750 | 1.500 | 750 | | | | | | |
| 1 | 2.55 | 600 | | 5.000 | 2.000 | 1.000 | 700 | | | | | |
| 2 | 3. » | 700 | | 12.500 | 5.000 | 3.000 | 2.000 | 1.500 | 1.000 | 800 | | |
| 3 | 3.30 | 750 | | 15.000 | 6.000 | 3.500 | 2.500 | 2.000 | 1.500 | 1.200 | 800 | |
| 4 | 3.60 | 850 | 1 150 | 18.500 | 7.500 | 4.500 | 3.000 | 2.500 | 2.000 | 1.600 | 1.200 | 900 |
| 5 | 3.90 | 1 200 | 1 550 | 22.500 | 9.000 | 5.500 | 3.500 | 3.000 | 2.500 | 2.000 | 1.600 | 1.200 |
| 6 | 4.20 | 1 350 | 1 700 | 26.000 | 10.500 | 6.500 | 4.200 | 3.500 | 2.800 | 2.500 | 2.000 | 1.500 |
| 7 | 4.50 | 1 550 | 1 900 | 30.000 | 12.000 | 7.500 | 5.000 | 4.200 | 3.500 | 3.000 | 2.500 | 2.000 |
| 8 | 4.80 | 1 850 | 2 250 | 35.000 | 14.000 | 8.500 | 5.500 | 5.050 | 4.000 | 3.500 | 3.000 | 2.500 |

Le tableau ci-dessus indique son rendement théorique, par heure et par vent de 10 mètres à la seconde.

### Moulins en Amérique.

**258.** Les moulins américains à régulation par force centrifuge avec roues à secteurs articulés s'ouvrant sous la pression du vent et par la force centrifuge complètent la série des moulins perfectionnés.

Parmi les nombreux appareils qui utilisent la puissance du vent, nous citerons encore le moulin à vent américain de l'inventeur Halladey. La partie motrice que nous représentons (*fig.* 250) se compose de deux couronnes concentriques sur lesquelles sont montées une très grande quantité d'ailettes de faible largeur. Bien que ses organes soient plus compliqués que ceux du moulin *Durand*, il s'est beaucoup répandu, avec quelques variantes, sous le nom de moulin Halladey-Handart, en Amérique et en Europe et a servi de type à plusieurs constructeurs.

La roue motrice, comme le montre la figure 250 ci-contre, pour se diviser en 6, 8, 12 et 16 secteurs suivant sa grandeur, donne lieu à une quantité énorme d'articulations qui ne sont pas moindres de soixante au minimum et atteignent souvent plus du double. Cette disposition a l'inconvénient évident de présenter beaucoup de chances de dérangement et exige un entretien qui rend la machine plus compliquée que toute autre.

Fig. 250. — Moulin américain, dit Halladey.

## § III. — L'EAU

**259.** L'emploi de l'homme ou celui du cheval ne peuvent guère convenir que dans le cas d'une dépense d'eau de peu d'importance, pour l'alimentation d'un établissement industriel ou d'une propriété particulière ; l'emploi du vent est également limité et de plus soumis à des conditions de variabilité très grandes. Pour une distribution d'eau publique, on ne peut, en définitive, employer comme moteur que les machines hydrauliques ou les machines à vapeur. Mais on n'a même pas l'embarras du choix à faire entre ces deux moteurs, car il ne peut y avoir de doute sur les avantages des premiers, lorsque l'on dispose d'une force suffisante pour élever la quantité d'eau dont on a besoin, parce que l'établissement et l'entretien en sont toujours moins coûteux que le combustible et l'entretien d'une machine à vapeur ; malheureusement, on ne peut pas les établir partout. Presque tous les moteurs hydrauliques, quand on ne dispose pas de chutes d'eau, exigent l'établissement de canaux d'amenée, d'écoulement et de dérivation, munis de leurs vannes d'entrée, de garde ou de fond, de manière à pouvoir utiliser toute la vitesse du courant et se garder contre les hautes eaux.

Relativement aux roues hydrauliques à axe horizontal ou à axe vertical ou incliné, deux conditions essentielles sont à observer pour la meilleure utilisation du travail : la première, que l'eau agisse sans choc, c'est-à-dire qu'il n'y ait aucun changement dans la direction, ni dans la grandeur de la vitesse, depuis le point où l'eau entre dans la roue jusqu'à celui où elle en sort ; la seconde, qu'en quittant la roue, la vitesse de l'eau soit à peu près nulle, ou incapable de produire une nouvelle quantité de travail.

Quand un cours d'eau tombe réellement d'une hauteur verticale quelconque, le travail mécanique que la pesanteur lui applique dans le temps déterminé pour produire sa chute, est égal au volume de l'eau qui s'est écoulé durant ce temps (indiqué par un jaugeage), multiplié par la hauteur de la chute, que donne un nivellement.

Si la vitesse moyenne du cours d'eau n'est pas due à une chute naturelle, ou à une chute ménagée à l'aide d'un barrage, mais qu'elle résulte de son libre écoulement, on calcule cette vitesse de manière à obtenir en mètres la chute immédiate que l'eau devrait faire pour l'acquérir, et dès lors l'évaluation du travail dont le cours d'eau est capable, se fait comme précédemment.

La chute réalisable dépend de l'encaissement du cours d'eau et des servitudes auxquelles il est soumis en amont ; elle n'est pas à confondre avec la chute immédiate.

La force des chutes s'exprime en chevaux-vapeur, en divisant par 75 le produit du débit en litres par seconde, par la hauteur de la chute, qui donne le travail en kilogrammètres.

Si P indique le poids du volume d'eau débité par seconde ; H, la hauteur de chute, on a pour la puissance *brute* de l'appareil hydraulique :

$$F = \frac{PH}{75}.$$

Quant à la puissance *effective* Fe, elle dépend du genre de récepteur adopté dont le rendement est K et l'on a :

$$Fe = K\frac{PH}{75}.$$

Quant à la force effective, elle est subordonnée au choix de l'appareil par rapport aux conditions de chute et de volume du cours d'eau.

D'une manière générale, on peut dire que les roues les plus perfectionnées donnent en travail utile les quatre cinquièmes au plus du travail de la chute qui les anime ; mais beaucoup d'entre les roues ne donnent que les deux cinquièmes ou les trois cinquièmes.

« La grande diversité des circonstances « locales ne permet pas d'assigner une « valeur à la force de l'eau ; de toutes « manières, on peut retenir que lorsqu'on « n'est pas obligé d'en payer la jouissance, « l'eau fournit le travail mécanique le « plus économique. En admettant, en « effet, qu'un moteur hydraulique, bien

« exécuté, coûte le prix élevé de 1 000 fr.
« par force de cheval, entre 5 et 10 che-
« vaux ; ce qui représente pour intérêt
« et amortissement 120 francs par an ;
« s'il travaille 250 jours par an, la force
« par cheval et par jour reviendra à
« 0 fr. 48, et pour une journée de 12
« heures, les 1 000 kilogrammètres coû-
« teront 0 fr. 0007. Pour un travail de
« 50 jours seulement, la journée de tra-
« vail coûtant 2 fr. 40, les 1 000 kilogram-
« mètres reviendront à 0 fr. 0004 ».

« Un avantage des moteurs hydrau-
« liques, précieux pour les distributions
« d'eau consiste ainsi dans le bas prix de
« leur travail ; mais les éléments sont
« bien trop variables pour qu'il soit pos-
« sible de calculer le prix du mètre cube
« d'eau qu'élève une roue hydraulique
« ou une turbine (1). »

En principe il faut les combiner avec de
grands réservoirs et souvent avec d'autres
machines élévatoires pour parer à l'inconvénient grave des chômages d'hiver
et souvent d'été.

## Choix des moteurs hydrauliques.

**260.** On ne peut pas prescrire de

(1) *Ronna, Irrigations* (page 670, 1888).

règle absolue pour le choix du système
de moteur hydraulique qu'il convient
d'employer : on doit se borner à recom-
mander l'emploi de celui qui rend le plus
grand effet utile dans les conditions où
l'on se trouve placé. Ainsi pour les roues
on peut prendre les roues Sagebien avec
les petites chutes, les roues de côté avec
les chutes constantes de 1 à 2 mètres, les
roues en dessus ou à godets avec les
grandes chutes, enfin les turbines avec
les très grandes chutes et sur les rivières
à niveaux variables d'amont et d'aval.

Pour déterminer quelle espèce de roues
il faut appliquer dans un cas donné, on
pourra consulter le diagramme de Redtenbacher (*fig.* 251), dans lequel les chutes
sont représentées dans la ligne supérieure
et horizontale, et les quantités d'eau (en
mètres cubes par seconde) dans la ligne
verticale, à gauche. Les lignes droites et
courbes indiquent les limites d'application des diverses espèces de roues, par
rapport à la ligne A B montrant la force
maximum que puisse utiliser une roue
hydraulique.

Si dans ce graphique, on cherche par
les nombres horizontaux la ligne verticale
correspondant à la chute donnée, et qu'a-
vec la série verticale on cherche l'hori-

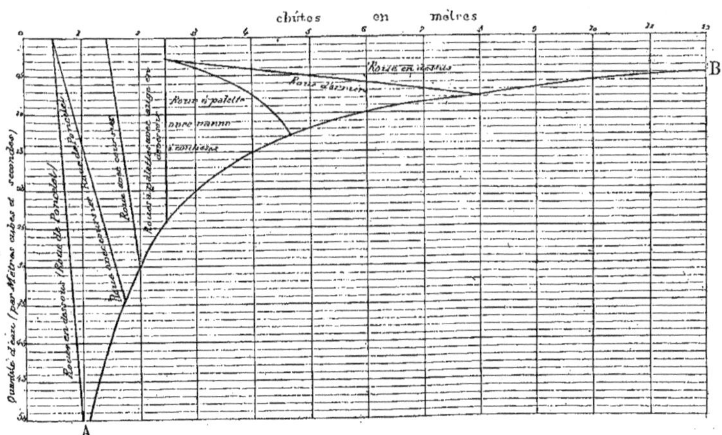


Fig. 251. — Diagramme de Redtenbacher, pour le choix des roues hydrauliques.

zontale coïncidant avec la dépense donnée, on trouve au point d'intersection des deux lignes la roue à choisir. Ainsi pour une chute donnée de 3 mètres et une dépense d'eau de 1 mètre cube et demi, l'intersection se trouve dans la zone de la roue à palettes, avec vanne à coulisse (1).

D'après Redtenbacher (2), il suffit, pour le calcul des dimensions d'une roue hydraulique, de déterminer approximativement l'effet utile. Les éléments des calculs d'une roue, basés sur des types existants bien construits, sont groupés dans le tableau ci-dessous (Voir au paragraphe 266). Pour les rayons, les limites exprimées dans le tableau, sont celles applicables à des roues d'un bon effet et pas trop chères ; les vitesses correspondent à un effet utile satisfaisant, sans être trop grandes ; la dépense d'eau qui doit agir sur la roue dans une seconde est fonction de l'effet utile et de la chute ; enfin le rendement qui correspond à la relation entre l'effet utile et l'effet absolu, s'applique aux roues d'un usage courant bien établies.

Sans entrer dans le détail d'établisse-ment de chaque type de roues, nous donnerons dans cet ouvrage quelques renseignements relatifs à chacun d'eux qui permettront à l'ingénieur hydraulicien d'arrêter son choix dans chaque circonstance locale particulière.

## Roues pendantes.

**261.** Les roues pendantes employées dans les moulins sur bateaux sont utilisées quelquefois comme moteurs, pour actionner des roues à godets, des vis et des chapelets.

Leur diamètre est de 4 à 5 mètres, les aubes ont un mètre environ pour une largeur de 2 à 5 mètres. Leur nombre est généralement de 12. Elles doivent plonger entièrement, de manière cependant que leur bord intérieur soit de 4 à 5 centimètres au plus au-dessous de la surface de l'eau.

A ce type il faut rattacher celui de la *roue flottante*, à aubes planes de *Colladon* (*fig.* 252 et 252 *bis*).

Ces roues n'exigent à la circonférence

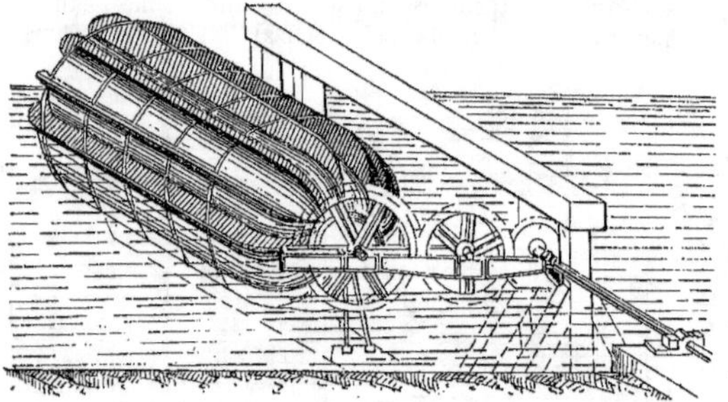

Fig. 252. — Roue flottante à aubes planes de M. Colladon.

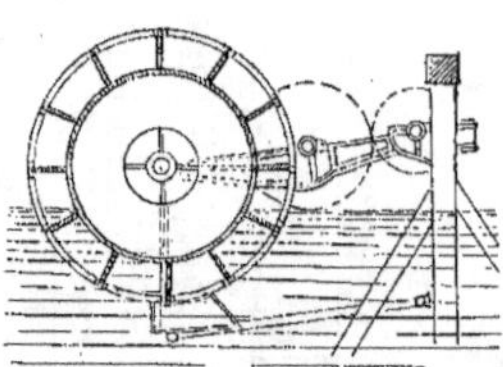

Fig. 252 *bis*. — Coupe.

qu'une très faible vitesse, environ le tiers de celle de l'eau à la surface du cours d'eau. Elles doivent être solidement établies pour résister à la force irrégulière du cours d'eau.

(1) *M. Ronna, Irrigations*, page 667, 1888.
(2) *Résultats pour la construction des machines.* Mannheim, 1861.

## Roues en dessous.

**262.** Les roues en dessous reçoivent l'eau à leur partie inférieure : les aubes sont des palettes planes dirigées vers l'axe de rotation ; elles se meuvent entre des bajoyers en maçonnerie et une courte portion de coursier circulaire de manière à être emboîtées. Quand les aubes sont planes et que le coursier couvre au moins l'intervalle de trois aubages consécutifs, afin d'interrompre toute communication directe entre l'aval et l'amont, le rendement pratique ne dépasse pas 40 pour 100 du travail moteur dépensé. On peut augmenter le rendement en produisant un ressaut à l'aval, ressaut qui abaisse le niveau d'aval de 0ᵐ,35 à 0ᵐ,40. Pour cela le coursier circulaire est suivi d'un radier dont l'inclinaison doit être suffisante pour conserver à l'eau une vitesse égale à celle

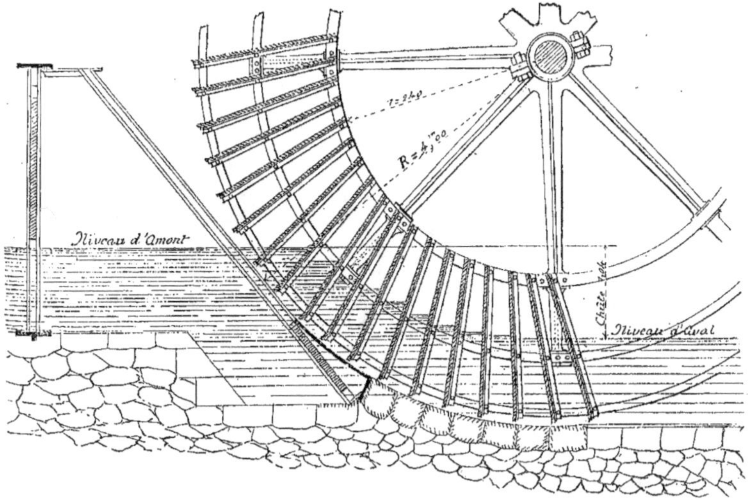


Fig. 253. — Roue Sagebien.

de la roue. Ce radier peut avoir une longueur de 2 mètres, et celui qui le suit sous une inclinaison d'un quinzième environ, se raccorde avec le lit naturel des cours d'eau.

Ces roues ont en général de fortes dimensions de 6 à 9 mètres de diamètre. A l'exception de la roue Sagebien (*fig.* 253) dite roue à niveau d'amont maintenu, ces roues sont peu souvent utilisées à cause de leur trop faible rendement.

### Roue Poncelet.

**263.** C'est en 1827 que *Poncelet*, frappé du peu de rendement des roues en dessous à palettes planes, eut l'idée de remplacer ces palettes par des aubes courbes.

La direction de vitesse donnée sur la circonférence extérieure, évite les chocs, et permet d'atteindre dans l'aubage une hauteur à peu près égale à celle correspondante à la vitesse relative. L'eau abandonne ensuite la roue avec une vitesse absolue qui peut être bien inférieure à celle de l'aubage quand la forme des aubes a été bien calculée.

La roue est formée de deux couronnes annulaires AAA (*fig.* 254) entre lesquelles sont emboîtées des aubes courbes en bois ou plus généralement en tôle. Les couronnes sont reliées par des bras à un arbre horizontal OO. L'eau sort du bief supérieur par une vanne inclinée; les parois latérales de l'orifice sont évasées pour éviter toute contraction; en sorte que le coefficient de la dépense peut s'élever à

0,75 ou même 0,80. L'orifice a la même largeur que la roue, et la levée de la vanne est réglée de manière à donner une lame d'eau de 0$^m$,20 à 0$^m$,30 de hauteur pour les chutes au-dessous de 1$^m$,50 et de 0$^m$,15 à 0$^m$,10 pour les chutes de 2 mètres et au-dessus.

La forme des aubes est arbitraire; elle doit seulement satisfaire à deux conditions. Il faut d'abord que le premier élément de l'aube fasse un angle de 30° avec la circonférence extérieure de la roue. Il faut en outre, pour que l'eau ne soit pas projetée à l'intérieur de la roue, en premier lieu que la couronne ait une épaisseur suffisante BA que Poncelet a fixée au tiers de la hauteur de chute, en second lieu que le dernier élément de l'aube soit perpendiculaire à la circonférence intérieure de la couronne.

D'après M. Morin, une roue Poncelet, établie dans de bonnes conditions, peut donner un rendement moyen de 0$^m$,60 bien supérieur à celui des roues en dessous à

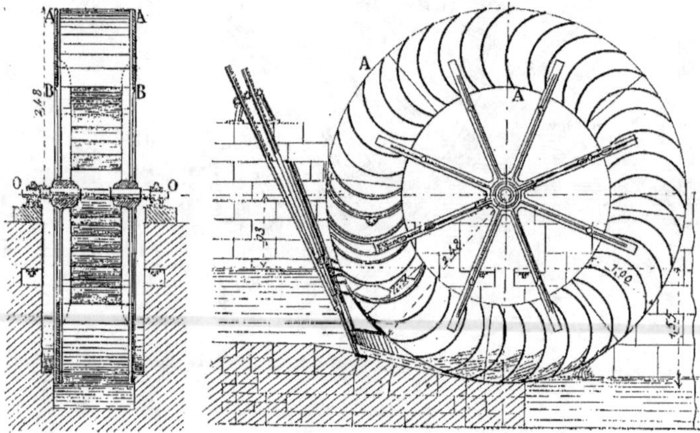

Fig. 254. — Roue Poncelet à aubes courbes. — Élévation et coupe.

aubes planes. Elle offre comme celles-ci l'avantage de pouvoir monter à de grandes vitesses. Elle convient aux petites chutes jusqu'à 1$^m$,50 pour lesquelles elle donne un rendement maximum de 0$^m$,65. En outre sa largeur, celle de l'orifice d'écoulement et du coursier, et son poids, sont moindres pour un rendement supérieur que dans les roues à palettes planes.

### Roues de côté.

**264.** Ces roues reçoivent l'eau un peu au-dessous de l'axe. — On règle la largeur de la roue dans le sens de son axe, de manière que, pour dépenser le volume d'eau dont on dispose par seconde, il ne faille pas placer le seuil du déversoir à plus de 0$^m$,20 ou 0$^m$,27 au-dessous du niveau du bief d'amont selon la dépense. Une plus grande épaisseur de la lame affluente occasionnerait une plus grande vitesse d'introduction et par suite une plus grande perte de puissance vive à l'entrée; une trop faible épaisseur donnerait trop de prépondérance aux fuites d'eau inévitables entre la roue et son coursier.

Les roues de côté ont rarement moins de 4 mètres de diamètre et rarement plus de 6 à 7 mètres. L'axe est généralement de 0$^m$,40 à 0$^m$,50 au-dessus du niveau du bief supérieur. La vitesse la plus convenable est une vitesse de 1$^m$,30 à la circonférence.

Une roue de côté lente bien établie peut donner un rendement de 0,80 et même beaucoup plus suivant M. Morin. Une roue de côté à grande vitesse donne en-

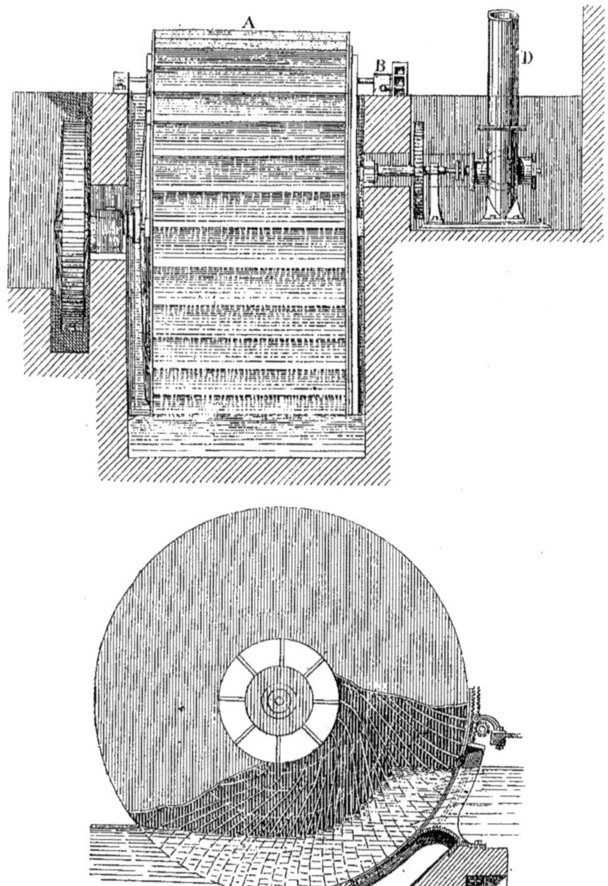

Fig. 255. — Roue de côté à aubes courbes (système Girard).

core de 0,60 à 0,70. Les roues de côté peuvent donc être placées parmi les meilleurs récepteurs hydrauliques. Elles con- viennent aux chutes moyennes de 2 mètres à 2<sup>m</sup>,50, mais elles peuvent être employées en dehors de ces limites.

A Couronnes en bois,
B Bras en bois,
C Augets en fonte,
D Augets en tôle,
E Tourteaux en fonte,

F Arbre en fer,
G Vanne en fonte (Elle peut être faite en bois),
H Coulisse en fonte,
I Organes servant à la commande.

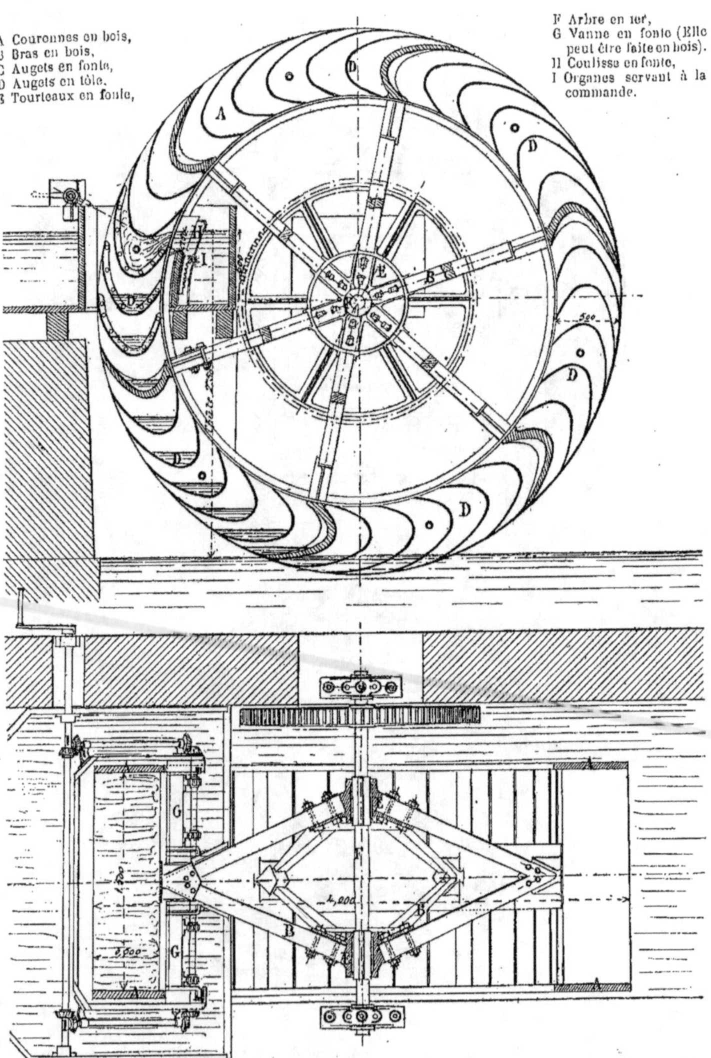

Fig. 256. — Roue hydraulique à admission intérieure.

Girard a construit pour les cours d'eau à faible débit, une roue de côté, à aubes courbes (*fig.* 255) dont le rendement atteint jusqu'à 83 %. Avec 2 chevaux de force, elle permet d'élever à 3 mètres 2 000 litres par minute. La disposition des figures montre la roue actionnant une pompe centrifuge. Le vannage étant mobile haut et bas pour suivre la variation du niveau, les aubes sont établies de façon à ce que l'eau entre sans choc, et que la force vive du courant soit pleinement utilisée.

Pour utiliser des chutes de 2 mètres à $2^m,50$ on a imaginé l'emploi de roues à admission intérieure. Nous donnons (*fig.* 256) une roue hydraulique ainsi construite dont voici les conditions de marche.

| | |
|---|---|
| Chute . . . . . . . . . | $2^m,50$ |
| Diamètre de la roue. . . . | $4^m,00$ |
| Largeur — . . | $1^m,50$ |
| Épaisseur de la lame. . . | $0^m,15$ |
| Largeur totale des 2 orifices. | $1^m,00$ |
| Nombre de tours par minute. | 9 tours |
| Force théorique | $3^{ch}\,5$ |

### Roues en dessus.

**265.** Pour les chutes de 4 à 6 mètres, il convient d'employer des roues où l'admission de l'eau se fait en-dessus de la couronne.

L'eau arrive en déversoir dans les augets comme sur la figure 257 au moyen d'un canal d'amenée.

Quelquefois l'introduction se fait comme l'indique la figure 258 : le bief supérieur se termine alors par une paroi inclinée, percée d'orifices verticaux, qui occupent toute la largeur de la roue dans le sens de son axe et qui présentent une disposition assez analogue à celle d'une persienne. Pour les roues lentes, la vitesse la plus convenable est d'après l'expérience, une vitesse de 1 mètre à $1^m,30$ à la circonférence ; dans ce cas le rendement peut s'élever à $0^m,75$ ou $0^m,80$ et même au delà.

Les roues rapides ont souvent une vitesse de 3 mètres et plus à la circonférence ; mais le rendement peut descendre alors jusqu'à $0^m,40$ et même au dessous.

**266.** Nous donnons ci-dessous un tableau qui résume parfaitement tout ce qui précède sur les roues hydrauliques et leurs principales données.

TABLEAU RÉSUMÉ DES DONNÉES PRINCIPALES DES ROUES HYDRAULIQUES

| ROUES HYDRAULIQUES | RAYON DES ROUES | VITESSE à la CIRCONFÉRENCE DES ROUES | DÉPENSE D'EAU $\dfrac{Nn}{H}$ (1) | RENDEMENT $Nn$ | OBSERVATIONS |
|---|---|---|---|---|---|
| | mètres | mètres | m. cubes | chev.-vap. | |
| Roue en dessous............ | 2.3 à 3.5 | » | 0.21 à 0.25 | 0.30 à 0.35 | |
| Roue avec coursier à contre-courbe................ ........ | 1.5 à 2.5 | 2 | 0.175 à 0.187 | 0.40 à 0.50 | (1) Les chiffres de dépense d'eau sont des coeffi- |
| Roue Poncelet............. | 2 H | » | 0.115 à 0.125 | 0.60 à 0.65 | cients qui multi- |
| Roue à palettes avec vanne à déversoir............... | 1.25 à 1.5 | 1.4 | » | » | plient le quotient de l'effet utile en |
| Roue à palettes avec vanne à coulisses................ | H | 1.6 | 0.105 à 0.115 | 0.65 à 0.70 | chevaux - vapeur $Nn$ par la chute |
| Roue à augets avec vanne à coulisses................ | 2/3 H | 1.5 | 0.107 à 0.125 | 0.60 à 0.70 | H. |
| Roue en dessus pour des chutes de 3 à 5 mètres... | » | 1.3 à 1.5 | 0.125 à 0.150 | 0.50 à 0.60 | |
| Roues en dessus pour des chutes au-dessus de 5 m.. | » | 1.5 | 0.100 à 0.112 | 0.60 à 0.75 | |

### Les Turbines.

**267.** Les turbines sont des récepteurs hydrauliques tournant en général avec une grande vitesse. Ces machines consistent principalement en une couronne mobile avec aubes, qui reçoit l'eau par des canaux répartis sur la circonférence, ou sur une partie de la circonférence, dont l'ensemble constitue la couronne fixe appe-

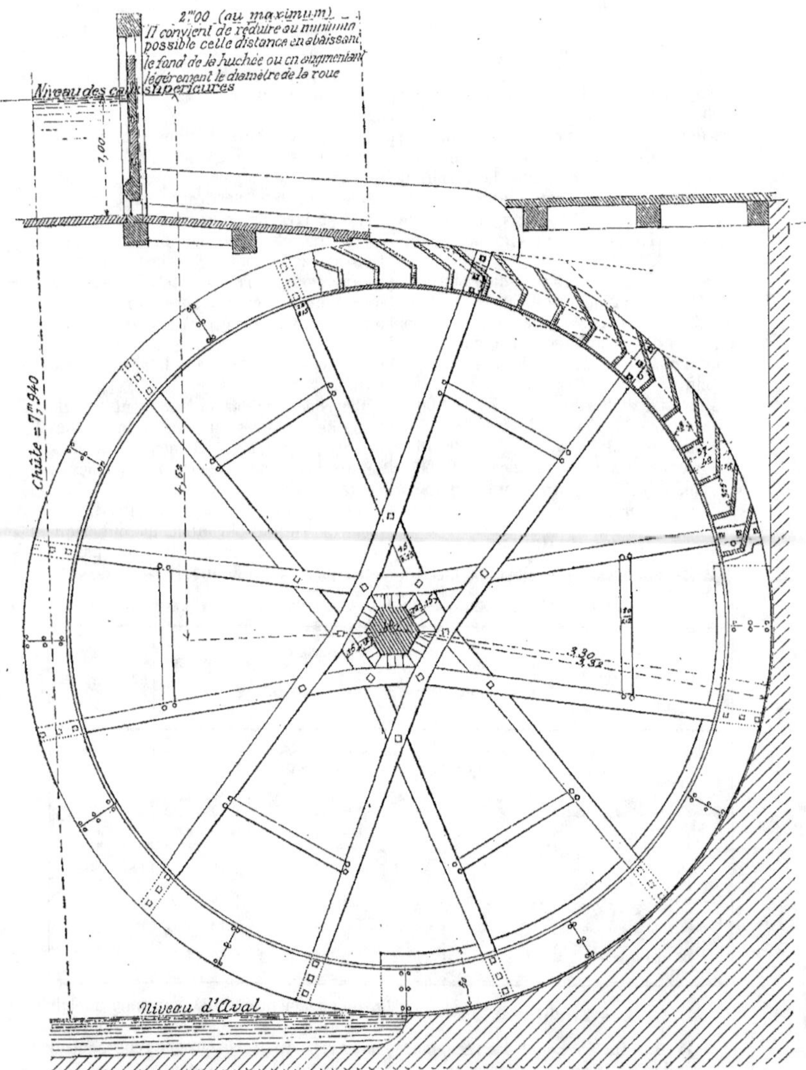



Fig. 257. — Roue en dessus.

lée le *distributeur*. On les fait à axe vertical ou à axe horizontal.

Dans le premier système, l'eau arrive
horizontalement sur les aubes de la couronne mobile par l'intérieur et en sort
en divergeant, c'est le type *Fourneyron;*
dans le second système l'eau entre dans
la couronne mobile par sa face supérieure,
et sort par la face inférieure, sans s'éloi-
gner d'une distance constante de l'axe,
c'est le type *Euler*.

Sans entrer ici dans la discussion des
principes fondamentaux de la construction des turbines, il importe de rappeler
que du rapport entre les dimensions des
aubes des couronnes mobile et fixe dépen-

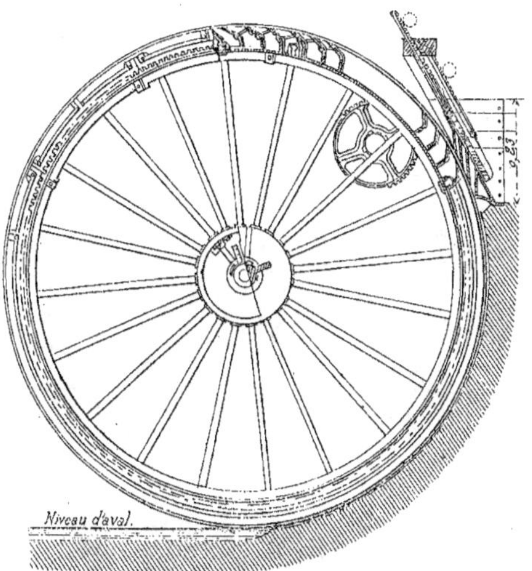


Fig. 258. — Roue en dessus.

dent la dépense et le rendement de ces
machines, suivant les variations de la vitesse de rotation.

Si la vitesse linéaire à la circonférence
d'une turbine est à peu près égale à celle
de l'eau, la turbine agit alors à grande
vitesse. Le choix du rapport, dans ce
cas, permet de dépenser un grand volume
d'eau avec un appareil d'un diamètre restreint. L'adoption d'une turbine à grande
vitesse se motive, soit que l'on dispose
d'un fort volume d'eau sous une faible
chute (1 mètre et même moins), soit que
l'on veuille économiser les ouvrages destinés à la recevoir (fondations, chambre
d'eau, etc.), soit enfin que l'on cherche à
obtenir effectivement pour l'arbre une vitesse plus grande. Mais le rendement d'une
turbine à grande vitesse ne dépasse guère
0,65 du travail brut moteur dépensé.

Si, au contraire, même pour des chutes
peu élevées, la vitesse d'entraînement est
égale à la moitié environ de celle de l'eau,
la turbine est dite à petite vitesse, et le
rendement peut toujours être supérieur
à celui d'une turbine à grande vitesse
fonctionnant dans les mêmes conditions
de chute et de volume (1).

Les turbines sont appelées à rendre les
plus grands services pour les élévations
d'eau lorsque les roues ne sont pas utilisables.

(1) Vigreux, *Traité d'hydraulique.*

Qu'il s'agisse de grandes ou de petites élévations d'eau, les turbines offrent sur les roues l'avantage de dépenser des volumes considérables de liquide, avec des dimensions bien plus faibles, pour le même débit ; elles gardent leur effet utile quand leur vitesse s'écarte même sensiblement de la vitesse normale ; enfin, elles jouissent de la propriété précieuse que n'ont pas les roues, de mettre à profit les plus hautes chutes.

Exécutées en métal, d'une installation facile, d'une longue durée, les turbines, plus économiques que les roues en bois, peuvent donner dans les conditions de meilleur établissement jusqu'à 80 pour 100 de la puissance absolue de la chute comme force utilisable ; mais avec des appareils de construction ordinaire, placés dans des conditions anormales, le rendement descend à 65 et même à 50 pour 100.

Dans certains pays de montagne, comme en Suisse, de très petites turbines dont la force ne dépasse pas celle de plusieurs chevaux, servent à utiliser de très faibles volumes d'eau et marchent des années sans réparations, à d'énormes vitesses, sous des chutes de plus de 80 mètres (1).

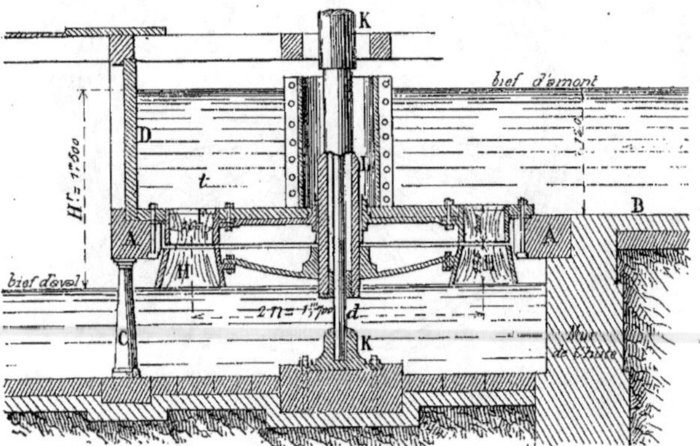


Fig. 259. — Turbine Fontaine (coupe verticale).

## Turbine Fontaine.

**268.** La turbine d'*Euler*, perfectionnée par *Burdin* puis ensuite par *Fontaine* se compose essentiellement d'un poteau fixe KK (*fig.* 259) qui supporte à son extrémité supérieure la boîte-crapaudine du pivot formant elle-même l'extrémité d'un arbre creux, en fonte aussi, qui enveloppe le poteau et peut tourner librement autour de lui. A la partie inférieure de cet arbre creux est adaptée une large calotte en fonte qui porte le récepteur H dont le plan inférieur est au niveau du bief d'aval ou plonge d'une très petite quantité dans ce bief. La surface latérale externe de la roue est enveloppée par une paroi fixe qui ne laisse entre la roue et elle qu'un jeu indispensable de 1 ou 2 milli-

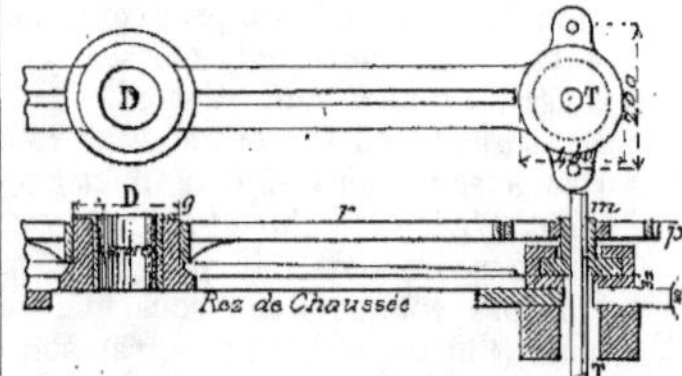


Fig. 259 *bis.* — Turbine Fontaine (détail de la couronne et du vannage distributeur).

(1) Hervé Mangon, *Traité de génie rural*; 1875, t. III, p. 236.

mètres. La couronne fixe F porte les ca- | correspondantes aux canaux distribu-
naux distributeurs. Les tiges de vannes | teurs sont assemblées dans une couronne

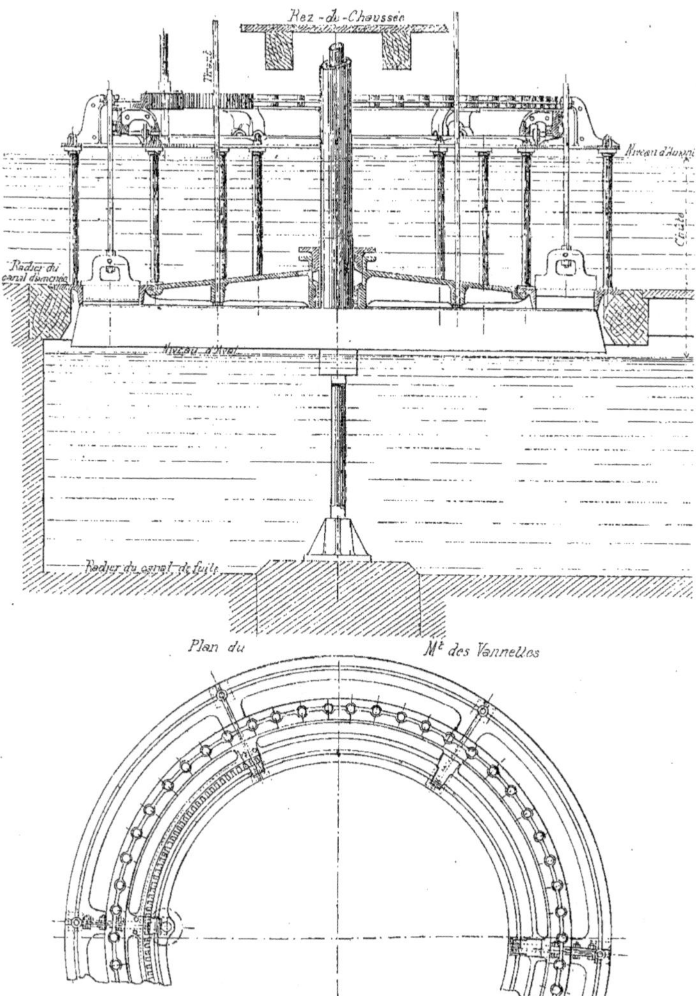


Fig. 260. — Turbine Fontaine à vannes partielles.

métallique placée au-dessus de la cou- | ronne fixe; elles ne sont pas indiquées sur la figure 259, mais la figure 259 *bis* qui donne le détail de la couronne fixe, mobile et du vannage distributeur, fait comprendre le mécanisme de la distribution. Les tiges des vannes TT correspondantes aux canaux distributeurs sont assemblées dans une couronne métallique C qui peut être manœuvrée très facilement, suspendue qu'elle est à des tringles verticales T en fer forgé, terminées en haut par une partie filetée qui s'engage dans un écrou de rappel en bronze *m* placé sur un plancher supérieur. Chaque écrou *m* porte un pignon droit *p* et tous les pignons *p* engrènent avec une roue unique *r*.

En faisant tourner la roue *r* dans un sens ou dans l'autre, on fait tourner les écrous en même temps ; ce qui produit l'exhaussement ou la descente des tiges T, par suite du cercle *r* et des trente-deux vannettes qu'il porte. A la levée des vannettes du tiers ou du quart de leur course totale correspond une réduction du tiers ou du quart de la dépense d'eau.

On voit par ce qui précède que la turbine est suspendue au-dessus du niveau du bief d'amont ce qui permet de visiter et de graisser le pivot en tous temps

Sonnet rapporte que, « d'après les expériences faites par M. Morin, sur des roues de ce genre, il a obtenu un rendement de 0,68 à 0,70. En diminuant la dépense dans le rapport de 4 à 3 au moyen du jeu des vannettes, il obtenait encore un rendement de 0,57. Cette diminution du rendement avec la dépense s'explique par la considération du frottement. La chute restant la même, la vitesse avec laquelle l'eau circule dans les canaux distributeurs reste la même. Si la vitesse de la roue est aussi la même, la vitesse avec laquelle l'eau se meut entre les aubes mobiles reste aussi constante. Le frottement que l'eau éprouve de la part des parois des canaux fixes et mobiles, est alors indépendant de la dépense, et par conséquent, il prend d'autant plus d'importance que la dépense est plus faible, puisqu'il devient alors une fraction plus notable de la puissance de la chute. Si la vitesse de la roue est moindre, le rendement diminue encore par cette nouvelle cause, puisque l'on s'éloigne ainsi de la

vitesse qui correspond au maximum d'effet utile.

Au lieu de réduire proportionnellement l'ouverture de tous les orifices du distributeur (à moitié ou au tiers), comme dans le modèle décrit, il est préférable pour ne pas affaiblir le rendement du moteur dans les basses eaux, de n'ouvrir complètement que le nombre d'orifices correspondant au volume à dépenser (soit la moitié ou le tiers) : c'est ce qui s'obtient par des *vannages partiels*. La figure 260 représente une turbine à vannettes partielles dont le mécanisme mo-

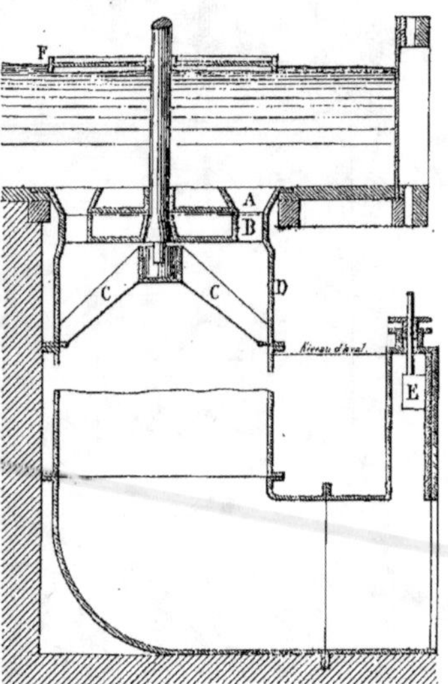


Fig. 261. — Turbine Jonval.

teur est placé au-dessous du rez-dechaussée de l'usine.

Ce système de vannages partiels peut se réaliser de deux manières : soit par des papillons qui glissent sur les ouvertures, soit par des vannettes-tiroirs verticales qui peuvent se lever indépendamment les unes des autres. Un mécanisme spécial permet d'actionner partiellement les uns ou les autres de ces appareils de fermeture.

Certains constructeurs ont même réuni les deux systèmes pour arriver par un mécanisme de manœuvre convenable à régler les ouvertures pour ne dépenser que le volume d'eau fourni par la rivière.

### Turbine Jonval.

**269.** La disposition imaginée par Jonval avait surtout pour but principal de relever le pivot pour pouvoir le surveiller plus facilement en le mettant hors de l'eau. Pour y arriver, il fallut relever toute la turbine et trouver moyen de l'établir en un point quelconque intermédiaire de la chute.

Dans cette disposition, pour éviter toute perte de hauteur de chute, la turbine est placée dans un endroit rétréci du tube; en sorte qu'elle a, d'une part, la force de la chute et d'autre part l'effet mécanique d'opération. Il faut toutefois laisser au-dessus de la couronne fixe une hauteur d'eau seulement suffisante pour empêcher les effets de tourbillonnements et d'entonnoirs.

On dispose pour les éviter un flotteur F qui est placé au-dessus de la cage.

La figure 261 donne une coupe sur l'axe de la turbine.

A est la couronne fixe.

B est la couronne mobile; elle n'est pas disposée à aubes fermées et tourne dans la partie rétrécie du tube qui est parfaitement fermée; elle est calée sur l'arbre vertical dont le pivot tourne dans une crapaudine portée par un système de croisillons C qui prennent eux-mêmes leur point d'appui sur une bâche en fonte D qui enveloppe toute la turbine, descend jusqu'au radier du canal de fuite et se recourbe. La partie horizontale porte une vanne E qui sert à régler la dépense. — La couronne fixe ne porte pas de vannage, en sorte qu'il se produit un étranglement avec perte de chute, d'autant plus grande que le volume d'eau est plus réduit. C'est un inconvénient. Le flotteur F est destiné à en atténuer l'effet.

### Turbine Kœchlin.

**270.** Cette turbine n'est autre que la précédente perfectionnée. Elle [se distingue de la turbine Fontaine par deux points essentiels : 1° elle est établie entre deux biefs et généralement, plus près du niveau d'amont que du niveau d'aval; il en résulte que son arbre tournant est plus court et que son pivot peut être faci-

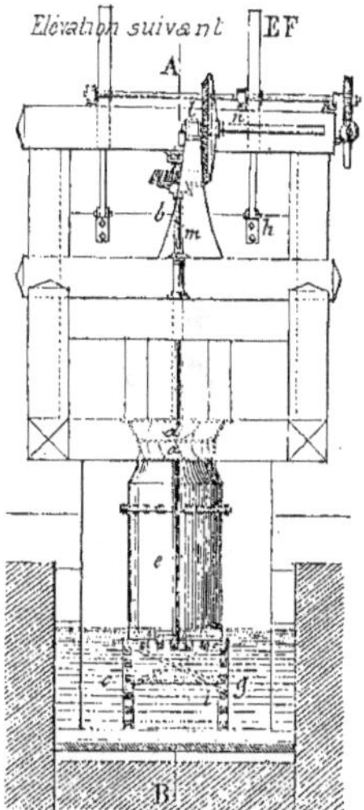


Fig. 262. — Turbine Kœchlin et Cie. — Elévation.

lement visité en mettant la chambre à sec par une retenue des eaux d'amont; — 2° la dépense se règle par une vanne unique.

Les figures 262 et 262 *bis* montrent ces dispositions.

*Légende de la figure 262.*

*a*, roue turbine;

*b*, arbre de la turbine calée sur le tourteau de la roue turbine mobile;

*cc*, crapaudine et son support;

*dd*, couronne fixe;

*e*, enveloppe de la turbine;

*f*, vanne du bief supérieur;

*g*, vanne du bief inférieur;

*h*, le flotteur.

C'est en passant du bief d'aval au bief d'amont au travers de la couronne *d* du guide *e* qui forme le canal de jonction entre les deux biefs, que l'eau imprime le mouvement à la turbine.

Il résulte des expériences de M. Morin sur des turbines du système Kœchlin que le rendement de ces roues peut aller jusqu'à 0,72. — L'abaissement de la vanne $g$ produit toujours une diminution notable du rendement. Si la dépense di-

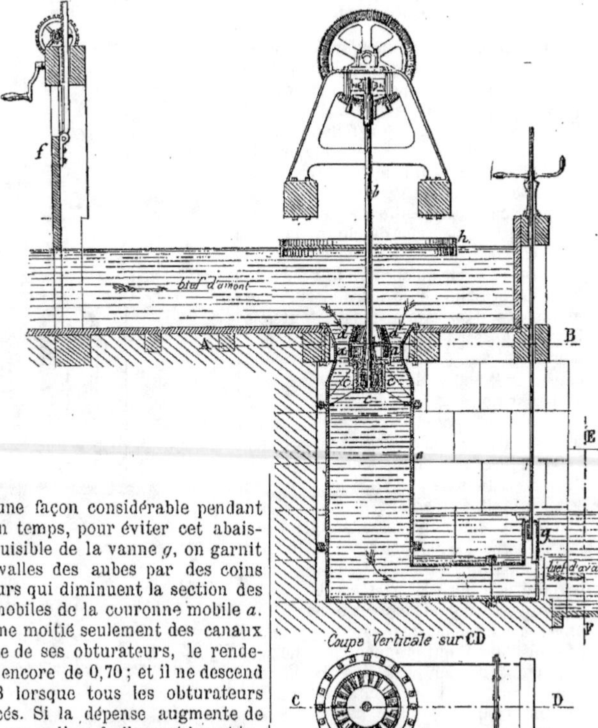


Fig. 262 *bis*. — Turbine à double effet de MM. Kœchlin et C<sup>ie</sup>.

minue d'une façon considérable pendant un certain temps, pour éviter cet abaissement nuisible de la vanne $g$, on garnit les intervalles des aubes par des coins obturateurs qui diminuent la section des canaux mobiles de la couronne mobile $a$. Lorsqu'une moitié seulement des canaux est garnie de ses obturateurs, le rendement est encore de 0,70 ; et il ne descend qu'à 0,63 lorsque tous les obturateurs sont placés. Si la dépense augmente de nouveau, on enlève facilement les obturateurs ; pour les enlever comme pour les poser, il suffit de mettre la roue à sec en retenant les eaux d'amont et laissant couler les eaux d'aval.

### Turbine Fourneyron.

**271.** Contrairement à ce qui se passe pour l'appareil Fontaine, l'appareil Fourneyron marche plongé dans l'eau d'aval pour utiliser toute la chute. En outre, l'eau est versée latéralement sur la couronne mobile I (*fig.* 263). L'axe A de la roue repose en P par un pivot sur le sol du bief inférieur, il s'élève au-dessus des eaux d'amont et tourne dans un fourreau F en fonte, qui le maintient au moyen d'une succession de collerettes, contre lesquelles le contact est maintenu

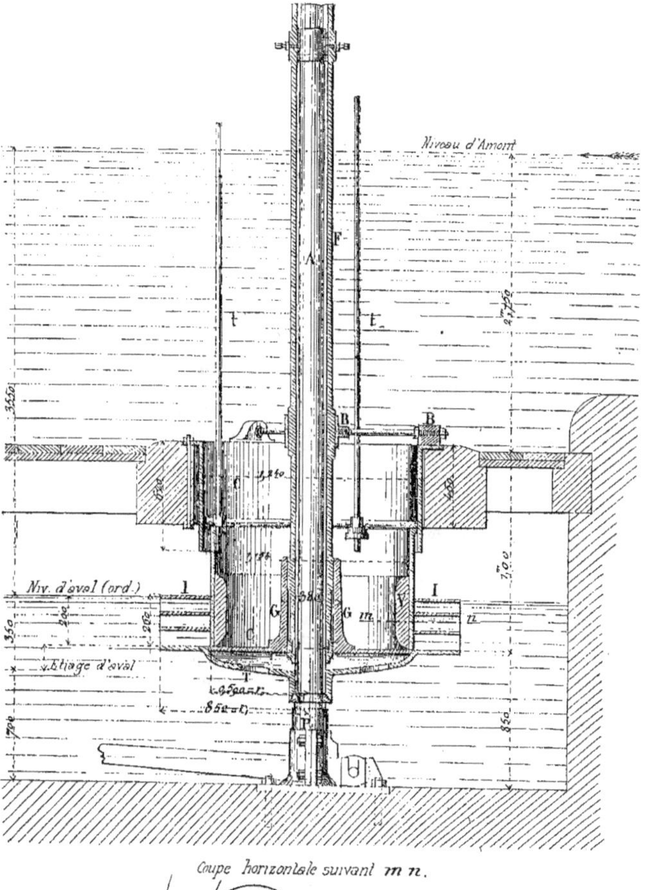


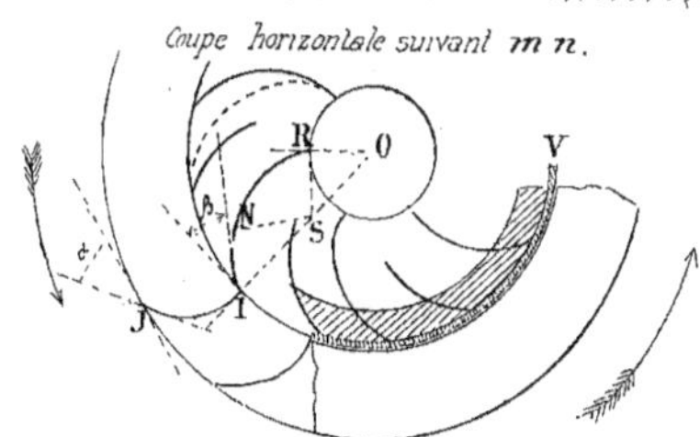


Fig. 263. — Turbine Fourneyron.

au moyen de vis de pression, ce qui l'empêche de vibrer ; il porte à sa partie supérieure une roue dentée qui transmet le mouvement à la machine élévatoire. La roue motrice I I se compose de deux couronnes horizontales, dans lesquelles sont emboîtées des aubes verticales en tôle, dont la forme est indiquée en IJ sur le plan. Ces couronnes sont calées sur l'axe au moyen d'une sorte de cul-de-lampe en fonte. Le *tuyau porte-fond* F qui entoure l'arbre est suspendu par sa partie supérieure. Il porte à sa partie inférieure un fond circulaire GG placé au niveau de la couronne inférieure de la roue et portant à son tour des aubes courbes en tôle, dites aubes directrices, de même hauteur que celles de la roue, mais dirigées en sens contraire comme on le voit sur plan en MN ; elles sont en même nombre que les aubes de la roue motrice ; mais la moitié seulement d'entre elles se prolonge jusqu'à l'axe ; les autres ne vont que jusqu'au milieu environ de l'intervalle compris entre l'axe et la roue. Une vanne cylindrique V. que l'on manœuvre à l'aide des tiges $t$, forme la paroi extérieure d'un espace annulaire dans lequel l'eau du bief d'amont est admise. Cette vanne en tôle a le même diamètre que les couronnes. Quand elle est abaissée comme sur la figure 263, l'eau d'amont se trouve contenue dans un vase annulaire, dont le fond est formé par GG.

Lorsque la vanne est levée, d'une quantité égale à la hauteur de la roue, l'eau du vase s'échappe en suivant les canaux formés par les autres directrices, puis frappe les aubes de la couronne mobile, les force à reculer dans le sens de la flèche et sort par la circonférence de la roue qu'elle fait tourner. La vanne.V est garnie à l'intérieur d'un bourrelet en bois pour permettre d'évaser l'orifice de sortie de l'eau.

Il résulte des expériences faites par M. Morin sur diverses turbines du système Fourneyron que ces récepteurs donnent un rendement de 0,70 à 0,75, que ces roues marchent tout aussi bien noyées que placées au niveau des eaux d'aval ; qu'elles se prêtent à toutes les chutes et à

tous les débits ; et qu'elles peuvent marcher à des vitesses assez éloignées, en plus ou en moins, de celle qui correspond au maximum d'effet utile, sans que le rendement soit notablement diminué.

Mais pour que la turbine Fourneyron produise son effet utile, il est nécessaire que la vanne soit entièrement levée et la disposition de son vannage tel qu'il vient d'être décrit la rendait impropre à utiliser complètement la puissance d'un cours d'eau à volume et à niveau variables. Placée hors de l'eau d'aval, la vanne étant tout à fait levée, la turbine marchant dans des conditions normales, pouvait donner un rendement satisfaisant ; mais que la vanne fût levée partiellement, ou bien que la turbine étant noyée, la vanne fût haussée d'une hauteur moindre que le regard, il y avait perte de travail. Cette variation de rendement, d'après les essais anciennement faits à la filature d'Inval, sur une turbine marchant noyée, sous une basse chute, était comprise entre 0,49 pour une levée de la vanne de $0^{m},09$, et 0,71 pour une levée de $0^{m},34$.

Le partage, par des cloisons horizontales, de la couronne mobile, suivant la hauteur, remédie à l'inconvénient quand les positions de la vanne correspondent à chaque cloison ; mais il est inefficace pour les autres positions.

Un volume d'eau constant et une vitesse de rotation absolument constante ne sont pas des conditions que la pratique permet en général de remplir.

L'inconvénient le plus grave, indépendamment de la disposition du vannage, réside dans celle du pivot qui est constamment dans l'eau, ce qui rend le graissage impossible et oblige, pour la moindre réparation, à démonter complètement la machine. De plus, la disposition même des aubes facilite l'accumulation des herbes et des feuilles dans la couronne directrice, bien que l'on établisse un râtelier bien serré en avant de la chambre d'eau.

Malgré cela, d'après les essais faits à Saint-Blaise, dans la Forêt-Noire, sur une turbine mise en mouvement par une chute de 108 mètres de hauteur, l'appareil n'ayant que $0^{m},55$ de diamètre et marchant à la vitesse de 2 300 tours par minute, pour une force de 40 chevaux-vapeur utilisant 0,75 de la force de la chute.

Le diamètre du cylindre se calcule par la formule : $D = \sqrt{\dfrac{5,5\,Q}{V}}$

Q étant le volume d'eau à dépenser par seconde et V la vitesse due à la charge d'eau.

Le diamètre intérieur de la roue est d'environ $0^m,04$ plus grand, et le diamètre extérieur les 4 tiers du précédent. La hauteur de la roue se calcule d'après cela, de telle sorte qu'elle puisse débiter la quantité d'eau qu'elle reçoit.

### Turbine Thomas.

**272.** Pour de très fortes chutes, les turbines ordinaires se réduisent à des dimensions très exiguës et perdent beaucoup de force par les engrenages qui doivent leur imprimer une grande vitesse de rotation. Thomas, ingénieur hessois, fut le premier à appliquer, pour ces cas spéciaux, des turbines dans lesquelles l'eau arrive en dessous, sur un ou plusieurs points de la circonférence; ce qui donne le moyen d'augmenter notablement le diamètre et de réduire la vitesse.

Dans la turbine Thomas établie à Veckerhagen, le diamètre était de $1^m,20$ pour une chute de 20 mètres, le nombre de tours étant de 160 par minute. Selon que l'effort à surmonter était plus ou moins considérable, on ouvrait un ou plusieurs des ajutages qui amènent l'eau sous les aubes, et de cette manière l'effet utile ne changeait pas sensiblement pour des dépenses variant du simple au quadruple; mais il diminuait très rapidement si l'on ouvrait au contraire un ou plusieurs autres ajutages, sans augmenter le volume d'eau alimentaire. Ce principe des vannages partiels a été, comme on le verra, utilisé plus tard d'une manière très remarquable par les constructeurs de turbines (1).

### Turbines Girard.

**273.** *Girard* pour éviter les principaux inconvénients, que nous avons signalés pour la turbine. Fourneyron, a imaginé plusieurs modifications et créé en collaboration avec Charles Callon, l'habile ingénieur, la plupart des types en usage.

Le récepteur qui n'est autre qu'une *turbine Fourneyron* est enveloppé d'une cloche qui descend à quelques centimètres au-dessous de la roue et que traverse le *tuyau porte-fond*, l'arbre et les tiges de manœuvre de vanne au moyen d'orifices garnis de boîtes à étoupes.

Pour éviter les travaux coûteux de fouilles, d'épuisement, de fondations, qu'exige pour l'approfondissement du canal de fuite, quand la chûte est peu élevée, une turbine à chambre d'eau ouverte, Girard a imaginé d'amener les eaux dans le réservoir cylindrique par un syphon latéral en fonte, qui relève l'eau plus haut que le niveau d'amont, de telle sorte que la couronne mobile peut être placée à la hauteur d'aval, et la formation nuisible d'entonnoirs au-dessus des orifices de cette couronne est absolument évitée. Le syphon est étudié en vue d'utiliser la puissance vive correspondant à la vitesse de l'eau.

La couronne mobile A (*fig.* 264), est calée au bas d'un arbre creux en fonte D. L'arbre passe dans le fourreau central de la bâche et se termine en haut en E par un œil évidé dans lequel se logent le pivot et la boîte-crapaudine. Cette crapaudine, qui supporte le pivot ainsi renversé, est vissée sur un arbre en fer forgé FE placé à l'intérieur de l'arbre mobile creux. Cette disposition, en mettant le pivot à l'abri de l'eau et accessible pour le graissage et les travaux de réparation, est très avantageuse pour l'entretien.

Pour éviter l'inconvénient grave, commun à toutes les turbines, qui se présente chaque fois que le niveau d'aval descend assez bas pour que le volume d'eau soit insuffisant, et qui consiste en ce que le rendement diminue d'une manière notable quand la vanne n'est levée qu'en partie, M. Girard a établi dans l'intervalle compris entre la turbine et la cloche, une pompe mise en mouvement par la roue elle-même et qui refoule constamment de l'air. L'air injecté chasse peu à peu l'eau

(1) *Ronna, Irrigations*, 1888, p. 626.

de la cloche ; l'eau qui s'échappe du réservoir cylindrique de l'aval coule alors dans l'air comprimé, et quelle que soit la levée de la vanne, elle ne mouille plus la couronne supérieure qui ne sert plus qu'à emboîter les aubes.

L'air constamment injecté pendant le mouvement de la turbine, s'échappe par le dessous de la cloche et retourne dans l'atmosphère en traversant les eaux d'aval.

On voit sur la figure 264 le tuyau *m* qui

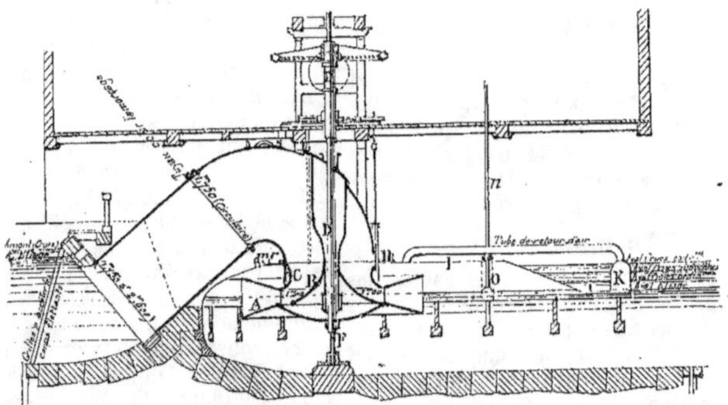

Fig. 264. — Turbine Girard (coupe longitudinale).

amène l'air comprimé sous la cloche étanche H. Elle se prolonge en aval par un tambour plat I en tôle, aboutissant à un récipient ou récolteur d'air K, dans lequel arrive l'air mécaniquement entraîné par l'eau qui s'échappe de la turbine. Un tube vertical *n* terminé par une sorte d'entonnoir renversé *o*, sert de trop-plein

Fig. 265. — Turbine Girard à bâche, hautes et basses chûtes.

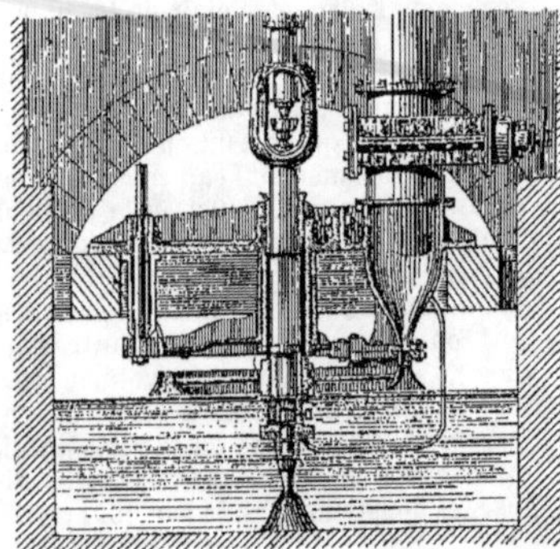

Fig. 266. — Turbine Girard, de côté très hautes chûtes.

à l'air. — La position du bord inférieur de cet entonnoir détermine le niveau artificiel produit sous la turbine par l'air comprimé ; de telle sorte que la couronne mobile fonctionne dans l'air quelle que soit la hauteur d'eau d'aval.

La figure 265 représente en élévation une turbine Girard à bâche fermée pour hautes et basses chutes.

Dans ce modèle, les vannes-tiroirs se mouvant horizontalement dans le sens du rayon, empêchent les corps étrangers d'obstruer les orifices. L'immersion de la turbine dans l'eau d'aval pendant les crues n'exerce aucun effet quand le distributeur l'alimente sur toute la circonférence, mais quand le volume ne suffit pas pour ouvrir en entier le vannage, l'eau d'amont éprouve un obstacle à son passage. Pour obvier à cette perte de force, la turbine est artificiellement dénoyée, grâce à l'injection par une machine soufflante d'une certaine quantité d'air comprimé sous la couronne mobile.

Enfin la figure 266 représente un modèle de turbine Girard à pivot qui correspond à l'utilisation d'une chute très élevée, mais à faible volume. La turbine n'étant alimentée dans ce cas que sur une portion de la circonférence, on peut lui donner un plus grand diamètre et une plus faible vitesse, en même temps que des orifices plus grands, moins sujets à s'obstruer. La pression due à la chute aide à supporter la turbine sur un pivot hydraulique consistant en deux plateaux : l'un inférieur fixe, l'autre supérieur mobile, entre lesquels arrive l'eau du bief d'amont pour détruire tout grippement.

### b. — TURBINES HORIZONTALES

**274.** Dans ces derniers temps, on a exécuté plusieurs turbines dont l'invention est due à M. L.-D. Girard qui rendent un effet utile aussi considérable que les turbines verticales et qui ont sur celles-ci l'avantage d'être d'une construction, d'une pose plus faciles et d'un entretien plus commode.

On a placé à Montfort-le-Rotrou et au Mans des turbines de ce genre qui ont donné d'excellents résultats.

De ce type il faut citer aussi les turbines Jonval-Kœchlin et les turbines Canson.

Ronna, dans le tome premier de son ouvrage sur les irrigations, donne sur ces dernières d'intéressants renseignements que nous ne pouvons mieux faire que de reproduire.

Dans les turbines Canson, la couronne mobile, disposée comme celle de Fourneyron, est calée sur un arbre horizontal qui tourne dans deux paliers ordinaires. L'eau motrice est projetée sur les aubes inférieures de la couronne, dans l'intérieur, par une simple buse dont l'orifice unique est ouvert plus ou moins à l'aide d'une petite vanne verticale. Le rendement d'une pareille turbine ne dépasse guère en moyenne 50 pour 100 du travail moteur brut dépensé. Ses avantages résident dans la facilité d'entretenir les aubes et les organes en bon état, la couronne mobile étant visible sur tout le pourtour, et de la faire marcher très vite sans danger, par suite de l'absence de pivot et de toute garniture étanche pour l'arbre. De plus, comme l'alimentation ne se fait que sur une partie de la circonférence (un cinquième au plus), il en résulte que les orifices peuvent être tenus plus grands et sont moins sujets à s'obstruer.

Quoique Mangon ne considère pas l'appareil Canson comme une turbine proprement dite, parce qu'elle ne reçoit pas l'eau par la circonférence entière, ce qui est le cas, comme nous venons de le voir de toutes les turbines à vannages partiels, il reconnaît que son effet utile, sans atteindre celui des roues les plus parfaites, est très satisfaisant (1). La turbine rurale Canson, comme il la désigne, s'applique à toute hauteur de chute et surtout à celles qui dépassent 5 mètres. Son axe peut être vertical, horizontal, ou même incliné sous un angle quelconque; sa construction est très économique, convenable pour les chutes un peu fortes.

Nous croyons, pour notre part, que toute turbine Girard dans les mêmes conditions, mais pour un effet utile supérieur, est préférable à une turbine Jonval.

______
(1) H. Mangon, *loc. cit.*, page 327.

## § IV. — LA VAPEUR

**275.** Quand on ne dispose pas de grande quantité d'eau ou que cette eau n'a pour ainsi dire pas de chute, on est conduit à prendre comme moteur la force de la vapeur.

Souvent, lorsque le charbon peut être obtenu à bon compte ou que la masse d'eau à élever est continue et considérable, l'emploi de la vapeur est le plus économique.

D'autre part, les machines à vapeur peuvent être construites pour tous les cas possibles.

Souvent la machine à vapeur est employée comme auxiliaire pour compléter la force hydraulique dont on dispose et pour servir seule quand l'eau manque.

Comme la construction des machines à vapeur est une question étrangère à la distribution des eaux, nous nous bornerons, comme pour les roues hydrauliques, à un court exposé de ces appareils et du choix du moteur.

### Choix du moteur.

**276.** Le choix du moteur doit se guider d'après l'économie de combustible et des frais d'entretien. Il faut tenir compte de la surface de la grille, de la surface de chauffe et de la consommation de charbon par cheval et par heure et par force de cheval.

Dans cet ordre d'idées, si l'on a une bonne machine de dix chevaux qui brûle 3 kilogrammes de houille à 42 francs la tonne par cheval et par heure, on établira ainsi les frais journaliers du travail effectif du moteur pour 12 heures de travail par cheval.

*Chauffage*, $3^k \times 12 = 36^k$ à 42 fr.

la tonne, *soit pour 12 heures*. . 1fr.51

*Mécanicien*, 1/9 de journée à 4 fr. 0 44

Graissage, allumage. . . . . 0 25

Total. 2fr.20

A ces frais, il convient d'ajouter ceux provenant du capital de premier établissement. Si nous supposons que la machine ait été payée 1 000 francs par force de cheval, ce qui donne à 6 0/0 du capital engagé un intérêt annuel de 60 francs;

Et pour amortissement et entretien, évalués à 20 0/0, soit à 200 francs:

Soit en tout, 260 francs par an.

Soit par jour pour 300 jours de travail effectif annuel et par cheval 0fr.86, ce qui donne ajouté aux frais journaliers, calculés plus haut, une dépense totale de 3fr.06 par jour et par cheval.

Ce chiffre correspond à une bonne moyenne; on réussit quelquefois à l'abaisser à 2fr.80; on ne doit pas lui laisser dépasser le maximum de 5 francs. Toutefois il n'est pas rare de sortir de cette limite pour les installations d'élévations d'eau particulières.

Si par exemple on a une machine qui brûle 6 kilogrammes et si l'on admet le prix de la houille à 50 francs, on atteindra vite le prix de 2fr.70 pour les frais journaliers, et si l'on ne travaille que cent journées par an, on atteindra une dépense de 6 à 7 francs par cheval et par heure.

Nous nous abstiendrons de décrire ici les nombreux moteurs que fournit l'industrie. Pour les grandes usines élévatoires les systèmes ingénieux de détente, de régulateur de vapeur, etc... sont plus que recommandables. Comme exemple, nous donnons (*fig.* 267) le plan et l'élévation de la machine à vapeur et de la pompe installées au Mans pour l'élévation de l'eau. La machine et la pompe sont installées toutes deux sur le même bâti en fonte. La machine est horizontale à détente avec condenseur.

Nous donnons (*fig.* 268, 268 *bis* et 268 *ter*) le plan, la coupe et l'élévation d'une machine fixe de 4 chevaux établie par M. Camille Polonceau dans les dépôts de Riom, Clermont, Gannat pour élever les eaux.

La machine comme la précédente est horizontale. Le cylindre à vapeur unique et le corps de pompe sont ici également sur le même bâti mais côte à côte pour ainsi dire.

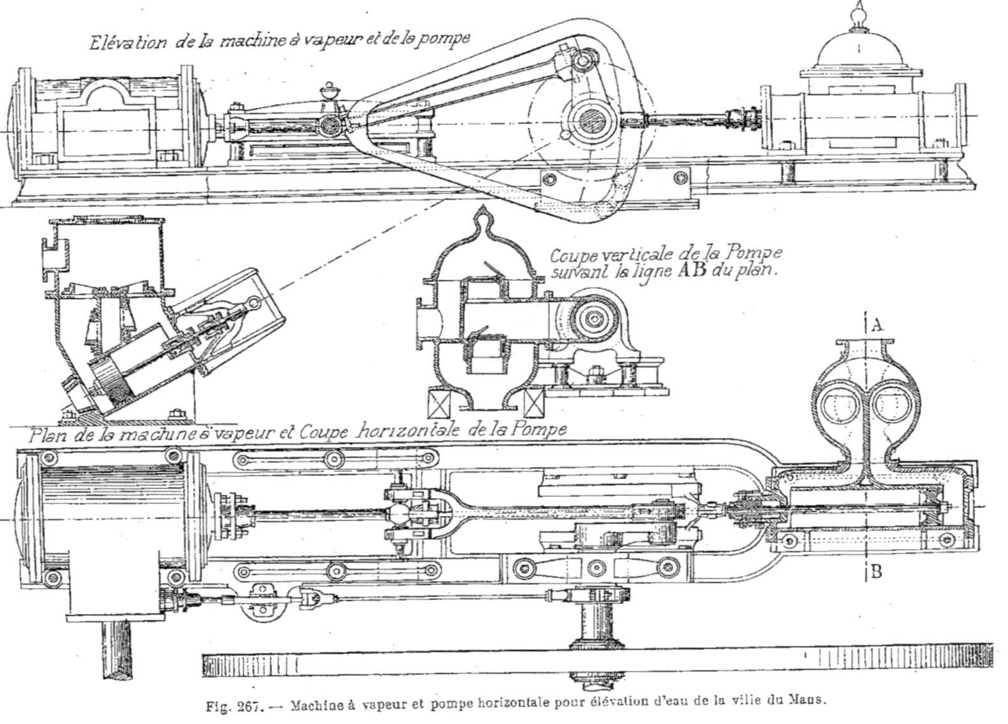


Fig. 267. — Machine à vapeur et pompe horizontale pour élévation d'eau de la ville du Mans.

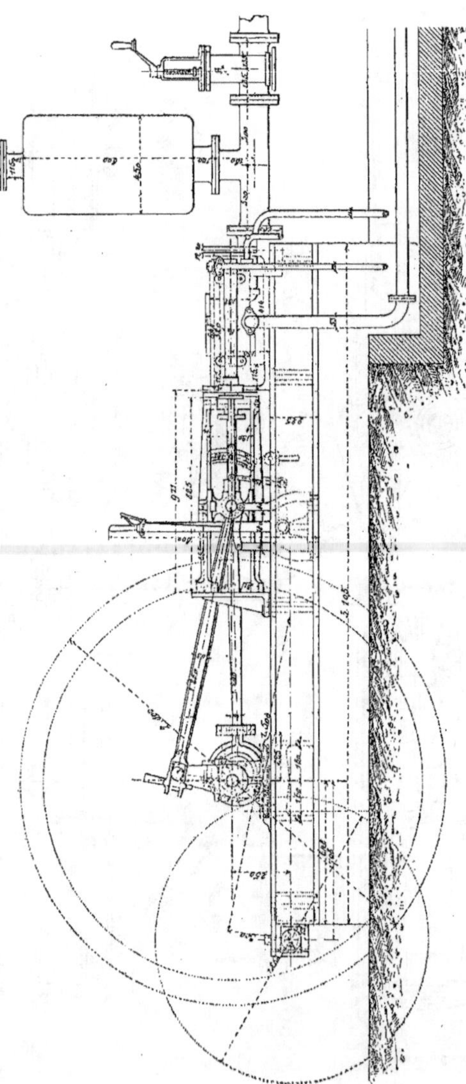

Fig. 268. — Machine fixe horizontale pour élever l'eau, par Camille Polonceau.

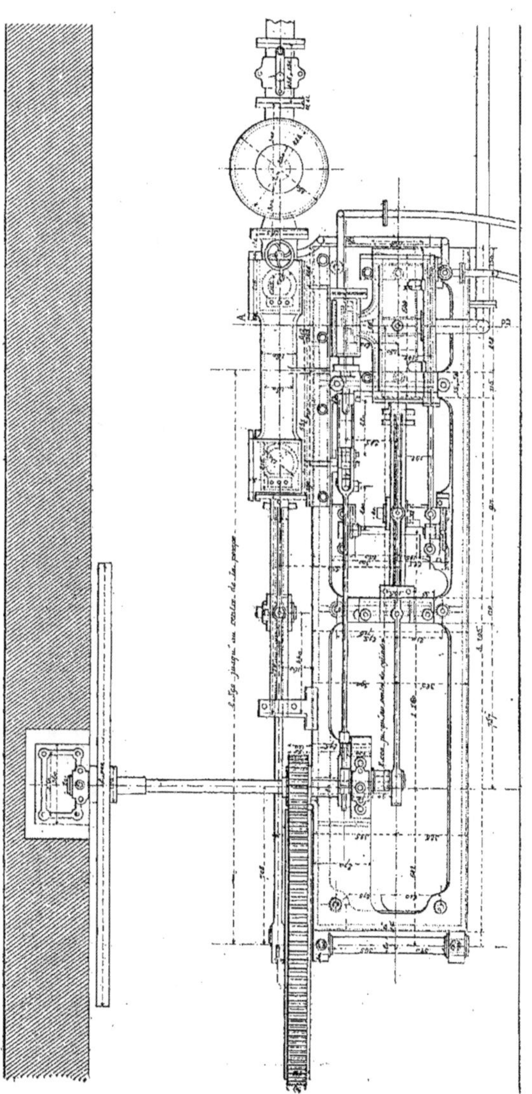

Fig. 268 bis. — Plan.

On a souvent employé avec succès des machines Compound à cylindres conjugués, également la machine Wolf à deux cylindres, à volant et à condensation, avec très grande détente. On a cru longtemps que pour élever les eaux, il y avait grand avantage à prendre des machines à simple effet, à cataracte du système de Cornouailles avec détente et condensation; mais on a reconnu par les applications

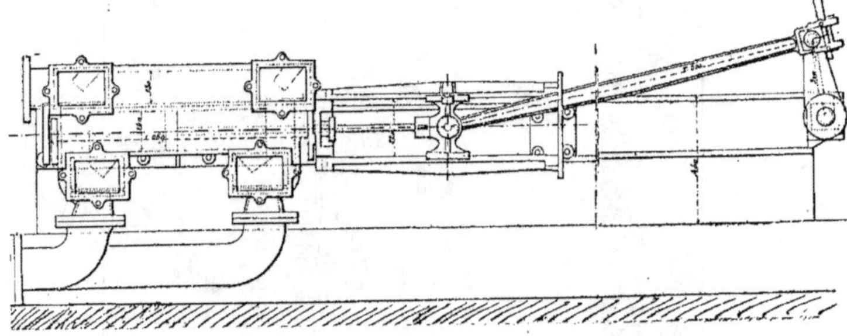

Fig. 268 *ter*. — Elévation du côté de la pompe.

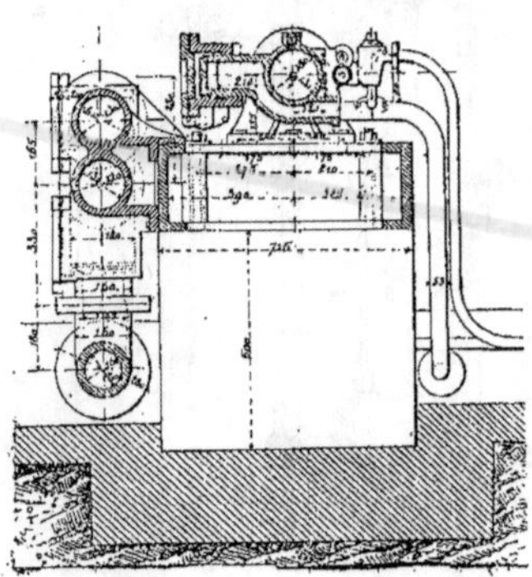

Fig. 268 *quater*. — Coupe suivant AB.

que l'on en a faites à Paris et à Lyon que la dépense de combustible était plus considérable avec ces machines qu'avec celles à double effet, à volant, exécutées comme il vient d'être indiqué.

Enfin, pour terminer ce chapitre des moteurs, nous citerons la *pompe à vapeur Worthington* dont nous aurons occasion de donner plus loin un croquis. Cette pompe à vapeur se distingue par une extrême simplicité et par la solidité de sa construction. Elle a peu d'organes mobiles, possède une marche des plus douces et n'est pas sujette à se rompre ou à se déranger.

La distribution de vapeur constitue l'originalité et le caractère le plus saillant de cette pompe : deux cylindres à vapeur et deux pompes sont réunies pour constituer une seule machine. La partie de droite actionne le tiroir de gauche et *vice versa*. Grâce à cet agencement l'une des pompes est mise en marche au moment où l'autre va s'arrêter et cette combinaison a pour effet de produire sans pulsation ni bruit, un écoulement régulier et uniforme du liquide pompé. Les efforts étant répartis entre deux machines l'usure est diminuée.

# CHAPITRE III

## INSTALLATIONS DIVERSES ET USINES ÉLÉVATOIRES

### Force nécessaire.

**277.** Lorsque l'on veut se rendre compte de la force de la machine qui sera nécessaire pour élever à une hauteur donnée un volume d'eau déterminé, il convient d'ajouter à cette hauteur la charge qui sera employée à faire arriver l'eau depuis les pompes jusqu'au réservoir. Cette somme indiquera la hauteur de la colonne d'eau qui pressera sur le piston des pompes, pour produire, dans la conduite ascensionnelle du diamètre choisi, l'écoulement du volume d'eau dont on a besoin.

Connaissant cette hauteur, on la multipliera par le volume à débiter par seconde, et on aura l'effet utile de la machine et le nombre de kilogrammes d'eau qu'elle élèvera à 1 mètre par seconde.

Pour avoir égard à la perte résultant de la transmission du mouvement, depuis l'axe de la roue ou du volant, ou depuis le piston de la machine à simple effet jusqu'au piston des pompes, on admettra que les frottements absorbent de 1/4 à 1/3 de la puissance transmise par l'axe ou par le piston. Enfin, pour avoir la puissance absolue de la machine, on augmentera le nombre ainsi obtenu en faisant le calcul qui vient d'être indiqué, d'après la connaissance que l'on aura du rendement de l'espèce de machine que l'on emploiera.

Ainsi soit :

Q, le volume d'eau à élever par seconde, exprimé en mètres cubes;

H, la hauteur à laquelle cette eau doit être élevée;

$h$, la charge nécessaire pour lui imprimer le mouvement dans la colonne ascensionnelle;

On aura d'abord pour l'effet utile définitif de la machine :

$$1000\ Q\ (H + h).$$

On obtiendra la valeur de la puissance P de la machine sur l'axe moteur qui transmet le mouvement à la tige des pompes par la formule :

$$\frac{2}{3}\ P = 1\ 000\ Q\ (H + h)$$

ou

$$P = 1\ 500\ (H + h)\ Q.$$

Si on emploie comme moteur une roue qui transmette à son arbre la fraction $\frac{1}{n}$ de la puissance absolue de la chute; c'est-à-dire si

$$P = \frac{1}{n}\ P'$$

on aura en remplaçant P par sa valeur :

$$P' = n \times 1\ 500\ (H + h)\ Q.$$

Divisant cette quantité par 75, on connaîtra la force N de la machine en chevaux :

$$N = \frac{n \times 1\ 500\ Q\ (H + h)}{75}.$$

D'après cette formule qui donne le moyen de calculer en chevaux-vapeur la force effective d'une pompe élévatoire, une locomobile de 10 chevaux effectifs peut élever à 10 mètres 60 litres par seconde.

Si, au lieu de chercher le nombre de chevaux, on voulait connaître le volume d'eau Q nécessaire pour élever le volume $Q_m$, on diviserait la valeur de P' par Z la hauteur de la chute, augmentée du frottement R de l'eau dans la conduite et le quotient donnerait le volume d'eau moteur exprimé en kilogrammes ou en litres.

$$Q_m = \frac{n \times 1\ 500\ Q\ (H + h)}{Z + R}.$$

Si la chute et le volume d'eau étant donnés on voulait connaître le nombre de litres d'eau que cette force motrice permettrait d'utiliser, on procéderait en suivant les mêmes principes, mais en sens inverse, afin de diminuer les résistances passives. Dans la machine simple, on peut, si elle a un axe horizontal, fixer une manivelle à cet axe et relier directement par une bielle le bouton de cette manivelle, soit au piston d'une pompe à double effet, soit à un balancier aux extrémités duquel sont suspendues deux autres bielles qui s'adaptent aux fonds des pistons plongeurs de deux pompes verticales qui sont ainsi mises en mouvement directement.

En général, il conviendra mieux d'adopter le premier système comme préférable au second parce qu'il se prête mieux à la consolidation des pompes.

Comme toute machine dissipe dans les résistances d'inertie, des milieux, et les frottements, une partie considérable de la force motrice, il s'ensuit que l'effet utile ne représente jamais le travail maximum. Ainsi, moins une machine perd de la force motrice qui lui est appliquée, par les résistances passives et le frottement, plus son effet utile est grand, meilleure est la machine. La roue hydraulique qu'une chute d'eau fait tourner, si on emploie son mouvement à manœuvrer une pompe pour faire remonter l'eau au niveau d'où elle est venue, n'en remontera jamais qu'une partie, au plus les deux tiers.

Quand on dit qu'une pompe, par exemple, rend 60 pour 100, on indique qu'au lieu d'élever 75 litres à 1 mètre, en une seconde, avec la force d'un cheval-vapeur, la pompe élève seulement $75 \times 0,60 = 45$ litres. Si, au lieu d'élever à 1 mètre, elle élève à 2 mètres, à 3 mètres, etc., la quantité élevée deviendra moitié, tiers, etc., de 45 litres. La quantité d'eau élevée est donc inversement proportionnelle à la hauteur, mais proportionnelle à la force motrice développée.

Ces notions élémentaires permettent de se rendre toujours compte, la hauteur et la quantité d'eau à élever étant données, de la force qu'il faudra employer ; elles permettent également, dans le choix d'une machine destinée à fournir un travail déterminé, de mettre surtout en première ligne celle qui utilise la plus grande partie de la force qu'on lui applique, en dehors des considérations de commodité et de régularité.

Comme complément des deux chapitres précédents, nous avons choisi parmi les nombreuses installations quelques exemples pour servir d'application aux principes que nous venons d'exposer et aussi de modèles pour des études nouvelles analogues.

## §1. — *INSTALLATIONS AVEC MOTEURS HYDRAULIQUES*

### a. — APPLICATIONS DES POMPES CENTRIFUGES

**Usine de Dombrot-sur-Vair!**

**278.** Comme exemple des pompes centrifuges, nous citerons l'installation hydraulique de *Dombrot-sur-Vair* dans les Vosges. Le moteur est ici une roue de moulin. La pompe du type Neut et Dumont est immergée dans la rivière, et refoule l'eau jusqu'au niveau supérieur à 10ᵐ,60 au-dessus de l'étiage, par une conduite en tuyaux de grès, de 0ᵐ,16 de diamètre, longue de 280 mètres, ayant coûté 6 francs le mètre courant. Sur la conduite sont établis trois regards ; le premier à 4ᵐ,20 au-dessus du bief d'aval : le second à 7ᵐ,40 ; et le troisième à 10 mètres, pour permettre l'arrosage à flanc de coteau. Ces regards sont formés d'un tambour qui se ferme à l'aide d'une rondelle maintenue par une vis de pression, sous une plaque de fonte. On n'arrose qu'avec un regard ouvert ; celui de 10 mètres donne 10 litres d'eau par seconde ; celui à 7ᵐ,40 donne 15 litres, et le plus bas situé donne 20 litres par seconde. A chaque regard correspond un canal de distribution avec ses rigoles secondaires (1).

**b.** — Applications des pompes spirales

### Usine élévatoire de Mousquety.

**279.** La disposition de l'usine hydraulique du domaine de Mousquety, près de l'Isle-sur-Sorgue mérite également d'être citée parce qu'elle est un des rares exemples de l'emploi des pompes spirales.

Les deux sources des Garrigues et du Pont-Vivier, débitent 75 litres environ par seconde, alimentent en partie un vaste bassin-réservoir dans lequel une pompe spirale refoule de son côté l'eau prise dans le canal d'irrigation de la Durance, au-dessus de la chute qui fait mouvoir la roue motrice. Cette roue, roue à augets de 6ᵐ,30 de diamètre, fonctionne sous une chute de 4ᵐ,30, qui peut, par une disposition originale, être portée à 6ᵐ,50 au moyen d'un petit conduit passant sous le canal; et versant l'eau dans la Sorgue.

La figure 269 que nous devons ainsi que les détails ci-dessus à l'obligeance de MM. Dumas et fils, les propriétaires du domaine, fait parfaitement comprendre la disposition de l'ensemble.

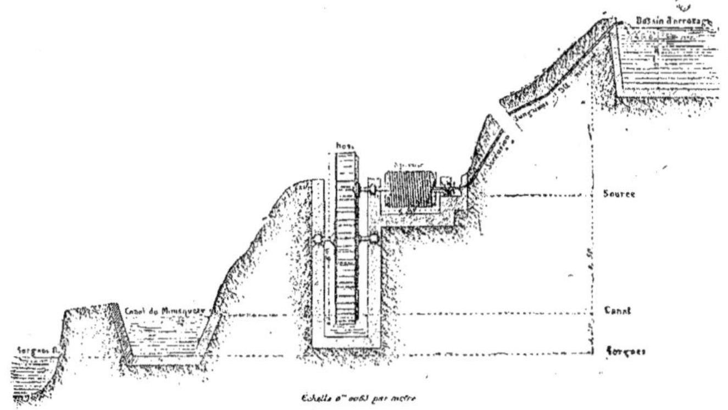


Fig. 269. — Usine hydraulique du domaine de Mousquety, près l'Isle-sur-Sorgues.

Les frais d'établissement de cette installation ont été les suivants:

*Machine élévatoire :*

| | | |
|---|---|---|
| Roue à augets et engrenage (forfait) | 1 600 fr. | |
| Paliers, axe, pignon et trois supports | 500 | |
| Pompe spirale en cuivre | 850 | |
| Tuyaux d'ascension en poterie | 120 | |
| Rigoles et Maçonnerie | 297 | |
| | 3 367 | 3 367 |

*Report* . . . . . . 3 367

*Bassin d'arrosage :*

| | | |
|---|---|---|
| Fouille | 500 | |
| Maçonnerie | 420 | |
| | 920 | 920 |
| Dépense totale | | 4 287 |

Le rendement théorique de la pompe spirale est de 7 litres par seconde, mais elle n'élève effectivement que 5 litres avec la vitesse maxima.

(1) Boitel, *Herbages et prairies naturelles*, 1887, page 528.

### c. — APPLICATION DES POMPES ASPIRANTES ET FOULANTES

## Usine élévatoire des Crémades.

**280.** L'usine élévatoire du domaine des Crémades, près d'Orange, est un exemple à citer de l'emploi des pompes actionnées par moteur hydraulique.

L'eau est prise dans la rivière Meyne : on a établi au point le plus bas sur la ri- vière un barrage dans le but de créer une chute de 1$^m$,50 qui fait mouvoir une roue du type *Fagebien* qui fournit une force motrice de trois chevaux-vapeur. A l'aide de ce moteur fonctionne une pompe horizontale du type Rossin qui élève les eaux d'une source souterraine située à 2$^m$,50 au-dessous du sol.

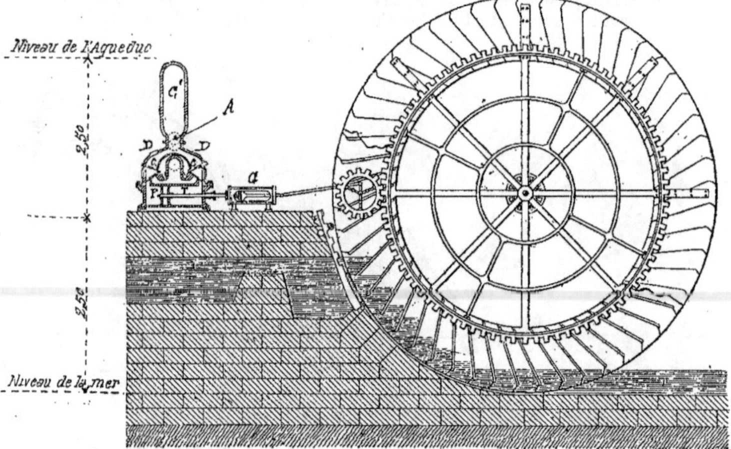


Fig. 270. — Usine hydraulique du domaine des Crémades (Vaucluse).

A, tuyau de refoulement. — B, tuyau d'aspiration. — CCC, les clapets. — DDD, les autoclaves.
G, glissière. — P, piston. — T, tige du piston.

Cette pompe élève normalement 20 litres d'eau par seconde à 2$^m$,30 seulement au-dessus du sol de l'usine AA (*fig.* 270).

De là l'eau s'écoule par un aqueduc bétonné sur arcades en maçonnerie dans un bassin de 1,500 mètres cubes de capacité placé à 250 mètres environ de la prise d'eau.

La figure 270 représente en élévation et en coupe l'installation de la pompe attelée à la roue Fagebien.

Le prix de revient de cette petite usine élévatoire est, d'après *Barral* :

| | |
|---|---:|
| Pour la roue hydraulique et la pompe. . . . . . . . . . . . . | 3 300fr. |
| Pour l'aqueduc. . . . . . . . . . | 1 100 |
| Pour le bassin. . . . . . . . . . | 1 400 |
| Total. . . . . . . . . | 5 800fr. |
| Somme à laquelle il convient d'ajouter pour la construction du bâtiment et divers. . . . . | 1 800 |
| Soit au total. . . . . | 7 600fr. |

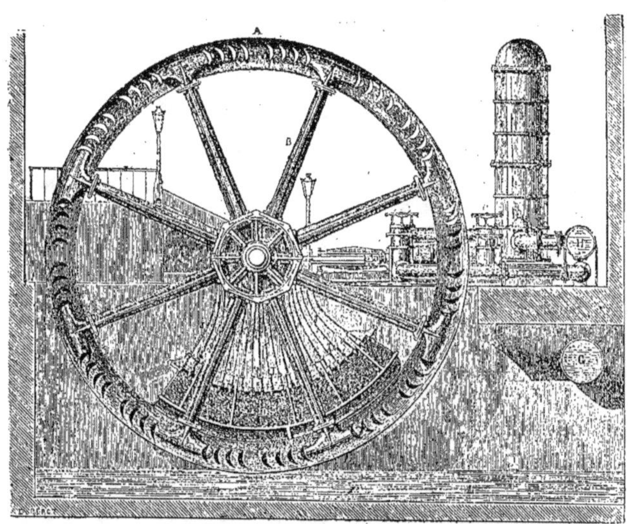

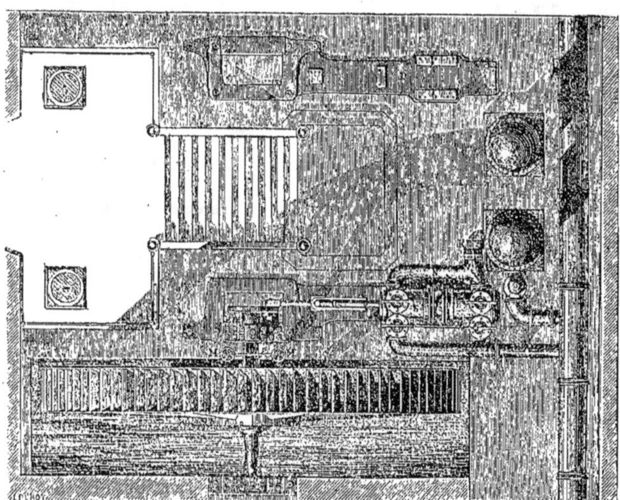

Fig. 271. — Usine hydraulique de Saint-Maur.

A, Couronne métallique en plusieurs parties. — B, bras. — C, moyeu. — D, chambre des injecteurs.
E, pompe. — F, réservoir d'air. — G, tuyaux d'aspiration. — H, tuyaux de refoulement. — II, Partie
mobile pour la visite des injecteurs et du Vannage. — II, Vannage.

## Usine hydraulique de Saint-Maur.

**281.** Pour l'usine élévatoire de Saint-Maur, installée sur la Marne, on a créé une chute par un canal recoupant un circuit de la rivière entre Joinville et Charenton. Cette chute, de 4ᵐ,10, est utilisée à l'aide de quatre roues-turbines du système Girard. Ces roues de 12 mètres de diamètre, et qui, pour un débit de 6 à 7 mètres cubes, font chacune 120 chevaux de force, donnent à l'étiage un rendement de 64 pour cent en *eau montée*.

Pour huit tours de la roue par minute, le volume d'eau élevé est de 90 litres par seconde ou de 7,800 mètres cubes par vingt-quatre heures.

La figure 271 donne en élévation et en plan la disposition de l'usine de Saint-Maur :

Un système ingénieux de fermeture et d'ouverture des vannes, permet de mettre en marche ou d'arrêter ces grandes roues à axe horizontal avec autant de certitude et de douceur que s'il s'agissait d'une machine à vapeur.

Le prix d'installation est revenu à environ 500 francs par cheval-vapeur.

## Usine hydraulique de Tours.

**282.** Pour cette installation on a fait usage, comme moteur, d'une turbine, ce qui a nécessité l'emploi d'engrenages.

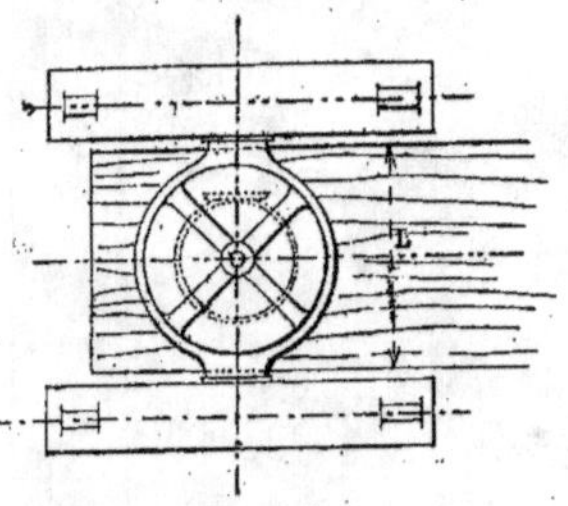

Fig 272. — Machine hydraulique de la ville de Tours.

La turbine marchant sous une chute très faible (50 centimètres) et ayant un grand diamètre, marche très lentement, cinq à six tours par minute. On a dû prendre un système d'engrenages accélérateurs au moyen desquels la turbine actionne quatre pompes horizontales.

La figure 272 représente la disposition en plan de l'usine.

## Usine hydraulique de Toulouse.

**283.** A Toulouse, on a été également conduit à prendre une turbine comme moteur. Mais elle marche à grande vitesse (50 tours par minute), en sorte qu'il a fallu employer des engrenages retarda-

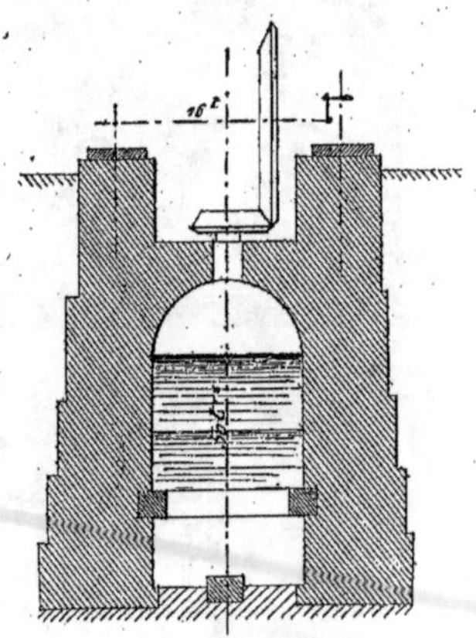

Fig. 273. — Nouvelle machine hydraulique de la ville de Toulouse.

taires pour ramener la vitesse du manneton de l'arbre des pompes à seize tours. La turbine actionne deux pompes à double effet, aspirante et foulante.

## Usine élévatoire de la Forge à Theil, près Sens (Yonne).

**284.** L'usine élévatoire des sources basses dont nous avons fait mention à la page 137, à propos de la dérivation des eaux de la Vanne, est aussi un exemple à citer d'usine hydraulique avec emploi de moteurs hydrauliques. On a adopté les turbines ; l'installation présente cette

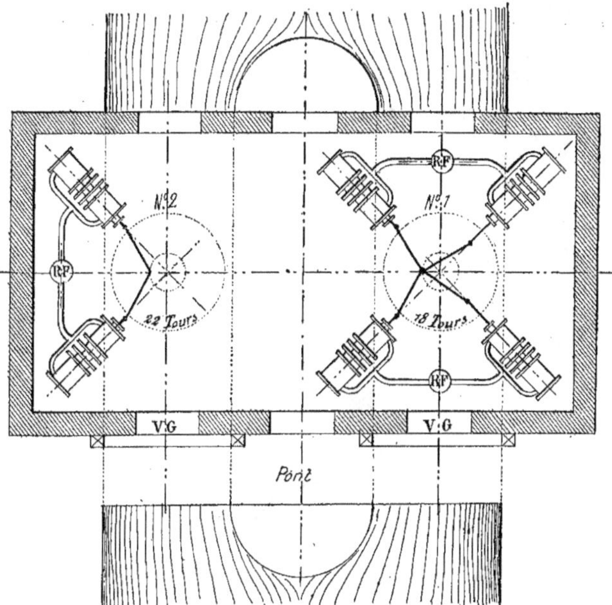



Fig. 274. — Usine hydraulique de la Forge, à Theil, près Sens, plan d'ensemble.

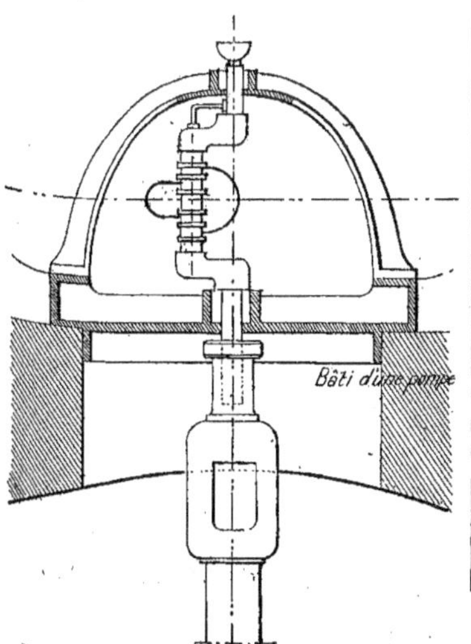



Fig. 274 *bis*. — Détail de l'arbre coudé de la pompe
numéro 1.

particularité que l'une d'elles marche avec une vitesse de dix-huit tours — c'est la turbine n° 1 qui actionne quatre pompes, tandis que l'autre marche avec une vitesse de vingt-deux tours et n'actionne que deux pompes.

Nous donnons (*fig.* 274) le plan d'ensemble de l'usine, et (*fig.* 274 *bis*) le détail de l'arbre coudé de la pompe n° 1.

## Machine hydraulique de la ville de Genève.

**285.** La machine hydraulique de la ville de Genève, représentée en plan dans la figure 275, est sensiblement du même type que celle de la Forge. L'installation en a été faite par Girard et Callon.

AA, tuyau d'aspiration avec réservoir d'air.

R, réservoir d'air du tuyau de refoulement.

PP , pompes à double effet horizontales et à piston plongeur du système Girard. La turbine commande directement les bielles des pompes sans engrenage.

### Usine hydraulique de Marly.

**286.** Un des exemples les plus anciens de l'eau utilisée comme force motrice pour s'élever elle-même est fourni par l'établissement de Marly, restauré en 1858 pour l'alimentation de la ville de Versailles. Situé à l'extrémité d'un barrage sur la Seine qui forme une retenue de 8 kilomètres de longueur, le bâtiment, disposé pour contenir six roues à palettes en renferme seulement quatre.

Elles ont 12 mètres de diamètre sur 4$^m$,50 de largeur, sont construites en tôle et sont emboîtées dans des coursiers en

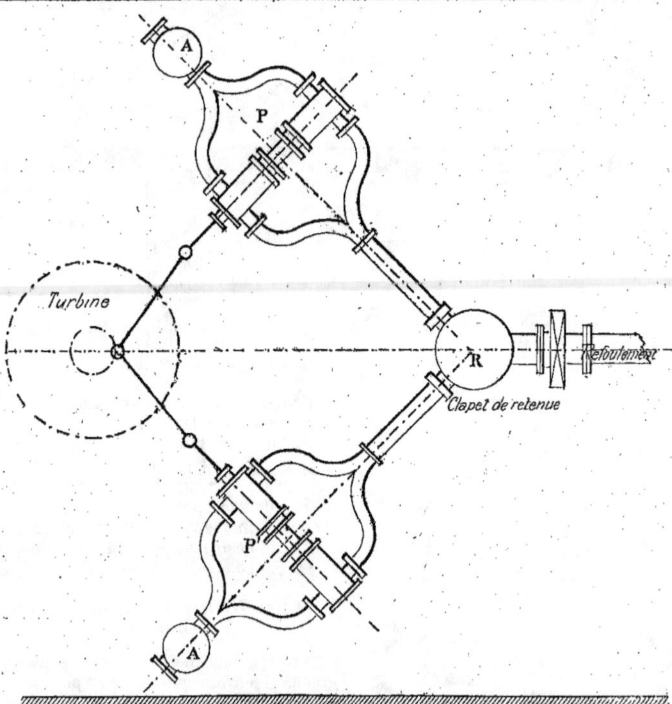


Fig. 275. — Machine hydraulique de la ville de Genève.

maçonnerie, recevant l'eau de côté et comprenant chacune soixante-quatre aubes planes. Les vannes qui alimentent les roues sont manœuvrées par un treuil dont le mouvement se communique par des engrenages aux crémaillères que portent les vannes. Chaque roue commande quatre pompes horizontales à piston plongeur et à simple effet, de 39 centimètres de diamètre. Les conduites de refoulement communiquent avec des réservoirs d'air, destinés à régulariser la pression entre seize et dix-sept atmosphères. Quand les eaux sont à hauteur moyenne de l'étiage, les roues marchent facilement à la vitesse de trois tours par minute. Toutefois la vitesse moyenne de l'année ne dépasse pas deux tours et

Fig. 276. — Usine hydraulique de Marly pour le service des eaux de Versailles.

demi. D'après les relevés pris sur les registres du service technique, il résulte des nombreuses expériences faites à diverses vitesses et sous des charges d'eau différentes que la quantité d'eau élevée par chaque roue varie entre 1,500 et 2,400 mètres cubes par jour.

L'effet utile des trois premières roues

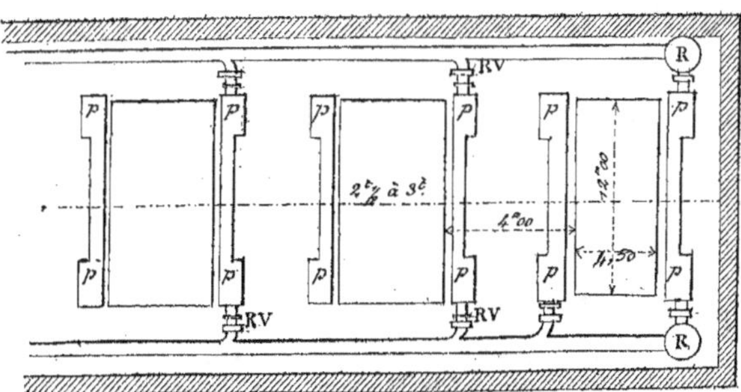


Fig. 276 bis. — Plan de l'usine hydraulique de Marly.

installées en 1858, si l'on tient compte des chômages, des crues et des réparations, a été trouvé de 5,600 mètres cubes d'eau, montés à 160 mètres, au réservoir des Deux-Portes, par chaque jour de l'année. La pose d'une quatrième roue en

1864 a permis d'assurer d'une manière normale le service de la consommation à 8,000 mètres cubes par jour.

Les conduites ascensionnelles en fonte, partant de la chambre des roues, montent jusqu'à l'aqueduc de Marly, qui a 600 mètres de longueur, le parcourent dans une cuvette et descendent par un siphon, pour remonter dans le réservoir qui alimente la ville et le château de Versailles.

La figure 276 représente la vue intérieure de l'établissement hydraulique de Marly (1).

La figure 276 *bis* représente en plan la disposition de l'usine.

L'emploi de ces grandes roues à palettes a pris beaucoup plus de place que celui nécessité par le choix des turbines ; mais on a été conduit à préférer les roues, parce que cela permettait d'éviter les engrenages et d'avoir l'utilisation directe de la force motrice.

## Usine hydraulique près d'Alcolea
### (Espagne).

**287.** En Espagne, où il existe de très grandes étendues de terrains qui pourraient être rendus fertiles si l'on exécutait quelques travaux pour retenir l'eau

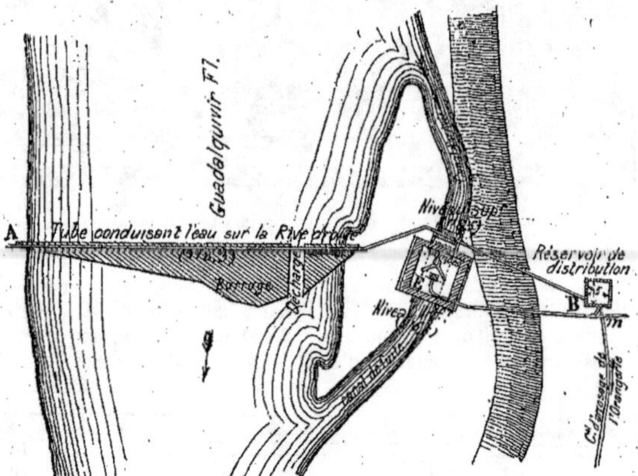


Fig. 277. — Installation hydraulique du domaine du marquis de Torres Cabrera, plan d'ensemble.

des rivières torrentueuses et des fleuves qui sillonnent le pays, quelques grands propriétaires ont compris la nécessité des élévations d'eaux.

MM. Bethouart et F. Brault, les ingénieurs constructeurs de Chartres (Eure-et-Loir) bien connus, ont fait, en 1880, dans les domaines de M. le comte de Torres-Cabrera, aux environs de Cordoue, une installation hydraulique bien intéressante.

La machine hydraulique élévatoire a été placée sur la rive gauche du fleuve,

(1) E. Marzy, l'*Hydraulique*, 1874.

tout près du barrage du pont d'Alcolea, sur le Guadalquivir.

Le problème à résoudre était d'élever à 13 mètres au-dessus du fleuve une quantité d'eau fixée à 150 litres par seconde, et d'utiliser la force motrice produite par l'effet du barrage.

Si l'on se reporte au plan de la disposition générale de l'installation (*fig.* 277), on voit que l'eau arrive au bâtiment de la machine E au moyen d'un canal de dérivation maintenant l'eau en amont, à la hauteur du barrage (dont la cote est 118$^m$,300), et en aval, au niveau de l'eau du fleuve derrière le barrage (dont la cote est 116$^m$,800). La chute motrice dont on peut disposer est, par suite, de 1$^m$,500, différence entre les deux cotes ci-dessus.

L'eau est élevée par des pompes dans un réservoir de distribution B situé sur la rive gauche du Guadalquivir ; le fond de ce réservoir est à la cote 130$^m$,900, et son déversoir à la cote de 131$^m$,700. Cette dernière, comparée à celle du niveau amont du fleuve, donne la hauteur à laquelle on doit élever l'eau :

$$131^m,700 - 118,300 = 13^m,400.$$

Du réservoir de distribution, on peut faire écouler l'eau soit directement sur la rive gauche, soit, lorsque cela est nécessaire, sur la rive droite, au moyen d'une conduite traversant le fleuve et passant sur le barrage. On a voulu également profiter de cette installation pour alimenter le canal d'arrosage des dépendances du château, qui se trouve à 2 kilomètres du réservoir, et à une hauteur beaucoup plus grande (cote 156$^m$,530), c'est-à-dire à 156,530 — 118,300 = 38$^m$,230 au-dessus du niveau amont du fleuve.

Sur le côté gauche du barrage, se trouve une décharge de 3 mètres de largeur, que l'on ferme et que l'on ouvre à volonté au moyen d'une vanne verticale.

Les figures 278-278 *bis* et 278 *ter* donnent en plan, coupe et élévation, la disposition générale de l'ensemble de l'usine hydraulique E de la figure 277.

Le moteur est une turbine Fontaine munie de vannages partiels *e e'*, qui donne le mouvement à deux pompes placées dans un bâtiment carré de 10 mètres sur 10 mètres.

Le canal d'amenée de l'eau a 6 mètres de largeur, avec une profondeur d'eau de 1$^m$,800 en amont du grillage ; cette profondeur se réduit à 1$^m$,650 à l'emplacement de la vanne de garde, et à 1$^m$,200 au-dessus du distributeur de la turbine.

Les dimensions principales de ces turbines sont les suivantes :

Diamètre moyen de la surface annulaire contenant les orifices. . . 2$^m$,120

Largeur des orifices adducteurs. . . . . . . . . . . 0$^m$,444

Hauteur de ces mêmes orifices. 0$^m$,046

Nombre des orifices . . . . . 48

La section totale S des orifices adducteurs est donc :

$$S = 0,444 \times 0,046 \times 48 = 0^{m2},9600.$$

La partie supérieure de l'arbre se termine par un plateau-manivelle X, portant le manneton destiné à recevoir les deux bielles de commande des pompes. Celles-ci sont placées suivant un angle droit ; les deux pistons se trouvent donc dans des positions relativement inverses, d'où il résulte que le mouvement de l'eau dans la conduite est d'une assez grande régularité. On a cependant prévu un réservoir d'air *r*.

Les pompes sont à axe horizontal, à double effet, avec pistons en fonte garnis de cuir ; elles sont garnies à l'intérieur d'un fourreau en bronze sur tout le parcours des pistons. Les clapets, dont les chambres sont venues de fonte avec le corps principal, sont en fonte, à axe vertical, avec garniture mobile en caoutchouc ; leur tige, après avoir traversé un presse-étoupes, vient se fixer à un ressort de tension variable à volonté, ayant pour but la fermeture rapide de ces clapets.

Les dimensions principales de ces pompes sont :

Diamètre des pistons . . . . . 0$^m$,440

Course des pistons. . . . . . . 0$^m$,940

Les tuyaux composant la conduite ascensionnelle ont les longueurs et les diamètres ci-après :

Tuyau allant du bâtiment des pompes au réservoir de distribution, 50 mètres de longueur et 0$^m$,510 de diamètre.

Tuyau allant du réservoir de distribution à la rive droite du fleuve, 150 mètres de longueur et 0$^m$,285 de diamètre.

Tuyau allant du réservoir de distribution au canal d'arrosage du château, 2,000 mètres de longueur et 0$^m$,257 de diamètre.

Les pompes aspirent l'eau en amont du fleuve, dans la chambre de la turbine, et l'amènent directement au niveau du réservoir de distribution, mais un robinet-vanne placé à l'arrivée de la conduite dans ce réservoir empêche, quand il est fermé, l'eau d'y pénétrer. Dans ces conditions, l'eau est refoulée jusqu'au canal d'arrosage du château. Quand le robinet-

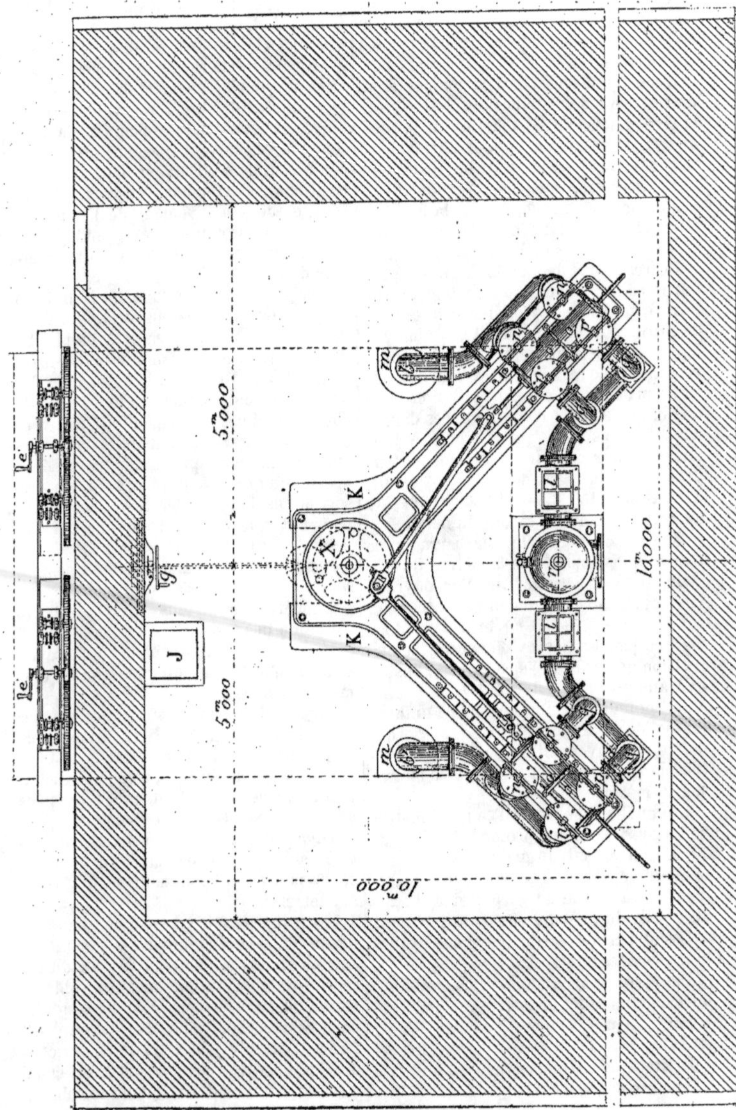

Fig. 278. — Plan de l'Usine hydraulique.

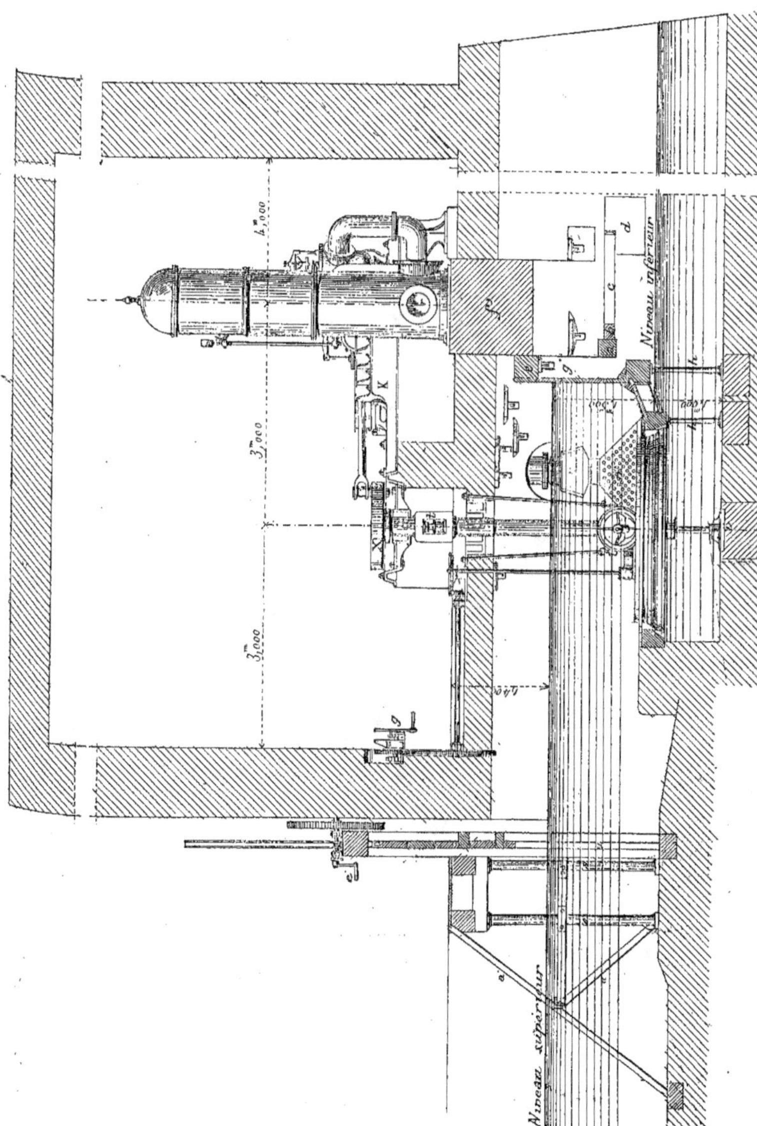

Fig. 278 *bis*. — Coupe longitudinale de l'Usine hydraulique.

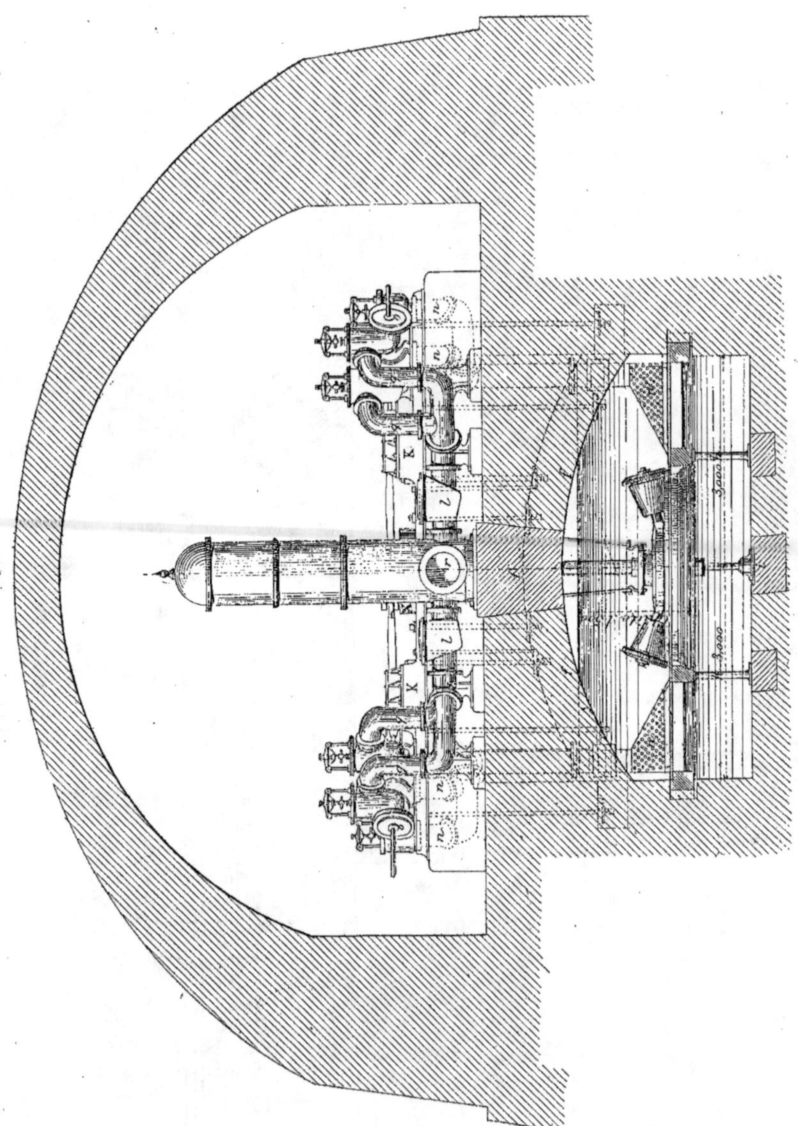

Fig. 278 ter. — Élévation de l'Usine hydraulique.

Fig. 278 ter. — Élévation de l'Usine hydraulique.

vanne est ouvert, l'eau pénètre dans le réservoir, bien que la conduite allant au château soit libre, car celle-ci ne gêne en rien l'écoulement de l'eau dans ce réservoir, le niveau de celui-ci étant de beaucoup moins élevé que celui du château. On peut alors faire couler l'eau, soit directement sur la rive gauche, soit à volonté sur la rive droite, au moyen de deux petites vannes disposées pour cette distribution.

La conduite BA qui va sur la rive droite a un diamètre beaucoup plus petit que celui de la conduite principale, car les terrains de la rive droite n'exigent pas un arrosage aussi abondant que ceux de la rive gauche; 60 litres sur les 150 litres que doivent élever les pompes, suffisent à cet arrosage. De là vient la différence dans les diamètres de ces deux conduites, et la nécessité de l'installation des deux petites vannes dans le réservoir de distribution.

Telles sont les dispositions générales de l'installation ; voici maintenant le résumé des calculs qui ont servi de base à la construction des appareils.

Le diamètre des pistons étant $0^m,440$, leur surface sera de $0^{m2},152053$.

Si l'on admet que le rendement des pompes est de 0,85, comme l'on doit élever 150 litres d'eau avec les deux pompes, soit 75 litres avec chacune d'elles, on trouve pour la vitesse V du piston :

$$V = \frac{0,075}{0,152 \times 0,85} = 0^m,58.$$

La course C des pompes étant fixée à $0^m,940$, le nombre de tours N que doit faire la turbine sera :

$$N = \frac{60 \times V}{2 \times C} = \frac{60 \times 0,58}{2 \times 0,94} = 18\ \text{tours}\ 50.$$

Or, ce nombre de tours correspond à peu de chose près à la vitesse normale de la turbine marchant avec la chute de $1^m,500$.

La quantité d'eau élevée par les pompes à chaque révolution de la turbine sera:

$$\frac{150}{18,50} = 8\ \text{litres}\ 10.$$

Pour déterminer les dimensions de la turbine, on a admis que le rendement total en eau montée serait K = 0,44. Ce rendement peut paraître faible, mais l'on doit considérer qu'il fallait tenir compte des variations de la chute et du volume d'eau à élever, et que la turbine, au lieu de conserver la vitesse relative due à la chute, devait au contraire marcher à des vitesses bien différentes, depuis 20 tours jusqu'à 5 tours par minute.

La hauteur de la chute étant . $1^m,500$
Le volume d'eau à élever. . . 150 lit.
La hauteur manométrique. . $15^m,000$
Et le rendement. . . . . . K = $0^m,44$,

on a trouvé que le débit de la turbine devrait être :

$$Q = \frac{150 \times 15}{1,500 \times 0,44} = 3,400\ \text{litres.}$$

La section offerte à l'écoulement de l'eau par les orifices adducteurs est $0^{m2},960$, comme il a été indiqué ; la pression sur le centre de l'orifice est $1^m,350$ et la vitesse de l'eau due à cette pression est égale à :

$$V = \sqrt{2g \times 1,350} = 5^m,146.$$

En prenant pour coefficient de contraction de l'eau à son passage dans les orifices, K = 0,85, on obtient pour la quantité d'eau que peut débiter la turbine avec tous ses orifices ouverts :

$$Q = 0,96 \times 0,85 \times 5,146 = 4,199\ \text{lit.}$$

c'est-à-dire que, pour élever les 150 litres d'eau demandés, on n'a besoin d'ouvrir que :

$$\frac{3\ 400}{4\ 200} = 0,80,\ \text{soit les } 4/5 \text{ des orifices.}$$

Quand la chute est réduite à 1 mètre, la turbine peut dépenser :

$$Q \times 0,96 \times 0,85 \times \sqrt{2g \times 1,000} = 3\ 606\ \text{litres.}$$

et en admettant toujours le même rendement, on pourra élever :

$$\frac{3\ 606 \times 1,000 \times 0,44}{15} = 105\ \text{litres,}$$

avec une vitesse de $\frac{105}{8} = 13$ tours.

La quantité d'eau à élever au réservoir du château a été fixée à 40 litres environ. Dans ces conditions, la chute étant . . . . . . . . . . . . . $1^m,500$
La hauteur manométrique de l'ascension . . . . . . . . . . $46^m,000$
Le rendement en eau montée $0^m,44$

la quantité d'eau que doit débiter la turbine sera :

$$Q = \frac{40 \times 46}{1,500 \times 0,44} = 2\ 787 \text{ litres,}$$

soit en chiffres ronds :

$$Q = 2\ 800 \text{ litres.}$$

On a, dans ce cas, seulement à ouvrir, $\frac{2\ 800}{4\ 200} = 0,66$, soit les deux tiers des orifices, et la vitesse de la turbine devient :

$$\frac{40}{8} = 5 \text{ tours.}$$

La plus grande force atteinte dans les différents cas de marche des appareils est celle obtenue pour élever les 150 litres à la pression manométrique de 15 mètres. On a dans ce cas :

Q, débit da la turbine . . 3,400 lit.
H, hauteur de chute. . . 1<sup>m</sup>,500
R, rendement de la turbine. . . . . . . . . . . . 0<sup>m</sup>,65

$$F, \text{force en chevaux} = \frac{3,500 \times 1,500 \times 0,65}{75}$$

$$= 44 \text{ chevaux.} \quad (1)$$

Le prix de revient de cette installation est le suivant :

Moteur, Pompes avec tous accessoires, tuyau jusqu'au réservoir r; crépines; clapets de retenue; grillage et les deux vannes de garde et de décharge. . . . . . . . . . . 34 000 f.
Bâtiments et constructions . . 4 000

Ensemble. . . . . 38 00 0 f.

## § II. — INSTALLATIONS AVEC MOTEURS A VAPEUR

### a. — APPLICATION DES ÉCOPES A VAPEUR

**288.** L'installation de W. Fairbairn aux marais du Lincolnshire est un des plus beaux exemples d'élévation d'eau par les écopes. La figure 279 donne une coupe transversale de cette machine élévatoire. L'écope A tourne autour d'un tourillon B placé sur la digue C' du canal I de fuite dans lequel l'eau de la tranchée d'amenée doit être élevée et déversée. Par son autre extrémité l'écope est réunie en D à la bielle E du balancier F de la machine à vapeur qui pivote en G sur un bâti de fondation H. Grâce à son mouvement alternatif, le balancier fait descendre l'écope au-dessous du niveau de l'eau de la tranchée, où elle se remplit par le clapet K, et la relève, pour qu'elle déverse son contenu par le bec en B. La longueur donnée à la bielle permet, pour une même course du cylindre de faire varier la profondeur à laquelle l'écope plonge dans la tranchée. W. Fairbairn a donné à son écope une longueur de 7<sup>m</sup>,62 sur 9<sup>m</sup>,50 de

largeur ; pour assurer la résistance des parois il a établi une cloison longitudinale : toute l'écope est en tôle de fer.

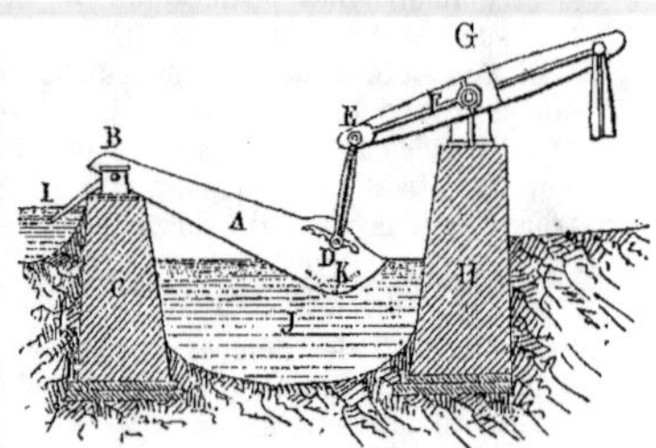


Fig. 279. — Écope à vapeur, système Fairbairn.

Cette machine peut élever 17 mètres cubes d'eau par coup de piston, avec une force de 60 chevaux-vapeurs consommant 1<sup>k</sup>,30 de charbon par cheval et par heure.

### b. — APPLICATIONS DES POMPES ROTATIVES

**289.** En Amérique on a utilisé les pompes rotatives pour des élévations d'eau considérables.

La figure 280 représente une de ces installations : la pompe P est placée au fond

(1) Courtès-Lapoyrat, *Génie Civil*, 1881.

d'un puits foncé jusqu'à 15 mètres environ. — Au fond du puits, on pratique dans les diverses couches aquifères plusieurs forages qui descendent quelquefois jusqu'à 50 mètres et dans lesquels on place des tuyaux d'aspiration N, N. N, N, reliés par des coudes à leur partie supérieure

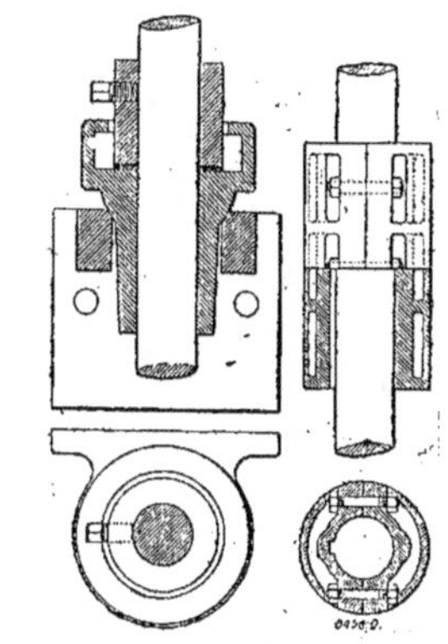

Fig. 280. — Installation de pompe à vapeur sur puits tubés (Californie).

avec l'enveloppe de la pompe. Le mouvement est transmis à cette pompe horizontale par une tige verticale engagée dans des coussinets, dont les colliers supportent le poids de la tige et de la roue de la pompe. On voit en C, C, C et sur la figure 280 *bis* les assemblages des bouts de

la tige qui sont établis de façon à pouvoir être facilement démontés.

Dans l'exemple qui nous occupe le mouvement est donné par une machine à vapeur E à simple effet qui donne le mouvement par une courroie appliquée au sommet de la tige; pour maintenir la pression, un tuyau d'échappement R qui descend jusque dans le corps de pompe y

Fig. 280 *bis*. — Coussinets des pompes et assemblage des tiges.

amène la vapeur. Parfois, au lieu de vapeur, on a recours à l'air comprimé ; mais jamais à l'eau elle-même, les clapets de pied étant immédiatement coupés par le sable et le gravier que les eaux entraînent avec elles.

La section du tuyau d'ascension M est plus grande que celle de l'orifice d'écoulement de la pompe.

La figure 280 *bis* représente le détail des coussinets de la pompe et de l'assemblage des tiges.

### c. — Applications des pompes centrifuges a vapeur

**Usine hydraulique de Demerera.**

**290.** *Pompes Appold.* — Une intéressante application d'usine élévatoire utilisant des pompes du type Appold a été faite sur la plantation Anna Regina à Demerera (Guyane Anglaise).

Certaines difficultés rencontrées pour l'établissement de fondations solides, ont obligé à placer la pompe, dans un bâti en fonte sur le cadre duquel les machines motrices à haute pression et à condensation donnent le mouvement par un volant engrenant dans un pignon denté.

Ces machines motrices sont conjuguées et de la force de 40 chevaux.

La pompe a 1ᵐ,40 de diamètre. Elle fait 124 tours à la minute pour une course du

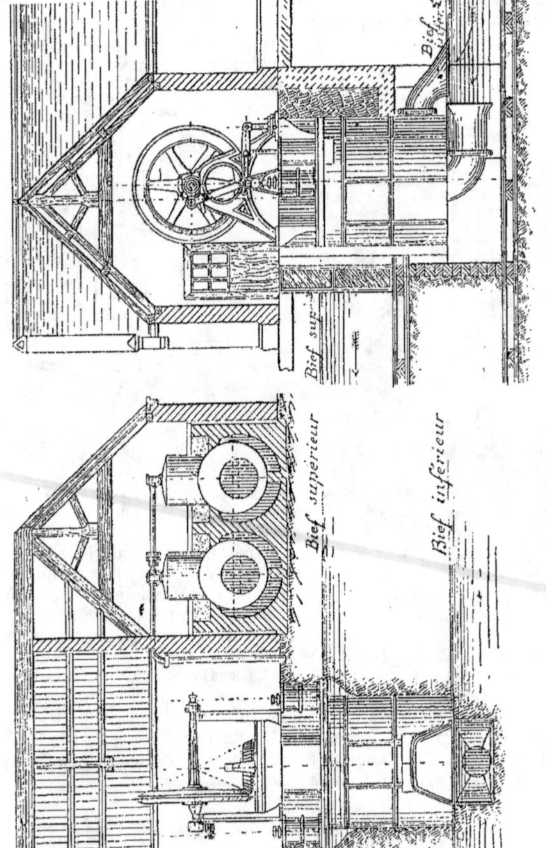



Fig. 281. — Usine hydraulique de Demerera, coupe longitudinale et transversale.

piston de 1ᵐ,83, correspondant à 53 tours de l'arbre des machines; elle élève dans ces conditions 187 mètres cubes d'eau par minute à 2ᵐ,15 de hauteur. D'après les essais faits par Clark, assisté de l'ingénieur Neville (1), le travail utile a été évalué à 90 chevaux, égal à 81 °/₀ de la force

(1) Clark, *The Exhibited machinery*, 1862, p. 377.

dépensée. La figure 281 donne en coupes *transversale et longitudinale l'installation de l'usine hydraulique de Demerera.*

**291.** *Pompes Gwynne.* — Le plus souvent, pour éviter la perte de force qui résulte de l'emploi par transmission au moyen d'engrenages et de courroie, de la force de machines à vapeur qui ne sont pas destinées à faire marcher des pompes à grande vitesse, 300 à 400 tours par mi-

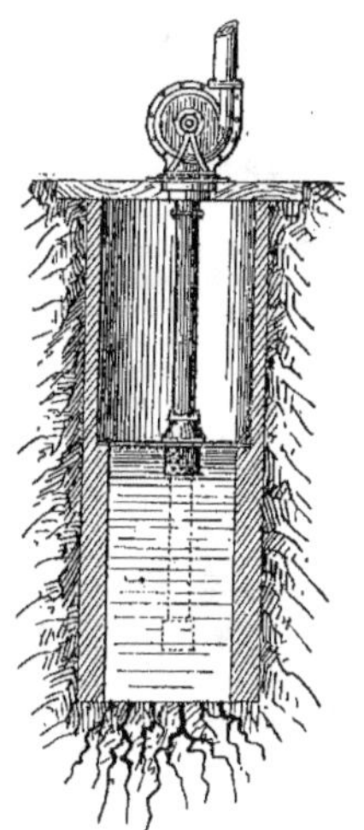

Fig. 282. — Installation sur un puits d'une pompe Gwynne.

nute, on adapte sur le même bâti que la pompe Gwynne, la machine qui la fait mouvoir.

Comme coût de l'installation d'une pompe Gwynne fournissant 50 litres par seconde et attelée à une locomobile, il faut compter pour chaque mètre d'élévation sur une force de 1,20 cheval vapeur.

Si l'on veut élever l'eau à 5 mètres, la vitesse de rotation sera de 600 tours par minute ; en employant une pompe avec clapet de pied, un tuyau-cône pour l'aspiration, des tuyaux par bouts de 2 mètres, 1 mètre et 0$^m$,50 etc. etc., on arrivera à une dépense de 2,700 francs environ, prix auquel il faut ajouter pour la locomobile motrice 800 francs environ par cheval-vapeur nominal.

Il faudra compter sur une dépense variant de 1 à 2 kilogrammes de houille par cheval et par heure.

Les avantages de la pompe Gwynne sont les suivants :

Elle débite en absorbant moyennement 75 °/₀ de la force employée, un jet continu sans avoir besoin de récipient d'air. Son mouvement de rotation est très doux, sans clapets, ni excentriques ; sa construction simple et solide exige à peine des travaux de fondations ; enfin, elle peut aspirer, sans risque de réparations ou de frais d'entretien, les eaux limoneuses.

Pour l'appliquer aux puits ordinaires, il faut disposer à une certaine profondeur un disque en fonte, formant une cloison étanche (*fig.* 282), sur lequel on fixe le clapet de pied de la pompe qui sert de soupape de sûreté. Quand la pompe est chargée et mise en mouvement, l'air contenu dans la chambre du puits est promptement aspiré et la capacité au-dessous du clapet de pied étant préservée de la pression atmosphérique, un vide partiel s'établit. L'eau est alors refoulée de bas en haut avec une rapidité croissante, par l'effet du vide et de la pression de l'air qui agit dans le même sens que l'eau montant dans le tuyau d'aspiration.

Ce mode d'épuisement qui supprime complètement le travail d'aspiration, a l'avantage de mettre à découvert les fissures des puits et d'augmenter ainsi leur débit normal (1).

### Usine hydraulique de l'Armellière.

**292.** *Pompes Neut et Dumont.* — Ces pompes sont souvent employées dans des conditions analogues aux précédentes : la figure 283 représente l'installation d'une pompe rotative Neut et Dumont dans un canal de prise du Rhône pour l'irrigation des domaines de l'Armellière en Camargue. Le tuyau d'aspiration épousant les sinuo-

(1) Ronna, *Irrigations,* page 690.

sités du sol peut prendre l'eau par une lanterne à une certaine distance du cours d'eau ou du canal de prise ; en général ces pompes refoulent l'eau à une hauteur de 5 à 6 mètres.

Toutefois pour le domaine de l'Armel-

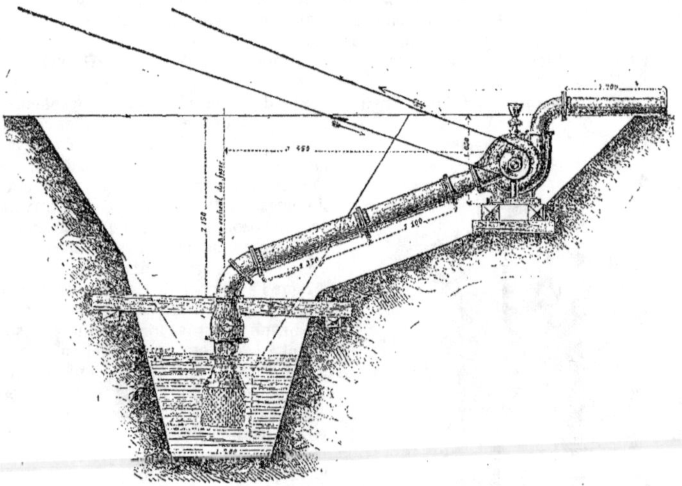

Fig. 283. — Installation d'une pompe Neut et Dumont dans une prise du Rhône, pour irrigations (Camargue).

lière, on s'est contenté d'une élévation de 2,80. Dans ces conditions une machine de la force de six chevaux peut élever 360 mètres cubes d'eau à l'heure avec une dépense de 18 à 20 kilogrammes de charbon, soit 3 à 4 kilogrammes par cheval et par heure ; la pompe rendant environ 62 pour cent de travail utile.

Les frais d'établissement ont été les suivants :

| | |
|---|---|
| Locomobile de six chevaux, transport et installation compris................ | 5 800 fr. |
| Pompe rotative Neut et Dumont, et pose comprise... | 3 500 |
| Bâtiment de la machine... | 600 |
| Aménagement du bassin de prise.................. | 700 |
| Total..... | 10 600 fr. |

d. — APPLICATIONS DES POMPES ORDINAIRES

### Elévation d'eau du lac de Harlem.

**293.** En Hollande, les pompes ordinaires, aspirantes et foulantes, à tige horizontale, ont été appliquées avec peu de succès pour des différences de niveau plus ou moins considérables ; dans ce pays où les eaux à élever sont souvent troubles, les pompes ont l'inconvénient signalé pour les clapets qui s'usent vite. Aussi leur a-t-on souvent préféré les roues à aubes ou les pompes centrifuges.

Cependant on a employé au lac de Harlem des pompes aspirantes ordinaires à fort rendement qui ont rendu des services exceptionnels : il a fallu enlever 880 millions de mètres cubes d'eau sur une superficie immense de 18,000 hectares à dessécher, bordée par un canal de ceinture de près de 60 kilomètres. On a installé trois usines hydrauliques à vapeur, avec pompes à piston sur lesquelles M. Ronna nous donne les renseignements suivants :

Le *Leeghwater*, placé aux étangs de Koog, avec onze pompes de 1$^m$,60 de diamètre, et une course de piston de 2$^m$,85. Les pistons donnent six coups par minute et élèvent l'eau, soit 6 mètres cubes par coup, à une hauteur moyenne de 4$^m$,50. L'effet utile du Leeghwater a été évalué à 250 chevaux-vapeur (*fig.* 284) ;

Le *Van Lynden*, situé près des écluses de Halfweg ;

Le *Cruquius*, installé près de Spaarne, avec huit pompes de 1$^m$,85 de diamètre, ayant une course de piston de 2$^m$,85. Le nombre des coups de piston par minute est de 6 à 6 et demi. L'eau est élevée à la cote moyenne de 4$^m$,50. Chaque pompe

Fig. 284. — Le Leeghwater au lac de Harlem.

fournit par coup de piston 6,5 mètres cubes et l'effet utile de la machine est évalué à 285 chevaux-vapeur.

**294.** Les moteurs à vapeur actionnant des pompes de divers systèmes, alimentent depuis longtemps des villes très importantes pour le service privé et municipal. Des centres très considérables de population dépendent uniquement de l'élévation par des machines à vapeur du volume d'eau qui leur est nécessaire. Dans ce mode d'installation où les pompes jouent toujours un très grand rôle, il faut distinguer l'emploi des **pompes verticales** et celui des **pompes horizontales**.

Ces dernières présentent en général une plus grande économie dans le coût du premier établissement. En outre la surveillance et l'entretien en sont plus faciles.

Cependant on rencontre de nombreux exemples de pompes verticales :

Avec ou sans balancier ;

Avec ou sans engrenages.

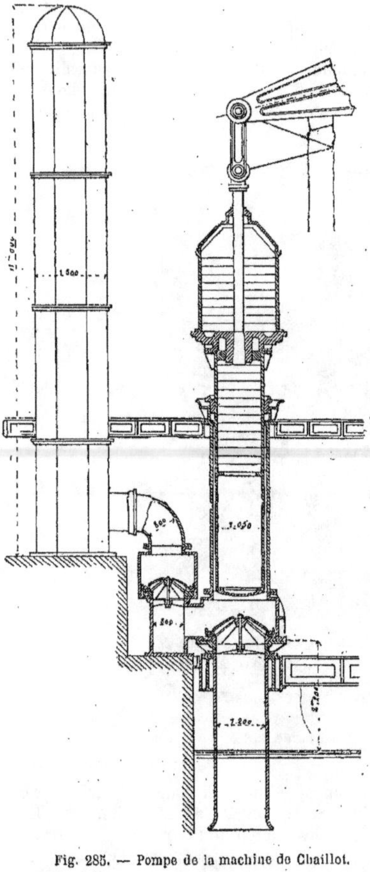

la pompe de la machine de Chaillot (*fig.* 285) ; elle était munie d'un grand réservoir d'air. Dans le fonctionnement de cette machine les frottements sont très peu importants, le chemin parcouru par le tourillon est très faible. Pour faire varier la quantité d'eau montée on fait varier la vitesse de la machine.

## Machine hydraulique à vapeur de Chartres.

**296.** La disposition est également verticale. Le mouvement est transmis à la pompe au moyen d'engrenages ; la machine

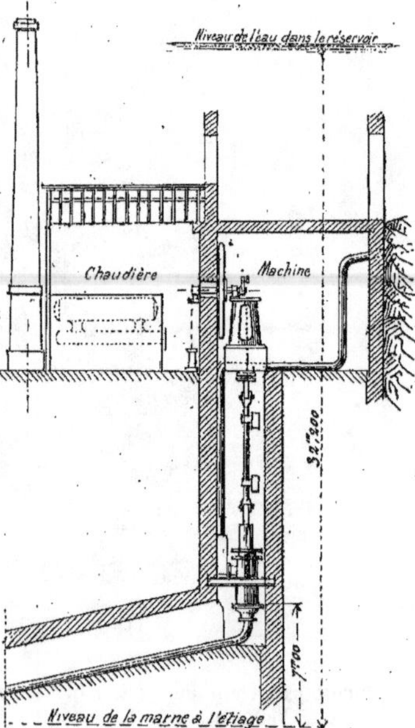


Fig. 285. — Pompe de la machine de Chaillot.

Fig. 286. — Machine élévatoire de Créteil, coupe verticale de l'usine.

## Pompe de la machine de Chaillot.

**295.** Comme exemple de machines à balancier à traction directe, nous citerons

élévatoire est à 4 corps de pompes foulantes à simple effet et à pompe nourricière. Cette dernière sert pour la machine et pour les pompes, chaque fois que le niveau inférieur est trop bas pour permettre l'aspiration directe.

On a cherché à raccourcir le plus possible l'ensemble de l'édifice et pour y arriver on a donné le mouvement directement de la manivelle au piston.

### Usine élévatoire de Créteil.

**297.** La machine est placée dans un puits et aspire en outre à sept mètres par un

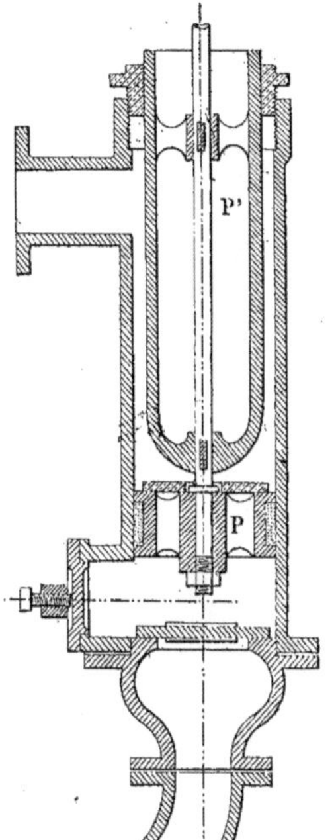

Fig. 286 *bis*. — Détail du corps de pompe de la machine de Créteil.

conduit traînant ; nous avons eu occasion, page 312, figure 236, de donner la disposition de l'aspiration qui termine ce conduit.

La machine à vapeur et la pompe sont à double effet. — La transmission se fait directement ; mais il est clair que si la machine avait été d'un poids trop considérable, on aurait pu la mettre sur le sol au moyen d'un bon massif au lieu de la disposer sur le puits.

La figure 286 donne une coupe verticale de l'ensemble.

La figure 286 *bis* donne le détail de la pompe et fait voir qu'elle est à piston plongeur creux ; il manœuvre cependant dans un cylindre alésé à cause du dispositif tout particulier du piston P.

### Usine élévatoire d'Angers.

**298.** Cette usine établie aux Ponts de Cé a été construite par M. Farcot.

La pompe est également verticale et placée dans le sous-sol tandis que la machine est au premier étage, comme le montre la figure 287 et l'édifice complet atteint ainsi une hauteur considérable, plus de 17 mètres. — Ce dispositif eut pour conséquence des accidents et des réparations si difficultueuses que pour une seconde installation le service municipal préféra la disposition horizontale.

La figure 287 donne une coupe verticale de l'ensemble de l'installation.

Dans cette installation le but poursuivi par M. Farcot a été de donner la même vitesse au piston et à la pompe.

Pour un parcours de $1^m,20$ et une vitesse de 16 tours par minute, on a :

$$U = \frac{2 \times 1^m.20 \times 16^t}{60''} = 0^m,64 \text{ par sec}^{do}.$$

Le piston supérieur est plongeur et travaille à la descente. Il est relié comme le montre la figure 287 *bis* à un second piston placé en dessous qui, lui, est creux et est élévatoire ; ces deux pistons sont ceux d'une pompe à simple effet : l'un travaille en montant, l'autre en descendant.

La machine élève 55 litres par seconde à la hauteur H = 50 mètres par le refoulement, et par l'aspiration à la hauteur H = 55 mètres.

On a $T_n = \dfrac{55^k \times 55^m}{75} = 40$ chevaux.

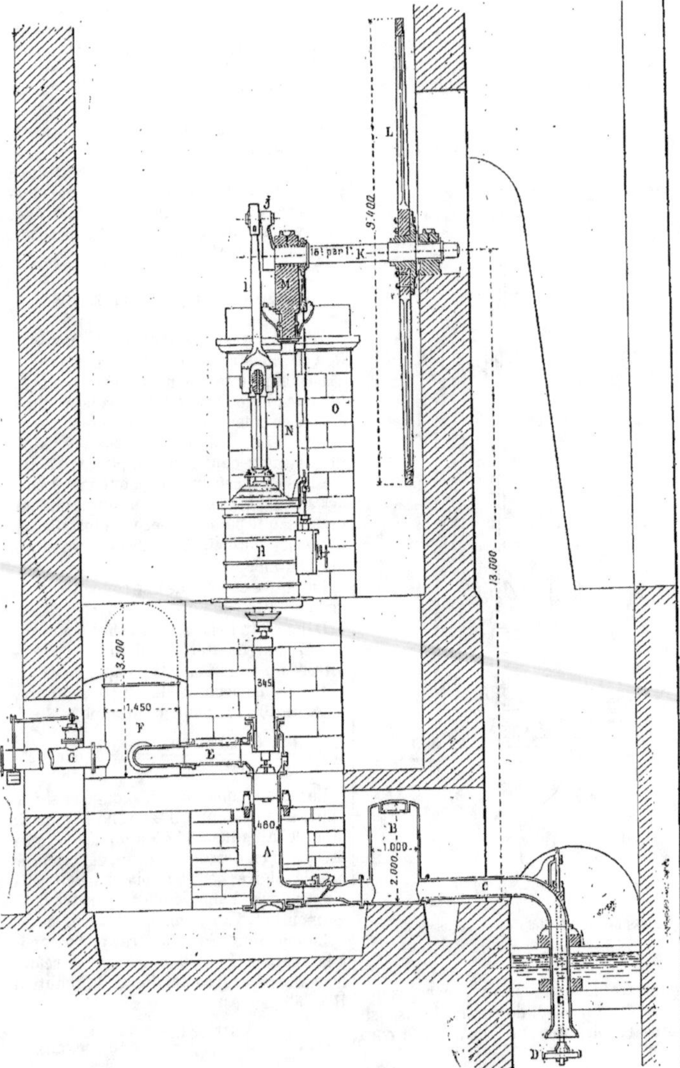

Fig. 287. — Élévation d'eau d'Angers; coupe verticale de la machine élévatoire.

*Légende de la figure* 287.

A, Grosse pompe à eau, à simple effet à l'aspiration et à double effet au refoulement. — B, Réservoir d'air d'aspiration. — C, Tuyau d'aspiration. — D, Soupape que l'on ferme pendant les grandes eaux pour visiter la pompe à eau. — E, Tuyau de refoulement de la grosse pompe à eau. — F, Réservoir d'air au refoulement, garni d'un niveau d'eau, et de tuyaux disposés de manière à alimenter d'air au besoin, ledit réservoir. — G, Tuyaux de refoulement muni d'une soupape de sûreté avec sifflet d'alarme. — H, Cylindre de la machine motrice (Machine à vapeur à double effet, et à rotation, haute pression, détente et condensation. Cette machine commande directement, par la tige même du piston à vapeur, la pompe A). — I, Bielle motrice. — J, Manivelle. — K, Arbre du volant. — L, Volant. — M, Entablement supportant le palier de la manivelle. — N, Une des deux colonnes supportant ledit entablement. — O, Une des deux piles en pierre supportant les deux extrémités dudit entablement.

Puissance nominale de la machine, en travail disponible sur l'arbre du volant  45 chev.
Travail en eau élevée ................  39 —
Pression dans la chaudière...... ......  5 atm.
Charbon consumé par heure et par cheval utile, mesuré en eau élevée (houille de Innderland)...................... 1$^{\text{K}}$,33.
Consommation par heure par cheval disponible sur l'arbre du volant 1$^{\text{K}}$,33 $\times \dfrac{39}{45}$  1$^{\text{K}}$,15.

Il résulte des expériences faites sur la quantité de travail mesuré au frein comparée à la quantité de charbon brûlé que, par cheval mesuré au frein sur le volant et par heure, on brûlait 1$^{\text{k}}$,15 de charbon pour 1$^{\text{k}}$,33 de travail produit en eau montée. On en concluait que le rendement de la pompe était :

$$\frac{1,15}{1,33} = 0,86.$$

Or pour la pompe établie par M. Farcot pour l'alimentation de la ville de Lisbonne (Voir page 318, *fig.* 243) on a trouvé :

$$T_u = \frac{47^k \times 20^m}{75} = 12,5 \text{ chevaux,}$$

ce qui donne pour cette machine un rendement moindre, puisqu'elle élève l'eau moins haut et qu'elle en élève moins.

## Usine élévatoire de Maisons-Laffitte.

**299.** Nous donnons ci-dessous (*fig.* 288) une coupe théorique qui permet de comprendre le dispositif adopté.

Dans cette installation double, la pompe est verticale et la machine horizontale. — Un seul arbre sert pour la ma-

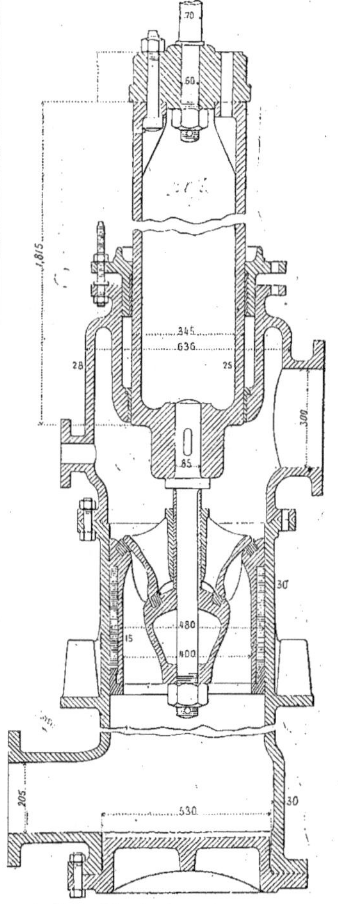

Fig. 287 *bis*. — Élévation d'eau d'Angers; détails de la grosse pompe.

nœuvre de la pompe et le mouvement de la machine; la force motrice est ainsi transmise directement sans engrenage.

### Usine élévatoire de la ville d'Angoulême.

**300.** On a adopté ici le dispositif avec pompe et machine horizontales.

L'usine est tout entière en surface. La batterie des chaudières étant également à rez-de-chaussée.

La disposition du service des machines est symétrique par rapport au réservoir d'air et à la conduite du refoulement F.G.

La machine à vapeur est placée à côté

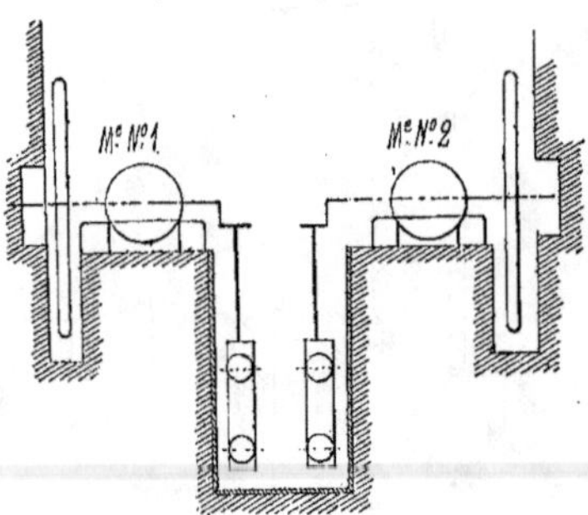


Fig. 288. — Elévation d'eau de Maisons-Laffite; machines à vapeur horizontales et pompes verticales.

de la pompe qu'elle commande. Le mouvement est transmis à la tige du piston de la pompe par un plateau manivelle à plusieurs trous : on peut ainsi faire varier la vitesse de la pompe soit en faisant varier le nombre de tours soit en modifiant la longueur de la manivelle de commande.

La figure 289 donne la disposition de l'ensemble de l'usine qui est symétrique par rapport à son axe XY et la figure 289 *bis* la coupe verticale transversale.

La pompe horizontale est à double effet et à piston plongeur avec clapets à ressorts extérieurs comme celle de la figure 290.

Cette disposition a pour but d'accélérer la vitesse de la pompe; la même pompe avec les ressorts non tendus donnant par exemple 30 tours par minute donnera

60 tours avec les ressorts tendus. Il faut noter que l'emploi des ressorts à boudins est à rejeter pour les grandes pompes.

*Légende de la figure* 289.

A, Massif de l'une des machines à vapeur. — B, Volant. — C, Fosse du volant. — D, Massif de l'une des pompes. — E, L'un des réservoirs d'air de l'aspiration. — F, Réservoir d'air du refoulement. — G, Conduite du refoulement.

### Usine élévatoire de Katatbeh.

**301.** En Egypte, la grande usine d'irrigation, destinée à fournir l'eau au canal du Katatbeh, province de Behera, comprend cinq machines horizontales actionnant chacune directement et sans transmission, des pompes centrifuges à arbre vertical (*fig.* 291 et 291 *bis*).

Les machines sont à condensation, avec des cylindres de 1 mètre de diamètre et une course de pistons de $1^m,80$. L'arbre vertical, monté sur pivot hors de l'eau, porte à sa partie supérieure une manivelle actionnée par la bielle, et plus bas, la roue à ailettes de la pompe rotative. Un volant pesant 22 tonnes est calé sur cet arbre.

La pompe a $2^m,10$ de diamètre ; la roue à ailettes 4 mètres, avec 2 mètres de hauteur (*fig.* 292). Le tuyau d'aspiration s'enfonce en s'évasant au-dessous du niveau des basses eaux, et la roue à ailettes refoule l'eau extérieurement dans une capacité annulaire qui enveloppe la roue et se prolonge par un tuyau en forme de syphon. L'anneau est supporté par trois colonnes en fonte soudées sur le radier.

Un système spécial de graissage du pivot de l'arbre vertical, dont la charge est de 50 tonnes, consiste en une circulation d'huile se refroidissant dans un serpentin, ou dans un réfrigérant, pour redescendre par son propre poids.

Les machines marchent à une vitesse moyenne de 35 tours par minute, et peuvent débiter 7 mètres cubes par seconde.

Aux cinq pompes verticales sont ajoutées à titre de réserve, trois vis d'Archimède en tôle de 4 mètres de diamètre et de 12 mètres de longueur, qui peuvent débiter chacune 2 mètres cubes par seconde.

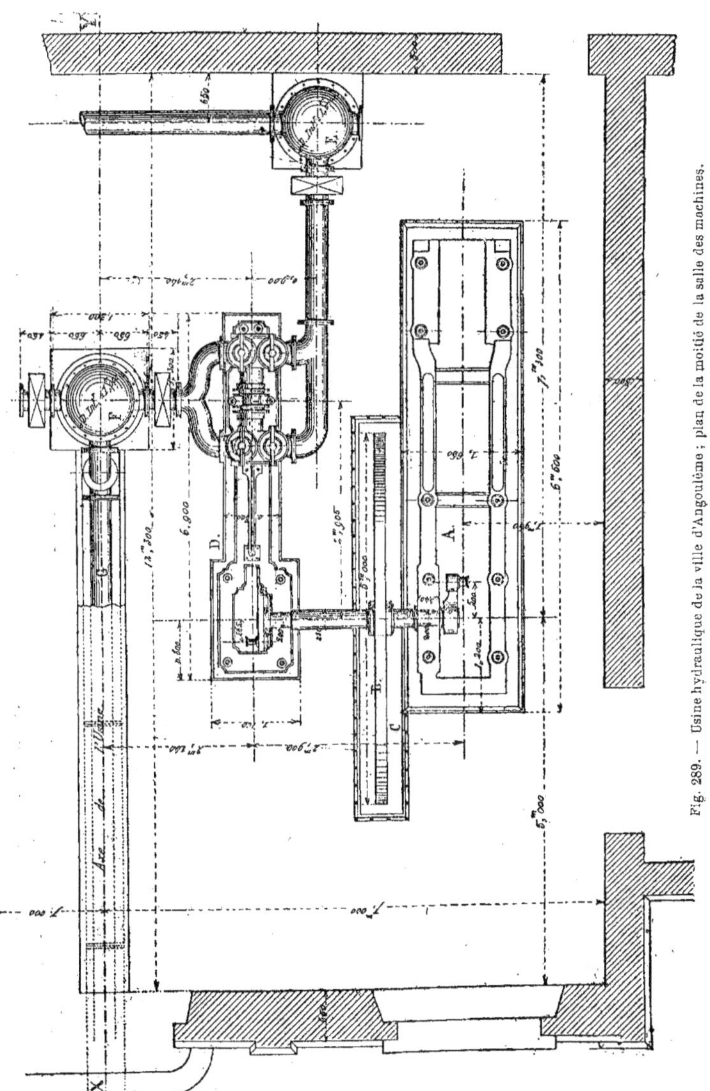

Fig. 289. — Usine hydraulique de la ville d'Angoulême ; plan de la moitié de la salle des machines.

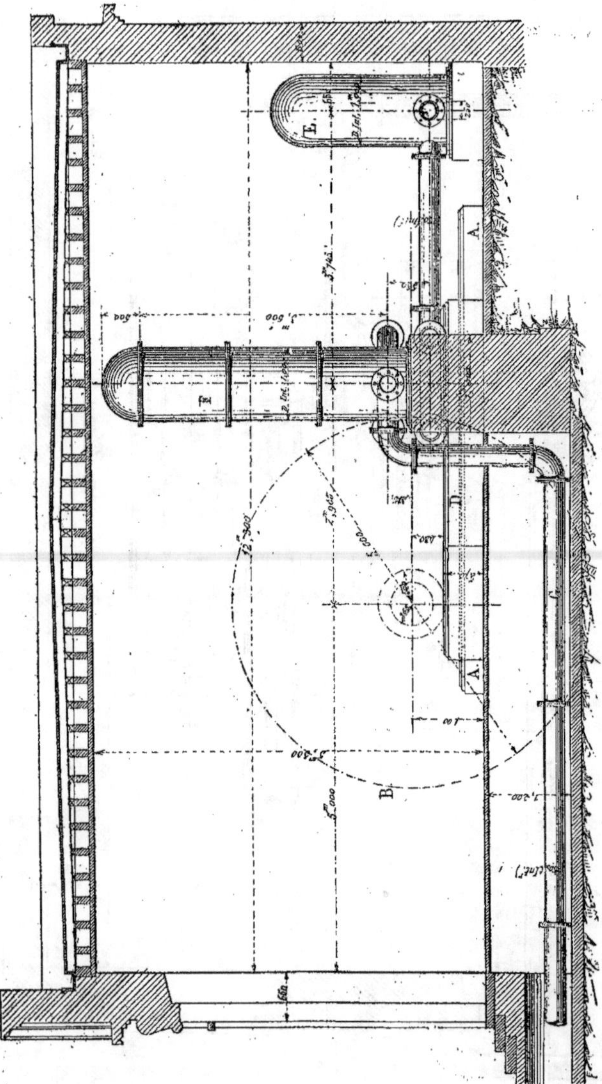

Fig. 289 *bis*. — Usine hydraulique de la ville d'Angoulême; coupe verticale transversale.

Soutenues en leur milieu par une couronne dentée et tournant par le bas dans une crapaudine, ces vis sont mises en mouvement par une machine Compound verticale, du type des machines marines.

La vapeur est fournie par une batterie de onze chaudières tubulaires, dont trois de 190 mètres carrés de surface de chauffe et huit de 175 mètres carrés.

La capacité de l'usine de Katatbeh,

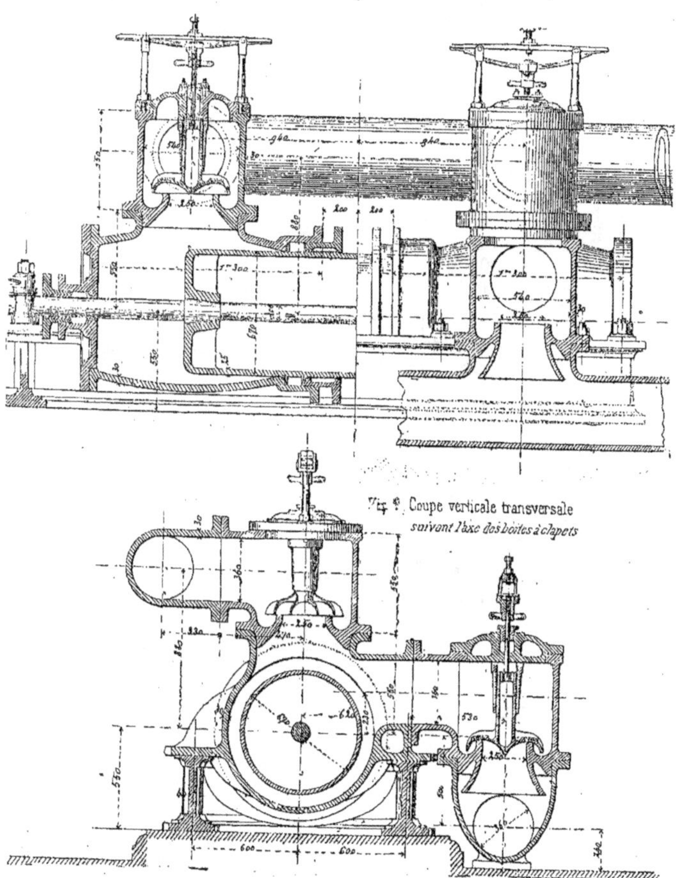


Fig. 290.

grâce à cette imposante installation, est de plus de 40 mètres cubes par seconde ou environ 3 millions et demi de mètres cubes en 24 heures.

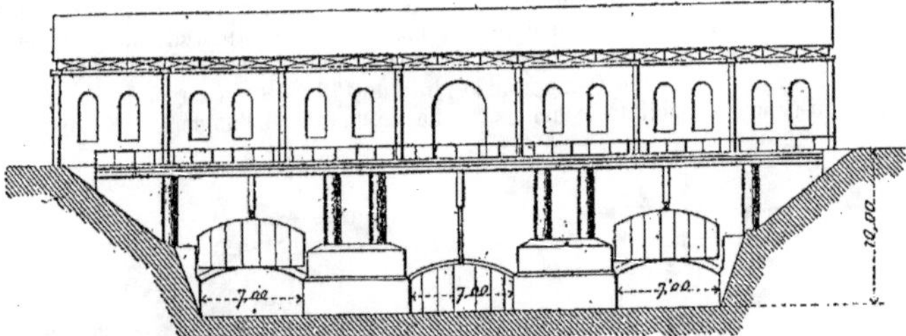

Fig. 291. — Machines de Katatbeh (Élévation du bâtiment).

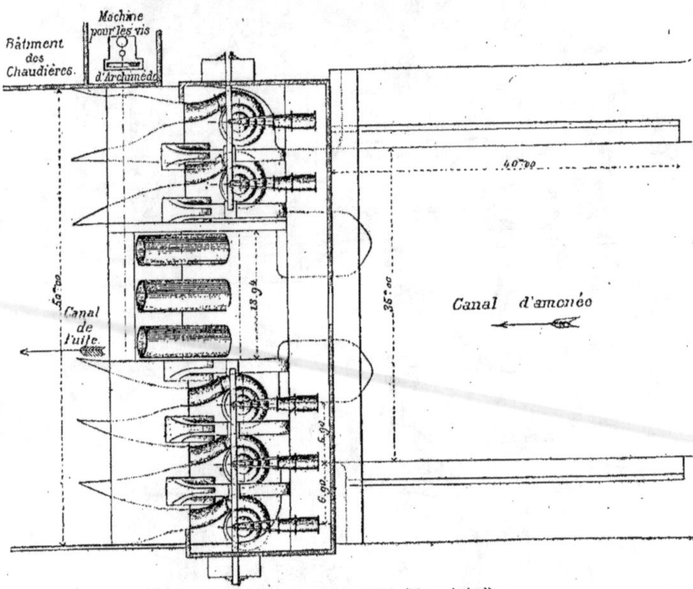



291 bis. — Usine de Katatbeh (Plan général).

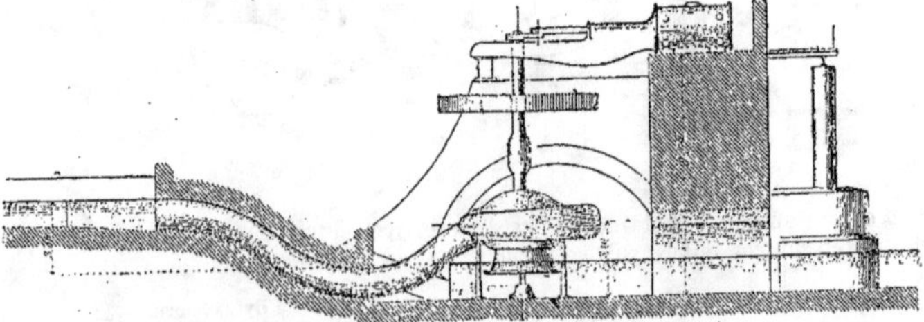

Fig. 292. — Machines de Katatbeh (Élévation d'une pompe).

La puissance totale des machines est de 3,500 chevaux effectifs (1).

### Usine élévatoire de Bercy.

**302.** L'emplacement choisi pour l'usine est situé à l'angle du quai de la Rapée et de l'avenue Ledru-Rollin. La figure 293 donne la disposition de l'ensemble tel qu'il a été imaginé par M. Bechmann, alors ingénieur en chef de la ville de Paris.

Les travaux commencés en 1888 ont été rapidement conduits par M. Gélin, ingénieur des ponts et chaussées, spécialement chargé de la direction de cette installation dont la construction, pour toute la partie technique a été confiée à M. Meunier, l'habile ingénieur chargé de l'entreprise. Grâce à l'activité et à la sûreté de la direction, les travaux étaient terminés le 14 juillet 1889 en moins de 18 mois.

La hauteur ascensionnelle réelle totale de l'eau peut varier entre $51^m,50$ et $58^m,50$ suivant l'état du fleuve; le plan d'eau dans le puisard d'aspiration pouvant descendre au plus bas étiage à la cote de 25,20 au-dessus du niveau de la mer et s'élever à la cote 33 mètres en temps de grande crue, l'altitude d'arrivée au réservoir étant fixée à la cote de 84 mètres.

L'élévation manométrique est donc environ de $14^m,50$ plus grande que l'élévation réelle.

La figure 294 représente la conduite d'aspiration en plan et en profil en long dont il convient de signaler la disposition en siphon.

Le sol de la salle des machines a été établi à la cote de $33^m,50$ et le radier des carneaux des chaudières à une cote telle qu'il n'y a pas à craindre de la voir envahie par les eaux.

Les générateurs, fournis par M. Roser de Pantin, du type tubulaire sont au nombre de huit dont deux de rechange.

Ils sont timbrés à 6 kilogrammes. Toutes les parties des chaudières peuvent être visitées sans difficulté et ont été isolées de tous les murs du bâtiment. Des dispositions spéciales sont prises pour rendre commode et pratique la vidange à chaud sous pression ou à froid, et le nettoyage fréquent sans démontage des diverses parties amovibles ou fixes.

Le minimum garanti de production de vapeur en marche normale est supérieur au chiffre de 7 kil. 500 par kilog de combustible; le combustible pris pour type étant un charbon ne donnant pas à l'incinération plus de 8 pour 100 de cendres et 20 pour 100 de parties volatiles.

L'usine comprend un nombre pair de machines entièrement distinctes et pouvant fonctionner isolément.

Les moteurs sortis des établissements de M. de Quillaq à Anzin (Nord) sont du système Wheelocq avec distributeurs à rotation à grilles et du type représenté en perspective par la figure 295.

Les pompes sont du type Farcot à piston plongeur avec renflements. La conduite d'amenée, en tôle de 8 millimètres d'épaisseur, a $0^m,80$ de diamètre intérieur.

La disposition adoptée par M. Meunier est celle du type horizontal à traction directe, aucun appui n'a été pris sur les superstructures des bâtiments.

L'ensemble des pompes peut élever de 450 à 600 litres par seconde. La vitesse moyenne des pistons obtient $1^m,20$ par seconde.

Toutes les parties des moteurs et des pompes sont parfaitement accessibles, afin qu'en tout temps, la visite, le nettoyage, le graissage et le démontage des pièces ainsi que les réparations puissent se faire sans difficulté. Les pompes, volants, compresseurs ont donc été mis conséquemment à l'abri des crues.

Le régulateur est disposé pour que le produit de l'ensemble des pompes puisse varier de 450 à 600 litres par seconde, chiffre indiqué plus haut.

Le maximum de consommation de vapeur par heure et par force de cheval de 75 kilogrammètres, mesurés en eau montée, ne dépasse pas 9 k.250 en marche normale, les chaudières étant timbrées à 6 kilogs.

L'eau de condensation est utilisée pour l'amenée des charbons à pied d'œuvre au moyen d'un chemin mobile, sans fin, monté sur rouleaux, qui part du quai et arrive

(1) J. Barrois, *Irrigations en Égypte*, 1887, p. 72.

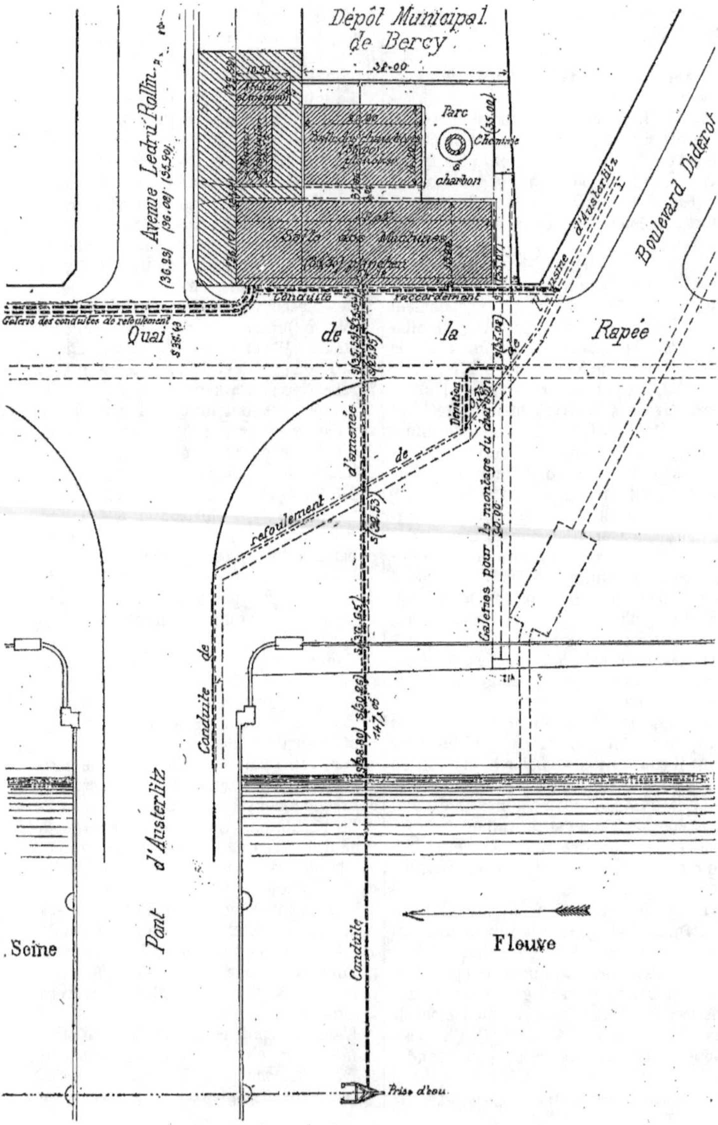

Fig. 293. — Plan d'ensemble de l'usine élévatoire de Bercy.

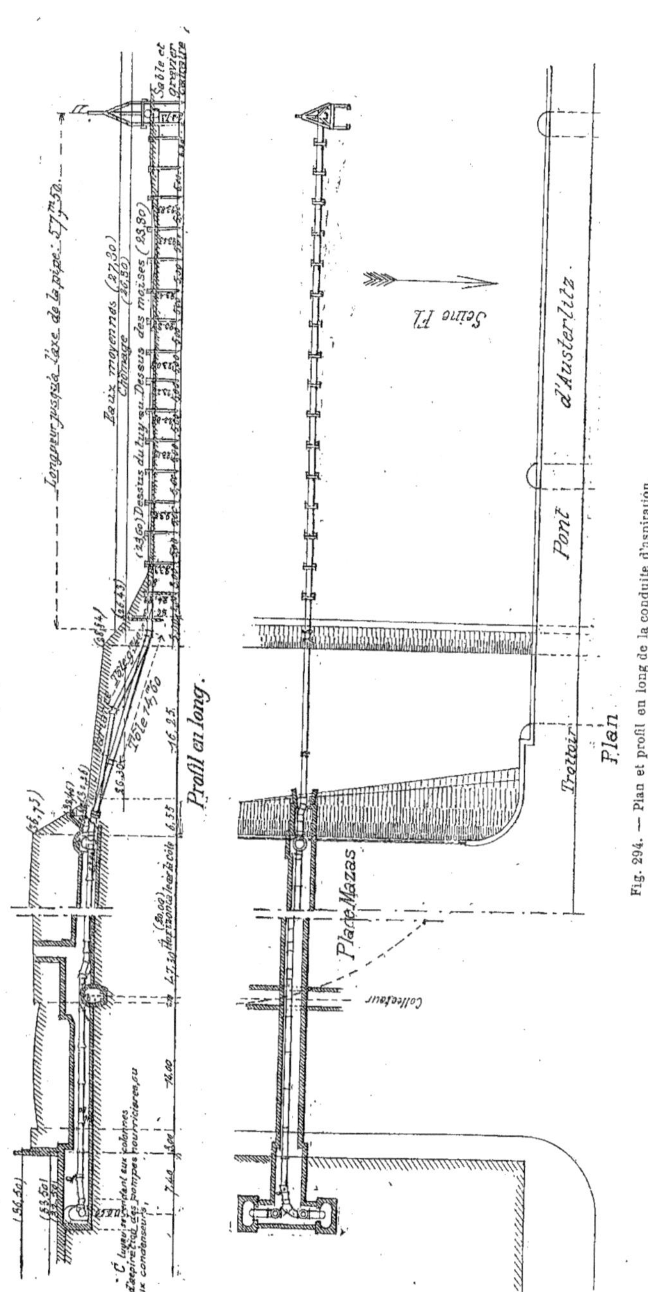


Fig. 294. — Plan et profil en long de la conduite d'aspiration.

dans l'usine en passant en tunnel sous le | quai de la Rapée. Le moteur spécial est

Fig. 295. — Moteur de l'usine hydraulique de Bercy.

une turbine qui fonctionne comme une | bine ou 2 à 3 mètres au-dessous suivant
Jonval, avec 5 mètres de chute sur la tur- | l'étiage.

---

# QUATRIÈME PARTIE

# DISTRIBUTION DES EAUX

**303.** Lorsqu'on examine les ouvrages destinés à porter et à répandre les eaux dans une contrée ou dans une grande ville pour les besoins de ses habitants, on s'aperçoit bientôt que plusieurs d'entre eux se ressemblent et qu'on peut les grouper de manière à ne former que quelques classes bien distinctes.

Les eaux recueillies et portées sur les lieux doivent être distribuées. Analysons les moyens dont on se sert pour atteindre ce but.

Nous distinguerons la *prise d'eau*, la *conduite* et le *point d'arrivée* ou *d'écoulement*.

Le plus souvent, en tête de la distribution, on dispose des *réservoirs d'emmagasinement* et *d'approvisionnement* pour assurer la continuité du service.

Le plus souvent aussi, on dispose avant ou après ces réservoirs, des moyens de *filtration des eaux*.

Nous allons examiner successivement ces différentes catégories d'ouvrages :

La Filtration des eaux ;

Les Réservoirs de distribution ;

La Conduite générale de distribution.

# CHAPITRE PREMIER

## FILTRATION DES EAUX

**304.** Il convient d'abord de nous occuper tout spécialement de l'examen des divers systèmes employés pour filtrer les eaux d'un fleuve ou d'une rivière distribuées comme eaux potables dans un centre de population. En général cette filtration se fait — soit sur les lieux mêmes si l'eau est amenée par des canaux ou conduits à pente naturelle — soit avant l'élévation — soit après, si le niveau de l'eau est inférieur aux divers points des lieux à alimenter ; mais en tout cas, toujours avant la distribution.

Il est évident que cette opération du filtrage s'impose pour les eaux courantes qui sont troubles en toutes saisons, comme nous l'avons vu dans un chapitre précédent. Mais, d'une manière générale, on peut dire qu'il ne faut rien négliger pour clarifier les eaux de rivière destinées aux usages domestiques et à l'alimentation, et cela au moins grossièrement, avant de les envoyer dans les conduites ; car si l'on ne prend pas ce soin, les matières en suspension se déposent dans les tuyaux pendant les intermittences inéluctables de l'écoulement, et les obstruent ; en outre, les eaux employées à l'alimentation et aux usages de la vie ne le sont qu'avec répugnance et même dégoût, lorsqu'elles ne sont pas claires et agréables à la vue, de sorte que l'on ne satisfait pas complètement aux besoins pour lesquels la distribution des eaux a été entreprise. Il est fort simple de filtrer une petite quantité d'eau ; mais le problème devient beaucoup plus difficile quand il s'agit de masses plus considérables.

Si l'on veut se contenter de la clarification naturelle par dépôt, il faut pouvoir laisser l'eau se reposer pendant fort longtemps dans les réservoirs. C'est ainsi qu'il faut onze jours d'immobilité aux eaux de la Seine à Paris et douze jours aux eaux de la Garonne (près de Bordeaux) pour qu'elles deviennent limpides et que, pour atteindre ce résultat, il faut quinze et seize jours de repos aux eaux de la Loire à Angers et aux eaux de la Saône à Lyon, en temps ordinaire, et près d'un mois en temps de crues.

Outre la longueur de la durée de l'opération, ce mode de clarification présente d'autres inconvénients : il nécessite d'immenses réservoirs. — Il conduit à obliger l'eau à rester stagnante et par conséquent dans des conditions nuisibles pour sa qualité surtout en été où elle acquiert par l'immobilité une mauvaise odeur, un mauvais goût et une nocuité due au développement spontané de bacilles végétaux et animaux.

Il ne faut donc demander à l'emploi des réservoirs par décantation qu'une épuration première rapide pour débarrasser l'eau des matières grossières charriées ou en suspension et, pour une clarification complète, faire usage de *filtres* destinés à retenir les matières ténues et autres ou modifier les principes nuisibles, mais ces derniers appareils n'opèrent le plus souvent qu'en privant à la fois les eaux de leurs gaz nuisibles et de ceux nécessaires.

On voit par ce qui précède combien le problème est complexe et sa résolution difficile.

### Des divers moyens employés pour la clarification des eaux.

**305.** Divers moyens sont employés pour améliorer les eaux de rivière.

L'un de ces moyens consiste avant de distribuer les eaux à les faire arriver dans des bassins où elles séjournent assez longtemps pour laisser déposer le limon qu'elles tenaient en suspension. Cela ne suffit malheureusement pas ; elles restent toujours plus ou moins louches, comme on peut s'en rendre compte en visitant la disposition adoptée pour les eaux recueillies sur le plateau de Trappes pour les besoins de la ville de Versailles. Ces eaux sont encore *opalines* même après un séjour stagnant de plusieurs mois dans l'étang de St-Quentin ; ce qui leur a fait donner le nom d'*eaux blanches*.

On peut encore, sur les rivières à fond de sable ou de gravier, établir dans le lit même ou à côté du cours d'eau, sur une des rives, des bassins de décantation et de filtration ; ces derniers, toujours au-dessous du niveau du cours d'eau, sont constitués par des galeries voûtées dont les parois sont assez perméables, pour permettre à l'eau qui filtre à travers le lit de sable, de pénétrer dans ces galeries d'où on les élève ensuite avec des pompes. Mais ce moyen ne réussit que si le cours d'eau a une forte pente, comme la Garonne à Toulouse, le Rhône à Lyon et à Tarascon, le Danube à Vienne. Dans le cas contraire il faut adopter la filtration artificielle.

Chacun de ces systèmes présente d'ailleurs des avantages et des inconvénients particuliers que Monsieur *Aristide Dumont* a fort bien mis en lumière dans une note lue à l'Académie des sciences, et que nous ne saurions mieux faire que de reproduire ici en partie :

« Si dans la filtration naturelle le nettoyage du filtre n'est point nécessaire, « s'il est effectué par la rivière, en compensation on n'est point maître d'augmenter à volonté la pression sur les « filtres ; cette pression diminue à mesure « que la rivière se rapproche de son « étiage, en sorte que le volume filtré « est d'autant moins grand que cette « dernière est plus basse. Dans la filtration artificielle il faut, de temps en temps « il est vrai, nettoyer les filtres, mais « cela n'entraîne pas à des frais considérables. La pratique possède aujourd'hui

« deux moyens de nettoyage facile et
« consacrés par une longue expérience ;
« ces deux moyens sont :

« 1° Le ratelage à bras d'homme des
« légères couches de limon déposées sur
« la superficie des filtres ;

« 2° L'établissement d'un courant en
« sens inverse, en faisant arriver l'eau à la
« partie inférieure de ces mêmes filtres.

« Quelquefois ces deux moyens de net-
« toyage sont employés simultanément,
« comme à Paisley en Écosse ; le simple
« ratelage des couches supérieures est en
« usage dans un grand nombre d'établis-
« sements en Angleterre.

« Des expériences positives ont démon-
« tré :

« 1° Que le volume d'eau qui passe
« à travers une couche de sable est propor-
« tionnel à la pression et en raison inverse
« de l'épaisseur ;

« 2° Qu'après le passage d'un grand
« volume très chargé de matières en sus-
« pension, ces dernières quelle que soit
« leur ténuité, ne pénètrent pas au-delà
« d'une épaisseur de 2 centimètres et, qu'à
« 15 centimètres, il est impossible de dé-
« couvrir la moindre souillure du sable.

« Ce dernier fait explique pourquoi
« les filtres naturels ne s'engorgent jamais
« parce que cette mince couche, se dépo-
« sant sur le fond du lit de la rivière, est
« sans cesse nettoyée et renouvelée par le
« courant ; il démontre aussi qu'il est inu-
« tile de donner à la couche de sable des
« filtres artificiels une épaisseur de plus
« de 20 centimètres, pourvu qu'on ait
« soin de renouveler la surface de temps
« en temps, et qu'il est possible de réduire
« la couche de support du sable à quelques
« centimètres. »

Comme prix de revient de clarification
opérée sur une grande échelle, on peut
fixer la moyenne suivante.

La filtration artificielle ne revient dans
plusieurs grands établissements qu'à 0,8
de centime par mètre cube, y compris tous
les frais annuels de main d'œuvre, renouvellement de couches filtrantes, élévation
d'eau sur les filtres, intérêts des sommes
dépensées pour la construction des appareils.

Telle que M. Aristide Dumont l'a réa-

lisée à Lyon, la filtration naturelle coûte
0,7 de centime.

Si l'on recherche le prix moyen de l'élévation de l'eau, on trouve que pour élever
1 mètre cube d'eau à 50 mètres de
hauteur il ne faut pas dépenser plus de
1 centime et que cette dépense croît peu
avec la hauteur.

De ce qui précède, il faut conclure, avec
M. Aristide Dumont, que :

1° Les grandes villes ne doivent pas demander leurs eaux à une seule source d'approvisionnement, et que lorsqu'elles dérivent des sources, il est avantageux de
spécialiser ces dernières aux seuls besoins
domestiques, en leur affectant une canalisation spéciale ;

2° Que l'emploi rationnel des machines
et des moyens de filtrage naturel ou
artificiel suivant les cas particuliers où
l'on se trouve, mais moyens toujours possibles, économiques, applicables aux eaux
de toutes les rivières, ouvre aux distributions d'eaux des sources d'approvisionnement indéfinies, élastiques, essentiellement économiques, toujours ap-
propriées aux véritables besoins à satisfaire ;

3° L'élévation et la clarification artificielle des eaux, opérées en masse et
économiquement sont une conquête de
l'industrie, tandis que les dérivations de
sources ne constituent que la répétition
d'un procédé employé par les civilisations
primitives et qui ont toujours pour effet
de priver certaines contrées des eaux qui
leur sont nécessaires ; il convient donc de
les limiter autant que possible ;

4° Au point où la pratique est parvenue aujourd'hui, la filtration artificielle
est presque aussi économique que la filtration naturelle ; elle a de plus l'avantage d'être plus élastique, de pouvoir être
mieux réglée d'après les besoins, de n'être
point soumise aux caprices d'un fleuve
dont on n'est pas toujours maître.

Deux grands principes de filtration
peuvent donc être employés simultanément ou séparément pour la clarification
et l'assainissement en grand des eaux publiques :

*La filtration naturelle ;*
*La filtration artificielle.*

Nous allons examiner successivement les diverses applications qui ont été faites de ces deux principes et donner à l'appui des considérations qui précèdent quelques descriptions des travaux exécutés les plus remarquables.

## § I. — FILTRATION NATURELLE

### Filtration des eaux à Toulouse.

**306.** A Toulouse ainsi que nous l'avons dit plus haut on a utilisé les propriétés filtrantes du sol de la vallée où coule la Garonne.

A une distance moyenne de 40 mètres du lit du fleuve et parallèlement, on a creusé plusieurs galeries. L'une d'elles a 250 mètres de longueur. Le fond en est à $1^m,14$ au-dessous du niveau des plus basses eaux de la rivière, de telle sorte que celles-ci arrivent naturellement dans les galeries.

Les eaux, après s'être filtrées, arrivent dans un petit aqueduc souterrain B (*fig.* 296) construit en briques posées à sec et recouvert d'un dallage en pierre c. Cet aqueduc rectangulaire a $0^m,60$ de largeur sur $1^m,50$ de hauteur. Les pieds droits de la galerie sont entourés de gros cailloux lavés, recouverts par une couche de graviers de 60 à 70 centimètres d'épaisseur. — La tranchée a été ensuite rem

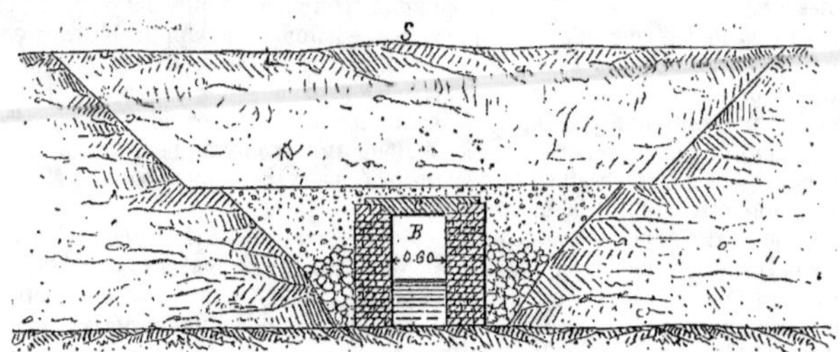

Fig. 296. — Galerie de filtration des eaux de la Garonne, à Toulouse.

blayée avec de la terre sablonneuse sur laquelle on a plaqué et semé du gazon pour maintenir les terres.

Ces galeries fournissent environ 2 800 mètres cubes d'eau par vingt-quatre heures, soit 20 mètres cubes par mètre carré de surface totale.

Depuis leur établissement les filtres de Toulouse ont toujours donné le même débit bien qu'on ne les lave jamais ; les crues de la Garonne, en renouvelant et en remuant le banc de sable dans lequel les galeries sont établies, suffisent donc à enlever le colmatage argileux déposé à sa surface et d'une manière plus radicale qu'on pourrait l'obtenir avec des filtres artificiels.

### Filtration des eaux à Angers.

**307.** Près d'Angers, dans une île qui contient un des quartiers de la petite ville des Ponts de Cé, on a creusé une galerie de filtration qui reçoit les eaux de la Loire et dans laquelle on les pompe fraîches et limpides. Nous avons donné précédemment pages 379 et 380 quelques indications relatives à l'usine hydraulique qui puise l'eau dans cette galerie pour l'élever aux réservoirs de distribution.

### Filtration des eaux à Lyon.

**308.** A Lyon, les eaux du Rhône sont clarifiées au moyen d'une galerie construite dans le lit du fleuve.

On a établi tout d'abord sur 120 mètres de longueur une première galerie de filtration de 5 mètres de largeur dans œuvre, couverte par une voûte supportée par des culées fondées à 3 mètres en contre-bas de l'étiage. La figure 297 représente une coupe transversale de cette galerie.

Elle ne présentait que 600 mètres carrés de surface filtrante et fut reconnue insuffisante : pour obtenir une plus grande quantité d'eau filtrée, on construisit, à côté et contigu à la galerie, un bassin filtrant de 44 mètres sur 38$^m$,50, cotes prises dans œuvre.

Ce bassin fut creusé également à 3 mètres en contre-bas de l'étiage. Nous en donnons la disposition en plan et coupes (*fig.* 298). Il est couvert par une série de voûtes d'arêtes en maçonneries de moellons, supportées par des piliers de même maçonnerie ; les culées ne sont fondées que jusqu'au niveau de l'étiage et les talus à 45 degrés sont garanties par de forts pavés en pierre sèche également inclinés à 45 degrés. Le sol étant perméable, on a ainsi un vaste puisard qui reçoit par la galerie des eaux déjà clarifiées et par le fond, des eaux également clarifiées.

On obtint ainsi une nouvelle surface filtrante de 1 600 mètres cubes, qui jointe aux 600 mètres cubes de la galerie, représentèrent 2 280 mètres cubes.

Cette surface fut reconnue insuffisante pour fournir les 20 000 mètres cubes d'eau jugés nécessaires pour les besoins

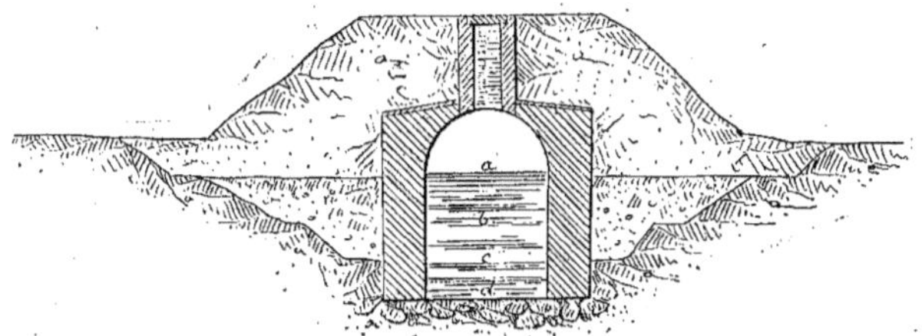

Fig. 297. — Galerie de filtration des eaux du Rhône à Lyon.

de la ville : car chaque fois que le Rhône descendait à l'étiage le produit du bassin se réduisait à 10 000 mètres cubes.

M. Georges Dumont dans son ouvrage sur les distributions d'eaux en donne la raison suivante :

Quand on retire les eaux contenues dans le bassin de filtration à l'aide des machines et qu'on les refoule dans les conduites de distribution, il se produit une dépression dans le niveau du bassin qui n'a aucune communication directe avec le Rhône et ne se lie avec lui que par la perméabilité du fond de graviers dans lequel il est creusé. Cette dépression attire les eaux du Rhône qui se rendent dans le bassin par leur propre poids en traversant les graviers perméables et en se filtrant dans les premières couches sans cesse lavées et renouvelées qui tapissent le fond du fleuve. Seulement ce filtre ne fournit de l'eau qu'en raison composée de la surface du fond perméable et de la dépression ; entre ces deux quantités, c'est la dernière qui influe surtout sur le volume d'eau filtré de sorte que, quand le Rhône croît de quelques décimètres, il arrive dans la galerie une masse d'eau suffisante pour satisfaire au service.

On peut dire que le volume d'eau filtré s'accroît proportionnellement à la surface des filtres et dans une proportion géométrique avec la hauteur de la dépression.

Comme on ne pouvait pas pousser la dépression au-delà d'une certaine limite en puisant de l'eau dans la galerie, attendu que les murs d'enceinte et la perfection du filtrage eussent pu en souffrir, on fut amené à créer un troisième bassin filtrant ayant une surface filtrante

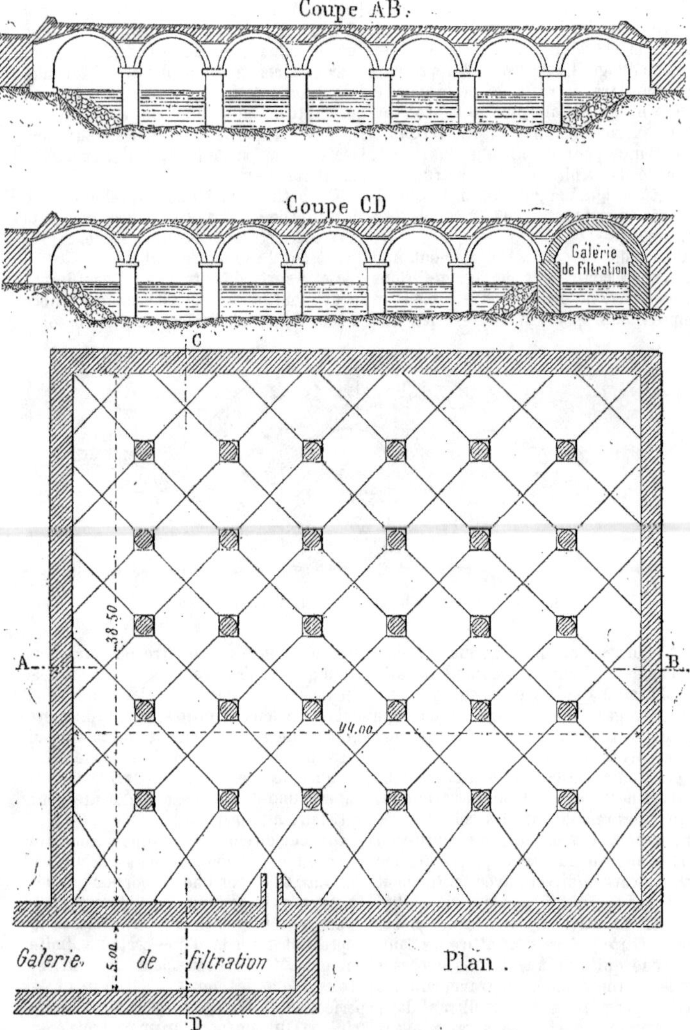


Fig. 298. — Réservoir filtrant à Lyon.

intérieure horizontale de 2 168 mètres cubes et recouvert par une série de voûtes en arêtes de 6ᵐ,50 d'ouverture, de 0ᵐ,50 d'épaisseur à la clef et reposant sur des piliers circulaires de 1ᵐ,70 à la base et de 1ᵐ,50 au sommet soit 1ᵐ,60 de diamètre moyen.

Nous donnons (*fig.* 299) une vue inté-rieure de ce troisième réservoir filtrant; les murs extérieurs ont 2 mètres de largeur et sont fondés au niveau de l'étiage; des regards établis sur le bassin filtrant arrivent jusqu'au sol à travers le massif; quelques-uns sont munis d'échelle pour permettre l'accès du bassin.

De la galerie de filtration, les eaux se

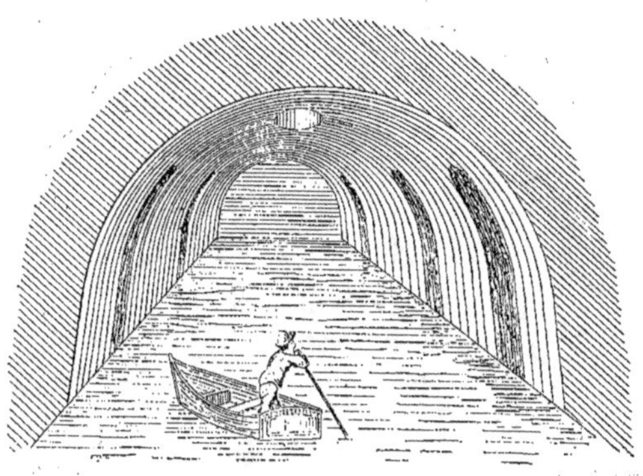

Fig. 299. — Vue intérieure d'un réservoir filtrant.

rendent dans un puisard couvert placé sous les pompes où chacune d'elles peut puiser isolément. Une vanne placée à l'entrée du puisard y règle l'admission de l'eau.

Des expériences furent faites pour déterminer la température des eaux puisées dans les bassins de filtration. Elles donnèrent les résultats suivants :

| JOURS D'EXPÉRIENCES | TEMPÉRATURE DE L'EAU | | |
| --- | --- | --- | --- |
| | DU RHÔNE | DE LA GALERIE | DES RÉSERVOIRS |
| | degrés | degrés | degrés |
| 7 avril 1857. | 12.50 | 13.00 | 13.00 |
| 21 avril..... | 13.00 | 12.00 | 12.00 |
| 1ᵉʳ mai..... | 9.25 | 11.00 | 10.75 |
| 18 mai...... | 18.00 | 13.00 | 13.00 |

Ces galeries ont coûté 1 000 francs par mètre courant.

## Filtration des eaux du Rhône pour l'alimentation de la ville de Nîmes.

**309.** La ville de Nîmes est également alimentée par les eaux du Rhône filtrées au préalable à travers les sables du lit. L'usine hydraulique élévatoire qui refoule les eaux jusqu'à Nîmes est établie à la Roche de Comps près Beaucaire.

La figure 300 représente le plan général de la prise d'eau de l'usine; on voit que les eaux qui filtrent à travers les sables et graviers du lit se rendent d'abord dans la galerie de filtration d'où un canal d'amenée les conduit filtrées jusque sous les machines dans les puisards des pompes.

La figure 300 *bis* complète la précédente en donnant un profil développé et sensiblement normal au lit du fleuve, à la route et à l'usine.

La galerie de filtration est une des plus

grandes qui aient été exécutées jusqu'à ce jour ; elle a 500 mètres de longueur ; elle est construite en maçonnerie ordinaire, hourdée en mortier de chaux hydraulique du Theil ; la voûte est en arc de cercle d'un rayon de 5$^m$,75. L'ouver-

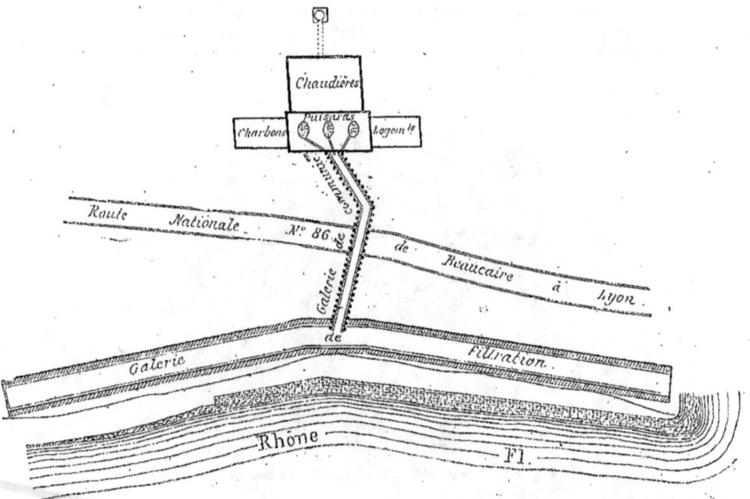


Fig. 300. — Plan général de la galerie de filtration des eaux du Rhône à la Roche-de-Comps.

ture intérieure entre les culées est de 11 mètres, l'épaisseur à la clef est de 0$^m$,60, l'épaisseur aux naissances de 1$^m$,40. Les culées sont fondées sur le gravier au

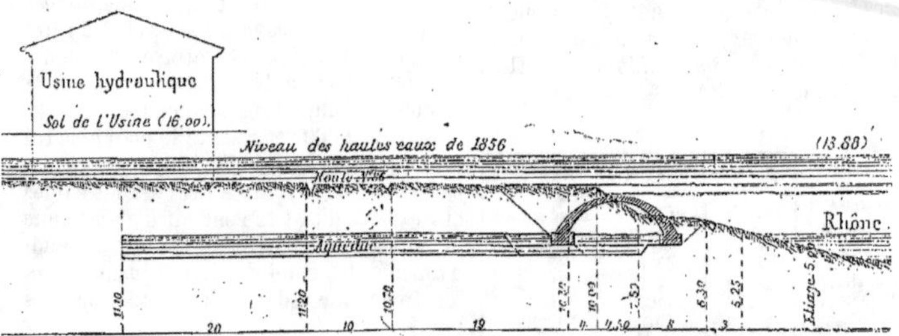


Fig. 300 bis. — Profil normal à la route et à l'usine.

niveau de l'étiage : elles ont 3 mètres d'épaisseur avec une retraite de 0$^m$,50 à 1 mètre au-dessus de l'étiage. Le radier filtrant est en forme de demi-ellipse dont le grand axe a 8 mètres et le petit axe 3 mètres.

Les figures 301 et 301 *bis* donnent deux coupes transversales prises l'une vers la tête amont, l'autre vers la tête aval. — Cette dernière donne la coupe du terrain et permet d'apprécier les travaux de terrassements qu'il a fallu faire pour enterrer la galerie. Nous avons également donné une disposition des cintres employés pour la construction de la voûte.

Cette immense galerie a une surface filtrante de 5 500 mètres cubes.

En l'état ordinaire les eaux n'arrivent

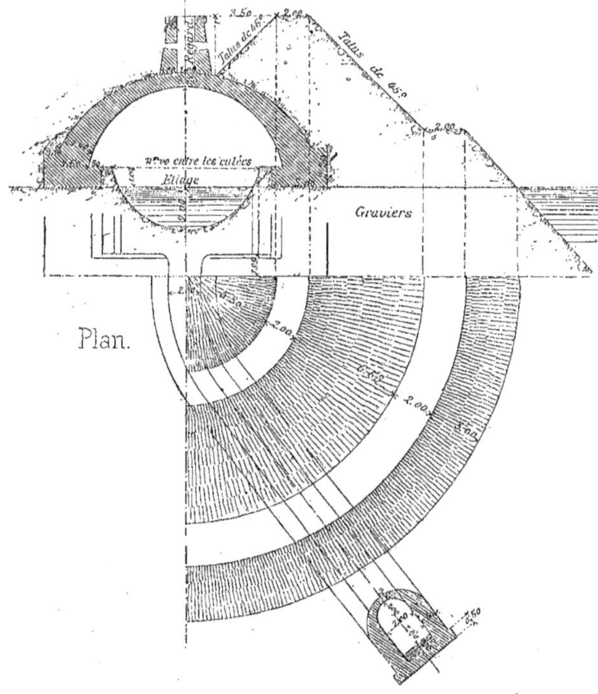


Fig. 301. — Coupe de la galerie en amont.

à la galerie que par filtration à travers la masse de graviers du lit du fleuve.

Lorsque les pompes commencent à marcher, le niveau tendant à baisser dans les puisards, les eaux de la galerie s'écoulent dans ceux-ci ; le niveau tendant à baisser dans la galerie, il s'y produira une dépression qui appellera les eaux du Rhône, et il s'établira ainsi sur toute la surface du radier des sources artificielles d'eaux ayant filtré à travers les couches du gravier.

Lorsque il y a équilibre entre l'aspiration des pompes et le produit des sources créées ainsi artificiellement, le niveau de l'eau dans la galerie de filtration demeure constant.

Le dessus du radier de la galerie de filtration et de la galerie d'amenée est à 2 mètres en contre-bas de l'étiage du Rhône à la Roche de Comps.

Pour éviter le tassement des massifs qui supportent les machines et les pompes, on a pris les mesures nécessaires pour qu'aucune filtration n'ait lieu ni dans le radier des puisards, ni dans celui de la galerie d'amenée ; on a, dans ce but, dallé les puisards et constitué la galerie d'ame-née en immenses tuyaux de tôle noyés dans un massif de béton hydraulique.

La vitesse de filtration est telle que chaque mètre carré de surface filtrante débite par heure 3 à 6 mètres cubes d'eau ; de sorte que quand le Rhône est à l'étiage, la galerie de filtration peut encore fournir au moins 30,000 mètres cubes d'eau par 24 heures. D'ailleurs, pour se mettre en garde contre toutes les éventualités,

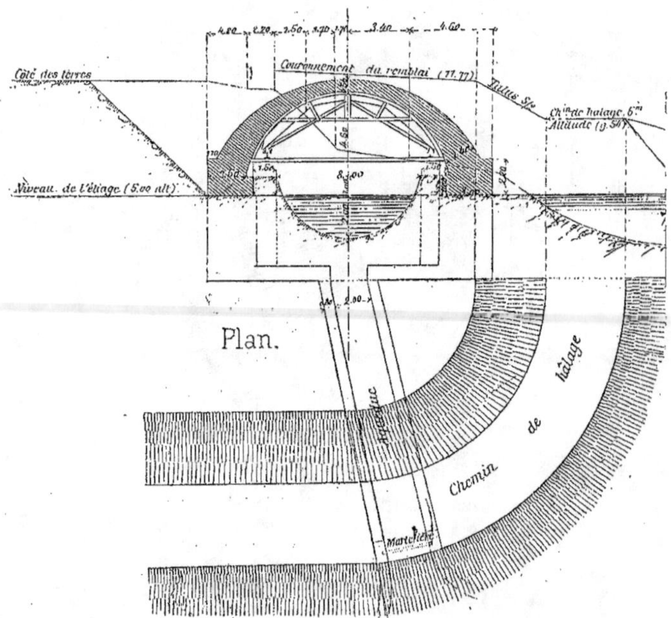


Fig. 301 *bis*. — Coupe de la galerie en aval.

on a disposé vers la tête aval un aqueduc de 2 mètres de largeur dont le radier est à $0^m,75$ au-dessous des plus basses eaux du fleuve, de sorte qu'on peut au besoin introduire à volonté les eaux du Rhône dans la galerie. La figure 302 représente une coupe transversale de cet aqueduc. Une vanne ferme ordinairement la partie ovale vers l'aqueduc ; une autre vanne ferme la galerie en tête, ce qui permet son accès en cas de réparation, curage ou nettoyage.

Des regards d'accès semblables à celui qu'on voit sur la figure 301 sont disposés de place en place dans la longueur de la galerie. — Ils sont hermétiquement fermés par des plaques en fonte pour que dans les cas de crues exceptionnelles où la galerie peut être recouverte d'eau, on évite la communication avec les eaux bourbeuses et l'on continue à n'avoir dans les puisards que des eaux filtrées à travers les graviers du lit.

Comme à Toulouse et à Lyon, le curage de ce filtre naturel est assuré par l'effet des crues et se fait ainsi en quelque sorte périodiquement.

La dépense nécessaire à l'établissement de cette galerie s'est élevée seulement à 600 fr. par mètre carré tout compris.

**310.** Des filtres naturels existent à Tours (Indre-et-Loire), à Rottingham (Angleterre), à Perth (Écosse), etc. etc., et partout où l'on peut établir avec succès des galeries filtrantes le long des rivières dont la vitesse à la surface de leur lit de gravier ou de sable est suffisante.

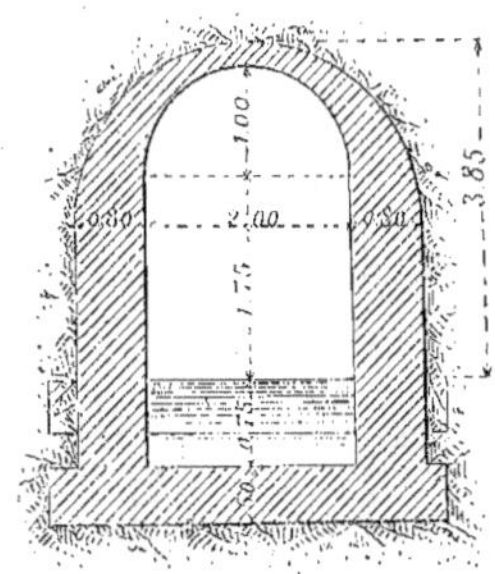

Fig. 302. — Aqueduc pouvant servir à l'introduction des eaux dans la galerie de filtration.

## § II. — *FILTRATION ARTIFICIELLE*

**311.** Quand la vitesse du fleuve est insuffisante, on est obligé d'avoir recours, pour obtenir la clarification des eaux, à d'autres dispositions qui constituent le filtrage artificiel et qui sont une imitation de la filtration naturelle. La plus rationnelle, puisque c'est celle que la nature emploie, consiste à faire passer les eaux à travers des couches de sable plus ou moins épaisses.

Nous avons indiqué dans un précédent chapitre, la disposition des citernes de Venise qui ne sont autres que des réservoirs filtrants bien combinés (Voir page 51 et suivantes.)

**Filtration des eaux à Londres.**

**312.** C'est ainsi que l'eau de la Tamise est clarifiée.

De tous les systèmes de filtration celui de *Chelsea* et un des plus simples :

La figure 303 et la figure 303 *bis* donnent en plan et en coupe la disposition générale du filtre.

Dans un bassin de forme rectangulaire avec talus de 1/2 de base pour 1 de hauteur, rendu imperméable avec un corroi, soit d'argile, soit mieux encore de béton, on place des tuyaux de drainage de 0ᵐ,06 à 0ᵐ,08 de diamètre intérieur, espacés de 0ᵐ,25 d'axe en axe. On les cale soit avec du béton, soit avec du gros gravier ou des pierres cassées à l'anneau de 0ᵐ,06 de dia-

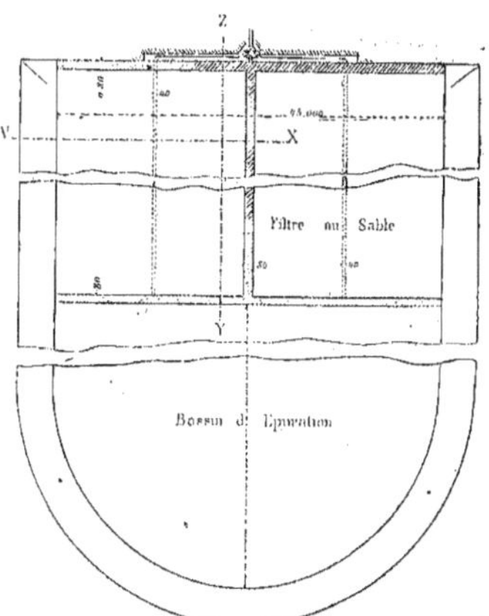


Fig. 303. — Plan général du filtre de Chelsea.

mètre et on les recouvre sur 10 ou 12 centimètres ; sur cette couche très perméable on met du gravier moins gros, puis des coquilles de moules concassées, sur 15 ou

16 centimètres, puis du gravier de plus en plus fin sur 20 ou 30 centimètres, enfin 0ᵐ,40 à 0ᵐ,50 de sablon pur ou mieux de grès pulvérisé.

La couche supérieure est disposée en billons comme les champs cultivés en céréales dans les sols argileux.

L'eau, avant d'arriver sur les filtres, doit avoir séjourné le plus longtemps possible dans un bassin d'épuration dis-posé de manière à être parcouru par l'eau dans le sens de sa longueur.

Elle doit arriver sur les filtres par une gouttière noyée dans le sable, afin qu'elle ne dérange pas la couche filtrante. Pour la recevoir après le filtrage, les drains débouchent dans une rigole longitudinale assez spacieuse pour écouler avec peu de vitesse, 0ᵐ,20 ou 0ᵐ,30 par seconde, l'eau qu'elle doit débiter et qui est ainsi amenée

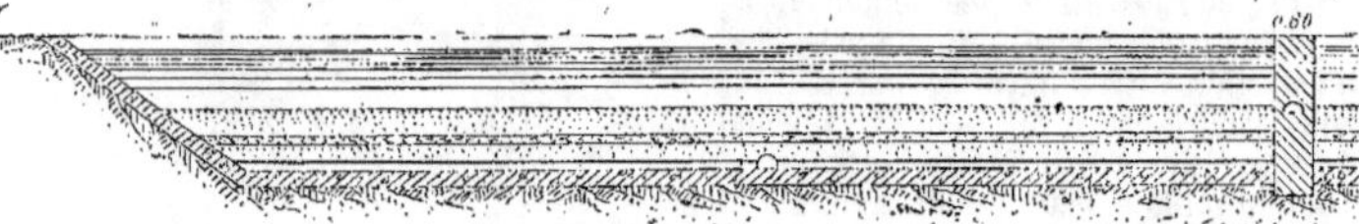

Fig. 303 *bis*. — Coupe suivant VX.

jusqu'à la conduite d'aspiration de la machine, ou jusqu'au bassin de distribution (1).

A *Chelsea* un double jeu de réservoirs de clarification et de bassins filtrants peut fournir par an 5 000 000 de mètres cubes ; chaque bassin filtrant a 75 mètres de longueur et 55 mètres de largeur.

L'un des filtres fonctionne pendant que l'on nettoie l'autre.

La figure 303 *ter* donne la coupe du réservoir avec indication des couches filtrantes.

La figure 304 donne le détail des conduites de distribution de l'eau et du regard A en maçonnerie disposé pour

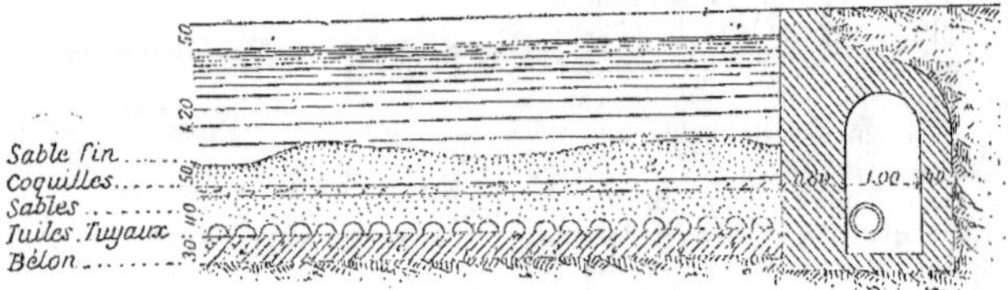


Fig. 303 *ter*. — Coupe suivant ZY.

donner accès aux vannes de manœuvres.

Le tableau suivant qui donne la composition de la couche filtrante complète cette figure.

| | NATURE DES COUCHES | ÉPAISSEURS | HAUTEUR totale |
|---|---|---|---|
| | | m. | |
| Chelsea | Sable fin de la mer....... | 0.60 | |
| | Sable gravier........... | 0.30 | |
| | Coquilles de mer......... | 0.15 | 2ᵐ,05 |
| | Gros gravier dans lequel sont engagés les collecteurs............. | 1.00 | |

A *Bettersea*, dans un quartier situé au-dessus de Londres à proximité de Chelsea sont placés deux réservoirs creusés dans le sol, ayant 4 mètres de profondeur et 5 000 mètres de surface ; à côté d'eux on a établi deux bassins filtrants de 80 mètres de longueur et de 58 mèt. de largeur.

La figure 305 donne un plan et une coupe d'un réservoir et d'un bassin filtrant.

L'eau de la Tamise arrive directement par un canal dans le réservoir R au fond duquel se trouve une rigole circulaire K destinée à recueillir le dépôt des matières

(1) Mary, *Distribution des eaux*, page 35.

en suspension dans l'eau. Cette dernière se trouve donc un peu purifiée et passe du réservoir R dans le bassin filtrant B qui lui fait suite en s'écoulant par des canaux en maçonnerie percés de trous, *a, b, c, d, e.*

Ces canaux sont établis au-dessus d'une couche filtrante composée ainsi qu'il suit :

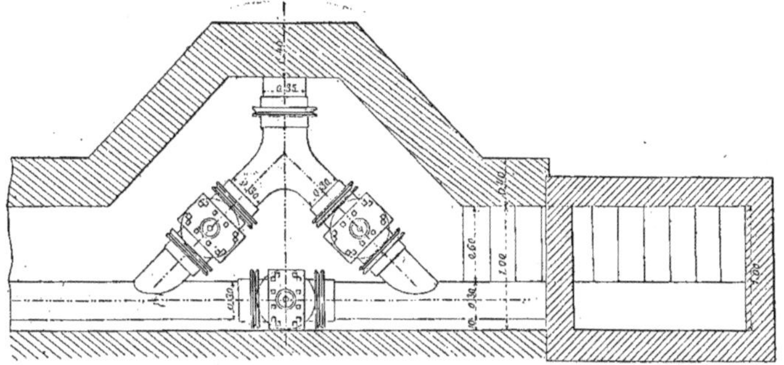

Fig. 304. — Détails des vannes de manœuvre.

| | NATURE DES COUCHES | ÉPAISSEURS | HAUTEUR totale |
|---|---|---|---|
| Bettersea | | m. | |
| | Gravier................ | 0.30 | |
| | Sable grossier........... | 0.25 | 1ᵐ70 |
| | Sable fin............... | 0.15 | |
| | Sable de rivière......... | 1.00 | |

L'eau qui a traversé cette couche est reprise par des canaux qui la versent dans un collecteur aboutissant aux machines qui la refoulent jusqu'aux étages les plus élevés des maisons de la ville.

Ces filtres fournissent 9 800 mètres cubes d'eau par 24 heures ; de temps en temps on procède au nettoyage complet des bassins.

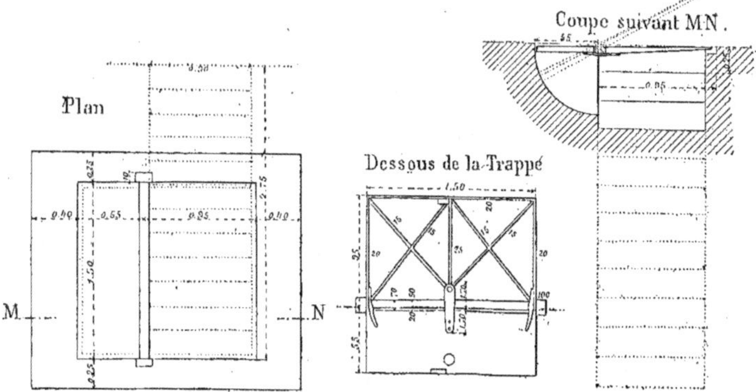


Fig. 304 *bis.* — Trappe du Regard pour la conduite de départ.

Cette disposition simple a été appliquée dans plusieurs villes d'Angleterre et particulièrement à Londres où les diverses compagnies d'eaux filtrées en font usage.

Pour compléter ce qui précède sur la

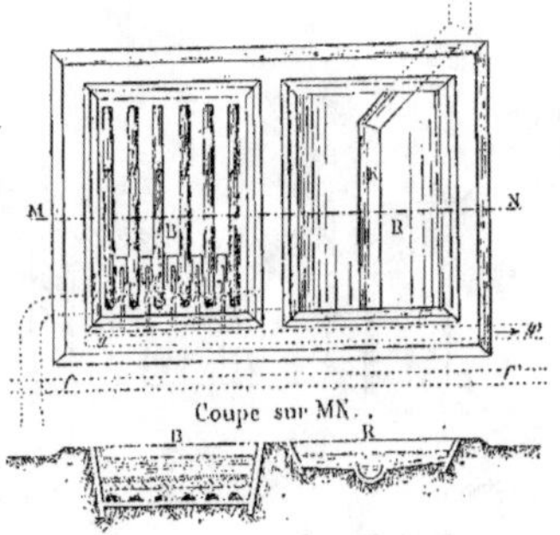

Coupe sur MN.

Fig. 305. — Réservoir et bassin filtrant de Battersea.

filtration des eaux à Londres nous donnons ci-dessous la composition de la couche filtrante adoptée par la C$^{ie}$ de Southwak.

| | NATURE DES COUCHES | ÉPAISSEURS | HAUTEUR totale |
|---|---|---|---|
| | | m. | |
| Southwak | Sable fin de la mer........ | 0.60 | |
| | Sable et gravier......... | 0.30 | |
| | Gravier fin............. | 0.22 | 1$^m$,64 |
| | Gravier gros........... | 0.22 | |
| | Cailloux.............. | 0.30 | |

## Filtration des eaux à Berlin

**313.** La disposition adoptée à Berlin pour clarifier les eaux de la Sprée est analogue :

Comme l'indique la figure 306, deux réservoirs R et R' placés à droite et à gauche des filtres reçoivent l'eau de la rivière où l'élèvent des machines à vapeur; l'eau séjourne quelque temps dans ces réservoirs, coupés de murs pour ralentir l'écoulement et favoriser la décantation, puis se rend dans les bassins filtrants $a$, $b$, $c$, $d$. Chaque filtre est constitué par une couche filtrante de 1$^m$,40 d'épaisseur (*fig.* 306 *bis*) ; au milieu et à la partie inférieure du bassin filtrant se trouve une conduite dont la partie supérieure est percée de trous pour permettre à l'eau filtrée de s'y engager. Cette conduite est

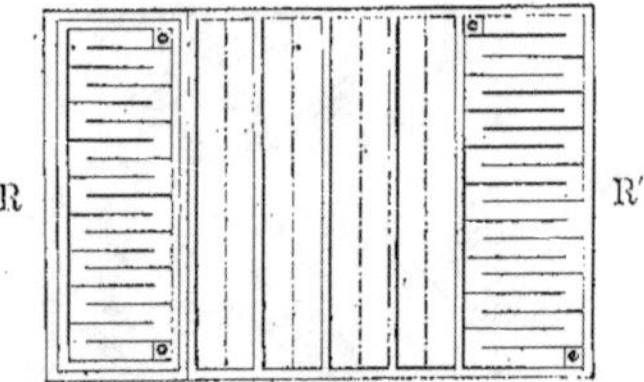

Fig. 306. — Disposition générale des bassins de filtration des eaux de la Sprée, à Berlin.

elle-même entourée par précaution d'une sorte de gaine en pierre sèche.

La couche filtrante est ainsi constituée :

| | NATURE DES COUCHES | ÉPAISSEURS | HAUTEUR totale |
|---|---|---|---|
| | | m. | |
| Berlin | Sable moyen............ | 0.60 | |
| | Gravier....:........... | 0.50 | 1$^m$,40 |
| | Cailloux .............. | 0.50 | |

Les conduites perforées conduisent l'eau qu'elles recueillent dans un collec-

Fig. 306 *bis*. — Coupe transversale sur un bassin filtrant.

teur général et de là dans les conduites de la ville (1).

## Filtration des eaux à Marseille, à Dunkerque, etc.

**314.** A Marseille, les eaux de la Durance sont clarifiées au moyen de filtres artificiels qui fournissent, par jour et par mètre carré de surface filtrante, 13 mètres cubes d'eau filtrée. La couche filtrante est ainsi constituée :

(1) Voir l'ouvrage de Carl Benliz : *Eaux potables de Berlin*.

| | NATURE DES COUCHES | ÉPAISSEURS | HAUTEUR totale |
|---|---|---|---|
| | | m. | |
| Marseille | Sable très fin de Montredon | 0.30 | |
| | Sable moyen de Gondes.. | 0.08 | |
| | Gros sable de Riom ...... | 0.18 | |
| | Petit gravier du Prado de Marseille............... | 0.12 | 1ᵐ,70 |
| | Pierres concassées passant au travers d'un anneau de 0ᵐ,06............... | 0.12 | |

On trouve des applications analogues de filtrage des eaux, en France à Dunkerque, etc., aux États-Unis, en Espagne à Madrid. La figure 307 que nous donnons plus loin page 410, représente une coupe transversale du barrage réservoir *filtrant* établi sur le Rio-Lozoya pour l'alimentation de cette ville.

Suivant les installations, l'épaisseur totale des couches filtrantes est assez variable et elle varie de 0ᵐ,80 à 2ᵐ,50. A cet égard on doit s'inspirer de la règle de *Darcy* :

*Le volume d'eau qui passe à travers une couche de sable d'une nature donnée est proportionnel à la pression et en raison inverse de son épaisseur.*

Pratiquement, une épaisseur de sable de 0ᵐ,20 serait suffisante pour la filtration ; mais il est indispensable de faire usage de plusieurs couches et de classer les matériaux filtrants par grosseurs graduées, les plus gros par dessus, afin de s'opposer à l'entraînement des sables fins placés à la partie inférieure du filtre.

Il convient de placer le fond du bassin de décantation et celui du filtre à un niveau tel que l'on puisse écouler facilement les dépôts du premier et les eaux sales du second.

Lorsqu'un filtre a reçu pendant un certain temps des eaux sales, il s'obstrue par suite du dépôt d'argile qui se forme à sa surface, et il finirait par devenir imperméable si on laissait cette couche s'épaissir. On rend au filtre son activité en passant légèrement un râteau sur la surface du sable; mais cette manœuvre a un terme après lequel il faut nettoyer le filtre.

Deux moyens sont employés : l'un consiste à faire arriver sous le filtre de l'eau claire, qui en le traversant de bas en haut, enlève les impuretés qui ont pénétré dans le sable. Les eaux ainsi salies sont rejetées dans un égout ou dans la rivière par des orifices préparés dans la paroi du bassin à la hauteur des parties les plus basses de la surface du sable. Le second mode de nettoyage consiste à enlever la couche de sable salie par le dépôt du limon et à la laver dans des bassins disposés à la suite les uns des autres, de manière à ménager l'eau des lavages. On combine ordinairement ces deux moyens.

Il convient d'avoir plusieurs bassins indépendants les uns des autres, afin que le service ne soit pas suspendu quand l'un d'eux est en nettoyage (1).

## Filtration des eaux à Glascow.

**315.** Un dernier système à signaler est celui en usage à Glascow, il est connu sous le nom de système à gradins.

Les eaux commencent à se clarifier par le repos dans deux grands réservoirs : contenant l'un 350 000 mètres cubes, l'autre 1 million de mètres cubes, et coulent de là dans des bassins de filtration contenant des couches en gradins.

Elles rencontrent d'abord des sables grossiers, puis des cailloux, du sable fin, et tombent de là dans un réservoir inférieur. Des conduites aboutissant à la partie basse de ce réservoir, reprennent les eaux clarifiées.

Chacune des couches filtrantes est séparée de la précédente par une cloison percée de canaux munie d'écluses automatiques. Les eaux qui ont passé à travers une des couches, se rendent dans la couche inférieure par ces canaux (2).

## Filtration des eaux stagnantes.

**316.** Pour les eaux stagnantes il faut faire usage de clarifiants et de purifiants.

Si l'on veut enlever aux eaux les gaz délétères qu'elles peuvent contenir en dissolution, on a recours à l'emploi d'une couche de charbon que l'on intercale

(1) Mary, *Distribution des eaux*, page 36.
(2) Georges Dumont, *Distribution d'eaux*, page 77.

alors entre deux couches de sable, afin que les eaux n'aient pas une teinte noire dans les premiers moments. Le charbon doit subir un demi-écrasement. Il ne peut guère épurer que 600 fois son volume d'eau : au-delà de cette quantité, il suffit que la température s'élève pour que les gaz rentrent en dissolution, et l'eau se gâte au lieu de s'améliorer. Les eaux qui ont été filtrées au charbon ont une limpidité que ne leur donne pas le sable.

Les dimensions de ces filtres sont subordonnées au volume d'eau à fournir et à son degré d'impureté.

Les dispositions adoptées pour ces filtres sont généralement celles-ci :

On place sur la conduite de distribution, une chambre en maçonnerie hydraulique dont le parement intérieur est enduit d'une couche de ciment lissé.

Cette chambre est divisée en 4 compartiments par des cloisons dans lesquelles on a ménagé une ouverture ; chaque compartiment est rempli de sable et de charbon de bois en menus morceaux. L'eau passe successivement dans chaque compartiment et reprend son cours dans la conduite de sortie.

### Divers systèmes de filtration artificielle.

**317.** Pour compléter ce qui précède concernant la filtration artificielle en grand, nous citerons quelques exemples particuliers plus ou moins pratiques.

#### a. — Système Fonvielle

Pour filtrer les eaux argileuses M. Fonvielle a fait exécuter des appareils disposés par étages.

Dans de grandes cuves cylindriques de $3^m,50$ de hauteur, il disposait quatre couches filtrantes séparées par des intervalles vides. Chaque couche, composée de sable et de gravier était maintenue entre deux feuilles de cuivre percées d'un grand nombre de trous.

L'eau arrivait par deux tubes verticaux placés près de chaque cuve et susceptibles d'être mis en communication avec chacun des espaces laissés vides entre les filtres au moyen d'un jeu de conduites et de robinets. Avec ce système, suivant le degré d'impureté des eaux, on pouvait les obliger à traverser plus ou moins de couches.

Le nettoyage du filtre s'opérait par l'interversion du mouvement de l'eau.

On reconnut à l'usage que ce filtrage rapide et forcé encrassait vite les couches filtrantes, le sable notamment ; on fut ainsi conduit à enlever les sables des filtres pour leur faire subir un lavage, — puis à introduire des couches d'éponges, dans quelques-uns des compartiments pour dégraisser l'eau avant son arrivée aù sable.

Bien qu'il fut moins coûteux, pour les laver, de retirer les éponges que le sable, ce système était trop dispendieux et on y a renoncé dans la pratique.

#### b. — Procédé Clark

Ce système d'épuration des eaux calcaires est basé sur l'application d'un procédé chimique. Il a été mis en pratique à Canterbury en Angleterre.

Trois réservoirs de 500 mètres cubes environ de capacité et garantis contre les variations de température reçoivent l'eau à épurer.

Trois autres réservoirs moins grands, placés à côté, contiennent de l'eau de chaux parfaitement limpide.

Celle-ci est obtenue en mettant dans chaque réservoir de la chaux éteinte, puis de l'eau, et en faisant le mélange par introduction d'air en-dessous du lait de chaux. L'eau se sature de chaux et la chaux retombe peu à peu autour du réservoir.

Pour obtenir l'épuration de l'eau calcaire, on commence par introduire de l'eau de chaux jusqu'à concurrence de un dixième de sa capacité dans un des grands réservoirs, puis on achève de remplir les neuf dixièmes vides par de l'eau à épurer. Le bicarbonate de chaux contenu en excès dans l'eau se transforme alors en carbonate neutre qui précipite insoluble. En 12 heures l'eau est épurée et limpide.

On a reconnu qu'une eau qui contenait 242 milligrammes de sels calcaires par litre n'en contient plus que 42 milligrammes après l'opération, ce qui lui permet de dissoudre le savon, de cuire les légumes, etc. etc.

Ce procédé excellent a le tort d'être très coûteux. Il exige des réservoirs d'une très grande capacité en assez grand nombre; il exige une main d'œuvre considérable pour le nettoyage des réservoirs, le remplissage du lait de chaux etc. etc.

Il faut en effet faire de la chaux éteinte et l'introduire dans les petits réservoirs; puis, pour faire l'eau de chaux, injecter de l'air sous pression à l'aide d'une machine à vapeur dans la masse du lait de chaux, enfin il faut enlever le dépôt calcaire qui se produit.

On se rendra compte de l'exagération du chiffre de la dépense, quand il faudra penser à clarifier des dizaines de mètres cubes pour l'alimentation d'une ville.

### c. — Emploi de la laine tontisse

L'usage des débris de laine provenant de la tonte des draps, connue sous le nom de laine tontisse a donné des résultats plus économiques et plus pratiques.

Voici d'après Mary, comment on construit ces filtres.

Dans une grande cuve rectangulaire, ou cylindrique, on soutient à 8 ou 10 centimètres du fond, un cadre sur lequel est fixé un treillage en fil de fer à mailles fines; on le recouvre d'un feutre en laine, en ayant soin d'en relever les bords contre les parois de la caisse, on fait arriver de l'eau dans la cuve jusqu'à 15 à 20 centimètres au-dessus du feutre, puis on répand dans cette eau de la laine tontisse que l'on agite pour la mettre en quelque sorte en émulsion. On fait écouler l'eau et on obtient sur le feutre une couche de laine tontisse à laquelle on donne une épaisseur d'environ 4 à 5 centimètres. Cela fait, on pose sur la laine un second châssis disposé comme le premier, et on serre fortement sur la couche de laine; on calfate, avec du feutre, les joints du châssis et de la caisse, après quoi, on étend comme précédemment, une seconde couche de laine tontisse et ainsi de suite:

Ordinairement, on met quatre couches de laine superposées comme il vient d'être dit. Le tout est recouvert d'un cadre et maintenu par des vis de pression. Un filtre ainsi préparé clarifie en vingt-quatre heures à peu près 60 à 80 mètres cubes par mètre carré.

L'eau qui traverse ces couches s'y filtre bien, mais la vase argileuse pénètre dans la couche supérieure et finit par ralentir l'écoulement: on desserre alors l'appareil, on enlève le châssis supérieur, et on filtre avec les trois couches restantes. On enlève ainsi successivement le troisième châssis, puis le second, et lorsque tous sont obstrués on remanie l'ensemble. Il est évident que pour la continuité du service on doit avoir plusieurs filtres.

On nettoie la laine par un lavage méthodique dans une caisse à quatre ou cinq compartiments, de manière à faire servir l'eau plus d'une fois et à ne faire arriver la laine dans le compartiment où se trouve l'eau claire qu'après qu'elle a été successivement dégrossie dans de l'eau de moins en moins salie.

On comprend que ce procédé donne une économie notable dans la dépense d'eau de lavage.

Ces filtres en laines peuvent être employés avec pression et donner alors un plus grand débit.

Les filtres en sable peuvent donner 20 à 30 mètres cubes d'eau par mètre carré en 24 heures. Les filtres en laine qui donnent jusqu'à 160 mètres cubes d'eau clarifiée entraînent cependant encore une dépense de plusieurs centimes par mètre cube.

### Prix de revient.

**318.** A Nîmes, la filtration naturelle ne revient pas à plus de 0f.,003 par mètre cube.

A Lyon, elle peut être évaluée à 0,007.

L'abaissement du prix de revient à Nîmes comparativement à celui de Lyon provient de ce que la dépense de premier établissement de l'appareil de filtrage à Nîmes a été beaucoup moins élevée qu'à Lyon pour un volume d'eau quotidien supérieur, ce qui est dû à l'heureuse situation de la galerie, à son grand diamètre et à l'été exceptionnel pendant lequel cette galerie a été construite, sans pilotage et sans épuisement coûteux.

Si on se base sur les résultats obtenus à Nîmes en 1871, on voit qu'il n'y a pas de règle absolue à établir sous le rapport du prix de revient de la filtration naturelle et de la filtration artificielle. Si la première est heureusement disposée, elle peut être plus économique que la seconde.

Mais il ressort de là un fait indiscutable c'est qu'on peut filtrer facilement et économiquement de grandes masses d'eau.

Le filtrage artificiel tel qu'il est pratiqué à Londres, par exemple, ne revient pas à plus de 0 fr. 005.

# CHAPITRE II

## RÉSERVOIRS DE DISTRIBUTION

**319.** Nous distinguerons deux classes de réservoirs :

*Les réservoirs d'approvisionnement ;*
*Les réservoirs de distribution.*

Il faut entendre par *réservoirs d'approvisionnement* ceux qui, servant de base à une distribution, doivent pouvoir contenir la quantité d'eau nécessaire aux besoins journaliers pendant plusieurs mois.

Les *réservoirs de distribution* sont ceux qui servent à l'alimentation journalière et dont la capacité doit être calculée de manière à suffire à l'approvisionnement d'un ou de deux jours.

## § I. — *RÉSERVOIRS D'APPROVISIONNEMENT*

### Considérations générales.

**320.** C'est sur les parties élevées du sol, dans les montagnes, que les nuages apportent l'eau en grande abondance, à des hauteurs très considérables au-dessus du niveau de la mer ; en ces points, l'eau qui tombe sur le sol rencontre rarement un terrain perméable et court le plus souvent à découvert ou à fleur du terrain naturel ; c'est vers ces régions peu habitées que les travaux de l'ingénieur peuvent se faire plus aisément et plus profitablement que dans les plaines. Là on peut faire de véritables captages d'eaux sauvages, courant non plus au fond d'un thalweg des terrains primaires ou secondaires ou tertiaires sous des sols de transport ou des couches inperméables, mais bien à fleur du sol. Les plus simples et les plus utiles sont les retenues d'eau qui sont obtenues par des *barrages* maintenant l'eau à un niveau, élevé naturellement, au-dessus des points où doit se faire la distribution. Ces travaux d'art devraient être bien plus multipliés qu'ils ne le sont ; car partout où ils ont été exécutés ils ont donné d'admirables résultats et permis d'utiliser des richesses considérables autrement perdues.

Ce système étendu, vulgarisé, imposé à l'esprit public devrait fournir des moyens de distribution d'eaux pouvant être utilisés par les villes, les industriels et les agriculteurs ; des moyens d'accumulation et de distribution de forces motrices en quantités plus grandes que celles des machines à vapeur.

D'une manière générale, on peut dire que ces réservoirs d'approvisionnement sont remplis par les eaux de ruisseaux, de rivières, de sources, par les eaux pluviales, de drainages, etc. etc., en un mot par toutes celles que l'on peut recueillir.

Dans leur établissement, il faut tenir compte du volume d'eau qui tombe annuellement dans la localité ; du pouvoir absorbant du sol, de l'évaporation, des infiltrations et des fuites.

On se rend compte de ces causes diverses de déperdition par une reconnaissance de la nature géologique du sol, et par l'observation des lacs, des étangs, des mares, etc. etc., dans la contrée.

Les eaux ainsi emmagasinées pendant la saison des neiges et celle des pluies, peuvent suffire aux besoins d'une ville ou d'une contrée pendant la saison sèche.

L'emplacement choisi pour le réservoir doit donc satisfaire aux conditions suivantes :

1° Son élévation au-dessus du centre à desservir doit être suffisante pour que les eaux arrivent aux points de dégorgement avec une certaine pression ;

2° Le sol sur lequel il est établi doit être suffisamment imperméable ;

3° Le réservoir doit pouvoir être facilement rempli par les eaux pluviales, les eaux de source ou une dérivation de cours d'eau.

En général, ces réservoirs sont fermés par des digues en maçonnerie ou en terre dont l'épaisseur se détermine par les formules connues. Ils sont munis de déversoirs pour l'écoulement des eaux excédantes et de bondes pour les vider.

Parmi le grand nombre d'ouvrages de cette sorte, il suffira pour ne pas sortir du cadre de cet ouvrage, de citer quelques-uns d'entre eux :

Le réservoir de *Gros bois* sur le canal de Bourgogne qui a 8 586 000 mètres cubes de capacité ;

Le réservoir de *Saint-Féréol* qui a permis d'assurer la navigation sur le canal du Midi et cela, en retenant les eaux d'un petit ruisseau coulant au loin dans la montagne. Il a 6 374 000 mètres cubes de capacité ;

Le réservoir de *Vioreau* sur le canal de Nantes à Brest, qui a 7 427 000 mètres cubes ;

Le réservoir du *Boulet* sur le canal de l'Ille et Rance, 6 000 000 mètres cubes ;

Le réservoir de *Givors*, 2 000 000 mètres cubes.

Celui du Nil en Égypte qui a fait naître un centre agricole en assainissant le terrain et en créant une réserve d'eau pour l'époque de la saison sèche ;

Ceux de *Lowelle* et de *Laurence* aux États-Unis qui ont permis l'établissement de centres manufacturiers en créant des ressources en eaux et en force motrice ;

Celui de la *Huerta de Valence* en Andalousie et du *Rio-Lozoya* près de Madrid ;

Le fameux barrage de .*l'Habra*, en Afrique ; réservoir qui a permis d'emmagasiner près de trente millions de mètres cubes d'eau ;

Ceux du *Furens* et de l'*Orédon*, etc. etc.

Sans entrer dans de trop grands détails sur ces ouvrages d'art, pour lesquels nous renvoyons aux auteurs qui les ont décrits (1), nous dirons quelques mots sur les plus remarquables d'entre eux.

### Réservoir sur le Rio-Lozoya
### (Espagne).

**321.** Nous donnons (*fig.* 307) la coupe du barrage-réservoir établi en Espagne sur le Rio-Lozoya pour assurer l'alimentation continue de la ville de Madrid.

La dérivation du Rio-Lozoya appelé canal d'Isabelle II, a une longueur totale de 70 040 mètres. Sa portée d'eau est de 1 200 litres par seconde. Il est principalement destiné à alimenter la ville en eau potable.

Pour avoir une dénivellation suffisante entre le point de départ des eaux et leur arrivée, on fut obligé de relever le niveau du Rio-Lozoya de 19$^m$,78. C'est l'objet du barrage réservoir dont nous avons donné la coupe (*fig.* 307).

Ce réservoir ne sert donc qu'accessoirement à l'emmagasinement des eaux. Il a le fond recouvert d'une cuvette artificielle formée avec du gravier et des pierres pour la filtration (Voir précédemment, page 405).

### Réservoir du Gouffre d'Enfer sur le Furens (Loire).

**322.** La ville de Saint-Étienne a fait établir une rigole souterraine qui va chercher aux sources du Furens les eaux nécessaires à son alimentation ; en même temps elle a concouru à la dépense d'un réservoir, placé au-dessus du village de Rochetaillé, dont les travaux ont été exécutés par l'État. La part de l'État a été fixée à 570 000 francs ; tout le surplus, soit environ un million de francs est resté à la charge de la ville ; en échange de ce concours, celle-ci a obtenu le droit de se servir du réservoir, afin d'y emmagasiner les eaux excédantes du Furens et de les utiliser en partie pour sa propre consommation, et pour le lavage de ses égouts et en partie pour augmenter le débit d'étiage du Furens et améliorer ainsi la position des usines de ce cours d'eau.

Le Furens avant l'ouverture des travaux suivait le thalweg de la vallée. Un barrage de 50 mètres de hauteur a été construit au point le plus étroit de cette vallée au lieu dit, le Gouffre d'Enfer, pour former réservoir d'approvisionnement. En même temps on a ouvert un canal de dérivation où coule aujourd'hui la rivière.

Le réservoir fonctionne de la manière suivante :

Le niveau auquel la ville de Saint-

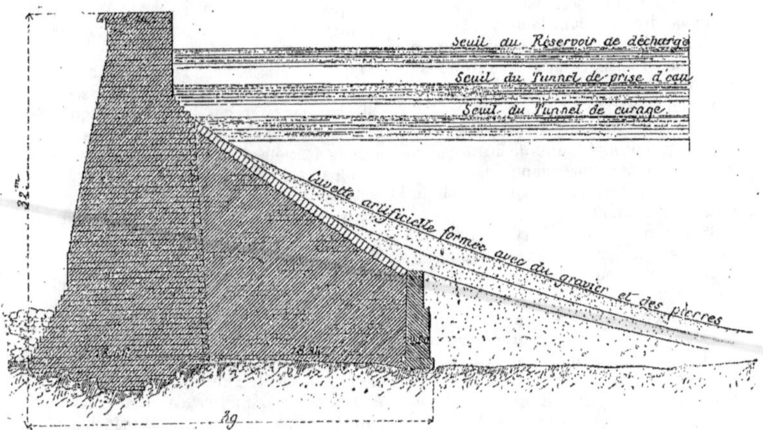


Fig. 307. — Filtration des eaux de Madrid (coupe transversale du barrage-réservoir sur le Rio-Lozoya).

Étienne peut retenir ses eaux est fixé à 44$^m$,50 au-dessus du fond, devant le barrage ; depuis ce niveau jusqu'au maximum de retenue, il y a une hauteur de 5$^m$,50 sur laquelle le réservoir doit rester vide pour emmagasiner la partie dommageable des crues qui peuvent inonder Saint-Étienne. La crue passée, on vide ces eaux emmagasinées par un souterrain dans le lit inférieur du Furens. Toutes les eaux, jusqu'à la hauteur de 44$^m$,50 au-dessus du fond, sont réservées pour l'alimentation de Saint-Étienne et des usines.

Afin de les conduire à leur destination, un second souterrain plus bas que le premier, est creusé dans le contrefort contre lequel s'appuie le barrage ; dans ce souterrain bourché à son extrémité du côté du réservoir par une maçonnerie, il y a deux tuyaux en fonte de 0$^m$,40 de diamètre chacun, traversant cette maçonnerie. Ils reçoivent librement à leur extrémité d'amont les eaux du réservoir, et les conduisent dans un puisard

aumoyen de robinets d'un débit déterminé ;
l'eau arrivée dans le puisard est affectée au
double service des usines et de la ville ;
à cet effet un premier canal à ciel ouvert
muni à son origine d'une vanne mo-
dératrice, permet de jeter dans le lit du
Furens la quantité d'eau de réserve
que l'on veut y amener ; un second canal souterrain, muni également d'une
vanne régulatrice, permet d'amener ces
eaux de réserve dans la conduite des eaux
de Saint-Étienne, soit en les y faisant
tomber directement par un robinet, soit
en les emmagasinant dans un petit réservoir qui communique lui-même avec la
conduite au moyen d'un tuyau.

En été l'arrosage des rues et le lavage
des égouts doivent se faire au moyen des
ressources du réservoir, les eaux de sources amenées par l'aqueduc à Saint-Étienne
ne suffisant pas pour assurer ce service.
On établit alors la communication de la
conduite avec le réservoir par le second
des canaux mentionnés tout à l'heure.
S'agit-il d'augmenter le débit de la rivière
dans cette même saison d'été, où les usines du Furens avaient autrefois tous les
ans d'importants chômages à subir, on
établit en même temps la communication
entre le réservoir et le Furens par le
premier canal. L'aqueduc qui va prendre
les eaux du Furens à leurs sources est
partout ainsi indépendant du réservoir,
avec lequel il ne communique absolument
que par le second canal.

On le voit, par cette disposition, la ville
de Saint-Étienne prenait avant la création du barrage du *Pas-de-Riot* toutes
ses eaux aux sources qui coulent dans la
partie supérieure de la vallée du Furens,
ou bien en cas d'insuffisance, au réservoir
du *Gouffre d'Enfer*.

D'après les traités, le Gouffre d'Enfer
emmagasinait les eaux du Furens : lorsque la rivière débitait moins de 300 litres
à la seconde, elle était entièrement absorbée par les usines, et la ville n'y pouvait
faire aucun emprunt ; lorsque le débit
dépassait 300 litres, la ville retenait l'excédent (1).

(1) Notice sur les cartes et dessin du Ministère des
Travaux publics, 1878, page 32.

## Barrage du Pas-de-Riot sur le Furens (Loire).

**323.** L'eau disponible était loin de
répondre aux besoins d'une ville qui
comprend plus de 130 000 habitants.

La situation a été améliorée par la
création d'un nouveau réservoir au *Pas-
de-Riot* et par l'acquisition des eaux de la
rivière même du Furens, sauf un volume
de 25 litres par seconde réservé pour les
besoins des riverains.

L'acquisition des eaux de la rivière du
Furens a coûté à la ville de Saint-Étienne
2 200 000 francs.

Le réservoir du Pas-de-Riot a été établi à 2 200 mètres en amont du réservoir
du Gouffre d'Enfer. Il présente une capacité utile de 1 350 000 mètres cubes. La
hauteur comptée entre le dessus de la
chaussée et le fond naturel de la vallée à
son pied, est de $34^m,50$ ; son épaisseur est
de $4^m,90$ au sommet et de $21^m,86$ au niveau
du sol de la vallée.

La chaussée du barrage offre un développement de 155 mètres. Elle forme en
plan un arc de cercle dont le rayon moyen
est de 350 mètres.

Les eaux du réservoir sont évacuées en
temps ordinaire par un tunnel de vidange de $81^m,10$ de longueur entre les têtes,
creusé dans le rocher contre lequel s'appuie le barrage sur la rive droite du Furens.

L'extrémité du tunnel, du côté du
réservoir a été fermée par un massif de
20 mètres d'épaisseur. On a logé dans ce
massif deux tuyaux de $0^m,40$ de diamètre,
munis chacun d'un robinet vanne ordinaire et d'un robinet de sûreté. Les tuyaux
peuvent se suppléer mutuellement. Ils se
déversent par l'intermédiaire d'un puisard
destiné à amortir le choc des eaux, dans
des rigoles maçonnées qui aboutissent à
un répartiteur permettant d'envoyer les
eaux soit dans les biefs de deux usines
situées en aval du barrage, soit dans le
lit même du Furens.

Lorsque le réservoir est plein, les eaux
s'écoulent par un déversoir de superficie
de 30 mètres de longueur, établi à un
mètre en contre-bas de la chaussée du
barrage. De là, elles tombent dans un

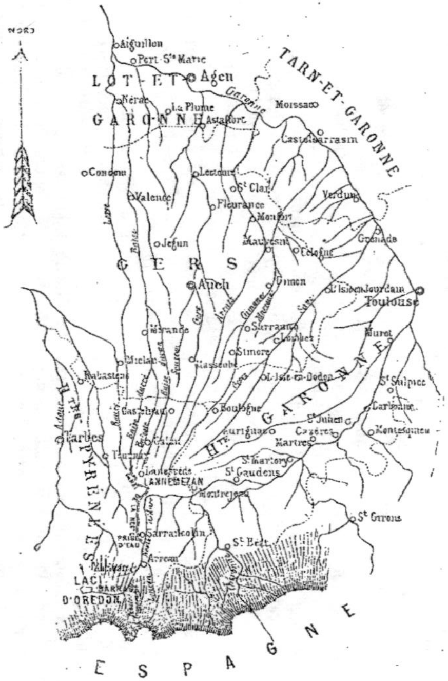

Fig. 308. — Réservoir d'Orédon (Carte du bassin de la Neste).

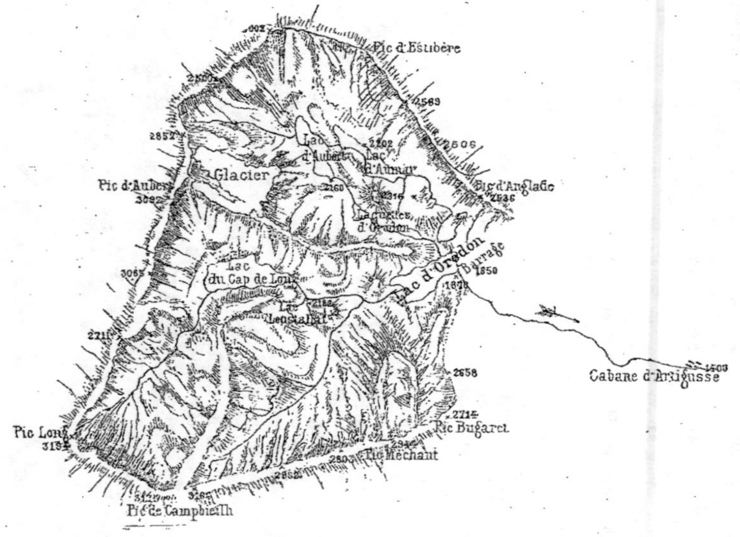

Fig. 309. — Réservoir d'Orédon
(Plan général du bassin d'alimentation).

canal de décharge qui les conduit au Furens par sept chutes successives de 3ᵐ,50 de largeur.

Un chemin de ceinture permet l'accès de toutes les parties du réservoir.

Le barrage a été construit avec d'excellents moellons de granit, hourdés en mortier de chaux hydraulique du Theil et sable granitique. Le couronnement est en pierre de Villebois.

Le prix de la réserve par mètre cube revient à 0 fr. 95.

Les travaux ont été exécutés sous la direction de M. Lefort, ingénieur des ponts et chaussées (1).

### Réservoir du Lac d'Orédon.

**324.** La distribution régulière et le barrage du lac d'Orédon ont eu pour objet l'amélioration agricole des nombreuses vallées qui s'étendent au pied des Pyrénées et prennent leur origine au plateau de Lannemezan. Dans cette région que nous reproduisons dans la carte de la figure 308, avant les travaux, les rivières étaient à sec pendant l'été, les moulins chômaient et les habitants manquaient d'eau pour abreuver leurs bestiaux et pour les usages les plus ordinaires de la vie.

On a résolu le problème qui se posait en utilisant les eaux qui tombent dans le vaste bassin naturel, limité par des crêtes dont l'altitude varie entre 2 536 mètres (pic d'Anglade) et 3 194 mètres (pic Long) (*fig.* 309). Dans cette région des lacs dont la superficie atteint 2 888 hectares, on rencontre au sud : les lacs de Cap-de-Long, de Loustallot et d'Orédon ; au nord, ceux de Laquettes d'Orédon, d'Aumar et d'Aubert ; puis le glacier permanent d'Aubert.

Toutes les eaux recueillies dans ce bassin s'écoulent vers le lac inférieur celui d'Orédon, où prend naissance une rivière torrentielle, la Neste d'Aure.

On a porté une partie des eaux de la Neste sur le plateau de Lannemezan par un canal de 28 kilomètres, dont la prise est à Sarrancolin et dont le débit peut s'élever à 7 mètres cubes par seconde.

(1) Extrait d'une notice publiée par le Ministère des travaux publics.

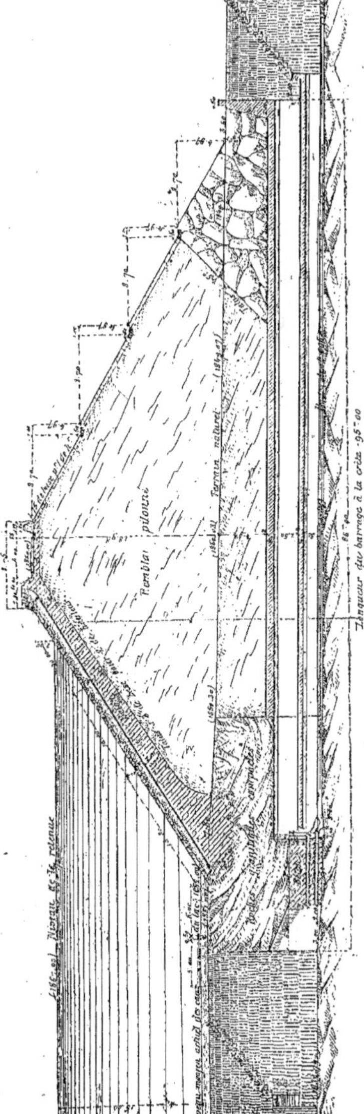

Fig. 310. — Réservoir d'Orédon (Coupe transversale suivant l'axe du barrage).

Mais cet emprunt de 7 mètres cubes par seconde ne pouvant être fait à la *Neste* pendant le bas étiage, sans compromettre des droits acquis, on a dû recourir à la création d'un réservoir d'approvisionnement au lac d'Orédon.

Les travaux destinés à transformer ce lac en un vaste réservoir comprennent :

1° Une tranchée ouverte dans le déversoir naturel et se prolongeant dans le lac à 17 mètres en contre-bas de son plan d'eau ;

2° Un barrage établi en travers du déversoir et qui permet de surélever la retenue à 15 mètres au-dessus de son étiage.

La figure 310 qui représente une coupe en travers sur le barrage fait comprendre la disposition adoptée.

Le lac d'Orédon à l'étiage présente une longueur de 1 050 mètres et une largeur de 450 mètres sur une profondeur moyenne de 30 mètres. Sa superficie qui est de 47 hectares 25 ares en temps d'étiage atteindrait 60 hectares avec une retenue de 15 mètres au-dessus de cet étiage. En établissant la prise d'eau à 12 mètres en contre-bas du même étiage, on obtient une retenue totale de 27 mètres de hauteur, correspondant à une superficie moyenne de 50 hectares.

Le cube total emmagasiné dans cet immense bassin, pourrait donc s'élever à environ 13 500 000 mètres cubes d'eau.

La superficie totale du bassin collecteur étant, nous l'avons dit plus haut, de 2 888 hectares, il s'ensuit que l'approvisionnement total de la retenue correspond à une lame d'eau de $0^m,477$ de hauteur reçue chaque année sur toute la superficie du bassin collecteur. Cette lame d'eau correspond parfaitement aux résultats des expériences faites pour connaître exactement, évaporation déduite, la quantité d'eau tombée annuellement sur cette région.

Mais des jaugeages réitérés et faits avec soin, ont fait reconnaître que par les sources et la fonte des glaciers temporaires, le débit se trouve augmenté, et que de juin à octobre les eaux du lac s'élèvent moyennement de 2 mètres par jour.

En admettant, ce qui est exagéré, que les neiges et la congélation des eaux rendent le débit à peu près nul pendant les huit autres mois, on n'en disposerait pas moins de 959 000 mètres cubes d'eau par jour pendant la saison sèche. En utilisant ces eaux d'une manière continue, pendant cette période, on aurait donc à sa disposition un débit de 11 mètres cubes par seconde ; ce qui est suffisant, la Neste étant déjà alimentée, en aval et pour le surplus, par divers affluents.

Il n'est pas inutile de remarquer que ce barrage a aussi pour effet de préserver la vallée de la Neste des crues subites et considérables qui se manifestaient presque périodiquement à chaque fonte des neiges et occasionnaient souvent d'importants dégâts aux riverains.

*Tranchée.* La tranchée ouverte dans le déversoir naturel du lac a 12 mètres de profondeur maxima et 480 mètres de longueur, dont 167 mètres dans le lac et 313 mètres dans le déversoir même. Elle est creusée dans le granit. Elle a permis d'éviter l'établissement d'un immense massif en maçonnerie qui n'aurait pas résisté aux conditions climatologiques de la région (Voir *fig.* 310).

*Barrage.* Logiquement, on a été conduit à renoncer au barrage en maçonnerie pour adopter un barrage en remblai pourvu, du côté de l'eau, d'un revêtement de défense formé d'un bétonnage garanti de la gelée par un perré à pierres sèches de 1 mètre d'épaisseur.

Le barrage est établi au sud-est du lac au point où la Neste prend sa source. La berge, en cet endroit, est formée par des roches gigantesques compactes, dans le massif desquelles une rigole a été creusée à la mine, sur une longueur de 250 mètres, une largeur de 4 mètres et une profondeur moyenne de 8 mètres environ. C'est le canal de fuite des eaux, aboutissant au lit ancien de la Neste, auquel il est conduit par une pente longitudinale de $0^m,005$ par mètre.

Cette rigole a été prolongée dans le lit du lac, jusqu'au point où ce lit atteint une profondeur de 12 mètres en contre-bas de l'étiage.

Un massif de 12 mètres d'épaisseur, en

roc vif, a été laissé à l'entrée du réservoir. Il a été percé à sa partie inférieure, d'un petit canal ou tunnel dans lequel sont placés les tuyaux de fuite.

Deux aqueducs superposés, l'un supérieur, pour le passage du garde chargé de la distribution des eaux, l'autre inférieur, pour le passage de ces eaux, occupent le fond de la tranchée (Voir la figure 310).

La longueur du barrage, à la crête, est de 95 mètres et son épaisseur, à la base, atteint 86 mètres (1).

*Appareil de prise d'eau.* L'appareil de prise d'eau se compose de onze conduites en fonte de $0^m,30$ de diamètre terminées en aval par des robinets vannes de même dimension, dont le type a été emprunté à la distribution des eaux de Paris. Du côté d'amont, chaque conduite se termine par un tuyau évasé dont le diamètre atteint $0^m,60$.

Les conduites sont enchassées au bas d'un massif en béton de ciment de Portland de 8 mètres d'épaisseur et de 7 mètres de hauteur. Elles sont disposées sur deux rangs, cinq au rang inférieur et six au rang supérieur.

La section totale du débouché de ces tuyaux, $0^{mq},775$, est supérieure au minimum nécessaire pour qu'en tout temps on puisse régler le débit du lac, maintenir ou abaisser à volonté le niveau des eaux et, au besoin, vider le réservoir. Le débit sous une charge de 25 mètres, tous les robinets étant ouverts, atteindrait, en effet, 17 mètres cubes par seconde.

De même que pour les exemples cités précédemment, nous renvoyons pour les détails de construction aux ouvrages qui ont décrit plus spécialement le réservoir d'Orédon et l'alimentation de la Neste.

(1) Note sur le réservoir d'Orédon, par M. J.-C. Carré.

## § II. — *RÉSERVOIRS D'EMMAGASINEMENT*

**325.** Ces réservoirs du second genre sont ceux où se fait, à proprement parler, la prise de distribution. Les détails que nous avons donnés précédemment sur les moyens de recueillir les eaux, de les élever, montrent clairement la nécessité d'avoir en tête de la distribution un ou des réservoirs dans lesquels on recueille pendant la nuit et pendant les intermittences du service de jour le produit des sources, des machines ou de tout autre mode d'alimentation; réservoirs qui devront compenser les irrégularités de l'alimentation et de la consommation. Leur capacité doit être calculée de manière :

*A suffire au moins à l'approvisionnement d'une journée;*

*A prévenir toute déperdition d'eau plus ou moins longue;*

*A garder toujours un vide suffisant pour recevoir pendant un certain temps le produit non utilisé des aqueducs qui y conduisent les sources, ou des machines qui y élèvent les eaux.*

Il faut, en calculant leur capacité, prévoir le cas de réparations des aqueducs, le cas de chômages dans la marche des machines, afin que l'on puisse faire les travaux nécessaires sans interrompre le service de l'alimentation des conduites de distribution.

La disposition adoptée pour ces magasins d'eau est liée au succès de la distribution par l'influence qu'elle peut avoir sur la quotité disponible des eaux et sur la charge dans les conduites.

Un réservoir creusé en terre et peu profond est donc immédiatement à rejeter; car il sera difficile à nettoyer, laissera l'eau sous l'influence des intempéries extérieures et des changements de température; — l'eau s'y remplira de particules vivantes, végétales et animales, qui la rendront insalubre et mauvaise au goût.

Il faut nécessairement des réservoirs couverts, construits en *maçonnerie* ou en *tôle*, suffisamment étendus en surface pour que les différences du niveau produites par la dépense du service ne soient pas assez considérables pour modifier sensiblement la charge dans les conduites, et suffisamment profonds pour assurer une réserve en cas d'interruption dans l'alimentation.

S'il n'y a qu'un seul réservoir, il doit toujours être divisé en deux compartiments distincts ou susceptibles d'être rendus indépendants l'un de l'autre.

Le choix de l'emplacement des réservoirs a une grande importance sur le succès de la distribution et sur la dépense qu'elle nécessite. La question de savoir si l'on en établira un seul ou si l'on en construira plusieurs n'en a pas moins.

En général, on place les réservoirs au point le plus élevé de la ville, ou même en dehors de son enceinte, si, dans son intérieur, on ne trouve pas un terrain dont le niveau naturel domine tous les points auxquels les eaux doivent parvenir. Mais, dans le choix à faire, il convient d'avoir égard à la position de l'emplacement relativement aux points à alimenter.

Ainsi, quand deux localités sont dans les mêmes conditions sous le rapport de l'altitude, de la nature du terrain, des facilités de construction, on doit donner la préférence à celle qui est le plus rapprochée du centre de la distribution, afin de réduire autant que possible la longueur des conduites principales, et de diminuer le diamètre des conduites de distribution.

Lorsque la ville qu'il s'agit d'alimenter est assise à la fois sur les deux flancs d'une vallée, il faut placer des réservoirs sur les deux versants, même quand l'un ne pourrait être alimenté que par l'autre. Il résulte de cette disposition que le réservoir établi sur le flanc du côteau opposé à l'arrivée directe des eaux se remplit la nuit et pendant les intermittences du service, et que, dans les moments de débit, il restitue aux conduites ce qu'elles lui ont fourni. De sorte que les deux parties de la ville sont à peu près aussi bien servies l'une que l'autre.

Il est utile, soit pour conserver aux eaux leur pureté et leur fraîcheur, soit pour les rafraîchir quand elles ont coulé à l'air libre, de couvrir les réservoirs par un toit ou par des voûtes. Le second moyen est préférable au premier, parce que l'on obtient plus de fraîcheur sous une voûte que sous un toit (1).

### a. — Réservoirs en tôle

**326.** Ils ne conviennent qu'à des distributions peu importantes et sont surtout employés pour élever l'eau à une grande hauteur au-dessus du sol, ce qui ne pourrait s'obtenir qu'à grands frais avec des réservoirs en maçonnerie.

La forme de ces réservoirs est très variable suivant la place dont on dispose.

La forme ronde est la plus favorable et la plus rationnelle au point de vue de la résistance de l'enveloppe. Elle n'exige de la tôle que l'épaisseur indiquée par le calcul pour résister à la pression intérieure. Pour déterminer l'épaisseur à donner à l'enveloppe de tôle, dans le cas de la forme cylindrique, il suffit de se rendre compte de l'effort de pression maximum exercé sur chaque feuille de tôle qui la compose.

Appelons :

$h$, la hauteur en mètres de l'eau au-dessus d'une tranche quelconque ;

$D$, le diamètre du réservoir ;

$e$, l'épaisseur de la tôle exprimée en millimètres ;

$R$, l'effort de résistance qu'on ne veut pas dépasser pour la tôle par millimètre carré.

Considérons une tranche horizontale d'une hauteur $mn = 0,001$ ; la colonne d'eau qui pressera sur cette tranche aura pour expression en volume ($V$) :

$$V = D \times 0,001 \times h$$

Son poids sera :

$$P = 1000 \times 0,001 \times h \times D$$

d'où

$$P = h \times D$$

L'effort exercé dans tous les sens par les diverses molécules liquides en contact avec la tôle aura pour résistance aux deux extrémités d'un même diamètre, l'épaisseur de tôle $2e$.

Sa résistance sera donc $2\,R\,e$

Si nous égalons l'effort intérieur à la réaction de la tôle, nous aurons :

$$2\,Re = h\,D$$

et si nous considérons le point le plus dé-

(1) Mary, *Traité de distribution d'eaux*, page 24.

avorable qui sera, par exemple, le bas du cylindre pour lequel $h = H$.

H étant la hauteur totale de la charge sur le fond, on a

$$e = \frac{HD}{2R}$$

En pratique on ne doit pas prendre pour R une valeur supérieure à 4 kilogs, pour tenir compte de l'altération de la tôle, altération due à la longue à l'oxydation.

L'épaisseur du fond dépend de la disposition prise pour supporter le réservoir.

Si le fond portait en plein sur un massif, l'épaisseur de la tôle pourrait être très faible; mais on doit éviter cette disposition qui empêche la surveillance, gêne les réparations. Cependant lorsque l'on est conduit à placer ainsi le fond sur une surface continue, il faut prendre certaines précautions indispensables; donner à la tôle une épaisseur suffisante pour qu'elle ne soit pas facilement percée par l'oxydation et en outre chercher à prévenir cette oxydation en répandant une couche de goudron minéral, sur toute la surface que le fond de la cuve doit recouvrir; et cependant, on ne sera pas encore sûr d'obtenir une durée très prolongée de la tôle, puisqu'on ne peut la visiter.

Il vaut beaucoup mieux établir le réservoir sur des solives en bois ou en fer, plus ou moins écartées, ou sur des murs afin que l'on puisse en tout temps reconnaître immédiatement les points où se produisent les fuites et ceux où l'oxydation apparaît. L'épaisseur de la tôle varie selon l'écartement des solives ou des murs. Pour un écartement de solives de $0^m,30$ et une hauteur d'eau de 3 à 4 mètres, on pourrait prendre une épaisseur de $0^m,003$; mais il vaut mieux l'augmenter un peu et la porter à $0^m,005$ pour assurer au réservoir une plus longue durée. Les solives sont supportées, soit par un beffroi en charpente, soit par des murs en maçonnerie.

La forme *rectangulaire* ou polygonale est quelquefois adoptée pour les réservoirs en tôle et cela dans les cas où l'on veut utiliser tout l'emplacement d'une construction ou d'une partie de cette construction; mais cette forme est moins bonne au point de vue du minimum d'é-

paisseur de tôle à employer pour un effort donné. Le mode de calcul d'épaisseur des tôles se fera comme précédemment en égalant une expression de la résistance à une expression de l'effort dû à la charge d'eau.

### Premier exemple. — Réservoir en tôle circulaire, à fond plat.

**327.** Comme exemple de réservoir, nous donnons (*fig.* 311), un type de réservoir cylindrique à fond plat. — Il est porté sur des murs de refend parallèles à un des côtés du polygone suivant lequel sont disposés les murs extérieurs.

Au centre on a disposé un cylindre en tôle qui sert de *cage* à un escalier métallique à noyau plein. Cette installation permet d'arriver à la partie supérieure du réservoir pour y manœuvrer les soupapes ou descendre dans son intérieur pour la visite ou le nettoyage.

Pour préserver l'eau des variations de la température de l'air, on a placé sur les murs extérieurs des montants en bois ou en fonte, sur lesquels sont fixées des planches, en laissant entre la paroi en tôle du réservoir et les planches, un intervalle dans lequel on peut bourrer de la paille ou de la tannée sèche ou toute autre substance isolante. De petites fermes, très légères, en fer, s'appuyant sur le rebord de la cuve renforcé d'une cornière en fer, et sur une lanterne également en fer, supportent un toit avec une lanterne vitrée. Cette lanterne laisse passer l'air.

### Deuxième exemple. — Réservoir en tôle à fond circulaire.

**328.** La figure 312 représente un type de réservoir en tôle dont la paroi inférieure est en forme de fond de chaudière.

Pour déterminer l'épaisseur $e$ à donner à la tôle du fond, il faut calculer le poids total Q de l'eau contenue dans le réservoir, puis diviser ce poids par la circonférence de la paroi cylindrique ALA' exprimée en millimètres. On aura ainsi la charge verticale P sur un millimètre :

$$P = \frac{Q}{2\pi r}$$

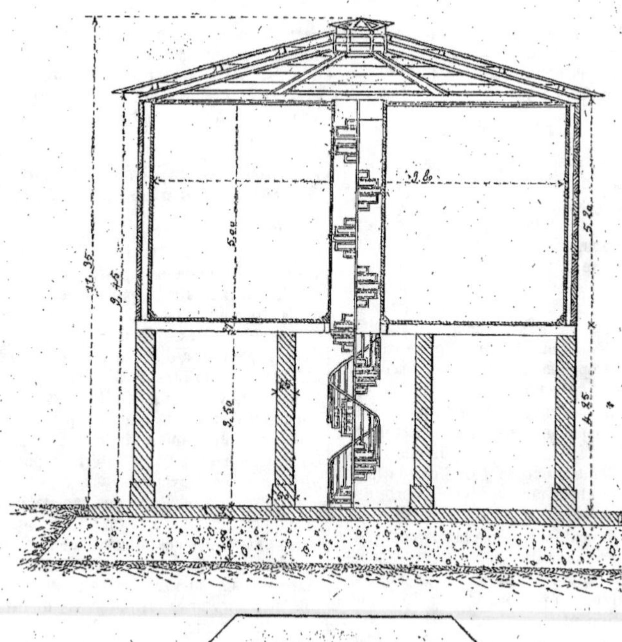

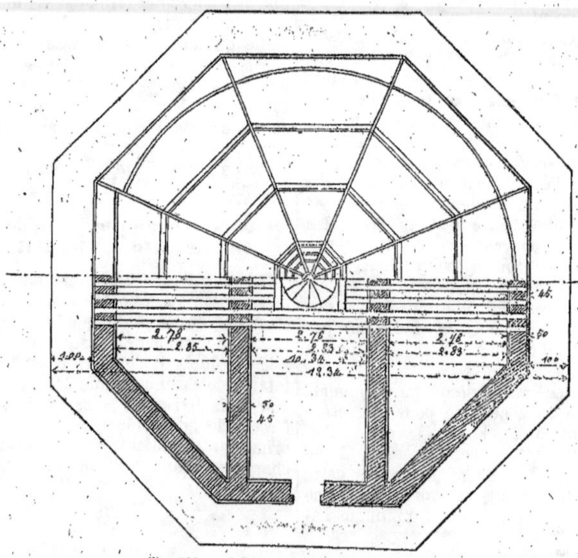

Fig. 311. — Réservoir en tôle à fond plat.

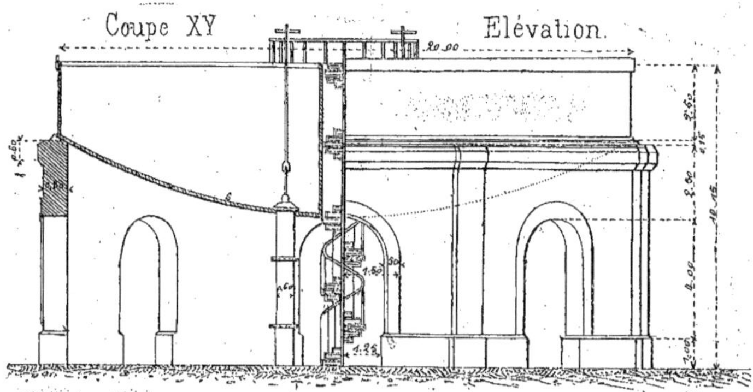


A   Plan de la maçonnerie des fondations.
B   Plan de la maçonnerie à 1ᵐ au dessous du sol.
C   Plan de la cuve.
D   Plan de la couronne.

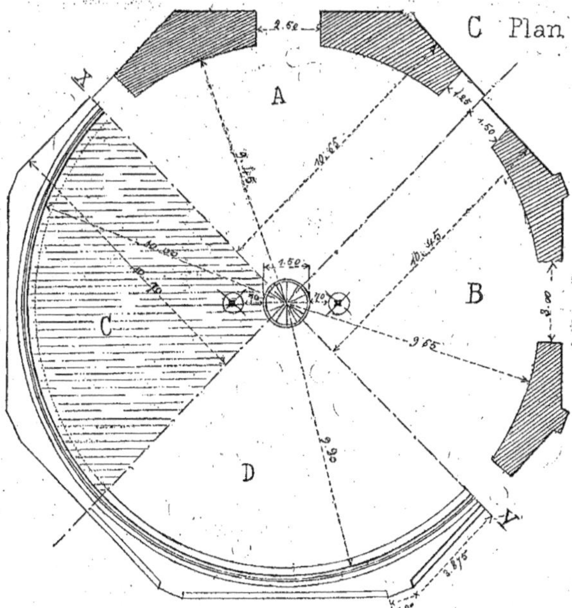


Fig. 312. — Réservoir en tôle à fond cylindrique.

ou l'effort tranchant supporté par chaque millimètre.

Si on considère (*fig.* 313) la tangente AB menée au point A au fond du réservoir, comme représentant la direction de son premier élément et sa grandeur AB

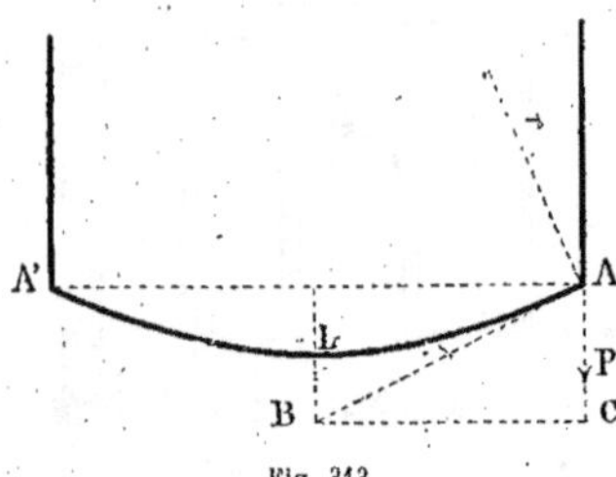

Fig. 313.

comme proportionnelle à l'effort X auquel le fond sera soumis.

On aura :

$$\frac{X}{P} = \frac{AB}{AC}$$

d'où

$$X = P \times \frac{AB}{AC}$$

Comme l'effort X est, en général, plus fort que la poussée exercée du dedans au dehors par le poids de l'eau contenue dans le réservoir, il faut que l'assemblage

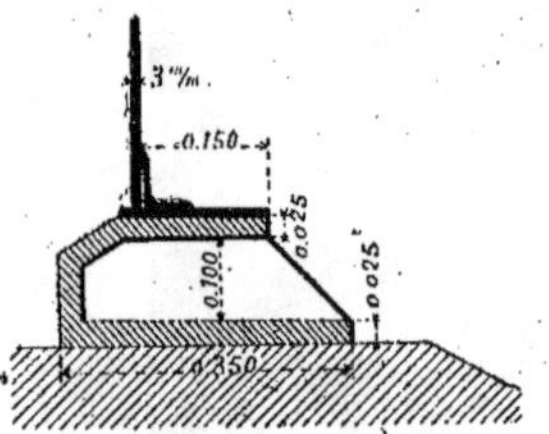

Fig. 314. — Coupe verticale.

du fond avec la paroi cylindrique soit renforcé.

La figure 314 représente le cercle en fonte dont les pièces sont assemblées les unes avec les autres pour former une couronne résistante.

Dans l'exemple ci-dessus (*fig.* 312) le réservoir n'est supporté que sur son pourtour par une semblable couronne en fonte, ce qui permet de visiter la tôle du fond qui reste apparente. Ce réservoir est découvert.

**329.** Pour terminer ce que nous venons d'exposer au sujet des réservoirs en tôle, ajoutons qu'ils ont un très grand avantage sur les réservoirs en maçonnerie. Ils peuvent résister aux conséquences des tassements du sol qui déterminent des fissures dans les massifs de ces derniers. — Les joints en tôle se prêtant à de petits mouvements et le montage pouvant remédier parfaitement à des disjonctions peu importantes dans les joints.

**b. — Réservoirs en maçonnerie**

**330.** Les réservoirs en maçonnerie sont susceptibles de se prêter aux conditions de distributions d'eau importantes ; appliqués à de grandes capacités, ils coûtent proportionnellement moins cher que les réservoirs en tôle, et sont d'une durée pour ainsi dire illimitée, si on surveille et si on entretient la construction extérieure de ces ouvrages qui seule a à souffrir des intempéries climatologiques.

Ils peuvent être découverts ou couverts.

Les réservoirs découverts doivent être, en principe, rejetés : car l'eau y est soumise au froid, à la chaleur, aux poussières végétales et animales qui vont se déposant et s'accumulant au fond; en sorte que les parois se recouvrent peu à peu de bacilles nuisibles à la qualité des eaux. — En été, l'élévation de température rendra l'eau désagréable à boire et pourra, en faisant dilater les conduites, provoquer des fuites.

Il n'y a donc pas à hésiter, il faut couvrir les réservoirs d'eau destinés à alimenter des conduites et à fournir de l'eau potable. Celle-ci se conservera plus pure, fraîche en été et suffisamment chaude en hiver.

**331.** Rarement, les réservoirs en maçonnerie sont établis au-dessus du sol, et dans ce cas, les murs qui les composent doivent être construits à fruit et munis de contre-forts. — En outre, pour éviter tout danger de rupture, on relie les diverses parties par des chaînes en fer pour résister à la poussée de la masse d'eau et à celle des voûtes.

Le plus souvent, les réservoirs en maçonnerie sont en partie enfoncés dans le sol et entourés d'un mur en moellons ou en briques que les terres de la fouille servent à appuyer latéralement. D'ailleurs quand on élève les eaux à l'aide de machines qui n'ont qu'une puissance strictement nécessaire pour pomper le volume d'eau dont on a besoin, il ne faut pas donner aux réservoirs plus de 4 à 5 mètres de profondeur. Cette profondeur étant perdue pour la distribution.

Le plus économique, lorsque le réservoir est enterré est de recouvrir les talus de l'excavation par une couche de bon béton hydraulique dont l'épaisseur croît depuis $0^m,12$ centimètres à la crête jusqu'à $0^m,35$, $0^m,40$ et même $0^m,50$ centimètres, soit environ de 5 à 8 pour 100 à la base.

Dans les réservoirs, l'eau est habituellement sur une hauteur de 2 à 5 mètres, de sorte que, suivant la résistance du sol et la valeur de résistance du béton, le fond a $0^m,30$ à $0^m,70$ d'épaisseur suivant les cas.

Le fond et les parois sont recouverts d'un enduit en ciment hydraulique.

Les murs latéraux sont applicables d'abord quand les réservoirs sont enterrés seulement sur une partie de leur hauteur, puisque l'on ne pourrait sans danger appuyer un corroi en béton, partie sur un talus creusé dans le terrain naturel, partie sur un sol rapporté. Ils peuvent l'être aussi quand les réservoirs sont établis dans un rocher à assises puissantes qui se creuserait difficilement en talus. On pourra alors tailler les parois de la fouille verticalement et y appuyer les murs dont l'épaisseur devra être calculée pour prévenir les infiltrations, c'est-à-dire depuis $0^m,20$ jusqu'à $0^m,30$ ou $0^m,40$, suivant la nature des matériaux employés à la construction des murs et en ayant soin d'augmenter l'épaisseur à la base en donnant à ces murs un fruit progressivement croissant.

Les murs d'enceinte, s'ils sont isolés et d'une certaine longueur, ont une épaisseur égale environ aux deux tiers de la hauteur d'eau à supporter.

Nous avons déjà eu occasion de parler de quelques réservoirs en maçonnerie.

Leur forme dépend de la place dont on dispose, mais le mode de construction diffère peu. Ainsi l'ensemble du réservoir est toujours divisé en une série d'arcades dont l'eau occupe tout l'intervalle. Il y a quelquefois deux étages. — La couverture peut être un simple toit, ou formé avec des voûtes plates ou minces. — Le réservoir peut être divisé en deux ou plusieurs bassins — etc. etc.

Quelques exemples choisis parmi les constructions les plus remarquables dans leur espèce compléteront les explications que nous venons de donner.

### Réservoir d'Orléans.

**332.** Parmi les ouvrages destinés à emmagasiner les eaux, édifiés en maçonnerie et élevés au-dessus du sol, le réservoir d'Orléans est l'un des plus intéressants. Le niveau de l'eau s'y élève à 13 mètres au-dessus du sol extérieur. Nous avons emprunté la description qui suit à l'ouvrage de M. Mary sur les *Distributions d'eaux*.

Le réservoir est de forme carrée; la figure 315 en donne une partie du plan et la coupe verticale.

Il repose sur un mur extérieur continu et sur cinq murs transversaux qui s'y rattachent à leurs extrémités où ils sont renforcés sur $3^m,70$. — Ces murs et ces contreforts sont reliés par des voûtes en plein cintre de $3^m,10$ de diamètre, qui sont extradossées horizontalement pour former le radier du réservoir : elles ont $0^m,60$ d'épaisseur à la clef.

Le bassin qui contient 5 mètres de profondeur d'eau est renfermé entre quatre murs d'une épaisseur de 5 mètres à la base et de $0^m,60$ au sommet et dont le parement extérieur a un fruit de $0^m,90$, tandis que le parement intérieur est décrit d'un arc de cercle de $7^m,60$ de rayon. Il est recouvert de voûtes plates en berceau reposant, comme dans les exemples précédents, sur l'extrados horizontal de voûtes inférieures reposant elles-mêmes sur les piliers.

Les berceaux et les voûtes inférieures

qui s'appuient sur les murs n'exercent | aucune poussée sur ceux-ci, cette poussée

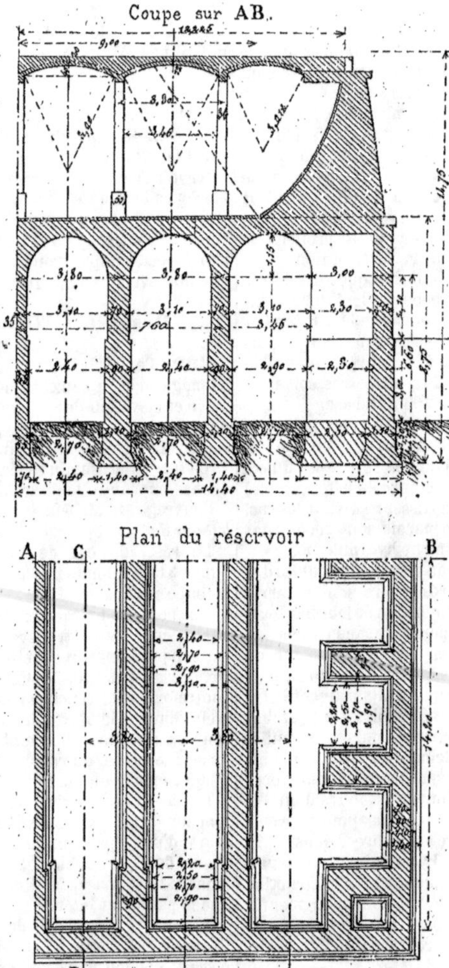



Fig. 315. — Distribution d'eau d'Orléans (Réservoir en maçonnerie).

étant détruite par des tirants en fer noyés | bleaux joignant les murs sont soutenues
dans ces voûtes. Les travées des arcs dou- | par des cloisons en briques de 0ᵐ,22 d'épais-

seur, percées seulement en leur milieu d'une arcade de 1 mètre d'ouverture et $4^m,50$ de hauteur, ces travées suppriment ainsi toute la poussée de ces arcs sur les murs, et les transforment en contreforts dont le poids vient concourir à la stabilité de ceux-ci.

Mais, il ne suffisait pas d'avoir détruit la poussée de ces voûtes, il fallait encore empêcher qu'en se dilatant l'été, sous l'influence de la température, elles n'exerçassent un effort d'écartement indépendant de la poussée proprement dite. Pour cela, on a laissé une lacune verticale de

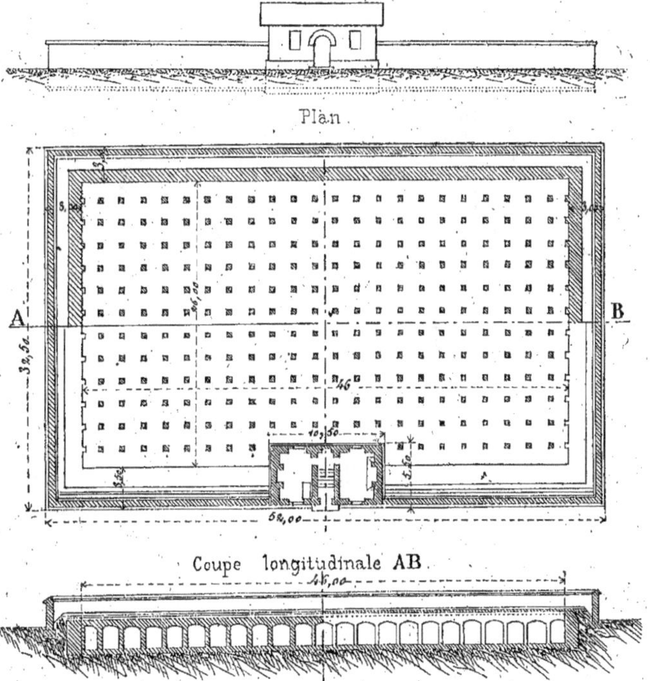

Fig. 316. — Réservoir d'Amiens (Élévation, plan et coupe).

$0^m,04$ dans les pieds droits et dans les voûtes. Ce vide est masqué à sa partie supérieure par une plaque en tôle, sous laquelle les mouvements de dilatation et de contraction peuvent se faire librement.

Pour que la poussée de l'eau sur les murs inférieurs ne puisse jamais compromettre la solidité du réservoir, on a

d'abord placé dans les voûtes des tirants horizontaux espacés à $1^m,90$ de distance les uns des autres, et assez forts pour ne pas rompre sous l'effort de 12 500 kil. qu'exerce cette eau par mètre courant de mur. On a ensuite donné à ces murs, comme aux constructions inférieures, une force suffisante pour que la maçonnerie ne soit pas soumise à une pression de plus de $4^k,54$ par centimètre carré.

### Réservoir d'Amiens.

**333.** Le réservoir construit à Amiens en 1844 par M. Mary est à demi-enterré. Il contient 2.300 mètres cubes d'eau sur une profondeur de 2 mètres. Il est couvert par des voûtes en briques de $0^m,11$ d'épaisseur, supportées par des piliers rectangulaires également en briques espacés de deux mètres d'axe en axe les uns des autres. Ces piliers sont réunis entre eux par une série d'arcs doubleaux qui supportent les petits voutains en briques formant la couverture. Une couche de

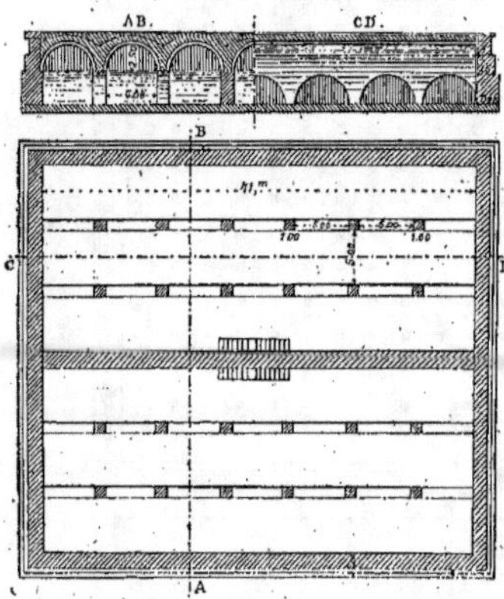

Fig. 317. — Réservoir du haut service de Lyon (coupes et plan).

sable recouvre le tout pour conserver à l'eau une température égale. Un regard placé au centre permet l'accès de l'intérieur.

La figure 346 représente une élévation, le plan et une coupe de cet intéressant ouvrage.

### Réservoir du haut service de Lyon.

**334.** La figure 317 représente le plan et les coupes du réservoir du haut service de la distribution des eaux de la ville de Lyon qui a été conçue et exécutée par M. Aristide Dumont, ingénieur en chef des Ponts et Chaussées.

### Réservoir de la Porte d'Alais à Nîmes.

**335.** Le réservoir de la porte d'Alais à Nîmes est enterré aux deux tiers; il est formé de piliers rectangulaires qui supportent 6 séries de voûtes en maçonnerie en plein cintre dont les pieds droits

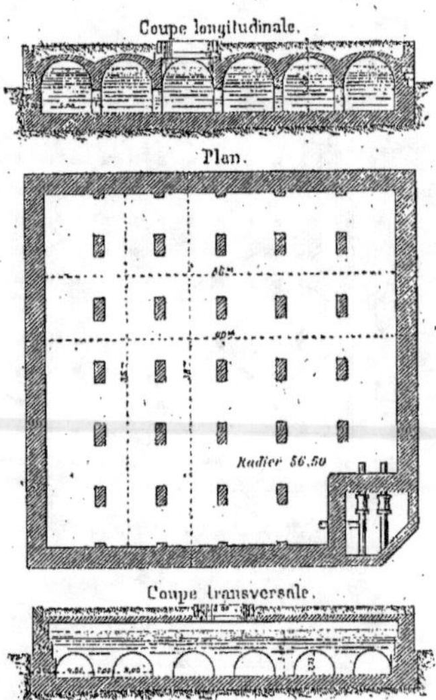


Fig. 318. — Réservoir de la porte d'Alais à Nîmes (Plans et coupes).

se trouvent ainsi percés de baies cintrées. Il a une capacité utile de 5 000 mètres cubes; sa largeur extérieure est de 40 mètres et sa longueur de 38 mètres.

Le sol en rocher qui existe sur l'emplacement de ce réservoir a été arasé au niveau voulu et les murs de l'ouvrage ont été élevés directement sans aucune difficulté.

La figure 318 donne un plan et deux

coupes de ce réservoir qui reçoit les eaux filtrées de l'Usine établie à la Roche de Comps (Voir précédemment, page 397 et suivantes).

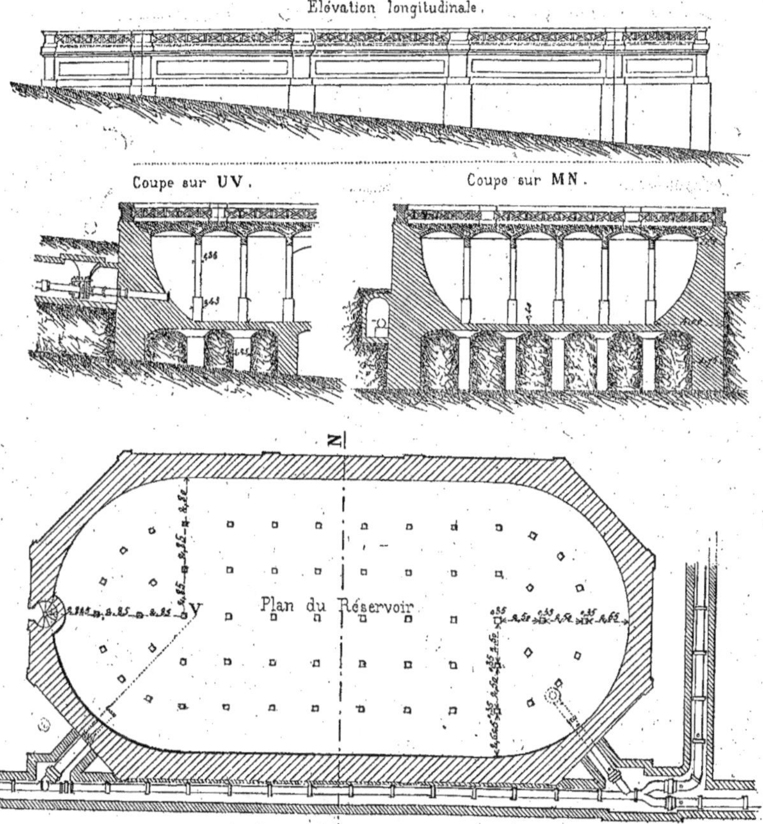


Fig. 319. — Réservoir de Besançon (Élévation, coupes et plan).

## Réservoir de la Place du Palais à Besançon.

**336.** Il est en partie enterré et en partie édifié au-dessus du sol. Il est fondé sur des piliers et sur un mur extérieur continu, descendu jusque sur le rocher. Le radier porté sur ce mur et sur ces piliers a été moulé en béton sur le sol de remblai disposé au préalable en forme de voûte d'arête. Les voûtes de recouvrement sont annulaires et reposent, comme

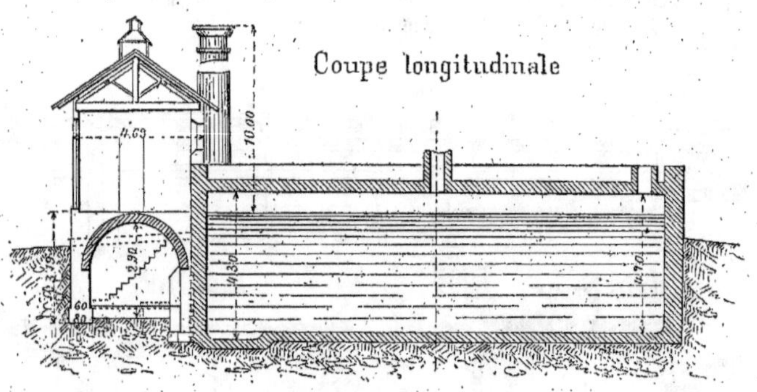


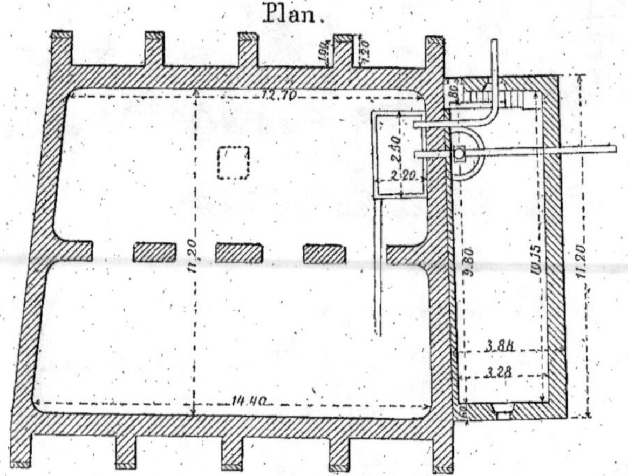


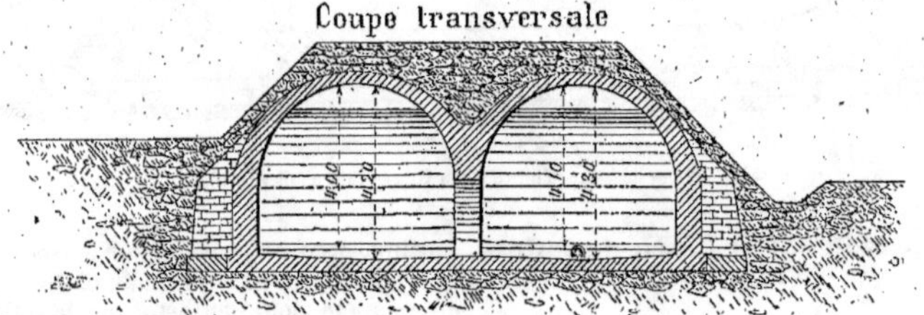


Fig. 320. — Réservoir du Mont-Valérien, C<sup>ie</sup> des Eaux de Seine-et-Oise.

dans le réservoir d'Amiens, sur l'extrados des voûtes qui relient les piliers parallèlement au mur extérieur. Les poteaux dirigés suivant l'axe longitudinal sont reliés entre eux par des voûtes en arc doubleau qui s'étendent jusqu'au mur extérieur.

Ce réservoir est encore dû à M. Mary La figure 319 en représente une élévation, le plan et plusieurs coupes.

### Réservoir du Mont Valérien.

**337.** La figure 320 représente le plan et deux coupes du réservoir construit en 1875 au pied du Mont-Valérien pour la distribution des eaux de la Seine dans les communes de Suresnes, Courbevoie, As-nières, Colombes, Gennevilliers, Nanterre et Rueil. Ce réservoir contient 2 668 mètres cubes d'eau.

A côté de ce réservoir, on a installé une machine à vapeur, que l'on voit sur la coupe longitudinale de la figure et qui refoule l'eau pour le service de la forteresse, à raison de 20 mètres cubes à l'heure.

### Réservoir de Passy.

**338.** Enfin comme exemple de constructions très importantes, le meilleur modèle est le réservoir de Passy qui a 6 000 mètres de superficie et qui comprend 3 bassins inférieurs et 2 bassins supérieurs représentant une capacité totale de 37 100 mètres cubes répartis comme suit :

| | Mètres cube. | Mètres cubes. |
|---|---|---|
| Bassin de réserve n° 5. | | 3 900 |
| Bassin inférieur de Villejust n° 3. | 10 000 | 15 200 |
| — supérieur — n° 4. | 6 200 | |
| Bassin inférieur de Bel-Air n° 1. | 11 300 | 17 000 |
| — supérieur — n° 2. | 5 700 | |
| TOTAL | | 37 100 |

Les tuyaux de conduites et les tuyaux de vidange débouchent au fond du réservoir, ils sont munis de vannes manœuvrées de l'extérieur.

Le réservoir de Passy reçoit les eaux de Seine élevées par les machines de Chaillot. Aucune construction de ce genre n'a plus de hardiesse et de grandeur. Le réservoir est bâti sur un terrain dont le fond est un tuf marneux et compact ; des piliers élevés en quinconce sur les radiers des deux compartiments principaux, portent, au moyen d'arcs de 3<sup>m</sup>,20 d'ouverture une voûte en meulière et ciment de Vassy de 0<sup>m</sup>,33 d'épaisseur. Au-dessus s'élèvent les deux bassins supérieurs recouverts d'une voûte en briques légères de 7 cent., seulement d'épaisseur à la clef. Le plan d'eau des bassins inférieurs est à la cote 72 mètres, au-dessus du niveau de la mer ; celui des bassins supérieurs est à la cote 75<sup>m</sup>,33 (1).

### Réservoirs de Montsouris.

**339.** Ils sont destinés à recevoir et à emmagasiner avant leur distribution dans Paris les eaux de la Vanne (voir les détails sur l'aqueduc d'amenée, page 137 et suivantes).

Ils occupent une superficie de 3 hectares et sont à deux étages ; ils peuvent emmagasiner ensemble un volume de 275 000 mètres cubes d'eau.

Cette importante construction offre en plan la forme d'un rectangle ayant une longueur de 265 mètres et une largeur de 136 mètres. Le premier étage peut contenir 165 000 mètres cubes d'eau à la cote maxima de 74<sup>m</sup>,50 et sur une épaisseur de 5<sup>m</sup>,50. Le deuxième étage, d'une capacité de 110 000 mètres cubes, a une épaisseur d'eau de 3<sup>m</sup>,55 à l'altitude maxima de 80 mètres.

L'un et l'autre de ces deux étages sont divisés en deux parties égales par un mur de séparation.

_______________

(1) Georges Dumont, _Les Distributions d'eau._

La construction des réservoirs de Montsouris a offert de grandes difficultés à cause de la nature du sol profondément excavé par d'anciennes exploitations de carrières. Les fondations nécessaires pour consolider ces carrières descendent jusqu'à des profondeurs de 20 mètres.

Les réservoirs eux-mêmes sont construits en maçonnerie de meulière et chaux hydraulique. Le mur de pourtour du réservoir inférieur a des épaisseurs variant de 1$^m$,70 en couronne à 2$^m$,90 à la base. Il a un fruit extérieur de 1/5°. Ce mur ainsi que le mur de séparation, de 2 mètres d'épaisseur, sont renforcés intérieurement par des contreforts de 1$^m$,40 de largeur espacés de 4 mètres d'axe en axe et raccordés au radier général par des quarts de cercle de 2 mètres de rayon. Le radier a 40 centimètres d'épaisseur. On a placé à 0$^m$,10 au dessous un système de tuyaux en poterie formant un drainage qui recueille les eaux d'infiltration et révèle ainsi l'importance des déperditions d'eau à travers le radier. Chaque compartiment a reçu un enduit de mortier fin de ciment de 0$^m$,03 d'épaisseur qui assure son étanchéité.

Les murs des réservoirs supérieurs sont supportés par les contreforts des murs du réservoir inférieur par l'intermédiaire de voûtes en plein cintre. Le radier repose également sur des voûtes retombant sur 1 800 piliers de 0$^m$,85 de côté à leur sommet et espacés de 4 mètres d'axe en axe. Les murs de pourtour ont 1$^m$,30 d'épaisseur au sommet et 2$^m$,10 au niveau du radier. Ces bassins sont recouverts par des voûtes en berceau et des voûtes d'arêtes en briques portant une couche de terre gazonnée de 0$^m$,40 d'épaisseur et supportées par des piliers et des murs en briques reposant sur l'enduit du radier supérieur.

La chambre d'arrivée et de distribution des eaux est placée à l'angle sud-ouest des réservoirs. Comme ces derniers, elle est divisée en deux étages. Celui du haut sert à la réception et à la répartition des eaux dans les quatre compartiments des réservoirs. Les eaux de la dérivation de la Vanne arrivent par deux conduites en fonte de 1$^m$,10 de diamètre et débouchent dans une vasque en maçonnerie tapissée de faïence blanche et placée à l'étage supérieur de la chambre de réception. Du fond de cette vasque partent trois conduites de 80 centimètres de diamètre et commandées par des bondes de fond.

L'une de ces conduites sert à la distribution directe dans Paris. Les deux autres traversent le mur de pourtour ; elles alimentent : la première, les compartiments ouest des réservoirs ; la seconde, les compartiments est après avoir traversé sur toute leur longueur les réservoirs supérieurs. Cette disposition a pour but de permettre un renouvellement convenable de l'eau emmagasinée dans ces divers compartiments. Les conduites de départ sortent de l'enceinte des réservoirs et se dirigent vers Paris à côté de la conduite de distribution directe. Les manœuvres des robinets et des bondes se font, pour l'étage supérieur de la plateforme, à l'aide de tiges en fer qui traversent la couverture ; et pour l'étage inférieur, à l'aide de planchers installés au-dessus du niveau de l'eau et auxquels on accède par des galeries de pourtour.

La construction de ces réservoirs a exigé un cube de maçonnerie de 78 100 mètres et a coûté 7 millions, soit 25 fr. 45 c. pour le mètre cube d'eau emmagasiné.

## Considérations générales sur l'établissement des réservoirs.

**340.** La meilleure forme à donner aux réservoirs est celle d'un carré long ; et, s'il est divisé en deux compartiments, ce qui est recommandé pour pouvoir faire réparations et nettoyages sans faire chômer le service, le diamètre perpendiculaire à la cloison intérieure doit être supérieur à l'autre et dans le rapport de 3 à 2.

Cette cloison doit avoir une épaisseur suffisante pour résister à la poussée de l'eau quand l'un des compartiments est vide.

Chaque compartiment est percé d'au moins trois orifices :

1° Un orifice de décharge pour rejeter à l'extérieur les eaux sales et vider rapidement le réservoir en cas de besoin ; il faut avoir soin de ménager dans le radier une légère pente vers cet orifice pour faciliter le nettoyage ;

2° Un orifice d'arrivée qui communique avec la conduite d'adduction ;

3° Un orifice de trop plein. On devra le calculer pour pouvoir débiter le volume maximum sans que le réservoir déborde. Si le déversoir est rectangulaire et établi dans l'un des murs, on devra calculer sa largeur pour qu'une lame déversante de 0ᵐ,05 au plus puisse suffire à ce débit maximum.

Les conduites qui alimentent les réservoirs comme celles qui servent à distribuer les eaux qu'ils reçoivent, sont presque toujours noyées dans le radier et se terminent par une bride horizontale placée un peu au-dessous du niveau de ce

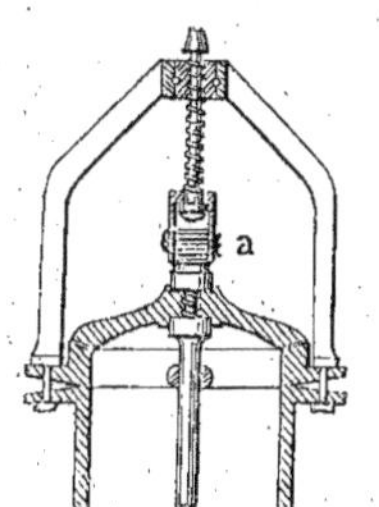

Fig. 321. — Manœuvre des vannes de fond du réservoir de Passy.

radier. La conduite de décharge doit avoir son orifice un peu plus bas que ceux des conduites d'arrivée et de départ des eaux.

Tous les orifices des conduites sont munis de soupapes disposées comme l'indique la figure 321 ; chaque soupape est manœuvrée au moyen d'une tige verticale adaptée en *a* sur le carré de la vis ; cette dernière prolongée au-dessus des voûtes de recouvrement, peut être facilement tournée à l'aide d'une clef mobile à quatre branches.

Lorsqu'un réservoir est divisé en deux bassins, on dispose la conduite de décharge dans le milieu du massif de fondation du mur séparatif des deux bassins ; deux embranchements s'en détachent pour aboutir par des tuyaux recourbés dans le fond de chacun d'eux, une tubulure horizontale reçoit le conduit descendant verticalement de chaque déversoir correspondant.

Il est bon de placer un escalier en fonte dans chacun des bassins, afin de pouvoir y descendre facilement. Ces escaliers se font en fonte à noyau plein et coûtent généralement de 15 à 25 fr. la marche de 0ᵐ,20 de hauteur.

Lorsque les réservoirs sont élevés au-dessus du sol, il faut préparer d'avance un escalier au moyen duquel on puisse monter facilement à leur partie supérieure. La position la plus convenable pour cet escalier est le centre de figure du bassin. On le place dans une tour ronde et on le construit à noyau plein en pierre de taille.

Les prix des réservoirs couverts varient beaucoup suivant qu'ils sont en déblai ou en remblai. Ces derniers sont les plus coûteux.

Tels sont les principes généraux à observer dans la disposition des réservoirs.

# CHAPITRE III

## CONDUITE GÉNÉRALE DE DISTRIBUTION

**341.** L'étude de la *conduite générale de distribution* est intimement liée à la *prise d'eau* d'une part, au *dégorgement* d'autre part, et avant d'étudier les conditions du mouvement de l'eau dans les conduites — la détermination de leurs tracés et du diamètre des tuyaux de distribution, nous dirons quelques mots de la *prise d'eau*.

Il convient donc de distinguer :

*Le mode de prise d'eau ;*

*La conduite générale de distribution ;*
*Le dégorgement.*

Dans ce chapitre nous étudierons plus particulièrement, au point de vue de la théorie, les cas divers qui peuvent se présenter, et les conditions de relations qui existent entre les divers éléments de la conduite, relations dont la connaissance permettra de déterminer les inconnues du problème posé.

## § I. — DES DIVERS MODES DE PRISE D'EAU

**342.** La prise d'eau de la conduite principale peut se faire soit *dans un réservoir ;*

Soit *dans un aqueduc ;*

Soit directement par *une pompe foulante.*

Les deux premiers cas n'en font qu'un dans la pratique, car lorsque les eaux sont amenées au point le plus élevé désigné pour départ de la conduite par un canal de dérivation ou par un aqueduc, on les emmagasine ordinairement dans un ou plusieurs réservoirs d'où partent les prises d'eau qui doivent alimenter les conduites principales.

Lorsque les eaux sont élevées par des machines qui les refoulent pour les conduire jusqu'au point le plus élevé, on peut ou adopter le système du réservoir supérieur, ou prendre celui qui consiste à faire pousser l'eau directement dans les tuyaux de distribution.

Les machines ont alors à vaincre les résistances qui se développent dans le mouvement de refoulement lui-même, résistances variables avec la variation continuelle du dégorgement.

**343.** Nous allons examiner successivement les *avantages* et les *inconvénients* de ces deux systèmes.

Le réservoir de tête rend la distribution sûre et permet de donner une grande régularité à la marche des machines élévatoires.

Le second système est beaucoup plus économique envisagé au point de vue des frais de premier établissement aussi bien qu'à celui de l'emploi des forces motrices.

La sûreté de la distribution est donnée par la certitude que l'impulsion nécessaire pour imprimer à l'eau sa vitesse exerce réellement son action. Pour s'assurer de cela, on mesure cette force d'impulsion par une colonne piézométrique dont la hauteur, calculée d'avance doit rester constamment la même.

Dans le cas d'un réservoir de tête, si le *produit* des conduites diminue, on ne peut alors l'attribuer qu'à des fuites. La cause du mal étant connue, on pourra facilement y porter remède. Si, au contraire, l'eau vient à ne pas arriver régulièrement dans ce même réservoir de tête, on saura l'attribuer immédiatement soit à une fuite dans la conduite de refoulement, soit à une irrégularité dans la marche de la machine ; et dans ce dernier cas, on recherchera si cela tient à un dérangement dans les organes, ou à la négligence du chauffeur, du machiniste, etc., ou à une différence dans la qualité du charbon, etc. etc.

La suppression du réservoir alimentaire présente tout d'abord à l'examen de graves inconvénients.

L'effort résistant éprouvant des variations, l'effort à produire devra les suivre.

La marche de la distribution, les modifications qui y surviennent sans cesse, feront changer le développement des conduites et par suite les frottements ; la fermeture subite des robinets produira des *coups de bélier* ;... bref, il sera difficile d'obtenir un mouvement uniforme et continu.

Bien que ces considérations justement fondées aient fait adopter l'établissement de vastes bassins d'emmagasinement, il est impossible cependant de remarquer que souvent l'eau est portée ainsi à une hauteur bien supérieure à celle des quartiers qu'elle doit alimenter. Cette disposition occasionne une grande perte de forces motrices, puisque la vitesse de l'eau au moment où elle arrive dans le bassin-réservoir s'amortit et devient inutile. Il en résulte bien une diminution dans la grosseur des tuyaux de conduite ; mais cette compensation est illusoire.

La considération de la dépense est d'une trop grande importance dans l'étude d'une distribution d'eau pour que l'on ne cherche pas à éviter l'inconvénient que nous venons de signaler, et à supprimer entièrement les réservoirs, en trouvant un moyen d'obtenir la même régularité sans leur concours.

On ne pourrait le faire qu'en ayant la possibilité de régler les pressions que les pistons des pompes exercent sur l'eau des tuyaux d'ascension, soit au moyen d'un appareil de mesurage, soit au moyen d'un appareil de régulation ; et, dans ce dernier cas, le meilleur des deux, il y a lieu de distinguer soit le régulateur par jauge du type de la jauge piézométrique Chameroy, soit le régulateur par réservoir d'air.

**344.** Nous avons développé précédemment les motifs qui viennent à l'appui de l'usage des réservoirs qui sont indispensables en hiver pour faire déposer les eaux ; mais lorsqu'elles seront limpides comme en été, on pourra les jeter directement dans les conduites. Dans tous les cas, il sera bon de se ménager la possibilité de choisir à volonté l'un ou l'autre de ces moyens.

A *Londres* on distingue le service de distribution en *bas service* et en *haut service*. Le bas service est celui qui se fait dans la partie basse des habitations situées à 8 ou 9 pieds au-dessous du sol des rues et jusqu'à 5 pieds au-dessus du rez-de-chaussée. Le haut service est compté depuis ce niveau qui correspond à 8 pieds environ au-dessus du pavé jusqu'à celui de l'étage placé sous les combles.

Il était essentiel pour l'économie de satisfaire à ce double service par une seule canalisation, et de n'avoir qu'à faire varier la *charge motrice*. Pour cela, les distributions ont lieu à des heures différentes : le bas service par des réservoirs, le haut service par des machines. Mais dans l'un et l'autre cas, l'effort à demander aux pompes est à peu près le même, en raison de la faible hauteur des maisons.

D'une manière générale, on peut dire, si l'on examine la nature et la qualité des eaux de distribution que, les diverses consommations n'exigent pas les mêmes qualités d'eau ; ainsi la clarté, la pureté et la fraîcheur sont nécessaires pour les eaux de consommation domestique, mais pour les autres usages exigeant des volumes très considérables, on peut se contenter d'eaux non potables. On est donc conduit à séparer au besoin le tracé d'une distribution en deux parties avec des prises d'eau très différentes, surtout si la population que l'on doit desservir atteint un chiffre important. A Paris notamment où l'on a séparé les prises d'eau, il serait nécessaire qu'on ait des canalisations séparées également pour les eaux de sources et de rivière.

## § II. — *DÉTERMINATION DU TRACÉ ET DES DIAMÈTRES DES CONDUITES*

### 1° DU TRACÉ DES CONDUITES

**345.** Nous avons vu précédemment qu'il est utile d'accumuler et d'emmagasiner les eaux dans des réservoirs de tête, d'où elles sortent par les conduites principales de la distribution. De même qu'il faut au moins deux réservoirs, il faudra aussi deux conduites principales pour pouvoir parer aux chances d'accident ou aux cas de réparation. On leur donne une direction répondant à la meilleure répartition possible dans l'intérieur de la ville, et on les fait passer dans le voisinage des points où la consommation de l'eau sera la plus considérable.

Le tracé des conduites secondaires se détermine par des considérations analogues. Il est indispensable de relier les conduites principales par des conduites secondaires afin qu'en cas d'accident sur l'une de ces dernières, l'autre puisse faire le service et que la distribution ne soit arrêtée que dans une très faible section.

Les divers exemples de distributions d'eaux que nous donnerons plus loin, permettront de compléter ces indications générales sur leur tracé.

### Volumes d'eau nécessaires.

**346.** La connaissance du volume d'eau nécessaire pour l'ensemble du réseau aussi bien que pour les divers points de ce réseau est un des éléments indispensables pour la détermination du tracé et du diamètre des tuyaux.

L'évaluation de la quantité d'eau nécessaire pour satisfaire aux besoins d'une population déterminée n'a pas encore été faite d'une manière précise.

Pour satisfaire d'une manière convenable les services publics et privés, on peut remarquer que les volumes d'eau nécessaires à la boisson, aux soins de toilette, au blanchissage, au lavage des maisons, au service des industries et aux bains sont proportionnels au chiffre de la population, tandis que les volumes d'eau disponible pour le nettoyage et l'arrosage des rues, des cours, des jardins particuliers et publics, le nettoyage des égouts sont proportionnels aux surfaces à arroser ou à nettoyer.

En dehors des volumes ainsi définis, il faut nécessairement ajouter ceux qui seront employés à alimenter des fontaines publiques érigées pour l'agrément général, et enfin, ceux qui constitueront des réserves pour les cas d'incendie.

On comprend qu'il est difficile de fixer des limites absolues pour la quantité d'eau nécessaire à chacun de ces services, attendu qu'il faut tenir compte dans chaque cas particulier des habitudes des populations, du climat, etc. etc. Cependant, on peut admettre les coefficients suivants pour le volume nécessaire par jour aux divers usages ci-dessous. Ces chiffres constituent des bases rationnelles :

| | |
|---|---|
| Par personne (alimentation et usages externes seulement. | 20 litr. |
| Par cheval. | 75 — |
| Par voitures à 2 roues (nettoyage) | 40 — |
| Par voitures à 4 roues (nettoyage) | 75 — |
| Par cheval-vapeur (machine à haute pression) par heure de marche | 200 — |
| Par cheval-vapeur (machine à moyenne pression) par heure de marche. | 400 — |
| Par cheval-vapeur (machine à basse pression) par heure de marche. | 800 — |
| Par mètre carré de jardins (arrosage) par année. | 500 — |
| Pour un bain | 300 — |
| Pour l'arrosage d'un mètre carré de rue. | 1 — |
| Pour le lavage des rues par un jet à haute pression par mètre carré. | 2 — |
| Par bouches à clef (lavage des ruisseaux) par jour | 5 000 à 6 000 — |

Dans une ville comme Paris, Londres, etc. pour desservir convenablement tous les services, on arrive au chiffre de 200 à 250 litres par tête d'habitant et par jour.

Il faut aussi compter avec les dépenses de luxe parmi lesquelles celles des fontaines. La dépense des fontaines monumentales est très variable. Ainsi à Paris, la fontaine de la place Saint-Georges a été calculée pour un débit de 1 litre par seconde, la gerbe du Palais-Royal pour 23 litres, chacune des fontaines de la place de la Concorde pour 55 litres, la cascade du Trocadéro pour 200 litres.

Le tableau ci-dessous donne les quantités d'eau disponibles par jour et par habitant dans quelques villes.

TABLEAU DES QUANTITÉS D'EAU DISTRIBUÉES
DANS QUELQUES VILLES
PAR JOUR ET PAR HABITANT

| DÉSIGNATION DES VILLES | QUANTITÉ D'EAU par tête et par jour | NATURE DES EAUX |
|---|---|---|
| | Litres. | |
| Rome moderne ..... | 944 | Sources. |
| New-York.......... | 568 | Rivière. |
| Carcassonne........ | 400 | *Idem.* |
| Nîmes............. | 250 | *Idem.* |
| Besançon.......... | 240 | Sources. |
| Dijon ............. | 240 | *Idem.* |
| Paris ............. | 200 | Rivière et sources. |
| Marseille.......... | 186 | Rivière. |
| Richmond.......... | 180 | *Idem.* |
| Lille.............. | 176 | Sources. |
| Bordeaux.......... | 170 | *Idem.* |
| Philadelphie....... | 140 | Rivière. |
| Londres........... | 135 | *Idem.* |
| Hambourg......... | 125 | *Idem.* |
| Gênes............. | 120 | Sources. |
| Castelnaudary ..... | 120 | *Idem.* |
| Glascow........... | 100 | Lac. |
| Lyon.............. | 100 | Rivière. |
| Madrid............ | 100 | *Idem.* |
| Narbonne......... | 85 | *Idem.* |
| Manchester........ | 84 | *Idem.* |
| Bruxelles.......... | 80 | *Idem.* |
| Genève............ | 74 | *Idem.* |
| Toulouse.......... | 65 | *Idem.* |
| Grenoble ......... | 65 | Sources. |
| Vienne (Isère) ..... | 65 | *Idem.* |
| Nantes ........... | 60 | *Idem.* |
| Edimbourg......... | 50 | *Idem.* |
| Clermont.......... | 50 | *Idem.* |
| Le Havre.......... | 40 | *Idem.* |
| Metz ............. | 25 | *Idem.* |
| Béziers............ | 14 | Rivière. |

## 2° DU DIAMÈTRE DES CONDUITES

**347.** Avant de développer les raisons qui doivent diriger dans le choix à faire dans les diverses sortes de tuyaux, il convient de tracer les règles de calculs qui servent à déterminer leurs diamètres et l'épaisseur de leurs parois, d'après le volume d'eau qu'ils ont à porter et les résistances intérieures ou extérieures auxquelles ils doivent satisfaire.

Il convient d'abord de noter que :

*La formule du mouvement de l'eau dans une conduite isolée n'est pas applicable à un système de conduites qui s'embranchent les unes dans les autres.*

Lorsqu'il s'agit d'une conduite isolée, recevant l'eau d'un bassin supérieur et l'introduisant dans un bassin inférieur, (*fig.* 133, *page* 164) la formule de Prony :

$$Q = m \sqrt{D^5 J}$$

ou prise sous cette forme

$$Q = m \sqrt{\frac{y + z - y'}{L} \times D^5}$$

est applicable.

Dans cette dernière forme :

Q, représente la dépense d'eau par seconde de temps ;

L, la longueur de la conduite ;

D, son diamètre ;

Z, la différence de niveau entre les orifices extrêmes ;

$y$ et $y'$, les charges d'eau qui pèsent sur ces orifices et que nous avons supposé devoir produire exactement *les pressions réelles* qui ont lieu contre les parois ;

$m$, une constante.

Elle permet d'établir une relation entre la dépense d'eau, le diamètre de la conduite, sa longueur et la charge motrice.

Mais *la formule du mouvement de l'eau dans une conduite isolée n'est pas applicable à un système de conduites qui s'embranchent les unes dans les autres*, recevant l'eau d'un réservoir supérieur et l'introduisant, au moyen de branchements piqués sur la conduite principale, dans plusieurs bassins inférieurs ; cas qui est celui d'un ensemble de conduites distribuant l'eau soit à des fontaines publiques, soit à des bouches d'arrosage, soit à domicile pour le service des particuliers.

Dans ces conditions qui sont celles de la

pratique usuelle, L et Z sont pour chaque tuyau de l'ensemble de la distribution les seuls éléments dont on puisse avoir la mesure immédiate et les charges $y$ et $y'$ qui s'exercent sur deux bouts de chaque partie de conduite, entre deux branchements consécutifs, deviennent des inconnues du problème.

La pression *variable* qui s'exerce à chaque point sur la paroi d'une conduite à débit variable peut se mesurer au moyen du *piézomètre différentiel de M. Bélanger*, (page 191, *fig.* 137).

Si l'on suppose que la pression que supporte la conduite principale à l'origine de chaque branchement est la même que celle du tuyau secondaire, cela donne le moyen de mettre le problème en équation et de traiter la question de l'écoulement dans toute son étendue.

### a. — CONDUITE SIMPLE A DÉBIT VARIABLE

**348.** Dans la pratique, il arrive couramment que le diamètre des conduites varie brusquement.

De plus la paroi est percée de distance en distance d'orifices où sont adaptés des tuyaux courts terminés par des robinets

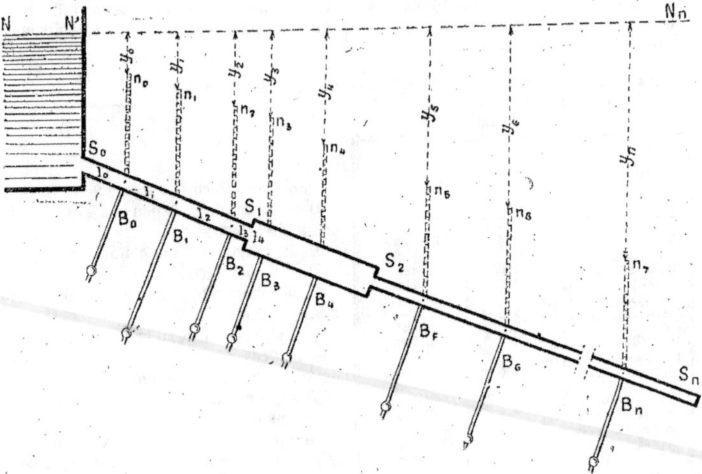

Fig. 322.

qui doivent régler la dépense de chacun d'eux. Ces tuyaux courts s'appellent des *branchements* ou tuyaux *d'érogation*. La dépense est donc variable de section à section.

Nous allons établir les formules qui pourront représenter les phénomènes du mouvement de l'eau *dans une conduite cylindrique simple à section variable, débitant de l'eau sur son parcours*.

Supposons que le niveau de l'eau dans le réservoir, niveau d'où dépend la charge motrice, soit fixé d'avance et constant.

Soit NN' ce niveau (*fig.* 322);

Q, le volume d'eau que le tuyau principal doit débiter par seconde à l'origine de la prise d'eau;

$B_0$, $B_1$ $B_2$... $B_n$, les tuyaux d'érogation;

$n_0$, $n_1$, $n_2$... $n_n$ — le niveau piézométrique dans chaque section faite à chaque nouvel orifice, déduction faite de la hauteur $\dfrac{p_a}{\pi}$ due à la pression atmosphérique.

$y_0$, $y_1$, $y_2$... $y_n$ la charge au-dessus des sections en $B_0$, $B_1$.....$B_n$; c'est-à-dire la distance des points $n_0$, $n_1$, $n_2$... $n_n$ à la ligne du niveau NN' ;

$u_0$, $u_1$ $u_2$... $u_n$ les différentes vitesses.

De NN' à $B_0$, on a en $S_0$ une perte de charge due à un rétrécissement brusque et égale à

$$\frac{1}{2} \frac{u_0^2}{2g},$$

$u_0$, étant la vitesse dans les tuyaux de $S_0$ à $B_0$.

On a ensuite la perte de charge due au frottement dans la conduite.

$$-\frac{4l_0}{D_0}(au_0 + bu_0^2)$$

Si on considère que de $S'_0$ en $B_0$, nous avons une conduite simple à débit constant, on peut écrire :

$$\frac{u_0^2}{2g} = y_0 - \frac{1}{2}\frac{u_0^2}{2g} - \frac{4l_0}{D_0}(au_0 + bu_0^2)$$

d'où

$$y_0 = \frac{3}{2}\frac{u_0^2}{2g} + \frac{4l_0}{D_0}(au_0 + bu_0^2) \quad (1)$$

De $B_0$ à $B_1$, nous avons encore une conduite simple à débit constant avec une perte de charge $y_1 - y_0$.

$$y_1 - y_0 = \frac{4l_1}{D_0}(au_1 + bu^2_1) \quad (2)$$

De $B_1$ à $B_2$ nous aurons une équation analogue.

De $B_2$ à $B_3$, il y a un élargissement brusque de section, et la vitesse change d'un tuyau à l'autre à cause du changement de section. L'accroissement de la hauteur due à la vitesse est égal à la charge moins la perte de charge.

Or la perte de charge due à l'élargissement brusque est

$$\frac{(u_1 - u_3)^2}{2g}$$

et celles dues au frottement dans les deux parties de la conduite de $B_2$ en $B_3$ sont

$$-\frac{4l_3}{D_0}(au_3 + bu_3^2)\cdot$$

$$-\frac{4l_4}{D_4}(au_4 + bu_4^2)$$

on a donc

$$\frac{(u_4 - u_3)^2}{2g} = y_3 - y_2 - \frac{(u_4 - u_3)^2}{2g}$$

$$-\frac{4l_3}{D_0}(au_3 + bu_3^2) - \frac{4l_4}{D_4}(au^4 + bu_4^2) \quad (3)$$

On continuera ainsi jusqu'à la section extrême $S_n$ et l'on établira ainsi des équations en nombre égal à celui des orifices, équations qui jointes à la relation connue entre la dépense, le diamètre de la conduite, sa longueur et la charge motrice

$$Q = m\sqrt{D^5 J}$$

(Voir page 167.)

permettra de résoudre les divers problèmes.

### Premier problème.

**349.** *On donne toutes les dimensions de la conduite, les cotes des niveaux piézométriques pour chacun des orifices et pour les sections extrêmes, trouver les débits des orifices.*

Prenons la relation générale :

$$Q = m\sqrt{D^5 J}$$

et l'équation (1) précédente

$$y_0 = \frac{3}{2}\frac{u_0^2}{2g} + \frac{4l_0}{D^0}(au_0 + bu_0^2)$$

On exprimera $u_0$ en fonction du débit Q, et l'équation transformée donnera le débit de $S_0$ à $B_0$ (*fig.* 322).

La relation (2)

$$y_1 - y_0 = \frac{4l_1}{D_0}(au_1 + bu_1^2)$$

jointe à une nouvelle expression du débit

$$Q_1 = m\sqrt{D^5 J_1}$$

fera connaître de même le débit dans la deuxième section de $B_0$ à $B_1$ (*fig.* 322).

Si l'on appelle $q_0$ le débit du conduit d'érogation $B_0$ on l'aura par différence :

$$q_0 = Q - Q_1.$$

On aura de même $Q_2$ et $q_1$ et ainsi de suite.

### Deuxième problème.

**350.** *On donne toutes les dimensions de la conduite, les débits de tous les orifices et la charge entre le niveau $NN_n$ et la sec-*

*tion extrême $B_n$, trouver la dépense à l'une des sections extrêmes de la conduite.*

Si on ajoute membre à membre les équations précédentes (1), (2), (3), etc. etc., on aura une équation dont le premier membre est la charge $y_n$ donnée entre le niveau du réservoir NN' et la section extrême en $B_n$. Le second membre est fonction des différentes vitesses.

Or si on appelle $Q_n$, la dépense inconnue en $B_n$, la dépense en une section quelconque est égale à $Q_n +$ la somme des dépenses $q_n$, $q_{n-1}$, $q_{n-2}$… par les orifices des conduits d'érogation depuis $B_n$ jusqu'à la section considérée.

L'expression

$$Q = m \sqrt{D^5 J}$$

permettra de calculer les cotes piézométriques de ces orifices en fonction de $Q_n$ et par suite d'exprimer toutes les vitesses en fonction de $Q_n$.

Le second membre de cette relation ne renfermant plus que cette inconnue, on pourra en tirer la valeur de $Q_n$.

### Troisième problème.

**351.** *On donne le tracé longitudinal de la conduite ainsi que les positions et les dimensions des orifices et des tuyaux d'érogation, on donne les cotes des niveaux piézométriques de tous les orifices et toutes les dépenses par chacun de ces orifices, trouver les divers diamètres de la conduite.*

Ce problème, un des plus courants dans les calculs de l'établissement des conduites, se résout par tâtonnements.

On commence par négliger les hauteurs d'eau qui ne sont pas dues aux frottements.

On admet ensuite, comme simplification, qu'entre deux orifices, la conduite ne change pas de diamètre.

La question se trouve ainsi simplifiée, parce que les équations seront de la forme

$$y_0 = \frac{4 l_0}{D_0} \left( a u_0 + b u_0^2 \right).$$

$$y_1 - y_0 = \frac{4 l_1}{D_1} \left( a u_1 + b u_1^2 \right)$$

Posons :     $\dfrac{y_0}{l_0} = J_0$.

ces deux équations prennent la forme,

$$\tfrac{1}{4} D_0 J_0 = a u_0 + b u_0^2$$

$$\tfrac{1}{4} D_1 J_1 = a u_1 + b u_1^2.$$

On connaît, $J_0$ et $U_0$. Les tables déterminent $D_0$.

Les termes négligés pourront être calculés avec les diamètres trouvés et on pourra procéder par approximations successives très rapidement.

### Calcul des tuyaux d'érogation.

**352.** Chaque tuyau d'érogation peut être considéré comme se terminant par un robinet dont le débit est connu ou déterminé d'avance d'après les besoins auxquels répond la distribution, besoins que nous avons indiqués pages 432 et 433.

En pratique pour obtenir un débit convenable, on fait toujours en sorte que la tête du robinet ait une charge de $0^m,50$ à $0^m,60$. On doit donc relever la charge de $0^m,50$ à $0^m,60$ par rapport à celle qui conviendrait à la longueur du tuyau et à son diamètre.

Soient

$\lambda = 20$ mètres la longueur d'une dérivation ;

$d = 0^m,03$, le diamètre du tuyau ;

$q = 0^{mc},0005$, le débit par seconde ;

La perte de charge est $1^m,25$.

On prendra donc $n$ à environ $1^m,75$ à $1^m,80$ au-dessus de l'orifice de sortie de la conduite.

On sera obligé d'augmenter la charge $y$, si l'un des autres points de dérivation, à l'aval, exige lui-même une charge plus élevée.

Si, par exemple, la conduite d'érogation au lieu d'être horizontale doit élever l'eau, comme à Paris, à 18, 20, 22 et même 25 mètres au-dessus du sol où passe la conduite, il faudra ajouter 18, 20, 22, 25 mètres à $1^m,75$ ou $1^m,80$, ce qui fera $19^m,75$ ou $19^m,80$, $20^m,75$ ou $20^m,80$….

**Mouvement de l'eau dans une conduite cylindrique simple débitant uniformément de l'eau sur tout son parcours.**

**353.** On peut assimiler à ce cas la plupart des conduites à très long parcours et dont le débit se fait en volumes égaux par des orifices assez rapprochés par rapport à la longueur de la conduite.

Considérons, par exemple, le cas où deux réservoirs sont mis en communication par une conduite de section uniforme, mais laissant sur toute sa longueur l'eau s'échapper par une petite fente longitudinale (*fig.* 323).

Soient NN'N″, le niveau de l'eau dans le réservoir d'amont;

L, la longueur totale de la conduite;

D, le diamètre uniforme de la conduite;

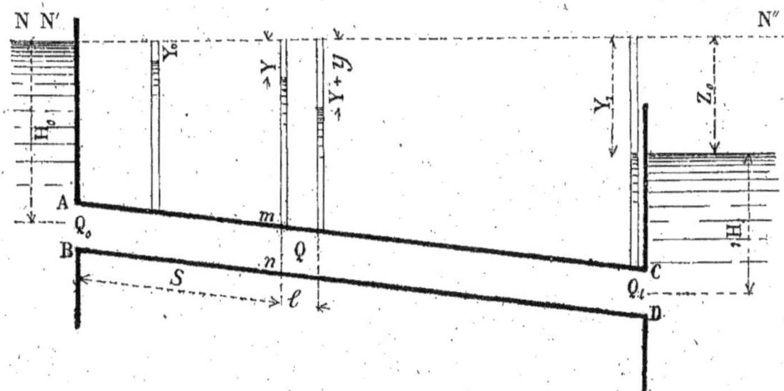



Fig. 323. — Conduite cylindrique débitant uniformément de l'eau sur son parcours.

P, le volume débité par unité de temps entre AB et CD, tout le long de la conduite;

$Q_0$, la dépense par unité de temps dans la première section AB;

$Q_t$, le volume qui passe par unité de temps dans la dernière section;

Z, la différence de niveau entre la superficie de l'eau dans le réservoir d'amont et celle du réservoir d'aval;

$H_0$, la hauteur de la colonne d'eau qui représente la *charge* à l'origine de la conduite en AB;

$H_t$, la hauteur de la colonne d'eau qui représente la charge en CD.

Considérons une section quelconque *mn*, à une distance S de l'origine, et débitant le volume Q pendant l'unité de temps; soit *l* la longueur d'une portion infiniment petite de la conduite, portion dans laquelle on pourra supposer la dépense Q constante.

La petite section de la conduite considérée étant à débit constant, on pourra écrire, en représentant par $y$ la différence des niveaux piézométriques à l'entrée et à la sortie,

$$y = \frac{4l}{D} b_1 u^2$$

cette équation combinée avec celle de la dépense

$$Q = \frac{\pi D^2 u}{4}$$

donne par élimination

$$y = \frac{64\, b_1}{\pi^2\, D^5} Q^2 l.$$

Pour d'autres éléments infiniment petits $l'$, $l''$, $l'''$, ..... de la conduite, on aurait:

$$y' = \frac{64\, b_1}{\pi^2\, D^5} Q^2 l$$

$$y'' = \frac{64\,b_1}{\pi^2 D^5}\, Q''^2 l$$
$$\text{»} \qquad \text{»}$$
$$\text{»} \qquad \text{»}$$

en faisant la somme de toutes ces valeurs $y, y', y'' \dots$ on aura :

$$Y_1 - Y_0 = \frac{64\,b_1}{\pi^2 D^5}\,(Q_0^2 l_0 + Q'^2 l' + Q''^2 l''$$
$$+ \dots Q_1^2 l_1^2) \qquad (1)$$

équation dans laquelle $Y_1 - Y_0$ représente la charge entre les deux extrémités de la conduite.

Remarquons qu'en un point quelconque de la conduite, en $mn$ par exemple, on a $Q = Q_0$ — le volume débité par la fente.

Or, le volume débité par la fente sur la longueur S sera égal à

$$\frac{P}{L} \times S$$

et en désignant par $q$ celui débité sur la longueur $l$, on aura :

$$q = \frac{P}{L} \times l$$

d'où, $\qquad l = \frac{L}{P}\, q$

on aura de même,

$$l' = \frac{L}{P}\, q'$$
$$\text{»} \qquad \text{»}$$

Substituant dans l'équation (1), il viendra :

$$Y_1 - Y_0 = \frac{64 b_1}{\pi^2 D^5 P}\,(Q_0^2 q_0 + Q'^2 q' + Q''^2 q''$$
$$+ \dots Q_1^2 q_1$$

ou en simplifiant par une intégration

$$Y_1 - Y_0 = \frac{64 b_1}{\pi^2 D^5}\, L \left(\frac{Q_0}{3} - \frac{Q_1^3}{3}\right)$$

Or, $\qquad Q_0 = Q_1 + P$

d'où en remplaçant et simplifiant

$$Y_1 - Y_0 = \frac{64 b_1}{\pi^2 D^5}\, L \left(Q_1^2 + Q_1 P + \frac{P^2}{3}\right) \qquad (2)$$

On peut simplifier cette équation en exprimant $Y_1 - Y_0$ en fonction de $Z_0$ et même en substituant $Z_0$ à $Y_1 - Y_0$ et se contenter d'écrire

$$Z_0 = \frac{64 b_1}{\pi^2 D^5}\, L \left(Q_1^2 + Q_1 P + \frac{P^2}{3}\right) \qquad (2\ bis)$$

Cette équation renferme quatre quantités, $\frac{Z_0}{L}$, D, P, Q ; on pourra déterminer l'une quelconque d'entre elles quand on connaîtra les trois autres.

**354.** REMARQUE I. — La pression en un point quelconque Y' pourra s'obtenir également par cette équation (2 *bis*), dans laquelle on remplacera

$Z_0$ par Y',

L par L' la distance de la section considérée à l'origine,

P par P' le volume d'eau débité par unité de temps dans toute la longueur L,

$Q_1$ par $Q'_1$ le volume débité par unité de temps par la section extrême.

On aura ainsi :

$$Y' = \frac{64 b_1 L'}{\pi^2 D^5}\left(Q_1'^2 + Q_1' P' + \frac{P'^2}{3}\right)$$

**355.** REMARQUE II. — 1° Supposons le débit supprimé en route, et cherchons le nouveau volume $Q_1$ qui passe par unité de temps dans la dernière section. On trouvera facilement qu'on peut poser sans erreur sensible

$$Q' = Q + 0,55\ P$$

2° Supposons le débit supprimé à l'extrémité et soit P' le débit en route.

Nous aurons :

$$Q' = 0,557\ P'$$

On voit, que le volume débité par l'extrémité est un peu plus de moitié de celui qui est débité en route, quand chacun de ces débits existe seul. On voit de plus que si on voulait rendre $Q' = P'$ il faudrait sensiblement une charge triple.

En résumé, on peut considérer que le débit d'une conduite est beaucoup plus grand quand elle débite en route que quand elle ne débite rien.

### b. — CONDUITES COMPLEXES

**356.** *On appelle ainsi un système de conduites simples quelconques embranchées les unes sur les autres.*

Soit O (*fig.* 324) un point d'embranchement complexe où l'eau est amenée par les conduites A et B et emmenée par les conduites C, D, E.

Soient $a, b, c, d, e$, des sections faites dans chacune de ces conduites et très près du point de jonction O. Il est évident que les différences de niveau piézométriques mesurées directement dans ces sections sont très petites : en pratique, on considérera que les conduites ont en ces sections le même niveau piézométrique.

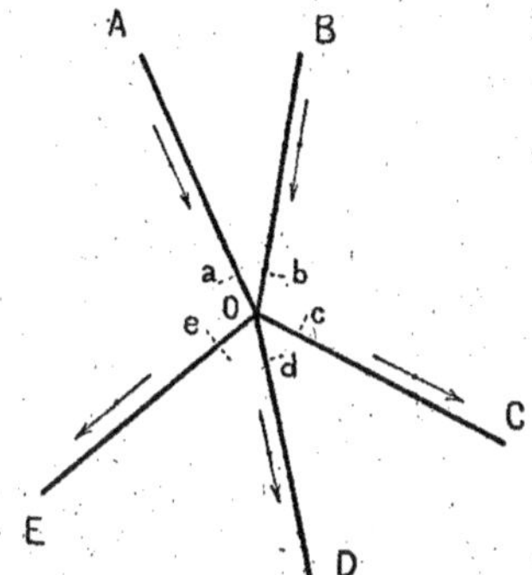


Fig. 324. — Conduite complexe.

Nous allons examiner successivement les divers problèmes auxquels on est conduit généralement et qui se rapportent aux conduites complexes.

### Premier problème.

**357.** *On donne les dimensions et le tracé d'un réseau de conduites complexes, les niveaux dans tous les bassins d'alimentation, ainsi que les niveaux piézométriques de l'eau dans toutes les conduites à débit variable, et on demande la dépense de chaque conduite simple.*

La résolution de ce problème consiste en une vérification puisque l'on suppose le réseau complexe de distribution établi.

Notons tout d'abord que les petits orifices de dérivation ou d'érogation ne sont pas comptés ici comme embranchements, et que les conduites qui en contiennent sont considérées comme étant à débit variable.

Supposons qu'il y a $m$ embranchements ou points tels que O, O', O"... (*fig.* 324) et que les conduites simples, ou portions de conduites considérées d'un embranchement à un autre, soient au nombre de $n$. Chaque conduite simple donne lieu à une équation du mouvement permanent, comme nous l'avons déjà dit au numéro 345.

Dans ce problème il y a $m + n$ inconnues : les $m$ niveaux piézométriques aux embranchements O, O', O"... et les $n$ débits dans les conduites simples.

On formera $m + n$ équations entre ces inconnues, savoir :

$n$ équations du mouvement permanent relatives aux $n$ conduites simples de la forme :

$$Y_n - Y_{n+1} = \frac{64\,b_l}{\pi^2 D^5} Q^2{}_n L_n \qquad (a)$$

$m$ équations qui expriment pour chaque embranchement que en un point O la totalité de l'eau amenée par certaines conduites telles que A, B, etc... est débitée par les autres telles que C, D, E, etc.....

$$\Sigma\, Q_a = \Sigma\, Q_a \qquad (b)$$

Il faut remarquer que *a priori* on ne connaît pas le sens du mouvement de l'eau ; on peut donc en écrivant ces $m$ équations faire une erreur à ce point de vue.

Pour résoudre ce système, M. Bélanger a proposé la méthode de tâtonnements suivante.

On a fait des hypothèses sur les niveaux piézométriques aux embranchements ; à ces hypothèses correspond pour chaque conduite simple un sens de mouvement de l'eau, car le sens du *mouvement a toujours lieu de la section dont le niveau est le plus élevé vers celle dont le niveau est le moins élevé.*

On pourra calculer à l'aide des $n$ équations du mouvement permanent les débits correspondants à ces hypothèses et on vérifiera par les $m$ équations du débit aux embranchements si ce qui est amené à l'embranchement égale ce qui est emmené d'après le sens du mouvement. Les écarts donnés par cette vérification permettent de faire des rectifications aux hypothèses sur les niveaux piézométriques aux embranchements. On continuera ainsi jusqu'à ce que les $m + n$ équations soient satisfaites.

Il pourra arriver qu'on soit obligé de changer le sens du mouvement de l'eau dans les conduites, c'est-à-dire de s'arranger dans les hypothèses relatives aux embranchements de manière à changer le sens de la charge que donnait une première hypothèse (1).

### Deuxième problème.

**358.** *On donne le tracé d'un réseau de conduites complexes, le sens du mouvement de l'eau dans chacune des conduites simples qui le composent, le niveau de l'eau dans les bassins d'alimentation, les débits des orifices des conduites simples à débit variable, la dépense dans chacunes des conduites simples, on demande de calculer les diamètres.*

Contrairement à ce qui arrivait tout à l'heure, le problème n'est pas mis en équation par les $m + n$ équations, parce que les $m$ équations des volumes sont des équations de condition.

On n'a donc que $n$ équations, celles du mouvement permanent ($a$) dans chaque conduite simple, entre les $m + n$ inconnues suivantes : les $n$ diamètres des conduites simples et les $m$ niveaux piézométriques aux embranchements.

Pour résoudre la question, on se donnera tout d'abord ces $m$ niveaux piézométriques sous la condition qu'ils soient astreints à satisfaire au maximum d'eau dans les conduites. On aura ainsi $n$ équations à $n$ inconnues qui sont les diamètres. Nous reviendrons plus loin sur cette question à propos des limites minima qu'il convient de prendre pour le diamètre des conduites.

### c. — APPLICATIONS RELATIVES AU CALCUL DES CONDUITES CYLINDRIQUES

### Première application.

**359.** *Une conduite simple à débit variable dont le tracé et les dimensions sont connus est alimentée par ses deux extrémités au moyen de deux réservoirs, trouver*

(1) A. Gouilly, *Cours d'hydraulique*, page 114.

les débits des deux réservoirs dont les niveaux sont supposés constants.

Sur la conduite CD, alimentée par les deux réservoirs A et B sont piquées diverses conduites d'érogation dont les débits sont connus (*fig.* 325).

1° On ramène la solution de cette question à celles traitées aux numéros 345 et suivants, en supposant qu'une des parties de la conduite principale CM est alimentée par le réservoir A, l'autre partie DM est alimentée par le réservoir B.

On calculera la charge dans la première section de NN' à C, puis de $C_1$ à $C_2$ et ainsi de suite jusqu'à la charge $y$ en M. On fera le même calcul et l'on devra trouver, si le point M est bien choisi, la même valeur pour $y$; la charge est ainsi trouvée en M. Si l'on ne trouve pas la même valeur, on reporte le point M du côté de l'extrémité qui donne pour $y$ la plus grande valeur et l'on reprend les calculs, procédant ainsi par tâtonnements successifs.

Lorsque M est déterminé, le débit de chaque réservoir est égal à la somme des débits des orifices depuis le réservoir jusqu'à la section M.

2° Quand le diamètre de la conduite est constant, le problème est déterminé, si l'on peut supposer également le débit comme uniforme.

On appliquera de C à M et de D à M la formule 2 *bis* du numéro 350, dans laquelle on fera

$$Q_1 = 0$$

car M ne débite à gauche rien de ce qui vient du réservoir B et à droite rien de ce qui vient du réservoir A. On aura donc :

$$Y = \frac{64\, b_1 L}{\pi_2 D^5} \frac{P^2}{3}.$$

P étant le volume débité par unité de temps entre C et D sur toute la longueur L de la conduite, le débit total sur la longueur $L_a$ de C à M est

$$\frac{P}{L} \times L_a$$

Donc pour la section CM, on a :

$$y = \frac{64\, b_1 L_a}{\pi^2 D^5} \times \frac{(P)^2}{3(L)^2} \times L_a^2 =$$

$$\frac{64\, b_1\, (P)^2}{3\pi^2\, D^5 (L)^2} \qquad (1)$$

Pour la section DM, la différence de niveau piézométrique entre les sections M et $N_4 N_4'$, étant $y - Z$ on a

$$y - Z = \frac{64 b_4}{3 \pi^2 D^5} \times \frac{(P)^2}{(L)^2} (L - L_a)^3 \qquad (2)$$

Des deux équations (1) et (2) on tire

$$Z = \frac{64 b_4}{3 \pi^2 D^5} \left\{ L_a{}^3 - (L - L_a)^3 \right\}$$

équation du troisième degré qui donnera $L_a$.

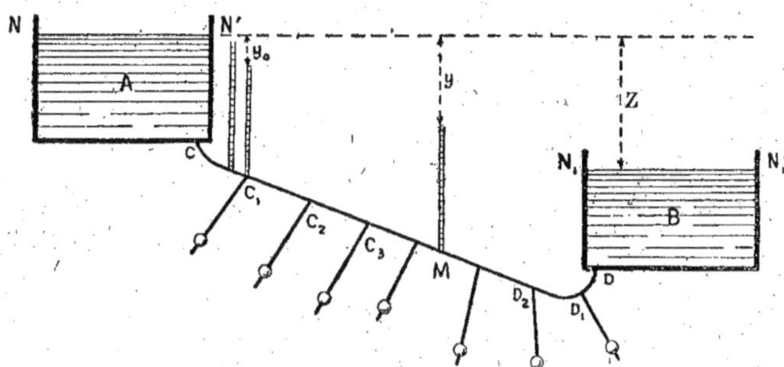

Fig. 325.

## Deuxième application.

**360.** *Deux réservoirs à niveaux constants, ouverts à la pression atmosphérique communiquent par une conduite complexe dont deux branches partent d'un réservoir et deux branches de l'autre réservoir.*

*On connaît la différence de niveau Z des deux réservoirs, les dimensions de toutes les parties des conduites, on demande de calculer les dépenses dans chaque conduite.*

Notons ainsi les données et les inconnues du problème (voir la figure 326).

| CONDUITES | LONGUEURS | DIAMÈTRES | DÉPENSES |
|---|---|---|---|
| CF | $L_0$ | $D_0$ | $Q_0$ |
| EF | $L_1$ | $D_1$ | $Q_1$ |
| FG | $L_2$ | $D_2$ | $Q_2$ |
| GH | $L_3$ | $D_3$ | $Q_3$ |
| GI | $L_4$ | $D_4$ | $Q_4$ |

Prenons comme inconnues auxiliaires les cotes piézométriques des points d'embranchements F et G. — Soient $n_0$ et $n_4$ les cotes de ces niveaux piézométriques,

(*fig.* 326). Et $y_0$, $y_4$ la charge au-dessus des sections en F et G.

Le sens du mouvement est ici évident: l'eau se dirige d'un réservoir vers l'autre, de A vers B.

A cause du sens du mouvement, $n_4$ est inférieur à $n_0$ et supérieur à $N_4 N_4'$; donc

$$y_0 < y_4 < Z$$

Il faut opérer par tâtonnements sur ces deux cotes jusqu'à ce qu'on trouve deux valeurs telles qu'en tenant compte de cette double inégalité, on trouve

$$Q_0 + Q_1 = Q_2$$
$$Q_2 = Q_3 + Q_4$$

Dans le cas qui nous occupe, on peut simplifier la question en ne faisant varier qu'une des deux quantités.

On donne arbitrairement à $y_0$ une valeur inférieure à Z, on calcule les valeurs $Q_0$ et $Q_1$ correspondantes et on prend tout de suite

$$Q_2 = Q_0 + Q_1$$

Connaissant $Q_2$ on peut en conclure $y_4$.

De F en G on a une conduite simple, à débit constant, dont les dimensions et la dépense sont données: par suite on connaît la charge entre les deux extrémités de la conduite charge, qui est $y_1 - y_0$ ; et comme on s'est donnée $y_0$, on en conclut $y_1$.

On prend séparément les conduites GH et GI, on calcule séparément les dépenses $Q_3$ et $Q_4$, ce qui conduit à une charge $Z - y_1$ et l'on vérifie si l'on a

$$Q_3 + Q_4 = Q_2$$

On aura en prenant l'équation (1) du numéro 345

$$y_0 = \frac{3}{2}\frac{u_0{}^2}{2g} + \frac{4L_0}{D_0}(au_0 + bu^2{}_0)$$

On peut recourir aux tables pour trouver une valeur approchée de $u_{01}$ en négli-

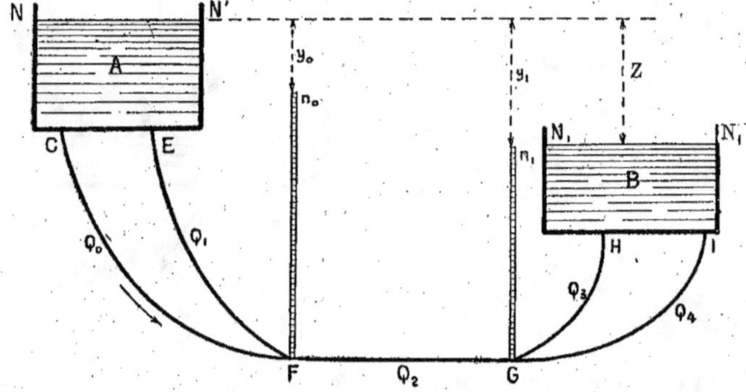

Fig. 326.

geant les pertes autres que celles dues au frottement des parois ; il reste :

$$\frac{1}{4}D_0 J_0 = au_0 + bu_0{}^2$$

ayant $D_0$ et $J_0$ la table donnera la valeur de Q correspondante.

Pour approcher davantage, on peut corriger $J_0$ au moyen de deux termes

$$\frac{1}{2}\frac{u_0{}^2}{2g} \text{ et } \frac{u_0{}^2}{2g}$$

en prenant

$$J_0 = \frac{y_0 - \frac{3}{2}\frac{u_0{}^2}{2g}}{L_0}$$

Nous aurons donc $Q_0$ et $Q_1$.

Dans la conduite unique

$$y_1 - y_0 = \frac{4L_2}{D_2}(au_2 + bu_2{}^2)$$

Ayant $Q_0$, $Q_1$ nous aurons $Q_2$ par la relation précédente et par suite $u_2$ : et par conséquent $y_1 - y_0$ ; donc on connaîtra $y_1$.

Connaissant D et Q on trouvera J dans les tables et par suite on aura :

$$\frac{y_1 - y_0}{L_2}$$

Enfin il reste à connaître la perte de charge à l'entrée des tuyaux GH et GI. On la négligera.

D et J étant déterminés pour les deux conduites, on trouvera les dépenses $Q_0$ et $Q_1$ dont la somme devra donner $Q_2$ sinon il faudra recommencer les tâtonnements jusqu'à ce que cette dernière relation soit satisfaite.

**361.** Remarque. — On peut résoudre cette question sans tâtonnements, au moyen de la théorie des conduites équivalentes.

On remplace CF et EF par une conduite équivalente $(D_1 L)$, on a

$$\sqrt{\frac{D^5}{L}} = \sqrt{\frac{D_0{}^5}{L_0}} + \sqrt{\frac{D_1{}^5}{L_1}}.$$

On remplace de même GH et GI, par une conduite équivalente $(D_1 L')$, on a

$$\sqrt{\frac{\overline{D'^5}}{L'}} = \sqrt{\frac{\overline{D_3^5}}{L_3}} + \sqrt{\frac{\overline{D_4^5}}{L_4}}$$

On forme ainsi, entre les deux réservoirs une conduite cylindrique simple à débit constant, mais à changement brusque de section. Substituons-lui une conduite cylindrique simple à débit et à section constants $(D_c, L_c)$.

On aura

$$\frac{L_c}{D_c} = \frac{L}{D^5} + \frac{L_2}{D_2^5} + \frac{L'}{D'^5}.$$

Pour cette conduite dont le débit est évidemment $Q_2$, on a

$$Z = \frac{64 b_1\, Q_2^2}{\pi^2} \times \frac{L_c}{D_c^5}$$

relation d'où l'on déduit $Q_2$.

On calculera ensuite directement $y_0$ et $y_1$.

## Troisième application.

**362.** *On donne trois réservoirs à niveaux constants et de hauteurs différentes d'où part un réseau de trois conduites aboutissant chacune à un des réservoirs et réunies en un même point, trouver les dépenses correspondantes aux différentes fractions de la conduite.*

Il est évident que le réservoir A (*fig.*327) alimente le réservoir D qui est le plus bas ; mais *à priori* on ne peut savoir si le réservoir A alimente aussi le réservoir C ou si les deux réservoirs A et C alimentent ensemble le troisième réservoir D.

Le sens du mouvement étant indéterminé dans la conduite CB, on fera sur le sens de ce mouvement une hypothèse.

Pour cela on supposera par exemple

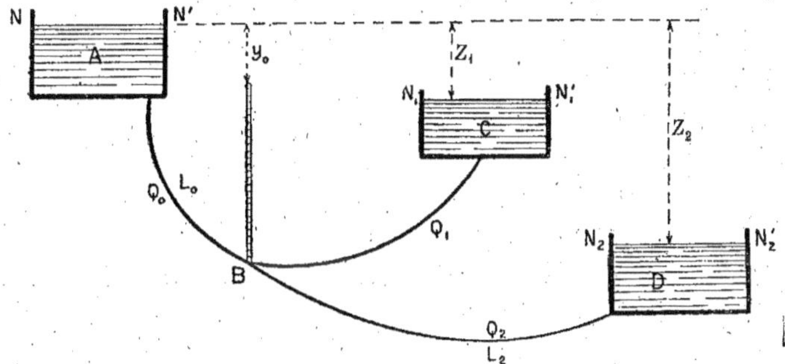


Fig. 327.

que le niveau piézométrique en B est plus petit que la différence de niveau des deux réservoirs A et C

$$y_0 < Z_1$$

On calculera dans cette hypothèse les débits $Q_0$, $Q_1$, $Q_2$ et si l'on trouve pour ces valeurs des quantités qui satisfassent à la relation :

$$Q_0 = Q_1 + Q_2$$

c'est que l'hypothèse

$$y_0 < Z_1$$

est réalisée.

Dans le cas contraire, si

$$Q_0 > Q_1 + Q_2$$

c'est que $y_0$ est trop grand et si

$$Q_0 < Q_1 + Q_2$$

c'est que $y_0$ est trop petit.

S'il arrivait que pour

$$y_0 = Z_1$$

on ait

$$Q_0 < Q_2$$

cela indiquerait que le sens du mouvement de l'eau dans la conduite CB serait de C vers le point de jonction B et que le réservoir C contribuerait à l'alimentation du réservoir D. Il faudrait alors faire des essais sur $y_0 > Z_4$.

On le voit, on n'arrivera à la solution du problème que par une série de tâtonnements fort longs.

**363.** REMARQUE. — On peut résoudre cette question sans de trop longs tâtonnements en appliquant la théorie des conduites équivalentes.

On supposera la conduite BC supprimée pour un moment.

Soient $L_0$ la longueur de la conduite AB, $L_2$ la longueur de la conduite BD. On calcule le diamètre $\Delta$ d'une conduite cylindrique simple de longueur L, équivalente à la conduite ABC, on a :

$$L = L_0 + L_2$$

$$\frac{L}{\Delta^5} = \frac{L_0}{D_0^{\ 5}} + \frac{L_2}{D_2^{\ 5}}$$

on calcule les longueurs L et L' telles que

$$\frac{L}{\Delta^5} = \frac{L_0}{D_0^{\ 5}} \text{ et } \frac{L'}{\Delta^5} = \frac{L_2}{D_2^{\ 5}}.$$

On aura pour pression en B sur cette conduite de longueur $L + L'$ et de diamètre $\Delta$

$$y = Z_2 \frac{L}{L + L'}$$

ou

$$y = Z_2 \frac{\dfrac{L_0}{D_0^{\ 5}}}{\dfrac{L_0}{D_0^{\ 5}} + \dfrac{L_4}{D_4^{\ 5}}}$$

C'est cette longueur ainsi calculée qu'il faudra comparer à $Z_4$ pour connaître le sens du mouvement.

**d.** — LIMITES QU'IL CONVIENT D'ADOPTER POUR LE DIAMÈTRE DES CONDUITES

**364.** Lorsqu'il s'agit d'une distribution d'eau élevée par des machines, la hauteur du réservoir et les diamètres des tuyaux sont des éléments qui peuvent varier, et ces nouvelles indéterminées doivent naturellement influer sur la question.

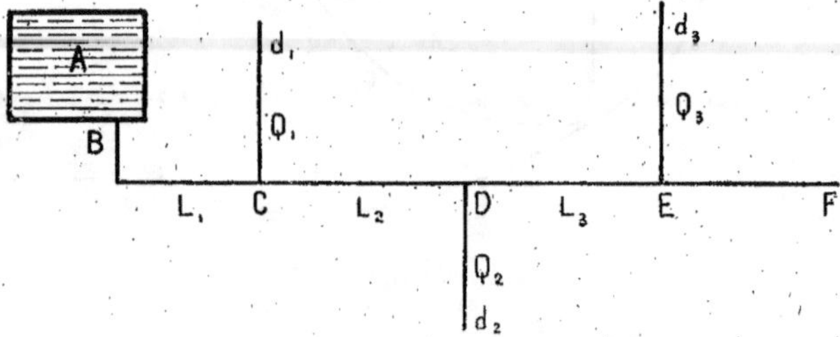


Fig. 328.

L'établissement du système de distribution exige, dans ce cas particulier, l'exécution de deux sortes d'ouvrages.

Les premiers sont relatifs à l'établissement des machines nécessaires pour élever l'eau ; les seconds consistent dans la fourniture et la pose des conduites.

La dépense en argent relative à l'élévation de l'eau par les machines se compose des premiers frais d'établissement et de ceux qui résultent des intérêts de la mise de fonds, de la consommation du charbon, de son prix, des frais d'entretien et de surveillance. Elle est proportionnelle à la hauteur à laquelle il faut élever l'eau, et croît avec cette hauteur.

La dépense relative à l'établissement des conduites augmente avec les diamètres des tuyaux ; mais comme les tuyaux diminuent de grosseur à mesure que la hauteur à laquelle on élève l'eau est plus considérable, parce que cette eau y prend plus de vitesse par l'augmentation de charge, il s'ensuit que l'une de ces dépenses diminue lorsque l'autre augmente.

Pour établir les limites minima qu'il convient d'adopter pour le diamètre des conduites pour chaque cas particulier, on se sert des formules suivantes :

Dans ce qui va suivre, nous avons supposé que sur la conduite principale venant du réservoir on a établi plusieurs branchements ou tuyaux d'érogations piqués à des distances :

$$BC = L_1,$$
$$BD = L_1 + L_2$$
$$BE = L_1 + L_2 + L_3$$

du réservoir. — Proposons-nous de déterminer le ou les diamètres de cette conduite principale (*fig.* 328).

Soit, $Q_1$, $Q_2$, $Q_3$... les volumes d'eau débités pour chaque branchement ;

Soit, $d_1$, $d_2$, $d_3$... les diamètres de chacun de ces branchements ;

Soit $Q_n$... le volume débité au point F.

La perte de charge à l'embouchure du premier branchement en C sera

$$y_1 - y_0 = \frac{64\, b_1}{\pi^2 D^5} L_1 (Q_1 + Q_2 + Q_3 + Q_n)^2.$$

La perte de charge entre C et D sera :

$$y_2 - y_1 = \frac{64\, b_1}{\pi^2 D^5} L_2 (Q_2 + Q_3 + Q_n)^2.$$

La perte de charge entre D et F sera :

$$y_3 - y_1 = \frac{64\, b_1}{\pi^2 D^5} L_3 (Q_3 + Q_n)^2,$$

etc........

Appelons $c_1, c_2, c_3$ chacune de ces pertes de charge et appelons $h_1$, $h_2$, $h_3$ les différences de niveau existant entre le niveau NN' de l'eau dans le réservoir et le dessus des hauteurs piézométriques qu'on veut maintenir à l'extrémité de chaque branchement, on pourra faire des différences.

$h_1 - c_1$ ; $h_2 - (c_1 + c_2)$ ; $h_3 - (c_1 + c_2 + c_3)$... qui représentent les pertes de charges qui auront lieu dans les diverses parties de la conduite principale ;

Appelons $l_1$, $l_2$, $l_3$... les longueurs des divers tuyaux d'érogation, et $d_1$, $d_2$, $d_3$...

les diamètres de ces tuyaux, on pourra poser les trois équations :

$$h_1 - c_1 = \frac{64\, b_1}{\pi^2 D^5} \cdot l_1 Q_1^2 \qquad (1)$$

$$h_1 - (c_1 + c_2) = \frac{64\, b_1}{\pi^2 D^5} \cdot l_2 Q_2^2 \qquad (2)$$

$$h_2 - (c_1 + c_2 + c_3) = \frac{64\, b_1}{\pi^2 D^5} \cdot l_3 Q^2_3 \qquad (3)$$

Si donc on connaît, ou l'on se donne, les quantités $Q_1$, $Q_2$, $Q_3$, et tous les niveaux piézométriques, on pourra au moyen des équations (1), (2), (3) etc., calculer les diamètres $d_1$, $d_2$ $d_3$.

Le diamètre D de la conduite principale se déterminera par la condition de laisser couler le volume total avec une perte de charge aussi faible que possible.

En pratique, les volumes $Q_1$, $Q_2$, $Q_3$, que doivent débiter chaque conduite d'érogation, se calculent soit par le débit et le nombre de bornes fontaines, soit par la population à alimenter.

Supposons que le branchement (1) ne desserve que des bornes fontaines et que chacune d'elles puisse débiter 100 à 250 litres par minute, quantité nécessaire pour le lavage des rues et le service des pompes à incendie. S'il se trouve $n$ bornes fontaines, on aura pour la dépense totale par seconde du branchement :

$$\text{ou} \qquad Q_1 = \frac{100\, n}{60}$$

$$\text{ou} \qquad Q_1 = \frac{250\, n}{60}.$$

Si nous supposons, au contraire, que le branchement ne desserve que les besoins de la population, on le calculera d'après le volume d'eau à fournir, pour le lavage des rues, des devantures de maisons, la consommation par habitant, etc... et enfin d'après le volume à attribuer aux établissements industriels, aux fontaines monumentales et aux distributions particulières.

Ces volumes sont évalués d'après les bases que nous donnons précédemment, page 432.

Dans les hypothèses qu'il est nécessaire de faire pour résoudre les divers problèmes qui se posent dans les études de distributions d'eau, on peut sans inconvénient supposer que tout le débit s'écoule par l'extrémité de chaque branchement. Cependant dans le cas où le branchement alimenterait à une faible distance de son origine une fontaine publique ou une concession d'eau débitant un volume d'eau important, il faudrait diminuer le diamètre de la conduite à partir de ce point d'érogation.

Les quantités analogues à $(h - c)$ se déterminent de telle sorte que sur tout le parcours les hauteurs piézométriques permettent l'alimentation à tous les étages des immeubles desservis avec une pression suffisante.

### Formule qui sert à régler l'épaisseur des tuyaux.

**365.** Les diamètres des tuyaux dépendant de la dépense, leur épaisseur en sera également fonction.

Désignons par $e$ l'épaisseur d'un tuyau de conduite ;

D, le diamètre;

P, la pression normale sur l'unité de surface ;

R, la plus grande tension que l'on veut faire supporter à la matière résistante, R étant également rapporté à l'unité de surface.

Supposons le tuyau séparé en deux par une paroi fixe dirigée suivant un diamètre.

La pression que le liquide exerce sur cette paroi est exprimée par $P \times D$.

La résistance qui s'opère aux points de contact est exprimée par $2eR$,

On a donc la relation

$$PD = 2eR \qquad (a)$$

qui servira à déterminer l'épaisseur des tuyaux.

La quantité R dépend de la matière dont le tuyau est formé, et est toujours donnée par l'expérience.

La quantité P est variable théoriquement. Mais comme les tuyaux sont exposés, par la fermeture subite des robinets à des *coups de bélier* dont l'effet se développe en raison de la masse liquide en mouvement, multipliée par le carré de la vitesse, il faut que ces tuyaux puissent

supporter une pression considérable que l'on constate par leur essai avant leur emploi. Il s'ensuit que P doit être considéré comme une constante dans la relation (a).

Par conséquent *l'épaisseur des tuyaux est simplement proportionnelle à leur diamètre et le poids qui constitue la dépense, augmente comme le carré de ces diamètres.*

### e. — Applications numériques

**366.** Les exemples qui suivent ont été choisis parmi ceux qui se rencontrent le plus souvent dans la pratique. — Dans chacun d'eux nous avons supposé connu le volume total à débiter par chacune des conduites ou branchements depuis le réservoir jusqu'aux points d'arrivée extrême. Pour la résolution de ces problèmes nous nous sommes servis des tables placées dans le corps ou à la fin de cet ouvrage afin d'en faire mieux comprendre l'usage.

### Premier problème.

### Distribution de l'eau par une conduite d'un diamètre uniforme et un seul point de dégorgement.

**367.** *D'un réservoir donné à niveau constant A part une conduite BC de 2000 mètres de longueur qui doit porter à son extrémité un volume de 12 litres 50, par seconde, avec une différence de niveau de 3 mètres. On demande de calculer le diamètre à donner à la conduite. On supposera ce diamètre uniforme.*

La charge par mètre est ici égale à

$$\frac{3^{m},00}{3\,000} = 0^{m},0015.$$

*La table de Mary* permettra de résoudre facilement la question posée On cherchera dans la première colonne le chiffre $0^{m},0125$ ou un chiffre approché inférieur $0,012441$ ; puis sur la même ligne horizontale, dans les colonnes qui donnent les charges, le nombre qui s'approche le plus de $0^{m},0015$ ou un chiffre approché inférieur ; on trouve ainsi le nombre $0,001186$, inscrit dans la colonne qui répond à la conduite de $0^{m},200$ de diamètre.

On voit donc que la conduite de $0^{m},200$

sera un peu trop grande pour écouler 12 litres 50, par seconde, mais que celle de $0^m,190$ sera trop petite puisqu'il lui faudrait une charge de 0,0015179.

Il faudra donc adopter le diamètre $0^m,200$ et cela avec d'autant plus de raison que les conduites perdent toujours un peu de leur section intérieure par l'effet de l'oxydation et des dépôts calcaires ou vaseux qui s'y forment petit à petit.

### Deuxième problème.

### Élévation de l'eau par une conduite de diamètre uniforme.

**368.** *On veut élever 12 litres, 50 d'eau par une conduite d'un diamètre uniforme au moyen d'une pompe à vapeur dans un réservoir placé à 30 mètres au-dessus du niveau du puisart de la pompe et à une distance de 1 000 mètres de ce puisart.*

On a ici deux inconnues à déterminer le diamètre de la conduite et la force de la machine.

On commencera par chercher approximativement les diamètres qui conviennent en se servant de la table de Mary par exemple. On cherchera dans la table à la première colonne le volume de $0^{mc},0125$ et en regard on verra que ce volume peut être écoulé par :

La conduite de $0^m,080$ avec une charge de $0^m,10840$ ;

La conduite de $0^m,100$ avec une charge de $0^m,035848$ ;

La conduite de $0^m,125$ avec une charge de $0^m,012160$ ;

La conduite de $0^m,150$ avec une charge de $0^m,006160$ ;

La conduite de $0^m,200$ avec une charge de $0^m,001230$ ;

La conduite de $0^m,250$ avec une charge de $0^m,000427$ ;

La conduite de $0^m,300$ avec une charge de $0^m,000184$, et toutes les conduites intermédiaires.

La charge totale pour 1 000 mètres variera donc de $108^m,40$ à $0^m,18$.

Pour fixer le diamètre de la conduite, il faut calculer pour chacun des diamètres précédents :

1° La force de la machine à vapeur né-

cessaire pour élever les 12 litres, 50 à une hauteur de 30 mètres, vaincre les frottements dans la conduite qui sont représentés par une surcharge variant de 108 mètres à $0^m,18$ suivant le diamètre du tuyau choisi ;

2° Pour chaque cas, l'intérêt du capital engagé dans l'établissement de la conduite et celui de la machine à vapeur correspondante ; à cet intérêt, on ajoutera la dépense en charbon, huile, etc., entretien annuel.

On aura ainsi plusieurs chiffres pour la dépense annuelle parmi lesquels on choisira le plus faible auquel correspondra le diamètre cherché.

### Troisième problème.

**369.** *On donne deux réservoirs à niveaux constants, dont la différence de niveau est de 1 mètre. Le débit de l'un d'eux, le réservoir supérieur A, est de 4 litres par seconde. On connaît le tracé de la conduite dont chaque partie peut être considérée comme débitant uniformément dans son parcours une quantité d'eau évaluée à 5 litres par mètre courant et par heure (fig. 329). L'embranchement CD doit débiter en plus à son extrémité D 3 litres, 5 d'eau par seconde pour répondre au besoin d'une fontaine publique. Sur l'embranchement F H au point G se trouve également une autre fontaine publique qui doit débiter 45 litres d'eau par seconde.*

*Cet embranchement est fermé au point H.*

*Les longueurs des différentes parties sont :*

$$BC = 1000 \ mètres$$
$$CD = 500 \ mètres$$
$$CF = 300 \ mètres$$
$$EF = 700 \ mètres$$
$$FG = 600 \ mètres$$
$$GH = 900 \ mètres$$

*Les niveaux piézométriques sont respectivement*

| C | D | E | F | G | H |
|---|---|---|---|---|---|
| 1,90 | 3,90 | 1,00 | 1,40 | 2,00 | 5,00 |

*On demande de calculer les diamètres des différentes sections de la conduite que l'on pourra considérer comme des con-*

*duites cylindriques simples débitant uniformément de l'eau sur leur parcours.*

La figure 329 représente un croquis de la disposition d'ensemble. Nous appliquerons la formule générale

$$y_1 - y_0 = \frac{64\,b_1\,\mathrm{L}}{\pi^2 \mathrm{D}^5}\left(\mathrm{Q}^2 + \mathrm{PQ} + \frac{1}{3}\mathrm{P}^2\right),$$

dans laquelle on donnera à $b_1$ la valeur donnée par Darcy (voir page 172).

D'après les données le mouvement de l'eau est évidemment dirigé de B vers D et de E vers H et nous verrons aussi que dans la conduite CF le mouvement est dirigé de F en G.

*Conduite* BC. Remplaçons dans la formule les lettres par leurs valeurs numériques, il vient :

$$1,90 = \frac{64\,b_1}{\pi^2} \times \frac{1\,000}{\mathrm{D}_1^5}\left(\mathrm{Q}_1^2 + \mathrm{P}_1\mathrm{Q}_1 + \frac{1}{3}\mathrm{P}_1^2\right)$$

d'où

$$\mathrm{D}_1^5 = \frac{64.\,b_1}{\pi^2} + \frac{1\,000}{1.9}\left(\mathrm{Q}_1^2 + \mathrm{P}_1\mathrm{Q}_1 + \frac{1}{3}\mathrm{P}_1^2\right)$$

Calculons $\mathrm{P}_1$ :

La conduite BC débitant 5 litres d'eau par mètre courant et par heure, on aura :

$$\mathrm{P}_1 = \frac{1\,000 \times 0^{mc},005}{60 \times 60} = 0,001395$$

et par suite,

$$\mathrm{Q}_1 = 0^{mc},004 - \mathrm{P}_1$$

ou $\mathrm{Q}_1 = 0^{mc},004 - 0,001395 = 0^{mc},002605$.

En substituant dans la valeur précédente de $\mathrm{D}_1$, il vient :

$$\mathrm{D}_1^5 = \frac{64\,b_1}{\pi^2} \times \frac{1\,000}{1,9}\left(\overline{0,002605}^2\right.$$

$$\left. + 0,001395 \times 0,002605 + \frac{1}{3} \times \overline{0,001395}^2\right)$$

$$\mathrm{D}_1^5 = \frac{64\,b_1}{\pi^2} \times \frac{1\,000}{1,9}\left(0,000006765\right.$$

$$\left. + 0,000003625 + \frac{1}{3} \times 0,000001932\right)$$

en faisant les calculs on trouve :

$$\mathrm{D}_1^5 = \frac{64\,b_1}{\pi^2} \times \frac{1\,000}{1,9} \times 0,000011035$$

remplaçant $b_1$ et $\pi_2$ par leurs valeurs et faisant les calculs on arrive à :

$$\mathrm{D}_1 = 0^m,302.$$

*Conduite* CD : On aura en remplaçant dans la formule les lettres par leurs valeurs numériques,

$$4,00 - 1,90 = \frac{64\,b_1}{\pi^2}$$

$$\times \frac{500}{\mathrm{D}_2^5}\left(\mathrm{Q}_2^2 + \mathrm{P}_2\mathrm{Q}_2 + \frac{1}{3}\mathrm{P}_2^2\right)$$

ou $\quad 2,10 = \dfrac{64\,b_1}{\pi^2}$

$$\times \frac{500}{\mathrm{D}_2^5}\left(\mathrm{Q}_2^2 + \mathrm{P}_2\mathrm{Q}_2 + \frac{1}{3}\mathrm{P}_2^2\right)$$

d'où $\quad \mathrm{D}_2^5 = \dfrac{64\,b_1}{\pi^2}$

$$\times \frac{500}{2,10}\left(\mathrm{Q}_2^2 + \mathrm{P}_2\mathrm{Q}_2 + \frac{1}{3}\mathrm{P}_2^2\right)$$

Calculons $\mathrm{P}_2$ :

La conduite CD débitant uniformément sur son parcours 5 litres d'eau par mètre courant et par heure, on aura comme pour $\mathrm{P}_1$

$$\mathrm{P}_2 = \frac{500 \times 0,005}{60 \times 60} = 0^{mc},000695$$

et $\mathrm{Q}_2 = 0^{mc},0035$, c'est le débit en D

En substituant dans l'expression de $\mathrm{D}_2^5$, il vient :

$$\mathrm{D}_2^5 = \frac{64\,b_1}{\pi^2} \times \frac{500}{2,10}\left(\overline{0,0035}^2\right.$$

$$\left. + 0,000695 \times 0,0035 + \frac{1}{3}\overline{0,000695}^2\right)$$

en faisant les calculs on trouve :

$$\mathrm{D}_2^5 = \frac{64\,b_1}{\pi^2} \times \frac{500}{2,10} \times 0,0000178$$

d'où $\quad\quad \mathrm{D}_2 = 0,280.$

*Conduite* CF. — On déterminera d'abord le sens du mouvement dans cette conduite de jonction.

Le débit en C de FC est $\mathrm{Q}_3$ et l'on a

$$\mathrm{Q}_3 = \mathrm{P}_2 + \mathrm{Q}_2 - \mathrm{Q}_1$$

Ou en substituant les valeurs numériques

$$\mathrm{Q}_3 = 0^{mc},000675 + 0^{mc},0035 - 0,002615$$

d'où

$$\mathrm{Q}_3 = 0^{mc},00159.$$

Le mouvement a lieu de F vers C, car au point de jonction C la conduite BC ne fournit que $0^{mc},002615$ quantité inférieure à celle $\mathrm{Q}_2$ fournie au point D qui est de $0^{mc},0035$.

On aura alors pour la conduite FC en

remplaçant dans la formule les lettres par leurs valeurs numériques

$$1,90 - 1,40 = \frac{64 b_1}{\pi^2} \times \frac{300}{D_3^{5}} \left( Q_3^2 + P_3\, Q_3 + \frac{1}{3} P_3^2 \right)$$

ou

$$0,50 = \frac{64 b_1}{\pi^2} \times \frac{300}{D_3^{5}} + \left( Q_3^2 + P_3 \times Q_3 + \frac{1}{3} P_3^2 \right)$$

d'où

$$D_3^{5} = \frac{64 b_1}{\pi^2} \times \frac{300}{0,50} \left( Q_3^2 + P_3 \times Q_3 + \frac{1}{3} P_3^2 \right)$$

Or $\quad P_3 = \dfrac{300 \times 0,005}{60 \times 60} = 0,000416$

et $\qquad Q_3 = 0^{mc},00159$

d'après le calcul ci-dessus.

On a donc en substituant dans la valeur de $D_3^{5}$ et en faisant les calculs

$$D_3^{5} = \frac{64 b_1}{\pi_2} \times \frac{300}{0,50} \times \left( \overline{0,00159}^2 + 0,000416 \right. $$
$$\left. 0,00159 + \frac{1}{3} \overline{\times 0,000416}^2 \right)$$

d'où $\quad D_3^{5} = \dfrac{64 b_1}{\pi^2} \times \dfrac{300}{0,50} \times 0,00000324$

d'où $\qquad D_3 = 0,038$

*Conduite* G11. — La conduite est fermée en H ; donc le débit en ce point est nul et l'on a $\qquad Q_4 = 0$

La formule générale donnera donc

$$5,00 - 2,00 = \frac{64 b_1}{\pi^2} \times \frac{900}{D_4^{5}} \times \frac{1}{3} P_4^2$$

ou $\quad 3,00 = \dfrac{64_1 b_1}{\pi^2} \times \dfrac{900}{D_4^{5}} \times \dfrac{1}{3} P_4^2$

Or $\quad P_4 = \dfrac{900 \times 0,005}{60 \times 60} = 0,001243$

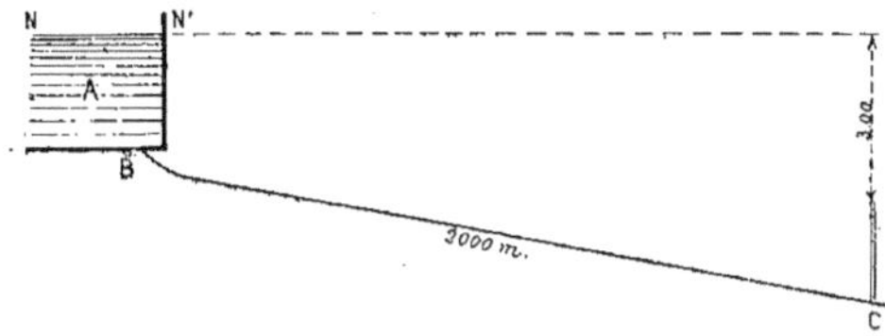



Fig. 329.

d'où en substituant dans l'expression précédente et tirant la valeur de $D_4^{5}$

$$D^4_5 = \frac{64 b_1}{\pi^2} \times \frac{900}{3,00} \times \frac{1}{3} \times 0,001243$$
$$D_4 = 0,218$$

*Conduite* FG. Au point G se trouve une fontaine publique qui débite 4 lit. 50 par seconde :

On a comme précédemment

$$2,00 - 1,40 = \frac{64 b_1}{\pi^2} \times \frac{600}{D_5^{5}} \left( Q_5^2 + P_5\, Q_5 + \frac{1}{3} P_5^2 \right)$$

d'où

$$D_5^{5} = \frac{64 b_1}{\pi^2} \frac{600}{5,60} \left( Q_5^2 + P_5\, Q_5 + \frac{1}{3} P_5^2 \right)$$

On a $\quad P_5 = \dfrac{600 \times 0,005}{60 \times 60}\, 0^{mc},000833$

et $\quad Q_5 = 0^{mc},0045 + P_4 = 0^{mc},0045 + 0,001243 = 0^{mc},005743$

Substituons ces valeurs dans l'expression de $D_5^{5}$, il vient

$$D_5^{5} = \frac{64 b_1}{\pi^2} \times \frac{600}{0,60} \times 0,0000388$$

d'où $\qquad D_5 = 0,324$

*Conduite* EF.

De même on aura

$$1,40 - 1,00 = \frac{64 b_1}{\pi^2} \times \frac{700}{D_6^{5}} \left( Q_6^2 + P_6 \times Q_6 + \frac{1}{3} P_6^2 \right)$$

d'où

$$D_6^{5} = \frac{64 b_1}{\pi^2} \times \frac{700}{0,40} \left( Q_6^2 + P_6 \cdot Q_6 + \frac{1}{3} P_6^2 \right)$$

Or, $\qquad P_6 = \dfrac{700 \times 0,005}{60 \times 60} = 0,00098$

et $Q_6 = Q_3 + P_3 + Q_3 + P_3 = 0^{mc},008579.$

Substituant donc l'expression de $D^5_6$, il vient :

$$D^5_6 = \frac{64\, b_4}{\ell\, \pi^2} \times \frac{700}{0,40} \times 0,0000816$$

d'où, en faisant les calculs :

$$D_6^3 = 0,357$$

*Débit du reservoir* B. Le débit de ce réservoir, par seconde, sera égal à :

$$P_6 + Q_6 + 0^{mc},00098 + 0^{mc},008579$$
$$= 0^{mc},009559$$

soit, $9^{lit},559$.

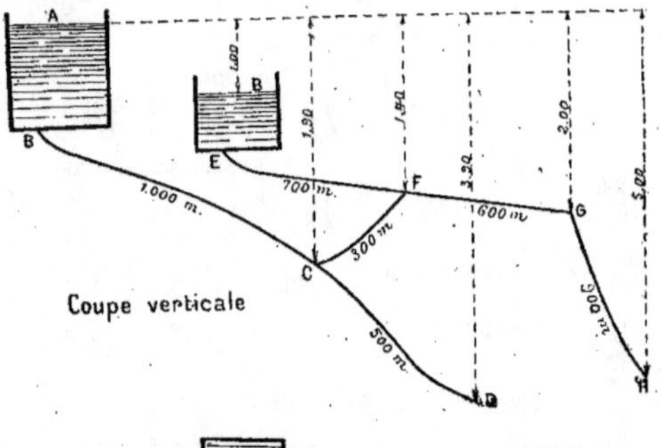



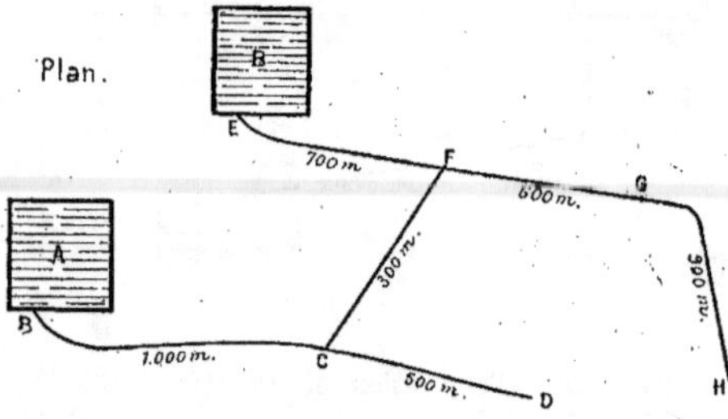



Fig. 330.

Nous avons résumé dans le tableau suivant les résultats et les données du problème ce qui permet de se rendre compte facilement des conditions d'établissement du réseau des conduites de la distribution dans le cas du problème posé.

| DÉBIT DES RÉSERVOIRS PAR SECONDE | CONDUITES | DIAMÈTRES | DÉBITS |
|---|---|---|---|
| | | m. | |
| A — 4 litres | BC | 0.302 | Par mètre courant et par heure.. 5 lit |
| | CD | 0.280 | |
| B — 9 litres 559 | CF | 0.038 | Au point D par seconde.... 3 lit. 50 |
| | EF | 0.357 | |
| | FG | 0.324 | Au point G par seconde.... 4 lit. 50 |
| | GH | 0.218 | |

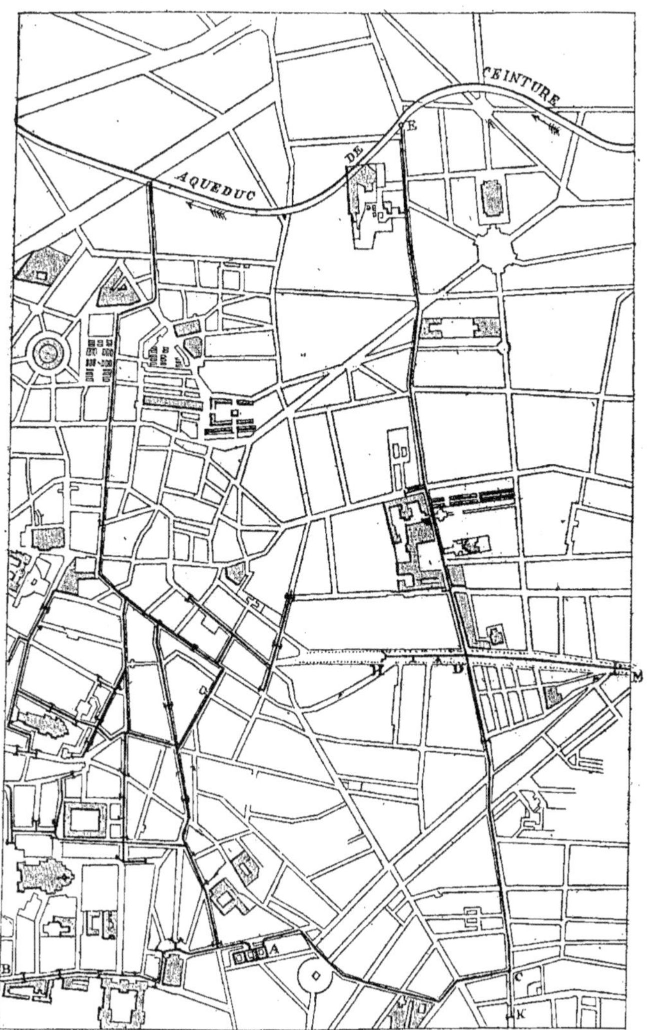


Fig. 331.

Tableau résumant les conditions d'établissement de la conduite AB (*voir n° 370*).

| INDICATIONS des différentes parties de la conduite où le débit est constant | NOMBRE de BORNES à alimenter | VOLUMES à dépenser dans l'intervalle des PRISES D'EAU en mètre cube | DISTANCE entre les PRISES D'EAU en mètres | CHARGES PAR MÈTRES pour dépenser ces volumes | CHARGES TOTALES | VITESSE de L'EAU | NOMBRE de COUDES | PERTES par COUDE | PERTES TOTALES par l'effet des coudes | ORDONNÉES DU NIVEAU auquel s'élèveront LES EAUX à l'origine des branchements des bornes | ORDONNÉES des ORIFICES des bornes fontaines |
|---|---|---|---|---|---|---|---|---|---|---|---|
| 1 | 2 | 3 | 4 | 5 | 6 | 7 | 8 | 9 | 10 | 11 | 12 |
| Prise d'eau A............ | » | » | » | » | » | » | » | » | » | » | 57.670 |
| Première section........... | 13 | 0.045 | 92 | 0.00208 | 0.192 | » | » | » | » | 57.862 | 59.000 |
| Deuxième section.......... | 11 | 0.041 | 23 | 0.00168 | 0.038 | 0.580 | 1 | 0.002 | 0.002 | 57.902 | 58.710 |
| Troisième section.......... | 10 | 0.039 | 66 | 0.00154 | 0.109 | 0.55 | 1 | 0.002 | 0.002 | 58.013 | 58.070 |
| Quatrième section.......... | 8 | 0.035 | 40 | 0.00124 | 0.049 | | » | | | 58.062 | 59.130 |
| Cinquième section.......... | 7 | 0.033 | 70 | 0.00114 | 0.079 | | » | | | 58.141 | 58.970 |
| Sixième section............ | 5 | 0.029 | 90 | 0.00089 | 0.079 | | » | | | 58.220 | 59.300 |
| Septième section........... | 3 | 0.025 | 55 | 0.00067 | 0.036 | | » | | | 58.256 | 60.900 |
| Huitième section........... | 2 | 0.023 | 20 | 0.00057 | 0.011 | | » | | | 58.267 | 59.500 |
| Neuvième section........... | 1 | 0.021 | 84 | 0.00049 | 0.041 | | » | | | 58.308 | 59.500 |
| Charge dépensée par les frottements........ | | | | | 0.634 | | 0.004 | | | | |
| Charge dépensée par les coudes........... | | | | | 0.004 | | | | | | |
| Charge totale........................ | | | | | 0.638 | | | | | | |

### Quatrième problème.

**Distribution de l'eau par une conduite d'un diamètre uniforme, ayant sur son parcours divers points de dégorgement d'un volume déterminé.**

**370.** *Dans un des quartiers importants d'une ville, au centre duquel se trouvent établis des réservoirs de distribution A* (Voir le plan général (*fig.* 331), *on distribue l'eau au moyen d'une conduite de* 0$^m$,30 *de diamètre qui alimente trois bornes-fontaines sur la place de l'Opéra et dix bornes-fontaines dans la rue du Vaugelard. On connaît les hauteurs des bornes-fontaines par rapport à un plan de comparaison. Chaque borne débite* 2 *litres par seconde sauf la deuxième qui débite* 21 *litres par seconde.*

Nous supposerons que le niveau piézométrique au départ de la conduite en A est 57$^m$,67.

Nous connaissons également par le plan et le profil en long les longueurs et les cotes de nivellement des diverses portions de la conduite comprises entre les divers branchements. Cela nous permettra donc de remplir immédiatement avec les données du problème les colonnes du tableau ci-contre, *page* 452, colonnes 1, 2, 3, 4, 8 et 12.

Pour achever de remplir les autres colonnes de ce tableau, nous nous sommes servis des tables de Mary.

Nous avons pris dans ces tables pour chaque dépense dans la colonne correspondante. sur la même ligne, la charge pour la conduite de 0$^m$,30 ; nous avons écrit cette charge dans la colonne 5 du tableau ; et multipliant le chiffre ainsi trouvé par la longueur de la section de conduite correspondante pour laquelle le débit reste constant, nous avons obtenu la charge totale pour chaque portion de conduite et nous avons inscrit les résultats dans la colonne 6.

Les pertes de charges dues aux coudes ont été calculées en cherchant dans la table de Mary la vitesse de l'eau correspondante au volume à écouler ; de ces vitesses inscrites dans la colonne 7, on en déduit chaque perte de charge due aux coudes (Voir le n° 137, page 192).

La colonne 11 est formée en ajoutant successivement à l'ordonnée du niveau de l'eau au point du départ de la conduite les pertes de charge dues aux frottements dans la conduite et aux coudes. Les nombres qui y sont inscrits indiquent la hauteur à laquelle s'élèverait l'eau sur les différents points de la conduite auxquels ils correspondent.

Il faut remarquer que dans l'exemple choisi, l'eau s'élèvera sur tous les points à une hauteur supérieure à celle des orifices des bornes-fontaines. L'écoulement aura donc lieu partout comme l'indiquent les chiffres inscrits dans les colonnes 11 et 12.

# CINQUIÈME PARTIE

# APPAREILS ET ACCESSOIRES

## DE LA DISTRIBUTION

**375.** Le but qu'on se propose d'atteindre est de prendre les eaux dans les réservoirs, de les faire circuler et de les distribuer à l'endroit indiqué par les besoins de consommation et dans des conditions de clarification et de pression déterminées. Dans l'étude des appareils et accessoires de la distribution nous sommes donc conduits à distinguer :

L'exécution des conduites ;

La forme et la construction des robinets, regards et ventouses ;

**Les appareils de dégorgement.**

Dans cette dernière catégorie, nous comprendrons les compteurs d'eau, les appareils de filtrage des eaux et l'étude de la canalisation et de la distribution secondaire.

Dans la première nous grouperons tout ce qui concerne la *conduite* depuis la *prise d'eau* jusqu'à la *pose des tuyaux de conduite*.

# CHAPITRE PREMIER

## DE L'EXÉCUTION DES CONDUITES

**376.** Dans l'établissement d'une conduite, il faut distinguer la **prise d'eau** par une pompe dans un réservoir ou un aqueduc sur une conduite principale ou secondaire ;

**La conduite** dont l'étude nécessite l'examen des *tuyaux* ;

Celles de leur fourniture, de leur assemblage et de leur pose.

## § I. — DE LA PRISE D'EAU

**Prise d'eau dans un réservoir.**

**377.** La prise d'eau dans un réservoir de distribution se fait au moyen d'un tuyau de fonte recourbé à angle droit et incrusté dans le massif de la maçonnerie.

On peut régler l'écoulement par un robinet de prise d'eau placé comme sur la figure 332 qui donne un détail de la prise d'eau du réservoir d'Amiens. Le robinet de prise est placé dans une galerie A contiguë au réservoir lui-même.

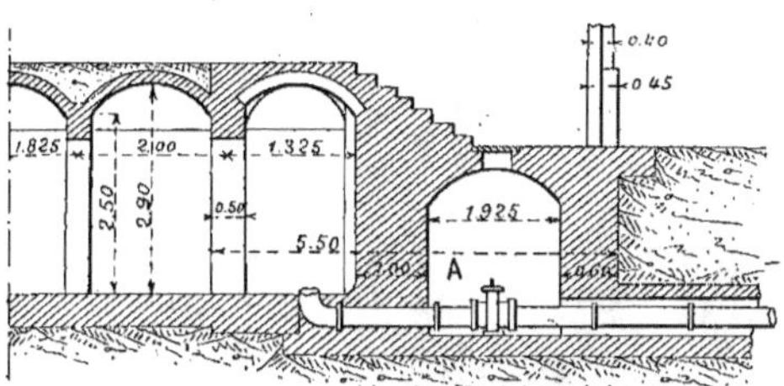


Fig. 332.

**a. — Prise d'eau par une bonde**

**378.** On règle souvent l'écoulement de l'eau par une *bonde* qui ferme hermétiquement l'orifice du tuyau, lorsqu'elle est baissée, et dont la manœuvre se fait ou par une vis, ou par un levier coudé qui porte à son extrémité une gorge circulaire dans laquelle s'enroule la chaîne fixée à l'axe vertical de la bonde.

Pour éviter l'entrée des corps étrangers dans la conduite, on place souvent la prise d'eau dans un puisard circulaire.

Le tuyau de fonte, recourbé à angle droit et incrusté dans le massif en maçonnerie du puisard se compose de deux branches qui se raccordent par un quart de circonférence de 70 centimètres de rayon.

La branche extérieure a 60 centimètres de long; elle s'élève verticalement de 20 centimètres au-dessus du fond du réservoir, afin de prévenir par cette disposition, l'entrée des matières pesantes qui pourraient être entraînées dans le puisard par le courant.

La surface intérieure de l'orifice vertical est dressée en forme de cône tronqué, pour recevoir l'extrémité de la bonde en fer de même forme, au moyen de laquelle cet orifice est tenu, à volonté, ouvert ou fermé.

Cette bonde est composée d'un tuyau de cuivre laminé, monté sur un châssis de trois barreaux de fer verticaux, assemblés à leurs extrémités dans des croisillons de même métal.

Les barreaux de fer s'élèvent au-dessus du croisillon supérieur, en s'inclinant les uns sur les autres, et présentent ainsi les trois arêtes d'une pyramide triangulaire, qui se réunissent, à leur sommet, dans une portion d'anneau de fer forgé.

On manœuvre cette bonde par une chaîne de fer qui est fixée au centre du croisillon supérieur, et qui forme l'axe matériel de la pyramide mentionnée ci-dessus.

Cette chaîne s'enroule dans une gorge circulaire adaptée à l'extrémité d'un levier, qui a son axe de rotation au centre même de cet arc de cercle.

Le bras de levier à l'aide duquel la bonde est manœuvrée est introduit dans

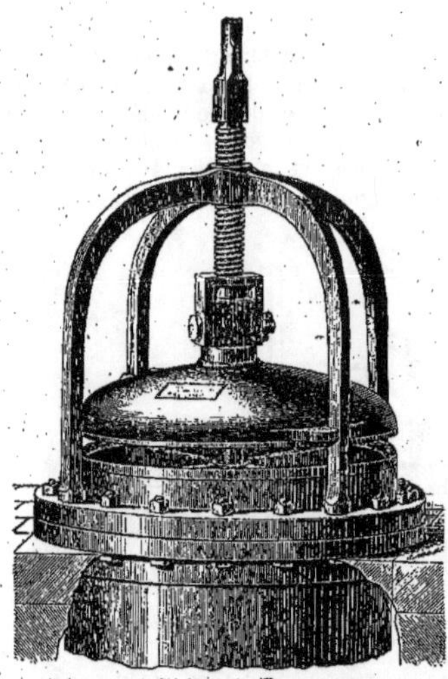

Fig. 333. — Bonde de fond.

l'intérieur du regard par une embrasure pratiquée à cet effet dans le mur circulaire de ce regard.

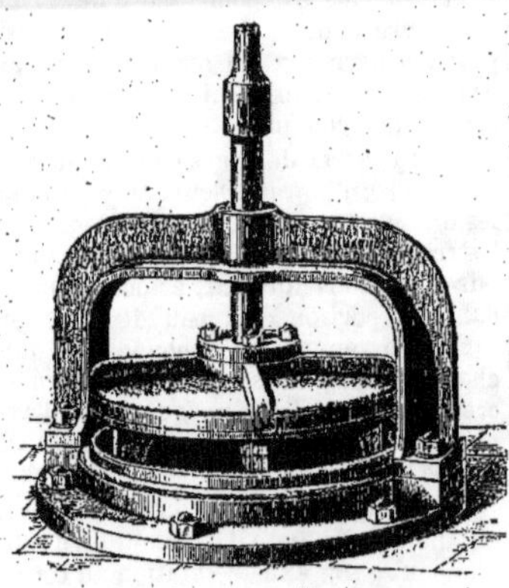

Fig. 334. — Bonde de fond.

La figure n° 333 représente une bonde de fond (type Glenfield). Les contacts du clapet et du siège sont en bronze parfaitement rodés et étanches. Le siège est placé dans un puisard à l'affleurement du fond. Le clapet est manœuvré d'en haut au moyen d'une tige en fer guidée dans un support.

La figure n° 334 représente une bonde de fond dont la manœuvre se fait au contraire d'en haut par une tige filetée, passant dans un support à colonne avec écrou en bronze comme pour les vannes du réservoir (voir la figure 337).

**b. — Prise d'eau au moyen d'un siphon**

**379.** Nous avons donné (*fig.* 294) un exemple de prise d'eau de ce genre en disant quelques mots de la nouvelle usine élévatoire du Bercy.

La figure 335 donne un dispositif :

*rr*, Robinets d'arrêt qu'on ferme pour amorcer le siphon ;

*t*, Tubulure qui sert à remplir le siphon.

*v*, Tuyau-ventouse destiné à donner une issue à l'air de la conduite lorsqu'on y introduit l'eau.

La différence de niveau entre les extrémités des deux branches verticales du siphon est de 30 centimètres.

Pour amorcer le siphon, on ferme les deux robinets d'arrêt placés à ses extrémités, et au lieu de faire le vide, on le remplit d'eau par l'ouverture pratiquée dans la partie supérieure ; on ferme cette ouverture ; on débouche ensuite les deux extrémités en ouvrant les robinets, et l'écoulement s'établit.

**c. — Prise d'eau au moyen de vanne**

**380.** On remplace aujourd'hui presque toujours dans les grands réservoirs la bonde de fond par une *vanne* dont la manœuvre offre plus de sécurité.

La figure 336 représente une vanne de prise d'eau de réservoir munie d'une crépine prévenant l'entrée dans la conduite de corps étrangers. La vanne comporte une vis en bronze, actionnée du haut du réservoir par l'intermédiaire d'une tige en fer, maintenue par des colliers et un support à colonne.

La figure 337 représente un tuyau de trop plein, raccordé avec un robinet-vanne à entrée évasée.

Pour des réservoirs et des tuyaux de petites dimensions on adopte souvent la disposition de la figure 338. — La vanne

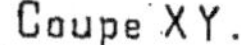


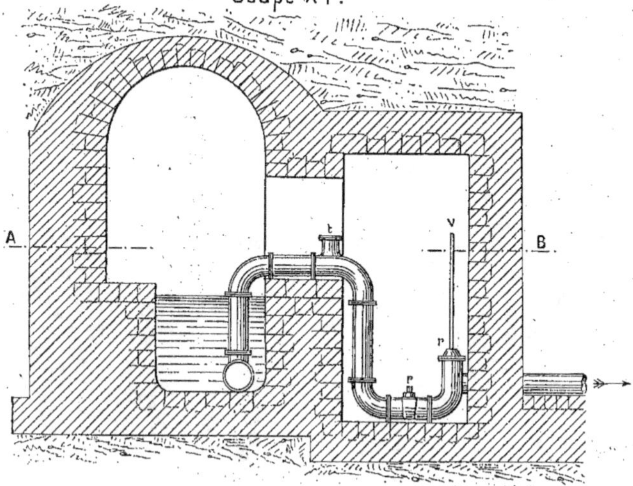


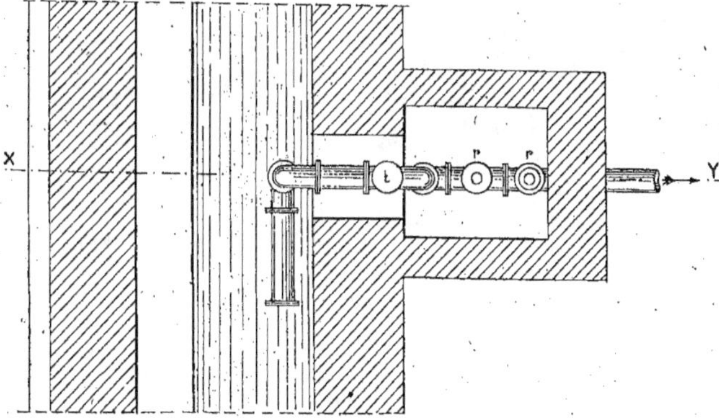


Fig. 338. — Prise d'eau au moyen d'un siphon.

et sa tige sont inclinées ; la première est munie d'un grillage qui a pour but d'ar-rêter les corps étrangers qui pourraient s'engager dans la conduite ; il peut d'ailleurs être mobile et ramené à la surface au moyen d'un chemin de fer pour être nettoyé.

On a souvent intérêt à prendre l'eau sans créer de remous qui peuvent troubler l'eau et aussi à prendre l'eau du réservoir dans sa partie la plus claire c'est-à-dire vers la surface.

Pour cela on établit un puits comme dans la figure 339 ou une colonne de prise d'eau (*fig*. 340) sur laquelle se trouvent disposées plusieurs vannes à diverses hauteurs.

Les vannes sont construites proportion-

Fig. 336. — Vanne de prise d'eau de réservoir.

nellement à la grandeur de la colonne et au diamètre du tuyau de prise d'eau. Elles ont leurs faces en bronze. Les vis qui peuvent être faites, soit en fer ou en bronze, tournent dans des écrous en bronze et sont manœuvrés d'en haut.

La figure 340 *bis* représente une modification spécialement appliquée aux colonnes de grands diamètres. Les brides des tronçons composant la colonne sont

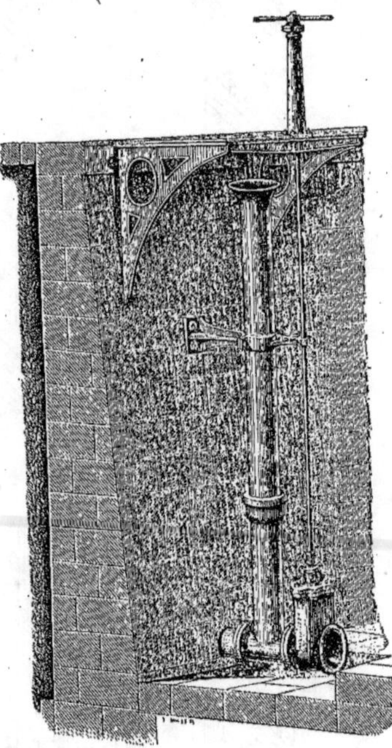

Fig. 337. — Tuyau de trop-plein et vanne.

situées à l'intérieur, à l'opposé de ce qui se fait ordinairement avec des brides extérieures.

Au lieu de vannes à coulisseaux ou à simple contact, on fait usage de robinets-vannes proprement dits, à doubles contacts et étagés à l'intérieur de la colonne. Ces robinets sont pourvus de vis en bronze actionnées du haut de la colonne au moyen de tiges en fer. Extérieurement et en face de chaque ouverture de robinet se trouve un châssis muni d'une toile métallique, guidé par des coulisseaux en fonte. Cette toile a pour but d'arrêter toutes matières étrangères telles que bois, feuilles, pailles, etc...

En cas de réparation d'un robinet-vanne, le châssis à toile métallique est retiré et remplacé par un disque plein, solide, avec contact en bronze ; ce qui permet aux ouvriers, qui descendent dans la colonne au moyen d'échelles à demeure, de procéder à la réparation ou au net-

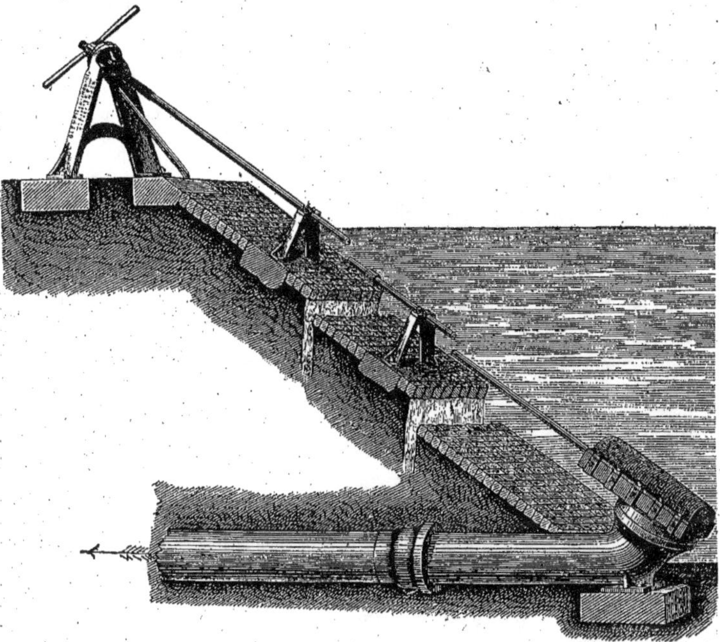

Fig. 338. — Vanne de réservoir avec grillage.

toyage. De temps en temps les châssis à tamis sont ramenés à la surface pour être débouchés.

Pour compléter ce qui précède nous donnons (*fig.* 340 *ter*) un dispositif de prise d'eau pour petits réservoirs.

Le robinet-vanne est raccordé avec un coude qui porte une crépine mobile. La crépine et la vanne se manœuvrent d'en haut.

## Prise d'eau sur un aqueduc.

**381.** La prise d'eau sur un aqueduc se fait soit au moyen d'un tuyau scellé dans la maçonnerie comme pour les réservoirs (*fig.* 337) soit au moyen d'une galerie.

Dans l'un et l'autre cas, la fermeture se fait comme l'indique la figure 341 qui représente en A une disposition de prise d'eau par tuyau, en B une disposition de prise d'eau par galerie.

Les vannes à orifices circulaire A et

Fig. 339. — Plaques à vannes étagées pour puits de réservoir.

rectangulaire B se construisent en fonte. Les coulisseaux et plaques de la vanne rectangulaire sont généralement garnis en bronze. La vanne à orifice circulaire porte des rondelles en bronze. Selon la demande les deux peuvent avoir leurs surfaces de contact en fonte seulement.

### Prise d'eau sur une conduite de distribution.

**382.** La prise d'eau sur une conduite se fait au moyen d'un tuyau ajusté sur une tubulure qu'on a eu soin de réserver à cet effet, comme l'indique la figure 342.

Plus ordinairement on ouvre un orifice circulaire dans la paroi de la conduite principale.

Dans ce dernier cas, le tuyau prise d'eau est fixé sur la conduite par un *collier à lunette*, que l'on arrête au moyen de vis, après avoir interposé une rondelle de cuir gras (*fig.* 343).

Lorsque le branchement a un très petit diamètre, on se contente de le visser sur la conduite principale(*fig.* 344).

**383.** Les prises d'eau des conduites secondaires tertiaires et quaternaires, conduites qui font partie du réseau de la distribution et dont les points de *prise* sont en général prévus à l'avance, se font en général au moyen d'une tubulure (*fig.* 342).

Les prises d'eau des conduites d'irrigation se font différemment ; parce qu'elles sont moins importantes et que leur emplacement ne peut être prévu à l'avance.

Dans la pratique on appelle *branchements* les tuyaux généralement en *plomb* qui relient les conduites de la distribution générale soit avec les bouches de lavage et fontaines publiques, soit avec les habitations des particuliers.

Le mot *prise* est plus particulièrement employé pour désigner le point où ces *branchements* sont raccordés avec le réseau de la distribution générale.

Ces *prises* peuvent se faire au moyen de tubulures venues de fonte sur le côté des gros tuyaux comme l'indique la figure 342. Dans ce cas la tubulure T et le robinet d'arrêt R étant en place au moment de la pose de la prise d'eau, cette prise se fait sans aucune difficulté et sans nécessité

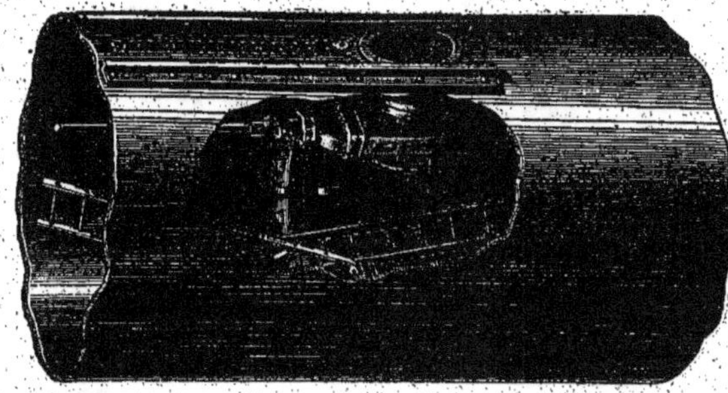

Fig. 340 bis. — Détail de colonne de prise d'eau.

Fig. 340. — Colonne de prise d'eau pour réservoir, avec passerelle.

de suspendre le fonctionnement de la distribution de la conduite A.

Fig. 340 *ter*. — Prise d'eau pour réservoir.

Le plus souvent, ces prises se font au moyen d'un trou percé au bédane dans la fonte de la conduite A. C'est le cas de la figure 343.

Souvent on ménage en certains points des conduites des renforcements pour permettre le percement de ces trous. On verra plus loin à propos des tuyaux les diverses dispositions prises à cet effet.

Le raccord avec la conduite s'obtient comme l'indique cette figure en battant un collet au bout du branchement en plomb, pnis en interposant entre ce collet et la surface extérieure du tuyau une rondelle en cuir gras pour former le joint qu'on serre ensuite à l'aide d'un *collier à lunette* en fer.

Il arrive le plus souvent que les prises doivent être faites sur des conduites *en service*.

On a donc dû chercher un moyen de se mettre à l'abri de l'eau qui s'échapperait

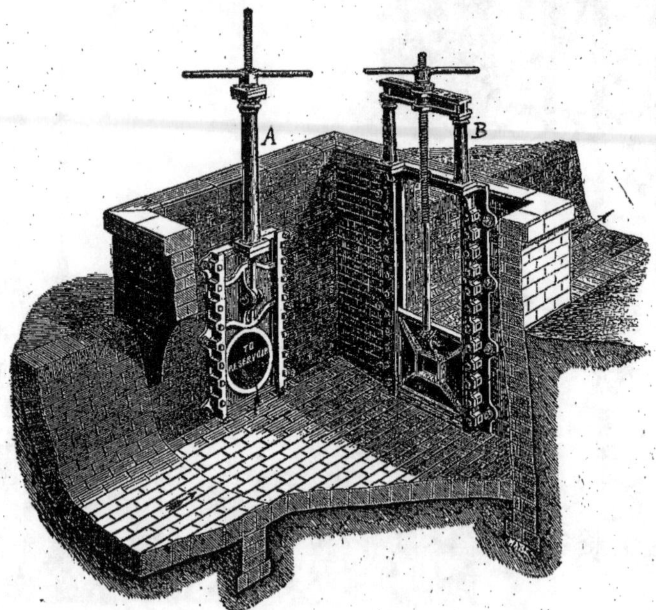


Fig. 341. — Prise d'eau sur aqueduc.

de la conduite au moment où l'on pratique la prise, moyen qui ne doit pas nécessiter l'isolement par des robinets d'ar-rêt de la portion de la canalisation où se fait le travail et par suite l'interruption du service dans cette portion.

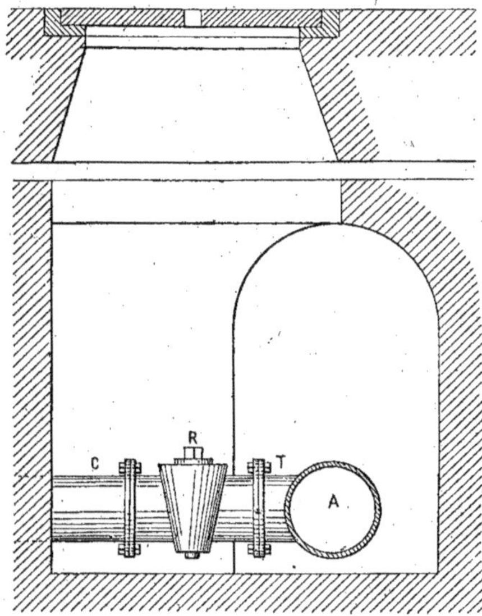

Fig. 342. — Prise d'eau sur une conduite au moyen d'une tubulure.

APPAREILS POUR PLACER LES RACCORDS DE PRISE D'EAU SUR LES CONDUITES EN CHARGE

**384.** On a imaginé divers appareils qui permettent de placer les raccords de prise d'eau sur les conduites en charge, sans vider ces conduites ni en suspendre le service. En général ces appareils ont l'inconvénient d'exiger après l'opération l'abandon d'une partie de l'instrument de forage qui reste maintenue par une bride sur la conduite elle-même.

*M. E. Claussolles*, ingénieur construc-

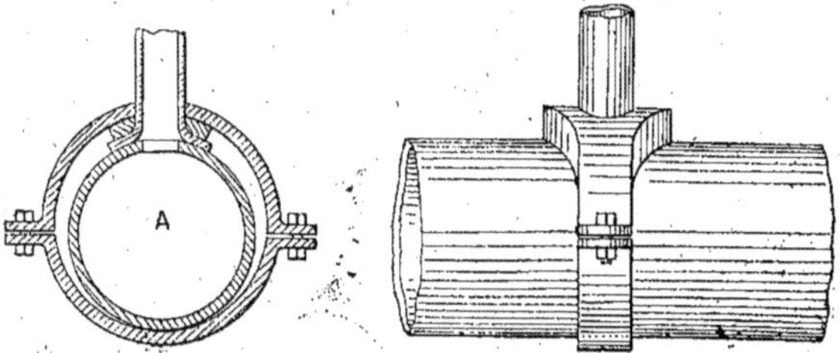

Fig. 343. — Prise d'eau sur une conduite au moyen d'un collier à lunette.

teur, à Paris, a imaginé un raccord qui mérite l'attention des ingénieurs hydrauliciens.

*Système de M. E. Claussolles.*

**385.** Le raccord de M. E. Claussolles (*fig.* 345) se compose :

D'une partie A munie d'une soupape à ressort et vissée à l'aide d'un appareil spécial sur la conduite d'eau E ;

D'une tubulure B, soudée sur le tuyau en plomb du *branchement*. Cette tubulure est munie de plusieurs encoches à sa partie inférieure, qui poussent la soupape

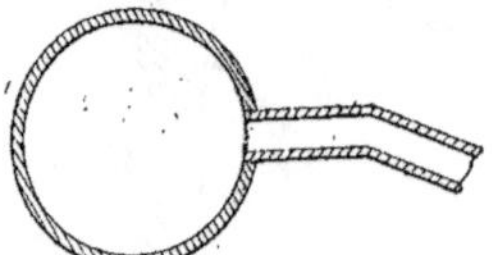

Fig. 344. — Prise d'eau vissée.

A' lorsque l'on visse l'écrou à chapeau B ; ce qui permet à l'eau de la conduite E de s'échapper par le branchement B.

Pour arrêter le passage de l'eau, il suffit de dévisser l'écrou B' ; la soupape A' est alors repoussée par son ressort et appliquée sur son siège par la pression de l'eau ; un cuir qui garnit le siège permet d'assurer une fermeture hermétique.

L'appareil qui sert à placer le raccord de prise d'eau et à visser la pièce filetée A doit également tarauder la fonte de la conduite en la perçant. Nous en donnons deux vues verticales (*fig.* 346).

Il se compose : 1° d'un collier à lunette formé d'une partie D en deux branches mobiles autour d'un axe O qui embrassent la conduite et d'une partie C cylindrique ayant deux pattes venues de fonte — percées de trous pour recevoir les deux tiges filetées de la bride à charnière D.

Un des branches de cette bride vient s'emboîter dans une mortaise cylindrique C', l'autre dans une mortaise ovale C".

Cette disposition du collier à lunette permet de faire usage de l'appareil pour des conduites de diamètres assez différents.

La mortaise en fourche C" a pour but

d'éviter que l'on soit obligé de dévisser

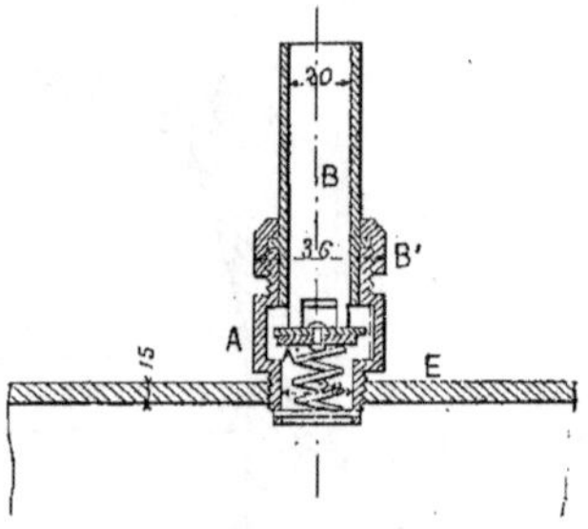

A. — *Coupe verticale du raccord*
(en place)

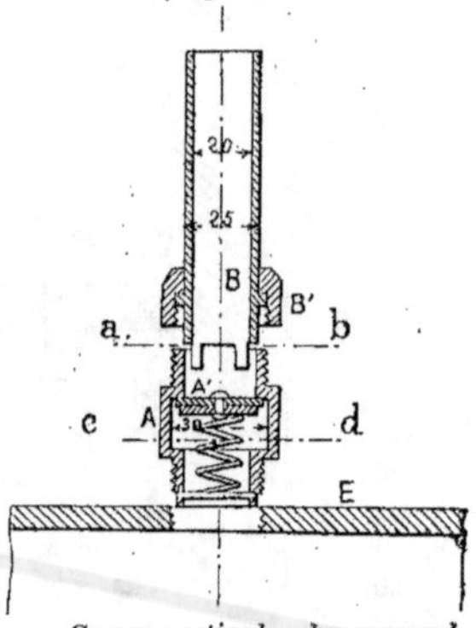

B. — *Coupe verticale du raccord*
(avant la pose)

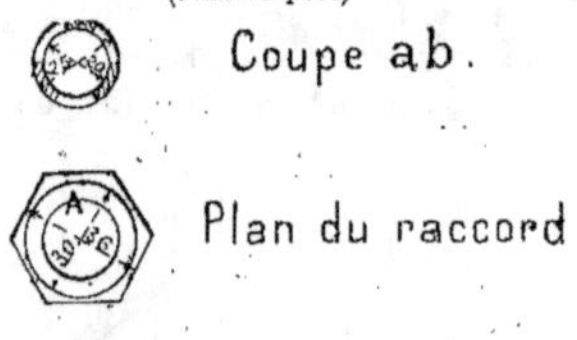

Coupe ab.

Plan du raccord

Coupe cd.

C. — *Détails du raccord.*

Fig. 345. — Raccord de prise d'eau de M. E. Claussolles.

complètement les écrous pour démonter l'appareil.

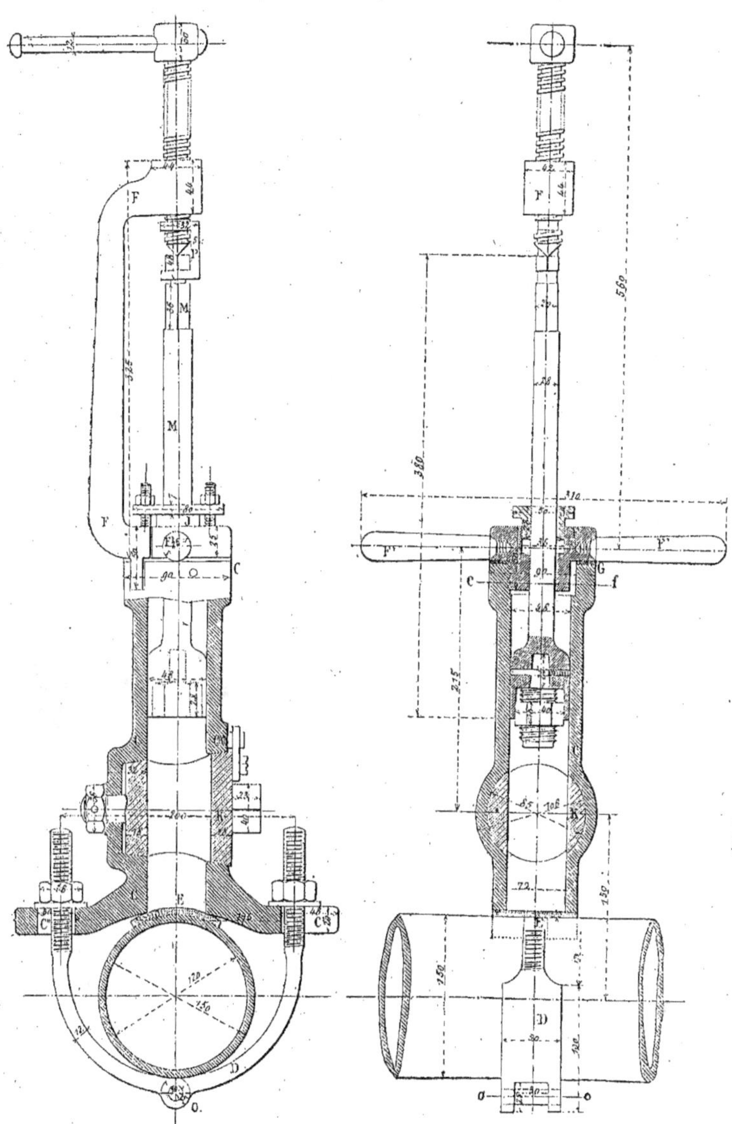

Fig. 346.

Pour pratiquer l'opération et assurer l'étanchéité, on interpose entre le tuyau et le chapeau C une lame de plomb E.

Sur le chapeau C du collier à lunette est montée une pièce F munie de deux poignées F' et F": Cette pièce F est filetée à l'une de ses extrémités comme les culasses des canons (voir la coupe suivant *ef*, fig. 347), c'est-à-dire que, pour monter sur le corps C qui forme écrou et est fileté de la même façon, il suffit d'introduire l'extrémité de la pièce F dans la partie filetée du corps C, en ayant soin que, pendant cette introduction, le guide soit en contact avec la tige, et en faisant un tiers de tour. Un cuir C garantit l'appareil contre les fuites.

La pièce F porte une vis H qui vient appuyer sur le porte-outil M qui traverse un presse-étoupes J. Le robinet K permet d'intercepter le passage de l'eau lorsque cela est nécessaire et son ouverture est assez grande pour que le porte-outil puisse la traverser.

L'appareil étant mis en place, on fixe la mèche ou fraise L dans le porte-outil M et on la maintient avec la vis *m*. Le robinet K étant ensuite ouvert, on serre la vis H, jusqu'à ce que la fraise vienne toucher le métal et l'on fait tourner, à l'aide d'un levier à cliquet, le porte-outil M et on ferme le robinet K. A l'aide des deux poignées F' et F", on déboîte la pièce F en faisant un tiers de tour, et on rem-

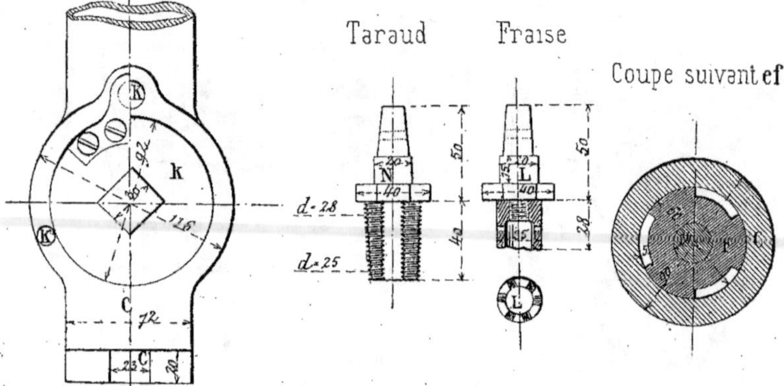


Fig. 347. — Détails de l'appareil.

place la fraise L, dans le porte-outil, par le taraud N. On replace la pièce F, on ouvre de nouveau le robinet K, et on taraude le trou.

Cette seconde opération terminée, on dévisse le taraud; puis après avoir remonté le porte-outil et fermé le robinet K, on déboîte la pièce F et on remplace le taraud par le raccord A, qui s'ajuste exactement dans un évidement à six pans pratiqués à l'extrémité du porte-outil. On ouvre une dernière fois le robinet K et on visse le raccord A sur la conduite en

faisant tourner le porte-outil M. On dévisse ensuite les écrous de la bride D et on enlève l'appareil.

Pour poser la conduite et laisser passer l'eau on emboîte la tubulure B dans l'ouverture du raccord et on visse l'écrou à chapeau B' sur ce même raccord; opération qui a pour résultat d'ouvrir la soupape A' et de laisser passer l'eau (1).

*Système Mathelin et Garnier.*

**386.** Le système Mathelin et Garnier

(1) Vigreux *Travaux d'édilité*, page 72.

adopté par la ville de Paris pour percer les conduites d'eau en charge se compose d'un collier à lunette en deux parties à peu près symétriques. L'une d'elles A (*fig.* 347 *bis*) porte vissé dans la fonte de

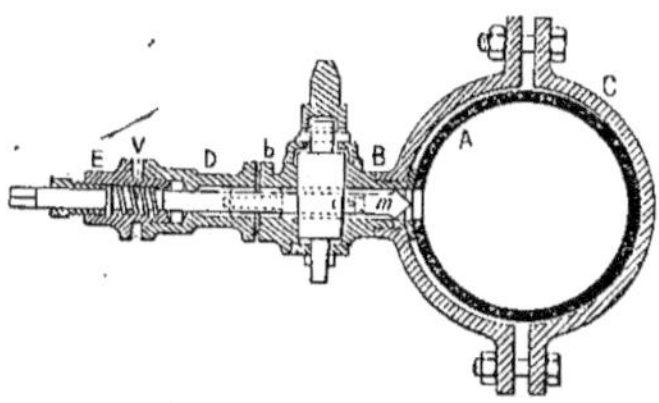

Fig. 347 *bis*. — Machine à percer les conduites d'eau en charge (Système adopté par la ville de Paris.

la bride, le raccord B. Ce raccord constitue la pièce qui doit rester adaptée à la conduite après l'opération. Cette pièce est ici un robinet d'arrêt qui porte à l'autre extrémité une bride destinée à former le raccord avec la conduite du branchement.

Au moment de l'opération, cette bride est boulonnée avec une autre bride qui appartient à une seconde pièce destinée à disparaître après l'opération. Dans cette pièce (le porte-outil) se trouve une partie filetée. L'appareil étant mis en place, et la mèche *m* étant placée près de la fonte à attaquer, on tourne l'outil dont la vis détermine l'avancement; et la mèche attaque la fonte. Deux Stuffing box D et E empêchent l'eau de passer.

L'opération terminée, on tourne l'outil en sens inverse jusqu'à ce que la mèche échappe le boisseau du robinet d'arrêt que l'on ferme.

On enlève les boulons de la bride en *b* et l'on détache le porte-outil et l'outil ensemble.

## § II. — DE LA NATURE DES TUYAUX

**387.** Les tuyaux de conduite étaient autrefois presque tous en poterie ou en bois, ce qui les rendait fragiles, sujets à fuir et à s'engorger.

On se servit ensuite du plomb. La durée de ce métal, la facilité que l'on avait de faire varier suivant les circonstances la forme des tuyaux, de les réunir au moyen d'une soudure, en firent adopter l'usage. Mais lorsqu'on voulut appliquer le plomb à des distributions d'eau qui exigeaient des conduites d'un grand diamètre, on reconnut bientôt que son emploi entraînerait dans des dépenses considérables et l'on chercha à y substituer la fonte de fer. C'est aujourd'hui le métal le plus généralement adopté. On ne se sert du plomb que pour les raccordements et les extrémités des branchements particuliers qui portent l'eau dans les édifices ou qui la distribuent dans l'intérieur des fontaines parce qu'il se prête à toutes les inflexions.

Les tuyaux qui servent à la conduite des eaux peuvent être faits :

1° En bois naturel ;

2° En bois courbé ;

3° En poterie ;

4° En pierre naturelle ;

5° En pierre artificielle ;

6° En plomb ;

7° En tôle de fer ;

8° En fonte de fer.

Ils doivent satisfaire aux conditions générales suivantes :

1° Résistance à la pression ;

2° Durée indéfinie ;

3° Propreté et pureté des eaux ;

4° Imperméabilité ;

5° Assemblage parfait ;

6° Économie.

On doit donc les comparer entre eux sous ces divers rapports en ayant égard notamment à la résistance, à la dépense, aux frais d'entretien, aux différentes causes de destruction comme la rouille, l'humidité, le mode d'assemblage, etc...

### a. — TUYAUX EN BOIS

**388.** Les tuyaux de bois pourrissent facilement lorsqu'on les pose en terre :

on trouve rarement des arbres sains et qui présentent une résistance uniforme, de manière qu'on ne doit en général employer ces tuyaux que pour des conduites isolées où l'eau n'éprouve pas une pression de plus de deux atmosphères.

Les conduites pour la distribution des eaux dans les différents quartiers de Londres et de Paris étaient autrefois toutes en bois. Mais lorsqu'on voulut établir des machines à vapeur et augmenter la pression, il se manifesta des fuites sur tous les points, et l'on fut obligé de les remplacer par des tuyaux de fonte. Il n'en existe plus aujourd'hui.

### b. — Tuyaux en poterie

**389.** — Les tuyaux en *poterie* dont on se sert ordinairement n'ont que 10 centimètres de diamètre et 80 centimètres ou 1 mètre de longueur. Lorsque les tuyaux sont soumis à une pression de plus d'une demi-atmosphère, il est nécessaire d'envelopper le tuyau (qui n'est pour ainsi dire, que l'enduit intérieur de la conduite) d'une maçonnerie qui fasse résistance à la pression, quelle qu'elle soit : tout diamètre de poterie peut servir dans ce cas.

Le mode de fabrication de ces tuyaux est important à considérer au point de vue de leur résistance. On emploie en général une machine analogue à celle dont on se sert pour faire les tuyaux de drainage ; mais il est nécessaire d'employer une machine hydraulique très puissante parce que la pâte argileuse doit être très ferme. Il arrive que celle-ci se soude moins bien dans les intervalles laissés par les lames qui relient le mandrin au cylindre intérieur et quand les tuyaux sont soumis à une pression un peu forte, ils se fendent longitudinalement. Dans ce cas on ne peut en faire usage que pour les conduites soumises à une faible charge.

Pour obtenir des tuyaux résistants, il faut que les lames d'attache du mandrin soient placées avant le rétrécissement par lequel la pâte sort du récipient dans lequel agit le compresseur.

Ces tuyaux sont en général d'une régularité parfaite.

Leur *assemblage* se fait en les plaçant bout à bout et en les entourant d'un manchon de diamètre plus grand. Il reste ainsi un intervalle de $0^m,01$ centimètre environ entre ce manchon et les tuyaux à assembler, intervalle dans lequel on bourre du mortier de ciment.

Pour augmenter l'adhérence, on peut pratiquer des stries dans la paroi extérieur des abouts des tuyaux.

On peut aussi les assembler à emboiture, et le joint doit être enveloppé de *filasse goudronnée* ou de *bon ciment*.

Pour faire des embranchements sur ces tuyaux, on les perce avec un trépan, au point où l'on veut établir l'embranchement, puis on vient appliquer sur ce trou un tuyau en plomb, à l'extrémité duquel on a battu le collet. — Le serrage s'obtient avec un collier à lunette exactement de la même façon qu'il a été dit pour les tuyaux de fonte sur lesquels on n'a pas préparé de trous tamponnés.

On s'est servi avec avantage et économie de ces tuyaux pour dériver et distribuer des eaux de source coulant constamment avec peu de charge et sans changement de température. Ils ont l'inconvénient de s'incruster facilement de dépôts calcaires, à moins que l'on n'emploie des tuyaux dont l'intérieur est vernissé comme ceux du type Doulton.

Parmi les tuyaux en poterie, il faut citer ceux en terre cuite émaillée de MM. Zeller et compagnie à Ollwiller, qui présentent de grands avantages au point de vue hygiénique et résistent à de fortes pressions. Ils ont l'avantage lorsqu'ils sont bien posés de durer indéfiniment et de ne pas favoriser à l'intérieur les incrustations et les obstructions ; leur assemblage se fait à l'aide de manchons. Ils ont été employés dans la canalisation d'un grand nombre de villes.

### c. — Tuyaux en pierre naturelle et en pierre artificielle

**390.** Lors du projet d'amener les eaux de l'Yvette à Paris, M. Molard avait proposé de construire des tuyaux en *pierre forée*, de 4 mètres de longueur sur 22 centimètres carrés et 8 centimètres de diamètre intérieur. Le forage qu'il indiquait devait se faire de bas en haut, au moyen de l'aiguille de mineur : de cette manière, le *machon* (ou éclats de pierre) tombait de suite.

Il existe d'ailleurs peu de conduites en pierre naturelle.

Il existe, par contre, beaucoup de con-

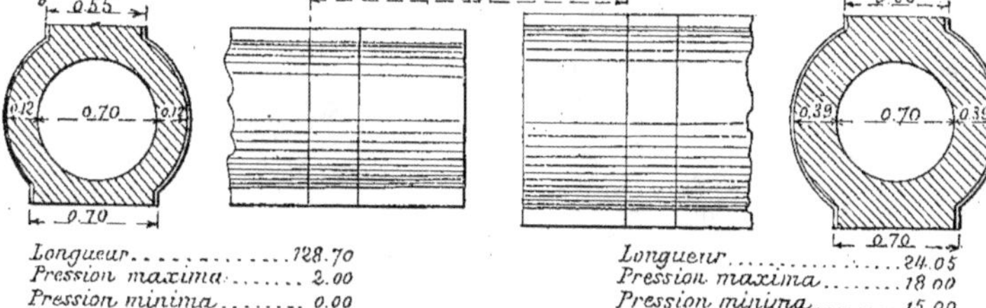

Spécimen de conduite en béton de ciment

Fig. 348.

duites en ciment romain, en béton Corignet et en pierre artificielle.

Les *conduites en ciment* peuvent être avantageusement employées quand la pression ne dépasse pas une certaine limite. On pourrait citer de nombreuses applications de ce système.

Dans la distribution des eaux de Nîmes où la pression maxima de dépasse pas 12 mètres, une partie de la conduite d'adduction a été exécutée avec des tuyaux en béton de ciment sur une longueur de 9 kilomètres. C'est la société de la Porte de France à Grenoble qui a exécuté ces travaux.

Le diamètre intérieur est de 0$^m$,80, les épaisseurs varient suivant les pressions supportées

EXEMPLE D'UNE CONDUITE DE 0$^m$.70 DE DIAMÈTRE ET DE 875$^m$,05 DE LONGUEUR *soumise à des pressions variables*

| ÉPAISSEURS | PRESSION MAXIMA | LONGUEURS |
|---|---|---|
| 0.12 | 2.00 | 128.70 |
| 0.15 | 5.00 | 30.50 |
| 0.15 | 5.00 | 24.58 |
| 0.16 | 6.00 | 407.00 |
| 0.18 | 10.00 | 32.70 |
| 0.20 | 10.00 | 20.15 |
| 0.25 | 15.00 | 175.35 |
| 0.30 | 15.00 | 32.02 |
| 0.39 | 18.00 | 24.05 |
| Longueur totale | | 875.05 |

La ville de Nice a fait construire 27 kilomètres de conduite en béton de ciment.

L'aqueduc principal a une forme ovoïde de 1$^m$,25 de hauteur et 0$^m$,76 de

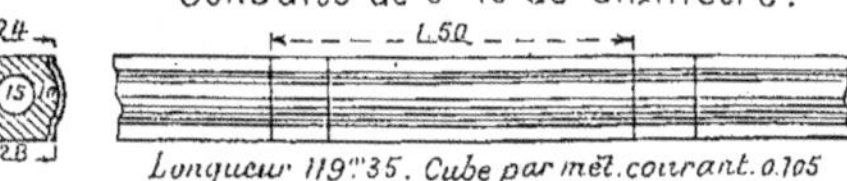


Fig. 348 *bis*. — Conduites en béton de ciment de la Porte de France.

largeur maximum. La longueur est de 1160ᵐ,45, son épaisseur de 0ᵐ,12 et le cube par mètre courant de 0ᵐ,60.

La figure 348 donne un spécimen de conduite en béton de ciment.

La figure 348 *bis* donne trois exemples de conduites exécutées en béton de ciment de la Porte de France.

On ne pourrait employer de pareilles conduites pour des refoulements, parce que les charges y seraient trop considérables.

Mais quand les charges ne dépassent pas 10 à 15 mètres, les conduites en ciment présentent sur la fonte des avantages sérieux d'économie.

Eu général dans l'exécution des canalisations en béton de ciment, on peut se baser pour l'estimation de la dépense sur le prix de 60 francs le mètre cube de béton employé en ayant soin de tenir compte des bourrelets, des joints, etc., qui augmentent le volume des tuyaux de un sixième environ.

A Paris on ne remarque qu'une seule conduite de ce genre, qui a 1ᵐ,30 de diamètre et constitue la tête de la distribution d'eau de la Vanne. Son choix a été justifié par l'imposibilité de trouver dans la fabrication courante des usines des tuyaux en fonte de ce diamètre.

Aujourd'hui le cas ne serait plus le même ; mais en 1873 on n'avait pas dépassé le diamètre de 1ᵐ,10 et, de plus, les fontes étaient chères. On se décida pour une conduite en béton de ciment. La charge ne devait pas dépasser 22 mètres. On pouvait voir à l'Exposition de 1878, dans le pavillon de la ville de Paris, le modèle réduit au dixième, et, sur les berges de la Seine, l'appareil lui-même qui a servi au moulage sur place de cette énorme conduite. Il consiste en un cylindre de tôle placé dans une position inclinée sur un axe de rotation horizontal.

Ce cylindre reçoit les matières qui servent à fabriquer le béton ; savoir : le ciment, le sable, la pierre et l'eau. On lui communique un mouvement de rotation qui opère le mélange des matières auxquelles, après chaque demi-tour, on fait subir une translation d'un bout à l'autre. Après trente tours, on obtient un mélange

intime. En employant concurremment deux cylindres, on peut se livrer à une fabrication continue. Cette bétonnière est actionnée par une locomobile portée sur un deuxième chariot attelé au premier.

On coule ainsi le tuyau en anneaux successifs. Après le coulage du premier anneau la locomobile se transforme en remorqueur à l'aide d'un engrenage calé sur l'essieu du chariot qui la porte et commandé par une chaîne de Gall, et fait avancer l'appareil. On peut faire ainsi 10 mètres cubes de béton à l'heure. On a employé le ciment de Portland à prise lente, de sorte que chaque tronçon de conduite doit être laissé sur cintre pendant quarante-huit heures. Cet appareil ingénieux qui a été imaginé par l'ingénieur *Couche* est susceptible d'application dans tous les travaux qui exigent l'emploi du ciment.

## Tuyaux en ciment de la Porte de France.

**394.** Nous donnerons ici quelques détails sur le mode de fabrication des tuyaux en *ciment de la Porte de France* à Grenoble, fabriqués par la Société Delune et Cie.

Les tuyaux se moulent sur place, dans la tranchée, sans solution de continuité au moyen d'un mandrin et de deux enveloppes en fer ou en bois placées parallè-

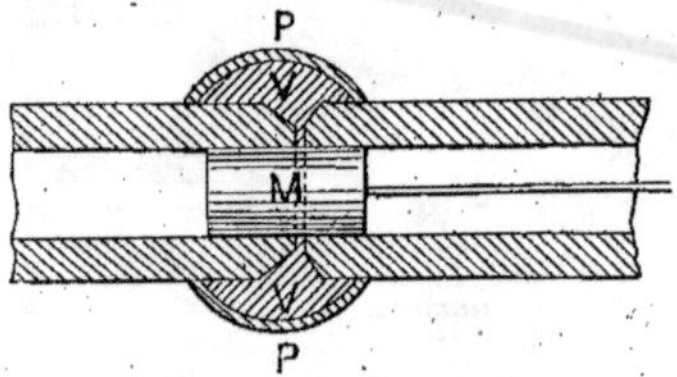



Fig. 348 *ter.*

lement de manière à laisser, entre le mandrin et chacune des joues du moule, l'épaisseur que l'on veut donner au tuyau. Dans l'axe de la tranchée, au-dessus du moule, on établit une *gamote* dans laquelle doit se préparer le béton.

On mélange d'abord à sec dans la gamote le sable et le ciment, puis on verse l'eau et on gâche vivement jusqu'à ce que l'on ait obtenu une pâte molle de la consistance du mortier pour maçonnerie ; on ajoute ensuite le gravier auquel on fait faire deux tours de l'avant à l'arrière pour assurer le mélange. La portière de la gamote est alors ouverte, on soulève la caisse en arrière et l'on vide le béton dans le moule. Cinq ou dix minutes après le tuyau peut être démoulé. On avance le mandrin et les coquilles du moule, et la même opération recommence.

Dans la pose des tuyaux, les joints sont toujours la partie faible d'une canalisation ; par le procédé décrit ci-dessus, ils font partie intégrante du tuyau et en outre le moule porte à l'emplacement du joint un renflement qui permet de consolider par une surépaisseur de béton la jonction de deux tuyaux consécutifs.

Pour les petits diamètres, on ne moule pas les tuyaux directement dans la tranchée. On fait en dehors de celle-ci autant que possible à proximité du lieu d'emploi, des tuyaux portatifs que l'on pose au bout de quelques jours, quand ils ont acquis une dureté suffisante pour être transportés ou manipulés sans danger.

On les descend dans la tranchée où on les pose bout à bout. Les extrémités sont faites en biseau. On introduit à l'intérieur un mandrin M, on place extérieurement les planches de coffrage PP et dans le vide VV du joint on coule du mortier 0$^m$,7 de sable pour 1 de ciment. (voir figure 348 *ter*).

Quand ce mortier a fait prise, on retire le mandrin M, ce dernier avancé de la longueur des tuyaux sert à faire le joint suivant, et ainsi de suite.

Pour les tuyaux qui se moulent directement dans les tranchées, il faut tenir compte de la contraction qu'amène la dessiccation du circuit et qui produit des retraits. Pour les éviter, il suffit de ménager tous les 4 ou 5 mètres, dans le moulage, une solution de continuité qui permet aux dilatations et aux contractions de se produire. Au bout de huit à quinze jours, suivant le volume des tuyaux, quand le travail de durcissement du béton

est opéré, on ferme les solutions au moyen de joints semblables à ceux dont nous avons parlé pour les tuyaux portatifs.

La formule pratique qui donne l'épaisseur est d'après les travaux considérables de canalisation exécutés avec les ciments de la Porte de France (1) :

$$e = \frac{DH}{30}$$

dans laquelle :

$e$ représente l'épaisseur   le tout évalué
D — le diamètre   en
H — la pression   mètres

## Tuyaux en sidero-ciment
### (SYSTÈME BORDENAVE).

**392.** Parmi les nouvelles applications du ciment à la construction des tuyaux de conduite il faut citer ceux dits en *sidero-ciment* de M. J. Bordenave.

Depuis longtemps déjà, on a employé pour l'établissement de certains ouvrages le fer et le ciment combinés ensemble, de telle façon que les dits ouvrages sont constitués avec une carcasse faite de tiges ou barres de métal de petites sections régulières rondes ou carrées, entrecroisées et réunies par des ligatures en fil de fer, de manière à former une sorte de toile metallique noyée dans un remplissage en mortier de ciment.

Mais il résulte de la nature et de la forme même de ces fers, que l'ossature ainsi confectionnée ne présente pas la solidité voulue tant pour résister aux pressions intérieures que pour ne pas se déformer sous l'influence des charges extérieures.

Pour éviter ces inconvénients, M. Bordenave a adopté pour les tiges métalliques de ses ossatures des fers à profils spéciaux, fers T, fers à U, fers à I ; il a substitué l'emploi de l'acier à celui du fer, employé des barres aussi longues que possible et pour ne pas les couper, les a disposées en enroulement par spirales.

Le cintrage des fers à I en acier est

(1) *Les distributions d'eau*, par M. Georges Dumont, page 287.

obtenu à froid et de champ, au diamètre voulu par la cintreuse.

Il est à remarquer que les coefficients de dilatation sont à très peu de choses près les mêmes pour l'acier et pour le ciment. Ces coefficients, de 0,000014349 pour le ciment et de 0,00001899 pour l'acier montrent que les ouvrages sont à l'abri des conséquences fâcheuses des variations de température.

Dans les tuyaux en sidero-ciment employés jusqu'à ce jour l'adhérence entre le ciment et les aciers en $I$ paraît complète. Le retrait du ciment ne produit ni fendillements ni fissures sur les surfaces interne ou externe.

Dans ces tuyaux, les ossatures sont établies pour supporter seules tout l'effort de pression et l'on n'attend du ciment que l'étanchéité et la force de se maintenir entre les tiges métalliques. Le métal reste en parfait état de conservation dans le ciment.

Les assemblages peuvent se faire, comme pour les tuyaux en fonte par un joint à emboîtement qui offre le double avantage de ne pas nécessiter de pièces rapportées pour faire le joint et de permettre un vigoureux et régulier mâtage sur le plomb.

Pour consolider d'ailleurs cette partie du tuyau qui, en dehors de la pression normale du liquide doit supporter les efforts du mâtage, on emploie des aciers

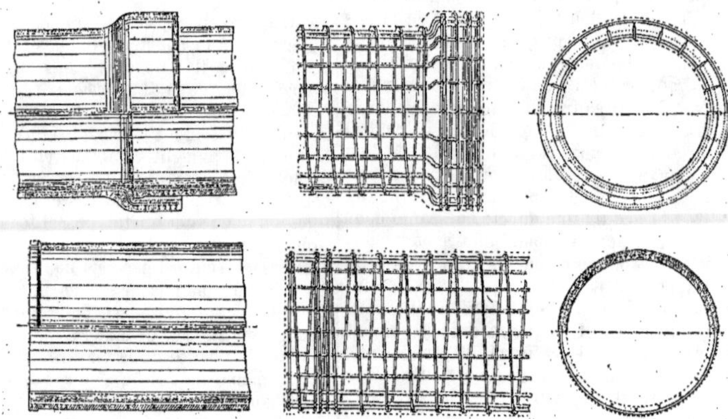

Fig. 349.

cintrés de 2 ou de 4 millimètres plus hauts que ceux du corps du tuyau et on en rapproche beaucoup plus les spires de façon à former une sorte de frette capable de résister au mâtage le plus énergique.

Des essais à la pression faits sur des tuyaux en « sidero-ciment » ont donné de bons résultats et permis de conclure que ces tuyaux pouvaient résister à 80 mètres de hauteur d'eau.

La figure 349 relative à l'exécution d'un tuyau à emboîtement complète les explications qui précèdent.

### d. — TUYAUX EN PLOMB

**392.** Les tuyaux en plomb ont été utilisés pendant longtemps pour l'établissement des conduites de distribution générale.

Depuis 1835, on ne les emploie plus que pour les *branchements* qui amènent l'eau des conduites de distribution chez les particuliers. Posés sur les voies publiques, ils présentent de graves inconvénients : tout d'abord l'élévation de leur prix et les dégradations auxquelles ils sont sujets. Ils subissent trop facilement les alternatives de la température ; sous l'action du froid il se produit un retrait qui détermine une tension longitudinale sous l'action de laquelle les portions les moins résistantes s'allongent et s'étirent ; sous l'action de la chaleur, la conduite s'allonge et ondule.

Lorsqu'on vide les conduites, l'air vient se loger dans les points les plus élevés, gêne l'écoulement, détermine les vibrations et les crachements, et il faut un temps considérable pour qu'il arrive à se dissoudre ou à se dégager.

Pour alimenter les orifices d'écoulement les tuyaux de plomb sont d'un usage à peu près exclusif. Ils présentent l'avantage de se prêter à toutes les sinuosités et de ne pas donner la crainte des ruptures causées par les affaissements et les tassements du sol.

Les conduites en plomb sont ordinairement formées de morceaux plus ou moins longs suivant leur diamètre. Ils sont d'autant plus longs qu'ils sont plus petits. On assemble ces tronçons de deux manières : avec des brides en fer ou avec des soudures.

Pour faire ce dernier assemblage, on coupe en cône l'extrémité de l'un des tuyaux, et l'on taille la contrepartie en sens inverse, de manière que les deux parois rapprochées l'une de l'autre donnent un joint aussi fin que possible.

Lorsque le joint est ainsi préparé et que le métal bien avivé avec un outil tranchant a été saupoudré de résine en poudre, l'ouvrier plombier, dont la main gauche est garantie par plusieurs étoffes de laine superposées, se sert de la main droite pour puiser dans une marmite, avec une poche en tôle, de la soudure fondue, et la verse sur le joint en tenant sa main gauche sous ce joint, et recevant ainsi sur l'étoffe le métal en fusion, qu'il applique sur les parties latérales et inférieures de ce joint. Il arrive ainsi à échauffer le plomb et à l'amener à peu près à la température de la fusion, de

manière que la soudure un peu refroidie y adhère. A ce moment, il forme avec cette soudure à demi-coagulée qu'il manie avec sa main gauche, un bourrelet sur le joint et la fixe ensuite plus solidement aux deux bouts des tuyaux, au moyen du fer à souder.

Ce procédé employé pour de petits tuyaux jusqu'à $0^m,06$ de diamètre est impraticable pour les grands.

Dans ce cas on engage sur chaque bout des tuyaux qu'on veut réunir une bague ou bride mobile en fer, percée de trous ; puis on chauffe l'extrémité du tuyau avec un réchaud au charbon de bois pour rendre plus facile le refoulement de l'about avec un maillet et un mandrin. On arrive ainsi à former à chaque extrémité un bourrelet qui s'oppose à la sortie de la bague. On dresse chaque bourrelet et on les rapproche en serrant le joint au moyen de boulons à écrous passés dans des mortaises pratiquées dans les brides.

Quelquefois pour assurer le joint, on intercale entre les deux collets une rondelle en cuir gras.

On a objecté souvent que l'emploi du plomb présentait des inconvénients, au point de vue hygiénique, mais des expériences sérieuses exécutées à Paris et l'examen attentif des anciennes conduites dans lesquelles on n'a constaté aucune altération ont permis de réduire à néant ces objections.

Il faut admettre avec M. Balard que lorsque l'eau contient un sel dont l'acide forme avec le plomb un composé tout à fait insoluble, comme le sulfate ou le carbonate, le plomb n'est pas attaqué ; il admet alors que le composé insoluble se forme à la surface du métal et constitue une mince couche qui, comme un vernis, préserve les parties sous-jacentes. Si, au contraire, l'eau ne contient que des sels capables de faire, avec le plomb, des composés plus ou moins solubles comme le chlorure, le nitrate, l'acétate, etc., il y a attaque et attaque rapide.

**393.** Nous croyons toutefois devoir citer parmi les divers moyens employés pour éviter l'action du plomb sur les eaux potables, celui du doublage intérieur en étain.

M. Chandler qui fut chargé de rechercher les moyens de neutraliser l'action de l'eau sur le plomb des conduites dans la ville de New-York a proposé d'étamer les tuyaux de plomb à l'intérieur. Ce moyen fut employé vers 1860 par M. Sébille à Nantes et à Brest.

Mais les tuyaux de plomb recouvert d'étain par voie d'étamage ne comportent que l'application d'une très faible épaisseur d'étain à la surface du plomb. Aussi dans certain cas y a-t-il solution de continuité dans la couche du métal protecteur, et certaines eaux enlevant rapidement l'étain de ces tuyaux deviennent ensuite plombifères. Dans cet ordre d'idées il faut tout au moins citer une invention qui atteint complètement le but proposé. Nous voulons parler des tuyaux de plomb doublés d'étain du *système Hamon*. Cet inventeur a basé son mode de fabrication sur l'écoulement des solides, et il peut au moyen de l'étirage sur broche faire varier à volonté l'épaisseur de la couche d'étain et obtenir aussi bien des tuyaux d'étain revêtus de plomb que des tuyaux de plomb intérieurement protégés par de l'étain. Ce point est extrêmement important, et, ce qui ne l'est pas moins, c'est l'adhérence parfaite des deux métaux qui permet aux tuyaux fabriqués de supporter toutes les courbures sans se disjoindre.

**394.** Pour compléter les indications relatives aux conduites en plomb, nous donnons ci-dessous le tableau du poids par mètre courant des plombs en tuyaux du commerce.

TABLEAU DU POIDS PAR MÈTRE COURANT DES PLOMBS EN TUYAUX

| DIAMÈTRES INTÉRIEURS en millimètres | | POIDS D'UN MÈTRE COURANT DE L'ÉPAISSEUR DE | | | | | | | | | |
|---|---|---|---|---|---|---|---|---|---|---|---|
| | millimètres | 1mm 1/2 | 2mm | 2mm 1/2 | 3mm | 3mm 1/2 | 4mm | 4mm 1/2 | 5mm | 6mm | 7mm |
| | | kil. gr. | kil. gr. | kil. gr. | kil. gr. | kil. gr. | kil. gr. | kil. gr. | kil. gr. | kil. gr. | kil. gr. |
| Par couronne de 1 mètres | 10 | » 65 | » 85 | 1 » | 1 40 | 1 65 | 2 » | 2 30 | 2 65 | 3 40 | » » |
| | 12 | » 75 | » 90 | 1 30 | 1 60 | 2 » | 2 20 | 2 60 | 3 » | 3 85 | » » |
| | 13 | » 85 | 1 » | 1 40 | 1 80 | 2 05 | 2 50 | 2 80 | 3 20 | 4 » | 5 » |
| | 16 | 1 10 | 1 30 | 1 65 | 2 » | 2 40 | 3 » | 3 25 | 3 70 | 4 70 | 5 70 |
| | 18 | 1 30 | 1 50 | 1 80 | 2 20 | 2 60 | 3 10 | 3 55 | 4 » | 5 10 | 6 20 |
| | 20 | » » | 1 70 | 2 » | 2 45 | 2 95 | 3 40 | » » | 4 45 | 5 50 | 6 75 |
| | 25 | » » | » » | 2 40 | 3 » | 3 55 | 4 15 | » » | 5 35 | 6 65 | 8 » |
| | 27 | » » | » » | 2 75 | 3 45 | 3 80 | 4 40 | » » | 5 65 | 7 » | 8 40 |
| | 30 | » » | » » | 3 20 | 3 50 | 4 20 | 4 90 | » » | 6 25 | 7 70 | 9 25 |
| | 35 | » » | » » | » » | 4 » | 4 80 | 5 55 | 6 35 | 7 15 | 8 75 | 10 50 |
| | 40 | » » | » » | » » | » » | 5 » | 6 25 | 7 15 | 8 » | 9 85 | 11 75 |
| De 7 à 8 mètres | 45 | » » | » » | » » | » » | » » | » » | 2 95 | 8 90 | 10 95 | 13 » |
| | 50 | » » | » » | » » | » » | » » | » » | 8 75 | 9 80 | 12 » | 14 10 |
| | 55 | » » | » » | » » | » » | » » | » » | 9 80 | 10 70 | 13 05 | 15 35 |
| Par longueur do 4 mètres | 60 | » » | » » | » » | » » | » » | » » | » » | 11 60 | 14 10 | 16 70 |
| | 65 | » » | » » | » » | » » | » » | » » | » » | 12 40 | 15 » | 18 » |
| | 70 | » » | » » | » » | » » | » » | » » | » » | 13 35 | 16 25 | 19 20 |
| | 80 | » » | » » | » » | » » | » » | » » | » » | 15 15 | 18 40 | 21 70 |
| | 95 | » » | » » | » » | » » | » » | » » | » » | 17 80 | 21 60 | 25 45 |
| | 110 | » » | » » | » » | » » | » » | » » | » » | 20 50 | 24 80 | 29 20 |

### e. — TUYAUX EN TÔLE

**395.** Parmi les divers systèmes de tuyaux métalliques autres que ceux en fonte, on peut citer :

1° Les tuyaux en tôle et bitume de Chameroy ;

2° Les tuyaux en tôle plombée et bitumée.

### 1° Tuyaux en tôle et bitume de Chameroy

Les tuyaux en tôle et bitume de M. Chameroy sont employés depuis longtemps dans un grand nombre de villes. Les tuyaux ont environ 4 mètres de longueur et sont à emboîtement précis.

Avec la diminution du prix de la fonte, ils ont perdu des avantages de leur emploi dans les distributions d'eau. Ils présentent encore cependant une économie de 25 0/0 environ sur les tuyaux en fonte, y compris les fournitures et les frais de main d'œuvre pour la pose, et sont d'un très bon usage là où il y a peu de raccords, de sinuosités, de coudes dans la conduite, de variations brusques de pression. En un mot ils peuvent être employés avec sécurité pour conduire les eaux, plutôt que pour les distribuer.

Ces tuyaux de 4 mètres de longueur, exécutés en tôle plombée sont rivés et soudés sur leur section longitudinale ; on les préserve de l'oxydation à l'intérieur par un vernis en bitume minéral, à l'extérieur par une couche de bitume de même nature que celui des trottoirs.

Ces tuyaux sont légèrement coniques, ils ont quelques millimètres de plus de diamètre à une extrémité qu'à l'autre.

Pour les fixer les uns aux autres, on agrandit par le moyen d'un laminoir l'extrémité la plus évasée, de manière à y former un emboîtement dans lequel on coule une bague en métal fusible, parfaitement cylindrique.

Sur l'autre extrémité, dont le diamètre est plus faible, on coule une autre bague d'un diamètre rigoureusement égal à celui de l'emboîtement.

Cette bague porte une ou deux cannelures arrondies, peu profondes, dans lesquelles on enroule quelques brins de filasse imprégnés d'une graisse formée d'axonge et de plombagine en poudre très fine. — On frotte toute la bague de cette même graisse, de sorte qu'en poussant l'un des tuyaux dans l'autre, on obtient un joint précis qui ne laisse pas échapper l'eau.

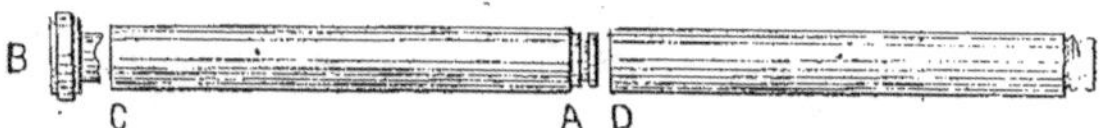


Fig 350. — Tuyau Charmeroy.

A, rainure circulaire du joint extérieur, qu'on remplit avec du fil de trame, imprégné de cire et de suif. — B, tampon en bois appuyé contre l'extrémité C et sur lequel on frappe pour forcer le tuyau AC à entrer dans le collet D du tuyau déjà posé.

Une fois munis de leur joints précis, ils sont essayés à la presse hydraulique à 15 atmosphères et peuvent résister à une charge constante de 50 mètres de hauteur d'eau.

Ils sont alors enduits intérieurement d'une composition à base de brai formant vernis très brillant qui empêche la constitution des dépôts calcaires et des végétaux qui obstruent souvent les conduites d'eau. La couche intérieure a de 1 à 2 millimètres d'épaisseur.

L'enveloppe extérieure s'obtient en étendant sur une table de fonte une couche de sable fin, et, par dessus, une quantité de bitume suffisante pour recouvrir le tuyau d'une couche de 1 à 2 centimètres ; puis on fait rouler sur la table le tuyau préalablement entouré de spires en corde, distinées à produire l'adhérence du bitume sur le tuyau.

Pour produire le refroidissement du bitume, on fait tourner successivement le tuyau dans l'air et dans l'eau en le fixant longitudinalement sur un gros cylindre tournant sur son axe.

La figure 350 représente deux tuyaux entiers de 4 mètres environ.

On éprouve quelques difficultés pour faire des embranchements sur ces conduites après leur pose, lorsque l'on n'a pas préparé d'avance un orifice latéral ; il faut alors dénuder la tôle et faire un trou dans le métal, au moyen d'un trépan, pour sonder la conduite. Il est difficile ensuite de recouvrir le métal mis à nu et on peut craindre l'oxydation lorsque l'opération est faite sur les conduites d'eau. Pour éviter cet inconvénient, il convient de prévoir les embranchements qui sont destinés à desservir des concessions, et dans cette vue, de préparer à l'avance des tubulures, tous les deux tuyaux par exemple.

Les progrès accomplis récemment dans la fabrication économique de l'acier ont permis d'obtenir des tôles d'acier fondu laminées avec lesquels la société Chameroy a substitué l'acier au fer dans la fabrication de ses tuyaux.

### Tuyaux en tôle plombée et bitumée du système Clausel

**397.** Les joints des tuyaux Clausel présentent deux systèmes différents : le joint à emboîtement est formé d'un alliage de plomb, d'étain et de régule assez tendre pour permettre de donner un serrage qui rend le joint parfaitement étanche par le forcement et l'écrasement des deux parties; toutefois celles-ci peuvent glisser l'une sur l'autre d'une manière suffisante pour obéir à la dilatation. Le joint à vis est fondu avec le même alliage que le précédent ; mais dont les proportions sont établies de façon à obtenir un métal plus dur afin d'éviter l'arrachement des filets. Ce joint est employé pour les conduites d'eau sous fortes pressions. (1)

#### f. — TUYAUX EN FONTE

**398.** Les tuyaux en fonte sont ceux qui sont le plus généralement employés pour les conduites d'eau. Leur longueur varie de 2 mètres à 2$^m$,50 et même 3 mètres et 4 mètres, non compris le joint.

On trouve en outre dans le commerce, des *coudes*, des *demis*, des *quarts* et des *huitièmes*, des *branchements*, des *culottes*... pour permettre aux canalisations de suivre les sinuosités du tracé et de des servir les embranchements du réseau.

Il s'agit donc de réunir ces divers tronçons de façon à ce que les joints soient parfaitement étanches.

Nous distinguerons dans cette étude, en dehors des types brevetés, trois sortes principales de tuyaux en fonte :

1° Les tuyaux à emboîtement et cordon ;

2° Les tuyaux à brides,

3° Les tuyaux à garniture de joint à caoutchouc.

(1). *Les distributions d'eau*, par M. Georges Dumont, *page* 286.

### 1° Tuyaux à emboîtement et cordon.

**399.** Ces tuyaux sont très simples de construction et n'exigent aucun ajustage.

L'une de leurs extrémités porte un emboîtement cylindrique formant saillie sur le corps du tuyau, l'autre se termine simplement par un cordon saillant de quelques milimètres.

La figure 351 représente un plan et deux coupes d'un tuyau de ce genre. Comme l'indique la figure 352 l'emboîtement est pénétré de sept centimètres 1/2 de profondeur seulement, par le petit bout du tuyau emboîté: il reste ainsi entre le collet du *bout femelle* et l'extrémité du *bout mâle* un intervalle de un centimètre pour la dilatation.

Les tuyaux qui ont 3 mètres de longueur utile ont donc 3$^m$,07$^5$, etc....

La longueur de 75 millimètres indiquée plus haut pour l'emboîture n'est pas suivie absolument et l'on trouvera plus loin dans un tableau indicateur des poids des tuyaux de conduite en fonte que les usines de Commentry et Fourchambault, par exemple, font varier cette cote de 60 à 110 millimètres.

Pour assembler ces tuyaux entre eux on introduit la petite extrémité de chaque tuyau dans l'emboîtement du tuyau précédent, (*fig.* 353), on chasse avec un ciseau de la corde goudronnée dans l'espace annulaire existant entre les deux tuyaux; puis on fait avec de l'argile un petit godet E (*fig.* 354) sur l'ouverture de cet espace annulaire et on coule du plomb fondu; après le refroidissement on bat le plomb avec un matoire M (*fig.* 353). Cette opération s'appelle le *mâtage*.

Le plomb doit être coulé à une température assez élevée pour qu'il ne se refroidisse pas au point de se solidifier avant d'avoir rempli le joint. On constate la température avec un morceau de papier trempé dans le métal en fusion ; on coule le joint quand le papier s'enflamme.

Pour que la bague en plomb une fois matée ne puisse pas céder sous la pression de l'eau, la paroi intérieure de l'emboîtement porte, à environ deux centimètres de son extrémité, un petit refoulement annulaire, dans lequel le plomb pénètre, ce qui ne lui permet plus de sortir.

En quelques points d'une conduite ainsi formée, on doit avoir soin de placer des tuyaux taraudés, munis d'un bouchon à vis en métal fusible, pouvant être enlevé facilement au moment où l'on veut faire une prise sur la conduite. On évite ainsi

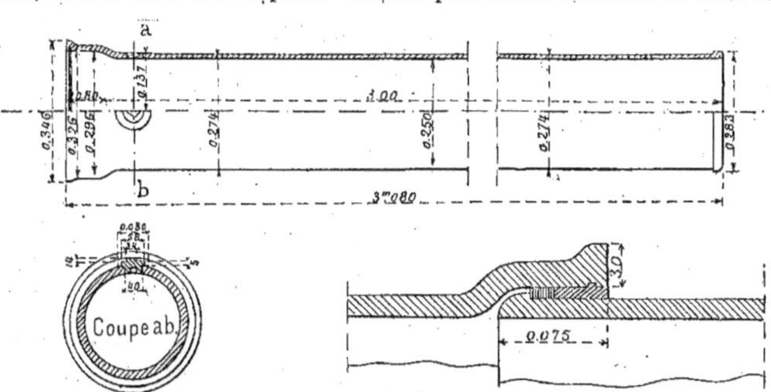

Fig. 351. — Plan et coupe longitudinale d'un tuyau à emboîtement et à cordon.

Fig. 352. — Détail du joint à emboîtement

de percer le tuyau en place, de faire un joint avec collier à lunette, etc., opération toujours difficile.

Une pareille conduite est parfaitement résistante et peut subir sans altération des joints, les petits changements de lon-

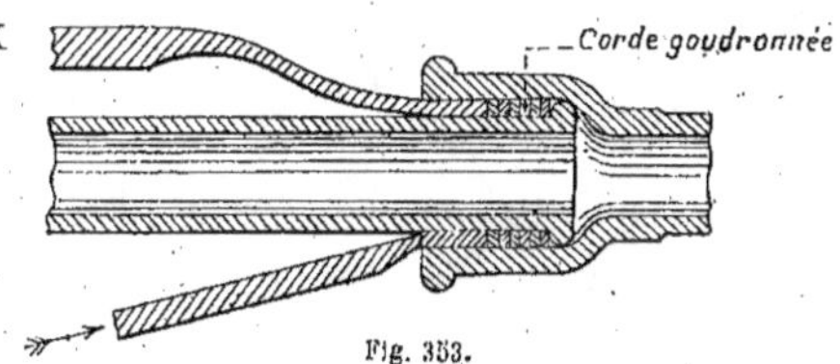


Fig. 353.

gueur que lui font éprouver les variations de la température,

Mais elle offre le grand inconvénient de ne pouvoir être démontée; si l'on veut

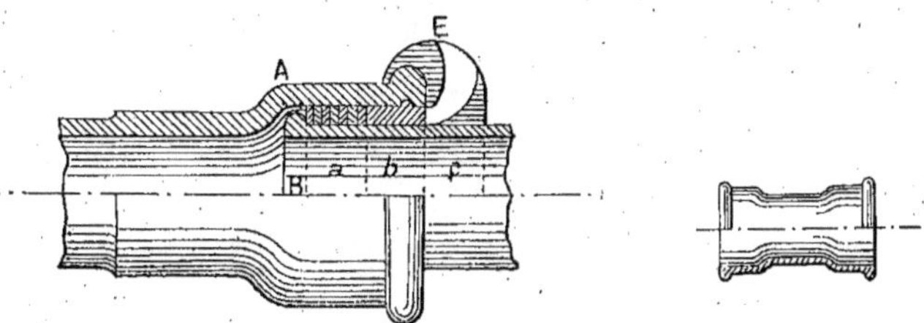


Fig. 354.

Fig. 355. — Manchon d'assemblage.

y parvenir en chauffant le joint pour faire fondre le plomb, on risque de faire éclater le tuyau et le mieux est encore de couper le tuyau au burin et de briser le tuyau que l'on veut enlever chaque fois que l'on veut introduire un branchement à tubulure, un robinet, une ventouse, etc.

Quand on veut réunir deux tuyaux qui ont été coupés, on emploie des manchons, c'est-à-dire des pièces ayant leurs deux extrémités dilatées en forme d'emboîtement. Les deux parties du manchon se réunissent à l'aide de boulons (*fig.* 355).

Quand les conduites sont en courbe et que les courbes ont des rayons très grands, on peut se servir de tuyaux droits qu'on incline légèrement, les uns par rapport aux autres, mais quand les courbes ont de petits rayons, il faut employer des tuyaux courbes.

### 2° Tuyaux à brides.

**400.** Pour permettre le démontage d'une conduite et l'introduction de parties nouvelles, on a été conduit à faire usage de tuyaux à brides.

Ces tuyaux portent à chaque extrémité une couronne semblable à celle représentée sur la figure 356 et qui est nommée *bride*.

A la jonction de la *bride* au corps du tuyau, celui-ci est renforcé par un congé et souvent par une surépaisseur *cd* sur 4 à 5 centimètres de longueur ; cette surépaisseur qui a 4 à 5 millimètres, est destinée à suppléer au défaut de solidité que le coulage peut amener souvent dans les coudes.

La face des brides est un peu évasée, comme cela est indiqué sur la figure en B, et présente un fruit de 0,004 à 0,005 pour une longueur de 0$^m$,070 à 0$^m$,080. On interpose entre les brides de deux tuyaux une rondelle en plomb, puis on les serre fortement avec des boulons à tête et écrou *a*, *a*, et on matte le plomb comme il a été expliqué plus haut pour les joints à emboîtement. Si la force des brides était perpendiculaire à l'axe, le plomb comprimé pénétrerait en bourrelet, dans l'intérieur de la conduite, et gênerait l'écoulement de l'eau.

Le joint ainsi obtenu manque un peu d'élasticité, il se prête moins bien que le

précédent aux dilatations du métal et aux mouvements du sol. Il est indispensable d'avoir quelques joints à emboîtement intercalés dans la pose des tuyaux à brides dont quelques-unes, sans cette précaution, se casseraient sous l'effort de la dilatation de la conduite.

Lorsque l'on a de vieilles conduites ainsi établies, on remplace les brides par des manchons ; pour cela, on achève de détruire la saillie des brides, on introduit dans un manchon les extrémités des deux tuyaux et on refait deux joints à emboîtement. Cette introduction ne pouvant se faire sans démonter au moins l'un des tuyaux, il en résulte une main d'œuvre assez considérable. Pour l'éviter, on fait des manchons dits à coquille, formés de deux parties qui s'assemblent à brides.

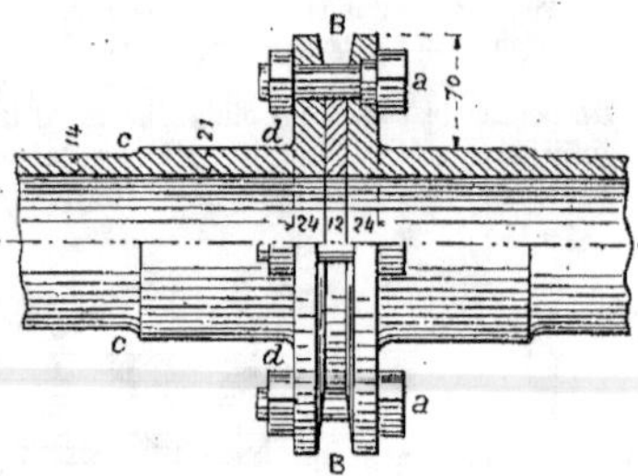

Fig. 356. — Tuyaux de fonte à brides.

Pour augmenter la solidité des joints à emboîtements, le manchon présente en dedans, à une petite distance de chaque extrémité une saillie qui empêche la corde de pénétrer indéfiniment dans le joint.

On trouvera sur les figures 357, 357 *bis*, 358, 358 *bis*, divers exemples de tuyaux pour conduites ;

En A (*fig.* 357 et 358) deux types de changements de diamètre ;

En C (*fig.* 358) un exemple de joint à manchon et par emboîtement.

En D (*fig.* 357 et 358) deux exemples de joints à emboîtement ;

En B (*fig.* 357 et 358) deux exemples de raccords à brides qui permettent de ménager un espace pour placer soit un robi-

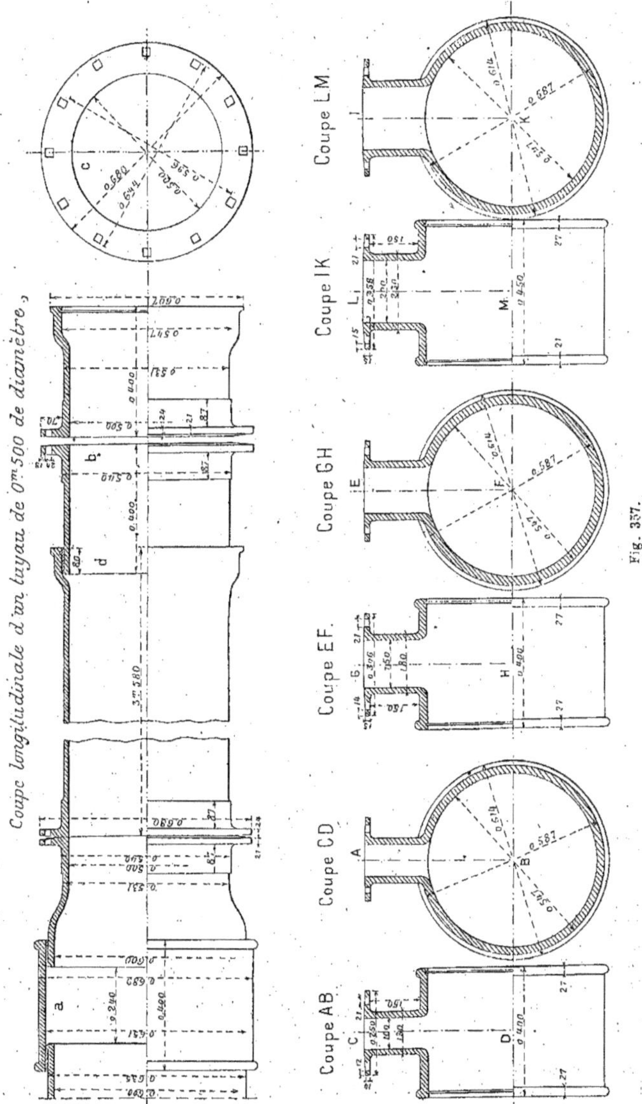

Coupe longitudinale d'un tuyau de 0m500 de diamètre.
Coupe AB.
Coupe CD.
Coupe EF.
Coupe GH.
Coupe IK.
Coupe LM.
Fig. 357.

net, soit un raccord à brider avec tubulure pour prise d'eau.

En général les tubulures se font sur des manchons ainsi que le montrent les divers exemples indiqués sur les figures 357 et 358 bis.

**401.** *Tuyaux courbes.* — Quand les conduites changent de direction, on passe

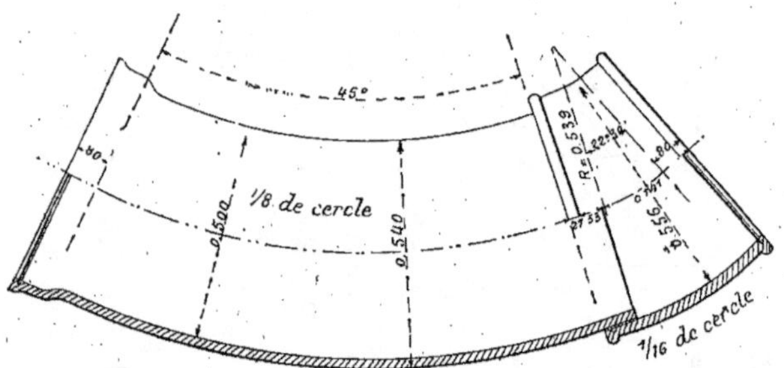



Fig. 357 bis. — Tuyau et manchon courbes de 0ᵐ,500 de diamètre.

de l'une à l'autre de ces directions au moyen de tuyaux courbes de 1/16, de 1/8 ou de 1/4 de cercle, dit des *seizièmes*, des *huitièmes* ou des *quarts*. Ces tuyaux se

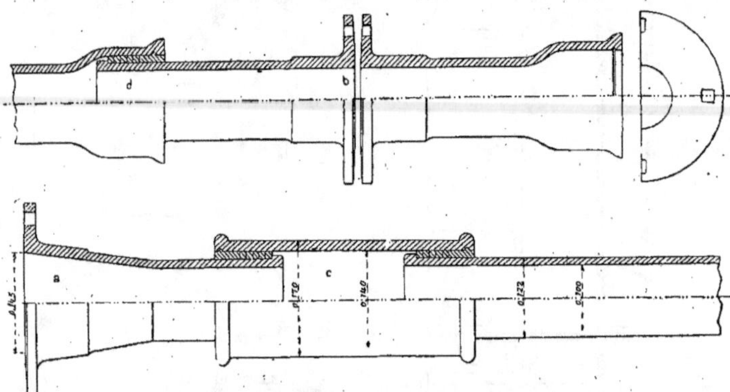



Fig. 358. — Coupe longitudinale des diverses parties d'une conduite en tuyaux de 0ᵐ,100 de diamètre.

relient aux parties droites soit par des brides, soit par joints à emboîtements.

Voir les figures 357 bis et 358 ter. Il est nécessaire de donner à ces tuyaux une surépaisseur pour les défauts de fonderie.

Dans le système à emboîtement, il arrive souvent qu'en fermant les robinets d'écoulement, l'eau venant frapper avec une grande force la partie concave du tuyau courbe, il tend à se produire un déboîtement des deux tuyaux. Ce danger est d'autant plus grand que le diamètre de la conduite est plus fort.

Lorsque les conduites sont enterrées,

le sol résiste et s'oppose à ce déboîtement, mais lorsqu'elles sont dans les égouts, il

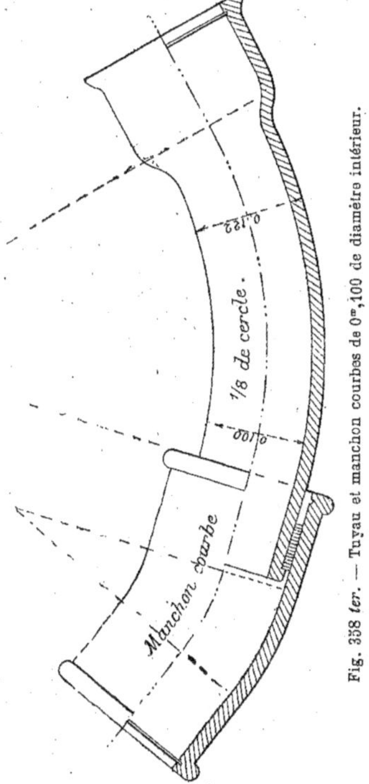


courbure doit augmenter en raison directe de l'augmentation du diamètre. On doit avoir au minimum $Rc = 0^m,50$.

On donne en général, pour les conduites de $0^m,20$ de diamètre intérieur $Rc = 0^m,50$;

Pour les conduites de $0^m,40$ de diamètre intérieur $Rc = 1$ mètre;

Pour les conduites de $0^m,60$ de diamètre intérieur $Rc = 1^m,50$.

faut parer à cet inconvénient par des attaches spéciales à la muraille.

La courbure des tuyaux est en fonction du diamètre du tuyau et le rayon de

**402.** *Tuyaux à embranchements.* — Le raccordement de deux conduites importantes se fait avec un tuyau garni d'une tubulure latérale (voir les figures 357 et 358) ou bien avec des tuyaux bifurqués dits *culottes.*

On trouvera sur la figure 359 plusieurs types de *culottes.*

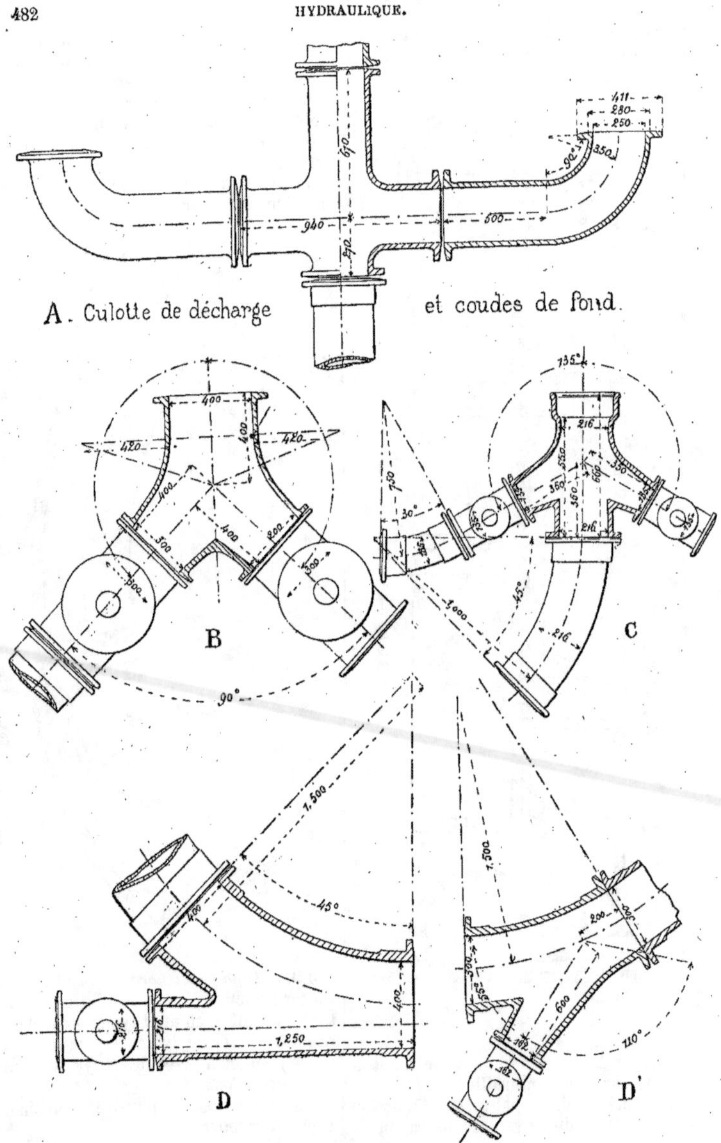


Fig. 359. — Culottes.

En A il y a une culotte à 4 branches qui se raccorde d'une part à la conduite principale, d'autre part à une conduite de décharge, et enfin à droite et à gauche à deux branchements pour bondes de fond.

En B est une culotte à brides qui sert à diviser une conduite en deux autres d'un même diamètre, dirigées à angle droit l'une sur l'autre.

En C est une culotte à emboîtement sur la conduite principale et à brides sur les trois branchements.

En D et D′ sont deux culottes placées sur des coudes. — Quand la conduite secondaire tombe à angle droit sur la conduite principale, on a soin d'évaser la tubulure de jonction.

Il faut noter qu'il est nécessaire de placer un *robinet d'arrêt* à l'origine de chaque conduite secondaire; comme conséquence les tubulures d'embranchement sont toujours terminées par des brides (voir les figures 357, 358 et 359).

**Tuyaux des usines de Commentry et Fourchambault.**

**403.** Parmi les usines qui ont apporté le plus de soin à la fabrication des *tuyaux en fonte*, il faut citer l'usine de *Torteron* appartenant à la Société de Commentry-Fourchambault. Cette usine est la première où les tuyaux *aient été coulés debout*, ce qui a permis d'assurer l'homogénéité du métal et de rendre parfaite la régularité de l'épaisseur. Cette régularité a eu pour conséquence immédiate la possibilité de réduire l'épaisseur au minimum. De là une économie dans le poids des tuyaux.

Les efforts de la Société ont également porté sur l'augmentation de longueur qui permet de diminuer le nombre des joints et, par suite le coût de premier établissement, ainsi que celui d'entretien en diminuant les chances de fuite.

On est arrivé aujourd'hui à fabriquer des tuyaux de 300 millimètres de diamètre intérieur à 4 mètres de longueur utile soit 4$^m$, 10 avec l'emboîtement.

Nous donnons ci-dessous deux tableaux du poids des tuyaux de conduite en fonte des usines de Commentry et Fourchambault (d'un usage courant).

TABLEAUX DU POIDS DES TUYAUX DE CONDUITE EN FONTE

(Usine de Commentry-Fourchambault).

1° Tuyaux unis.

| DIAMÈTRE DES TUYAUX en millimètres | ÉPAISSEURS DES TUYAUX en millimètres | LONGUEUR des TUYAUX | POIDS APPROXIMATIF | | |
|---|---|---|---|---|---|
| | | | D'UN TUYAU | D'UNE BAGUE | DU MÈTRE bague comprise |
| | | m. | k. | k. | k. |
| 40 | 7 | 2.100 | 15 | 1.5 | 8 |
| 50 | 8 | 2.100 | 22 | 1.6 | 11.4 |
| 60 | 8 | 2.100 | 26 | 3.2 | 14 |
| 70 | 8.5 | 2.100 | 33 | 3.5 | 17.5 |
| 80 | 9.5 | 3.100 | 60 | 4 | 20.7 |
| 100 | 10 | 3.100 | 69 | 4.2 | 24 |
| 110 | 10 | 3.100 | 85 | 5.5 | 29.2 |
| 135 | 10 | 3.100 | 114 | 6.5 | 32.1 |
| 150 | 10 | 3.100 | 122.6 | 7 | 38.6 |
| 165 | 10.5 | 3.100 | 130 | 8 | 44.5 |
| 200 | 10.5 | 3.100 | 147.5 | 10.7 | 51.2 |

## 2° Tuyaux à emboîtement et cordons.

| DIAMÈTRE DES TUYAUX en millimètres | ÉPAISSEURS DES TUYAUX en millimètres | LONGUEUR DES TUYAUX | | POIDS APPROXIMATIFS | |
|---|---|---|---|---|---|
| | | LONGUEUR TOTALE | LONGUEUR UTILE | D'UN TUYAU | DU MÈTRE UTILE |
| | | m. | m. | k. | k. |
| 30 | 6.5 | 2.060 | 2.000 | 12 | 6 |
| 40 | 7 | 2.060 | 2.000 | 16 | 8 |
| 50 | 8 | 2.575 | 2.500 | 28 | 11.2 |
| 60 | 8 | 2.575 | 2.500 | 32 | 12.8 |
| 70 | 8.5 | 3.090 | 3.000 | 51 | 17 |
| 80 | 9.5 | 3.090 | 3.000 | 66 | 22 |
| 100 | 10 | 3.110 | 3.000 | 81 | 27 |
| 110 | 10 | 3.110 | 3.000 | 93 | 31 |
| 135 | 10 | 3.110 | 3.000 | 112 | 37.3 |
| 150 | 10.5 | 3.110 | 3.000 | 122.5 | 40.8 |
| 165 | 10.5 | 3.110 | 3.000 | 140 | 46.7 |
| 190 | 11 | 3.110 | 3.000 | 150 | 56.7 |
| 200 | 11 | 3.110 | 3.000 | 169 | 59.3 |

Pour compléter les indications relatives aux conduites en fonte à emboîtement et à cordon, nous donnons (*fig.* 360 et 360 *bis*) les formes, dimensions et poids des tuyaux depuis 0ᵐ,060 millimètres jusqu'à 0ᵐ,600 de diamètre intérieur (*fonderies de Glenfield*).

La ville de Paris emploie dans les égouts des tuyaux qui sont entièrement cylindriques, et que l'on réunit au moyen de bagues en fonte de 0ᵐ,08 à 0ᵐ,10 de longueur dans lesquelles pénètrent également les extrémités des deux tuyaux que l'on veut réunir ; avant de faire recouvrir le joint par cette bague représentée (*fig.* 360 *bis*), on a soin de le garnir de glaise, afin que le plomb, que l'on coule pour remplir la surface annulaire entre la bague et les tuyaux ne pénètre pas.

**Tuyaux à emboîtement sphérique du système Doré.**

**404.** Dans ce système de tuyaux à emboîtement sphérique, le joint est composé comme il suit :

Le bout mâle de chaque tuyau est formé d'un renflement sphérique d'un diamètre un peu plus grand que le diamètre extérieur du tuyau.

Le bout femelle se compose d'une zone sphérique d'un diamètre un peu plus petit que celui du bout mâle, se limitant d'un côté à la surface cylindrique du tuyau, et de l'autre côté par une surface plane à retour d'équerre suivant un grand cercle. Une seconde zone sphérique d'un diamètre plus grand que la première, commence à cette surface plane et finit à l'extrémité du tuyau.

La zone sphérique qui termine le bout mâle s'introduit dans celle qui termine le bout femelle et comme leurs diamètres diffèrent peu, la première sphère s'appuie contre la deuxième suivant un cercle où les deux surfaces sont presque tangentes. Il en résulte un contact suffisamment intime pour qu'on puisse couler du plomb fondu sans craindre qu'il ne tombe dans l'intérieur du tuyau. On matte le joint comme nous l'avons expliqué pour le système de tuyaux à emboîtement cylindrique.

Avec le joint sphérique, on obtient une

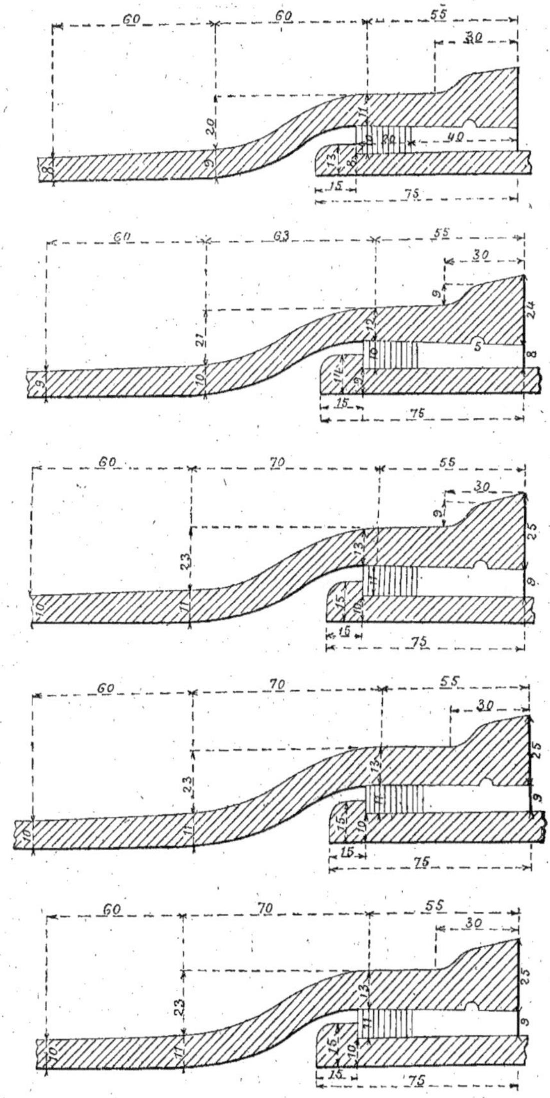

Fig. 360. — Forme, dimensions et poids des tuyaux.

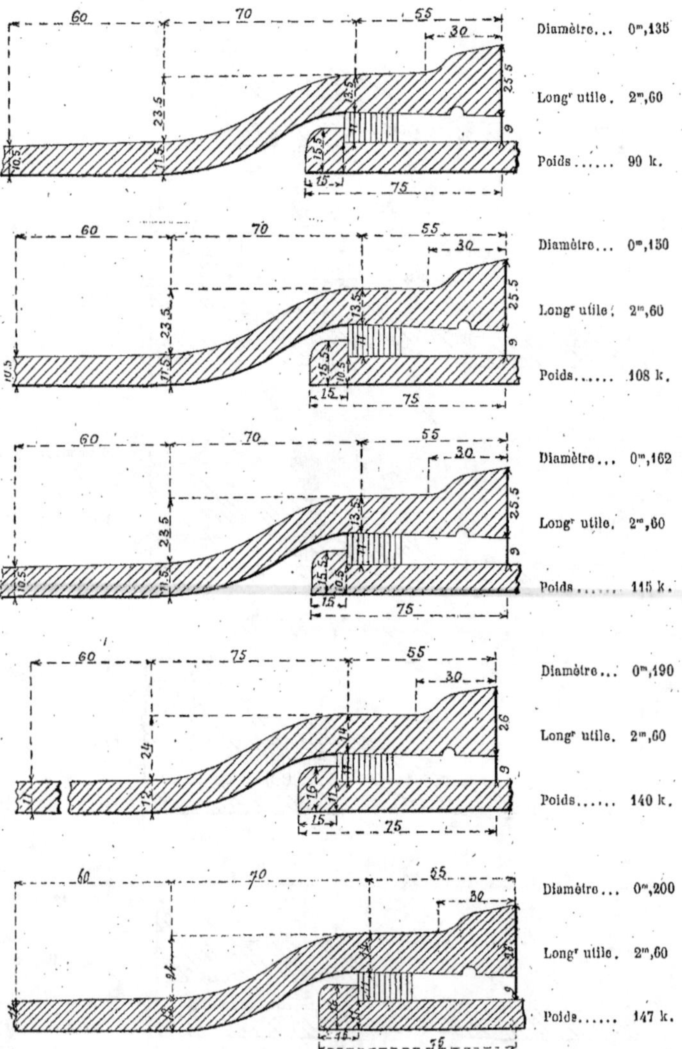


Fig. 360 (*suite*). — Forme, dimensions et poids des tuyaux.

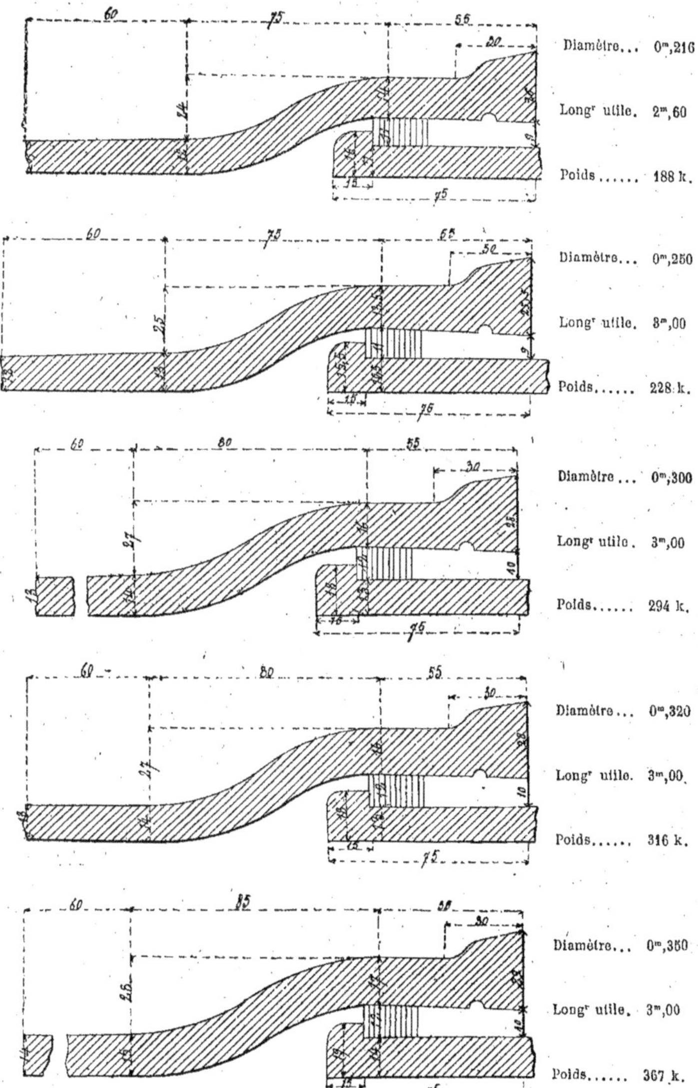


Fig. 360 (*suite*). — Forme, dimensions et poids des tuyaux.

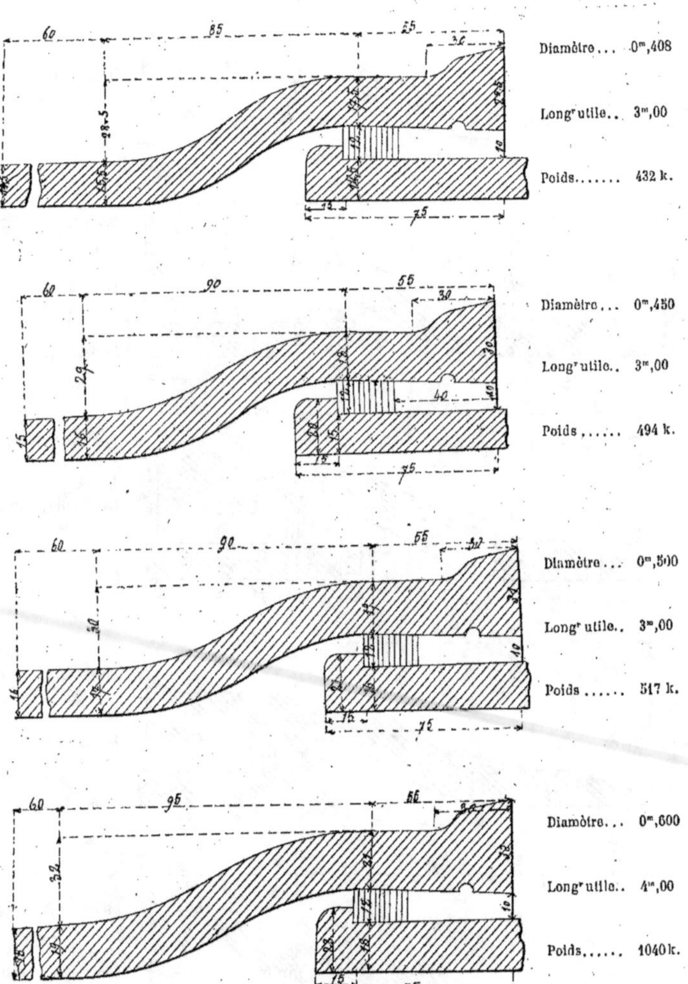



Fig. 360 (*suite*). — Forme, dimensions et poids des tuyaux.

articulation à genou plus complète qu'avec les joints à emboîtement cylindrique. Les conduites sont donc plus flexibles, et on

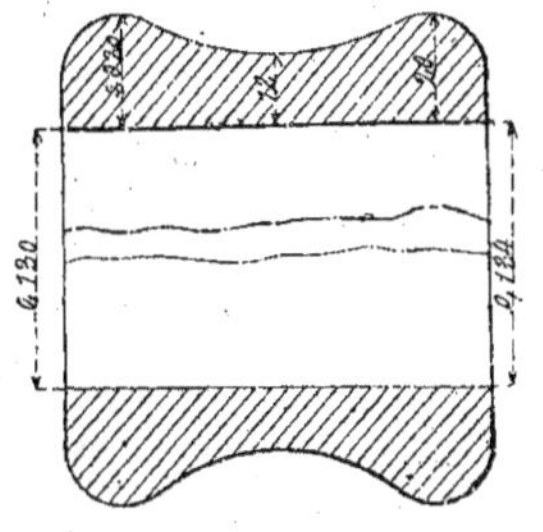

Fig. 360 *bis*.

a moins à craindre les dérangements occasionnés après la pose par les tassements du sol. Les variations de température ont pour effet de produire une légère rotation aux articulations.

### 3° Tuyaux à garniture de joints en caoutchouc.

**405.** Depuis quelques années, on a imaginé divers systèmes de joints dans lesquels on emploie le caoutchouc pour relier les tuyaux en fonte. Il y a deux systèmes qui méritent plus particulièrement l'attention.

#### 1° Le système Lavril.

**406.** Dans ce système représenté (*fig.* 361), les tuyaux sont rapprochés l'un de l'autre au moyen de boulons fixés à des oreilles venues à la fonte.

Pour effectuer la jonction, on pose les

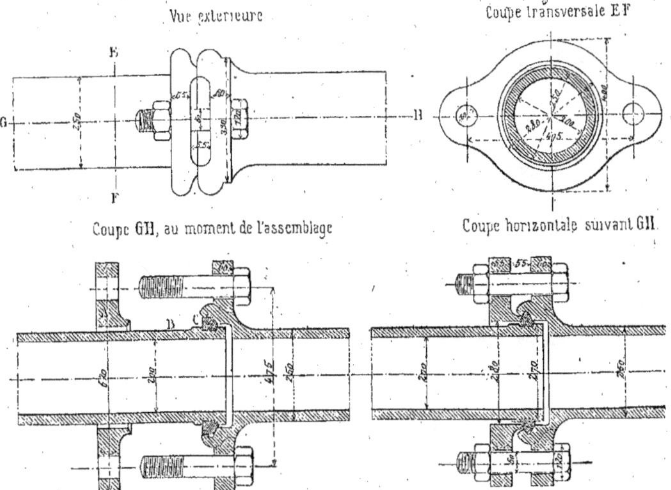


Fig. 361. — Tuyaux, système Lavril (joint en caoutchouc).

tuyaux de façon à ce que les oreilles soient placées horizontalement.

On fait d'abord pénétrer la contre-bride A sur le bout mâle B ; on place ensuite la rondelle en caoutchouc dans la gorge C du bout mâle, on engage le bout mâle dans le bout femelle jusqu'à ce que la rondelle de caoutchouc porte bien dans le bout femelle : on comprime le caoutchouc en avançant la contre-bride, en mettant les boulons et en serrant progressivement jusqu'à parfaite compression du caoutchouc.

### 2° Le système Petit.

**407.** Dans ce système représenté (*fig.* 362), les tuyaux sont rapprochés l'un de l'autre au moyen de maillons fixés à des oreilles venues à la fonte.

Pour effectuer la jonction on pose les tuyaux de façon à ce que les oreilles soient placées verticalement suivant les coupes longitudinales de la figure.

Cette opération est facilitée au moyen d'une cale en bois qu'on reporte succes-

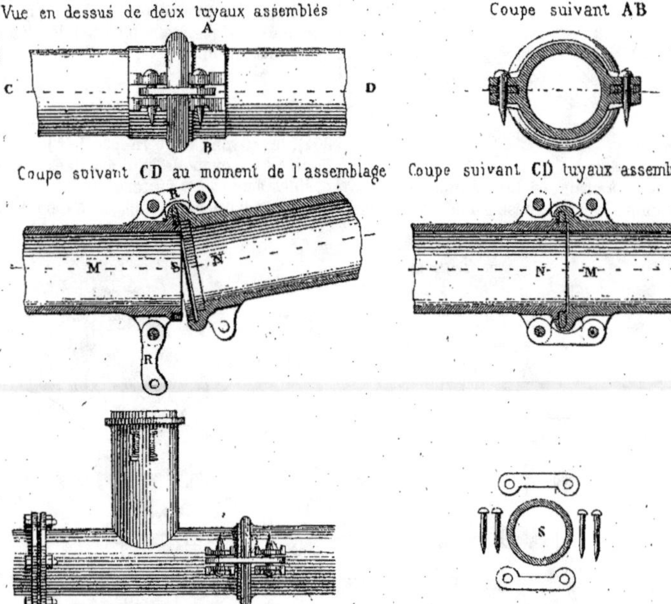


Fig. 362. — Tuyaux, système Petit (joint en caoutchouc).

sivement et au-dessous de chaque extrémité mâle.

Cela terminé il faut :

1° Graisser les quatre broches ;

2° Placer la rondelle sur le tuyau en S (voir la vue en coupe longitudinale) ;

3° Présenter le bout femelle N suivant l'inclinaison indiquée par la coupe ;

4° Fixer la patte R au moyen de deux broches enfoncées à moitié ;

5° Appuyer sur l'extrémité du tuyau N en ayant soin de placer la main au-dessous du joint, maintenir la rondelle en place ; on évite la coupure qui pourrait être causée par la pression, ce tuyau fonctionnant alors comme levier ;

6° Ramener les tuyaux dans la position horizontale ;

7° Placer la deuxième patte, enfoncer les broches du dessus et du dessous à fond et l'opération est terminée.

Il faut que la rondelle S se trouve comprimée convenablement, le serrage s'effectue avec des broches plus ou moins fortes, au choix de l'ouvrier poseur.

Il résulte de ce mode d'assemblage, une facilité de pose, de réparation et une étanchéité assez grande.

Mais dans l'un et l'autre de ces systèmes si la température baisse et que la conduite vienne à diminuer de longueur, il peut arriver que les oreilles se cassent.

Il est à craindre également que le caoutchouc vulcanisé ne s'altère ou ne perde son élasticité, et que les conduites ne laissent échapper l'eau.

Il est fort difficile d'avoir du caoutchouc vulcanisé très homogène. S'il est trop vulcanisé, il devient cassant ; s'il ne l'est pas assez, il se décompose peu à peu.

Les tuyaux à joints en caoutchouc laissent un intervalle entre eux, les bourrelets qui les terminent sont enveloppés par une bague en caoutchouc vulcanisé ; et un collier à vis en fer consolide l'assemblage. Cette disposition qui a pour but de permettre aux tuyaux de jouer librement dans tous les sens est un avantage qui contrebalance le défaut de résistance à la traction des oreilles ; il en résulte que les vibrations d'un tuyau ne se transmettent pas à toute la conduite, que chaque tuyau peut s'allonger ou se raccourcir sans altérer la canalisation, enfin qu'il peut se déplacer un peu pour obéir aux tassements ou aux mouvements du sol.

## § III. — CONDITIONS DE RÉCEPTION ET ESSAI DES TUYAUX

**408.** Quel que soit le système des tuyaux employés, il faut les soumettre à des conditions de fabrication, d'épaisseur, etc..., pour s'assurer qu'ils pourront répondre aux besoins du service.

Avant de traiter la question des essais proprement dits, il convient d'examiner au point de vue pratique les conditions de résistance des tuyaux et l'épaisseur qu'il faut leur donner.

### a. — DE LA RÉSISTANCE DES TUYAUX

**409.** Nous avons vu (art. 365) que l'équation qui sert à régler l'épaisseur des tuyaux de conduite a pour expression
$$PD = 2eR$$
Dans laquelle $P$ indique la pression normale que la paroi éprouve rapportée à l'unité de surface et $R$ la plus grande tension que l'on veut faire supporter aux fibres de l'enveloppe par unité de surface également.

Cette dernière quantité dépend de la matière dont le tuyau est formé.

Mais il faut encore tenir compte des causes de dépérissement. Ainsi l'humidité tend sans cesse à détruire les tuyaux en bois, la rouille attaque les tuyaux de fonte, les acides se combinent avec le plomb ; de manière que si l'on ne donnait aux conduites que les dimensions qui résultent de la formule, on n'aurait pas encore assez fait pour la sécurité.

La pression normale qu'un tuyau de conduite éprouve varie à chaque point ; mais, on lui suppose dans la pratique une valeur constante assez forte pour résister aux coups de bélier. À Paris où la plus grande charge est de 20 à 25 mètres, on l'a faite égale à dix atmosphères ; on éprouve donc chaque bout de tuyau à une pression égale à une colonne d'eau de 100 mètres de hauteur. On met au rebut tout ce qui est reconnu défectueux.

Avec cette hypothèse $P$ est égal au poids d'une colonne d'eau de 100 mètres de hauteur et de un millimètre carré de base, ou au poids de $0^{lit},10$. D'où
$$P = 0^{kil},10.$$
L'équation précédente devient donc :
$$0^{k},10 \times D = 2eR$$
d'où
$$e = \frac{0,05}{R} \times D.$$

En général, si $n$ représente le nombre d'atmosphères pour lequel on veut faire l'essai, on aura :
$$P = n \times 0^{kil},10$$
d'où
$$e = 0,005 \frac{nD}{R}.$$

En pratique, on admet que la pression

d'épreuve doit être trois fois plus forte que celle qui sera produite par la pression habituelle dans l'intérieur de la conduite.

R varie pour chaque substance. On a :

Pour le bois............. R =  0,60
Pour la pierre ......... .. R =  0,10
Pour la maçonnerie........ R =  0,007
Pour le plomb............. R =  1,000
Pour la fonte............. R =  7,000
Pour le cuivre........... R = 10,000

Substituant ces valeurs dans la formule et donnant à D les diverses valeurs que l'on rencontre en pratique on trouvera diverses épaisseurs données par la formule, épaisseurs que nous avons groupées dans le tableau ci-dessous en regard des épaisseurs adoptées dans la pratique.

| DÉSIGNATION des TUYAUX | DIAMÈTRE intérieur DES TUYAUX | ÉPAISSEUR de LEUR PAROI calculée d'après la formule | ÉPAISSEUR ordinaire dans la PRATIQUE | DIFFÉRENCES | OBSERVATIONS |
|---|---|---|---|---|---|
| | m. | m. | m. | m. | |
| Tuyaux de bois... | 0.108 | 0.0090 | 0.050 | 0.041 | |
| | 0.135 | 0.0112 | » | » | |
| | 0.162 | 0.0134 | » | » | |
| | 0.216 | 0.0179 | » | » | |
| | 0.250 | 0.0207 | » | » | |
| | 0.320 | 0.0266 | 0.0540 | 0.0274 | En deux morceaux réunis par des cercles en fer. |
| | 0.650 | 0.0540 | 0.054 | 0.000 | Formé de douves consolidées par des cercles en fer. |
| Tuyaux de pierre naturelle...... | 0.108 | 0.0540 | 0.0695 | 0.0290 | |
| | 0.135 | 0.0675 | » | » | |
| | 0.216 | 0.1080 | » | » | |
| Tuyaux en plomb. | 0.010 | 0.00 | 0.0050 | | |
| | 0.016 | 0.00 | 0.0060 | | |
| | 0.020 | 0.00 | 0.0060 | | |
| | 0.027 | 0.0013 | 0.0060 | 0.0047 | |
| | 0.030 | | 0.0070 | | |
| | 0.035 | | 0.0070 | | |
| | 0.040 | 0.0020 | 0.0090 | 0.0070 | Tuyaux repoussés. |
| | 0.045 | | | | |
| | 0.050 | | | | |
| | 0.060 | | | | |
| | 0.070 | 0.0035 | 0.0120 | 0.0085 | |
| | 0.080 | 0.0040 | 0.0120 | 0.0080 | |
| | 0.090 | | | | |
| | 0.100 | | | | |
| | 0.110 | 0.0054 | 0.0120 | 0.0066 | |
| | 0.135 | 0.0067 | 0.0135 | 0.0068 | Tuyaux soudés. |
| | 0.150 | 0.0080 | 0.0135 | 0.0053 | |
| Tuyaux en fonte.. | 0.060 | 0.0004 | 0.0105 | 0.0101 | |
| | 0.080 | 0.0006 | 0.0113 | 0.0107 | |
| | 0.108 | 0.0008 | 0.0123 | 0.0115 | |
| | 0.125 | 0.0009 | 0.0130 | | |
| | 0.135 | 0.0010 | 0.0140 | 0.0130 | |
| | 0.150 | 0.0011 | | | |
| | 0.162 | 0.0012 | 0.0150 | 0.0138 | |
| | 0.190 | 0.0013 | | | |
| | 0.200 | 0.0014 | | | |
| | 0.216 | 0.0015 | 0.0160 | 0.0145 | |
| | 0.250 | 0.0018 | 0.0170 | 0.0152 | |
| | 0.300 | 0.0021 | | | |
| | 0.320 | 0.0025 | 0.0180 | 0.0157 | |
| | 0.400 | 0.0027 | | | |
| | 0.500 | 0.0034 | | | |
| | 0.600 | 0.0040 | | | |

**b.** — Détermination de l'épaisseur des tuyaux

**410.** La formule théorique précédente étant reconnue insuffisante il faudra chercher dans chaque cas la valeur de la constante qu'il convient d'ajouter pour avoir l'épaisseur pratique.

Les tuyaux en bois et en pierre sont peu employés.

Les tuyaux en plomb éprouvent une altération sensible par l'action des acides ; ils peuvent se déformer par les coups de bélier et par les pressions extérieures ; la prudence exige qu'on adopte une surépaisseur de $0^m,004$ ; ce qui donne pour l'équation de la résistance

$$e = 0,005\ n\mathrm{D} + 0,0045.$$

Les tuyaux de tôle sont peu employés dans les distributions d'eau.

Les tuyaux de fonte sont ceux dont on se sert de préférence ; ils s'oxydent et ne sont pas d'un grain homogène, ce qui a déterminé à leur donner une surépaisseur de $0^m,01$.

$$e = 0,0007 \times n \times \mathrm{D} + 0,006.$$

Cette formule suppose les tuyaux coulés dans de bonnes conditions, c'est-à-dire verticalement et avec une épaisseur uniforme.

**c.** — Visite et essai des tuyaux de fonte

**411.** Les tuyaux de fonte étant employés généralement pour la canalisation des conduites principales de la distribution c'est de leur visite et de leur essai qu'il sera question.

La force des tuyaux de fonte dépend beaucoup des procédés employés dans le moulage.

La visite et l'essai des tuyaux ont pour but de faire rejeter ceux qui ont les défauts suivants :

1° Ceux dont l'épaisseur, au lieu d'être uniforme dans tout le pourtour, est plus faible d'un côté de $0^m,002$ qu'elle ne doit être ;

2° Ceux dont le pourtour, soit intérieur, soit extérieur, est elliptique au lieu d'être rond, et dont la différence des deux diamètres excède 0,003 ;

3° Ceux dans lesquels on reconnaît des chambres ou des soufflures qui tendent à diminuer la force de la fonte ;

4° Enfin ceux qui étant soumis à la charge d'une colonne d'eau de 100 mètres de hauteur laissent échapper l'eau par de petits jets ou même par des suintements.

Il ne faut pas s'en rapporter aux essais qu'on a pu faire des tuyaux dans la fonderie, du moins il est prudent de les renouveler sur le lieu de l'emploi avant de les mettre en place. L'expérience a prouvé que le cahot des voitures, sans précisément occasionner de fente, ou autre solution remarquable de continuité, agit sensiblement sur les parties les plus défectueuses du métal, au point que sou-

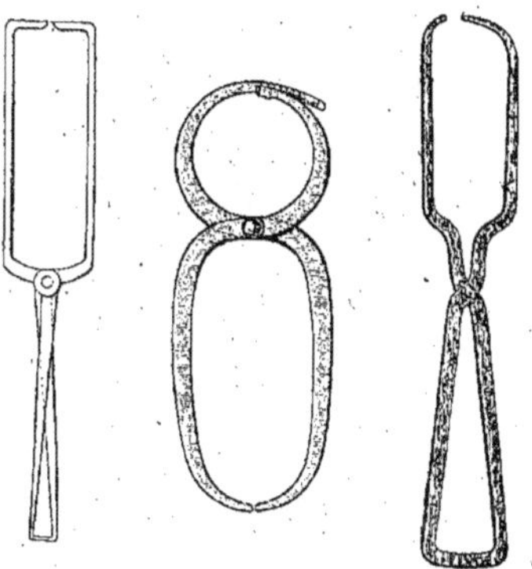

Fig. 363. — Compas d'épaisseur à main.

vent, il n'est plus possible d'en faire usage.

Les vérifications relatives au poids et aux dimensions se font au moyen d'une balance, du mètre et du compas d'épaisseur.

Nous donnons (*fig.* 363) trois modèles de compas d'épaisseur à main et (*fig.* 364) un modèle de compas, *système King*, pour mesurer les épaisseurs de tuyaux depuis $0^m,50$ de diamètre jusqu'à $1^m,200$. Ce compas est fait avec échelle gravée et miroir spécial pour lire les divisions. Il coûte 385 francs.

On constate les chambres et les soufflures en frappant sur les tuyaux à petits coups de marteau.

La charge de 100 mètres de hauteur d'eau s'obtient au moyen d'une pompe à pression. On a imaginé divers appareils; nous décrirons ici les plus remarquables.

Fig. 364. — Compas pour vérifier les épaisseurs des tuyaux ; système King.

### Machines à essayer les tuyaux.

**412.** L'appareil que nous avons représenté (*fig.* 365), et dont nous avons emprunté la description au cours professé par Muller à l'École centrale, se compose de deux plateaux en fonte, reliés entre eux par des tirants en fer, montés sur un châssis en bois formé de deux pièces longitudinales, réunies par trois entretoises.

A l'une des extrémités de ce châssis, et sur 0^m,50 ou 0^m,60 de longueur, ses pièces sont doublées par d'autres pièces sur lesquelles on établit un plancher élevé de 0^m,15 à 0^m,20 au-dessus du surplus du châssis. L'un des plateaux en fonte est fixé sur ce plancher à l'extrémité du châssis, par deux forts boulons qui traversent à la fois les longrines et les fourrures ; l'autre plateau est fixé sur la plate-forme

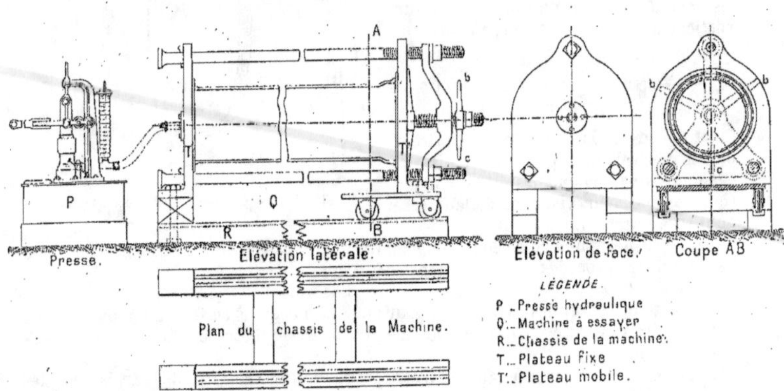


Fig. 365. — Machine à essayer les tuyaux.

en fonte d'un petit charriot dont les quatre roulettes à rebord reposent sur deux barres de fer fixées sur les longrines.

La plate-forme roulante en fonte est au même niveau que le plancher.

Les deux plateaux ont 0^m,04 ou 0^m,05 d'épaisseur. A celui qui est fixe vient s'adapter extérieurement un tuyau en plomb communiquant à volonté, soit avec un réservoir supérieur, soit avec une pompe foulante, à piston métallique, dite pompe de pression, et munie soit d'un manomètre Bourdon, soit d'une soupape de sûreté, dont on peut régler les poids de manière à obtenir une pression déterminée.

Le plateau mobile est percé, dans le milieu de son épaisseur, d'un petit trou de $0^m,004$ ou $0^m,005$ de diàmètre, tendant au centre du demi-cercle suivant lequel il est terminé à sa partie supérieure. Vis-à-vis le centre on éventre le trou pour lui donner issue sur la paroi qui fait face à l'autre plateau. Ce trou se bouche extérieurement avec une cheville en bois.

Quand on veut essayer un tuyau, on incline le chàssis, de manière à maintenir sensiblement plus élevée l'extrémité du tuyau reposant contre le plateau mobile, afin que l'air s'échappe facilement par le trou dont on vient de parler. On interpose des matelas en cuir (rembourrés et percés au milieu) entre les plateaux et les abouts du tuyau.

Ce tuyau ainsi disposé est fortement serré entre les deux plateaux, au moyen d'une vis $a$ qui presse sur le plateau mobile, après avoir traversé un croisillon $bb'c$ (voir les 2 élévations), dont les trois branches sont traversées elles-mêmes par

Fig. 366. — Machine à essayer les tuyaux.

les trois tirants qui relient les plateaux entre eux et qui sont munis d'écrous $ee$.

On fait arriver de l'eau dans le tuyau, en le mettant en communication avec le réservoir ou récipient à ce destiné, et l'on enlève la cheville qui fermait le trou pratiqué dans le plateau mobile pour l'échappement de l'air. Le tuyau étant plein d'eau on ferme le trou du plateau mobile et la communication avec le réservoir d'eau, et l'on ouvre le robinet du tuyau communiquant avec la pompe de compression, que l'on met en mouvement en injectant de l'eau forcée dans le tuyau. On lui fait supporter ainsi une pression cinq fois plus grande que celle à laquelle il devra être soumis plus tard.

Quand l'appareil est disposé comme nous venons de le décrire, la pression n'agit que par intervalles, lorsque l'on enfonce le piston de la pompe de compression.

Or certains défauts ne se manifestent pas sous une pression n'agissant que pendant un instant très court. On est donc conduit à les soumettre à une pression durable et pour cela, quand on a fait agir la pompe de pression, on la fait communiquer avec un réservoir d'air comprimé qui maintient la charge aussi longtemps qu'on le juge convenable et d'une manière constante.

Quand les tuyaux ont des soufflures, sous cette pression, il se produit un jet d'eau au point où elles se trouvent; dans ce cas on rebute les tuyaux purement et simplement.

Quand les tuyaux manifestent seulement sous l'influence de cette forte pression de simples suintements, on ne les rebute pas de prime abord ; on les conserve un peu plus longtemps sous pression, puis on les soumet de nouveau au bout de quelques temps à une seconde expérience : celle-ci permet de constater si les suintements persistent. S'ils ne persistent pas, c'est que la porosité de la fonte a disparu sous l'influence de l'oxydation. Dans le cas contraire il y a un véritable défaut qui consacre ce rebut.

## Autres machines à essayer les tuyaux (TYPE GLENFIELD).

**413.** Les trois appareils que nous représentons ci-dessous (*fig.* 366, 367 et 368) sont du type de la compagnie Glenfield de Kilmarnock (Écosse).

La machine de la figure 366 est destinée à l'essai des tuyaux de petits diamètres jusqu'à et y compris 300 millimètres de diamètre. Le plateau mobile M est actionné par une forte vis dans ses deux mouvements avant et arrière.

Les deux plateaux fixes sont maintenus à un écartement fixe par trois forts boulons. Une pompe hydraulique à bras per-

Fig. 367. — Machine à essayer les tuyaux.

met de donner la pression que l'on lit sur un manomètre.

Un robinet à air est disposé sur le plateau fixe.

La machine de la figure 367 peut essayer des tuyaux de 375 millimètres et même au-dessus.

Les plateaux fixes sont disposés sur un fort bâti en fonte ; leur écartement est maintenu par trois forts boulons : celui supérieur sert à guider et à supporter le plateau mobile M. Celui-ci est mis en mouvement par trois vis puissantes engrenant ensemble.

Les supports des tuyaux peuvent être montés ou descendus suivant la grosseur du tuyau à essayer.

Il y a une soupape de sûreté pour éviter de laisser monter la pression au-dessus de la limite que l'on veut atteindre.

La machine hydraulique de la figure 368 est destinée à essayer les gros tuyaux ou les robinets vannes jusqu'à $1^m,200$ de diamètre intérieur.

Le plateau mobile est poussé en avant par le piston de presse, dont le corps de presse forme la tête arrière de la machine.

Il est ramené en arrière, soit par un mouvement à vis ou par la pression hydraulique si on le désire.

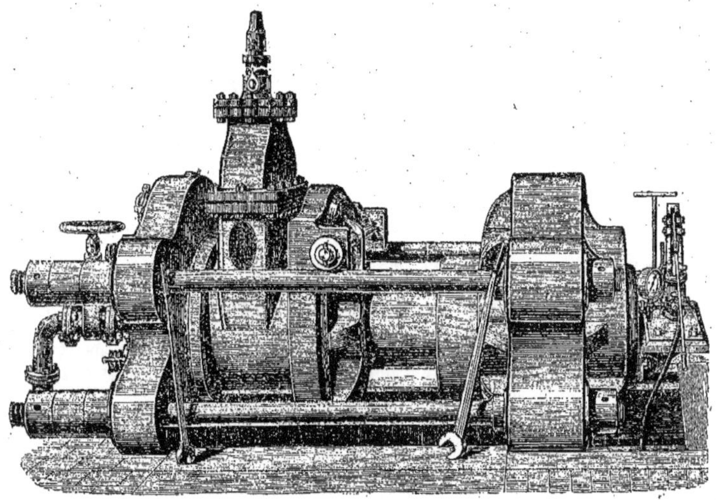

Fig. 368. — Machine à essayer les tuyaux.

## § IV. — MOYENS DE CONSERVATION DES CONDUITES

**414.** Nous avons indiqué précédemment ce qu'il convient de faire pour la conservation des tuyaux de plomb et ceux de tôle ; il nous reste à faire connaître les moyens à employer pour la conservation des tuyaux de fonte et des conduits en maçonnerie.

Tout d'abord nous envisagerons la qualité des eaux qui doivent y circuler.

**Considérations sur l'influence de la qualité des eaux dans l'établissement des conduites.**

**415.** Dans les conduites en maçonnerie ou en métal, il se produit souvent des obstructions de diverses natures.

Celles qui sont dues au dépôt des ma-tières entraînées en suspension par l'eau présentent peu d'inconvénients. Elles se déposent dans les points des parties du réseau où la vitesse est la moindre et s'y accumulent sous forme d'une boue mobile dont on peut facilement se débarrasser par des chasses.

Il n'en est pas de même des obstructions calcaires ou ferrugineuses, formées de dépôts adhérents aux parois, et que l'on ne peut enlever qu'à coups de ciseau ou même en détruisant la conduite.

Ces incrustations calcaires se produisent aussi bien dans les conduites en fonte que dans les conduites en maçonnerie. Elles sont dues le plus souvent au carbonate de chaux qui était maintenu en dissolution dans l'eau sous forme de bicarbonate à la faveur d'un excès d'acide carbonique. Lorsque cet excès vient à disparaître par une cause quelconque, le carbonate de chaux neutre le précipite, et, comme ici l'eau n'est pas en mouvement tumultueux, il se dépose sur les parois sous forme d'une couche cristalline et adhérente.

Les eaux qui renferment le plus d'acide carbonique libre en dissolution, relativement à leur dose de carbonate de chaux, seront les moins sujettes à produire des incrustations de cette nature.

Les circonstances qui favorisent le dégagement de l'acide carbonique en dissolution, favorisent en même temps les incrustations calcaires, chaque fois que la quantité de gaz qui subsiste est insuffisante pour conserver le sel calcaire à l'état de bicarbonate. On peut citer surtout :

L'agitation de l'eau et les chocs réitérés du liquide sur les corps environnants ;

— La diminution de la pression dans certains points où les gaz peuvent se dégager et se renouveler ;

— Le renouvellement rapide de l'air dans des parties de conduites où l'eau ne coule relativement qu'en faible masse ;

— Les variations de la température ;

— La présence de certains végétaux aquatiques dont les parties vertes décomposent l'acide carbonique ;

— Enfin les actions électriques qui se produisent au contact des métaux d'espèces différentes.

On se mettra à l'abri des accidents de cette nature en évitant avec soin toutes ces circonstances. Il a été proposé en outre comme moyen préventif de saturer les eaux d'acide carbonique avant de les lancer dans les conduites.

Des obstructions ferrugineuses s'observent aussi dans les conduites métalliques où circulent des eaux presque pures, telles que celles qui sortent des terrains primitifs. Il se forme ainsi des couronnes ou des *tubercules* atteignant parfois des dimensions considérables, au point de réduire de moitié et davantage la section des tuyaux en certains endroits. L'analyse a permis de reconnaître que ces champignons sont entièrement formés de peroxyde de fer hydraté (rouille).

À Toulouse, à Versailles, à Grenoble et ailleurs, on a reconnu dans l'intérieur des conduites anciennes, des tubercules d'oxyde de fer hydraté ; on en a vu à Paris, qui obstruaient complètement des conduites de $0^m,04$ de diamètre ; à Versailles, on a même trouvé des tubercules plus gros ; il y en avait quelquefois cinq ou six pour une longueur de 1 mètre.

La cause de cette oxydation n'est pas parfaitement connue ; il faut la faire résider plutôt dans la qualité de la fonte que dans celle des eaux.

On peut supposer que ces tubercules se produisent aux points où se trouvent des soufflures et où commence une oxydation qui se continue par une action galvanique.

On a observé en effet que, sur une même conduite, dans les mêmes conditions, les tubercules se formaient dans certains tuyaux et non ailleurs, que si l'on changeait les tuyaux oxydés, les phénomènes disparaissaient.

Il paraît certain que cette action s'arrête après quelques années comme on a pu l'observer à Grenoble où le volume fourni par les conduites avait diminué notablement pendant les huit ou dix premières années et où, depuis, les tubercules avaient augmenté plus lentement.

### Moyen de préserver les tuyaux de fonte de l'oxydation.

**416.** Pour remédier à cet inconvénient on a essayé de tremper les tuyaux avant leur pose dans un bain d'huile de lin.

L'idée est due à M. Junker, qui ayant à établir des tuyaux en fonte pour une machine à colonne d'eau alimentée par des eaux acides, les fit essayer avec de l'huile de lin pour empêcher la destruction rapide des tuyaux.

L'huile de lin s'introduisant dans les pores de la fonte sous l'influence de la pression, jouait le rôle d'un vernis.

Ce moyen a complètement réussi ; malheureusement, il est fort cher à cause des pertes produites par les projections d'huile au moment de l'essai. A Amiens, pour mettre l'idée de M. Junker à profit en s'affranchissant d'une partie des dépenses qu'elle occasionne, on a fait immerger à chaud les tuyaux, après leur essai à l'eau, dans un bain d'huile rendue siccative par de la litharge, et dans laquelle on introduisait $\frac{1}{20}$ de son poids de cire ; ce procédé a été employé en 1846, et jusqu'ici on n'a remarqué aucune trace d'oxydation dans les tuyaux. Mais il a le grave inconvénient d'infecter l'air aux abords de la chaudière où se fait l'immersion et on a dû y renoncer.

Pour empêcher la formation des tubercules par l'oxydation, on a proposé aussi de faire circuler dans les conduites de l'acide chlorhydrique dilué.

On a également cherché à les enlever mécaniquement au moyen de hérissons métalliques ; mais le plus souvent, on est conduit à enlever les tuyaux détériorés et à les remplacer par des tuyaux neufs ; et à force de changer, on arrive à n'avoir plus que des fontes inattaquables.

Comme préservatif on emploie maintenant le *coltar*, et comme cette matière est moins fluide que l'huile, on se sert d'une chaudière cylindrique verticale au lieu d'une chaudière horizontale, l'immersion devient plus coûteuse, puisqu'il faut élever les tuyaux au-dessus de la cuve verticale, au lieu de les rouler dans la chaudière horizontale.

Il résulte de cette opération un vernis qui recouvre la paroi extérieure, comme la paroi intérieure, et il y a avantage à cette double préservation, parce que les tuyaux de fonte s'altèrent quelquefois par la paroi extérieure, lorsque le sol contient des matières qui peuvent se combiner avec le fer.

### Curage des conduites.

**417.** Malgré les nombreux moyens de préservation que l'on a pu imaginer, il ne s'en dépose pas moins trop souvent dans les tuyaux des matières étrangères qui stationnent et s'incrustent, et dont la présence a pour effet de diminuer le débit de l'eau distribuée.

Pour remédier à cet état de choses, il faut pratiquer de temps en temps le curage des conduites.

Ce travail peut se faire à la main. Nous donnons (*fig.* 369) une disposition de l'appareil de curage à main pour tuyaux.

Il se pratique également avec succès au

Fig. 369. — Appareil pour curage de tuyaux.

moyen d'appareils de curage actionnés par la pression de l'eau (voir la figure 370)

Les deux rondelles $a$ et $a'$ sont munies de caoutchouc ; cette partie qui forme le

Fig. 370. — Appareil pour curage de tuyaux.

piston moteur est reliée par une articulation à une tige garnie de couteaux qui viennent gratter la surface intérieure des tuyaux. Cette articulation permet le passage dans les coudes.

Pour permettre l'introduction de l'ap-

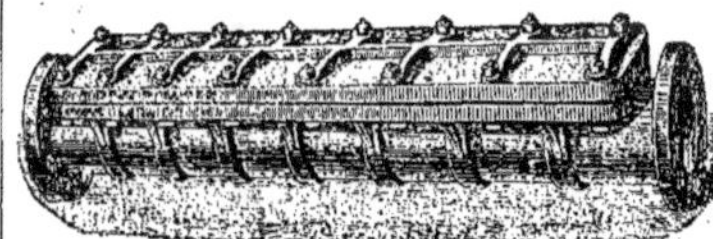

Fig. 371. — Appareil pour curage de tuyaux.

pareil de curage dans la conduite, on doit avoir soin d'intercaler, dans les diverses parties, des tuyaux à introduction (voir la figure 371).

Pendant le curage on doit se servir d'un stéthoscope ou canne particulière pour s'assurer par l'ouïe de la marche de l'appareil de curage à chasse d'eau dans les conduites.

## § V. — *POSE DES CONDUITES*

**418.** Il y a plusieurs manières de poser les conduites, qui ont chacune leurs avantages et leurs inconvénients.

En général, elles doivent toujours être posées à une profondeur suffisante sous le sol pour qu'elles ne soient jamais atteintes par la gelée.

### a. — Sous des galeries voutées

Les grosses conduites dont la rupture sous le sol des rues pouvait causer des dommages sont placées dans des galeries souterraines.

On les place dans ce cas, sur des massifs en maçonnerie ou des supports en fonte fondés solidement. Elles n'ont à supporter d'autres charges que leur propre poids et celui de l'eau qu'elles contiennent. Enfin on peut les visiter à toute heure, dans toute leur étendue, et réparer sans recherches inutiles les accidents qui peuvent survenir.

Mais la dépense que ce système entraîne est si considérable, qu'on ne peut l'adopter que pour les artères principales, et dans les cas fort rares où le niveau supérieur du terrain que l'on veut traverser est plus élevé que celui de la prise d'eau ;

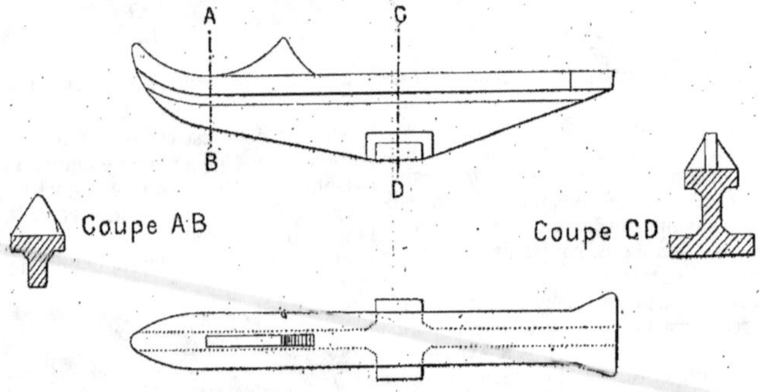



Fig. 372. — Console pour tuyaux de 0ᵐ,10.

dans ce dernier cas, une galerie voûtée est indispensable, parce que sans cela on n'aurait aucun moyen de reconnaître les fuites.

Le plus souvent on place les conduites en égouts. Elles y sont soutenues contre les culées au moyen de consoles en fonte qui sont scellées dans les pieds-droits et ont la forme indiquée (*fig.* 372).

### b. — Dans de petites rigoles

Les mêmes motifs qui exigent que les conduites principales soient placées dans des galeries spacieuses, semblent exiger aussi que l'on isole les tuyaux de branchements destinés à alimenter les bouches de lavage et les concessions particulières ; mais, pour avoir le moyen de retrouver facilement les fuites, il faut que le fond de la rigole soit étanche et solide. En outre la recherche des fuites devient longue et coûteuse, parce que l'eau peut couler dans le fond de la rigole sans se faire jour jusqu'à la superficie du pavé et sans donner lieu à un enfoncement qui fasse reconnaître le point fixe où la perte d'eau a lieu.

Ces petites rigoles en maçonnerie établies sous le pavé doivent être fermées soit par un voûtain en briques, soit par un fort madrier en bois goudronné. Il faut prendre la précaution nécessaire pour que les conduites soient à l'abri de la gelée.

### c. — EN TRANCHÉES

Toutes les rues où il y a des tuyaux de conduite ne sont pas pourvues d'un égout pouvant les recevoir.

On établit donc les conduites en pleine terre sous les pavés des rues.

Ce moyen est généralement adopté comme le plus simple et le plus économique. Les conduites participent moins aux variations de température. La moindre fuite donne lieu à un enfoncement de pavé qui, indiquant bientôt le mal, en rend la réparation assez prompte et relativement facile. On peut multiplier sans difficulté les branchements : aussi ce procédé se prête-t-il essentiellement à une distribution à domicile.

Lorsque les tuyaux n'excèdent pas $0^m,150$ à $0^m,200$ de diamètre, on peut se contenter d'ouvrir les tranchées sur une profondeur d'environ $1^m,00$ et une largeur de $0^m,70$ à $0^m,80$ au plafond de la fouille.

Pour les petits tuyaux on peut au besoin réduire la profondeur et la largeur.

Pour les tuyaux d'un grand diamètre, on donne aux tranchées des dimensions proportionnées.

Dans tous les cas, la profondeur ne doit jamais être réduite au point de permettre la gelée des conduites.

On fixe préalablement le profil en long de la tranchée, dont les pentes doivent être réglées d'après le profil du terrain. On établit des repères aux points extrêmes de chaque pente et l'on dresse le fond de la fouille très régulièrement, puis on le dame pour éviter les ondulations accidentelles. Il convient même, quand il n'en résulte pas une trop grande dépense, d'approfondir les fouilles, de manière que les conduites n'éprouvent pas dans le sens vertical les ondulations que présente la surface du sol.

Si le terrain sur lequel doit reposer la conduite est formé de remblais, ou exposé, par une cause quelconque, à éprouver des tassements, il convient de consolider le fond de la tranchée en y enfonçant un pieu conique de $1^m,20$ à $1^m,50$, de l'enlever en le faisant tourner au moyen d'un levier en fer qui le traverse à la partie supérieure et de remplir l'alvéole qu'a formée le pieu enlevé, avec du sable mouillé par un lait de chaux hydraulique.

Quand la fouille a été dressée et que les tuyaux sont mis en place, on procède à l'épreuve de la conduite; pour cela, si le réservoir est déjà construit, on met la conduite en charge et l'on en examine tous les joints.

Si l'on ne peut encore introduire les eaux de la distribution, il faut produire artificiellement la pression au moyen d'une pompe foulante. Il est alors indispensable de se servir d'un réservoir d'air : car il faut que la pression se maintienne pendant le temps nécessaire pour aller examiner les joints. Cette épreuve fait en général reconnaître des fuites ; celles qui sont reconnues dans la masse de la fonte ne peuvent plus provenir que d'une fêlure ; si un joint perd, on matte le plomb du joint jusqu'à ce qu'il soit bien étanché.

On effectue ensuite le remblai de la tranchée en commençant par les terres qui ont été extraites du fond et en évitant d'y laisser des pierres qui risqueraient de causer des avaries aux tuyaux pendant le pilonnage.

Pour effectuer ce travail, on rejette d'abord les terres de chaque côté, et, si besoin est, au-dessous du tuyau en les étendant par couches successives de 12 à 15 centimètres, et les frappant avec des pilons ou *dames* en bois ou en fonte. Plus le damage est fait avec soin, plus l'entretien ultérieur de la chaussée est facile.

On réserve pour la couche supérieure les pierres qui formaient le macadam afin de le rétablir le mieux possible, ou, quand ce sont des pavés qui forment la chaussée, on les met simplement en place par blocage, puis après tassement, on les relève et on refait le pavage.

Pour compléter nos recherches sur l'établissement des conduites en fonte, nous donnons ci-dessous à titre de renseignement un tableau où se trouvent groupés les différents ouvrages élémentaires qui entrent dans l'établissement des conduites, avec quelques prix de base d'application qu'il sera nécessaire d'établir à nouveau pour chaque localité.

## PRIX DU MÈTRE LINÉAIRE DES CONDUITES POSÉES EN TERRE DEPUIS 0m,06 DE DIAMÈTRE JUSQU'A 0m,60

QUANTITÉS ET PRIX DES OUVRAGES AUXQUELS DONNE LIEU L'ÉTABLISSEMENT DES CONDUITES DES DIAMÈTRES DE :

| Indications des ouvrages | Prix élém. | 0m,060 Quant. | 0m,060 Prix | 0m,080 Quant. | 0m,080 Prix | 0m,100 Quant. | 0m,100 Prix | 0m,108 Quant. | 0m,108 Prix | 0m,125 Quant. | 0m,125 Prix | 0m,135 Quant. | 0m,135 Prix | 0m,140 Quant. | 0m,140 Prix | 0m,162 Quant. | 0m,162 Prix |
|---|---|---|---|---|---|---|---|---|---|---|---|---|---|---|---|---|---|
| | fr. | | fr. | | fr. | | fr. | | fr. | | fr. | | fr. | | fr. | | fr. |
| Démontage et réfection de la chaussée | 1.50 | 1m,50 | 2.70 | 2.30 | 3.45 | 2.35 | 3.52 | 2.37 | 3.55 | 2.45 | 3.67 | 2.47 | 3.70 | 2.00 | 3.75 | 2.82 | 3.78 |
| Déblai pour ouverture de la tranchée | 0.09 | 1m,20 | 0.72 | 1.74 | 0.84 | 1.62 | 1.00 | 1.87 | 1.12 | 1.98 | 1.19 | 2.05 | 1.23 | 2.11 | 1.27 | 2.40 | 1.30 |
| Dressement du fond de la tranchée | 0.20 | 0m,80 | 0.12 | 1.25 | 0.20 | 1.30 | 0.20 | [illegible] | [illegible] | [illegible] | [illegible] | [illegible] | [illegible] | [illegible] | [illegible] | 1.45 | 0.29 |
| Façon des niches | | | 0.10 | | 0.11 | | 0.13 | | 0.13 | | 0.14 | | 0.15 | | 0.16 | | 0.17 |
| Enlèvement des terres excédantes | 1.50 | 0.12 | 0.18 | 0.19 | 0.27 | 0.21 | 0.31 | 0.22 | 0.33 | 0.24 | 0.36 | 0.20 | 0.39 | 0.27 | 0.40 | 0.29 | 0.44 |
| Renal des tuyaux | | | 0.10 | | 0.15 | | 0.20 | | 0.22 | | 0.25 | | 0.26 | | [illegible] | | 0.28 |
| Nivoage | 0.10 | 0.50 | 0.79 | 0.63 | 0.82 | 1.02 | 0.38 | 2.05 | 0.42 | 2.88 | 0.40 | 7.46 | 0.50 | 2.80 | 0.56 | 2.90 | 0.60 |
| Transport des tuyaux sur la tranchée | | | 0.18 | | 0.20 | | 0.22 | | 0.23 | | 0.24 | | 0.25 | | 0.26 | | 0.25 |
| Descente dans la tranchée et mise en place | | | 1.25 | | 1.35 | | 1.46 | | 1.48 | | 1.54 | | 1.40 | | 1.54 | | 1.66 |
| Corde goudronnée | 1.00 | 0.05 | 0.05 | 0.07 | 0.07 | 0.09 | 0.09 | 0.10 | 0.10 | 0.11 | 0.11 | 0.12 | 0.12 | 0.13 | 0.13 | 0.14 | 0.14 |
| Plomb | 0.75 | 1k,10 | 0.81 | 1.41 | 1.06 | 1.50 | 1.42 | 2.01 | 1.24 | 2.36 | 1.60 | 2.61 | 1.81 | 2.00 | 1.89 | 2.81 | 2.11 |
| Façon des joints | | | 0.50 | | 0.60 | | 0.70 | | 0.74 | | 0.83 | | 0.52 | | 0.55 | | 1.05 |
| Remblai | 0.40 | 1.18 | 0.45 | 1.72 | 1.09 | 1.75 | 0.74 | 1.84 | 0.74 | 1.94 | 0.78 | 2.05 | 0.89 | 2.00 | 0.52 | 2.10 | 0.84 |
| Prix des ouvrages de pose | | | 7.45 | | 9.37 | | 10.50 | | 10.83 | | 11.56 | | 11.96 | | 12.41 | | 12.94 |
| Fonte pour les tuyaux | 0.20 | 750.00 | 5.80 | 526.00 | 10.50 | 725.00 | 14.40 | 780.00 | 15.70 | 814.10 | 17.40 | 804.00 | 19.90 | 108 k. | 21.00 | 115 k. | 23.00 |
| Prix par tuyau | | | 13.76 | | 19.77 | | 24.50 | | 26.00 | | 28.95 | | 31.79 | | 34.04 | | 35.93 |
| Longueur des tuyaux | | | 2.00 | | 2.50 | | 2.50 | | 2.50 | | 2.50 | | 2.40 | | 2.50 | | 2.50 |
| Prix d'un mètre linéaire de conduite | | | 6.03 | | 7.70 | | 9.86 | | 10.41 | | 11.58 | | 12.92 | | 13.60 | | 14.50 |

| Indications des ouvrages | Prix élém. | 0m,180 Quant. | 0m,180 Prix | 0m,200 Quant. | 0m,200 Prix | 0m,215 Quant. | 0m,215 Prix | 0m,250 Quant. | 0m,250 Prix | 0m,300 Quant. | 0m,300 Prix | 0m,325 Quant. | 0m,325 Prix | 0m,350 Quant. | 0m,350 Prix | 0m,400 Quant. | 0m,400 Prix | 0m,450 Quant. | 0m,450 Prix | 0m,500 Quant. | 0m,500 Prix | 0m,600 Quant. | 0m,600 Prix |
|---|---|---|---|---|---|---|---|---|---|---|---|---|---|---|---|---|---|---|---|---|---|---|---|
| | fr. | | fr. | | fr. | | fr. | | fr. | | fr. | | fr. | | fr. | | fr. | | fr. | | fr. | | fr. |
| Démontage et réfection de la chaussée | | 2.59 | 3.93 | 2.65 | 3.97 | 2.78 | 4.05 | 3.05 | 5.04 | 3.57 | 5.35 | 3.50 | 5.49 | 3.75 | 5.69 | 3.87 | 5.80 | 4.14 | 6.21 | 4.23 | 6.35 | 6.28 | 9.49 |
| Déblai pour ouverture de la tranchée | | 2.29 | 1.37 | 2.31 | 1.40 | 2.55 | 1.46 | 3.05 | 1.81 | 3.47 | 2.03 | 3.09 | 2.16 | 3.81 | 2.29 | 4.02 | 2.51 | 4.50 | 2.75 | 4.95 | 2.97 | 7.97 | 4.76 |
| Dressement du fond de la tranchée | | [illegible] | [illegible] | [illegible] | [illegible] | [illegible] | [illegible] | [illegible] | [illegible] | [illegible] | [illegible] | [illegible] | [illegible] | [illegible] | [illegible] | [illegible] | [illegible] | [illegible] | [illegible] | [illegible] | [illegible] | [illegible] | [illegible] |
| Façon des niches | | | [illegible] | | [illegible] | | [illegible] | | [illegible] | | [illegible] | | [illegible] | | [illegible] | | [illegible] | | [illegible] | | [illegible] | | [illegible] |
| Enlèvement des terres excédantes | | [illegible] | [illegible] | [illegible] | [illegible] | [illegible] | [illegible] | [illegible] | [illegible] | [illegible] | [illegible] | [illegible] | [illegible] | [illegible] | [illegible] | [illegible] | [illegible] | [illegible] | [illegible] | [illegible] | [illegible] | [illegible] | [illegible] |
| Renal des tuyaux | | | [illegible] | | [illegible] | | [illegible] | | [illegible] | | [illegible] | | [illegible] | | [illegible] | | [illegible] | | [illegible] | | [illegible] | | [illegible] |
| Nivoage | | [illegible] | [illegible] | [illegible] | [illegible] | [illegible] | [illegible] | [illegible] | [illegible] | [illegible] | [illegible] | [illegible] | [illegible] | [illegible] | [illegible] | [illegible] | [illegible] | [illegible] | [illegible] | [illegible] | [illegible] | [illegible] | [illegible] |
| Transport des tuyaux sur la tranchée | | | [illegible] | | [illegible] | | [illegible] | | [illegible] | | [illegible] | | [illegible] | | [illegible] | | [illegible] | | [illegible] | | [illegible] | | [illegible] |
| Descente dans la tranchée et mise en place | | | [illegible] | | [illegible] | | [illegible] | | [illegible] | | [illegible] | | [illegible] | | [illegible] | | [illegible] | | [illegible] | | [illegible] | | [illegible] |
| Corde goudronnée | | [illegible] | [illegible] | [illegible] | [illegible] | [illegible] | [illegible] | [illegible] | [illegible] | [illegible] | [illegible] | [illegible] | [illegible] | [illegible] | [illegible] | [illegible] | [illegible] | [illegible] | [illegible] | [illegible] | [illegible] | [illegible] | [illegible] |
| Plomb | | [illegible] | 2.43 | [illegible] | 2.58 | [illegible] | 2.96 | [illegible] | 2.72 | [illegible] | 3.09 | [illegible] | 4.07 | [illegible] | 4.30 | [illegible] | 4.67 | [illegible] | 5.24 | [illegible] | 5.91 | [illegible] | 7.80 |
| Façon des joints | | | [illegible] | | [illegible] | | [illegible] | | [illegible] | | [illegible] | | [illegible] | | [illegible] | | [illegible] | | [illegible] | | [illegible] | | [illegible] |
| Remblai | | [illegible] | 0.88 | [illegible] | 2.24 | [illegible] | 0.70 | [illegible] | 2.33 | [illegible] | 0.33 | [illegible] | 2.52 | [illegible] | 1.10 | [illegible] | 2.07 | [illegible] | 1.27 | [illegible] | 3.72 | [illegible] | 2.39 |
| Prix des ouvrages de pose | | | 14.05 | | 14.46 | | 15.70 | | 17.24 | | 21.13 | | 22.14 | | 23.70 | | 25.04 | | 28.50 | | 31.83 | | 46.74 |
| Fonte pour les tuyaux | | 191.00 | 28.00 | [illegible] | 29.40 | [illegible] | 30.90 | [illegible] | 75.60 | [illegible] | 48.80 | [illegible] | 63.40 | [illegible] | 73.10 | [illegible] | 80.40 | [illegible] | 100.00 | [illegible] | 118.90 | 1 640 | 203.00 |
| Prix par tuyau | | | 42.05 | | 44.06 | | 50.80 | | 62.82 | | 79.93 | | 85.50 | | 97.10 | | 112.34 | | 129.55 | | 150.93 | | 253.74 |
| Longueur des tuyaux | | | 2.50 | | 2.50 | | 2.50 | | 3.00 | | 3.00 | | 3.00 | | 3.00 | | 3.00 | | 3.00 | | 3.00 | | 4.00 |
| Prix d'un mètre linéaire de conduite | | | 16.82 | | 17.62 | | 20.70 | | 20.91 | | 26.61 | | 28.51 | | 32.37 | | 37.44 | | 42.18 | | 50.08 | | 63.44 |

# CHAPITRE II

## ORGANES ACCESSOIRES DE LA CANALISATION

**419.** Dans ce chapitre nous nous occuperons spécialement de la forme et la construction des regards, ventouses, robinets de toute sorte, bouches à clef.

[a. — Robinets d'évent. — Ventouses

**420.** Il est nécessaire que l'air puisse entrer dans une conduite que l'on met en décharge et réciproquement qu'il puisse en sortir par les points culminants lorsqu'on met la conduite en charge.

Nous avons vu, page 192, que la présence de l'air dans les conduites d'une canalisation est toujours nuisible, en rai-

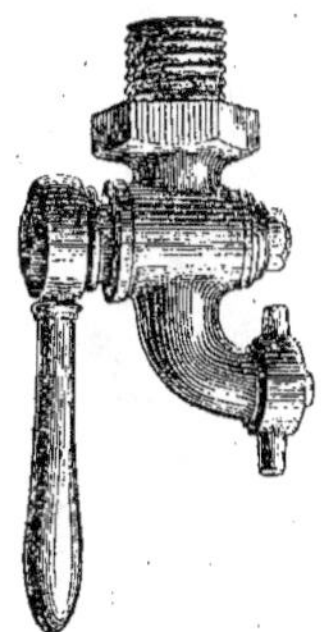

Fig. 373. — Robinet d'évent.

son de l'action qu'il peut exercer sur le débit, en le réduisant et aussi des coups de bélier dont il est la cause.

Un petit robinet de purge et de rentrée d'air, dit aussi *robinet d'évent*, monté sur chaque point culminant et que l'on manœuvre à la main, en temps opportun, remplit parfaitement ce double office. La figure 373 représente un appareil de ce

genre. Il est en bronze avec bec à petite ouverture et raccord à oreille en bronze.

Mais il est difficile dans la pratique de

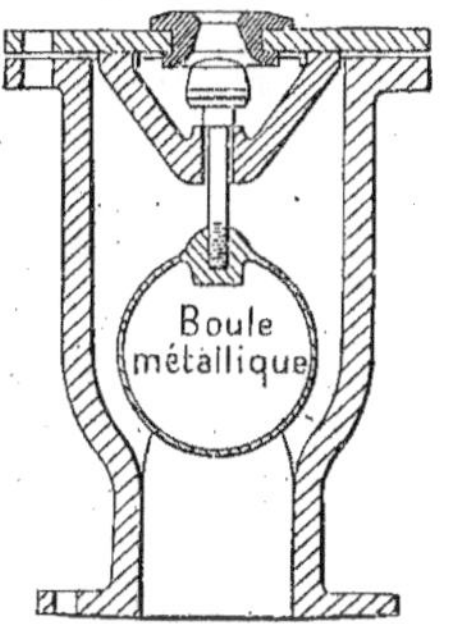


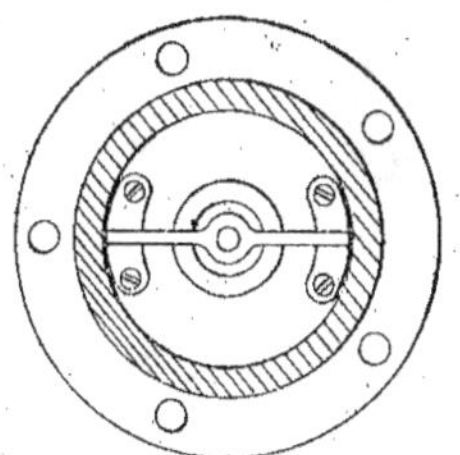


Fig. 374. — Ventouse à soupape.

surveiller à la fois le robinet de décharge placé au point bas d'une portion de conduite et les robinets d'évent qui sont souvent éloignés l'un de l'autre. On a donc été conduit à construire un appareil pour produire automatiquement, chaque fois que cela est nécessaire, la sortie et la rentrée. Cet appareil placé aux points culminants prend le nom de ventouse.

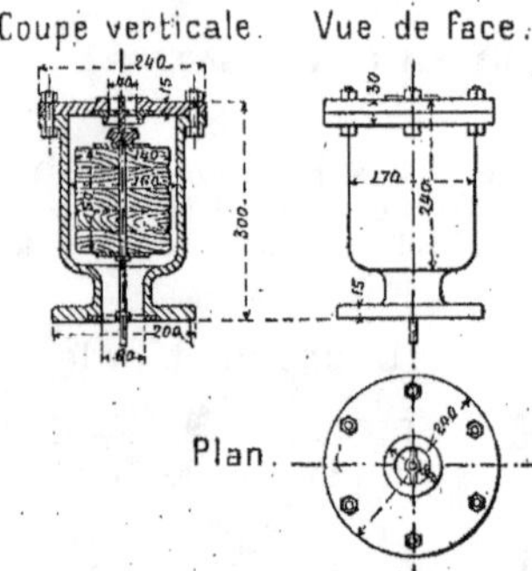



Fig. 375. — Ventouse de 0ᵐ,060 d'orifice, système Sinson Saint-Albin.

Ces ventouses se composent d'un cylindre en fonte de 14 à 15 centimètres de diamètre terminé à sa partie inférieure par

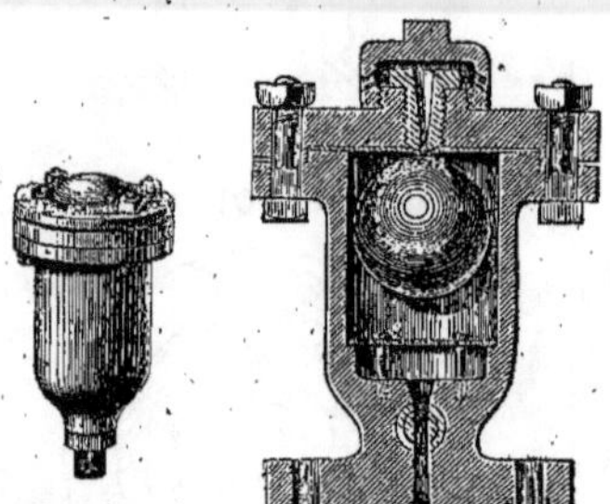

Fig. 376 et 377. — Ventouses ou valves à air.

une bride venant se fixer sur une tubulure de la conduite (*fig.* 374) ; à la partie supérieure de ce tuyau est également une bride qui reçoit un disque en fonte percé en son milieu d'un trou dans lequel est rivé une bague en cuivre portant du côté de l'intérieur un trou conique qui peut être

bouché par une soupape également conique. Celle-ci est portée par une tige filetée, vissée dans une boule de cuivre. Lorsqu'il n'y a pas d'eau dans la conduite, la tige de la soupape glisse dans son gardage et le trou conique s'ouvre ; lorsqu'on met la conduite en charge l'eau soulève la boule métallique et la soupape vient obturer le trou conique. L'air pourra donc s'échapper librement par ce trou pendant la mise en charge.

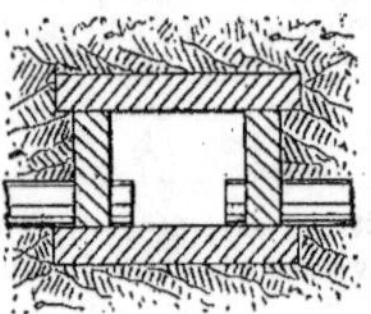

Fig. 378. — Ventouse ou valve à air.

La figure 375 représente une autre ventouse du type fabriqué par M. *Sinson Saint-Albin*, ingénieur-mécanicien à Paris. Il se compose également d'un vase cylindrique en fonte boulonné par la bride au point culminant de la conduite. Ce vase est fermé par une plaque en fonte percée au centre d'une ouverture garnie d'un siège de soupape en bronze.

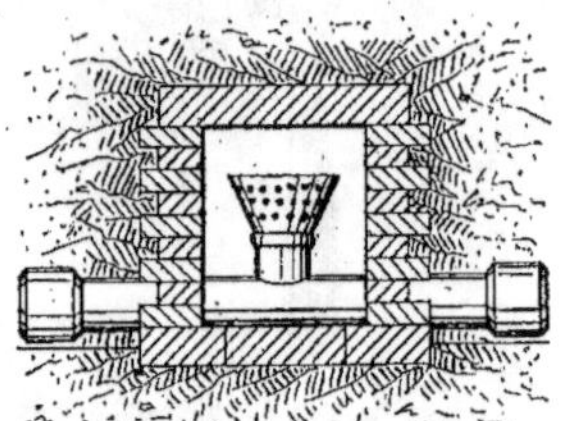

Fig. 379. — Ventouse ou valve à air.

Un flotteur cylindrique en liège ou en bois, ou sphérique et en métal, supporte à l'aide d'une tige guidée par une bride, la soupape conique destinée à fermer l'ouverture dont on vient de parler.

Nous donnons ci-dessous d'autres dispositions.

La figure 376 représente extérieurement une ventouse simple avec boule.

La figure 377 représente la coupe d'une ventouse à boule avec robinet de pied en bronze et plaque perforée en laiton. Cette ventouse est du type de la maison Glenfield de Kilmarnock.

Quand il s'agit de conduites non forcées ou libres, les ventouses à flotteur ne sont pas nécessaires, il suffit de placer sur la conduite une chambre en maçonnerie (*fig.* 378) dans laquelle l'air sera toujours attiré, pourvu qu'elle soit placée à un point culminant.

Ces cuvettes en maçonnerie sont encore nécessaires sur une ligne de conduite, à chaque changement brusque de pente, ou encore sur une conduite en ligne droite, mais d'une pente considérable, pour empêcher l'eau de prendre une vitesse exagérée. On évite ainsi les coups de béliers, en cas d'arrêt subit de la circulation de l'eau.

Enfin, on emploie, indépendamment des cuvettes en maçonnerie, des tuyaux avec bouches d'évent, dont la branche verticale est munie à son extrémité supérieure d'une grenouillère empêchant l'accès dans la conduite des corps étrangers (*fig.* 379).

### b. — Robinets

**421.** L'objet que l'on se propose en employant les robinets, c'est de se rendre maître du cours de l'eau; et de procurer au besoin l'évacuation de celle qui serait contenue dans toute la longueur ou sur une portion seulement d'une conduite, afin de procéder aux réparations des dégradations qui peuvent survenir, ou de pourvoir momentanément à des services extraordinaires.

On sent d'après cela qu'on ne saurait trop multiplier les robinets. On les distingue suivant les fonctions qu'ils ont à remplir, en robinets d'*arrêt,* robinets de *vidange* et *robinets de service.*

On ne peut pas mettre moins de deux robinets d'*arrêt* sur une conduite, le premier immédiatement au-dessous de la *prise d'eau,* qui établit ou intercepte, à volonté, la communication entre le réservoir et la conduite; le second au-dessus du point de dégorgement où la conduite devra se terminer.

Comme aussi on ne peut pas mettre moins d'un robinet de décharge dans la partie la plus basse de la conduite, pour ouvrir ou fermer une communication de l'intérieur à l'extérieur, et procurer au besoin l'évacuation des eaux qui y seraient contenues. Si la conduite a plusieurs inflexions dans le sens vertical, on conçoit qu'il faudra placer, autant qu'il sera possible, un robinet à chaque pli inférieur. On profite, pour donner un écoulement aux eaux, de tous les égouts que l'on rencontre; et s'il n'en existe pas dans les points convenables, on construit des puisards où l'eau évacuée se rassemble et s'infiltre dans les terres.

Les robinets ont différentes formes suivant leur diamètre et leur destination. On les fait en fonte ou en cuivre ou en bronze.

Ils doivent toujours satisfaire aux conditions générales suivantes :

1° L'œil doit être précisément du même diamètre que l'intérieur de la conduite afin que la vitesse de l'eau, en le traversant n'éprouve aucune altération;

2° La fermeture doit s'opérer lentement, afin que l'eau qui est renfermée dans la conduite ne puisse pas réagir sur les tuyaux et en opérer la rupture;

3° La fermeture doit être hermétique pour ne laisser aucune issue à l'eau.

Plus la grosseur des robinets augmente et plus il devient difficile de satisfaire à ces différentes conditions.

### Robinets d'arrêt.

**422.** Les *robinets d'arrêt* servent à isoler une partie de conduite; outre les deux robinets d'arrêt indispensables indiqués plus haut, il faut en mettre à l'origine de tous les branchements secondaires pour que le service de la conduite principale ne soit pas interrompu. Ces robinets doivent toujours présenter une section intérieure identique ou équivalente à celle de la conduite principale ou secondaire sur laquelle ils sont placés.

Les robinets d'arrêt sont établis sur une portion de tuyau droit, terminée, soit par des abouts préparés pour recevoir des soudures, quand ils doivent être soudés sur des tuyaux de plomb, soit par deux brides quand le raccordement doit se faire sur des tuyaux en fonte terminés par des brides.

Pour les conduites d'un diamètre in-

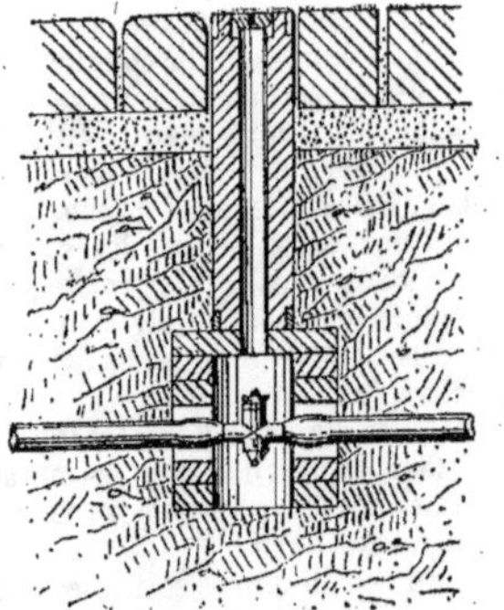

Fig. 380. — Robinet d'arrêt.

férieur à 0<sup>m</sup>,06, ils sont généralement du type dit à boisseau (*fig.* 380). On les dispose d'habitude au fond d'une petite fosse en maçonnerie surmontée d'une cheminée en bois, bouchée par un tampon en fonte qu'on peut ouvrir avec une clef. On manœuvre ce robinet à l'aide d'une *clef de*

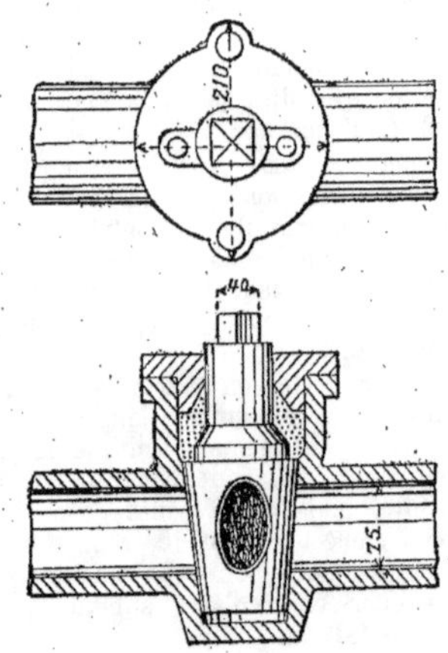

Fig. 381. — Robinet d'arrêt.

*fontainier*, longue tige de fer, portant à son extrémité une douille carrée qui embrasse la tête du boisseau.

Pour que la clef ne serre pas dans le

A                B                C                D

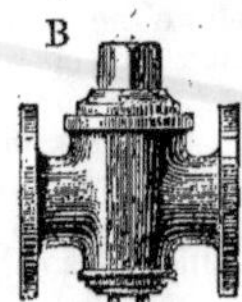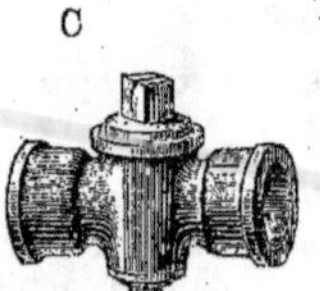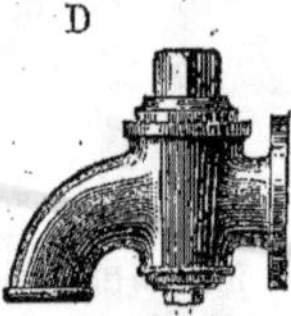

Fig. 382. — Robinets à boisseaux, en fonte, placés sous sol.

boisseau quand on descend la clef destinée à le manœuvrer, on le recouvre par un chapeau en fonte qui s'appuie sur le boisseau et ne peut pas peser sur la clef.

Les robinets sont fabriqués par des fontainiers : ils ont l'inconvénient de devenir durs quand ils sont restés quelque temps sans servir ; il faut alors les démonter pour les graisser, ce qui nécessite une fouille assez large pour permettre à l'ouvrier d'enlever la clavette placée au-dessous du boisseau ; de plus ces robinets peuvent fuir en dessous sans qu'on s'en aperçoive.

Pour remédier à ces inconvénients on emploie en Angleterre des robinets entièrement en fonte (*fig.* 381), dont la chambre du boisseau est fermée à sa partie inférieure. En cas de réparations, on peut enlever complètement le boisseau à l'aide d'une clef. Nous donnons (*fig.* 382) divers types de robinets à boisseaux en fonte pour être placés sous le sol.

A, robinet à 2 brides à boisseau fermé ;

B, robinet à double emboîtement;
C, robinet à deux brides ;
D, robinet de puisage à bride.

Pour les diamètres moyens, on peut employer avantageusement des robinets à clapet, du système *cadet*. La manœuvre de ces robinets se fait toujours en tournant la vis à l'aide d'une clef. En abaissant ou en élevant ainsi la soupape, on ferme ou on ouvre plus ou moins le passage à l'eau. Le prix de ces appareils est peu élevé. Leur fonctionnement se fait d'une manière très satisfaisante, quand la pression de l'eau s'exerce sur la soupape. Dans le cas contraire, la fermeture n'est pas aussi hermétique.

**423.** Lorsque dans un système de distribution d'eau, on a plusieurs conduites principales qui doivent se suppléer, quand le service est interrompu sur une section de l'une d'elles, il convient de les

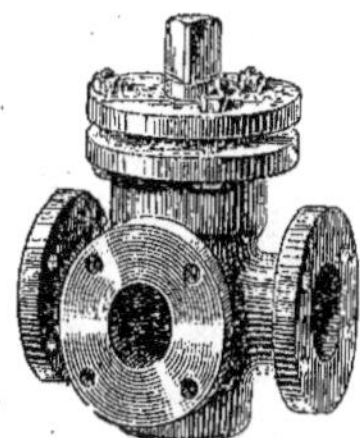

Fig. 383. — Robinet à trois voies.

mettre en communication par une ou plusieurs conduites transversales, et afin que celles-ci puissent alimenter l'artère principale d'un côté ou de l'autre du robinet d'arrêt qui intercepte l'arrivée directe de l'eau sur la partie qui doit être mise en décharge, on doit raccorder la conduite de secours à la conduite principale par deux branchements munis chacun d'un robinet à trois voies.

La figure 383 représente un robinet de ce type, en fonte, à boisseau fermé.

### Robinets-vannes.

**424.** Lorsque la conduite sur laquelle est placé un robinet d'arrêt a un diamètre supérieur à 0m,06 à 0m,100, celui-ci

prend le nom de *robinet-vanne*. C'est le seul appareil convenable à employer pour les grands diamètres et tout ce qui a été essayé jusqu'à présent pour le remplacer n'a donné que des résultats médiocres. Le robinet est manœuvré à l'extérieur à

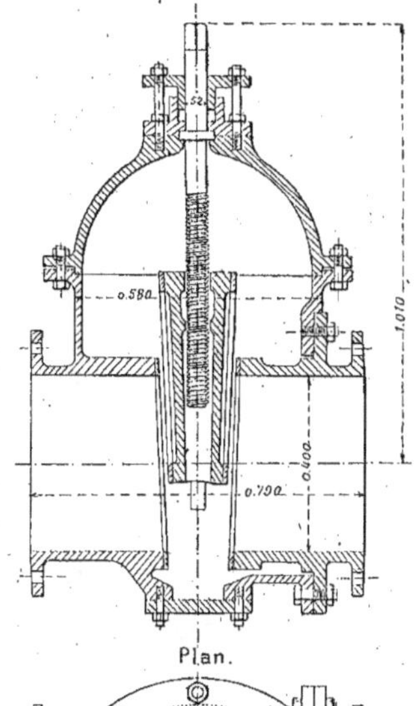


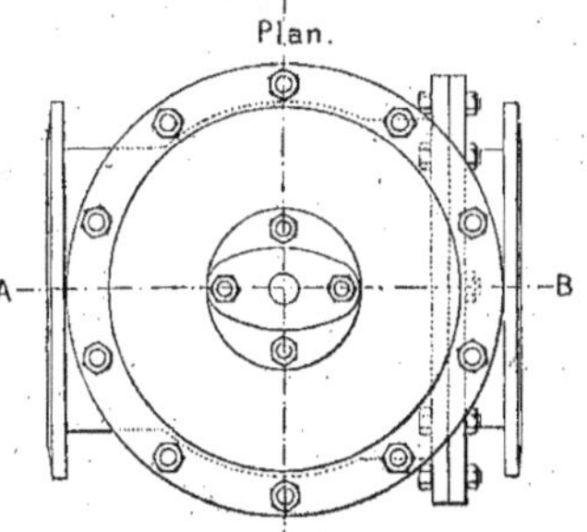


Fig. 384. — Robinet-vanne.

l'aide d'une vis qui, en tournant, abaisse ou élève la vanne et par suite ferme ou ouvre plus ou moins le tuyau. Le fonctionnement de cet appareil est excellent,

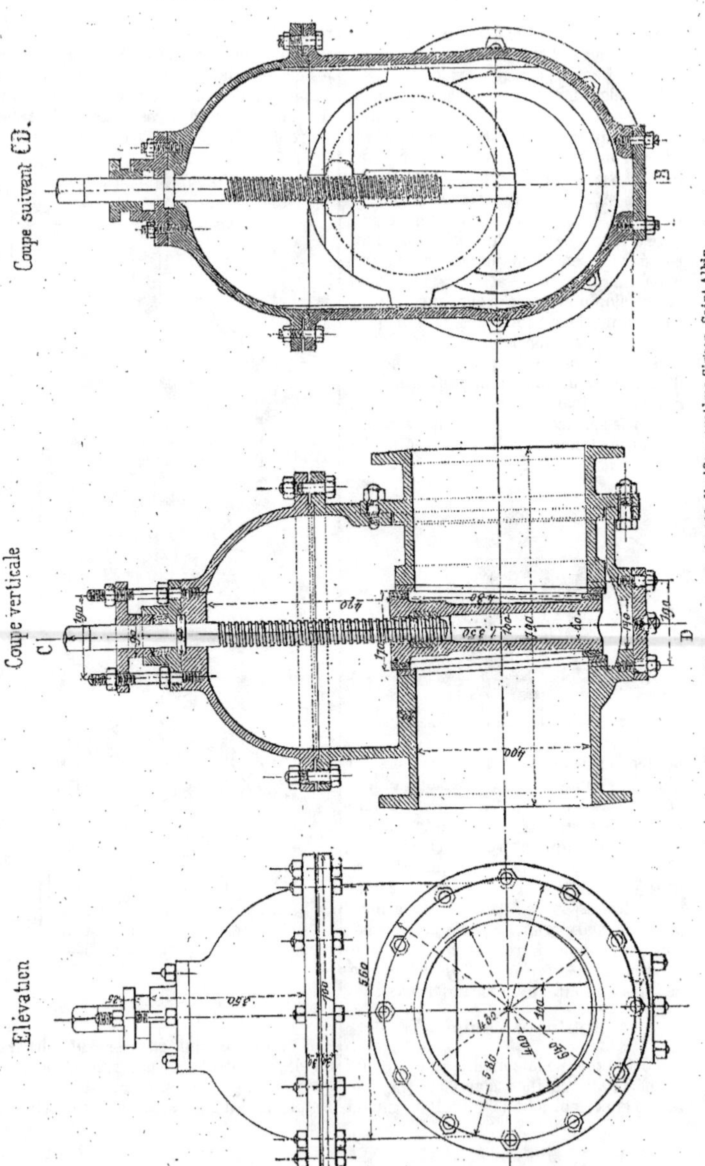



Fig. 385. — Robinet-vanne, ville de Paris, de 0m,400 d'orifice; système Sinson Saint-Albin.

mais le prix en est élevé ; de plus, son emploi nécessite une certaine hauteur libre.

Les robinets à vanne sont formés, comme l'indique le plan et la coupe de la figure 384, de deux parties qui s'emboîtent l'une dans l'autre, et sont solidement reliées par des brides. Le joint serré par des boulons est fait d'une couche de minium interposée entre des faces tournées.

Les deux parties des robinets sont ter-

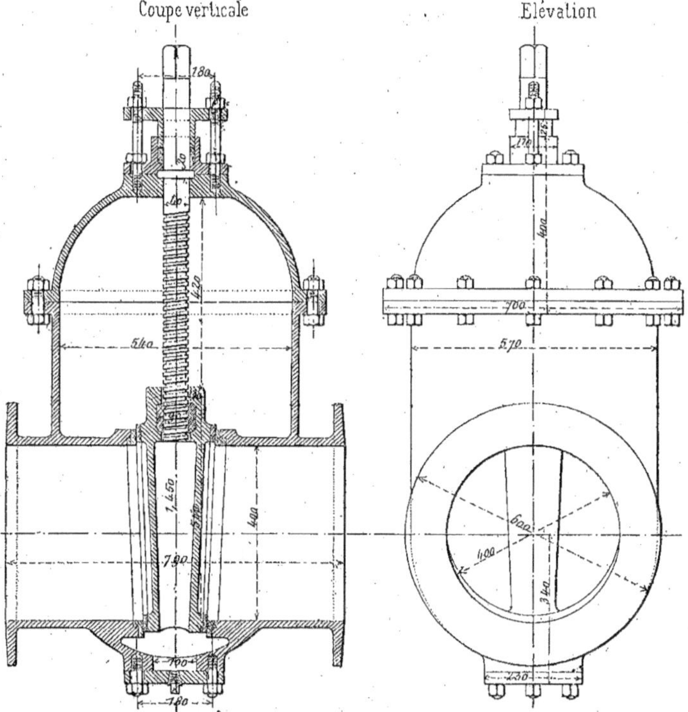


Fig. 386. — Robinet-vanne, ville de Paris, de 0ᵐ,400 d'orifice ; système Simson Saint-Albin.

minées extérieurement par des brides. La boîte contenant la vanne est de forme cylindrique. Elle est recouverte par une calotte sphérique et porte à sa partie supérieure arrondie comme le robinet une tubulure masquée par une bride pleine que l'on enlève de temps en temps pour retirer les ordures que les eaux entraînent dans la tubulure.

La vanne est formée de deux disques fondus d'un même morceau et reliés tant par leurs faces latérales qu'à la partie supérieure par une sorte de tête creuse destinée à recevoir par ses orifices laté-

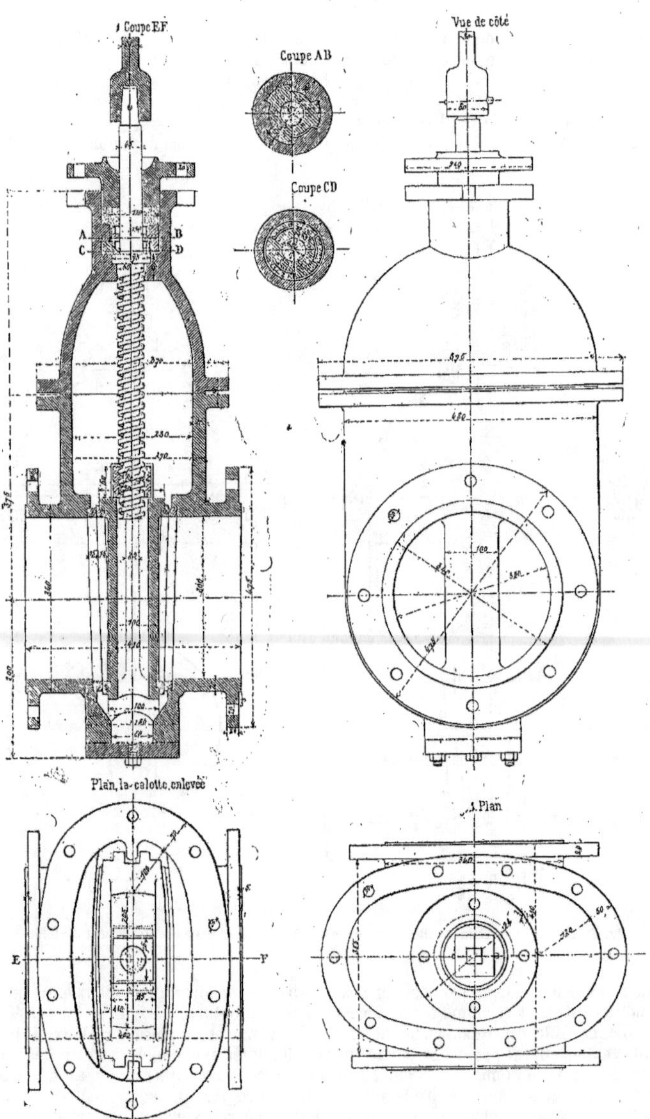


Fig. 387. — Robinet-vanne de 0^m,300 ; système Kern.

raux un écrou en bronze. Les disques, qui font avec la verticale un angle d'environ deux degrés, portent extérieurement une saillie de 0<sup>m</sup>,01 à 0<sup>m</sup>,05 de largeur destinée à correspondre à la paroi cylindrique du tuyau lorsque la vanne sera fermée. Sur ces saillies parfaitement dressées, on fixe avec des vis en cuivre à tête fraisée des cercles en cuivre de 8 à 10 millimètres d'épaisseur que l'on dresse également avec un très grand soin suivant l'inclinaison ci-dessus indiquée. Les deux parois de la boîte reçoivent également deux cercles disposés de la même manière autour de l'orifice des tuyaux.

Pour que la vanne n'ait pas de jeu dans ses glissières et se meuve bien verticalement sans frottement sur les cercles en cuivre, elle est dirigée dans son mouvement, par deux guides saillant sur ses faces latérales et engagées dans une sorte de coulisse formée par deux rebords saillants venus à la fonte, de part et d'autre, sur les parois de la boîte.

Au sommet de la calotte sphérique, est adaptée une boîte à étoupe, dans laquelle passe une vis en cuivre qui traverse l'écrou en cuivre fixé à la vanne et se trouve arrêtée dans le sens vertical par un filet carré pris entre la calotte et la boîte à étoupe. Par ce dispositif, en tournant la vis, on fera monter ou descendre la vanne.

L'un des meilleurs est le robinet-vanne, type de la ville de Paris (*fig.* 385), fabriqué par M. Sinson Saint-Albin.

La figure 386 représente un autre type également dû à M. Sinson Saint-Albin.

Enfin nous donnons (*fig.* 387) deux plans : une vue de côté et une coupe du robinet-vanne de 300 millimètres, système Keur, dont la calotte d'une part, et le stuffing-box de l'autre, offrent chacun une particularité.

Le tableau suivant indique les dimensions et les poids des robinets-vannes, du type de la ville de Paris.

TABLEAU DES DIMENSIONS ET POIDS DES ROBINETS-VANNES
(type de la ville de Paris)

| CALIBRE en MILLIMÈTRES | BRIDES A TROUS CARRÉS | | | | POIDS en KILOGR. | HAUTEUR TOTALE AU-DESSUS DE L'AXE de la conduite | LONGUEUR TOTALE |
|---|---|---|---|---|---|---|---|
| | DIAMÈTRE EXTÉRIEUR | DIAMÈTRE PAR L'AXE des trous | COTÉS DES TROUS | NOMBRE DE TROUS | | | |
| | | millimètres | | | | millim. | millim. |
| 40 | 160 | 123 | 15 | 3 | 14 | 296 | 210 |
| 60 | 198 | 157 | 21 | 3 | 30 | 405 | 260 |
| 80 | 224 | 179 | 21 | 3 | 45 | 455 | 310 |
| 100 | 250 | 205 | 21 | 4 | 52 | 485 | 360 |
| 150 | 306 | 257 | 21 | 6 | 86 | 593 | 450 |
| 200 | 358 | 305 | 21 | 6 | 142 | 687 | 500 |
| 250 | 411 | 358 | 21 | 6 | 200 | 778 | 570 |
| 300 | 474 | 418 | 21 | 8 | 290 | 850 | 710 |
| 350 | 528 | 468 | 24 | 9 | 370 | 942 | 720 |
| 400 | 582 | 522 | 24 | 10 | 460 | 1.060 | 790 |
| 450 | 632 | 572 | 24 | 10 | 540 | 1.150 | 800 |
| 500 | 682 | 622 | 24 | 12 | 630 | 1.260 | 910 |
| 600 | 786 | 728 | 24 | 14 | 800 | 1.350 | 1.040 |
| 650 | 863 | 300 | 25 | 16 | | 1.410 | |
| 750 | 1.006 | 927 | 28 | 18 | | 1.476 | |
| 800 | 1.047 | 978 | 32 | 20 | | 1.583 | |
| 900 | 1.156 | 1.082 | 32 | 20 | | 1.670 | |
| 1.000 | 1.257 | 1.181 | 32 | 22 | | 1.841 | |
| 1.100 | 1.273 | 1.235 | 32 | 22 | | 1.866 | |
| 1.200 | 1.486 | 1.390 | 32 | 28 | | 2.093 | |

Pour terminer ce qu'il y a à dire sur les robinets à vanne, nous signalerons la série des robinets-vannes employés par la ville de Paris, depuis le diamètre de

55 millimètres jusqu'au diamètre de 1ᵐ,100, en passant par trente modèles intermédiaires.

Le grand modèle de 1ᵐ,100 construit par M. A. Sinson Saint-Albin est une pièce énorme qui n'a pas moins de 3ᵐ,50 de hauteur, 2 mètres de largeur et qui pèse 7 500 kilogrammes. Il se compose d'un corps en fonte de forme sphérique et d'une vanne formant obturateur. Le

Fig. 388. — Robinet-vanne pour grosse conduite, avec disposition de nourrice.

coin-vanne, garni de bronze, ferme à frottement sur du bronze, et est commandé par une vis du même métal pesant 150 kilogrammes.

Quand ce robinet-vanne est fermé, la pression de l'eau, d'un seul côté, équivaut en certains points des conduites à près de 100 000 kilogrammes. Cependant à l'aide de la vis intérieure dont la vanne forme écrou, et grâce à l'adjonction d'une conduite nourrice établissant égalité de pression avant l'ouverture de la grande vanne, il suffit de deux hommes pour effectuer la manœuvre du robinet.

La figure 388 représente un robinet-vanne pour grosse conduite avec disposition de nourrice.

Soixante-dix robinets-vannes de 800 millimètres de diamètre, de ce modèle, ont été fournis par la compagnie Glenfield de Kilmarnock, pour les travaux des eaux de Rio-Janeiro. Tous ont été éprouvés à 21 atmosphères de pression.

## Robinets à double vanne.

**425.** Ces doubles vannes sont spécialement usitées pour conduites de grandes dimensions avec forte pression d'eau. Les deux vannes ont leurs commandes indépendantes, et par roues d'angle. Ce qui permet par l'ouverture en premier de la petite vanne de diminuer notablement la pression et faciliter ainsi l'ouverture de la grande vanne. La vanne est très so-

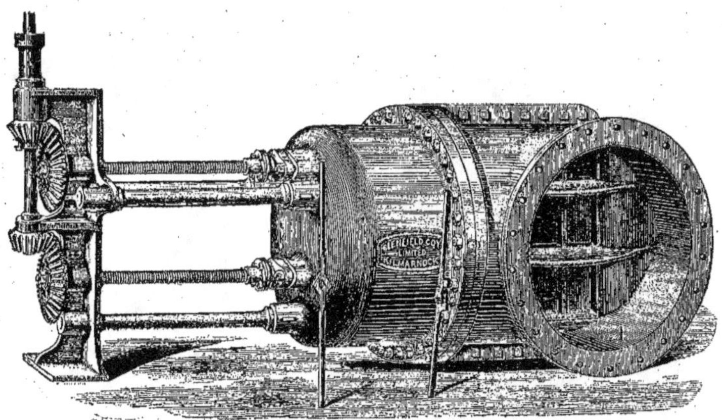


Fig. 389. — Robinet à double vanne.

lide et matérielle. Les boîtes à étoupe, les fourreaux des vis étant en bronze, de même que les diverses parties frottantes, on évite ainsi tout coincement et arrêt. Les faces qui sont doubles sont garnies en bronze, ces garnitures sont fixées avec sécurité sur les blocs au moyen de vis en cuivre jaune. Chaque vanne est éprouvée à la pression hydraulique comme résistance et étanchéité. Cette vanne a été construite pour les dimensions de 450, 500, 600, 750 et 900 millimètres de diamètre par la compagnie Glenfield, qui pourrait en construire pour diamètres de 1 mètre à 1$^m$,20.

La figure 389 représente un robinet à double vanne.

Enfin nous donnons (*fig.* 390) divers modes de mouvements de commandes pour ces robinets-vannes de grandes dimensions ; mouvement par roues et vis sans fin ; mouvement par roues droites ; mouvement par roue d'angle pour vanne couchée ; commande par vis sans fin avec cadran indicateur de levée.

## Pose des robinets.

**426.** La pose de ces robinets de grosses dimensions se fait dans des regards en maçonnerie.

Ils sont placés sur des supports en fonte (voir la figure 391).

Leur descente nécessite souvent des

dispositions particulières ; nous donnons (*fig.* 392) la vue d'un chantier disposé pour la descente, au fond du radier du regard, d'un robinet vanne de $1^m,100$ de diamètre.

### c. — Bouches a clef

**427.** Les robinets de petit diamètre n'excédant pas $0^m,06$ à $0^m,08$ et même $0^m,10$ peuvent être posés dans un petit

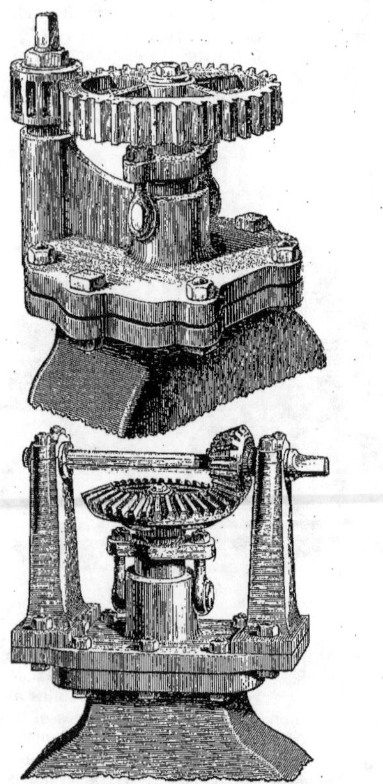

Fig. 390. — Mouvements de commande pour vannes de grandes dimensions.

espace vide pratiqué dans le sol autour du robinet et que l'on désigne sous le nom de *tabernacle*. Nous en avons donné un exemple (*fig.* 380).

Dans la figure 393 nous avons représenté une prise d'eau de $0^m,060$ avec ro-

binet de bronze posé sous bouche à clef. La figure 394 représente le détail de ce robinet d'arrêt.

Le tabernacle est formé de quatre petits murs en maçonnerie, briques non hourdées.

Au-dessus de ce petit massif est déposé une planche de chêne goudronnée ou en bois blanc injecté de sulfate de cuivre, Cette planche est percée d'un trou rond de

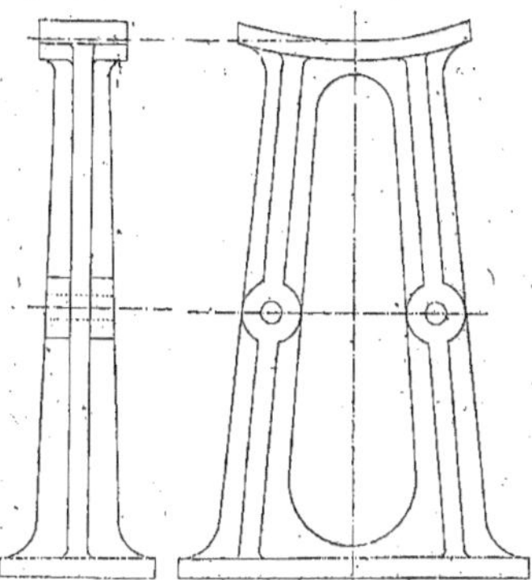

Fig. 391. — Support pour robinet-vanne de 0ᵐ,100 de diamètre.

6 à 7 centimètres de diamètre, au-dessus duquel s'élève un bout de tuyau en bois arasé au niveau du sol de la rue.

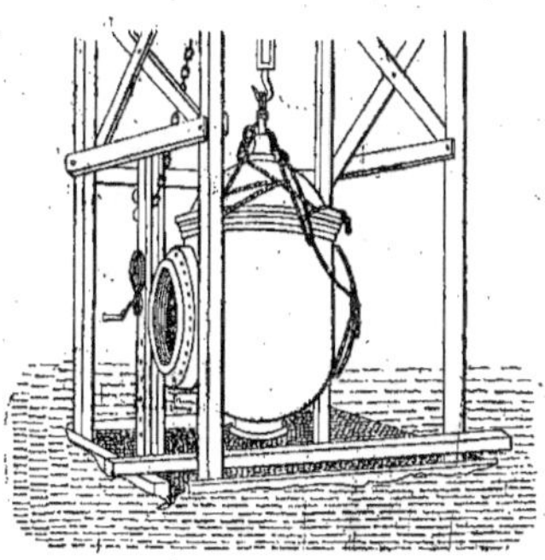

Fig. 392.

Ce tuyau de bois est fermé par un tampon en fonte dont le châssis est incrusté dans le bois.

Il faut avoir soin d'enchaîner le tampon pour qu'il ne soit pas volé.

On donne le nom de bouche à clef à l'ensemble de ce petit travail parce que l'on peut en introduisant par le vide du bois une clef à longue tige, atteindre le carré de la clef et manœuvrer le robinet.

Pour les robinets au-dessus de 0ᵐ,08 de

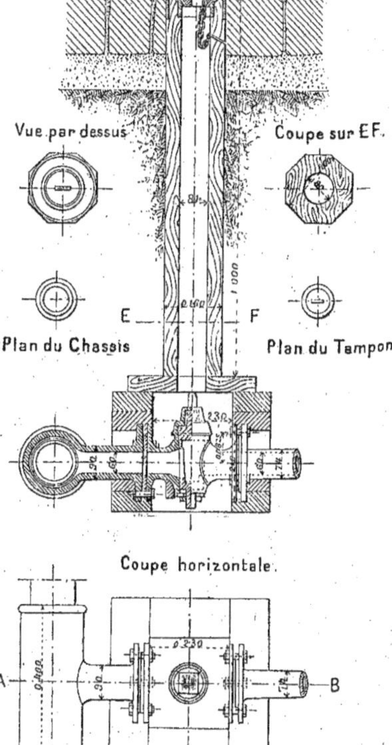


Fig. 393. — Bouche à clef.

diamètre, à boisseau et à vanne, il faut les placer dans des regards où ils soient toujours accessibles. Ces regards, descendus à 0ᵐ,40 ou 0ᵐ,50 au-dessous des robinets, doivent avoir au moins 1 mètre de diamètre s'ils sont ronds et 0<sup>m</sup>,90 s'ils sont carrés. On adopte ordinairement la forme carrée, parce qu'elle donne plus de dégagement dans le regard.

Les murs sont maçonnés et élevés verticalement jusqu'à 0<sup>m</sup>,70 environ au-dessous du pavé. A cette hauteur, on resserre les parements de manière à former une espèce de voûte en arc de cloître, au sommet de laquelle on laisse une lunette de 0<sup>m</sup>,65 de diamètre sur laquelle on place un châssis en bois ou en fonte destiné à recevoir la trappe en fonte nécessaire pour fermer le regard.

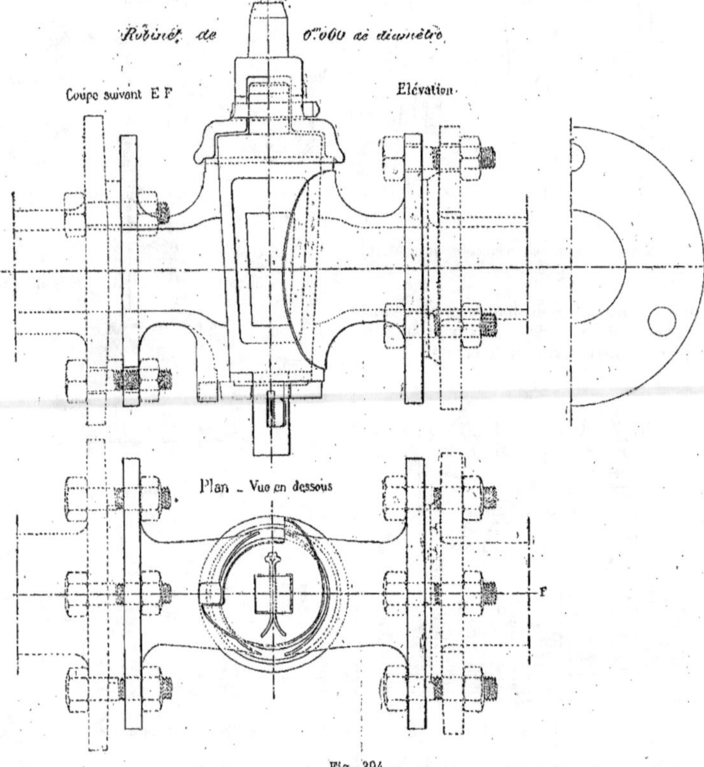


Fig. 394.

Quelquefois on place dans un regard plusieurs robinets d'arrêt et autant de robinets de décharge. Cela arrive particulièrement lorsqu'une conduite secondaire importante vient s'embrancher sur la conduite maîtresse au point où elle porte un robinet d'arrêt. Alors la conduite secondaire a deux embranchements courbes qui viennent se raccorder avec la conduite principale de part et d'autre du robinet d'arrêt; des robinets d'arrêt sont établis sur chacun des embranchements, entre les brides des huitièmes de cercle qui forment ces coudes, et l'on a alors trois robinets. Par cette disposition, la conduite secondaire peut ou recevoir ou fournir de l'eau, quoique le service soit interrompu sur l'une des parties de la conduite principale (voir la figure 359-C). Dans ce cas, les regards sont très vastes.

# CHAPITRE III

## DÉGORGEMENT

**427.** Les eaux d'une conduite peuvent être versées dans un réservoir pour y rester en réserve ou servir à de nouvelles distributions.

Elles peuvent alimenter des fontaines monumentales pour l'embellissement des places et des promenades ;

Ou des bornes-fontaines pour le lavage des rues et des égouts ; des fontaines de puisage, ou des bouches d'incendie ;

Enfin ces eaux peuvent être recueillies dans l'intérieur d'une maison pour servir à l'usage de ses habitants.

Dans ce chapitre nous aurons donc à étudier :

**Les appareils d'écoulement pour le service des voies publiques ;**

**Les appareils d'écoulement et d'alimentation chez les particuliers ;**

Et par suite la question de la **vente de l'eau à domicile ;**

Ainsi que celle du **filtrage et de l'épuration de l'eau à domicile.**

## § I. — APPAREILS D'ÉCOULEMENT POUR LE SERVICE DES VOIES PUBLIQUES

**428.** Les appareils employés pour desservir les voies publiques sont :

*Les bornes-fontaines ;*

*Les fontaines de puisage ;*

*Les bouches de lavage, d'arrosage et d'incendie ;*

Enfin *les fontaines monumentales.*

### a. — LES FONTAINES PUBLIQUES MONUMENTALES

**429.** Les fontaines publiques servant à la décoration des villes sont ou des gerbes jaillissantes dont l'eau retombe dans un bassin circulaire, ou des constructions monumentales en pierre, en marbre ou en fonte plus ou moins décorées.

Nous distinguerons ici l'ouvrage d'architecture et le système hydraulique.

L'architecture peut varier à l'infini ainsi que la décoration de ces monuments; aussi les fontaines ont-elles pris différents noms suivant leur forme et leur situation ; mais soit qu'on élève des fontaines à bassin, à coupe, à cascade; soit qu'on ne présente qu'un simple jet, on ne doit pas perdre de vue que le premier ornement est une quantité d'eau considérable à laquelle on donne le plus grand développement possible. Il faut que l'eau se divise en bulles, qu'elle réfléchisse et disperse la lumière, que ses effets se reproduisent sans cesse par le mouvement.

Telles sont les fontaines de Rome, de Versailles, de Marseille, de Paris qu'on ne peut se lasser d'admirer.

Les habiles ingénieurs et architectes qui ont eu la charge de l'organisation de l'Exposition universelle de 1889, n'ont pas hésité à demander aux fontaines monumentales un des éléments très décoratifs de l'ensemble : les fontaines lumineuses ont été une des principales attractions des jardins du Champ de Mars.

Le système hydraulique a pour objet de distribuer l'eau suivant la forme de la

Fig. 395. — Fontaine monumentale.

fontaine, et de la faire jeter par des statues, par des conques marines, des urnes, des ajutages, de la faire sortir de l'ouverture d'un mur ou d'une masse de rocher. Les moyens qu'on emploie sont toujours semblables et se réduisent à brancher des tuyaux de plomb sur une conduite principale, et à les faire aboutir par des inflexions aux divers orifices par où les eaux doivent être versées.

Les figures 395 et 396 représentent plusieurs espèces de fontaines.

La figure 397 représente des gerbes et des boîtes à jets d'eau.

Lorsqu'on veut former un jet d'eau ou des gerbes jaillissantes, il faut que l'eau ait à la sortie de l'orifice une vitesse due à laquelle elle doit s'élever en vertu de la charge motrice. Il faut donc réduire l'orifice à une grandeur telle que'en multipliant cette vitesse par la superficie de l'ouverture on ait une dépense égale à celle de la conduite. Nous n'en donnerons pour exemple que la gerbe du Palais-Royal ( *fig.* 398 et 399 ) dont on fait varier l'amplitude des jets en faisant varier la longueur et les dimensions des ajutages.

Fig. 398. — Fontaine monumentale.

Lorsque l'eau doit se répandre en nappe, alors la colonne ascensionnelle peut conserver le même diamètre ou à peu près le même diamètre que la conduite alimentaire, et s'élever jusqu'à la hauteur à laquelle l'eau peut naturellement monter en conservant la vitesse ordinaire.

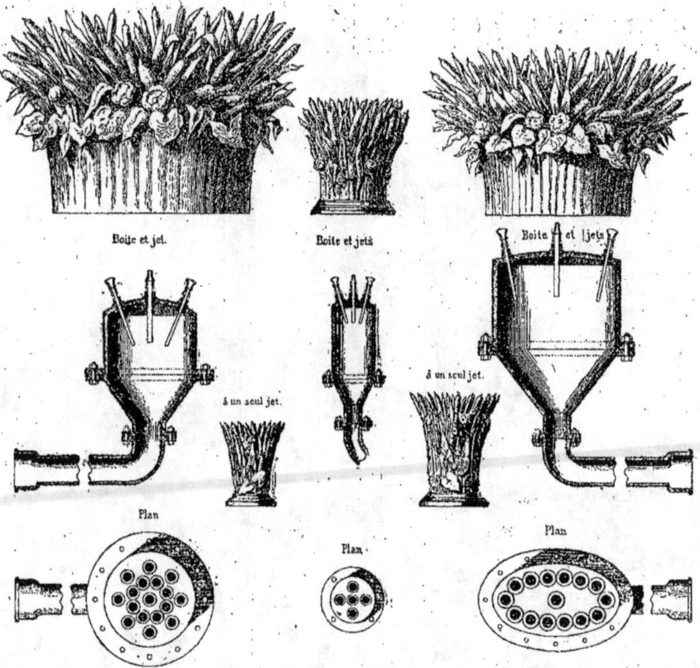


Fig. 397.

### b. — LES FONTAINES DE PUISAGE

**430.** Les fontaines publiques de puisage sont destinées à fournir gratuitement de l'eau aux habitants qui ne prennent pas de concession à domicile ; à Paris, dans les grandes villes, elles sont plus ou moins ornées ; elles rentrent quant à leurs formes extérieures dans le domaine de l'architecture.

On faisait dans le temps et il existe encore, dans certains pays des bornes-fontaines à jet continu ; elles étaient ouvertes pendant quelques heures de la journée seulement ; le puisage n'y était toléré que pendant cet intervalle, de telle sorte que la population pauvre pouvait venir y prendre de l'eau.

Il est préférable de pouvoir puiser l'eau à toute heure. A cet effet, quand on ne possède pas assez d'eau pour permettre un écoulement permanent ou lorsqu'on veut éviter le gaspillage de l'eau, on met à chaque borne-fontaine un robinet à repoussoir qui se referme de lui-même quand on cesse d'appuyer sur le bouton et qui permet d'avoir de l'eau à toute heure pour les usages domestiques.

## Bornes-fontaines.

**431.** Les divers types de bornes-fontaines à employer dans une distribution d'eau de ville varient avec la situation climatérique du pays où ces appareils doivent fonctionner.

Dans les climats froids, l'appareil pour être complet, doit comme première condition d'existence et de durée, être à l'abri de la gelée.

Par contre on n'a pas à se préoccuper

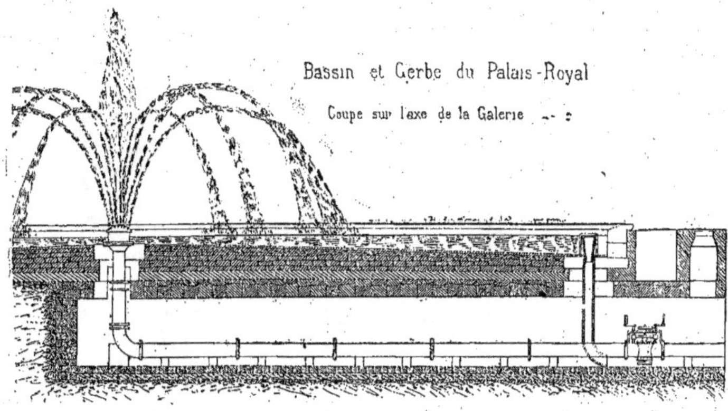


Fig. 398.

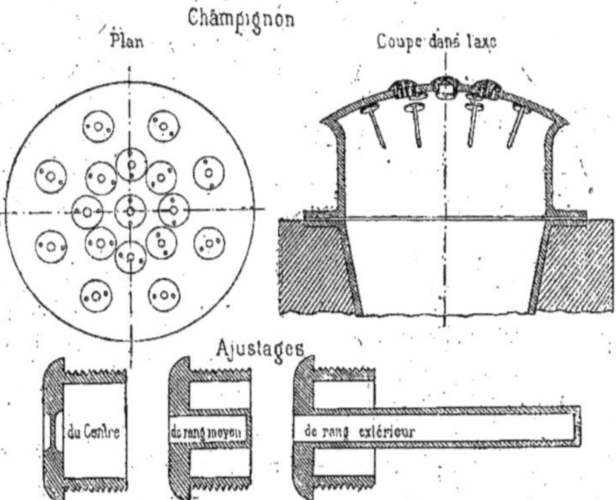


Fig. 399. — Détail de l'ajutage.

d'éviter le gaspillage de l'eau ; ces pays étant en général pourvus d'eau en abondance.

Dans les climats chauds cette condition primordiale est remplacée par la possibilité d'avoir à régler la dépense.

Enfin dans les climats tempérés, on peut avoir ou ne pas avoir à satisfaire aux deux conditions sus-énoncées.

Au point de vue du mécanisme nous

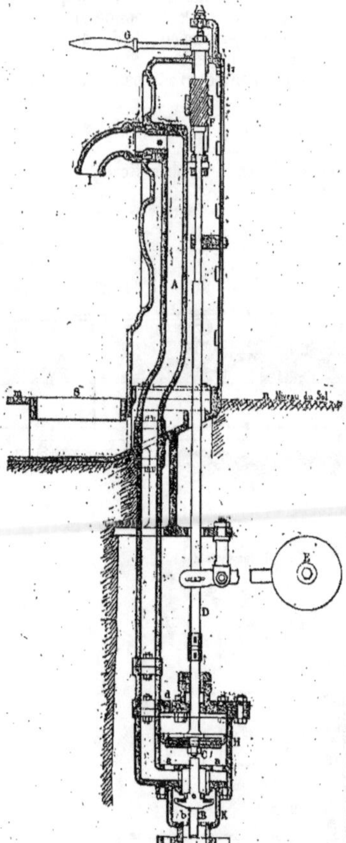

Fig. 401. — Borne-fontaine, système Kennedy, à fermeture automatique.

Fig. 400.— Borne-fontaine (type Sinson Saint-Albin).

distinguerons deux genres de bornes-fontaines qui ne diffèrent que par le système adopté pour ramener le piston dans la position par laquelle l'appareil est fermé.

### a. — Bornes-fontaines à l'abri de la gelée.

**432.** M. A. Sinson Saint-Albin a imaginé un type de borne-fontaine à l'abri de la gelée qui a été établi après des études suivies et est consacré par une longue pratique. Ce modèle adopté par un grand nombre de municipalités, fait le service des habitants, ainsi que ceux d'incendie et d'arrosage.

L'appareil proprement dit (*fig.* 400) se compose d'un conduit ascensionnel A donnant accès à l'eau qui sort ensuite par le nez I; d'une soupape d'introduction B se mouvant dans la lanterne K; d'un piston G contenu dans la cage H; d'une tige de manœuvre D actionnée dans le sens de l'ouverture par la vis F et dans le sens de la fermeture par le contrepoids E; d'un levier de manœuvre G.

Par la rotation de ce levier G on fait descendre en même temps le piston C et la soupape B; l'eau venant sous pression de la conduite de distribution s'introduit simultanément dans la colonne ascensionnelle $A_1A_1$ par les trous $a$, $a$ dans la cage H sous le piston C. Il y a alors déversement à gueule bée par le bec. Quand on lâche le levier G, le contre-poids E agit, le piston C remonte dans la cage H, la soupape B poussée par le ressort $b$ s'applique sur son siège et l'eau de la conduite ne parvient plus dans la colonne A.

C'est alors que le liquide contenu dans cette colonne, n'étant plus sous pression, redescend et vient se loger dans la capacité H calculée pour le recevoir. Un trou $d$, percé dans la partie supérieure de la cage H, permet à l'air de s'échapper et de ne pas faire contre-pression. Toute la partie de l'appareil comprise au-dessous de la ligne $mn$ étant enfouie dans le sol, l'eau qui reste dans la borne se trouve absolument incongélable et l'appareil remplit ainsi le but qu'on s'était proposé. Lorsque l'on fait à nouveau la manœuvre de la borne, l'eau contenue dans la capacité H est la première évacuée par la pression qu'exerce sur elle le piston C.

Par le dévissement du nez I, on met à jour le raccord fileté $i$ sur lequel peut venir se visser le tuyau d'incendie. Par une disposition spéciale du levier G, l'eau s'écoule d'une manière continue dans le souillard S et permet le lavage des ruisseaux (1).

**433.** La Compagnie Glenfield, de Kilmarnock, construit également une borne-fontaine, système Kennedy à fermeture automatique et dispositif contre la gelée, que nous avons représentée (*fig.* 401).

Le robinet d'arrêt est placé à environ 60 centimètres sous sol.

Le mécanisme de fermeture automatique est semblable à celui de la fon-

(1) *Les distributions d'eau*, par G. Dumont, page 283.

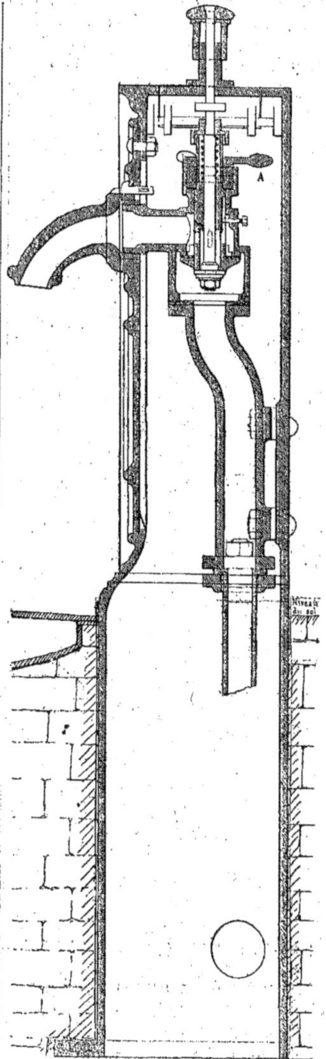

Fig. 402. — Type de borne-fontaine à débit variable.

taine de la figure, mais placé verticalement au lieu d'être horizontal.

La tige du robinet à soupape est terminée par un secteur d'angle denté, mis
en mouvement par la poignée, poulie à
contre-poids suspendu par chaînette,
comme dans les autres bornes-fontaines à
fermeture automatique.

La fontaine comporte une petite valve
de vidange automatique, à la base du
tuyau de décharge. Une petite tringle de
suspension à l'intérieur de la colonne,
permet d'arrêter le fonctionnement de la
petite valve de vidange, pendant la saison chaude.

S'il est nécessaire de changer le caoutchouc de la soupape, ou la petite bague
roulante, il suffit d'enlever le couvercle
de la borne, puis de retirer la soupape du
robinet.

Dans le cas d'engorgement ou d'obstruction du robinet d'arrêt, tout le système peut être retiré, examiné et nettoyé,
sans être obligé de dégager la terre. Pour
ce démontage on se sert d'une clef spéciale.

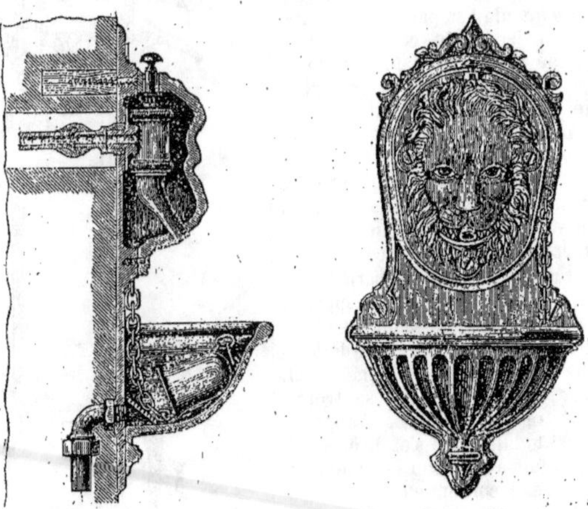

Fig. 403. — Borne-fontaine murale.

**b. — Bornes-fontaines à débit variable.**

**434.** Les orifices d'écoulement périodique, destinés à verser sur la voie
publique les eaux nécessaires à l'assainissement et aux besoins domestiques,
peuvent affecter des formes très différentes. En général, ils remplissent les
conditions principales qui sont imposées
aux appareils de distribution placés sur
la voie publique, c'est-à-dire qu'ils permettent le service d'incendie et celui de
lavage; de plus, ils offrent cette particularité de pouvoir distribuer l'eau aux habitants avec autant d'abondance ou de
parcimonie que l'état des sources et réservoirs l'exige. L'une de ces bornes-fontaines se trouve représentée (fig. 402). Par
le mouvement de rotation d'une roue à
manette A dont l'accès est possible seulement aux employés du service municipal, on augmente ou on restreint à
volonté le débit réel de la borne. On peut
donner un filet d'eau ou laisser couler à
gueule bée.

Pour ouvrir le passage et déterminer
par conséquent l'écoulement de l'eau,
réglé comme il vient d'être dit, il suffit
d'appuyer la main sur le bouton qui fait
saillie au sommet de la borne-fontaine.

La figure 403 représente une fontaine

murale à débit variable, — avec la disposition du conduit d'arrivée et celui du conduit de vidange.

Dans un autre type, fabriqué par M. Kern, ingénieur, constructeur à Paris, le piston dès qu'on cesse d'appuyer sur le

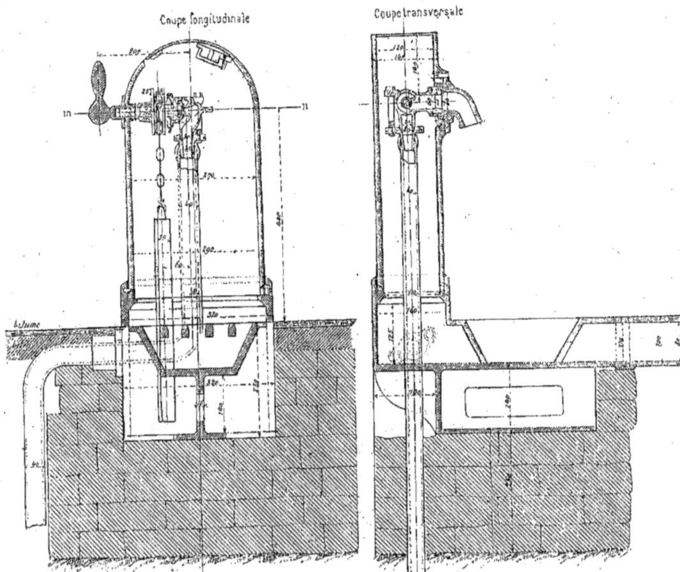



bouton ou d'agir sur une manette placée sur le côté de l'appareil, est ramené à sa position de fermeture par un petit levier à l'extrémité duquel est suspendu un contre-poids, ou par un ressort à boudin logé dans une petite gaîne placée au-dessus du piston.

Nous avons représenté (*fig.* 404) deux coupes et un plan de ce système de borne-fontaine, type de la ville de Paris, — et (*fig.* 404 *bis*) les détails du robinet.

### c. — Bornes-fontaines ordinaires.

**435.** Le cadre extérieur de ces bornes-fontaines peut être en marbre, en pierre, en fonte, etc.

Celle que nous représentons (*fig.* 405) est en fonte et repose sur un massif en béton.

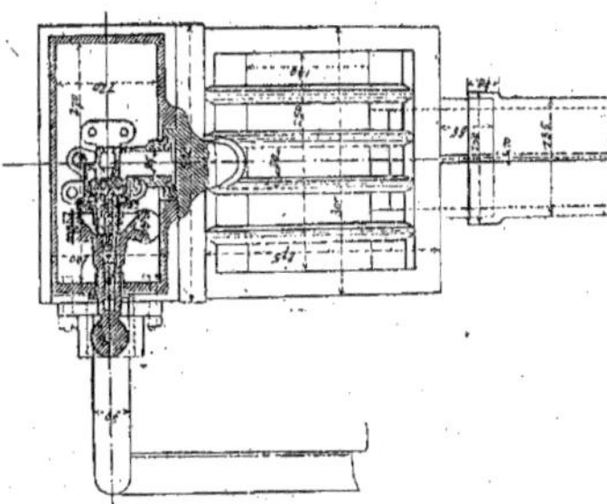

Fig. 404. — Borne-fontaine, type de la ville de Paris, avec robinet à repoussoir.

L'orifice d'écoulement est alimenté par un tuyau en plomb *ab.* Il est soudé au pied de la borne sur un bout de tuyau en cuivre portant sur sa longueur une bride tournée avec deux oreilles C qui sert à le fixer, par deux boulons à vis, à la face latérale de la borne dans laquelle pénètre le tuyau. Un cuir est interposé entre le collet de ce tuyau et le renfort que porte la borne autour du trou pour faire un joint étanche.

A son extrémité, dans l'intérieur de la borne, le tuyau porte un pas de vis *d*, à l'aide duquel on peut, au moyen d'un raccord mobile à double pas contrarié, le fixer comme les tuyaux à incendie, à un moignon en cuivre également taraudé à un bout et soudé de l'autre en *e* à un tube en cuivre qui monte dans la borne pour recevoir le robinet destiné à verser l'eau.

Quant au mode de fermeture à l'extrémité du tuyau, destiné à donner écoulement à l'eau, il consiste en une soupape renversée (*fig.* 405) formée d'une rondelle métallique garnie de cuir, ou d'un disque en bronze conique ; elle est tenue fermée au moyen d'un ressort à boudin et d'un levier à contre-poids.

Si l'on avait désiré que l'appareil reste ouvert à volonté, on aurait disposé un robinet de puisage d'un système quelconque.

**436.** Les orifices des fontaines à pui-

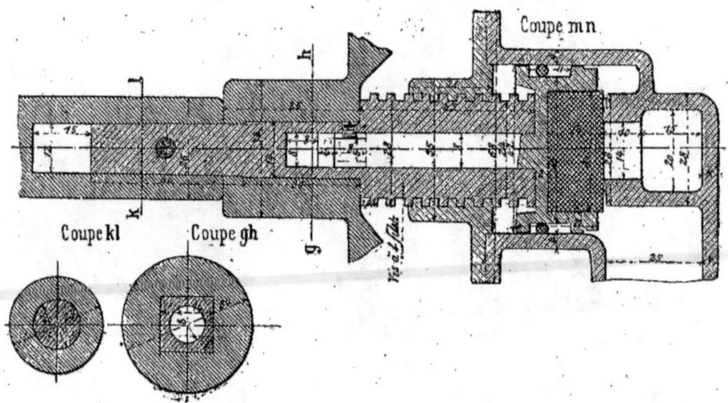


Fig. 404 *bis.* — Détails du robinet.

sage gratuit, ou ceux des fontaines monumentales sont toujours formés au moyen de robinets ordinaires ajustés sur les conduites, soit dans les caveaux établis sous les fontaines mêmes, soit, à défaut de caveaux, dans des regards construits au pied de ces fontaines.

Pour la facilité de la manœuvre, il convient de placer l'entrée de ces regards sous les trottoirs, en dehors de la circulation des voitures. On peut alors les fermer au moyen de plaques rectangulaires en fonte montées sur un axe qui passe sous la plaque très près de son centre de gravité, lequel est loin de son centre de figure parce que la plaque porte un contre-poids du côté opposé à l'entrée du caveau. Dans le mouvement d'ouverture, la bascule s'enfonce au-dessous du sol dans un encuvement arrondi.

### d. — Poteaux d'arrosage et fontaines à boire.

**437.** Dans les villes on établit souvent des fontaines d'un type particulier pour des services spéciaux.

C'est ainsi qu'on établit souvent des poteaux d'arrosage destinés à faciliter le remplissage des tonneaux d'arrosage employé à l'arrosement des voies publiques.

La figure 406 représente une borne-

fontaine et poteau d'arrosage combinés.
— La fontaine est à fermeture automa-

tique du système Kennedy. Une petite
nourrice est raccordée en dehors de la

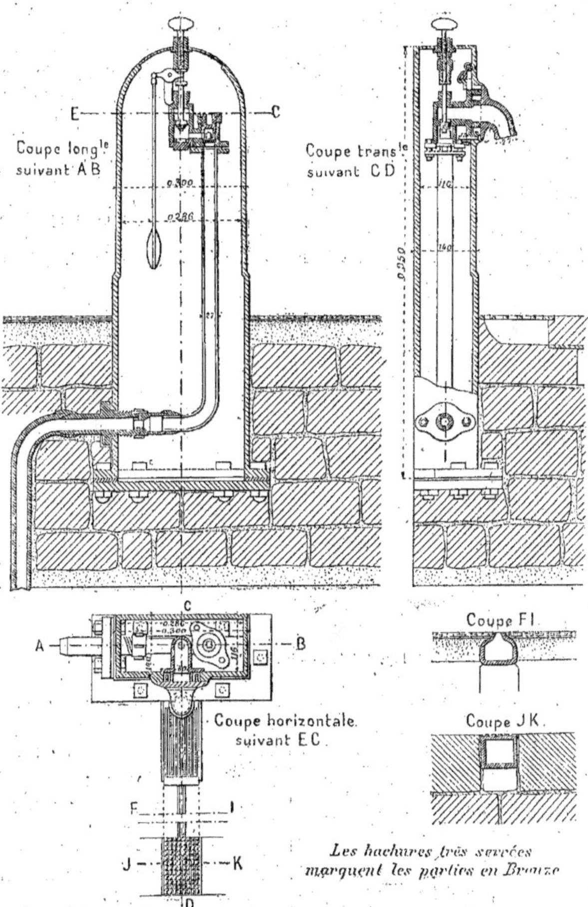


Fig. 405.

vanne, pour puisage d'eau, dans le but de
prévenir les accidents causés par la
gelée.

La figure 407 fait connaître la disposition et la forme des poteaux d'arrosage
employés pour le service municipal de la

ville de Paris. — Une disposition particulière permet d'éviter le coup de bélier. — Un tuyau descend depuis le robinet placé dans la boîte qui le surmonte, dans l'intérieur de la colonne. C'est par ce tuyau que l'on arrive au robinet, tandis que l'air reste enfermé entre ce tuyau, la plaque supérieure, et la paroi de la colonne. Cet air comprimé par la pression de l'eau, sert de ressort pour prévenir les coups de bélier qui se produiraient lors

Fig. 406. — Borne-fontaine et poteau d'arrosage combinés.

de la fermeture rapide du robinet d'arrivée.

La figure 408 représente un poteau d'arrosage avec fontaine à boire, avec gobelet chaîné, galvanisé, robinet-vanne de 60 millimètres et bouche à clef. Une petite nourrice est raccordée en dehors de la vanne, pour puisage d'eau, dans le but de prévenir les accidents causés par la gelée.

Enfin les figures 409 et 409 *bis* représentent :

La première une bouche à clef, avec tube protecteur s'appuyant sur la vanne. Celle-ci se manœuvre au moyen d'une longue clef. Usitée dans les climats où les

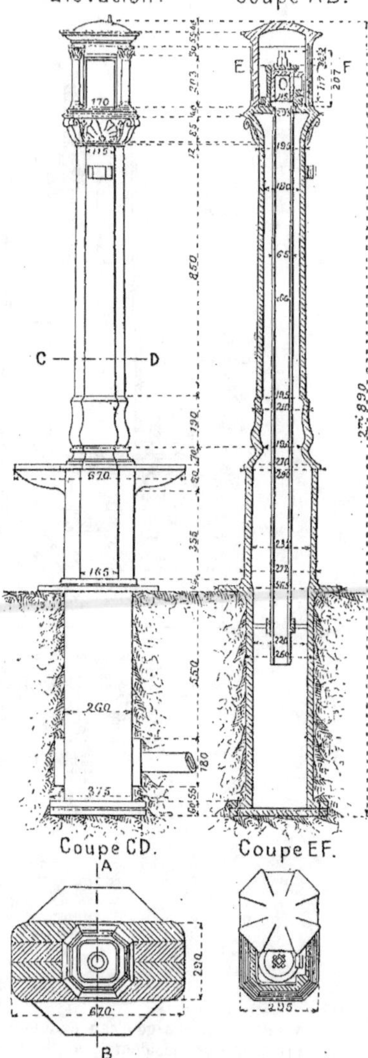


Fig. 407. — Poteau d'arrosage.

froids sont longs et rigoureux, les conduites étant en terre ;

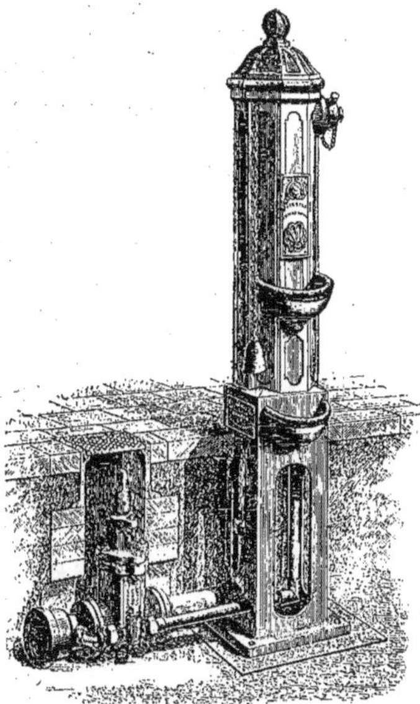

Fig. 408. — Poteau d'arrosage avec fontaine à boire.

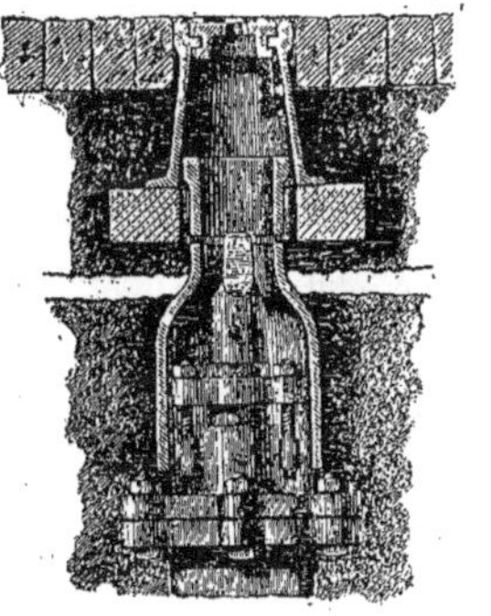

Fig. 409.

La seconde figure offre la même disposition. Dans ce cas, au lieu de se servir

d'une longue clef, il y a une tige perma-

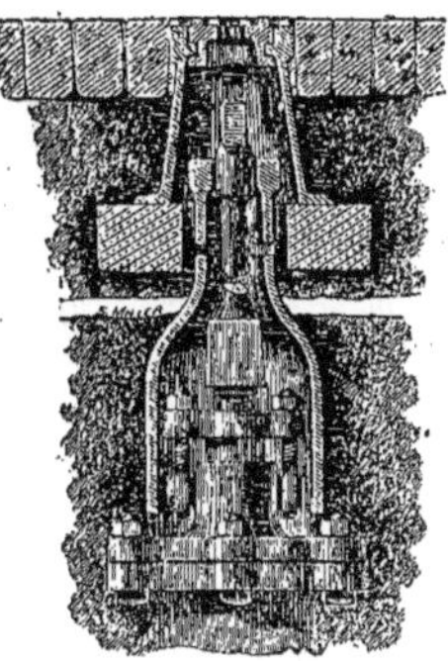

Fig. 409 bis.

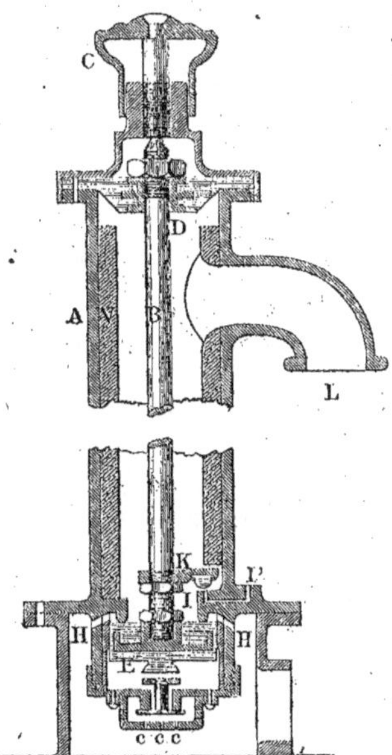

Fig. 410. — Borne fontaine (type Sinson Saint-Albin.)

nente, que l'on manœuvre avec une petite
clef.

### Divers types de bornes-fontaines.

**438.** Outre les types précédents, il existe encore des bornes-fontaines disposées de façon à remplir des conditions particulières : ainsi l'on peut demander à l'appareil de fonctionner sans coup de bélier, et, dans certains cas, de filtrer son eau. Nous examinerons rapidement ces dispositifs spéciaux.

### Bornes-fontaines évitant le coup de bélier.

**439.** M. A. Sinson Saint-Albin a imaginé un type de borne-fontaine pneumatique évitant le coup de bélier et à l'abri de la gelée. Cet appareil, mis en exploitation depuis peu, est représenté (*fig.* 410). Il repose sur le même principe que le robinet de puisage décrit précédemment et se compose essentiellement d'une colonne

l'eau qui se trouvait dans la colonne s'écoule et retourne au puisard. Cette disposition, jointe à l'enfouissement du mécanisme dans le sol, met la borne à l'abri de la gelée. En I', on peut disposer un robinet de purge pour être fermé pendant l'été et ouvert seulement en hiver ; de cette façon on évitera de perdre, pendant l'été, l'eau contenue dans la borne.

L'intérieur de la colonne est muni d'un manchon en liège V, qui a pour double but d'empêcher le croupissement de l'eau si l'appareil reste un certain temps sans servir, ou son échauffement sous l'action du soleil. Le bec L peut être à volonté muni ou non d'un raccord d'incendie (*fig.* 410 *ter*).

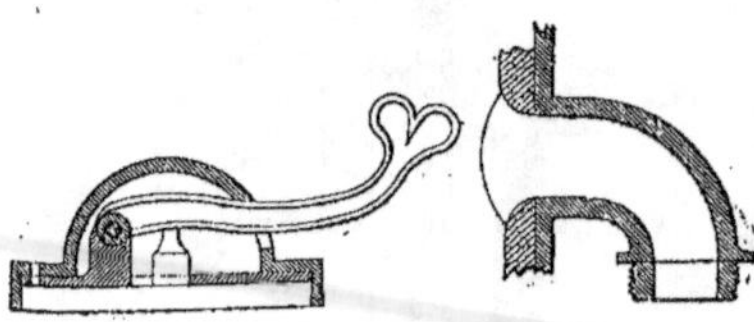

Fig. 410 *bis*.  Fig. 410 *ter*.

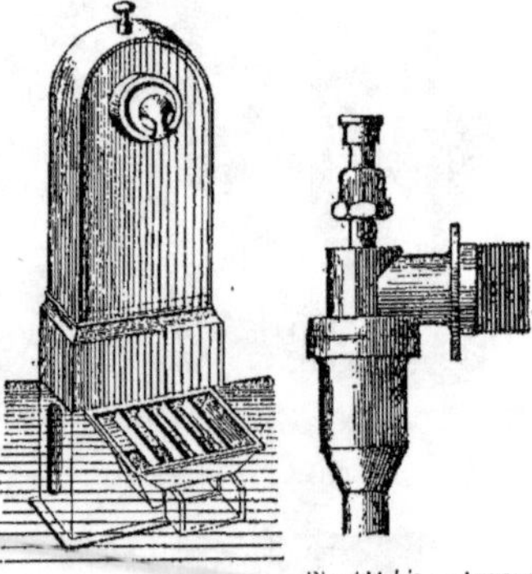

Fig. 411. — Borne-fontaine Chameroy.

Fig. 411 *bis*. — Appareil de borne-fontaine à repoussoir.

en fonte A, traversée dans toute sa longueur par une tige B qui actionne, par la rotation du bouton C, le clapet en caoutchouc armé D. Une soupape E produit l'effet pneumatique que nous avons expliqué, avec détails, à propos du robinet de puisage.

La veine liquide se trouve divisée deux fois avant de s'élever dans la colonne de la borne ; une première fois par les trous c, une deuxième fois par les trous H.

Le petit conduit II' fait la vidange. Au moment où, par la rotation du bouton C, on ouvre la borne, la pièce K vient obstruer l'entrée I de ce petit conduit et empêche l'eau de sortir. Le volume complet du liquide s'élève donc. Quand la borne se referme au contraire, l'orifice I s'ouvrant,

Le bouton de manœuvre peut être remplacé par un levier (*fig.* 410 *bis*) ; enfin, il peut être disposé de façon que la borne-fontaine puisse permettre à volonté un débit variable ou non.

Il est à remarquer que dans cet appareil, le mécanisme de fonctionnement est entièrement séparé de l'eau, par l'obturateur en caoutchouc para-vulcanisé D, lequel fait à la fois presse-étoupes et ressort.

**440.** Nous donnons (*fig.* 411), une vue d'un autre système de borne-fontaine évitant également les coups de bélier. Il est dû à M. Chameroy.

Les figures [411 *bis* et 411 *ter* représentent les détails de l'appareil de fermeture à poignée ou à repoussoir.

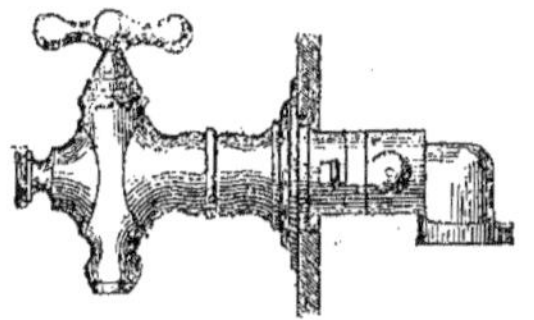

Fig. 411 *ter*. — Appareil de borne-fontaine à poignée.

### Bornes-fontaines filtrantes.

**441.** On a cherché depuis longtemps un moyen pratique de filtrer les eaux publiques au moment de leur livraison, c'est-à-dire un peu avant le robinet de puisage.

C'est en cet ordre d'idées que la maison A. Sinson Saint-Albin a ajouté à la borne-fontaine que nous avons décrite au n°439 (*fig.* 410) une pièce spéciale qui force l'eau à passer à travers du charbon avant

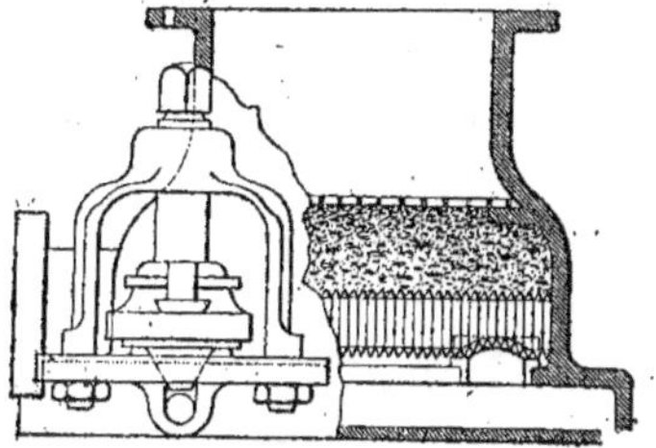

Fig. 412.

d'arriver à la soupape. Cette pièce est représentée (*fig.* 412).

**442.** La maison David et Manceau a imaginé dans ce genre une borne-fontaine filtrante représentée (*fig.* 413).

Elle se compose de deux parties distinctes :

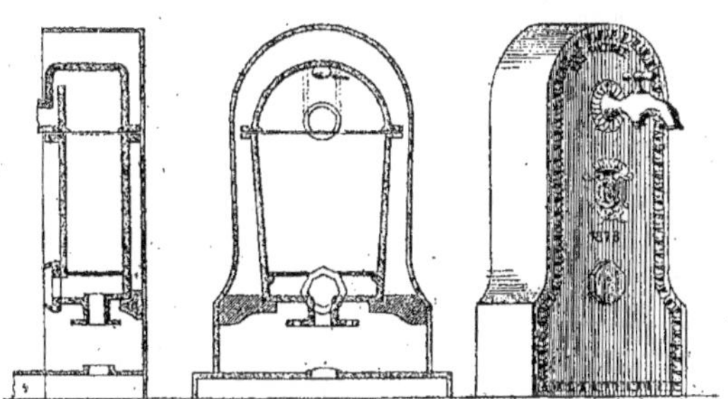

Fig. 413. — Borne-fontaine filtrante de MM. David et Manceau.

tinctes : 1° Une carcasse en fonte ayant à peu près la forme des bornes-fontaines les plus usitées, à laquelle vient s'adjoindre un souillard avec grille où se place le récipient de puisage. — Dans sa partie antérieure formant porte mobile, sont ménagées des ouvertures correspondant aux tubulures et robinets du filtre ; 2° Un filtre en fonte très résistant, ayant une forme ellipso-conique, dispositions assurant l'étanchéité des matières filtrantes comprimées contre les parois de l'appareil.

Le filtre que l'eau traverse par ascension comprend une première partie où arrive l'eau à filtrer. Cette chambre est munie d'une tubulure à base hexagonale, dans laquelle est matée une pièce en cuivre taraudée, de façon à permettre son raccord à une lance d'arrosage ou à une conduite d'incendie. La seconde partie du filtre est remplie par les diverses couches filtrantes employées par la maison David et Manceau (voir précédemment) et maintenues entre deux grilles recouvertes de toiles métalliques. Enfin, la troisième partie sert de chambre d'eau clarifiée, dont l'écoulement se fait au fur et à mesure qu'on manœuvre le robinet

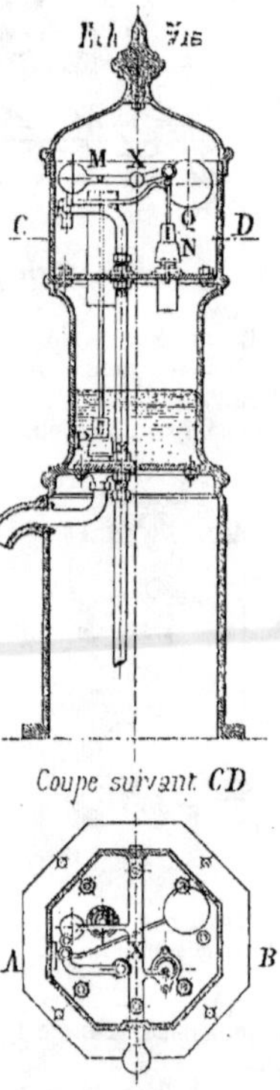

*Coupe suivant* **CD**



Fig. 414. — Borne-fontaine jaugée.

de service à repoussoir correspondant à la tubulure supérieure du filtre.

A la partie inférieure du filtre se trouve une tubulure à bride sur laquelle s'adapte un robinet d'arrêt raccordé à la conduite d'arrivée de l'eau. On accède à ce robinet par une ouverture ménagée dans la carcasse de la borne-fontaine, ce qui permet de supprimer la *bouche à clef.*

On voit par ce qui précède que toutes les bornes-fontaines peuvent facilement être transformées en bornes filtrantes. Quant aux matières en suspension qui sont retenues dans la chambre inférieure du filtre, elles peuvent être expulsées par l'usage fréquent de la bouche d'arrosage (1).

### Borne-fontaine jaugée.

**443.** Enfin nous terminerons cette revue des bornes-fontaines par la description d'un appareil de puisage jaugé permettant de ne livrer par jour qu'une quantité d'eau limitée au public, tout en donnant à ce dernier la possibilité d'y puiser comme à la façon ordinaire. Cette borne-fontaine représentée (*fig.* 414) est divisée en deux compartiments étanches. L'eau est amenée dans le compartiment supérieur par un plomb à l'extrémité duquel est un robinet à flotteur. Au repos, les deux compartiments sont en communication ; pour peu qu'on n'ait pas puisé depuis quelques minutes, ils sont pleins et le robinet à flotteur est fermé.

Quand on tourne la poignée de l'axe X, la soupape P est soulevée de son siège pendant que la soupape N s'appuie sur le sien ; toute l'eau, contenue dans le compartiment inférieur, s'écoule en quelques secondes. La poignée étant abandonnée, le contre-poids M entraîne l'axe dans sa première position, ferme la soupape P et ouvre la soupape N, qui livre passage au volume d'eau accumulé dans le compartiment supérieur. Le flotteur Q retombe, et l'eau recommence à s'emmagasiner alors qu'on a puisé en peu d'instants les deux seaux d'eau, quantité habituelle qu'on va chercher aux fontaines publiques.

La simplicité élémentaire du mécanisme, qui peut être monté sommairement, presque sans ajustage, en tous cas sans précision avec du jeu dans tous les organes, par un ouvrier même peu habile, rend très facile le fonctionnement de cette

(1) *Distribution des eaux,* par M. G. Dumont, page 286.

borne, qui depuis six ans qu'elle est établie sur plusieurs points de la *banlieue de Paris*, n'a donné lieu ni à une réparation, ni à une plainte, ni même au plus léger inconvénient. C'est à ce titre qu'il a paru intéressant d'en donner un dessin et quelques lignes de description (2).

### c. — Les bouches de lavage, d'arrosage et d'incendie

### Bouche de lavage.

**444.** Les bouches de lavage et d'arrosage sont connues sous le nom de *bouches sous trottoir*. On les place ordinairement dans la bordure des trottoirs ; lorsqu'elles

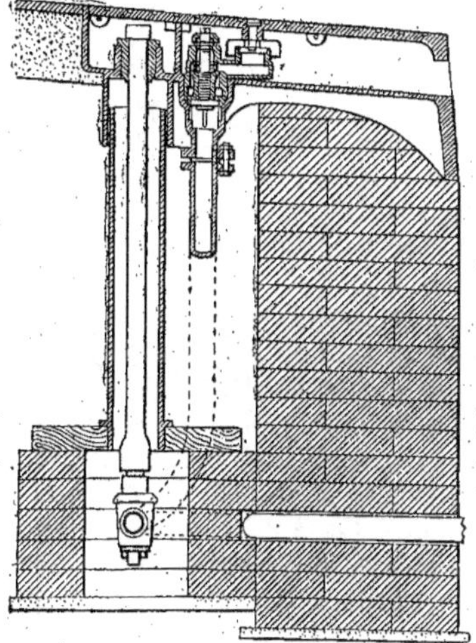

Fig. 415. — Bouche de lavage.

sont ouvertes, elles produisent des jets d'eau qui s'échappent latéralement à droite et à gauche de l'appareil, l'emplacement qu'elles occupent sur la voie publique est toujours un sommet, de manière à diriger l'écoulement de l'eau par la pente du pa-

(1) *Distribution des eaux*, par M. G. Dumont, page 286.

vage pour effectuer le lavage des ruisseaux.

La figure 415 représente une bouche de lavage sous trottoir, système Mathelin et Garnier.

La figure 415 *bis* qui représente un plan et une coupe d'une bouche d'eau sous trottoir *système Kern*, du type de la ville de Paris, fait facilement comprendre le mécanisme de l'appareil ; en faisant tourner la tige filtée, au moyen d'une clef à douille, on élève le clapet pour laisser un libre passage à l'eau qui, arrivant dans la chambre A, vient frapper contre le chapeau B, et se répand alors dans la boîte en fonte S, d'où elle s'échappe par deux fentes latérales. On règle à volonté l'écoulement de l'eau en ouvrant plus ou moins le clapet. — En ouvrant le couvercle de la boîte S, le clapet étant fermé, on peut visser, sur le raccord servant à la sortie de l'eau, un tuyau d'arrosage à raccord en cuivre qui permettra d'arroser à la lance la voie publique.

Les bouches d'arrosage pour jardin sont disposées de même ; mais de dimensions plus petites (*fig.* 416).

### Bouches d'incendie.

**445.** La figure 417 représente la coupe d'une bouche d'incendie d'une forme simple. Le siège *a* de la soupape *b* est fixé par un pas de vis sur un moignon *c*, rattaché à la conduite alimentaire en plomb par un nœud de soudure ou par des brides boulonnées. La soupape, son siège et le moignon sont en cuivre ou bronze.

La soupape est maintenue sur son siège par la pression de l'eau et par le ressort à boudin qui presse sous sa face inférieure. Elle est surmontée de quatre tiges, *d*, *d*, etc., qui la maintiennent dans la position verticale. Un chapeau à vis portant deux trous à sa partie supérieure, peut être manœuvré avec une clef portant deux pointes disposées de manière à s'engager dans les trous.

Lorsque l'on veut puiser de l'eau au moyen d'un boyau d'incendie, on enlève le chapeau et l'on visse à sa place un raccord en cuivre, adapté à l'extrémité

Coupe verticale

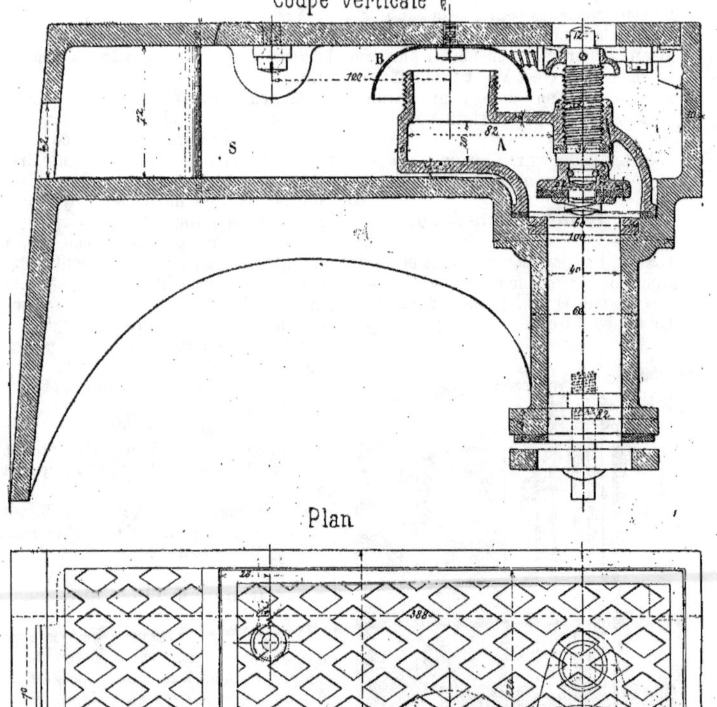


Plan

Fig. 413 *bis*. — Bouche de lavage sous trottoir (système Kern.)

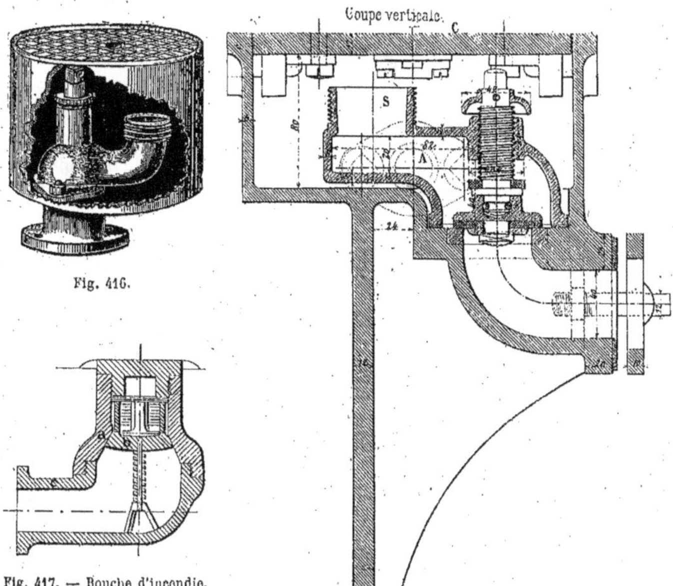

Fig. 416.

Fig. 417. — Bouche d'incendie.

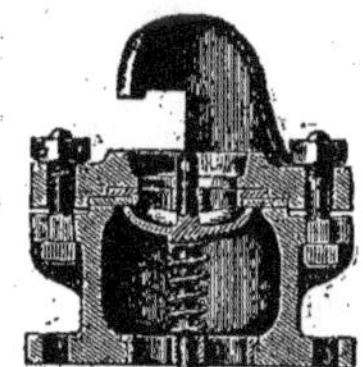

Fig. 418. — Bouche d'incendie.

Fig. 419. — Bouche d'incendie.

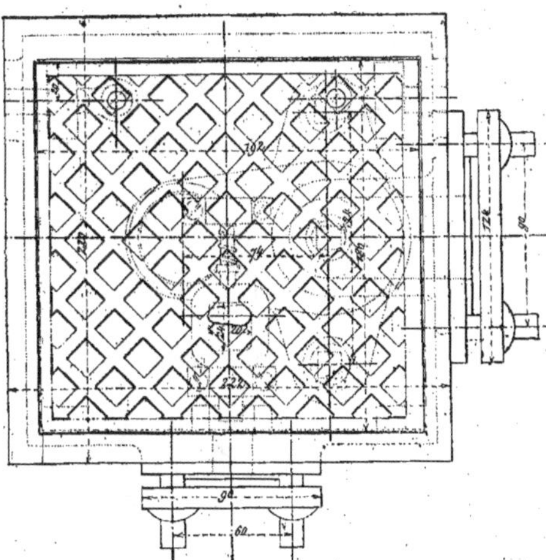

Fig. 420. — Bouche de lavage et d'incendie.

du boyau et portant un filet taraudé plus long que celui du chapeau. De sorte que quand on vissera le raccord, celui-ci forcera la soupape à descendre et, par conséquent, à laisser échapper l'eau en charge dans la conduite.

La compagnie Glenfield de Kilmarnock (Écosse) construit une bouche d'incendie dont la fermeture est obtenue par la pression naturelle d'une *boule en vulcanite* contre une double rondelle en cuir et caoutchouc. La figure 418 représente une coupe d'une bouche de ce système. Le bouchon enlevé, il suffit d'entrer le raccord dans l'emmenchement à bayonette ; la boule est repoussée par le raccord et l'eau jaillit.

La figure 419 représente une bouche d'incendie de même construction que les bouches à boule, mais ayant une soupape avec ressort d'appui en dessous, au lieu d'une boule.

**446.** Les divers appareils de dégorgement que nous avons décrits précédemment sont souvent combinés de façon à permettre de prendre l'eau facilement en cas d'incendie. A cet effet le raccord en cuivre sur lequel on visse l'ajutage d'écoulement desbornes-fontaines est fileté au diamètre et au pas des raccords usités pour les tuyaux de pompes d'incendie, de sorte qu'en enlevant *le nez* de la borne-fontaine on peut visser à sa place un raccord de tuyau d'incendie.

**447.** Pour terminer la revue des appareils nous avons indiqué (*fig.* 420) un appareil à la fois bouche d'arrosage et d'incendie.

La boîte A reçoit l'eau quand, après avoir ouvert le couvercle C on ouvre le clapet ; l'orifice S est fileté au calibre des tuyaux d'incendie. Cet appareil peut aussi servir pour l'arrosage.

## § II. — *DISTRIBUTION DANS LES MAISONS DES PARTICULIERS*

**448.** Nous avons vu précédemment qu'afin de faciliter l'exécution des travaux de prise d'eau à faire sur les conduites pour donner de l'eau dans une maison particulière, on fait venir de fonte sur tous les tuyaux près de l'emboîtement, un mamelon de $0^m,08$ de diamètre dont la face extérieure est plane, Ce mamelon épaissit en ce point la paroi du tuyau de $0^m,005$ et permet, quand il a été percé et taraudé, de recevoir un robinet que l'on visse ensuite sur la conduite en interposant un cuir entre le collet adjacent au pas de vis et la face plane du tampon. On obtient ainsi un joint très imperméable.

### a. — Conduite de distribution intérieure

**449.** A l'origine de chaque prise d'abonnement, il faut placer un robinet d'arrêt et un robinet de décharge. Le premier servant à isoler le branchement de la conduite maîtresse et empêcher que le service de cette dernière ne soit interrompu par des avaries se produisant sur les branchements.

Le second servant à rejeter au dehors l'eau restée dans le branchement après la fermeture du robinet d'arrêt.

A l'intérieur, les branchements de distribution prennent le nom de colonnes montantes.

Entre le robinet d'arrêt de la Compagnie et la canalisation en plomb de la propriété est un branchement qui est posé par les soins de la Compagnie des eaux et qui s'arrête au robinet de jauge ou au compteur à eau suivant les cas.

De ce point la colonne de distribution se rend en général dans un appareil particulier, en fonte ou en cuivre, *la nourrice*, armé d'un certain nombre de branchements le plus souvent à brides, — sur lesquels on vient jonctionner des robinets d'arrêt pour chacune des colonnes montantes partant de la nourrice pour aller desservir les divers points de puisage placés dans la propriété.

Dans les points bas de chaque colonne

montante, on met des *robinets de vidange ;* enfin partout où l'eau s'écoule à l'air libre, il faut garnir le tuyau d'un robinet de puisage.

## Canalisation.

**450.** Les petits tuyaux, généralement en plomb, de distribution dans les maisons particulières n'ont qu'un diamètre de 0,030 à 0,060 millimètres. Il est important de s'assurer, avant de les mettre en place, qu'ils n'ont aucune fuite : on les essaie en les emplissant sous une charge convenable, et observant si aucune partie ne se mouille à l'extérieur.

Les ouvriers chargés de la pose des tuyaux doivent éviter de les placer dans un espace libre trop grand, tel, par exemple, que l'intervalle entre un plafond et un plancher, de peur qu'une fuite ayant lieu, l'eau puisse se répandre en abondance et produire de grands dégâts. On fera bien en général de renfermer le tuyau conducteur dans une rainure qui n'ait aucune communication avec une cavité trop considérable.

On doit aussi tenir compte des variations de température, et soustraire, autant que possible, les tuyaux au contact de l'air. Si le froid est de quelques degrés au-dessous de zéro, l'eau pourrait se geler et produire la rupture des tuyaux. Si l'air en contact est au contraire plus échauffé que l'eau, il se refroidit, la vapeur qu'il contient se refroidit également ; par con-

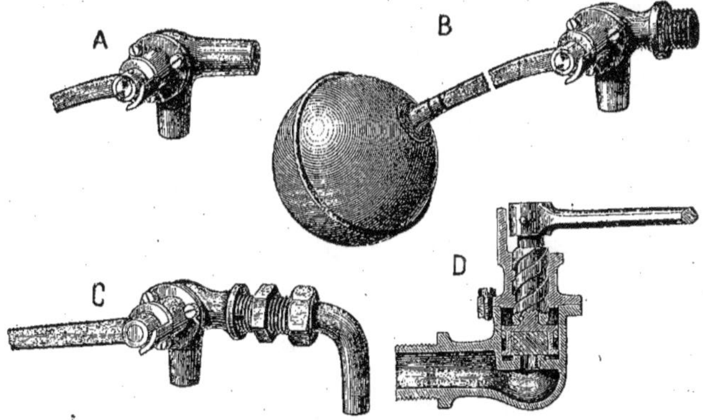


Fig. 421. — Robinets-flotteurs, système Kennedy.

séquent l'air est amené plus près du point de saturation, et peut, en abandonnant son eau causer de l'humidité.

Il faut donc envelopper les tuyaux de substances peu conductrices de la chaleur, comme de la bourre, du liège ou du charbon pilé, qu'on placerait dans une double enveloppe en cuir ou en bois. On peut encore mastiquer les tuyaux avec de l'asphalte.

**451.** L'eau qui alimente les concessions particulières est ordinairement reçue dans chaque maison dans un réservoir en charpente recouvert à l'intérieur d'une lame de plomb ou dans un réservoir en zinc ou en fonte.

Si le réservoir est en plomb la caisse est formée par des pièces horizontales reliées par des montants verticaux, dont les intervalles sont occupés par des traverses en diagonale. L'intérieur est planchéié sur toutes les faces avant d'y mettre les tables de plomb, qui, sans cet appui, pourraient céder au poids du vo-

lume d'eau qu'elles sont destinées à porter.
Le réservoir est posé à la hauteur convenable sur des piliers de charpente, élevés
sur des dés en maçonnerie si cela est nécessaire.

Le robinet placé à la partie inférieure
de la conduite alimentaire porte ordinairement un *flotteur*, qui tend à fermer ou
à ouvrir le robinet selon que l'eau monte
ou s'abaisse dans le réservoir.

La figure 421 représente plusieurs robinets-flotteurs du système *Kennedy* :

A, robinet-flotteur à bout droit ;

B, robinet-flotteur à bout fileté ;

C, robinet-flotteur à bout fileté avec
écrou de serrage et raccord à coude.

Il n'y a pas de perte d'eau ; mais par ce
moyen on n'évite pas la pose du tuyau
de trop-plein ; car une fuite peut toujours
se produire si le robinet du flotteur ne
ferme pas hermétiquement.

Il faut toujours ménager un tuyau de
décharge pour vider à volonté le réservoir
et le nettoyer.

### b. — ROBINETTERIE ET ORIFICES D'ÉCOULEMENT

**152.** Les orifices d'écoulement et la
robinetterie en général varient avec la
destination et l'usage. En général la robinetterie est en cuivre ou bronze.

Les robinets de puisage sont de diverses
formes.

La figure 422, représente un robinet à
cône renversé à clef également renversée
d'un modèle ancien et défectueux, — fort
difficile à entretenir en bon état ;

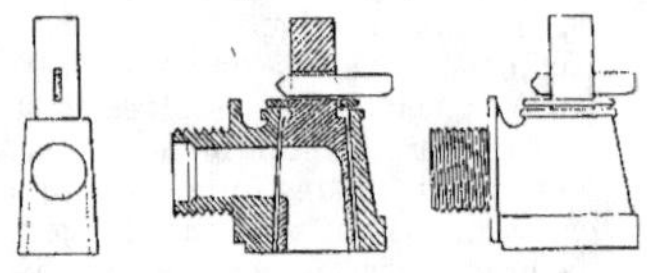


Fig. 422. — Robinet à cône renversé.

La figure 423, un robinet à soupape
d'un modèle également ancien ;

La figure 424, un robinet à piston pour
éviter les coups de bélier ;

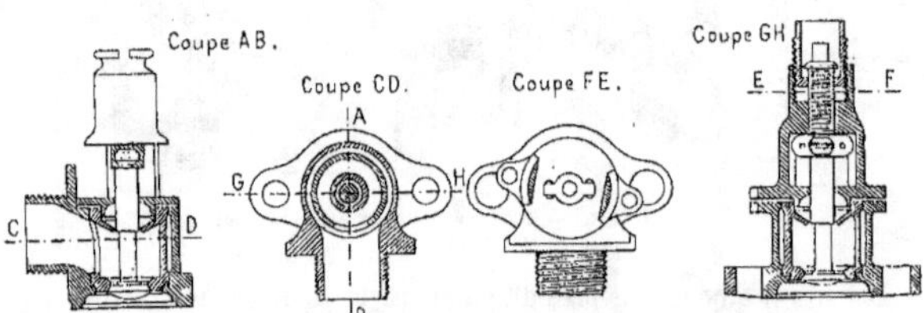


Fig. 423. — Robinet à soupape.

La figure 425, un robinet à repoussoir ;

La figure 426, un robinet à soupape et
à vis.

Suivant les cas, la soupape est formée
d'une rondelle métallique garnie de cuir,
ou d'un disque en bronze conique ; elle est
tenue fermée au moyen d'un ressort à
boudin ou par la vis qui la manœuvre.

La figure 426 *bis* représente un type
de robinet de puisage à vis, système
Kennedy à bout droit et la figure 426 *ter*
un robinet de puisage également à vis, à
bout droit et à presse étoupe. Ni l'un ni
l'autre ne sont recommandables : le presse
étoupe perd souvent.

Les robinets d'écoulement intérieur

doivent satisfaire à certaines conditions. A Paris un arrêté de M. le préfet de la Seine, en date du 5 mai 1875, interdit l'emploi pour la distribution de l'eau dans

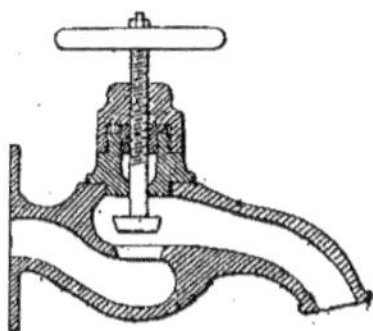

Fig. 424. — Robinet à piston, évitant les coups de bélier.

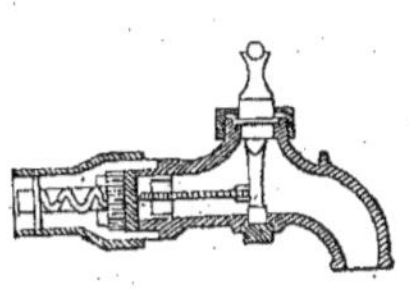

Fig. 425. — Robinet à repoussoir.

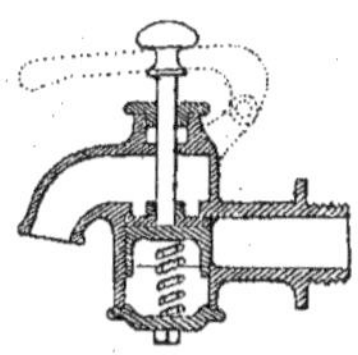

Fig. 426. — Robinet à soupape.

les appartements de robinets produisant des coups de bélier et pouvant être tenus ouverts autrement qu'à la main.

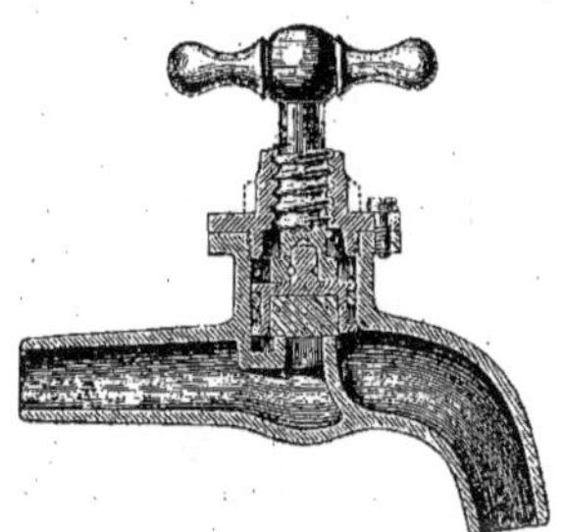

Fig. 426 *bis*. — Robinet de puisage, à vis.

Parmi les robinets qui satisfont aux conditions que nous venons d'énoncer, il

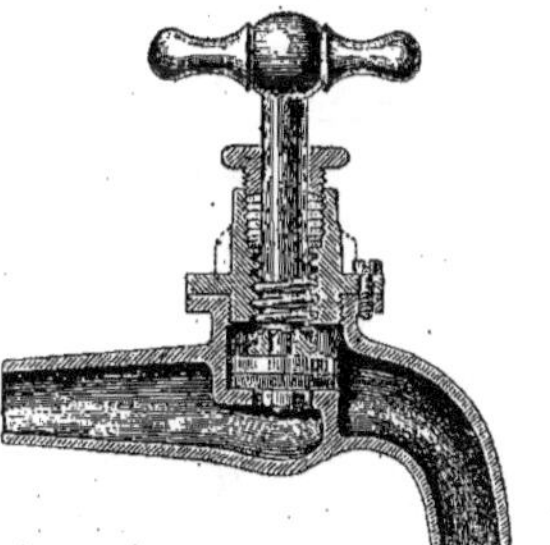

Fig. 426 *ter*. — Robinet de puisage, à vis.

faut citer celui de M. *Chameroy*, celui de M. *Sinson Saint-Albin* et celui de la *Compagnie Glenfield*.

### Robinet à repoussoir Chameroy.

**453.** Le but de cet appareil est d'atténuer et même d'annuler le coup de bélier en diminuant progressivement la masse d'eau en mouvement c'est-à-dire en fermant lentement le robinet ; cette fermeture lente est automatique et indépendante de la volonté de la personne qui fait usage de l'appareil.

Ce robinet que nous avons représenté (*fig.* 427) se compose d'une boîte A, raccordée ou soudée sur la conduite qui amène l'eau ; d'une seconde B, intérieure à la première ; elles communiquent ensemble par 6 ouvertures C réparties sur la circonférence de la boîte B, celle-ci est fermée d'un côté par un bouchon à vis D, de l'autre elle communique par l'ouverture F avec l'orifice de sortie de l'eau G. A l'intérieur de la boîte B est un obturateur E destiné à boucher l'ouverture F, il est traversé en son centre par une tige à repoussoir H. L'espace annulaire laissé entre cette tige et l'ouverture de l'obturateur est fermé par un clapet I qui s'appuie sur une rondelle en caoutchouc K fixée dans une rainure intérieure de l'obturateur. A son extrémité antérieure la tige H porte un bouton L sur lequel on appuie pour déterminer l'ouverture du robinet. Un ressort M tend à fermer le petit clapet et par suite l'obturateur lorsque le bouton L est libre.

Le robinet étant au repos se trouve

fermé par l'effet du ressort, la rondelle N forme le joint entre l'obturateur et l'ouverture F.

Dans cette position, l'eau de la conduite passant par les orifices C, puis autour de l'obturateur par un faible espace annulaire ménagé à cet effet, remplit la boîte B ; cette eau est naturellement à la pression qui existe dans la conduite.

Pour ouvrir le robinet, on appuie sur le bouton L ; le petit clapet s'ouvre, l'eau de la boîte B s'échappe et la pression y devient nulle ; en continuant de pousser le bouton L, l'épaulement de la tige vient appuyer sur le nez de l'obturateur et détermine l'ouverture complète de l'orifice ; l'eau s'écoule donc librement par l'orifice de sortie C.

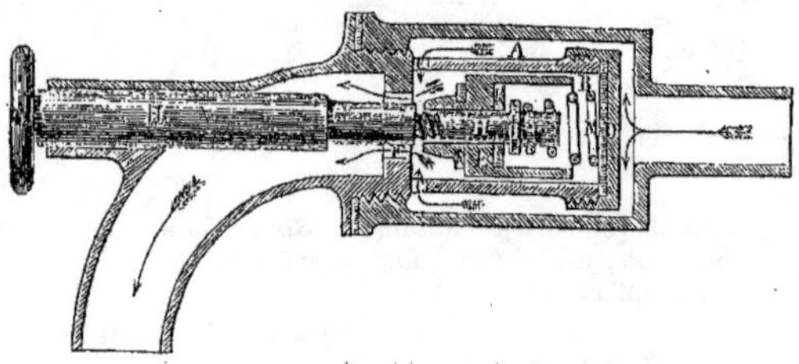

Fig. 427. — Vue intérieure du robinet Chameroy.

Pour fermer le robinet, il suffit de cesser la pression du doigt sur le bouton ; l'action du ressort aidée par l'effort dû à la différence de pression sur le devant et sur l'arrière du clapet (la surface pressée en avant étant diminuée de la section de la tige) pousse d'abord le petit clapet qui se ferme et vient pousser lui-même l'obturateur, mais ce dernier ne peut se mouvoir que lentement, car en avançant, le vide qu'il produit dans la boîte B doit être rempli par l'eau qui passe par le faible espace annulaire ménagé entre l'obturateur et sa boîte. La forme conique du nez de l'obturateur a pour effet de diminuer progressivement la section d'écoulement de l'eau par l'orifice E, il ne se produit donc aucun coup de bélier (1).

### Robinet de M. Sinson Saint-Albin.

**454.** Ce robinet semble répondre d'une manière tout aussi satisfaisante que le robinet Chameroy aux prescriptions de l'arrêté préfectoral.

Il fonctionne de la manière suivante :
Par la rotation du bouton A (*fig.* 428)

(1) *Les distributions d'eau*, M. Georges Dumont, page 95.

et l'intermédiaire de la vis à quatre filets B, on fait pression sur la pièce armée C en caoutchouc *paravulcanisé*. Cette pièce

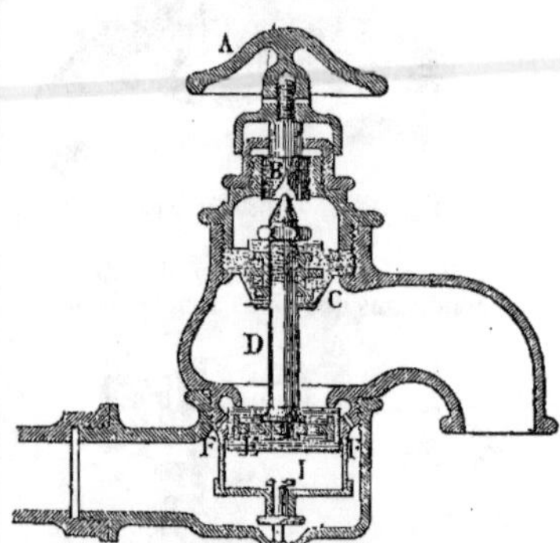

Fig. 428. — Robinet Sinson Saint-Albin.

est reliée à la soupape E par une tige D qui transmet le mouvement.

La soupape s'ouvre et l'eau s'introduisant alors par tous les trous F placés sur la circonférence du siège, vient sortir par le bec. Mais en même temps que l'eau passe par-dessus la soupape E, elle s'introduit aussi en dessous par une petite soupape libre H et fait équilibre de pression. Quand on lâche le bouton A, la pièce en caoutchouc armé C reprend sa forme primitive, et le robinet se ferme tout seul. C'est à ce moment que la soupape H produit son deuxième effet qui est le plut

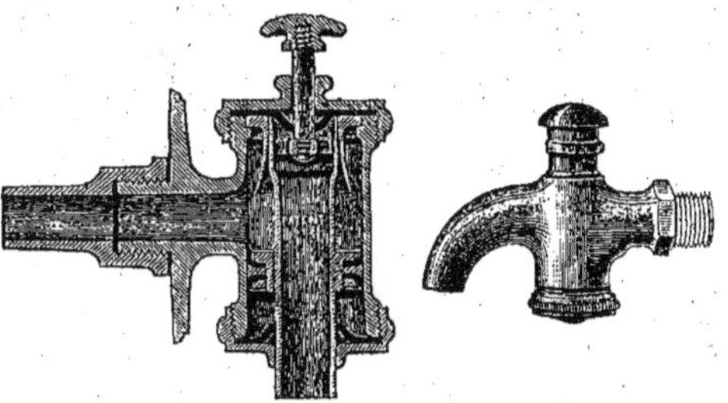

Fig. 429. — Robinet se fermant seul (Compagnie Glenfield).

important : la soupape E se soulevant pour la fermeture, l'eau contenue dans la capacité I cesse immédiatement d'être en communication avec celle de la conduite, puisqu'au premier instant de la manœuvre la soupape H se ferme. Le soulèvement de la soupape E continuant, il se produit dans la capacité I une action pneumatique très bien définie, qui a pour résultat immédiat de régler la fermeture du robinet.

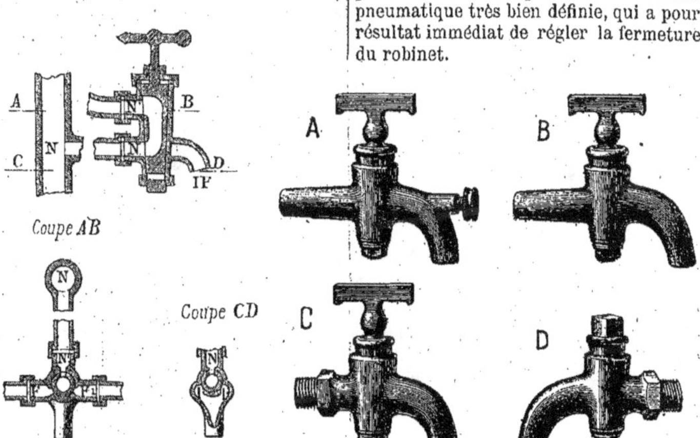


Fig. 430. — Robinet alternatif avec réservoir filtrant, de L. Heuzé.

Fig. 431. — Robinets de puisage pour conduite intérieure, sous-sol.

Il est bon de remarquer que, par la disposition employée, le mécanisme complet de fonctionnement est mis à l'abri du contact de l'eau et par suite des sables qui peuvent être entraînés. On a donné à cet appareil le nom de robinet pneumatique à repoussoir tournant, se fermant seul, annulant les coups de bélier. Cette désignation nous semble parfaitement justifiée.

Le robinet est, en effet, *pneumatique* par l'action de la soupape H. Il se ferme seul et sans mouvement brusque par suite de l'équilibre de pression sur les deux faces du clapet, équilibre de pression combiné avec le jeu de la soupape H et de l'obturateur en caoutchouc paravulcanisé G. Il annule le coup de bélier par la division de l'eau

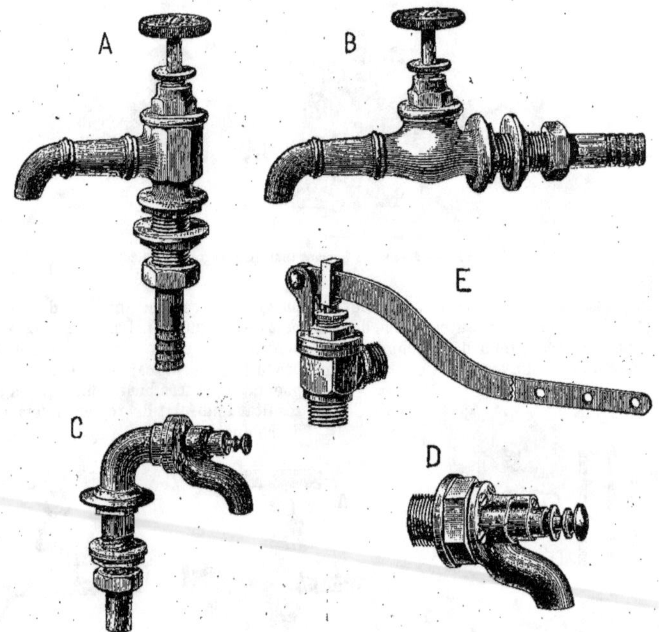


Fig. 432. — Robinets pour lavabos.

et les causes énoncées ci-dessus. Enfin par une simple modification du bouton de manœuvre A, on obtient le robinet restant ouvert ou se fermant seul à volonté.

### Robinet se fermant seul de la Compagnie Glenfield.

**455.** Dans le même ordre d'idée, il faut citer le robinet à piston fermant seul de la Compagnie Glenfield. La figure 429 en fera facilement comprendre le fonctionnement.

### Robinet de M. Louis Heuzé.

**456.** M. Louis Heuzé, architecte a imaginé un appareil du même genre qui mérite d'être cité.

Ce robinet alternatif avec réservoir filtrant a aussi pour but d'éviter les coups de bélier ainsi que les inondations et la déperdition d'eau. Il fournit toujours de l'eau pure en prenant pour intermédiaire entre l'arrivée et la sortie de l'eau un récipient filtrant, hermétiquement clos et à matelas d'air, ce qui évite les coups de bélier.

Il a l'avantage de pouvoir se placer sur toute espèce de filtres.

Une même clef de robinet ferme la sortie de l'eau lorsqu'elle ouvre l'introduction dans le réservoir et *vice versa*. Il ne peut donc jamais s'écouler que la quantité d'eau introduite dans le réservoir. C'est dans ce but que M. Heuzé a adopté une clef creuse, percée de trous situés au-dessus l'un de l'autre, et qui se placent alternativement dans les trous du boisseau.

Cette clef a ainsi trois fonctions (voir la figure 430).

Dans la première position NN', elle introduit l'eau dans le réservoir-filtre et ferme les autres orifices. Dans la deuxième FF', elle ferme l'arrivée et laisse sortir l'eau filtrée. Dans la troisième I I', elle ferme l'arrivée, la sortie de l'eau filtrée et ne laisse écouler que l'eau non filtrée en purgeant le filtre.

### Divers robinets de puisage.

**457.** Parmi les robinets de puisage, certains affectent des formes particulières pour des besoins spéciaux.

Nous en avons représenté (*fig.* 431) plusieurs types pour conduite intérieure et service en sous-sol.

A, robinet de puisage avec vis pour nettoyage ; cette vis sert particulièrement lorsque ces robinets sont placés au bas des conduites : l'eau y séjourne et souvent les matières en suspension viennent s'y déposer.

B, robinet de puisage ordinaire ;

C, robinet de puisage avec bout fileté ;

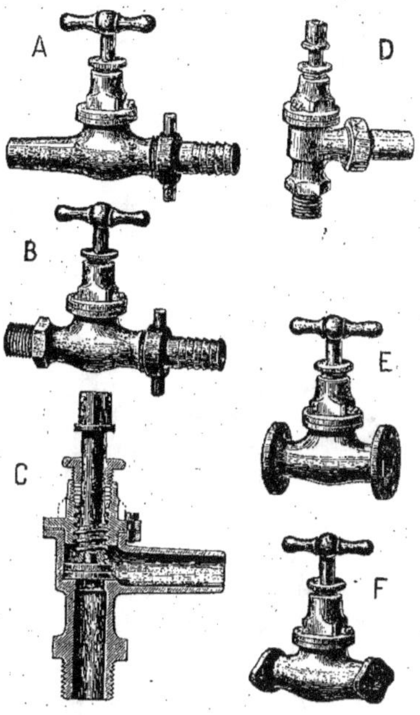


Fig. 433. — Robinets d'arrêt, à vis.

D, robinet de puisage avec bout fileté à tête coudée ;

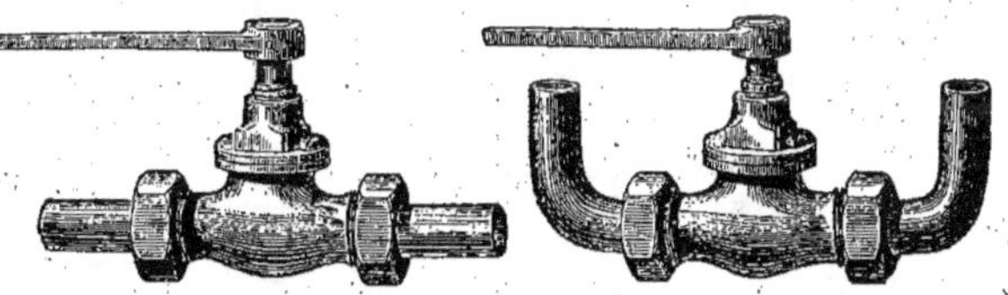

Fig. 434 — Robinets d'arrêt pour water-closets.

La figure 432 représente plusieurs robinets pour lavabos, etc...

A, robinet d'équerre pour bains et lavabos ;

B, robinet droit pour bains et lavabos ;

C, robinet fermant seul pour bains et lavabos ;

D, le même droit ;

E, robinet fermant seul avec levier et poids.

### Divers robinets d'arrêt.

**458.** Nous avons dit précédemment, au numéro 449, qu'en tête de chaque colonne montante on plaçait un robinet.

Ces robinets d'arrêt sur conduite intérieure, faits comme ceux de puisage tout en bronze, sont de types différents suivant les cas.

Nous en donnons plusieurs modèles (*fig.* 433).

A, robinet d'arrêt, avec un bout droit et un bout à raccord en deux pièces;

B, même disposition avec bout fileté.

Dans ces deux modèles le bout à rac-

l'un avec raccords droits, l'autre avec raccords à coude.

La figure 435 représente plusieurs modèles de robinets d'arrêt, sur conduite intérieure et la figure 436 représente plusieurs modèles de robinets d'arrêt avec boisseau à fond plein.

### Nourrices et autres appareils spéciaux.

**459.** Nous avons dit au numéro 449 qu'en général la colonne d'arrivée piquée

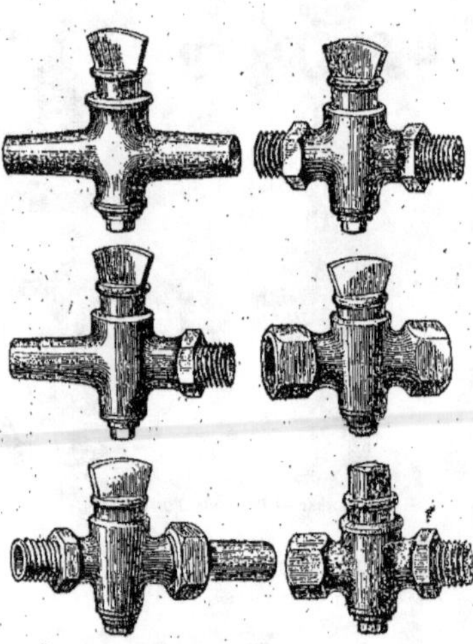

Fig. 435. — Robinets d'arrêt sur conduite intérieure, sous-sol.

Fig. 436. — Robinets d'arrêt.

cord en deux pièces permet de séparer facilement la colonne en plomb du robinet. Ces deux robinets sont à vis.

C, robinet d'arrêt à bouts d'équerre un droit et un à vis;

D, robinet d'arrêt avec bout à raccord et bout fileté;

E, robinet d'arrêt à brides rondes;

F, robinet d'arrêt à brides ovales;

La figure 434 représente deux modèles de robinets d'arrêt pour water-closets, etc.,

sur la canalisation publique de distribution se terminait, en passant par l'appareil de comptage ou de réglage de la dépense de chaque abonné, par une *nourrice*, appareil particulier d'où partent ensuite les divers branchements de la distribution intérieure.

Ces nourrices sont en fonte ou en cuivre.

Elles affectent diverses formes.

La figure 437 représente une nourrice

à boule ronde à plusieurs branchements. Elle a quatre tubulures, une pour être raccordée à la colonne d'arrivée, une pour être raccordée à une colonne de vidange,

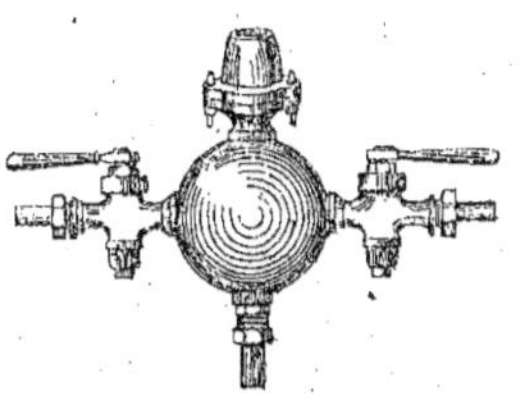

Fig. 437. — Nourrice boule ronde à plusieurs branchements.

deux autres pour être raccordées à des robinets d'arrêt d'où partent deux colonnes montantes.

La figure 438 représente une nourrice cylindrique avec récipient d'air et dix branchements.

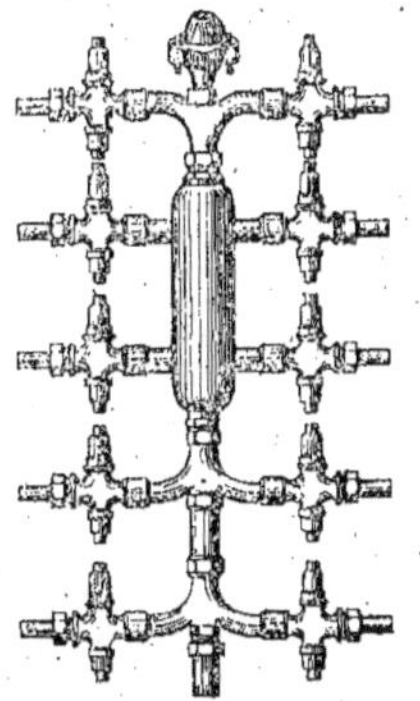
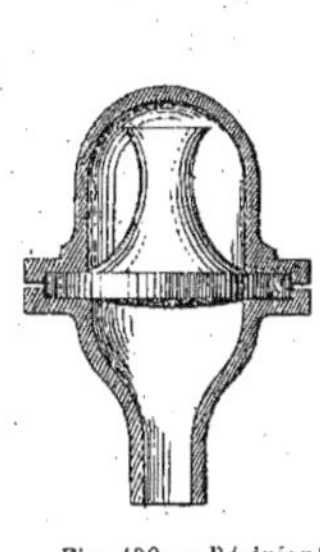

Fig. 438. — Nourrices cylindriques avec récipient et 10 branchements.

Fig. 439. — Récipient à raccord et sans raccord.

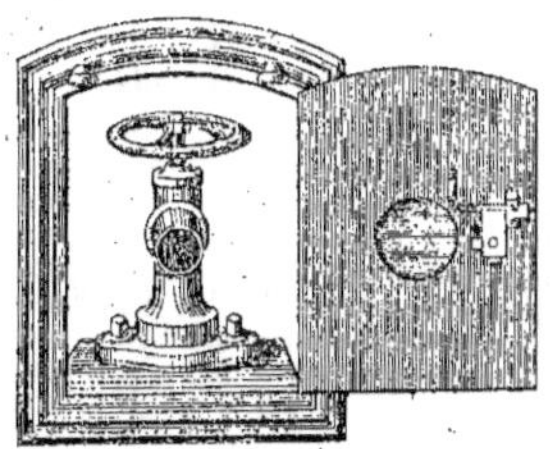

Fig. 440. — Poste d'incendie.

Il doit être mis des récipients d'air au sommet de la nourrice et aussi à chaque point haut des colonnes de distribution.

Ces récipients d'air sont destinés à recevoir l'air qui se dégage de l'eau et qui peut venir encombrer le débit des tuyaux. Cet air vient se réfugier dans la calotte supérieure du récipient et y former un matelas qui, par son élasticité, atténue les coups de bélier.

Les récipients généralement en cuivre et de la forme indiquée (fig. 439) peuvent être établis à raccords et sans raccords.

Enfin pour terminer ce qu'il nous a paru intéressant de dire relativement aux appareils de distribution intérieure, nous donnons (fig. 440) un poste d'incendie avec serrure;

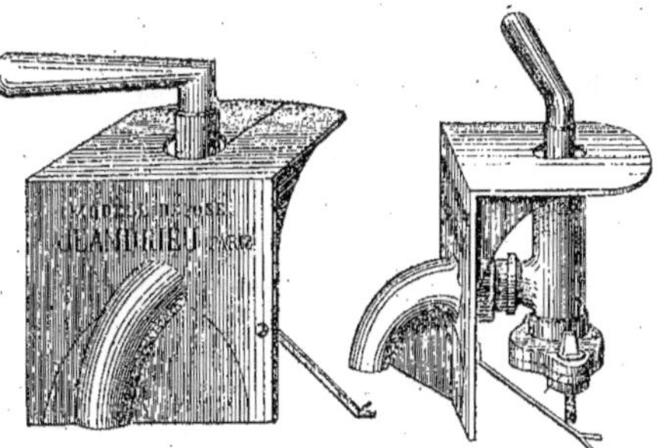

Fig. 441. — Robinet à vis, à quart de tour et demi-tour. Modèle des Abattoirs, adopté par la ville, garanti de la gelée.

Et (*fig.* 441) un robinet de puisage à vis se trouvant caché par une cage en fonte avec rejet, modèle des abattoirs adopté par la ville et garanti de la gelée.

## § III. — FILTRAGE ET ÉPURATION DES EAUX

### L'eau potable à domicile.

**460.** D'après M. Pasteur, parmi les organismes microscopiques, il n'en existe pas de plus répandus que les bactéries à la surface du sol. Les eaux des fleuves et des rivières en sont constamment souillées.

Les eaux servent de milieux de cultures à une multitude d'infiniment petits, à des algues microscopiques, à des infusoires.

Bien qu'en assez grand nombre pour qu'une seule goutte d'eau en contienne toujours, ces microbes ou leurs germes n'en troublent presque jamais la transparence qui peut sembler parfaite. Ils sont si ténus qu'ils existent par milliers dans un seul centimètre cube des eaux de la Vanne qui sont réputées à Paris pour leur pureté et leur clarté.

De sorte que, selon les déclarations faites à l'Académie de médecine par M. Gérardin et M. Proust, la distinction entre les eaux saines et les eaux infectieuses ne peut reposer ni sur la couleur, ni sur l'odeur, ni sur la saveur, ni sur l'analyse chimique.

Pour déceler la présence des germes, il faut avoir recours non seulement au microscope, mais à l'emploi de la gélatine qui est un excellent milieu de culture pour les bactéries. Dans une solution de gélatine suffisamment concentrée pour qu'en refroidissant elle se prenne rapidement en gelée, les bactéries et les germes se trouvent emprisonnés, séparés les uns des autres. Chaque germe ou bactérie, ainsi isolé, se multipliera à l'infini en se nourrissant de la gélatine qui l'environne, et, au bout de quelques heures, chacun aura à ce point prospéré et élargi son centre d'action que l'on apercevra à l'œil nu un petit point blanc qui s'accroîtra et formera bientôt une petite sphère opaque, appelée *colonie;* elle renferme un nombre considérable de bactéries.

Les unes sont très actives; d'autres, plus lentes; elles affectent souvent diverses colorations.

Ce procédé a conduit M. Proust, membre et secrétaire de l'Académie de médecine, inspecteur général des services sanitaires, aux résultats suivants :

Par centimètre cube, l'eau de la Vanne, réputée pour sa pureté, renferme plus de « dix mille » colonies. Quant à l'eau de Seine prise à Clichy, on trouve, en amont du collecteur, « cent seize mille » colonies; et en aval du collecteur « deux cent quarante-deux mille » colonies dans chaque centimètre cube. Les autres eaux qui alimentent Paris sont comprises entre ces termes extrêmes. On peut par ces chiffres mesurer le degré d'impureté de nos eaux.

Un habitant de Paris, buvant un verre d'eau d'une capacité d'un quart de litre, absorbera 2 750 000 colonies, s'il puise son eau dans la Vanne; et 60 500 000 colonies, si l'eau est prise à Clichy.

On voit à combien d'éléments étrangers, imprévus, peut-être dangereux, nous donnons asile dans notre organisme. Il ne serait pourtant pas juste de croire que tous ces parasites vont prendre notre corps d'assaut et travailler à sa destruction. Si tous ces infiniment petits devaient avoir un effet funeste, ils pullulent avec une telle fécondité et agissent avec une rapidité et une continuité telles que la vie serait impossible. Mais il suffit qu'un seul de ces microbes puisse, même dans des conditions spéciales et restreintes, devenir nuisible, pour que nous cherchions à refuser à tous l'hospitalité.

Quand nous avons bu ces eaux, ou bien ces microbes ne trouveront pas les conditions propres à leur vie et à leur reproduction, et alors ils périront rapidement, ils auront été sans action; ou bien ils trouveront des éléments favorables, et alors ils pulluleront dans notre organisme, pouvant amener la maladie et même la mort.

Pour que nous soyons menacés dans notre santé et dans notre vie, il suffira que dans l'eau potable un microbe dangereux ait été introduit soit par le lavage du linge souillé d'un malade, soit par un accident de même ordre. Cette eau pourra être très limpide, par suite paraître très pure ; toutes les personnes qui utiliseront comme boisson cette eau séduisante à la vue pourront être contagionnées.

La triste nomenclature des ravages causés par la fièvre thyphoïde, le choléra, la dysenterie, la fièvre paludéenne, etc., montre d'une façon saisissante le rôle terrible que jouent dans l'alimentation certaines eaux que rien ne peut souvent, ni les apparences, ni même l'analyse chimique, rendre suspectes. L'eau limpide, sans saveur ni odeur, nous menace de graves dangers, d'autant plus redoutables qu'ils sont cachés et peut mettre notre vigilance en défaut. Il faut donc avoir recours, pour l'usage ordinaire, à un système de défense permanente.

En temps d'épidémie on peut faire bouillir l'eau avant de s'en servir comme boisson. Mais l'eau bouillie n'a plus la même composition hygiénique que l'eau normale : une partie des sels qu'elle tenait en dissolution a été précipitée et les gaz dissous se sont dégagés. Malgré l'aération qu'on lui fait subir ensuite, cette eau est lourde et peu digestive ; elle a un goût fade. L'usage d'une eau bouillie ne peut donc, à la longue, que devenir nuisible.

En outre cette pratique est longue et coûteuse. Elle n'est pas suffisante ; car l'eau bout à 100 degrés sous la pression atmosphérique et c'est 115 degrés qu'il faudrait atteindre pour obtenir une destruction complète des microbes.

Pour se prémunir contre tout danger apporté par l'eau de table et jouir de tous ses bienfaits, il faut la dépouiller de tous les microbes ou germes qu'elle renferme en lui conservant les substances, sels et gaz, qu'elle tient normalement en dissolution.

Une filtration intelligente, scientifique, résout le problème.

Nous avons vu précédemment comment les villes de Berlin, d'Anvers et de Londres peuvent distribuer abondamment de *l'eau de source*, en s'alimentant l'une dans la Sprée ; l'autre dans la Nethe ; et Londres dans la Tamise et dans la Lee.

La ville de Paris pourra comme Lyon, Nîmes...., quand elle le voudra, faire jouir ses administrés des mêmes bienfaits et leur donner à profusion de *l'eau de source* fournie par l'eau de Seine.

Mais ces procédés de filtration en grand, bien que nécessaires, ne sont pas suffisants car les eaux, avant d'entrer dans la conduite de distribution, sont forcées de séjourner dans de grands réservoirs où elles sont en contact avec des germes nuisibles.

Il faut donc filtrer l'eau au robinet de puisage.

## Filtration de l'eau dans les maisons particulières.

**461.** Dans l'intérieur des habitations particulières, on emploie en général des fontaines filtrantes ; l'eau qui y est distribuée, bien que purifiée en grand, n'en a pas moins besoin d'une seconde filtration sur le lieu de consommation, soit qu'elle ait été insuffisamment filtrée, soit qu'elle se soit troublée à nouveau dans les bassins d'approvisionnement ou dans les conduites.

Il existe un très grand nombre de systèmes qui semblent différer en apparence, mais qui en réalité sont fort simples, et ne se distinguent les uns des autres que par la nature des matières filtrantes et la manière dont on les dispose.

Les anciens employaient pour purifier l'eau, des vases en terre poreux. L'eau suinte à travers leurs parois et se clarifie en les traversant.

Dans cet ordre d'idées, rappelons les principaux systèmes ayant pour but le filtrage de petites quantités d'eau.

Le filtre Vedel-Bernard (maison David et Manceau), à haute pression qui sert pour clarifier les eaux des fontaines marchandes, consiste en un cylindre hermétiquement clos, dans lequel on a placé des couches successives de déchets d'éponge ou de laine préparée au tannate de fer, de grès, de charbon et de gravier. L'eau arrive en pression à la partie supérieure du cylindre, et sort à la partie inférieure après avoir traversé les couches filtrantes.

Un mètre carré de surface filtrante sous une charge d'eau de 15 mètres donne environ 90 mètres cubes d'eau par 24 heures.

Dans les habitations, on se sert toujours de la fontaine de ménage ou d'un appareil analogue dont le principe est de faire passer l'eau à travers un filtre en pierre ou une plaque de porcelaine.

D'autres systèmes consistent à faire traverser par l'eau, un feutre fortement comprimé, maintenu entre deux grilles de fer galvanisé, et rendu imputrescible par une préparation de cachou. On complète le filtre par l'addition d'une couche de charbon au-dessus du feutre. Le débit de cet appareil est plus considérable que celui du filtre de ménage en pierre.

Nous allons examiner les principaux appareils filtrants qui servent à la clarification des eaux vendues dans les fontaines marchandes, ou consommées dans les habitations particulières :

Le filtre Carré (système Chanoit);

Le filtre Bourgeoise;

Le filtre Chamberland (système Pasteur);

Le filtre Maignen;

Le filtre Roch-Brault;

L'aéri-filtre-Maillé;

Le filtre David et Manceau (système Vedel-Bernard);

Et les appareils pour l'épuration et la clarification des eaux industrielles (système Paul Gaillet).

### a. — Filtre Carré.

**462.** Le réservoir-filtre à air comprimé du système Chanoit se distingue des autres appareils du même genre, en ce que la matière filtrante est incorruptible et que l'eau au sortir du filtre est parfaitement aérée. Cette aération qui semble augmenter avec la pression de l'eau dans la conduite est souvent assez abondante pour rendre l'eau un moment laiteuse par la présence de la grande quantité de bulles d'air qu'elle contient;

mais abandonnée à elle-même quelques instants, elle reprend toute sa limpidité. Les principaux avantages de ce réservoir-filtre à air comprimé que nous avons représenté (*fig.* 442) sont les suivants :

1° Le ressort d'air comprimé (M), qui se forme naturellement dans l'appareil avec l'arrivée de l'eau venant de la conduite ou du réservoir et qui donne trois résultats très importants :

Il aère l'eau toujours privée d'air des

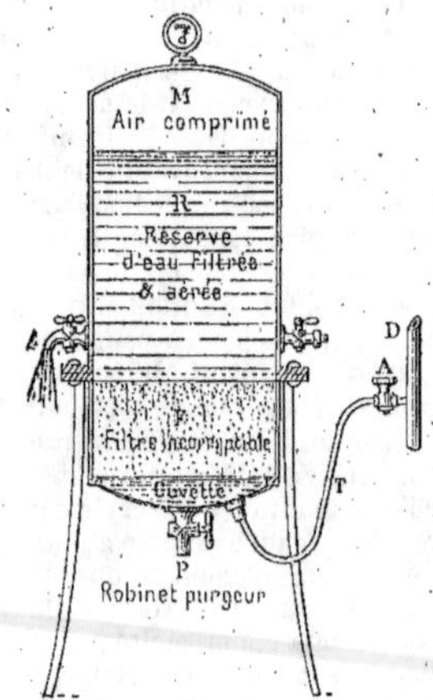



Fig. 442. — Réservoir-filtre, système Chanoit.

rivières, citernes, réservoirs, puits, sources, etc. ;

Il sert de force pour nettoyer le filtre à tout instant par une simple manœuvre de robinet;

Il sert de force pour élever l'eau dans les habitations, quand la pression fait défaut (*cas des citernes, puits, sources, rivières,* etc.) ;

2° Le petit tube alimentaire spécial (T) qui varie de diamètre avec la pression des eaux et la surface filtrante de l'appareil et qui donne une filtration méthodique et par conséquent la réglementation du débit;

3° La chambre de réserve (R) qui con-

tient toujours une provision d'eau filtrée
et aérée ;

4° La matière filtrante spéciale incorruptible (sans éponges, feutres ni charbon
qui donne l'eau sainement clarifiée).

Pour l'installation de l'appareil, le plombier qui s'en charge doit reconnaître la
pression de l'eau pour déterminer le diamètre du tube T, puis il fait le raccord
comme sur la figure *a*TA. Le diamètre
du tube T varie de 2 à 10 millimètres suivant la pression des eaux de la ville et
selon la surface filtrante du réservoir-filtre. Il ne laisse donc passer dans l'unité
de temps à travers la couche filtrante que
la quantité d'eau voulue pour que le filtrage de cette eau soit complet.

*Pour la mise en marche.*

L'appareil étant posé suivant les indications ci-dessus, on ouvre le robinet d'alimentation A ; l'eau de la conduite pénètre aussitôt dans la cuvette C, traverse
le filtre et comprime l'air ; on lave alors
l'intérieur de l'appareil de la façon suivante :

1° *On ouvre le robinet de puisage E pour
nettoyer la chambre de réserve R ;* l'eau
s'écoule en entraînant les quelques impuretés qui ont pu pénétrer dans le réservoir
pendant les transports et diverses manœuvres. Après 3 ou 4 minutes, on ferme
le robinet de puisage et on laisse l'eau de
la conduite remplir de nouveau l'appareil
et comprimer l'air qui s'y trouve, puis :

2° *On ouvre le robinet purgeur P pour
nettoyer le filtre et la chambre d'arrivée.*
On fait cette opération sans discontinuer
trois ou quatre fois de suite, c'est-à-dire
que l'on emplit et que l'on vide trois ou
quatre fois le réservoir-filtre. L'appareil
est alors absolument lavé et nettoyé et
en parfait état de propreté ; ces opérations
de nettoyage préliminaire demandent
quelques minutes.

Il suffit alors, pour avoir une *provision
constante d'eau filtrée et aérée* (le robinet
de puisage E et le robinet de purge P
étant bien fermés et le robinet d'alimentation A étant bien ouvert), de laisser l'eau
se clarifier et s'emmagasiner dans la
chambre de réserve où elle s'aère et dans
laquelle on la puise par le robinet E.

*Nettoyage du filtre.*

Pour avoir un filtre toujours sain et
propre, *chose absolument essentielle à l'hygiène*, il ne faut pas le laisser s'engorger.
Pour nettoyer ce filtre, il suffit de tirer
une fois par jour, et plus souvent si l'on
veut, quelques litres d'eau par le robinet
purgeur P. On fait cette petite opération
*en ouvrant et en fermant très vivement à
plusieurs reprises pendant quelques secondes, le robinet purgeur P ;* en agissant
ainsi, on force l'eau filtrée à faire retour
à travers la couche filtrante, d'une façon
plus saccadée et plus violente, et le nettoyage s'opère, par conséquent, d'une façon plus rapide.

Si la disposition de l'endroit ne permet
pas d'établir sous le robinet purgeur P
une canalisation de décharge, un simple
seau suffit pour recevoir les quelques
litres d'eau provenant du nettoyage.

*Renouvellement de l'air.*

Pour renouveler l'air qui se dissout à
la longue dans l'eau en la rendant saine
et digestive :

1° *On ferme le robinet d'alimentation A ;
on ouvre ensuite le robinet purgeur P par
lequel l'eau contenue dans l'appareil s'écoule, puis le robinet de puisage E par lequel l'air extérieur entre aussitôt dans l'ap-*

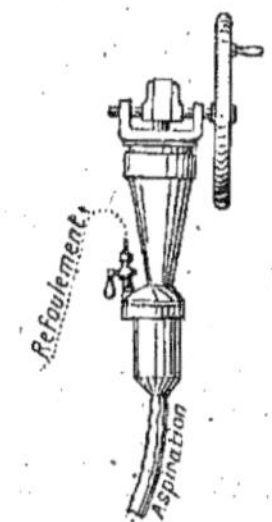


Fig. 443. — Pompe à main spéciale adaptée au réservoir-filtre, pour filtrer, aérer et élever l'eau quand
la pression n'existe pas, et fonctionnant quelques
instants par jour.

*pareil, quand le niveau de l'eau est descendu
au-dessous de l'orifice de ce robinet E ;*

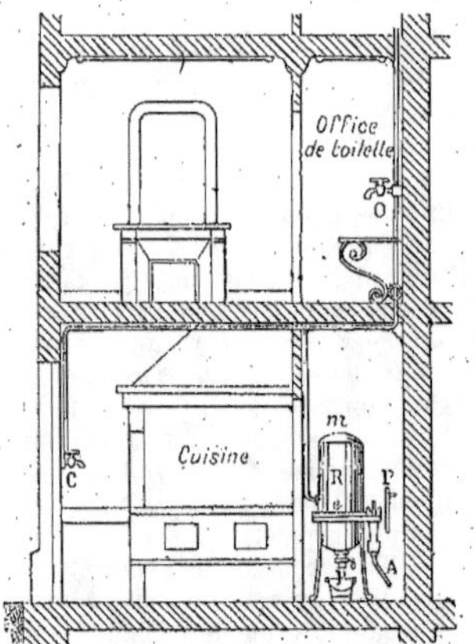

Fig. 444. — Application du réservoir-filtre à l'élévation de l'eau des citernes. — P, pompe à main pour remplir le réservoir-filtre et comprimer l'air; A, tuyau d'aspiration de la pompe; C, O' robinets d'eau filtrée. — M, manomètre.

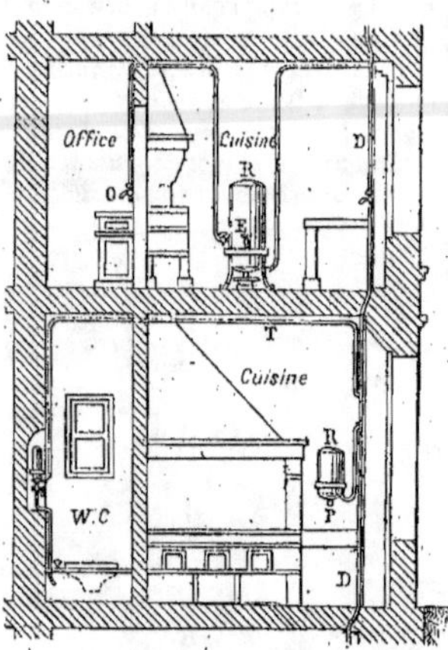

Fig. 445. — Type d'un réservoir-filtre pour la ville, installé dans une cuisine. — R, réservoir-filtre; D, conduite de distribution des eaux de la ville; T, petit tube d'alimentation amenant l'eau de la conduite; E robinet d'eau filtrée et aérée; P, robinet purgeur pour nettoyer le filtre tous les jours; O, poste d'eau dans un office, alimenté par le réservoir-filtre.

2° *On ferme les deux robinets de puisage E et de purge P, lorsque toute l'eau est écoulée, puis on ouvre le robinet d'alimen-*

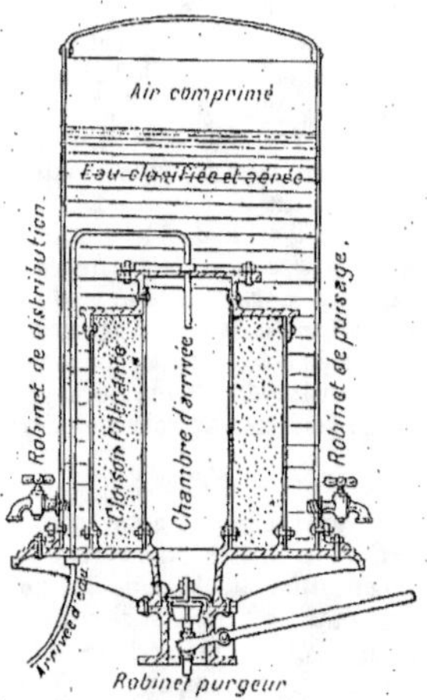

Fig. 446. — Réservoir-filtre Chanoit.

*tation* A, et l'appareil fonctionne et s'alimente de nouveau sur la conduite.

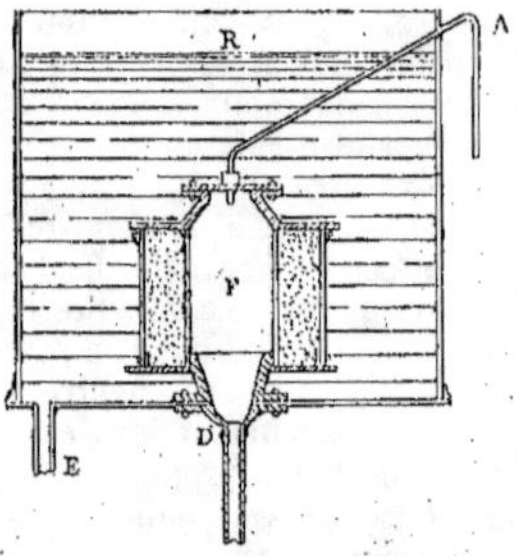

Fig. 447. — R, réservoir de chemin de fer (en tôle ou en maçonnerie); F, filtre cylindrique installé au centre du réservoir; D, tuyau de vidange du réservoir; A, tuyau amenant l'eau à clarifier dans le filtre; E, tuyau amenant l'eau clarifiée au robinet de puisage.

Il est bon de faire cette manœuvre fort simple au moins une fois par semaine pour les grands appareils, et tous les jours si l'on veut pour les petits appareils, et cela afin d'avoir de l'eau plus aérée et par conséquent, plus hygiénique et plus digestive.

Quand on veut filtrer l'eau d'une citerne, il faut refouler cette eau au moyen d'une petite pompe à main représentée ci-dessus (*fig.* 443). Cette pompe comprime en même temps, depuis 2 jusqu'à 8 atmosphères de pression, tout l'air qui se trouve dans le réservoir-filtre.

Celui-ci est alors en mesure de distribuer l'eau filtrée et aérée à toute hauteur jusqu'à 40 et 50 mètres. Un manomètre *m*, placé sur le réservoir, indique la pression (*fig.* 444).

Ceci est précieux dans les châteaux et maisons de campagne où on peut ainsi jouir d'une distribution d'eau sous pression dans les différentes pièces.

L'appareil étant parfaitement connu, il nous reste à indiquer ses principaux avantages : le réservoir-filtre Chanoit sauvegarde les intérêts des compagnies de distribution d'eaux sans gêner l'abonné.

En effet, le réservoir d'air comprimé renferme un volume d'eau disponible en rapport avec les besoins immédiats de l'abonné. Si, après un puisage plus ou moins important, cette provision a été diminuée ou même entièrement absorbée, elle est bien vite renouvelée par le fonctionnement du tube alimentaire dont le diamètre en rapport avec les dimensions de l'appareil peut, dans certains cas, descendre jusqu'à 1 millimètre. Ce tube ne laissant passer dans l'unité de temps qu'un volume d'eau relativement très faible, en cas de négligence ou de malveillance, les pertes d'eau et par suite les inondations sont réduites à des proportions insignifiantes. On peut donc installer sans crainte le réservoir-filtre dans les cuisines, les cabinets de toilette et même les salles à manger.

Avec ce petit tube alimentaire, les coups de bélier seraient presque totalement annulés, s'ils n'étaient déjà empêchés en raison du matelas d'air qui constitue le grand ressort du réservoir. Enfin, avec un réservoir-filtre de 0$^m$,20 de diamètre offrant une capacité disponible de 9 à 10 litres et pouvant clarifier 2 à 3 litres d'eau par mi-nute, on peut satisfaire à tous les besoins d'un ménage.

La figure 445 représente une installation pour la ville.

Le système **Chanoit** s'applique à la clarification de l'eau des réservoirs de chemins de fer, de compagnie d'eau, d'usines, etc., grâce à la disposition indiquée (*fig.* 446) et (*fig.* 447).

L'eau arrive dans le filtre F (*fig.* 446) par le tube alimentaire A, et le traverse de l'intérieur à l'extérieur, en s'élevant dans le réservoir jusqu'au niveau du trop-plein. Le nettoyage de ce filtre à cloison cylindrique exige que l'eau clarifiée puisse exercer une pression de 1 atmosphère qui résulte de la hauteur de la co-

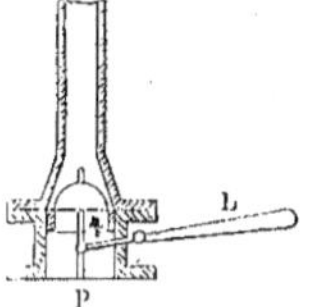

Fig. 447 *bis.* — P, détail du robinet à purge syphoïdale nettoyant le filtre par la simple manœuvre du levier L.

lonne d'eau contenue dans le réservoir et de celle contenue dans le tuyau de vidange dont l'action est identique à celle des siphons.

En manœuvrant le levier L (*fig.* 447 *bis*), on ouvre le robinet spécial de purge et l'appel exercé par l'écoulement de l'eau s'additionnant avec l'action de l'eau contenue dans le réservoir, constitue une force en vertu de laquelle l'eau clarifiée traversera la cloison filtrante de l'extérieur à l'intérieur en opérant le nettoyage du filtre.

### b. — Filtres Bourgeoise.

**463.** Les filtres *Bourgeoise* sont applicables dans les maisons particulières, dans les fontaines de cuisine.

Le principe de filtrage est ici l'emploi du feutre fortement comprimé, rendu imputrescible par une immersion dans une solution de cachou et maintenu entre deux plaques perforées en métal galvanisé.

Dans certains cas particuliers où les eaux sont chargées de gaz délétères ou de couleurs anormales et où il devient nécessaire non seulement de les clarifier mais encore de les purifier, le constructeur ajoute à la disposition précédente une

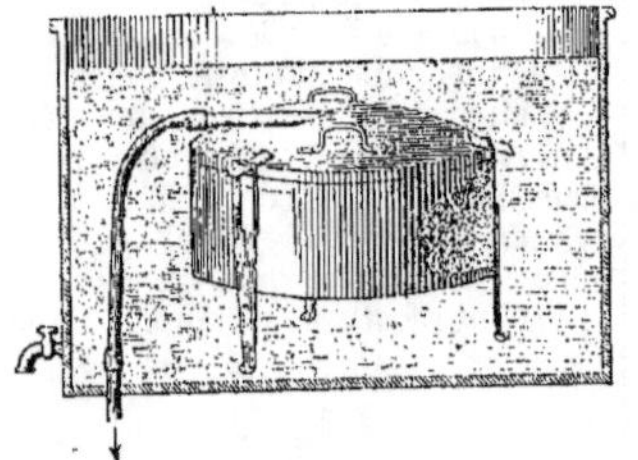

Fig. 448. — Filtre à aspiration, système Bourgeoise.

caisse mobile contenant du charbon de bois.

Les filtres *Bourgeoise* affectent diverses formes suivant les usages auxquels on les destine : filtre de poche, filtre à siphon, filtre de ménage ; ils ont un débit plus considérable que les filtres de pierre et se

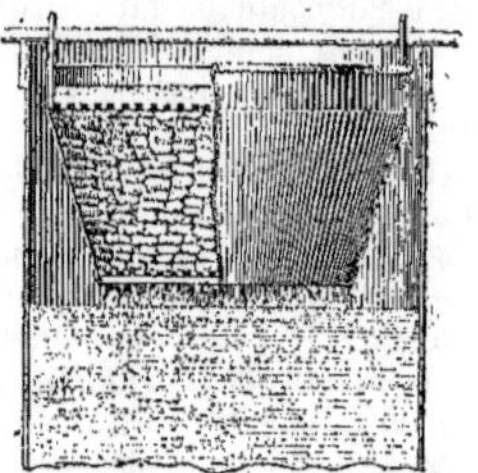

Fig. 449. — Filtre dégroussier, système Bourgeoise.

nettoient facilement par le renversement du courant.

La figure 448 représente un filtre à aspiration ; l'eau pénètre dans le filtre, se clarifie et s'épure pour sortir par le siphon au bout duquel se trouve le robinet de puisage.

La figure 449 représente un filtre dégroussier.

La figure 450 représente un filtre purificateur : A, purificateur ; B, filtre aspirateur ; R, robinet de vidange ; P, robinet de puisage.

La maison Bourgeoise fabrique également un grand appareil qui a beaucoup d'analogies avec le filtre Vedel-Bernard (voir p. 548). L'eau marche de haut en bas ; le nettoyage s'opère par renversement du courant : ce système de nettoyage ne donne pas de résultats bien satisfaisants à moins

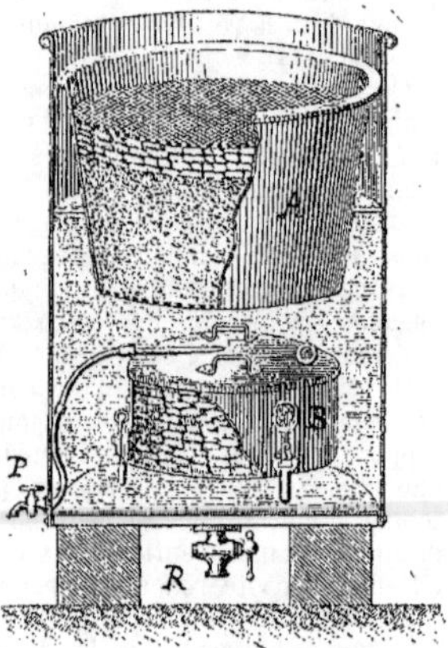

Fig. 450. — Filtre purificateur, système Bourgeoise.

que la chasse d'eau soit très forte. D'ailleurs, en principe, une matière animale ne peut être employée longtemps avec sécurité pour la clarification des eaux.

### c. — Filtres Chamberland (système Pasteur).

**464.** Depuis que M. *Ch. Chamberland*, directeur du laboratoire de *M. Pasteur*, a construit pour la purification des eaux d'alimentation des appareils de filtration établis selon les procédés rigoureux employés dans le laboratoire de M. Pasteur pour la stérilisation absolue des liquides, il a été conduit, en perfectionnant son œuvre, à créer une série de modèles nouveaux permettant d'obtenir partout de l'eau pure à la ville, à la campagne et même en voyage.

Tous ces appareils reposent sur le même principe qui est la purification absolue de l'eau par son passage à travers les parois d'un tube de porcelaine (*la bougie*), construit dans des conditions spéciales quant à sa forme et à sa matière. Mais selon que l'eau à filtrer arrive avec ou sans pression, M. Chamberland a créé deux types d'appareils très différents dont nous donnons ci-dessous les dessins avec une très courte description.

### I. — Filtre avec pression.

#### 1° *Filtre simple à une bougie.*

Cet appareil consiste en un tube métallique D (*fig.* 451) que l'on visse sur le robinet

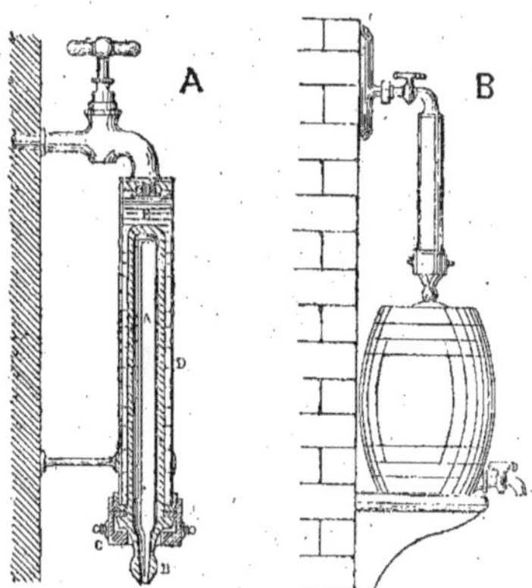

Fig. 451. — A, Filtre simple; B, Filtre simple avec barillet en verre servant de réservoir.

par lequel arrive l'eau impure ; cette eau, sous l'influence de la pression pénètre en A dans l'intérieur de la bougie de porcelaine dont elle sort purifiée par l'orifice B. Ainsi, par cette disposition, l'eau est filtrée du dehors au dedans; les matières impures sont arrêtées sur la surface extérieure de la bougie qu'il suffit d'enlever et de brosser quand un nettoyage est nécessaire.

Ce filtre donne un débit d'eau qui varie naturellement selon la pression, mais toujours assez considérable pour les besoins journaliers d'un ménage, même dans les étages les plus élevés des maisons de Paris.

L'appareil de la figure 451 est un véritable modèle de fonctionnement et de démonstration, et il est évident qu'il a suffi de multiplier le nombre des bougies pour obtenir des filtres à débit considérable.

#### 2° *Filtres multiples.*

Des modèles semblables à la figure 452 sont construits à 3, 7, 21, 50 et 100 bou-

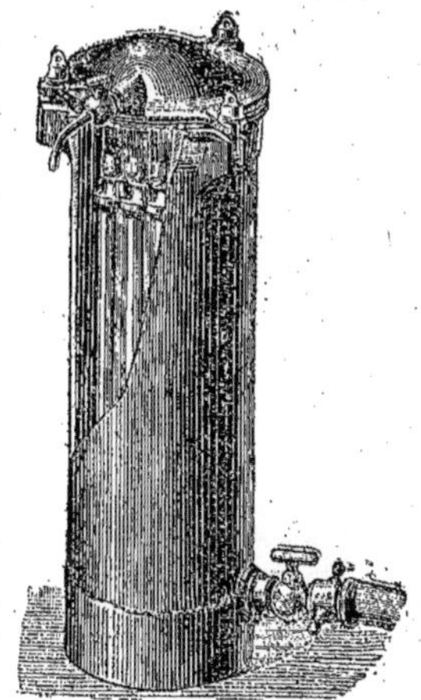

Fig. 452. — Filtre à 3, 7 ou 21 bougies.

gies et donnent des débits qui varient entre 150 et 15 000 litres par 24 heures.

Ces appareils sont dits « *de ville* » étant destinés à fonctionner avec l'eau fournie sous pression ; mais le même système peut être établi partout au moyen d'une pompe aspirante et foulante, ce qui permet de rendre des services inappréciables aux troupes en marche, aux colonnes expéditionnaires, aux marins en débarquement, sur les grands chantiers, etc. etc...

## II. — Filtres sans pression.

Dans beaucoup de cas, et particulièrement à la campagne, les consommateurs ne reçoivent pas de l'eau sous pression ; M. Chamberland a su trouver à ce problème qui paraissait si difficile une solution très simple par la seule application de la loi de l'équilibre des liquides.

Voici une figure schématique qui donne la démonstration à la simple vue (*fig.* 453).

L'eau impure B pénètre par infiltration dans les bougies AAA. A ce moment, on remplit d'eau le tube amorceur en H et on le fixe en E au tube D. L'eau du tube amorceur s'écoule par le tube T et détermine une aspiration qui entraîne l'eau

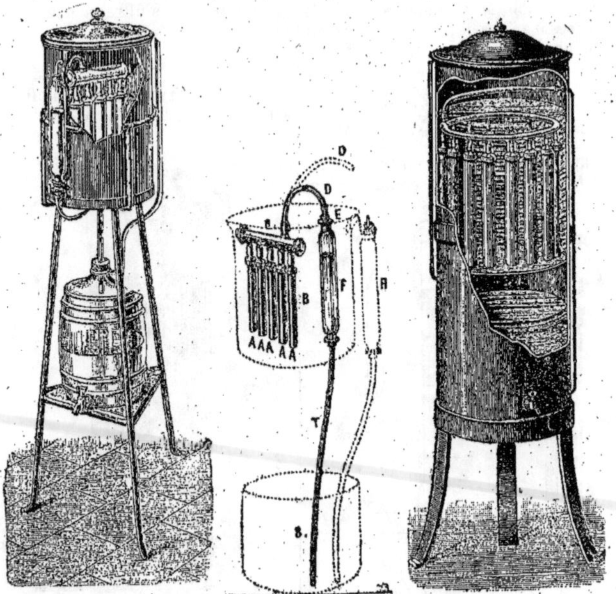



Fig. 453. — Filtres sans pression à 5 bougies, avec flacon amorceur.

pure des bougies dans le collecteur C et dans le tube D. Le siphon ainsi établi donne un écoulement continu.

L'application de ce procédé a été utilisée pour la construction de l'appareil de la figure.

Les appareils de ce genre ont obtenu la faveur du public, parce qu'ils ont l'avantage de fonctionner *visiblement* et de montrer aux yeux l'eau pure qui coule goutte à goutte dans le tube d'appel. Mais

il faut reconnaître que ce tube exige une manœuvre pour la mise en marche de l'appareil et M. CHAMBERLAND a donné le plan de l'appareil ci-contre (*fig.* 453), qui est une merveille par sa simplicité.

Ce nouveau filtre se compose d'un seau avec couvercle porté sur un trépied en fer et contenant l'eau à filtrer.

Dans le seau plongent les bougies filtrantes réunies sur un collecteur en porcelaine.

Ce collecteur communique au moyen d'un tuyau en caoutchouc avec un flacon en verre à deux tubulures dit *amorceur*.

De la tubulure inférieure part un tuyau en étain plongeant jusqu'au fond d'un barillet en verre recevant l'eau filtrée.

Pour faire fonctionner l'appareil on n'a qu'à remplir à peu près complètement l'amorceur, ensuite le boucher bien hermétiquement et laisser écouler une partie de l'eau qui y est contenue.

Le siphon se trouve ainsi amorcé et l'appareil entre en marche au bout de quelques minutes.

Dans la figure 453 les bougies sont adaptées à un collecteur en couronne; le tube d'écoulement s'ouvre *dans la paroi* du récipient qu'il suffit de remplir pour que l'amorçage du siphon se produise automatiquement.

Les filtres Chamberland ne sont pas très coûteux mais ils sont fragiles et leur entretien est dispendieux.

### d. — Filtre Maignen.

**465.** Le système de filtrage Maignen met en application et le principe de filtra-

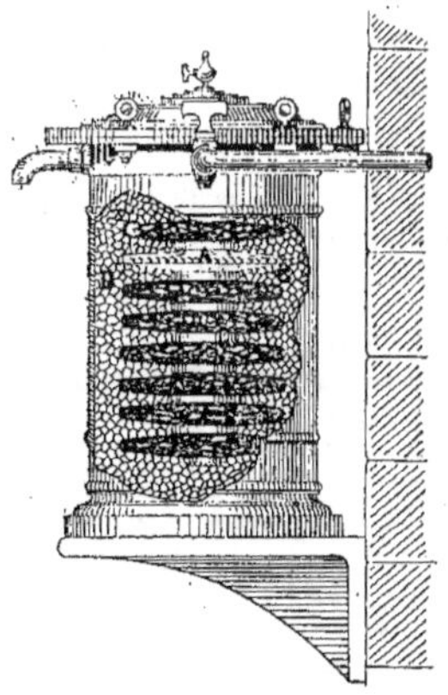

Fig. 454. — Filtre Maignen.

tion de Pasteur et celui des filtres précédents.

La figure 454 fait suffisamment com-

prendre la disposition ingénieuse de l'appareil qui purifie l'eau physiquement et chimiquement.

Par immeuble de 50 à 75 habitants on peut disposer avant la nourrice de distribution un filtre de ce système dit *filtre de conduite* capable de filtrer 150 litres à l'heure.

### c. — L'aéri-filtre Mallié.

**466.** L'aéri-filtre Mallié construit en 1884 est un filtre en *porcelaine* établi également d'après le principe scientifique de Pasteur; c'est dire qu'il est bien un des

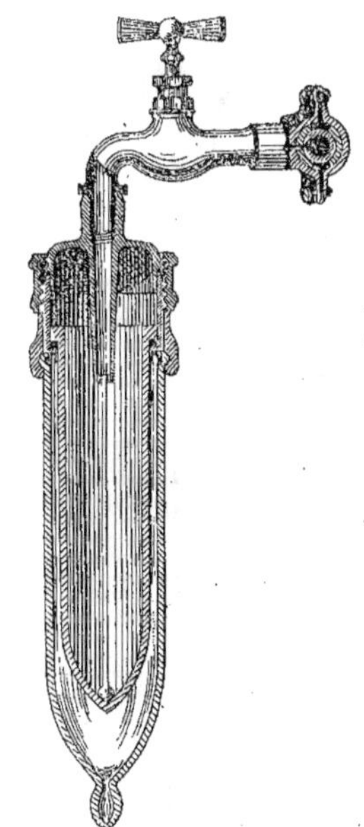

Fig. 455. — Coupe de l'aéri-filtre.

filtres épuratoires et anti-épidémiques que doit rechercher l'hygiéniste.

Examinons sa construction et ses avantages.

L'aéri-filtre est d'un montage et d'une pose faciles; son petit volume (8 centimètres de diamètre sur 25 centimètres de hauteur, permet de le placer dans les endroits les plus restreints sans préparation et sans rien changer à l'installation existante; il n'y a qu'à souder le robinet sur le parcours du tube en plomb qui amène l'eau de la ville au robinet ordinaire.

Le filtre proprement dit (*fig.* 455) est composé d'une bougie en porcelaine kaolin biscuit, qui contient l'eau que la pression force à traverser les parois; il est inusable et incorruptible.

La monture et les armatures sont en

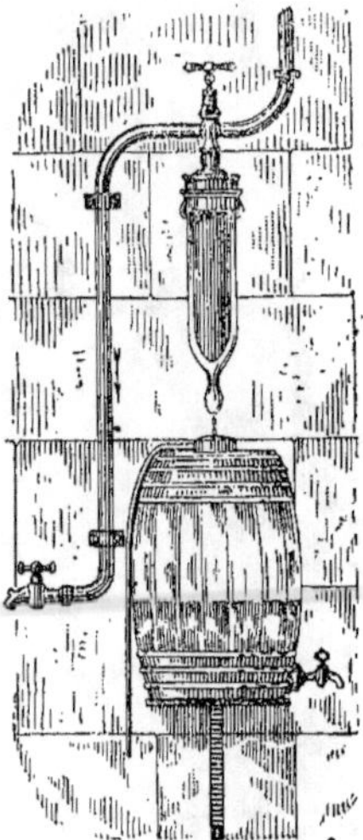

Fig. 456. — Filtre en pose.

métal pur blanc, et par suite inoxydables.

L'enveloppe qui protège ce filtre du contact de l'air et des chocs, est très épaisse; elle est en gros cristal incassable, permettant de suivre le bon fonctionnement de l'appareil; elle se monte à baïonnette; on adapte à un téton, dans le bois, un tuyau en caoutchouc qui permet d'amener l'eau dans un réservoir ou à un endroit quelconque commode.

En principe le filtre doit être nettoyé tous les trois mois, mais ce temps est très variable, suivant la quantité d'eau et son degré d'impureté.

Pour le nettoyer, il suffit d'enlever le dépôt retenu sur la paroi intérieure, de dévisser la bague et de brosser la matière filtrante avec un petit goupillon de forme spéciale.

L'eau, pénétrant dans l'appareil remplace l'*air* qui s'échappe par le trou qui sert de siège à la soupape de sûreté, il s'emmagasine dans la monture, où n'ayant pas d'issue il s'arrête et se comprime à deux et cinq atmosphères (suivant la pression de l'eau): cet air emmagasiné à la partie supérieure du filtre, non seulement évite par son élasticité les ruptures, conséquences des coups du bélier auxquels il fait coussin, mais encore il sature d'air celle-ci d'une façon complète et visible à l'œil, puisqu'à sa sortie elle paraît troublée et presque opaque en raison du mouvement produit par les

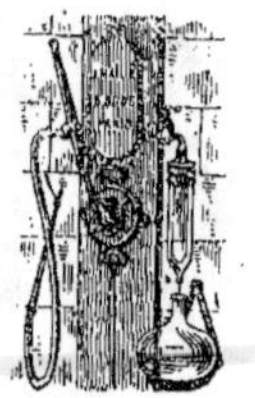

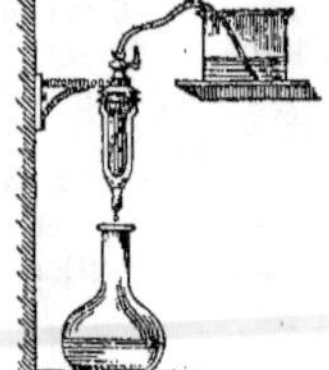

Fig. 457. — Pompe à air comprimé.    Fig. 458. — Filtre à siphon.

globules d'air minuscules en suspension; ce n'est qu'au bout d'un certain temps que l'eau reprend toute sa limpidité, bien que restant chargée d'oxygène. D'où le le nom d'*aéri-filtre*.

L'appareil possède un dispositif important produisant l'arrêt de l'eau instantané en cas de rupture, c'est une soupape de retenue portée par une tige reposant sur le fond du filtre. Cette soupape se ferme automatiquement par la pression de l'eau, en cas d'accident; cela présente une grande sécurité dans la pratique, toute inondation de ce fait étant rendue impossible, ainsi que tout débit d'eau non filtrée.

La forme du filtre permet d'introduire dans l'intérieur des sels pouvant donner à l'eau des qualités d'eaux minérales naturelles ou d'autres matières telles que charbon de bois, charbon aninal, etc...

La glace la plus impure se filtrant avec l'eau, peut donner, en été, une eau glacée très pure, agréable et contenant encore une plus grande quantité d'oxygène en dissolution.

L'aéri-filtre Mallié applique donc d'une manière complète et sûre les théories de M. Pasteur et de M. A. Gautier.

La figure 456 représente un filtre en pose avec un barillet d'eau filtrée placé au-dessous.

Quand il n'existe pas de pression, il faut y remédier soit en plaçant un réservoir à une certaine hauteur (2 à 3 mètres environ), soit en employant une pompe à air comprimé (*fig.* 457), soit enfin comme l'indique M. A. Gautier à l'aide d'un siphon (*fig.* 458).

### f. — Filtre Varrall-Brisse.

**467.** Les filtres précédents qui ont réalisé des progrès très sérieux dans le filtrage de l'eau ont l'inconvénient d'être un peu fragiles.

MM. Varrall-Brisse ont trouvé un appareil d'une construction pratique et solide. qui tout en étant composé d'éléments capables de retenir les microorganismes, puisse se nettoyer facilement et complètement sans rupture de ses éléments.

Cet appareil construit depuis 15 mois récompensé d'une médaille d'or à la dernière Exposition d'hygiène, est basé sur l'épuration de l'eau à travers deux disques superposés, de céramique et de charbon, ce dernier produisant un filtrage chimique après le filtrage mécanique de l'eau par le disque céramique qui retient

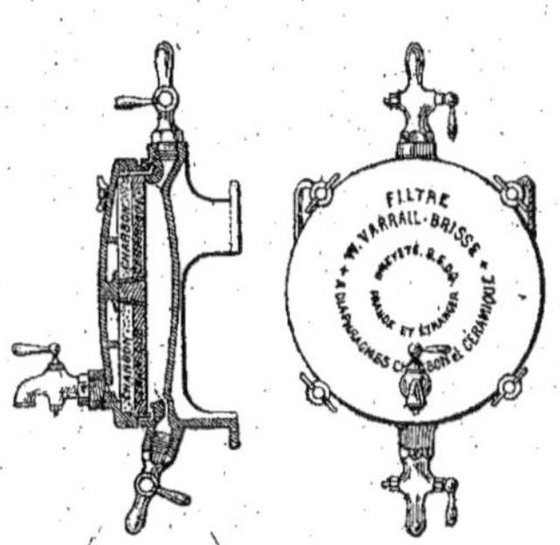


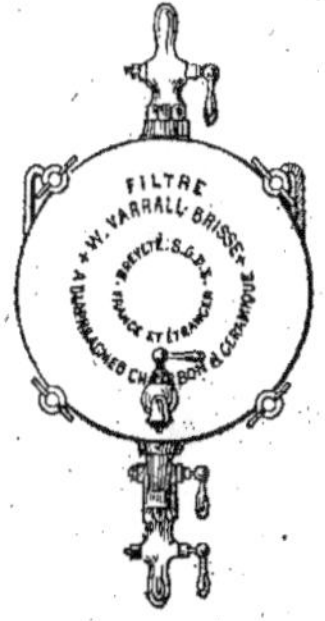


Fig. 459. — Filtre Varrall-Brisse.

absolument toutes les matières en suspension et les microorganismes qui s'y développent. Toutefois, le disque de charbon peut être remplacé par un autre de céramique, et le fonctionnement de l'appareil reste le même. Ses éléments sont épais, solides, ils sont fixés à l'enveloppe en fonte émaillée par un joint de ciment d'une étanchéité parfaite et résistent à tous les chocs. Il peut se placer très facilement en un point quelconque.

Enfin, dans la pratique, une qualité inappréciable due au dispositif de cet appareil, consiste dans *le nettoyage automatique par retour d'eau filtrée* et non *d'eau ordinaire*.

Le nettoyage automatique s'effectue de la manière suivante (voir *fig.* 459) : le robinet de vidange D, et de sortie du liquide filtré B dans le filtre simple et B et C dans le filtre double étant fermés, et celui d'introduction A restant ouvert, la filtration se continue en comprimant l'air qui se trouve derrière les disques filtrants jusqu'à ce qu'il y ait équilibre de pression; en ouvrant le robinet de vidange D, l'équilibre n'existant plus, l'air comprimé en refoulant l'eau filtrée à travers les disques repousse les impuretés ou dépôts ayant pénétré dans la surface extérieure du premier disque filtrant et ces impuretés ou dépôts se trouvent entraînés par le passage rapide de l'eau qui continue d'arriver par le robinet A.

Il résulte de cette explication que si on a soin de prendre exclusivement par le robinet D l'eau non filtrée pour tous les usages où celle filtrée n'est pas nécessaire, on fera sans s'en douter le nettoyage constant de l'appareil et on obtiendra un débit convenable d'eau filtrée puisque les disques se trouveront *constamment régénérés*.

Pour obtenir ce résultat d'une façon continue et sans être obligé de s'en préoccuper, il suffit d'en faire l'installation en plaçant l'appareil comme intermédiaire sur la conduite de distribution d'eau, ou bien de l'appliquer lui-même comme distributeur d'eau.

### Filtration et épuration de l'eau,
*au point de vue industriel.*

**468.** Il est certaines industries qui ne peuvent employer que des eaux pures ; en voici plusieurs exemples :

Dans les *fabriques de papier*, il est nécessaire que l'on fasse usage d'eau pure, très limpide, pour conserver à la pâte, blancheur, finesse, que les particules ténues lui feraient perdre.

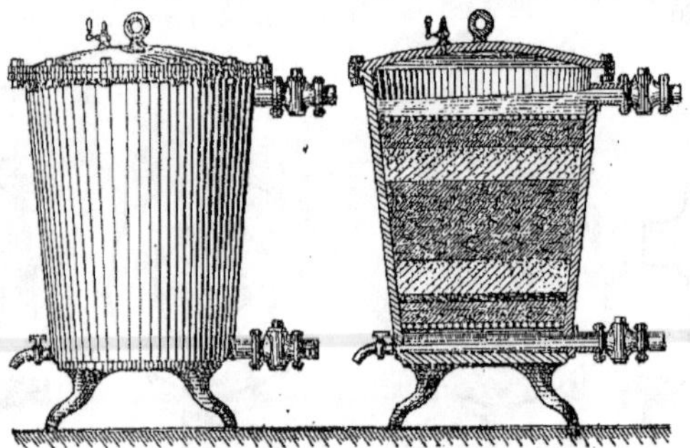

Fig. 460. — Filtre Vedel-Bernard.

Dans les *boulangeries* il faut éviter les eaux calcaires : le pain gardant après sa cuisson environ 25 % d'eau serait indigeste si l'eau qui s'y trouve incorporée était trop carbonatée.

Les *brasseries* ont besoin de n'employer que des eaux pures pour épuiser complètement l'orge et le houblon ; d'ailleurs les bières fabriquées avec des eaux calcaires sont indigestes.

Les *fabriques de sucre* ont également besoin d'une eau pure. La diffusion ne se fait bien qu'avec des eaux débarrassées de calcaire ; l'évaporation des sirops pour cristalliser, ne se fait complètement que s'il n'y a pas trop de sels dans la masse.

Dans l'industrie de la *distillerie* on recherche également la pureté de l'eau ; pour éviter les dépôts calcaires sur les parois métalliques des condenseurs et l'insolubilité dans l'alcool d'un grand nombre de sels.

L'industrie de la porcelaine, des tissus, la mégisserie, la tannerie, les fabriques de savon exigent également l'emploi d'eau pure.

Or si en général les compagnies de distribution cherchent à rendre l'eau tout au moins limpide, elles ne la garantissent pas pure, et certaines industries seront obligées de l'épurer avant de s'en servir.

Sans entrer absolument dans le détail

des différents modes d'épuration, nous dirons cependant quelques mots de deux procédés les plus généralement employés.

### 1° Filtrage David et Manceau.

**469.** Les filtres David et Manceau se composent d'une cuve conique en fonte surmontée d'un couvercle de même métal. Ces deux pièces à cornières, assemblées par des boulons glissant dans des encoches, constituent le corps du filtre.

Au-dessus de la tubulure correspondant au robinet de départ qui se trouve à la partie inférieure de l'appareil, est disposée une grille surmontée d'un tamis métallique sur lequel reposent les couches filtrantes dans l'ordre suivant (*fig.* 460) : éponges préparées ; grès pulvérisé ; laines imputrescibles ; grès pulvérisé ; noir animal ou charbon ; sable ou gravier.

Ces matières, fortement comprimées, sont maintenues par une grille placée au-dessous de la tubulure correspondant au robinet d'arrivée. En A se trouve l'eau à clarifier, en H s'accumule l'eau filtrée. Pour installer l'appareil, il suffit de placer un robinet d'arrêt sur la conduite d'adduction, de raccorder le robinet d'arrivée en deçà, et le robinet de départ au-delà du robinet d'arrêt. Quand celui-ci est fermé, l'eau est obligée de traverser le filtre.

Pour faire fonctionner ce dernier, on commence par fermer le robinet de départ et on ouvre progressivement le robinet d'arrivée, puis le robinet de décharge placé à la partie inférieure de l'appareil, ainsi que le robinet d'air qui se trouve sur le couvercle. L'appareil ayant été purgé d'air, on ferme le robinet précédent, on laisse pendant quelques minutes couler la décharge, puis on la ferme. L'appareil se trouve alors en pression et on peut ouvrir le robinet de départ. Le nettoyage des filtres nécessite le retrait successif des couches filtrantes et leur lavage. Il faut ensuite les replacer dans l'ordre indiqué sur la figure, en ayant soin de les comprimer séparément.

M. David a perfectionné les filtres Vedel-Bernard que nous venons de décrire en décomposant l'opération du filtrage en deux parties :

On commence par faire monter l'eau à travers une épaisseur d'éponges qui occupe ainsi la hauteur totale du filtre ; on obtient un dégrossissage préalable qui est complété par un finissage épurateur de haut en bas par les couches filtrantes de l'appareil décrit ci-dessus. La double opération s'effectue instantanément dans un seul appareil à deux compartiments (*fig.* 461).

Pendant que le contre-courant se produit au travers du dégrossisseur par la manœuvre des robinets placés sur une tubulure latérale, les couches du filtre proprement dit se trouvent isolées au moyen d'une soupape qui ferme hermétiquement le vase qui les contient.

Le principal avantage de cette modification à l'ancien système est de retenir

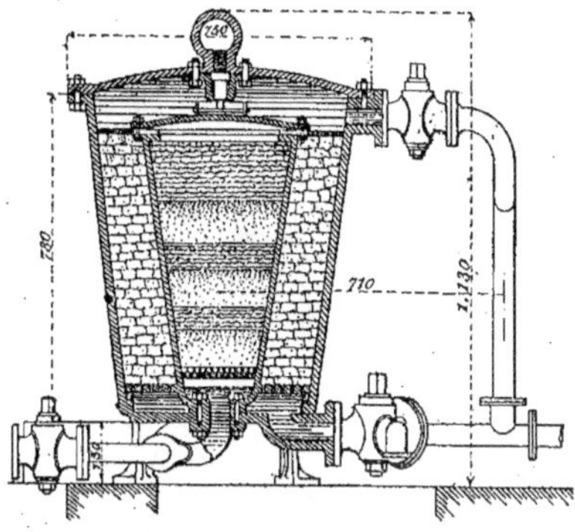

Fig. 461. — Filtre Vedel-Bernard perfectionné.

dans la couche d'éponges du dégrossisseur la majeure partie des impuretés de l'eau. On évite ainsi les nettoyages fréquents du filtre proprement dit.

Ces appareils peuvent fournir des débits de 6 000 litres à l'heure.

La maison David et Manceau construit aussi des filtres pouvant débiter de 200 à 400 litres à l'heure et dont les dimensions réduites permettent l'application dans les cuisines. Ces appareils représentés (*fig.* 462) donnent à volonté de l'eau filtrée par le robinet inférieur, ou de l'eau brute par le robinet supérieur. Il faut, bien entendu, que l'eau arrivant dans l'appareil soit à une pression suffisante pour que le filtrage puisse s'effectuer. Tel n'est pas le cas des eaux emmagasinées dans un réser-

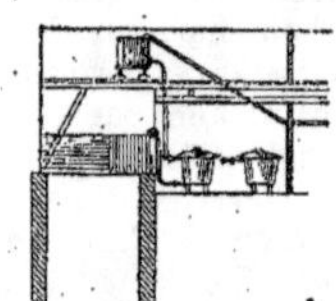


Fig. 462. — Filtre David et Manceau.

voir ou une citerne. Il faut alors avoir recours aux filtres fonctionnant par aspiration sous l'action d'une pompe ou comme siphon par la différence des niveaux.

Les filtres David et Manceau, employés depuis plus de quarante ans dans les établissements de la ville de Paris, ont donné des résultats très satisfaisants. Mais il faut avoir soin de prendre les précautions suivantes : on a vu que les matières filtrantes employées dans ces appareils étaient le charbon, la laine sous diverses formes, le sable, le grès et les éponges. Le charbon et la laine rendus imputrescibles par un tannage à base ferrique ont des propriétés désinfectantes, mais l'action absorbante de ces matières étant très limitées ne peut exercer une influence utile que pendant peu de temps et en rai-

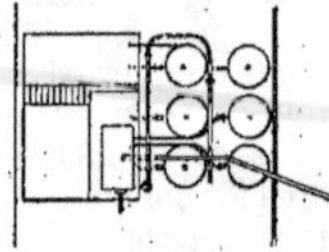


Fig. 463 et 464. — Filtre David et Manceau.

son inverse de la quantité d'eau à purifier.

Le sable et le grès servent à une simple clarification, qui devient nulle si on néglige d'enlever par des nettoyages fréquents les impuretés qui s'y déposent.

Les éponges remplissant à peu près le même but que le sable et le grès ont le grave inconvénient de se putréfier et de communiquer à l'eau une odeur d'autant plus désagréable que cette dernière séjourne plus longtemps au contact des matières organiques en décomposition.

Il est donc de toute nécessité d'opérer des nettoyages fréquents, et les appareils que nous venons de décrire sont construits de façon à les permettre.

Nous donnons comme exemple d'installation en grand du système de filtration de MM. David et Manceau, l'application qui en est faite dans la raffinerie de MM. Lebaudy à Paris (fig. 463) et dans l'usine de MM. Bourgin et Schuler à Courbevoie (voir la figure 464) (1).

(1) G. Dumont, *distribution des eaux*, page 218.

### 2° Appareil du système Paul Gaillet.

**470.** Dans ce système, on a cherché à combiner des appareils de décantation permettant d'obtenir la clarification de l'eau sans repos absolu et sans filtre. Ils sont établis sur les principes suivants :

Lorsqu'on laisse en repos dans un vase un liquide chargé de particules solides en suspension, celles-ci, dont la densité est généralement supérieure à la densité du liquide, descendent peu à peu pour se rassembler au bout d'un certain temps au fond du vase. Les particules qui sont en suspension dans la couche inférieure du liquide n'ont que peu d'espace à parcourir pour être séparées, de sorte que cette couche inférieure tend à se clarifier rapidement. Mais ce résultat est contrarié par la chute des particules solides qui proviennent des tranches supérieures, et la clarification totale n'est opérée que lorsque les matières solides de la couche supérieure du liquide ont parcouru toute la hauteur du vase pour se déposer sur le fond. Dans la plupart des cas, et notamment lorsqu'il s'agit de clarifier des eaux chimiquement épurées, la densité du solide ne différant pas beaucoup de celle du liquide, il faut très longtemps pour que la clarification soit complète, surtout si les vases de décantation ont une grande hauteur.

Si l'on suppose que cette décantation s'opère dans un récipient de 1 mètre de hauteur, entièrement rempli, les particules solides de la couche supérieure devront parcourir *un* mètre avant de se déposer. Si l'on divise le vase, sur sa hauteur, en 10 tranches de 10 *cm* chacune, par des diaphragmes, on conçoit immédiatement que les particules solides de chaque tranche n'auront à parcourir, au maximum, qu'un chemin de 10 centimètres pour être déposées. Il en résulte que l'introduction des diaphragmes aura eu pour conséquence d'assurer le dépôt des matières solides en *dix fois moins de temps*. Ce principe, dont l'efficacité est évidente lorsqu'il s'agit d'un liquide à clarifier en repos, s'applique encore lorsque ce liquide traverse le vase d'une manière régulière et continue. Mais, comme il est incontes-

table que le mouvement contrarie la chute des particules solides, il faut disposer le vase de manière à obtenir la solution la plus satisfaisante, si l'on tient à avoir une clarification *continue*, ce qui est particulièrement désirable pour les usages industriels. En tous cas, si l'on compare la clarification qui s'opère dans un vase ne contenant aucun obstacle et recevant le liquide à clarifier d'une manière continue par le bas pour le déverser par le haut, avec la clarification qui s'opère dans un vase de même forme muni des diaphragmes dont il est question plus haut, on constate encore que la clarification est dix fois plus rapide dans le second cas que dans le premier.

D'autre part, les particules solides tendent toujours à venir en contact avec toutes les parois du vase, en vertu du principe physique bien connu de l'attraction moléculaire, de sorte que plus on multiplie les surfaces de dépôt, plus on facilite la séparation des matières en suspension dans le liquide.

On peut donc, en combinant ces deux principes : *division du liquide en tranches minces* et *multiplication des surfaces de dépôt*, arriver à assurer la clarification parfaite du liquide dans un vase d'un petit volume, eu égard au volume de liquide à clarifier, et cela d'une manière *continue*. On a ainsi établi une sorte de filtre métallique.

Tels sont les principes qui servent de base pour la construction des décanteurs du système Paul Gaillet. Il convient d'ajouter qu'en donnant aux diaphragmes une inclinaison convenable, on peut obliger les dépôts qui s'y rassemblent à glisser sur la surface de ces diaphragmes et les conduire ainsi, par des pentes convenablement combinées, dans les collecteurs de dépôts munis de robinets d'évacuation, c'est-à-dire assurer le nettoyage *automatique* du filtre métallique.

Cette théorie s'applique à toutes formes de vase. La conformation et la disposition des diaphragmes dépendront naturellement de la forme adoptée et aussi des dimensions du récipient.

Voici la description des deux dispositions généralement employées ; l'une comporte un appareil de décantation *vertical*, occupant par suite très peu de place sur le sol, mais ayant une hauteur assez considérable ; l'autre comporte un décanteur *horizontal*.

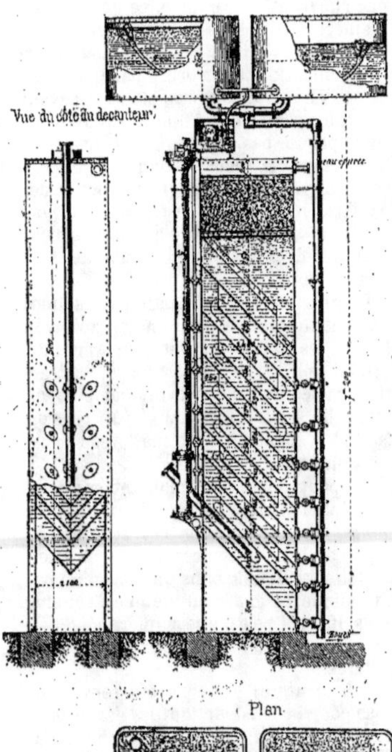


Fig. 465. — Appareil vertical (système Paul Gaillot).

**Décanteur vertical.** Le décanteur vertical (*fig.* 465), se compose d'une caisse rectangulaire divisée, suivant la hauteur, en 15 tranches par 15 diaphragmes inclinés à 45 degrés et rivés alternativement sur deux faces opposées de l'appareil. Ces diaphragmes peuvent être faits de diverses manières. En général, ils sont formés de lames inclinées à 45 degrés, comme l'indiquent les figures, et constituent ainsi des augets dont les pentes convergent toutes vers la même face de l'appareil pour aboutir à une série de robinets d'évacuation. Le liquide à clarifier arrive dans l'épurateur par une ouverture pratiquée sur le fond et monte sur le premier diaphragme pour descendre sur le second, remonter sur le troisième, redescendre sur le quatrième, et ainsi de suite. La circulation est donc essentiellement contrariée, mais sans mouvement brusque, et les particules solides, sollicitées par l'action de la pesanteur et par l'attraction moléculaire, se séparent du liquide et viennent se déposer sur les diaphragmes. Grâce à l'inclinaison de ceux-ci, elles glissent et viennent se rassembler dans l'angle intérieur des compartiments formés par le cloisonnement décrit ci-dessus, d'où elles peuvent être facilement et rapidement évacuées par la manœuvre des robinets de purge de l'appareil.

D'ailleurs en vertu des lois qui régissent les mouvements des liquides, la circulation s'effectue le long des arêtes supérieures, c'est-à-dire à l'endroit où il y a le moins de dépôt.

**Décanteur horizontal.** Pour que la réunion des dépôts se fasse dans un angle, il a fallu dans cet appareil réaliser une forme de vase telle que les pentes des diaphragmes convergent vers un point unique, en conservant pour toutes les parties de ces diaphragmes une inclinaison uniforme, capable d'assurer la régularité de la décantation.

Dans ce but, la partie inférieure du vase offre vers le bas une série de dièdres rectangles dont les plans sont inclinés à 45 degrés sur l'horizontale. Les diaphragmes sont plans. Le dépôt glissera sur toute leur surface et ira se rassembler dans l'angle inférieur (voir *fig.* 466). Cet angle inférieur est tronqué et garni d'un collecteur en forme de cuvette terminé par un robinet d'évacuation.

Les diaphragmes intermédaires sont prolongés ici jusqu'à la cuvette de collection des dépôts pour que les matières qui se rassemblent sur ces surfaces viennent directement dans cette cuvette. On donne passage au liquide par une ou plusieurs ouvertures percées dans les diaphragmes et garnies d'un bord relevé, de manière à éviter la rencontre du dépôt qui descend.

Cette disposition horizontale du décanteur permet de découvrir toute la partie supérieure de l'appareil et de suivre ainsi *de visu*, la marche de la décantation. Elle permet aussi de visiter, sans difficulté, tout l'intérieur du décanteur, tandis que l'épuration verticale doit être, dans ce but, munie de regards à fermeture étanche, ce qui rend la visite un peu plus compliquée.

En général les décanteurs sont terminés par un filtre comme l'indiquent les figures 465 et 466 ; ce filtre permet à certains moments de forcer le débit des appareils et assure en tout cas une clarification parfaite. Comme il ne reçoit des

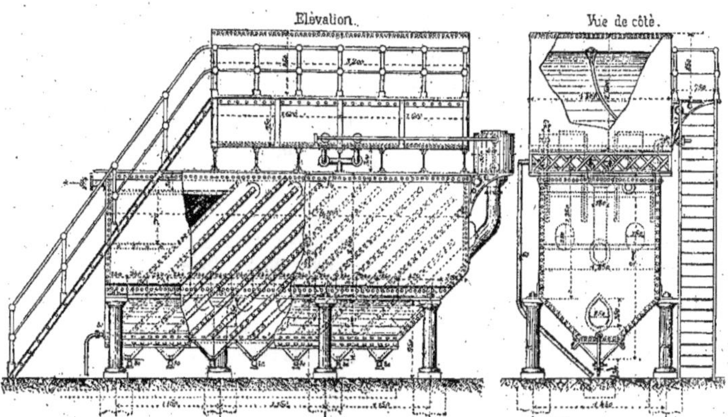


Fig. 466. — Appareil horizontal (système Paul Gaillet).

dépôts que dans des circonstances exceptionnelles, il ne se salit que très lentement et ne doit être renouvelé qu'à de longs intervalles.

*Épuration de l'eau.* Cette épuration s'effectue dans le décanteur en vertu des réactions indiquées ci-dessus. Le réactif se prépare dans des cuves spéciales disposées au-dessus des appareils.

Lorsqu'on emploie l'épurateur vertical, ces cuves reposent sur un plancher spécial établi au-dessus de cet épurateur. Quand on fait usage de l'épurateur horizontal, les bacs à réactifs reposent directement sur cet épurateur et portent le plancher de manœuvre, par l'entremise de consoles fixées sur leurs parois.

Cette disposition, représentée sur la figure 467, est excessivement simple et commode. L'installation forme un ensemble bien complet muni de tous les accessoires désirables pour assurer le bon fonctionnement.

Les bacs à réactifs, au nombre de deux, sont munis d'un clapet de vidange et d'un robinet d'écoulement posé à 10 centimètres au-dessus du fond ; ce robinet est muni à l'intérieur des cuves d'un tuyau en caoutchouc avec flotteur qui permet de prendre le liquide (eau de chaux additionnée de soude) à la partie supérieure de la cuve, c'est-à-dire toujours parfaitement clair.

Pour réaliser l'épuration, on fait arriver avec l'épurateur proprement dit une quantité déterminée d'eau et une proportion exactement calculée de réactif. Pour assurer la régularité des débits d'eau et de réactif, on fait usage de régulateurs à niveau constant. Ces régulateurs, dont le fonctionnement se comprend à l'inspec-

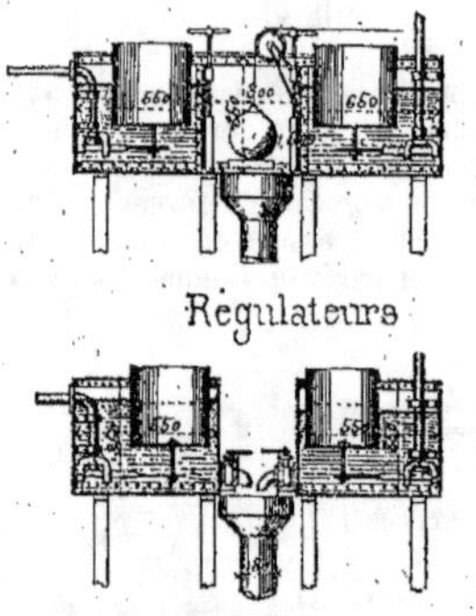

Régulateurs

Fig. 467.

tion du dessin, sont basés sur l'action d'un flotteur sur un clapet qui règle l'admission du liquide ; ils sont munis de robinets à cadrans permettant d'opérer un réglage précis des débits.

Lorsqu'il y a utilité à arrêter l'épurateur, ou à le mettre en marche, sans l'intervention d'un ouvrier, comme cela arrive le plus souvent dans les usines où il y a un réservoir d'eau épurée, on fait usage d'un *régulateur automatique*. Il se compose d'un bac à 3 compartiments (*fig.* 466), deux de ces compartiments constituent les régulateurs proprement dits, l'un pour l'eau, l'autre pour le réactif ; le troisième compartiment reçoit le mélange par des vannes de réglage, et le déverse dans l'épurateur par un orifice que peut fermer une soupape à boulet commandée par un flotteur qui repose sur l'eau du réservoir d'eau épurée. Lorsque ce réservoir est plein, le boulet descend sur son siège, le compartiment central du régulateur automatique se remplit, et, par l'action des flotteurs, les écoulements d'eau et de réactif s'arrêtent. Dès que le niveau baisse dans le réservoir, le boulet se soulève et l'épuration se remet en marche sans aucune intervention.

La figure 467 représente les détails des régulateurs.

Le mélange de l'eau et du réactif s'effectuant dans l'épurateur, la réaction commence immédiatement ; l'eau se trouble et devient laiteuse. Circulant dans les divers compartiments de l'appareil, elle y dépose les précipités chimiques formés par l'épuration, et, finalement, sort claire, limpide et épurée à la partie supérieure de l'épurateur (1).

## § IV. — VENTE DE L'EAU A DOMICILE

### Des divers modes de distribution de l'eau.

**471.** On distingue deux systèmes principaux de distribution pour les eaux :

La distribution discontinue à robinet libre ;

La distribution continue à robinet libre ou mesurée.

### a. — Distribution discontinue.

Dans ce cas la conduite d'eau n'est ouverte chaque jour qu'à certaines heures pendant lesquelles l'abonné peut ouvrir son robinet pour remplir un réservoir à domicile où il puise ensuite pendant le reste de la journée l'eau qui lui est nécessaire selon ses besoins. Ce système présente des inconvénients de toute nature aussi bien pour la compagnie que pour le consommateur. Il donne lieu de part et d'autre à des abus qu'il est inutile de développer ici.

### b. — Distribution continue.

Dans ce cas, la conduite de distribution

(1) Extraits du *Portefeuille économique des machines*, juin, 1887.

est constamment en charge et l'on peut avoir de l'eau à toute heure du jour ; mais il devient nécessaire de vérifier exactement la quantité d'eau fournie et de proportionner le prix de vente à cette dépense pour sauvegarder équitablement les intérêts de la compagnie concessionnaire et ceux des consommateurs.

## Des divers modes de concession de l'eau aux particuliers.

**472.** On fait usage de trois modes différents de vente de l'eau aux particuliers :

L'abonnement *au robinet libre.*
L'abonnement *au robinet de jauge.*
L'abonnement *au compteur.*

1° Abonnement au robinet libre.

**473.** Dans ce cas, l'eau est livrée au consommateur au moyen d'un robinet d'un diamètre plus ou moins gros — constamment en charge et qui fournit l'eau à discrétion. Le prix de l'abonnement est basé sur le prix du mètre cube bien entendu et sur la base établie de la consommation approximative moyenne. — Celle-ci est obtenue au moyen d'évaluations, en raison du nombre de personnes habitant la propriété, — du nombre de chevaux, voitures, bestiaux, animaux de toute sorte, genre d'industrie, surfaces de cours à nettoyer, de jardins et de potagers à arroser, etc., etc. — On ne peut avoir de contrôle efficace ; d'une part la compagnie peut fixer un prix beaucoup trop fort pour l'abonnement en raison de la quantité d'eau réellement consommée. — D'autre part, l'abonné peut sans aucun contrôle se livrer à un gaspillage excessif qui ne profite à personne ; les quartiers hauts se trouveront ainsi à sec alors que l'on pourra encore puiser de l'eau dans les quartiers bas.

On a employé pendant longtemps en Angleterre ce mode de distribution connu sous le nom de *système discontinu :* à certaines heures les fontainiers ouvraient le robinet d'arrêt du branchement, qu'ils venaient refermer quelques temps après quand le réservoir de l'abonné était rempli. Il y avait, bien entendu, des robinets à flotteurs ou des tuyaux de trop-plein pour éviter le débordement des réservoirs. Ce système avait de nombreux inconvénients : en cas d'incendie, il fallait aller trouver le fontainier détenteur de la clef du robinet, et souvent la maison avait brûlé avant qu'on ait pu être mis en possession de l'eau nécessaire pour l'éteindre. Aussi a-t-on renoncé à ce mode de distribution.

2° Abonnement au robinet de jauge.

**474.** Dans ce cas, l'eau traverse un robinet à 2 clefs, dit de jauge qu'on place sur le branchement de l'abonné et dont le boisseau est percé d'un orifice de section déterminée : elle est ensuite recueil-

Fig. 468.

lie dans un réservoir placé chez l'abonné. Un robinet d'arrêt est interposé entre le réservoir et le robinet de jauge (*fig.* 468 et 469) ; la compagnie seule peut ouvrir ou fermer ces deux robinets. Nous n'avons pas besoin d'insister sur les inconvénients que présente ce mode d'évaluation qui, pour être exact, suppose une section d'orifice invariable et une pression constante

Fig. 469.

dans la conduite. Le tuyau qui amène l'eau dans le réservoir doit être fermé par un robinet à flotteur pour qu'il n'y ait aucun risque d'inondation. Le consommateur trouve généralement avantage à employer le robinet de jauge, parce que l'orifice est plus souvent agrandi par l'usure que diminué par l'encrassement, mais il reproche à l'appareil de ne présenter aucun moyen de contrôle. Pour diminuer la difficulté du réglage on a imaginé le robinet de jauge à trois boisseaux dont nous donnons un spécimen (*fig.* 470).

En outre, il faut nécessairement un réservoir pour recueillir le mince filet d'eau que débite le robinet.

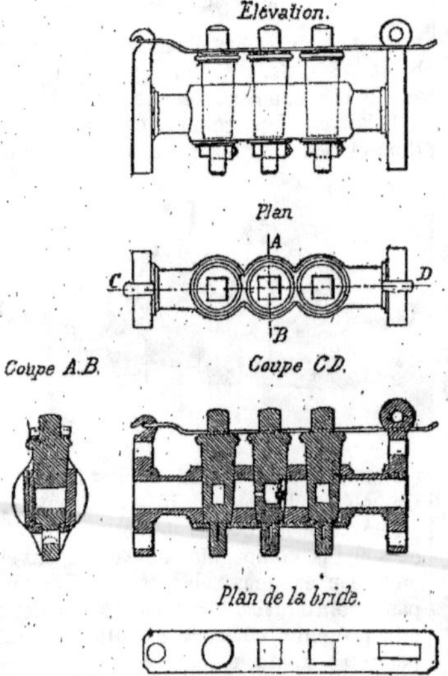


Fig. 470. — Robinet de jauge.

De là un autre inconvénient, résultant de l'encombrement causé par les réservoirs qu'il faut placer dans les combles de l'habitation pour desservir les différents étages. Ces réservoirs, qui ont un volume en rapport avec la consommation journalière, sont insuffisants en cas d'incendie; de plus, l'eau qui y séjourne est exposée aux variations de température, et devient malsaine.

Pour le consommateur, ce mode d'abonnement présente de graves inconvénients: s'il court la chance de voir l'orifice de jauge s'agrandir pour laisser passer un volume supérieur à celui qu'il paie, il reste soumis à l'inconvénient de ne pouvoir user de l'eau qu'au fur et à mesure qu'elle coule, c'est-à-dire en très petite quantité.

Ainsi pour une concession de 15 hectolitres par jour, il est facile de calculer que le robinet ne doit laisser passer qu'un litre environ par minute et qu'il faudrait par suite un quart d'heure pour remplir un seau ordinaire.

Si la maison dans laquelle on distribue l'eau admet plusieurs ménages, on voit de suite qu'il s'établit entre eux une solidarité gênante. Pour éviter cet inconvénient, on serait amené à faire aboutir toutes les conduites de distribution dans un réservoir public muni d'un robinet. En ouvrant ce robinet, à une heure quelconque de la journée, les habitants recevraient l'eau qui s'en échapperait avec une vitesse due à la charge du réservoir. Mais cette solution est évidemment toute théorique et on est forcé de convenir que la seule véritablement pratique consiste dans l'adoption d'un compteur, c'est-à-dire d'un appareil enregistrant *aussi exactement que possible* le volume d'eau débité par le robinet de l'abonné.

S'il arrive que des impuretés viennent obstruer en partie l'orifice de jauge, l'abonné est lésé dans la quantité d'eau qu'il reçoit.

En résumé, ce mode d'abonnement doit être rejeté parce qu'il est malsain, qu'il n'est équitable ni pour la consommation ni pour le concessionnaire et qu'il ne donne pas de sécurité au point de vue de la régularité de la consommation de l'eau.

La dépense d'eau par le robinet de jauge est souvent estimée en *pouces de fontainier*. Il faut s'entendre sur la valeur de cette mesure.

Le pouce de fontainier était primitivement le volume d'eau débité par un orifice circulaire en mince paroi ayant pour diamètre un pouce ($27^{mm},07$), le niveau étant maintenu constamment à une hauteur de une ligne ($2^{mm},256$) au-dessus de l'arête supérieure de l'orifice. Le débit en 24 heures est alors de $19^{m3},2$. On a modifié légèrement ces dimensions depuis l'adoption du système métrique. On donne

20 millimètres de diamètre à l'orifice qu'on munit d'un ajutage cylindrique, le plan d'eau demeurant à 3 millimètres au-dessus de l'arête supérieure de l'orifice. Le débit du pouce d'eau, en 24 heures, a été évalué par Prony à 20 mètres cubes.

### 3° Abonnement au compteur.

**475.** Depuis l'invention du premier compteur en 1865 par un ingénieur anglais, M. Siemens, le robinet de jauge tend à disparaître.

Avec cet appareil ou ceux du même genre, les abonnés n'ont plus à établir de réservoirs volumineux et encombrants et reçoivent l'eau sous pression. Ces avantages sont si frappants qu'à la Compagnie des Eaux de la *Banlieue de Paris*, la majeure partie des abonnés ont réclamé l'adoption du compteur, et qu'aujourd'hui il n'existe plus que de rares distributions à la jauge, ainsi que le prouvent les chiffres suivants :

En 1872, les 23/100 des abonnés avaient un compteur ;

En 1876, cette proportion s'était élevée à 54 o/° en 1890 elle n'est plus que de 5/100.

Dans un grand nombre de villes, on a adopté ce mode rationnel de distribution. Ainsi : à Bruxelles, sur 17 976 abonnés, 9 571 sont desservis par compteur ; à Liège, sur 2 400 abonnés, 2 200 ont un compteur ; enfin, à Lille, un règlement rend *obligatoire* la distribution par compteur pour tous les usages autres que ceux exclusivement domestiques.

L'abonnement au compteur est, à notre avis, le seul mode de délivrance des eaux qui ne lèse ni les intérêts du concessionnaire vendeur, ni ceux du consommateur.

En principe, le compteur est disposé de telle sorte, que l'eau communique à un ou plusieurs organes un mouvement de rotation ou d'oscillation qu'enregistre une minuterie indiquant le débit. On voit que de cette manière, le vendeur sera assuré d'une rémunération proportionnée à la valeur réelle de la marchandise livrée et l'acheteur n'aura plus à craindre de payer plus d'eau qu'il n'en aura consommé.

En outre, ce dernier trouvera l'avantage de recevoir constamment l'eau à la température de la conduite principale, c'est-à-dire à une température tempérée et régulière, hiver comme été, et de la recevoir à pleine pression, à la demande de ses besoins immédiats, de telle sorte, qu'un volume d'eau, insuffisant à certaine période de l'année avec la jauge, devient largement suffisant avec une distribution au compteur.

Toutefois un compteur ne peut réellement satisfaire les intérêts des compagnies et de leurs clients, que s'il remplit certaines conditions :

1° Enregistrer exactement les grands comme les petits débits, quelle que soit la pression ;

2° Être solidement construit ;

3° Présenter des dispositions de montage et de démontage simples et faciles pour les réparations ;

4° Être d'un petit volume et d'un prix peu élevé.

## Des différents systèmes de compteurs d'eau.

**476.** Le compteur d'eau est placé à l'extrémité ou sur le parcours de la conduite, suivant qu'il doit débiter l'eau sans ou sous pression ; son mouvement est rotatif ou oscillatoire ; certains compteurs fonctionnent à la manière d'une colonne d'eau.

Nous examinerons successivement ces divers systèmes de compteurs.

### A. — Compteurs sans pression

**477.** Les compteurs sans pression, rarement employés aujourd'hui, sont une transition entre le robinet de jauge et le compteur à pression. Ce sont des réservoirs alimentés par un organe dont le mouvement de rotation ou d'oscillation s'enregistre automatiquement.

*Compteurs à mouvement rotatif.* — Les premiers appareils, construits en Angleterre, comportent comme organes moteurs des roues à palettes qui rappellent celles des compteurs à gaz (compteurs Blackwood, Parkinson, etc.). M. Casaonga a fait usage de la roue à tympan qui a été appliquée à l'élévation des eaux. Les profils des palettes étant tracés suivant des développantes de cercle, le centre de gravité de chaque auget rempli est à une distance constante de l'axe du tambour ; celui-ci est par suite animé d'un mouvement de rotation très régulier. Ces appareils ont surtout été construits pour des applications industrielles.

*Compteurs à mouvement oscillatoire.* — Le compteur Flicoteaux est un type

l'axe, est enfermée dans une boîte placée en avant de l'appareil, comme l'indique le plan. Un perfectionnement, qui n'a pas été représenté sur le croquis, a été apporté dans la construction des augets pour diminuer le rejaillissement de l'eau ; on a évasé la cloison séparatrice suivant deux surfaces coniques. Le déplacement

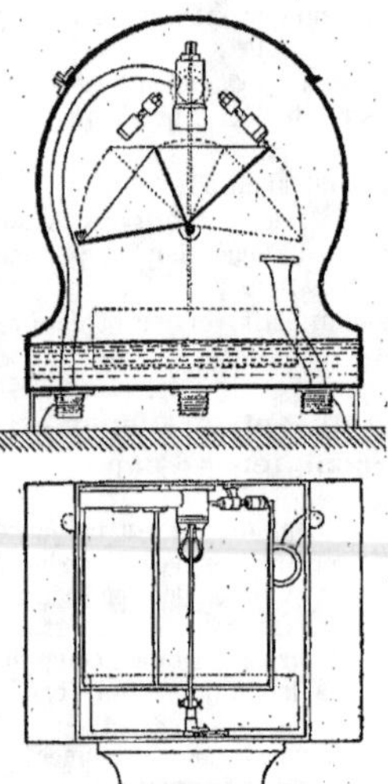

Fig. 471. — Compteur Flicoteaux.

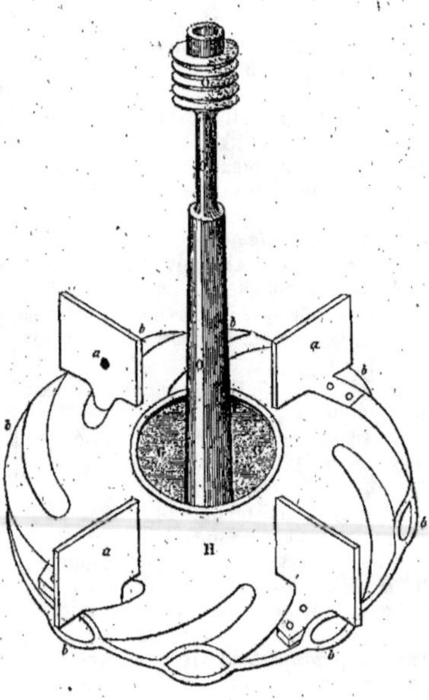

Fig. 267.

simple et ingénieux de compteur à mouvement oscillatoire ; il ne présente plus aujourd'hui qu'un intérêt historique. Nous l'avons représenté en coupe transversale et en plan (le couvercle enlevé) (*fig.* 471). On voit que le moteur est formé d'un double auget basculant autour de son axe sous l'action de l'eau déversée par un robinet à flotteur. Le mouvement est limité par des buttoirs en caoutchouc qui amortissent le choc et diminuent le bruit. L'eau sort en déversoir par un tuyau coudé. La minuterie, commandée par

du centre de gravité qui résulte de ce dispositif présente aussi des avantages au point de vue de la précision du jaugeage. Le compteur doit être placé dans les combles de l'habitation qu'alimente la distribution ; il ne se prête pas aux grands débits (1).

B. — Compteurs sous pression

**478.** Les divers systèmes de compteurs

(1) Extrait de la *Construction Moderne*, janvier, 1885.

sous pression peuvent se classer d'après leur mode de fonctionnement en :

Compteurs à mouvement rotatif ;

Compteurs à compartiments extensibles ;

Compteurs à mouvement alternatif.

### a. — Compteurs à mouvement rotatif.

**479.** Leur organe essentiel est une sorte de petite turbine ou d'hélice que l'écoulement de l'eau met en mouvement et dont l'axe commande directement le mécanisme des cadrans enregistreurs.

Parmi les appareils de ce type, il convient de citer le compteur *Siemens* et le compteur *Faller*.

### Compteur Siemens.

**480.** Le compteur de Siemens et Adamson, construit en Angleterre par MM. Guest et Chrimes, est basé sur le principe de la force centrifuge.

Il se compose d'une turbine H tournant sur un pivot vertical placé à la partie inférieure, et dans un collier placé à la partie supérieure (*fig.* 472). L'eau est introduite au centre de l'appareil par un conduit A et elle en sort par des ouvertures courbes ménagées sur la turbine, en imprimant à celle-ci un mouvement de rotation. Un certain volume d'eau se trouve débité à chaque révolution de la turbine et on n'a qu'à enregistrer le nombre de tours pour connaître la quantité d'eau délivrée. Cet enregistrement est effectué au moyen de vis sans fin, pignons, et engrenages différentiels montés sur le cadran et sur l'arbre des aiguilles, ainsi que le montre la coupe verticale de l'appareil (*fig.* 473).

Le compteur d'eau Siemens n'a pas

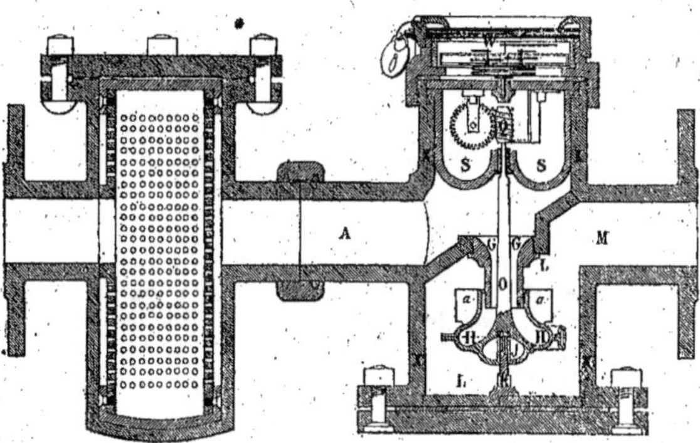

Fig. 473. — Compteur Siemens.

la prétention d'être d'une exactitude mathématique, mais il enregistre les volumes consommés à moins de 3 %, près.

A la vérité, pour de l'eau vendue entre 25 et 50 centimes le mètre cube, on n'a pas besoin d'une plus grande approximation. On lui reproche de livrer l'eau, même quand il cesse de fonctionner régulièrement et de causer ainsi des pertes aux compagnies qui en font usage.

### Compteur Faller.

**481.** Le compteur Faller est employé depuis 1875 dans la ville de Vienne. Le cahier des charges pour la fourniture de ces appareils admettait une tolérance de

2 $^0/_0$ sur les indications des quantités d'eau passant par le compteur. Le tableau ci-dessous donne le résultat des essais officiels faits en 1877 à Vienne avec un compteur Faller de 13 millimètres de section d'écoulement.

| PRESSION en atmosphères | DIAMÈTRE DU canal d'écoulement EN MILLIMÈTRES | QUANTITÉ d'eau effective EN LITRES | INDICATION du compteur EN LITRES |
|---|---|---|---|
| 5 | 13.17 | 100 | 100 |
| » | 6.58 | 99.5 | » |
| » | 3.29 | 99.5 | » |
| » | 2.20 | 100 | » |
| » | 1.10 | 20.25 | 20 |
| 1/2 | 13.17 | 99 | 100 |
| » | 6.58 | 98 | » |
| » | 3.29 | 100 | » |
| » | 2.20 | 50 | 50 |

En principe, l'appareil Faller est un indicateur de vitesse, d'une grande sensibilité due à l'exécution soignée des différentes pièces et à ce que tous les axes de transmission sont verticaux et reposent sur une pointe.

Il consiste en une roue à ailettes mise en mouvement par le passage de l'eau dans l'appareil ; étant invariable, la vitesse de cette eau est proportionnelle à la quantité qui passe, ainsi que le nombre de tours effectués par la roue à ailettes et par le compteur.

En d'autres termes, si la roue à ailettes fait un certain nombre de tours dans une unité de temps pour le passage de 100 litres d'eau, elle fera un nombre de tours double quand il passera 200 litres d'eau. C'est ce qui est justement indiqué par le compteur. Mais comme il s'agit de connaître non pas le nombre de révolutions effectuées par la roue à ailettes pour laisser passer une certaine quantité d'eau, mais cette quantité elle-même, on dispose entre l'axe et la roue à ailettes et l'axe d'un cadran un certain nombre d'engrenages tels que ce dernier axe et par suite l'aiguille qui y est fixée fasse un tour pour un passage de 10 unités de l'eau à mesurer.

A l'aide d'un second système d'engrenages, on donne le mouvement à un autre axe qui fait un dixième de tour pour une révolution opérée par 10 unités d'eau, et qui indique sur un second cadran le chiffre des dizaines et ainsi de suite.

C'est ainsi qu'à l'aide d'une série d'engrenages variant dans la proportion de 1 à 10 et desservant les cadrans respectifs, on peut mesurer les quantités d'eau passant par l'appareil.

La description détaillée du compteur d'eau est représentée (*fig.* 474). L'appareil se compose de trois parties : la boîte, le mécanisme et la fermeture étanche. La boîte, en fonte ou en laiton, a la forme d'un vase cylindrique pourvu de deux côtés de tuyaux également cylindriques, l'un *d* servant à l'entrée de l'eau, l'autre *c* à son écoulement. Les extrémités des tuyaux sont munies de collets ou de taraudages de joint (voir les deux coupes verticales). Le mécanisme proprement dit se place dans un cylindre creux alésé avec soin. Il se compose d'une roue à ailettes *a*, en laiton mise en mouvement par le passage de l'eau et fixée au moyen de deux écrous à l'axe vertical de transmission *b*. Ce dernier est fileté de manière à transmettre le mouvement de la roue à ailettes au mécanisme du compteur. Ce mécanisme est à son tour enfermé dans une boîte en laiton *h* au fond de laquelle sont vissés les deux supports *x* qui relient la boîte *h* avec le coussinet *t* sur lequel repose l'axe de transmission *b* (*fig.* 474). L'extrémité inférieure de l'axe *b* qui se termine par une pointe, repose sur une vis pourvue d'un trou conique et fixée au coussinet *t*. Pour rendre invariable la position de cette vis, on l'a munie d'un écrou du côté inférieur du coussinet *t*. A l'intérieur et au fond de la boîte *h* sont vissés les trois supports *l* qui maintiennent à la distance nécessaire les plaques *c*, *h* et *i* reliant les coussinets des axes de transmission du compteur. (Voir la coupe *cd*).

Dans la plaque *c* (plaque du cadran) se trouvent les coussinets supérieurs des axes de transmission du compteur ; à l'extrémité supérieure de ces axes sont fixés des cadrans ; enfin la plaque *c* contient les six découpures I, II, III, IV, V et VI, munies d'aiguilles sous lesquelles paraissent les cadrans, indiquant la quantité d'eau passée par l'appareil. Il y a encore au centre de la plaque $c$, une vis $u$ pourvue d'un trou conique servant de coussinet supérieur à l'axe de la roue à ailettes. Dans la plaque $h$ se trouvent les coussinets inférieurs des axes de transmission du compteur, lesquels, aboutissant en pointe conique et traver-

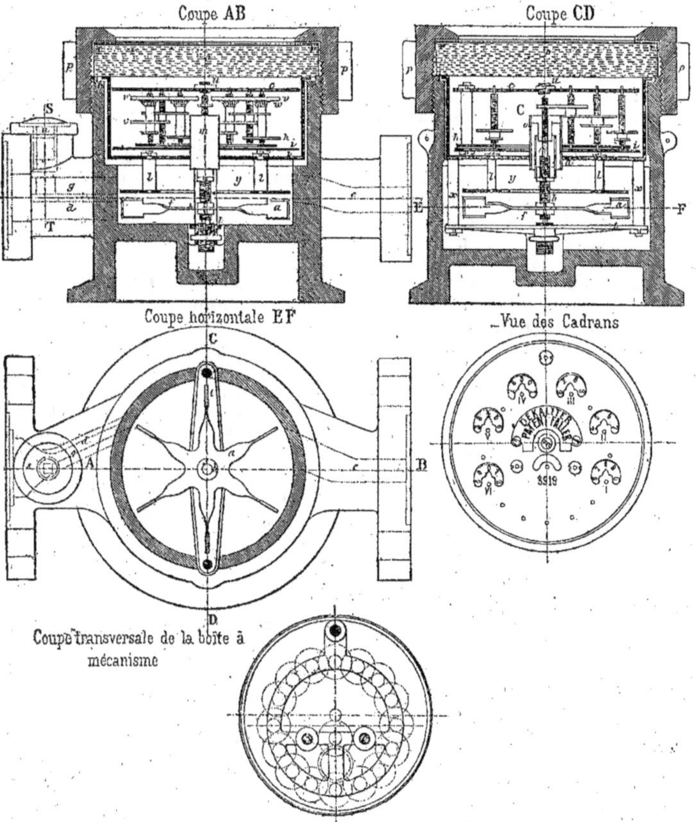



Fig. 474. — Compteur Faller.

sant la plaque $h$, reposent sur la plaque I. La fermeture de l'appareil s'obtient par la plaque en verre de glace $o$ qui est fixée à l'aide du manchon $p$, vissé à la boîte : elle est rendue étanche par l'interposition d'une rondelle en caoutchouc.

De plus, pour perfectionner le fonctionnement de l'appareil, on a adopté les dispositions spéciales suivantes : on a d'abord réservé au-dessus du canal d'introduction un second canal *g*, dit *régulateur*, qui peut être ouvert ou fermé à volonté au moyen de la soupape de régime T. Cette soupape est suspendue par une vis dans la boîte S, qui est fermée à son tour par un autoclave *u* et rendue étanche par une rondelle en caoutchouc. En faisant varier la position de la soupape T, on peut, suivant les besoins, régler la section du passage de l'eau, sa vitesse, et par suite celle de la roue à ailettes. Ainsi, si un appareil indiquait une quantité d'eau plus grande que celle qui a réellement passé, en levant la soupape T, on agrandirait un peu la section de passage *g*, on réduirait la vitesse de l'eau et on réglerait l'appareil sans avoir pour cela besoin de l'ouvrir.

La seconde disposition a pour but d'empêcher l'eau de circuler dans l'espace réservé au mécanisme, ce qui aurait pour effet de le détériorer. On emploie pour cela une fermeture spéciale composée de deux cylindres *m* et *n*, formés de feuilles minces en laiton. Le plus grand de ces cylindres, *m*, fixé au fond de la boîte du mécanisme et fermé en haut par un collet en laiton qui y est soudé, a un faible jeu et sert de guide à l'axe de transmission de la roue à ailettes. Le second cylindre *n* est vissé sur ce même axe au moyen d'un écrou, il est disposé de façon à entourer, à faible distance, l'allongement de la partie supérieure du cylindre *m* et à venir s'emboîter également à faible distance dans son intérieur. On obtient ainsi une espèce de labyrinthe de canaux étroits qui rend l'accès de l'eau assez difficile dans l'espace réservé au mécanisme du compteur. Pour plus de prévoyance, on remplit cet espace, avant la pose, d'eau distillée. Comme les parties du mécanisme sont en laiton ainsi que la boîte qui les renferme, et que la plaque portant les cadrans en porcelaine est argentée, il n'y a à craindre aucune oxydation de ces différentes pièces.

Voici comment se fait la lecture du compteur : l'unité indiquée sur la marque de fabrique sert comme base de mesure. Sur cette base doivent être notées les indications données par l'appareil ainsi qu'il suit.

Les chiffres indiqués par le cadran I représentent les unités.

Ceux indiqués par les cadrans II, III, IV, V, VI et VII donnent respectivement les dizaines, centaines, mille, dix milles, centaines de mille et millions. Parmi les chiffres de chaque cadran, il n'y a que celui qui se trouve sous l'aiguille ou immédiatement à gauche de cette dernière qui ait de la valeur, cependant un chiffre se trouvant au-dessous de l'aiguille n'a de valeur que si le zéro a déjà passé l'aiguile sur le cadran précédent. Dans le cas contraire, il ne faut tenir compte que du chiffe situé à gauche de l'aiguille (1).

## Compteur à turbine (système Michel).

**482.** Cet appareil, dit *Turbine universelle*, peu coûteux et peu volumineux, a été construit par MM. Michel et C^{ie} pour ceux qui recherchent surtout le bon marché et considèrent une grande sensibilité comme une garantie suffisante contre les pertes d'eau.

L'eau pénètre par la tubulure E (*fig.* 475), elle traverse le cylindre filtrant F, qui arrête le gros des impuretés. Elle s'engage ensuite dans les canaux de la couronne d'injection C : ces canaux viennent de fonte, fermés à l'extrémité par une mince toile de métal ; on en débouche un plus ou moins grand nombre suivant le calibre de l'appareil ; chaque trou fournit un jet qui agit sur les ailettes de la turbine, pour déterminer son mouvement. L'eau sort enfin par la tubulure G.

L'axe de la turbine mène un train d'horlogerie, logé dans une boîte à graisse. Le dernier arbre sortant par un presse-étoupes porte le pignon de commande de l'horlogerie extérieure.

Ce pignon, variable avec le calibre, actionne le cadran R, à l'aide d'un intermédiaire dont la monture mobile autour du centre du cadran se fixe à la demande du pignon.

(1) Extrait de la *Distribution d'eau*, de M. G. Dumont.

Les détails de construction de cet appareil ont été soigneusement étudiés ; tout particulièrement au point de vue de la facilité du remplacement des pièces.

Les forces qui agissent sur la turbine ont été équilibrées en opposant diamétralement deux à deux les canaux d'injection et en employant le caoutchouc durci, matière à la fois légère et résistante. Les frottements sur l'axe sont donc presque nuls et leur effet est d'autant moindre qu'ils agissent avec un bras de levier très faible par rapport au grand rayon de la turbine.

Par contre on a développé la puissance des jets en les faisant agir à la circonférence de la roue, en augmentant leur vitesse par réduction de leur section. Les pertes de forces ont été réduites en prenant l'eau à sa sortie de la couronne où

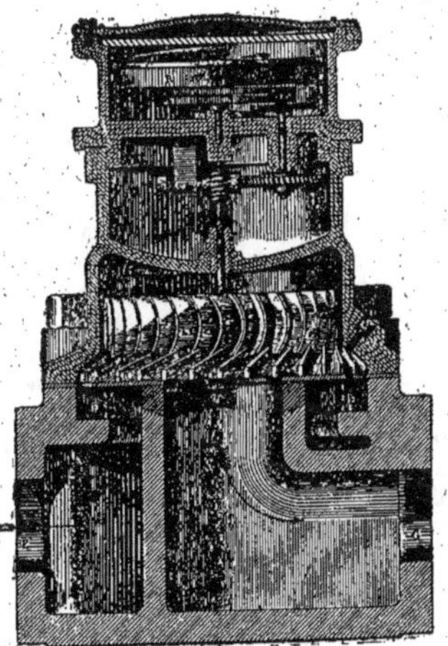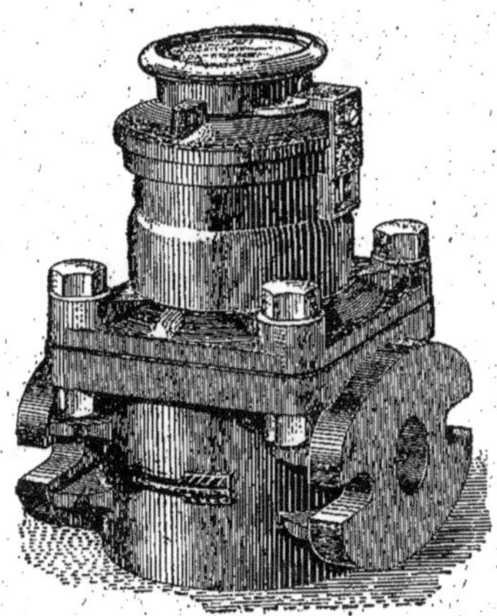

Fig. 475.

elle possède son maximum de vitesse pour l'admettre sans choc sur des aubes convenablement tracées.

L'appareil est ainsi disposé pour se mettre en marche avec une très minime dépense d'eau.

Enfin les précautions prises pour éviter les frottements et l'emploi du bronze phosphoreux assurent les organes contre l'usure.

La turbine universelle l'emporte sur tous les autres compteurs par la modicité de son prix.

Son socle fournit gratuitement un filtre de grande capacité véritablement pratique.

Elle est et demeure très exacte et très sensible, car elle doit ses qualités non pas à la délicatesse exagérée des organes, mais à tout un ensemble de dispositions que l'usure ne peut modifier.

Le réglage se fait aisément, sans altérer la sensibilité.

L'entretien est peu coûteux, car l'usure est faible, en raison du parfait équilibrage et du graissage des pièces. Les réparations sont donc rares.

La lecture du cadran se fait d'une manière analogue à celle du compteur Faller : il nous paraît inutile d'entrer dans plus de détails sur ce point.

**483.** Malgré ce que nous venons de

dire à propos de la « turbine universelle », bien que les compteurs à mouvement rotatif soient encore en usage dans quelques distributions, il est évident qu'ils ne peuvent donner qu'une indication approximative de consommation ; l'écart entre le volume enregistré et celui réellement débité est d'autant plus grand que la pression ou le débit est plus faible ; le compteur ne devient exact que s'il passe à débit constant un volume d'eau suffisamment grand ; dans d'autres conditions, il marque trop ou pas assez et laisse souvent passer l'eau sans marcher. Au bout d'un certains temps d'usage ; il arrive souvent que les aurifices de débit s'agrandissent par le frottement des matières sablonneuses en suspension dans l'eau et les indications du compteur vont en diminuant d'exactitude.

En sens inverse, si les matières en suspension dans l'eau sont encrassantes, elles peuvent obstruer les orifices et le compteur peut priver d'eau l'abonné.

### b. — Compteurs à compartiments extensibles.

**483.** Ceux-ci sont construits d'après le principe d'un système de mesurage. — L'eau pénètre dans des parties diaphragmées à parois souples qui fonctionnent à la manière d'un soufflet, se gonflant quand elles s'emplissent d'eau, se dégonflant quand elles se vident. Il en résulte des mouvements alternatifs qui, comme dans le compteur *Flicotteau*, sont transmis par un mécanisme à un cadran enregistreur.

La construction de ce genre d'appareil nécessite l'emploi de membranes souples en cuir ou en caoutchouc. Lorsque le compteur d'eau est neuf, le fonctionnement se faisant bien, le résultat est excellent ; mais au bout d'un certain temps, sous l'influence du contact de l'eau, les membranes prennent une certaine rigidité qui rend le système tellement défectueux qu'il a dû être définitivement considéré comme, impraticable. La ville de Bordeaux l'avait expérimenté sur une grande échelle et partout on a reconnu la défectuosité.

### c. — Compteurs à piston.

**484.** Dans les appareils de ce genre, un piston mobile animé d'un mouvement alternatif de va-et-vient, comme celui d'une pompe, se meut dans un cylindre. L'eau s'introduit alternativement sur chaque face du piston par un jeu de robinets ou de soupapes, qui ouvrent ou ferment successivement les orifices d'entrée et de sortie.

Le principe de ce genre de compteur assure un mesurage exact de l'eau consommée : chaque coup de piston engendre le volume d'une cylindrée invariable. Il suffit donc de compter exactement le nombre de ces cylindrées et de les traduire en mesures volumétriques correspondantes au débit effectué par un certain nombre de coups de piston pour avoir la quantité d'eau dépensée.

D'ailleurs ce mesurage se fera de même manière et avec la même exactitude quel que soit le débit, la vitesse de l'eau au passage et la pression à la prise d'eau près du compteur. On voit par ces considérations que tout élément de dépense ou de volume à part, les compteurs à piston sont les seuls qui remplissent les conditions exigibles énumérées précédemment.

Nous allons examiner successivement les principaux types de ce genre de compteurs.

**485.** Le premier compteur d'eau à piston a été imaginé par Roberton-Brisson, il y a une vingtaine d'années.

Son appareil se composait de deux cylindres horizontaux accouplés, dans lesquels se mouvaient deux pistons en cuir embouti, communiquant directement par leur tige un mouvement de va-et-vient aux tiroirs de distribution. — La disposition était telle que l'un des orifices d'admission de l'eau se fermait au moment où l'autre s'ouvrait, de façon que le second piston commençait à se mouvoir lorsque le premier achevait sa course, et ainsi pas d'intermittence dans l'écoulement de l'eau.

L'originalité de l'appareil, sa simplicité de fonctionnement, de nettoyage et d'entretien ne purent triompher de l'obscurité de l'inventeur auquel d'ailleurs on reprocha l'horizontalité des cylindres.

### Compteur Hirt.

**486.** Un ancien appareil de ce système, inventé par M. Hirt, et envoyé il y a quelques années au Conservatoire des Arts et Métiers, ne donna que des écarts moyens de 1 centième environ du volume débité.

Ce compteur, représenté (*fig.* 476), consiste essentiellement en deux capacités entièrement distinctes, et constituant par leur ensemble un appareil intermé-

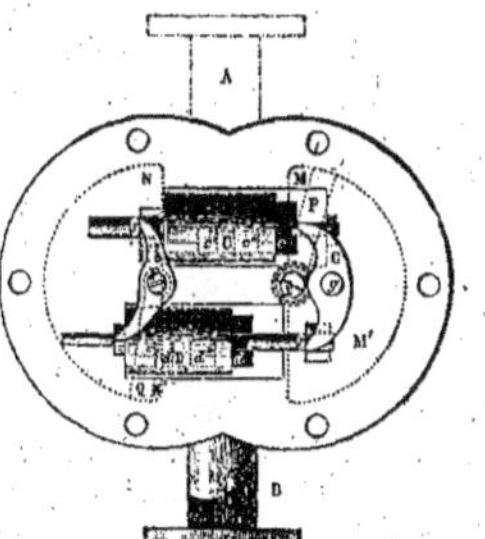

Fig. 476. — Compteur Hirt.

diaire entre le tuyau d'arrivée et le tuyau de sortie. Le liquide, en s'écoulant, fait varier la position des tiroirs qui ferment et ouvrent des orifices situés respectivement à l'entrée de ces deux capacités.

Ces dernières se remplissent tour à tour et mesurent le débit. Elles ont la forme d'un demi-cylindre vertical dans lequel l'eau pousse une cloison mobile. Les cloisons mobiles faisant fonctionner des taquets déplacent les tiroirs, de sorte que, une capacité étant remplie, et la cloison étant au bout de sa course, l'arrivée de l'eau sur l'autre face chasse celle qui était entrée précédemment.

Pour cela, chaque tiroir agit sur deux orifices qu'il peut fermer tous deux à la fois, ou dont l'un seulement est, à certains points de la course, ouvert à l'entrée ou à la sortie de l'eau.

Les deux taquets sont indépendants;

l'un d'eux seulement met en mouvement les rouages d'un compteur, qui enregistre le nombre des alternances et par suite le volume d'eau qui s'est écoulé.

La figure 476 représente l'appareil dont on a enlevé le couvercle portant le cadran. L'eau arrive par la tubulure A située au-dessus, elle s'écoule par le tuyau B qui communique seulement avec la boîte inférieure. Le tiroir en coquille C recouvre dans toutes ses positions l'une des ouvertures $c$, $c'$ et $c''$. Le tiroir D agit sur les trois ouvertures $d$, $d'$ et $d''$. L'axe vertical D est solidaire avec l'un des pistons verticaux. Ce piston P se meut dans une capacité hémicylindrique, communiquant respectivement de chaque côté du piston avec les orifices $c$ et $c'$. Un autre axe vertical F est calé sur le deuxième piston Q, qui se meut également dans une boîte communiquant avec les orifices $d$ et $d'$. Enfin, les orifices $c''$ et $d''$ sont en communication constante avec la tubulure de sortie B.

Dans la situation indiquée par la figure, l'eau entre par l'orifice $c$ dans la chambre M du premier cylindre; elle pousse le piston P; l'eau contenue dans la deuxième chambre M′, passant par un conduit intérieur de M′ en $c$, arrive sous la coquille du tiroir, passe par l'orifice $c''$ et s'écoule au dehors par le tuyau B.

Pendant cette phase de la marche, $d$ est resté ouvert, mais il n'est point entré d'eau dans la capacité correspondante N′ du second cylindre qui était antérieurement remplie. Un pignon denté $e$ porté par l'arbre vertical E engrène avec le pignon $g$ calé sur un arbre intermédiaire portant une came G. Quand le piston P arrive au bout de sa course, l'extrémité de la came G agit sur un mentonnet $r$ faisant partie de la tige du tiroir D; ce tiroir est ainsi entraîné de manière à découvrir l'orifice $d'$ et à recouvrir l'orifice $d$.

Le compartiment N′ du deuxième cylindre se remplit, le piston Q chasse l'eau du compartiment N de ce même cylindre, par l'orifice $d$ correspondant, et par l'orifice d'écoulement $d''$, sous la coquille du tiroir. Le piston Q, en se déplaçant, entraîne l'arbre F et la came H, qui joue, par rapport au mentonnet *s* du tiroir C, le rôle que venait de remplir la came G sur le mentonnet *r*.

Le tiroir C en se déplaçant découvre la lumière *c'* et recouvre *c*, de sorte que l'eau peut entrer dans la chambre M′ du premier cylindre et sortir de la chambre M de ce même cylindre par les orifices *c* et *c″* et le tuyau d'écoulement B. Le piston arrive ainsi dans sa position primitive. La came G, agissant par son autre extrémité sur le mentonnet *r* comme précédemment, ramène le deuxième tiroir à sa position initiale. L'eau, entrant en *d*, pousse le piston Q, et la chambre N′ du deuxième cylindre se vide par les lumières *d'* et *d‴*.

Dès lors, les différents organes de l'appareil se retrouvent dans la situation indiquée par le dessin et sont prêts à se mouvoir ainsi que nous venons de l'expliquer. Le nombre des alternances s'enregistre à l'aide du petit bouton *t* de la came H sur un système de rouage d'horlogerie à l'aide d'un rochet.

Ce système de compteur est ingénieux et, à ce titre, il méritait d'être signalé (1).

### Compteur Samain.

**487.** Le compteur, imaginé par M. Samain, a *quatre cylindres*, disposés en croix, dans un même plan horizontal, formant à leur croisement une capacité centrale qui sert de chambre d'évacuation de l'eau mesurée. Au milieu de la capacité centrale est placé un arbre vertical, à vilebrequin, relié par quatre bielles aux quatre pistons; ces bielles sont terminées par des rotules qui se logent et se meuvent dans une cavité correspondante sur le plateau de chaque piston. La partie supérieure de la plaque centrale est fermée par une table de tiroir circulaire, en bronze, portant quatre ouvertures disposées en arc de cercle, qui correspondent chacune par un conduit, avec l'extrémité de chacun des cylindres garnis de fourreaux en cuivre, sur les-

quels se fait le frottement du piston. Ce tiroir est, en outre, percé à son centre d'un quatrième orifice circulaire, laissant autour de l'arbre vilebrequin, qui le traverse, un vide annulaire correspondant avec la capacité centrale. A l'extrémité supérieure de l'arbre vertical se trouve calée une pièce circulaire qui constitue le tiroir, se mouvant d'une façon continue sur la table dont nous venons de parler. Ce tiroir présente un évidement qui, durant le mouvement de rotation, découvre successivement chacune des ouvertures de la table; cet évidement établit, en même temps, une communication entre chaque ouverture de la table et le vide annulaire donnant accès à l'eau dans la capacité centrale. L'arrivée de l'eau se fait par la tubulure que porte l'enveloppe du tiroir, et la partie supérieure de cette enveloppe renferme le mécanisme enregistreur, actionné par l'axe vertical du tiroir.

L'eau arrivant dans le chapeau, par la tubulure supérieure trouve une des quatre ouvertures de la table découverte par le tiroir et vient exercer sa pression sur le piston correspondant qu'elle fait marcher de l'extrémité de son cylindre vers le centre de l'appareil. Ce piston, au moyen d'une bielle, donne le mouvement à l'arbre vilebrequin et au tiroir qui vient découvrir l'ouverture suivante. Pendant ce temps, le piston opposé est repoussé du centre vers l'extrémité de son cylindre, et l'eau contenue dans ce dernier, remontant sous le tiroir, passe par la coquille et le vide annulaire autour de l'arbre pour entrer dans la capacité centrale d'où elle s'échappe par la tubulure de sortie.

La même chose se reproduisant successivement pour chaque cylindre, un mouvement de rotation continu est imprimé à l'arbre vertical, au tiroir et au mécanisme enregistreur qu'il commande et l'écoulement de l'eau s'effectue sans intermittence sensible pour les débits ordinaires. Cette qualité existe au même degré dans tous les compteurs comportant seulement deux pistons à double effet conjugués à angle droit.

Le compteur Samain fonctionne avec

---

(1) Extrait de l'ouvrage sur *Les distributions d'eau* de M. G. Dumont.

régularité et effectue le mesurage avec une exactitude suffisante.

Toutefois, il ne faut pas exagérer la vitesse des pistons, c'est-à dire exiger un grand débit d'un appareil de dimensions restreintes, car il se produit alors des chocs correspondant à chaque point mort des pistons puisqu'il n'y a pas et qu'il ne peut être établi de réservoir d'air sur l'arrivée ou la sortie de l'eau. Au point de vue de la régularité dans l'écoulement le compteur à trois pistons horizontaux, à simple effet, et conjugués à 120°, est préférable aux compteurs à deux ou quatre pistons; ce compteur à trois pistons, dont la disposition et le fonctionnement ont été empruntés à la machine Brotherhood, a été abandonné par la ville de Paris; son abandon n'a pu provenir que de défauts de construction indépendants du principe même de l'appareil (1).

### Compteur de M. Roux.

**488.** Le compteur imaginé par M. Roux, ingénieur des usines du Creusot se distingue par ceci qu'il n'a que trois pièces en mouvement, les trois pistons forment sa distribution. Ces trois pistons se commandent les uns les autres successivement et sans intermédiaire, sans tige ni attache entre eux. Leur communication et leur solidarité sont seulement établies par un système d'orifices à travers lesquels l'eau passe et agit comme moteur.

### Compteur Frager.

**489.** Dès 1872 M. *Michel*, avec la collaboration de son neveu M. *Frager*, entreprit la construction d'un compteur qui fut adopté par la Compagnie générale des eaux d'Épernay. La Compagnie des eaux de Paris le fit appliquer aussitôt, à titre d'essai, chez un certain nombre d'abonnés, et, satisfaite des résultats obtenus, l'adopta en 1875. Le fonctionnement du modèle de 1878 à cylindres horizontaux dont nous donnons (*fig.* 477) une vue perspective, est le suivant :

(1). Extrait de l'ouvrage sur *Les distributions d'eau*, de M. Vigreux.

L'eau arrive dans le compteur par la tubulure d'entrée E (*fig.* 478) qui débouche au sommet de la boîte de distribution D; elle traverse la grille G, qui retient les grosses impuretés et vient presser les tiroirs TT' sur leurs valves.

La pression se transmet dans les capacités $C_1$, $C_4$, des cylindres par les orifices $O_1$, $O_4$, qui se trouvent découverts (*fig.* 478). Comme, au même instant, les orifices $O_2$, $O_3$ communiquent avec la tubulure de sortie, par l'intermédiaire des coquilles des tiroirs qui les recouvrent, les espaces $C_2$, $C_3$ se trouvent en décharge, et les pistons PP', qui séparent ces capacités des premières, tendent à se déplacer vers la gauche.

P', buté sur le fond gauche par l'extré-

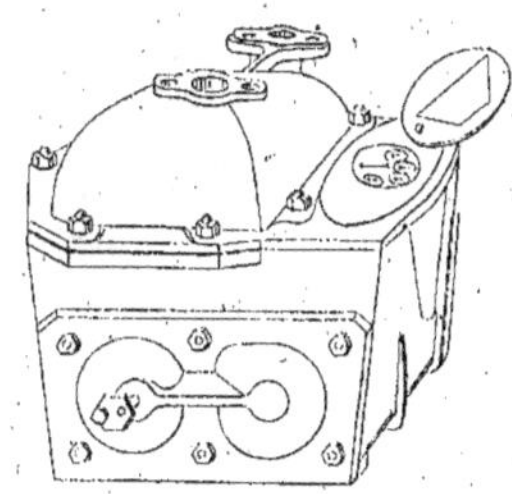

Fig. 477. — Compteur Frager, modèle 1878.

mité de sa tige, reste immobile; mais P s'achemine vers ce même fond qu'il vient toucher, admettant une cylindrée d'eau dans la capacité $C_1$, et expulsant une cylindrée égale de la capacité $C_3$. Avant de s'arrêter à fond de course, il déplace le tiroir T' qui découvre l'orifice $O_2$ et recouvre l'orifice $O_4$.

Par suite de ce déplacement, les pressions sont renversées dans le cylindre C'; $C_2$ se trouve en charge, $C_4$ en décharge, et le piston P' poussé vers le fond droit refoule une seconde cylindrée d'eau dans la tubulure de sortie. Avant de s'arrêter à fond de course, il déplace le tiroir T, qui découvre $O_3$ et recouvre $O_4$. Par suite de ce déplacement, les pressions sont renversées dans le cylindre C; $C_3$ se trouve en charge et $C_1$ en décharge.

Le piston P marche vers la droite, refoulant une troisième cylindrée d'eau dans la tubulure de sortie ; il déplace en arrivant à fond de course le tiroir T', et provoque l'expulsion d'une quatrième cylindrée par le piston P'.

Les différents organes sont alors revenus à leur point de départ, sauf le rochet R, qui a avancé d'une quantité représentant le volume débité. Le rochet entraîne l'horlogerie qui totalise ces volumes.

La série de mouvements que nous

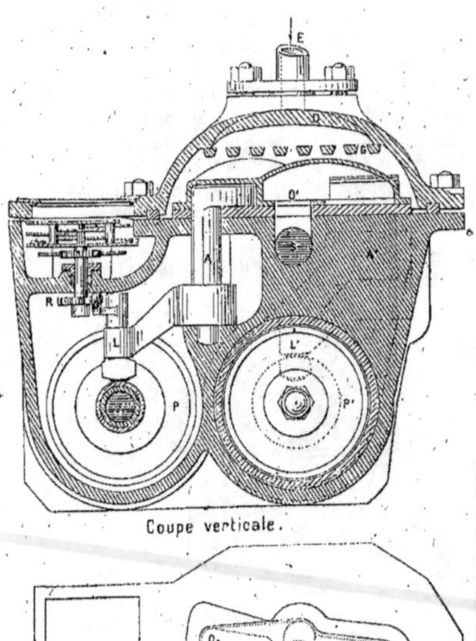

Coupe verticale.

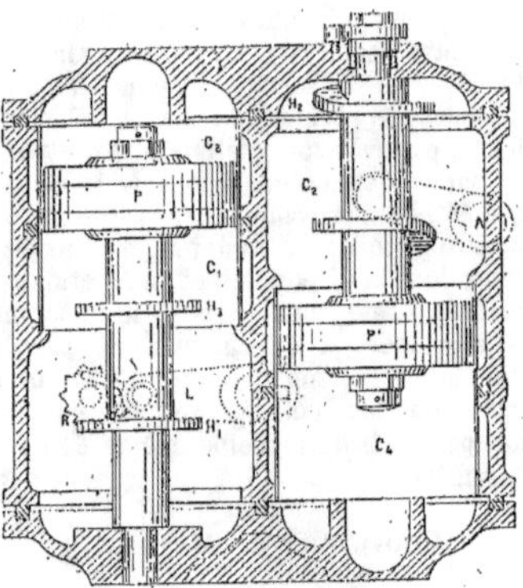

Coupe horizontale.

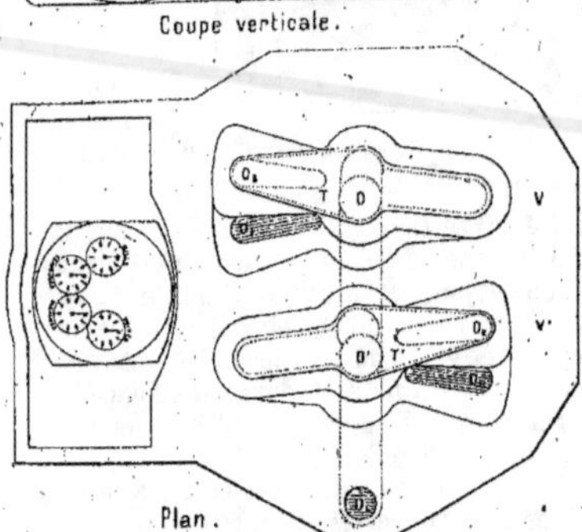

Plan.

Fig. 478. — Compteur Frager, modèle 1878.

venons d'exposer se reproduit de la même façon tant que le robinet de puisage reste ouvert.

Telle est la marche générale des organes de l'appareil, pour la parfaite intelligence de laquelle nous allons ajouter quelques détails complémentaires. Examinons d'abord le parcours de l'eau dans l'appareil. Comme nous l'avons dit l'eau arrive dans la boîte de distribution, pénètre dans l'un et l'autre des cylindres par l'orifice qu'elle trouve découvert, en sort ensuite par le même orifice quand celui-ci est recouvert par le tiroir, passe sous la coquille qui le conduit par l'orifice O dans le canal d'échappement. Dans ce canal placé horizontalement sous les valves, elle monte dans la boîte à clapet du dôme et sort enfin par la tubulure S.

Nous avons dit que chaque piston actionnait vers la fin de sa course le tiroir qui distribue l'eau dans l'autre cylindre. A cet effet la tige du piston porte deux heurtoirs $H_1$, $H_3$ ou $H_2$, $H_4$ ; ces heurtoirs viennent alternativement agir sur le galet qui termine le levier de commande L ou L', calé sur l'arbre A ou A', qui traverse la glace de valve V ou V'. La tête excentrique de cet arbre est logée sous la coquille du tiroir dans un compartiment séparé de celui qui fonctionne pou la distribution, de sorte qu'elle entraîne le tiroir et l'amène en pivotant autour de l'arbre, tantôt sur l'orifice droit, tantôt sur l'orifice gauche.

Le mécanisme qui transmet le mouvement à l'horlogerie est également très simple. Le levier L porte un tourillon qui conduit un encliquetage dont l'arbre passe dans la boîte d'horlogerie au moyen d'une boîte à étoupe.

Pour le démontage de l'appareil, il faut déboulonner les fonds droit et gauche, retirer les pistons, déboulonner le dôme, enlever les tiroirs, tirer les arbres vers le haut en les tournant de manière à faire passer la baguette par la rainure ménagée à cet effet, prendre les leviers qui tombent dans les cylindres : ainsi toutes les pièces se désassemblent d'elles-mêmes dès que l'appareil est ouvert.

En le remontant, il faut avoir soin de bien engager les galets entre les heurtoirs, et le tourillon du levier dans la manchette de l'encliquetage : enfin, l'on doit serrer les fonds latéraux de manière que les guides fonctionnent aisément dans leur fourreau.

**490.** Nous avons cru devoir donner le tableau ci-dessous pour compléter les renseignements relatifs à ce nouveau compteur.

DIMENSIONS

| N°s | CALIBRES | LONGUEUR | LARGEUR | HAUTEUR | POIDS | PRIX |
|---|---|---|---|---|---|---|
|  | m. |  |  |  | k. |  |
| 3 | 0.015 | 0.35 | 0.35 | 0.33 | 60 | 175 |
| 4 | 0.020 | 0.40 | 0.40 | 0.40 | 90 | 220 |
| 5 | 0.030 | 0.45 | 0.45 | 0.45 | 135 | 350 |
| 6 | 0.040 | 0.60 | 0.60 | 0.57 | 280 | 550 |
| 7 | 0.060 | 0.71 | 0.78 | 0.68 | 500 | 900 |

## Compteur Frager (modèle 1883).

**491.** Bien que le compteur que nous venons de décrire ait une marche régulière et assez de précision, il a l'inconvénient d'avoir des cylindres horizontaux.

C'est ce qui a conduit M. Frager à la construction d'un nouveau type (modèle 1883) dont le principe est le même que celui du précédent mais dont les dispositions doivent concourir à éviter l'usure. Voir la figure 479.

La position verticale des cylindres et leur grande capacité, la commande directe et sans frottement de l'enregistreur et des tiroirs, le faible déplacement de ceux-ci et leur position verticale qui les dérobe à l'action destructive des graviers, assurent ce résultat.

L'appareil que nous représentons en coupe verticale (*fig.* 480) comporte deux cylindres verticaux C et C' placés côte à côte et contenant les pistons P et P' ; au dessus est une pièce D, présentant deux faces verticales dans lesquelles s'ouvrent les orifices de distribution. Les tiroirs T et T' glissent sur ces faces contre lesquelles ils sont appliqués. Un couvercle qui porte l'horlogerie et les tubulures d'entrée et de sortie E et S recouvre l'ensemble.

*Fonctionnement.* L'eau entre dans l'appareil par la tubulure E, traverse une grille J, se répand autour de la pièce de distribution D, passe dans les cylindres, puis s'échappe par la sortie S.

Voici comment s'opère ce passage : la glace G' présente toujours un de ses orifices découverts, 1 par exemple, qui amène l'eau au-dessous du piston P, tandis que par 3 le dessus est en communication avec la sortie par la coquille du tiroir. P va donc monter ; mais, avant de s'arrêter en haut de sa course, le fond et son manchon rencontre l'extrémité de la tige R qui, entraînant le tiroir T lui fait découvrir l'orifice 4 et couvrir 2. L'orifice 4 communiquant avec le dessus de P' tandis que 2 ouvre le dessous à la décharge, le piston P' descend, entraînant avant de s'arrêter à fond de course le tiroir T qui découvre 3 en couvrant l'orifice 1.

La pression qui maintenait P en haut de sa course étant renversée, le piston P descend, renversant de même à la fin de son mouvement la pression qui retenait l'autre piston qui monte à son tour replaçant T dans la position initiale.

Le mouvement se continue ainsi indéfiniment, en passant par les phases que nous venons d'énumérer.

*Enregistrement.* L'horlogerie intérieure se compose :

1° Du rochet vissé à l'extrémité de

l'arbre de façon que les dents s'ouvrent vers la pointe du cliquet ;

2° Du cliquet fixé sur la tige du tiroir par une vis rivée ;

3° Du guide dont la tête se place entre les buttoirs du couvercle. La branche inférieure dirige le cliquet de façon qu'il ne puisse jamais entraîner à la fois plus d'une dent et la branche supérieure le force, dans tous les cas, à se rabattre.

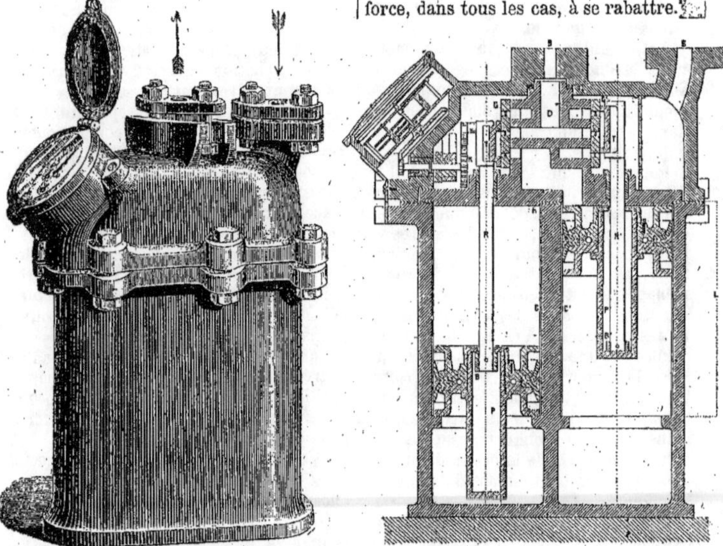

Fig. 479 et 480. — Compteur Frager, modèle 1883.

L'enregistrement du volume débité se fait au moyen d'un cliquet monté sur la tige R qui, chaque fois que celle-ci descend, prend une dent du rochet K et marque sur le cadran la valeur des quatre cylindrées.

DIMENSIONS, POIDS ET PRIX.

| NUMÉROS DU CALIBRE | DIAMÈTRES DES ORIFICES | DIMENSIONS EN MILLIMÈTRES | | | POIDS en KILOGRAMMES | PRIX A PARIS |
|---|---|---|---|---|---|---|
| | | LONGUEUR | LARGEUR | HAUTEUR | | |
| | millim. | | | | | |
| 1 | 8 | 175 | 115 | 250 | 12 | 95 |
| 2 | 10 | 260 | 170 | 510 | 30 | 135 |
| 3 | 15 | 290 | 190 | 590 | 45 | 175 |
| 4 | 20 | 350 | 230 | 670 | 65 | 220 |
| 5 | 30 | 430 | 280 | 810 | 130 | 350 |
| 6 | 40 | 520 | 340 | 1.000 | 235 | 550 |
| 7 | 60 | 700 | 400 | 1.200 | 425 | 900 |
| 8 | 80 | 760 | 470 | 1.510 | 770 | 1.200 |
| 9 | 100 | 1.000 | 600 | 1.930 | 1.680 | 2.550 |
| 10 | 150 | 1.260 | 750 | 1.930 | 2.700 | 3.400 |

N. B. — Ces Compteurs sont applicables aux générateurs alimentés à l'eau froide ; quand ils sont placés sur le refoulement d'une pompe, ils doivent être munis d'une soupape de sûreté en amont et en aval d'un clapet de retenue, si la canalisation n'en compte pas.

## Compteur Kennedy.

**492.** Le principe de ce compteur, importé d'Angleterre en France, est de n'avoir qu'un seul cylindre comprenant deux parties principales : le cylindre de jauge et la chambre du mécanisme distributeur et enregistreur ; et de plus d'avoir un mécanisme fonctionnant à sec, ce qui assure la conservation des pièces. Le piston est en vulcanite avec garniture roulante, ce qui diminue le frottement et atténue la perte de charge, à tel point que ce compteur, le plus sensible de tous, marche et enregistre exactement sous la faible pression de $0^m,50$ de hauteur d'eau.

La figure 481 représente une vue perspective du mouvement.

La figure 482 donne plusieurs coupes qui permettront de comprendre l'appareil.

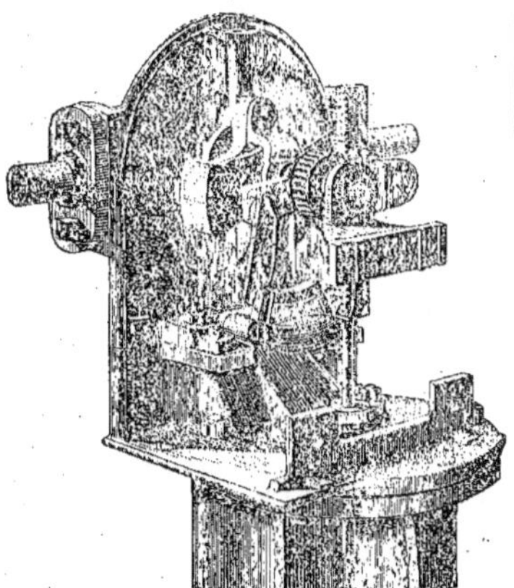

Fig. 481. — Compteur Kennedy, vue du mouvement.

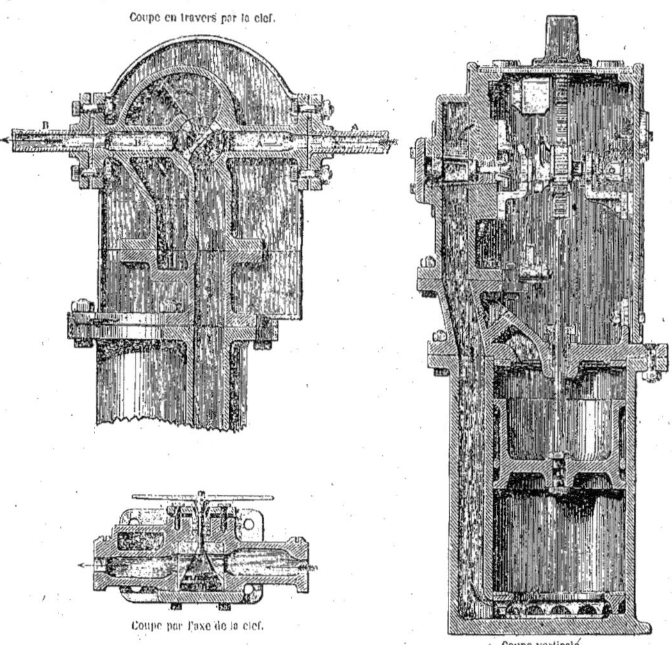



Fig. 482. — Compteur Kennedy.

A l'extrémité de la tige du piston se trouve la crémaillère, qui transmet son mouvement à un pignon garni de deux cames. Sur une extrémité de ce pignon à came se trouve calé un petit pignon d'angle qui transmet le mouvement à la minuterie.

Sur le même axe, mais du côté opposé à la minuterie, se trouve un marteau que les cames entraînent d'un côté ou de l'autre, selon que la crémaillère monte ou descend, et une fois que le marteau est entièrement soulevé, il tombe sur un des bras de la clef qui a pour objet de changer la direction de l'eau et un buttoir limite la course du marteau dont il amortit le choc.

Le compteur Kennedy *cause donc moins de perte de charge et a un débit plus favorable que tous les autres compteurs.* Il est aussi plus simple et plus facile à réparer. Quant à la durée, nous dirons que la ville de Bruxelles emploie des compteurs Kennedy depuis 1858, et qu'aucun de ces compteurs n'est encore au rebut.

La Compagnie Kennedy de Kilmarnok (Écosse) fabrique couramment des compteurs jusqu'à des orifices d'entrée de 250 millimètres et à Corbeil elle a installé un compteur de 200 millimètres qui enregistre toute la quantité d'eau qui entre dans la ville. C'est le plus grand appareil de ce genre en France.

Le compteur Kennedy est aussi appliqué à toutes sortes d'industries, entre autres à l'alimentation des chaudières; dans ce cas, le piston avec bague en caoutchouc est remplacé par un piston en cuivre jaune, d'une construction spéciale, quand l'eau dépasse la température de 38 degrés centigrades.

Dans certains cas, on ajoute des soupapes de retenue et de sûreté aux compteurs pour chaudières, et on élargit les orifices d'entrée et de sortie de ces appareils.

### Compteur Kern (SYSTÈME KENNEDY)

**493.** Un ingénieur français, M. Émile Kern, frappé des avantages du système Kennedy, s'entendit avec d'importantes maisons de construction française pour en organiser la fabrication et l'adoption en France.

Ce compteur, représenté sur la figure 483, est identique au système Kennedy et a un seul piston : son ensemble se compose de deux parties bien distinctes :

1° Le cylindre avec son piston ;

2° Le mécanisme de distribution et d'enregistrement, lequel fonctionne hors de l'eau, ce qui évite la détérioration rapide du compteur.

Le cylindre A formant la base de l'appareil est garni intérieurement d'une chemise en cuivre et pourvu d'un piston B en vulcanite sur lequel est une bague en caoutchouc C formant garniture. Au lieu du frottement de glissement des pistons ordinaires, on obtient ainsi un frottement de roulement qui diminue beaucoup la perte de charge. Il faut remarquer en outre que le piston en vulcanite ayant la même densité que l'eau n'absorbe pas de pression.

La tige du piston D recouverte d'un fourreau en cuivre rouge traverse la boîte à étoupe E du couvercle du cylindre et se termine par une crémaillère F actionnant un pignon G muni de deux cames qui, par suite de la marche ascendante et descendante du piston, soulèvent un contrepoids H.

Le contrepoids ou marteau après avoir dépassé la verticale, tombe successivement sur chacun des deux bras du levier I du robinet à quatre eaux K, organe principal de la distribution, amenant ainsi alternativement l'eau en-dessus et en-dessous du piston. Un buttoir en caoutchouc amortit le choc du marteau.

Du côté opposé à la clef de distribution, l'arbre du pignon porte une petite roue d'angle M engrenant à droite et à gauche avec deux roues à rochet N qui commandent le mouvement enregistreur de la consommation.

Nous donnons (*fig.* 484) les détails de ce mécanisme.

*Calculs relatifs au mécanisme enregistreur.*

**494.** La course du piston étant de $0^m,180$, le pas de la crémaillère étant de

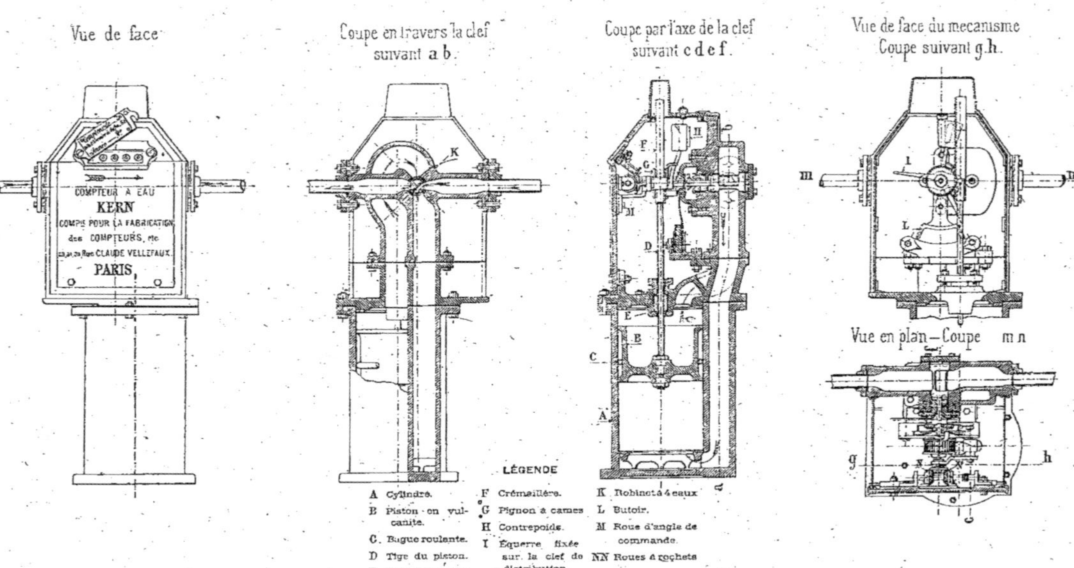


Fig. 483. — Compteur Kern, adopté par la ville de Paris.

0$^m$,006, le nombre de dents qui agissent sur le pignon est (*fig.* 484) :

$$\frac{0,180}{0,006} = 30.$$

Comme le pignon a 34 dents, à chaque coup de piston, il exécutera soit dans un sens, soit dans l'autre une fraction de tour exprimée par $\frac{30}{34}$ ; de même pour les roues $m$ et $n$.

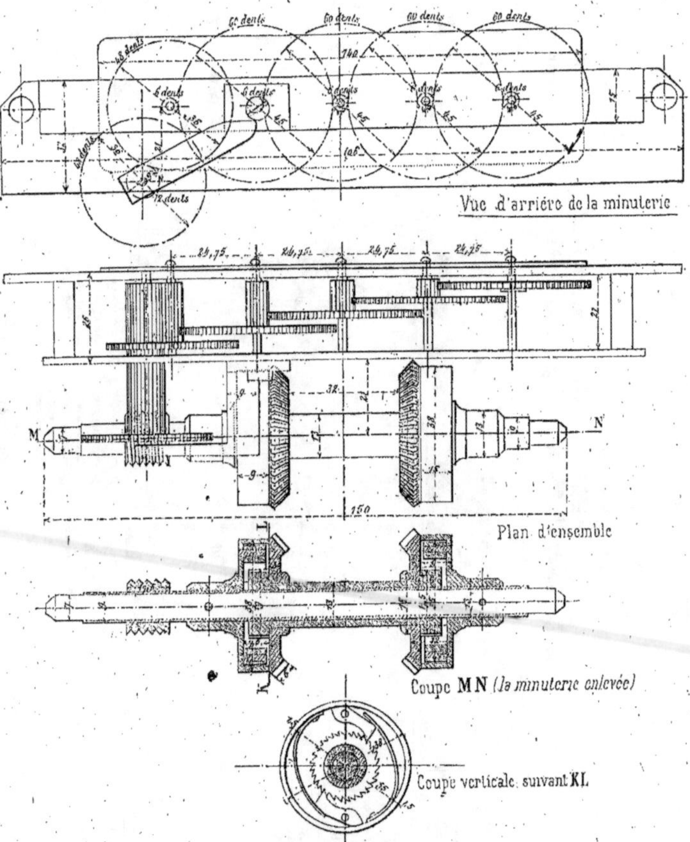



Fig. 484. — Détail de l'enregistreur.

L'arbre horizontal sur lequel sont calées les roues $n$ tourne toujours dans le même sens ; cet arbre porte une vis à un seul filet, qui actionne une roue de 48 dents calée sur un arbre portant une petite roue à 12 dents. Cette petite roue engrène elle-même avec une autre de 48 dents, qui doit faire un tour complet pour un mètre cube d'eau écoulé.

Cherchons le nombre de coups que doit faire le piston pour que cette condition soit remplie :

A un tour de cette roue correspondra pour la vis

$$\frac{48}{12} \times \frac{48}{1} = 192 \text{ tours de la vis}$$

et par suite un nombre de coups de piston

$$192 \times \frac{34}{30} = 217,6$$

D'autre part, la course du piston étant $0^m,180$ et son diamètre également $0^m,180$, le volume engendré par une cylindrée est :

$$\frac{\pi \times \overline{0,180}^2}{4} \times 0,180 = 0^{mc},004581.$$

Donc un mètre cube enregistré correspond à un volume d'eau de

$$0,004581 \times 217, 6 = 0^{mc}, 997.$$

C'est ce volume différent du volume précédent qui est le volume réel.

En pratique on tient compte de cette différence lorsque l'on vérifie les compteurs avant de les mettre en service.

DIMENSIONS ET PRIX (*Compteurs Kern*)

| N<sup>os</sup> des compteurs | DÉBIT maximum par heure EN LITRES | DIAMÈTRE de l'orifice en millimètres | PRIX avec cylindre garniture EN LAITON | PRIX avec cylindre sans GARNITURE |
|---|---|---|---|---|
| | | | JUSQU'A 38° C. | |
| | | | fr. | fr. |
| 0.0 | 2.724 | 7 | 110 | 105 |
| 0 | 4.540 | 10 | 135 | 129 |
| 1 | 9.080 | 15 | 175 | 165 |
| 0.2 | 13.620 | 20 | 220 | 209 |
| 2 | 18.160 | 30 | 350 | 335 |
| 3 | 36.320 | 40 | 550 | 520 |
| 4 | 45.400 | 60 | 900 | 860 |
| 5 | 81.720 | 80 | 1.200 | 1.135 |
| 6 | 145.280 | 100 | 1.550 | 1.450 |
| 7 | 227.000 | 130 | 2.700 | 2.580 |
| 8 | 317.000 | 150 | 3.400 | 3.170 |
| 9 | 454.000 | 200 | 5.250 | 4.950 |
| 10 | 681.000 | 250 | 8.250 | 7.850 |

*Choix de la dimension d'un compteur.*

**495.** Les débits donnés par ce tableau sont les quantités que le compteur peut débiter sans préjudice pour son mécanisme; ces quantités ne doivent pas être dépassées et la grandeur du compteur devra être arrêtée sur le volume d'eau absolument exigé pour le service.

Les parties du compteur faites à la dimension nominale sont uniquement les orifices d'entrée et de sortie sur environ 25 millimètres de longueur ; plus loin, ces mêmes orifices sont élargis à une section quadruple de celle des orifices nominaux, tandis que les portions du cylindre jaugeur sont environ 100 fois la section des orifices.

Le but des constructeurs était de diminuer les avaries et d'atténuer le plus possible le flux de l'eau en avant ; ce but a été atteint ainsi que l'ont prouvé de nombreuses expériences ; ils sont donc convaincus que ces inconvénients ne peuvent se produire avec leurs compteurs sous un volume déterminé.

Si quelques abonnés objectaient que le compteur est volumineux, ils se rendront facilement compte de cette nécessité, qui devient un avantage, par les résultats qu'elle donne, même en employant un compteur plus petit que la conduite, lequel compteur donnera toujours un débit proportionnel à un compteur égal à la conduite ; ainsi, on obtient un effet équivalent soit en plaçant un compteur de 30 millimètres sur une conduite de 30 millimètres, soit en ajoutant seulement une longueur de $3^m,20$ à cette conduite avec un compteur plus petit ; mais en fixant un compteur de 15 millimètres, sur la même conduite, on aura le même résultat que si on y ajoutait une longueur de $27^m,400$.

D'autre part, si la conduite se trouve être réduite dans des conditions anormales et que la pression soit très grande, le compteur débitera plus d'eau qu'il n'en faut pour le débit sur lequel il a été calculé en vue de ménager le mécanisme; dans ce cas on devra choisir un compteur de plus grande dimension.

*Débit des compteurs sous diverses pressions.*

**496.** Deux réservoirs étant en communication, l'un avec l'entrée, l'autre avec la sortie du compteur, la distance entre les deux niveaux correspondants indique la hauteur ou charge d'eau.

La table que nous donnons ci-dessous peut permettre de trouver le débit pour une hauteur quelconque, en raison de ce que les volumes sont proportionnels aux racines carrées des hauteurs.

| PRESSIONS ou CHARGES en mètres | DIMENSIONS DES COMPTEURS | | | | | | | | | | | |
|---|---|---|---|---|---|---|---|---|---|---|---|---|
| | 7 mill. | 10 mill. | 15 mill. | 20 mill. | 30 mill. | 40 mill. | 60 mill. | 80 mill. | 100 mil. | 130 mil. | 150 mil. | 200 mil. |
| | DÉBITS EN LITRES PAR HEURE | | | | | | | | | | | |
| 4 mètres.. | 1.410 | 2.240 | 3.000 | 4.660 | 9.100 | 18.900 | 29.400 | 60.500 | 98.400 | 194.400 | 332.600 | 414.000 |
| 1 mètre... | 555 | 750 | 1.100 | 1.970 | 3.950 | 8.650 | 14.600 | 30.500 | 47.500 | 79.000 | 130.000 | » » |

Soit, par exemple, à trouver le débit d'un compteur de 30 millimètres sous une charge d'eau de 8 mètres :

On a :
$$\frac{\sqrt{4}}{\sqrt{8}} = \frac{9100}{x}$$

ou
$$\frac{2}{2,828} = \frac{9100}{x}$$

$$\frac{2,828 \times 9100}{2} = 12\,867 \text{ litres.}$$

Pour les basses pressions où le frottement du presse-étoupe est plus grand, en proportion de la hauteur totale, il convient de calculer le débit d'après les rendements du tableau précédent sous une charge de 1 mètre.

Voici les données d'expériences sur un compteur de 250 millimètres d'orifice.

| COMPTEURS | DÉBITS EN LITRES PAR HEURE Sous une charge de | | |
|---|---|---|---|
| | 100 mill. | 250 mill. | 460 mill. |
| millim. 250 | lit. 10.096 | lit. 141.650 | lit. 193.850 |

Il convient de noter que la plus basse pression d'eau, à laquelle un compteur débitera, est de 100 millimètres pour les plus grands compteurs et de 1 mètre pour les compteurs des plus petites dimensions.

Nous estimons que l'examen des tableaux d'expériences relatés ci-dessus lèvera tous les doutes.

Ces expériences ont été faites au moyen de deux réservoirs, dont l'un était raccordé avec l'entrée du compteur et l'autre avec la sortie.

Les débits, sous les pressions indiquées, ne concernent que le compteur ; la charge absorbée par les conduites doit être calculée et ajoutée à celle du compteur.

Nous avons adopté la méthode suivante:
Les débits sont tirés des tables.

Supposons, comme exemple, un service de distribution composé d'une grosse conduite d'amenée de 27ᵐ,500 de longueur et d'un diamètre de 40 millimètres ; puis d'une conduite de 64 mètres de longueur sur 25 millimètres de diamètre.

Le point de décharge se trouve à 6ᵐ,100 au-dessus de la conduite, ce qui représente une pression de 30ᵐ,500 quand le service fonctionne.

La pression hydraulique au point de décharge est de 24ᵐ,400 et le compteur de 30 millimètres d'orifice.

Nous présumons un débit de 136 litres par minute.

Une conduite de 40 millimètres de diamètre débitant un volume de 136 litres, absorbe, ou autrement dit, a une perte de charge de 0ᵐ,162 de pression pour une longueur de tuyau de 1 mètre ;

Et un tuyau de 25 millimètres absorbe une pression de 1ᵐ,232 sur une longueur de 1 mètre ; la pression totale sera :

27ᵐ,500 de tuyau de 40 mill. à
$$0,162 = 4^m,455$$
64 mètres de tuyau de 25 mill. à
$$1^m,232 = 78^m,848$$

Total pour la conduite. . 83ᵐ,303

Un compteur de 30 millimètres sous une charge de 4 mètres débite 9 100 litres par minute ;

$$\frac{9\ 100\ \text{litres}}{60} = 151\ \text{litres 6 par seconde.}$$

La hauteur nécessaire pour un débit de 136 litres se trouve par la proportion :

$$\frac{\overline{151,6}^2}{\overline{136}^2} = \frac{4}{n}$$

$$x = 3^m,200.$$

Hauteur totale pour la conduite d'un débit de 136 litres. . . . . . . . 83^m,303
Hauteur totale pour le compteur d'un débit de 136 litres. . . . 3,200

Total général. . 86^m,503

On trouve ainsi que l'installation exige une hauteur totale de 86^m,503, mais la pression n'est que de 24^m,400 ; on en

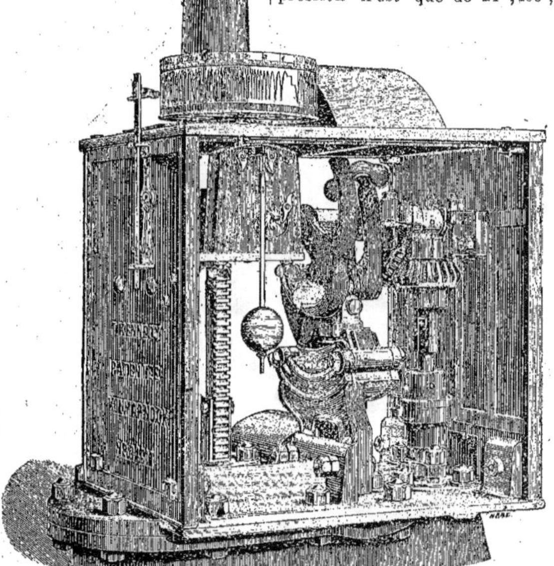

Fig. 485. — Compteur avec mouvement d'horlogerie et diagramme enregistreur.

déduira le débit pour 24^m,400 de charge par la proportion

$$\frac{\sqrt{86,503}}{\sqrt{24,400}} = \frac{136}{x}$$

$$\frac{9,3}{4,94} = \frac{136}{x}$$

$$x = 72\ \text{litres 5.}$$

Dans ce résultat il n'est pas tenu compte des frottements dus aux coudes, robinets, etc., qui diminuent, dans une forte proportion, le débit trouvé.

## Indicateur d'eau, avertisseur des fuites.

**497.** Pour terminer ce paragraphe, il convient de citer le compteur avec mouvement d'horlogerie et diagramme enregistreur (voir la figure 485). Cet appareil, analogue aux compteurs à eau, a pour fonction, grâce à un procédé nouveau pour produire le contact électrique, de faire fermer un circuit par la force de l'eau même qui est émise et de faire retentir une sonnerie toutes les fois qu'un nombre déterminé de litres a passé. Il peut aussi faire sonner un timbre ordinaire. Il se place immédiatement après le compteur enregistreur.

Son but est qu'à n'importe quelle distance, le directeur du service de la distribution s'il s'agit d'une conduite du service public, le propriétaire, son concierge ou son jardinier, s'il s'agit d'une conduite privée, soient immédiatement avertis par un bruit strident qu'il y a écoulement d'eau soit par une fuite ou par un robinet ouvert.

On voit l'utilité d'un appareil dont on suspend l'action quand on veut, mais qui, dès qu'on le met en jeu, apporte en quelque sorte à l'oreille le bruit de l'eau coulant dans toute une canalisation. Les économies qu'on peut ainsi réaliser intéressent quiconque a payé de l'eau sans

Fig. 486. — Avertisseur de rupture de tuyaux de conduite.

l'avoir consommée ou même après avoir souffert des dégâts qu'elle a causés.

Parmi les causes de fuite ou de perte par un robinet ouvert, il en est qui sont inévitables et qui échappent à toute constatation immédiate, si on ne recourt à ce procédé d'avertissement.

D'abord, *un robinet peut être tenu ouvert par malveillance*, et aucun système de fermeture automatique ne sert à rien en ce cas. *Il peut rester ouvert, si on a voulu prendre de l'eau lorsque la compagnie l'a* *supprimée* momentanément, sans prévenir ses abonnés. On est très exposé dans ce cas à ne pas refermer exactement, et, dès que le service est rétabli, le robinet peut verser de l'eau pendant assez longtemps pour produire d'importants dégâts.

De plus, on sait que les gelées, malgré les précautions prises, crèvent parfois quelque partie de la plomberie par l'effort de la dilatation intérieure. *Dès que le dégel arrive, l'eau rendue à la liberté s'échappe* abondamment par les fissures ; et, si le fait se produit la nuit, on ne s'en aperçoit pas avant que de grands inconvénients se soient ajoutés à une coûteuse consommation en pure perte.

Plus la canalisation est étendue et la robinetterie nombreuse dans une propriété, plus il y a à craindre qu'il se produise de

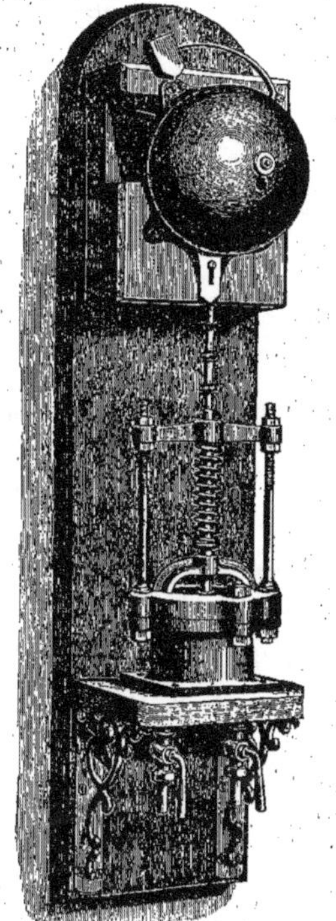

Fig. 487. — Avertisseurs de rupture de tuyaux de conduite.

ces négligences de fermeture ou des fuites longtemps inconnues si elles sont souterraines. Rien de pareil n'arrive si, par ce système que nous indiquons on est averti dès que quelques litres d'eau circulent à l'heure où il ne devrait y avoir aucune consommation.

Parmi les appareils de ce genre, il nous faut citer l'appareil de M. C.-C. Paillard, et celui de la Société Kennedy.

### Avertisseurs de rupture de tuyaux de conduite.

**498.** La compagnie Glenfield de Kilwarnock et M. Bourdon, à Paris, ont l'un et l'autre construit un avertisseur de rupture de tuyaux de conduite.

Dans celui que nous avons représenté (*fig.* 486), deux conduites séparées, et travaillant sous la même pression, sont raccordées aux robinets situés au-dessous de la boîte. Le petit cylindre est muni d'un piston soumis aux pressions des deux conduites, et par conséquent maintenu en équilibre. L'une des conduites, venant à se rompre, le petit piston sera refoulé par la pression de la conduite demeurée intacte, vers l'extrémité du cylindre en communication avec la conduite détériorée. Une plaque indicatrice en cuivre, portée par la tige du piston, et ayant l'indication ou nom de la conduite « East 48 inch » (dans le cas du dessin) vient dans ce mouvement de piston se présenter derrière une fenêtre vitrée. L'appareil est fermé par une porte en acajou, qui est supposée enlevée sur le dessin, pour montrer le mécanisme intérieur. La sonnerie est mise en mouvement, par des taquets disposés sur une tringle reliée à la tige du piston. Ces taquets agissent sur des leviers à déclanchement, et mettent ainsi en mouvement la sonnerie dont la durée est d'environ trois minutes. L'avertisseur étant placé dans la maison du garde, celui-ci peut immédiatement fermer la vanne de la conduite endommagée et signalée par l'appareil.

Les robinets de communication, de bas de l'appareil sont à trois eaux, de sorte que l'on peut à tout instant vérifier le fonctionnement de l'appareil en fermant l'un ou l'autre des robinets.

Dans celui représenté (*fig.* 487), un tuyau de 13 ou 19 millimètres relié à une conduite est mis en communication avec le bas du cylindre, au moyen de l'un des deux robinets. La pression de l'eau agit sur un disque élastique, que comprime un ressort à boudin, et la tige du disque est en communication avec le déclanchement de la sonnerie.

L'appareil est installé dans la maison du garde. Quand une rupture se produit, la pression diminuant, le disque, par l'effet du ressort, s'abaisse et, par suite, le déclanchement a lieu. Le garde peut immédiatement fermer la vanne de la conduite. Le deuxième robinet sert à purger l'air du cylindre et aussi à vérifier le fonctionnement de l'appareil. Quand l'appareil est en service, il faut au moins une fois par jour en vérifier le fonctionnement.

**499.** Il nous a paru intéressant de terminer cette partie de l'ouvrage par quelques renseignements relatifs au service de la distribution des eaux dans une grande ville, au règlement sur les abonnements et aux conditions d'exécution de certains travaux d'entretien. — Comme exemple, nous donnons ci-dessous le règlement qui régit le service de la distribution des eaux de la ville de Paris, 1880; ainsi qu'un extrait de la série de prix des travaux de la distribution des eaux dans cette ville.

## RÈGLEMENT SUR LES ABONNEMENTS

Adopté suivant délibération du Conseil municipal du 22 juillet 1880

### § I<sup>er</sup>. — Modes d'Abonnements

Article premier. Forme des abonnements. — Les abonnements partent des 1<sup>er</sup> janvier, 1<sup>er</sup> avril, 1<sup>er</sup> juillet et 1<sup>er</sup> octobre de chaque année. La durée est d'une année pour les abonnements jaugés ou au compteur et de trois mois pour les abonnements d'appartements.

Art. 2. Mode de délivrance des eaux. — Le mode de délivrance des eaux sera appliqué par la Compagnie selon les circonstances spéciales au service qu'il s'agira d'établir. Il aura lieu d'après l'un des systèmes suivants :

1° Par écoulement constant ou intermittent, régulier ou irrégulier, réglé par un robinet de jauge dont les agents de la Compagnie auront seuls la clef. Dans ce mode de livraison, les eaux seront reçues dans un réservoir dont la hauteur sera indiquée par les agents de la Compagnie et déversées par un robinet muni d'un flotteur.

2° Par estimation et sans jaugeage. Ce mode de distribution n'est applicable d'une manière générale qu'aux eaux de sources ou autres assimilées.

3° Par compteur.

Art. 3. Abonnements à robinet libre. — Les abonnements en eaux de sources à robinet libre ne sont accordés que pour l'alimentation des appartements habités bourgeoisement. Ces abonnements, destinés uniquement aux usages domestiques, ne sont pas applicables aux appartements dans lesquels s'exerce un commerce ou une industrie donnant lieu à l'emploi de l'eau.

Art. 4. Tarifs des abonnements à robinet libre. — Le tarif de ces abonnements d'appartements sera réglé de la manière suivante :

Un seul robinet établi sur la pierre d'évier dans un appartement habité par 1, 2 ou 3 personnes...... 10 fr. 20 par an.
Par chaque personne en plus................................................................ 4 »     —

Par chaque robinet supplémentaire que l'abonné voudra placer dans les appartements :
Dans les cabinets d'aisances............................................................. 4 fr. par an.
Dans les salles de bains.................................................................. 12     —
Dans les salles de douches................................................................ 9     —
Dans les autres parties de l'appartement.................................................. 6     —

Lorsqu'il y aura dans les appartements abonnés des employés ou des ouvriers y travaillant, mais ne logeant pas, il sera payé, par chaque personne de cette catégorie, un supplément de 60 centimes par an.

Les enfants au-dessous de sept ans ne seront comptés que pour moitié, soit 2 fr. par an.

L'abonnement à robinet libre est formellement interdit pour alimenter des jets d'eau, aquariums, ou tous autres écoulements continus.

Toute contravention de ce genre sera constatée par procès-verbal, pour ensuite être statué ce que de droit.

Art. 5. Robinets établis après la signature de la police. — Si le concessionnaire, pendant le cours de la concession, désire faire établir de nouveaux robinets ne figurant point sur la police d'abonnement, il devra, avant de faire entreprendre ces travaux, en donner avis par lettre adressée au directeur de la Compagnie, afin qu'une nouvelle police, comprenant le service de cette installation, soit présentée à sa signature.

L'augmentation résultant de cette nouvelle installation devra être payée par l'abonné à partir du jour de la pose des robinets, quelle que soit d'ailleurs la date d'entrée en jouissance fixée par la nouvelle police et que les nouveaux robinets soient ou ne soient pas utilisés immédiatement après leur établissement.

Dans le cas où l'abonné négligerait de donner l'avis prescrit ci-dessus, les nouveaux robinets seront considérés comme existant depuis le commencement de l'abonnement et l'augmentation résultant de leur installation sera payée à la Compagnie à partir de cette dernière date qui sera donnée par la police en cours.

Tout robinet supplémentaire supprimé devra également être signalé par lettre adressée au directeur de la Compagnie, qui en accusera réception. Le prix afférent à ce robinet ne sera déduit du montant de la police qu'à partir du premier jour du trimestre qui suivra la lettre d'avis, quelle que soit d'ailleurs la date de la suppression du robinet.

Art. 6. Robinets de paliers. — Pour les étages dans lesquels il n'y aura pas de logement d'une valeur réelle de location dépassant 500 fr. par an, les propriétaires pourront faire établir un robinet de palier dont ils disposeront, exclusivement, au profit des locataires habitant l'étage où sera établi ce robinet et n'y exerçant ni commerce, ni industrie donnant lieu à l'emploi de l'eau.

Toutefois, dans le cas où il y aurait dans l'immeuble d'autres étages dans les conditions susindiquées, le robinet de palier ne pourra être accordé que si le propriétaire consent à en établir à chacun de ces étages.

Il est bien entendu que dans le cas prévu par le présent article, ces robinets ne pourront être placés que sur le palier et non dans l'un des appartements. Le prix à payer pour l'usage de chaque robinet, ainsi établi, sera de 16 fr. 20 c. par an.

Art. 7. — Dans les abonnements à robinet libre, tous les robinets de puisage placés dans les cuisines et dans les cabinets d'aisances, devront être munis d'un appareil à repoussoir et devront être d'un des modèles acceptés par l'Administration.

Ces robinets ne devront point produire de coup de bélier et ils ne devront pouvoir être tenus ouverts autrement qu'à la main.

Art. 8. Abonnements jaugés ou au compteur. — En dehors des deux modes d'abonnements susindiqués, l'eau ne sera plus fournie, à dater du 1<sup>er</sup> janvier 1881, que par des abonnements au compteur ou au robinet de jauge.

L'eau utilisée directement comme force motrice ne sera livrée qu'au moyen d'un abonnement au compteur.

Toutefois les propriétaires des établissements de bains publics qui ne voudront pas s'abonner au compteur, auront la faculté de s'abonner à robinet libre aux conditions suivantes :

L'eau fournie pour les bains sera de l'eau de l'Ourcq, partout où le niveau du sol permet de la distribuer, et les eaux de rivière sur les points inaccessibles à l'eau de l'Ourcq.

Le prix à forfait à payer par ces propriétaires sera calculé sur une moyenne de un bain et demi par jour et par baignoire, affectée tant au service sur place qu'au service à domicile.

Ce prix est fixé pour un bain à 5 centimes.

Les établissements de bains dans lesquels il existera aussi des piscines, des bains de vapeur, des douches, etc., devront avoir, pour cette partie de leur service, une canalisation distincte et un abonnement, soit à la jauge, soit au compteur. Dans le cas où ces services ne seraient pas alimentés par les eaux de la Ville, l'abonnement par estimation ne serait pas applicable à l'établissement.

Les abonnements des lavoirs alimentés, suivant le niveau des eaux, soit en eau d'Ourcq, soit en rivières, seront exclusivement à la jauge ou au compteur, et fixés aux prix des abonnements des eaux industrielles indiqués à l'article 24 ci-dessous.

Art. 9. Interruption des eaux. — Les abonnés ne pourront réclamer aucune indemnité pour les interruptions momentanées du service résultant, soit des gelées, des sécheresses et des réparations des conduites, aqueducs ou réservoirs, soit du chômage des machines d'exploitation, soit de toute autre cause analogue.

Dans le cas d'arrêt de l'eau, en totalité ou en partie, l'abonné doit prévenir immédiatement la Compagnie dans un des bureaux établis pour cet usage et dans lesquels sont déposés des registres destinés à inscrire les réclamations.

Toute interruption de service dont la durée excéderait trois jours, à dater du jour où la réclamation de l'abonné aura été inscrite dans l'un des bureaux de la Compagnie, donnera droit, pour cet abonné, à une déduction dans le prix des abonnements, proportionnelle à tout le temps d'interruption de service qui excédera trois jours.

### § II. — Colonnes montantes

Art. 10. Colonnes montantes. — Pendant les années 1881, 1882 et 1883, la Compagnie se chargera, à ses frais, de l'établissement dans les maisons, soit des colonnes montantes, soit de tous autres agencements plus économiques, propres à mettre l'eau à la portée des locataires. Ces travaux seront livrés gratuitement aux propriétaires, dont ils deviendront la propriété.

Pendant le cours de ces trois années, la Compagnie livrera de même gratuitement, dans les maisons non encore alimentées, la prise d'eau, le branchement et la colonne montante ou agencement à tout propriétaire qui en fera la demande dans la limite des crédits votés.

Toutefois, les colonnes montantes, la prise et le branchement ne seront établis dans les conditions qui viennent d'être indiquées, que dans les maisons n'ayant pas d'abonnement d'eau et consentant des abonnements de 162 francs au moins, ou de 32 fr. 40 c. par étage, si le nombre des étages est inférieur à cinq.

Dans les maisons ayant déjà un abonnement à la date du 20 mars 1880, jour de la signature du nouveau traité fait entre la Compagnie et la Ville, on n'établira les colonnes montantes gratuitement, que s'il est souscrit un supplément d'abonnement de 32 fr. 40 par étage.

Seront considérés comme étages, les rez-de-chaussées comprenant des appartements ou logements habités bourgeoisement.

Art. 11. — L'administration municipale déterminera d'ailleurs, chaque année, le chiffre maximum de la dépense à faire par la Compagnie aussi bien pour les colonnes ou agencements de distribution que pour les prises.

Toutefois, il est dès maintenant déterminé, que le montant total des dépenses à effectuer ne pourra dépasser une somme de 5 millions pendant les années 1881, 1882 et 1883.

Art. 12. — Les colonnes montantes ou agencements seront établis dans les cages d'escaliers ou en tout autre endroit plus à proximité des cuisines, mais à l'extérieur des appartements et, autant que possible, à l'abri de la gelée.

Pour éviter l'action des gelées, il est nécessaire que les conduites soient mises en décharge la nuit et ne fonctionnent que pendant le temps rigoureusement nécessaire à l'approvisionnement.

Les abonnés qui ne voudront pas tenir compte de cette prescription seront seuls responsables des effets résultant des gelées.

Art. 13. — A partir de la colonne montante ou agencement, les tuyaux destinés à la distribution de l'eau dans les appartements ou sur les paliers, seront établis par les propriétaires ou les abonnés et par les entrepreneurs de leur choix.

Il pourra être alloué, en outre, une prime de 30 fr. à chaque abonné nouveau qui prendra l'eau sur les colonnes montantes ou agencements dans l'année de leur exécution.

Cette prime sera payée après l'exécution des travaux de distribution.

Art. 14. — Dans le cas où, pendant les années 1881, 1882 et 1883, les propriétaires feraient exécuter eux-mêmes la colonne montante à leurs frais, sous leur responsabilité et par les entrepreneurs de leur choix, il leur sera alloué, à titre de prime, les deux cinquièmes du montant des abonnements nouveaux branchés sur la nouvelle colonne montante, pendant chacune des cinq premières années qui suivront l'établissement de cette colonne.

Dans le cas où ces propriétaires voudraient établir la colonne montante ou autre agencement dans l'intérieur des habitations et jouir de la prime indiquée au paragraphe précédent, ils devront adresser une demande spéciale au Préfet de la Seine, qui statuera après avoir entendu la Compagnie et qui indiquera les conditions particulières qu'il jugera nécessaires pour éviter les abus dans l'usage de l'eau.

Art. 15. Entretien. — Les propriétaires auront la faculté de faire entretenir les colonnes montantes ou agencements établis par la Compagnie ou que celle-ci acceptera, soit par la Compagnie aux prix des tarifs ci-après, soit par tout autre entrepreneur.

Art. 16. — Tout propriétaire voulant faire établir une colonne montante dans les conditions indiquées ci-dessus, adressera à la Compagnie une demande indiquant le nombre et la qualité des abonnements nouveaux qu'il veut prendre pour chaque colonne montante à établir et qui ne pourront être inférieurs au chiffre indiqué à l'article 10 qui précède. Ce propriétaire sera appelé, dans un délai maximum de 15 jours, pour signer les engagements nécessaires et la date de la signature de cette inscription donnera l'ordre de priorité des travaux à exécuter chez les abonnés.

Cet engagement stipulera l'obligation pour ce propriétaire, de prendre ou de faire prendre les abonnements nécessaires dans un délai maximum de 6 mois, passé lequel il sera responsable de la différence entre le minimum demandé et le montant des abonnements souscrits.

### § III. — Prises d'eau et Robinets

Art. 17. Unité de l'Abonnement. — Prises d'eau et Robinets. — Chaque propriété particulière devra avoir un branchement séparé avec prise d'eau distincte sur la voie publique.

L'abonné ne pourra conduire tout ou partie de l'eau à laquelle il a droit dans une propriété qui lui appartiendrait, que dans le cas où celle-ci serait adjacente à la première et aurait une cour commune.

A la fin de l'abonnement les robinets d'arrêt et de jauge faits sur le modèle de la Compagnie seront rendus à l'abonné après que la Compagnie aura changé un bout de tuyau à la tête de ces robinets ; il en sera de même en cas de remplacement d'un de ces robinets.

Art. 18. Robinets d'arrêt. — A l'origine de chaque branchement sera placé sous la voie publique, un robinet d'arrêt sous bouche à clef, dont les agents de la Compagnie auront seuls la clef. Il sera placé de plus un robinet de jauge, en cas d'abonnement jaugé.

Les abonnés pourront faire placer à l'intérieur de leurs habitations un second robinet d'arrêt, à la condition que la clef dont ils feront usage sera différente de celle de la Compagnie.

Il est interdit aux abonnés, sous peine de poursuites judiciaires, de faire usage des clefs du modèle de celles de la Compagnie, ou même de les conserver en dépôt.

Art. 19. — Chaque colonne montante sera pourvue d'un robinet d'arrêt. Ce robinet sera plombé ou renfermé dans un coffre fermant à clef, afin qu'il ne puisse être manœuvré, sauf le cas d'accident, que par les agents de la Compagnie.

Dans ce dernier cas, le propriétaire de la colonne montante devra en donner avis à la Compagnie, sans délai, en indiquant le motif qui a nécessité cette manœuvre.

Chaque branchement pris sur la colonne montante sera aussi pourvu d'un robinet de barrage.

Ces robinets seront également plombés et ne devront être manœuvrés, sauf les cas d'accident, que par les agents de la Compagnie.

Toute infraction à cette prescription sera poursuivie par les voies de droit.

Art. 20. Frais d'embranchements. — Les travaux d'embranchement sur la conduite publique seront exécutés et réparés aux frais de l'abonné aux prix fixés par le tarif ci-après, par les ouvriers de la Compagnie, savoir :

Jusqu'au réservoir, dans le cas de distribution à la jauge ; jusqu'au compteur, dans le cas d'abonnement au compteur ; jusqu'au mur de face intérieure avec un bout de tuyau en plomb pénétrant de 0 m. 80 c. dans l'intérieur de la propriété, dans le cas d'abonnement à robinet libre.

L'eau sera livrée aussitôt que le mémoire des travaux à la charge de l'abonné aura été soldé.

Les abonnés qui auront un réservoir dans l'intérieur de la propriété, ou un compteur, pourront faire faire les travaux de distribution intérieure, à partir du réservoir ou du compteur, par des ouvriers de leur choix.

Les travaux de pavage, de trottoirs, seront faits par les soins des Ingénieurs du pavé de Paris, aux frais des abonnés, conformément aux dispositions de l'arrêté préfectoral du 29 juillet 1879.

Les abonnés ne pourront s'opposer aux travaux d'entretien et de réparations des tuyaux et robinets établis pour le service de leurs abonnements, lorsqu'ils auront été reconnus nécessaires.

Tout ancien branchement de prise d'eau devra être pourvu, à son point de jonction avec la conduite publique, d'un robinet d'arrêt, à la première réparation ou modification qu'il aura à subir.

Dans le cas de contestation sur la nécessité de ces travaux, la question sera résolue par l'Ingénieur en chef du service municipal, chargé du contrôle de service des eaux.

Les abonnés devront payer le prix de ces travaux, conformément au tarif sus-énoncé, dans le mois qui suivra la notification du mémoire, à peine de fermeture de leur concession, sans préjudice du droit pour la Compagnie d'exercer un recours, s'il y a lieu.

Art. 21. — Dans tous les cas où la prise d'eau, soit d'une concession d'établissement public, soit d'un abonnement privé, sera pratiquée sur une conduite publique posée sous galerie, le tuyau alimentaire devra être placé dans le branchement d'égout desservant l'immeuble. Cette mesure sera appliquée immédiatement si ce branchement existe, sinon aussitôt que l'égout particulier aura été construit.

Le tuyau devra, pour entrer dans la propriété, pénétrer dans le mur pignon du branchement ou, s'il y a impossibilité, être dévié latéralement sous le trottoir le long de la façade de la propriété. Dans ce cas, il sera contenu dans un fourreau métallique étanche, incliné vers l'égout.

Les travaux prévus aux deux paragraphes ci-dessus seront exécutés, conformément à l'article 20, aux frais de l'abonné, par la Compagnie ou ses entrepreneurs, aux conditions de la série de prix ci-jointe.

Faute de satisfaire à cette prescription, dans le délai de vingt jours, à compter de l'invitation qui aura été signifiée à qui de droit par les soins de l'Ingénieur en chef du service municipal des Eaux, le report sera fait d'office et aux frais de l'abonné.

### § IV. — Compteurs

Art. 22. Fourniture et pose des compteurs. — Les compteurs sont à la charge des abonnés, qui ont la faculté de les acheter parmi les systèmes approuvés par l'Administration, la Compagnie entendue.

Les compteurs ainsi achetés ne pourront être mis en service qu'après avoir été vérifiés et poinçonnés par l'Administration.

Ils seront soumis, quant à l'exactitude et à la régularité de leur marche, à toutes les vérifications que l'Administration et la Compagnie jugeront devoir prescrire.

Les compteurs achetés par les abonnés pourront être posés par leur entrepreneur particulier ; mais cette installation, qui sera vérifiée par les agents de la Compagnie, devra être faite conformément aux indications de la police d'abonnement. Le plombage sera fait par les agents de la Compagnie.

Art. 23. Compteurs en location. — La Compagnie fournira aux abonnés qui en feront la demande des compteurs en location du modèle qu'elle choisira parmi ceux approuvés par l'administration.

Le tarif de location et d'entretien des compteurs est établi sur les bases suivantes :

Prix fixe, par an et par compteur, quel que soit le volume d'eau consommée, 5 francs.

Prix variable s'ajoutant au prix fixe : 15 % du prix de l'eau consommée pour les quantités inférieures à 1,000 litres.

Au delà et jusqu'à 5,000 litres, 15 % sur les premiers 1,000 litres et 6 francs par mètre cube supplémentaire de consommation journalière moyenne.

Au-dessus de 5,000 litres, la Compagnie traitera de gré à gré avec les abonnés.

Toutefois, le prix de location et d'entretien ne pourra jamais dépasser 12 % du prix courant d'acquisition et de pose du modèle des compteurs choisis.

### § V. — Prix de l'eau

Art. 24. Usage de l'eau de l'Ourcq. — Les eaux de l'Ourcq sont exclusivement réservées, en dehors des services publics, aux besoins industriels et aux services des écuries, remises, cours et jardins.

Dans les rues où le niveau ne permet pas d'amener les eaux de l'Ourcq, il pourra y être suppléé, aux mêmes conditions, par les eaux de Seine, de Marne ou autres équivalentes, si l'Administration le juge convenable et si les immeubles sont d'ailleurs approvisionnés en eaux de sources pour les usages désignés aux articles 5 et 6 ci-dessus, de même que si la canalisation le permet.

La Compagnie sera libre de traiter à forfait, sauf approbation de l'Administration en cas de contestation, pour les livraisons d'eau par attachement ou par supplément. Dans ce mode de livraison, les prix de vente devront être au moins égaux à ceux des tarifs.

Art. 25. Tarif de l'eau. Tarif pour les abonnements jaugés et au compteur. — Le prix de l'eau sera déterminé d'après le tarif suivant :

| QUANTITÉ DE LA FOURNITURE JOURNALIÈRE | PRIX PAR AN POUR CHAQUE MÈTRE CUBE | |
| --- | --- | --- |
| | Eaux de l'Ourcq et de rivières, pour les usages industriels ou pour le service des écuries, cours et jardins. | Eaux de sources, de rivières et autres, pour les usages domestiques. |
| | Francs. | Francs. |
| 125 litres par jour | » | 20 |
| 250 — id. | » | 40 |
| 500 — id. | » | 60 |
| 1.000 — id. | 80 | 120 |
| 1.500 — id. | 90 | 180 |
| 2.000 — id. | 120 | 240 |
| 2.500 — id. | 150 | 300 |
| 3.000 — id. | 180 | 360 |
| 3.500 — id. | 210 | 420 |
| 4.000 — id. | 240 | 480 |
| 4.500 — id. | 270 | 540 |
| 5.000 — id. | 300 | 600 |

Au-dessus de 5 mètres cubes et jusqu'à 10 mètres cubes, mais pour les 5 derniers mètres cubes seulement, les prix seront ainsi fixés
Pour l'eau de l'Ourcq ou équivalentes désignées à l'art. 25, 50 fr. par an et par mètre cube;
Pour l'eau de sources, de rivières et autres, 100 francs par an et par mètre cube.

Au-dessus de 10 mètres cubes et jusqu'à 20 mètres cubes, mais pour les dix derniers mètres cubes seulement, les prix seront évalués :
Pour l'eau de l'Ourcq et équivalentes indiquées à l'art. 25, 40 fr. par an et par mètre cube;
Pour l'eau de sources, de rivières ou autres, 80 fr. par an et par mètre cube;
Au-delà de 20 m. c., mais seulement pour les quantités excédentes, la Compagnie traitera de gré à gré, sans qu'en aucun cas le prix du mètre cube puisse être inférieur pour les eaux de l'Ourcq et ses équivalentes à 25 fr., et à 55 fr. pour les eaux de sources, de rivières et autres.
Ces traités de gré à gré devront d'ailleurs être approuvés par le Préfet de la Seine.

Art. 26. — Il ne sera pas accordé d'abonnement inférieur à 1,000 litres pour les eaux de l'Ourcq ou autres équivalentes et à 125 litres pour les eaux de sources, de rivières et autres. L'abonné ne pourra réclamer de l'eau d'une origine autre que celle existante dans les conduites placées dans le sol de la voie publique où se trouve la propriété pour laquelle il contracte l'abonnement.

Art. 27. Payements. — Le prix de l'abonnement sera payé sur la quittance de la Compagnie, d'avance, aux époques indiquées dans l'engagement du concessionnaire.
L'abonné au compteur devra payer d'avance le montant de son abonnement minimum, tel qu'il est fixé par sa police d'abonnement, pour l'année entière.
Chaque mètre cube d'eau consommée en sus de l'abonnement sera payé au prix fixé par la police d'abonnement.
Le volume d'eau consommée sera relevé dans la première quinzaine de chaque trimestre, contradictoirement avec l'abonné qui devra reconnaître et signer ce relevé. Le supplément de consommation sera dû à la Compagnie par l'abonné dès que le relevé trimestriel constatera que le montant de l'abonnement minimum sera dépassé. Dans le cas où la consommation annuelle n'atteindrait pas le chiffre résultant de la police d'abonnement, le prix minimum fixé à cette police n'en sera pas moins acquis intégralement à la Compagnie.
La consommation journalière ne devra d'ailleurs, dans aucun cas, dépasser quatre fois le volume d'eau de l'abonnement souscrit.
A défaut de payement régulier aux époques ci-dessus indiquées, le service des eaux sera suspendu et l'abonnement pourra être résilié, sans préjudice des poursuites que la Compagnie pourra exercer contre l'abonné.

### § VI. — Dispositions générales

Art. 28. Dispositions générales. — Responsabilité des abonnés. — Les abonnés seront responsables envers les tiers de tous les dommages auxquels l'établissement ou l'existence de leurs conduites pourrait donner lieu, sauf leur recours contre qui de droit.

Art. 29. — Constatation des branchements. — Lors de la mise en jouissance de chaque abonné, il sera dressé contradictoirement entre l'abonné et la Compagnie, un état des lieux indiquant la nature, la disposition et le diamètre des conduites, savoir :
De la conduite publique au réservoir, dans le cas d'abonnement jaugé; de la conduite publique au compteur, dans le cas d'abonnement au compteur; lorsqu'il s'agira d'un abonnement d'appartement, l'état des lieux comprendra en plus la canalisation de distribution intérieure, ainsi que le nombre et l'emplacement des robinets et orifices d'écoulement.
L'abonné ne pourra rien changer aux dispositions primitivement arrêtées, à moins d'en avoir préalablement obtenu l'autorisation de la Compagnie.

Art. 30. Interdiction de céder les eaux. — Il est formellement interdit à tout abonné de laisser embrancher sur sa conduite, soit à l'intérieur, soit à l'extérieur, aucune prise d'eau au profit d'un tiers.
Les eaux de la Ville de Paris étant des eaux publiques, inaliénables et imprescriptibles et ne pouvant faire l'objet d'un commerce, ne sont concédées aux habitants qu'à la condition de n'en disposer que pour leur usage personnel ou celui de leurs locataires; il est donc interdit à l'abonné de disposer, ni gratuitement, ni à prix d'argent, ni à quelque titre que ce soit, en faveur de tout autre particulier ou intermédiaire, de la totalité ou d'une partie des eaux qui lui sont fournies, d'après sa police d'abonnement, ni même du trop plein de son réservoir.
L'abonné ne pourra non plus augmenter à son profit le volume de son abonnement.

Art. 31. Surveillance. — La distribution d'eau pratiquée dans l'intérieur des propriétés particulières et dans les appartements sera constamment soumise à l'inspection des agents de la Compagnie et de la Ville, sous peine de fermeture de la concession. Ces agents pourront établir aux frais de l'Administration, et sur le branchement de chaque abonné, un compteur qui leur permettra de constater, au besoin, la consommation réelle de l'abonné.

Art. 32. Interdiction de rémunération aux agents du service. — Il est interdit aux abonnés et à tous leurs ayants droit de rémunérer, sous quelque prétexte et sous quelque dénomination que ce puisse être, aucun agent de l'Administration ou de la Compagnie.

Art. 33. Infraction à l'usage de l'eau défini à la police. — Toute infraction dûment constatée aux dispositions du présent règlement, en ce qui concerne l'usage de l'eau tel qu'il est défini à la police d'abonnement, entraînera l'obligation pour l'abonné de payer à titre de dommages-intérêts une indemnité de 300 francs et les causes de cette pénalité devront disparaître dans un délai maximum de quinze jours, sous peine de fermeture de la concession jusqu'à ce que l'abonné ait consenti à se conformer aux dispositions réglementaires, soit en signant une nouvelle police d'abonnement, soit en faisant disparaître les causes de l'infraction ou de la contravention constatée par procès-verbal. Lorsque les eaux, concédées pour un usage industriel auront été employées à des usages domestiques, cette infraction entraînera pour les particuliers, outre les pénalités ci-dessus stipulées, l'application du tarif des eaux de sources, de rivières et autres, pour les usages domestiques indiqués à l'article 25.

Art. 34. Résiliations. — Les parties pourront renoncer à la continuation du service des abonnements, en s'avertissant réciproquement d'avance savoir :
Au bout de la première année, de 3 mois en 3 mois, s'il s'agit d'abonnements annuels;
Au bout de 1er trimestre, de mois en mois, s'il s'agit d'abonnements trimestriels.
Quelle que soit l'époque de l'avertissement, le prix de l'abonnement sera exigible jusqu'à son expiration.

Art. 35. Mutations de propriété. — L'abonnement ne sera pas résilié par le seul fait de la mutation de la propriété ou de l'établissement dans lequel les eaux seront fournies. L'abonné ou ses héritiers seront responsables du prix de l'abonnement jusqu'à ce qu'ils aient accompli la formalité exigée par l'art. 34, sans préjudice du recours contre le successeur qui aura joui des eaux.

Art. 36. Suppression des appareils de distribution en cas de résiliation. — Dès la résiliation d'un abonnement et si l'abonné est propriétaire du branchement, la Compagnie devra faire couper et détacher le tuyau de concession près de son point de jonction avec la conduite publique, en conservant toutefois le collier pour maintenir la plaque pleine sur l'orifice de la prise d'eau. Ce travail, ainsi que toutes fouilles et tous raccordements seront exécutés d'office et aux frais du propriétaire du branchement, par les soins de la Compagnie générale des Eaux.
A la suite de l'opération effectuée par la Compagnie, le propriétaire du branchement aura la faculté d'enlever les robinets d'arrêt, bouches à clefs et autres agrès de prise et de distribution d'eau, sauf le collier, en se conformant aux prescriptions du paragraphe 3 de l'article 17 ci-dessus.
En tous cas, il restera responsable des conséquences qui pourraient résulter de l'existence des agrès qu'il laisserait, soit à l'intérieur, soit même sous la voie publique.
La Compagnie tiendra attachement de ces dépenses qui lui seront, d'après ses mémoires dûment réglés, remboursées par le propriétaire du branchement, ou, à son défaut, par le nouvel abonné qui déclarera dans la police vouloir profiter de l'ancienne prise d'eau.
La remise en service du branchement n'aura lieu qu'après ce remboursement.

Art. 37. Frais d'exécution. — Les frais de timbre et d'enregistrement des polices seront supportés par les abonnés.

Art. 38. Contraventions. — Les contraventions au présent règlement seront constatées par les agents de la Compagnie, qui en dresseront procès-verbal

Art. 39. Dispositions transitoires. — Les dispositions du présent règlement devront être appliquées à tous les abonnés compris dans l'enceinte de Paris, dans un délai maximum de 3 ans, à dater du 1er janvier 1881, y compris les abonnements aux eaux des lavoirs publics jouissant encore du tarif spécial fixé par l'arrêté préfectoral du 18 décembre 1851.

Art. 40. Les règlements et tarifs antérieurs, en date des 30 novembre 1850, 21 octobre 1852, 9 mars 1853, 7 juin 1864, 3 mai 1856, 11 février 1867, 2 août 1869, seront annulés à dater du 1er janvier 1881.

Le modèle de police du 30 novembre 1850 sera également annulé à la même date et remplacé par les quatre nouveaux modèles annexés audit règlement, le tout sauf la réserve indiquée à l'art. 39 qui précède.

Fait à Paris, le 25 juillet 1880.

LE DIRECTEUR DES TRAVAUX DE PARIS,      LE DIRECTEUR DE LA COMPAGNIE GÉNÉRALE DES EAUX,
Signé : ALPHAND.      Signé : G. MARCHANT.

## TARIF DE L'ENTRETIEN A FORFAIT

| DIAMÈTRE des TUYAUX EN PLOMB | | PARTIE DU BRANCHEMENT SUR LA VOIE PUBLIQUE | PARTIE du branchement horizontal dans la propriété et colonne montante, à l'exclusion de la distribution dans les appartements, y compris les robinets | OBSERVATIONS |
|---|---|---|---|---|
| Nos | | | | |
| 1 | 0,020 | 6 fr. 00 | 10 fr. 00 | |
| 2 | 0,027 | 10 00 | 14 00 | |
| 3 | 0,040 | 12 00 | 18 00 | |

# EXÉCUTION DES TRAVAUX
### EXTRAIT DE LA SÉRIE DE PRIX DES TRAVAUX DE DISTRIBUTION DES EAUX
Approuvée par M. le Sénateur, Préfet de la Seine, le 19 novembre 1864.

*TRAVAUX de prise d'eau sur la conduite publique et de pose du branchement jusqu'au réservoir, s'il s'agit d'abonnement jaugé; jusqu'au compteur, s'il s'agit d'abonnement au compteur, ou jusqu'au mur de face intérieure avec un bout de tuyau pénétrant de 0,50 dans l'intérieur de la propriété, dans le cas d'abonnement à robinet libre, exécutés par la Compagnie ou ses entrepreneurs.*

NOTA. — Les prix ci-dessous, à l'exception de ceux des réfections du sol et du temps des ouvriers, sont frappés d'un rabais de 25 p. 100.

| | Prise d'eau sur conduite en fonte compris robinet d'arrêt et départ du plomb, de | 0.020 | 0.027 | 0.040 | 0.055 |
|---|---|---|---|---|---|
| 2 — | En terre, sur tabulure avec bouche à clé en fonte à un trou | 66 | 71 | 103 | 141 |
| 4 — | do avec percement et bouche à clé en fonte à un trou | 61 | 64 | 108 | 148 |
| 5 — | do en charge avec bouche à clé en fonte à un trou | 85 | 61 | » | » |
| 7 — | En égout sur tabulure sans bouche à clé avec percement et raccordement de l'égout | 90 | 23 | 90 | 120 |
| 8 — | do do avec bouche à clé en fonte | 76 | 61 | 123 | 180 |
| 10 — | do avec percement sans bouche à clé | 45 | 50 | 63 | 122 |
| 11 — | do do avec bouche à clé en fonte | 71 | 76 | 145 | 150 |
| 12 — | do en charge sans bouche à clé | 40 | 45 | » | » |
| 15 — | do do avec bouche à clé en fonte à un trou | 66 | 71 | » | » |

| | Colliers à lunette ou pour prise en charge sur tuyaux de | 54 à 81 | 108 | 135 | 162 | 190 | 216 | 230 | 300 | 325 | 350 | 400 | 500 | 600 | 800 |
|---|---|---|---|---|---|---|---|---|---|---|---|---|---|---|---|
| 16 — | Prix | 3.80 | 4.00 | 4.80 | 4.80 | 5.80 | 6.50 | 7.00 | 7.85 | 8.00 | 8.80 | 10.00 | 16.80 | 20.00 | 28.00 |

| | Percement sur tuyaux en fonte de | 0.013 à 0.41 | 0.030 à 0.108 | 0.135 à 0.300 |
|---|---|---|---|---|
| 17 — | Prix | 2 fr. | 4 fr. | 5 fr. |

| | Percement sur tuyaux en tôle et bitume de | 0.020 | 0.027 | 0.030 | 0.035 | 0.040 | 0.045 | 0.050 | 0.060 | 0.080 |
|---|---|---|---|---|---|---|---|---|---|---|
| 18 — | Prix | 2.05 | 3.55 | 3.95 | 4.45 | 4.90 | 5.40 | 5.90 | 6.80 | 7.50 |

### Déplacements de prises d'eau.

Déplacement d'une prise d'eau de 0,027, sur tabulure ou percement, avec remploi du robinet et de la bouche à clé (sans allongement d'embranchement) ... 6

do do do avec allongement de branchement jusqu'à un mètre ... 15

do do do avec substitution d'un robinet manchon sans allongement de branchement ... 25

do do do avec allongement de branchement jusqu'à un mètre ... 36

| | | 0.020 | 0.027 | 0.040 | 0.055 | 0.060 |
|---|---|---|---|---|---|---|
| 23 — | Appareil de jauge en cuivre sous bouche à clé en fonte, à 2 trous d'ordonnance (ouvrage complet en terre) | 51 » | 73 » | 113 » | 141 » | 170 » |
| 25 — | Robinet à 2 clés en cuivre. (Le robinet seul). | 22 » | 44 » | 80 » | 95 » | 120 » |

| | | 0.020 | 0.027 | 0.040 | 0.055 | 0.060 |
|---|---|---|---|---|---|---|
| 30 — | Bouche à clé en fonte à un trou (Pose comprise) | 22 » | 22 » | 24 » | 27 » | 28 » |
| 32 — | do en fonte, à deux trous do | 24 » | 24 » | 28 » | 32 » | 36 » |
| 35 — | Tabernacle de bouche à clé, compris fourniture de briques et main-d'œuvre | | | | | 8 75 |
| 36 — | Main-d'œuvre seulement | | | | | 4 » |
| 37 — | Dessus de tabernacle en bois de chêne de 0,041 d'épaisseur et de 0,35 carré, goudronné sur toutes ses faces | | | | | 1 50 |
| 38 — | Châssis avec tampons pour bouche à clé à un ou deux trous | | | | | 8 » |
| 39 — | Tube de bouche à clé en fonte à un trou par décimètre | | | | | 8 » |
| 40 — | Tête mobile de bouche à clé en fonte à un trou | | | | | 15 » |

| | | 0.020 | 0.027 | 0.040 | 0.055 | 0.060 |
|---|---|---|---|---|---|---|
| 41 — | Dessus de tabernacle en fonte à un trou | 4 » | 5 » | 6 » | 8 » | 9 » |
| 42 — | Dessous do do do | 1 50 | 2 50 | 3 » | 3 80 | 4 25 |
| 43 — | Tube de bouche à clé en fonte à deux trous par décimètre | | | | | 9 » |
| 44 — | Tête mobile de bouche à clé do | | | | | 17 » |

| | | 0.020 | 0.027 | 0.040 | 0.055 | 0.060 |
|---|---|---|---|---|---|---|
| 45 — | Dessus de tabernacle en fonte à deux trous | 6 » | 5 » | 7 » | 8 50 | 9 50 |
| 46 — | Dessous do do do | 2 50 | 3 » | 4 » | 5 50 | 6 50 |
| 47 — | Tampons avec ou sans chaîne en fonte | | | | | 1 75 |
| 48 — | Relèvement ou pose de bouche à clé | | | | | 4 » |

Tuyaux en plomb, ayant les épaisseurs réglementaires de la ville, savoir :

| | | 0.013 | 0.020 | 0.027 | 0.030 | 0 035 | 0.040 | 0.045 | 0.050 | 0.055 | 0.060 | 0.080 |
|---|---|---|---|---|---|---|---|---|---|---|---|---|
| 49 — | Prix par mètre, posé compris tranchée jusqu'à un mètre de profondeur, et sans galerie | 4 60 | 5 40 | 6 80 | 9 60 | 10 70 | 11 70 | 12 » | 14 30 | 15 80 | 16 30 | 22 70 |
| 50 — | À ajouter par décimètre de profondeur, à partir de 1m.00 jusqu'à 2m.40 | | | | | | | | | | | 12 |
| 51 — | do do 2m.40 4m.80 | | | | | | | | | | | 22 |

### Dépose d'une conduite en plomb posée en terre.

| 53 — | Prix par mètre pour diamètre de 0.020 à 0.033 | 1 80 |
|---|---|---|
| 54 — | do do 0.035 à 0.040 | 1 70 |
| 55 — | do do 0.060 | 2 » |

### Dépose d'une conduite en plomb en tranchée ouverte, non compris le remblai.

| 56 — | Prix par mètre pour diamètre de 0.020 à 0.033 | 1 50 |
|---|---|---|
| 57 — | do do 0.035 à 0.060 | 1 70 |
| 58 — | do do 0.080 | 1 » |

| | Repose en terre de tuyaux en plomb | 0.013 | 0.020 | 0.027 | 0.030 | 0.035 | 0.040 | 0.045 | 0.050 | 0.055 | 0.060 | 0.080 |
|---|---|---|---|---|---|---|---|---|---|---|---|---|
| 61 — | Prix par mètre | 1 70 | 1 95 | 1 30 | 2 40 | 2 60 | 2 70 | 2 85 | 3 05 | 3 15 | 3 25 | 3 95 |

| | | 0.013 | 0.020 | 0.027 | 0.030 | 0.035 | 0.040 |
|---|---|---|---|---|---|---|---|
| 88 — | Robinet flotteur avec balancier. (Pose non comprise.) | 18 » | 27 » | 30 » | » » | 50 » | » » |

| | | 0.013 | 0.020 | 0.027 | 0.030 | 0.035 | 0.040 | 0.045 | 0.050 | 0.055 | 0.060 | 0.080 |
|---|---|---|---|---|---|---|---|---|---|---|---|---|
| 126 — | Prix des nœuds de soudure | 2 » | 2 50 | 3 75 | 4 25 | 4 75 | 5 60 | 6 30 | 7 » | 7 50 | 8 10 | 11 25 |
| 127 — | do Joints à bagues et brides | 2 » | 2 25 | 3 60 | 4 » | 4 50 | 5 25 | 6 » | 6 50 | 7 » | 7 50 | 10 25 |
| 128 — | do Bride à congé | » 70 | » 80 | 1 » | 1 25 | 1 50 | 1 75 | 2 » | 2 25 | 2 50 | 2 75 | 3 25 |
| 129 — | do Crochets en fer pour tuyaux en plomb | » 20 | » 25 | » 25 | » 30 | » 30 | » 35 | » 35 | » 40 | » 40 | » 50 | » 70 |
| 130 — | do Cuir gras | » 20 | » 25 | » 25 | » 30 | » 30 | » 35 | » 35 | » 40 | » 40 | » 50 | » 70 |
| 131 — | do Patte de scellement | » 40 | » 50 | » 60 | » 60 | » 60 | » 70 | » 70 | » 80 | » 80 | 1 » | 1 50 |
| 132 — | do Boulons pour joints | » 35 | » 35 | » 35 | » 35 | » 35 | » 45 | » 45 | » 45 | » 45 | » 55 | » 55 |

| | | 0.020 | 0.027 | 0.040 | 0.055 | 0.080 | 0.080 |
|---|---|---|---|---|---|---|---|
| 135 — | Rondelles en bronze pour plaques d'arrêt de robinet | » 75 | 1 05 | 1 55 | 2 50 | 3 00 | 4 90 |

| | | 0.060 | 0.080 | 0.100 |
|---|---|---|---|---|
| 136 — | Tuyaux en fonte du diamètre de | | | |
| | Prix à Paris par mètre avec pose sans tranchée | 5 80 | 6 05 | 9 20 |

| | | |
|---|---|---|
| 148 — *Percement de mur en pierre tendre, de 0,20 à 0,60 pour tuyaux de 0.13 à 0,25* | | 4 » |
| 150 — do de mur en pierre dure, de 0,20 à 1,00 (fer demi-dur) de 0,013 à 0,035 | | 1 50 |
| 152 — do d'angle à la mèche avec machine, compris outils (par heure d'équipe) | | 2 » |
| 153 — do de cloison en plâtre, briques, bois, do pour tuyaux de 0,013 à 0,035 | | 2 » |
| 155 — Le mètre linéaire d'entaille dans la maçonnerie de pierre tendre jusqu'à 0,05 de profondeur de 0,013 à 0,035 | | 1 10 |
| 157 — Par chaque centimètre au-dessus de 0,05 de profondeur | | » 35 |
| 158 — Le mètre linéaire d'entaille dans la maçonnerie de pierre dure jusqu'à 0,05 de profondeur, de 0,013 à 0,035 | | 3 50 |
| 160 — Par chaque centimètre au-dessus de 0,05 de profondeur | | » 65 |
| 161 — Le mètre superficiel de pavage, mesuré un pavé en plus pour raccordement, sans fourniture de pavés | | 3 » |
| 165 — do de dallage en granit. — Pour pose, | | 8 » |
| 166 — do do en bitume comprimé, compris fourniture. | | 8 » |
| 167 — do de repiquage et sablage. | | » 35 |
| 168 — do d'empierrement. | | 3 » |
| 169 — Le mètre linéaire de bordure, pour pose et d'pose | | 1 » |
| 170 — do de joints en bitume, compris fourniture et main-d'œuvre. | | 1 » |
| 174 — Trou sur dalle refouillée sur le tas, parement compris, de 0,10. | | 1 20 |
| 175 — do do 0,20. | | 2 70 |
| Durée de la journée { Été, 10 heures. / Hiver, 8 do | | |
| 190 — Journée de monteur, mécanicien, ajusteur, plombier avec aide et outils | | 10 » |
| 192 — do d'un aide seul ou terrassier avec outils | | 4 » |
| 193 — do de maçon avec outils | | 5 » |
| 195 — do de bitumeur avec aide et outillage, y compris voiture et chauffage | | 13 50 |
| 196 — do d'un gardien | | 2 75 |
| Le travail de nuit payé moitié en sus du travail de jour. | | |
| Le travail sous galerie ou en cave payé moitié en sus du travail à l'air | | |
| 197 — Plus-value pour journée en nuit, sous galerie ou en cave. | | » 70 |
| 201 — Journée de location d'une pompe d'épuisement, y compris transport aller et retour. | | 5 50 |
| 206 — Une clavette double en cuivre, pour fixer les clefs de robinet | | » 30 |
| 211 — Une goupille. | | » 15 |

Note essentielle. — Pour tous autres travaux non compris dans ceux indiqués ci-dessus, l'abonné reste libre de choisir tel entrepreneur qu'il lui conviendra. — Dans le cas où l'abonné ferait choix de l'entrepreneur de la Compagnie, celui-ci devrait, avant l'exécution des travaux, s'entendre amicalement avec l'abonné sur les prix à arrêter.

# SIXIÈME PARTIE

# ÉVACUATION DES EAUX. — ASSAINISSEMENT

**500.** Les eaux destinées à une ville peuvent avoir trois emplois différents : l'alimentation des fontaines publiques, les usages domestiques et industriels, l'*assainissement*. C'est plus particulièrement l'étude de l'assainissement publique et privé qui nous occupera dans cette sixième partie.

Il est aujourd'hui admis d'une manière incontestable, qu'une des premières conditions à réaliser pour assurer la salubrité d'une ville, est d'empêcher le séjour des matières fermentescibles dans les habitations, à la surface de la voie publique, dans le réseau des égouts. Nous distinguerons donc dans ce qui va suivre :

Les conditions hygiéniques à la surface des voies publiques ;

Les conditions hygiéniques dans les habitations ;

Les conditions hygiéniques par le réseau des égouts.

# CHAPITRE PREMIER

## ASSAINISSEMENT A LA SURFACE DU SOL DES VOIES PUBLIQUES

**501.** *Assainissement.* — L'assainissement à la surface du sol des voies publiques se fait, en général, en lavant les ruisseaux une ou plusieurs fois par jour au moyen de bornes-fontaines ou de bouche d'écoulement placées à tous les heurts ou sommets que présentent les ruisseaux des voies publiques d'une ville. Ainsi on ouvre les fontaines le matin, au moment du balayage ; vers le milieu de la journée et une troisième fois le soir. Pour que ces lavages soient efficaces, l'expérience a démontré qu'il fallait que l'écoulement donnât à peu près 1$^l$,75 d'eau par seconde.

Il faut que les orifices d'écoulement soient placés aux points culminants des ruisseaux pour que les eaux arrosent les deux versants à la fois. On doit donc, lorsqu'on s'occupe d'une distribution d'eau, avoir un nivellement bien exact de la surface de la ville, avec l'indication sur le même plan des cotes de hauteur de tous les points hauts et bas des ruisseaux, afin de déterminer le nombre et la position tant des fontaines qui fourniront les eaux pour le lavage que des bouches d'égout qui les font disparaître après qu'elles ont servi à ce lavage.

Pour chaque îlot de maisons, il se trouve au moins un point haut ; quelquefois il y en a plusieurs. On doit alors étudier avec soin le relief de la ville, et modifier les

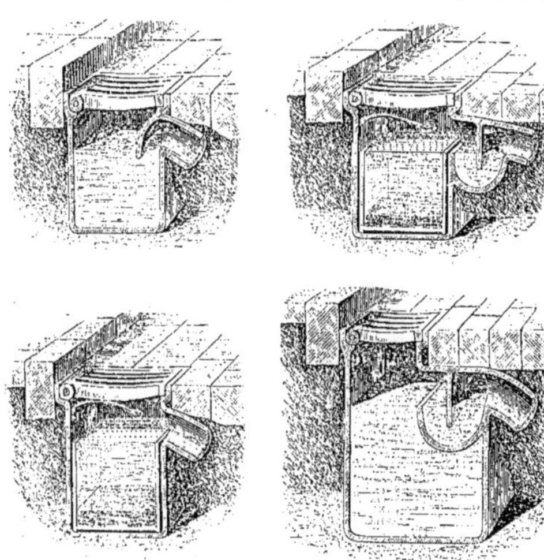

Fig. 488.

pentes du pavage d'après les exigences de la distribution d'eau, de manière à n'avoir, autant que possible, pour chaque îlot de maison, qu'un seul point culminant, et, par suite, une seule borne d'écoulement et une seule bouche d'égout. On détermine ainsi la quantité d'eau nécessaire pour l'assainissement.

Nous avons suffisamment décrit tout ce qui concerne les bornes-fontaines et les bouches de lavage dans le chapitre du *dégorgement* pour qu'il soit nécessaire d'entrer de nouveau dans les détails.

Il n'y a pas lieu non plus de nous occuper des bouches d'égout qui sont l'une des portes d'accès des eaux aux égouts d'évacuation. — Toutefois il nous paraît bon de signaler au point de vue de l'hygiène publique qu'il serait nécessaire d'avoir à l'entrée de chaque bouche d'égout une sorte de cuvette formant siphon hydraulique pour intercepter toute communication entre l'air de l'égout et celui de la surface du sol. Les tentatives faites jusqu'à ce jour pour résoudre cette question n'ont pas donné de résultat pratique.

Nous ne pouvons cependant pas nous empêcher de signaler un modèle anglais de grilles d'égout en caniveaux dont nous donnons quatre spécimens dans la figure 488.

Les types B et C sont munis de cuvettes à paniers pour pouvoir retenir les impuretés que la grille laisse passer. Lorsque le panier est plein on l'enlève par l'anse et on le vide. Les types A, C et D sont munis d'une fermeture hydraulique.

# CHAPITRE II

## ASSAINISSEMENT DANS LES HABITATIONS

### § I. — DISPOSITIONS GÉNÉRALES

**502.** On a reconnu que le meilleur moyen d'éviter les dépôts fermentescibles dans le réseau des égouts ou conduits, destinés à recevoir les eaux vannes et ménagères, les urines, etc. est l'usage des lavages suffisamment énergiques. Dans la plupart

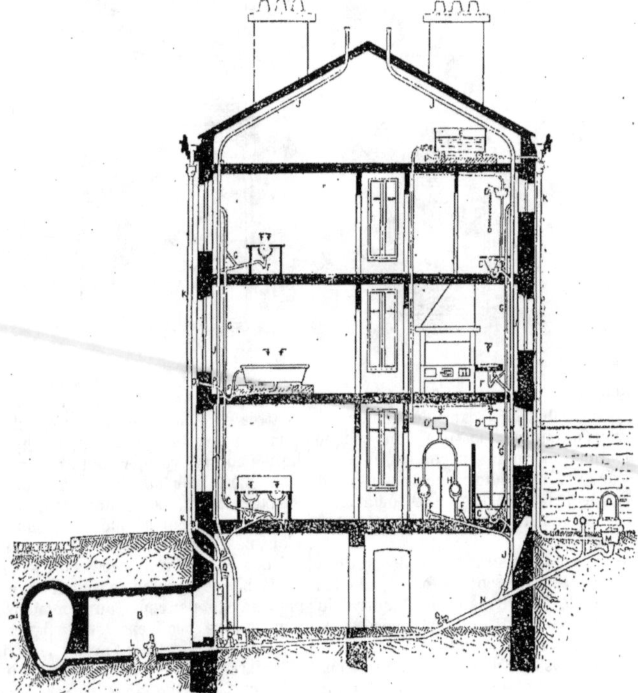

Fig. 489.

des cas, on ne peut songer à effectuer ces lavages d'une manière continue, d'une part, parce que la quantité d'eau dont on peut disposer, pour les opérations de nettoyage hygiénique sont insuffisantes ; d'autre part parce que ce système peut devenir fort dispendieux.

Mais si l'on ne peut s'arrêter à ce mode de lavage continu, on peut tout au moins chercher à s'isoler le plus possible des conduits ou des capacités qui sont destinés à recevoir ou à contenir les matières

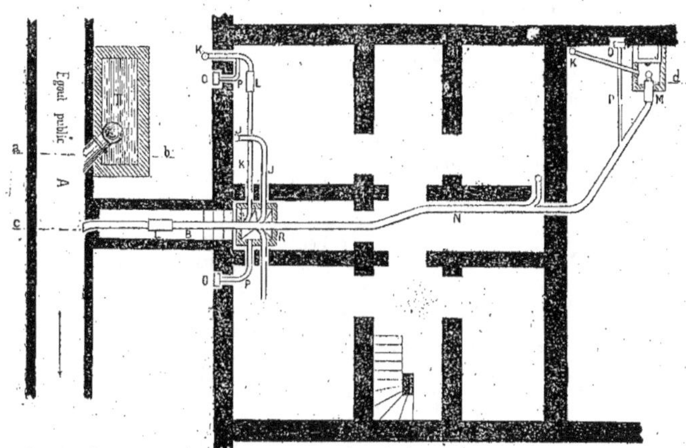

Fig. 490.

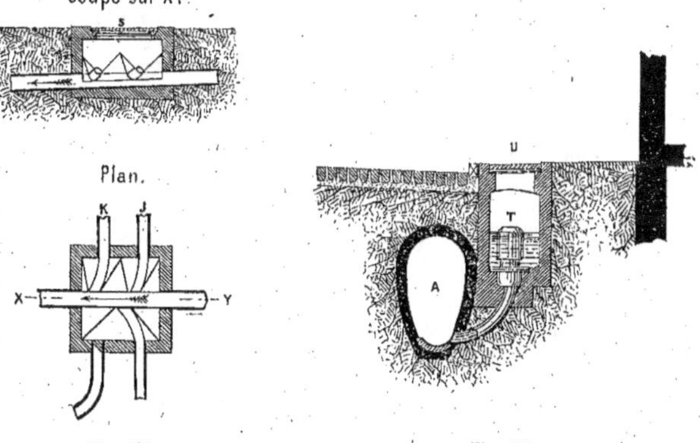

Coupe sur XY.

Plan.

Fig. 491.

Fig. 492.

fermentescibles et insalubres ; on doit également les recevoir dans des conduits et des capacités absolument étanches et inattaquables aux matières plus ou moins liquides acides ou basiques, avec lesquelles ils sont en contact.

Les appareils qui permettent d'isoler les matières insalubres reposent tous sur le principe de l'obturation hydraulique.

Pour permettre au lecteur de juger de l'ensemble de la question que nous allons traiter, nous avons réuni dans la figure 489 un spécimen des diverses installations d'appareils de salubrité que comprend en général l'assainissement d'une habitation.

La légende ci-dessous et la figure 490 qui représente le plan du sous-sol et les figures de détail 491 et 492 donnent la série des divers cas qui peuvent se présenter dans les dispositions à prendre par l'architecte et l'ingénieur sanitaire chargés de la construction des maisons d'habitation.

*Légende pour les figures 489 à 492.*

A, Égout public ;

B, Branchement particulier ;

C, Cuvette sans mécanisme ;

D, Réservoir de chasse fonctionnant à tirage ;

D, Réservoir de chasse fonctionnant automatiquement ;

E, Réservoir servant à l'alimentation générale ;

F, Siphons avec bouchon de nettoyage pour éviers, lavabos, bains et urinoirs ;

G, Tuyaux d'aération des siphons de lavabos, éviers et cuvettes de sièges ;

H, Urinoirs avec lavage par chasse automatique ;

J, Tuyaux de chute des cabinets d'aisances, urinoirs, éviers, lavabos, baignoires ;

K, Tuyaux de descente des eaux pluviales ventilés isolément ;

L, Siphons pour conduites de grandes dimensions ;

M, Siphon de cour ;

N, Conduite d'évacuation générale ;

O, Prises d'air ;

P, Embranchements de prises d'air ;

Q, Bouchons à étrier pour visites ;

R, Regard de visite ;

S, Trappe de regard à joint hermétique ;

T, Appareil de chasse pour lavage de l'égout public ;

U, Trappe de regard avec grille de sûreté.

**503.** A Paris l'écoulement des eaux vannes et ménagères tend à disparaître peu à peu de la voie publique au fur et à mesure de la création des égouts. Cet écoulement est réglementé par un arrêté préfectoral que nous donnons ci-dessous.

## Règlement

### POUR L'ÉCOULEMENT DIRECT DES EAUX VANNES DANS LES ÉGOUTS PUBLICS

#### par appareils diviseurs

Le Préfet de la Seine,

Vu :

1° La loi des 16-24 août 1790 ;

2° Les décrets des 26 mars 1852 et 10 octobre 1859 ;

3° Les ordonnances de police des 5 juin 1834, 23 octobre 1850, 1ᵉʳ septembre 1853 et 29 novembre 1854 ;

4° La délibération de la Commission municipale en date du 20 décembre 1850, qui fixe la rétribution à payer à la ville de Paris pour écoulement dans les égouts des liquides provenant des fosses d'aisances ;

5° L'arrêté réglementaire du 2 juillet 1867 ;

6° L'arrêté réglementaire du 10 novembre 1886 ;

7° La délibération du Conseil municipal en date du 28 février 1887 ;

Sur la proposition de l'Inspecteur général des ponts et chaussées, directeur des Travaux,

### ARRÊTE :

ARTICLE PREMIER — Les propriétaires des maisons en bordure sur la voie publique pourront faire écouler les eaux vannes de leurs fosses d'aisances dans les égouts de la ville, au moyen d'appareils diviseurs.

*Abonnement.*

A cet effet, ils souscriront des abonnements qui seront approuvés, s'il y a lieu, par arrêtés préfectoraux, sur l'avis de l'ingénieur en chef de l'Assainissement.

Ces abonnements seront annuels et révocables à la volonté de l'Administration. Ils partiront des 1ᵉʳ janvier et 1ᵉʳ juillet de chaque année.

*Renonciation.*

Le propriétaire pourra y renoncer en prévenant le préfet de la Seine six mois à l'avance ; quelle que soit la date de l'avertissement, le prix de l'abonnement sera exigible jusqu'à son expiration.

*Conditions d'abonnement.*

Art. 2. — Les conditions à remplir pour l'abonnement sont les suivantes :

*Concession d'eau.*

1° La propriété sera desservie par les eaux de la ville ;

2° Elle sera pourvue d'un branchement d'égout particulier.

*Appareils diviseurs.*

3° Les eaux vannes devront être séparées des solides au moyen d'appareils diviseurs d'un modèle accepté par l'Administration. Les entrepreneurs chargés de la fourniture ou de l'entretien de ces appareils seront exclusivement choisis parmi les entrepreneurs de vidange en exercice à Paris.

*Caveau.*

Les appareils diviseurs seront établis dans un caveau convenablement ventilé et dont le sol aura été rendu imperméable et disposé en forme de cuvette.

*Cabinets d'aisances.*

4° Tout cabinet d'aisances devra être muni de réservoirs ou d'appareils branchés sur la canalisation d'eau permettant de fournir dans ce cabinet une quantité d'eau de dix litres, au minimum, par personne et par jour.

L'eau ainsi livrée dans les cabinets d'aisances devra arriver dans les cuvettes de façon à former une chasse suffisante vigoureuse.

Les systèmes d'appareils et leurs dispositions générales seront soumis au Conseil municipal avant que leur emploi par les propriétaires soit autorisé. Ils seront examinés par le service de l'assainissement et devront être reçus par l'Administration avant leur mise en service.

Toute cuvette de cabinets d'aisances sera munie d'un appareil formant fermeture hydraulique et permanente.

Ces dispositions seront applicables aux cabinets d'aisances des ateliers, des magasins, des bureaux et, en général, de tous les établissements qui reçoivent une nombreuse population pendant le jour.

*Eaux pluviales, ménagères.*

5° Il sera placé une inflexion siphoïde formant fermeture hydraulique à l'origine de chacun des tuyaux d'eaux ménagères.

Les tuyaux de descente des eaux pluviales seront munis d'obturateurs, interceptant toute communication directe avec l'atmosphère de l'égout.

Les tuyaux devront être aérés d'une manière continue.

*Tuyaux de chute et conduites d'eaux ménagères et pluviales.*

6° Les conduites d'eaux ménagères, les conduites d'eaux pluviales et les tuyaux de chute destinés aux matières de vidange ne pourront avoir un diamètre inférieur à $0^m,08$ ni supérieur à $0^m,16$.

Les chutes des cabinets d'aisances avec leurs branchements ne pourront être placées sous un angle supérieur à 45 degrés avec la verticale.

Chaque tuyau de chute sera prolongé au-dessus du toit jusqu'au faîtage et librement ouvert à sa partie supérieure.

La projection des corps solides, débris de cuisine, de vaisselle, etc., dans les tuyaux de chute et dans les conduites d'eaux ménagères et pluviales est formellement interdite.

Le tracé des tuyaux secondaires partant du pied des tuyaux de chute et des conduites d'eaux ménagères sera prolongé dans les cours et caves jusqu'au tuyau général d'évacuation.

Il en sera de même pour les conduites des eaux pluviales si le tuyau d'évacuation peut recevoir ces eaux, sauf dans le cas où le système d'évacuation des matières de vidange et des eaux ménagères ne comporterait pas la possibilité de recevoir les eaux du ciel.

Le tracé de ces tuyaux devra être formé de parties rectilignes.

A chaque changement de direction ou de pente, il sera ménagé une tubulure ou un regard de visite et d'aération facilement accessible.

*Évacuation directe à l'égout.*

7° Les tuyaux d'évacuation auront une pente minima de $0^m,03$ par mètre. Dans les cas exceptionnels où cette pente serait impossible ou difficile à réaliser, l'Administration aura la faculté d'autoriser des pentes plus faibles avec addition de réservoirs de chasse ou autres moyens d'expulsion à établir aux frais et pour le compte des propriétaires.

Le diamètre de ces tuyaux sera fixé sur la proposition des intéressés en raison de la pente disponible et du cube à évacuer. Il ne sera dans aucun cas inférieure à $0^m,16$.

Chaque tuyau d'évacuation sera muni avant la sortie de la maison d'un siphon dont la plongée ne pourra être inférieure à $0^m,07$ afin d'assurer l'occlusion hermétique et permanente entre la canalisation intérieure et l'égout public.

Chaque siphon sera muni d'une tubulure de visite avec fermeture étanche placée en amont de l'inflexion siphoïde.

Les modèles de ces siphons et appareils seront soumis à l'Administration et devront être acceptés par elle.

Les tuyaux d'évacuation et les siphons seront en grès, poteries et autres produits équivalents vernissés intérieurement.

Les joints devront être étanches et exécutés avec le plus grand soin sans bavure ni saillie intérieure.

L'emploi de la fonte pourra être autorisé dans le cas où le Conseil municipal jugerait cette matière acceptable.

Les tuyaux d'évacuation seront prolongés dans le branchement particulier jusqu'à l'aplomb de l'égout public.

*Fosses réformées.*

8° Les fosses fixes rendues inutiles par suite de l'installation des appareils diviseurs seront comblées ou converties en caves.

*Police des travaux.*

Art. 3. — Les dispositions qui précèdent et toutes celles que l'Administration jugerait utile de prescrire seront exécutées aux frais, risques et périls du propriétaire d'après les instructions des agents du service de l'Assainissement et sans qu'il puisse être mis empêchement au contrôle de ces agents, sous quelque prétexte que ce soit.

Les canalisations et appareils ne seront mis en service qu'après avoir été reconnus par l'inspecteur de l'Assainissement ou son délégué qui en autorisera l'usage.

*Interruption d'écoulement.*

Art. 4. — Les abonnés n'auront droit à aucune indemnité pour cause d'interruption momentanée d'écoulement d'eaux vannes à l'égout par suite de travaux exécutés par la ville de Paris, lorsque l'interruption ne se prolongera pas au-delà d'un mois. Après ce terme, la réduction de la redevance, fixée par l'article 6 ci-après sera proportionnelle à la durée de l'interruption.

*Responsabilité.*

Art. 5. — Les abonnés seront exclusivement responsables envers les tiers de tous les dommages auxquels pourraient donner lieu soit ces appareils de vidange, soit l'écoulement des liquides en provenant.

Ils ne pourront faire aucune réclamation, ni prétendre à aucune indemnité dans le cas où les eaux de l'égout public viendraient à refluer à l'intérieur de la propriété soit par les appareils diviseurs, soit par les canalisations.

*Tarif.*

Art. 6. — Le propriétaire ou un représentant en son nom acquittera à la Caisse municipale une redevance annuelle de trente francs par tuyau de chute.

*Payement.*

Art. 7. — Le prix de l'abonnement sera versé d'avance en deux termes égaux (1<sup>er</sup> janvier et 1<sup>er</sup> juillet).

*Résiliation..*

A défaut de payement à l'une des échéances l'écoulement sera suspendu et l'abonnement résilié.

*Contraventions.*

Art. 8. — Les contraventions aux dispositions du présent arrêté seront constatées par procès-verbaux ou rapports et poursuivies par toutes voies de droit, sans préjudice des mesures administratives auxquelles ces contraventions pourraient donner lieu.

ART. 9. — L'arrêté du 2 juillet 1867 est rapporté.

ART. 10. — L'inspecteur général des ponts et chaussées, directeur des travaux, est chargé de l'exécution du présent arrêté dont ampliation sera adressée en double expédition :

1° Au Bureau du visa du Secrétariat général pour insertion au *Recueil des actes administratifs ;*

2° A la direction des Finances ;

3° A M. le directeur des eaux et de l'assainissement.

Paris, le 20 novembre 1887.

POUBELLE.

En outre, dans toutes les rues pourvues de collecteurs à bateaux ou à rails, ou d'égouts munis de réservoirs de chasse, les propriétaires de maisons en bordure sur la voie publique pourront faire écouler directement à l'égout les eaux pluviales et ménagères ainsi que les matières de vidange de leurs immeubles.

## § II. — *DÉTAILS DES APPAREILS SANITAIRES*

### Siphons et tuyaux de conduite.

**504.** Les siphons pour les écoulements intérieurs se font en plomb ou en fonte. Ils reviennent moins cher en plomb et tiennent moins de place.

En plomb on les fait en plusieurs dimensions depuis 0$^m$,035 de diamètre jusqu'à 0$^m$,060 de diamètre.

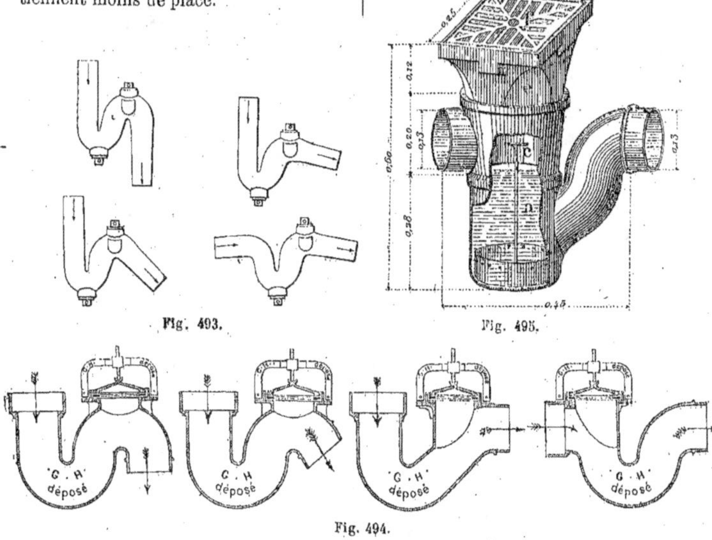

Fig. 493.

Fig. 495.

Fig. 494.

La figure 493 représente divers spécimens en fonte et en plomb à interception persistante pour conduites d'eaux vannes, urinoirs, éviers, baignoires, toilettes, etc.

Pour les canalisations devant servir de collecteurs aux écoulements précédents, on emploie de préférence des siphons en grès cérame ou en fonte.

La figure 494 représente quatre spécimens de siphons en fonte (modèle Geneste, Herscher et Cie) avec tampons de nettoyage à étriers, serrage à vis sur

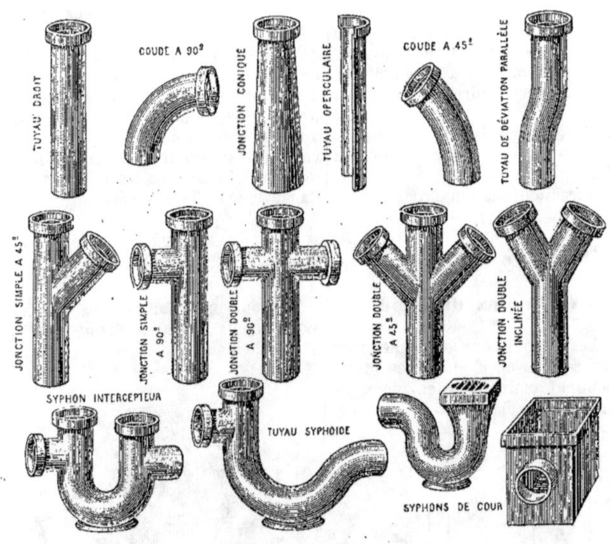


TARIF

| DIAMÈTRE EN CENTIMÈTRES. | 10 | 12.5 | 15 | 17.5 | 20 | 22.5 | 25 | 30 | 35 | 40 | 45 |
|---|---|---|---|---|---|---|---|---|---|---|---|
| Poids approximatif du mètre linéaire. . . . | 11 k. | 17.5 | 20.8 | 33.3 | 40 | 45 | 53.3 | 70 | 94.2 | 102.5 | 132.5 |
| Tuyaux droits { le bout de 60 centim. . | 1f.» | 1.20 | 1.30 | 2.» | 2.25 | 3.» | 3.60 | 4.50 | 7.» | 8.» | 10.80 |
| le mètre linéaire . . . | 1f.66 | 2.» | 2.16 | 3.33 | 3.75 | 5.» | 6.» | 7.50 | 11.66 | 13.33 | 18.» |
| Coudes. . . . . . . la pièce | 1f.75 | 2.25 | 2.50 | 3.» | 3.50 | 4.50 | 5.50 | 6.50 | 10.» | 11.50 | 14.» |
| Jonctions simples et coniques { la pièce | 2f.25 | 2.50 | 2.75 | 3.50 | 4.» | 5.» | 6.» | 7.50 | 10.50 | 12.50 | 15.» |
| Jonctions doubles . . la pièce | 3f.» | 3.25 | 3.50 | 4.50 | 5.50 | 6.75 | 7.50 | 10.» | 14.» | 17.50 | 23.» |

Fig. 496.

rondelle de caoutchouc pour canalisation d'eaux vannes, pluviales et ménagères.

La figure 495 représente un spécimen de siphon de cour en fonte avec grille mobile à fermeture et panier ramasse boue (type Geneste et Herscher). Nous avons sur les figures 496 et 496 *bis* groupé plusieurs spécimens d'appareils obturateurs et de conduits en grès cérame que l'on trouve aujourd'hui non seulement en produits anglais (Doulton et Cie) mais également en produits français, notamment à Ivry Port (Muller et Cie), à la Compagnie des grès cérames de Pouilly-sur-Saône etc. etc...

## SIPHONS INTERCEPTEURS

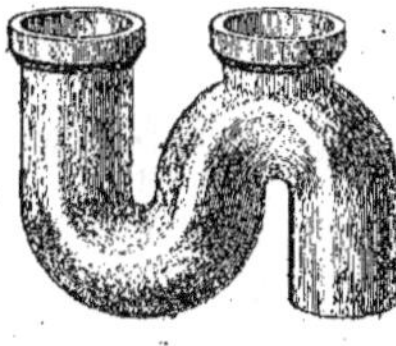

## COUPE DES SIPHONS INTERCEPTEURS

avec application du tampon pour fermeture hermétique

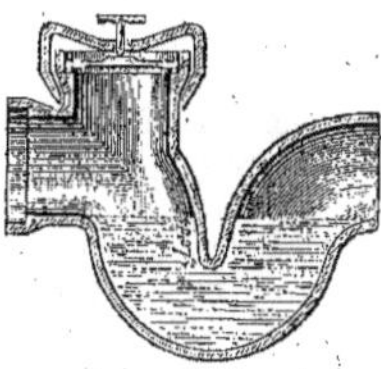
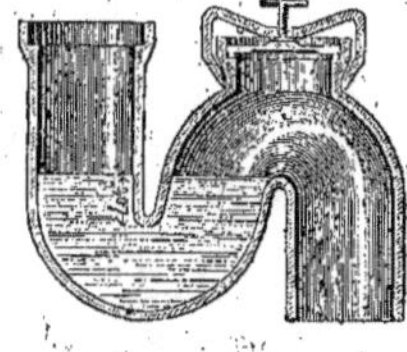
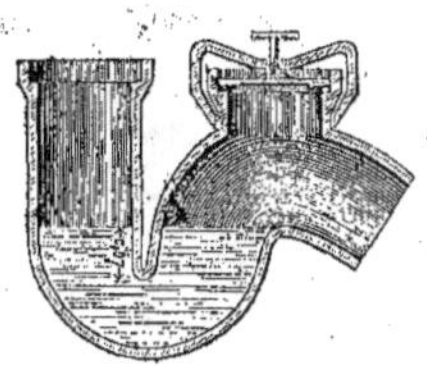

| Diamètre, en centimètres... | 8 | 10 | 12 | 15 | 18 | 20 | 22 | 25 | 30 |
|---|---|---|---|---|---|---|---|---|---|
| Prix, la pièce sans branchement Fr. | 3.75 | 5.50 | 7.50 | 9.50 | 12.50 | 13.50 | 15.50 | 19. . | 23.50 |

*1 fr. 50 de plus-value pour le branchement.*

## TAMPONS

Tampon français à fermeture hermétique
système JACQUEMIN

Tampon à fermeture hermétique
pour tuyaux et siphons

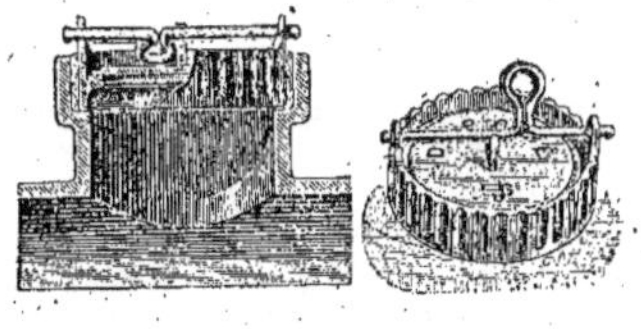

PRIX

| Diam. | 0.10 | 0.12 | 0.15 | 0.18 | 0.22 |
|---|---|---|---|---|---|
| Fr.... | 6 | 7 | 8 | 9 | 10 |

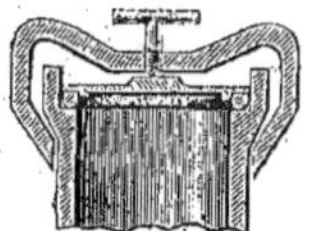

PRIX

Pour tuyaux de 0.10 de diamètre. Fr. 8.00
» » 0.12 » 9 20
» » 0.15 » 10.30
» » 0.18 » 12.00
» » 0.22 » 14.00
» » 0.25 » 18.50
» » 0.30 » 28.00

Fig. 496 *bis.*

### Boîtes d'aérage.

**505.** Pendant fort longtemps (et encore aujourd'hui dans les constructions où le constructeur n'apporte pas tout le soin désirable à son œuvre), on a établi l'aération des canalisations des eaux impures et insalubres en les faisant simplement déboucher à air libre par leurs extrémités. En sorte que l'on siphonait les parties de ces canalisations débouchant à l'intérieur des locaux habités sans se préoccuper de la communication avec l'atmosphère extérieure qui peut se trouver ainsi infectée.

La maison Geneste, Herscher et Cie, l'une des premières, a cherché à obvier à cet inconvénient par l'application de boîtes d'aérage automatique avec valve en mica, sur les tuyaux de chute, siphons, canalisation d'eaux vannes, pierres d'évier etc. etc.

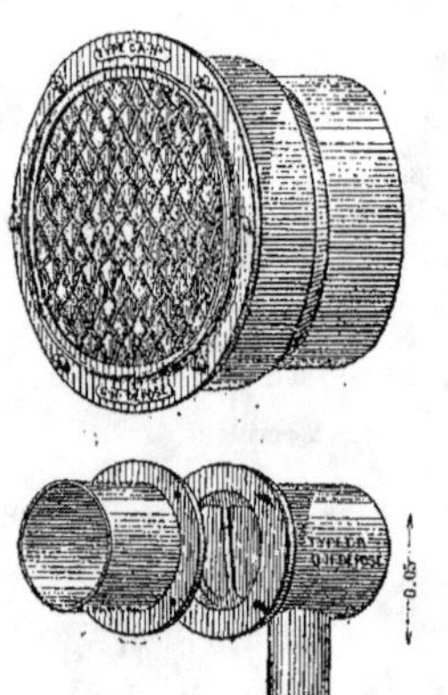

Fig. 497.

Nous avons indiqué (*fig.* 497) quelques spécimens de ces boîtes.

## Appareils automatiques de chasse d'eau.

**506.** L'emploi des appareils automatiques de chasse d'eau offre de grands avantages au point de vue de l'assainissement.

En effet, pour que la salubrité d'une ville soit assurée, il est incontestable qu'une des principales conditions à réaliser est d'empêcher le séjour de matières fermentescibles dans les égouts et les conduites qui reçoivent les eaux vannes, ménagères et pluviales, les déjections, etc. Or, des lavages énergiques peuvent seuls entraîner ces dépôts. Mais il est généralement impossible d'effectuer ces lavages d'une façon continue parce que, d'un côté, les ressources de la distribution ne permettent pas de disposer d'une quantité d'eau suffisante pour de telles opérations, et d'un autre côté, le prix de revient de l'eau étant le plus souvent assez élevé, il y a intérêt à en limiter au strict minimum le volume employé.

Afin d'éviter ces inconvénients, on a recours à des lavages intermittents. On dirige le filet d'eau dont on dispose dans un réservoir dont la capacité varie suivant l'importance de la conduite à laver et, à un moment donné, lorsque la masse d'eau accumulée dans le réservoir est assez considérable, elle se précipite dans la conduite et fournit ainsi pendant un temps très court un courant assez fort pour chasser ou entraîner avec lui toutes les matières qui se trouvent sur son passage.

*Les appareils de chasse* réalisent très simplement ce système de lavage par écoulements intermittents.

De nombreux dispositifs ont été proposés pour effectuer à un moment donné, la vidange d'un réservoir d'eau. Le fonctionnement de ces appareils doit être régulier et aussi bien assuré que possible ; cela est essentiel puisque, se trouvant placés le plus souvent au-dessous du sol, près des conduites à desservir, ils ne peuvent être surveillés que difficilement.

Pour éviter autant que possible les chances d'arrêt, on ne doit pas employer, dans leur construction, d'organes compliqués ou délicats qui seraient sujets à se détériorer.

Le siphon, qui satisfait à ces conditions, se trouvait naturellement indiqué et il a été utilisé dans plusieurs appareils de chasse qui sont adoptés dans la pratique depuis quelque temps. Nous citerons notamment l'appareil de *Field* qui, légèrement modifié, constitue un des éléments du système d'assainissement du colonel *Waring*. On peut, avec un siphon, vider rapidement un réservoir, à un moment donné, sans le concours d'organes d'obturation mobiles tels que les vannes ou les soupapes qui peuvent occasionner des dérangements ou des fuites. C'est un grand avantage ; mais pour qu'un siphon ait un fonctionnement bien assuré, quel que soit le mode de remplissage du réservoir, il doit être complété par certaines dispositions additionnelles établies de façon à n'offrir aucune cause de dérangement.

Le procédé d'amorçage est un des points les plus importants à établir dans un appareil de chasse à siphon. En effet, pour éviter le débit en pure perte d'une partie de l'eau du réservoir de chasse, il est essentiel que l'écoulement se fasse, dès le début, à pleine section.

L'amorçage peut s'obtenir directement, sans grandes difficultés lorsque le réservoir est alimenté par un filet d'eau dont la section est comparable au diamètre du siphon. Mais l'alimentation se fait le plus souvent, par un mince filet, et dans ce cas, lorsque l'eau du réservoir atteint un certain niveau, elle commence à se déverser dans la longue branche du siphon, sans déterminer immédiatement l'écoulement à pleine section que l'on se propose d'obtenir ; si le rebord du siphon à sa partie supérieure n'est pas dans un plan absolument horizontal, cet inconvénient peut même se prononcer fortement. La

d'une grande simplicité, cette disposition exige donc beaucoup de précision dans l'exécution et dans la pose. Il est d'ailleurs évident que, même en supposant la pose bien faite, un simple tassement dans la maçonnerie qui supporte le réservoir produira un léger devers du rebord et rendra ainsi défectueux le fonctionnement de l'appareil.

Pour éviter ces causes d'irrégularité, MM. Geneste, Herscher et Carette ont étudié la nouvelle disposition de siphon automatique représentée par la figure 499.

Dans cet appareil, on utilise, pour

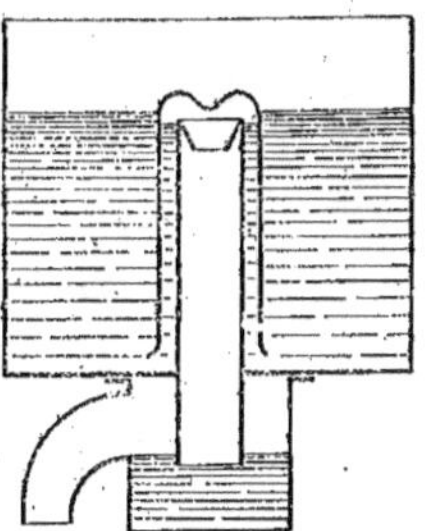

Fig. 498.

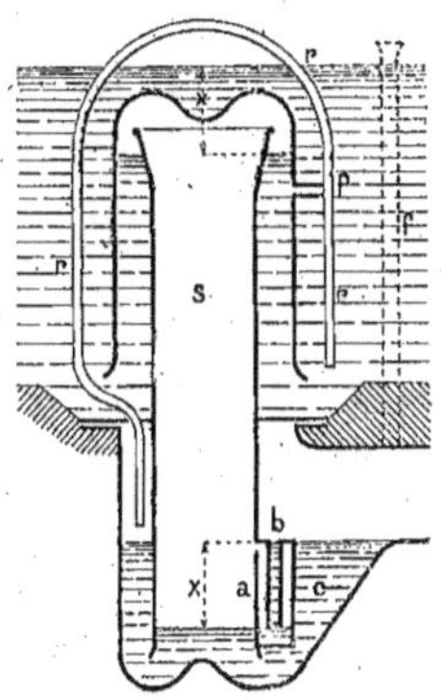

Fig. 499.

difficulté d'expulser instantanément, au moment voulu, l'air contenu dans le siphon peut encore retarder l'amorçage.

Les différents appareils à siphon en usage jusqu'à présent présentent plus ou moins ces imperfections. Prenons, par exemple, les appareils du type Field, dans lesquels l'amorçage se fait par le procédé de la trompe d'eau. Afin de faciliter la formation de la trompe, la partie supérieure de la grande branche du siphon est munie d'un ajutage conique rentrant (*fig.* 498), mais pour que l'amorçage se fasse régulièrement il est nécessaire que l'arête du biseau de cet ajutage soit bien tranchante et se trouve établie dans un plan parfaitement horizontal. Bien qu'étant

l'amorçage, la compression et la détente, en temps utile, de l'air enfermé dans le siphon. La compression de l'air résulte de l'alimentation même du réservoir ; lorsqu'elle atteint une valeur déterminée il se produit automatiquement un échappement d'air et, par suite, une détente brusque, qui provoque instantanément l'amorçage.

L'appareil ne comporte aucun mécanisme et fonctionne régulièrement, quelque soit le mode de remplissage du réservoir, et à des intervalles plus ou moins rapprochés qu'on fait varier à volonté, en modifiant le débit d'un robinet placé sur la conduite qui amène l'eau dans le réservoir.

*Description*. — L'appareil comprend essentiellement :

1° Un siphon S, avec cuvette de retenue d'eau $c$ à la base ;

2° Un dispositif d'amorçage $a$, ou détendeur ;

3° Un tube régulateur $r$.

Le dispositif de détente $a$ est formé d'un récipient muni d'un plongeur $b$ ; ce récipient, greffé extérieurement sur la branche S du siphon, avec laquelle il communique par un petit orifice, est constamment immergé dans le liquide obturateur de la cuvette $c$.

Le tube régulateur $r$ est le complément du dispositif de détente ; c'est grâce à lui que la compression de l'air du siphon atteint sa valeur limite, lorsque le réservoir de chasse se trouve rempli au niveau voulu.

Le tube vertical $f$ est destiné à mettre la cuvette en communication directe avec l'atmosphère, dans le cas où l'aval du siphon risquerait d'être noyé.

*Fonctionnement*. — Pendant l'opération de remplissage du réservoir, lorsque le niveau de l'eau est arrivé à la hauteur de la communication $p$ du tube $r$ avec la cloche du siphon, un volume d'air déterminé se trouve emprisonné et se comprime graduellement, pendant que s'achève l'alimentation du réservoir.

Des dénivellations $xx$ s'établissent progressivement entre les niveaux du liquide, à l'intérieur du siphon.

La surface du liquide, à la partie inférieure du siphon, finit par atteindre, dans son mouvement d'abaissement, le niveau inférieur du tube plongeur $b$ ; à ce moment, l'air comprimé du siphon pénètre dans ce tube et s'échappe brusquement dans l'atmosphère, en chassant la colonne d'eau, dont la hauteur sert précisément à limiter le maximum de la compression.

Par suite de cette détente de l'air comprimé, l'équilibre des pressions se trouve rompu et la pression atmosphérique se rétablit subitement à l'intérieur ; le niveau de l'eau dans la cloche du siphon tend donc immédiatement à remonter à la hauteur du liquide dans le réservoir de chasse ; mais, comme le niveau de ce liquide est plus élevé que celui de la cloche, il en résulte que l'eau déborde à flots dans la longue branche du siphon et forme une véritable cataracte, en entraînant l'air contenu dans cette branche : l'amorçage se trouve ainsi déterminé d'une façon instantanée.

Pendant l'écoulement, l'air extérieur ne peut pas rentrer dans le siphon ; c'est le tube régulateur $r$ qui permet à la pression atmosphérique de se rétablir dans ce siphon ; aussi convient-il de donner à ce tube un diamètre assez grand pour que la pression se rétablisse très rapidement ; de plus, on fait disparaître ainsi les chances d'engorgement.

Le tube régulateur a encore pour effet de maintenir très sensiblement constant

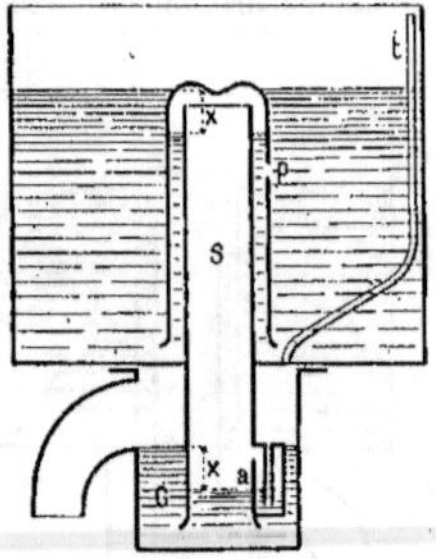

Fig. 500.

le volume d'air emprisonné dans le siphon, lorsqu'il y a inondation à l'aval ; l'appareil n'est donc jamais déréglé et le fonctionnement naturel des chasses reprend de lui-même, dès que l'inondation a disparu.

Dans la figure 499, le réservoir est supposé en maçonnerie ; c'est ainsi que se construisent les réservoirs des grands appareils utilisés pour le lavage des égouts ou les grandes conduites.

Dans les habitations particulières, les appareils que l'on emploie pour le lavage des urinoirs, des cuvettes de cabinets d'aisances, etc., sont de petite dimension et ordinairement établis dans des réservoirs en tôle ou en fonte.

Comme, dans ce cas, l'aval du siphon ne peut jamais être noyé et qu'il se produit, pendant la chasse, une succion qui tend à augmenter le débit du siphon, on supprime le tube régulateur et on adopte la disposition de la figure 500. La cloche est, ainsi qu'on le voit, simplement percée, à hauteur convenable, d'un petit trou $p$, recouvert d'une crépine à mailles très fines qui a pour objet de retenir les impuretés contenues accidentellement dans l'eau. Le tube $t$ a pour but de laisser rentrer l'air dans la cuvette de retenue, à la fin de la chasse, et de rétablir ainsi rapidement la pression atmosphérique dans cette cuvette. Cet appareil, comme le précédent, est d'une installation très facile ; il n'exige aucune précaution spéciale pour la pose et n'est exposé à aucun dérangement pendant sa marche.

### Appareils à chasse d'eau discontinue.

**507.** Les appareils à chasse d'eau automatique excellents pour des cas où l'usage est continu, deviennent inapplicables lorsque l'usage est intermittent.

On a donc recours à des appareils manœuvrant par tirage à main.

Nous avons indiqué (*fig.* 501) l'application d'un appareil de ce genre pour l'assainissement d'un cabinet d'appartement.

*Légende de la figure* 501.

A, Chute en grès vernissé ;

B, Cuvette à siphon en grès vernissé ou en faïence émaillée ;

C, Réservoirs de chasse ;

$a$, Prise d'eau ;

$b$, Robinet d'arrêt ;

$c$, Tuyau de chasse ;

$d$, Alimentation d'eau ;

$e$, Tirage pour l'amorçage du réservoir de chasse ;

$f$, Ventilateur des siphons pénétrant la

chute au-dessus du cabinet du dernier étage ;

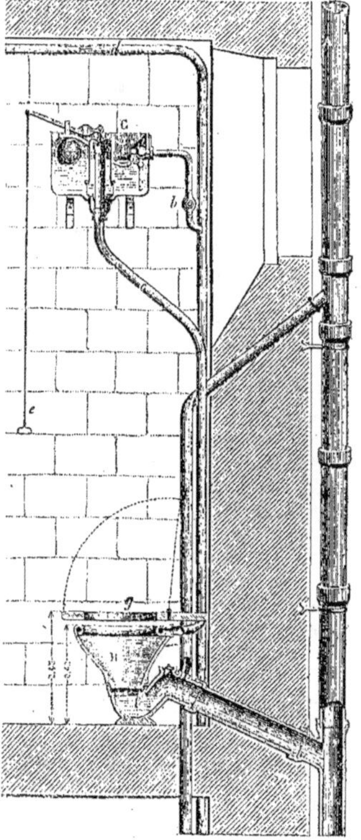

Fig. 501.

$g$, Dessus du siège mobile en sapin, chêne ou acajou ;

# CHAPITRE III

## DU RÉSEAU DES ÉGOUTS

**512.** Après avoir amené de l'eau potable dans une ville, il faut, pour assurer son assainissement, donner un écoulement régulier et facile aux eaux souillées par le lavage des rues et des habitations, et à toutes les immondices produites journellement.

Cette condition essentielle de salubrité est en partie remplie par les égouts qui, au moyen d'un système de canalisation souterraine, débarrassent la ville de ses eaux impures.

Un égout est une galerie longue maçonnée, ayant une certaine pente, et par laquelle s'écoulent les eaux.

Un réseau d'égouts est composé d'un ensemble de tuyaux d'évacuation pour les eaux d'arrosage, pluviales et ménagères qui sont amenées dans les égouts; ceux-ci aboutissent à des canaux dits *collecteurs* qui sont chargés de transporter les impuretés loin de la ville. On voit que le système d'égouts est analogue au système de distribution d'eau, mais inverse.

L'écoulement des eaux se fait, dans les égouts, en vertu de la pesanteur seule; les conduites ne sont donc pas forcées, et le système entier doit présenter une pente continue en rapport, dans chaque partie, avec l'importance du débit.

Des tubes en maçonnerie de section ovoïde forment les égouts. Dans les grandes villes, l'installation de tous les services de canalisation d'eau, d'air comprimé, des réseaux télégraphiques et téléphoniques, etc., est aménagée dans la partie supérieure ; la distribution du gaz est souvent isolée et placée en tranchées recouvertes, en raison des fuites qui peuvent accumuler du gaz dans les égouts et présenter ainsi des dangers d'explosion.

Dans les égouts de petite et de moyenne section, le nettoyage se fait au rabot ; lorsque la pente est faible, des chasses d'eau sont, en outre, utilisées pour refouler les sables accumulés et les transporter dans les parties ayant une plus grande pente.

### § I. — CHOIX DES DIVERS TYPES A ADOPTER POUR LES ÉGOUTS ET CALCUL DE LA PENTE A DONNER A CHACUN D'EUX

**513.** Les types les meilleurs sont ceux adoptés par la ville de Paris ; il faut, pour chacun d'eux, calculer la section $\Omega$ occupée par l'eau et le périmètre mouillé $\chi$ pendant un fort orage ; la valeur du rayon moyen R en sera déduite.

$$R = \frac{\Omega}{\chi}$$

Les résultats de ces calculs sont donnés dans le tableau suivant ; on a supposé que, dans les circonstances correspondant au débit maximum, la profondeur du courant ne dépassait pas un mètre.

| NUMÉROS D'ORDRE | $\Omega$ | $\chi$ | R |
|---|---|---|---|
| | m. car. | m. | m. |
| 1 | 1.40 | 3.15 | 0.445 |
| 2 | 1.30 | 3.05 | 0.426 |
| 3 | 1.15 | 2,90 | 0.418 |
| 4 | 1.00 | 2.75 | 0.364 |
| 5 | 0.90 | 2.70 | 0.333 |
| 6 | 0.80 | 2.65 | 0.306 |
| 7 | 0.70 | 2.50 | 0.280 |
| 8 | 0.55 | 2.25 | 0.244 |
| 9 | 0.32 | 1.85 | 0.162 |
| 10 | 0.25 | 1.65 | 0.157 |
| 11 | 0.20 | 1.50 | 0.133 |

Si l'on désigne par Q le débit d'un égout en une seconde, par $\Omega$ la section du courant et par $u$ sa vitesse moyenne : on a

$$Q = \Omega u \qquad (1)$$

$u$ doit être comprise entre $0^m,50$ et 2 mètres, par conséquent $\Omega$ doit être compris entre :

$$\Omega' = \frac{Q}{2} = 0,50\,Q$$
$$\qquad\qquad\qquad (2)$$
$$\text{et} \qquad \Omega'' = \frac{Q}{0,50} = 2Q$$

En donnant à Q la valeur du débit maximum de l'égout, dont on veut choisir le type, il suffit de chercher dans le tableau précédent une valeur de $\Omega$ comprise entre

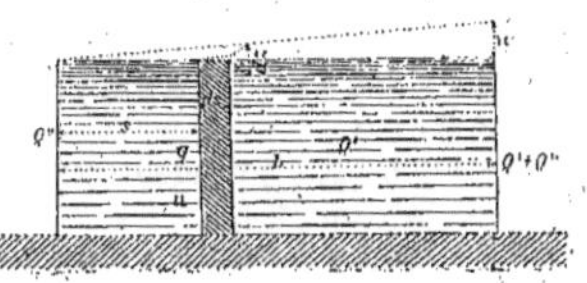

Fig. 502.

$\Omega'$ et $\Omega''$ et d'adopter le type auquel correspond cette valeur.

Il faut ensuite calculer la pente à lui donner.

Nous savons que l'on a :

$$RI = b_1 u^2 = 0,0004 u^2$$

$$I = \frac{0,0004\,u^2}{R} = \frac{0,0004\,\dfrac{Q^2}{\Omega^2}}{R} \qquad (3)$$

Considérons un tronçon d'égout (fig. 502).

Comme chaque tronçon d'égout reçoit de l'eau en route, si l'on désigne par Q' le débit total reçu en route et par Q'' le débit à l'amont de ce tronçon, le débit à l'aval est (Q' + Q''),

Or, on peut supposer que la hauteur de l'eau ne varie pas sensiblement dans un tronçon, donc $\Omega$ et $\chi$ sont constants ; on connaît donc les valeurs de R et de $\Omega$ pour chaque tronçon. Si dans la formule (3), on remplace Q par (Q' + Q''), on obtiendra une valeur de I trop forte ; si dans la même formule, on remplace Q par Q'', on obtient une valeur de I trop faible.

La détermination de la valeur à adopter pour I résulte des considérations qui vont suivre.

Supposons un canal de section mouillée constante $\Omega$ (voir la figure 502) recevant d'une façon continue, un volume d'eau déterminé par unité de longueur ; cela n'existe pas pratiquement, c'est à l'état limite vers lequel tend le régime d'un égout quand on y ouvre, à des distances égales, des orifices débitant un même volume d'eau et qu'on multiplie indéfiniment le nombre de ces orifices. La pratique se rapproche suffisamment des résultats que cette hypothèse va nous fournir.

Soient Q'' et (Q' + Q'') les débits aux deux extrémités du canal de longueur L ; considérons une tranche infiniment petite $ds$. Dans cette étendue, on peut regarder le débit $q$ et la vitesse $u$ comme constants.

Pour vaincre le frottement sur la longueur $ds$, nous devrons avoir une pente dont la valeur est :

$$\frac{dz}{ds} = \frac{0,0004\,\dfrac{q^2}{\Omega^2}}{R},$$

d'où :

$$dz = \frac{0,0004\,\dfrac{q^2}{\Omega^2}}{R}\,ds\,;$$

les variables sont $q$ et $s$.

Or $q$ comprend le débit initial Q'' (à l'origine du tronçon) augmenté du débit $q'$ reçu en route sur la longueur $s$.

Puisque, sur sa longueur totale L, le tronçon considéré reçoit un volume supplémentaire Q'' par seconde, il résulte de l'hypothèse faite plus haut que :

$$\frac{q'}{Q'} = \frac{s}{L};$$

d'où $\qquad q' = Q' \times \dfrac{s}{L}.$

Pour la tranche $ds$ considérée, il en résulte :

$$q = Q'' + q' = q'' + Q'\,\frac{s}{L},$$

d'où : $\qquad dq = \dfrac{Q'}{L}\,ds,$

par conséquent :

$$ds = \frac{L}{Q'}\,dq\,;$$

donc :
$$dz = \frac{0,0004\,\mathrm{L}}{\mathrm{RQ'}\Omega^2}\, q^2 dq;$$

et en intégrant de $Q''$ à $(Q' + Q'')$, on aura :

$$z = \frac{0,0004\,\mathrm{L}}{\mathrm{RQ'}\Omega^2} \int_{Q''}^{Q'+Q''} q^2 dq$$

$$z = \frac{0,0004\,\mathrm{L}}{\mathrm{RQ'}\Omega^2} \times \frac{(Q'+Q'')^3 - Q''^3}{3};$$

ou bien :

$$z = \frac{0,0004\,\mathrm{L}}{\mathrm{R}\Omega^2}\left(Q''^2 + Q'Q'' + \frac{Q'^2}{3}\right) \quad (4)$$

La pente I est alors :

$$\mathrm{I} = \frac{z}{\mathrm{L}} = \frac{0,0004}{\mathrm{R}\Omega^2}\left(Q''^2 + Q'Q'' + \frac{Q'^2}{3}\right) \cdot \quad (5)$$

Il s'agit de fixer la valeur moyenne que l'on peut admettre, pour remplacer celle de Q, dans l'équation (3) établie en supposant le débit reçu en route nul ; cette valeur de Q doit donc correspondre à la même pente I et, par conséquent, en faisant dans l'équation (5) :

$$Q'' = Q$$
$$\text{et} : Q' = o,$$

on aura la valeur de Q, en fonction de I, satisfaisant à cette condition.

Cela conduit à :

$$\mathrm{I} = \frac{z}{\mathrm{L}}\frac{0,0004}{\mathrm{R}\Omega^2}\, Q^2 \quad (6)$$

en éliminant I entre (5) et (6), il vient :

$$Q^2 = Q''^2 + Q'Q'' + \frac{Q'^2}{3}\cdot$$

Or, il est clair que :

$$Q > Q'' + \frac{Q'}{2}$$

et que :

$$Q < Q'' + \frac{Q'}{\sqrt{3}},$$

par conséquent :

$$Q'' + 0,577\,Q' > Q > Q'' + 0,500\,Q'.$$

On peut admettre, avec une approximation bien suffisante pour la pratique que :

$$Q = Q'' + 0,55\,Q' \quad (7)$$

Telle est la valeur qu'il faut porter dans l'équation (4) pour calculer la pente que l'on doit donner, dans chaque tronçon, à l'égout dont on a choisi le type.

Il convient de conserver le même type d'égout sur la plus grande longueur possible ; on le choisit alors en considérant les *maxima* des débits $Q_1$ à l'amont et $Q_2$ à l'aval, et en prenant dans le tableau qui a été donné, un type d'égout tel que la section immergée $\Omega$ soit comprise entre :

$$\Omega_1 = \frac{Q_1}{0,50} = 2Q_1$$

et :

$$\Omega_2 = \frac{Q_2}{2}\cdot$$

## § II. — CONSTRUCTION DES ÉGOUTS

**514.** Une galerie d'égout doit pouvoir conduire, dans une autre galerie où elle aboutit, les sables et les détritus accumulés, sans qu'il soit nécessaire de les extraire immédiatement ; cette considération seule impose une limite à la longueur des galeries. Suivant la pente des égouts et la nature des chaussées qui les recouvrent, on est amené à des longueurs variant de 300 à 1 000 mètres.

On peut admettre en principe que tous les égouts seront construits en meulière et mortier de ciment. Mais si l'on n'a pas de meulière, on pourra se rejeter sur la brique bien cuite ou à défaut sur le moellon de roche, sain et sec.

Après avoir fixé l'emplacement, on creuse une tranchée qu'on étrésillonne jusqu'à 1 mètre au-dessus du fond et l'on espace de 2 mètres les formes ou gabarits donnant le profil transversal de l'égout à construire. La pente du sol au fond ayant été réglée, les pieds-droits sont élevés ; puis on achève la voûte avec des cintres préparés sur des gabarits types.

Les blocs de meulières doivent être disposés normalement à la paroi intérieure et non par assises horizontales comme dans les maçonneries ordinaires ; on met donc sur *champ* et non à *plat* les blocs formant le radier.

Un enduit de ciment fin et parfaitement

lissé doit toujours revêtir les galeries d'égout, afin d'éviter l'adhérence des matières étrangères et de pouvoir opérer un nettoyage complet. Avec un mortier composé de deux parties de ciment et cinq de sable, on fait d'abord un rocaillage sur lequel on applique un enduit de mortier de ciment et de sable à parties égales ; ce mortier est posé à la taloche et l'on termine à la brosse.

Il est nécessaire de bien surveiller ce travail, car l'étanchéité de l'égout dépend de sa parfaite exécution, et il est difficile de combattre les infiltrations qui seraient la conséquence d'un travail mal fait. Une chape en mortier de $0^m,020$ d'épaisseur recouvre les voûtes extérieurement.

L'épaisseur des enduits intérieurs est de $0^m,010$ sur l'ensemble de la voûte, et de $0^m,030$ dans les parties qui forment le canal d'écoulement.

Autant que possible, la jonction des

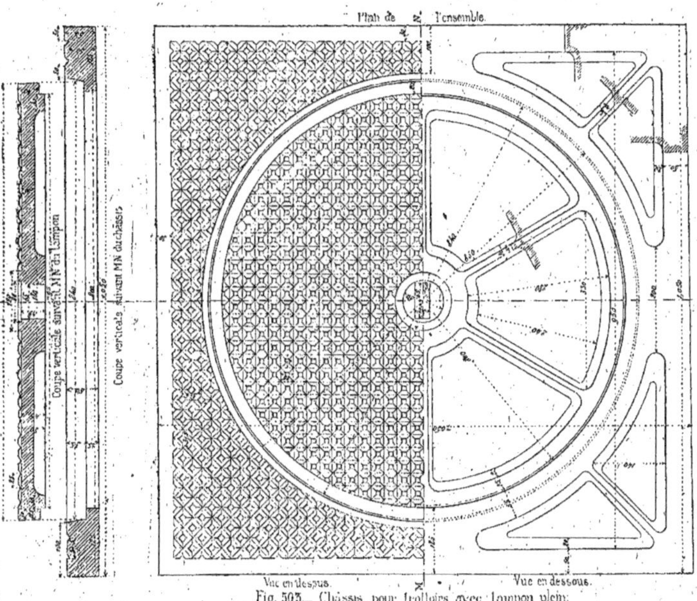


Fig. 503.— Châssis pour trottoirs avec tampon plein.

égouts se fait par des gradins avec un plan incliné en tête. Les tranchées doivent avoir une profondeur telle qu'au-dessus de l'extrados, le remblai ait, au minimum, 1 mètre.

Des puits ou regards, montant jusqu'au niveau de la chaussée, et recouverts d'une plaque en fonte, sont construits, de distance en distance, pour pénétrer dans les égouts et les aérer. La figure 503 représente en plan, en coupe et sous diverses faces un châssis pour trottoirs avec tampons pleins. La section de ces puits est rectangulaire ; le prolongement des pieds droits en forme les parois latérales, parallèlement à l'axe de l'égout ; les deux autres murs reposent sur la voûte qu'ils coupent suivant des plans verticaux. On doit multiplier les petits branchements conduisant aux regards sur trottoirs et qui donnent accès aux ouvriers, principalement dans les galeries qui peuvent être soudainement envahies par une masse d'eau ; des échelles en fer y sont établies pour que les égoutiers puissent sortir rapidement. La figure 504 représente la coupe transversale d'un égout type numéro 3, faite sur un regard.

D'autres puits portent aux égouts l'eau qui coule dans les rues ; ils sont ouverts en dehors de l'axe de la galerie afin que

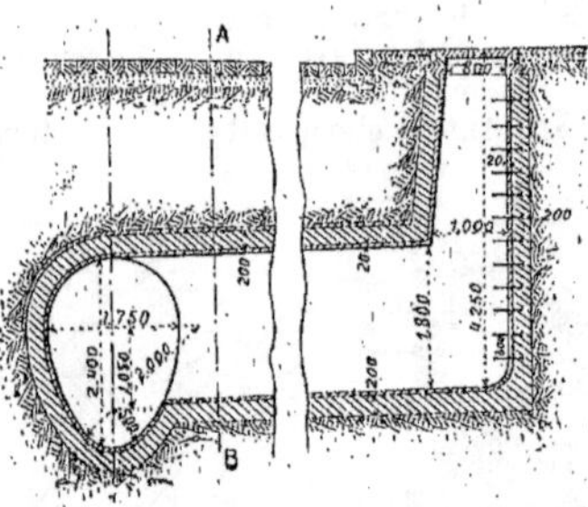

Fig. 504.

cette eau ne tombe pas sur les ouvriers qui travaillent ; ces puits sont reliés au *radier de l'égout* par un petit branchement à forte pente. La figure 505 représente la coupe transversale d'un égout type numéro 6, faite sur une bouche d'égout avec une coupe verticale faite sur la galerie d'accès. Les galeries conduisant aux bouches d'égout doivent être d'un accès facile ; les cheminées de descente sont cylindriques et à section circulaire. L'angle d'aval de la galerie est arrondi à la jonction avec l'égout

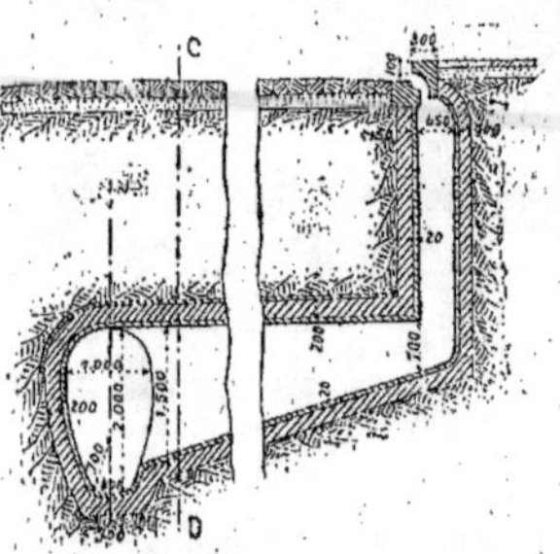

Fig. 505.

afin que les deux courants ne se rencontrent pas à angle droit. Les entrées d'eau se terminent par une forte grille en fonte, lorsqu'il n'y a pas de trottoirs.

Pour la maçonnerie, les détails de construction sont les mêmes que pour les égouts.

Aux points bas des ruisseaux qui entourent chaque îlot de maisons, il doit y avoir des bouches d'égout et aux points les plus hauts, des bouches sous trottoirs ou une borne-fontaine.

## Branchements d'égouts.

**515.** Les canaux de communication dans les maisons doivent entraîner facilement et sans produire d'odeur, toutes les matières à rejeter dans les galeries principales d'écoulement.

Il faut que les entrées des conduites soient défendues par des grilles assez serrées pour s'opposer à l'introduction de corps qui produiraient des obstructions inévitables, puisque l'eau doit être le seul moyen de curage et doit pouvoir entraîner les matières solides qui pénètrent

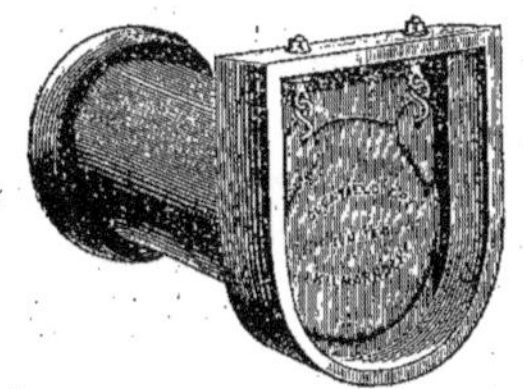

Fig. 506.

dans les conduites. L'écoulement est intermittent dans les branchements particuliers, ils restent parfois à sec et, s'ils sont poreux, si leur surface intérieure n'a pas été cimentée et lissée parfaitement, une

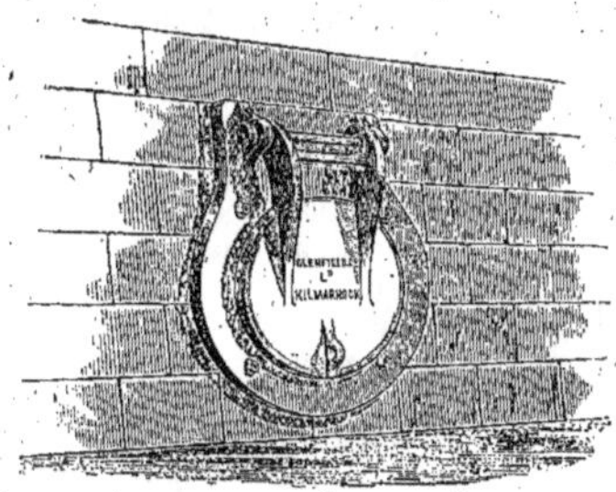

Fig. 507.

odeur nauséabonde s'en dégage; il faut donc qu'ils soient exécutés avec grand soin. Les maisons sont reliées aux égouts par ces branchements pour le service des eaux pluviales et ménagères; mais pour faciliter certains autres services, celui des tinettes filtrantes, par exemple, ils peuvent être prolongés sous les habita-

tions. La conduite des eaux ménagères doit être posée dans le branchement d'égout; il convient donc de faire un raccordement par gradins dans le cas où une trop grande différence existerait entre le niveau du radier du branchement et celui de l'égout public.

**516.** Différents systèmes sont employés pour intercepter la communication entre les égouts et l'intérieur des maisons. Ordinairement, un clapet en fonte ou en tôle galvanisée est adapté à l'embouchure du tuyau dans la galerie d'égouts; mais cette fermeture est imparfaite et n'empêche pas toujours les odeurs désagréables de pénétrer dans les habitations. La figure 506 représente un clapet de retenue

Fig. 508.

dont le corps est en grès et le clapet en fonte galvanisée; la figure 507 représente un clapet de retenue mural.

Souvent il est nécessaire d'établir une chasse automatique dans la canalisation. Le clapet représenté (*fig*. 508) a un contrepoids à réglage qui se soulève chaque fois que la charge d'eau accumulée est devenue suffisante. Il est préférable d'employer des siphons ou de faire aboutir les tuyaux d'écoulement des eaux ménagères dans le branchement, au-dessus d'un glacis et dans une cuvette en fonte dont la largeur ne dépasse pas le diamètre du tuyau et dont la longueur égale, au plus, le double de la largeur. Entre le sol de la cour et le radier de l'égout, il ne doit exister aucune arrivée dans ce tuyau.

Pour arrêter le refoulement des gaz provenant de l'égout, on aménage souvent à la tête du tuyau une cuvette siphon.

### Système Waring et Sones.

**517.** Le système des égouts à grande eau longtemps préconisé a, selon nous, le grave inconvénient d'établir trop facilement et malgré toutes précautions prises une communication entre l'air de la voie publique que tout doit tendre à assainir et celui forcément vicié de l'intérieur des égouts. Cependant nous ne saurions mieux faire sur ce sujet que de céder la parole à Alfred Durand-Claye, l'éminent ingénieur hygiéniste et de citer les conclusions de son rapport au congrès international d'hygiène de Vienne en 1887.

« ..... Quant à nous, nous estimons que « le drainage rationnel d'une ville de type « normal, comptant de 20,000 à 500,000 « habitants ou même plus, doit reposer « sur une combinaison de conduites et « d'égouts. Dans toutes les voies secon- « daires, des conduites en grès vernissé, « recevront à la fois les vidanges, les « eaux ménagères et les eaux pluviales « des immeubles et de la voie publique; « c'est ce qui a été pratiqué avec succès « à Berlin, c'est ce que nous avons pro- « jeté pour un certain nombre de villes « françaises (Nice, Le Havre, Chantilly). « Ces conduites n'ont pas besoin d'avoir « des diamètres exagérés à la condition « de desservir des périmètres limités et « de venir converger vers des égouts for- « mant collecteurs. Il est en effet facile « de se rendre compte que dans les sys- « tèmes séparés, les réservoirs de chasse « produisent, ainsi que nous l'avons déjà « fait remarquer, exactement le même « effet qu'une averse et inversement; « c'est ainsi qu'une conduite de 0$^m$,15 de « diamètre pourra également débiter en « 30 secondes une chasse de 500 litres « fournie par un réservoir, ou écouler « une pluie de 1 millimètre tombée en une « heure sur 20 hectares, en admettant « avec M. Belgrand que la pluie met trois « fois plus de temps à s'écouler qu'à tom- « ber. — La canalisation des voies secon- « daires sera naturellement munie de « réservoirs de chasse à l'origine des di-

« verses conduites; au point de jonc- « tion des conduites entre elles, ou aux « changements de direction et de pente, « seront installés des regards facilement « accessibles de la voie publique; les con- « duites y seront simplement demi-circu- « laires, on pourra à chaque instant vé- « rifier le bon fonctionnement entre deux « regards et au besoin faire les dégage- « ments sur les parties rectilignes inter- « médiaires. — Quand le réseau des con- « duites sera suffisamment développé « et d'une importance qui entraînerait « pour les diamètres une dimension supé- « rieure à 0$^m$40 ou 0$^m$,45, on adoptera, de « vrais égouts de forme ovoïde, d'une « hauteur suffisante pour permettre la « circulation des ouvriers, soit 1$^m$,75 à « 1$^m$,80 au maximum. Il convient d'éviter « à tout prix les petites galeries qui sont « trop grandes pour constituer une bonne « conduite et trop basses pour constituer « un bon égout.

« On pourra très utilement calculer la « cunette des égouts de manière à ce « qu'elle débite les eaux normales, eaux « ménagères et vidanges, petites pluies; « elle aura toujours une forme arrondie. « — La calotte supérieure devra pouvoir « écouler les averses. Pour les grands « orages des décharges seront ménagées « dans les rivières voisines; ces décharges « fonctionneront par trop-pleins, ainsi « que cela a lieu à Paris, Londres, Berlin, « et éviteront d'imposer aux égouts les « débits normaux des chutes météoriques « tout à fait exceptionnelles. On facilitera « singulièrement la circulation dans les « principales galeries, en plaçant à côté « de la cunette une petite banquette de « 0$^m$,40 de large sur laquelle pourront « circuler les ouvriers et qui permettra « d'utiliser les égouts principaux pour y « placer les conduites d'eau maîtresses, les « câbles téléphoniques, etc.

« Nous indiquons ci-contre (*fig.* 509) un « type de ce genre que nous appliquons « avec succès à Paris dans les égouts se- « condaires; dans une grande capitale en « effet, un certain luxe est autorisé dans « l'outillage hygiénique; c'est ainsi que « nos derniers égouts parisiens ont une « hauteur de 2$^m$,30 sur une largeur aux

« naissances de 1<sup>m</sup>,30; nous pouvons dès
« lors placer dans toutes nos rues les con-
« duites d'eau, les télégraphes, les télé-
« phones, dans la partie haute de la voûte;
« réservant la cunette du bas à l'écoule-
« ment des eaux sales normales. Nous
« avons donné simultanément un grand
« développement aux réservoirs de chasse;
« nous en plaçons nécessairement à l'ori-
« gine des égouts élémentaires ou aux
« changements de pente du radier des
« égouts un peu longs, c'est-à-dire aux
« points où le service des immeubles et
« de la voie publique ne donne qu'un cube
« journalier insignifiant et où les chasses
« doivent être assurées artificiellement.
« Nos réservoirs fonctionnent trois à qua-
« fois par jour automatiquement; une

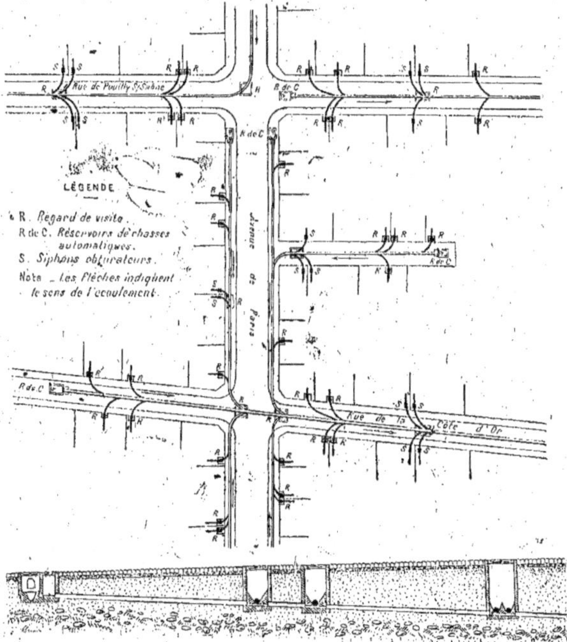


Fig. 509.

« vanne située à la partie inférieure per-
« met même des chasses à la main,
« qu'effectuent les égoutiers quand ils en
« reconnaissent la nécessité pour parfaire
« le lavage. Dix mètres cubes sont appro-
« visionnés dans les réservoirs qui seront
« au nombre de six cents environ dans le
« cours de l'année. — Cette généralisation
« des égouts proprement dits n'est aucu-
« nement la seule solution à préconiser,
« ainsi que nous l'indiquons ci-dessus; il
« est clair que la canalisation en poterie,
« lorsqu'elle est substituée à l'égout et
« peut le remplacer en absorbant les eaux
« pluviales, constitue une économie
« notable dont les municipalités ont le

« droit et le devoir de bénéficier, sauf pour
« les artères maîtresses à collecteurs. —
« Nous avons eu récemment l'occasion
« d'étudier comparativement l'établisse-
« ment d'un égout du type indiqué ci-
« dessus et d'une conduite en grès de
« 0ᵐ,30, avec réservoirs de chasse dans
« les deux cas : pour 210 mètres de lon-
« gueur, l'égout était évalué à 23 500 fr.;
« pour 205 mètres la conduite coûtait
« 4 400 francs; c'est un prix au mètre
« courant de 113 francs pour l'égout et de
« 21 francs pour la conduite : l'économie
« est des 4/5 en faveur de cette dernière.
« Il n'y a donc pas d'hésitation à avoir,
« sauf dans les villes de premier ordre qui
« voudraient assurer partout un accès
« facile aux ouvriers, éviter toute chance
« d'engorgement et utiliser les dernières
« ramifications du réseau pour placer les
« diverses canalisations en évitant ainsi
« l'ouverture des chaussées et le mouve-
« ment des terres du sous-sol.

### Résumé.

« En résumé, nous estimons que le sys-
« tème Waring et les systèmes séparés
« en général reposent sur une erreur hy-
« giénique en admettant que les eaux de
« pluie et de lavage des rues, que les eaux
« des ruisseaux en un mot, n'ont aucun
« inconvénient et peuvent être déversées
« purement et simplement aux cours
« d'eau les plus voisins ; l'écoulement de
« ces eaux sur la voie publique n'est pas
« admissible, sous peine d'inondation des
« quartiers bas ; les systèmes séparés im-
« pliquent donc les coûteuses dispositions
« d'un double réseau, l'un des conduites,
« l'autre d'égouts. — Il y a au contraire
« intérêt à constituer la canalisation
« d'une ville de manière à recueillir les
« immondices et eaux sales de toute es-
« pèce, y compris les pluies, sauf celles
« des orages exceptionnels ; la canalisation
« comprendra, dans les voies secondaires,
« des conduites en grès et, dans les voies
« principales, des égouts collecteurs ; des
« réservoirs de chasse seront placés à l'o-
« rigine des conduites en égouts et aux
« hauts des profils en long. Dans ces con-
« ditions, il sera tenu un compte équitable
« des exigences de l'hygiène et des néces-
« sités économiques qui s'imposent aux
« municipalités. »

Nous donnons (*fig.* 509) le plan général
d'une canalisation sur voie publique en
tuyaux de grès vernissé.

## § III. — SERVICE DES ÉGOUTS

**518.** Les égouts et les travaux accessoires de raccordement doivent être en-
tretenus, nettoyés et curés.

Les égouts à forte pente, recevant régulièrement une quantité d'eau considérable, n'ont pas besoin du secours des
ouvriers ; mais ceux qui ont une faible
pente seront nécessairement nettoyés à
bras d'homme, au rabot ou à la pelle.
Lorsque l'on peut disposer de l'eau en
quantité suffisante, on fait usage des
chasses d'eau.

La figure 510 représente une porte
écluse à fermeture et ouverture automatiques qui permet d'assurer la chasse d'eau
destinée à entraîner les sables et les impuretés en dépôt.

Lorsque le niveau du liquide contenu
dans l'égout arrive tout près du sommet
de la porte, l'auget à bascule s'emplit, et
en tournant soulève le levier articulé qui
dans ce mouvement ouvre l'écluse, qui se
fermera dès que tout écoulement aura
cessé.

Différentes causes rendent difficile le
service du curage : la lenteur du courant,
un faible volume d'eau, les grandes pluies
et les accumulations de sable. Les chasses
d'eau entraînent péniblement les sables,
elles les roulent et en forment une masse
compacte qu'on ne peut enlever qu'à bras
d'homme.

Pour remédier à cet inconvénient, on
place un appareil d'arrêt à l'extrémité

Fig. 510.

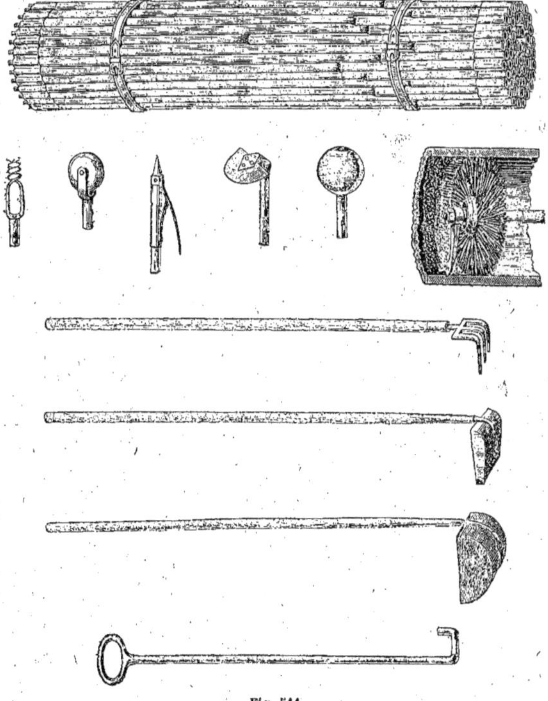

Fig. 511.

inférieure de chaque galerie de bouche d'égout ; ce barrage, qui fait saillie, arrête le sable et l'empêche de se répandre et de se déposer dans toute la longueur de l'égout. Les dragages peuvent alors s'effectuer avec plus de facilité,

Nous avons réuni (*fig.* 511) les divers outils employés dans le curage des égouts.

## § IV. — *UTILISATION DES ÉGOUTS*

**519.** Les égouts, qui sont destinés à débarrasser les villes des eaux ménagères, pluviales et d'arrosage, peuvent aussi servir à transporter au loin les vidanges sur un sol aride, où elles sont utilisées comme engrais au grand avantage des agriculteurs.

A ce sujet, nous extrayons les passages suivants d'un rapport présenté par M. Deligny, au nom de la 6ᵉ Commission (Conseil municipal de Paris) sur la question de l'utilisation des eaux des égouts de Paris.

« Nous avons passé plusieurs heures sur le terrain de la plaine de Gennevilliers, au moment même où l'irrigation était la plus active, sans percevoir aucune odeur fâcheuse. Nous avons vu comment les rigoles se remplissaient successivement, portant à la terre l'eau et l'engrais, sans contact avec les récoltes. Nous avons vu comment la nappe d'eau répandue était absorbée complètement en deux ou trois heures, ne laissant comme trace dans les rigoles qu'un très mince dépôt que l'air sèche rapidement et qui tombe ensuite en poussière friable. Nous avons vu comment, par le déplacement successif des rigoles après chaque récolte, ce dépôt se mélangeait à la terre en l'enrichissant de l'humus qui lui manquait. Ceux d'entre nous qui avaient vu il y a quatre ans des champs de sable, retrouvaient des terres arables.

« On nous avait annoncé une population minée par les fièvres intermittentes ; nous avons été reçus par des cultivateurs robustes et bien portants, qui nous ont prodigué leurs vivats reconnaissants, qui ont protesté contre toutes entraves et réclamations opposées à la continuation des irrigations et qui sanctionnent leur consentement en couvrant le territoire d'habitations nouvelles.

« Enfin, on avait contesté le travail épurateur de la terre ; nous avons constaté par la vue, l'odorat et le goût, la limpidité, l'absence d'odeur et la pureté des eaux qui sortent des tuyaux de drainage qui rayonnent sous les champs irrigués.

« Ainsi, pas d'odeurs répandues dans l'atmosphère, pas de cloaques, pas de dépotoirs, pas de fièvres, pas d'eaux croupies rendues à la rivière. Au contraire, une végétation luxuriante pleine de promesses pour des cultivateurs enthousiasmés ; au lieu de l'infection, la salubrité ; enfin, l'eau d'égout transformée en eau pure et cristalline.

« Nous ne saurions trop insister sur l'impérieuse nécessité d'arriver, dans le plus court délai possible, à la suppression de la fosse d'aisance. La fosse, non seulement approvisionne et maintient l'infection en permanence dans les maisons ; elle la crée. Il est établi que les urines et les matières fécales, immédiatement diluées dans une grande quantité d'eau en mouvement, ne subissent pas la fermentation putride qui se produit dans la fosse. Au contraire, elles s'oxydent lentement pendant le parcours dans les égouts et dans les canaux et peuvent arriver inodores dans les champs d'irrigation, où l'action énergique du sol complète l'épuration. C'est en effet un principe incontesté que toute fermentation est favorisée par le repos et la concentration des matières fermentescibles, et empêchée ou suspendue par l'agitation ou par la dilution dans l'eau. Or, toute pratique basée sur un principe physique et chimique certain, donne des résultats certains. La vidange à l'égout, appliquée d'après ce principe, délivrera enfin nos maisons de la pestilence qui les afflige. Elle apportera dans nos habitations une propreté, une salubrité, qui n'est aujourd'hui obtenue qu'à grands frais dans les habitations luxueuses.

« Aujourd'hui l'infection s'est répandue partout ; nous avions les vilaines voitures, nous avons en plus les vilains bateaux. La nuit, aucune partie de la ville n'est indemne. Paris s'entoure d'une ceinture de dépotoirs détachés et malgré les efforts des industriels la banlieue pousse, à chaque session du Conseil général, des plaintes lamentables. Il y a urgence, grande urgence à faire cesser cette déplorable situation, nous le pouvons, nous le devons. »

# SEPTIÈME PARTIE

# RENSEIGNEMENTS PRATIQUES ET APPLICATIONS

**520.** Dans cette partie nous avons réuni quelques renseignement relatifs à l'ensemble des distributions d'eau et nous y avons joint un modèle de cahiers des charges — et un projet de distribution des eaux pour une ville de moyenne importance afin de permettre au lecteur de trouver ici groupés les divers exemples donnés séparément dans les différentes parties didactique qui précèdent.

Dans cet ordre d'idées nous avons divisé cette partie en deux chapitres.

Un premier chapitre où nous avons examiné les principaux travaux modernes exécutés pour l'adduction des eaux de source.

Un second chapitre où nous avons groupé tout ce qui peut intéresser un ingénieur chargé de traiter un projet complet de distribution des eaux.

# CHAPITRE PREMIER

## EXAMEN DES TRAVAUX MODERNES EXÉCUTÉS
## POUR L'ADDUCTION DES EAUX DE SOURCES

### Dérivation des eaux de sources à Bordeaux.

**521.** Bordeaux est alimentée par les sources d'Eyzines, du Taillan et de Saint-Médard qui sortent du rocher à environ 12 kilomètres à l'ouest de la ville. Les eaux sont amenées par un aqueduc voûté de 1ᵐ,50 de largeur et 1ᵐ,60 de hauteur qu'elles remplissent à moitié ; elles coulent avec une vitesse de 20 centimètres par seconde et mettent 15 à 16 heures pour arriver à Bordeaux. Grâce à cette disposition, les eaux peuvent se clarifier dans leur parcours. Les sources se divisent en 4 groupes. De petites chambres contiguës au canal d'amenée, reçoivent les eaux des sources et les déversent dans l'aqueduc par des fenêtres pratiquées dans leurs parois.

Le quatrième groupe comprend des sources dont le niveau est inférieur à celui de l'aqueduc, de sorte que pour élever leurs eaux, on se sert d'un tympan à spirale monté sur le même arbre qu'une roue hydraulique de Poncelet, mue par une chute empruntée à un cours d'eau voisin.

Les 4 groupes de sources fournissent pendant l'été un volume de 208 litres, soit 18 000 mètres cubes d'eau par 24 heures.

Si on évalue le chiffre de la population à 194 000 habitants, le volume ci-dessus représente environ 92 litres par tête et par jour.

Pendant l'hiver, le débit des sources augmente d'un quart ou d'un tiers; pendant les sécheresses extrêmes il peut diminuer d'un quart. A leur arrivée à Bordeaux, les eaux se rendent dans un réservoir souterrain d'une capacité de 13 000 mètres cubes, dans lequel le niveau ne descend jamais à plus de 4 mètres au-dessus des quais; l'eau se distribue donc par sa pente naturelle dans une portion de la ville.

Pour alimenter les quartiers hauts, on élève l'eau du réservoir à l'aide de pompes à vapeur, qui refoulent un volume en rapport avec les besoins journaliers dans des réservoirs secondaires de distribution.

Les mêmes conduites servent à remplir les réservoirs et à distribuer les eaux. Quand la dépense devient supérieure au volume fourni par les pompes, ou quand ces dernières s'arrêtent, les réservoirs se vident. Nous reviendrons plus loin sur la construction des réservoirs en général.

L'eau distribuée à Bordeaux est un peu incrustante, elle marque 22 degrés à l'hydrotimètre, sa température moyenne est de 11°,5; en été elle s'élève à 15 degrés.

### Dérivation des eaux de source à Montpellier.

**522.** Depuis 1750, la ville de Montpellier est alimentée par les eaux des sources de Saint-Clément, situées à 10 kilomètres de la ville. Le volume fourni par ces sources étant insuffisant, on a dû compléter la distribution en élevant les eaux du Lez qui passe à 2 kilomètres de Montpellier.

Nous nous occuperons seulement ici de l'adduction des eaux de source. Elle se fait par un aqueduc souterrain qui aux abords de la ville se termine par un pont aqueduc très remarquable de 880 mètres de longueur. La longueur totale de l'aqueduc depuis Saint-Clément jusqu'à son débouché au Peyrou est de 13 904 mètres.

Les eaux arrivent dans un réservoir; tombent de là en cascade sur des roches où elles s'aèrent et aboutissent dans un bassin. Elles pénètrent ensuite dans les tuyaux de distribution.

L'eau des sources Saint-Clément est très calcaire, de sorte qu'au bout d'un certain temps, les tuyaux de fonte qui la distribuent dans la ville sont tapissés intérieurement d'une couche de carbonate de chaux. Pour l'enlever, on fait passer pendant 24 heures de l'acide chlorhydrique étendu d'eau dans la canalisation, le carbonate de chaux se trouve dissous; il ne reste plus qu'à faire couler ensuite de l'eau pure pendant quelques jours, afin de bien laver les conduites, après quoi on rend l'eau à la consommation. Cette idée de faire dissoudre les dépôts de carbonate de chaux par de l'acide chlorhydrique, fut suggérée par le professeur E. Bérard.

### Distribution des eaux de source à Lille.

**523.** Les travaux ayant pour but de doter la ville de Lille d'un nouveau système de distribution d'eau, ont duré de 1867 à 1871; leur résultat est de fournir à la ville toute l'eau nécessaire aux usages domestiques et industriels. Pour cela, on a dérivé les eaux de 4 sources et une certaine quantité d'eau souterraine, savoir:

| | |
|---|---|
| 1° Source du flot de Wingles, débitant par 24 heures. . . | 10 000$^{m.c.}$ |
| 2° Source de Séclin, débitant par 24 heures . . . . . . . | 10 700 — |
| 3° Sources de Billaut et de Guermanez, déb. par 24 h. | 5 000 — |
| 4° Source de la Cressonnière, débitant par 24 heures. . . | 1 650 — |
| 5° Eau souterraine représentant un volume de. . . . | 12 650 — |
| Soit au total. . . . | 40 000$^{m.c.}$ |

pour une population de 155 000 âmes, ce qui porte à 176 litres par jour et par tête le volume de l'eau distribuée.

En hiver, le débit des sources et de l'eau souterraine atteint 45 000 mètres cubes.

Une conduite principale recueille le produit de chaque source au moyen de rigoles alimentaires. Cette conduite aboutit dans un réservoir. De là, des machines puissantes refoulent les eaux dans un autre réservoir situé à 50 mètres d'altitude, de sorte que la pression qui s'exerce sur tout le réseau de la distribution est de 3 atmosphères environ. L'aqueduc principal n'offre pas de particularités, le terrain étant peu accidenté ; on remarque seulement quelques tubes siphons pour la traversée d'une rivière, la Deule, et de quelques vallons (1).

## Service des eaux de la ville de Nîmes.

**524.** L'établissement de l'usine élévatoire a été établi de 1868 à 1870 par les soins de MM. Schneider et C$^{ie}$ du Creusot sur les plans de M. C.-F. Mathieu, alors ingénieur en chef des ateliers de construction (*fig.* 512).

Les bâtiments de l'usine se composent de quatre corps de constructions.

Celui destiné aux machines élévatoires est au centre.

Les chaudières sont installées dans une halle voisine.

Les magasins d'une part et l'habitation des machinistes sont placés chacun à une extrémité du bâtiment des machines.

L'appareil élévatoire comporte une batterie de 6 chaudières dont la disposition permet l'isolement pour chacune d'elles. — Les chaudières sont timbrées à 5 kilogrammes. — La surface de chauffe de l'ensemble de la batterie est d'environ 310 mètres carrés et la surface des grilles de 9$^{m2}$,6. Chaque chaudière est de forme cylindrique avec foyers cylindriques. A la suite du foyer est un faisceau tubulaire d'où les gazs de combustion s'échappent

(1) Extrait de l'ouvrage de M. G. Dumont sur *les distributions d'eaux.*

pour contourner le corps extérieur avant de se rendre à la galerie qui conduit les produits brûlés à la cheminée.

Diamètre du corps des chau-
  dières ..................... 1$^m$, 80
Longueur ..................... 7$^m$, 26
Diamètre du foyer ........... 1 m.
Largeur ..................... 3$^m$,120

Le bâtiment des machines est disposé pour recevoir trois appareils complets.

Les machines motrices sont du type vertical.

Chaque machine a deux cylindres fonctionnant d'après le système Woolf. — Le mouvement est continu et régularisé à l'aide d'un volant. L'axe de celui placé au-dessus des cylindres est appuyé d'un côté sur un bâti en fonte et de l'autre sur le mur du bâtiment.

Au-dessous du cylindre inférieur est placé l'appareil de condensation. — Les diverses pompes à axe vertical reçoivent le mouvement à l'aide de balanciers attelés à la tige du piston.

Cette tige attaque directement les pistons de l'appareil hydraulique, qui est établi dans un puits communiquant directement avec la galerie de filtration.

L'appareil hydraulique se compose d'une pompe à double effet et de deux réservoirs régulateurs à air placés à côté de la tubulure d'échappement. — La pompe est à la fois à plongeur et à piston élévateur ; elle fonctionne donc bien à double effet et à jet continu. — Les clapets du piston élévateur comme ceux de la soupape d'aspiration sont annulaires à double battement.

La connexion directe entre les pistons moteurs et la pompe supprime les pièces de transmission et tous les axes qui en sont la conséquence et, par suite, diminue le frottement et les chances de rupture.

La verticalité des axes supprime le frottement inégal des pistons et l'usure qui en résulte.

Les constructeurs ont eu à vaincre dans ce cas particulier une difficulté spéciale : ils ont dû faire agir les machines directement sur toute la colonne de refoulement, laquelle a une longueur totale de 9 660 mètres et un diamètre de 0$^m$,80.

Une pareille masse demande un certain temps pour se mettre en continuité de mouvement et pendant cette période, il ne peut exister une corrélation parfaite entre le mouvement de l'eau et celui des pistons.

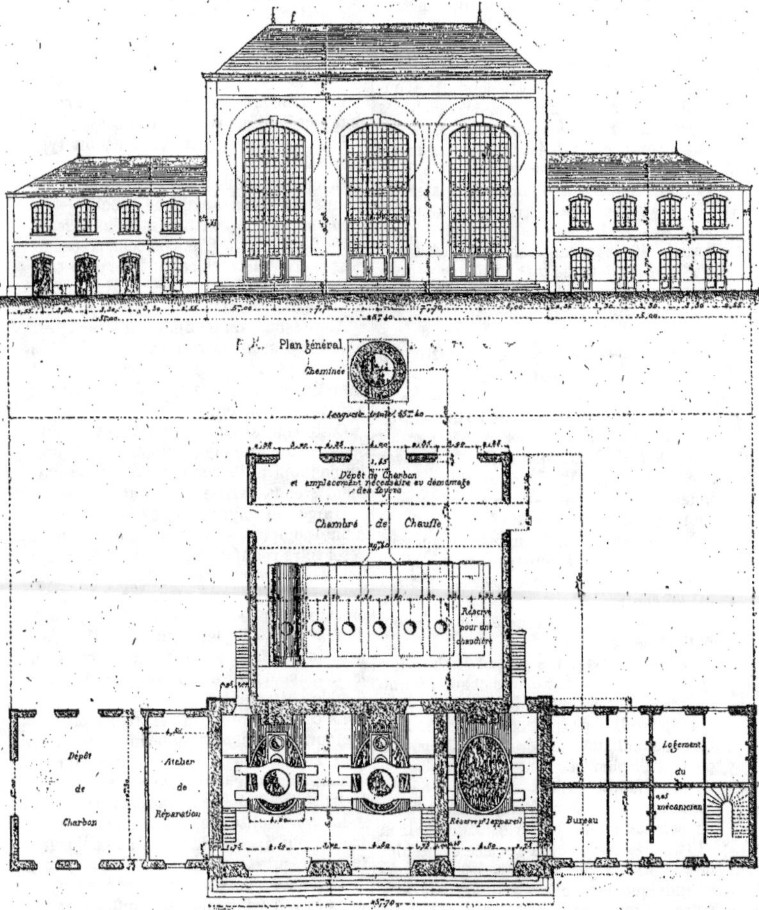

Fig. 512.

Pour arriver à franchir sans danger cette période particulière, on a dû augmenter le volume des réservoirs régulateurs à air. En outre de ceux qui sont placés immédiatement au haut de la pompe, on a installé une seconde cloche en dehors du bâtiment

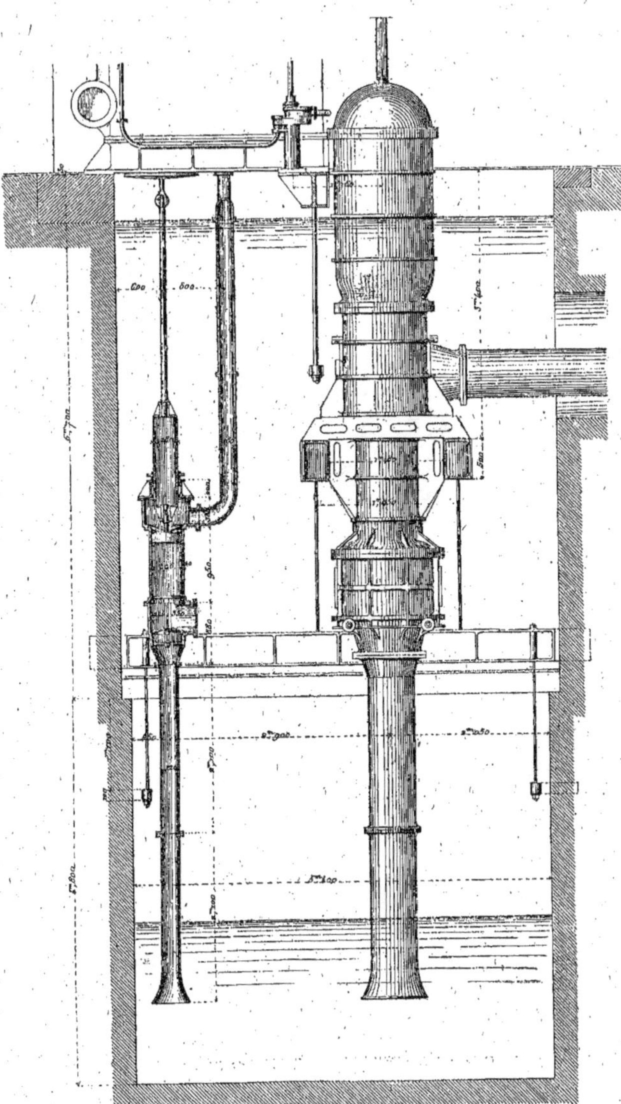

Fig. 513.

au point de départ de la conduite de refoulement unique avant la mise en train, à l'aide d'un appareil à vapeur spécial, ces cloches sont remplies d'air sous la pression maxima, soit 66 mètres. L'eau refoulée par les pompes rencontre ainsi un grand volume d'air formant ressort, ce qui permet de déplacer petit à petit la grande masse d'eau de la grande conduite. Pendant la marche des machines, d'autres pompes pneumatiques, mues par les balanciers

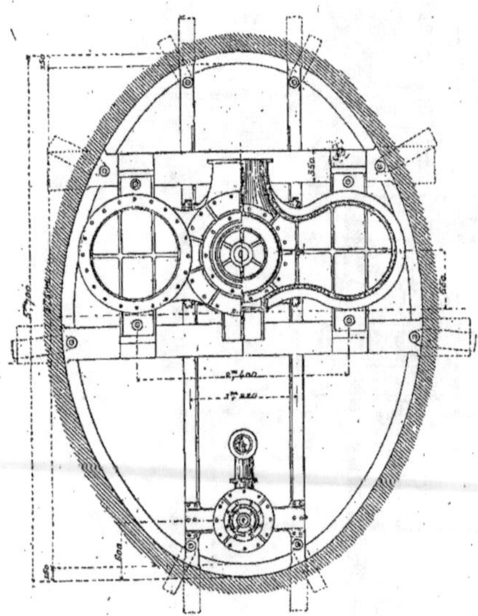

Fig. 514.

des condenseurs, fonctionnent pour remplacer l'air qui est entraîné peu à peu par l'eau.

Chaque machine verse au réservoir par heure 525 mètres cubes d'eau.

Diamètre du cylindre d'introduction . . . . . . . . . . . . . . .  0$^m$,710
Diamètre du cylindre de détente. . . . . . . . . . . . .  1$^m$,550
Diamètre du piston plongeur . .  0$^m$,585



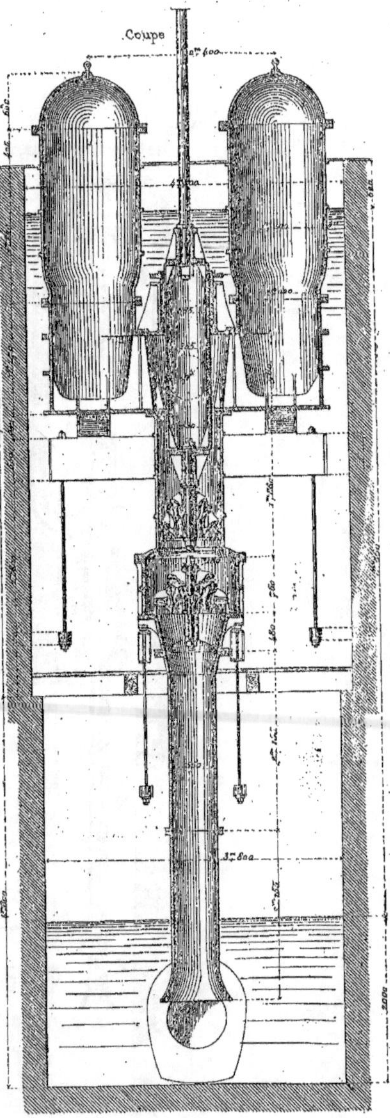


Fig. 515.

HYDRAULIQUE. — 40.

Diamètre du piston élévateur. . $0^m,830$
Course des pistons. . . . . . . . $1^m,500$
Nombre de coups doubles à la minute 12
(en marche normale).
Vitesse de l'eau dans la con-
duite de refoulement. . . . . . . $0^m,640$

D'après des expériences faites en marche normale, la consommation des machines en charbon du Gard première
qualité, n'atteint pas 1 kilogramme par
cheval-vapeur mesuré sur les pistons.

Suivant les plans de M. Aristide
Dumont, l'ensemble de la distribution
comprend :

1° Une usine hydraulique placée sur les
bords du Rhône à 3 kilomètres en amont
de Beaucaire ;

2° Des bassins de filtration établis en
forme de galerie, le long du Rhône,
auprès de l'usine sur une étendue de
500 mètres ;

3° Une conduite de refoulement de l'eau
partant de l'usine et se reliant aux environs de Sernhac à l'ancien aqueduc du
Gardon ;

4° La restauration de cet aqueduc romain depuis Sernhac ;

5° La canalisation intérieure de la ville.

Les figures 512, 513, 514 et 515 que
nous devons à l'obligeance de MM.
Schneider et C^ie donnent tous les dessins
d'ensemble et de détails de ce service de
distributions d'eaux.

### Exposé du système suivi par la ville de Paris pour la distribution des eaux et l'assainissement de la capitale.

**526.** Dans le système adopté pour la
distribution de l'eau à Paris, le service
public est séparé du service privé au
moyen d'une canalisation double ; cette
disposition n'existe dans aucune autre
ville du monde.

L'exécution de ce projet n'est pas encore entièrement achevée ; mais lorsque
le réseau de cette double canalisation sera complet, chaque rue ayant moins de
20 mètres de largeur possédera une conduite destinée à la distribution de l'eau
dans les maisons, et une relation sera établie, à l'aide de tronçons de conduite,
entre les orifices d'écoulement des services
publics et les conduites maîtresses les
plus proches. Ce double système de conduite sera établi en égout quand la largeur de la voie dépassera 20 mètres.

En 1854, époque à laquelle ce programme général a été adopté par le conseil municipal, les bas quartiers de Paris
étaient alimentés exclusivement par l'eau
du canal de l'Ourcq qui part du bassin de
la Villette. Or, le plan d'eau de ce bassin
étant à la cote 52 mètres et le sol des rues
desservies à la cote moyenne de 35 mètres
la charge n'était que de 17 mètres et ne
permettait pas à l'eau de s'élever jusqu'aux derniers étages des maisons.

A ce grave obstacle venait s'ajouter la
mauvaise qualité d'une eau très chargée
en sels de chaux, principalement en sulfate, et contaminée dans le bassin de la
Villette par les déjections des mariniers.
Mais l'eau de l'Ourcq, bien que n'étant pas
potable, pouvait parfaitement alimenter les
services publics, puisque le bassin de la
Villette est à une hauteur suffisante pour
assurer la répartition de l'eau sur les deux
tiers de la surface de l'ancien Paris.

Les études faites par M. Belgrand ame-
nèrent le Préfet de la Seine à admettre
le principe de l'adduction de sources devant fournir 90 000 mètres cubes d'eau
par jour au maximum, quantité jugée
nécessaire aux services privés. Les besoins
présents et futurs des services publics
étant évalués à un volume de 110 000
mètres cubes, l'ensemble de la distribution normale à Paris était représenté par
le chiffre total de 200 000 mètres cubes.

On n'évaluait pas en 1854 l'approvisionnement de Londres à un chiffre supérieur, et cependant cette ville avait une
surface six fois aussi grande que celle de
Paris et renfermait une population deux
fois et demie aussi nombreuse.

Le service actuel des eaux de Paris est
basé sur ce que nous venons d'exposer.
Depuis l'adduction des sources, les habitants ont la faculté de choisir l'eau qui
convient à leurs besoins partout où il a
déjà été possible de séparer le service
public du service privé.

Les eaux qui alimentent aujourd'hui le
service public sont :

1° Les eaux du canal de l'Ourcq;

2° Les eaux de la Seine, élevées par douze machines à vapeur de Port-à-l'Anglais, Maisons-Alfort, Austerlitz, Chaillot, Auteuil et Saint-Ouen ;

3° Les eaux de la Marne montées par les machines de Saint-Maur ;

4° Les eaux d'Arcueil (qui alimentent les fontaines du Luxembourg);

5° L'eau du puits de Passy (déversée dans le lac du bois de Boulogne;

6° L'eau du puits de Grenelle.

Au service privé sont réservées :

1° Les eaux amenées par l'aqueduc de la Dhuis et accessoirement l'eau de la source de Saint-Maur ;

2° Les eaux dérivées par l'aqueduc de la Vanne.

Le volume total prévu en 1854 est de beaucoup inférieur à celui que peuvent fournir ces différentes sources d'alimentation ; on s'en rendra compte en consultant le tableau suivant:

EAUX DE RIVIÈRE DESTINÉES AUX SERVICES PUBLICS ET AUX GRANDES INDUSTRIES

Eaux du canal de l'Ourcq et eaux de la Marne relevées dans le canal par les usines de Trilbardou et d'Isles-les-Meldeuses. . .　185 000 m.c.

Eaux de Seine relevées par les 12 machines à vapeur mentionnées ci-dessus. .　88 000 —

Eaux de la Marne montées par les machines de Saint-Maur . . . . . . .　43 000 —

Total des eaux de rivière 316 000 —

Eaux des puits artésiens. .　6 000 m.c.

EAUX DE SOURCE

Eau d'Arcueil amenée par un aqueduc. . . . . . . .　1 000 —

Eau de la Dhuis . . . . . .　20 000 —

Eau de la source de Saint-Maur relevée par les machines de Saint-Maur . .　5 000 —

Eau de la Vanne, amenée par un aqueduc. . . . . .　100 000 —

Total des eaux de source .　126 000 —

Total général . . . . . . .　448 000 —

On voit que l'on peut disposer d'un volume total maximum de 448 000 mètres cubes d'eau provenant de rivières, de sources ou de puits.

Or, la moyenne de la consommation pendant l'année 1887 a été, en ne tenant pas compte des saisons, de 290 528 mètres cubes par jour, et pendant les mois les plus chauds, c'est-à-dire juillet et août, cette moyenne, s'est élevée à 314 608 et 314 003 mètres cubes, ce qui fait, pour 1 988 806 habitants, 146 litres par tête et par jour.

Nous allons maintenant étudier et décrire les canaux, les aqueducs et les machines au moyen desquels cette énorme quantité d'eau est dérivée ou élevée.

CANAUX

**527.** La ville de Paris est rentrée en possession des canaux de l'Ourcq et de Saint-Denis en 1876, époque à laquelle a pris fin la concession accordée en 1823, à la compagnie Vassal et Saint-Didier et elle a racheté la jouissance du canal Saint-Martin en 1861. La ville exploite ces trois canaux en régie et peut ainsi actuellement employer à sa volonté toute l'eau qui reste dans le bassin de la Villette lorsque la quantité nécessaire à la navigation en a été retirée.

Les ingénieurs Riquet et Mauce, MM. Brullée de Solages et Bossu élaborèrent divers projets ayant pour but la dérivation de la rivière de l'Ourcq.

Les travaux que comportaient ces projets furent commencés sous le Consulat ; l'ingénieur Girard fut chargé en 1802 de leur direction en qualité d'ingénieur en chef. Le choix d'un tracé et l'importance à donner au canal de dérivation furent l'objet de longues discussions à la suite desquelles on décida que les bateaux de moyenne grandeur devraient naviguer dans le canal de l'Ourcq, et l'on donna alors une grande impulsion à la marche des travaux.

En 1816, après l'Empire, le Gouvernement chargea une Commission composée d'ingénieurs de lui faire connaître l'état des travaux effectués et les dépenses qu'il restait à faire pour achever les trois canaux de l'Ourcq, Saint-Martin et Saint-Denis.

La Commission exposa ainsi la situation : Le canal de l'Ourcq, qui devait avoir une longueur de 93 982 mètres, était entièrement achevé et en eau dans un parcours de 42 kilomètres, de Souilly à Paris. Depuis Souilly jusqu'au-delà de Lisy, sur 42 kilomètres, il était terminé à sec, et sur 7 kilomètres il était ébauché. Il restait enfin une longueur de 17 982 mètres à exécuter. Le bassin de la Villette était terminé, ainsi que les travaux de terrassement du canal Saint-Denis ; mais le canal Saint-Martin était à peine commencé du côté de la Villette.

Les travaux de distribution d'eau comprenaient un aqueduc de ceinture de 3 300 mètres, une longueur de tuyaux de 3 600 mètres ayant 25 centimètres de diamètre. On alimentait enfin le château d'eau de Bondy, les trois fontaines des Innocents, du Ponceau, de la place Royale, et un grand nombre de bornes-fontaines qui se trouvaient dans les rues.

A cette époque, la ville de Paris n'était pas en mesure d'entreprendre l'exécution des travaux complémentaires ; elle traita avec MM. Vassal et Saint-Didier pour l'achèvement des canaux de l'Ourcq et et de Saint-Denis dans un délai de cinq années en stipulant les conditions suivantes : La ville abandonnait aux concessionnaires la jouissance des deux canaux pendant 99 ans à partir du 1er janvier 1823, mais se réservait un volume de 76 780 mètres cubes d'eau par 24 heures ; elle prenait à sa charge toutes les indemnités de terrain et fournissait en outre une forte subvention.

Les deux canaux de Saint-Martin et de Saint-Denis sont alimentés exclusivement par les eaux du canal de l'Ourcq ; le premier a une longueur totale de 4 553 mètres et le second une longueur totale de 6 647 mètres. Le manque d'eau ayant paralysé leur navigation pendant les étés des années 1858, 1861, 1862, 1864 et 1865, la ville de Paris fut autorisée à rejeter une partie des eaux de la Marne dans le canal de l'Ourcq.

A cet effet, elle installa des roues turbines et des pompes du système Girard capables d'élever de 300 à 500 litres d'eau par seconde, à la retenue d'Isles-les-Meldeuses, sur la Marne ; elle acquit l'ancienne roue du moulin de Trilbardou et établit au même endroit une roue du système Sagebien. 500 litres d'eau par seconde sont relevés et jetés dans le canal de l'Ourcq par ces deux machines.

Pendant la saison des basses eaux, ces différentes usines hydrauliques peuvent, en somme, monter dans le canal de l'Ourcq 80 000 mètres cubes d'eau en 24 heures.

L'eau transportée par ce canal alimentait tous les quartiers de Paris situés à une altitude inférieure à 46 mètres, c'est-à-dire les 1er, 2e, 3e, 4e, 6e, et 7e arrondissements et de plus les parties basses des 5e, 8e, 9e, 10e, 11e, 12e, 13e, 15e, 16e et 17e arrondissements. Depuis l'arrivée des eaux de la Vanne, le nombre des abonnés aux eaux de l'Ourcq est descendu, de 16 282 à 11 403 et le volume d'eau distribué de 38 217 mètres à 27 678 mètres cubes.

Actuellement on emploie l'eau de l'Ourcq pour alimenter : 2 624 bouches d'eau sous trottoir ; 322 bornes-fontaines ; 128 appareils à remplir les tonneaux ; 1 674 bouches d'arrosage à la lance. Ces 4 748 appareils représentent un volume de 66 472 mètres cubes, en évaluant la dépense de chaque appareil à 14 mètres cubes par jour. En outre, les fontaines monumentales absorbent 26 678 mètres cubes les 11 403 abonnés reçoivent 27 678 mètres cubes, et les pertes, par gaspillage, de l'eau distribuée aux particuliers se chiffrent à 6,919 mètres cubes.

Le volume total employé est donc de 126 000 mètres cubes.

### POMPES A FEU

**528.** La ville possède, ainsi qu'on l'a vu plus haut, six établissements de pompes à feu comprenant chacun deux machines.

L'eau de la Seine est puisée en amont de Paris par les pompes de Port-à-l'Anglais et de Maisons-Alfort qui la refoulent, les premières dans le réservoir de Gentilly à la cote 82m,10 ; les secondes dans le réservoir de Charonne à 80m,73 d'altitude.

Ces deux réservoirs reçoivent encore l'eau de la Seine refoulée par l'usine d'Austerlitz qui est établie dans l'intérieur de Paris comme celles de Chaillot et d'Auteuil. Les pompes de Chaillot alimentent les réservoirs de Passy à la cote 75ᵐ,33, et l'usine d'Auteuil envoie de l'eau aux petits réservoirs de Passy à l'altitude de 74ᵐ,10. Enfin les eaux de la Seine sont envoyées dans le réservoir du passage Cottin à la cote de 89ᵐ,98, par l'usine de Saint-Ouen qui est située en aval de Paris et du débouché du grand égout collecteur d'Asnières.

Les pompes d'Austerlitz sont les seules qui fonctionnent dans des conditions acceptables, car elles ne brûlent que 1ᵏ,45 de charbon par heure et par force de cheval tandis que toutes les autres machines brûlent de 2ᵏ,22 à 3ᵏ,84 de combustible. C'est pourquoi le service de ces différentes usines a été fortement réduit depuis que les travaux d'adduction de la Vanne et de la Dhuis ont permis d'effectuer le service privé presque entièrement avec les eaux de source. Ainsi en 1873 on employait les 65 centièmes de la force dont on disposait, et en 1876, on n'en a utilisé que les 42 centièmes.

Dans un avenir prochain, les eaux de source seront exclusivement employées pour l'alimentation des services privés et il faudra alors que la Seine fournisse un supplément d'eau pour assurer le service public. Dans cette prévision, la ville a commandé à la maison Farcot deux machines d'une force totale de 700 chevaux qui seront installées à Port-à-l'Anglais.

Ces moteurs fonctionneront pendant l'hiver et le service d'élévation d'eau sera assuré pendant l'été par un établissement hydraulique créé à côté du barrage de Port-à-l'Anglais. Les usines de Chaillot et d'Auteuil pourront être supprimées quand ce double service de moteurs hydrauliques et de pompes à feu sera établi, et la ville ne possèdera plus alors que les quatre établissements de Port-à-l'Anglais, de Maisons-Alfort, d'Austerlitz et de Saint-Ouen qui, en eau élevée représenteront une force totale de 1200 chevaux. A cette nomenclature des établissements de pompes à feu, nous ajouterons les machines de relais qui existent actuellement pour élever dans les quartiers hauts une partie des eaux amenées à Paris par les canaux, les aqueducs et les machines.

Ces pompes sont au nombre de cinq:

1° La pompe du rond-point de la Villette qui puise l'eau de l'Ourcq dans le bassin de la Villette à la cote 52 mètres et la refoule dans le réservoir des buttes Chaumont à la cote 97 mètres pour l'alimentation du parc des buttes Chaumont et du marché aux bestiaux. La consommation de charbon n'est que de 1ᵏ,76 par heure et par force de cheval et le mètre cube d'eau élevé revient à 0ᶠ,024. A la machine existante, l'administration projette d'en adjoindre deux autres de 100 chevaux chacune.

2° Les deux pompes de Ménilmontant qui puisent les eaux de la Dhuis et de la Marne accumulées dans le réservoir de ce nom pour les élever des cotes 100 et 108 mètres aux cotes 131 et 134 dans le réservoir de Belleville qui alimente les plus hauts quartiers de la ville. Les machines consomment 3ᵏ,49 de combustible et le prix du mètre cube d'eau montée est de 0ᶠ,037;

3° Les deux pompes du réservoir Cottin qui puisent les eaux de la Dhuis et de la Marne à la cote 89ᵐ,24 et les refoulent à la côte 130 mètres dans le réservoir construit au sommet de la butte Montmartre.

USINES HYDRAULIQUES

**529.** Les usines hydrauliques offrent sur les pompes à feu l'avantage considérable de fournir un travail très économique. La ville en possède six qui sont :

L'usine de Saint-Maur qui puise les eaux de la Marne pour l'alimentation du bois de Vincennes et des services publics des 18ᵉ, 19ᵉ et 20ᵉ arrondissements; les usines d'Isles-les-Meldeuses et de Trilbardou qui déversent les eaux de la Marne dans le canal de l'Ourcq pendant les grandes chaleurs, les usines de Chigy, de la Forge et de Marly-le-Roi qui envoient dans l'aqueduc de la Vanne les eaux des sources de Chigy, du Maroy, de Saint-Philbert, de Malhortie, de Caprais-Roy, de Theil et de Noé. Dans l'usine de Saint-Maur il y a une machine à vapeur et sept moteurs hydrauliques comprenant: une turbine Fourneyron de 100 chevaux-vapeur montant 12000 mètres cubes d'eau dans le lac de Gravelle; deux turbines de 100 chevaux chacune et trois roues turbines Girard montant de 26 000 à 33 000 mètres cubes d'eau dans le réservoir de Ménilmontant, à une hauteur de 100 mètres ; une roue turbine montant dans le même réservoir un volume de 5 000 mètres cubes d'eau que fournit une source découverte sur le coteau de Saint-Maur par M. Belgrand.

On a ainsi une force totale de 780 chevaux capable d'élever 43000 mètres cubes d'eau en temps ordinaire et 50000 mètres cubes au maximum en 24 heures. On a reconnu que pendant les mois de grande sécheresse et les chômages de la Marne, le service de distribution dans les 17°, 18°, 19° et 20° arrondissements ainsi que dans le bois de Vincennes ne pouvait être assuré qu'au moyen de deux machines de renfort. La maison Farcot a construit ces pompes à feu qui fournissent un travail de 150 chevaux, elles sont du système Corliss modifié et peuvent, avec une consommation de $1^k,10$ de houille, élever chacune 13000 mètres cubes d'eau par jour à une hauteur de 100 mètres.

On a calculé que le mètre cube d'eau élevé par l'usine de Saint-Maur à 1 mètre de hauteur revient à $0^f, 000519$.

Les usines de Trilbardou et d'Isles-les-Meldeuses ont été mises en activité en 1868, la première au mois d'avril, la seconde au mois de juillet. L'usine de Trilbardou se compose d'une roue de côté, système Sagebien, de $11^m,04$ de diamètre pouvant élever 28 000 mètres cubes d'eau par jour à 15 mètres de hauteur, et d'une roue de côté à niveau variable qui met en action une pompe verticale à double effet du système Farcot.

L'usine d'Isle-les-Meldeuses comprend deux roues turbines Girard agissant sur des pompes horizontales à double effet.

Pendant l'hiver et les saisons humides, alors que le canal de l'Ourcq est suffisamment alimenté, les deux chutes de Trilbardou et d'Isles-les-Meldeuses s'effacent ou deviennent impropres à leur destination, mais au contraire, lorsque le manque d'eau se fait sentir dans le canal de l'Ourcq c'est-à-dire dans la grande sécheresse, la chute et la force des deux usines augmentent considérablement. Le but des autres usines hydrauliques est d'élever les eaux de source dans l'aqueduc de la Vanne.

### ADDUCTION ET DISTRIBUTION DES EAUX DE SOURCE

**530.** Les eaux de source sont amenées et distribuées à Paris de la manière suivante :

1° Dans la craie blanche de la Champagne jaillissent les eaux de la Vanne, elles arrivent à Paris par la pente naturelle et peuvent être distribuées aux étages les plus élevés des maisons construites sur un sol dont la cote ne dépasse pas 50 mètres. La majeure partie des quartiers de la rive gauche de la Seine et une zone importante de la rive droite se trouvent dans ces conditions. Le *bas service* est constitué par cette distribution;

2° D'autres sources ont été dérivées pour alimenter les quartiers de Paris dont l'altitude est supérieure à 50 mètres. Les unes prises dans la Champagne, entre l'Yonne et l'Aube, devaient être amenées dans un aqueduc longeant les côteaux de la rive gauche de l'Yonne, traversant les plateaux d'Hurepois entre la forêt de Fontainebleau et Paris, et pouvant arriver dans un réservoir placé à l'altitude de 80 mètres sur la rive gauche de Paris près de Montrouge. C'est le tracé de l'aqueduc de la Vanne, qui permet d'alimenter les 18°, 19° et 20° arrondissements et les parties hautes des 8°, 9°, 10°, 11°, 16° et 17° arrondissements ; le *service moyen* est ainsi constitué.

Un aqueduc suivant les côteaux de la vallée de la Marne ou du grand et du petit Morin devait amener les autres sources prises également dans la Champagne et dans la Brie, dans un réservoir construit sur la rive droite, à l'altitude de 108 mètres entre Bagnolet et Ménilmontant. Ce réservoir, destiné à recevoir les eaux de la Dhuis, ne permet de distribuer l'eau aux derniers étages des maisons que dans les parties de la ville dont la cote du sol ne dépasse pas 80 mètres ;

3° Enfin, les sommets de la butte Montmartre et les plateaux de Belleville et de Ménilmontant ont dû être alimentés au moyen d'un *haut service* composé de machines de relais qui refoulent dans deux réservoirs supérieurs, à l'altitude de 134 mètres, l'eau nécessaire à ces quartiers.

Nous allons maintenant examiner en particulier les travaux qu'il a fallu exécuter pour dériver la Dhuis et la Vanne.

### DÉRIVATION DE LA DHUIS

**531.** Le bassin du Surmelin est, dans toute l'étendue de la Brie, le seul qui fournira de l'eau de source de bonne qualité et en quantité suffisante pour alimenter un aqueduc débouchant à Paris à 108 mètres d'altitude. Les sources qui furent acquises par la ville de Paris en 1859, alimentent la Dhuis, petite rivière qui se jette dans le Surmelin. Les eaux de chacune de ces sources sont conduites dans un regard de prise d'eau par des tuyaux en fonte. Afin de précipiter le carbonate de chaux qu'elles contiennent en excès, on les fait passer sur des plateaux en tôle perforée, d'où elles tombent en pluie fine sur des amas de meulière. A partir du regard de prise, les eaux pénètrent dans un aqueduc double sur une longueur de 3 883 mètres, puis dans le siphon de Montlevon, et enfin dans un aqueduc de petit type de 2 270 mètres de longueur.

L'ensemble de ces conduits ne sert absolument qu'à l'adduction de l'eau de la Dhuis dont le débit ne dépasse pas de beaucoup 300 litres par seconde. A l'extrémité du petit type de forme ovoïde dont la largeur est de 1ᵐ,20 au maximum dans la partie basse, et la hauteur sous clef de 1ᵐ,64, l'aqueduc doit recevoir les eaux des sources de Verdon et du Surmelin ; sa section est alors portée à 1ᵐ,40 de largeur dans la partie basse et à 1ᵐ,76 de hauteur sous clef. Sur toute la longueur de l'aqueduc jusqu'à Paris, c'est-à-dire sur 111 920ᵐ,59, ces dimensions sont conservées et on peut obtenir ainsi un débit de 500 litres d'eau par seconde.

Dans ses parties libres, l'aqueduc a une pente de 0ᵐ,10 par kilomètre, sa longueur totale est de 131 162ᵐ,85 avec les siphons qui sont au nombre de 21 et servent à franchir sept vallées dont les profondeurs varient de 39 à 73 mètres ; ils forment une seule ligne de tuyaux en fonte dont le diamètre est, suivant leur débit, de 0ᵐ,80 ou de 1 mètre. La charge est fixée uniformément à 0ᵐ,55 par kilomètre. L'aqueduc, dans les vallées, franchit les ruisseaux sur des ponts qui présentent un grand débouché en prévision des crues violentes auxquelles ces cours d'eau sont sujets.

Le tracé admet en outre trente-deux souterrains d'une longueur totale de 12 208ᵐ,74. Les regards sont au nombre total de 262.

Depuis l'année 1886, l'aqueduc de la Dhuis a fourni un volume moyen de 19 980 mètres cubes par jour. A l'eau portée par cet aqueduc vient s'ajouter celle de la source Saint-Maur, soit 5 000 mètres cubes par jour, de sorte que le réservoir de Ménilmontant reçoit chaque jour une moyenne de 25 000 mètres cubes.

Le prix de revient de cet ouvrage est de 18 000 000 francs en chiffre rond ; si l'on comprend dans l'évaluation de la dépense d'entretien l'intérêt de cette somme à 5 °/° qui est de 900 000 francs, on trouve que le prix du mètre cube d'eau est de 13 centimes.

### DÉRIVATION DE LA VANNE

**532.** Aux environs d'Estissac dans l'Aube se trouvent les sources de la Vanne qui fournissent un volume minimum journalier de 73 000 mètres cubes, et dont le rendement peut atteindre une moyenne de 100 000 mètres cubes. Pendant la saison des basses eaux, l'adjonction de la source de Cochepie augmentera le débit de 20 000 mètres cubes.

Les sources de la Vanne sont divisées en deux groupes :

1° Les sources hautes de la Bouillarde, Armentières, le Bime de Cérilly et Flassy arrivent dans l'aqueduc par la pente naturelle ;

2° Les eaux des sources basses de Chigy, de Maroy, de Saint-Philibert, Malhortie, Caprais-Roy, l'Auge, le miroir de Theil et Noé sont relevées par les trois usines de Chigy, de la Forge et de Marly-le-Roy que les eaux de la Vanne alimentent.

Les eaux de ces différentes sources sont reçues dans des aqueducs de captation en fonte ou en maçonnerie d'une longueur totale de 16 223 mètres et dans un aqueduc collecteur de 20 386 mètres par lequel les eaux des sources d'Armentières sont conduites à l'origine de l'aqueduc principal. Cette longueur de 20 386 mètres comprend 12 240 mètres de parties en tranchées ordinaires, 5 746 mètres de souterrains, 1 000 mètres de parties sur arcades et 1 400 mètres de siphon.

### SYSTÈME DES CONDUITES DE DISTRIBUTION

**533.** Le réseau de distribution comprend aujourd'hui 1 500 kilomètres de conduites environ dans son ensemble. Ce système est compliqué par la séparation des services public et privé et les différences d'origine et de pression des eaux ; aussi, pour se rendre exactement compte de son économie, faut-il étudier séparément les distributions d'eau d'Ourcq, d'eau de rivière et d'eau de source. Le service général se trouve ainsi divisé en trois sections :

1° Le service public bas, assuré au moyen de l'eau de l'Ourcq ;

2° Les services publics supérieurs et moyens, assurés par les eaux de rivière ;

3° Les services privés bas, moyens et supérieurs, assurés au moyen des eaux de source.

1° La distribution des eaux de l'Ourcq s'effectue ainsi qu'il suit :

Une galerie horizontale à grande section part du bassin de la Villette et aboutit, après un parcours de 4 kilomètres à un réservoir de 10 000 mètres cubes placé à l'ancienne barrière Monceaux. Les eaux du bassin de la Villette sont amenées dans le réservoir de Monceaux pendant la nuit, c'est-à-dire lorsque la consommation est nulle. La galerie peut ainsi, pendant le jour, être alimentée à la fois par les réservoirs qui se trouvent à ses deux bouts, et par suite desservir les conduites qui sont branchées sur toute sa longueur. A l'aide de cette disposition, les conditions de charge se trouvent être à peu près les mêmes à l'extrémité de la galerie qu'à son origine.

Trois conduites principales partent de cette galerie dans une direction transversale ; elles franchissent la Seine, remontent sur la rive gauche et finalement arrivent à trois réservoirs, dont le trop-plein est un peu inférieur au plan d'eau du bassin de la Villette. Pendant la nuit, ces conduites servent à remplir les réservoirs auxquels elles aboutissent, et pendant le jour elles puisent, pour la distribuer, l'eau accumulée dans ces réservoirs ;

2° Les eaux de rivière sont distribuées par l'intermédiaire de réservoirs installés dans les divers quartiers de Paris et dans lesquels les eaux sont refoulées. Les réservoirs d'eau de Seine sont placés à Gentilly, à Charonne et à Passy. L'usine de Saint-Maur refoule les eaux de la Marne dans le réservoir inférieur de Ménilmontant pour alimenter les côteaux du nord de Paris. Les mêmes eaux de la Marne repuisées à Ménilmontant et refoulées par des machines dans le réservoir inférieur de Belleville servent à alimenter le quartier du même nom. Les eaux de Seine qui sont puisées à Saint-Ouen sont reprises au pied de Montmartre et refoulées sur la butte dans un réservoir spécial par des machines de relais. Ces différents réservoirs, fournissant au service public l'eau de rivière qui lui est nécessaire, sont mis en communication par des conduites qui, en cas de réparations, leur permettent de se suppléer mutuellement ;

3° Le service des eaux de source se fait de la manière suivante : Les eaux de la Dhuis arrivent à l'étage supérieur des réservoirs de Ménilmontant à la cote 108 mètres et sont en partie refoulées aux étages supérieurs des réservoirs de Belleville et de Montmartre aux cotes 134$^m$,40 et 130 mètres.

Tous les quartiers hauts de Paris se trouvent ainsi alimentés en eau de source.

Plus bas se fait la distribution d'eau de vanne dont le point de départ est le réservoir de Montrouge. Une conduite maîtresse de 1$^m$,30 de diamètre part de ce réservoir et se divise en trois branches à la place d'Enfer. Les deux premières, dont les diamètres respectifs sont à leur origine de 0$^m$,80 à 1 mètre, contournent l'ancien Paris et vont se rejoindre au nord après un parcours d'environ 20 kilomètres.

Un circuit fermé est ainsi établi par ces deux conduites dont les diamètres vont en décroissant de l'origine à leur point de rencontre.

Ce circuit est traversé du sud au nord par la troisième conduite qui a un diamètre uniforme de 1ᵐ,10 et sert à alimenter directement les points les plus éloignés des deux autres conduites. Un grand nombre de conduites secondaires de distribution viennent se brancher sur ces conduites maîtresses ; elles établissent une commmunication entre toutes les mailles du réseau et leur permettent de se suppléer mutuellement dans leurs parties.

### CONSTRUCTION DES CONDUITES

**534.** Nous allons examiner maintenant le mode de construction adopté à Paris pour les conduites. En principe ces conduites qui sont en fonte doivent toujours être placées dans les égouts, mais ce desideratum ne pourra être réalisé avant quelques années.

Les conduites qui sont aujourd'hui placées en terre sont construites avec des tuyaux à emboîtement scellés au plomb qui offrent en cas de tassements, les plus grandes garanties contre les disjonctions. Les conduites placées dans les égouts, n'étant pas sujettes à des tassements, sont composées de tuyaux unis s'engageant bout à bout dans des manchons ou bagues en fonte ; dans l'intervalle laissé libre entre la surface intérieure de la bague et la surface extérieure des tuyaux on coule du plomb que l'on mate ensuite des deux côtés. Le recouvrement de cette bague sur chaque tuyau est de 5 centimètres au maximum, le joint est très facile à faire et le démontage s'opère très rapidement.

Des robinets de partage sont placés sur les conduites tous les 4 à 500 mètres de façon à pouvoir isoler momentanément une de leurs parties sans interrompre le service sur le reste de leur parcours. Ces robinets se composent d'un disque en fonte formant obturateur et glissant entre deux glissières de bronze perpendiculairement à son axe. Ils ont la forme de robinets-vannes et sont manœuvrés par une vis traversant une boîte à étoupe placée au sommet du dôme qui reçoit le disque quand le robinet est ouvert, et qui en tournant fait monter ou descendre le disque à la façon d'un écrou. Des deux côtés de ces robinets de partage, on en place deux autres : l'un sert de décharge, il est posé en amont *sous* la conduite ; le le second qui est en aval, est placé *sur* la conduite pour permettre à l'air de s'échapper.

On emploie les robinets-vannes de dimensions énormes sur les grosses conduites, et l'on est obligé pour assurer leur fonctionnement, d'équilibrer préalablement la charge de chaque côté de l'obturateur. Pour cela, on relie les deux biefs au moyen d'un tuyau de petit diamètre, qui est lui-même muni d'un robinet. Ce dernier, ayant des dimensions restreintes peut être manœuvré sous pression.

### CANALISATIONS SECONDAIRES

**535.** Le réseau des conduites maîtresses que nous avons décrit plus haut, alimente de 12 000 à 14 000 appareils destinés au service public (bouches d'arrosage, d'incendie, de lavage, bornes-fontaines, fontaines Wallace, etc.) ; 74 fontaines monumentales débitant par jour de 40 000 à 45 000 mètres cubes d'eau ; 45.000 immeubles. On arrive donc à un total de 60 000 branchements représentant une longueur de conduites secondaires de plusieurs centaines de kilomètres.

Les principaux types d'appareils de service public et de petite robinetterie qui fonctionnent sur ces conduites secondaires ont été déjà décrits ; il nous reste à indiquer un procédé ingénieux inventé par M. l'ingénieur Couche pour fermer les fissures qui se produisent inévitablement dans les maçonneries des réservoirs. Il suffit de pratiquer au-dessus de la fissure une rainure dans le fond de laquelle on applique une couche de colle de benzine et au dessus une plaque de caoutchouc. On comble ensuite le vide avec du mortier de ciment. Cette opération, qui est d'une grande simplicité, permet d'obtenir une étanchéité absolue.

### SYSTÈME DES ÉGOUTS

**536.** L'établissement d'un système rationnel d'égouts est le complément indispensable d'une grande distribution d'eaux. Nous avons constaté qu'au point de vue de l'alimentation des services public et privé, la ville de Paris était fort bien dotée ; nous allons maintenant montrer que son assainissement est parfait. La longueur des égouts dépasse actuellement 600 kilomètres et forme un réseau qui recueille les eaux de 6 450 hectares représentant à peu près la surface totale renfermée dans l'enceinte de Paris. L'ingénieur M. Belgrand fit adopter en 1856 ce système d'égouts qui n'est pas encore achevé et qui se divise en égouts principaux et en égouts secondaires.

### ÉGOUTS PRINCIPAUX

**537.** Il existe deux grandes artères :

1° Le collecteur général de la rive droite qui part du bassin de l'Arsenal, suit les quais jusqu'au pont de la Concorde, et de là va jusqu'à Asnières en ligne droite. Les eaux d'une étendue de 2 550 hectares sont recueillies par ce collecteur. Celles qui proviennent des hauteurs de la partie nord de la ville lui sont amenées par un égout partant des fortifications près de la porte de Vincennes, longeant la base des quartiers hauts et aboutissant près de Saint-Augustin. Les eaux des parties planes de la ville sont recueillies par les égouts secondaires de la rue Neuve-des-Petits-Champs, de la rue de Rivoli, ou par des collecteurs transversaux qui se jettent directement dans le collecteur général de la rive droite ;

2° Le collecteur général de la rive gauche qui commence à l'endroit où la Bièvre traverse les fortifications, suit la rue Geoffroy-Saint-Hilaire, les quais depuis la place Saint-Michel jusqu'au pont de l'Alma, traverse la Seine dans un siphon et passe en tunnel sous la partie de la ville située sur la rive droite pour rejoindre le collecteur d'Asnières au-delà des fortifications. Lorsque cet égout sera terminé, il recevra la totalité des eaux de la Bièvre qui sont infectes actuellement, et servira en même temps de collecteur pour tous les quartiers de la rive gauche, grâce à un ensemble bien ordonné de collecteurs secondaires.

La Seine ne reçoit donc directement que les eaux souillées d'une surface de 180 hectares environ, ainsi que les quartiers d'Auteuil et de Bercy parce que les quais de la rive droite qui leur correspondent sont encore privés d'égouts.

### ÉGOUTS SECONDAIRES

**538.** Les égouts secondaires sont placés sous les rues et, lorsque la voie a plus de 20 mètres de largeur, ils sont au nombre de deux. A Paris, on compte 900 kilomètres de longueur de rue qui demanderaient 1,080 kilomètres d'égouts ; sur ce nombre, il n'en reste plus à construire que 400 kilomètres seulement. Ces collecteurs secondaires ont des sections transversales variant selon l'importance du volume d'eau qui doit y être débité, la nature et la pente des conduites d'eau pure qui doivent y être adaptées.

Cette dernière considération oblige souvent à adopter des dimensions plus grandes que celles exigées par le seul débit des eaux d'égout. La série complète des types d'égout en usage avait été exposée par la ville de Paris dans son pavillon à l'Exposition univerelle. Tous se font remarquer par leur légèreté; ils se divisent en deux catégories bien distinctes:

1° Ceux à cuvette et à banquettes, qui ont des pentes de $0^m,40$ par kilomètre et doivent être curés par des moyens mécaniques ;

2° Ceux à cuvette sans banquettes, qui ont des pentes d'au moins 2 mètres à $2^m,50$ par kilomètre et sont destinés à être curés à bras d'homme.

On emploie des wagons à bascule, des wagons-vannes et des bateaux-vannes pour le curage des égouts de grand modèle. La méthode appliquée consiste essentiellement à barrer la cuvette presque entièrement au moyen d'une vanne. L'eau s'élève en arrière, passe rapidement sous la vanne et, par les deux ouvertures qui y sont ménagées, chasse les matières qu'elle rencontre sur le radier. L'eau accumulée derrière la vanne exerce une pression sur sa face d'amont et fait par suite avancer l'appareil porteur de cette vanne (wagon ou bateau) d'une longueur égale à celle de l'espace qui a été rendu libre.

Les matières solides ainsi successivement poussées finissent par former un banc voyageant tout seul, puisque les matières affouillées en amont passent par dessus et se déversent en formant un plan incliné. Ces bancs voyagent avec une vitesse de 1 kilomètre par vingt-quatre heures et, à la fin de leur course, ils arrivent dans un grand collecteur qui les entraîne facilement. Nous terminerons ce qui se rapporte au mode de curage des collecteurs par l'exposé de la méthode employée pour nettoyer le siphon de l'Alma.

Ce siphon est composé de deux tubes en tôle enfermés dans un massif de béton sous le lit de la Seine, et dont la surface intérieure est parfaitement lisse; la longueur des tubes d'une rive à l'autre est de 176 mètres, et la différence de niveau entre leur orifice d'entrée et leur orifice de sortie n'est que $0^m,50$. Près du premier orifice, on a d'abord établi les fosses de décantation où les matières solides sont retenues et ensuite enlevées à bras d'homme. De plus, les eaux passent à travers des grilles épuratoires, curées jour et nuit, avant de s'engager dans le siphon. Mais ces moyens ne sont pas suffisants pour effectuer un complet nettoiement.

On fait encore passer dans chaque tube une boule en bois d'un diamètre un peu inférieur au diamètre intérieur du tube, de sorte que cette boule roule en s'appuyant sur la génératrice supérieure du tube en laissant au-dessous d'elle un espace étranglé dans lequel l'eau passe violemment. On reproduit ainsi en petit ce qui se passe en grand devant les wagons-vannes ou les bateaux-vannes.

Les eaux souillées se déversent dans les égouts par plus de 5 000 bouches ; 19 000 regards environ débouchent sur les voies publiques ; enfin 32 000 maisons communiquent avec les égouts publics par des branchements particuliers qui leur permettent d'écouler directement leurs eaux ménagères.

Enfin, un système destiné à préserver les caves des quartiers bas de Paris des inondations qui s'y produisent en temps de crue a été dernièrement combiné et étudié d'une manière complète par M. Belgrand. Ce système consiste essentiellement à abaisser par épuisement la nappe d'eau souterraine en y faisant descendre une série de puits reliés par des drains, et en mettant dans ces puits des pompes qu'une turbine fait mouvoir.

En temps de crue, il n'y a aucun inconvénient à employer l'excès de charge des conduites à faire fonctionner des pompes d'épuisement, puisque la ville dispose d'un volume d'eau supérieur aux besoins des services. Les égouts soustraits aux crues reçoivent ensuite les eaux ainsi élevées.

# CHAPITRE II

## RENSEIGNEMENTS DIVERS

### § I. — TYPE DE RÈGLEMENT CONCERNANT LES CONCESSIONS D'EAU D'UNE VILLE

**539.** § 1er. — Les demandes de concessions devront être adressées verbalement ou par écrit à la mairie.

Elles devront, en règle générale, émaner du propriétaire, tant pour lui-même que pour ses locataires.

§ 2. — La durée des abonnements n'est pas limitée ; chaque partie jouira d'un droit de dénonciation de trois mois ; la concession toutefois ne pourra expirer que les 1er janvier, 1er avril, 1er juillet et 1er octobre.

§ 3. — Le concessionnaire est soumis non seulement à toutes les dispositions du présent règlement, mais à toutes les modifications ou clauses nouvelles qui pourront y être introduites ultérieurement.

§ 4. — Dans le cas où la propriété viendrait à changer de main, l'ancien propriétaire devra en donner avis immédiatement à la direction des eaux.

Le nouveau propriétaire aura à se prononcer dans le délai de huit jours sur la continuation de la concession.

A défaut d'avertissement de l'une ou de l'autre part, la concession durera aussi longtemps qu'elle n'aura pas été résiliée par la dénonciation prévue par l'article 2 du présent règlement.

Dans l'un ou l'autre cas, l'ancien propriétaire sera toujours tenu au paiement du prix de la concession pour le trimestre courant.

§ 5. — Les abonnés ne pourront réclamer aucune indemnité ou réduction de prix pour des dégâts occasionnés par les eaux dans leurs propriétés, ni pour interruption du service ou diminution du débit des eaux.

**Tarif et mode de délivrance des eaux.**

§ 6. — Les eaux ne sont délivrées qu'au compteur.

Le prix du mètre cube (1 000 litres) est de 0 fr. 20.

§ 7. — Il sera établi, pour chaque abonnement, un minimum dont le prix devra, en tout état de cause, être payé par l'abonné.

Ce minimum d'abonnement représentera 4 °/₀ de la valeur locative du logement et donnera droit à une quantité d'eau proportionnelle ; cette quantité s'obtient en divisant le minimum d'abonnement par le prix normal du mètre cube.

Il ne sera pas accordé d'abonnements audessous de 15 francs par an.

Pour les quantités plus considérables, la taxe est fixée comme suit :

   *a*. de   1 à      400 m. c.  0 fr. 20
   *b*. de 400 à    1 000  —  0 fr. 15
   *c*. au-dessus de 1 000  —  0 fr. 125

La valeur locative servant de base au calcul du minimum d'abonnement sera, en général, celle adoptée pour la cote mobilière. Dans les cas où cette cote mobilière paraîtrait trop élevée, ou encore dans d'autres cas exceptionnels, motivant l'acceptation d'une base différente, l'administration se réserve le droit d'accorder une réduction sur le prix minimum.

§ 8. — Lorsqu'une maison ou un logement resteront inoccupés pendant trois mois au moins, il pourra être accordé une remise à l'abonné si ce dernier, au moment où les locaux cesseront d'être occupés, en a donné avis à la direction des eaux.

§ 9. — Il est formellement interdit à tout abonné de laisser embrancher sur sa conduite, soit à l'intérieur, soit à l'extérieur, aucune prise d'eau au profit d'un tiers. Il lui est également interdit de disposer gratuitement ou à prix d'argent, ou à quelque titre que ce soit, en faveur d'un tiers, de la totalité ou d'une partie des eaux qui lui seront fournies, ni de faire aucun changement aux dispositions primitivement arrêtées pour la distribution intérieure, sans l'assentiment de l'administration.

**Embranchements, compteurs, conduites dans l'intérieur des bâtiments.**

§ 10. — Les travaux d'embranchement sur la conduite publique jusqu'à 1 mètre derrière le compteur, y compris les travaux de terrassement et de pavage et le robinet d'arrêt seront exécutés par les ouvriers de l'entrepreneur de la ville aux prix fixés par son tarif.

Pour l'exécution des travaux d'embranchement sur la voie publique ainsi que pour leur entretièn, l'abonné aura à payer à la ville une somme annuelle de 3 fr.75, représentant les intérêts et l'amortissement du prix de ces travaux et payables par trimestre.

Si l'embranchement est prolongé dans l'intérieur d'une propriété, cour ou jardin, l'abonné aura à payer en outre des 3 fr. 75 ci-dessus stipulés et par trimestre, un intérêt annuel de 6 %, des frais d'établissement ; cette indemnité représente les intérêts et l'amortissement de ces frais, ainsi qu'un abonnement pour l'entretien de la partie de l'embranchement sise dans l'intérieur de la propriété.

Ces embranchements forment partie intégrante du réseau de la voie publique et restent propriété de la ville, qui prend les réparations à sa charge.

Néanmoins le propriétaire aura le choix, soit de payer les intérêts susdits, soit de rembourser à la ville les frais d'installation de l'embranchement : suivant le coût moyen pour l'embranchement de la voie publique, et pour celui sur terrain privé, suivant les dépenses occasionnées. Dans le cas de remboursement, l'entretien restera à la charge et sous la responsabilité personnelle de l'abonné.

A moins de rachat de l'embranchement, la résiliation de l'abonnement ne pourra dispenser le propriétaire du paiement des intérêts ci-dessus stipulés.

§ 11. — L'installation et l'entretien des travaux intérieurs sont affaire du propriétaire qui pourra les faire exécuter, à ses frais, par des ouvriers compétents de son choix. La ville imposera à l'entrepreneur qui se chargera de l'exécution des installations dans les bâtiments communaux, l'obligation de faire, sur demande, les installations dans les maisons particulières aux mêmes conditions et prix que pour la ville.

Ces travaux seront toujours soumis à la surveillance des agents de la ville. Celle-ci se réserve le droit de refuser ou de supprimer la distribution dans les maisons où l'installation serait reconnue vicieuse.

§ 12. — L'administration des eaux fournira le compteur aux abonnés et l'installera moyennant un loyer annuel qui variera de 3 fr.75 à 7 fr.50 suivant la dimension du compteur, et qui sera payable en même temps que le prix d'abonnement. Le compteur demeurera propriété de la ville, qui se charge de son entretien.

L'abonné ne devra sous aucun prétexte rien entreprendre au compteur ; toute irrégularité dans son fonctionnement devra être immédiatement signalée à la direction des eaux.

§ 13. — Le prix d'abonnement sera payé sur quittances de la direction des eaux, par trimestre, en même temps que les sommes prévues aux §§ 10 et 12. Ces dernières seront encaissées chez les abonnés d'une même maison au prorata de leurs abonnements pour l'eau. La ville ne fournissant qu'un compteur par maison, le propriétaire sera tenu, si la consommation totale de celle-ci excédait le maximum total de consommation de tous les ménages abonnés, de payer le surplus, sauf à lui à se faire rembourser par qui de droit. Le proprié-

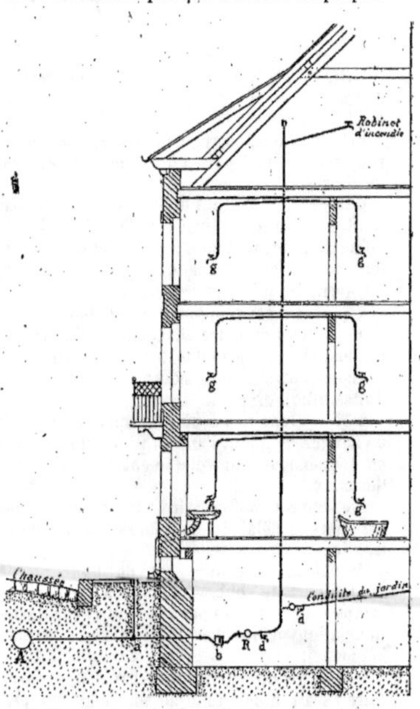



A. Conduite de la voie publique.
a. Robinet d'arrêt extérieur.
b. Compteur.
R. Robinet d'arrêt principal
d. Robinet de vidange
g. Robinet d'écoulement

Fig. 516.

taire est responsable des sommes à payer par ses locataires.

A défaut de paiement dans le délai de 20 jours, après présentation réitérée de la quittance, la concession sera retirée, sans préjudice des poursuites à exercer contre le débiteur.

§ 14. — En cas d'incendie, chaque abonné devra, à première réquisition, mettre sa conduite à la disposition des pompiers. Il lui sera tenu compte, sur sa demande, de l'eau qui aura été employée à cette occasion.

## TYPE D'INSTRUCTIONS
### pour les
ABONNÉS A LA DISTRIBUTION D'EAU D'UNE VILLE

### I. — Description générale d'une installation.

**540.** Une installation de conduites dans une propriété particulière alimentée par la distribution d'eau, se compose de deux parties distinctes, savoir :

1° L'embranchement A *b*, sur la conduite A de la voie publique pourvue d'un robinet d'arrêt extérieur *a* et d'un compteur *b* placé à l'abri de la gelée dans l'intérieur de la propriété ;

2° Les tuyautages intérieurs pourvus du robinet d'arrêt R, du robinet de vidange *d* et de robinets d'écoulement (Voir la figure 546.)

### II. — Précautions à prendre en cas de gelée.

Pour empêcher la congélation de l'eau dans les conduites intérieures, le procédé le plus sûr consiste à vider chaque soir, lorsqu'il n'y aura plus lieu de s'en servir, les conduites de toute l'eau qu'elles contiendront et à ouvrir tous les robinets d'écoulement exposés à la gelée, pour que la garniture de cuir mouillée du robinet ne se fixe pas contre le siège de la soupape.

Pour empêcher l'eau de geler dans les conduites pendant le jour, on recommande d'ouvrir quelque peu le robinet supérieur, afin d'occasionner un mouvement dans la colonne d'eau au moyen de l'arrivée de l'eau dont la température, à l'entrée de la propriété, ne descend généralement pas en hiver au-dessous de $+8$ degrés centigrades. Lorsque ce moyen ne convient pas ou qu'il n'est pas possible de l'appliquer, on peut à des heures fixes *faire provision d'eau nécessaire*, ouvrir le robinet d'écoulement et fermer le robinet d'arrêt derrière le compteur *pour vider complètement les tuyaux* à l'aide du robinet de vidange. Dans ce cas, les robinets d'écoulement devront également rester ouverts.

Le compteur et la partie de conduite qui se trouve derrière le robinet d'arrêt ne pouvant pas être vidés, il est indispensable de s'assurer que le local qui les abrite est entièrement garanti contre la gelée. Il est instamment recommandé, à cet effet, de fermer soigneuse-ment les fenêtres, soupiraux, et en général toutes les ouvertures qui peuvent donner accès au froid. Lorsqu'en cas de fortes gelées, ces précautions ne paraissent pas suffisantes, il devient indispensable de garantir la conduite et le compteur par un enveloppement au moyen de paille, de foin, ou de déchets de coton, etc.

L'administration appelle toute l'attention des abonnés sur la stricte observation des instructions qui précèdent.

### III. — Cas imprévus

Dans les cas imprévus, endommagement de la conduite privée, ruptures, fuites, etc., la première mesure à prendre pour parer à tout inconvénient, c'est de fermer immédiatement le robinet principal d'arrêt près du compteur. La direction des eaux devra en outre être prévenue le plus tôt possible pour pouvoir dans l'intérêt de l'abonné, surveiller les travaux de réparation.

Il arrive quelquefois que des personnes inexpérimentées ouvrent un robinet d'écoulement à un moment où l'eau est détournée, sans prendre la peine de refermer ledit robinet. Elles s'exposent à voir inonder leurs maisons, lorsque l'eau revient. Les abonnés sont invités à donner des instructions formelles en ce sens à toutes les personnes qui habitent leur maison et à veiller à ce que *les robinets d'écoulement soient toujours complètement refermés.*

### IV. — Inspection des installations et relevé des compteurs par les préposés de la ville.

Les abonnés devront faciliter aux préposés du service de la distribution d'eau, la vérification des installations intérieures et des compteurs. Ces compteurs devront être à l'abri de toute détérioration et pourvus, aux frais de l'abonné, d'un caisson en bois à couvercle mobile lorsqu'ils sont exposés à la gelée ou placés dans des lieux humides pouvant occasionner leur destruction, comme aussi lorsque la garantie de propreté du local peut être contestée.

Les préposés de la ville sont tenus de fournir *gratuitement* aux abonnés toute indication, renseignements ou conseils pouvant intéresser le service privé, notamment à l'entrée de l'hiver.

## § II. — *PROJET DE DISTRIBUTION D'EAU POUR UNE VILLE INDUSTRIELLE*

### PROGRAMME

**541.** On propose d'établir la distribution d'eau d'une ville située dans un pays industriel où l'eau est amenée par dérivation d'eau de source et au besoin par des machines élévatoires. La dérivation d'eau de source donne 80 litres par seconde.

La population de la ville, d'après les derniers recensements, s'élève à 25 000 habitants répartis comme il est dit ci-après :

Les réservoirs seront établis au point le plus élevé, dont l'altitude est de 100 mètres au-dessus du niveau moyen de la mer. Ces réservoirs auront au maximum 5 mètres de profondeur et, au moment où la consommation d'eau sera le plus considérable, le volume d'eau qu'ils contiennent pourra diminuer de moitié.

L'eau distribuée est destinée :

*a.* A la consommation personnelle des habitants et animaux à leur usage ;

*b.* Aux établissements publics : casernes, collèges, bains et lavoirs, etc. ;

*c.* A l'arrosage des places, carrefours, squares, etc. ;

*d.* Au lac du jardin public et aux fontaines jaillissantes qui contribuent à l'assainissement de la ville ;

*e.* Aux différentes industries.

N. B. — Il faut tenir compte de l'accroissement normal et continu de la population et du développement à prévoir des industries qu'ils exploitent.

Comme bases pour la détermination des conduites, on supposera que la consommation *a* (habitants) et *b* (établissements) est maximum le matin entre sept et onze heures, le soir elle reprend entre quatre et sept heures mais d'une façon bien moins active ; le rapport des deux dépenses est d'environ 4/3.

La dépense d'eau *c* (arrosage) doit s'effectuer en deux périodes, le matin de sept à dix heures ; le soir, de trois à cinq heures. On ne tiendra pas compte de la différence de consommation de l'hiver à l'été.

L'alimentation du lac et des fontaines (*d*) est nécessaire pendant cinq heures ; de midi à cinq heures et cela quelle que soit la saison.

Enfin les industries consomment l'eau à peu près régulièrement pendant la journée de travail des ouvriers : de six à onze heures du matin, de midi à cinq heures du soir.

On pourra supposer que cette dépense est nulle la nuit.

**542.** La marche à suivre pour résoudre ce problème complexe est la suivante :

On évalue en premier lieu la quantité totale d'eau à fournir chaque jour, puis le volume *moyen* dépensé par seconde.

On détermine ensuite les dimensions principales du réservoir, sa construction, ses accessoires comme tuyauterie et robineterie d'après les quantités ainsi trouvées.

Enfin on aborde la distribution proprement dite en groupant les différents tronçons par ordre d'importance et on calcule leurs diamètres respectifs et les hauteurs piézométriques, suivant les cas des problèmes particuliers qui se présentent (Voir pages 432 et suivantes).

On observera qu'en général le diamètre des tuyaux ne doit pas descendre au-dessous de 60 millimètres et que la hauteur piézométrique moyenne doit atteindre 15 à 20 mètres, pour pouvoir donner satisfaction aux robinets de puisage même les plus élevés.

### Évaluation du volume total d'eau à fournir journellement.

**543.** *a.* 25 000 habitants à raison de 100 litres par habitant. . . . . . . 2 500 $^{mc}$

*A reporter.* . . . . 2 500$^{mc}$

*Report.* . . . . 2 500^{mc}

700 chevaux ; 200 ânes, mulets, etc., 900 animaux à 100 litres . . . . . . . . . . . . . 90

*b.* Établissements publics, etc.

Nous admettrons un supplément de 10 litres par habitant de ces établissements, dont la population, casernes, hôpitaux, collèges, lavoirs, est évaluée à 2,700, soit 2,700 $\times$ 10. . . . . 27

*c.* Arrosage. — Assainissement du sol des voies publiques par les ruisseaux, 117 500^{m2} de surface, à raison de 2 litres. . . 235

*d.* Lac du jardin public. . . . 48

Fontaines publiques, une de. 300

— une de 150

— deux de 75 250

*e.* Industries diverses . . . . 2 700

Soit, par jour. . . 6 200^{mc}

Supplément en prévision de l'accroissement de la population et du développement industriel. 2 300

Total général par 24 heures. 8 500^{mc}

Telle sera la capacité des réservoirs à établir, ce qui correspondra à un volume d'eau à fournir par seconde de :

$$\frac{8\,500\,000}{24 \times 3\,600} = 98^{l},3$$

La consommation actuelle n'étant que de 6 200 mètres cubes, le temps nécessaire pour fournir cette quantité aux réservoirs, sera donc inférieur à 24 heures et donné par la relation :

$$24 \times \frac{6\,200}{8\,500} = 17^{h},5.$$

## Volume maximum dépensé par seconde.

**544.** Nous avons indiqué précédemment dans les groupements *a, b, c, d,* que la consommation de chacun de ces groupes ne se faisait pas aux mêmes heures. Il est donc nécessaire pour avoir la certitude d'assurer le service de se rendre compte des moments de la journée où la consommation est la plus forte.

Il convient pour cela de calculer la consommation maxima par seconde et par groupement tels qu'ils ont été admis plus haut.

*a, b.* La dépense *totale* dans la journée pour ces deux groupes est de 2 617 000 litres dont les 4/7, d'après les données, sont consommés le matin en quatre heures, soit par *seconde* dans cette période :

$$\frac{2\,617\,000 \times 4/7}{4 \times 3\,600} = 103^{l},850$$

Et 3/7 consommés, le soir, en trois heures soit par seconde dans cette période :

$$\frac{2\,617\,000 \times 3/7}{3 \times 3\,600} = 103^{l},850$$

*c.* L'arrosage s'effectue en cinq heures, et en deux périodes, soit par seconde pour chacune d'elles :

$$\frac{235\,000}{5 \times 3\,600} = 13^{l},055$$

*d.* Le lac et les fontaines alimentés pendant cinq heures constituent une dépense par seconde de :

$$\frac{648\,000}{5 \times 3\,600} = 36^{l},000$$

*e.* Les industries dépensent par seconde :

$$\frac{2\,700\,000}{10 \times 3\,600} = 75 \text{ lit.}$$

Volume total *maximum* dépensé par seconde : 227^{l},805

C'est donc pour cette dépense que vont être calculés tous les éléments de la distribution.

## CALCUL DES DIVERS ÉLÉMENTS DE LA DISTRIBUTION

**545.** Ainsi que nous l'avons expliqué précédemment, il y aura lieu tout d'abord de se préoccuper de satisfaire à cette consommation maxima à la source *factice* de la distribution qui est constituée par les réservoirs. C'est donc par le calcul des dimensions à donner à cette source factice qu'il conviendra de commencer.

### A. — RÉSERVOIRS

**546.** Il est d'usage, soit d'établir deux ou plusieurs réservoirs, soit d'en faire un seul à deux compartiments pour faciliter les réparations et l'entretien et ne pas entraver le service de distribution. Le ou les réservoirs doivent avoir une contenance supérieure à la consommation totale journalière, de manière à parer à toute éventualité; plus l'écart entre la capacité du réservoir et le volume consommé est grand, plus le réservoir a d'efficacité; d'un autre côté un réservoir de grand volume constitue une dépense de premier établissement considérable et qui croît très rapidement avec les dimensions; il convient donc de ne pas exagérer ces dernières.

Avec un réservoir de 8 500$^{m3}$ nous avons un écart de 2 300$^{m3}$ qui est faible, mais suffisant dès l'instant que le réservoir est alimenté directement d'eau de source sans le secours d'un moteur élévatoire, lequel est toujours sujet à avaries sans compter certaines périodes de chômage; et d'autant plus suffisant que l'on a établi une usine hydraulique élévatoire sur la petite rivière pour permettre l'alimentation en cas de secours.

Cette petite usine en temps ordinaire, alimente un petit réservoir à double compartiment situé à côté de ceux à eaux de source. — L'eau de ce réservoir en temps ordinaire, débouche dans une canalisation spéciale alimentant les têtes des deux égouts principaux et le lac. Nous ne tiendrons pas compte dans les calculs qui suivent de cette situation toute de prévoyance. Nous dirons toutefois, qu'en cas de rupture des aqueducs, les dispositions sont prises pour (en faisant marcher l'usine hydraulique chaque jour pendant 24 heures, ce qui n'a pas lieu à l'ordinaire) assurer ainsi l'alimentation générale en eaux de rivière.

Comme il a été dit précédemment (p. 428) les réservoirs en maçonnerie sont seuls à employer ici; de plus la forme rectangulaire est celle qui doit être préférée et on disposera 2 compartiments.

Si nous désignons par :

$l$, la longueur ;

et $\lambda$, la largeur d'un compartiment :

Ces dimensions étant prises intérieurement aux murs, il existe entre ces dimensions un certain rapport pour lequel le cube des murs est le plus petit possible, c'est ce qu'il faut chercher à réaliser.

Le volume des murs

$$V = m (3l + 4\lambda).$$

La surface du réservoir :

$$S = 2\, l\, \lambda.$$

De ces deux équations, on déduit :

$$V = m \left( \frac{3S}{2\lambda} + 4\lambda \right)$$

$$V = m \frac{8\lambda^2 + 3S}{2\lambda}.$$

Le minimum de cette quantité est donné par

$$\frac{dV}{d\lambda} = o = \frac{2\lambda \times 16\lambda - (8\lambda^2 + 3S) \times 2}{4\lambda^2}$$

$$16\lambda^2 - 6S = o$$

$$\lambda = \sqrt{\frac{6S}{16}} = \frac{\sqrt{6S}}{4}$$

$$l = \frac{S}{2\lambda} = \frac{\sqrt{6S}}{3}.$$

C'est-à-dire que $l$ et $\lambda$ doivent être dans le rapport de 4 à 3.

Nous avons besoin d'un volume de 7 500 mètres cubes et le réservoir a une profondeur de 5 mètres, on aura donc pour la surface :

$$S = \frac{8\,500}{5} = 1\,700 \text{ mètres carrés}$$

et par suite, $\lambda = \dfrac{\sqrt{6 \times 1\,700}}{4} = 25^{m},24$

$$l = \frac{\sqrt{6 \times 1\,700}}{3}\ 33^{m},33.$$

Ces dimensions seront un peu modifiées pour tenir compte de l'espace pris par les piliers et le mur séparatif des deux compartiments. On fait un premier tracé et on vérifie que la capacité du réservoir est bien celle prévue, étant donné que les piliers et le mur milieu, ont une section convenable pour résister aux efforts qu'ils ont à supporter.

Pas plus ici que nous ne l'avons fait précédemment, nous ne nous étendrons sur les détails des calculs de construction des réservoirs et nous renverrons le lecteur aux traités spéciaux, notamment à ceux de MM. Chaix et Oslet *Cours de Construction*, 3$^{e}$ partie, chap. III, *Maçonneries*, pages 248 et suivantes.

| PÉRIODE | CONSOMMATION PAR SECONDE | | DÉBIT SOURCE PAR SECONDE | DIFFÉRENCE EN LITRES PAR PÉRIODE |
|---|---|---|---|---|
| heures | | lit. | lit. | |
| 6 à 7 | Industries..... | 75.000 | 80 | $5^{lit} \times 3\,600 \times 1 = + \quad 18\,000$ |
| 7 à 10 | Habitants...... Arrosage....... Industries..... | 191.905 | — | $111^{lit}905 \times 3\,600 \times 3 = - \quad 1\,208\,574$ |
| 10 à 11 | Habitants...... Industries..... | 178.850 | — | $98\,850 \times 3\,600 \times 1 = - \quad 355\,800$ |
| 11 à 12 | » | » | — | $80 \times 3\,600 \times 1 = + \quad 228\,000$ |
| 12 à 3 | Fontaines...... Industries..... | 111.000 | — | $31 \times 3\,600 \times 3 = - \quad 334\,800$ |
| 3 à 4 | Arrosage ...... Fontaine ...... Industries..... | 124.055 | — | $44\,055 \times 3\,600 \times 1 = - \quad 158\,598$ |
| 4 à 5 | Habitants...... Arrosage....... Fontaines...... Industries..... | 227.905 | — | $147\,905 \times 3\,600 \times 1 = - \quad 532\,458$ |
| 5 à 7 | Habitants...... | 103.850 | — | $23\,850 \times 3\,600 \times 2 = - \quad 171\,720$ |

Eau consommée................ 2 516 010

Augmentée du débit de la source de 6 h. du matin à 7 h. soir : $80 \times 3\,600 \times 13 = 3\,744\,000$

TOTAL................ 6 260 010

**547.** D'après le programme, le niveau de l'eau dans le réservoir ne doit pas baisser de plus de moitié de la hauteur au moment de la dépense maxima. Nous allons vérifier que cette condition est remplie.

Nous avons établi précédemment au n° 544 que la dépense maxima correspondait aux consommations suivantes :

Consommation des habitants par seconde entre 7 et 11 heures, le matin ; 4 et 7 heures, le soir. 103$^l$,850

Arrosage, 7 et 10 h., le mat.; 3 et 5 h., le soir, par seconde.. 13,055

Lac et fontaines, 12 et 5 heures, le soir, par seconde.. 36

Industries, 6 et 11 h., le mat.; 12 et 5 h., le soir, par seconde.. 75

Si nous admettons que la source débite 80 litres par seconde, la balance du volume reçu dans le réservoir et du volume consommé s'établit comme suit pour les différentes heures de la journée. (Voir le tableau ci-dessus).

De 7 heures du soir à 6 heures du matin, la source donne :

$80^l \times 3\,600'' \times 11$ heures 3 168 000 litres

Quantité bien supérieure à .......... 2 516 010 diminution du volume dans le réservoir de 6 heures du matin à 7 heures du soir.

Le réservoir étant plein et renfermant :

8 500 mètres cubes

pour que le niveau de l'eau s'abaisse de moitié de la hauteur, soit $2^m,500$, et ne contienne plus que

4 250 mètres cubes

il faudra dépenser :

$8\,500 - 4\,250 + 80^l \times 3\,600 \times 13 = 7\,994^{mc}$

au lieu de ........... 6 260$^{mc}$

On a donc un excédent journalier de

$7\,994 - 6\,260 = 1\,734^{mc}$

## Bassin d'arrivée d'eau de source au réservoir.

**548.** Il convient de disposer ce bassin au milieu du réservoir afin de desservir les deux compartiments, soit ensemble, soit isolément. On place à cet effet deux tuyaux et des vannes dont l'accès et la manœuvre doivent être faciles.

Pour une source débitant 80 litres, avec une vitesse de 0,50 centimètres par seconde, l'aqueduc étant à section circulaire et coulant à section demi-pleine, on aura :

$$\frac{1}{2}\,\frac{\pi d^2}{4} \times 0,50 = 0^{\mathrm{mc}},080$$

d'où

$$d^2 = \frac{0,080 \times 8}{0,50 \times \pi} = 0,4076$$

$$d = 0,638 \quad \text{soit} \quad 0,640.$$

On laissera une certaine distance entre le point le plus bas de l'aqueduc et le fond du bassin pour permettre à l'eau de déposer les matières en suspension.

Pour cette même raison le fond du bassin devra d'ailleurs être au-dessous du niveau le plus élevé de l'eau dans le réservoir.

Au cas actuel ce bassin aura 2 mètres de profondeur, 10 mètres de longueur et 5 mètres de largeur.

## Tuyauterie. — Robinetterie.

**549.** Ces organes doivent être facilement accessibles et d'une manœuvre aisée ; ils seront groupés dans une salle spéciale au-dessous du bassin. On y accède par des échelles en fer.

On doit pouvoir alimenter à volonté la conduite principale par l'un quelconque des deux compartiments. De chacun d'eux part un branchement muni de deux vannes ; les deux branchements viennent se réunir en un seul continué par la conduite principale.

On dispose en outre des tuyaux de vidange munis de vannes et des tuyaux de trop plein se déversant aux égouts.

### B. — Distribution

**550.** Le principe à observer est de pouvoir alimenter chaque quartier par

TABLEAU A. — *Résumé des données pour chaque conduite*

| NUMÉROS D'ORDRE | DÉSIGNATION | LONGUEURS | | DÉPENSE PAR SECONDE |
|---|---|---|---|---|
| | | PARTIELLES | TOTALES | |
| | *Conduites principales.* | mètres. | mètres. | lit. |
| 1 | Rue Rochambeau | | | |
| 2 | Jusque rue des Bons-Enfants | 180 | | 1.955 |
| 3 | — Puységur | 160 | | 2.620 |
| 4 | — Cairon | 60 | | 0.415 |
| 5 | — Garros | 50 | | 6.310 |
| 6 | Rue Garros à rue Croix-Rouge | 100 | | 2.410 |
| 7 | — — de la Bibliothèque | 60 | | 5.687 |
| 8 | — — Brun | 110 | | 12.540 |
| 9 | — — de la Cathédrale | 160 | | 2 850 |
| 10 | Rue du Vieux-Pont à rue Saint-Henri | 90 | | 6.500 |
| 11 | — — Marmande | 50 | | 2.650 |
| 12 | — — Terrasson | 110 | 1 030 | 7.320 |
| 13 | Rue Nationale jusque rue Pelleport | 60 | | 1.650 |
| 14 | — — Jamet | 80 | | 4.920 |
| 15 | — — Lavaud | 90 | | 1.133 |
| 16 | — — Cairon | 60 | | 1.235 |
| 17 | — — Chambeau | 70 | 360 | 4.120 |
| 18 | Rue Lafontaine à rue Vaucouleurs | 150 | | 1.705 |
| 19 | — — de la Poste | 60 | | 0.169 |
| 20 | — — du Théâtre | 100 | | 2.342 |
| 21 | — — Langon | 90 | | 7.680 |
| 22 | — — Lajarte | 80 | | 9.130 |
| 23 | — — de la Bibliothèque | 120 | 600 | 1.810 |
| 24 | Rue Mazarin à rue Dubreuil | 150 | | 12.960 |
| 25 | — — Vincent | 70 | | 3.240 |
| 26 | — — de l'Entrepôt | 80 | 300 | 1 250 |
| 27 | Carrefour Saint-Jean | 80 | | 1.150 |
| 28 | Rue Colbert à rue Saint-Jean | 40 | | 0.210 |
| 29 | — — Leblanc | 90 | | 0 856 |
| 30 | — — Clovis | 200 | | 15.420 |
| 31 | Rue Méry à rue Turenne | 140 | | 1.340 |
| 32 | Rue de la Cathédrale à rue Boulant | 80 | | 1.390 |
| 33 | — — de la Bibliothèque | 60 | | 1.120 |
| 34 | — — Marsan | 80 | | 3.370 |
| 35 | — — David-Milière | 40 | | 2.690 |
| 36 | — — Langon | 50 | | 0.700 |
| 37 | Rue David jusque rue Naujac | 110 | | 1.430 |
| 38 | Rue de la Poste | 100 | 1 070 | 1.680 |
| | *À reporter* | | | 135.957 |

## Tableau A (suite).

| NUMÉROS D'ORDRE | DÉSIGNATION | LONGUEURS PARTIELLES | LONGUEURS TOTALES | DÉPENSE PAR SECONDE |
|---|---|---|---|---|
| | *Conduites de deuxième ordre.* | mètres. | | Report : 135.957 |
| 39 | Rue Terrasson jusque rue Saujon | 160 | | 0.150 |
| 40 | — — Serporal | 30 | | 1.390 |
| 41 | — du Chemin-de-fer jusque rue Lacour | 80 | | 0.945 |
| 42 | — — Naujac | 70 | | 0.245 |
| 43 | — — Vaucouleurs | 50 | mètres. | 1.550 |
| 44 | — — Lacroix | 220 | 760 | 0.850 |
| 45 | — Lacroix | 150 | | 0.230 |
| 46 | — Saint-Laurent jusque rue de la Verrerie | 110 | | 1.290 |
| 47 | — de la Verrerie | 60 | | 0.360 |
| 48 | — Villaris jusque rue de la Préfecture | 100 | | 0.240 |
| 49 | — — Foy | 40 | | 1.730 |
| 50 | — — de l'Hôpital | 60 | 480 | 1.440 |
| 51 | — de l'Hôpital | 110 | | 0.650 |
| 52 | — de Turenne jusque rue Minvielle | 140 | | 12.042 |
| 53 | — — Leblanc | 60 | | 1.912 |
| 54 | — Leblanc jusque rue de la Préfecture | 100 | | 2.220 |
| 55 | — — Colbert | 60 | 360 | 6.100 |
| 56 | — Saint-Jean jusque rue Jamet | 120 | | 1.390 |
| 57 | — de la Manufacture jusque rue Pelleport | 100 | | 0.320 |
| 58 | — — Saint-Louis | 80 | 300 | 1.380 |
| 59 | — Lajarte jusque rue Ducau | 90 | | 0.250 |
| 60 | — Ducau jusque rue Bertrand | 160 | | 0.180 |
| 61 | — — Puységur | 40 | | 0.160 |
| 62 | — Corins | 60 | | 0.780 |
| 63 | — des Bons-Enfants jusque rue Rochambeau | 100 | | 2.530 |
| 64 | Boulevard Sévigné jusque rue Lavaud | 60 | | 0.510 |
| 65 | — — Pelleport | 170 | | 0.430 |
| 66 | Rue Pelleport jusque rue Nationale | 150 | 830 | 1.203 |
| | *Conduites de troisième ordre.* | | | |
| 67 | Rue de Marsan jusque rue Brun | 100 | | 0.820 |
| 68 | — de la cathédrale | 110 | 210 | 0.700 |
| 69 | — Constantin jusque place Notre-Dame | 100 | | 1.040 |
| 70 | — — de la Préfecture | 170 | 270 | 1.320 |
| 71 | — Foy | 150 | | 1.200 |
| 72 | — Dubreuil | 100 | 250 | 0.350 |
| 73 | — Pelleport | 140 | | 0.540 |
| 74 | — du Pavillon | 180 | | 2.160 |
| 75 | — Turenne jusque rue Leblanc | 30 | 350 | 8.773 |
| 76 | — Millière | 190 | | 0.810 |
| 77 | — Lacour | 190 | 380 | 0.741 |
| 78 | — Foucault | 180 | | 0.830 |
| 79 | — Corneille | 200 | | 1.310 |
| 80 | — du Tertre jusque rue Faye | 80 | | 1.682 |
| 81 | — — Rochambeau | 160 | 620 | 0.720 |
| | *Conduites de quatrième ordre.* | | | |
| 82 | Rue Faye jusque rue des Bons-Enfants | 230 | | 0.860 |
| 83 | — Bertrand jusque rue Ducau | 80 | | 1.620 |
| 84 | — — Garros | 120 | 430 | 0.810 |
| 85 | — Lavaud jusque rue Nationale | 80 | | 0.795 |
| 86 | — — Puységur | 80 | | 0.825 |
| 87 | — — boulevard Sévigné | 90 | 250 | 1.326 |
| 88 | — Puységur jusque rue Rochambeau | 100 | | 0.242 |
| 89 | — — Lavaud | 100 | 200 | 0.470 |
| 90 | — Cairon | 100 | | 0.280 |
| 91 | Place et rue de la Croix-Rouge | 160 | 260 | 0.270 |
| 92 | Rue de la Préfecture jusque rue Méry | 100 | | 0 275 |
| 93 | — — Minvielle | 140 | | 0.260 |
| 94 | — — carrefour Saint-Jean | 200 | 440 | 0.850 |
| 95 | Rue Vaucouleurs | 180 | 180 | 0.910 |
| 96 | — Saint-Louis | 140 | 140 | 1.330 |
| 97 | — Jamet | 140 | 140 | 3.875 |
| 98 | — Minvielle | 100 | | 0.680 |
| 99 | — Boutant jusque rue Minvielle | 60 | | 0.860 |
| 100 | — — — de la Cathédrale | 140 | 300 | 0.584 |
| 101 | — Montesquieu | 190 | 190 | 1.725 |
| 102 | — d'Aquitaine | 310 | | 1.675 |
| 103 | — du Rempart | 160 | | 0.890 |
| 104 | — Valfleury | 290 | 760 | 3.813 |
| | Total | | | 227.905 |

différentes parties du réseau afin de parer aux accidents et permettre les réparations et l'entretien sans interruption du service.

Suivant leur importance, les conduites ont été classées en quatre groupes :

Conduites principales ;
— de second ordre ;
— de troisième ordre ;
— de quatrième ordre.

Le plan annexé à ce projet (*fig.* 517) indique ces différentes conduites par des traits spéciaux.

Tout d'abord on devra dresser un tableau à double entrée ; l'une affectée aux diverses conduites auxquelles on distribue des numéros, l'autre relative aux données du problème pour chaque conduite.

On devra ensuite déterminer les diamètres de chaque conduite dont on connait par le tableau précédent, la longueur et la dépense.

Les formules dont on pourra se servir, sont les suivantes :

$$Z = \frac{1}{2}\frac{U^2}{2g}. \qquad (1)$$

Perte de charge par changement de section à l'entrée de la conduite,

$$Z = \frac{(U - U')^2}{2g}. \qquad (2)$$

Perte de charge à un point d'érogation ou à un piquage quelconque,

$$Z = \frac{4L}{D}(aU + bU^2). \qquad (3)$$

Formule de Prony, perte de charge par frottement, ou $Z = \dfrac{4L}{D} b_1 U^2.$    (3 *bis*)

Formule de Dârcy,

$$Q = \frac{\pi D^2}{L} U. \qquad (4)$$

Relation entre le débit, la section et la vitesse,

d'où

$$U = \frac{Q}{\dfrac{\pi D^2}{L}} = \frac{Q}{\Omega}$$

$$\frac{D}{L} J = b_1 U^2. \qquad (4\ bis)$$

Formule de Darcy où l'on trouve J,

$$Y = LJ. \qquad (5)$$

Relation entre la charge, la longueur et la pente,    $D = \dfrac{1}{3}\sqrt[5]{\dfrac{Q^2}{J}}.$    (6)

Formule simplifiée donnant le diamètre ; voir Arnal, *Mécanique*, vol. II, page 281.

$$Q = Q'' + 0{,}55\ Q'. \qquad (7)$$

Formule qui donne le débit à l'entrée, en fonction du débit du service de la conduite et du débit à son extrémité à l'aval.

TABLEAU B. — *Détermination des conduites* (Division des conduites par groupes)

| DÉSIGNATION | NUMÉROS DES CONDUITES partielles | CONDUITES PRINCIPALES | | CONDUITES ALIMENTÉES | | DÉPENSE TOTALE PAR SECONDE et par groupe |
|---|---|---|---|---|---|---|
| | | LONGUEURS | DÉPENSE PAR 1″ | LONGUEURS | DÉPENSE PAR 1″ | |
| Groupe I | 1/2 de 95 | ........... | ........... | 70 | 0.665 | |
| | 12 | 60 | 1.650 | ........... | ........... | |
| | 1/2 de 72 | ........... | ........... | 40 | 0.270 | |
| | 13 | 80 | 4.720 | ........... | ........... | |
| | 1/2 de 96 | ........... | ........... | 70 | 1.938 | |
| | 14 | 90 | 1.133 | ........... | ........... | |
| | 1/2 de 84 | ........... | ........... | 40 | 0.398 | |
| | 85 | ........... | ........... | 80 | 0.825 | |
| | 15 | 60 | 1.235 | ........... | ........... | |
| | 1/2 de 89 | ........... | ........... | 50 | 0.140 | |
| | 16 | 70 | 4.120 | ........... | ........... | 17.294 |
| Groupe II | 6 | 60 | 5.687 | ........... | ........... | |
| | 83 | ........... | ........... | 120 | 0.810 | |
| | 5 | 100 | 2.420 | ........... | ........... | |
| | 90 | ........... | ........... | 160 | 0.270 | |
| | 4 | 50 | 6.310 | ........... | ........... | |
| | 1/2 de 89 | ........... | ........... | 50 | 0.140 | |
| | 3 | 60 | 0.415 | ........... | ........... | |
| | 87 | ........... | ........... | 100 | 0.242 | |
| | 88 | ........... | ........... | 100 | 0.470 | |
| | 2 | 60 | 2.620 | ........... | ........... | |
| | 1 | 180 | 1.955 | ........... | ........... | 21.339 |

# HYDRAULIQUE.

## TABLEAU B (*suite*).

| DÉSIGNATION | NUMÉROS DES CONDUITES partielles | CONDUITES PRINCIPALES | | CONDUITES ALIMENTÉES | | DÉPENSE TOTALE PAR SECONDE et par groupe |
|---|---|---|---|---|---|---|
| | | LONGUEURS | DÉPENSE PAR 1' | LONGUEURS | DÉPENSE PAR 1' | |
| Groupe III | 22 | 120 | 1.810 | | | |
| | 66 | | | 100 | 0.820 | |
| | 21 | 80 | 9.130 | | | |
| | 58 | | | 90 | 0.250 | |
| | 77 | | | 180 | 0.830 | |
| | 78 | | | 200 | 1.310 | |
| | 79 | | | 80 | 1.682 | |
| | 80 | | | 160 | 0.720 | |
| | 59 | | | 160 | 0.180 | |
| | 60 | | | 40 | 1.160 | |
| | 61 | | | 60 | 0.780 | |
| | 62 | | | 100 | 2.530 | |
| | 63 | | | 60 | 0.510 | |
| | 86 | | | 90 | 1.326 | |
| | 64 | | | 170 | 0.450 | |
| | 65 | | | 150 | 1.203 | |
| | 20 | 90 | 7.680 | | | |
| | 19 | 100 | 2.342 | | | |
| | 81 | | | 230 | 0.860 | |
| | 82 | | | 80 | 1.620 | |
| | 101 | | | 310 | 1.675 | |
| | 102 | | | 160 | 0.899 | |
| | 103 | | | 290 | 3.813 | 43.571 |
| Groupe IV | 18 | 60 | 0.169 | | | |
| | 94 | | | 180 | 0.910 | |
| | 17 | 150 | 1.705 | | | |
| | 44 | | | 150 | 0.230 | |
| | 43 | | | 220 | 0.850 | |
| | 42 | | | 50 | 1.550 | 5.414 |
| Groupe V | 8 | 160 | 2.850 | | | |
| | 73 | | | 110 | 2.160 | |
| | 74 | | | 30 | 8.773 | |
| | 7 | 110 | 12.540 | | | 26.323 |
| Groupe VI | 33 | 80 | 3.370 | | | |
| | 67 | | | 110 | 0.706 | |
| | 1/2 de 100 | | | 95 | 0.863 | |
| | 34 | 40 | 2.690 | | | |
| | 1/2 de 75 | | | 95 | 0.425 | |
| | 35 | 50 | 0.700 | | | |
| | 1/2 de 76 | | | 95 | 0.370 | |
| | 36 | 110 | 1.430 | | | |
| | 37 | 100 | 1.680 | | | 12.228 |
| Groupe VII | 32 | 60 | 1.120 | | | |
| | 99 | | | 140 | 0.584 | |
| | 31 | 80 | 1.390 | | | |
| | 51 | | | 140 | 12.042 | |
| | 97 | | | 100 | 0.680 | |
| | 52 | | | 60 | 2.912 | |
| | 53 | | | 100 | 2.220 | |
| | 30 | 140 | 1.340 | | | |
| | 92 | | | 140 | 0.260 | |
| | 93 | | | 200 | 0.850 | |
| | 27 | 40 | 15.420 | | | |
| | 28 | 90 | 0.856 | | | |
| | 55 | | | 120 | 1.390 | |
| | 1/2 de 96 | | | 70 | 1.938 | |
| | 56 | | | 100 | 0.320 | |
| | 1/2 de 72 | | | 40 | 0.270 | |
| | 57 | | | 80 | 1.380 | |
| | 1/2 de 95 | | | 70 | 0.665 | |
| | 27 | 40 | 0.210 | | | |
| | 1/2 de 84 | | | 40 | 0.398 | |
| | 26 | 80 | 1.150 | | | |
| | 54 | | | 60 | 6.100 | |
| | 98 | | | 60 | 0.860 | 54.355 |

TABLEAU B (*suite*).

| DÉSIGNATION | NUMÉROS DES CONDUITES partielles | CONDUITES PRINCIPALES | | CONDUITES ALIMENTÉES | | DÉPENSE TOTALE PAR SECONDE et par groupe |
|---|---|---|---|---|---|---|
| | | LONGUEURS | DÉPENSE PAR 1″ | LONGUEURS | DÉPENSE PAR 1″ | |
| Groupe VIII......... | 45 | ........ | ........ | 110 | 1.290 | |
| | 46 | ........ | ........ | 60 | 0.360 | |
| | 47 | ........ | ........ | 100 | 0.240 | |
| | 48 | ........ | ........ | 40 | 1.730 | |
| | 49 | ........ | ........ | 60 | 1.440 | |
| | 50 | ........ | ........ | 110 | 0.650 | |
| | 11 | 110 | 7.320 | ........ | ........ | |
| | 68 | ........ | ........ | 100 | 1.220 | |
| | 69 | ........ | ........ | 170 | 0.320 | |
| | 91 | ........ | ........ | 100 | 0.275 | |
| | 10 | 50 | 2.650 | ........ | ........ | |
| | 9 | 90 | 6.500 | ........ | ........ | 23.995 |
| Groupe IX ......... | 25 | 80 | 1.250 | ........ | ........ | |
| | 71 | ........ | ........ | 100 | 0.350 | |
| | 70 | ........ | ........ | 150 | 1.200 | |
| | 24 | 70 | 2.240 | ........ | ........ | |
| | 23 | 150 | 12.960 | ........ | ........ | 19.000 |
| Groupe X ......... | 38 | ........ | ........ | 160 | 0.150 | |
| | 39 | ........ | ........ | 30 | 1.390 | |
| | 40 | ........ | ........ | 80 | 0.945 | |
| | 41 | ........ | ........ | 70 | 0.245 | |
| | 1/2 de 100 | ........ | ........ | 95 | 0.862 | |
| | 1/2 de 75 | ........ | ........ | 95 | 0.425 | |
| | 1/2 de 76 | ........ | ........ | 95 | 0.370 | 4.387 |

## Récapitulation des dépenses par groupes et par seconde.

**553.** Groupe I . . . . . 17ˡ,294
— II . . . . . 21 ,339
— III . . . . . 43 ,571
— IV . . . . . 5 ,414
— V . . . . . 26 ,323
— VI . . . . . 12 ,228
— VII . . . . . 54 ,355
— VIII . . . . . 23 ,995
— IX . . . . . 19 ,000
— X . . . . . . 4 ,387
227ˡ,906

PREMIÈRE REMARQUE.

Pour parer aux éventualités résultant de bris de conduites, réparations etc., nous doublerons les conduites principales des groupes I, II, III, V, VIII, IX.

DEUXIÈME REMARQUE

Pour établir le débit *maximum* de chaque conduite principale, il faut observer que :

| | DÉBIT MAXIMUM | DIAMÈTRE |
|---|---|---|
| | lit. | |
| Au besoin I alimente les tronçons 63, 64, 65................ | 19.457 | 0.19 |
| — II — I à X................ | 227.906 | 0.44 |
| — III — IV ou VI................ | 55.763 | 0.22 |
| — IV peut alimenter les tronçons 38 à 44................ | 10.774 | 0.10 |
| — V — I, II, III, VI ou IV et VII........... | 174.414 | 0.38 |
| — VI — IV................ | 17.642 | 0.12 |
| — VII — I + II................ | 92.988 | 0.28 |
| — VIII — I, II, III, IV, V, VI, VII............ | 203.939 | 0.42 |
| — IX — VIII, VI, VII................ | 109.578 | 0.30 |
| X................ | 4.387 | 0.06 |

Le débit Q d'une conduite a pour expression le produit de la section $\Omega$ par la vitesse U moyenne :

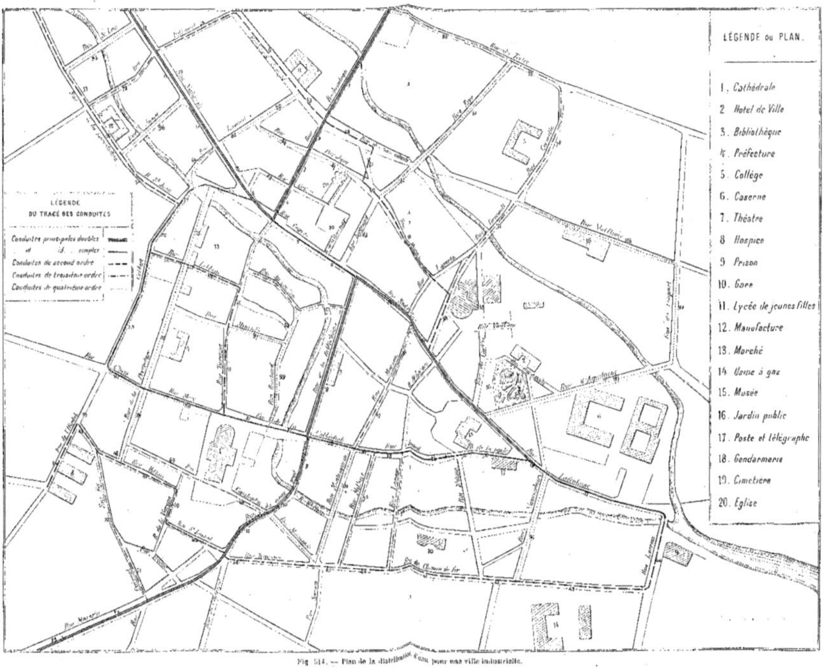

Fig. 514. — Plan de la distribution d'eau pour une ville industrielle.

$$Q = \Omega U = \frac{\pi d^2}{4} U$$

d'où
$$D = 2 \sqrt{\frac{Q}{\pi U}} \, . \qquad (1)$$

On admet généralement une vitesse de $1^m,50$ au maximum pour chaque conduite principale ; le débit est indiqué dans le tableau ci-dessous et en regard on lit le diamètre calculé par la formule (1) ; ce diamètre est le *minimum* que l'on peut admettre puisqu'il ne tient compte que du débit et de la vitesse.

Nous allons maintenant rechercher le diamètre réel à donner à chaque conduite en tenant compte des différentes pertes de charges et de niveau piézométrique nécessaire pour la distribution.

Nous admettons que, *en régime ordinaire*, l'alimentation des différentes sections se fait de la manière suivante :

| | | | | | lit. |
|---|---|---|---|---|---|
| Le réservoir alimente | le groupe I | du tableau B, | soit un débit de. .......... | | 17 294 |
| — — | — II | — | — | | 227.906 |
| Le groupe V alimente | le groupe III | — | — | | 43.571 |
| — VI — | — IV | — | — | | 5.414 |
| — VIII — | — V | — | — | | 69.838 |
| — VI — | — VI | — | — | | 17.642 |
| — VII — | — VII | — | — | | 54.355 |
| — VIII — | — VIII | — | — | | 165.770 |
| — IX — | — IX | — | — | | 19.000 |
| — X — | — X | — | — | | 4.387 |

## Conduites principales.

*Diamètres et hauteurs piézométriques.*

**554.** Les calculs *préliminaires* faits précédemment vont nous permettre de calculer les diamètres et les hauteurs piézométriques des différents tronçons que nous allons calculer successivement en nous servant des formules indiquées plus haut et nous basant sur les diamètres approximatifs ci-dessus déterminés. Nous avons réuni les résultats dans le tableau D et ci-dessous, nous indiquons la marche suivie pour chaque tronçon (colonne 2 du tableau D) en prenant pour exemple les tronçons 1 et 2.

*Calculs pour les tronçons 1 et 2*
*Calcul de J.*

$$Y = LJ \qquad (5)$$

Y a pour valeur, $102^m,50$ cote de l'eau dans le réservoir (supposé à $1/2$ plein). . . . . . . . . . , . . . . $102^m,50$

· Dont on déduira. . . $79^m,75$

Cote du sol à l'extrémité du tronçon n° 2 et une hauteur de 20 mèt. prise *à priori* comme hauteur piézométrique. $20^m,00$

$$\overline{99^m,75} \quad 99^m,75$$

d'où Y vaut.. . . . . . . . . . $2^m,75$

$L = 260$ mètres (voir colonne 3) d'où la formule 5 permet de donner :

$$J = \frac{Y}{L} = 0^m,011.$$

*Calcul de Q.*

D'après la formule 7 on a :
$$Q = Q'' + 0,55 \, Q'$$
or,
$$Q' + Q'' = 0^{m3}.227906$$
$$Q'' \qquad = 0^{m3},223215$$

d'où,
$$Q' \qquad = \overline{0^{m3},004431}$$
d'où, $Q = 0^{m3},223215 + 055 \times 0^3,004431$
$$= 0^{m3},225731.$$

*Calcul du diamètre D.*

D'après la formule 6 on a :
$$D = \frac{1}{3} \sqrt[5]{\frac{Q^2}{J}}$$
$$D = 0,45.$$

*Calcul des vitesses à l'amont et à l'aval*
(colonnes 5 et 7).

D'après la formule 4 on a :
$$U = \frac{Q}{\frac{\pi D^2}{4}}$$

ce qui donne pour la vitesse à l'amont
$$U = \frac{\overline{0^{m3},227906}}{\frac{\pi \times \overline{0,45^2}}{4}} = 1^m,43$$

et par la vitesse à l'aval

$$U = \frac{0,223215}{\dfrac{\pi \times 0,45^2}{4}} = 1^m,40.$$

*Calcul de la perte de charge totale.*

Nous avons appliqué la formule (3) avec usage de la table de Prony, ce qui donne :

$$Z = 1^m,572.$$

*Calcul de la cote piézométrique.*

$$102^m,50 - 1,572 = 100^m,928.$$

TABLEAU D. — **554.** *Conduites principales.*

| GROUPES | NUMÉROS des tronçons | LONGUEURS L | DÉBITS amont Q' + Q'' | VITESSES amont $U_1$ | DÉBITS aval Q'' | VITESSES aval $U_2$ | DIAMÈTRES D | PERTES de charge totales Z | COTES de niveau du sol | COTES piézométriques |
|---|---|---|---|---|---|---|---|---|---|---|
| | | m. | litres | | | | | | | |
| II | 1-2 | 240 | 227.906 | 1.43 | 223.215 | 1.40 | 0.45 | 1.572 | 100 | 102.50 |
| | 3 | 60 | 222.503 | 1.40 | 222.088 | 1.40 | 0.45 | 0.377 | 79.86 | 100.908 |
| | 4 | 50 | 221.948 | 1.38 | 215.638 | 1.36 | 0.45 | 0.305 | | 100.550 |
| | 5 | 100 | 215.368 | 1.35 | 212.948 | 1.33 | 0.45 | 0.585 | 79.37 | 100.246 |
| | 6 | 60 | 212.138 | 1.33 | 206.451 | 1.30 | 0.45 | 0.341 | 78.06 | 99.660 |
| | | | | | | | | | | 99.320 |
| V | 7 | 110 | 69.858 | 0.86 | 67.298 | 0.53 | 0.40 | 0.138 | | 99.182 |
| | 8 | 100 | 56.365 | 6.45 | 53.515 | 0.43 | 0.40 | 0.125 | 79.04 | 99.957 |
| VIII | 9-10 | 140 | 165.770 | 1.04 | 156.620 | 0.98 | 0.45 | 0.679 | | 98.478 |
| | 11 | 110 | 154.805 | 0.97 | 147.485 | 0293 | 0.45 | 0.337 | 77.36 | 98.141 |
| I | 12 | 60 | 16.629 | 0.94 | 14.979 | 0 85 | 0.15 | 0.508 | | 97.623 |
| | 13 | 80 | 14.709 | 0.83 | 9.789 | 0.55 | 0.15 | 0.542 | | 97.081 |
| | 14 | 90 | 7.851 | 0.44 | 6.718 | 0.30 | 0.15 | 0.180 | 77.16 | 96.901 |
| | 15 | 60 | 5.495 | 0.31 | 4.260 | 0.24 | 0.15 | 0.062 | | 96.839 |
| | 16 | 70 | 4.120 | 0.23 | 0 | 0 | 0.15 | 0.042 | 76.86 | 96.797 |
| IV | 17 | 130 | 2.784 | 0.16 | 1.079 | 0.06 | 0.15 | 0.408 | | 96.329 |
| | 18 | 60 | 0.169 | 0.011 | 0 | 0 | 0.15 | 0.003 | 76.32 | 96.328 |
| III | 19-20 | 190 | 34.707 | 0.70 | 24.685 | 0.50 | 0.25 | 0.571 | | 95.757 |
| | 21 | 80 | 11.760 | 0.24 | 2.130 | 0.05 | 0.25 | 0.031 | | 95.726 |
| | 22 | 120 | 1.881 | 0.04 | 0 | 0 | 0.25 | 0.002 | 74.38 | 65.724 |
| IX | 23-24 | 220 | 19.000 | 0.27 | 2.800 | 0.04 | 0.30 | 0.044 | | 95.680 |
| | 25 | 80 | 1.250 | 0.02 | 0 | 0 | 0.30 | 0.0005 | 75.66 | 95.679 |
| VII | 26 | 80 | 45.335 | 0.67 | 46.85 | 0.65 | 0.30 | 0.079 | | 95.500 |
| | 27 | 40 | 45.787 | 0.65 | 45 577 | 0.64 | 0.30 | 0.084 | | 95.416 |
| | 28-29 | 130 | 39.614 | 0.56 | 23.338 | 0.33 | 0.30 | 0.206 | 73.80 | 95.210 |
| | 30 | 140 | 22.228 | 0.31 | 20.888 | 0.29 | 0.30 | 0.091 | | 95.119 |
| | 31 | 80 | 3.094 | 0.04 | 1.704 | 0.02 | 0.30 | 0.001 | | 95.118 |
| | 32 | 60 | 1.120 | 0.01 | 0 | 0 | 0.30 | 0.0002 | 75.20 | 95.118 |
| VI | 33 | 80 | 17.642 | 0.23 | 14.272 | 0.19 | 0.15 | 0.048 | | 95.070 |
| | 34 | 40 | 12.709 | 0.17 | 10.019 | 0.13 | 0.15 | 0.014 | 74.70 | 95.056 |
| | 35 | 50 | 9 594 | 0.13 | 8.894 | 0.12 | 0.15 | 0.011 | | 95.045 |
| | 36-37 | 210 | 8.524 | 0.11 | 5.414 | 0.07 | 0.15 | 0.034 | 74.79 | 95.011 |

Pour les conduites de second ordre, de troisième ordre, et de quatrième ordre, le groupement et la marche des opérations sont entièrement similaires, nous ne nous étendrons donc pas davantage sur ces calculs.

*Établissant les relations entre les volumes écou[lés], la charge par mètre linéaire et la vitesse.*

DE MARY

PRODUCTES DANS DES DIAMÈTRES DE :

| VOLUMES À ÉCOULER EXPRIMÉS en mètres cubes par seconde | CHARGES EMPLOYÉES ET VITESSES | | | | | | | | | | | | | | |
|---|---|---|---|---|---|---|---|---|---|---|---|---|---|---|---|
| | Diamètre 0m,060 Section 0mq,00283 | | Diamètre 0m,080 Section 0mq,005126 | | Diamètre 0m,081 Section 0mq,00515 | | Diamètre 0m,103 Section 0mq,00754 | | Diamètre 0m,108 Section 0mq,00916 | | Diamètre 0m,125 Section 0mq,01227 | | Diamètre 0m,135 Section 0mq,01431 | |
| | Charge | Vitesse | Charge | Vitesse | Charge | Vitesse | Charge | Vitesse | Charge | Vitesse | Charge | Vitesse | Charge | Vitesse |

| Diamètre 0m,150 Section 0mq,01767 | | Diamètre 0m,169 Section 0mq,0... | | Diamètre 0m,180 Section 0mq,02606 | | Diamètre 0m,200 Section 0mq,03111 | | Diamètre 0m,216 Section 0mq,03665 | | Diamètre 0m,250 Section 0mq,04909 | | Diamètre 0m,300 Section 0mq,07068 | | Diamètre 0m,320 Section 0mq,08012 | |
|---|---|---|---|---|---|---|---|---|---|---|---|---|---|---|---|
| Charge | Vitesse | Charge | Vitesse | Charge | Vitesse | Charge | Vitesse | Charge | Vitesse | Charge | Vitesse | Charge | Vitesse | Charge | Vitesse |

| 0.0001333 | 0.0001163 | 0.04769 | [illegible] | [illegible] | [illegible] | [illegible] | [illegible] | [illegible] | [illegible] | [illegible] | [illegible] | [illegible] | [illegible] | [illegible] |
| 0.0001666 | 0.0001366 | 0.06424 | [illegible] | [illegible] | [illegible] | [illegible] | [illegible] | [illegible] | [illegible] | [illegible] | [illegible] | [illegible] | [illegible] | [illegible] |
| 0.0001774 | 0.0001633 | 0.06779 | [illegible] | [illegible] | [illegible] | [illegible] | [illegible] | [illegible] | [illegible] | [illegible] | [illegible] | [illegible] | [illegible] | [illegible] |
| 0.0002000 | 0.0001593 | 0.07067 | [illegible] | [illegible] | [illegible] | [illegible] | [illegible] | [illegible] | [illegible] | [illegible] | [illegible] | [illegible] | [illegible] | [illegible] |
| 0.0002712 | [illegible] | [illegible] | 0.000065 | 0.0411 | [illegible] | [illegible] | [illegible] | [illegible] | [illegible] | [illegible] | [illegible] | [illegible] | [illegible] | [illegible] |
| 0.0003376 | 0.0020540 | 0.11779 | 0.000110 | 0.0577 | 0.0301 | 0.0495 | [illegible] | [illegible] | [illegible] | [illegible] | [illegible] | [illegible] | [illegible] | [illegible] |
| 0.0004131 | [illegible] | 0.15700 | 0.000210 | 0.0684 | [illegible] | 0.0861 | [illegible] | [illegible] | [illegible] | [illegible] | [illegible] | [illegible] | [illegible] | [illegible] |
| 0.0005543 | [illegible] | [illegible] | [illegible] | 0.110 | [illegible] | [illegible] | 0.000418 | [illegible] | [illegible] | [illegible] | [illegible] | [illegible] | [illegible] | [illegible] |
| 0.0006464 | [illegible] | 0.23554 | 0.000475 | 0.132 | [illegible] | 0.1491 | 0.00015 | [illegible] | [illegible] | [illegible] | [illegible] | [illegible] | [illegible] | [illegible] |
| 0.0007700 | [illegible] | 0.27475 | [illegible] | 0.154 | [illegible] | 0.1512 | 0.00025 | [illegible] | [illegible] | [illegible] | [illegible] | [illegible] | [illegible] | [illegible] |
| 0.0008808 | [illegible] | 0.31399 | [illegible] | 0.175 | [illegible] | 0.1732 | 0.000774 | 0.0117 | [illegible] | [illegible] | [illegible] | [illegible] | [illegible] | [illegible] |
| 0.0009977 | [illegible] | 0.35343 | [illegible] | 0.198 | [illegible] | 0.1945 | [illegible] | 0.126 | [illegible] | [illegible] | [illegible] | [illegible] | [illegible] | [illegible] |
| 0.0011085 | [illegible] | 0.39247 | [illegible] | 0.221 | [illegible] | 0.2165 | 0.000776 | 0.141 | [illegible] | [illegible] | [illegible] | [illegible] | [illegible] | [illegible] |
| 0.0012210 | [illegible] | 0.43171 | [illegible] | 0.243 | 0.001179 | 0.2381 | [illegible] | 0.155 | [illegible] | [illegible] | [illegible] | [illegible] | [illegible] | [illegible] |
| 0.0013300 | [illegible] | 0.47102 | [illegible] | 0.263 | 0.001347 | 0.2595 | [illegible] | 0.168 | [illegible] | [illegible] | [illegible] | [illegible] | [illegible] | [illegible] |
| 0.0014411 | [illegible] | 0.50970 | 0.00108 | 0.2833 | [illegible] | 0.2817 | [illegible] | 0.185 | [illegible] | [illegible] | [illegible] | [illegible] | [illegible] | [illegible] |
| 0.0015529 | [illegible] | 0.54623 | 0.00197 | 0.3003 | [illegible] | 0.3011 | [illegible] | 0.199 | [illegible] | [illegible] | [illegible] | [illegible] | [illegible] | [illegible] |
| 0.0016664 | [illegible] | 0.58706 | 0.00720 | 0.3315 | [illegible] | 0.3225 | 0.000773 | 0.2127 | [illegible] | [illegible] | [illegible] | [illegible] | [illegible] | [illegible] |
| 0.0017743 | [illegible] | 0.62574 | 0.00258 | 0.3536 | [illegible] | 0.3401 | [illegible] | 0.2361 | [illegible] | [illegible] | [illegible] | [illegible] | [illegible] | [illegible] |
| 0.0018884 | 0.0110043 | 0.66442 | 0.00278 | 0.3757 | [illegible] | 0.3691 | 0.00100 | 0.2402 | [illegible] | [illegible] | [illegible] | [illegible] | [illegible] | [illegible] |
| 0.0019995 | 0.0122866 | 0.70310 | 0.00313 | 0.3978 | [illegible] | 0.3907 | 0.00140 | 0.2544 | [illegible] | [illegible] | [illegible] | [illegible] | [illegible] | [illegible] |
| 0.0021106 | [illegible] | 0.75178 | 0.00363 | 0.4199 | [illegible] | 0.4112 | 0.001181 | 0.2967 | [illegible] | [illegible] | [illegible] | [illegible] | [illegible] | [illegible] |
| 0.0022217 | [illegible] | 0.79050 | 0.00573 | 0.4420 | [illegible] | 0.4533 | 0.002300 | 0.2880 | [illegible] | [illegible] | [illegible] | [illegible] | [illegible] | [illegible] |
| 0.0024287 | [illegible] | 0.85494 | 0.00438 | 0.4591 | 0.003217 | 0.4761 | 0.001542 | 0.3111 | [illegible] | [illegible] | [illegible] | [illegible] | [illegible] | [illegible] |
| 0.0025267 | [illegible] | 0.90901 | 0.00562 | 0.7317 | [illegible] | 0.5204 | 0.002836 | 0.326 | [illegible] | [illegible] | [illegible] | [illegible] | [illegible] | [illegible] |
| 0.0025589 | 0.026378 | 1.0338 | 0.00675 | 0.6746 | 0.006002 | 0.5631 | 0.002140 | 0.3076 | [illegible] | [illegible] | [illegible] | [illegible] | [illegible] | [illegible] |
| 0.0031103 | 0.029814 | 1.0693 | 0.00775 | 0.6368 | 0.02980 | 0.6061 | 0.037760 | 0.3069 | [illegible] | [illegible] | [illegible] | [illegible] | [illegible] | [illegible] |
| 0.0033333 | 0.033081 | 1.1777 | 0.00827 | 0.6931 | 0.00812 | 0.6407 | 0.003803 | 0.4263 | [illegible] | [illegible] | [illegible] | [illegible] | [illegible] | [illegible] |
| 0.0035555 | 0.034170 | 1.2563 | 0.01087 | 0.7472 | 0.016746 | 0.6820 | 0.035164 | 0.4526 | [illegible] | [illegible] | [illegible] | [illegible] | [illegible] | [illegible] |
| 0.0037772 | 0.017770 | 1.3556 | 0.01007 | 0.7615 | 0.039644 | 0.7362 | 0.053556 | 0.4900 | [illegible] | [illegible] | [illegible] | [illegible] | [illegible] | [illegible] |
| 0.0039069 | 0.047980 | 1.4121 | 0.01175 | 0.7964 | 0.011103 | 0.7725 | 0.050260 | 0.5091 | [illegible] | [illegible] | [illegible] | [illegible] | [illegible] | [illegible] |
| 0.0042221 | 0.053135 | 1.4580 | 0.01376 | 0.8095 | 0.017331 | 0.8228 | 0.004506 | 0.5373 | [illegible] | [illegible] | [illegible] | [illegible] | [illegible] | [illegible] |
| 0.0044443 | 0.057940 | 1.5700 | 0.01436 | 0.8638 | 0.013629 | 0.5660 | 0.004554 | 0.5658 | [illegible] | [illegible] | [illegible] | [illegible] | [illegible] | [illegible] |
| 0.0046665 | 0.064055 | 1.6117 | 0.01578 | 0.9277 | 0.014790 | 0.5900 | 0.005556 | 0.6077 | [illegible] | [illegible] | [illegible] | [illegible] | [illegible] | [illegible] |
| 0.0050110 | 0.071342 | 1.7477 | 0.01700 | 0.9775 | 0.016136 | 0.5928 | 0.002821 | 0.6229 | [illegible] | [illegible] | [illegible] | [illegible] | [illegible] | [illegible] |
| 0.0055392 | 0.077010 | 1.8057 | 0.01990 | 1.020 | 0.017916 | 0.3361 | 0.004418 | 0.6501 | [illegible] | [illegible] | [illegible] | [illegible] | [illegible] | [illegible] |
| 0.0055551 | 0.085463 | 1.8541 | 0.02018 | 1.050 | 0.019456 | 1.0003 | 0.038468 | 0.6758 | [illegible] | [illegible] | [illegible] | [illegible] | [illegible] | [illegible] |
| 0.0057776 | 0.091038 | 1.9025 | 0.02803 | 1.105 | 0.021063 | 1.0800 | 0.007154 | 0.7071 | [illegible] | [illegible] | [illegible] | [illegible] | [illegible] | [illegible] |
| 0.0062929 | 0.099076 | 2.0110 | 0.02106 | 1.149 | 0.022773 | 1.1528 | 0.008001 | 0.7151 | [illegible] | [illegible] | [illegible] | [illegible] | [illegible] | [illegible] |
| 0.0064421 | 0.107480 | 2.1198 | 0.02670 | 1.190 | 0.024164 | 1.1680 | 0.005852 | 0.7568 | [illegible] | [illegible] | [illegible] | [illegible] | [illegible] | [illegible] |
| 0.0066643 | 0.116890 | 2.1960 | 0.02741 | 1.247 | 0.026541 | 1.2120 | 0.006784 | 0.7580 | [illegible] | [illegible] | [illegible] | [illegible] | [illegible] | [illegible] |
| 0.0066665 | 0.124006 | 2.2767 | 0.02794 | 1.281 | 0.076201 | 1.2560 | 0.005825 | 0.8010 | [illegible] | [illegible] | [illegible] | [illegible] | [illegible] | [illegible] |
| 0.0066887 | 0.13350 | 2.3554 | 0.03151 | 1.376 | 0.033143 | 1.2597 | 0.010446 | 0.8488 | [illegible] | [illegible] | [illegible] | [illegible] | [illegible] | [illegible] |
| 0.0067109 | 0.140108 | 2.4336 | 0.03387 | 1.370 | 0.012121 | 1.3196 | 0.011316 | 0.8768 | [illegible] | [illegible] | [illegible] | [illegible] | [illegible] | [illegible] |
| 0.0073331 | 0.149065 | 2.5098 | 0.03746 | 1.415 | 0.021226 | 1.3567 | 0.012301 | 0.8918 | [illegible] | [illegible] | [illegible] | [illegible] | [illegible] | [illegible] |
| 0.0075554 | 0.157068 | 2.5825 | 0.03720 | 1.448 | 0.037230 | 1.4271 | 0.012780 | 0.9216 | [illegible] | [illegible] | [illegible] | [illegible] | [illegible] | [illegible] |
| 0.0075775 | 0.160715 | 2.6740 | 0.04049 | 1.512 | 0.033683 | 1.4703 | 0.013552 | 0.9510 | [illegible] | [illegible] | [illegible] | [illegible] | [illegible] | [illegible] |
| 0.0077765 | 0.178002 | 2.7461 | 0.04194 | 1.516 | 0.016800 | 1.5136 | 0.014335 | 0.9601 | [illegible] | [illegible] | [illegible] | [illegible] | [illegible] | [illegible] |
| 0.0079920 | 0.185645 | 2.8362 | 0.04510 | 1.591 | 0.041434 | 1.5561 | 0.015208 | 1.020 | [illegible] | [illegible] | [illegible] | [illegible] | [illegible] | [illegible] |
| 0.0088463 | 0.190266 | 2.9016 | 0.04770 | 1.635 | 0.045602 | 1.5979 | 0.015934 | 1.016 | [illegible] | [illegible] | [illegible] | [illegible] | [illegible] | [illegible] |
| 0.0090901 | 0.210160 | 2.9850 | 0.05001 | 1.679 | 0.043002 | 1.6150 | 0.016701 | 1.075 | [illegible] | [illegible] | [illegible] | [illegible] | [illegible] | [illegible] |
| 0.0090992 | [illegible] | [illegible] | 0.05002 | 1.724 | 0.045509 | 1.6622 | 0.017058 | 1.103 | [illegible] | [illegible] | [illegible] | [illegible] | [illegible] | [illegible] |
| 0.0091093 | [illegible] | [illegible] | 0.04721 | 1.708 | 0.048875 | 1.7082 | 0.018523 | 1.121 | [illegible] | [illegible] | [illegible] | [illegible] | [illegible] | [illegible] |
| 0.0094231 | [illegible] | [illegible] | 0.05842 | 1.812 | 0.056708 | 1.7782 | 0.010343 | 1.121 | 0.0030018 | 1.170 | [illegible] | [illegible] | [illegible] | [illegible] |
| 0.0096232 | [illegible] | [illegible] | 0.05123 | 1.856 | 0.058409 | 1.8189 | 0.020240 | 1.184 | 0.0055150 | 1.250 | [illegible] | [illegible] | [illegible] | [illegible] |
| 0.0099770 | [illegible] | [illegible] | 0.05680 | 1.905 | 0.061271 | 1.8622 | 0.021200 | 1.217 | 0.0095090 | 1.312 | [illegible] | [illegible] | [illegible] | [illegible] |
| 0.0102089 | [illegible] | [illegible] | 0.05773 | 1.963 | 0.065075 | 1.9016 | 0.022388 | 1.263 | 0.0031960 | 1.374 | [illegible] | [illegible] | [illegible] | [illegible] |
| 0.0104142 | [illegible] | [illegible] | 0.07004 | 1.989 | 0.067027 | 1.9530 | 0.023355 | 1.273 | 0.0035320 | 1.406 | [illegible] | [illegible] | [illegible] | [illegible] |
| 0.0106664 | [illegible] | [illegible] | 0.07353 | 2.033 | 0.062047 | 1.9922 | 0.024444 | 1.291 | 0.0047560 | 1.411 | [illegible] | [illegible] | [illegible] | [illegible] |
| 0.0106886 | [illegible] | [illegible] | 0.07640 | 2.077 | 0.072002 | 2.035 | 0.025221 | 1.329 | 0.0044131 | 1.133 | [illegible] | [illegible] | [illegible] | [illegible] |
| 0.0111100 | [illegible] | [illegible] | 0.08015 | 2.126 | 0.070115 | 2.0587 | 0.026318 | 1.357 | 0.0047100 | 1.132 | [illegible] | [illegible] | [illegible] | [illegible] |
| 0.0113331 | [illegible] | [illegible] | 0.08317 | 2.164 | 0.072958 | 2.1270 | 0.027391 | 1.396 | 0.0061480 | 1.125 | 0.0020010 | 1.178 | [illegible] | [illegible] |
| 0.0115553 | [illegible] | [illegible] | 0.08655 | 2.240 | 0.064440 | 2.1654 | 0.028085 | 1.414 | 0.0031700 | 1.189 | 0.0024135 | 1.187 | [illegible] | [illegible] |
| 0.0115775 | [illegible] | [illegible] | 0.09014 | 2.255 | 0.084070 | 2.2058 | 0.029425 | 1.440 | 0.0041050 | 1.167 | 0.0047310 | 1.152 | [illegible] | [illegible] |
| 0.0115997 | [illegible] | [illegible] | 0.09022 | 2.298 | 0.069104 | 2.7521 | 0.031120 | 1.470 | 0.0063130 | 1.241 | 0.0042031 | 1.152 | [illegible] | [illegible] |
| 0.0122219 | [illegible] | [illegible] | 0.09730 | 2.342 | 0.073451 | 2.2957 | 0.031896 | 1.475 | 0.0030900 | 1.314 | 0.0035371 | 1.150 | [illegible] | [illegible] |
| 0.0124461 | [illegible] | [illegible] | 0.10022 | 2.386 | 0.050003 | 2.3380 | 0.033265 | 1.526 | 0.0058102 | 1.231 | 0.0047300 | 1.213 | [illegible] | [illegible] |
| 0.0126664 | [illegible] | [illegible] | 0.10403 | 2.431 | 0.090610 | 2.3810 | 0.034461 | 1.555 | 0.0055208 | 1.141 | 0.0055720 | 1.211 | [illegible] | [illegible] |
| 0.0127888 | [illegible] | [illegible] | 0.10840 | 2.475 | 0.1022020 | 2.4251 | 0.035508 | 1.581 | 0.0047537 | 1.241 | 0.0047100 | 1.211 | [illegible] | [illegible] |
| 0.0138105 | [illegible] | [illegible] | 0.11085 | 2.519 | 0.1064516 | 2.4666 | 0.037537 | 1.619 | 0.0091898 | 1.240 | 0.0010700 | 1.124 | [illegible] | [illegible] |
| 0.0138330 | [illegible] | [illegible] | 0.11634 | 2.563 | 0.1106735 | 2.5119 | 0.039159 | 1.638 | 0.0299572 | 1.368 | 0.0020700 | 1.270 | [illegible] | [illegible] |
| 0.0135552 | [illegible] | [illegible] | 0.12003 | 2.608 | 0.1144243 | 2.5569 | 0.029572 | 1.668 | 0.0500902 | 1.697 | 0.0020810 | 1.279 | [illegible] | [illegible] |
| 0.0133774 | [illegible] | [illegible] | 0.12450 | 2.652 | 0.1170011 | 2.5991 | 0.050402 | 1.697 | 0.0007104 | 1.721 | 0.0033100 | 1.274 | [illegible] | [illegible] |
| 0.0133997 | [illegible] | [illegible] | 0.12556 | 2.685 | 0.1220071 | 2.6117 | 0.052194 | 1.721 | 0.0047500 | 1.753 | 0.0027800 | 1.316 | [illegible] | [illegible] |
| 0.0144210 | [illegible] | [illegible] | 0.13310 | 2.740 | 0.1207x5 | 2.6950 | 0.047300 | 1.753 | 0.0043301 | 1.703 | 0.0034200 | 1.124 | [illegible] | [illegible] |
| 0.0144441 | [illegible] | [illegible] | 0.13702 | 2.785 | 0.1500240 | 2.7781 | 0.063368 | 1.783 | 0.0508212 | 1.810 | 0.0035800 | 1.181 | [illegible] | [illegible] |
| 0.0150663 | [illegible] | [illegible] | 0.14017 | 2.820 | 0.1016034 | 3.7717 | 0.056982 | 1.810 | 0.0057001 | 1.837 | 0.0044200 | 1.151 | [illegible] | [illegible] |
| 0.0146885 | [illegible] | [illegible] | 0.14409 | 2.873 | 0.1090016 | 2.8151 | 0.057950 | 1.838 | 0.0010700 | 1.128 | [illegible] | [illegible] | [illegible] | [illegible] |
| 0.0155108 | [illegible] | [illegible] | 0.15005 | 2.958 | 0.1160018 | 2.8953 | 0.059536 | 1.858 | [illegible] | [illegible] | [illegible] | [illegible] | [illegible] | [illegible] |

| VOLUMES À ÉCOULER EXPRIMÉS en mètres cubes par seconde | Diamètre 0m,100 Section 0mq,00734 | | Diamètre 0m,105 Section 0mq,00916 | | Diamètre 0m,125 Section 0mq,01227 | | Diamètre 0m,135 Section 0mq,01431 | | Diamètre 0m,150 Section 0mq,01767 | | Diamètre 0m,162 Section 0mq,02061 | | Diamètre 0m,150 Section 0mq,02626 | |
|---|---|---|---|---|---|---|---|---|---|---|---|---|---|---|
| | Charge | Vitesse | Charge | Vitesse | Charge | Vitesse | Charge | Vitesse | Charge | Vitesse | Charge | Vitesse | Charge | Vitesse |

| VOLUMES À ÉCOULER EXPRIMÉS en mètres cubes par seconde | Diamètre 0m,100 Section 0mq,00785 | | Diamètre 0m,105 Section 0mq,00865 | | Diamètre 0m,150 Section 0mq,01767 | | Diamètre 0m,162 Section 0mq,02061 | | Diamètre 0m,193 Section 0mq,02926 | | Diamètre 0m,200 Section 0mq,03141 | | Diamètre 0m,250 Section 0mq,04908 | |
|---|---|---|---|---|---|---|---|---|---|---|---|---|---|---|
| | Charge | Vitesse | Charge | Vitesse | Charge | Vitesse | Charge | Vitesse | Charge | Vitesse | Charge | Vitesse | Charge | Vitesse |

| VOLUMES À ÉCOULER | Diamètre 0m,300 Section 0mq,07069 | | Diamètre 0m,350 Section 0mq,09621 | | Diamètre 0m,400 Section 0mq,12566 | | Diamètre 0m,450 Section 0mq,15904 | | Diamètre 0m,500 Section 0mq,19635 | | Diamètre 0m,600 Section 0mq,282600 | |
|---|---|---|---|---|---|---|---|---|---|---|---|---|
| | Charge | Vitesse | Charge | Vitesse | Charge | Vitesse | Charge | Vitesse | Charge | Vitesse | Charge | Vitesse |

CHARGES EMPLOYÉES ET VITESSES PRODUITES DANS DES TUYAUX DES DIAMÈTRES DE :

| VOLUMES À ÉCOULER exprimés en mètres cubes par seconde | Diamètre 0m,250 Section 0mq,04909 | | Diamètre 0m,300 Section 0mq,07068 | | Diamètre 0m,320 Section 0mq,08042 | | Diamètre 0m,350 Section 0mq,096165 | | Diamètre 0m,400 Section 0mq,125600 | | Diamètre 0m,450 Section 0mq,158963 | | Diamètre 0m,500 Section 0mq,196250 | | Diamètre 0m,600 Section 0mq,282600 | |
|---|---|---|---|---|---|---|---|---|---|---|---|---|---|---|---|---|
| | Charge | Vitesse | Charge | Vitesse | Charge | Vitesse | Charge | Vitesse | Charge | Vitesse | Charge | Vitesse | Charge | Vitesse | Charge | Vitesse |
| 0.119973 | 0.0339600 | 2.4439 | 0.0137801 | 1.6979 | 0.0098169 | 1.4907 | 0.0064361 | 1.24616 | 0.0033420 | 0.95473 | 0.0018760 | 0.7544 | 0.00112116 | 0.6105 | 0.0004660 | 0.42430 |
| 0.122194 | 0.0352104 | 2.4892 | 0.0142810 | 1.7298 | 0.0102911 | 1.5183 | 0.0066594 | 1.27005 | 0.0034590 | 0.97240 | 0.0019410 | 0.7683 | 0.0011640 | 0.6217 | 0.0004829 | 0.43215 |
| 0.124416 | 0.0364482 | 2.5344 | 0.0148072 | 1.7697 | 0.0105717 | 1.5439 | 0.0069101 | 1.29314 | 0.0035850 | 0.99008 | 0.0020135 | 0.7823 | 0.0012075 | 0.6329 | 0.0005000 | 0.44000 |
| 0.126637 | 0.0378064 | 2.5797 | 0.0153253 | 1.7922 | 0.0108410 | 1.5735 | 0.0071540 | 1.31623 | 0.0037135 | 1.00776 | 0.0020843 | 0.7963 | 0.0012446 | 0.6441 | 0.0005176 | 0.44785 |
| 0.128859 | 0.0391240 | 2.62495 | 0.0158701 | 1.8230 | 0.0112281 | 1.6011 | 0.0074017 | 1.33935 | 0.0038365 | 1.02546 | 0.0021555 | 0.8102 | 0.0012940 | 0.6553 | 0.0005356 | 0.45575 |
| 0.131081 | 0.0404640 | 2.67020 | 0.0164073 | 1.8504 | 0.0117212 | 1.6287 | 0.0076530 | 1.36244 | 0.0039695 | 1.04314 | 0.0022283 | 0.8242 | 0.0013317 | 0.66669 | 0.0005537 | 0.46361 |
| 0.133302 | 0.0418264 | 2.71545 | 0.0169430 | 1.8648 | 0.0121073 | 1.6532 | 0.0079007 | 1.38553 | 0.0041046 | 1.06082 | 0.0023120 | 0.8381 | 0.0013746 | 0.67810 | 0.0005720 | 0.47147 |
| 0.135524 | 0.0432424 | 2.76070 | 0.0175253 | 1.9179 | 0.0125144 | 1.6839 | 0.0081807 | 1.40862 | 0.0042338 | 1.07850 | 0.0023781 | 0.8521 | 0.0014184 | 0.68951 | 0.0005883 | 0.47933 |
| 0.137745 | 0.0446515 | 2.80595 | 0.0180896 | 1.9493 | 0.0129133 | 1.7115 | 0.0084450 | 1.43171 | 0.0043738 | 1.09618 | 0.0024553 | 0.8661 | 0.0014640 | 0.70092 | 0.0006070 | 0.48719 |
| 0.139967 | 0.0460818 | 2.85120 | 0.0186890 | 1.9804 | 0.0133327 | 1.7391 | 0.0087371 | 1.45480 | 0.0045150 | 1.11386 | 0.0025324 | 0.8800 | 0.0015114 | 0.71232 | 0.0006280 | 0.49505 |
| 0.142189 | 0.0475357 | 2.89645 | 0.0192619 | 2.0125 | 0.0137597 | 1.7667 | 0.0089873 | 1.47789 | 0.0046511 | 1.13154 | 0.0026121 | 0.8940 | 0.0015607 | 0.72374 | 0.0006434 | 0.50291 |
| 0.144411 | 0.0490454 | 2.94170 | 0.0194728 | 2.0468 | 0.0141782 | 1.7937 | 0.0092647 | 1.50098 | 0.0047989 | 1.14922 | 0.0026925 | 0.9080 | 0.0016056 | 0.73515 | 0.0006652 | 0.51077 |
| 0.146633 | 0.0505110 | 2.98695 | 0.0201727 | 2.0751 | 0.0146176 | 1.8219 | 0.0095465 | 1.52407 | 0.0049451 | 1.16690 | 0.0027735 | 0.9219 | 0.0016539 | 0.74656 | 0.0006829 | 0.51863 |
| 0.148855 | » | » | 0.0208846 | 2.1056 | 0.0150746 | 1.8499 | 0.0098529 | 1.54716 | 0.0050876 | 1.18458 | 0.0028562 | 0.9359 | 0.0017038 | 0.75797 | 0.0007032 | 0.52649 |
| 0.151076 | » | » | 0.0217197 | 2.1334 | 0.0155017 | 1.8771 | 0.0101021 | 1.57027 | 0.0052402 | 1.20226 | 0.0029404 | 0.9499 | 0.0017540 | 0.76940 | 0.0007247 | 0.53433 |
| 0.153298 | » | » | 0.0223464 | 2.1625 | 0.0159042 | 1.9047 | 0.0104157 | 1.59336 | 0.0053950 | 1.21994 | 0.0030254 | 0.9638 | 0.0018077 | 0.78071 | 0.0007446 | 0.54219 |
| 0.155519 | » | » | 0.0229000 | 2.2003 | 0.0164113 | 1.9324 | 0.0107136 | 1.61645 | 0.0055524 | 1.23762 | 0.0031120 | 0.9778 | 0.0018573 | 0.79202 | 0.0007660 | 0.55005 |
| 0.157741 | » | » | 0.0236485 | 2.2323 | 0.0168837 | 1.9600 | 0.0110497 | 1.63954 | 0.0057025 | 1.25530 | 0.0031993 | 0.9918 | 0.0019081 | 0.80333 | 0.0007873 | 0.55791 |
| 0.159963 | » | » | 0.0243240 | 2.2635 | 0.0173637 | 1.9876 | 0.0113305 | 1.66263 | 0.0058643 | 1.27298 | 0.0032882 | 1.00580 | 0.0019636 | 0.81464 | 0.0008099 | 0.56577 |
| 0.162184 | » | » | 0.0249880 | 2.2957 | 0.0178326 | 2.0152 | 0.0116180 | 1.68572 | 0.0060232 | 1.29066 | 0.0033778 | 1.01977 | 0.0020135 | 0.82505 | 0.0008312 | 0.57363 |
| 0.164406 | » | » | 0.0256814 | 2.3267 | 0.0183364 | 2.0424 | 0.0119634 | 1.70881 | 0.0061854 | 1.30834 | 0.0034689 | 1.03374 | 0.0020680 | 0.83726 | 0.0008508 | 0.58149 |
| 0.166628 | » | » | 0.0263610 | 2.3815 | 0.0188044 | 2.0704 | 0.0122827 | 1.73190 | 0.0063534 | 1.32602 | 0.0035618 | 1.04771 | 0.0021280 | 0.84857 | 0.0008738 | 0.58935 |
| 0.168349 | » | » | 0.0270587 | 2.38959 | 0.0193130 | 2.0982 | 0.0126468 | 1.75499 | 0.0065240 | 1.34370 | 0.0036553 | 1.06168 | 0.0021800 | 0.85988 | 0.0008967 | 0.59721 |
| 0.171071 | » | » | 0.0277760 | 2.4210 | 0.0198269 | 2.1256 | 0.0129346 | 1.77808 | 0.0066867 | 1.36138 | 0.0037498 | 1.07565 | 0.0022346 | 0.87119 | 0.0009200 | 0.60507 |
| 0.173293 | » | » | 0.0284848 | 2.4547 | 0.0203279 | 2.1532 | 0.0133670 | 1.80119 | 0.0068595 | 1.37906 | 0.0038462 | 1.08962 | 0.0022946 | 0.88257 | 0.0009436 | 0.61291 |
| 0.175515 | » | » | 0.0292853 | 2.4839 | 0.0208534 | 2.1804 | 0.0136029 | 1.82428 | 0.0070393 | 1.39674 | 0.0039433 | 1.10359 | 0.0023509 | 0.89388 | 0.0009670 | 0.62077 |
| 0.177736 | » | » | 0.0299527 | 2.51535 | 0.0213574 | 2.2084 | 0.0139440 | 1.84737 | 0.0072080 | 1.41442 | 0.0040347 | 1.11756 | 0.0024076 | 0.90519 | 0.0009910 | 0.62863 |
| 0.182179 | » | » | 0.0314518 | 2.57825 | 0.0224529 | 2.2636 | 0.0146376 | 1.89355 | 0.0075730 | 1.44978 | 0.0042423 | 1.14597 | 0.0025279 | 0.92782 | 0.0010372 | 0.64433 |
| 0.186623 | » | » | 0.0329081 | 2.6411 | 0.0235455 | 2.3188 | 0.0153634 | 1.93974 | 0.0079375 | 1.48514 | 0.0044441 | 1.17313 | 0.0026464 | 0.95045 | 0.0010873 | 0.66003 |
| 0.191066 | » | » | 0.0345760 | 2.70399 | 0.0246531 | 2.3740 | 0.0160910 | 1.98593 | 0.0083100 | 1.52050 | 0.0046503 | 1.20137 | 0.0027728 | 0.97308 | 0.0011308 | 0.67573 |
| 0.195509 | » | » | 0.0361913 | 2.76647 | 0.0258048 | 2.4293 | 0.0168363 | 2.03211 | 0.0087020 | 1.55586 | 0.0048659 | 1.22931 | 0.0029020 | 0.99571 | 0.0011887 | 0.69143 |
| 0.199953 | » | » | 0.0378426 | 2.82975 | 0.0269772 | 2.4844 | 0.0175984 | 2.07829 | 0.0090913 | 1.59122 | 0.0050847 | 1.25724 | 0.0030385 | 1.01834 | 0.0012424 | 0.70713 |
| 0.204396 | » | » | 0.0395348 | 2.89263 | 0.0281944 | 2.5397 | 0.0183767 | 2.12448 | 0.0094890 | 1.62658 | 0.0053098 | 1.28518 | 0.0031636 | 1.04097 | 0.0012970 | 0.72281 |
| 0.208839 | » | » | 0.041119 | 2.95550 | 0.0298876 | 2.5949 | 0.0191880 | 2.17065 | 0.0099080 | 1.66185 | 0.0055559 | 1.31312 | 0.0032970 | 1.06360 | 0.0013530 | 0.73868 |
| 0.213283 | » | » | » | » | 0.0311115 | 2.65012 | 0.0200001 | 2.21683 | 0.0103240 | 1.69722 | 0.005773 | 1.34106 | 0.003430 | 1.08623 | 0.001407 | 0.75440 |
| 0.217726 | » | » | » | » | 0.032438 | 2.70533 | 0.020831 | 2.26301 | 0.010747 | 1.73259 | 0.005990 | 1.36900 | 0.003580 | 1.10895 | 0.001465 | 0.77012 |
| 0.222170 | » | » | » | » | 0.033758 | 2.76054 | 0.021677 | 2.30919 | 0.011192 | 1.76796 | 0.006243 | 1.39694 | 0.003720 | 1.13149 | 0.001525 | 0.78584 |
| 0.226613 | » | » | » | » | 0.035131 | 2.81575 | 0.022540 | 2.35537 | 0.011634 | 1.80333 | 0.006504 | 1.42488 | 0.003873 | 1.15412 | 0.001582 | 0.80156 |
| 0.231056 | » | » | » | » | 0.036504 | 2.87096 | 0.023420 | 2.40155 | 0.012097 | 1.83870 | 0.006758 | 1.45282 | 0.004023 | 1.17675 | 0.001644 | 0.81728 |
| 0.235500 | » | » | » | » | 0.037904 | 2.92617 | 0.024336 | 2.44773 | 0.012555 | 1.87407 | 0.007011 | 1.48076 | 0.004172 | 1.19938 | 0.001707 | 0.83300 |
| 0.239943 | » | » | » | » | 0.038330 | 2.93138 | 0.025250 | 2.49391 | 0.013022 | 1.90944 | 0.007265 | 1.50870 | 0.004329 | 1.22201 | 0.001771 | 0.84872 |
| 0.244386 | » | » | » | » | » | » | 0.026180 | 2.54009 | 0.013512 | 1.94481 | 0.007518 | 1.53664 | 0.004491 | 1.24464 | 0.001833 | 0.86444 |
| 0.248830 | » | » | » | » | » | » | 0.027134 | 2.58627 | 0.013996 | 1.98018 | 0.007772 | 1.56458 | 0.004643 | 1.26727 | 0.001899 | 0.88016 |
| 0.253273 | » | » | » | » | » | » | 0.028093 | 2.63245 | 0.014489 | 2.01555 | 0.008025 | 1.59252 | 0.004815 | 1.28990 | 0.001968 | 0.89588 |
| 0.257716 | » | » | » | » | » | » | 0.029096 | 2.67863 | 0.015005 | 2.05092 | 0.008279 | 1.62046 | 0.004978 | 1.31253 | 0.002037 | 0.91160 |
| 0.262160 | » | » | » | » | » | » | 0.030095 | 2.72481 | 0.015516 | 2.08629 | 0.008532 | 1.64840 | 0.005150 | 1.33516 | 0.002102 | 0.92732 |
| 0.266604 | » | » | » | » | » | » | 0.031110 | 2.77099 | 0.016050 | 2.12166 | 0.008910 | 1.67634 | 0.005326 | 1.35779 | 0.002173 | 0.94304 |

VITESSES.

| TUYAUX NEUFS — DIAMÈTRES (mèt.) | SECTIONS | 10 CENTIMÈTRES — CHARGES par 100 mètres (mèt.) | VOLUMES débités (lit.) | 11 CENTIMÈTRES — CHARGES par 100 mètres | VOLUMES débités | 12 CENTIMÈTRES — CHARGES par 100 mètres | VOLUMES débités | 13 CENTIMÈTRES — CHARGES par 100 mètres | VOLUMES débités | 14 CENTIMÈTRES — CHARGES par 100 mètres | VOLUMES débités | 15 CENTIMÈTRES — CHARGES par 100 mètres | VOLUMES débités | 16 CENTIMÈTRES — CHARGES par 100 mètres | VOLUMES débités | 17 CENTIMÈTRES — CHARGES par 100 mètres | VOLUMES débités |
|---|---|---|---|---|---|---|---|---|---|---|---|---|---|---|---|---|---|
| 0,01 | 0,000,079 | 0,360,200 | 0,008 | 0,435,84 | 0,009 | 0,518,69 | 0,009 | 0,608,74 | 0,010 | 0,705,99 | 0,011 | 0,810,45 | 0,012 | 0,922,11 | 0,013 | 1,041,0 | 0,013 |
| 0,02 | 0,000,314 | 0,115,400 | 0,031 | 0,139,64 | 0,035 | 0,166,18 | 0,038 | 0,195,03 | 0,041 | 0,226,18 | 0,044 | 0,259,65 | 0,047 | 0,295,42 | 0,050 | 0,333,51 | 0,053 |
| 0,027 | 0,000,573 | 0,073,056 | 0,057 | 0,088,398 | 0,063 | 0,105,20 | 0,064 | 0,123,47 | 0,074 | 0,143,19 | 0,080 | 0,164,38 | 0,086 | 0,187,09 | 0,092 | 0,211,13 | 0,097 |
| 0,03 | 0,000,707 | 0,062,355 | 0,071 | 0,075,692 | 0,078 | 0,090,080 | 0,085 | 0,105,72 | 0,092 | 0,122,61 | 0,099 | 0,140,73 | 0,106 | 0,160,14 | 0,113 | 0,180,75 | 0,120 |
| 0,04 | 0,001,257 | 0,041,525 | 0,126 | 0,050,245 | 0,138 | 0,059,796 | 0,151 | 0,070,177 | 0,163 | 0,081,139 | 0,176 | 0,093,431 | 0,189 | 0,106,30 | 0,201 | 0,120,01 | 0,214 |
| 0,05 | 0,001,963 | 0,030,632 | 0,196 | 0,037,065 | 0,216 | 0,044,110 | 0,236 | 0,051,768 | 0,255 | 0,060,039 | 0,275 | 0,068,922 | 0,295 | 0,078,415 | 0,314 | 0,088,527 | 0,334 |
| 0,054 | 0,002,290 | 0,027,653 | 0,229 | 0,033,461 | 0,252 | 0,039,820 | 0,275 | 0,046,734 | 0,293 | 0,054,200 | 0,321 | 0,062,219 | 0,344 | 0,070,792 | 0,366 | 0,079,917 | 0,389 |
| 0,06 | 0,002,827 | 0,024,089 | 0,283 | 0,029,148 | 0,311 | 0,034,688 | 0,339 | 0,040,710 | 0,368 | 0,047,211 | 0,396 | 0,054,200 | 0,424 | 0,061,668 | 0,452 | 0,069,617 | 0,481 |
| 0,07 | 0,003,848 | 0,019,767 | 0,385 | 0,023,919 | 0,423 | 0,028,465 | 0,462 | 0,033,407 | 0,506 | 0,038,744 | 0,539 | 0,044,477 | 0,577 | 0,050,505 | 0,616 | 0,057,138 | 0,654 |
| 0,08 | 0,005,027 | 0,016,719 | 0,503 | 0,020,230 | 0,553 | 0,024,075 | 0,602 | 0,028,235 | 0,654 | 0,032,769 | 0,704 | 0,037,617 | 0,754 | 0,042,800 | 0,804 | 0,048,317 | 0,835 |
| 0,081 | 0,005,153 | 0,016,363 | 0,515 | 0,019,920 | 0,567 | 0,023,707 | 0,618 | 0,027,822 | 0,670 | 0,032,267 | 0,721 | 0,037,042 | 0,773 | 0,042,145 | 0,825 | 0,047,375 | 0,876 |
| 0,09 | 0,006,362 | 0,014,462 | 0,636 | 0,017,499 | 0,700 | 0,020,825 | 0,764 | 0,024,340 | 0,827 | 0,028,345 | 0,891 | 0,032,539 | 0,954 | 0,037,022 | 1,018 | 0,041,795 | 1,082 |
| 0,10 | 0,007,854 | 0,012,728 | 0,785 | 0,015,401 | 0,864 | 0,018,528 | 0,943 | 0,021,510 | 1,021 | 0,024,947 | 1,100 | 0,028,638 | 1,178 | 0,032,584 | 1,237 | 0,036,784 | 1,335 |
| 0,108 | 0,009,161 | 0,011,608 | 0,916 | 0,014,045 | 1,008 | 0,016,715 | 1,029 | 0,019,617 | 1,191 | 0,022,751 | 1,283 | 0,026,113 | 1,373 | 0,029,716 | 1,466 | 0,033,546 | 1,557 |
| 0,11 | 0,009,503 | 0,011,357 | 0,950 | 0,013,742 | 1,045 | 0,016,354 | 1,140 | 0,019,193 | 1,235 | 0,022,250 | 1,330 | 0,025,553 | 1,425 | 0,029,074 | 1,521 | 0,032,322 | 1,616 |
| 0,12 | 0,011,310 | 0,010,247 | 1,151 | 0,012,399 | 1,244 | 0,014,756 | 1,357 | 0,017,518 | 1,470 | 0,020,080 | 1,583 | 0,023,056 | 1,696 | 0,026,233 | 1,810 | 0,029,614 | 1,923 |
| 0,13 | 0,013,273 | 0,009,331 | 1,327 | 0,011,291 | 1,450 | 0,013,437 | 1,593 | 0,015,770 | 1,726 | 0,018,290 | 1,858 | 0,020,996 | 1,991 | 0,023,888 | 2,124 | 0,026,968 | 2,257 |
| 0,135 | 0,014,314 | 0,008,951 | 1,437 | 0,010,807 | 1,575 | 0,012,861 | 1,719 | 0,015,094 | 1,861 | 0,017,505 | 2,001 | 0,020,095 | 2,147 | 0,022,864 | 2,290 | 0,025,811 | 2,433 |
| 0,14 | 0,015,394 | 0,008,563 | 1,539 | 0,010,362 | 1,693 | 0,012,331 | 1,847 | 0,014,472 | 2,001 | 0,016,780 | 2,155 | 0,019,267 | 2,309 | 0,021,922 | 2,463 | 0,024,748 | 2,617 |
| 0,15 | 0,017,672 | 0,007,910 | 1,767 | 0,009,571 | 1,944 | 0,011,391 | 2,121 | 0,013,368 | 2,297 | 0,015,504 | 2,474 | 0,017,798 | 2,651 | 0,020,750 | 2,827 | 0,022,661 | 3,002 |
| 0,16 | 0,020,106 | 0,007,349 | 2,011 | 0,008,892 | 2,212 | 0,010,582 | 2,413 | 0,012,419 | 2,614 | 0,014,403 | 2,815 | 0,016,534 | 3,016 | 0,018,612 | 3,217 | 0,021,237 | 3,418 |
| 0,162 | 0,020,612 | 0,007,245 | 2,061 | 0,008,767 | 2,267 | 0,010,433 | 2,473 | 0,012,245 | 2,680 | 0,014,201 | 2,836 | 0,016,302 | 3,092 | 0,018,548 | 3,298 | 0,020,939 | 3,504 |
| 0,17 | 0,022,698 | 0,006,660 | 2,270 | 0,008,301 | 2,497 | 0,009,872 | 2,724 | 0,011,594 | 2,951 | 0,013,446 | 3,178 | 0,015,436 | 3,405 | 0,017,562 | 3,632 | 0,019,826 | 3,559 |
| 0,18 | 0,025,447 | 0,006,432 | 2,545 | 0,007,783 | 2,799 | 0,009,262 | 3,054 | 0,010,870 | 3,308 | 0,012,607 | 3,563 | 0,014,472 | 3,817 | 0,016,466 | 4,072 | 0,018,589 | 4,326 |
| 0,19 | 0,028,353 | 0,006,053 | 2,835 | 0,007,325 | 3,119 | 0,008,718 | 3,402 | 0,010,231 | 3,686 | 0,011,865 | 3,969 | 0,013,621 | 4,253 | 0,015,498 | 4,536 | 0,017,495 | 4,820 |
| 0,20 | 0,031,416 | 0,005,717 | 3,142 | 0,006,918 | 3,456 | 0,008,233 | 3,770 | 0,009,662 | 4,084 | 0,011,205 | 4,398 | 0,012,863 | 4,712 | 0,014,636 | 5,027 | 0,016,522 | 5,341 |
| 0,21 | 0,034,636 | 0,005,415 | 3,464 | 0,006,553 | 3,810 | 0,007,798 | 4,156 | 0,009,152 | 4,503 | 0,010,614 | 4,849 | 0,012,185 | 5,195 | 0,013,863 | 5,542 | 0,015,651 | 5,888 |
| 0,215 | 0,036,614 | 0,005,249 | 3,664 | 0,006,352 | 4,031 | 0,007,559 | 4,397 | 0,008,871 | 4,764 | 0,010,288 | 5,130 | 0,011,811 | 5,497 | 0,013,438 | 5,863 | 0,015,170 | 6,220 |
| 0,22 | 0,038,013 | 0,005,144 | 3,801 | 0,006,224 | 4,182 | 0,007,407 | 4,562 | 0,008,693 | 4,942 | 0,010,082 | 5,322 | 0,011,573 | 5,702 | 0,013,168 | 6,082 | 0,014,866 | 6,462 |
| 0,23 | 0,041,548 | 0,004,898 | 4,155 | 0,005,927 | 4,570 | 0,007,053 | 4,981 | 0,008,278 | 5,401 | 0,009,620 | 5,817 | 0,011,020 | 6,232 | 0,012,539 | 6,548 | 0,013,155 | 7,003 |
| 0,24 | 0,045,239 | 0,004,571 | 4,524 | 0,005,656 | 4,976 | 0,006,731 | 5,429 | 0,008,020 | 5,881 | 0,009,264 | 6,334 | 0,010,517 | 6,786 | 0,011,966 | 7,238 | 0,013,509 | 7,691 |
| 0,25 | 0,049,088 | 0,004,170 | 4,909 | 0,005,409 | 5,400 | 0,006,437 | 5,891 | 0,007,531 | 6,381 | 0,008,761 | 6,872 | 0,010,058 | 7,363 | 0,011,443 | 7,854 | 0,012,919 | 8,345 |
| 0,26 | 0,053,093 | 0,004,283 | 5,309 | 0,005,182 | 5,840 | 0,006,167 | 6,371 | 0,007,238 | 6,902 | 0,008,394 | 7,433 | 0,009,636 | 7,964 | 0,010,964 | 8,495 | 0,012,377 | 9,026 |
| 0,27 | 0,057,256 | 0,004,111 | 5,726 | 0,004,974 | 6,298 | 0,005,919 | 6,871 | 0,006,947 | 7,443 | 0,008,057 | 8,016 | 0,009,219 | 8,588 | 0,010,523 | 9,161 | 0,011,880 | 9,733 |
| 0,28 | 0,061,575 | 0,003,952 | 6,158 | 0,004,781 | 6,773 | 0,005,690 | 7,389 | 0,006,678 | 8,005 | 0,007,745 | 8,621 | 0,008,891 | 9,235 | 0,010,116 | 9,852 | 0,011,420 | 10,468 |
| 0,29 | 0,066,052 | 0,003,804 | 6,605 | 0,004,603 | 7,266 | 0,005,478 | 7,926 | 0,006,429 | 8,587 | 0,007,456 | 9,247 | 0,008,560 | 9,908 | 0,009,994 | 10,568 | 0,010,994 | 11,229 |
| 0,30 | 0,070,686 | 0,003,668 | 7,069 | 0,004,438 | 7,776 | 0,005,281 | 8,482 | 0,006,198 | 9,189 | 0,007,188 | 9,896 | 0,008,252 | 10,603 | 0,009,389 | 11,310 | 0,010,599 | 12,017 |
| 0,31 | 0,075,477 | 0,003,540 | 7,548 | 0,004,284 | 8,303 | 0,005,098 | 9,057 | 0,005,982 | 9,812 | 0,006,939 | 10,567 | 0,007,968 | 11,322 | 0,009,063 | 12,076 | 0,010,231 | 12,831 |
| 0,32 | 0,080,425 | 0,003,422 | 8,043 | 0,004,140 | 8,847 | 0,004,927 | 9,651 | 0,005,782 | 10,455 | 0,006,706 | 11,259 | 0,007,698 | 12,064 | 0,008,758 | 12,868 | 0,009,888 | 13,672 |
| 0,325 | 0,082,958 | 0,003,365 | 8,296 | 0,004,072 | 9,125 | 0,004,846 | 9,955 | 0,005,687 | 10,785 | 0,006,596 | 11,614 | 0,007,571 | 12,444 | 0,008,615 | 13,273 | 0,009,725 | 14,103 |
| 0,33 | 0,085,530 | 0,003,310 | 8,553 | 0,003,996 | 9,408 | 0,004,756 | 10,264 | 0,005,595 | 11,119 | 0,006,488 | 11,974 | 0,007,448 | 12,830 | 0,008,475 | 13,685 | 0,009,566 | 14,540 |
| 0,34 | 0,090,792 | 0,003,205 | 9,079 | 0,003,880 | 9,987 | 0,004,617 | 10,895 | 0,005,419 | 11,803 | 0,006,284 | 12,711 | 0,007,214 | 13,619 | 0,008,203 | 14,527 | 0,009,266 | 15,435 |
| 0,35 | 0,096,212 | 0,003,108 | 9,621 | 0,003,761 | 10,583 | 0,004,490 | 11,545 | 0,005,258 | 12,507 | 0,006,093 | 13,470 | 0,006,994 | 14,432 | 0,007,958 | 15,394 | 0,008,983 | 16,356 |
| 0,36 | 0,101,788 | 0,003,016 | 10,179 | 0,003,650 | 11,197 | 0,004,344 | 12,215 | 0,005,098 | 13,232 | 0,005,912 | 14,250 | 0,006,787 | 15,268 | 0,007,722 | 16,286 | 0,008,717 | 17,304 |
| 0,37 | 0,107,521 | 0,002,930 | 10,752 | 0,003,545 | 11,827 | 0,004,219 | 12,903 | 0,004,951 | 13,978 | 0,005,742 | 15,053 | 0,006,592 | 16,128 | 0,007,500 | 17,203 | 0,008,466 | 18,279 |
| 0,38 | 0,113,412 | 0,002,838 | 11,341 | 0,003,446 | 12,475 | 0,004,101 | 13,609 | 0,004,813 | 14,744 | 0,005,581 | 15,878 | 0,006,407 | 17,012 | 0,007,290 | 18,146 | 0,008,230 | 19,280 |
| 0,39 | 0,119,459 | 0,002,770 | 11,946 | 0,003,352 | 13,141 | 0,003,989 | 14,335 | 0,004,681 | 15,530 | 0,005,430 | 16,724 | 0,006,233 | 17,919 | 0,007,092 | 19,113 | 0,008,006 | 20,308 |
| 0,40 | 0,125,664 | 0,002,697 | 12,566 | 0,003,263 | 13,823 | 0,003,883 | 15,080 | 0,004,558 | 16,336 | 0,005,286 | 17,593 | 0,006,068 | 18,850 | 0,006,904 | 20,106 | 0,007,791 | 21,363 |
| 0,41 | 0,132,026 | 0,002,627 | 13,203 | 0,003,179 | 14,523 | 0,003,783 | 15,843 | 0,004,440 | 17,163 | 0,005,149 | 18,484 | 0,005,911 | 19,804 | 0,006,725 | 21,124 | 0,007,592 | 22,444 |
| 0,42 | 0,138,545 | 0,002,561 | 13,855 | 0,003,099 | 15,240 | 0,003,688 | 16,625 | 0,004,328 | 18,011 | 0,005,020 | 19,396 | 0,005,762 | 20,782 | 0,006,556 | 22,167 | 0,007,401 | 23,553 |
| 0,43 | 0,145,221 | 0,002,498 | 14,522 | 0,003,023 | 15,974 | 0,003,598 | 17,427 | 0,004,222 | 18,879 | 0,004,897 | 20,331 | 0,005,621 | 21,783 | 0,006,395 | 23,235 | 0,007,220 | 24,688 |
| 0,44 | 0,152,053 | 0,002,438 | 15,205 | 0,002,950 | 16,726 | 0,003,511 | 18,246 | 0,004,121 | 19,767 | 0,004,779 | 21,287 | 0,005,486 | 22,808 | 0,006,242 | 24,328 | 0,007,047 | 25,849 |
| 0,45 | 0,159,043 | 0,002,381 | 15,904 | 0,002,881 | 17,495 | 0,003,429 | 19,085 | 0,004,024 | 20,676 | 0,004,667 | 22,266 | 0,005,358 | 23,856 | 0,006,096 | 25,446 | 0,006,882 | 27,037 |
| 0,46 | 0,166,191 | 0,002,327 | 16,619 | 0,002,815 | 18,281 | 0,003,350 | 19,943 | 0,003,932 | 21,605 | 0,004,560 | 23,267 | 0,005,235 | 24,929 | 0,005,936 | 26,591 | 0,006,724 | 28,252 |
| 0,47 | 0,173,495 | 0,002,275 | 17,350 | 0,002,752 | 19,084 | 0,003,275 | 20,819 | 0,003,844 | 22,554 | 0,004,458 | 24,289 | 0,005,118 | 26,024 | 0,005,823 | 27,739 | 0,006,574 | 29,494 |
| 0,48 | 0,180,956 | 0,002,225 | 18,096 | 0,002,692 | 19,905 | 0,003,204 | 21,715 | 0,003,760 | 23,524 | 0,004,361 | 25,334 | 0,005,006 | 27,143 | 0,005,696 | 28,953 | 0,006,430 | 30,763 |
| 0,49 | 0,188,575 | 0,002,177 | 18,858 | 0,002,634 | 20,743 | 0,003,135 | 22,629 | 0,003,679 | 24,515 | 0,004,267 | 26,401 | 0,004,899 | 28,286 | 0,005,574 | 30,172 | 0,006,292 | 32,058 |
| 0,50 | 0,196,350 | 0,002,132 | 19,635 | 0,002,579 | 21,599 | 0,003,069 | 23,562 | 0,003,602 | 25,526 | 0,004,178 | 27,489 | 0,004,796 | 29,453 | 0,005,457 | 31,416 | 0,006,160 | 33,380 |
| 0,55 | 0,237,583 | 0,001,922 | 23,758 | 0,002,327 | 26,134 | 0,002,779 | 28,510 | 0,003,287 | 30,886 | 0,003,781 | 33,262 | 0,004,341 | 35,637 | 0,004,939 | 38,013 | 0,005,575 | 40,389 |
| 0,60 | 0,282,744 | 0,001,762 | 28,274 | 0,002,132 | 31,102 | 0,002,537 | 33,929 | 0,003,029 | 36,757 | 0,003,453 | 39,584 | 0,003,964 | 42,412 | 0,004,511 | 45,239 | 0,005,092 | 48,066 |
| 0,65 | 0,331,832 | 0,001,621 | 33,183 | 0,001,962 | 36,502 | 0,002,337 | 39,820 | 0,002,810 | 43,138 | 0,003,178 | 46,456 | 0,003,648 | 49,775 | 0,004,150 | 53,093 | 0,004,685 | 56,471 |
| 0,70 | 0,384,846 | 0,001,501 | 38,485 | 0,001,817 | 42,333 | 0,002,162 | 46,182 | 0,002,619 | 50,030 | 0,002,945 | 53,878 | 0,003,378 | 57,727 | 0,003,834 | 61,575 | 0,004,339 | 65,424 |
| 0,75 | 0,441,788 | 0,001,335 | 44,179 | 0,001,692 | 48,597 | 0,002,013 | 53,015 | 0,002,450 | 57,432 | 0,002,740 | 61,850 | 0,003,146 | 66,268 | 0,003,570 | 70,686 | 0,004,040 | 75,104 |
| 0,80 | 0,502,656 | 0,001,303 | 50,266 | 0,001,583 | 55,292 | 0,001,883 | 60,319 | 0,002,300 | 65,345 | 0,002,564 | 70,372 | 0,002,943 | 75,398 | 0,003,348 | 80,425 | 0,003,780 | 85,452 |
| 0,85 | 0,567,451 | 0,001,229 | 56,745 | 0,001,487 | 62,429 | 0,001,769 | 68,094 | 0,002,166 | 73,769 | 0,002,408 | 79,443 | 0,002,765 | 85,118 | 0,003,145 | 90,792 | 0,003,551 | 96,467 |
| 0,90 | 0,635,174 | 0,001,159 | 63,617 | 0,001,402 | 69,979 | 0,001,668 | 76,341 | 0,002,045 | 82,703 | 0,002,271 | 89,064 | 0,002,607 | 95,425 | 0,002,966 | 101,788 | 0,003,348 | 108,159 |
| 0,95 | 0,708,823 | 0,001,086 | 70,882 | 0,001,326 | 77,971 | 0,001,578 | 85,059 | 0,001,858 | 92,147 | 0,002,148 | 99,235 | 0,002,456 | 106,323 | 0,002,806 | 113,412 | 0,003,168 | 120,500 |
| 1,00 | 0,785,400 | 0,001,040 | 78,540 | 0,001,258 | 86,394 | 0,001,497 | 94,248 | 0,001,737 | 102,102 | 0,002,038 | 109,956 | 0,002,340 | 117,810 | 0,002,662 | 125,664 | 0,003,005 | 133,518 |

TUYAUX NEUFS. — VITESSES.

| DIAMÈTRES (mét.) | SECTIONS | 18 cent. CHARGES par 100 m. (mét.) | 18 cent. VOLUMES débités (lit.) | 19 cent. CHARGES | 19 cent. VOLUMES | 20 cent. CHARGES | 20 cent. VOLUMES | 21 cent. CHARGES | 21 cent. VOLUMES |
|---|---|---|---|---|---|---|---|---|---|
| 0,01 | 0,000.079 | 1,167.0 | 0,011 | 1,300.3 | 0,015 | 1,440.80 | 0,016 | 1,588.5 | 0,016 |
| 0,02 | 0,000.314 | 0,373.98 | 0,057 | 0,416.59 | 0,060 | 0,461.60 | 0,063 | 0,508.91 | 0,066 |
| 0,027 | 0,000.573 | 0,236.70 | 0,103 | 0,263.73 | 0,109 | 0,292.23 | 0,115 | 0,322.18 | 0,120 |
| 0,03 | 0,000.707 | 0,202.68 | 0,127 | 0,225.82 | 0,134 | 0,250.22 | 0,141 | 0,275.87 | 0,148 |
| 0,04 | 0,001.257 | 0,134.54 | 0,226 | 0,149.91 | 0,232 | 0,166.10 | 0,251 | 0,183.13 | 0,261 |
| 0,05 | 0,001.963 | 0,109.248 | 0,353 | 0,110.58 | 0,373 | 0,122.53 | 0,393 | 0,135.09 | 0,412 |
| 0,054 | 0,002.260 | 0,089.596 | 0,412 | 0,099.827 | 0,435 | 0,110.61 | 0,453 | 0,121.95 | 0,481 |
| 0,06 | 0,002.827 | 0,078.018 | 0,509 | 0,086.061 | 0,537 | 0,095.356 | 0,566 | 0,106.23 | 0,594 |
| 0,07 | 0,003.848 | 0,061.036 | 0,693 | 0,071.360 | 0,731 | 0,079.070 | 0,770 | 0,087.174 | 0,808 |
| 0,08 | 0,005.027 | 0,051.169 | 0,905 | 0,060.355 | 0,955 | 0,066.875 | 1,005 | 0,073.730 | 1,056 |
| 0,081 | 0,005.153 | 0,053.330 | 0,928 | 0,059.431 | 0,979 | 0,065.552 | 1,031 | 0,072.602 | 1,082 |
| 0,09 | 0,006.362 | 0,046.356 | 1,145 | 0,052.207 | 1,209 | 0,057.847 | 1,272 | 0,063.776 | 1,336 |
| 0,10 | 0,007.854 | 0,040.856 | 1,414 | 0,045.948 | 1,492 | 0,050.912 | 1,571 | 0,056.130 | 1,649 |
| 0,105 | 0,009.161 | 0,037.609 | 1,540 | 0,041.904 | 1,741 | 0,046.431 | 1,832 | 0,051.190 | 1,921 |
| 0,11 | 0,009.503 | 0,036.707 | 1,711 | 0,040.999 | 1,836 | 0,045.428 | 1,901 | 0,050.085 | 1,996 |
| 0,12 | 0,011.310 | 0,033.201 | 2,036 | 0,036.992 | 2,149 | 0,040.989 | 2,262 | 0,045.190 | 2,375 |
| 0,13 | 0,013.273 | 0,030.234 | 2,389 | 0,033.686 | 2,522 | 0,037.326 | 2,655 | 0,041.151 | 2,787 |
| 0,135 | 0,014.314 | 0,028.937 | 2,577 | 0,032.241 | 2,720 | 0,035.721 | 2,863 | 0,039.336 | 3,006 |
| 0,14 | 0,015.394 | 0,027.745 | 2,771 | 0,030.913 | 2,925 | 0,034.253 | 3,079 | 0,037.764 | 3,233 |
| 0,15 | 0,017.672 | 0,025.629 | 3,181 | 0,028.328 | 3,358 | 0,031.641 | 3,531 | 0,034.384 | 3,711 |
| 0,16 | 0,020.106 | 0,023.809 | 3,619 | 0,026.328 | 3,820 | 0,029.394 | 4,021 | 0,032.407 | 4,222 |
| 0,162 | 0,020.612 | 0,023.475 | 3,710 | 0,026.156 | 3,916 | 0,028.982 | 4,122 | 0,031.952 | 4,329 |
| 0,17 | 0,022.698 | 0,022.227 | 4,086 | 0,024.765 | 4,313 | 0,027.441 | 4,540 | 0,030.254 | 4,767 |
| 0,18 | 0,025.447 | 0,020.840 | 4,580 | 0,023.220 | 4,835 | 0,025.728 | 5,089 | 0,028.384 | 5,344 |
| 0,19 | 0,028.353 | 0,019.614 | 5,104 | 0,021.854 | 5,387 | 0,024.215 | 5,671 | 0,025.697 | 5,954 |
| 0,20 | 0,031.416 | 0,018.523 | 5,655 | 0,020.638 | 5,969 | 0,022.868 | 6,283 | 0,025.212 | 6,597 |
| 0,21 | 0,034.636 | 0,017.536 | 6,225 | 0,019.550 | 6,581 | 0,021.602 | 6,927 | 0,023.882 | 7,275 |
| 0,216 | 0,036.642 | 0,017.007 | 6,512 | 0,018.949 | 6,882 | 0,020.991 | 7,320 | 0,023.149 | 7,693 |
| 0,22 | 0,038.013 | 0,016.666 | 6,812 | 0,018.589 | 7,223 | 0,020.575 | 7,603 | 0,022.684 | 7,983 |
| 0,23 | 0,041.548 | 0,015.869 | 7,429 | 0,017.681 | 7,891 | 0,019.592 | 8,310 | 0,021.660 | 8,725 |
| 0,24 | 0,045.239 | 0,015.145 | 8,143 | 0,016.624 | 8,595 | 0,018.697 | 9,048 | 0,020.624 | 9,506 |
| 0,25 | 0,049.088 | 0,014.483 | 8,836 | 0,016.137 | 9,337 | 0,017.880 | 9,813 | 0,019.713 | 10,308 |
| 0,26 | 0,053.093 | 0,013.376 | 9,557 | 0,015.461 | 10,088 | 0,017.131 | 10,619 | 0,018.887 | 11,150 |
| 0,27 | 0,057.256 | 0,013.318 | 10,306 | 0,014.839 | 10,879 | 0,016.442 | 11,451 | 0,018.128 | 12,024 |
| 0,28 | 0,061.575 | 0,012.803 | 11,084 | 0,014.265 | 11,699 | 0,015.806 | 12,315 | 0,017.426 | 12,931 |
| 0,29 | 0,066.052 | 0,012.326 | 11,589 | 0,013.733 | 12,550 | 0,015.217 | 13,210 | 0,016.777 | 13,871 |
| 0,30 | 0,070.686 | 0,011.835 | 12,723 | 0,013.240 | 13,430 | 0,014.670 | 14,137 | 0,016.174 | 14,841 |
| 0,31 | 0,075.477 | 0,011.470 | 13,386 | 0,012.780 | 14,311 | 0,014.161 | 15,095 | 0,015.613 | 15,830 |
| 0,32 | 0,080.425 | 0,010.803 | 14,176 | 0,012.352 | 15,251 | 0,013.686 | 16,085 | 0,015.089 | 16,889 |
| 0,325 | 0,082.958 | 0,010.512 | 14,932 | 0,012.148 | 15,762 | 0,013.460 | 16,592 | 0,014.840 | 17,421 |
| 0,33 | 0,085.530 | 0,010.726 | 15,395 | 0,011.950 | 16,251 | 0,013.211 | 17,106 | 0,014.599 | 17,901 |
| 0,34 | 0,090.792 | 0,010.388 | 16,343 | 0,011.575 | 17,251 | 0,012.825 | 18,123 | 0,014.139 | 19,065 |
| 0,35 | 0,096.212 | 0,010.071 | 17,318 | 0,011.221 | 18,250 | 0,012.434 | 19,242 | 0,013.708 | 20,204 |
| 0,36 | 0,101.788 | 0,009.773 | 18,322 | 0,010.889 | 19,310 | 0,012.065 | 20,358 | 0,013.302 | 21,375 |
| 0,37 | 0,107.521 | 0,009.492 | 19,351 | 0,010.576 | 20,429 | 0,011.713 | 21,504 | 0,012.919 | 22,579 |
| 0,38 | 0,113.412 | 0,008.975 | 20,411 | 0,010.290 | 21,548 | 0,011.391 | 22,682 | 0,012.558 | 23,816 |
| 0,39 | 0,119.459 | 0,008.738 | 21,503 | 0,010.000 | 22,697 | 0,011.081 | 23,592 | 0,012.216 | 25,086 |
| 0,40 | 0,125.664 | 0,008.512 | 22,620 | 0,009.735 | 23,876 | 0,010.787 | 25,133 | 0,011.893 | 26,389 |
| 0,41 | 0,132.026 | 0,008.298 | 23,785 | 0,009.484 | 25,085 | 0,010.508 | 26,405 | 0,011.586 | 27,725 |
| 0,42 | 0,138.545 | 0,008.091 | 24,938 | 0,009.245 | 26,321 | 0,010.244 | 27,709 | 0,011.294 | 29,093 |
| 0,43 | 0,145.221 | 0,007.906 | 26,140 | 0,009.018 | 27,592 | 0,009.992 | 29,044 | 0,011.017 | 30,496 |
| 0,44 | 0,152.053 | 0,007.990 | 27,376 | 0,008.802 | 28,890 | 0,009.753 | 30,411 | 0,010.753 | 31,931 |
| 0,45 | 0,159.043 | 0,007.715 | 28,623 | 0,008.596 | 30,218 | 0,009.525 | 31,809 | 0,010.501 | 33,399 |
| 0,46 | 0,166.191 | 0,007.538 | 29,914 | 0,008.399 | 31,576 | 0,009.307 | 33,238 | 0,010.261 | 34,900 |
| 0,47 | 0,173.495 | 0,007.370 | 31,229 | 0,008.211 | 32,964 | 0,009.098 | 34,699 | 0,010.031 | 36,434 |
| 0,48 | 0,180.956 | 0,007.209 | 32,572 | 0,008.032 | 34,352 | 0,008.899 | 36,191 | 0,009.812 | 38,001 |
| 0,49 | 0,188.575 | 0,007.054 | 33,944 | 0,007.860 | 35,529 | 0,008.709 | 37,715 | 0,009.601 | 39,601 |
| 0,50 | 0,196.350 | 0,006.906 | 35,313 | 0,007.695 | 37,307 | 0,008.526 | 39,270 | 0,009.400 | 41,234 |
| 0,55 | 0,237.583 | 0,006.251 | 42,765 | 0,006.964 | 45,141 | 0,007.717 | 47,517 | 0,008.508 | 49,892 |
| 0,60 | 0,282.744 | 0,005.709 | 50,894 | 0,006.362 | 53,721 | 0,007.028 | 56,549 | 0,007.770 | 59,376 |
| 0,65 | 0,331.832 | 0,005.253 | 59,730 | 0,005.853 | 62,848 | 0,006.485 | 66,366 | 0,007.150 | 69,685 |
| 0,70 | 0,384.846 | 0,004.865 | 69,272 | 0,005.420 | 73,121 | 0,006.006 | 76,969 | 0,006.621 | 80,818 |
| 0,75 | 0,441.785 | 0,004.530 | 79,522 | 0,005.037 | 83,940 | 0,005.592 | 88,358 | 0,006.165 | 92,775 |
| 0,80 | 0,502.656 | 0,004.238 | 90,478 | 0,004.728 | 95,505 | 0,005.232 | 100,531 | 0,005.768 | 105,555 |
| 0,85 | 0,567.451 | 0,003.981 | 102,141 | 0,004.436 | 107,876 | 0,004.915 | 113,490 | 0,005.419 | 119,165 |
| 0,90 | 0,636.174 | 0,003.754 | 114,511 | 0,004.183 | 120,873 | 0,004.634 | 127,235 | 0,005.127 | 133,597 |
| 0,95 | 0,708.823 | 0,003.551 | 127,388 | 0,003.957 | 134,676 | 0,004.384 | 141,765 | 0,004.834 | 148,853 |
| 1,00 | 0,785.400 | 0,003.369 | 141,372 | 0,003.754 | 149,226 | 0,004.160 | 157,050 | 0,004.586 | 164,932 |

| DIAMÈTRES (mét.) | 22 cent. CHARGES par 100 m. (mét.) | 22 cent. VOLUMES débités (lit.) | 23 cent. CHARGES | 23 cent. VOLUMES | 24 cent. CHARGES | 24 cent. VOLUMES | 25 cent. CHARGES | 25 cent. VOLUMES |
|---|---|---|---|---|---|---|---|---|
| 0,01 | 1,743.4 | 0,017 | 1,905.5 | 0,018 | 2,074.8 | 0,019 | 2,251.2 | 0,020 |
| 0,02 | 0,558.54 | 0,069 | 0,610.17 | 0,072 | 0,664.70 | 0,075 | 0,721.25 | 0,079 |
| 0,027 | 0,353.59 | 0,126 | 0,386.47 | 0,132 | 0,420.50 | 0,137 | 0,456.60 | 0,143 |
| 0,03 | 0,302.77 | 0,155 | 0,330.92 | 0,163 | 0,360.32 | 0,170 | 0,390.97 | 0,177 |
| 0,04 | 0,200.98 | 0,277 | 0,219.67 | 0,289 | 0,239.18 | 0,302 | 0,259.53 | 0,314 |
| 0,05 | 0,148.26 | 0,432 | 0,162.04 | 0,452 | 0,176.44 | 0,471 | 0,191.45 | 0,491 |
| 0,054 | 0,133.84 | 0,501 | 0,146.28 | 0,527 | 0,159.28 | 0,550 | 0,172.83 | 0,573 |
| 0,06 | 0,116.59 | 0,522 | 0,127.43 | 0,650 | 0,138.73 | 0,679 | 0,150.56 | 0,707 |
| 0,07 | 0,095.674 | 0,817 | 0,104.57 | 0,885 | 0,113.56 | 0,924 | 0,123.55 | 0,962 |
| 0,08 | 0,080.919 | 1,106 | 0,083.442 | 1,156 | 0,096.300 | 1,206 | 0,101.49 | 1,257 |
| 0,081 | 0,079.681 | 1,134 | 0,087.039 | 1,185 | 0,091.827 | 1,237 | 0,102.89 | 1,288 |
| 0,09 | 0,069.995 | 1,400 | 0,076.503 | 1,433 | 0,083.350 | 1,527 | 0,090.386 | 1,590 |
| 0,10 | 0,061.603 | 1,728 | 0,067.351 | 1,806 | 0,073.313 | 1,885 | 0,079.550 | 1,964 |
| 0,105 | 0,056.182 | 2,015 | 0,061.405 | 2,107 | 0,064.861 | 2,199 | 0,072.519 | 2,290 |
| 0,11 | 0,054.983 | 2,091 | 0,060.079 | 2,136 | 0,065.417 | 2,281 | 0,070.082 | 2,376 |
| 0,12 | 0,049.596 | 2,388 | 0,054.208 | 2,601 | 0,059.023 | 2,714 | 0,064.015 | 2,827 |
| 0,13 | 0,045.164 | 2,920 | 0,049.363 | 3,053 | 0,053.740 | 3,186 | 0,058.321 | 3,318 |
| 0,135 | 0,043.227 | 3,149 | 0,047.246 | 3,292 | 0,051.443 | 3,435 | 0,055.819 | 3,578 |
| 0,14 | 0,041.446 | 3,387 | 0,045.300 | 3,541 | 0,049.321 | 3,695 | 0,053.521 | 3,845 |
| 0,15 | 0,038.286 | 3,888 | 0,041.845 | 4,064 | 0,045.563 | 4,241 | 0,049.439 | 4,418 |
| 0,16 | 0,035.567 | 4,423 | 0,038.874 | 4,624 | 0,042.327 | 4,823 | 0,045.918 | 5,027 |
| 0,162 | 0,035.068 | 4,535 | 0,038.328 | 4,717 | 0,041.734 | 4,917 | 0,045.284 | 5,153 |
| 0,17 | 0,033.201 | 4,991 | 0,036.201 | 5,221 | 0,039.515 | 5,448 | 0,042.376 | 5,675 |
| 0,18 | 0,031.131 | 5,588 | 0,033.026 | 5,843 | 0,037.039 | 6,107 | 0,040.201 | 6,362 |
| 0,19 | 0,029.300 | 6,238 | 0,032.025 | 6,521 | 0,034.870 | 6,805 | 0,037.836 | 7,033 |
| 0,20 | 0,027.670 | 6,912 | 0,030.243 | 7,226 | 0,032.930 | 7,540 | 0,035.731 | 7,854 |
| 0,21 | 0,026.211 | 7,620 | 0,028.648 | 7,966 | 0,031.193 | 8,313 | 0,033.846 | 8,659 |
| 0,216 | 0,025.406 | 8,062 | 0,027.768 | 8,425 | 0,030.233 | 8,791 | 0,032.807 | 9,161 |
| 0,22 | 0,024.896 | 8,363 | 0,027.211 | 8,733 | 0,029.628 | 9,123 | 0,032.149 | 9,503 |
| 0,23 | 0,023.706 | 9,140 | 0,025.910 | 9,556 | 0,028.212 | 9,971 | 0,030.612 | 10,387 |
| 0,24 | 0,022.621 | 9,953 | 0,024.727 | 10,405 | 0,026.921 | 10,857 | 0,029.215 | 11,310 |
| 0,25 | 0,021.635 | 10,799 | 0,023.647 | 11,290 | 0,025.748 | 11,781 | 0,027.938 | 12,272 |
| 0,26 | 0,020.720 | 11,680 | 0,022.857 | 12,211 | 0,024.669 | 12,742 | 0,026.768 | 13,273 |
| 0,27 | 0,019.895 | 12,596 | 0,021.745 | 13,169 | 0,023.677 | 13,741 | 0,025.691 | 14,311 |
| 0,28 | 0,019.125 | 13,547 | 0,020.903 | 14,162 | 0,022.761 | 14,778 | 0,024.697 | 15,391 |
| 0,29 | 0,018.413 | 14,531 | 0,020.125 | 15,192 | 0,021.913 | 15,853 | 0,023.777 | 16,513 |
| 0,30 | 0,017.751 | 15,552 | 0,019.401 | 16,258 | 0,021.125 | 16,963 | 0,022.922 | 17,672 |
| 0,31 | 0,017.135 | 16,605 | 0,018.728 | 17,360 | 0,020.392 | 18,114 | 0,022.127 | 18,669 |
| 0,32 | 0,016.560 | 17,693 | 0,018.100 | 18,498 | 0,019.708 | 19,302 | 0,021.384 | 20,106 |
| 0,325 | 0,016.287 | 18,251 | 0,017.801 | 19,030 | 0,019.383 | 19,910 | 0,021.032 | 20,739 |
| 0,33 | 0,016.023 | 18,817 | 0,017.512 | 19,672 | 0,019.063 | 20,527 | 0,020.600 | 21,383 |
| 0,34 | 0,015.513 | 19,974 | 0,016.961 | 20,852 | 0,018.465 | 21,790 | 0,020.039 | 22,695 |
| 0,35 | 0,015.045 | 21,167 | 0,016.443 | 22,129 | 0,017.904 | 23,091 | 0,019.427 | 24,053 |
| 0,36 | 0,014.599 | 22,393 | 0,015.956 | 23,411 | 0,017.373 | 24,429 | 0,018.552 | 25,447 |
| 0,37 | 0,014.179 | 23,655 | 0,015.497 | 24,730 | 0,016.874 | 25,803 | 0,018.310 | 26,580 |
| 0,38 | 0,013.783 | 24,951 | 0,015.064 | 26,085 | 0,016.402 | 27,219 | 0,017.798 | 28,353 |
| 0,39 | 0,013.408 | 26,281 | 0,014.654 | 27,476 | 0,015.956 | 28,670 | 0,017.313 | 29,865 |
| 0,40 | 0,013.052 | 27,646 | 0,014.266 | 28,903 | 0,015.543 | 30,159 | 0,016.855 | 31,416 |
| 0,41 | 0,012.715 | 29,046 | 0,013.897 | 30,366 | 0,015.132 | 31,686 | 0,016.420 | 33,097 |
| 0,42 | 0,012.395 | 30,480 | 0,013.548 | 31,865 | 0,014.751 | 33,251 | 0,016.006 | 34,636 |
| 0,43 | 0,012.091 | 31,949 | 0,013.215 | 33,401 | 0,014.359 | 34,853 | 0,015.613 | 36,305 |
| 0,44 | 0,011.801 | 33,452 | 0,012.898 | 34,972 | 0,014.042 | 36,495 | 0,015.239 | 38,013 |
| 0,45 | 0,011.525 | 34,989 | 0,012.596 | 36,580 | 0,013.715 | 38,170 | 0,014.882 | 39,761 |
| 0,46 | 0,011.261 | 36,562 | 0,012.308 | 38,224 | 0,013.402 | 39,886 | 0,014.542 | 41,548 |
| 0,47 | 0,011.009 | 38,169 | 0,012.033 | 39,904 | 0,013.102 | 41,630 | 0,014.216 | 43,374 |
| 0,48 | 0,010.768 | 39,810 | 0,011.769 | 41,620 | 0,012.815 | 43,429 | 0,013.905 | 45,239 |
| 0,49 | 0,010.538 | 41,487 | 0,011.517 | 43,372 | 0,012.541 | 45,258 | 0,013.607 | 47,144 |
| 0,50 | 0,010.317 | 43,197 | 0,011.276 | 45,161 | 0,012.270 | 47,124 | 0,013.322 | 49,058 |
| 0,55 | 0,009.337 | 52,268 | 0,010.205 | 54,644 | 0,011.112 | 57,020 | 0,012.957 | 59,396 |
| 0,60 | 0,008.528 | 62,204 | 0,009.320 | 65,031 | 0,010.119 | 67,539 | 0,011.012 | 70,686 |
| 0,65 | 0,007.847 | 73,085 | 0,008.577 | 76,321 | 0,009.359 | 79,610 | 0,010.133 | 82,958 |
| 0,70 | 0,007.267 | 84,666 | 0,007.942 | 88,515 | 0,008.648 | 92,363 | 0,009.384 | 96,212 |
| 0,75 | 0,006.766 | 97,193 | 0,007.395 | 102,611 | 0,008.053 | 106,029 | 0,008.738 | 110,447 |
| 0,80 | 0,006.331 | 110,584 | 0,006.919 | 115,611 | 0,007.531 | 120,637 | 0,008.175 | 125,664 |
| 0,85 | 0,005.947 | 124,514 | 0,006.500 | 130,514 | 0,007.078 | 136,188 | 0,007.680 | 141,863 |
| 0,90 | 0,005.617 | 139,258 | 0,006.127 | 146,320 | 0,006.674 | 152,662 | 0,007.231 | 159,044 |
| 0,95 | 0,005.305 | 155,941 | 0,005.808 | 163,029 | 0,006.313 | 170,113 | 0,006.850 | 177,206 |
| 1,00 | 0,005.033 | 172,788 | 0,005.591 | 180,642 | 0,005.900 | 188,496 | 0,006.499 | 196,350 |

TUYAUX NEUFS. — VITESSES.

| Diamètres (mèt.) | Sections | 26 cm Charges p.100 m (mèt.) | 26 cm Volumes (lit.) | 27 cm Charges (mèt.) | 27 cm Volumes (lit.) | 28 cm Charges (mèt.) | 28 cm Volumes (lit.) | 29 cm Charges (mèt.) | 29 cm Volumes (lit.) | 30 cm Charges (mèt.) | 30 cm Volumes (lit.) | 31 cm Charges (mèt.) | 31 cm Volumes (lit.) | 32 cm Charges (mèt.) | 32 cm Volumes (lit.) | 33 cm Charges (mèt.) | 33 cm Volumes (lit.) |
|---|---|---|---|---|---|---|---|---|---|---|---|---|---|---|---|---|---|
| 0,01 | 0,000.079 | 2.335,0 | 0,020 | 2,625,9 | 0,021 | 2,824.0 | 0,022 | 3,029.3 | 0,023 | 3,231.8 | 0,024 | 3,461.5 | 0,025 | 3,658.5 | 0,025 | 3,722.6 | 0,026 |
| 0,02 | 0,000.314 | 0,780.10 | 0,082 | 0,611.27 | 0,085 | 0,902,73 | 0,084 | 0,270,51 | 0,091 | 1,033.6 | 0,093 | 1,109.0 | 0,097 | 1,151.7 | 0,101 | 1,256.7 | 0,104 |
| 0,027 | 0,000.573 | 0,403.86 | 0,149 | 0,532.58 | 0,155 | 0,572,76 | 0,160 | 0,614,40 | 0,166 | 0,657,507 | 0,172 | 0,702,07 | 0,177 | 0,738.10 | 0,183 | 0,793,58 | 0,159 |
| 0,03 | 0,000.707 | 0,422.87 | 0,184 | 0,456.03 | 0,191 | 0,490,43 | 0,198 | 0,526,09 | 0,205 | 0,562,995 | 0,212 | 0,601.16 | 0,219 | 0,640,57 | 0,226 | 0,684,23 | 0,233 |
| 0,04 | 0,001.257 | 0,280.71 | 0,327 | 0,302.72 | 0,339 | 0,325,54 | 0,352 | 0,349,23 | 0,364 | 0,373,725 | 0,377 | 0,399,06 | 0,300 | 0,425.22 | 0,402 | 0,452,24 | 0,415 |
| 0,05 | 0,001.964 | 0,207.07 | 0,511 | 0,223.31 | 0,530 | 0,240,15 | 0,550 | 0,257,62 | 0,569 | 0,275,655 | 0,589 | 0,294,37 | 0,609 | 0,313,97 | 0,623 | 0,333,98 | 0,648 |
| 0,054 | 0,002.290 | 0,186.93 | 0,595 | 0,201.59 | 0,618 | 0,216,30 | 0,641 | 0,232,56 | 0,684 | 0,248,577 | 0,687 | 0,265,75 | 0,719 | 0,285.17 | 0,733 | 0,301.14 | 0,736 |
| 0,06 | 0,002.827 | 0,162.51 | 0,735 | 0,175.61 | 0,703 | 0,183,36 | 0,792 | 0,202,59 | 0,820 | 0,216,584 | 0,828 | 0,231,50 | 0,877 | 0,246,67 | 0,905 | 0,252,33 | 0,933 |
| 0,07 | 0,003.848 | 0,133.63 | 1,001 | 0,144.10 | 1,089 | 0,154,98 | 1,078 | 0,166,21 | 1,116 | 0,177,907 | 1,155 | 0,189,97 | 1,153 | 0,202,42 | 1,232 | 0,213,27 | 1,270 |
| 0,08 | 0,005.027 | 0,113.02 | 1,307 | 0,121.88 | 1,357 | 0,131,07 | 1,407 | 0,140,60 | 1,458 | 0,150,368 | 1,508 | 0,160,67 | 1,558 | 0,171,20 | 1,609 | 0,182,07 | 1,659 |
| 0,081 | 0,005.153 | 0,111.29 | 1,340 | 0,120.01 | 1,391 | 0,129,07 | 1,443 | 0,138,45 | 1,494 | 0,145,167 | 1,546 | 0,158,21 | 1,597 | 0,168,58 | 1,649 | 0,179,28 | 1,700 |
| 0,09 | 0,006.362 | 0,097.762 | 1,551 | 0,105.43 | 1,713 | 0,113,38 | 1,781 | 0,121,62 | 1,845 | 0,130,136 | 1,909 | 0,138,58 | 1,972 | 0,148,09 | 2,036 | 0,157,39 | 2,099 |
| 0,10 | 0,007.854 | 0,086.011 | 2,042 | 0,092.737 | 2,171 | 0,099,788 | 2,199 | 0,107,04 | 2,278 | 0,114,552 | 2,356 | 0,122,32 | 2,435 | 0,130,33 | 2,513 | 0,138,61 | 2,592 |
| 0,105 | 0,009.161 | 0,078.468 | 2,382 | 0,084.621 | 2,473 | 0,091,005 | 2,565 | 0,097,621 | 2,657 | 0,104,470 | 2,748 | 0,111,55 | 2,840 | 0,118,36 | 2,931 | 0,124,11 | 3,022 |
| 0,11 | 0,009.503 | 0,076.774 | 2,471 | 0,082.703 | 2,566 | 0,089,020 | 2,661 | 0,095,513 | 2,756 | 0,102,213 | 2,851 | 0,109,14 | 2,946 | 0,116,30 | 3,041 | 0,123,43 | 3,136 |
| 0,12 | 0,011.310 | 0,069.271 | 2,941 | 0,074.702 | 3,055 | 0,080,333 | 3,167 | 0,086,179 | 3,280 | 0,092,225 | 3,393 | 0,098,475 | 3,506 | 0,105,93 | 3,619 | 0,111,39 | 3,732 |
| 0,13 | 0,013.273 | 0,063.080 | 3,451 | 0,068.026 | 3,581 | 0,073,158 | 3,717 | 0,078,477 | 3,849 | 0,083,963 | 3,982 | 0,089,675 | 4,115 | 0,095,553 | 4,247 | 0,101,62 | 4,380 |
| 0,135 | 0,014.314 | 0,060.374 | 3,722 | 0,065.103 | 3,865 | 0,070,020 | 4,008 | 0,075,111 | 4,152 | 0,080,380 | 4,294 | 0,085,828 | 4,437 | 0,091,455 | 4,580 | 0,097,260 | 4,724 |
| 0,14 | 0,015.394 | 0,057.638 | 4,002 | 0,062.426 | 4,156 | 0,067,013 | 4,310 | 0,072,017 | 4,461 | 0,077,070 | 4,618 | 0,082,293 | 4,772 | 0,087,683 | 4,926 | 0,093,254 | 5,080 |
| 0,15 | 0,017.672 | 0,053.473 | 4,595 | 0,057.606 | 4,771 | 0,062,014 | 4,948 | 0,066,525 | 5,125 | 0,071,192 | 5,301 | 0,076,018 | 5,478 | 0,081,001 | 5,655 | 0,086,113 | 5,832 |
| 0,16 | 0,020.106 | 0,049.676 | 5,228 | 0,053.571 | 5,429 | 0,057,612 | 5,630 | 0,061,801 | 5,831 | 0,066,137 | 6,032 | 0,070,619 | 6,233 | 0,075,219 | 6,434 | 0,080,903 | 6,635 |
| 0,162 | 0,020.612 | 0,048.979 | 5,359 | 0,052.819 | 5,565 | 0,056,804 | 5,771 | 0,060,934 | 5,977 | 0,065,209 | 6,182 | 0,069,629 | 6,390 | 0,074,193 | 6,596 | 0,078,903 | 6,802 |
| 0,17 | 0,022.698 | 0,046.375 | 5,901 | 0,050.011 | 6,128 | 0,053,045 | 6,355 | 0,057,695 | 6,582 | 0,061,742 | 6,809 | 0,065,927 | 7,036 | 0,070,219 | 7,263 | 0,073,708 | 7,490 |
| 0,18 | 0,025.447 | 0,043.481 | 6,616 | 0,046.890 | 6,871 | 0,050,425 | 7,125 | 0,054,094 | 7,380 | 0,057,839 | 7,634 | 0,061,813 | 7,889 | 0,065,865 | 8,153 | 0,070,046 | 8,398 |
| 0,19 | 0,028.353 | 0,040.924 | 7,372 | 0,044.132 | 7,655 | 0,047,652 | 7,939 | 0,060,912 | 8,222 | 0,054,461 | 8,506 | 0,058,177 | 8,752 | 0,061,991 | 9,073 | 0,065,926 | 9,356 |
| 0,20 | 0,031.416 | 0,038.627 | 8,168 | 0,041.677 | 8,482 | 0,045,080 | 8,796 | 0,048,080 | 9,111 | 0,051,453 | 9,425 | 0,054,940 | 9,739 | 0,058,522 | 10,053 | 0,062,255 | 10,367 |
| 0,21 | 0,034.636 | 0,036.605 | 9,005 | 0,039.473 | 9,332 | 0,042,157 | 9,698 | 0,045,514 | 10,091 | 0,048,739 | 10,391 | 0,052,012 | 10,737 | 0,055,434 | 11,083 | 0,058,971 | 11,430 |
| 0,216 | 0,036.644 | 0,035.481 | 9,527 | 0,038.266 | 9,891 | 0,041,191 | 10,260 | 0,043,145 | 10,827 | 0,047,342 | 10,993 | 0,050,442 | 11,360 | 0,053,751 | 11,726 | 0,057,163 | 12,002 |
| 0,22 | 0,038.013 | 0,034.772 | 9,853 | 0,037.498 | 10,204 | 0,040,328 | 10,644 | 0,043,260 | 11,021 | 0,046,294 | 11,464 | 0,049,432 | 11,784 | 0,052,673 | 12,161 | 0,056,016 | 12,534 |
| 0,23 | 0,041.548 | 0,033.130 | 10,802 | 0,035.706 | 11,218 | 0,038,400 | 11,633 | 0,041,191 | 12,049 | 0,044,081 | 12,461 | 0,047,069 | 12,850 | 0,050,153 | 13,295 | 0,053,338 | 13,711 |
| 0,24 | 0,045.239 | 0,031.599 | 11,762 | 0,034.076 | 12,215 | 0,035,547 | 12,667 | 0,039,311 | 13,112 | 0,042,069 | 13,572 | 0,044,980 | 14,024 | 0,047,565 | 14,476 | 0,050,903 | 14,922 |
| 0,25 | 0,049.088 | 0,030.215 | 12,763 | 0,032.587 | 13,254 | 0,034,153 | 13,748 | 0,037,593 | 14,235 | 0,040,251 | 14,726 | 0,042,957 | 15,217 | 0,045,773 | 15,705 | 0,048,672 | 16,199 |
| 0,26 | 0,053.093 | 0,028.952 | 13,804 | 0,031.222 | 14,335 | 0,032,227 | 14,866 | 0,036,019 | 15,397 | 0,038,548 | 15,928 | 0,041,158 | 16,459 | 0,043,536 | 16,990 | 0,046,640 | 17,521 |
| 0,27 | 0,057.256 | 0,027.788 | 14,886 | 0,029.966 | 15,459 | 0,032,968 | 16,032 | 0,034,570 | 16,604 | 0,036,995 | 17,177 | 0,039,503 | 17,247 | 0,042,492 | 18,322 | 0,044,764 | 18,894 |
| 0,28 | 0,061.575 | 0,026.712 | 16,010 | 0,028.806 | 16,625 | 0,030,980 | 17,211 | 0,033,232 | 17,857 | 0,035,564 | 18,473 | 0,037,970 | 19,058 | 0,042,163 | 19,702 | 0,043,032 | 20,320 |
| 0,29 | 0,066.052 | 0,025.717 | 17,174 | 0,027.733 | 17,834 | 0,029,826 | 18,495 | 0,031,994 | 19,155 | 0,034,238 | 19,516 | 0,036,569 | 20,475 | 0,035,936 | 21,137 | 0,041,129 | 21,797 |
| 0,30 | 0,070.686 | 0,024.793 | 18,378 | 0,026.736 | 19,085 | 0,028,733 | 19,792 | 0,030,844 | 20,499 | 0,033,008 | 21,206 | 0,035,215 | 21,913 | 0,037,556 | 22,620 | 0,039,939 | 23,326 |
| 0,31 | 0,075.477 | 0,023.932 | 19,624 | 0,025.805 | 20,379 | 0,027,736 | 21,134 | 0,029,774 | 21,388 | 0,031,802 | 22,643 | 0,034,022 | 23,599 | 0,036,252 | 24,153 | 0,038,553 | 24,907 |
| 0,32 | 0,080.425 | 0,023.129 | 20,910 | 0,024.933 | 21,715 | 0,026,923 | 22,519 | 0,028,775 | 23,323 | 0,030,791 | 24,127 | 0,032,881 | 24,939 | 0,035,036 | 25,736 | 0,037,260 | 26,540 |
| 0,325 | 0,082.958 | 0,022.748 | 21,569 | 0,024.531 | 22,399 | 0,026,332 | 23,228 | 0,028,300 | 24,058 | 0,030,285 | 24,887 | 0,032,335 | 25,717 | 0,031,525 | 26,547 | 0,036,613 | 27,376 |
| 0,33 | 0,085.530 | 0,022.373 | 22,233 | 0,024.133 | 23,093 | 0,025,737 | 23,948 | 0,027,840 | 24,889 | 0,029,793 | 25,559 | 0,031,813 | 26,514 | 0,033,898 | 27,370 | 0,036,030 | 28,225 |
| 0,34 | 0,090.792 | 0,021.671 | 23,606 | 0,023.373 | 24,514 | 0,025,370 | 25,439 | 0,026,964 | 26,330 | 0,028,856 | 27,235 | 0,030,812 | 28,146 | 0,032,532 | 29,034 | 0,034,916 | 29,961 |
| 0,35 | 0,096.212 | 0,021.013 | 25,015 | 0,022.660 | 25,977 | 0,024,809 | 26,367 | 0,026,142 | 27,901 | 0,027,976 | 28,863 | 0,029,872 | 29,890 | 0,031,830 | 30,785 | 0,033,551 | 31,730 |
| 0,36 | 0,101.788 | 0,020.390 | 26,465 | 0,021.989 | 27,483 | [illegible] | [illegible] | 0,025,367 | 29,513 | 0,027,147 | 30,536 | 0,028,937 | 31,554 | 0,030,887 | 32,572 | 0,032,848 | 33,590 |
| 0,37 | 0,107.521 | 0,019.804 | 27,956 | 0,021.357 | 29,031 | [illegible] | [illegible] | 0,024,638 | 31,151 | 0,026,366 | 32,256 | 0,028,183 | 33,332 | 0,029,292 | 34,407 | 0,031,903 | 35,482 |
| 0,38 | 0,113.412 | 0,019.250 | 29,487 | 0,020.739 | 30,621 | [illegible] | [illegible] | 0,023,742 | 32,889 | 0,025,629 | 34,022 | 0,027,366 | 35,158 | 0,028,160 | 36,292 | 0,031,911 | 37,126 |
| 0,39 | 0,119.459 | 0,018.726 | 31,059 | 0,020.151 | 32,254 | [illegible] | [illegible] | 0,023,297 | 34,643 | 0,024,931 | 36,538 | 0,026,621 | 37,032 | 0,028,366 | 38,227 | 0,030,157 | 39,422 |
| 0,40 | 0,125.664 | 0,018.220 | 32,673 | 0,019.659 | 33,929 | [illegible] | [illegible] | 0,022,680 | 36,643 | 0,024,271 | 37,699 | 0,025,916 | 38,956 | 0,027,613 | 40,212 | 0,029,368 | 41,460 |
| 0,41 | 0,132.026 | 0,017.759 | 34,327 | 0,019.152 | 35,647 | [illegible] | [illegible] | 0,022,094 | 38,283 | 0,023,636 | 39,505 | 0,025,247 | 40,928 | 0,026,902 | 42,218 | 0,028,609 | 43,562 |
| 0,42 | 0,138.543 | 0,017.312 | 36,022 | 0,018.670 | 37,407 | [illegible] | [illegible] | 0,021,528 | 40,178 | 0,023,049 | 41,564 | 0,024,611 | 42,939 | 0,026,255 | 44,334 | 0,027,832 | [illegible] |
| 0,43 | 0,145.221 | 0,016.887 | 37,757 | 0,018.211 | 39,210 | [illegible] | [illegible] | [illegible] | [illegible] | [illegible] | [illegible] | [illegible] | [illegible] | [illegible] | [illegible] | [illegible] | [illegible] |
| 0,44 | 0,152.053 | 0,016.482 | 39,534 | 0,017.775 | 41,053 | [illegible] | [illegible] | [illegible] | [illegible] | [illegible] | [illegible] | [illegible] | [illegible] | [illegible] | [illegible] | [illegible] | [illegible] |
| 0,45 | 0,159.043 | 0,016.097 | 41,351 | 0,017.359 | 42,942 | [illegible] | [illegible] | [illegible] | [illegible] | [illegible] | [illegible] | [illegible] | [illegible] | [illegible] | [illegible] | [illegible] | [illegible] |
| 0,46 | 0,166.191 | 0,015.725 | 43,210 | 0,016.961 | 44,872 | [illegible] | [illegible] | [illegible] | [illegible] | [illegible] | [illegible] | [illegible] | [illegible] | [illegible] | [illegible] | [illegible] | [illegible] |
| 0,47 | 0,173.495 | 0,015.376 | 45,109 | 0,016.582 | 46,844 | [illegible] | [illegible] | [illegible] | [illegible] | [illegible] | [illegible] | [illegible] | [illegible] | [illegible] | [illegible] | [illegible] | [illegible] |
| 0,48 | 0,180.956 | 0,015.030 | 47,049 | 0,016.219 | 48,855 | [illegible] | [illegible] | [illegible] | [illegible] | [illegible] | [illegible] | [illegible] | [illegible] | [illegible] | [illegible] | [illegible] | [illegible] |
| 0,49 | 0,188.575 | 0,014.718 | 49,030 | 0,015.872 | 50,905 | [illegible] | [illegible] | [illegible] | [illegible] | [illegible] | [illegible] | [illegible] | [illegible] | [illegible] | [illegible] | [illegible] | [illegible] |
| 0,50 | 0,196.350 | 0,014.409 | 51,051 | 0,015.539 | 53,015 | [illegible] | [illegible] | [illegible] | [illegible] | [illegible] | [illegible] | [illegible] | [illegible] | [illegible] | [illegible] | [illegible] | [illegible] |
| 0,55 | 0,237.583 | 0,013.051 | 61,772 | 0,014.064 | 64,147 | [illegible] | [illegible] | [illegible] | [illegible] | [illegible] | [illegible] | [illegible] | [illegible] | [illegible] | [illegible] | [illegible] | [illegible] |
| 0,60 | 0,282.743 | 0,011.910 | 73,513 | 0,012.844 | 76,344 | [illegible] | [illegible] | [illegible] | [illegible] | [illegible] | [illegible] | [illegible] | [illegible] | [illegible] | [illegible] | [illegible] | [illegible] |
| 0,65 | 0,331.832 | 0,010.960 | 86,276 | 0,011.819 | 89,595 | [illegible] | [illegible] | [illegible] | [illegible] | [illegible] | [illegible] | [illegible] | [illegible] | [illegible] | [illegible] | [illegible] | [illegible] |
| 0,70 | 0,384.846 | 0,010.130 | 100,060 | 0,010.935 | 103,948 | [illegible] | [illegible] | [illegible] | [illegible] | [illegible] | [illegible] | [illegible] | [illegible] | [illegible] | [illegible] | [illegible] | [illegible] |
| 0,75 | 0,441.788 | 0,009.451 | 114,565 | 0,010.191 | 119,283 | [illegible] | [illegible] | [illegible] | [illegible] | [illegible] | [illegible] | [illegible] | [illegible] | [illegible] | [illegible] | [illegible] | [illegible] |
| 0,80 | 0,502.656 | 0,008.842 | 130,691 | 0,009.539 | 135,717 | [illegible] | [illegible] | [illegible] | [illegible] | [illegible] | [illegible] | [illegible] | [illegible] | [illegible] | [illegible] | [illegible] | [illegible] |
| 0,85 | 0,567.451 | 0,008.306 | 147,537 | 0,008.958 | 153,212 | [illegible] | [illegible] | [illegible] | [illegible] | [illegible] | [illegible] | [illegible] | [illegible] | [illegible] | [illegible] | [illegible] | [illegible] |
| 0,90 | 0,636.174 | 0,007.832 | 165,405 | 0,008.446 | 171,767 | [illegible] | [illegible] | [illegible] | [illegible] | [illegible] | [illegible] | [illegible] | [illegible] | [illegible] | [illegible] | [illegible] | [illegible] |
| 0,95 | 0,708.823 | 0,007.409 | 184,294 | 0,007.990 | 191,382 | [illegible] | [illegible] | [illegible] | [illegible] | [illegible] | [illegible] | [illegible] | [illegible] | [illegible] | [illegible] | [illegible] | [illegible] |
| 1,00 | 0,785.400 | 0,007.030 | 204,204 | 0,007.581 | 215,058 | 0,008,153 | 219,912 | 0,008,745 | 227,309 | 0,009,389 | 235,620 | 0,009,993 | 243,174 | 0,010,643 | 251,329 | 0,011,326 | 259,182 |

| TUYAUX NEUFS. | | VITESSES. | | | | | | | | | | | | | | | |
|---|---|---|---|---|---|---|---|---|---|---|---|---|---|---|---|---|---|
| | | 34 CENTIMÈTRES. | | 35 CENTIMÈTRES. | | 36 CENTIMÈTRES. | | 37 CENTIMÈTRES. | | 38 CENTIMÈTRES. | | 39 CENTIMÈTRES. | | 40 CENTIMÈTRES. | | 41 CENTIMÈTRES. | |
| DIAMÈTRES. | SECTIONS. | CHARGES par 100 mètres. | VOLUMES débités. | CHARGES par 100 mètres. | VOLUMES débités. | CHARGES par 100 mètres. | VOLUMES débités. | CHARGES par 100 mètres. | VOLUMES débités. | CHARGES par 100 mètres. | VOLUMES débités. | CHARGES par 100 mètres. | VOLUMES débités. | CHARGES par 100 mètres. | VOLUMES débités. | CHARGES par 100 mètres. | VOLUMES débités. |
| mèt. | | mèt. | lit. | mèt. | lit. | mèt. | lit. | mèt. | lit. | mèt. | lit. | mèt. | lit. | mèt. | lit. | mèt. | lit. |
| 0,01 | 0,000,079 | 4,163,9 | 0,027 | 4,412,4 | 0,027 | 4,668,2 | 0,028 | 4,931,1 | 0,029 | 5,201,3 | 0,030 | 5,478,6 | 0,031 | 5,763,20 | 0,031 | 6,055,0 | 0,032 |
| 0,02 | 0,000,314 | 1,334,0 | 0,107 | 1,413,6 | 0,110 | 1,495,8 | 0,113 | 1,579,8 | 0,116 | 1,666,4 | 0,119 | 1,755,2 | 0,123 | 1,846,40 | 0,126 | 1,939,9 | 0,129 |
| 0,027 | 0,000,573 | 0,844,53 | 0,195 | 0,894,94 | 0,200 | 0,946,81 | 0,206 | 1,000,1 | 0,212 | 1,054,9 | 0,218 | 1,111,2 | 0,223 | 1,168,90 | 0,229 | 1,228,1 | 0,235 |
| 0,03 | 0,000,707 | 0,723,14 | 0,240 | 0,766,30 | 0,247 | 0,810,72 | 0,254 | 0,856,38 | 0,262 | 0,903,30 | 0,269 | 0,951,47 | 0,276 | 1,000,58 | 0,283 | 1,051,6 | 0,290 |
| 0,04 | 0,001,257 | 0,430,03 | 0,427 | 0,503,68 | 0,440 | 0,538,16 | 0,452 | 0,568,43 | 0,465 | 0,599,62 | 0,478 | 0,631,59 | 0,490 | 0,664,40 | 0,503 | 0,698,04 | 0,515 |
| 0,05 | 0,001,964 | 0,354,11 | 0,668 | 0,375,24 | 0,687 | 0,396,99 | 0,707 | 0,419,35 | 0,726 | 0,442,33 | 0,746 | 0,465,91 | 0,766 | 0,490,11 | 0,785 | 0,514,92 | 0,805 |
| 0,054 | 0,002,290 | 0,319,67 | 0,779 | 0,338,75 | 0,802 | 0,358,38 | 0,824 | 0,378,57 | 0,847 | 0,399,31 | 0,870 | 0,420,60 | 0,893 | 0,442,45 | 0,916 | 0,464,85 | 0,939 |
| 0,06 | 0,002,827 | 0,278,47 | 0,961 | 0,295,09 | 0,990 | 0,312,19 | 1,018 | 0,329,78 | 1,046 | 0,347,85 | 1,074 | 0,366,39 | 1,103 | 0,385,42 | 1,131 | 0,404,94 | 1,159 |
| 0,07 | 0,003,848 | 0,228,51 | 1,308 | 0,242,15 | 1,347 | 0,256,19 | 1,385 | 0,270,62 | 1,424 | 0,285,44 | 1,462 | 0,300,66 | 1,501 | 0,316,28 | 1,539 | 0,332,29 | 1,578 |
| 0,08 | 0,005,027 | 0,193,27 | 1,709 | 0,204,80 | 1,759 | 0,216,68 | 1,810 | 0,228,88 | 1,860 | 0,241,42 | 1,910 | 0,254,29 | 1,960 | 0,267,50 | 2,011 | 0,281,04 | 2,061 |
| 0,081 | 0,005,153 | 0,190,31 | 1,752 | 0,201,67 | 1,804 | 0,213,36 | 1,855 | 0,225,38 | 1,907 | 0,237,73 | 1,958 | 0,250,40 | 2,010 | 0,263,41 | 2,061 | 0,276,74 | 2,113 |
| 0,09 | 0,006,362 | 0,167,18 | 2,163 | 0,177,16 | 2,227 | 0,187,42 | 2,290 | 0,197,98 | 2,354 | 0,208,83 | 2,417 | 0,219,96 | 2,481 | 0,231,39 | 2,545 | 0,243,10 | 2,608 |
| 0,10 | 0,007,854 | 0,147,14 | 2,670 | 0,155,92 | 2,749 | 0,164,95 | 2,827 | 0,174,25 | 2,906 | 0,183,79 | 2,985 | 0,193,59 | 3,063 | 0,203,65 | 3,142 | 0,213,96 | 3,220 |
| 0,108 | 0,009,161 | 0,134,19 | 3,115 | 0,142,20 | 3,206 | 0,150,51 | 3,298 | 0,158,91 | 3,390 | 0,167,62 | 3,481 | 0,176,55 | 3,573 | 0,185,72 | 3,664 | 0,195,13 | 3,756 |
| 0,11 | 0,009,503 | 0,131,29 | 3,231 | 0,139,12 | 3,326 | 0,147,19 | 3,421 | 0,155,48 | 3,516 | 0,164,00 | 3,611 | 0,172,74 | 3,706 | 0,181,71 | 3,801 | 0,190,91 | 3,896 |
| 0,12 | 0,011,310 | 0,118,46 | 3,845 | 0,125,53 | 3,958 | 0,132,80 | 4,072 | 0,140,28 | 4,185 | 0,147,97 | 4,298 | 0,155,86 | 4,411 | 0,163,96 | 4,524 | 0,172,25 | 4,637 |
| 0,13 | 0,013,273 | 0,107,87 | 4,513 | 0,114,31 | 4,646 | 0,120,93 | 4,778 | 0,127,75 | 4,911 | 0,134,75 | 5,044 | 0,141,93 | 5,177 | 0,149,30 | 5,309 | 0,156,86 | 5,442 |
| 0,135 | 0,014,314 | 0,103,24 | 4,867 | 0,109,41 | 5,010 | 0,115,75 | 5,153 | 0,122,27 | 5,296 | 0,128,97 | 5,439 | 0,135,84 | 5,582 | 0,142,90 | 5,726 | 0,150,13 | 5,869 |
| 0,14 | 0,015,394 | 0,098,992 | 5,234 | 0,104,90 | 5,388 | 0,110,98 | 5,542 | 0,117,23 | 5,696 | 0,123,65 | 5,850 | 0,130,25 | 6,004 | 0,137,01 | 6,158 | 0,143,95 | 6,311 |
| 0,15 | 0,017,672 | 0,091,443 | 6,008 | 0,096,901 | 6,185 | 0,102,52 | 6,362 | 0,108,29 | 6,535 | 0,114,22 | 6,715 | 0,120,32 | 6,892 | 0,126,56 | 7,069 | 0,132,97 | 7,245 |
| 0,16 | 0,020,106 | 0,084,919 | 6,836 | 0,090,019 | 7,037 | 0,095,237 | 7,238 | 0,100,60 | 7,439 | 0,106,11 | 7,640 | 0,111,77 | 7,841 | 0,117,58 | 8,042 | 0,123,53 | 8,244 |
| 0,162 | 0,020,612 | 0,083,757 | 7,008 | 0,088,757 | 7,214 | 0,093,901 | 7,420 | 0,099,190 | 7,626 | 0,104,62 | 7,833 | 0,110,20 | 8,039 | 0,115,93 | 8,245 | 0,121,80 | 8,451 |
| 0,17 | 0,022,698 | 0,079,304 | 7,717 | 0,084,038 | 7,944 | 0,088,909 | 8,171 | 0,093,917 | 8,398 | 0,099,062 | 8,625 | 0,104,34 | 8,852 | 0,109,76 | 9,079 | 0,115,52 | 9,306 |
| 0,18 | 0,025,447 | 0,074,355 | 8,652 | 0,078,793 | 8,906 | 0,083,360 | 9,161 | 0,088,056 | 9,415 | 0,092,880 | 9,670 | 0,097,832 | 9,924 | 0,102,91 | 10,179 | 0,108,12 | 10,433 |
| 0,19 | 0,028,353 | 0,069,982 | 9,640 | 0,074,159 | 9,924 | 0,078,457 | 10,207 | 0,082,876 | 10,491 | 0,087,417 | 10,774 | 0,092,073 | 11,058 | 0,096,86 | 11,341 | 0,101,76 | 11,625 |
| 0,20 | 0,031,416 | 0,066,089 | 10,681 | 0,070,033 | 10,996 | 0,074,092 | 11,310 | 0,078,266 | 11,624 | 0,082,553 | 11,938 | 0,086,956 | 12,252 | 0,091,47 | 12,566 | 0,096,103 | 12,881 |
| 0,21 | 0,034,636 | 0,062,602 | 11,776 | 0,066,339 | 12,123 | 0,070,184 | 12,469 | 0,074,137 | 12,815 | 0,078,199 | 13,162 | 0,082,369 | 13,508 | 0,086,65 | 13,854 | 0,091,033 | 14,201 |
| 0,216 | 0,036,644 | 0,060,650 | 12,459 | 0,064,302 | 12,825 | 0,068,029 | 13,192 | 0,071,861 | 13,558 | 0,075,798 | 13,925 | 0,079,840 | 14,291 | 0,083,99 | 14,657 | 0,088,238 | 15,024 |
| 0,22 | 0,038,013 | 0,059,463 | 12,925 | 0,063,012 | 13,305 | 0,066,664 | 13,685 | 0,070,419 | 14,065 | 0,074,277 | 14,445 | 0,078,237 | 14,825 | 0,082,30 | 15,205 | 0,086,468 | 15,585 |
| 0,23 | 0,041,548 | 0,056,020 | 14,126 | 0,059,909 | 14,542 | 0,063,477 | 14,957 | 0,067,032 | 15,373 | 0,070,726 | 15,788 | 0,074,497 | 16,204 | 0,078,37 | 16,619 | 0,082,334 | 17,035 |
| 0,24 | 0,045,239 | 0,054,035 | 15,381 | 0,057,961 | 15,834 | 0,060,579 | 16,286 | 0,063,992 | 16,738 | 0,067,497 | 17,191 | 0,071,097 | 17,643 | 0,074,79 | 18,096 | 0,078,576 | 18,548 |
| 0,25 | 0,049,068 | 0,051,674 | 16,600 | 0,054,759 | 17,151 | 0,057,932 | 17,672 | 0,061,195 | 18,162 | 0,064,548 | 18,633 | 0,067,990 | 19,144 | 0,071,52 | 19,635 | 0,075,142 | 20,126 |
| 0,26 | 0,053,093 | 0,049,540 | 18,052 | 0,052,465 | 18,583 | 0,055,506 | 19,114 | 0,058,632 | 19,644 | 0,061,844 | 20,175 | 0,065,142 | 20,706 | 0,068,53 | 21,237 | 0,071,995 | 21,768 |
| 0,27 | 0,057,256 | 0,047,518 | 19,467 | 0,050,335 | 20,039 | 0,053,273 | 20,612 | 0,056,271 | 21,185 | 0,059,357 | 21,757 | 0,062,522 | 22,330 | 0,065,77 | 22,902 | 0,069,099 | 23,475 |
| 0,28 | 0,061,575 | 0,045,679 | 20,936 | 0,048,405 | 21,551 | 0,051,211 | 22,167 | 0,054,096 | 22,783 | 0,057,060 | 23,399 | 0,060,102 | 24,014 | 0,063,22 | 24,630 | 0,066,425 | 25,246 |
| 0,29 | 0,066,052 | 0,043,977 | 22,458 | 0,046,602 | 23,118 | 0,049,303 | 23,779 | 0,052,081 | 24,439 | 0,054,934 | 25,100 | 0,057,863 | 25,760 | 0,060,868 | 26,421 | 0,063,950 | 27,081 |
| 0,30 | 0,070,686 | 0,042,397 | 24,033 | 0,044,927 | 24,740 | 0,047,531 | 25,447 | 0,050,209 | 26,154 | 0,052,959 | 26,861 | 0,055,783 | 27,568 | 0,058,680 | 28,274 | 0,061,651 | 28,981 |
| 0,31 | 0,075,477 | 0,040,925 | 25,662 | 0,043,368 | 26,417 | 0,045,882 | 27,172 | 0,048,466 | 27,926 | 0,051,121 | 28,681 | 0,053,847 | 29,436 | 0,056,644 | 30,191 | 0,059,512 | 30,946 |
| 0,32 | 0,080,425 | 0,039,553 | 27,344 | 0,041,913 | 28,149 | 0,044,343 | 28,953 | 0,046,840 | 29,757 | 0,049,406 | 30,561 | 0,052,041 | 31,366 | 0,054,744 | 32,170 | 0,057,515 | 32,974 |
| 0,325 | 0,082,958 | 0,038,900 | 28,206 | 0,041,222 | 29,035 | 0,043,611 | 29,865 | 0,046,067 | 30,694 | 0,048,591 | 31,524 | 0,051,182 | 32,354 | 0,053,841 | 33,183 | 0,056,566 | 34,013 |
| 0,33 | 0,085,530 | 0,038,208 | 29,080 | 0,040,352 | 29,936 | 0,042,302 | 30,791 | 0,045,319 | 31,646 | 0,047,302 | 32,501 | 0,050,351 | 33,357 | 0,052,966 | 34,212 | 0,055,647 | 35,067 |
| 0,34 | 0,090,792 | 0,037,064 | 30,869 | 0,039,276 | 31,777 | 0,041,553 | 32,685 | 0,043,893 | 33,593 | 0,046,298 | 34,501 | 0,048,767 | 35,409 | 0,051,300 | 36,317 | 0,053,897 | 37,225 |
| 0,35 | 0,096,212 | 0,035,933 | 32,712 | 0,038,078 | 33,674 | 0,040,285 | 34,636 | 0,042,554 | 35,598 | 0,044,885 | 36,560 | 0,047,279 | 37,522 | 0,049,734 | 38,485 | 0,052,252 | 39,447 |
| 0,36 | 0,101,788 | 0,034,860 | 34,608 | 0,036,950 | 35,626 | 0,039,092 | 36,644 | 0,041,294 | 37,662 | 0,043,556 | 38,679 | 0,045,878 | 39,697 | 0,048,261 | 40,715 | 0,050,705 | 41,733 |
| 0,37 | 0,107,521 | 0,033,866 | 36,557 | 0,035,887 | 37,632 | 0,037,967 | 38,708 | 0,040,106 | 39,753 | 0,042,303 | 40,858 | 0,044,559 | 41,933 | 0,046,873 | 43,008 | 0,049,246 | 44,084 |
| 0,38 | 0,113,412 | 0,032,919 | 38,560 | 0,034,683 | 39,694 | 0,036,906 | 40,828 | 0,038,984 | 41,962 | 0,041,120 | 43,096 | 0,043,312 | 44,231 | 0,045,562 | 45,365 | 0,047,869 | 46,499 |
| 0,39 | 0,119,459 | 0,032,023 | 40,616 | 0,033,934 | 41,811 | 0,035,901 | 43,005 | 0,037,923 | 44,200 | 0,040,001 | 45,395 | 0,042,134 | 46,589 | 0,044,322 | 47,784 | 0,046,566 | 48,978 |
| 0,40 | 0,125,664 | 0,031,174 | 42,726 | 0,033,035 | 43,982 | 0,034,950 | 45,239 | 0,036,918 | 46,496 | 0,038,941 | 47,752 | 0,041,018 | 49,009 | 0,043,148 | 50,266 | 0,045,332 | 51,522 |
| 0,41 | 0,132,026 | 0,030,370 | 44,889 | 0,032,182 | 46,209 | 0,034,047 | 47,529 | 0,035,965 | 48,850 | 0,037,936 | 50,170 | 0,039,959 | 51,490 | 0,042,034 | 52,810 | 0,044,162 | 54,131 |
| 0,42 | 0,138,545 | 0,029,605 | 47,105 | 0,031,372 | 48,491 | 0,033,191 | 49,876 | 0,035,060 | 51,262 | 0,036,981 | 52,647 | 0,038,953 | 54,033 | 0,040,976 | 55,418 | 0,043,050 | 56,803 |
| 0,43 | 0,145,221 | 0,028,878 | 49,375 | 0,030,602 | 50,827 | 0,032,375 | 52,280 | 0,034,199 | 53,732 | 0,036,072 | 55,184 | 0,037,996 | 56,636 | 0,039,970 | 58,088 | 0,041,993 | 59,541 |
| 0,44 | 0,152,053 | 0,028,186 | 51,698 | 0,029,868 | 53,219 | 0,031,599 | 54,739 | 0,033,379 | 56,260 | 0,035,208 | 57,780 | 0,037,085 | 59,301 | 0,039,012 | 60,821 | 0,040,987 | 62,342 |
| 0,45 | 0,159,043 | 0,027,526 | 54,075 | 0,029,169 | 55,665 | 0,030,860 | 57,255 | 0,032,598 | 58,846 | 0,034,384 | 60,436 | 0,036,217 | 62,027 | 0,038,099 | 63,617 | 0,040,027 | 65,208 |
| 0,46 | 0,166,191 | 0,026,896 | 56,505 | 0,028,501 | 58,167 | 0,030,153 | 59,829 | 0,031,852 | 61,491 | 0,033,597 | 63,153 | 0,035,388 | 64,814 | 0,037,226 | 66,476 | 0,039,111 | 68,138 |
| 0,47 | 0,173,495 | 0,026,294 | 58,985 | 0,027,864 | 60,723 | 0,029,479 | 62,458 | 0,031,139 | 64,193 | 0,032,845 | 65,928 | 0,034,597 | 67,663 | 0,036,394 | 69,398 | 0,038,236 | 71,133 |
| 0,48 | 0,180,956 | 0,025,720 | 61,525 | 0,027,254 | 63,335 | 0,028,834 | 65,144 | 0,030,458 | 66,954 | 0,032,127 | 68,763 | 0,033,840 | 70,573 | 0,035,597 | 72,382 | 0,037,399 | 74,192 |
| 0,49 | 0,188,575 | 0,025,168 | 64,116 | 0,026,670 | 66,001 | 0,028,216 | 67,887 | 0,029,806 | 69,773 | 0,031,439 | 71,659 | 0,033,115 | 73,544 | 0,034,835 | 75,430 | 0,036,593 | 77,316 |
| 0,50 | 0,196,350 | 0,024,640 | 66,759 | 0,026,111 | 68,723 | 0,027,624 | 70,686 | 0,029,181 | 72,650 | 0,030,779 | 74,613 | 0,032,420 | 76,577 | 0,034,104 | 78,540 | 0,035,831 | 80,504 |
| 0,55 | 0,237,583 | 0,022,302 | 80,778 | 0,023,633 | 83,154 | 0,025,002 | 85,530 | 0,026,411 | 87,906 | 0,027,858 | 90,282 | 0,029,343 | 92,657 | 0,030,867 | 95,033 | 0,032,430 | 97,409 |
| 0,60 | 0,282,744 | 0,020,368 | 96,133 | 0,021,585 | 98,960 | 0,022,834 | 101,788 | 0,024,120 | 104,615 | 0,025,432 | 107,443 | 0,026,798 | 110,270 | 0,028,190 | 113,098 | 0,029,618 | 115,925 |
| 0,65 | 0,331,832 | 0,018,752 | 112,823 | 0,019,860 | 116,141 | 0,021,012 | 119,460 | 0,022,195 | 122,778 | 0,023,411 | 126,096 | 0,024,659 | 129,414 | 0,025,940 | 132,733 | 0,027,253 | 136,051 |
| 0,70 | 0,384,846 | 0,017,356 | 130,848 | 0,018,392 | 134,696 | 0,019,458 | 138,545 | 0,020,554 | 142,393 | 0,021,680 | 146,241 | 0,022,836 | 150,090 | 0,024,022 | 153,938 | 0,025,239 | 157,787 |
| 0,75 | 0,441,788 | 0,016,181 | 150,208 | 0,017,125 | 154,626 | 0,018,118 | 159,044 | 0,019,139 | 163,462 | 0,020,187 | 167,879 | 0,021,264 | 172,297 | 0,022,368 | 176,715 | 0,023,500 | 181,133 |
| 0,80 | 0,502,656 | 0,015,120 | 170,903 | 0,016,022 | 175,930 | 0,016,951 | 180,956 | 0,017,906 | 185,983 | 0,018,887 | 191,009 | 0,019,894 | 196,036 | 0,020,927 | 201,062 | 0,021,987 | 206,089 |
| 0,85 | 0,567,451 | 0,014,204 | 192,933 | 0,015,052 | 198,608 | 0,015,925 | 204,282 | 0,016,822 | 209,957 | 0,017,743 | 215,031 | 0,018,689 | 221,306 | 0,019,660 | 226,980 | 0,020,655 | 232,655 |
| 0,90 | 0,636,174 | 0,013,394 | 216,299 | 0,014,193 | 222,66[illegible] | 0,015,016 | 229,023 | 0,015,862 | 235,384 | 0,016,731 | 241,746 | 0,017,623 | 248,108 | 0,018,539 | 254,470 | 0,019,476 | 260,831 |
| 0,95 | 0,708,823 | 0,012,670 | 241,000 | 0,013,426 | 248,[illegible] | 0,014,205 | 255,176 | 0,015,005 | 262,205 | 0,015,827 | 269,353 | 0,016,672 | 276,441 | 0,017,537 | 283,529 | 0,018,424 | 290,617 |
| 1,00 | 0,785,400 | 0,012,021 | 267,036 | 0,012,739 | 274,890 | 0,013,477 | 282,744 | 0,014,236 | 290,598 | 0,015,016 | 298,452 | 0,015,817 | 306,306 | 0,016,638 | 314,160 | 0,017,480 | 322,014 |

VITESSES

| TUYAUX NEUFS | | 42 CENTIMÈTRES. | | 43 CENTIMÈTRES. | | 44 CENTIMÈTRES. | | 45 CENTIMÈTRES. | | 46 CENTIMÈTRES. | | 47 CENTIMÈTRES. | | 48 CENTIMÈTRES. | | 49 CENTIMÈTRES. | |
|---|---|---|---|---|---|---|---|---|---|---|---|---|---|---|---|---|---|
| DIAMÈTRES. | SECTIONS. | CHARGES par 100 mètres. | VOLUMES débités. | CHARGES par 100 mètres. | VOLUMES débités. | CHARGES par 100 mètres. | VOLUMES débités. | CHARGES par 100 mètres. | VOLUMES débités. | CHARGES par 100 mètres. | VOLUMES débités. | CHARGES par 100 mètres. | VOLUMES débités. | CHARGES par 100 mètres. | VOLUMES débités. | CHARGES par 100 mètres. | VOLUMES débités. |
| mèt. | | mèt. | lit. | mèt. | lit. | mèt. | lit. | mèt. | lit. | mèt. | lit. | mèt. | lit. | mèt. | lit. | mèt. | lit. |
| 0,01 | 0,000,079 | 6,353,9 | 0,033 | 6,660,1 | 0,031 | 6,973,5 | 0,035 | 7,291,0 | 0,035 | 7,621,8 | 0,036 | 7,956,8 | 0,037 | 8,299,0 | 0,038 | 8,648,4 | 0,038 |
| 0,02 | 0,000,314 | 2,035,7 | 0,132 | 2,133,7 | 0,135 | 2,234,1 | 0,138 | 2,336,9 | 0,141 | 2,441,9 | 0,145 | 2,549,2 | 0,148 | 2,658,8 | 0,151 | 2,770,8 | 0,154 |
| 0,027 | 0,000,573 | 1,288,7 | 0,240 | 1,350,8 | 0,246 | 1,474,4 | 0,252 | 1,479,4 | 0,258 | 1,545,9 | 0,263 | 1,613,8 | 0,269 | 1,683,2 | 0,275 | 1,754,1 | 0,281 |
| 0,03 | 0,000,707 | 1,103,5 | 0,297 | 1,156,6 | 0,304 | 1,211,1 | 0,311 | 1,266,7 | 0,318 | 1,323,7 | 0,325 | 1,381,3 | 0,332 | 1,441,3 | 0,339 | 1,502,0 | 0,347 |
| 0,04 | 0,001,257 | 0,732,50 | 0,528 | 0,767,30 | 0,540 | 0,803,92 | 0,553 | 0,810,88 | 0,565 | 0,878,67 | 0,578 | 0,917,29 | 0,591 | 0,956,74 | 0,603 | 0,997,02 | 0,616 |
| 0,05 | 0,001,964 | 0,540,35 | 0,825 | 0,566,39 | 0,841 | 0,593,05 | 0,864 | 0,620,30 | 0,884 | 0,648,17 | 0,903 | 0,676,66 | 0,923 | 0,705,76 | 0,942 | 0,735,47 | 0,962 |
| 0,054 | 0,002,290 | 0,457,80 | 0,962 | 0,511,30 | 0,985 | 0,535,36 | 1,008 | 0,559,97 | 1,031 | 0,585,12 | 1,054 | 0,610,85 | 1,076 | 0,637,12 | 1,099 | 0,663,95 | 1,122 |
| 0,06 | 0,002,827 | 0,421,93 | 1,188 | 0,445,41 | 1,246 | 0,466,36 | 1,244 | 0,487,80 | 1,272 | 0,509,72 | 1,301 | 0,532,13 | 1,329 | 0,555,01 | 1,357 | 0,578,38 | 1,385 |
| 0,07 | 0,003,848 | 0,348,70 | 1,616 | 0,365,50 | 1,655 | 0,381,70 | 1,693 | 0,400,29 | 1,732 | 0,418,28 | 1,770 | 0,436,66 | 1,809 | 0,455,44 | 1,847 | 0,474,62 | 1,886 |
| 0,08 | 0,005,027 | 0,294,92 | 2,111 | 0,309,13 | 2,161 | 0,323,67 | 2,212 | 0,338,55 | 2,262 | 0,353,77 | 2,312 | 0,369,32 | 2,362 | 0,385,20 | 2,413 | 0,401,42 | 2,463 |
| 0,081 | 0,005,153 | 0,290,41 | 2,164 | 0,304,40 | 2,216 | 0,318,72 | 2,267 | 0,335,38 | 2,319 | 0,348,36 | 2,370 | 0,363,67 | 2,422 | 0,379,31 | 2,473 | 0,395,28 | 2,525 |
| 0,09 | 0,006,362 | 0,255,11 | 2,672 | 0,267,40 | 2,736 | 0,279,98 | 2,799 | 0,292,85 | 2,863 | 0,306,01 | 2,926 | 0,319,46 | 2,990 | 0,333,20 | 3,054 | 0,347,23 | 3,117 |
| 0,10 | 0,007,854 | 0,224,52 | 3,299 | 0,235,34 | 3,377 | 0,246,41 | 3,456 | 0,257,74 | 3,531 | 0,269,32 | 3,613 | 0,281,16 | 3,691 | 0,293,25 | 3,770 | 0,305,60 | 3,848 |
| 0,108 | 0,009,161 | 0,204,76 | 3,848 | 0,214,63 | 3,939 | 0,221,73 | 4,031 | 0,235,06 | 4,122 | 0,245,62 | 4,214 | 0,256,42 | 4,306 | 0,267,44 | 4,397 | 0,278,70 | 4,489 |
| 0,11 | 0,009,503 | 0,200,34 | 3,991 | 0,209,99 | 4,066 | 0,219,37 | 4,181 | 0,229,98 | 4,277 | 0,240,32 | 4,372 | 0,250,83 | 4,467 | 0,261,67 | 4,562 | 0,272,68 | 4,657 |
| 0,12 | 0,011,310 | 0,180,76 | 4,730 | 0,189,47 | 4,863 | 0,198,30 | 4,976 | 0,207,51 | 5,089 | 0,216,83 | 5,202 | 0,226,36 | 5,316 | 0,236,09 | 5,429 | 0,246,03 | 5,542 |
| 0,13 | 0,013,273 | 0,163,61 | 5,575 | 0,172,54 | 5,765 | 0,180,66 | 5,840 | 0,188,96 | 5,973 | 0,197,00 | 6,106 | 0,206,13 | 6,238 | 0,214,99 | 6,371 | 0,224,05 | 6,504 |
| 0,135 | 0,014,314 | 0,157,54 | 6,012 | 0,165,14 | 6,153 | 0,173,14 | 6,298 | 0,180,36 | 6,298 | 0,188,98 | 6,584 | 0,197,29 | 6,725 | 0,205,77 | 6,871 | 0,214,44 | 7,011 |
| 0,14 | 0,015,394 | 0,151,06 | 6,465 | 0,158,34 | 6,612 | 0,165,79 | 6,773 | 0,173,41 | 6,927 | 0,181,20 | 7,051 | 0,189,16 | 7,235 | 0,197,30 | 7,380 | 0,205,60 | 7,343 |
| 0,15 | 0,017,672 | 0,137,54 | 7,422 | 0,144,26 | 7,509 | 0,153,14 | 7,775 | 0,160,18 | 7,952 | 0,167,33 | 8,129 | 0,174,74 | 8,306 | 0,182,25 | 8,452 | 0,189,93 | 8,659 |
| 0,16 | 0,020,106 | 0,129,63 | 8,445 | 0,135,87 | 8,646 | 0,142,27 | 8,817 | 0,148,81 | 9,048 | 0,155,49 | 9,249 | 0,162,33 | 9,450 | 0,169,31 | 9,651 | 0,176,44 | 9,852 |
| 0,162 | 0,020,612 | 0,127,81 | 8,657 | 0,133,97 | 8,863 | 0,140,27 | 9,069 | 0,146,72 | 9,275 | 0,153,31 | 9,482 | 0,160,05 | 9,688 | 0,166,93 | 9,892 | 0,173,96 | 10,100 |
| 0,17 | 0,022,698 | 0,121,01 | 9,538 | 0,126,55 | 9,780 | 0,132,81 | 9,987 | 0,138,92 | 10,214 | 0,145,16 | 10,441 | 0,151,54 | 10,668 | 0,158,06 | 10,895 | 0,164,71 | 11,122 |
| 0,18 | 0,025,447 | 0,113,46 | 10,688 | 0,118,63 | 10,942 | 0,124,53 | 11,177 | 0,130,25 | 11,431 | 0,136,10 | 11,686 | 0,142,09 | 11,940 | 0,148,29 | 12,215 | 0,154,43 | 12,469 |
| 0,19 | 0,028,353 | 0,106,79 | 11,905 | 0,111,93 | 12,192 | 0,117,20 | 12,459 | 0,122,50 | 12,759 | 0,128,10 | 13,042 | 0,133,73 | 13,326 | 0,139,45 | 13,609 | 0,145,35 | 13,893 |
| 0,20 | 0,031,416 | 0,100,85 | 13,195 | 0,105,71 | 13,509 | 0,110,68 | 13,823 | 0,115,77 | 14,137 | 0,120,97 | 14,451 | 0,126,29 | 14,786 | 0,131,72 | 15,080 | 0,137,27 | 15,394 |
| 0,21 | 0,034,636 | 0,095,528 | 14,547 | 0,100,13 | 14,892 | 0,104,84 | 15,240 | 0,109,66 | 15,586 | 0,114,59 | 15,933 | 0,119,63 | 16,279 | 0,124,77 | 16,625 | 0,130,02 | 16,072 |
| 0,216 | 0,036,644 | 0,092,595 | 15,390 | 0,097,057 | 15,757 | 0,101,62 | 16,123 | 0,106,30 | 16,490 | 0,111,07 | 16,856 | 0,115,95 | 17,223 | 0,120,94 | 17,589 | 0,126,03 | 17,935 |
| 0,22 | 0,038,013 | 0,090,737 | 15,966 | 0,095,109 | 16,346 | 0,099,583 | 16,726 | 0,104,16 | 17,106 | 0,108,84 | 17,486 | 0,113,63 | 17,866 | 0,118,51 | 18,246 | 0,123,50 | 18,627 |
| 0,23 | 0,041,548 | 0,086,399 | 17,450 | 0,090,562 | 17,865 | 0,094,323 | 18,281 | 0,099,183 | 18,696 | 0,103,64 | 19,112 | 0,108,19 | 19,527 | 0,112,85 | 19,943 | 0,117,60 | 20,358 |
| 0,24 | 0,045,239 | 0,082,455 | 19,000 | 0,086,428 | 19,453 | 0,090,495 | 19,905 | 0,094,655 | 20,358 | 0,098,909 | 20,810 | 0,103,26 | 21,262 | 0,107,70 | 21,715 | 0,112,23 | 22,167 |
| 0,25 | 0,049,088 | 0,078,852 | 20,617 | 0,082,652 | 21,108 | 0,086,541 | 21,599 | 0,090,519 | 22,089 | 0,094,587 | 22,580 | 0,098,744 | 23,071 | 0,102,99 | 23,562 | 0,107,33 | 24,055 |
| 0,26 | 0,053,093 | 0,075,349 | 22,299 | 0,079,196 | 22,830 | 0,082,936 | 23,364 | 0,086,723 | 23,892 | 0,090,625 | 24,423 | 0,094,608 | 24,951 | 0,098,677 | 25,485 | 0,102,83 | 26,016 |
| 0,27 | 0,057,256 | 0,072,511 | 24,047 | 0,076,005 | 24,620 | 0,079,581 | 25,193 | 0,083,239 | 25,765 | 0,086,950 | 26,338 | 0,090,803 | 26,910 | 0,094,708 | 27,483 | 0,098,695 | 28,055 |
| 0,28 | 0,061,575 | 0,069,704 | 25,862 | 0,073,063 | 26,477 | 0,076,391 | 27,093 | 0,080,018 | 27,709 | 0,083,614 | 28,325 | 0,087,289 | 28,940 | 0,091,013 | 29,556 | 0,094,876 | 30,172 |
| 0,29 | 0,066,052 | 0,067,197 | 27,742 | 0,070,341 | 28,402 | 0,073,663 | 29,063 | 0,077,037 | 29,723 | 0,080,498 | 30,391 | 0,084,036 | 31,044 | 0,087,651 | 31,705 | 0,091,341 | 32,366 |
| 0,30 | 0,070,686 | 0,064,695 | 29,685 | 0,067,813 | 30,395 | 0,071,003 | 31,102 | 0,074,268 | 31,800 | 0,077,605 | 32,516 | 0,081,016 | 33,222 | 0,084,500 | 33,929 | 0,088,057 | 34,636 |
| 0,31 | 0,075,477 | 0,062,450 | 31,700 | 0,065,459 | 32,455 | 0,068,539 | 33,210 | 0,071,690 | 33,965 | 0,074,912 | 34,719 | 0,078,204 | 35,474 | 0,081,568 | 36,229 | 0,085,002 | 36,981 |
| 0,32 | 0,080,425 | 0,060,355 | 33,778 | 0,063,264 | 34,583 | 0,066,240 | 35,387 | 0,069,285 | 36,191 | 0,072,399 | 36,995 | 0,075,581 | 37,800 | 0,078,831 | 38,604 | 0,082,150 | 39,403 |
| 0,325 | 0,082,758 | 0,059,359 | 34,842 | 0,062,220 | 35,672 | 0,065,147 | 36,501 | 0,068,142 | 37,331 | 0,071,201 | 38,161 | 0,074,331 | 38,990 | 0,077,531 | 39,820 | 0,080,795 | 40,619 |
| 0,33 | 0,085,530 | 0,058,395 | 35,923 | 0,061,209 | 36,778 | 0,064,089 | 37,633 | 0,067,035 | 38,489 | 0,070,047 | 39,344 | 0,073,126 | 40,199 | 0,076,271 | 41,054 | 0,079,482 | 41,910 |
| 0,34 | 0,090,792 | 0,056,358 | 38,133 | 0,059,283 | 39,041 | 0,062,073 | 39,929 | 0,064,926 | 40,856 | 0,067,844 | 41,764 | 0,070,826 | 42,672 | 0,073,872 | 43,580 | 0,076,982 | 44,488 |
| 0,35 | 0,096,212 | 0,054,532 | 40,409 | 0,057,474 | 41,371 | 0,060,179 | 42,333 | 0,062,945 | 43,295 | 0,065,774 | 44,257 | 0,068,665 | 45,219 | 0,071,615 | 46,182 | 0,074,633 | 47,144 |
| 0,36 | 0,101,788 | 0,053,208 | 42,751 | 0,055,772 | 43,760 | 0,058,394 | 44,787 | 0,061,081 | 45,803 | 0,063,826 | 46,822 | 0,066,631 | 47,840 | 0,069,495 | 48,855 | 0,072,422 | 49,876 |
| 0,37 | 0,107,521 | 0,051,578 | 45,159 | 0,054,165 | 46,233 | 0,056,616 | 47,309 | 0,059,324 | 48,385 | 0,061,990 | 49,450 | 0,064,714 | 50,535 | 0,067,497 | 51,610 | 0,070,339 | 52,685 |
| 0,38 | 0,113,412 | 0,050,232 | 47,633 | 0,052,653 | 48,767 | 0,055,130 | 49,901 | 0,057,665 | 51,035 | 0,060,256 | 52,139 | 0,062,904 | 53,304 | 0,065,609 | 54,438 | 0,068,372 | 55,572 |
| 0,39 | 0,119,459 | 0,048,866 | 50,173 | 0,051,220 | 51,367 | 0,053,630 | 52,562 | 0,056,096 | 53,757 | 0,058,616 | 54,951 | 0,061,193 | 56,146 | 0,063,824 | 57,340 | 0,066,511 | 58,535 |
| 0,40 | 0,125,664 | 0,047,571 | 52,779 | 0,049,563 | 54,036 | 0,052,209 | 55,292 | 0,054,609 | 56,549 | 0,057,063 | 57,805 | 0,059,571 | 59,062 | 0,062,133 | 60,319 | 0,064,749 | 61,575 |
| 0,41 | 0,132,026 | 0,046,342 | 55,451 | 0,048,575 | 56,771 | 0,050,861 | 58,091 | 0,053,199 | 59,412 | 0,055,590 | 60,732 | 0,058,033 | 62,052 | 0,060,520 | 63,372 | 0,063,077 | 64,693 |
| 0,42 | 0,138,545 | 0,045,176 | 58,189 | 0,047,353 | 59,574 | 0,049,581 | 60,960 | 0,051,860 | 62,345 | 0,054,191 | 63,731 | 0,056,573 | 65,116 | 0,059,005 | 66,502 | 0,061,490 | 67,887 |
| 0,43 | 0,145,221 | 0,044,066 | 60,993 | 0,046,190 | 62,445 | 0,048,363 | 63,897 | 0,050,586 | 65,349 | 0,052,860 | 66,802 | 0,055,183 | 68,254 | 0,057,556 | 69,706 | 0,059,979 | 71,158 |
| 0,44 | 0,152,053 | 0,043,010 | 63,862 | 0,045,083 | 65,383 | 0,047,204 | 66,903 | 0,049,374 | 68,424 | 0,051,593 | 69,944 | 0,053,860 | 71,465 | 0,056,177 | 72,985 | 0,058,542 | 74,506 |
| 0,45 | 0,159,043 | 0,042,004 | 66,798 | 0,044,028 | 68,388 | 0,046,099 | 69,979 | 0,048,218 | 71,569 | 0,050,385 | 73,160 | 0,052,600 | 74,750 | 0,054,862 | 76,341 | 0,057,172 | 77,931 |
| 0,46 | 0,166,191 | 0,041,042 | 69,800 | 0,043,070 | 71,463 | 0,045,044 | 73,124 | 0,047,115 | 74,786 | 0,049,232 | 76,448 | 0,051,396 | 78,110 | 0,053,606 | 79,772 | 0,055,863 | 81,434 |
| 0,47 | 0,173,495 | 0,040,124 | 72,868 | 0,042,057 | 74,603 | 0,044,035 | 76,338 | 0,046,061 | 78,073 | 0,048,130 | 79,808 | 0,050,246 | 81,543 | 0,052,407 | 83,278 | 0,054,613 | 85,013 |
| 0,48 | 0,180,956 | 0,039,226 | 76,002 | 0,041,137 | 77,811 | 0,043,075 | 79,691 | 0,045,053 | 81,430 | 0,047,077 | 83,240 | 0,049,147 | 85,049 | 0,051,260 | 86,859 | 0,053,413 | 88,668 |
| 0,49 | 0,188,575 | 0,038,496 | 79,202 | 0,040,256 | 81,087 | 0,042,150 | 82,973 | 0,044,088 | 84,859 | 0,046,069 | 86,745 | 0,048,094 | 88,630 | 0,050,162 | 90,516 | 0,052,274 | 92,402 |
| 0,50 | 0,196,350 | 0,037,600 | 82,467 | 0,039,412 | 84,431 | 0,041,266 | 86,394 | 0,043,163 | 88,358 | 0,045,103 | 90,321 | 0,047,085 | 92,285 | 0,049,110 | 94,248 | 0,051,178 | 96,212 |
| 0,55 | 0,237,583 | 0,034,031 | 99,785 | 0,035,671 | 102,161 | 0,037,346 | 104,537 | 0,039,066 | 106,912 | 0,040,822 | 109,288 | 0,042,616 | 111,664 | 0,044,449 | 114,040 | 0,046,320 | 116,416 |
| 0,60 | 0,282,744 | 0,031,080 | 118,752 | 0,032,578 | 121,280 | 0,034,170 | 124,107 | 0,035,678 | 127,235 | 0,037,282 | 130,062 | 0,038,934 | 132,890 | 0,040,594 | 135,717 | 0,042,303 | 138,545 |
| 0,65 | 0,331,832 | 0,028,599 | 139,369 | 0,029,977 | 142,688 | 0,031,328 | 146,006 | 0,032,831 | 149,324 | 0,034,306 | 152,643 | 0,035,814 | 155,961 | 0,037,354 | 159,279 | 0,038,926 | 162,598 |
| 0,70 | 0,384,846 | 0,026,465 | 161,635 | 0,027,761 | 165,481 | 0,029,047 | 169,332 | 0,030,403 | 173,181 | 0,031,770 | 177,020 | 0,033,166 | 180,878 | 0,034,592 | 184,726 | 0,036,049 | 188,575 |
| 0,75 | 0,441,788 | 0,024,661 | 185,551 | 0,025,839 | 189,969 | 0,027,065 | 194,387 | 0,028,309 | 198,805 | 0,029,582 | 203,222 | 0,030,882 | 207,640 | 0,032,210 | 212,058 | 0,033,568 | 216,476 |
| 0,80 | 0,502,656 | 0,023,072 | 211,116 | 0,024,184 | 216,182 | 0,025,322 | 221,169 | 0,026,486 | 226,195 | 0,027,676 | 231,222 | 0,028,893 | 236,248 | 0,030,135 | 241,275 | 0,031,401 | 246,301 |
| 0,85 | 0,567,451 | 0,021,675 | 238,329 | 0,022,720 | 244,800 | 0,023,789 | 249,675 | 0,024,882 | 255,353 | 0,026,000 | 261,027 | 0,027,142 | 266,702 | 0,028,310 | 272,376 | 0,029,502 | 278,051 |
| 0,90 | 0,636,174 | 0,020,438 | 267,193 | 0,021,423 | 273,555 | 0,022,431 | 279,017 | 0,023,462 | 286,278 | 0,024,516 | 292,640 | 0,025,594 | 299,002 | 0,026,693 | 305,364 | 0,027,819 | 311,725 |
| 0,95 | 0,708,823 | 0,019,334 | 297,766 | 0,020,266 | 304,794 | 0,021,219 | 311,882 | 0,022,195 | 318,970 | 0,023,192 | 325,059 | 0,024,212 | 333,147 | 0,025,253 | 340,235 | 0,026,316 | 347,323 |
| 1,00 | 0,785,400 | 0,018,343 | 329,868 | 0,019,227 | 337,722 | 0,020,132 | 345,576 | 0,021,058 | 353,430 | 0,022,004 | 361,284 | 0,022,971 | 369,138 | 0,023,950 | 376,992 | 0,024,968 | 384,846 |

**VITESSES.**

| TUYAUX NEUFS | | 50 CENTIMÈTRES | | 52 CENTIMÈTRES | | 54 CENTIMÈTRES | | 56 CENTIMÈTRES | | 58 CENTIMÈTRES | | 60 CENTIMÈTRES | | 62 CENTIMÈTRES | | 64 CENTIMÈTRES | |
|---|---|---|---|---|---|---|---|---|---|---|---|---|---|---|---|---|---|
| DIAMÈTRES | SECTIONS | CHARGES par 100 mètres | VOLUMES débités | CHARGES par 100 mètres | VOLUMES débités | CHARGES par 100 mètres | VOLUMES débités | CHARGES par 100 mètres | VOLUMES débités | CHARGES par 100 mètres | VOLUMES débités | CHARGES par 100 mètres | VOLUMES débités | CHARGES par 100 mètres | VOLUMES débités | CHARGES par 100 mètres | VOLUMES débités |
| mèt. | | mèt. | lit. | mèt. | lit. | mèt. | lit. | mèt. | lit. | mèt. | lit. | mèt. | lit. | mèt. | lit. | mèt. | lit. |
| 0,01 | 0,000.079 | 9,005 | 0,039 | 9,745 | 0,041 | 10,503 | 0,042 | 11,296 | 0,044 | 12,117 | 0,046 | 12,967 | 0,047 | 13,846 | 0,049 | 14,754 | 0,050 |
| 0,02 | 0,000.314 | 2,485 | 0,157 | 2,730,8 | 0,163 | 3,365,1 | 0,170 | 3,618,9 | 0,176 | 3,882,1 | 0,182 | 4,153 | 0,188 | 4,336,0 | 0,195 | 4,756,9 | 0,201 |
| 0,027 | 0,000.573 | 1,826,4 | 0,287 | 1,975,4 | 0,298 | 2,130,3 | 0,309 | 2,221,0 | 0,321 | 2,457,6 | 0,332 | 2,630 | 0,344 | 2,808,3 | 0,355 | 2,972,4 | 0,367 |
| 0,03 | 0,000.707 | 1,563,9 | 0,354 | 1,601,5 | 0,368 | 1,824,1 | 0,382 | 1,961,7 | 0,396 | 2,104,4 | 0,410 | 2,252 | 0,424 | 2,404,6 | 0,438 | 2,562,3 | 0,452 |
| 0,04 | 0,001.257 | 1,034,1 | 0,629 | 1,122,8 | 0,654 | 1,210,9 | 0,679 | 1,302,2 | 0,704 | 1,396,9 | 0,729 | 1,494,2 | 0,754 | 1,596,2 | 0,779 | 1,708,9 | 0,804 |
| 0,05 | 0,001.964 | 0,763,3 | 0,982 | 0,823,29 | 1,021 | 0,893,23 | 1,060 | 0,960,62 | 1,099 | 1,030,5 | 1,139 | 1,102,75 | 1,178 | 1,177,5 | 1,217 | 1,254,7 | 1,256 |
| 0,054 | 0,002.290 | 0,691,3 | 1,145 | 0,747,74 | 1,191 | 0,806,36 | 1,237 | 0,867,20 | 1,282 | 0,930,25 | 1,328 | 0,995,51 | 1,374 | 1,063,0 | 1,420 | 1,132,7 | 1,466 |
| 0,06 | 0,002.827 | 0,602,2 | 1,414 | 0,651,37 | 1,470 | 0,702,44 | 1,527 | 0,755,13 | 1,583 | 0,810,35 | 1,640 | 0,867,20 | 1,696 | 0,925,98 | 1,753 | 0,986,67 | 1,809 |
| 0,07 | 0,003.848 | 0,494,2 | 1,924 | 0,534,51 | 2,001 | 0,576,42 | 2,078 | 0,619,91 | 2,155 | 0,664,95 | 2,232 | 0,711,63 | 2,309 | 0,759,36 | 2,386 | 0,809,36 | 2,463 |
| 0,08 | 0,005.027 | 0,415,0 | 2,514 | 0,432,07 | 2,614 | 0,487,52 | 2,715 | 0,524,30 | 2,815 | 0,562,42 | 2,916 | 0,601,57 | 3,016 | 0,632,81 | 3,117 | 0,674,30 | 3,217 |
| 0,081 | 0,005.153 | 0,411,6 | 2,577 | 0,445,16 | 2,680 | 0,480,06 | 2,783 | 0,516,28 | 2,886 | 0,553,81 | 2,989 | 0,592,67 | 3,092 | 0,623,07 | 3,195 | 0,664,35 | 3,298 |
| 0,09 | 0,006.362 | 0,361,6 | 3,181 | 0,391,05 | 3,308 | 0,421,71 | 3,435 | 0,453,52 | 3,563 | 0,486,49 | 3,690 | 0,520,02 | 3,817 | 0,555,91 | 3,944 | 0,582,81 | 4,072 |
| 0,10 | 0,007.854 | 0,315,2 | 3,927 | 0,344,17 | 4,084 | 0,371,15 | 4,241 | 0,399,15 | 4,398 | 0,428,17 | 4,555 | 0,453,21 | 4,712 | 0,485,25 | 4,869 | 0,512,60 | 5,027 |
| 0,103 | 0,008.332 | 0,290,20 | 4,166 | 0,313,57 | 4,333 | 0,338,45 | 4,499 | 0,354,02 | 4,666 | 0,390,49 | 4,833 | 0,417,88 | 4,999 | 0,435,20 | 5,166 | 0,465,19 | 5,333 |
| 0,11 | 0,009.503 | 0,253,93 | 4,752 | 0,307,10 | 4,942 | 0,331,17 | 5,132 | 0,346,16 | 5,322 | 0,382,05 | 5,512 | 0,408,36 | 5,702 | 0,419,72 | 5,892 | 0,453,70 | 6,082 |
| 0,12 | 0,011.310 | 0,236,18 | 5,655 | 0,277,08 | 5,881 | 0,298,51 | 6,107 | 0,321,35 | 6,334 | 0,343,71 | 6,560 | 0,368,90 | 6,786 | 0,393,90 | 7,012 | 0,419,72 | 7,238 |
| 0,13 | 0,013.273 | 0,233,29 | 6,637 | 0,252,32 | 6,902 | 0,272,10 | 7,167 | 0,292,63 | 7,433 | 0,313,91 | 7,698 | 0,335,93 | 7,964 | 0,350,73 | 8,229 | 0,389,21 | 8,495 |
| 0,135 | 0,014.314 | 0,223,24 | 7,157 | 0,241,50 | 7,443 | 0,260,43 | 7,730 | 0,280,08 | 8,016 | 0,300,44 | 8,302 | 0,321,52 | 8,588 | 0,323,31 | 8,875 | 0,363,81 | 9,161 |
| 0,14 | 0,015.394 | 0,214,69 | 7,697 | 0,231,55 | 8,005 | 0,249,71 | 8,313 | 0,268,54 | 8,621 | 0,288,07 | 8,929 | 0,305,25 | 9,236 | 0,310,07 | 9,544 | 0,350,75 | 9,852 |
| 0,15 | 0,017.672 | 0,197,76 | 8,836 | 0,213,89 | 9,189 | 0,230,66 | 9,542 | 0,248,07 | 9,896 | 0,256,10 | 10,249 | 0,284,77 | 10,603 | 0,300,99 | 10,956 | 0,323,12 | 11,309 |
| 0,16 | 0,020.106 | 0,183,71 | 10,053 | 0,198,70 | 10,455 | 0,215,28 | 10,857 | 0,230,45 | 11,259 | 0,247,20 | 11,661 | 0,261,55 | 12,064 | 0,283,48 | 12,466 | 0,300,99 | 12,868 |
| 0,162 | 0,020.612 | 0,181,14 | 10,306 | 0,195,92 | 10,718 | 0,211,28 | 11,130 | 0,227,22 | 11,543 | 0,243,74 | 11,955 | 0,260,83 | 12,367 | 0,275,51 | 12,779 | 0,296,72 | 13,192 |
| 0,17 | 0,022.698 | 0,171,51 | 11,349 | 0,185,50 | 11,803 | 0,200,04 | 12,257 | 0,215,11 | 12,711 | 0,230,78 | 13,165 | 0,236,97 | 13,619 | 0,263,71 | 14,073 | 0,281,00 | 14,527 |
| 0,18 | 0,025.447 | 0,160,50 | 12,724 | 0,173,92 | 13,232 | 0,187,56 | 13,741 | 0,201,71 | 14,250 | 0,216,38 | 14,759 | 0,231,36 | 15,268 | 0,232,17 | 15,777 | 0,253,48 | 16,286 |
| 0,19 | 0,028.353 | 0,151,35 | 14,177 | 0,163,69 | 14,744 | 0,176,53 | 15,311 | 0,189,35 | 15,878 | 0,203,63 | 16,445 | 0,217,91 | 17,012 | 0,219,73 | 17,579 | 0,247,96 | 18,146 |
| 0,20 | 0,031.416 | 0,142,93 | 15,708 | 0,154,50 | 16,336 | 0,166,71 | 16,965 | 0,179,22 | 17,593 | 0,192,32 | 18,221 | 0,205,91 | 18,850 | 0,205,47 | 19,478 | 0,234,17 | 20,106 |
| 0,21 | 0,034.636 | 0,135,39 | 17,318 | 0,146,43 | 18,011 | 0,157,91 | 18,703 | 0,169,83 | 19,396 | 0,182,15 | 20,089 | 0,194,96 | 20,782 | 0,201,73 | 21,474 | 0,221,15 | 22,167 |
| 0,216 | 0,036.644 | 0,131,25 | 18,322 | 0,141,94 | 19,055 | 0,153,07 | 19,788 | 0,165,61 | 20,521 | 0,176,58 | 21,254 | 0,188,97 | 21,986 | 0,183,28 | 22,719 | 0,215,01 | 23,452 |
| 0,22 | 0,038.013 | 0,125,60 | 19,007 | 0,139,09 | 19,767 | 0,149,99 | 20,527 | 0,161,31 | 21,287 | 0,173,01 | 22,048 | 0,185,18 | 22,808 | 0,179,68 | 23,568 | 0,210,60 | 24,328 |
| 0,23 | 0,041.548 | 0,122,43 | 20,774 | 0,132,44 | 21,605 | 0,142,82 | 22,436 | 0,153,50 | 23,267 | 0,164,77 | 24,098 | 0,176,32 | 24,929 | 0,171,33 | 25,760 | 0,200,92 | 26,591 |
| 0,24 | 0,045.239 | 0,116,56 | 22,620 | 0,126,39 | 23,524 | 0,136,50 | 24,429 | 0,146,59 | 25,334 | 0,157,24 | 26,239 | 0,168,28 | 27,143 | 0,165,63 | 28,048 | 0,191,53 | 28,953 |
| 0,25 | 0,049.088 | 0,111,75 | 24,544 | 0,120,87 | 25,525 | 0,130,35 | 26,507 | 0,140,13 | 27,489 | 0,150,37 | 28,470 | 0,160,92 | 29,452 | 0,155,01 | 30,434 | 0,183,09 | 31,416 |
| 0,26 | 0,053.093 | 0,107,67 | 26,547 | 0,115,51 | 27,608 | 0,123,89 | 28,670 | 0,134,31 | 29,732 | 0,144,07 | 30,794 | 0,154,18 | 31,856 | 0,151,90 | 32,918 | 0,175,43 | 33,980 |
| 0,27 | 0,057.256 | 0,102,77 | 28,628 | 0,111,15 | 29,773 | 0,119,66 | 30,918 | 0,123,91 | 32,063 | 0,138,28 | 33,208 | 0,147,29 | 34,354 | 0,146,24 | 35,499 | 0,168,37 | 36,644 |
| 0,28 | 0,061.575 | 0,095,788 | 30,788 | 0,106,85 | 32,019 | 0,115,23 | 33,251 | 0,122,92 | 34,482 | 0,132,93 | 35,714 | 0,139,25 | 36,945 | 0,140,95 | 38,177 | 0,165,01 | 39,408 |
| 0,29 | 0,066.052 | 0,095,107 | 33,026 | 0,102,87 | 34,347 | 0,110,93 | 35,668 | 0,119,09 | 36,989 | 0,127,98 | 38,310 | 0,136,95 | 39,631 | 0,137,33 | 40,952 | 0,160,95 | 42,273 |
| 0,30 | 0,070.686 | 0,091,683 | 35,343 | 0,099,170 | 36,757 | 0,106,95 | 38,170 | 0,115,02 | 39,584 | 0,123,35 | 40,998 | 0,132,03 | 42,412 | 0,135,59 | 43,825 | 0,155,32 | 45,239 |
| 0,31 | 0,075.477 | 0,088,527 | 37,739 | 0,095,729 | 39,248 | 0,103,23 | 40,758 | 0,111,02 | 42,267 | 0,119,09 | 43,777 | 0,127,45 | 45,286 | 0,131,33 | 46,796 | 0,151,01 | 48,305 |
| 0,32 | 0,080.425 | 0,085,540 | 40,213 | 0,092,517 | 41,821 | 0,099,771 | 43,430 | 0,107,30 | 45,038 | 0,115,10 | 46,647 | 0,123,17 | 48,255 | 0,127,23 | 49,864 | 0,147,95 | 51,472 |
| 0,325 | 0,082.958 | 0,083,126 | 41,479 | 0,090,091 | 43,138 | 0,098,125 | 44,797 | 0,105,53 | 46,456 | 0,113,20 | 48,116 | 0,121,11 | 49,775 | 0,123,55 | 51,434 | 0,140,13 | 53,093 |
| 0,33 | 0,085.530 | 0,082,730 | 42,765 | 0,089,512 | 44,476 | 0,096,530 | 46,186 | 0,103,81 | 47,897 | 0,111,36 | 49,607 | 0,119,17 | 51,318 | 0,119,64 | 53,029 | 0,135,59 | 54,739 |
| 0,34 | 0,090.792 | 0,080,135 | 45,396 | 0,086,697 | 47,212 | 0,093,494 | 49,028 | 0,100,55 | 50,844 | 0,107,86 | 52,659 | 0,115,42 | 54,475 | 0,116,04 | 56,291 | 0,132,55 | 58,107 |
| 0,35 | 0,096.211 | 0,077,510 | 48,106 | 0,084,051 | 50,030 | 0,090,631 | 51,954 | 0,097,420 | 53,878 | 0,104,57 | 55,802 | 0,111,90 | 57,727 | 0,110,63 | 59,651 | 0,127,23 | 61,575 |
| 0,36 | 0,101.788 | 0,075,103 | 50,894 | 0,081,562 | 52,930 | 0,087,956 | 54,966 | 0,094,502 | 57,001 | 0,101,47 | 59,037 | 0,108,59 | 61,073 | 0,107,61 | 63,108 | 0,123,55 | 65,144 |
| 0,37 | 0,107.521 | 0,073,239 | 53,761 | 0,079,216 | 55,911 | 0,085,420 | 58,061 | 0,091,871 | 60,212 | 0,098,551 | 62,362 | 0,105,46 | 64,513 | 0,104,90 | 66,663 | 0,119,64 | 68,813 |
| 0,38 | 0,113.412 | 0,071,191 | 56,706 | 0,077,090 | 58,974 | 0,083,037 | 61,242 | 0,089,302 | 63,510 | 0,095,793 | 65,778 | 0,102,51 | 68,047 | 0,102,32 | 70,315 | 0,116,04 | 72,583 |
| 0,39 | 0,119.459 | 0,069,251 | 59,730 | 0,074,905 | 62,119 | 0,080,778 | 64,508 | 0,086,572 | 66,897 | 0,093,188 | 69,286 | 0,099,725 | 71,675 | 0,099,443 | 74,065 | 0,110,45 | 76,454 |
| 0,40 | 0,125.664 | 0,067,419 | 62,832 | 0,072,920 | 65,345 | 0,078,637 | 67,859 | 0,084,570 | 70,372 | 0,090,719 | 72,885 | 0,097,083 | 75,398 | 0,099,027 | 77,912 | 0,107,61 | 80,425 |
| 0,41 | 0,132.026 | 0,065,678 | 66,013 | 0,071,037 | 68,653 | 0,076,507 | 71,294 | 0,082,367 | 73,934 | 0,088,375 | 76,575 | 0,094,576 | 79,215 | 0,097,232 | 81,856 | 0,104,90 | 84,496 |
| 0,42 | 0,138.545 | 0,064,025 | 69,272 | 0,069,249 | 72,043 | 0,074,679 | 74,814 | 0,080,313 | 77,585 | 0,086,152 | 80,356 | 0,092,196 | 83,126 | 0,093,522 | 85,897 | 0,102,32 | 88,668 |
| 0,43 | 0,145.221 | 0,062,450 | 72,611 | 0,067,548 | 75,515 | 0,072,844 | 78,419 | 0,078,340 | 81,324 | 0,084,036 | 84,228 | 0,089,982 | 87,133 | 0,091,035 | 90,037 | 0,099,570 | 92,941 |
| 0,44 | 0,152.053 | 0,060,556 | 76,027 | 0,065,930 | 79,068 | 0,071,099 | 82,109 | 0,076,463 | 85,150 | 0,082,022 | 88,191 | 0,087,776 | 91,232 | 0,089,165 | 94,273 | 0,097,309 | 97,314 |
| 0,45 | 0,159.043 | 0,059,527 | 79,522 | 0,064,386 | 82,702 | 0,069,435 | 85,883 | 0,074,673 | 89,064 | 0,080,102 | 92,245 | 0,085,722 | 95,426 | 0,085,335 | 98,607 | 0,095,300 | 101,788 |
| 0,46 | 0,166.191 | 0,058,166 | 83,095 | 0,062,913 | 86,419 | 0,067,843 | 89,743 | 0,072,964 | 93,066 | 0,078,268 | 96,390 | 0,083,759 | 99,714 | 0,083,691 | 103,038 | 0,093,165 | 106,362 |
| 0,47 | 0,173.495 | 0,056,365 | 86,747 | 0,061,505 | 90,217 | 0,066,327 | 93,687 | 0,071,331 | 97,157 | 0,076,517 | 100,627 | 0,081,856 | 104,096 | 0,081,755 | 107,566 | 0,091,532 | 111,036 |
| 0,48 | 0,180.956 | 0,053,621 | 90,478 | 0,060,150 | 94,097 | 0,064,876 | 97,716 | 0,069,771 | 101,335 | 0,074,823 | 104,954 | 0,080,094 | 108,574 | 0,080,153 | 112,193 | 0,089,375 | 115,812 |
| 0,49 | 0,188.575 | 0,052,430 | 94,287 | 0,058,871 | 98,058 | 0,063,487 | 101,830 | 0,068,276 | 105,601 | 0,073,240 | 109,373 | 0,078,375 | 113,144 | 0,078,188 | 116,916 | 0,087,713 | 120,687 |
| 0,50 | 0,196.350 | 0,053,233 | 98,175 | 0,057,636 | 102,102 | 0,062,153 | 106,029 | 0,066,834 | 109,956 | 0,071,704 | 113,883 | 0,076,735 | 117,810 | 0,076,733 | 121,737 | 0,085,559 | 125,664 |
| 0,55 | 0,237.583 | 0,048,230 | 118,792 | 0,052,166 | 123,543 | 0,056,255 | 128,295 | 0,060,300 | 133,046 | 0,064,898 | 137,798 | 0,069,451 | 142,550 | 0,069,183 | 147,302 | 0,077,532 | 152,053 |
| 0,60 | 0,282.744 | 0,044,050 | 141,372 | 0,047,642 | 147,026 | 0,051,377 | 152,681 | 0,055,253 | 158,336 | 0,059,270 | 163,991 | 0,065,425 | 169,646 | 0,063,325 | 175,301 | 0,071,550 | 180,956 |
| 0,65 | 0,331.832 | 0,040,331 | 165,916 | 0,047,276 | 172,552 | 0,047,276 | 179,189 | 0,050,533 | 185,825 | 0,054,539 | 192,462 | 0,059,365 | 199,099 | 0,059,620 | 205,735 | 0,065,401 | 212,372 |
| 0,70 | 0,384.846 | 0,037,530 | 192,423 | 0,043,839 | 200,119 | 0,043,787 | 207,816 | 0,047,083 | 215,513 | 0,050,507 | 223,210 | 0,054,050 | 230,907 | 0,057,397 | 238,604 | 0,063,333 | 246,301 |
| 0,75 | 0,441.788 | 0,034,950 | 220,893 | 0,040,598 | 229,729 | 0,040,766 | 238,565 | 0,043,851 | 247,400 | 0,047,029 | 256,236 | 0,051,325 | 265,072 | 0,054,183 | 273,907 | 0,057,539 | 282,743 |
| 0,80 | 0,502.656 | 0,032,699 | 251,328 | 0,037,802 | 261,381 | 0,038,180 | 271,434 | 0,041,017 | 281,487 | 0,043,990 | 291,540 | 0,047,086 | 301,593 | 0,051,301 | 311,646 | 0,054,379 | 321,699 |
| 0,85 | 0,567.451 | 0,030,719 | 283,725 | 0,035,367 | 295,074 | 0,035,830 | 306,423 | 0,038,534 | 317,772 | 0,041,335 | 329,121 | 0,044,335 | 340,470 | 0,047,167 | 351,819 | 0,047,157 | 363,168 |
| 0,90 | 0,636.174 | 0,028,965 | 318,087 | 0,033,225 | 330,810 | 0,033,785 | 343,533 | 0,036,334 | 356,257 | 0,038,976 | 369,080 | 0,041,710 | 381,704 | 0,045,559 | 394,427 | 0,045,591 | 407,151 |
| 0,95 | 0,708.823 | 0,027,401 | 354,411 | 0,031,329 | 368,587 | 0,031,961 | 382,764 | 0,034,372 | 396,940 | 0,036,571 | 411,117 | 0,039,157 | 425,293 | 0,043,531 | 439,470 | 0,041,594 | 453,646 |
| 1,00 | 0,785.400 | 0,025,997 | 392,699 | 0,028,113 | 408,407 | 0,030,323 | 424,115 | 0,032,611 | 439,823 | 0,034,992 | 455,531 | 0,037,136 | 471,239 | 0,039,973 | 486,947 | 0,039,157 | 502,656 |

Les colonnes de vitesses (66 à 80 centimètres) donnent, pour chaque vitesse, les CHARGES par 100 mètres (en mét.) et les VOLUMES débités (en lit.). Les diamètres sont en mét. ; les sections suivent.

| TUYAUX NEUFS | | 66 cent. | | 68 cent. | | 70 cent. | | 72 cent. | | 74 cent. | | 76 cent. | | 78 cent. | | 80 cent. | |
| DIAMÈTRES | SECTIONS | CHARGES | VOLUMES | CHARGES | VOLUMES | CHARGES | VOLUMES | CHARGES | VOLUMES | CHARGES | VOLUMES | CHARGES | VOLUMES | CHARGES | VOLUMES | CHARGES | VOLUMES |
|---|---|---|---|---|---|---|---|---|---|---|---|---|---|---|---|---|---|
| mét. | | mét. | lit. | mét. | lit. | mét. | lit. | mét. | lit. | mét. | lit. | mét. | lit. | mét. | lit. | mét. | lit. |
| 0,01 | 0,000,079 | 15,690 | 0,052 | 16,656 | 0,053 | 17,660 | 0,055 | 18,673 | 0,057 | 19,725 | 0,059 | 20,805 | 0,060 | 21,915 | 0,062 | 23,053 | 0,063 |
| 0,02 | 0,000,314 | 5,026,5 | 0,207 | 5,336,1 | 0,214 | 5,634,6 | 0,220 | 5,982,3 | 0,226 | 6,319,3 | 0,232 | 6,665,5 | 0,239 | 7,020,9 | 0,245 | 7,385,6 | 0,251 |
| 0,027 | 0,000,573 | 3,182,3 | 0,378 | 3,378,1 | 0,389 | 3,579,8 | 0,401 | 3,787,2 | 0,412 | 4,000,6 | 0,424 | 4,219,7 | 0,435 | 4,434,7 | 0,447 | 4,675,6 | 0,458 |
| 0,03 | 0,000,707 | 2,724,9 | 0,457 | 2,892,6 | 0,481 | 3,065,2 | 0,495 | 3,242,9 | 0,509 | 3,425,5 | 0,523 | 3,613,2 | 0,537 | 3,805,9 | 0,551 | 4,003,3 | 0,545 |
| 0,04 | 0,001,257 | 1,805,8 | 0,829 | 1,920,1 | 0,855 | 2,031,7 | 0,880 | 2,152,7 | 0,905 | 2,273,8 | 0,930 | 2,398,5 | 0,955 | 2,526,4 | 0,980 | 2,557,6 | 1,005 |
| 0,05 | 0,001,964 | 1,334,3 | 1,296 | 1,416,4 | 1,335 | 1,501,0 | 1,374 | 1,588,0 | 1,414 | 1,677,4 | 1,453 | 1,769,3 | 1,492 | 1,863,7 | 1,532 | 1,960,4 | 1,571 |
| 0,054 | 0,002,290 | 1,204,6 | 1,512 | 1,278,7 | 1,557 | 1,355,0 | 1,603 | 1,433,5 | 1,649 | 1,514,3 | 1,695 | 1,597,2 | 1,741 | 1,682,4 | 1,785 | 1,769,8 | 1,832 |
| 0,06 | 0,002,827 | 1,019,3 | 1,866 | 1,113,9 | 1,923 | 1,180,4 | 1,979 | 1,248,9 | 2,036 | 1,310,1 | 2,092 | 1,394,6 | 2,149 | 1,465,6 | 2,205 | 1,541,7 | 2,262 |
| 0,07 | 0,003,848 | 0,851,07 | 2,540 | 0,914,05 | 2,617 | 0,968,69 | 2,691 | 1,024,7 | 2,771 | 1,082,5 | 2,848 | 1,141,8 | 2,925 | 1,202,7 | 3,002 | 1,265,1 | 3,079 |
| 0,08 | 0,005,027 | 0,728,27 | 3,317 | 0,773,08 | 3,418 | 0,819,22 | 3,519 | 0,866,70 | 3,619 | 0,915,52 | 3,719 | 0,965,68 | 3,820 | 1,017,2 | 3,921 | 1,070,0 | 4,021 |
| 0,081 | 0,005,153 | 0,717,13 | 3,401 | 0,761,25 | 3,503 | 0,806,69 | 3,607 | 0,853,44 | 3,710 | 0,901,51 | 3,813 | 0,950,90 | 3,916 | 1,001,6 | 4,019 | 1,033,6 | 4,122 |
| 0,09 | 0,006,362 | 0,629,95 | 4,192 | 0,665,71 | 4,325 | 0,705,79 | 4,453 | 0,749,70 | 4,580 | 0,791,93 | 4,707 | 0,835,31 | 4,835 | 0,879,85 | 4,962 | 0,925,56 | 5,089 |
| 0,10 | 0,007,854 | 0,554,43 | 5,183 | 0,585,54 | 5,341 | 0,623,07 | 5,498 | 0,659,82 | 5,655 | 0,696,99 | 5,811 | 0,735,17 | 5,969 | 0,774,37 | 6,126 | 0,824,59 | 6,253 |
| 0,108 | 0,009,161 | 0,505,63 | 6,046 | 0,536,74 | 6,229 | 0,568,78 | 6,413 | 0,601,75 | 6,595 | 0,635,64 | 6,779 | 0,670,47 | 6,962 | 0,706,22 | 7,143 | 0,742,90 | 7,329 |
| 0,11 | 0,009,503 | 0,494,71 | 6,272 | 0,525,15 | 6,482 | 0,556,50 | 6,652 | 0,588,75 | 6,842 | 0,621,91 | 7,032 | 0,655,99 | 7,222 | 0,690,97 | 7,412 | 0,726,85 | 7,605 |
| 0,12 | 0,011,310 | 0,446,37 | 7,461 | 0,473,83 | 7,921 | 0,502,11 | 7,917 | 0,531,21 | 8,143 | 0,561,13 | 8,369 | 0,591,88 | 8,595 | 0,623,44 | 8,821 | 0,655,82 | 9,043 |
| 0,13 | 0,013,273 | 0,406,47 | 8,760 | 0,431,45 | 9,025 | 0,457,24 | 9,291 | 0,483,78 | 9,557 | 0,510,99 | 9,822 | 0,535,98 | 10,037 | 0,567,72 | 10,353 | 0,597,21 | 10,619 |
| 0,135 | 0,014,314 | 0,390,04 | 9,447 | 0,412,97 | 9,733 | 0,437,62 | 10,020 | 0,462,99 | 10,306 | 0,489,07 | 10,592 | 0,515,80 | 10,878 | 0,543,37 | 11,163 | 0,571,59 | 11,451 |
| 0,14 | 0,015,394 | 0,373,02 | 10,150 | 0,395,97 | 10,467 | 0,419,60 | 10,776 | 0,443,92 | 11,033 | 0,463,93 | 11,391 | 0,494,62 | 11,699 | 0,520,99 | 12,007 | 0,548,05 | 12,315 |
| 0,15 | 0,017,672 | 0,344,57 | 11,563 | 0,365,77 | 12,017 | 0,387,60 | 12,370 | 0,410,07 | 12,723 | 0,433,17 | 13,077 | 0,456,90 | 13,430 | 0,481,26 | 13,733 | 0,506,26 | 14,137 |
| 0,16 | 0,020,106 | 0,320,10 | 13,270 | 0,339,79 | 13,672 | 0,360,03 | 14,074 | 0,380,25 | 14,476 | 0,402,40 | 14,879 | 0,424,45 | 15,280 | 0,447,08 | 15,683 | 0,470,30 | 16,085 |
| 0,162 | 0,020,612 | 0,315,81 | 13,603 | 0,335,03 | 14,016 | 0,355,03 | 14,428 | 0,375,60 | 14,841 | 0,396,76 | 15,253 | 0,413,50 | 15,665 | 0,440,81 | 16,077 | 0,463,71 | 16,690 |
| 0,17 | 0,022,698 | 0,298,83 | 14,981 | 0,317,22 | 15,435 | 0,336,15 | 15,889 | 0,355,63 | 16,343 | 0,375,67 | 16,796 | 0,396,25 | 17,250 | 0,417,38 | 17,705 | 0,419,06 | 18,158 |
| 0,18 | 0,025,447 | 0,280,18 | 16,795 | 0,297,42 | 17,303 | 0,315,17 | 17,813 | 0,333,44 | 18,321 | 0,352,22 | 18,831 | 0,371,52 | 19,539 | 0,391,33 | 19,849 | 0,411,66 | 20,358 |
| 0,19 | 0,028,353 | 0,263,70 | 18,713 | 0,279,93 | 19,279 | 0,296,64 | 19,847 | 0,313,83 | 20,414 | 0,331,51 | 20,981 | 0,349,67 | 21,543 | 0,363,31 | 22,115 | 0,387,44 | 22,682 |
| 0,20 | 0,031,416 | 0,249,03 | 20,734 | 0,261,29 | 21,363 | 0,280,13 | 21,991 | 0,296,37 | 22,619 | 0,313,06 | 23,217 | 0,330,21 | 23,876 | 0,347,32 | 24,503 | 0,365,59 | 25,133 |
| 0,21 | 0,034,636 | 0,235,90 | 22,859 | 0,250,41 | 23,552 | 0,265,36 | 24,245 | 0,280,74 | 24,933 | 0,296,55 | 25,631 | 0,312,80 | 26,323 | 0,329,47 | 27,016 | 0,346,59 | 27,709 |
| 0,216 | 0,036,644 | 0,228,65 | 24,185 | 0,242,72 | 24,917 | 0,257,21 | 25,651 | 0,272,18 | 26,383 | 0,287,41 | 27,116 | 0,303,19 | 27,849 | 0,319,36 | 28,582 | 0,335,95 | 29,315 |
| 0,22 | 0,038,013 | 0,224,06 | 25,089 | 0,237,85 | 25,849 | 0,252,05 | 26,609 | 0,266,66 | 27,369 | 0,281,66 | 28,129 | 0,297,11 | 28,890 | 0,312,95 | 29,650 | 0,329,20 | 30,411 |
| 0,23 | 0,041,545 | 0,213,35 | 27,421 | 0,226,48 | 28,352 | 0,240,00 | 29,082 | 0,252,91 | 29,914 | 0,268,21 | 30,745 | 0,289,90 | 31,576 | 0,297,99 | 32,407 | 0,313,47 | 33,238 |
| 0,24 | 0,045,239 | 0,203,61 | 29,857 | 0,216,14 | 30,762 | 0,229,03 | 31,667 | 0,242,32 | 32,572 | 0,255,97 | 33,477 | 0,269,99 | 34,381 | 0,284,39 | 35,286 | 0,299,16 | 36,191 |
| 0,25 | 0,049,088 | 0,191,72 | 32,397 | 0,206,70 | 33,379 | 0,219,03 | 34,362 | 0,231,73 | 35,343 | 0,244,78 | 36,325 | 0,258,19 | 37,306 | 0,271,96 | 38,283 | 0,286,09 | 39,270 |
| 0,26 | 0,053,093 | 0,186,56 | 35,013 | 0,198,01 | 36,103 | 0,210,03 | 37,165 | 0,222,02 | 38,227 | 0,234,53 | 39,289 | 0,247,33 | 40,351 | 0,260,57 | 41,412 | 0,275,10 | 42,474 |
| 0,27 | 0,057,256 | 0,179,06 | 37,789 | 0,190,67 | 38,933 | 0,201,86 | 40,079 | 0,213,09 | 41,224 | 0,225,10 | 42,369 | 0,237,43 | 43,514 | 0,250,09 | 44,639 | 0,263,03 | 45,305 |
| 0,28 | 0,061,575 | 0,172,13 | 40,639 | 0,182,72 | 41,571 | 0,193,62 | 43,103 | 0,204,85 | 44,331 | 0,216,33 | 45,565 | 0,228,24 | 46,797 | 0,240,41 | 48,029 | 0,252,90 | 49,260 |
| 0,29 | 0,066,052 | 0,165,71 | 43,591 | 0,175,91 | 44,915 | 0,186,41 | 46,236 | 0,197,21 | 47,557 | 0,208,32 | 48,378 | 0,219,73 | 50,199 | 0,231,45 | 51,521 | 0,243,47 | 52,842 |
| 0,30 | 0,070,686 | 0,159,76 | 46,653 | 0,169,59 | 48,080 | 0,179,71 | 49,480 | 0,190,12 | 50,893 | 0,200,83 | 52,307 | 0,211,54 | 53,721 | 0,223,13 | 55,135 | 0,234,72 | 56,549 |
| 0,31 | 0,075,477 | 0,154,21 | 49,815 | 0,163,70 | 51,324 | 0,173,48 | 52,834 | 0,183,53 | 54,343 | 0,193,86 | 55,853 | 0,204,49 | 57,362 | 0,215,39 | 58,671 | 0,226,53 | 60,332 |
| 0,32 | 0,080,425 | 0,149,04 | 53,050 | 0,158,21 | 54,699 | 0,167,65 | 56,298 | 0,177,39 | 57,905 | 0,187,36 | 59,514 | 0,197,63 | 61,123 | 0,208,16 | 62,731 | 0,218,93 | 64,340 |
| 0,325 | 0,082,958 | 0,146,58 | 54,732 | 0,155,60 | 56,411 | 0,164,89 | 58,071 | 0,174,44 | 59,729 | 0,184,27 | 61,389 | 0,194,37 | 63,048 | 0,204,73 | 64,707 | 0,215,36 | 66,365 |
| 0,33 | 0,085,530 | 0,144,20 | 56,449 | 0,153,07 | 58,160 | 0,161,11 | 59,871 | 0,171,61 | 61,581 | 0,181,28 | 63,292 | 0,191,21 | 65,003 | 0,201,40 | 66,713 | 0,211,86 | 68,424 |
| 0,34 | 0,090,792 | 0,139,66 | 59,923 | 0,148,26 | 61,739 | 0,157,11 | 63,554 | 0,165,21 | 65,370 | 0,175,57 | 67,186 | 0,185,19 | 69,002 | 0,195,07 | 70,317 | 0,205,20 | 72,634 |
| 0,35 | 0,096,212 | 0,135,40 | 63,499 | 0,143,73 | 65,423 | 0,152,32 | 67,348 | 0,161,14 | 69,272 | 0,170,22 | 71,196 | 0,179,51 | 73,121 | 0,189,12 | 75,045 | [illegible] | 76,970 |
| 0,36 | 0,101,788 | 0,131,39 | 67,179 | 0,139,48 | 69,215 | 0,147,89 | 71,252 | 0,155,37 | 73,287 | 0,165,17 | 75,323 | 0,174,22 | 77,359 | 0,183,51 | 79,395 | [illegible] | 81,430 |
| 0,37 | 0,107,521 | 0,127,61 | 70,961 | 0,135,46 | 73,111 | 0,143,55 | 75,265 | 0,151,37 | 77,415 | 0,160,42 | 79,565 | 0,169,21 | 81,716 | 0,178,22 | 83,866 | [illegible] | 86,017 |
| 0,38 | 0,113,412 | 0,123,04 | 74,851 | 0,131,67 | 77,119 | 0,139,63 | 79,388 | 0,147,60 | 81,655 | 0,155,94 | 83,925 | 0,164,48 | 86,193 | 0,173,25 | 88,461 | [illegible] | 90,730 |
| 0,39 | 0,119,459 | 0,120,67 | 78,843 | 0,128,09 | 81,232 | 0,135,74 | 83,621 | 0,143,60 | 86,011 | 0,151,69 | 88,399 | 0,160,00 | 90,789 | 0,168,54 | 93,179 | [illegible] | 95,567 |
| 0,40 | 0,125,664 | 0,117,47 | 82,938 | 0,125,18 | 85,451 | 0,132,14 | 87,965 | 0,139,80 | 90,478 | 0,147,67 | 92,991 | 0,155,76 | 95,505 | 0,164,07 | 98,017 | [illegible] | 100,531 |
| 0,41 | 0,132,026 | 0,114,44 | 87,137 | 0,121,45 | 89,777 | 0,128,41 | 92,418 | 0,136,19 | 95,059 | 0,143,86 | 97,699 | 0,151,74 | 100,339 | 0,159,83 | 102,980 | [illegible] | 105,621 |
| 0,42 | 0,138,545 | 0,111,36 | 91,439 | 0,118,42 | 94,211 | 0,125,49 | 96,982 | 0,132,76 | 99,752 | 0,140,24 | 102,523 | 0,147,92 | 105,294 | 0,155,81 | 108,065 | [illegible] | 110,836 |
| 0,43 | 0,145,221 | 0,108,82 | 95,845 | 0,115,51 | 98,750 | 0,122,41 | 101,655 | 0,129,36 | 104,559 | 0,136,80 | 107,463 | 0,144,29 | 110,367 | 0,151,98 | 113,272 | [illegible] | 116,177 |
| 0,44 | 0,152,053 | 0,106,21 | 100,255 | 0,112,74 | 103,396 | 0,119,17 | 106,437 | 0,126,40 | 109,478 | 0,133,52 | 112,519 | 0,140,83 | 115,560 | 0,148,34 | 118,601 | [illegible] | 121,642 |
| 0,45 | 0,159,043 | 0,103,72 | 104,968 | 0,110,10 | 108,142 | 0,116,63 | 111,330 | 0,123,44 | 114,511 | 0,130,39 | 117,691 | 0,137,51 | 120,873 | 0,144,87 | 124,053 | [illegible] | 127,234 |
| 0,46 | 0,166,191 | 0,101,35 | 109,586 | 0,107,58 | 113,000 | 0,114,01 | 116,334 | 0,120,61 | 119,657 | 0,127,41 | 122,981 | 0,134,35 | 126,305 | 0,141,55 | 129,625 | [illegible] | 132,953 |
| 0,47 | 0,173,495 | 0,099,081 | 114,507 | 0,105,18 | 117,077 | 0,111,46 | 121,447 | 0,117,92 | 124,916 | 0,124,56 | 128,356 | 0,131,38 | 131,856 | 0,138,39 | 135,320 | [illegible] | 138,796 |
| 0,48 | 0,180,956 | 0,096,914 | 119,431 | 0,102,88 | 123,050 | 0,109,02 | 126,669 | 0,115,34 | 130,288 | 0,121,83 | 133,907 | 0,128,51 | 137,525 | 0,135,36 | 141,145 | [illegible] | 144,765 |
| 0,49 | 0,188,575 | 0,094,833 | 124,459 | 0,100,67 | 128,221 | 0,106,66 | 132,003 | 0,112,87 | 135,774 | 0,119,22 | 139,545 | 0,125,75 | 143,317 | 0,132,46 | 147,088 | [illegible] | 150,860 |
| 0,50 | 0,196,350 | 0,092,849 | 129,591 | 0,098,561 | 133,518 | 0,104,44 | 137,445 | 0,110,50 | 141,372 | 0,116,72 | 145,299 | 0,123,12 | 149,226 | 0,129,68 | 153,153 | [illegible] | 157,080 |
| 0,55 | 0,237,583 | 0,083,036 | 156,305 | 0,089,206 | 161,556 | 0,094,531 | 166,308 | 0,100,01 | 171,059 | 0,105,64 | 175,811 | 0,111,43 | 180,563 | 0,117,37 | 185,315 | [illegible] | 190,066 |
| 0,60 | 0,282,744 | 0,076,718 | 186,611 | 0,081,470 | 192,205 | 0,086,333 | 197,921 | 0,091,337 | 203,575 | 0,096,482 | 209,230 | 0,101,77 | 214,385 | 0,107,19 | 220,510 | [illegible] | 226,195 |
| 0,65 | 0,331,832 | 0,070,622 | 219,009 | 0,074,967 | 225,644 | 0,079,442 | 232,282 | 0,084,046 | 238,919 | 0,089,730 | 245,553 | 0,093,644 | 252,192 | 0,098,638 | 258,829 | [illegible] | 265,466 |
| 0,70 | 0,384,846 | 0,065,401 | 253,908 | 0,069,425 | 261,605 | 0,073,569 | 269,392 | 0,077,833 | 277,089 | 0,082,217 | 284,736 | 0,086,721 | 292,483 | 0,091,345 | 300,170 | [illegible] | 307,877 |
| 0,75 | 0,441,785 | 0,060,897 | 291,580 | 0,064,644 | 300,413 | 0,068,502 | 309,250 | 0,072,472 | 318,087 | 0,076,554 | 326,923 | 0,080,738 | 335,759 | 0,085,054 | 344,595 | [illegible] | 353,428 |
| 0,80 | 0,502,656 | 0,056,974 | 331,753 | 0,060,480 | 341,805 | 0,064,090 | 351,859 | 0,067,804 | 361,212 | 0,071,623 | 371,953 | 0,075,547 | 382,013 | 0,079,576 | 392,071 | [illegible] | 402,125 |
| 0,85 | 0,567,451 | 0,053,524 | 374,517 | 0,056,818 | 385,867 | 0,060,209 | 397,216 | 0,063,699 | 408,565 | 0,067,287 | 419,913 | 0,070,973 | 431,263 | 0,074,757 | 442,611 | [illegible] | 453,961 |
| 0,90 | 0,636,174 | 0,050,470 | 419,875 | 0,053,573 | 432,598 | 0,056,772 | 445,322 | 0,060,063 | 458,045 | 0,063,446 | 470,769 | 0,066,922 | 483,492 | 0,070,491 | 496,215 | [illegible] | 508,939 |
| 0,95 | 0,708,823 | 0,047,744 | 467,823 | 0,050,681 | 481,999 | 0,053,766 | 496,176 | 0,056,819 | 510,352 | 0,060,019 | 524,329 | 0,063,307 | 538,705 | 0,066,683 | 552,581 | [illegible] | 567,058 |
| 1,00 | 0,785,400 | 0,045,297 | 518,364 | 0,048,084 | 534,072 | 0,050,954 | 549,780 | 0,053,907 | 565,488 | 0,056,914 | 581,196 | 0,060,063 | 596,904 | 0,063,266 | 612,612 | [illegible] | 628,320 |

| TUYAUX NEUFS | | VITESSES | | | | | | | | | | | | | | | |
| DIAMÈTRES (mèt.) | SECTIONS | 82 cm — CHARGES par 100 mètres | 82 cm — VOLUMES débités | 84 cm — CHARGES par 100 mètres | 84 cm — VOLUMES débités | 86 cm — CHARGES par 100 mètres | 86 cm — VOLUMES débités | 88 cm — CHARGES par 100 mètres | 88 cm — VOLUMES débités | 90 cm — CHARGES par 100 mètres | 90 cm — VOLUMES débités | 92 cm — CHARGES par 100 mètres | 92 cm — VOLUMES débités | 94 cm — CHARGES par 100 mètres | 94 cm — VOLUMES débités | 96 cm — CHARGES par 100 mètres | 96 cm — VOLUMES débités |
|---|---|---|---|---|---|---|---|---|---|---|---|---|---|---|---|---|---|
| 0,01 | 0,000079 | 24,220 | 0,064 | 25,416 | 0,066 | 26,640 | 0,068 | 27,893 | 0,069 | 29,176 | 0,071 | 30,488 | 0,073 | 31,828 | 0,074 | 33,197 | 0,076 |
| 0,02 | 0,000314 | 7,7595 | 0,258 | 8,1427 | 0,264 | 8,5351 | 0,270 | 8,9367 | 0,276 | 9,3474 | 0,283 | 9,7676 | 0,289 | 10,197 | 0,295 | 10,636 | 0,301 |
| 0,027 | 0,000573 | 4,9123 | 0,470 | 5,1548 | 0,481 | 5,4032 | 0,493 | 5,6572 | 0,504 | 5,9174 | 0,516 | 6,1835 | 0,527 | 6,4554 | 0,539 | 6,7330 | 0,550 |
| 0,03 | 0,000707 | 4,2062 | 0,580 | 4,4139 | 0,594 | 4,6266 | 0,608 | 4,8442 | 0,622 | 5,0669 | 0,636 | 5,2946 | 0,650 | 5,5274 | 0,665 | 5,7651 | 0,679 |
| 0,04 | 0,001257 | 2,7921 | 1,031 | 2,9300 | 1,056 | 3,0711 | 1,081 | 3,2156 | 1,106 | 3,3635 | 1,131 | 3,5149 | 1,156 | 3,6694 | 1,182 | 3,8273 | 1,207 |
| 0,05 | 0,001964 | 2,0597 | 1,610 | 2,1614 | 1,650 | 2,2656 | 1,689 | 2,3721 | 1,728 | 2,4811 | 1,768 | 2,5927 | 1,807 | 2,7067 | 1,846 | 2,8231 | 1,885 |
| 0,054 | 0,002290 | 1,8594 | 1,878 | 1,9512 | 1,924 | 2,0453 | 1,969 | 2,1415 | 2,015 | 2,2399 | 2,061 | 2,3408 | 2,107 | 2,4436 | 2,153 | 2,5487 | 2,198 |
| 0,06 | 0,002827 | 1,6197 | 2,318 | 1,6997 | 2,375 | 1,7816 | 2,431 | 1,8654 | 2,488 | 1,9511 | 2,544 | 2,0390 | 2,601 | 2,1288 | 2,657 | 2,2200 | 2,714 |
| 0,07 | 0,003848 | 1,3202 | 3,155 | 1,3854 | 3,232 | 1,4522 | 3,309 | 1,5205 | 3,386 | 1,5903 | 3,463 | 1,6618 | 3,540 | 1,7350 | 3,617 | 1,8095 | 3,694 |
| 0,08 | 0,005027 | 1,1242 | 4,122 | 1,1797 | 4,223 | 1,2366 | 4,323 | 1,2948 | 4,424 | 1,3543 | 4,524 | 1,4152 | 4,625 | 1,4773 | 4,725 | 1,5408 | 4,826 |
| 0,081 | 0,005153 | 1,1070 | 4,225 | 1,1617 | 4,329 | 1,2176 | 4,432 | 1,2749 | 4,535 | 1,3335 | 4,638 | 1,3935 | 4,741 | 1,4547 | 4,844 | 1,5173 | 4,947 |
| 0,09 | 0,006362 | 0,97241 | 5,217 | 1,0204 | 5,344 | 1,0696 | 5,471 | 1,1200 | 5,599 | 1,1714 | 5,726 | 1,2241 | 5,853 | 1,2780 | 5,980 | 1,3330 | 6,108 |
| 0,10 | 0,007854 | 0,85583 | 6,440 | 0,89810 | 6,597 | 0,94135 | 6,754 | 0,98566 | 6,912 | 1,0310 | 7,069 | 1,0773 | 7,226 | 1,1247 | 7,383 | 1,1731 | 7,540 |
| 0,108 | 0,009161 | 0,78051 | 7,512 | 0,81905 | 7,695 | 0,85849 | 7,878 | 0,89889 | 8,062 | 0,94023 | 8,245 | 0,98248 | 8,428 | 1,0257 | 8,611 | 1,0698 | 8,795 |
| 0,11 | 0,009503 | 0,76365 | 7,792 | 0,80136 | 7,983 | 0,84000 | 8,173 | 0,87947 | 8,363 | 0,91992 | 8,553 | 0,96125 | 8,743 | 1,0035 | 8,933 | 1,0467 | 9,123 |
| 0,12 | 0,011310 | 0,68902 | 9,274 | 0,72304 | 9,500 | 0,75790 | 9,727 | 0,79353 | 9,953 | 0,83003 | 10,179 | 0,86733 | 10,405 | 0,90550 | 10,631 | 0,94447 | 10,858 |
| 0,13 | 0,013273 | 0,62741 | 10,884 | 0,65839 | 11,149 | 0,69013 | 11,415 | 0,72258 | 11,680 | 0,75582 | 11,946 | 0,78978 | 12,211 | 0,82452 | 12,477 | 0,86000 | 12,742 |
| 0,135 | 0,014314 | 0,60053 | 11,737 | 0,63018 | 12,024 | 0,66056 | 12,310 | 0,69163 | 12,596 | 0,72345 | 12,883 | 0,75595 | 13,169 | 0,78916 | 13,455 | 0,82310 | 13,741 |
| 0,14 | 0,015394 | 0,57580 | 12,623 | 0,60423 | 12,931 | 0,63335 | 13,239 | 0,66314 | 13,547 | 0,69363 | 13,855 | 0,72480 | 14,162 | 0,75670 | 14,470 | 0,78923 | 14,778 |
| 0,15 | 0,017672 | 0,53189 | 14,491 | 0,55815 | 14,844 | 0,58503 | 15,198 | 0,61256 | 15,551 | 0,64072 | 15,905 | 0,66951 | 16,258 | 0,69897 | 16,612 | 0,72902 | 16,965 |
| 0,16 | 0,020106 | 0,49411 | 16,487 | 0,51851 | 16,889 | 0,54349 | 17,291 | 0,56905 | 17,693 | 0,59521 | 18,095 | 0,62196 | 18,498 | 0,64934 | 18,900 | 0,67728 | 19,302 |
| 0,162 | 0,020612 | 0,48718 | 16,902 | 0,51124 | 17,314 | 0,53587 | 17,726 | 0,56107 | 18,139 | 0,58686 | 18,551 | 0,61324 | 18,963 | 0,64024 | 19,375 | 0,66778 | 19,788 |
| 0,17 | 0,022698 | 0,46128 | 18,612 | 0,48406 | 19,066 | 0,50738 | 19,520 | 0,53124 | 19,974 | 0,55567 | 20,428 | 0,58065 | 20,882 | 0,60622 | 21,336 | 0,63230 | 21,790 |
| 0,18 | 0,025447 | 0,43250 | 20,867 | 0,45386 | 21,375 | 0,47573 | 21,884 | 0,49811 | 22,393 | 0,52101 | 22,902 | 0,54442 | 23,411 | 0,56835 | 23,920 | 0,59279 | 24,429 |
| 0,19 | 0,028353 | 0,40706 | 23,249 | 0,42716 | 23,817 | 0,44773 | 24,384 | 0,46881 | 24,951 | 0,49037 | 25,518 | 0,51240 | 26,085 | 0,53492 | 26,652 | 0,55793 | 27,219 |
| 0,20 | 0,031416 | 0,38441 | 25,761 | 0,40339 | 26,389 | 0,42283 | 27,018 | 0,44273 | 27,646 | 0,46309 | 28,274 | 0,48390 | 28,903 | 0,50516 | 29,531 | 0,52690 | 30,159 |
| 0,21 | 0,034636 | 0,36413 | 28,402 | 0,38211 | 29,094 | 0,40053 | 29,787 | 0,41938 | 30,480 | 0,43867 | 31,172 | 0,45838 | 31,865 | 0,47852 | 32,558 | 0,49912 | 33,251 |
| 0,216 | 0,036644 | 0,35295 | 30,048 | 0,37038 | 30,781 | 0,38824 | 31,514 | 0,40651 | 32,247 | 0,42521 | 32,980 | 0,44431 | 33,712 | 0,46383 | 34,445 | 0,48379 | 35,178 |
| 0,22 | 0,038013 | 0,34587 | 31,171 | 0,36295 | 31,931 | 0,38045 | 32,691 | 0,39835 | 33,451 | 0,41668 | 34,212 | 0,43540 | 34,972 | 0,45453 | 35,732 | 0,47409 | 36,492 |
| 0,23 | 0,041548 | 0,32934 | 34,069 | 0,34560 | 34,900 | 0,36226 | 35,731 | 0,37931 | 36,562 | 0,39676 | 37,393 | 0,41459 | 38,224 | 0,43281 | 39,055 | 0,45143 | 39,886 |
| 0,24 | 0,045239 | 0,31430 | 37,096 | 0,32982 | 38,001 | 0,34571 | 38,906 | 0,36198 | 39,810 | 0,37862 | 40,715 | 0,39564 | 41,620 | 0,41302 | 42,525 | 0,43078 | 43,429 |
| 0,25 | 0,049088 | 0,30057 | 40,252 | 0,31541 | 41,234 | 0,33061 | 42,216 | 0,34616 | 43,197 | 0,36208 | 44,179 | 0,37835 | 45,161 | 0,39498 | 46,143 | 0,41197 | 47,124 |
| 0,26 | 0,053093 | 0,28798 | 43,536 | 0,30220 | 44,598 | 0,31676 | 45,660 | 0,33167 | 46,722 | 0,34691 | 47,784 | 0,36250 | 48,846 | 0,37843 | 49,907 | 0,39471 | 50,969 |
| 0,27 | 0,057256 | 0,27640 | 46,950 | 0,29005 | 48,095 | 0,30402 | 49,240 | 0,31833 | 50,385 | 0,33296 | 51,530 | 0,34793 | 52,676 | 0,36322 | 53,821 | 0,37884 | 54,966 |
| 0,28 | 0,061575 | 0,26570 | 50,492 | 0,27882 | 51,723 | 0,29225 | 52,955 | 0,30601 | 54,186 | 0,32007 | 55,418 | 0,33446 | 56,649 | 0,34916 | 57,881 | 0,36417 | 59,112 |
| 0,29 | 0,066052 | 0,25580 | 54,163 | 0,26843 | 55,484 | 0,28136 | 56,805 | 0,29461 | 58,126 | 0,30815 | 59,447 | 0,32199 | 60,768 | 0,33615 | 62,089 | 0,35060 | 63,410 |
| 0,30 | 0,070686 | 0,24660 | 57,963 | 0,25878 | 59,376 | 0,27124 | 60,790 | 0,28401 | 62,204 | 0,29706 | 63,617 | 0,31041 | 65,031 | 0,32406 | 66,445 | 0,33799 | 67,859 |
| 0,31 | 0,075477 | 0,23805 | 61,891 | 0,24981 | 63,401 | 0,26184 | 64,910 | 0,27417 | 66,420 | 0,28676 | 67,929 | 0,29965 | 69,439 | 0,31287 | 70,948 | 0,32632 | 72,458 |
| 0,32 | 0,080425 | 0,23006 | 65,949 | 0,24142 | 67,557 | 0,25305 | 69,166 | 0,26496 | 70,774 | 0,27713 | 72,383 | 0,28959 | 73,991 | 0,30234 | 75,600 | 0,31533 | 77,208 |
| 0,325 | 0,082958 | 0,22627 | 68,026 | 0,23744 | 69,685 | 0,24887 | 71,344 | 0,26059 | 73,003 | 0,27256 | 74,662 | 0,28483 | 76,321 | 0,29736 | 77,980 | 0,31014 | 79,640 |
| 0,33 | 0,085530 | 0,22259 | 70,135 | 0,23358 | 71,845 | 0,24483 | 73,556 | 0,25636 | 75,266 | 0,26813 | 76,977 | 0,28020 | 78,688 | 0,29253 | 80,398 | 0,30510 | 82,109 |
| 0,34 | 0,090792 | 0,21559 | 74,449 | 0,22623 | 76,265 | 0,23713 | 78,081 | 0,24829 | 79,897 | 0,25969 | 81,713 | 0,27138 | 83,529 | 0,28331 | 85,345 | 0,29550 | 87,160 |
| 0,35 | 0,096212 | 0,20901 | 78,894 | 0,21933 | 80,818 | 0,22990 | 82,742 | 0,24072 | 84,667 | 0,25178 | 86,591 | 0,26311 | 88,515 | 0,27466 | 90,439 | 0,28648 | 92,364 |
| 0,36 | 0,101788 | 0,20282 | 83,466 | 0,21284 | 85,502 | 0,22309 | 87,538 | 0,23359 | 89,573 | 0,24432 | 91,609 | 0,25531 | 93,645 | 0,26653 | 95,681 | 0,27799 | 97,716 |
| 0,37 | 0,107521 | 0,19698 | 88,167 | 0,20671 | 90,318 | 0,21667 | 92,468 | 0,22686 | 94,618 | 0,23728 | 96,769 | 0,24796 | 98,919 | 0,25885 | 101,070 | 0,27000 | 103,220 |
| 0,38 | 0,113412 | 0,19147 | 92,998 | 0,20093 | 95,266 | 0,21061 | 97,534 | 0,22052 | 99,803 | 0,23065 | 102,071 | 0,24103 | 104,339 | 0,25163 | 106,607 | 0,26247 | 108,876 |
| 0,39 | 0,119459 | 0,18627 | 97,956 | 0,19547 | 100,346 | 0,20489 | 102,735 | 0,21453 | 105,124 | 0,22439 | 107,513 | 0,23449 | 109,902 | 0,24480 | 112,291 | 0,25534 | 114,681 |
| 0,40 | 0,125664 | 0,18133 | 103,044 | 0,19028 | 105,558 | 0,19945 | 108,071 | 0,20883 | 110,584 | 0,21844 | 113,098 | 0,22827 | 115,611 | 0,23831 | 118,124 | 0,24857 | 120,637 |
| 0,41 | 0,132026 | 0,17665 | 108,261 | 0,18537 | 110,902 | 0,19430 | 113,542 | 0,20344 | 116,183 | 0,21280 | 118,823 | 0,22236 | 121,464 | 0,23214 | 124,104 | 0,24211 | 126,745 |
| 0,42 | 0,138545 | 0,17220 | 113,607 | 0,18070 | 116,378 | 0,18941 | 119,149 | 0,19832 | 121,920 | 0,20744 | 124,691 | 0,21677 | 127,461 | 0,22629 | 130,232 | 0,23602 | 133,003 |
| 0,43 | 0,145221 | 0,16797 | 119,081 | 0,17626 | 121,986 | 0,18476 | 124,890 | 0,19345 | 127,794 | 0,20235 | 130,699 | 0,21144 | 133,603 | 0,22073 | 136,508 | 0,23022 | 139,412 |
| 0,44 | 0,152053 | 0,16309 | 124,683 | 0,17114 | 127,725 | 0,17940 | 130,766 | 0,18783 | 133,807 | 0,19646 | 136,848 | 0,20529 | 139,889 | 0,21432 | 142,930 | 0,22354 | 145,971 |
| 0,45 | 0,159043 | 0,16011 | 130,415 | 0,16802 | 133,596 | 0,17611 | 136,777 | 0,18440 | 139,958 | 0,19287 | 143,139 | 0,20154 | 146,320 | 0,21040 | 149,500 | 0,21946 | 152,681 |
| 0,46 | 0,166191 | 0,15644 | 136,277 | 0,16417 | 139,600 | 0,17207 | 142,924 | 0,18017 | 146,248 | 0,18845 | 149,572 | 0,19692 | 152,896 | 0,20558 | 156,220 | 0,21443 | 159,543 |
| 0,47 | 0,173495 | 0,15294 | 142,266 | 0,16049 | 145,736 | 0,16823 | 149,206 | 0,17614 | 152,676 | 0,18424 | 156,146 | 0,19252 | 159,615 | 0,20099 | 163,085 | 0,20964 | 166,555 |
| 0,48 | 0,180956 | 0,14960 | 148,384 | 0,15699 | 152,003 | 0,16455 | 155,622 | 0,17229 | 159,241 | 0,18021 | 162,860 | 0,18831 | 166,480 | 0,19659 | 170,099 | 0,20504 | 173,718 |
| 0,49 | 0,188575 | 0,14639 | 154,632 | 0,15362 | 158,403 | 0,16102 | 162,175 | 0,16860 | 165,946 | 0,17635 | 169,718 | 0,18427 | 173,489 | 0,19237 | 177,261 | 0,20065 | 181,032 |
| 0,50 | 0,196350 | 0,14332 | 161,007 | 0,15040 | 164,934 | 0,15764 | 168,861 | 0,16506 | 172,788 | 0,17264 | 176,715 | 0,18040 | 180,642 | 0,18833 | 184,569 | 0,19644 | 188,496 |
| 0,55 | 0,237583 | 0,12972 | 194,818 | 0,13613 | 199,570 | 0,14268 | 204,321 | 0,14940 | 209,073 | 0,15628 | 213,825 | 0,16329 | 218,576 | 0,17048 | 223,328 | 0,17782 | 228,080 |
| 0,60 | 0,282744 | 0,11847 | 231,850 | 0,12432 | 237,505 | 0,13032 | 243,160 | 0,13644 | 248,815 | 0,14273 | 254,470 | 0,14915 | 260,125 | 0,15571 | 265,779 | 0,16239 | 271,434 |
| 0,65 | 0,331832 | 0,10901 | 272,102 | 0,11439 | 278,739 | 0,11990 | 285,376 | 0,12554 | 292,012 | 0,13131 | 298,649 | 0,13722 | 305,285 | 0,14325 | 311,922 | 0,14941 | 318,559 |
| 0,70 | 0,384846 | 0,10095 | 315,574 | 0,10594 | 323,271 | 0,11104 | 330,968 | 0,11626 | 338,664 | 0,12161 | 346,361 | 0,12708 | 354,058 | 0,13267 | 361,755 | 0,13836 | 369,452 |
| 0,75 | 0,441788 | 0,094002 | 362,266 | 0,098644 | 371,102 | 0,103397 | 379,938 | 0,108262 | 388,773 | 0,113244 | 397,609 | 0,118330 | 406,445 | 0,123528 | 415,281 | 0,128841 | 424,117 |
| 0,80 | 0,502656 | 0,087947 | 412,178 | 0,092290 | 422,231 | 0,096738 | 432,284 | 0,101289 | 442,337 | 0,105950 | 452,390 | 0,110710 | 462,444 | 0,115574 | 472,497 | 0,120544 | 482,550 |
| 0,85 | 0,567451 | 0,082621 | 465,310 | 0,086701 | 476,659 | 0,090879 | 488,008 | 0,095153 | 499,357 | 0,099531 | 510,706 | 0,104004 | 522,055 | 0,108573 | 533,404 | 0,113242 | 544,753 |
| 0,90 | 0,636174 | 0,077906 | 521,663 | 0,081753 | 534,386 | 0,085694 | 547,110 | 0,089724 | 559,833 | 0,093853 | 572,557 | 0,098071 | 585,280 | 0,102380 | 598,004 | 0,106783 | 610,727 |
| 0,95 | 0,708823 | 0,073698 | 581,235 | 0,077337 | 595,411 | 0,081066 | 609,588 | 0,084878 | 623,764 | 0,088784 | 637,941 | 0,092774 | 652,117 | 0,096851 | 666,294 | 0,101016 | 680,470 |
| 1,00 | 0,785400 | 0,069922 | 644,028 | 0,073375 | 659,736 | 0,076913 | 675,444 | 0,080530 | 691,152 | 0,084237 | 706,860 | 0,088024 | 722,568 | 0,091895 | 738,276 | 0,095849 | 753,984 |

**VITESSES.**

Charges = par 100 mètres (mèt.); Volumes = débités (lit.).

| DIAMÈTRES (mèt.) | SECTIONS | 98 CENTIM. Charges | 98 CENTIM. Volumes | 1 MÈTRE Charges | 1 MÈTRE Volumes | 1 MÈTRE 2 CENT. Charges | 1 MÈTRE 2 CENT. Volumes |
|---|---|---|---|---|---|---|---|
| 0,01 | 0,000,079 | 34,594 | 0,077 | 36,020 | 0,079 | 37,475 | 0,080 |
| 0,02 | 0,000,314 | 11,083 | 0,308 | 11,540 | 0,314 | 12,005 | 0,320 |
| 0,027 | 0,000,573 | 7,016,3 | 0,561 | 7,305,6 | 0,573 | 7,600,8 | 0,584 |
| 0,03 | 0,000,707 | 6,007,8 | 0,693 | 6,235,5 | 0,707 | 6,505,3 | 0,721 |
| 0,04 | 0,001,257 | 3,983,1 | 1,232 | 4,152,5 | 1,257 | 4,320,3 | 1,282 |
| 0,05 | 0,001,963 | 2,911,9 | 1,924 | 3,063,2 | 1,963 | 3,157,0 | 2,003 |
| 0,054 | 0,002,290 | 2,655,3 | 2,244 | 2,765,3 | 2,290 | 2,877,0 | 2,336 |
| 0,06 | 0,002,827 | 2,313,5 | 2,770 | 2,408,9 | 2,827 | 2,506,6 | 2,883 |
| 0,07 | 0,003,848 | 1,898,5 | 3,771 | 1,976,7 | 3,848 | 2,055,6 | 3,925 |
| 0,08 | 0,005,027 | 1,605,7 | 4,926 | 1,671,9 | 5,027 | 1,739,4 | 5,128 |
| 0,081 | 0,005,153 | 1,581,1 | 5,050 | 1,646,3 | 5,153 | 1,712,8 | 5,256 |
| 0,09 | 0,006,362 | 1,388,9 | 6,235 | 1,446,2 | 6,362 | 1,504,6 | 6,489 |
| 0,10 | 0,007,854 | 1,222,3 | 7,697 | 1,272,8 | 7,854 | 1,324,2 | 8,011 |
| 0,108 | 0,009,161 | 1,124,8 | 8,978 | 1,160,8 | 9,161 | 1,207,7 | 9,344 |
| 0,11 | 0,009,503 | 1,099,7 | 9,313 | 1,135,7 | 9,503 | 1,181,5 | 9,693 |
| 0,12 | 0,011,310 | 0,934,14 | 11,084 | 1,024,7 | 11,310 | 1,066,1 | 11,536 |
| 0,13 | 0,013,273 | 0,896,19 | 13,008 | 0,933,11 | 13,273 | 0,970,84 | 13,538 |
| 0,135 | 0,014,314 | 0,857,74 | 14,028 | 0,893,11 | 14,314 | 0,929,19 | 14,600 |
| 0,14 | 0,015,394 | 0,822,42 | 15,086 | 0,856,33 | 15,394 | 0,890,03 | 15,702 |
| 0,15 | 0,017,672 | 0,759,70 | 17,319 | 0,791,03 | 17,672 | 0,822,98 | 18,025 |
| 0,16 | 0,020,106 | 0,705,73 | 19,704 | 0,751,85 | 20,106 | 0,764,54 | 20,508 |
| 0,162 | 0,020,612 | 0,695,35 | 20,200 | 0,721,51 | 20,612 | 0,753,81 | 21,024 |
| 0,17 | 0,022,698 | 0,658,86 | 22,244 | 0,656,02 | 22,698 | 0,713,71 | 23,152 |
| 0,18 | 0,025,447 | 0,617,74 | 24,938 | 0,633,21 | 25,447 | 0,669,20 | 25,956 |
| 0,19 | 0,028,353 | 0,581,41 | 27,786 | 0,605,38 | 28,353 | 0,629,81 | 28,920 |
| 0,20 | 0,031,416 | 0,549,06 | 30,788 | 0,571,50 | 31,416 | 0,594,60 | 32,044 |
| 0,21 | 0,034,636 | 0,520,10 | 33,943 | 0,561,51 | 34,636 | 0,565,42 | 35,329 |
| 0,216 | 0,036,644 | 0,504,13 | 35,911 | 0,524,92 | 36,644 | 0,545,12 | 37,377 |
| 0,22 | 0,038,013 | 0,494,01 | 37,253 | 0,513,38 | 38,013 | 0,535,16 | 38,773 |
| 0,23 | 0,041,545 | 0,470,10 | 40,714 | 0,489,79 | 41,545 | 0,503,12 | 42,379 |
| 0,24 | 0,045,239 | 0,448,92 | 44,334 | 0,467,43 | 45,239 | 0,486,32 | 46,144 |
| 0,25 | 0,049,088 | 0,429,31 | 48,106 | 0,447,01 | 49,088 | 0,465,07 | 50,070 |
| 0,26 | 0,053,093 | 0,411,32 | 52,031 | 0,428,29 | 53,093 | 0,445,39 | 54,135 |
| 0,27 | 0,057,256 | 0,394,78 | 56,111 | 0,411,06 | 57,256 | 0,427,67 | 58,401 |
| 0,28 | 0,061,575 | 0,379,50 | 60,344 | 0,395,15 | 61,575 | 0,411,11 | 62,807 |
| 0,29 | 0,066,052 | 0,365,36 | 64,731 | 0,380,43 | 66,052 | 0,395,86 | 67,373 |
| 0,30 | 0,070,686 | 0,352,23 | 69,272 | 0,366,75 | 70,686 | 0,381,57 | 72,100 |
| 0,31 | 0,075,477 | 0,340,01 | 73,967 | 0,354,03 | 75,477 | 0,368,33 | 76,987 |
| 0,32 | 0,080,425 | 0,328,60 | 78,817 | 0,342,15 | 80,425 | 0,355,83 | 82,033 |
| 0,325 | 0,082,958 | 0,323,13 | 81,299 | 0,336,50 | 82,958 | 0,350,70 | 84,617 |
| 0,33 | 0,085,530 | 0,317,93 | 83,819 | 0,331,01 | 85,530 | 0,344,41 | 87,241 |
| 0,34 | 0,090,792 | 0,307,93 | 88,976 | 0,320,62 | 90,792 | 0,333,58 | 92,608 |
| 0,35 | 0,096,212 | 0,298,53 | 94,288 | 0,310,81 | 96,212 | 0,323,10 | 98,136 |
| 0,36 | 0,101,788 | 0,289,69 | 99,752 | 0,301,63 | 101,788 | 0,314,92 | 103,821 |
| 0,37 | 0,107,521 | 0,281,36 | 105,371 | 0,292,96 | 107,521 | 0,305,37 | 109,671 |
| 0,38 | 0,113,412 | 0,273,49 | 111,144 | 0,284,76 | 113,412 | 0,296,37 | 115,680 |
| 0,39 | 0,119,459 | 0,266,05 | 117,070 | 0,277,02 | 119,459 | 0,288,21 | 121,843 |
| 0,40 | 0,125,664 | 0,259,00 | 123,151 | 0,269,68 | 125,664 | 0,280,57 | 128,177 |
| 0,41 | 0,132,026 | 0,252,31 | 129,385 | 0,262,71 | 132,026 | 0,273,33 | 134,667 |
| 0,42 | 0,138,545 | 0,245,96 | 135,774 | 0,256,10 | 138,545 | 0,266,43 | 141,316 |
| 0,43 | 0,145,221 | 0,239,92 | 142,317 | 0,249,81 | 145,221 | 0,259,90 | 148,120 |
| 0,44 | 0,152,053 | 0,234,17 | 149,012 | 0,243,52 | 152,053 | 0,253,67 | 155,094 |
| 0,45 | 0,159,043 | 0,228,69 | 155,862 | 0,235,12 | 159,043 | 0,247,72 | 162,293 |
| 0,46 | 0,166,191 | 0,223,45 | 162,867 | 0,232,67 | 166,191 | 0,242,07 | 169,515 |
| 0,47 | 0,173,495 | 0,218,45 | 170,025 | 0,227,46 | 173,495 | 0,236,62 | 176,965 |
| 0,48 | 0,180,956 | 0,213,67 | 177,337 | 0,222,43 | 180,956 | 0,231,47 | 184,575 |
| 0,49 | 0,188,575 | 0,209,10 | 184,804 | 0,217,72 | 188,575 | 0,226,51 | 192,347 |
| 0,50 | 0,196,350 | 0,204,71 | 192,423 | 0,213,15 | 196,350 | 0,221,76 | 200,277 |
| 0,55 | 0,237,583 | 0,185,23 | 232,831 | 0,192,92 | 237,583 | 0,200,71 | 242,335 |
| 0,60 | 0,282,744 | 0,169,21 | 277,089 | 0,176,19 | 282,744 | 0,183,31 | 288,399 |
| 0,65 | 0,331,832 | 0,155,71 | 325,195 | 0,162,13 | 331,832 | 0,168,68 | 338,469 |
| 0,70 | 0,384,846 | 0,144,19 | 377,149 | 0,150,14 | 384,846 | 0,156,21 | 392,543 |
| 0,75 | 0,441,788 | 0,134,26 | 432,952 | 0,139,80 | 441,788 | 0,145,45 | 450,621 |
| 0,80 | 0,502,656 | 0,125,62 | 492,603 | 0,130,80 | 502,656 | 0,136,03 | 512,707 |
| 0,85 | 0,567,451 | 0,118,01 | 556,102 | 0,122,88 | 567,451 | 0,127,84 | 573,800 |
| 0,90 | 0,636,174 | 0,111,27 | 623,451 | 0,115,85 | 636,174 | 0,120,54 | 648,897 |
| 0,95 | 0,708,823 | 0,105,26 | 694,647 | 0,109,60 | 708,823 | 0,114,03 | 722,999 |
| 1,00 | 0,785,400 | 0,099,37 | 769,692 | 0,103,99 | 785,400 | 0,108,19 | 801,108 |

| DIAMÈTRES (mèt.) | 1 MÉT. 4 CENT. Charges | 1 MÉT. 4 CENT. Volumes | 1 MÈTRE 6 CENT. Charges | 1 MÈTRE 6 CENT. Volumes | 1 MÈTRE 8 CENT. Charges | 1 MÈTRE 8 CENT. Volumes | 1 MÈTRE 10 CENT. Charges | 1 MÈTRE 10 CENT. Volumes | 1 MÈTRE 12 CENT. Charges | 1 MÈTRE 12 CENT. Volumes |
|---|---|---|---|---|---|---|---|---|---|---|
| 0,01 | 38,959 | 0,082 | 40,472 | 0,083 | 42,011 | 0,085 | 43,551 | 0,086 | 43,559 | 0,088 |
| 0,02 | 12,452 | 0,327 | 12,965 | 0,333 | 13,460 | 0,339 | 13,964 | 0,346 | 14,813 | 0,352 |
| 0,027 | 7,961,8 | 0,595 | 8,203,6 | 0,607 | 8,521,3 | 0,618 | 8,839,5 | 0,630 | 9,164,2 | 0,641 |
| 0,03 | 6,766,0 | 0,735 | 7,028,7 | 0,749 | 7,296,5 | 0,763 | 7,569,2 | 0,778 | 7,848,9 | 0,792 |
| 0,04 | 4,491,3 | 1,307 | 4,665,8 | 1,332 | 4,843,5 | 1,357 | 5,024,5 | 1,382 | 5,263,9 | 1,407 |
| 0,05 | 3,313,2 | 2,042 | 3,441,8 | 2,081 | 3,572,9 | 2,121 | 3,706,5 | 2,160 | 3,842,5 | 2,199 |
| 0,054 | 2,930,0 | 2,382 | 3,107,1 | 2,428 | 3,225,4 | 2,473 | 3,345,1 | 2,519 | 3,668,6 | 2,565 |
| 0,06 | 2,605,5 | 2,940 | 2,706,6 | 2,997 | 2,809,7 | 3,054 | 2,911,8 | 3,110 | 3,021,7 | 3,167 |
| 0,07 | 2,138,0 | 4,002 | 2,221,1 | 4,079 | 2,305,7 | 4,156 | 2,391,0 | 4,233 | 2,779,6 | 4,310 |
| 0,08 | 1,804,3 | 5,228 | 1,878,5 | 5,327 | 1,950,1 | 5,429 | 2,023,0 | 5,529 | 2,097,2 | 5,630 |
| 0,081 | 1,780,5 | 5,359 | 1,849,8 | 5,461 | 1,920,2 | 5,565 | 1,992,0 | 5,668 | 2,065,1 | 5,770 |
| 0,09 | 1,564,2 | 6,616 | 1,624,9 | 6,743 | 1,685,8 | 6,871 | 1,749,9 | 6,998 | 1,814,1 | 7,124 |
| 0,10 | 1,376,7 | 8,168 | 1,430,1 | 8,325 | 1,484,6 | 8,482 | 1,520,1 | 8,639 | 1,596,6 | 8,796 |
| 0,108 | 1,255,5 | 9,528 | 1,301,2 | 9,709 | 1,353,9 | 9,894 | 1,404,5 | 10,077 | 1,456,1 | 10,260 |
| 0,11 | 1,223,1 | 9,883 | 1,276,1 | 10,072 | 1,324,7 | 10,263 | 1,373,2 | 10,454 | 1,424,6 | 10,643 |
| 0,12 | 1,103,3 | 11,762 | 1,151,4 | 11,988 | 1,195,2 | 12,215 | 1,239,9 | 12,441 | 1,285,4 | 12,666 |
| 0,13 | 1,007,3 | 13,804 | 1,048,5 | 14,069 | 1,088,4 | 14,335 | 1,129,1 | 14,601 | 1,170,5 | 14,866 |
| 0,135 | 0,965,99 | 14,887 | 1,003,5 | 15,172 | 1,041,7 | 15,459 | 1,080,7 | 15,745 | 1,120,3 | 16,030 |
| 0,14 | 0,926,20 | 16,010 | 0,962,17 | 16,318 | 0,998,82 | 16,626 | 1,036,2 | 16,933 | 1,074,2 | 17,241 |
| 0,15 | 0,855,37 | 18,379 | 0,888,80 | 18,731 | 0,922,65 | 19,086 | 0,957,11 | 19,439 | 0,992,26 | 19,793 |
| 0,16 | 0,793,81 | 20,910 | 0,825,68 | 21,312 | 0,857,13 | 21,714 | 0,889,17 | 22,117 | 0,921,80 | 22,519 |
| 0,162 | 0,783,67 | 21,436 | 0,814,10 | 21,848 | 0,845,11 | 22,261 | 0,876,70 | 22,673 | 0,905,87 | 23,085 |
| 0,17 | 0,742,60 | 23,606 | 0,770,82 | 24,060 | 0,800,18 | 24,514 | 0,830,09 | 24,968 | 0,860,55 | 25,422 |
| 0,18 | 0,699,30 | 26,465 | 0,722,71 | 26,973 | 0,750,21 | 27,483 | 0,773,29 | 27,992 | 0,806,84 | 28,500 |
| 0,19 | 0,659,46 | 29,487 | 0,680,20 | 30,053 | 0,706,11 | 30,621 | 0,732,51 | 31,188 | 0,759,39 | 31,755 |
| 0,20 | 0,623,13 | 32,673 | 0,642,36 | 33,300 | 0,666,83 | 33,930 | 0,691,76 | 34,558 | 0,717,13 | 35,186 |
| 0,21 | 0,590,73 | 36,021 | 0,608,48 | 36,715 | 0,631,66 | 37,407 | 0,655,27 | 38,100 | 0,679,31 | 38,792 |
| 0,216 | 0,571,21 | 38,110 | 0,589,80 | 38,843 | 0,612,26 | 39,576 | 0,635,15 | 40,308 | 0,655,46 | 41,041 |
| 0,22 | 0,559,12 | 39,534 | 0,577,96 | 40,294 | 0,599,98 | 41,054 | 0,622,40 | 41,815 | 0,635,23 | 42,575 |
| 0,23 | 0,531,19 | 43,207 | 0,550,83 | 44,038 | 0,571,29 | 44,869 | 0,592,65 | 45,700 | 0,611,39 | 46,531 |
| 0,24 | 0,505,43 | 47,049 | 0,525,21 | 47,953 | 0,545,21 | 48,858 | 0,565,59 | 49,763 | 0,586,35 | 50,668 |
| 0,25 | 0,483,29 | 51,051 | 0,502,26 | 52,032 | 0,521,39 | 53,015 | 0,540,88 | 53,996 | 0,560,73 | 54,979 |
| 0,26 | 0,463,37 | 55,217 | 0,481,22 | 56,278 | 0,499,35 | 57,340 | 0,519,22 | 58,402 | 0,537,24 | 59,464 |
| 0,27 | 0,444,37 | 59,546 | 0,461,87 | 60,691 | 0,479,16 | 61,836 | 0,497,38 | 62,981 | 0,515,63 | 64,127 |
| 0,28 | 0,427,11 | 64,038 | 0,443,93 | 65,270 | 0,460,90 | 66,501 | 0,478,13 | 67,733 | 0,495,68 | 68,964 |
| 0,29 | 0,411,43 | 68,694 | 0,427,45 | 70,015 | 0,443,73 | 71,336 | 0,460,32 | 72,657 | 0,477,21 | 73,978 |
| 0,30 | 0,396,86 | 73,513 | 0,412,03 | 74,928 | 0,427,78 | 76,341 | 0,443,77 | 77,755 | 0,460,06 | 79,168 |
| 0,31 | 0,383,01 | 78,496 | 0,397,78 | 80,006 | 0,412,94 | 81,515 | 0,428,37 | 83,025 | 0,444,09 | 84,534 |
| 0,32 | 0,370,05 | 83,642 | 0,384,14 | 85,250 | 0,399,08 | 86,859 | 0,414,90 | 88,467 | 0,429,19 | 90,076 |
| 0,325 | 0,363,80 | 86,276 | 0,378,10 | 87,935 | 0,392,50 | 89,595 | 0,407,17 | 91,254 | 0,422,11 | 92,913 |
| 0,33 | 0,357,83 | 88,951 | 0,371,05 | 90,662 | 0,386,12 | 92,372 | 0,400,56 | 94,083 | 0,415,25 | 95,794 |
| 0,34 | 0,346,79 | 94,424 | 0,360,23 | 96,239 | 0,373,98 | 98,055 | 0,387,96 | 99,871 | 0,402,19 | 101,687 |
| 0,35 | 0,336,18 | 100,060 | 0,349,26 | 101,985 | 0,362,55 | 103,909 | 0,376,12 | 105,833 | 0,389,92 | 107,757 |
| 0,36 | 0,326,55 | 105,859 | 0,338,92 | 107,895 | 0,351,83 | 109,931 | 0,364,93 | 111,967 | 0,378,37 | 114,003 |
| 0,37 | 0,317,43 | 111,822 | 0,329,17 | 113,972 | 0,341,70 | 116,123 | 0,354,48 | 118,273 | 0,367,48 | 120,423 |
| 0,38 | 0,308,57 | 117,948 | 0,319,96 | 120,217 | 0,332,15 | 122,485 | 0,344,86 | 124,753 | 0,357,21 | 127,021 |
| 0,39 | 0,300,43 | 124,237 | 0,311,25 | 126,627 | 0,323,11 | 129,016 | 0,335,19 | 131,405 | 0,347,49 | 133,794 |
| 0,40 | 0,292,57 | 130,690 | 0,303,01 | 133,204 | 0,314,55 | 135,717 | 0,326,31 | 138,230 | 0,338,28 | 140,744 |
| 0,41 | 0,284,93 | 137,307 | 0,295,18 | 139,948 | 0,306,43 | 142,588 | 0,317,58 | 145,229 | 0,329,55 | 147,869 |
| 0,42 | 0,277,53 | 144,086 | 0,287,75 | 146,857 | 0,298,72 | 149,629 | 0,309,58 | 152,400 | 0,321,25 | 155,170 |
| 0,43 | 0,270,69 | 151,029 | 0,280,69 | 153,934 | 0,291,38 | 156,839 | 0,302,27 | 159,743 | 0,313,36 | 162,648 |
| 0,44 | 0,264,13 | 158,135 | 0,273,96 | 161,176 | 0,284,29 | 164,217 | 0,295,03 | 167,258 | 0,305,85 | 170,299 |
| 0,45 | 0,257,74 | 165,405 | 0,267,55 | 168,586 | 0,277,74 | 171,766 | 0,288,12 | 174,947 | 0,298,60 | 178,128 |
| 0,46 | 0,251,65 | 172,838 | 0,261,42 | 176,163 | 0,271,38 | 179,486 | 0,281,53 | 182,810 | 0,291,56 | 186,134 |
| 0,47 | 0,245,80 | 180,434 | 0,255,57 | 183,905 | 0,265,31 | 187,375 | 0,275,23 | 190,845 | 0,285,33 | 194,314 |
| 0,48 | 0,240,21 | 188,194 | 0,249,98 | 191,813 | 0,259,50 | 195,432 | 0,269,20 | 199,052 | 0,279,03 | 202,671 |
| 0,49 | 0,234,86 | 196,118 | 0,244,63 | 199,890 | 0,253,55 | 203,661 | 0,263,44 | 207,433 | 0,273,11 | 211,204 |
| 0,50 | 0,230,13 | 204,204 | 0,239,50 | 208,131 | 0,248,62 | 212,058 | 0,257,91 | 215,985 | 0,267,38 | 219,912 |
| 0,55 | 0,207,59 | 247,086 | 0,216,76 | 251,838 | 0,225,02 | 256,590 | 0,233,43 | 261,341 | 0,242,00 | 266,093 |
| 0,60 | 0,189,32 | 294,053 | 0,197,97 | 299,709 | 0,205,51 | 305,363 | 0,213,19 | 311,018 | 0,221,01 | 316,673 |
| 0,65 | 0,174,23 | 345,105 | 0,182,16 | 351,742 | 0,189,10 | 358,379 | 0,196,17 | 365,015 | 0,203,37 | 371,652 |
| 0,70 | 0,161,21 | 400,240 | 0,168,70 | 407,937 | 0,175,12 | 415,634 | 0,181,67 | 423,331 | 0,188,34 | 431,028 |
| 0,75 | 0,150,13 | 459,459 | 0,157,08 | 468,295 | 0,163,06 | 477,131 | 0,169,18 | 485,967 | 0,175,36 | 494,803 |
| 0,80 | 0,140,31 | 522,762 | 0,146,96 | 532,815 | 0,152,56 | 542,868 | 0,158,26 | 552,922 | 0,164,07 | 562,975 |
| 0,85 | 0,131,41 | 590,149 | 0,138,06 | 601,498 | 0,143,32 | 612,847 | 0,148,63 | 624,196 | 0,154,13 | 635,545 |
| 0,90 | 0,123,53 | 661,621 | 0,130,18 | 674,344 | 0,135,11 | 687,068 | 0,140,19 | 699,791 | 0,145,34 | 712,515 |
| 0,95 | 0,116,50 | 737,176 | 0,123,15 | 751,352 | 0,127,84 | 765,529 | 0,132,62 | 779,705 | 0,137,47 | 793,882 |
| 1,00 | 0,109,99 | 816,816 | 0,116,64 | 832,524 | 0,121,29 | 848,232 | 0,125,83 | 863,940 | 0,130,44 | 879,648 |

| TUYAUX NEUFS | | VITESSES | | | | | | | | | | | | | | | |
|---|---|---|---|---|---|---|---|---|---|---|---|---|---|---|---|---|---|
| | | 1 MÈTRE 14 CENTIMÈTRES. | | 1 MÈTRE 16 CENTIMÈTRES. | | 1 MÈTRE 18 CENTIMÈTRES. | | 1 MÈTRE 20 CENTIMÈTRES. | | 1 MÈTRE 22 CENTIMÈTRES. | | 1 MÈTRE 24 CENTIMÈTRES. | | 1 MÈTRE 26 CENTIMÈTRES. | | 1 MÈTRE 28 CENTIMÈTRES. | |
| | | CHARGES par 100 mètres. | VOLUMES débités. | CHARGES par 100 mètres. | VOLUMES débités. | CHARGES par 100 mètres. | VOLUMES débités. | CHARGES par 100 mètres. | VOLUMES débités. | CHARGES par 100 mètres. | VOLUMES débités. | CHARGES par 100 mètres. | VOLUMES débités. | CHARGES par 100 mètres. | VOLUMES débités. | CHARGES par 100 mètres. | VOLUMES débités. |

| 0,01 | [illegible] | [illegible] | [illegible] | [illegible] | [illegible] | [illegible] | [illegible] | [illegible] | [illegible] | [illegible] | [illegible] | [illegible] | [illegible] | [illegible] | [illegible] | [illegible] | [illegible] |
| 0,02 | [illegible] | [illegible] | [illegible] | [illegible] | [illegible] | [illegible] | [illegible] | [illegible] | [illegible] | [illegible] | [illegible] | [illegible] | [illegible] | [illegible] | [illegible] | [illegible] | [illegible] |
| 0,027 | [illegible] | [illegible] | [illegible] | [illegible] | [illegible] | [illegible] | [illegible] | [illegible] | [illegible] | [illegible] | [illegible] | [illegible] | [illegible] | [illegible] | [illegible] | [illegible] | [illegible] |
| 0,03 | [illegible] | [illegible] | [illegible] | [illegible] | [illegible] | [illegible] | [illegible] | [illegible] | [illegible] | [illegible] | [illegible] | [illegible] | [illegible] | [illegible] | [illegible] | [illegible] | [illegible] |
| 0,04 | [illegible] | [illegible] | [illegible] | [illegible] | [illegible] | [illegible] | [illegible] | [illegible] | [illegible] | [illegible] | [illegible] | [illegible] | [illegible] | [illegible] | [illegible] | [illegible] | [illegible] |
| 0,045 | [illegible] | [illegible] | [illegible] | [illegible] | [illegible] | [illegible] | [illegible] | [illegible] | [illegible] | [illegible] | [illegible] | [illegible] | [illegible] | [illegible] | [illegible] | [illegible] | [illegible] |
| 0,05 | [illegible] | [illegible] | [illegible] | [illegible] | [illegible] | [illegible] | [illegible] | [illegible] | [illegible] | [illegible] | [illegible] | [illegible] | [illegible] | [illegible] | [illegible] | [illegible] | [illegible] |
| 0,055 | [illegible] | [illegible] | [illegible] | [illegible] | [illegible] | [illegible] | [illegible] | [illegible] | [illegible] | [illegible] | [illegible] | [illegible] | [illegible] | [illegible] | [illegible] | [illegible] | [illegible] |
| 0,06 | [illegible] | [illegible] | [illegible] | [illegible] | [illegible] | [illegible] | [illegible] | [illegible] | [illegible] | [illegible] | [illegible] | [illegible] | [illegible] | [illegible] | [illegible] | [illegible] | [illegible] |
| 0,07 | [illegible] | [illegible] | [illegible] | [illegible] | [illegible] | [illegible] | [illegible] | [illegible] | [illegible] | [illegible] | [illegible] | [illegible] | [illegible] | [illegible] | [illegible] | [illegible] | [illegible] |
| 0,08 | [illegible] | [illegible] | [illegible] | [illegible] | [illegible] | [illegible] | [illegible] | [illegible] | [illegible] | [illegible] | [illegible] | [illegible] | [illegible] | [illegible] | [illegible] | [illegible] | [illegible] |
| 0,09 | [illegible] | [illegible] | [illegible] | [illegible] | [illegible] | [illegible] | [illegible] | [illegible] | [illegible] | [illegible] | [illegible] | [illegible] | [illegible] | [illegible] | [illegible] | [illegible] | [illegible] |
| 0,10 | [illegible] | [illegible] | [illegible] | [illegible] | [illegible] | [illegible] | [illegible] | [illegible] | [illegible] | [illegible] | [illegible] | [illegible] | [illegible] | [illegible] | [illegible] | [illegible] | [illegible] |
| 0,105 | [illegible] | [illegible] | [illegible] | [illegible] | [illegible] | [illegible] | [illegible] | [illegible] | [illegible] | [illegible] | [illegible] | [illegible] | [illegible] | [illegible] | [illegible] | [illegible] | [illegible] |
| 0,11 | [illegible] | [illegible] | [illegible] | [illegible] | [illegible] | [illegible] | [illegible] | [illegible] | [illegible] | [illegible] | [illegible] | [illegible] | [illegible] | [illegible] | [illegible] | [illegible] | [illegible] |
| 0,12 | [illegible] | [illegible] | [illegible] | [illegible] | [illegible] | [illegible] | [illegible] | [illegible] | [illegible] | [illegible] | [illegible] | [illegible] | [illegible] | [illegible] | [illegible] | [illegible] | [illegible] |
| 0,13 | [illegible] | [illegible] | [illegible] | [illegible] | [illegible] | [illegible] | [illegible] | [illegible] | [illegible] | [illegible] | [illegible] | [illegible] | [illegible] | [illegible] | [illegible] | [illegible] | [illegible] |
| 0,135 | [illegible] | [illegible] | [illegible] | [illegible] | [illegible] | [illegible] | [illegible] | [illegible] | [illegible] | [illegible] | [illegible] | [illegible] | [illegible] | [illegible] | [illegible] | [illegible] | [illegible] |
| 0,14 | [illegible] | [illegible] | [illegible] | [illegible] | [illegible] | [illegible] | [illegible] | [illegible] | [illegible] | [illegible] | [illegible] | [illegible] | [illegible] | [illegible] | [illegible] | [illegible] | [illegible] |
| 0,15 | [illegible] | [illegible] | [illegible] | [illegible] | [illegible] | [illegible] | [illegible] | [illegible] | [illegible] | [illegible] | [illegible] | [illegible] | [illegible] | [illegible] | [illegible] | [illegible] | [illegible] |
| 0,16 | [illegible] | [illegible] | [illegible] | [illegible] | [illegible] | [illegible] | [illegible] | [illegible] | [illegible] | [illegible] | [illegible] | [illegible] | [illegible] | [illegible] | [illegible] | [illegible] | [illegible] |
| 0,162 | [illegible] | [illegible] | [illegible] | [illegible] | [illegible] | [illegible] | [illegible] | [illegible] | [illegible] | [illegible] | [illegible] | [illegible] | [illegible] | [illegible] | [illegible] | [illegible] | [illegible] |
| 0,17 | [illegible] | [illegible] | [illegible] | [illegible] | [illegible] | [illegible] | [illegible] | [illegible] | [illegible] | [illegible] | [illegible] | [illegible] | [illegible] | [illegible] | [illegible] | [illegible] | [illegible] |
| 0,18 | [illegible] | [illegible] | [illegible] | [illegible] | [illegible] | [illegible] | [illegible] | [illegible] | [illegible] | [illegible] | [illegible] | [illegible] | [illegible] | [illegible] | [illegible] | [illegible] | [illegible] |
| 0,19 | [illegible] | [illegible] | [illegible] | [illegible] | [illegible] | [illegible] | [illegible] | [illegible] | [illegible] | [illegible] | [illegible] | [illegible] | [illegible] | [illegible] | [illegible] | [illegible] | [illegible] |
| 0,20 | [illegible] | [illegible] | [illegible] | [illegible] | [illegible] | [illegible] | [illegible] | [illegible] | [illegible] | [illegible] | [illegible] | [illegible] | [illegible] | [illegible] | [illegible] | [illegible] | [illegible] |
| 0,21 | [illegible] | [illegible] | [illegible] | [illegible] | [illegible] | [illegible] | [illegible] | [illegible] | [illegible] | [illegible] | [illegible] | [illegible] | [illegible] | [illegible] | [illegible] | [illegible] | [illegible] |
| 0,215 | [illegible] | [illegible] | [illegible] | [illegible] | [illegible] | [illegible] | [illegible] | [illegible] | [illegible] | [illegible] | [illegible] | [illegible] | [illegible] | [illegible] | [illegible] | [illegible] | [illegible] |
| 0,22 | [illegible] | [illegible] | [illegible] | [illegible] | [illegible] | [illegible] | [illegible] | [illegible] | [illegible] | [illegible] | [illegible] | [illegible] | [illegible] | [illegible] | [illegible] | [illegible] | [illegible] |
| 0,23 | [illegible] | [illegible] | [illegible] | [illegible] | [illegible] | [illegible] | [illegible] | [illegible] | [illegible] | [illegible] | [illegible] | [illegible] | [illegible] | [illegible] | [illegible] | [illegible] | [illegible] |
| 0,24 | [illegible] | [illegible] | [illegible] | [illegible] | [illegible] | [illegible] | [illegible] | [illegible] | [illegible] | [illegible] | [illegible] | [illegible] | [illegible] | [illegible] | [illegible] | [illegible] | [illegible] |
| 0,25 | [illegible] | [illegible] | [illegible] | [illegible] | [illegible] | [illegible] | [illegible] | [illegible] | [illegible] | [illegible] | [illegible] | [illegible] | [illegible] | [illegible] | [illegible] | [illegible] | [illegible] |
| 0,26 | [illegible] | [illegible] | [illegible] | [illegible] | [illegible] | [illegible] | [illegible] | [illegible] | [illegible] | [illegible] | [illegible] | [illegible] | [illegible] | [illegible] | [illegible] | [illegible] | [illegible] |
| 0,27 | [illegible] | [illegible] | [illegible] | [illegible] | [illegible] | [illegible] | [illegible] | [illegible] | [illegible] | [illegible] | [illegible] | [illegible] | [illegible] | [illegible] | [illegible] | [illegible] | [illegible] |
| 0,28 | [illegible] | [illegible] | [illegible] | [illegible] | [illegible] | [illegible] | [illegible] | [illegible] | [illegible] | [illegible] | [illegible] | [illegible] | [illegible] | [illegible] | [illegible] | [illegible] | [illegible] |
| 0,29 | [illegible] | [illegible] | [illegible] | [illegible] | [illegible] | [illegible] | [illegible] | [illegible] | [illegible] | [illegible] | [illegible] | [illegible] | [illegible] | [illegible] | [illegible] | [illegible] | [illegible] |
| 0,30 | [illegible] | [illegible] | [illegible] | [illegible] | [illegible] | [illegible] | [illegible] | [illegible] | [illegible] | [illegible] | [illegible] | [illegible] | [illegible] | [illegible] | [illegible] | [illegible] | [illegible] |
| 0,31 | [illegible] | [illegible] | [illegible] | [illegible] | [illegible] | [illegible] | [illegible] | [illegible] | [illegible] | [illegible] | [illegible] | [illegible] | [illegible] | [illegible] | [illegible] | [illegible] | [illegible] |
| 0,32 | [illegible] | [illegible] | [illegible] | [illegible] | [illegible] | [illegible] | [illegible] | [illegible] | [illegible] | [illegible] | [illegible] | [illegible] | [illegible] | [illegible] | [illegible] | [illegible] | [illegible] |
| 0,325 | [illegible] | [illegible] | [illegible] | [illegible] | [illegible] | [illegible] | [illegible] | [illegible] | [illegible] | [illegible] | [illegible] | [illegible] | [illegible] | [illegible] | [illegible] | [illegible] | [illegible] |
| 0,33 | [illegible] | [illegible] | [illegible] | [illegible] | [illegible] | [illegible] | [illegible] | [illegible] | [illegible] | [illegible] | [illegible] | [illegible] | [illegible] | [illegible] | [illegible] | [illegible] | [illegible] |
| 0,34 | [illegible] | [illegible] | [illegible] | [illegible] | [illegible] | [illegible] | [illegible] | [illegible] | [illegible] | [illegible] | [illegible] | [illegible] | [illegible] | [illegible] | [illegible] | [illegible] | [illegible] |
| 0,35 | [illegible] | [illegible] | [illegible] | [illegible] | [illegible] | [illegible] | [illegible] | [illegible] | [illegible] | [illegible] | [illegible] | [illegible] | [illegible] | [illegible] | [illegible] | [illegible] | [illegible] |
| 0,36 | [illegible] | [illegible] | [illegible] | [illegible] | [illegible] | [illegible] | [illegible] | [illegible] | [illegible] | [illegible] | [illegible] | [illegible] | [illegible] | [illegible] | [illegible] | [illegible] | [illegible] |
| 0,37 | [illegible] | [illegible] | [illegible] | [illegible] | [illegible] | [illegible] | [illegible] | [illegible] | [illegible] | [illegible] | [illegible] | [illegible] | [illegible] | [illegible] | [illegible] | [illegible] | [illegible] |
| 0,38 | [illegible] | [illegible] | [illegible] | [illegible] | [illegible] | [illegible] | [illegible] | [illegible] | [illegible] | [illegible] | [illegible] | [illegible] | [illegible] | [illegible] | [illegible] | [illegible] | [illegible] |
| 0,39 | [illegible] | [illegible] | [illegible] | [illegible] | [illegible] | [illegible] | [illegible] | [illegible] | [illegible] | [illegible] | [illegible] | [illegible] | [illegible] | [illegible] | [illegible] | [illegible] | [illegible] |
| 0,40 | [illegible] | [illegible] | [illegible] | [illegible] | [illegible] | [illegible] | [illegible] | [illegible] | [illegible] | [illegible] | [illegible] | [illegible] | [illegible] | [illegible] | [illegible] | [illegible] | [illegible] |
| 0,41 | [illegible] | [illegible] | [illegible] | [illegible] | [illegible] | [illegible] | [illegible] | [illegible] | [illegible] | [illegible] | [illegible] | [illegible] | [illegible] | [illegible] | [illegible] | [illegible] | [illegible] |
| 0,42 | [illegible] | [illegible] | [illegible] | [illegible] | [illegible] | [illegible] | [illegible] | [illegible] | [illegible] | [illegible] | [illegible] | [illegible] | [illegible] | [illegible] | [illegible] | [illegible] | [illegible] |
| 0,43 | [illegible] | [illegible] | [illegible] | [illegible] | [illegible] | [illegible] | [illegible] | [illegible] | [illegible] | [illegible] | [illegible] | [illegible] | [illegible] | [illegible] | [illegible] | [illegible] | [illegible] |
| 0,44 | [illegible] | [illegible] | [illegible] | [illegible] | [illegible] | [illegible] | [illegible] | [illegible] | [illegible] | [illegible] | [illegible] | [illegible] | [illegible] | [illegible] | [illegible] | [illegible] | [illegible] |
| 0,45 | [illegible] | [illegible] | [illegible] | [illegible] | [illegible] | [illegible] | [illegible] | [illegible] | [illegible] | [illegible] | [illegible] | [illegible] | [illegible] | [illegible] | [illegible] | [illegible] | [illegible] |
| 0,46 | [illegible] | [illegible] | [illegible] | [illegible] | [illegible] | [illegible] | [illegible] | [illegible] | [illegible] | [illegible] | [illegible] | [illegible] | [illegible] | [illegible] | [illegible] | [illegible] | [illegible] |
| 0,47 | [illegible] | [illegible] | [illegible] | [illegible] | [illegible] | [illegible] | [illegible] | [illegible] | [illegible] | [illegible] | [illegible] | [illegible] | [illegible] | [illegible] | [illegible] | [illegible] | [illegible] |
| 0,48 | [illegible] | [illegible] | [illegible] | [illegible] | [illegible] | [illegible] | [illegible] | [illegible] | [illegible] | [illegible] | [illegible] | [illegible] | [illegible] | [illegible] | [illegible] | [illegible] | [illegible] |
| 0,49 | [illegible] | [illegible] | [illegible] | [illegible] | [illegible] | [illegible] | [illegible] | [illegible] | [illegible] | [illegible] | [illegible] | [illegible] | [illegible] | [illegible] | [illegible] | [illegible] | [illegible] |
| 0,50 | [illegible] | [illegible] | [illegible] | [illegible] | [illegible] | [illegible] | [illegible] | [illegible] | [illegible] | [illegible] | [illegible] | [illegible] | [illegible] | [illegible] | [illegible] | [illegible] | [illegible] |
| 0,55 | [illegible] | [illegible] | [illegible] | [illegible] | [illegible] | [illegible] | [illegible] | [illegible] | [illegible] | [illegible] | [illegible] | [illegible] | [illegible] | [illegible] | [illegible] | [illegible] | [illegible] |
| 0,60 | [illegible] | [illegible] | [illegible] | [illegible] | [illegible] | [illegible] | [illegible] | [illegible] | [illegible] | [illegible] | [illegible] | [illegible] | [illegible] | [illegible] | [illegible] | [illegible] | [illegible] |
| 0,65 | [illegible] | [illegible] | [illegible] | [illegible] | [illegible] | [illegible] | [illegible] | [illegible] | [illegible] | [illegible] | [illegible] | [illegible] | [illegible] | [illegible] | [illegible] | [illegible] | [illegible] |
| 0,70 | [illegible] | [illegible] | [illegible] | [illegible] | [illegible] | [illegible] | [illegible] | [illegible] | [illegible] | [illegible] | [illegible] | [illegible] | [illegible] | [illegible] | [illegible] | [illegible] | [illegible] |
| 0,75 | [illegible] | [illegible] | [illegible] | [illegible] | [illegible] | [illegible] | [illegible] | [illegible] | [illegible] | [illegible] | [illegible] | [illegible] | [illegible] | [illegible] | [illegible] | [illegible] | [illegible] |
| 0,80 | [illegible] | [illegible] | [illegible] | [illegible] | [illegible] | [illegible] | [illegible] | [illegible] | [illegible] | [illegible] | [illegible] | [illegible] | [illegible] | [illegible] | [illegible] | [illegible] | [illegible] |
| 0,85 | [illegible] | [illegible] | [illegible] | [illegible] | [illegible] | [illegible] | [illegible] | [illegible] | [illegible] | [illegible] | [illegible] | [illegible] | [illegible] | [illegible] | [illegible] | [illegible] | [illegible] |
| 0,90 | [illegible] | [illegible] | [illegible] | [illegible] | [illegible] | [illegible] | [illegible] | [illegible] | [illegible] | [illegible] | [illegible] | [illegible] | [illegible] | [illegible] | [illegible] | [illegible] | [illegible] |
| 0,95 | [illegible] | [illegible] | [illegible] | [illegible] | [illegible] | [illegible] | [illegible] | [illegible] | [illegible] | [illegible] | [illegible] | [illegible] | [illegible] | [illegible] | [illegible] | [illegible] | [illegible] |
| 1,00 | [illegible] | [illegible] | [illegible] | [illegible] | [illegible] | [illegible] | [illegible] | [illegible] | [illegible] | [illegible] | [illegible] | [illegible] | [illegible] | [illegible] | [illegible] | [illegible] | [illegible] |

TUYAUX NEUFS. — VITESSES.

Pour chaque vitesse (1 mètre 30 à 1 mètre 44 centimètres) : CHARGES par 100 mètres (mét.) et VOLUMES débités (lit.). DIAMÈTRES et SECTIONS en mètres.

| DIAMÈTRES (mét.) | SECTIONS (mét.) | CHARGES 1 m 30 | VOLUMES 1 m 30 | CHARGES 1 m 32 | VOLUMES 1 m 32 | CHARGES 1 m 34 | VOLUMES 1 m 34 | CHARGES 1 m 36 | VOLUMES 1 m 36 | CHARGES 1 m 38 | VOLUMES 1 m 38 | CHARGES 1 m 40 | VOLUMES 1 m 40 | CHARGES 1 m 42 | VOLUMES 1 m 42 | CHARGES 1 m 44 | VOLUMES 1 m 44 |
|---|---|---|---|---|---|---|---|---|---|---|---|---|---|---|---|---|---|
| 0,01 | 0,000,079 | 60,874 | 0,102 | 62,761 | 0,104 | 64,678 | 0,105 | 66,623 | 0,107 | 68,596 | 0,108 | 70,509 | 0,110 | 72,631 | 0,112 | 74,691 | 0,113 |
| 0,02 | 0,000,314 | 19,503 | 0,408 | 20,107 | 0,415 | 20,721 | 0,421 | 21,344 | 0,427 | 21,977 | 0,434 | 22,518 | 0,440 | 23,260 | 0,446 | 23,929 | 0,452 |
| 0,027 | 0,000,573 | 12,347 | 0,734 | 12,729 | 0,756 | 13,118 | 0,767 | 13,512 | 0,779 | 13,913 | 0,790 | 14,319 | 0,802 | 14,731 | 0,813 | 15,149 | 0,825 |
| 0,03 | 0,000,707 | 10,572 | 0,919 | 10,900 | 0,933 | 11,232 | 0,947 | 11,570 | 0,961 | 11,913 | 0,975 | 12,261 | 0,990 | 12,613 | 1,004 | 12,971 | 1,018 |
| 0,04 | 0,001,257 | 7,017,7 | 1,634 | 7,235,3 | 1,659 | 7,456,2 | 1,681 | 7,680,5 | 1,709 | 7,908,0 | 1,734 | 8,138,9 | 1,759 | 8,373,1 | 1,784 | 8,610,6 | 1,810 |
| 0,05 | 0,001,963 | 5,176,8 | 2,553 | 5,337,3 | 2,592 | 5,500,3 | 2,631 | 5,665,7 | 2,670 | 5,833,6 | 2,710 | 6,003,9 | 2,749 | 6,176,6 | 2,788 | 6,351,9 | 2,827 |
| 0,053 | 0,002,290 | 4,673,4 | 2,977 | 4,813,3 | 3,023 | 4,965,4 | 3,069 | 5,114,7 | 3,115 | 5,266,2 | 3,161 | 5,420,0 | 3,206 | 5,575,9 | 3,252 | 5,731,1 | 3,298 |
| 0,06 | 0,002,827 | 4,071,0 | 3,676 | 4,197,3 | 3,732 | 4,325,4 | 3,789 | 4,455,5 | 3,845 | 4,587,5 | 3,902 | 4,721,4 | 3,958 | 4,857,3 | 4,015 | 4,995,1 | 4,071 |
| 0,07 | 0,003,848 | 3,390,7 | 5,003 | 3,444,3 | 5,080 | 3,549,4 | 5,157 | 3,656,2 | 5,234 | 3,762,5 | 5,311 | 3,874,2 | 5,388 | 3,985,9 | 5,465 | 4,099,0 | 5,542 |
| 0,08 | 0,005,027 | 2,825,5 | 6,535 | 2,913,1 | 6,634 | 3,002,0 | 6,735 | 3,092,3 | 6,836 | 3,153,9 | 6,937 | 3,276,9 | 7,037 | 3,371,2 | 7,138 | 3,466,8 | 7,238 |
| 0,081 | 0,005,753 | 2,782,2 | 6,699 | 2,868,5 | 6,802 | 2,956,1 | 6,905 | 3,045,0 | 7,008 | 3,135,2 | 7,111 | 3,226,7 | 7,214 | 3,319,6 | 7,317 | 3,413,8 | 7,420 |
| 0,09 | 0,006,362 | 2,444,0 | 8,270 | 2,519,6 | 8,398 | 2,596,8 | 8,525 | 2,674,9 | 8,650 | 2,754,1 | 8,777 | 2,834,5 | 8,906 | 2,916,1 | 9,033 | 2,995,8 | 9,160 |
| 0,10 | 0,007,852 | 2,151,0 | 10,210 | 2,217,7 | 10,366 | 2,285,4 | 10,523 | 2,351,2 | 10,682 | 2,423,9 | 10,839 | 2,494,7 | 10,996 | 2,566,5 | 11,153 | 2,639,3 | 11,310 |
| 0,108 | 0,009,161 | 1,961,7 | 11,909 | 2,022,6 | 12,092 | 2,084,3 | 12,275 | 2,147,0 | 12,438 | 2,210,6 | 12,641 | 2,275,1 | 12,825 | 2,340,6 | 13,008 | 2,407,0 | 13,190 |
| 0,11 | 0,009,503 | 1,919,3 | 12,351 | 1,978,9 | 12,544 | 2,039,3 | 12,731 | 2,100,5 | 12,921 | 2,162,8 | 13,114 | 2,226,0 | 13,305 | 2,290,0 | 13,495 | 2,355,0 | 13,684 |
| 0,12 | 0,011,310 | 1,751,8 | 14,703 | 1,785,5 | 14,928 | 1,840,0 | 15,154 | 1,895,3 | 15,382 | 1,951,9 | 15,608 | 2,008,4 | 15,834 | 2,066,2 | 16,060 | 2,124,9 | 16,286 |
| 0,13 | 0,013,273 | 1,577,0 | 17,255 | 1,625,9 | 17,529 | 1,675,5 | 17,735 | 1,725,9 | 18,030 | 1,777,1 | 18,315 | 1,829,0 | 18,583 | 1,881,6 | 18,848 | 1,935,0 | 19,111 |
| 0,135 | 0,014,313 | 1,509,4 | 18,608 | 1,556,2 | 18,892 | 1,603,7 | 19,150 | 1,651,9 | 19,456 | 1,700,8 | 19,752 | 1,750,5 | 20,039 | 1,800,9 | 20,325 | 1,852,0 | 20,612 |
| 0,14 | 0,015,393 | 1,447,2 | 20,012 | 1,492,1 | 20,318 | 1,537,6 | 20,628 | 1,583,9 | 20,934 | 1,630,8 | 21,212 | 1,678,2 | 21,551 | 1,726,7 | 21,859 | 1,775,7 | 22,166 |
| 0,15 | 0,017,672 | 1,336,8 | 22,973 | 1,378,3 | 23,326 | 1,420,4 | 23,679 | 1,463,1 | 24,034 | 1,506,4 | 24,387 | 1,550,4 | 24,740 | 1,595,0 | 25,093 | 1,640,5 | 25,446 |
| 0,16 | 0,020,106 | 1,241,9 | 26,138 | 1,280,4 | 26,540 | 1,319,5 | 26,942 | 1,359,2 | 27,344 | 1,399,5 | 27,746 | 1,440,3 | 28,149 | 1,481,3 | 28,551 | 1,523,5 | 28,952 |
| 0,162 | 0,020,612 | 1,224,5 | 26,796 | 1,262,4 | 27,206 | 1,301,0 | 27,618 | 1,340,1 | 28,032 | 1,379,8 | 28,544 | 1,420,1 | 28,857 | 1,461,0 | 29,269 | 1,502,1 | 29,682 |
| 0,17 | 0,022,685 | 1,159,4 | 29,557 | 1,195,3 | 29,962 | 1,231,8 | 30,416 | 1,268,9 | 30,870 | 1,306,5 | 31,322 | 1,344,6 | 31,777 | 1,383,3 | 32,231 | 1,422,5 | 32,686 |
| 0,18 | 0,025,447 | 1,087,0 | 33,081 | 1,120,7 | 33,500 | 1,154,9 | 34,099 | 1,189,7 | 34,606 | 1,224,9 | 35,115 | 1,260,7 | 35,626 | 1,297,0 | 36,135 | 1,333,8 | 36,642 |
| 0,19 | 0,028,353 | 1,023,1 | 36,859 | 1,054,8 | 37,426 | 1,087,0 | 37,993 | 1,119,7 | 38,558 | 1,152,9 | 39,125 | 1,186,5 | 39,694 | 1,220,7 | 40,261 | 1,255,3 | 40,828 |
| 0,20 | 0,031,416 | 0,966,17 | 40,531 | 0,996,13 | 41,468 | 1,026,3 | 42,096 | 1,057,2 | 42,726 | 1,088,7 | 43,354 | 1,120,5 | 43,982 | 1,152,8 | 44,610 | 1,185,5 | 45,235 |
| 0,21 | 0,034,636 | 0,915,21 | 45,027 | 0,943,58 | 45,718 | 0,972,39 | 46,411 | 1,001,6 | 47,101 | 1,031,3 | 47,707 | 1,061,4 | 48,393 | 1,092,0 | 49,079 | 1,122,9 | 49,876 |
| 0,216 | 0,036,644 | 0,887,11 | 47,637 | 0,914,61 | 48,370 | 0,942,54 | 49,103 | 0,970,89 | 49,831 | 0,999,65 | 50,567 | 1,028,8 | 51,301 | 1,058,4 | 52,038 | 1,087,6 | 52,766 |
| 0,22 | 0,038,013 | 0,869,31 | 49,417 | 0,896,26 | 50,178 | 0,923,62 | 50,938 | 0,951,50 | 51,698 | 0,979,59 | 52,459 | 1,007,2 | 53,219 | 1,035,7 | 53,979 | 1,063,8 | 54,738 |
| 0,23 | 0,041,548 | 0,827,75 | 54,012 | 0,853,71 | 54,842 | 0,879,47 | 55,573 | 0,905,92 | 56,502 | 0,932,76 | 57,333 | 0,959,41 | 58,167 | 0,987,62 | 58,998 | 1,013,6 | 59,823 |
| 0,24 | 0,045,239 | 0,780,96 | 58,811 | 0,814,36 | 59,714 | 0,839,32 | 60,619 | 0,862,56 | 61,524 | 0,898,18 | 62,429 | 0,916,17 | 63,335 | 0,942,15 | 64,240 | 0,968,43 | 65,132 |
| 0,25 | 0,049,088 | 0,755,44 | 63,813 | 0,778,87 | 64,794 | 0,802,45 | 65,776 | 0,826,79 | 66,758 | 0,851,28 | 67,740 | 0,876,11 | 68,723 | 0,901,35 | 69,705 | 0,925,37 | 70,686 |
| 0,26 | 0,053,093 | 0,723,80 | 69,021 | 0,746,24 | 70,082 | 0,769,03 | 71,144 | 0,792,16 | 72,206 | 0,815,63 | 73,268 | 0,839,44 | 74,330 | 0,863,09 | 75,392 | 0,888,63 | 76,454 |
| 0,27 | 0,057,256 | 0,694,69 | 74,432 | 0,716,23 | 75,578 | 0,738,19 | 76,723 | 0,760,29 | 77,866 | 0,782,82 | 79,011 | 0,804,79 | 80,157 | 0,828,31 | 81,303 | 0,852,37 | 82,448 |
| 0,28 | 0,061,575 | 0,667,80 | 80,048 | 0,688,51 | 81,278 | 0,709,53 | 82,510 | 0,730,37 | 83,742 | 0,752,52 | 84,974 | 0,773,40 | 86,205 | 0,796,18 | 87,438 | 0,818,30 | 88,668 |
| 0,29 | 0,066,062 | 0,642,92 | 85,868 | 0,662,86 | 87,188 | 0,683,10 | 88,509 | 0,703,64 | 89,830 | 0,724,49 | 91,151 | 0,745,04 | 92,473 | 0,767,10 | 93,793 | 0,788,63 | 95,114 |
| 0,30 | 0,070,986 | 0,619,81 | 91,892 | 0,639,03 | 93,306 | 0,658,53 | 94,720 | 0,678,35 | 96,132 | 0,698,45 | 97,516 | 0,718,54 | 98,960 | 0,739,52 | 100,373 | 0,760,50 | 101,786 |
| 0,31 | 0,075,477 | 0,598,30 | 98,120 | 0,616,55 | 99,630 | 0,635,69 | 101,140 | 0,654,51 | 102,645 | 0,673,21 | 104,158 | 0,693,89 | 105,668 | 0,713,86 | 107,178 | 0,734,11 | 108,666 |
| 0,32 | 0,080,425 | 0,578,23 | 104,552 | 0,596,16 | 106,160 | 0,614,36 | 107,768 | 0,632,54 | 109,578 | 0,651,39 | 110,986 | 0,670,61 | 112,595 | 0,689,91 | 114,203 | 0,709,48 | 115,810 |
| 0,325 | 0,082,958 | 0,568,69 | 107,845 | 0,585,33 | 109,504 | 0,603,23 | 111,163 | 0,622,40 | 112,822 | 0,630,81 | 114,481 | 0,639,55 | 116,111 | 0,678,53 | 117,800 | 0,697,78 | 119,435 |
| 0,33 | 0,085,530 | 0,559,45 | 111,189 | 0,576,80 | 112,898 | 0,594,41 | 114,609 | 0,612,28 | 116,320 | 0,636,43 | 118,031 | 0,648,83 | 119,742 | 0,667,50 | 121,453 | 0,686,41 | 123,162 |
| 0,34 | 0,090,792 | 0,541,85 | 118,030 | 0,558,65 | 119,846 | 0,575,71 | 121,662 | 0,593,03 | 123,478 | 0,610,60 | 125,291 | 0,628,42 | 127,109 | 0,646,51 | 128,925 | 0,664,85 | 130,740 |
| 0,35 | 0,096,212 | 0,525,32 | 125,075 | 0,541,61 | 126,998 | 0,558,14 | 128,922 | 0,574,93 | 130,846 | 0,591,96 | 132,770 | 0,609,25 | 134,696 | 0,626,78 | 136,620 | 0,644,56 | 138,544 |
| 0,36 | 0,101,788 | 0,509,76 | 132,324 | 0,525,37 | 134,358 | 0,541,61 | 136,391 | 0,557,90 | 138,430 | 0,574,43 | 140,466 | 0,591,20 | 142,503 | 0,608,21 | 144,539 | 0,625,47 | 146,573 |
| 0,37 | 0,107,521 | 0,495,10 | 139,778 | 0,510,95 | 141,928 | 0,526,03 | 144,073 | 0,541,85 | 146,228 | 0,557,91 | 148,378 | 0,574,20 | 150,530 | 0,590,72 | 152,680 | 0,607,48 | 154,830 |
| 0,38 | 0,113,412 | 0,481,25 | 147,433 | 0,496,17 | 149,762 | 0,511,52 | 151,970 | 0,526,70 | 154,238 | 0,542,30 | 156,506 | 0,558,14 | 158,776 | 0,574,20 | 161,044 | 0,590,48 | 163,312 |
| 0,39 | 0,119,459 | 0,468,16 | 155,297 | 0,482,67 | 157,686 | 0,497,41 | 160,073 | 0,512,37 | 162,462 | 0,527,55 | 164,853 | 0,542,95 | 167,243 | 0,558,57 | 169,632 | 0,574,42 | 172,022 |
| 0,40 | 0,125,664 | 0,455,75 | 163,363 | 0,469,86 | 165,876 | 0,484,25 | 168,389 | 0,498,79 | 170,902 | 0,512,57 | 173,415 | 0,523,56 | 175,930 | 0,543,77 | 178,443 | 0,559,20 | 180,936 |
| 0,41 | 0,132,626 | 0,443,98 | 171,634 | 0,457,75 | 174,272 | 0,471,73 | 176,915 | 0,485,91 | 179,504 | 0,500,31 | 182,195 | 0,514,92 | 184,836 | 0,529,73 | 187,477 | 0,544,76 | 190,118 |
| 0,42 | 0,138,545 | 0,432,84 | 180,109 | 0,446,23 | 182,875 | 0,459,85 | 185,549 | 0,473,63 | 188,422 | 0,487,72 | 191,193 | 0,501,96 | 193,963 | 0,516,30 | 196,733 | 0,531,05 | 199,504 |
| 0,43 | 0,145,221 | 0,422,18 | 188,587 | 0,435,27 | 191,690 | 0,448,56 | 194,501 | 0,462,05 | 197,500 | 0,475,74 | 200,404 | 0,489,63 | 203,309 | 0,503,72 | 206,213 | 0,518,00 | 209,118 |
| 0,44 | 0,152,053 | 0,412,06 | 197,649 | 0,424,89 | 200,710 | 0,437,81 | 203,751 | 0,450,97 | 206,792 | 0,464,34 | 209,833 | 0,477,89 | 212,844 | 0,491,64 | 215,915 | 0,505,59 | 218,956 |
| 0,45 | 0,159,043 | 0,402,42 | 206,756 | 0,414,89 | 209,935 | 0,427,56 | 213,117 | 0,440,42 | 216,298 | 0,453,47 | 219,479 | 0,466,71 | 222,660 | 0,480,14 | 225,841 | 0,493,76 | 229,022 |
| 0,46 | 0,166,191 | 0,393,20 | 216,018 | 0,405,40 | 219,372 | 0,417,77 | 222,696 | 0,430,34 | 226,018 | 0,443,09 | 229,342 | 0,456,02 | 232,667 | 0,469,15 | 235,991 | 0,482,45 | 239,314 |
| 0,47 | 0,173,495 | 0,384,41 | 225,544 | 0,396,35 | 229,002 | 0,408,43 | 232,484 | 0,420,71 | 235,951 | 0,433,17 | 239,424 | 0,445,82 | 242,893 | 0,458,65 | 246,363 | 0,471,66 | 249,832 |
| 0,48 | 0,180,956 | 0,376,00 | 235,243 | 0,387,65 | 238,892 | 0,399,63 | 242,681 | 0,411,50 | 246,190 | 0,423,70 | 249,719 | 0,436,07 | 253,338 | 0,448,62 | 256,957 | 0,461,34 | 260,576 |
| 0,49 | 0,188,575 | 0,367,94 | 245,148 | 0,379,35 | 248,918 | 0,390,91 | 252,690 | 0,402,67 | 256,462 | 0,414,62 | 260,232 | 0,426,73 | 264,005 | 0,439,01 | 267,777 | 0,451,46 | 271,543 |
| 0,50 | 0,196,350 | 0,360,23 | 255,256 | 0,371,40 | 259,182 | 0,382,74 | 263,199 | 0,394,93 | 267,636 | 0,405,93 | 270,963 | 0,417,78 | 274,890 | 0,429,80 | 278,817 | 0,441,99 | 282,744 |
| 0,55 | 0,237,583 | 0,326,63 | 308,838 | 0,336,13 | 313,610 | 0,346,41 | 318,592 | 0,356,53 | 323,112 | 0,367,30 | 325,864 | 0,375,17 | 332,616 | 0,389,00 | 337,368 | 0,400,03 | 342,118 |
| 0,60 | 0,282,744 | 0,297,76 | 367,567 | 0,306,09 | 373,242 | 0,316,37 | 378,577 | 0,325,88 | 384,330 | 0,335,54 | 390,185 | 0,345,33 | 395,842 | 0,355,27 | 401,497 | 0,365,35 | 407,150 |
| 0,65 | 0,331,832 | 0,273,96 | 431,382 | 0,282,19 | 438,018 | 0,291,11 | 444,655 | 0,299,87 | 451,290 | 0,309,75 | 457,927 | 0,317,77 | 464,565 | 0,326,91 | 471,202 | 0,336,18 | 477,838 |
| 0,70 | 0,384,846 | 0,253,74 | 500,300 | 0,261,61 | 507,996 | 0,269,59 | 515,693 | 0,277,57 | 523,390 | 0,285,93 | 531,057 | 0,294,27 | 538,781 | 0,302,74 | 546,481 | 0,311,33 | 554,175 |
| 0,75 | 0,441,786 | 0,236,26 | 574,329 | 0,243,59 | 583,169 | 0,251,02 | 591,996 | 0,258,57 | 600,830 | 0,266,24 | 609,666 | 0,274,01 | 618,505 | 0,281,89 | 627,339 | 0,289,59 | 636,174 |
| 0,80 | 0,502,656 | 0,221,61 | 653,433 | 0,227,90 | 663,596 | 0,234,86 | 673,559 | 0,241,92 | 683,612 | 0,249,09 | 693,665 | 0,256,35 | 703,718 | 0,263,73 | 713,771 | 0,271,22 | 723,824 |
| 0,85 | 0,567,451 | 0,207,66 | 737,636 | 0,214,10 | 747,031 | 0,220,63 | 756,383 | 0,227,27 | 771,731 | 0,232,00 | 783,653 | 0,240,84 | 794,251 | 0,247,77 | 805,780 | 0,254,79 | 817,130 |
| 0,90 | 0,636,174 | 0,195,81 | 827,026 | 0,201,88 | 839,750 | 0,208,04 | 852,473 | 0,214,30 | 865,190 | 0,220,65 | 877,919 | 0,227,09 | 890,644 | 0,235,02 | 903,367 | 0,240,25 | 916,090 |
| 0,95 | 0,708,823 | 0,185,93 | 921,450 | 0,190,97 | 933,640 | 0,196,81 | 949,822 | 0,203,73 | 963,998 | 0,208,73 | 978,174 | 0,214,82 | 992,352 | 0,221,01 | 1,006,528 | 0,227,28 | 1,020,704 |
| 1,00 | 0,785,400 | 0,175,74 | 1,021,020 | 0,181,19 | 1,036,728 | 0,186,72 | 1,052,436 | 0,192,34 | 1,068,144 | 0,198,03 | 1,083,850 | 0,203,82 | 1,099,560 | 0,209,63 | 1,115,268 | 0,215,63 | 1,130,976 |

| TUYAUX NEUFS. | | VITESSES. | | | | | | | | | | | | | | | |
|---|---|---|---|---|---|---|---|---|---|---|---|---|---|---|---|---|---|
| | | 1 MÈTRE 46 CENTIMÈTRES. | | 1 MÈTRE 48 CENTIMÈTRES. | | 1 MÈTRE 50 CENTIMÈTRES. | | 1 MÈTRE 52 CENTIMÈTRES. | | 1 MÈTRE 54 CENTIMÈTRES. | | 1 MÈTRE 56 CENTIMÈTRES. | | 1 MÈTRE 58 CENTIMÈTRES. | | 1 MÈTRE 60 CENTIMÈTRES. | |
| DIAMÈTRES. | SECTIONS. | CHARGES par 100 mètres. | VOLUMES débités. | CHARGES par 100 mètres. | VOLUMES débités. | CHARGES par 100 mètres. | VOLUMES débités. | CHARGES par 100 mètres. | VOLUMES débités. | CHARGES par 100 mètres. | VOLUMES débités. | CHARGES par 100 mètres. | VOLUMES débités. | CHARGES par 100 mètres. | VOLUMES débités. | CHARGES par 100 mètres. | VOLUMES débités. |
| mèt. | | mèt. | lit. | mèt. | lit. | mèt. | lit. | mèt. | lit. | mèt. | lit. | mèt. | lit. | mèt. | lit. | mèt. | lit. |
| 0,01 | 0,000,079 | 76,780 | 0,115 | 75,598 | 0,116 | 81,045 | 0,118 | 83,221 | 0,119 | 85,425 | 0,121 | 87,658 | 0,123 | 89,920 | 0,124 | 92,211 | 0,126 |
| 0,02 | 0,000,314 | 24,599 | 0,459 | 25,277 | 0,465 | 25,965 | 0,471 | 26,562 | 0,478 | 27,368 | 0,484 | 28,084 | 0,490 | 23,808 | 0,496 | 29,542 | 0,503 |
| 0,027 | 0,000,573 | 15,573 | 0,836 | 16,002 | 0,847 | 16,438 | 0,859 | 16,879 | 0,870 | 17,326 | 0,882 | 17,779 | 0,893 | 18,238 | 0,905 | 18,703 | 0,916 |
| 0,03 | 0,000,707 | 13,334 | 1,032 | 13,702 | 1,046 | 14,075 | 1,060 | 14,453 | 1,075 | 14,836 | 1,089 | 15,223 | 1,103 | 15,616 | 1,117 | 16,016 | 1,131 |
| 0,04 | 0,001,257 | 8,851,6 | 1,835 | 9,095,6 | 1,860 | 9,343,1 | 1,885 | 9,593,9 | 1,910 | 9,848,1 | 1,935 | 10,106 | 1,960 | 10,368 | 1,985 | 10,630 | 2,011 |
| 0,05 | 0,001,764 | 6,529,5 | 2,867 | 6,709,6 | 2,906 | 6,892,2 | 2,945 | 7,077,2 | 2,985 | 7,264,7 | 3,024 | 7,454,6 | 3,063 | 7,647,0 | 3,102 | 7,841,8 | 3,142 |
| 0,054 | 0,002,290 | 5,894,5 | 3,344 | 6,057,1 | 3,390 | 6,221,9 | 3,435 | 6,388,9 | 3,481 | 6,558,2 | 3,527 | 6,729,6 | 3,573 | 6,903,3 | 3,619 | 7,079,2 | 3,665 |
| 0,06 | 0,002,827 | 5,134,8 | 4,128 | 5,276,5 | 4,183 | 5,420,0 | 4,241 | 5,565,5 | 4,298 | 5,712,9 | 4,354 | 5,862,3 | 4,411 | 6,013,6 | 4,467 | 6,166,8 | 4,524 |
| 0,07 | 0,003,848 | 4,213,6 | 5,619 | 4,329,9 | 5,696 | 4,447,7 | 5,773 | 4,567,1 | 5,850 | 4,658,0 | 5,927 | 4,810,6 | 6,004 | 4,934,7 | 6,081 | 5,060,6 | 6,158 |
| 0,08 | 0,005,027 | 3,563,8 | 7,339 | 3,662,1 | 7,438 | 3,761,7 | 7,540 | 3,862,7 | 7,640 | 3,965,0 | 7,741 | 4,068,7 | 7,842 | 4,173,7 | 7,943 | 4,280,0 | 8,043 |
| 0,081 | 0,005,153 | 3,509,2 | 7,523 | 3,606,0 | 7,626 | 3,702,2 | 7,730 | 3,803,6 | 7,832 | 3,904,4 | 7,935 | 4,006,4 | 8,038 | 4,109,8 | 8,141 | 4,214,5 | 8,245 |
| 0,09 | 0,006,362 | 3,082,7 | 9,287 | 3,167,7 | 9,414 | 3,253,9 | 9,543 | 3,341,3 | 9,670 | 3,429,8 | 9,797 | 3,519,4 | 9,924 | 3,610,2 | 10,051 | 3,702,2 | 10,179 |
| 0,10 | 0,007,854 | 2,713,1 | 11,467 | 2,787,9 | 11,622 | 2,863,8 | 11,781 | 2,940,7 | 11,938 | 3,018,6 | 12,095 | 3,097,5 | 12,252 | 3,177,4 | 12,409 | 3,258,4 | 12,566 |
| 0,103 | 0,009,161 | 2,474,3 | 13,373 | 2,542,5 | 13,558 | 2,611,8 | 13,741 | 2,681,9 | 13,924 | 2,752,9 | 14,107 | 2,824,9 | 14,290 | 2,897,8 | 14,473 | 2,971,6 | 14,657 |
| 0,11 | 0,009,503 | 2,480,9 | 13,874 | 2,487,7 | 14,064 | 2,555,3 | 14,255 | 2,623,9 | 14,444 | 2,693,5 | 14,634 | 2,763,9 | 14,824 | 2,835,2 | 15,014 | 2,907,4 | 15,205 |
| 0,12 | 0,011,310 | 2,134,3 | 16,512 | 2,244,5 | 16,738 | 2,305,6 | 16,965 | 2,367,5 | 17,199 | 2,430,2 | 17,416 | 2,493,8 | 17,642 | 2,558,1 | 17,868 | 2,623,3 | 18,096 |
| 0,13 | 0,013,273 | 1,969,1 | 19,379 | 2,013,9 | 19,644 | 2,099,6 | 19,910 | 2,155,9 | 20,174 | 2,213,0 | 20,439 | 2,270,9 | 20,706 | 2,329,5 | 20,971 | 2,388,8 | 21,237 |
| 0,135 | 0,014,314 | 1,903,8 | 20,898 | 1,955,3 | 21,154 | 2,009,5 | 21,471 | 2,063,4 | 21,756 | 2,118,1 | 22,042 | 2,173,5 | 22,339 | 2,229,6 | 22,616 | 2,286,4 | 22,902 |
| 0,14 | 0,015,394 | 1,825,4 | 22,474 | 1,875,7 | 22,782 | 1,926,7 | 23,094 | 1,978,5 | 23,398 | 2,030,9 | 23,706 | 2,084,0 | 24,014 | 2,137,7 | 24,322 | 2,192,2 | 24,630 |
| 0,15 | 0,017,672 | 1,686,2 | 25,799 | 1,732,7 | 26,154 | 1,779,8 | 26,507 | 1,827,6 | 26,860 | 1,876,0 | 27,213 | 1,925,0 | 27,566 | 1,974,7 | 27,919 | 2,025,0 | 28,274 |
| 0,16 | 0,020,106 | 1,566,4 | 29,354 | 1,609,6 | 29,758 | 1,653,4 | 30,159 | 1,697,8 | 30,560 | 1,742,8 | 30,962 | 1,788,3 | 31,366 | 1,834,5 | 31,768 | 1,881,2 | 32,170 |
| 0,162 | 0,020,612 | 1,544,4 | 30,094 | 1,587,0 | 30,506 | 1,630,2 | 30,918 | 1,674,0 | 31,330 | 1,718,3 | 31,742 | 1,763,2 | 32,154 | 1,808,7 | 32,566 | 1,854,8 | 32,979 |
| 0,17 | 0,022,698 | 1,462,3 | 33,140 | 1,502,7 | 33,592 | 1,543,6 | 34,047 | 1,585,0 | 34,500 | 1,627,0 | 34,954 | 1,669,5 | 35,408 | 1,712,6 | 35,862 | 1,756,2 | 36,317 |
| 0,18 | 0,025,447 | 1,371,1 | 37,151 | 1,408,9 | 37,662 | 1,447,2 | 38,170 | 1,486,1 | 38,678 | 1,525,4 | 39,187 | 1,565,3 | 39,698 | 1,605,7 | 40,207 | 1,646,6 | 40,715 |
| 0,19 | 0,028,353 | 1,296,4 | 41,395 | 1,326,0 | 41,962 | 1,362,1 | 42,529 | 1,398,7 | 43,096 | 1,435,7 | 43,663 | 1,473,3 | 44,230 | 1,511,3 | 44,797 | 1,549,8 | 45,365 |
| 0,20 | 0,031,416 | 1,218,6 | 45,866 | 1,252,3 | 46,494 | 1,286,3 | 47,124 | 1,320,0 | 47,752 | 1,355,8 | 48,380 | 1,391,3 | 49,008 | 1,427,2 | 49,636 | 1,463,6 | 50,266 |
| 0,21 | 0,034,636 | 1,154,4 | 50,569 | 1,186,2 | 51,262 | 1,218,5 | 51,954 | 1,251,2 | 52,646 | 1,284,3 | 53,339 | 1,317,9 | 54,032 | 1,351,9 | 54,725 | 1,386,3 | 55,418 |
| 0,216 | 0,036,644 | 1,118,9 | 53,499 | 1,149,8 | 54,232 | 1,181,1 | 54,965 | 1,212,8 | 55,695 | 1,244,9 | 56,431 | 1,277,4 | 57,164 | 1,310,4 | 57,897 | 1,343,5 | 58,630 |
| 0,22 | 0,038,013 | 1,096,5 | 55,493 | 1,126,7 | 56,253 | 1,157,4 | 57,020 | 1,188,4 | 57,780 | 1,219,9 | 58,540 | 1,251,8 | 59,300 | 1,284,1 | 60,060 | 1,316,8 | 60,821 |
| 0,23 | 0,041,548 | 1,044,0 | 60,659 | 1,072,8 | 61,490 | 1,102,0 | 62,322 | 1,131,6 | 63,152 | 1,161,6 | 63,983 | 1,192,0 | 64,814 | 1,222,7 | 65,645 | 1,253,9 | 66,476 |
| 0,24 | 0,045,239 | 0,996,38 | 66,049 | 1,023,9 | 66,954 | 1,051,7 | 67,859 | 1,080,0 | 68,762 | 1,108,6 | 69,667 | 1,137,5 | 70,572 | 1,166,9 | 71,477 | 1,196,6 | 72,382 |
| 0,25 | 0,049,088 | 0,952,34 | 71,669 | 0,979,13 | 72,650 | 1,005,8 | 73,631 | 1,032,8 | 74,612 | 1,060,1 | 75,594 | 1,087,8 | 76,576 | 1,115,9 | 77,558 | 1,144,3 | 78,549 |
| 0,26 | 0,053,093 | 0,912,93 | 77,516 | 0,938,11 | 78,578 | 0,963,64 | 79,640 | 0,989,51 | 80,702 | 1,015,7 | 81,764 | 1,042,3 | 82,824 | 1,069,2 | 83,886 | 1,096,4 | 84,949 |
| 0,27 | 0,057,256 | 0,876,21 | 83,593 | 0,900,38 | 84,738 | 0,924,83 | 85,884 | 0,949,71 | 87,029 | 0,974,87 | 88,173 | 1,000,4 | 89,318 | 1,026,2 | 90,463 | 1,052,3 | 91,609 |
| 0,28 | 0,061,575 | 0,842,30 | 89,900 | 0,865,54 | 91,130 | 0,889,09 | 92,363 | 0,912,95 | 93,594 | 0,937,14 | 94,826 | 0,961,64 | 96,058 | 0,986,45 | 97,290 | 1,011,6 | 98,521 |
| 0,29 | 0,066,052 | 0,810,92 | 96,435 | 0,833,29 | 97,756 | 0,855,96 | 99,078 | 0,878,94 | 100,398 | 0,902,22 | 101,719 | 0,925,81 | 103,042 | 0,949,70 | 104,363 | 0,973,89 | 105,683 |
| 0,30 | 0,070,686 | 0,781,77 | 103,200 | 0,803,34 | 104,614 | 0,825,20 | 106,029 | 0,847,35 | 107,442 | 0,869,79 | 108,856 | 0,892,53 | 110,270 | 0,915,56 | 111,684 | 0,938,89 | 113,098 |
| 0,31 | 0,075,477 | 0,754,64 | 110,196 | 0,775,46 | 111,706 | 0,796,56 | 113,215 | 0,817,94 | 114,724 | 0,839,61 | 116,234 | 0,861,56 | 117,742 | 0,883,79 | 119,252 | 0,906,31 | 120,763 |
| 0,32 | 0,080,425 | 0,729,33 | 117,418 | 0,749,45 | 119,028 | 0,769,84 | 120,637 | 0,790,50 | 122,246 | 0,811,44 | 123,855 | 0,832,66 | 125,462 | 0,854,14 | 127,070 | 0,875,90 | 128,680 |
| 0,325 | 0,082,958 | 0,717,29 | 121,117 | 0,737,08 | 122,778 | 0,757,14 | 124,437 | 0,777,46 | 126,096 | 0,798,05 | 127,755 | 0,818,92 | 129,414 | 0,840,05 | 131,073 | 0,861,45 | 132,733 |
| 0,33 | 0,085,530 | 0,705,64 | 124,873 | 0,725,10 | 126,584 | 0,744,83 | 128,225 | 0,764,83 | 130,006 | 0,785,09 | 131,717 | 0,805,61 | 133,426 | 0,826,40 | 135,137 | 0,847,45 | 136,848 |
| 0,34 | 0,090,792 | 0,683,44 | 132,556 | 0,702,29 | 134,372 | 0,721,50 | 136,188 | 0,740,77 | 138,004 | 0,760,39 | 139,820 | 0,780,27 | 141,634 | 0,800,40 | 143,450 | 0,820,80 | 145,268 |
| 0,35 | 0,096,212 | 0,662,59 | 140,468 | 0,680,86 | 142,392 | 0,699,39 | 144,317 | 0,718,16 | 146,242 | 0,737,19 | 148,166 | 0,756,46 | 150,090 | 0,775,93 | 152,014 | 0,795,75 | 153,938 |
| 0,36 | 0,101,788 | 0,642,96 | 148,610 | 0,660,70 | 150,646 | 0,678,68 | 152,682 | 0,696,89 | 154,718 | 0,715,35 | 156,754 | 0,734,05 | 158,788 | 0,753,00 | 160,824 | 0,772,18 | 162,861 |
| 0,37 | 0,107,521 | 0,624,47 | 156,950 | 0,641,69 | 159,130 | 0,659,15 | 161,252 | 0,676,85 | 163,432 | 0,694,78 | 165,582 | 0,712,94 | 167,732 | 0,731,37 | 169,882 | 0,749,97 | 172,094 |
| 0,38 | 0,113,412 | 0,607,00 | 165,580 | 0,623,74 | 167,850 | 0,640,72 | 170,118 | 0,657,92 | 172,386 | 0,675,34 | 174,654 | 0,693,00 | 176,922 | 0,710,88 | 179,190 | 0,728,99 | 181,459 |
| 0,39 | 0,119,459 | 0,590,49 | 174,411 | 0,605,77 | 176,798 | 0,623,28 | 179,189 | 0,640,02 | 181,578 | 0,656,97 | 183,967 | 0,674,14 | 186,356 | 0,691,54 | 188,745 | 0,709,16 | 191,135 |
| 0,40 | 0,125,664 | 0,574,81 | 183,469 | 0,590,70 | 185,982 | 0,606,77 | 188,496 | 0,623,06 | 191,010 | 0,639,56 | 193,523 | 0,656,28 | 196,034 | 0,673,22 | 198,547 | 0,690,37 | 201,062 |
| 0,41 | 0,132,026 | 0,560,00 | 192,759 | 0,575,44 | 195,398 | 0,591,10 | 198,039 | 0,606,97 | 200,678 | 0,623,05 | 203,319 | 0,639,34 | 205,960 | 0,655,83 | 208,601 | 0,672,54 | 211,242 |
| 0,42 | 0,138,545 | 0,545,99 | 202,275 | 0,560,96 | 205,046 | 0,576,23 | 207,818 | 0,591,69 | 210,588 | 0,607,37 | 213,359 | 0,623,25 | 216,130 | 0,639,33 | 218,901 | 0,655,62 | 221,672 |
| 0,43 | 0,145,221 | 0,532,49 | 212,022 | 0,547,18 | 214,926 | 0,562,07 | 217,832 | 0,577,16 | 220,734 | 0,592,45 | 223,638 | 0,607,94 | 226,544 | 0,623,62 | 229,448 | 0,639,51 | 232,354 |
| 0,44 | 0,152,053 | 0,519,75 | 221,997 | 0,534,07 | 225,038 | 0,548,60 | 228,080 | 0,563,33 | 231,120 | 0,578,25 | 234,161 | 0,593,37 | 237,202 | 0,608,68 | 240,243 | 0,624,19 | 243,285 |
| 0,45 | 0,159,043 | 0,507,57 | 232,203 | 0,521,57 | 235,382 | 0,535,76 | 238,565 | 0,550,14 | 241,745 | 0,564,71 | 244,927 | 0,579,48 | 248,106 | 0,594,43 | 251,287 | 0,609,58 | 254,469 |
| 0,46 | 0,166,191 | 0,495,95 | 242,638 | 0,509,63 | 245,962 | 0,523,50 | 249,287 | 0,537,55 | 252,610 | 0,551,79 | 255,934 | 0,566,21 | 259,258 | 0,580,83 | 262,582 | 0,595,62 | 265,906 |
| 0,47 | 0,173,495 | 0,484,85 | 253,302 | 0,498,23 | 256,772 | 0,511,78 | 260,243 | 0,525,52 | 263,712 | 0,539,44 | 267,182 | 0,553,55 | 270,652 | 0,567,83 | 274,122 | 0,582,30 | 277,592 |
| 0,48 | 0,180,956 | 0,474,25 | 264,195 | 0,487,33 | 267,814 | 0,500,59 | 271,434 | 0,514,03 | 275,052 | 0,527,64 | 278,671 | 0,541,44 | 282,290 | 0,555,41 | 285,909 | 0,569,56 | 289,530 |
| 0,49 | 0,188,575 | 0,464,09 | 275,320 | 0,476,89 | 279,090 | 0,489,87 | 282,863 | 0,503,02 | 286,634 | 0,516,34 | 290,406 | 0,529,84 | 294,176 | 0,543,51 | 297,948 | 0,557,36 | 301,720 |
| 0,50 | 0,196,350 | 0,454,35 | 286,671 | 0,466,89 | 290,598 | 0,479,59 | 294,525 | 0,492,47 | 298,452 | 0,505,51 | 302,379 | 0,518,73 | 306,306 | 0,532,11 | 310,233 | 0,545,67 | 314,160 |
| 0,55 | 0,237,583 | 0,411,23 | 345,870 | 0,422,57 | 351,622 | 0,434,07 | 356,375 | 0,445,72 | 361,126 | 0,457,53 | 365,878 | 0,469,49 | 370,630 | 0,481,61 | 375,352 | 0,493,88 | 380,133 |
| 0,60 | 0,282,744 | 0,375,57 | 412,805 | 0,385,93 | 418,460 | 0,396,43 | 424,116 | 0,407,07 | 429,770 | 0,417,85 | 435,425 | 0,428,78 | 441,080 | 0,439,84 | 446,735 | 0,451,05 | 452,390 |
| 0,65 | 0,331,832 | 0,345,59 | 484,475 | 0,355,12 | 491,110 | 0,364,78 | 497,748 | 0,374,58 | 504,384 | 0,384,50 | 511,021 | 0,394,55 | 517,658 | 0,404,73 | 524,295 | 0,415,04 | 530,931 |
| 0,70 | 0,384,846 | 0,320,04 | 561,875 | 0,328,87 | 569,572 | 0,337,82 | 577,269 | 0,346,88 | 584,986 | 0,356,07 | 592,663 | 0,365,38 | 600,355 | 0,374,81 | 608,055 | 0,384,36 | 615,754 |
| 0,75 | 0,441,788 | 0,298,00 | 645,010 | 0,306,22 | 653,845 | 0,314,55 | 662,682 | 0,322,99 | 671,518 | 0,331,55 | 680,354 | 0,340,22 | 689,190 | 0,349,00 | 698,026 | 0,357,89 | 706,861 |
| 0,80 | 0,502,656 | 0,278,80 | 733,877 | 0,286,49 | 743,930 | 0,294,29 | 753,984 | 0,302,19 | 764,036 | 0,310,19 | 774,089 | 0,318,30 | 784,142 | 0,326,52 | 796,571 | 0,334,84 | 804,250 |
| 0,85 | 0,567,451 | 0,261,92 | 828,479 | 0,269,15 | 839,826 | 0,276,47 | 851,177 | 0,283,89 | 862,525 | 0,291,41 | 873,875 | 0,299,03 | 885,222 | 0,306,75 | 794,195 | 0,314,56 | 907,922 |
| 0,90 | 0,636,174 | 0,246,97 | 926,813 | 0,253,78 | 941,538 | 0,260,69 | 954,261 | 0,267,69 | 966,984 | 0,274,78 | 979,707 | 0,281,96 | 992,430 | 0,289,24 | 1,005 | 0,296,61 | 1,018 |
| 0,95 | 0,708,823 | 0,233,63 | 1,034,880 | 0,240,08 | 1,049,058 | 0,246,61 | 1,063,235 | 0,253,23 | 1,077,410 | 0,259,94 | 1,091,586 | 0,266,73 | 1,105,762 | 0,273,62 | 1,120 | 0,280,59 | 1,134 |
| 1,00 | 0,785,400 | 0,221,66 | 1,146,684 | 0,227,78 | 1,162,392 | 0,233,97 | 1,178,100 | 0,240,25 | 1,193,808 | 0,246,62 | 1,209,516 | 0,253,07 | 1,225,224 | 0,259,60 | 1,241 | 0,266,21 | 1,257 |

**TUYAUX NEUFS. — VITESSES.**

Colonnes : DIAMÈTRES (mèt.) ; SECTIONS ; puis, pour chaque vitesse (1 mètre 62, 64, 65, 68, 70, 72, 74, 76 centimètres) deux colonnes : CHARGES par 100 mètres (mèt.) et VOLUMES débités (lit.).

| DIAMÈTRES. | SECTIONS. | CHARGES 1ᵐ62 | VOLUMES 1ᵐ62 | CHARGES 1ᵐ64 | VOLUMES 1ᵐ64 | CHARGES 1ᵐ65 | VOLUMES 1ᵐ65 | CHARGES 1ᵐ68 | VOLUMES 1ᵐ68 | CHARGES 1ᵐ70 | VOLUMES 1ᵐ70 | CHARGES 1ᵐ72 | VOLUMES 1ᵐ72 | CHARGES 1ᵐ74 | VOLUMES 1ᵐ74 | CHARGES 1ᵐ76 | VOLUMES 1ᵐ76 |
|---|---|---|---|---|---|---|---|---|---|---|---|---|---|---|---|---|---|
| mèt. | | mèt. | lit. | mèt. | lit. | mèt. | lit. | mèt. | lit. | mèt. | lit. | mèt. | lit. | mèt. | lit. | mèt. | lit. |
| 0,01 | 0,000,079 | 92,531 | 0,127 | 96,879 | 0,129 | 99,257 | 0,130 | 101,65 | 0,132 | 104,10 | 0,134 | 106,36 | 0,135 | 109,05 | 0,137 | 111,58 | 0,133 |
| 0,02 | 0,000,314 | 30,235 | 0,509 | 31,038 | 0,515 | 31,800 | 0,522 | 32,579 | 0,523 | 33,251 | 0,531 | 34,140 | 0,540 | 34,939 | 0,547 | 35,746 | 0,333 |
| 0,027 | 0,000,573 | 19,173 | 0,928 | 19,649 | 0,939 | 20,131 | 0,962 | 20,619 | 0,962 | 21,113 | 0,973 | 21,613 | 0,985 | 22,119 | 0,996 | 22,630 | 1,008 |
| 0,03 | 0,000,707 | 16,417 | 1,145 | 16,825 | 1,159 | 17,233 | 1,173 | 17,656 | 1,188 | 18,078 | 1,202 | 18,506 | 1,216 | 18,939 | 1,230 | 19,377 | 1,244 |
| 0,04 | 0,001,257 | 10,898 | 2,036 | 11,169 | 2,061 | 11,443 | 2,086 | 11,720 | 2,111 | 12,001 | 2,136 | 12,285 | 2,161 | 12,572 | 2,187 | 12,865 | 2,212 |
| 0,05 | 0,001,964 | 8,035 | 3,181 | 8,238.8 | 3,220 | 8,441 | 3,259 | 8,645.6 | 3,299 | 8,832.7 | 3,338 | 9,062.2 | 3,377 | 9,274.1 | 3,416 | 9,488.6 | 3,456 |
| 0,054 | 0,002,290 | 7,257.2 | 3,710 | 7,437.5 | 3,756 | 7,620.0 | 3,843 | 7,804.8 | 3,843 | 7,991.7 | 3,893 | 8,180.9 | 3,939 | 8,372.2 | 3,985 | 8,565.3 | 4,031 |
| 0,06 | 0,002,827 | 6,321.9 | 4,580 | 6,479.0 | 4,637 | 6,638.0 | 4,695 | 6,798.9 | 4,759 | 6,961.7 | 4,807 | 7,126.5 | 4,863 | 7,293.2 | 4,920 | 7,461.8 | 4,976 |
| 0,07 | 0,003,848 | 5,187.8 | 6,235 | 5,316.6 | 6,311 | 5,447.1 | 6,385 | 5,579.2 | 6,405 | 5,712.8 | 6,542 | 5,845.0 | 6,619 | 5,983.8 | 6,696 | 6,123.2 | 6,773 |
| 0,08 | 0,005,027 | 4,387.7 | 8,144 | 4,496.7 | 8,242 | 4,607.0 | 8,343 | 4,718.7 | 8,444 | 4,831.7 | 8,545 | 4,946.1 | 8,646 | 5,061.8 | 8,747 | 5,178.8 | 8,816 |
| 0,081 | 0,005,153 | 4,328.5 | 8,338 | 4,427.9 | 8,450 | 4,536.5 | 8,556 | 4,645.5 | 8,656 | 4,757.8 | 8,760 | 4,870.4 | 8,862 | 4,984.3 | 8,965 | 5,099.6 | 9,070 |
| 0,09 | 0,006,362 | 3,795.3 | 10,306 | 3,898.6 | 10,434 | 3,985.1 | 10,686 | 4,081.7 | 10,586 | 4,170.5 | 10,815 | 4,278.4 | 10,942 | 4,378.4 | 11,069 | 4,479.7 | 11,196 |
| 0,10 | 0,007,854 | 3,339.5 | 12,723 | 3,423.5 | 12,880 | 3,507.3 | 13,037 | 3,592.2 | 13,194 | 3,678.4 | 13,352 | 3,765.5 | 13,508 | 3,855.5 | 13,665 | 3,942.6 | 13,822 |
| 0,108 | 0,009,161 | 3,046.3 | 14,540 | 3,122.0 | 15,022 | 3,195.6 | 15,205 | 3,275.2 | 15,399 | 3,354.6 | 15,574 | 3,434.0 | 15,736 | 3,514.4 | 15,939 | 3,595.6 | 16,122 |
| 0,11 | 0,009,503 | 2,980.6 | 15,395 | 3,054.5 | 15,586 | 3,129.6 | 15,776 | 3,205.4 | 15,966 | 3,282.2 | 16,156 | 3,359.9 | 16,346 | 3,438.5 | 16,536 | 3,518.0 | 16,726 |
| 0,12 | 0,011,310 | 2,689.3 | 18,322 | 2,756.1 | 18,548 | 2,823.7 | 18,773 | 2,892.2 | 19,000 | 2,961.4 | 19,227 | 3,031.5 | 19,552 | 3,102.4 | 19,978 | 3,171.2 | 19,984 |
| 0,13 | 0,013,273 | 2,448.9 | 21,502 | 2,509.8 | 21,768 | 2,571.3 | 22,023 | 2,633.7 | 22,293 | 2,696.8 | 22,565 | 2,760.6 | 22,830 | 2,825.2 | 23,095 | 2,896.5 | 23,360 |
| 0,135 | 0,014,314 | 2,343.9 | 23,188 | 2,402.1 | 23,474 | 2,461.1 | 23,750 | 2,520.7 | 24,016 | 2,581.1 | 24,334 | 2,612.2 | 24,618 | 2,704.0 | 24,904 | 2,766.5 | 25,192 |
| 0,14 | 0,015,804 | 2,237.3 | 24,936 | 2,303.2 | 25,246 | 2,350.7 | 25,554 | 2,416.9 | 25,862 | 2,474.8 | 26,170 | 2,533.4 | 26,473 | 2,592.6 | 26,786 | 2,652.6 | 27,092 |
| 0,15 | 0,017,672 | 2,076.0 | 28,627 | 2,127.5 | 28,982 | 2,179.8 | 29,335 | 2,232.5 | 29,638 | 2,286.1 | 30,042 | 2,340.2 | 30,394 | 2,394.9 | 30,747 | 2,450.3 | 31,102 |
| 0,16 | 0,020,106 | 1,928.5 | 32,572 | 1,976.5 | 32,974 | 2,025.0 | 33,376 | 2,074.0 | 33,778 | 2,123.7 | 34,181 | 2,174.0 | 34,582 | 2,224.8 | 34,951 | 2,276.3 | 35,336 |
| 0,162 | 0,020,612 | 1,901.5 | 33,391 | 1,948.7 | 33,802 | 1,996.5 | 34,214 | 2,045.0 | 34,623 | 2,093.9 | 35,040 | 2,113.5 | 35,452 | 2,193.6 | 35,861 | 2,244.3 | 36,276 |
| 0,17 | 0,022,698 | 1,800.4 | 36,771 | 1,845.1 | 37,223 | 1,890.4 | 37,078 | 1,935.2 | 38,132 | 1,982.6 | 38,587 | 2,029.5 | 39,010 | 2,077.0 | 39,394 | 2,125.0 | 39,948 |
| 0,18 | 0,025,447 | 1,688.0 | 41,224 | 1,730.0 | 41,732 | 1,772.1 | 42,241 | 1,815.4 | 42,750 | 1,858.9 | 43,260 | 1,902.9 | 43,768 | 1,947.4 | 44,277 | 1,992.4 | 44,796 |
| 0,19 | 0,028,353 | 1,588.8 | 45,932 | 1,628.2 | 46,493 | 1,665.2 | 47,065 | 1,703.6 | 47,632 | 1,749.3 | 48,200 | 1,791.0 | 48,766 | 1,832.8 | 49,333 | 1,875.2 | 49,900 |
| 0,20 | 0,031,416 | 1,500.4 | 50,895 | 1,537.6 | 51,522 | 1,575.4 | 52,150 | 1,613.6 | 52,778 | 1,652.2 | 53,407 | 1,691.3 | 54,031 | 1,730.9 | 55,062 | 1,770.9 | 55,292 |
| 0,21 | 0,034,636 | 1,421.2 | 56,111 | 1,456.5 | 56,802 | 1,492.3 | 57,495 | 1,528.5 | 58,188 | 1,565.1 | 58,881 | 1,602.1 | 59,574 | 1,639.6 | 60,367 | 1,677.3 | 60,958 |
| 0,216 | 0,036,644 | 1,377.6 | 59,363 | 1,411.8 | 60,094 | 1,446.5 | 60,827 | 1,481.5 | 61,562 | 1,517.0 | 62,294 | 1,552.0 | 63,026 | 1,589.2 | 63,759 | 1,626.0 | 64,492 |
| 0,22 | 0,038,013 | 1,348.9 | 61,581 | 1,383.5 | 62,342 | 1,417.4 | 63,102 | 1,451.8 | 63,862 | 1,486.6 | 64,623 | 1,521.7 | 65,382 | 1,557.3 | 66,142 | 1,593.3 | 66,902 |
| 0,23 | 0,041,548 | 1,285.4 | 67,307 | 1,317.3 | 68,138 | 1,349.7 | 68,969 | 1,382.0 | 69,800 | 1,415.5 | 70,631 | 1,449.0 | 71,462 | 1,483.0 | 72,293 | 1,517.2 | 73,122 |
| 0,24 | 0,045,239 | 1,226.7 | 73,287 | 1,257.2 | 74,192 | 1,288.1 | 75,007 | 1,319.3 | 76,002 | 1,350.9 | 76,906 | 1,382.9 | 77,810 | 1,415.2 | 78,715 | 1,447.9 | 79,620 |
| 0,25 | 0,049,088 | 1,173.1 | 79,592 | 1,202.3 | 80,502 | 1,231.5 | 81,484 | 1,261.6 | 82,466 | 1,291.0 | 83,043 | 1,322.4 | 84,430 | 1,353.3 | 85,412 | 1,384.7 | 86,391 |
| 0,26 | 0,053,093 | 1,124.0 | 86,011 | 1,151.0 | 87,072 | 1,180.2 | 88,134 | 1,208.8 | 89,134 | 1,237.7 | 90,258 | 1,267.0 | 91,320 | 1,296.7 | 92,382 | 1,326.7 | 93,442 |
| 0,27 | 0,057,256 | 1,078.8 | 92,754 | 1,105.6 | 93,898 | 1,132.7 | 95,013 | 1,160.5 | 96,190 | 1,188.0 | 97,335 | 1,216.1 | 98,478 | 1,244.5 | 99,623 | 1,273.3 | 100,770 |
| 0,28 | 0,061,575 | 1,037.0 | 99,753 | 1,062.8 | 100,982 | 1,088.9 | 102,214 | 1,115.3 | 103,445 | 1,142.0 | 104,673 | 1,169.0 | 105,910 | 1,196.4 | 107,142 | 1,224.0 | 108,372 |
| 0,29 | 0,066,052 | 0,998.39 | 107,004 | 1,023.2 | 108,326 | 1,048.3 | 109,647 | 1,073.7 | 110,966 | 1,099.4 | 112,289 | 1,125.5 | 113,610 | 1,151.8 | 114,931 | 1,178.4 | 116,250 |
| 0,30 | 0,070,686 | 0,962.51 | 114,512 | 0,986.42 | 115,924 | 1,010.6 | 117,335 | 1,035.2 | 118,752 | 1,060.0 | 120,166 | 1,085.0 | 121,578 | 1,110.4 | 122,992 | 1,136.1 | 124,406 |
| 0,31 | 0,075,477 | 0,929.11 | 122,273 | 0,952.19 | 123,782 | 0,975.55 | 125,292 | 0,999.26 | 126,802 | 1,023.1 | 128,311 | 1,047.4 | 129,820 | 1,071.8 | 131,330 | 1,096.6 | 132,533 |
| 0,32 | 0,080,425 | 0,897.92 | 130,288 | 0,920.25 | 131,896 | 0,942.83 | 133,504 | 0,965.61 | 135,111 | 0,988.51 | 136,722 | 1,012.2 | 138,330 | 1,035.9 | 139,933 | 1,059.8 | 141,516 |
| 0,325 | 0,082,958 | 0,883.12 | 134,392 | 0,905.06 | 136,050 | 0,927.27 | 137,709 | 0,949.52 | 139,370 | 0,972.50 | 141,025 | 0,995.52 | 142,686 | 1,018.8 | 144,345 | 1,042.4 | 146,006 |
| 0,33 | 0,085,530 | 0,868.77 | 138,559 | 0,890.36 | 140,270 | 0,912.20 | 141,931 | 0,934.32 | 143,690 | 0,956.70 | 145,481 | 0,979.34 | 147,110 | 1,002.3 | 148,821 | 1,025.4 | 150,532 |
| 0,34 | 0,090,792 | 0,841.44 | 147,081 | 0,862.35 | 148,898 | 0,883.51 | 150,714 | 0,905.01 | 152,530 | 0,926.60 | 154,357 | 0,958.53 | 156,162 | 0,970.72 | 157,978 | 0,993.16 | 159,792 |
| 0,35 | 0,096,212 | 0,815.77 | 155,802 | 0,836.04 | 157,786 | 0,856.55 | 159,710 | 0,877.31 | 161,633 | 0,898.35 | 163,560 | 0,919.59 | 165,482 | 0,941.10 | 167,406 | 0,962.86 | 169,332 |
| 0,36 | 0,101,788 | 0,791.64 | 164,897 | 0,811.27 | 166,232 | 0,831.78 | 168,965 | 0,851.33 | 171,002 | 0,871.72 | 173,039 | 0,892.35 | 175,074 | 0,913.23 | 177,110 | 0,931.34 | 179,136 |
| 0,37 | 0,107,521 | 0,768.84 | 174,184 | 0,787.94 | 176,334 | 0,807.27 | 178,484 | 0,826.84 | 180,631 | 0,846.64 | 182,786 | 0,866.68 | 184,936 | 0,886.96 | 187,086 | 0,907.46 | 189,238 |
| 0,38 | 0,113,412 | 0,747.33 | 183,727 | 0,765.90 | 185,094 | 0,784.69 | 188,262 | 0,803.72 | 190,530 | 0,822.97 | 192,890 | 0,842.44 | 195,068 | 0,862.15 | 197,336 | 0,882.08 | 199,604 |
| 0,39 | 0,119,459 | 0,727.00 | 193,524 | 0,745.06 | 195,914 | 0,763.34 | 195,303 | 0,781.35 | 200,690 | 0,800.57 | 203,081 | 0,819.52 | 205,470 | 0,838.69 | 207,859 | 0,858.08 | 210,243 |
| 0,40 | 0,125,664 | 0,707.74 | 203,575 | 0,725.32 | 206,888 | 0,743.35 | 208,501 | 0,760.57 | 211,114 | 0,779.20 | 213,579 | 0,797.31 | 216,142 | 0,816.47 | 218,655 | 0,835.35 | 221,168 |
| 0,41 | 0,132,026 | 0,689.46 | 213,883 | 0,706.59 | 216,522 | 0,723.93 | 219,163 | 0,741.48 | 221,441 | 0,759.23 | 224,411 | 0,777.21 | 227,084 | 0,795.39 | 229,725 | 0,813.73 | 232,366 |
| 0,42 | 0,138,545 | 0,672.11 | 224,445 | 0,688.81 | 227,214 | 0,705.71 | 230,080 | 0,722.82 | 232,754 | 0,740.13 | 235,527 | 0,757.65 | 238,298 | 0,775.57 | 241,059 | 0,793.30 | 243,838 |
| 0,43 | 0,145,321 | 0,655.69 | 235,258 | 0,671.89 | 238,162 | 0,688.81 | 241,066 | 0,705.71 | 243,970 | 0,721.95 | 246,876 | 0,739.04 | 249,780 | 0,756.32 | 252,681 | 0,773.81 | 255,558 |
| 0,44 | 0,152,053 | 0,639.89 | 246,326 | 0,655.70 | 249,366 | 0,671.85 | 252,407 | 0,688.17 | 255,444 | 0,704.65 | 258,490 | 0,721.33 | 261,530 | 0,738.20 | 264,571 | 0,755.27 | 267,614 |
| 0,45 | 0,159,043 | 0,624.91 | 257,650 | 0,640.44 | 260,850 | 0,656.67 | 264,010 | 0,672.05 | 267,192 | 0,688.15 | 270,373 | 0,704.41 | 273,554 | 0,720.92 | 276,735 | 0,737.59 | 279,914 |
| 0,46 | 0,166,191 | 0,610.64 | 269,230 | 0,625.78 | 272,554 | 0,641.95 | 275,878 | 0,656.67 | 279,200 | 0,672.40 | 282,525 | 0,685.32 | 285,848 | 0,704.42 | 289,172 | 0,720.70 | 292,496 |
| 0,47 | 0,173,495 | 0,596.94 | 281,062 | 0,611.78 | 284,530 | 0,626.79 | 289,000 | 0,641.95 | 291,470 | 0,657.36 | 294,942 | 0,672.92 | 298,410 | 0,688.66 | 301,880 | 0,704.38 | 305,350 |
| 0,48 | 0,180,956 | 0,583.88 | 293,149 | 0,598.39 | 296,766 | 0,613.08 | 300,585 | 0,627.94 | 303,983 | 0,642.98 | 307,625 | 0,658.12 | 311,241 | 0,673.59 | 314,863 | 0,689.16 | 318,482 |
| 0,49 | 0,188,575 | 0,571.38 | 305,492 | 0,585.58 | 309,262 | 0,599.92 | 313,031 | 0,614.49 | 316,806 | 0,629.23 | 320,373 | 0,642.10 | 321,348 | 0,659.16 | 328,120 | 0,674.40 | 331,892 |
| 0,50 | 0,196,350 | 0,559.49 | 318,687 | 0,573.29 | 322,614 | 0,587.36 | 325,941 | 0,601.60 | 329,033 | 0,616.01 | 333,795 | 0,630.59 | 337,722 | 0,645.34 | 341,649 | 0,660.26 | 345,576 |
| 0,55 | 0,237,583 | 0,509.39 | 384,565 | 0,518.88 | 389,636 | 0,531.61 | 391,338 | 0,544.56 | 397,183 | 0,557.51 | 403,891 | 0,570.73 | 405,642 | 0,584.08 | 413,301 | 0,597.59 | 418,146 |
| 0,60 | 0,282,744 | 0,462.39 | 458,045 | 0,473.88 | 463,700 | 0,485.51 | 465,700 | 0,497.28 | 473,019 | 0,509.19 | 480,685 | 0,521.24 | 486,318 | 0,533.43 | 491,973 | 0,545.77 | 497,630 |
| 0,65 | 0,331,832 | 0,425.43 | 537,568 | 0,435.70 | 543,204 | 0,446.75 | 550,581 | 0,457.38 | 557,475 | 0,468.54 | 557,475 | 0,470.63 | 570,750 | 0,490.85 | 577,387 | 0,502.20 | 584,024 |
| 0,70 | 0,384,846 | 0,394.03 | 623,451 | 0,403.62 | 631,166 | 0,413.73 | 633,813 | 0,423.76 | 646,542 | 0,433.90 | 646,542 | 0,444.17 | 661,934 | 0,452.56 | 669,631 | 0,465.07 | 677,328 |
| 0,75 | 0,441,788 | 0,366.89 | 715,697 | 0,376.01 | 724,532 | 0,385.23 | 733,368 | 0,394.57 | 727,902 | 0,404.02 | 732,902 | 0,413.58 | 759,874 | 0,423.26 | 768,710 | 0,433.04 | 777,346 |
| 0,80 | 0,502,656 | 0,343.26 | 814,303 | 0,351.79 | 824,534 | 0,360.42 | 824,534 | 0,369.16 | 834,362 | 0,378.00 | 841,362 | 0,385.94 | 864,568 | 0,396.00 | 874,621 | 0,405.15 | 884,674 |
| 0,85 | 0,567,451 | 0,322.47 | 919,271 | 0,330.49 | 930,618 | 0,338.60 | 931,997 | 0,346.80 | 943,315 | 0,355.11 | 953,315 | 0,363.51 | 976,014 | 0,372.02 | 987,363 | 0,380.62 | 998,714 |
| 0,90 | 0,636,174 | 0,304.07 | 1,031 | 0,311.02 | 1,042 | 0,319.27 | 1,056 | 0,327.01 | 1,040 | 0,334.51 | 1,051 | 0,342.77 | 1,092 | 0,350.78 | 1,107 | 0,358.89 | 1,120 |
| 0,95 | 0,708,823 | 0,287.65 | 1,148 | 0,294.70 | 1,162 | 0,302.03 | 1,177 | 0,309.35 | 1,184 | 0,316.76 | 1,205 | 0,324.25 | 1,219 | 0,331.84 | 1,233 | 0,339.51 | 1,248 |
| 1,00 | 0,785,400 | 0,272.91 | 1,272 | 0,279.69 | 1,289 | 0,286.53 | 1,304 | 0,293.50 | 1,312 | 0,300.35 | 1,335 | 0,307.64 | 1,351 | 0,316.83 | 1,367 | 0,322.11 | 1,382 |

## VITESSES.

| TUYAUX NEUFS | | 1 MÈTRE 78 CENTIMÈTRES | | 1 MÈTRE 80 CENTIMÈTRES | | 1 MÈTRE 82 CENTIMÈTRES | | 1 MÈTRE 84 CENTIMÈTRES | |
|---|---|---|---|---|---|---|---|---|---|
| DIAMÈTRES. | SECTIONS. | CHARGES par 100 mètres. | VOLUMES débités. | CHARGES par 100 mètres. | VOLUMES débités. | CHARGES par 100 mètres. | VOLUMES débités. | CHARGES par 100 mètres. | VOLUMES débités. |
| mèt. | mèt. | mèt. | lit. | mèt. | lit. | mèt. | lit. | mèt. | lit. |
| 0,01 | 0,000,079 | 114,13 | 0,140 | 116,70 | 0,141 | 119,31 | 0,143 | 121,94 | 0,145 |
| 0,02 | 0,000,314 | 36,564 | 0,559 | 37,390 | 0,565 | 38,225 | 0,572 | 39,070 | 0,578 |
| 0,027 | 0,000,573 | 23,148 | 1,020 | 23,670 | 1,031 | 24,199 | 1,043 | 24,734 | 1,054 |
| 0,03 | 0,000,707 | 19,820 | 1,258 | 20,268 | 1,273 | 20,721 | 1,287 | 21,179 | 1,301 |
| 0,04 | 0,001,257 | 13,157 | 2,237 | 13,454 | 2,263 | 13,755 | 2,288 | 14,059 | 2,313 |
| 0,05 | 0,001,964 | 9,705,9 | 3,496 | 9,925,3 | 3,535 | 10,147 | 3,574 | 10,371 | 3,613 |
| 0,054 | 0,002,290 | 8,761,7 | 4,076 | 8,959,9 | 4,122 | 9,159,8 | 4,168 | 9,362,3 | 4,214 |
| 0,06 | 0,002,827 | 7,632,4 | 5,032 | 7,804,9 | 5,089 | 7,979,3 | 5,145 | 8,155,6 | 5,202 |
| 0,07 | 0,003,848 | 6,234,5 | 6,849 | 6,375,4 | 6,926 | 6,517,8 | 7,003 | 6,661,8 | 7,080 |
| 0,08 | 0,005,027 | 5,297,2 | 8,948 | 5,416,9 | 9,049 | 5,537,9 | 9,149 | 5,660,3 | 9,250 |
| 0,081 | 0,005,153 | 5,216,2 | 9,172 | 5,334,0 | 9,275 | 5,453,2 | 9,378 | 5,573,7 | 9,482 |
| 0,09 | 0,006,362 | 4,582,1 | 11,324 | 4,685,7 | 11,452 | 4,790,3 | 11,579 | 4,896,1 | 11,706 |
| 0,10 | 0,007,854 | 4,033,6 | 13,980 | 4,125,1 | 14,137 | 4,216,9 | 14,294 | 4,310,1 | 14,451 |
| 0,108 | 0,009,161 | 3,677,9 | 16,307 | 3,761,0 | 16,490 | 3,845,0 | 16,673 | 3,930,0 | 16,856 |
| 0,11 | 0,009,503 | 3,597,8 | 16,915 | 3,678,9 | 17,105 | 3,761,2 | 17,295 | 3,844,3 | 17,486 |
| 0,12 | 0,011,310 | 3,246,8 | 20,132 | 3,320,1 | 20,358 | 3,394,3 | 20,584 | 3,469,3 | 20,810 |
| 0,13 | 0,013,273 | 2,956,6 | 23,626 | 3,023,4 | 23,891 | 3,090,9 | 24,157 | 3,159,2 | 24,422 |
| 0,135 | 0,014,314 | 2,829,7 | 25,479 | 2,893,7 | 25,765 | 2,958,3 | 26,051 | 3,023,7 | 26,338 |
| 0,14 | 0,015,394 | 2,713,2 | 27,401 | 2,774,5 | 27,709 | 2,836,5 | 28,017 | 2,899,2 | 28,325 |
| 0,15 | 0,017,672 | 2,506,3 | 31,456 | 2,563,0 | 31,810 | 2,620,2 | 32,163 | 2,678,1 | 32,516 |
| 0,16 | 0,020,106 | 2,325,4 | 35,789 | 2,378,0 | 36,191 | 2,431,1 | 36,593 | 2,484,8 | 36,995 |
| 0,162 | 0,020,612 | 2,295,7 | 36,689 | 2,347,5 | 37,102 | 2,400,0 | 37,514 | 2,453,0 | 37,926 |
| 0,17 | 0,022,698 | 2,173,6 | 40,402 | 2,222,8 | 40,856 | 2,272,4 | 41,310 | 2,322,6 | 41,764 |
| 0,18 | 0,025,447 | 2,038,0 | 45,296 | 2,084,0 | 45,805 | 2,130,6 | 46,314 | 2,177,7 | 46,822 |
| 0,19 | 0,028,353 | 1,918,1 | 50,468 | 1,961,7 | 51,035 | 2,005,3 | 51,603 | 2,049,6 | 52,170 |
| 0,20 | 0,031,416 | 1,811,4 | 55,920 | 1,852,3 | 56,549 | 1,893,7 | 57,177 | 1,935,5 | 57,805 |
| 0,21 | 0,034,636 | 1,715,8 | 61,652 | 1,754,6 | 62,345 | 1,793,8 | 63,038 | 1,833,4 | 63,730 |
| 0,216 | 0,036,644 | 1,663,1 | 65,226 | 1,700,7 | 65,959 | 1,738,7 | 66,692 | 1,777,1 | 67,425 |
| 0,22 | 0,038,013 | 1,629,7 | 67,663 | 1,666,5 | 68,423 | 1,703,8 | 69,184 | 1,741,4 | 69,944 |
| 0,23 | 0,041,543 | 1,551,9 | 73,947 | 1,586,9 | 74,777 | 1,622,4 | 75,608 | 1,658,3 | 76,439 |
| 0,24 | 0,045,239 | 1,476,2 | 80,525 | 1,509,6 | 81,430 | 1,543,3 | 82,335 | 1,577,4 | 83,240 |
| 0,25 | 0,049,088 | 1,416,3 | 87,377 | 1,448,3 | 88,358 | 1,480,7 | 89,340 | 1,513,4 | 90,322 |
| 0,26 | 0,053,093 | 1,352,2 | 94,506 | 1,382,7 | 95,567 | 1,413,6 | 96,629 | 1,444,8 | 97,691 |
| 0,27 | 0,057,256 | 1,302,4 | 101,916 | 1,331,8 | 103,061 | 1,361,6 | 104,205 | 1,391,7 | 105,351 |
| 0,28 | 0,061,575 | 1,252,0 | 109,604 | 1,280,3 | 110,835 | 1,308,9 | 112,067 | 1,337,8 | 113,298 |
| 0,29 | 0,066,052 | 1,205,3 | 117,573 | 1,232,6 | 118,894 | 1,260,1 | 120,215 | 1,287,9 | 121,536 |
| 0,30 | 0,070,686 | 1,162,0 | 125,821 | 1,188,3 | 127,235 | 1,214,8 | 128,648 | 1,241,6 | 130,062 |
| 0,31 | 0,075,477 | 1,121,7 | 134,349 | 1,147,1 | 135,859 | 1,172,7 | 137,368 | 1,198,6 | 138,878 |
| 0,32 | 0,080,425 | 1,084,1 | 143,157 | 1,108,5 | 144,765 | 1,133,3 | 146,374 | 1,158,4 | 147,982 |
| 0,325 | 0,082,958 | 1,066,2 | 147,665 | 1,090,2 | 149,324 | 1,114,6 | 150,984 | 1,139,2 | 152,643 |
| 0,33 | 0,085,530 | 1,048,8 | 152,243 | 1,072,5 | 153,954 | 1,096,5 | 155,665 | 1,120,7 | 157,375 |
| 0,34 | 0,090,792 | 1,015,8 | 161,610 | 1,038,8 | 163,426 | 1,062,0 | 165,241 | 1,085,5 | 167,057 |
| 0,35 | 0,096,212 | 0,984,74 | 171,257 | 1,007,1 | 173,182 | 1,029,5 | 175,106 | 1,052,2 | 177,030 |
| 0,36 | 0,101,788 | 0,955,80 | 181,183 | 0,977,49 | 183,218 | 0,999,13 | 185,254 | 1,021,3 | 187,290 |
| 0,37 | 0,107,521 | 0,928,31 | 191,387 | 0,949,37 | 193,538 | 0,970,39 | 195,688 | 0,991,93 | 197,839 |
| 0,38 | 0,113,412 | 0,902,22 | 201,873 | 0,922,63 | 204,142 | 0,943,20 | 206,410 | 0,964,00 | 208,678 |
| 0,39 | 0,119,459 | 0,877,72 | 212,637 | 0,897,53 | 215,026 | 0,917,59 | 217,415 | 0,937,87 | 219,805 |
| 0,40 | 0,125,664 | 0,854,45 | 223,682 | 0,873,73 | 226,195 | 0,893,27 | 228,708 | 0,913,01 | 231,222 |
| 0,41 | 0,132,025 | 0,832,39 | 235,005 | 0,851,18 | 237,645 | 0,870,21 | 240,286 | 0,889,44 | 242,926 |
| 0,42 | 0,138,545 | 0,811,50 | 246,610 | 0,829,76 | 249,381 | 0,848,31 | 252,152 | 0,867,05 | 254,923 |
| 0,43 | 0,145,221 | 0,791,56 | 258,493 | 0,809,38 | 261,398 | 0,827,47 | 264,302 | 0,845,75 | 267,207 |
| 0,44 | 0,152,053 | 0,772,59 | 270,654 | 0,789,98 | 273,695 | 0,807,64 | 276,736 | 0,825,49 | 279,778 |
| 0,45 | 0,159,043 | 0,754,50 | 283,097 | 0,771,48 | 286,277 | 0,788,73 | 289,458 | 0,806,06 | 292,639 |
| 0,46 | 0,166,191 | 0,737,24 | 295,820 | 0,753,83 | 299,144 | 0,770,68 | 302,468 | 0,787,71 | 305,791 |
| 0,47 | 0,173,495 | 0,720,74 | 308,821 | 0,737,00 | 312,291 | 0,753,44 | 315,761 | 0,770,09 | 319,231 |
| 0,48 | 0,180,956 | 0,704,96 | 322,102 | 0,720,85 | 325,721 | 0,736,95 | 329,340 | 0,753,24 | 332,959 |
| 0,49 | 0,188,575 | 0,689,87 | 335,664 | 0,705,41 | 339,435 | 0,721,17 | 343,207 | 0,737,10 | 346,978 |
| 0,50 | 0,196,350 | 0,675,40 | 349,503 | 0,690,61 | 353,430 | 0,706,04 | 357,357 | 0,721,64 | 361,284 |
| 0,55 | 0,237,583 | 0,611,26 | 422,898 | 0,625,07 | 427,649 | 0,639,03 | 432,401 | 0,653,14 | 437,153 |
| 0,60 | 0,282,744 | 0,558,25 | 503,284 | 0,570,87 | 508,939 | 0,583,61 | 514,594 | 0,596,51 | 520,249 |
| 0,65 | 0,331,632 | 0,513,69 | 590,305 | 0,525,28 | 596,938 | 0,537,03 | 603,570 | 0,548,89 | 610,203 |
| 0,70 | 0,384,846 | 0,475,71 | 685,026 | 0,486,43 | 692,723 | 0,497,32 | 700,419 | 0,508,31 | 708,116 |
| 0,75 | 0,441,788 | 0,442,95 | 786,383 | 0,452,93 | 795,218 | 0,463,07 | 804,054 | 0,473,30 | 812,890 |
| 0,80 | 0,502,656 | 0,414,42 | 894,728 | 0,423,77 | 904,781 | 0,433,25 | 914,834 | 0,442,82 | 924,887 |
| 0,85 | 0,567,451 | 0,389,32 | 1,010 | 0,398,12 | 1,021 | 0,407,01 | 1,033 | 0,416,00 | 1,044 |
| 0,90 | 0,636,174 | 0,367,10 | 1,132 | 0,375,39 | 1,145 | 0,383,78 | 1,158 | 0,392,26 | 1,171 |
| 0,95 | 0,706,823 | 0,347,27 | 1,258 | 0,355,12 | 1,272 | 0,363,05 | 1,286 | 0,371,07 | 1,301 |
| 1,00 | 0,785,400 | 0,329,48 | 1,398 | 0,336,92 | 1,414 | 0,344,45 | 1,429 | 0,352,06 | 1,445 |

| DIAMÈTRES | 1 MÈTRE 86 CENTIMÈTRES | | 1 MÈTRE 88 CENTIMÈTRES | | 1 MÈTRE 90 CENTIMÈTRES | | 1 MÈTRE 92 CENTIMÈTRES | |
|---|---|---|---|---|---|---|---|---|
| | CHARGES par 100 mètres. | VOLUMES débités. | CHARGES par 100 mètres. | VOLUMES débités. | CHARGES par 100 mètres. | VOLUMES débités. | CHARGES par 100 mètres. | VOLUMES débités. |
| mèt. | mèt. | lit. | mèt. | lit. | mèt. | lit. | mèt. | lit. |
| 0,01 | 124,61 | 0,146 | 127,31 | 0,148 | 130,03 | 0,149 | 132,78 | 0,151 |
| 0,02 | 39,924 | 0,584 | 40,787 | 0,590 | 41,660 | 0,597 | 42,540 | 0,603 |
| 0,027 | 25,274 | 1,066 | 25,821 | 1,077 | 26,372 | 1,089 | 26,932 | 1,100 |
| 0,03 | 21,642 | 1,315 | 22,110 | 1,329 | 22,582 | 1,343 | 23,061 | 1,357 |
| 0,04 | 14,366 | 2,338 | 14,677 | 2,363 | 14,992 | 2,388 | 15,308 | 2,413 |
| 0,05 | 10,598 | 3,653 | 10,827 | 3,692 | 11,059 | 3,732 | 11,293 | 3,771 |
| 0,054 | 9,566,9 | 4,259 | 9,773,6 | 4,305 | 9,982,5 | 4,351 | 10,194 | 4,397 |
| 0,06 | 8,333,4 | 5,258 | 8,513,9 | 5,315 | 8,695,9 | 5,371 | 8,879,8 | 5,428 |
| 0,07 | 6,806,7 | 7,157 | 6,954,7 | 7,234 | 7,103,4 | 7,311 | 7,253,7 | 7,388 |
| 0,08 | 5,784,0 | 9,350 | 5,909,1 | 9,451 | 6,035,5 | 9,551 | 6,163,2 | 9,652 |
| 0,081 | 5,695,6 | 9,585 | 5,818,7 | 9,688 | 5,943,3 | 9,791 | 6,068,9 | 9,894 |
| 0,09 | 5,003,0 | 11,833 | 5,111,4 | 11,961 | 5,220,7 | 12,088 | 5,331,2 | 12,215 |
| 0,10 | 4,404,4 | 14,608 | 4,499,6 | 14,766 | 4,595,9 | 14,923 | 4,693,1 | 15,080 |
| 0,108 | 4,015,8 | 17,040 | 4,102,7 | 17,223 | 4,190,4 | 17,406 | 4,279,1 | 17,589 |
| 0,11 | 3,928,3 | 17,676 | 4,013,3 | 17,866 | 4,099,1 | 18,056 | 4,185,9 | 18,246 |
| 0,12 | 3,544,9 | 21,037 | 3,621,8 | 21,263 | 3,699,3 | 21,489 | 3,777,6 | 21,715 |
| 0,13 | 3,228,3 | 24,688 | 3,298,1 | 24,953 | 3,368,7 | 25,219 | 3,440,0 | 25,484 |
| 0,135 | 3,089,9 | 26,624 | 3,156,6 | 26,910 | 3,224,1 | 27,197 | 3,292,3 | 27,483 |
| 0,14 | 2,962,7 | 28,633 | 3,026,6 | 28,941 | 3,091,4 | 29,249 | 3,156,8 | 29,557 |
| 0,15 | 2,736,4 | 32,870 | 2,795,8 | 33,223 | 2,855,7 | 33,577 | 2,916,1 | 33,930 |
| 0,16 | 2,539,0 | 37,397 | 2,594,0 | 37,799 | 2,649,6 | 38,201 | 2,705,7 | 38,604 |
| 0,162 | 2,506,7 | 38,338 | 2,560,8 | 38,751 | 2,615,6 | 39,163 | 2,671,0 | 39,575 |
| 0,17 | 2,373,4 | 42,218 | 2,424,7 | 42,672 | 2,476,6 | 43,126 | 2,529,0 | 43,580 |
| 0,18 | 2,225,3 | 47,331 | 2,273,4 | 47,840 | 2,322,0 | 48,349 | 2,371,2 | 48,858 |
| 0,19 | 2,094,4 | 52,737 | 2,139,7 | 53,304 | 2,185,5 | 53,871 | 2,231,7 | 54,438 |
| 0,20 | 1,977,8 | 58,434 | 2,020,6 | 59,062 | 2,063,9 | 59,690 | 2,107,5 | 60,319 |
| 0,21 | 1,873,5 | 64,423 | 1,914,0 | 65,116 | 1,955,0 | 65,808 | 1,996,3 | 66,501 |
| 0,216 | 1,815,9 | 68,158 | 1,855,2 | 68,891 | 1,894,9 | 69,624 | 1,935,1 | 70,357 |
| 0,22 | 1,779,5 | 70,704 | 1,818,0 | 71,464 | 1,856,9 | 72,225 | 1,896,2 | 72,985 |
| 0,23 | 1,694,5 | 77,270 | 1,731,1 | 78,101 | 1,768,2 | 78,932 | 1,805,6 | 79,763 |
| 0,24 | 1,611,9 | 84,145 | 1,646,7 | 85,049 | 1,682,0 | 85,954 | 1,717,6 | 86,859 |
| 0,25 | 1,546,4 | 91,304 | 1,579,9 | 92,285 | 1,613,7 | 93,267 | 1,647,9 | 94,249 |
| 0,26 | 1,476,4 | 98,753 | 1,508,3 | 99,815 | 1,540,6 | 100,877 | 1,573,2 | 101,939 |
| 0,27 | 1,422,1 | 106,496 | 1,452,9 | 107,641 | 1,483,9 | 108,786 | 1,515,4 | 109,932 |
| 0,28 | 1,367,0 | 114,530 | 1,396,6 | 115,761 | 1,426,5 | 116,993 | 1,456,7 | 118,224 |
| 0,29 | 1,316,1 | 122,857 | 1,344,6 | 124,178 | 1,373,3 | 125,499 | 1,402,4 | 126,820 |
| 0,30 | 1,268,8 | 131,476 | 1,296,2 | 132,890 | 1,324,0 | 134,303 | 1,352,0 | 135,717 |
| 0,31 | 1,224,8 | 140,387 | 1,251,3 | 141,897 | 1,278,1 | 143,406 | 1,305,1 | 144,916 |
| 0,32 | 1,183,7 | 149,591 | 1,209,3 | 151,199 | 1,235,1 | 152,808 | 1,261,3 | 154,416 |
| 0,325 | 1,164,2 | 154,302 | 1,189,3 | 155,961 | 1,214,7 | 157,620 | 1,240,5 | 159,279 |
| 0,33 | 1,145,3 | 159,086 | 1,170,0 | 160,796 | 1,195,0 | 162,507 | 1,220,3 | 164,218 |
| 0,34 | 1,109,2 | 168,873 | 1,133,2 | 170,689 | 1,157,4 | 172,505 | 1,181,9 | 174,321 |
| 0,35 | 1,075,2 | 178,954 | 1,098,5 | 180,879 | 1,122,0 | 182,803 | 1,145,7 | 184,727 |
| 0,36 | 1,043,6 | 189,325 | 1,066,2 | 191,361 | 1,089,0 | 193,397 | 1,111,9 | 195,432 |
| 0,37 | 1,013,5 | 199,989 | 1,035,6 | 202,140 | 1,057,7 | 204,290 | 1,079,9 | 206,440 |
| 0,38 | 0,985,10 | 210,946 | 1,006,4 | 213,214 | 1,027,9 | 215,483 | 1,049,6 | 217,751 |
| 0,39 | 0,958,36 | 222,194 | 0,979,06 | 224,583 | 0,999,93 | 226,972 | 1,021,1 | 229,361 |
| 0,40 | 0,932,96 | 233,735 | 0,953,12 | 236,248 | 0,973,49 | 238,762 | 0,994,11 | 241,275 |
| 0,41 | 0,908,88 | 245,567 | 0,928,52 | 248,207 | 0,948,36 | 250,848 | 0,968,45 | 253,488 |
| 0,42 | 0,885,99 | 257,694 | 0,905,14 | 260,465 | 0,924,48 | 263,236 | 0,944,10 | 266,006 |
| 0,43 | 0,864,23 | 270,111 | 0,882,91 | 273,016 | 0,901,78 | 275,920 | 0,920,90 | 278,824 |
| 0,44 | 0,843,53 | 282,819 | 0,861,77 | 285,860 | 0,880,18 | 288,901 | 0,898,83 | 291,942 |
| 0,45 | 0,823,80 | 295,820 | 0,841,49 | 299,001 | 0,859,47 | 302,182 | 0,877,68 | 305,363 |
| 0,46 | 0,804,94 | 309,115 | 0,822,31 | 312,439 | 0,839,88 | 315,763 | 0,857,69 | 319,087 |
| 0,47 | 0,786,94 | 322,701 | 0,803,91 | 326,171 | 0,821,08 | 329,641 | 0,838,49 | 333,110 |
| 0,48 | 0,769,70 | 336,578 | 0,786,35 | 340,197 | 0,803,16 | 343,816 | 0,820,19 | 347,435 |
| 0,49 | 0,753,21 | 350,750 | 0,769,50 | 354,521 | 0,785,95 | 358,293 | 0,802,62 | 362,064 |
| 0,50 | 0,737,42 | 365,211 | 0,753,36 | 369,138 | 0,769,47 | 373,065 | 0,785,78 | 376,992 |
| 0,55 | 0,667,43 | 441,904 | 0,681,86 | 446,656 | 0,696,44 | 451,408 | 0,711,20 | 456,160 |
| 0,60 | 0,609,55 | 525,904 | 0,622,74 | 531,559 | 0,636,06 | 537,214 | 0,649,54 | 542,869 |
| 0,65 | 0,560,89 | 616,835 | 0,573,03 | 623,468 | 0,585,28 | 630,101 | 0,597,67 | 636,733 |
| 0,70 | 0,519,42 | 715,813 | 0,530,66 | 723,510 | 0,542,01 | 731,207 | 0,553,48 | 738,904 |
| 0,75 | 0,483,65 | 821,726 | 0,494,11 | 830,561 | 0,504,68 | 839,397 | 0,515,36 | 848,233 |
| 0,80 | 0,452,50 | 934,940 | 0,462,29 | 944,993 | 0,472,18 | 955,046 | 0,482,17 | 965,099 |
| 0,85 | 0,425,10 | 1,056 | 0,434,29 | 1,067 | 0,443,58 | 1,078 | 0,452,97 | 1,090 |
| 0,90 | 0,400,84 | 1,183 | 0,409,50 | 1,196 | 0,418,27 | 1,209 | 0,427,12 | 1,221 |
| 0,95 | 0,379,19 | 1,315 | 0,387,39 | 1,329 | 0,395,67 | 1,343 | 0,404,05 | 1,357 |
| 1,00 | 0,359,76 | 1,461 | 0,367,54 | 1,477 | 0,375,40 | 1,492 | 0,383,34 | 1,508 |

TUYAUX NEUFS. — VITESSES.

| DIAMÈTRES. | SECTIONS. | 1 MÈTRE 94 CENTIMÈTRES. | | 1 MÈTRE 96 CENTIMÈTRES. | | 1 MÈTRE 98 CENTIMÈTRES. | | 2 MÈTRES. | |
|---|---|---|---|---|---|---|---|---|---|
| | | CHARGES par 100 mètres. | VOLUMES débités. | CHARGES par 100 mètres. | VOLUMES débités. | CHARGES par 100 mètres. | VOLUMES débités. | CHARGES par 100 mètres. | VOLUMES débités. |
| mèt. | | mèt. | lit. | mèt. | lit. | mèt. | lit. | mèt. | lit. |
| 0,01 | 0,000,079 | 135,56 | 0,152 | 138,37 | 0,154 | 141,21 | 0,155 | 144,08 | 0,157 |
| 0,02 | 0,000,314 | 43,432 | 0,609 | 44,332 | 0,616 | 45,241 | 0,622 | 46,160 | 0,628 |
| 0,027 | 0,000,573 | 27,496 | 1,111 | 28,065 | 1,122 | 28,541 | 1,134 | 29,223 | 1,145 |
| 0,03 | 0,000,707 | 23,543 | 1,372 | 24,031 | 1,380 | 24,524 | 1,400 | 25,022 | 1,414 |
| 0,04 | 0,001,257 | 15,628 | 2,438 | 15,952 | 2,463 | 16,279 | 2,488 | 16,610 | 2,513 |
| 0,05 | 0,001,964 | 11,529 | 3,809 | 11,768 | 3,848 | 12,009 | 3,888 | 12,253 | 3,927 |
| 0,054 | 0,002,290 | 10,407 | 4,443 | 10,623 | 4,489 | 10,841 | 4,555 | 11,061 | 4,580 |
| 0,06 | 0,002,827 | 9,086,1 | 5,485 | 9,254,0 | 5,542 | 9,443,9 | 5,598 | 9,636 | 5,655 |
| 0,07 | 0,003,848 | 7,439,7 | 7,456 | 7,593,9 | 7,543 | 7,749,6 | 7,620 | 7,907 | 7,697 |
| 0,08 | 0,005,027 | 6,292,3 | 9,751 | 6,422,7 | 9,852 | 6,554,4 | 9,933 | 6,687 | 10,053 |
| 0,081 | 0,005,153 | 6,195,0 | 9,997 | 6,324,4 | 10,093 | 6,434,1 | 10,208 | 6,585 | 10,306 |
| 0,09 | 0,006,362 | 5,442,8 | 12,341 | 5,555,6 | 12,468 | 5,669,0 | 12,595 | 5,785 | 12,723 |
| 0,10 | 0,007,854 | 4,790,3 | 15,235 | 4,889,6 | 15,394 | 4,989,9 | 15,551 | 5,091 | 15,708 |
| 0,106 | 0,009,161 | 4,368,7 | 17,771 | 4,459,2 | 17,954 | 4,550,7 | 18,137 | 4,645 | 18,322 |
| 0,11 | 0,009,503 | 4,274,4 | 18,436 | 4,362,9 | 18,626 | 4,452,4 | 18,816 | 4,543 | 19,007 |
| 0,12 | 0,011,310 | 3,856,6 | 21,940 | 3,936,6 | 22,166 | 4,017,3 | 22,392 | 4,099 | 22,620 |
| 0,13 | 0,013,273 | 3,512,0 | 25,749 | 3,584,7 | 26,014 | 3,658,3 | 26,279 | 3,733 | 26,547 |
| 0,135 | 0,014,314 | 3,361,3 | 27,768 | 3,431,0 | 28,054 | 3,501,3 | 28,340 | 3,572 | 28,628 |
| 0,14 | 0,015,394 | 3,222,9 | 29,864 | 3,289,7 | 30,170 | 3,357,2 | 30,478 | 3,425 | 30,788 |
| 0,15 | 0,017,672 | 2,977,1 | 34,283 | 3,038,8 | 34,536 | 3,101,1 | 34,989 | 3,164 | 35,343 |
| 0,16 | 0,020,106 | 2,765,7 | 39,004 | 2,823,0 | 39,408 | 2,888,9 | 39,810 | 2,939 | 40,212 |
| 0,162 | 0,020,612 | 2,726,9 | 39,986 | 2,783,4 | 40,398 | 2,840,5 | 40,810 | 2,898 | 41,224 |
| 0,17 | 0,022,698 | 2,581,9 | 44,034 | 2,635,4 | 44,488 | 2,689,5 | 44,942 | 2,744 | 45,396 |
| 0,18 | 0,025,447 | 2,420,8 | 49,367 | 2,471,0 | 49,876 | 2,521,6 | 50,385 | 2,573 | 50,894 |
| 0,19 | 0,028,353 | 2,278,4 | 55,005 | 2,325,6 | 55,570 | 2,373,3 | 56,137 | 2,422 | 56,706 |
| 0,20 | 0,031,416 | 2,151,7 | 60,946 | 2,196,2 | 61,574 | 2,241,3 | 62,202 | 2,287 | 62,832 |
| 0,21 | 0,034,636 | 2,038,2 | 67,195 | 2,080,4 | 67,888 | 2,123,1 | 68,579 | 2,166 | 69,272 |
| 0,215 | 0,036,544 | 1,975,6 | 71,087 | 2,016,5 | 71,822 | 2,057,9 | 72,555 | 2,100 | 73,287 |
| 0,22 | 0,038,013 | 1,935,9 | 73,746 | 1,976,0 | 74,506 | 2,016,6 | 75,266 | 2,058 | 76,027 |
| 0,23 | 0,041,348 | 1,843,4 | 80,601 | 1,881,6 | 81,434 | 1,920,2 | 82,265 | 1,959 | 83,095 |
| 0,24 | 0,045,239 | 1,759,2 | 87,763 | 1,795,7 | 88,668 | 1,832,5 | 89,575 | 1,870 | 90,478 |
| 0,25 | 0,049,088 | 1,682,4 | 95,230 | 1,717,2 | 96,210 | 1,752,5 | 97,192 | 1,783 | 98,175 |
| 0,26 | 0,053,093 | 1,611,9 | 103,080 | 1,645,3 | 104,062 | 1,679,0 | 105,123 | 1,713 | 106,186 |
| 0,27 | 0,057,256 | 1,547,1 | 111,075 | 1,579,1 | 112,220 | 1,611,5 | 113,365 | 1,644 | 114,511 |
| 0,28 | 0,061,575 | 1,487,2 | 119,456 | 1,518,0 | 120,686 | 1,549,1 | 121,918 | 1,581 | 123,151 |
| 0,29 | 0,066,052 | 1,431,8 | 128,141 | 1,461,5 | 129,462 | 1,491,4 | 130,783 | 1,522 | 132,104 |
| 0,30 | 0,070,686 | 1,380,3 | 137,180 | 1,408,9 | 138,544 | 1,437,8 | 139,958 | 1,467 | 141,372 |
| 0,31 | 0,075,477 | 1,332,4 | 146,424 | 1,360,0 | 147,934 | 1,387,9 | 149,444 | 1,416 | 150,954 |
| 0,32 | 0,080,425 | 1,287,7 | 156,022 | 1,314,4 | 157,632 | 1,341,4 | 159,240 | 1,369 | 160,850 |
| 0,325 | 0,082,958 | 1,266,5 | 160,937 | 1,292,7 | 162,598 | 1,319,2 | 164,257 | 1,346 | 165,916 |
| 0,33 | 0,085,530 | 1,245,9 | 165,929 | 1,271,7 | 167,638 | 1,297,6 | 169,340 | 1,324 | 171,060 |
| 0,34 | 0,090,792 | 1,206,7 | 176,136 | 1,231,7 | 177,952 | 1,257,0 | 179,768 | 1,282 | 181,584 |
| 0,35 | 0,096,212 | 1,169,9 | 186,650 | 1,194,1 | 188,574 | 1,218,6 | 190,498 | 1,245 | 192,423 |
| 0,36 | 0,101,788 | 1,135,2 | 197,468 | 1,158,8 | 199,504 | 1,182,5 | 201,540 | 1,207 | 203,576 |
| 0,37 | 0,107,521 | 1,102,6 | 208,590 | 1,125,4 | 210,742 | 1,148,5 | 212,892 | 1,172 | 215,042 |
| 0,38 | 0,113,412 | 1,071,7 | 220,018 | 1,093,9 | 222,286 | 1,116,2 | 224,554 | 1,139 | 226,823 |
| 0,39 | 0,119,459 | 1,042,6 | 231,751 | 1,064,2 | 234,148 | 1,086,0 | 236,529 | 1,108 | 238,919 |
| 0,40 | 0,125,664 | 1,015,0 | 243,787 | 1,036,9 | 246,302 | 1,057,2 | 248,815 | 1,079 | 251,328 |
| 0,41 | 0,132,026 | 0,958,74 | 256,131 | 0,989,2 | 258,770 | 1,029,9 | 261,411 | 1,051 | 264,052 |
| 0,42 | 0,138,545 | 0,963,86 | 268,777 | 0,983,83 | 271,548 | 1,004,0 | 274,319 | 1,024 | 277,090 |
| 0,43 | 0,145,221 | 0,940,18 | 281,728 | 0,959,67 | 284,632 | 0,979,35 | 287,536 | 0,999,2 | 290,442 |
| 0,44 | 0,152,053 | 0,917,65 | 294,983 | 0,936,67 | 298,022 | 0,955,88 | 301,063 | 0,975,3 | 304,106 |
| 0,45 | 0,159,043 | 0,896,17 | 308,543 | 0,914,74 | 311,724 | 0,933,51 | 314,905 | 0,952,5 | 318,086 |
| 0,46 | 0,166,191 | 0,875,66 | 323,410 | 0,893,81 | 325,734 | 0,912,14 | 329,058 | 0,930,7 | 332,382 |
| 0,47 | 0,173,495 | 0,856,07 | 336,580 | 0,875,81 | 340,050 | 0,891,73 | 343,520 | 0,909,8 | 346,990 |
| 0,48 | 0,180,956 | 0,837,34 | 351,053 | 0,854,69 | 354,674 | 0,872,22 | 358,293 | 0,889,9 | 361,912 |
| 0,49 | 0,188,575 | 0,819,40 | 365,836 | 0,836,39 | 369,806 | 0,853,34 | 373,378 | 0,870,9 | 377,150 |
| 0,50 | 0,196,350 | 0,802,22 | 380,919 | 0,818,84 | 384,846 | 0,835,64 | 388,773 | 0,852,6 | 392,700 |
| 0,55 | 0,237,583 | 0,725,07 | 460,916 | 0,741,12 | 465,662 | 0,756,32 | 470,414 | 0,771,7 | 475,165 |
| 0,60 | 0,282,744 | 0,665,11 | 548,522 | 0,676,85 | 554,178 | 0,690,74 | 559,833 | 0,704,8 | 565,488 |
| 0,65 | 0,331,832 | 0,610,18 | 643,755 | 0,622,82 | 650,390 | 0,635,60 | 657,027 | 0,648,5 | 663,664 |
| 0,70 | 0,384,846 | 0,565,07 | 746,601 | 0,576,78 | 754,298 | 0,588,61 | 761,995 | 0,600,6 | 769,692 |
| 0,75 | 0,441,788 | 0,526,15 | 857,068 | 0,537,06 | 865,904 | 0,548,07 | 874,740 | 0,559,2 | 883,576 |
| 0,80 | 0,502,636 | 0,492,26 | 975,151 | 0,502,46 | 983,206 | 0,512,77 | 995,269 | 0,523,2 | 1,005 |
| 0,85 | 0,567,451 | 0,462,45 | 1,101 | 0,472,04 | 1,112 | 0,481,72 | 1,124 | 0,491,5 | 1,135 |
| 0,90 | 0,636,174 | 0,436,06 | 1,234 | 0,445,10 | 1,247 | 0,454,23 | 1,260 | 0,463,4 | 1,272 |
| 0,95 | 0,708,823 | 0,412,61 | 1,375 | 0,421,06 | 1,389 | 0,429,69 | 1,437 | 0,438,4 | 1,418 |
| 1,00 | 0,785,400 | 0,391,37 | 1,524 | 0,399,48 | 1,539 | 0,407,57 | 1,555 | 0,416,0 | 1,571 |

| DIAMÈTRES. | 2 MÈTRES 5 CENTIMÈTRES. | | 2 MÈTRES 10 CENTIMÈTRES. | | 2 MÈTRES 15 CENTIMÈTRES. | | 2 MÈTRES 20 CENTIMÈTRES. | |
|---|---|---|---|---|---|---|---|---|
| | CHARGES par 100 mètres. | VOLUMES débités. | CHARGES par 100 mètres. | VOLUMES débités. | CHARGES par 100 mètres. | VOLUMES débités. | CHARGES par 100 mètres. | VOLUMES débités. |
| mèt. | mèt. | lit. | mèt. | lit. | mèt. | lit. | mèt. | lit. |
| 0,01 | 151,37 | 0,161 | 158,85 | 0,165 | 166,30 | 0,169 | 174,34 | 0,173 |
| 0,02 | 48,497 | 0,644 | 50,891 | 0,660 | 53,344 | 0,675 | 55,856 | 0,691 |
| 0,027 | 30,702 | 1,174 | 32,218 | 1,202 | 33,770 | 1,231 | 35,359 | 1,260 |
| 0,03 | 26,289 | 1,449 | 27,587 | 1,484 | 28,916 | 1,520 | 30,277 | 1,555 |
| 0,04 | 17,451 | 2,576 | 18,313 | 2,639 | 19,195 | 2,702 | 20,098 | 2,755 |
| 0,05 | 12,873 | 4,025 | 13,569 | 4,123 | 14,160 | 4,222 | 14,826 | 4,320 |
| 0,054 | 11,621 | 4,695 | 12,195 | 4,809 | 12,783 | 4,924 | 13,384 | 5,039 |
| 0,06 | 10,123 | 5,795 | 10,623 | 5,938 | 11,135 | 6,070 | 11,659 | 6,220 |
| 0,07 | 8,307 | 7,889 | 8,717 | 8,082 | 9,138 | 8,275 | 9,567 | 8,446 |
| 0,08 | 7,026 | 10,304 | 7,373 | 10,556 | 7,722 | 10,807 | 7,968 | 11,058 |
| 0,081 | 6,919 | 10,564 | 7,252 | 10,821 | 7,610 | 11,079 | 7,968 | 11,337 |
| 0,09 | 6,078 | 13,041 | 6,378 | 13,360 | 6,685 | 13,678 | 6,999 | 13,998 |
| 0,10 | 5,349 | 16,101 | 5,613 | 16,493 | 5,584 | 16,886 | 6,160 | 17,279 |
| 0,106 | 4,878 | 18,780 | 5,119 | 19,238 | 5,366 | 19,695 | 5,618 | 20,154 |
| 0,11 | 4,773 | 19,482 | 5,009 | 19,957 | 5,250 | 20,432 | 5,497 | 20,907 |
| 0,12 | 4,306 | 23,183 | 4,519 | 23,751 | 4,737 | 24,376 | 4,990 | 24,881 |
| 0,13 | 3,922 | 27,211 | 4,115 | 27,874 | 4,313 | 28,538 | 4,516 | 29,201 |
| 0,135 | 3,753 | 29,344 | 3,939 | 30,059 | 4,128 | 30,775 | 4,322 | 31,491 |
| 0,14 | 3,599 | 31,558 | 3,776 | 32,327 | 3,958 | 33,097 | 4,145 | 33,666 |
| 0,15 | 3,324 | 36,227 | 3,488 | 37,110 | 3,657 | 37,594 | 3,829 | 38,877 |
| 0,16 | 3,088 | 41,217 | 3,241 | 42,223 | 3,228 | 43,228 | 3,557 | 44,234 |
| 0,162 | 3,045 | 42,255 | 3,195 | 43,285 | 3,349 | 44,318 | 3,507 | 45,346 |
| 0,17 | 2,883 | 46,531 | 3,025 | 47,666 | 3,171 | 48,801 | 3,320 | 49,936 |
| 0,18 | 2,703 | 52,166 | 2,837 | 53,830 | 2,973 | 54,711 | 3,115 | 55,883 |
| 0,19 | 2,544 | 58,124 | 2,670 | 59,341 | 2,798 | 60,959 | 2,930 | 62,376 |
| 0,20 | 2,403 | 64,403 | 2,521 | 65,973 | 2,643 | 67,545 | 2,757 | 69,115 |
| 0,21 | 2,275 | 71,004 | 2,388 | 72,736 | 2,503 | 74,468 | 2,621 | 76,290 |
| 0,215 | 2,206 | 75,119 | 2,315 | 76,952 | 2,427 | 78,784 | 2,541 | 80,516 |
| 0,22 | 2,162 | 77,928 | 2,268 | 79,828 | 2,378 | 81,729 | 2,490 | 83,629 |
| 0,23 | 2,058 | 85,172 | 2,160 | 87,250 | 2,254 | 89,327 | 2,371 | 91,405 |
| 0,24 | 1,964 | 92,740 | 2,061 | 95,092 | 2,161 | 97,204 | 2,252 | 99,526 |
| 0,25 | 1,879 | 100,629 | 1,971 | 103,084 | 2,065 | 105,538 | 2,164 | 107,993 |
| 0,26 | 1,800 | 108,841 | 1,889 | 111,495 | 1,980 | 114,150 | 2,073 | 116,805 |
| 0,27 | 1,728 | 117,374 | 1,813 | 120,237 | 1,900 | 123,100 | 1,990 | 125,963 |
| 0,28 | 1,661 | 126,230 | 1,743 | 129,308 | 1,827 | 132,387 | 1,913 | 135,486 |
| 0,29 | 1,599 | 135,407 | 1,678 | 138,709 | 1,759 | 141,975 | 1,841 | 145,315 |
| 0,30 | 1,541 | 144,906 | 1,617 | 148,441 | 1,693 | 151,975 | 1,775 | 155,509 |
| 0,31 | 1,488 | 154,728 | 1,561 | 158,502 | 1,637 | 162,276 | 1,714 | 166,049 |
| 0,32 | 1,438 | 164,871 | 1,509 | 168,892 | 1,582 | 172,913 | 1,656 | 176,935 |
| 0,325 | 1,414 | 170,064 | 1,484 | 174,212 | 1,555 | 178,360 | 1,629 | 182,507 |
| 0,33 | 1,391 | 175,337 | 1,460 | 179,613 | 1,530 | 183,890 | 1,602 | 188,166 |
| 0,34 | 1,347 | 186,124 | 1,414 | 190,664 | 1,482 | 195,204 | 1,552 | 199,743 |
| 0,35 | 1,306 | 197,234 | 1,371 | 202,044 | 1,437 | 206,855 | 1,505 | 211,665 |
| 0,36 | 1,268 | 208,665 | 1,330 | 213,754 | 1,394 | 218,843 | 1,460 | 223,933 |
| 0,37 | 1,231 | 220,418 | 1,292 | 225,795 | 1,354 | 231,171 | 1,418 | 236,547 |
| 0,38 | 1,197 | 232,494 | 1,256 | 238,165 | 1,316 | 243,836 | 1,378 | 249,506 |
| 0,39 | 1,164 | 244,892 | 1,222 | 250,855 | 1,281 | 256,838 | 1,341 | 262,810 |
| 0,40 | 1,133 | 257,611 | 1,189 | 263,894 | 1,247 | 270,177 | 1,305 | 276,451 |
| 0,41 | 1,104 | 270,653 | 1,159 | 277,255 | 1,212 | 283,856 | 1,272 | 290,457 |
| 0,42 | 1,076 | 284,017 | 1,129 | 290,945 | 1,184 | 297,872 | 1,240 | 304,799 |
| 0,43 | 1,050 | 297,703 | 1,102 | 304,984 | 1,155 | 312,225 | 1,209 | 319,486 |
| 0,44 | 1,025 | 311,709 | 1,075 | 319,311 | 1,127 | 325,914 | 1,180 | 334,517 |
| 0,45 | 1,001 | 326,038 | 1,050 | 333,900 | 1,101 | 341,942 | 1,153 | 349,895 |
| 0,46 | 0,977,8 | 340,802 | 1,026 | 349,001 | 1,076 | 357,311 | 1,126 | 365,620 |
| 0,47 | 0,955,9 | 355,665 | 1,003 | 364,340 | 1,051 | 373,015 | 1,101 | 381,689 |
| 0,48 | 0,935,0 | 370,961 | 0,981,2 | 380,008 | 1,028 | 389,056 | 1,077 | 398,103 |
| 0,49 | 0,915,0 | 386,579 | 0,960,1 | 396,008 | 1,006 | 405,437 | 1,034 | 414,865 |
| 0,50 | 0,895,8 | 402,518 | 0,940,0 | 412,335 | 0,983,3 | 422,133 | 1,032 | 431,970 |
| 0,55 | 0,810,8 | 487,045 | 0,850,8 | 498,924 | 0,891,8 | 510,803 | 0,933,7 | 522,583 |
| 0,60 | 0,740,4 | 579,625 | 0,777,0 | 593,762 | 0,814,4 | 607,899 | 0,852,8 | 622,037 |
| 0,65 | 0,681,3 | 680,256 | 0,715,0 | 696,847 | 0,749,4 | 713,439 | 0,784,7 | 730,030 |
| 0,70 | 0,631,0 | 788,934 | 0,662,1 | 808,177 | 0,694,0 | 827,419 | 0,726,7 | 846,661 |
| 0,75 | 0,587,5 | 903,665 | 0,616,5 | 927,755 | 0,646,2 | 0,946,349 | 0,676,6 | 971,034 |
| 0,80 | 0,549,7 | 1,030 | 0,576,8 | 1,056 | 0,604,5 | 1,081 | 0,633,1 | 1,105 |
| 0,85 | 0,516,4 | 1,163 | 0,541,9 | 1,192 | 0,568,0 | 1,229 | 0,594,7 | 1,248 |
| 0,90 | 0,486,9 | 1,304 | 0,511,0 | 1,336 | 0,533,5 | 1,368 | 0,560,8 | 1,400 |
| 0,95 | 0,460,8 | 1,453 | 0,483,4 | 1,489 | 0,506,7 | 1,524 | 0,530,5 | 1,559 |
| 1,00 | 0,437,0 | 1,510 | 0,458,4 | 1,640 | 0,480,7 | 1,660 | 0,503,3 | 1,728 |

**TUYAUX NEUFS. — VITESSES.**

| | | 2 MÈTRES 25 CENTIMÈTRES | | 2 MÈTRES 30 CENTIMÈTRES | |
|---|---|---|---|---|---|
| DIAMÈTRES | SECTIONS | CHARGES par 100 mètres. | VOLUMES débités. | CHARGES par 100 mètres. | VOLUMES débités. |
| mèt. | mèt. | mèt. | lit. | mèt. | lit. |
| 0,01 | 0,000,079 | 182,35 | 0,177 | 190,55 | 0,181 |
| 0,02 | 0,000,314 | 58,421 | 0,707 | 61,047 | 0,723 |
| 0,027 | 0,000,573 | 36,985 | 1,288 | 38,647 | 1,317 |
| 0,03 | 0,000,707 | 31,569 | 1,590 | 33,092 | 1,626 |
| 0,04 | 0,001,257 | 21,022 | 2,827 | 21,967 | 2,890 |
| 0,05 | 0,001,964 | 15,507 | 4,418 | 16,204 | 4,516 |
| 0,054 | 0,002,290 | 13,909 | 5,153 | 14,628 | 5,268 |
| 0,06 | 0,002,827 | 12,195 | 6,362 | 12,743 | 6,503 |
| 0,07 | 0,003,848 | 10,007 | 8,639 | 10,457 | 8,851 |
| 0,08 | 0,005,027 | 8,464 | 11,309 | 8,844 | 11,561 |
| 0,081 | 0,005,153 | 8,334 | 11,595 | 8,709 | 11,832 |
| 0,09 | 0,006,362 | 7,321 | 14,314 | 7,650 | 14,632 |
| 0,10 | 0,007,854 | 6,444 | 17,672 | 6,733 | 18,064 |
| 0,108 | 0,009,161 | 5,876 | 20,612 | 6,141 | 21,070 |
| 0,11 | 0,009,503 | 5,750 | 21,382 | 6,008 | 21,858 |
| 0,12 | 0,011,310 | 5,188 | 25,445 | 5,421 | 26,012 |
| 0,13 | 0,013,273 | 4,724 | 29,865 | 4,936 | 30,529 |
| 0,135 | 0,014,314 | 4,521 | 32,207 | 4,725 | 32,922 |
| 0,14 | 0,015,394 | 4,335 | 34,636 | 4,530 | 35,406 |
| 0,15 | 0,017,672 | 4,005 | 39,761 | 4,185 | 40,644 |
| 0,16 | 0,020,106 | 3,720 | 45,239 | 3,887 | 46,244 |
| 0,162 | 0,020,612 | 3,568 | 46,377 | 3,833 | 47,408 |
| 0,17 | 0,022,698 | 3,473 | 51,071 | 3,629 | 52,206 |
| 0,18 | 0,025,447 | 3,256 | 57,155 | 3,403 | 58,428 |
| 0,19 | 0,028,353 | 3,065 | 63,704 | 3,203 | 65,212 |
| 0,20 | 0,031,416 | 2,894 | 70,686 | 3,024 | 72,257 |
| 0,21 | 0,034,636 | 2,742 | 77,932 | 2,865 | 79,663 |
| 0,216 | 0,036,644 | 2,657 | 82,448 | 2,777 | 84,280 |
| 0,22 | 0,038,013 | 2,604 | 85,530 | 2,721 | 87,431 |
| 0,23 | 0,041,548 | 2,480 | 93,482 | 2,591 | 95,560 |
| 0,24 | 0,045,239 | 2,366 | 101,788 | 2,473 | 104,050 |
| 0,25 | 0,049,088 | 2,263 | 110,447 | 2,365 | 112,901 |
| 0,26 | 0,053,093 | 2,168 | 119,460 | 2,256 | 122,114 |
| 0,27 | 0,057,256 | 2,081 | 128,826 | 2,175 | 131,688 |
| 0,28 | 0,061,575 | 2,000 | 138,545 | 2,090 | 141,623 |
| 0,29 | 0,066,052 | 1,926 | 148,618 | 2,013 | 151,920 |
| 0,30 | 0,070,686 | 1,857 | 159,043 | 1,940 | 162,578 |
| 0,31 | 0,075,477 | 1,795 | 169,823 | 1,873 | 173,597 |
| 0,32 | 0,080,425 | 1,732 | 180,956 | 1,810 | 184,977 |
| 0,325 | 0,082,958 | 1,704 | 186,655 | 1,780 | 190,803 |
| 0,33 | 0,085,530 | 1,676 | 192,443 | 1,751 | 196,719 |
| 0,34 | 0,090,792 | 1,623 | 204,283 | 1,695 | 208,822 |
| 0,35 | 0,096,212 | 1,574 | 216,476 | 1,644 | 221,286 |
| 0,36 | 0,101,788 | 1,527 | 229,022 | 1,596 | 234,112 |
| 0,37 | 0,107,521 | 1,483 | 241,923 | 1,550 | 247,299 |
| 0,38 | 0,113,412 | 1,442 | 255,177 | 1,506 | 260,847 |
| 0,39 | 0,119,459 | 1,402 | 268,783 | 1,465 | 274,755 |
| 0,40 | 0,125,664 | 1,365 | 282,744 | 1,427 | 289,027 |
| 0,41 | 0,132,026 | 1,330 | 297,058 | 1,390 | 303,660 |
| 0,42 | 0,138,545 | 1,297 | 311,726 | 1,355 | 318,654 |
| 0,43 | 0,145,221 | 1,265 | 326,747 | 1,322 | 334,008 |
| 0,44 | 0,152,053 | 1,234 | 342,120 | 1,290 | 349,722 |
| 0,45 | 0,159,043 | 1,206 | 357,847 | 1,260 | 365,799 |
| 0,46 | 0,166,191 | 1,178 | 373,930 | 1,231 | 382,239 |
| 0,47 | 0,173,495 | 1,152 | 390,364 | 1,203 | 399,039 |
| 0,48 | 0,180,956 | 1,126 | 407,151 | 1,177 | 416,199 |
| 0,49 | 0,188,573 | 1,102 | 424,294 | 1,152 | 433,723 |
| 0,50 | 0,196,350 | 1,079 | 441,788 | 1,128 | 451,605 |
| 0,55 | 0,237,583 | 0,976,7 | 534,562 | 1,021 | 546,441 |
| 0,60 | 0,282,744 | 0,892,0 | 636,174 | 0,952,0 | 650,311 |
| 0,65 | 0,331,832 | 0,820,5 | 746,622 | 0,857,7 | 763,214 |
| 0,70 | 0,384,846 | 0,760,1 | 865,903 | 0,794,2 | 885,146 |
| 0,75 | 0,441,788 | 0,707,7 | 994,023 | 0,739,5 | 1,016 |
| 0,80 | 0,502,656 | 0,662,2 | 1,131 | 0,691,9 | 1,156 |
| 0,85 | 0,567,451 | 0,622,1 | 1,277 | 0,650,0 | 1,305 |
| 0,90 | 0,636,174 | 0,586,8 | 1,431 | 0,612,9 | 1,463 |
| 0,95 | 0,708,823 | 0,554,0 | 1,595 | 0,579,8 | 1,630 |
| 1,00 | 0,785,400 | 0,526,4 | 1,767 | 0,550,1 | 1,806 |

| | 2 MÈTRES 35 CENTIMÈTRES | | 2 MÈTRES 40 CENTIMÈTRES | | 2 MÈTRES 45 CENTIMÈTRES | |
|---|---|---|---|---|---|---|
| DIAMÈTRES | CHARGES par 100 mètres. | VOLUMES débités. | CHARGES par 100 mètres. | VOLUMES débités. | CHARGES par 100 mètres. | VOLUMES débités. |
| mèt. | mèt. | lit. | mèt. | lit. | mèt. | lit. |
| 0,01 | 198,92 | 0,185 | 207,48 | 0,188 | 216,21 | 0,192 |
| 0,02 | 63,730 | 0,738 | 56,470 | 0,754 | 69,269 | 0,770 |
| 0,027 | 40,345 | 1,346 | 42,080 | 1,374 | 45,852 | 1,403 |
| 0,03 | 34,545 | 1,661 | 36,032 | 1,697 | 37,549 | 1,733 |
| 0,04 | 22,932 | 2,953 | 23,918 | 3,016 | 24,925 | 3,079 |
| 0,05 | 16,917 | 4,614 | 17,648 | 4,712 | 18,387 | 4,811 |
| 0,054 | 15,271 | 5,382 | 15,928 | 5,497 | 16,590 | 5,611 |
| 0,06 | 13,303 | 6,644 | 13,875 | 6,786 | 14,459 | 6,927 |
| 0,07 | 10,917 | 9,044 | 11,386 | 9,238 | 11,865 | 9,429 |
| 0,08 | 9,233 | 11,812 | 9,630 | 12,064 | 10,035 | 12,315 |
| 0,081 | 9,092 | 12,110 | 9,483 | 12,367 | 9,882 | 12,625 |
| 0,09 | 7,987 | 14,950 | 8,330 | 15,268 | 8,681 | 15,586 |
| 0,10 | 7,029 | 18,457 | 7,331 | 18,860 | 7,640 | 19,243 |
| 0,108 | 6,410 | 21,528 | 6,686 | 21,986 | 6,968 | 22,444 |
| 0,11 | 6,272 | 22,333 | 6,542 | 22,808 | 6,817 | 23,283 |
| 0,12 | 5,639 | 26,577 | 5,902 | 27,143 | 6,151 | 27,708 |
| 0,13 | 5,153 | 31,193 | 5,375 | 31,856 | 5,601 | 32,520 |
| 0,135 | 4,932 | 33,638 | 5,144 | 34,353 | 5,361 | 35,069 |
| 0,14 | 4,729 | 36,176 | 4,932 | 36,945 | 5,140 | 37,715 |
| 0,15 | 4,368 | 41,528 | 4,556 | 42,412 | 4,748 | 43,296 |
| 0,16 | 4,058 | 47,249 | 4,233 | 48,255 | 4,411 | 49,260 |
| 0,162 | 4,001 | 48,439 | 4,173 | 49,469 | 4,347 | 50,500 |
| 0,17 | 3,789 | 53,341 | 3,952 | 54,475 | 4,118 | 55,610 |
| 0,18 | 3,552 | 59,700 | 3,705 | 61,073 | 3,861 | 62,345 |
| 0,19 | 3,343 | 66,630 | 3,487 | 68,047 | 3,634 | 69,465 |
| 0,20 | 3,157 | 73,828 | 3,293 | 75,398 | 3,432 | 76,969 |
| 0,21 | 2,991 | 81,395 | 3,119 | 83,127 | 3,251 | 84,859 |
| 0,216 | 2,899 | 86,112 | 3,024 | 87,945 | 3,151 | 89,777 |
| 0,22 | 2,841 | 89,552 | 2,963 | 91,232 | 3,088 | 93,133 |
| 0,23 | 2,705 | 97,637 | 2,824 | 99,714 | 2,940 | 101,791 |
| 0,24 | 2,581 | 106,312 | 2,692 | 108,574 | 2,806 | 110,836 |
| 0,25 | 2,469 | 115,355 | 2,575 | 117,810 | 2,683 | 120,284 |
| 0,26 | 2,365 | 124,769 | 2,467 | 127,423 | 2,571 | 130,078 |
| 0,27 | 2,270 | 134,551 | 2,368 | 137,414 | 2,467 | 140,277 |
| 0,28 | 2,182 | 144,702 | 2,276 | 147,781 | 2,372 | 150,860 |
| 0,29 | 2,101 | 155,223 | 2,191 | 158,525 | 2,284 | 161,828 |
| 0,30 | 2,025 | 166,112 | 2,113 | 169,646 | 2,201 | 173,180 |
| 0,31 | 1,955 | 177,371 | 2,039 | 181,145 | 2,125 | 184,919 |
| 0,32 | 1,890 | 188,993 | 1,971 | 193,020 | 2,054 | 197,041 |
| 0,325 | 1,858 | 194,951 | 1,938 | 199,099 | 2,020 | 203,247 |
| 0,33 | 1,828 | 200,996 | 1,907 | 205,272 | 1,987 | 209,549 |
| 0,34 | 1,771 | 213,362 | 1,847 | 217,901 | 1,925 | 222,441 |
| 0,35 | 1,717 | 226,097 | 1,790 | 230,908 | 1,866 | 235,719 |
| 0,36 | 1,666 | 239,201 | 1,737 | 244,291 | 1,811 | 249,380 |
| 0,37 | 1,618 | 252,675 | 1,687 | 258,051 | 1,759 | 263,427 |
| 0,38 | 1,573 | 266,518 | 1,640 | 272,188 | 1,709 | 277,859 |
| 0,39 | 1,530 | 280,729 | 1,596 | 286,702 | 1,663 | 292,675 |
| 0,40 | 1,489 | 295,310 | 1,553 | 301,594 | 1,610 | 307,877 |
| 0,41 | 1,451 | 310,261 | 1,513 | 316,862 | 1,577 | 323,463 |
| 0,42 | 1,414 | 325,581 | 1,475 | 332,505 | 1,537 | 339,435 |
| 0,43 | 1,380 | 341,269 | 1,439 | 348,530 | 1,500 | 355,791 |
| 0,44 | 1,347 | 357,325 | 1,404 | 364,027 | 1,464 | 372,530 |
| 0,45 | 1,315 | 373,751 | 1,372 | 381,703 | 1,429 | 389,655 |
| 0,46 | 1,285 | 390,549 | 1,340 | 398,858 | 1,397 | 407,168 |
| 0,47 | 1,256 | 407,714 | 1,310 | 416,388 | 1,365 | 425,063 |
| 0,48 | 1,229 | 425,247 | 1,282 | 434,294 | 1,336 | 443,342 |
| 0,49 | 1,202 | 443,152 | 1,254 | 452,580 | 1,307 | 462,009 |
| 0,50 | 1,177 | 461,423 | 1,228 | 471,240 | 1,279 | 481,053 |
| 0,55 | 1,065 | 558,320 | 1,111 | 570,199 | 1,158 | 582,073 |
| 0,60 | 0,973,6 | 664,448 | 1,015 | 678,586 | 1,058 | 692,723 |
| 0,65 | 0,895,3 | 779,806 | 0,933,0 | 796,397 | 0,973,2 | 812,989 |
| 0,70 | 0,829,2 | 904,388 | 0,864,8 | 923,630 | 0,901,2 | 942,872 |
| 0,75 | 0,772,1 | 1,038 | 0,805,3 | 1,060 | 0,839,2 | 1,082 |
| 0,80 | 0,722,3 | 1,181 | 0,758,4 | 1,206 | 0,785,1 | 1,232 |
| 0,85 | 0,678,6 | 1,334 | 0,707,8 | 1,362 | 0,737,6 | 1,390 |
| 0,90 | 0,639,9 | 1,495 | 0,667,4 | 1,527 | 0,695,5 | 1,559 |
| 0,95 | 0,605,3 | 1,666 | 0,631,5 | 1,701 | 0,657,9 | 1,737 |
| 1,00 | 0,574,3 | 1,846 | 0,599,0 | 1,885 | 0,624,2 | 1,924 |

| | 2 MÈTRES 50 CENTIMÈTRES | | 2 MÈTRES 55 CENTIMÈTRES | | 2 MÈTRES 60 CENTIMÈTRES | |
|---|---|---|---|---|---|---|
| DIAMÈTRES | CHARGES par 100 mètres. | VOLUMES débités. | CHARGES par 100 mètres. | VOLUMES débités. | CHARGES par 100 mètres. | VOLUMES débités. |
| mèt. | mèt. | lit. | mèt. | lit. | mèt. | lit. |
| 0,01 | 225,12 | 0,196 | 234,22 | 0,200 | 243,50 | 0,204 |
| 0,02 | 72,125 | 0,785 | 75,039 | 0,801 | 78,010 | 0,817 |
| 0,027 | 45,660 | 1,431 | 47,505 | 1,460 | 49,386 | 1,489 |
| 0,03 | 39,097 | 1,768 | 40,677 | 1,804 | 42,287 | 1,838 |
| 0,04 | 25,953 | 3,142 | 27,002 | 3,204 | 28,071 | 3,267 |
| 0,05 | 19,145 | 4,909 | 19,918 | 5,007 | 20,707 | 5,105 |
| 0,054 | 17,283 | 5,726 | 17,981 | 5,840 | 18,693 | 5,955 |
| 0,06 | 15,056 | 7,069 | 15,664 | 7,210 | 16,284 | 7,351 |
| 0,07 | 12,355 | 9,621 | 12,854 | 9,814 | 13,363 | 10,006 |
| 0,08 | 10,449 | 12,566 | 10,871 | 12,817 | 11,302 | 13,069 |
| 0,081 | 10,289 | 12,883 | 10,703 | 13,141 | 11,129 | 13,398 |
| 0,09 | 9,039 | 15,904 | 9,404 | 16,222 | 9,776 | 16,541 |
| 0,10 | 7,955 | 19,635 | 8,276 | 20,028 | 8,604 | 20,420 |
| 0,108 | 7,255 | 22,902 | 7,548 | 23,350 | 7,847 | 23,818 |
| 0,11 | 7,098 | 23,758 | 7,385 | 24,233 | 7,677 | 24,709 |
| 0,12 | 6,405 | 28,275 | 6,663 | 28,839 | 6,927 | 29,405 |
| 0,13 | 5,832 | 33,183 | 6,068 | 33,847 | 6,308 | 34,511 |
| 0,135 | 5,582 | 35,785 | 5,808 | 36,501 | 6,037 | 37,216 |
| 0,14 | 5,332 | 38,483 | 5,568 | 39,255 | 5,789 | 40,024 |
| 0,15 | 4,944 | 44,179 | 5,144 | 45,063 | 5,347 | 45,946 |
| 0,16 | 4,592 | 50,266 | 4,778 | 51,277 | 4,968 | 52,276 |
| 0,162 | 4,528 | 51,530 | 4,711 | 52,561 | 4,898 | 53,591 |
| 0,17 | 4,288 | 56,745 | 4,461 | 57,880 | 4,638 | 59,015 |
| 0,18 | 4,020 | 63,617 | 4,183 | 64,889 | 4,348 | 66,162 |
| 0,19 | 3,784 | 70,882 | 3,937 | 72,300 | 4,092 | 73,718 |
| 0,20 | 3,573 | 78,540 | 3,718 | 80,111 | 3,865 | 81,682 |
| 0,21 | 3,385 | 86,590 | 3,521 | 88,322 | 3,661 | 90,054 |
| 0,216 | 3,281 | 91,609 | 3,413 | 93,441 | 3,548 | 95,273 |
| 0,22 | 3,215 | 95,033 | 3,345 | 96,934 | 3,477 | 98,835 |
| 0,23 | 3,061 | 103,869 | 3,185 | 105,946 | 3,311 | 108,024 |
| 0,24 | 2,922 | 113,098 | 3,040 | 115,360 | 3,160 | 117,621 |
| 0,25 | 2,794 | 122,719 | 2,907 | 125,173 | 3,022 | 127,628 |
| 0,26 | 2,677 | 132,733 | 2,785 | 135,388 | 2,895 | 138,042 |
| 0,27 | 2,569 | 143,139 | 2,673 | 146,002 | 2,779 | 148,865 |
| 0,28 | 2,470 | 153,938 | 2,570 | 157,017 | 2,671 | 160,096 |
| 0,29 | 2,378 | 165,130 | 2,474 | 168,433 | 2,572 | 171,736 |
| 0,30 | 2,292 | 176,715 | 2,385 | 180,249 | 2,479 | 183,784 |
| 0,31 | 2,213 | 188,692 | 2,302 | 192,466 | 2,393 | 196,240 |
| 0,32 | 2,138 | 201,062 | 2,225 | 205,083 | 2,313 | 209,105 |
| 0,325 | 2,103 | 207,395 | 2,188 | 211,543 | 2,275 | 215,691 |
| 0,33 | 2,069 | 213,825 | 2,153 | 218,102 | 2,238 | 222,378 |
| 0,34 | 2,004 | 226,981 | 2,085 | 231,521 | 2,167 | 236,060 |
| 0,35 | 1,943 | 240,529 | 2,021 | 245,340 | 2,101 | 250,150 |
| 0,36 | 1,885 | 254,470 | 1,961 | 259,559 | 2,039 | 264,648 |
| 0,37 | 1,831 | 268,803 | 1,905 | 274,179 | 1,980 | 279,555 |
| 0,38 | 1,780 | 283,529 | 1,852 | 289,200 | 1,925 | 294,870 |
| 0,39 | 1,731 | 298,648 | 1,801 | 304,621 | 1,873 | 310,594 |
| 0,40 | 1,686 | 314,160 | 1,754 | 320,443 | 1,823 | 326,726 |
| 0,41 | 1,642 | 330,065 | 1,708 | 336,666 | 1,776 | 343,268 |
| 0,42 | 1,601 | 346,363 | 1,665 | 353,290 | 1,731 | 360,217 |
| 0,43 | 1,561 | 363,053 | 1,624 | 370,314 | 1,689 | 377,575 |
| 0,44 | 1,524 | 380,133 | 1,586 | 387,736 | 1,648 | 395,338 |
| 0,45 | 1,488 | 397,608 | 1,548 | 405,560 | 1,610 | 413,512 |
| 0,46 | 1,454 | 415,478 | 1,513 | 423,788 | 1,573 | 432,097 |
| 0,47 | 1,422 | 433,736 | 1,470 | 442,413 | 1,538 | 451,087 |
| 0,48 | 1,391 | 452,390 | 1,447 | 461,438 | 1,504 | 470,486 |
| 0,49 | 1,351 | 471,438 | 1,416 | 480,867 | 1,472 | 490,295 |
| 0,50 | 1,332 | 490,875 | 1,386 | 500,693 | 1,441 | 510,510 |
| 0,55 | 1,206 | 593,958 | 1,255 | 605,837 | 1,304 | 617,716 |
| 0,60 | 1,101 | 706,860 | 1,146 | 720,997 | 1,191 | 735,134 |
| 0,65 | 1,015 | 829,580 | 1,054 | 846,172 | 1,101 | 862,763 |
| 0,70 | 0,938,4 | 952,115 | 0,976,3 | 981,357 | 1,015 | 1,001 |
| 0,75 | 0,873,8 | 1,104 | 0,909,1 | 1,127 | 0,945,1 | 1,149 |
| 0,80 | 0,817,5 | 1,257 | 0,850,5 | 1,282 | 0,886,2 | 1,307 |
| 0,85 | 0,768,0 | 1,419 | 0,799,0 | 1,447 | 0,830,6 | 1,475 |
| 0,90 | 0,724,1 | 1,590 | 0,755,4 | 1,622 | 0,783,2 | 1,654 |
| 0,95 | 0,685,0 | 1,772 | 0,712,7 | 1,807 | 0,740,9 | 1,843 |
| 1,00 | 0,649,9 | 1,964 | 0,676,2 | 2,003 | 0,703,0 | 2,042 |

**TUYAUX NEUFS.** — **VITESSES.**

Unités : DIAMÈTRES et CHARGES par 100 mètres en mètres (mét.) ; SECTIONS en mètres ; VOLUMES débités en litres (lit.).

| DIAMÈTRES | SECTIONS | 2 m. 65 c. CHARGES par 100 m. | 2 m. 65 c. VOLUMES débités | 2 m. 70 c. CHARGES | 2 m. 70 c. VOLUMES | 2 m. 75 c. CHARGES | 2 m. 75 c. VOLUMES | 2 m. 80 c. CHARGES | 2 m. 80 c. VOLUMES | 2 m. 85 c. CHARGES | 2 m. 85 c. VOLUMES | 2 m. 90 c. CHARGES | 2 m. 90 c. VOLUMES | 2 m. 95 c. CHARGES | 2 m. 95 c. VOLUMES | 3 m. CHARGES | 3 m. VOLUMES |
|---|---|---|---|---|---|---|---|---|---|---|---|---|---|---|---|---|---|
| 0,01 | 0,000,079 | 252,95 | 0,208 | 262,59 | 0,212 | 272,40 | 0,216 | 282,40 | 0,220 | 292,57 | 0,224 | 302,93 | 0,228 | 313,46 | 0,232 | 324,18 | 0,236 |
| 0,02 | 0,000,314 | 81,010 | 0,833 | 84,127 | 0,848 | 87,271 | 0,863 | 90,374 | 0,886 | 93,734 | 0,895 | 97,051 | 0,911 | 100,42 | 0,927 | 103,66 | 0,942 |
| 0,027 | 0,000,573 | 51,304 | 1,517 | 53,258 | 1,546 | 55,249 | 1,575 | 57,276 | 1,603 | 59,310 | 1,632 | 61,440 | 1,660 | 63,577 | 1,689 | 65,751 | 1,718 |
| 0,03 | 0,000,707 | 43,929 | 1,873 | 45,603 | 1,909 | 47,307 | 1,934 | 49,043 | 1,979 | 50,811 | 2,015 | 52,609 | 2,050 | 54,429 | 2,085 | 56,300 | 2,121 |
| 0,04 | 0,001,257 | 29,161 | 3,330 | 30,272 | 3,393 | 31,403 | 3,456 | 32,556 | 3,519 | 33,729 | 3,581 | 34,923 | 3,644 | 36,137 | 3,707 | 37,373 | 3,770 |
| 0,05 | 0,001,964 | 21,511 | 5,203 | 22,331 | 5,304 | 23,165 | 5,400 | 24,015 | 5,498 | 24,851 | 5,596 | 25,762 | 5,694 | 26,658 | 5,792 | 27,559 | 5,891 |
| 0,054 | 0,002,290 | 19,419 | 6,069 | 20,139 | 6,184 | 20,913 | 6,293 | 21,680 | 6,413 | 22,461 | 6,527 | 23,256 | 6,642 | 24,065 | 6,756 | 24,888 | 6,871 |
| 0,06 | 0,002,827 | 16,917 | 7,493 | 17,561 | 7,634 | 18,217 | 7,773 | 18,586 | 7,917 | 19,566 | 8,056 | 20,259 | 8,200 | 20,963 | 8,341 | 21,680 | 8,482 |
| 0,07 | 0,003,848 | 13,882 | 10,198 | 14,410 | 10,391 | 14,949 | 10,583 | 15,398 | 10,776 | 16,056 | 10,968 | 16,624 | 11,181 | 17,203 | 11,353 | 17,791 | 11,545 |
| 0,08 | 0,005,027 | 11,741 | 13,320 | 12,188 | 13,572 | 12,644 | 13,823 | 13,107 | 14,074 | 13,580 | 14,325 | 14,060 | 14,577 | 14,549 | 14,828 | 15,047 | 15,080 |
| 0,081 | 0,005,153 | 11,562 | 13,656 | 12,001 | 13,913 | 12,450 | 14,171 | 12,907 | 14,428 | 13,372 | 14,686 | 13,845 | 14,944 | 14,327 | 15,202 | 14,817 | 15,459 |
| 0,09 | 0,006,362 | 10,156 | 16,859 | 10,543 | 17,177 | 10,937 | 17,495 | 11,338 | 17,813 | 11,747 | 18,131 | 12,162 | 18,449 | 12,585 | 18,767 | 13,016 | 19,085 |
| 0,10 | 0,007,854 | 8,938 | 20,813 | 9,279 | 21,206 | 9,526 | 21,599 | 9,979 | 21,991 | 10,338 | 22,384 | 10,704 | 22,777 | 11,077 | 23,170 | 11,455 | 23,562 |
| 0,108 | 0,009,161 | 8,152 | 24,276 | 8,462 | 24,734 | 8,778 | 25,192 | 9,101 | 25,651 | 9,428 | 26,109 | 9,762 | 26,567 | 10,102 | 27,025 | 10,447 | 27,483 |
| 0,11 | 0,009,503 | 7,976 | 25,184 | 8,279 | 25,659 | 8,589 | 26,134 | 8,904 | 26,609 | 9,225 | 27,084 | 9,551 | 27,568 | 9,884 | 28,035 | 10,221 | 28,510 |
| 0,12 | 0,011,310 | 7,196 | 29,970 | 7,476 | 30,336 | 7,749 | 31,101 | 8,034 | 31,667 | 8,323 | 32,232 | 8,618 | 32,798 | 8,918 | 33,363 | 9,222 | 33,929 |
| 0,13 | 0,013,273 | 6,553 | 35,175 | 6,803 | 35,838 | 7,057 | 36,502 | 7,316 | 37,165 | 7,579 | 37,829 | 7,848 | 38,492 | 8,121 | 39,156 | 8,393 | 39,820 |
| 0,135 | 0,014,314 | 6,272 | 37,932 | 6,511 | 38,695 | 6,751 | 39,364 | 7,002 | 40,079 | 7,254 | 40,795 | 7,511 | 41,520 | 7,772 | 42,236 | 8,038 | 42,942 |
| 0,14 | 0,015,394 | 6,014 | 40,794 | 6,243 | 41,563 | 6,476 | 42,333 | 6,714 | 43,103 | 6,956 | 43,873 | 7,202 | 44,642 | 7,452 | 45,412 | 7,707 | 46,182 |
| 0,15 | 0,017,672 | 5,555 | 46,830 | 5,767 | 47,713 | 5,982 | 48,597 | 6,202 | 49,480 | 6,425 | 50,364 | 6,653 | 51,247 | 6,884 | 52,131 | 7,119 | 53,015 |
| 0,16 | 0,020,106 | 5,161 | 53,281 | 5,357 | 54,287 | 5,557 | 55,292 | 5,761 | 56,297 | 5,969 | 57,302 | 6,180 | 58,308 | 6,395 | 59,313 | 6,614 | 60,319 |
| 0,162 | 0,020,612 | 5,088 | 54,622 | 5,282 | 55,652 | 5,479 | 56,683 | 5,680 | 57,711 | 5,885 | 58,745 | 6,093 | 59,775 | 6,305 | 60,806 | 6,521 | 61,836 |
| 0,17 | 0,022,698 | 4,818 | 60,150 | 5,001 | 61,285 | 5,188 | 62,420 | 5,378 | 63,555 | 5,572 | 64,690 | 5,770 | 65,824 | 5,970 | 66,939 | 6,174 | 68,094 |
| 0,18 | 0,025,447 | 4,517 | 67,434 | 4,689 | 68,707 | 4,864 | 69,979 | 5,043 | 71,252 | 5,225 | 72,524 | 5,409 | 73,796 | 5,598 | 75,068 | 5,789 | 76,341 |
| 0,19 | 0,028,353 | 4,251 | 75,136 | 4,413 | 76,553 | 4,578 | 77,971 | 4,726 | 79,388 | 4,917 | 80,806 | 5,091 | 82,223 | 5,258 | 83,631 | 5,448 | 85,059 |
| 0,20 | 0,031,416 | 4,015 | 83,253 | 4,168 | 84,823 | 4,324 | 86,392 | 4,482 | 87,965 | 4,644 | 89,536 | 4,808 | 91,106 | 4,975 | 92,677 | 5,145 | 94,248 |
| 0,21 | 0,034,636 | 3,832 | 91,786 | 3,948 | 93,518 | 4,095 | 95,250 | 4,245 | 96,981 | 4,399 | 98,713 | 4,554 | 100,445 | 4,713 | 102,177 | 4,873 | 103,908 |
| 0,216 | 0,036,644 | 3,686 | 97,105 | 3,827 | 98,938 | 3,970 | 100,770 | 4,115 | 102,602 | 4,264 | 104,434 | 4,415 | 106,267 | 4,568 | 108,099 | 4,724 | 109,931 |
| 0,22 | 0,038,013 | 3,612 | 100,738 | 3,750 | 102,636 | 3,890 | 104,537 | 4,033 | 106,437 | 4,178 | 108,373 | 4,326 | 110,239 | 4,476 | 112,140 | 4,629 | 114,040 |
| 0,23 | 0,041,548 | 3,340 | 110,101 | 3,571 | 112,179 | 3,704 | 114,256 | 3,840 | 116,335 | 3,978 | 118,410 | 4,119 | 120,458 | 4,262 | 122,565 | 4,408 | 124,643 |
| 0,24 | 0,045,239 | 3,283 | 119,883 | 3,408 | 122,145 | 3,535 | 124,407 | 3,665 | 126,669 | 3,797 | 128,931 | 3,931 | 131,193 | 4,068 | 133,455 | 4,207 | 135,717 |
| 0,25 | 0,049,088 | 3,139 | 130,082 | 3,259 | 132,536 | 3,381 | 134,990 | 3,505 | 137,445 | 3,631 | 139,899 | 3,759 | 142,354 | 3,890 | 144,808 | 4,023 | 147,263 |
| 0,26 | 0,053,093 | 3,008 | 140,697 | 3,122 | 143,351 | 3,239 | 146,006 | 3,358 | 148,661 | 3,470 | 151,316 | 3,602 | 153,970 | 3,727 | 156,625 | 3,855 | 159,279 |
| 0,27 | 0,057,256 | 2,887 | 151,728 | 2,997 | 154,520 | 3,109 | 157,453 | 3,223 | 160,316 | 3,339 | 163,179 | 3,457 | 166,042 | 3,577 | 168,905 | 3,700 | 171,767 |
| 0,28 | 0,061,575 | 2,775 | 163,175 | 2,881 | 166,254 | 2,988 | 169,333 | 3,098 | 172,411 | 3,210 | 175,490 | 3,323 | 178,569 | 3,439 | 181,618 | 3,556 | 184,726 |
| 0,29 | 0,066,052 | 2,672 | 175,039 | 2,773 | 178,531 | 2,877 | 181,644 | 2,953 | 184,946 | 3,090 | 188,249 | 3,199 | 191,551 | 3,311 | 194,854 | 3,422 | 198,156 |
| 0,30 | 0,070,686 | 2,576 | 187,318 | 2,673 | 190,852 | 2,774 | 194,386 | 2,875 | 197,921 | 2,979 | 201,335 | 3,084 | 204,989 | 3,192 | 208,523 | 3,301 | 212,058 |
| 0,31 | 0,075,277 | 2,486 | 200,014 | 2,581 | 203,788 | 2,677 | 207,562 | 2,776 | 211,335 | 2,876 | 215,109 | 2,977 | 218,883 | 3,081 | 222,657 | 3,186 | 226,431 |
| 0,32 | 0,080,425 | 2,403 | 213,126 | 2,494 | 217,147 | 2,585 | 221,168 | 2,683 | 225,190 | 2,779 | 229,211 | 2,878 | 233,232 | 2,978 | 237,253 | 3,079 | 241,275 |
| 0,325 | 0,082,958 | 2,363 | 219,839 | 2,453 | 223,986 | 2,543 | 228,133 | 2,638 | 232,282 | 2,733 | 236,430 | 2,830 | 240,578 | 2,928 | 244,726 | 3,029 | 248,874 |
| 0,33 | 0,085,530 | 2,325 | 226,655 | 2,413 | 230,931 | 2,504 | 235,208 | 2,595 | 239,484 | 2,659 | 243,761 | 2,784 | 248,037 | 2,881 | 252,314 | 2,979 | 256,590 |
| 0,34 | 0,090,792 | 2,252 | 240,600 | 2,337 | 245,139 | 2,425 | 249,679 | 2,514 | 254,218 | 2,601 | 258,758 | 2,696 | 263,297 | 2,790 | 267,837 | 2,886 | 272,377 |
| 0,35 | 0,096,212 | 2,183 | 254,961 | 2,266 | 259,771 | 2,351 | 264,582 | 2,437 | 269,392 | 2,525 | 274,203 | 2,614 | 279,013 | 2,705 | 283,822 | 2,798 | 288,635 |
| 0,36 | 0,101,788 | 2,118 | 269,737 | 2,199 | 274,827 | 2,281 | 279,916 | 2,365 | 285,006 | 2,450 | 290,095 | 2,537 | 295,185 | 2,625 | 300,274 | 2,715 | 305,364 |
| 0,37 | 0,107,521 | 2,057 | 284,931 | 2,136 | 290,307 | 2,216 | 295,683 | 2,297 | 301,059 | 2,380 | 306,435 | 2,464 | 311,812 | 2,550 | 317,188 | 2,637 | 322,564 |
| 0,38 | 0,113,412 | 2,000 | 300,541 | 2,076 | 306,212 | 2,154 | 311,883 | 2,233 | 317,553 | 2,313 | 323,224 | 2,395 | 328,894 | 2,478 | 334,565 | 2,563 | 340,235 |
| 0,39 | 0,119,459 | 1,945 | 316,567 | 2,019 | 322,540 | 2,095 | 328,513 | 2,172 | 334,486 | 2,230 | 340,459 | 2,330 | 346,432 | 2,411 | 352,405 | 2,493 | 358,378 |
| 0,40 | 0,125,664 | 1,894 | 333,009 | 1,966 | 339,293 | 2,039 | 345,576 | 2,114 | 351,859 | 2,190 | 358,142 | 2,268 | 364,426 | 2,347 | 370,709 | 2,427 | 376,992 |
| 0,41 | 0,132,026 | 1,845 | 349,869 | 1,915 | 356,470 | 1,987 | 363,071 | 2,060 | 369,673 | 2,134 | 376,274 | 2,209 | 382,875 | 2,286 | 389,476 | 2,364 | 396,078 |
| 0,42 | 0,138,545 | 1,799 | 367,144 | 1,867 | 374,072 | 1,937 | 380,999 | 2,008 | 387,925 | 2,080 | 394,853 | 2,154 | 401,781 | 2,229 | 408,708 | 2,305 | 415,535 |
| 0,43 | 0,145,221 | 1,754 | 384,836 | 1,821 | 392,097 | 1,889 | 399,358 | 1,959 | 406,619 | 2,029 | 413,830 | 2,101 | 421,141 | 2,174 | 428,402 | 2,248 | 435,663 |
| 0,44 | 0,152,053 | 1,712 | 402,941 | 1,778 | 410,503 | 1,844 | 418,116 | 1,912 | 425,745 | 1,980 | 433,351 | 2,051 | 440,954 | 2,122 | 448,557 | 2,194 | 456,159 |
| 0,45 | 0,159,043 | 1,672 | 421,464 | 1,736 | 429,416 | 1,801 | 437,368 | 1,867 | 445,320 | 1,934 | 453,272 | 2,003 | 461,225 | 2,072 | 469,177 | 2,143 | 477,129 |
| 0,46 | 0,166,191 | 1,634 | 440,407 | 1,696 | 448,716 | 1,760 | 457,026 | 1,824 | 465,335 | 1,890 | 473,645 | 1,957 | 481,954 | 2,025 | 490,263 | 2,094 | 498,573 |
| 0,47 | 0,173,495 | 1,597 | 459,762 | 1,658 | 468,437 | 1,720 | 477,112 | 1,783 | 485,786 | 1,848 | 494,461 | 1,913 | 503,136 | 1,980 | 511,811 | 2,047 | 520,485 |
| 0,48 | 0,180,956 | 1,562 | 479,534 | 1,622 | 488,581 | 1,683 | 497,629 | 1,744 | 506,677 | 1,807 | 515,725 | 1,871 | 524,772 | 1,936 | 533,820 | 2,002 | 542,868 |
| 0,49 | 0,188,575 | 1,529 | 499,721 | 1,587 | 509,153 | 1,647 | 518,582 | 1,707 | 528,010 | 1,768 | 537,439 | 1,831 | 546,868 | 1,895 | 556,297 | 1,959 | 565,725 |
| 0,50 | 0,195,350 | 1,497 | 520,328 | 1,554 | 530,125 | 1,612 | 539,963 | 1,671 | 549,780 | 1,731 | 559,598 | 1,793 | 569,415 | 1,855 | 579,233 | 1,918 | 589,050 |
| 0,55 | 0,237,583 | 1,356 | 629,595 | 1,406 | 641,474 | 1,457 | 653,353 | 1,513 | 665,232 | 1,567 | 677,111 | 1,623 | 688,991 | 1,679 | 700,870 | 1,736 | 712,749 |
| 0,60 | 0,282,744 | 1,237 | 749,271 | 1,284 | 763,489 | 1,332 | 777,546 | 1,381 | 791,683 | 1,431 | 805,820 | 1,482 | 819,958 | 1,533 | 834,095 | 1,586 | 848,232 |
| 0,65 | 0,331,832 | 1,139 | 879,355 | 1,182 | 895,946 | 1,226 | 912,538 | 1,271 | 929,130 | 1,317 | 945,722 | 1,364 | 962,313 | 1,411 | 978,905 | 1,459 | 995,496 |
| 0,70 | 0,384,846 | 1,054 | 1,029 | 1,095 | 1,039 | 1,135 | 1,058 | 1,177 | 1,079 | 1,220 | 1,097 | 1,263 | 1,116 | 1,307 | 1,135 | 1,351 | 1,155 |
| 0,75 | 0,441,788 | 0,981,5 | 1,171 | 1,019 | 1,193 | 1,057 | 1,215 | 1,096 | 1,237 | 1,136 | 1,259 | 1,176 | 1,281 | 1,217 | 1,303 | 1,258 | 1,325 |
| 0,80 | 0,502,656 | 0,918,5 | 1,332 | 0,953,5 | 1,357 | 0,989,1 | 1,382 | 1,025 | 1,407 | 1,062 | 1,433 | 1,100 | 1,458 | 1,138 | 1,483 | 1,177 | 1,508 |
| 0,85 | 0,567,451 | 0,862,9 | 1,502 | 0,895,8 | 1,532 | 0,929,2 | 1,560 | 0,963,3 | 1,589 | 0,998,1 | 1,617 | 1,033 | 1,645 | 1,060 | 1,674 | 1,106 | 1,702 |
| 0,90 | 0,636,174 | 0,813,6 | 1,686 | 0,843,5 | 1,718 | 0,876,2 | 1,749 | 0,908,4 | 1,781 | 0,941,1 | 1,813 | 0,974,6 | 1,845 | 1,008 | 1,877 | 1,043 | 1,909 |
| 0,95 | 0,708,823 | 0,769,7 | 1,878 | 0,799,0 | 1,914 | 0,828,9 | 1,949 | 0,859,3 | 1,985 | 0,890,3 | 2,020 | 0,921,6 | 2,056 | 0,953,6 | 2,091 | 0,985,4 | 2,126 |
| 1,00 | 0,785,400 | 0,730,3 | 2,081 | 0,758,1 | 2,121 | 0,786,2 | 2,160 | 0,815,3 | 2,199 | 0,844,6 | 2,238 | 0,874,5 | 2,278 | 0,905,0 | 2,317 | 0,935,9 | 2,356 |

| DIAMÈTRE DU TUYAU D | AIRE DE LA SECTION $\frac{\pi D^2}{4}$ | $1\,0000\,b_1$ | $\dfrac{J}{\Omega^2}$ | $\text{Log. } \dfrac{J}{\Omega^2}$ | DIFFÉRENCES DE LA COLONNE PRÉCÉDENTE Première | Seconde |
|---|---|---|---|---|---|---|
| m. | m.q. | | | | | |
| 0.010 | 0.0000785 | 1.801 | 116790000 | 8.06739 | − 0.23630 | 0.02130 |
| 0.011 | 0 0000950 | 1.683 | 67779000 | 7.83109 | − 0.21500 | 0.01785 |
| 0.012 | 0.0001131 | 1.585 | 41314000 | 7.61609 | − 0.19715 | 0.01518 |
| 0.013 | 0.0001327 | 1.502 | 26234000 | 7.41894 | − 0.18197 | 0.01304 |
| 0.014 | 0.0001539 | 1.431 | 17257000 | 7.23697 | − 0.16893 | 0.01134 |
| 0.015 | 0.0001767 | 1.370 | 11696000 | 7.06804 | − 0.15759 | 0.00995 |
| 0.016 | 0.0002011 | 1.316 | 8136800 | 6.91045 | − 0.14764 | 0.00880 |
| 0.017 | 0.0002270 | 1.268 | 5791800 | 6.76281 | − 0.13884 | 0.00782 |
| 0.018 | 0.0002545 | 1.206 | 4207000 | 6.62397 | − 0.13102 | 0.00701 |
| 0.019 | 0.0002835 | 1.188 | 3111300 | 6.49295 | − 0.12401 | 0.00631 |
| 0.020 | 0.0003142 | 1.154 | 2338500 | 6.36894 | − 0.11770 | 0.00571 |
| 0.021 | 0.0003464 | 1.123 | 1783400 | 6.25124 | − 0.11199 | 0.00521 |
| 0.022 | 0.0003801 | 1.090 | 1378000 | 6.13925 | − 0.10678 | 0.00474 |
| 0.023 | 0.0004155 | 1.070 | 1077600 | 6.03247 | − 0.10204 | 0.00435 |
| 0.024 | 0.0004524 | 1.046 | 851970 | 5.93043 | − 0.09769 | 0.00400 |
| 0.025 | 0.0004909 | 1.025 | 680350 | 5.83274 | − 0.09369 | 0.00369 |
| 0.026 | 0.0005309 | 1.005 | 548340 | 5.73905 | − 0.09000 | 0.00343 |
| 0.027 | 0.0005726 | 0.986 | 445710 | 5.64905 | − 0.08657 | 0.00317 |
| 0.028 | 0.0006158 | 0.969 | 365150 | 5.56248 | − 0.08340 | 0.00295 |
| 0.029 | 0.0006605 | 0.953 | 301350 | 5.47908 | − 0.08045 | 0.00276 |
| 0.030 | 0.0007069 | 0.938 | 250400 | 5.39863 | − 0.15280 | 0.00967 |
| 0.032 | 0.0008042 | 0.911 | 176130 | 5.24583 | − 0.14313 | 0.00854 |
| 0.034 | 0.0009079 | 0.888 | 126680 | 5.10270 | − 0.13459 | 0.00760 |
| 0.036 | 0.0010179 | 0.867 | 92919 | 4.96811 | − 0.12699 | 0.00679 |
| 0.038 | 0.0011341 | 0.848 | 69361 | 4.84112 | − 0.12020 | 0.00612 |
| 0.040 | 0.001257 | 0.830 | 52592 | 4.72092 | − 0.11408 | 0.00554 |
| 0.042 | 0.001385 | 0.815 | 40443 | 4.60684 | − 0.10854 | 0.00503 |
| 0.044 | 0.001521 | 0.799 | 31409 | 4.49830 | − 0.10351 | 0.00458 |
| 0.046 | 0.001662 | 0.788 | 24819 | 4.39479 | − 0.09893 | 0.00421 |
| 0.048 | 0.001810 | 0.777 | 19763 | 4.29586 | − 0.09472 | 0.00388 |
| 0.050 | 0.001963 | 0.766 | 15891 | 4.20114 | − 0.09084 | 0.00256 |
| 0.052 | 0.002124 | 0.756 | 12891 | 4.11030 | − 0.08728 | 0.00330 |
| 0.054 | 0.002290 | 0.747 | 10544 | 4.02302 | − 0.08398 | 0.00307 |
| 0.056 | 0.002463 | 0.738 | 8690 | 3.93904 | − 0.08091 | 0.00284 |
| 0.058 | 0.002642 | 0.730 | 7213 | 3.85813 | − 0.07807 | 0.00267 |
| 0.060 | 0.002827 | 0.723 | 6026 | 3.78006 | − 0.07540 | 0.00248 |
| 0.062 | 0.003019 | 0.716 | 5006 | 3.70466 | − 0.07292 | 0.00233 |
| 0.064 | 0.003217 | 0.709 | 4283 | 3.63174 | − 0.07059 | 0.00219 |
| 0.066 | 0.003421 | 0.703 | 3640 | 3.56115 | − 0.06840 | 0.00206 |
| 0.068 | 0.003632 | 0.697 | 3110 | 3.49275 | − 0.06634 | 0.00193 |
| 0.070 | 0.003848 | 0.692 | 2669 | 3.42641 | − 0.06441 | 0.00183 |
| 0.072 | 0.004072 | 0.687 | 2304 | 3.36200 | − 0.06258 | 0.00173 |
| 0.074 | 0.004301 | 0.682 | 1993 | 3.29942 | − 0 06085 | 0.00164 |
| 0.076 | 0.004536 | 0.677 | 1732 | 3.23857 | − 0.05921 | 0.00154 |
| 0.078 | 0.004778 | 0.673 | 1511 | 3.17936 | − 0.05767 | 0.00148 |
| 0.080 | 0.005027 | 0.669 | 1323 | 3.12169 | − 0.13786 | 0.00813 |
| 0.085 | 0.005675 | 0.657 | 963.4 | 2.98383 | − 0.12973 | 0.00725 |
| 0.090 | 0.006362 | 0.651 | 714.7 | 2.85410 | − 0.12248 | 0.00647 |
| 0.095 | 0.007088 | 0.643 | 539.6 | 2.73162 | − 0.11601 | 0.00584 |
| 0.100 | 0.007854 | 0.636 | 412.7 | 2.61561 | − 0.11017 | 0.00527 |
| 0.105 | 0.008659 | 0.630 | 320.2 | 2.50544 | − 0.10490 | 0.00481 |
| 0.110 | 0.009503 | 0.625 | 251.5 | 2.40054 | − 0.10009 | 0.00437 |
| 0.115 | 0.010387 | 0.620 | 199.7 | 2.30045 | − 0.09572 | 0.00402 |
| 0.120 | 0.011310 | 0.615 | 160.2 | 2.20473 | − 0.09170 | 0.00369 |
| 0.125 | 0.012272 | 0.611 | 129.7 | 2.11303 | − 0.08801 | 0.00341 |
| 0.130 | 0.01327 | 0.607 | 105.9 | 2.02502 | − 0.08460 | 0.00316 |
| 0.135 | 0.01431 | 0.603 | 87.18 | 1.94042 | − 0.08144 | 0.00292 |
| 0.140 | 0.01539 | 0.599 | 72.27 | 1.85898 | − 0.07852 | 0.00273 |
| 0.145 | 0.01651 | 0.596 | 60.32 | 1.78046 | − 0.07579 | 0.00255 |
| 0.150 | 0.01767 | 0.593 | 50.66 | 1.70457 | »» | »» |
| 0.15 | 0 01767 | 0.593 | 50.66 | 1.70467 | − 0.14410 | 0.00892 |

| DIAMÈTRE DU TUYAU D | AIRE DE LA SECTION $\frac{\pi D^2}{4}$ | $1\,000\,b_1$ | $\dfrac{J}{Q^2}$ | Log. $\dfrac{J}{Q^2}$ | DIFFÉRENCES DE LA COLONNE PRÉCÉDENTE | |
|---|---|---|---|---|---|---|
| | | | | | Première | Seconde |
| m. | m.q. | | | | | |
| 0.16 | 0.02011 | 0.588 | 36.36 | 1.56057 | — 0.13518 | 0.00790 |
| 0.17 | 0.02270 | 0.583 | 26.63 | 1.41539 | — 0.12728 | 0.00703 |
| 0.18 | 0.02545 | 0.579 | 19.87 | 1.28811 | — 0.12025 | 0.00629 |
| 0.19 | 0.02835 | 0.575 | 15.06 | 1.17786 | — 0.11396 | 0.00567 |
| 0.20 | 0.03142 | 0.572 | 11.59 | 1.06390 | — 0.10829 | 0.00512 |
| 0.21 | 0.03464 | 0.569 | 9.028 | 0.95561 | — 0.10317 | 0.00468 |
| 0.22 | 0.03801 | 0.566 | 7.119 | 0.85244 | — 0.09849 | 0.00426 |
| 0.23 | 0.04155 | 0.563 | 5.675 | 0.75395 | — 0.09423 | 0.00392 |
| 0.24 | 0.04524 | 0.561 | 4.568 | 0.65972 | — 0.09031 | 0.00359 |
| 0.25 | 0.04909 | 0.559 | 3.710 | 0.56941 | — 0.08672 | 0.00333 |
| 0.26 | 0.05309 | 0.557 | 3.039 | 0.48296 | — 0.08339 | 0.00307 |
| 0.27 | 0.05726 | 0.555 | 2.508 | 0.39930 | — 0.08032 | 0.00287 |
| 0.28 | 0.06158 | 0.553 | 2.084 | 0.31898 | — 0.07745 | 0.00266 |
| 0.29 | 0.06605 | 0.552 | 1.744 | 0.24153 | — 0.07479 | 0.00249 |
| 0.30 | 0.07069 | 0.550 | 1.468 | 0.16674 | — 0.07230 | 0.00233 |
| 0.31 | 0.07548 | 0.549 | 1.243 | 0.0944 | — 0.06997 | 0.00217 |
| 0.32 | 0.08042 | 0.547 | 1.058 | 0.02447 | — 0.06780 | 0.00206 |
| 0.33 | 0.08553 | 0.546 | 0.9050 | $\bar{1}$.05667 | — 0.06574 | 0.00193 |
| 0.34 | 0.09079 | 0.545 | 0.7779 | $\bar{1}$.89093 | — 0.06381 | 0.00181 |
| 0.35 | 0.09621 | 0.544 | 0.6716 | $\bar{1}$.82712 | — 0.06200 | 0.00173 |
| 0.36 | 0.10179 | 0.543 | 0.5823 | $\bar{1}$.76512 | — 0.06027 | 0.00162 |
| 0.37 | 0.10752 | 0.542 | 0.5068 | $\bar{1}$.70485 | — 0.05865 | 0.00154 |
| 0.38 | 0.11341 | 0.541 | 0.4428 | $\bar{1}$.64620 | — 0.05711 | 0.00147 |
| 0.39 | 0.11946 | 0.540 | 0.3882 | $\bar{1}$.58909 | — 0.05564 | 0.00139 |
| 0.40 | 0.1257 | 0.539 | 0.3415 | $\bar{1}$.53345 | — 0.05425 | 0.00131 |
| 0.41 | 0.1320 | 0.539 | 0.3014 | $\bar{1}$.47920 | — 0.05294 | 0.00127 |
| 0.42 | 0.1385 | 0.538 | 0.2668 | $\bar{1}$.42626 | — 0.05167 | 0.00119 |
| 0.43 | 0.1452 | 0.537 | 0.2369 | $\bar{1}$.37459 | — 0.05048 | 0.00116 |
| 0.44 | 0.1521 | 0.536 | 0.2109 | $\bar{1}$.32411 | — 0.04932 | 0.00108 |
| 0.45 | 0.1590 | 0.536 | 0.1883 | $\bar{1}$.27479 | — 0.04824 | 0.00105 |
| 0.46 | 0.1662 | 0.535 | 0.1685 | $\bar{1}$.22655 | — 0.04710 | 0.00101 |
| 0.47 | 0.1735 | 0.535 | 0.1511 | $\bar{1}$.17936 | — 0.04618 | 0.00096 |
| 0.48 | 0.1810 | 0.534 | 0.1350 | $\bar{1}$.13318 | — 0.04522 | 0.00092 |
| 0.49 | 0.1886 | 0.533 | 0.1225 | $\bar{1}$.08796 | — 0.04430 | 0.00088 |
| 0.50 | 0.1963 | 0.533 | 0.1106 | $\bar{1}$.04366 | — 0.04342 | 0.00086 |
| 0.51 | 0.2043 | 0.532 | 0.1001 | $\bar{1}$.00024 | — 0.04256 | » |
| 0.52 | 0.2124 | 0.532 | 0.09072 | $\bar{2}$.95768 | — 0.04174 | » |
| 0.53 | 0.2200 | 0.531 | 0.08240 | $\bar{2}$.91594 | — 0.04097 | » |
| 0.54 | 0.2290 | 0.531 | 0.07498 | $\bar{2}$.87497 | — 0.04020 | » |
| 0.55 | 0.2376 | 0.531 | 0.06836 | $\bar{2}$.83477 | — 0.03946 | » |
| 0.56 | 0.2463 | 0.530 | 0.06242 | $\bar{2}$.79531 | — 0.03877 | » |
| 0.57 | 0.2552 | 0.530 | 0.05709 | $\bar{2}$.75654 | — 0.03809 | » |
| 0.58 | 0.2642 | 0.529 | 0.05229 | $\bar{2}$.71845 | — 0.03743 | » |
| 0.59 | 0.2734 | 0.529 | 0.04793 | $\bar{2}$.68102 | — 0.03680 | » |
| 0.60 | 0.2827 | 0.529 | 0.04408 | $\bar{2}$.64422 | — 0.03618 | » |
| 0.61 | 0.2922 | 0.528 | 0.04055 | $\bar{2}$.60804 | — 0.03559 | » |
| 0.62 | 0.3019 | 0.528 | 0.03736 | $\bar{2}$.57245 | — 0.03502 | » |
| 0.63 | 0.3117 | 0.528 | 0.03447 | $\bar{2}$.53743 | — 0.03446 | » |
| 0.64 | 0.3217 | 0.527 | 0.03184 | $\bar{2}$.50297 | — 0.03392 | » |
| 0.65 | 0.3318 | 0.527 | 0.02945 | $\bar{2}$.46905 | — 0.03340 | » |
| 0.66 | 0.3421 | 0.527 | 0.02727 | $\bar{2}$.43565 | — 0.03290 | » |
| 0.67 | 0.3526 | 0.526 | 0.02528 | $\bar{2}$.40275 | — 0.03241 | » |
| 0.68 | 0.3632 | 0.526 | 0.02346 | $\bar{2}$.37034 | — 0.03192 | » |
| 0.69 | 0.3739 | 0.526 | 0.02180 | $\bar{2}$.33842 | — 0.03147 | » |
| 0.70 | 0.3848 | 0.525 | 0.02027 | $\bar{2}$.30695 | — 0.03101 | » |
| 0.71 | 0.3959 | 0.525 | 0.01888 | $\bar{2}$.27594 | — 0.03059 | » |
| 0.72 | 0.4072 | 0.525 | 0.01759 | $\bar{2}$.24535 | — 0.03015 | » |
| 0.73 | 0.4185 | 0.525 | 0.01641 | $\bar{2}$.21520 | — 0.02974 | » |
| 0.74 | 0.4301 | 0.524 | 0.01533 | $\bar{2}$.18546 | — 0.02935 | » |
| 0.75 | 0.4418 | 0.524 | 0.01433 | $\bar{2}$.15611 | — 0.02895 | » |
| 0.76 | 0.4536 | 0.524 | 0.01340 | $\bar{2}$.12716 | — 0.02856 | » |

| DIAMÈTRE DU TUYAU $D$ | AIRE DE LA SECTION $\dfrac{\pi D^2}{4}$ | $1\,000 b_1$ | $\dfrac{J}{Q^2}$ | Log. $\dfrac{J}{Q^2}$ | DIFFÉRENCES DE LA COLONNE PRÉCÉDENTE | |
|---|---|---|---|---|---|---|
| | | | | | Première | Seconde |
| m. | m.q. | | | | | |
| 0.77 | 0.4657 | 0.524 | 0 01255 | $\overline{2}$.09860 | — 0.02820 | » |
| 0.78 | 0.4778 | 0.524 | 0.01176 | $\overline{2}$.07040 | — 0.02784 | » |
| 0.79 | 0.4902 | 0.523 | 0.01103 | $\overline{2}$.04256 | — 0.02748 | » |
| 0.80 | 0.5027 | 0.523 | 0.01035 | $\overline{2}$.01508 | — 0.02714 | » |
| 0.81 | 0.5153 | 0.523 | 0.009726 | $\overline{2}$.98794 | — 0.02681 | » |
| 0.82 | 0.5281 | 0.523 | 0.009144 | $\overline{3}$.96143 | — 0.02648 | » |
| 0.83 | 0.5411 | 0.523 | 0.008605 | $\overline{3}$.93465 | — 0.02616 | » |
| 0.84 | 0.5542 | 0.522 | 0.008100 | $\overline{3}$.90849 | — 0.02585 | » |
| 0.85 | 0.5675 | 0.522 | 0.007632 | $\overline{3}$.88264 | — 0.02554 | » |
| 0.86 | 0.5809 | 0.522 | 0.007196 | $\overline{3}$.85710 | — 0.02525 | » |
| 0.87 | 0.5945 | 0.522 | 0.006790 | $\overline{3}$.83185 | — 0.02496 | » |
| 0.88 | 0.6082 | 0.522 | 0.006410 | $\overline{3}$.80689 | — 0.02467 | » |
| 0.89 | 0.6221 | 0.522 | 0.006056 | $\overline{3}$.78222 | — 0.0244 | » |
| 0.90 | 0.6362 | 0.521 | 0.005726 | $\overline{3}$.75782 | — 0.02412 | » |
| 0.91 | 0.6504 | 0.521 | 0.005416 | $\overline{3}$.73370 | — 0.02387 | » |
| 0.92 | 0.6648 | 0.521 | 0.005127 | $\overline{3}$.70983 | — 0.02360 | » |
| 0.93 | 0.6793 | 0.521 | 0.004855 | $\overline{3}$.68623 | — 0.02335 | » |
| 0.94 | 0.6940 | 0.521 | 0.004601 | $\overline{3}$.66288 | — 0.02309 | » |
| 0.95 | 0.7088 | 0.521 | 0.004363 | $\overline{3}$.63979 | — 0.02286 | » |
| 0.96 | 0.7238 | 0.520 | 0.004139 | $\overline{3}$.61693 | — 0.02262 | » |
| 0.97 | 0.7390 | 0.520 | 0.003929 | $\overline{3}$.59431 | — 0.02239 | » |
| 0.98 | 0.7543 | 0.520 | 0.003732 | $\overline{3}$.57192 | — 0.02215 | » |
| 0.99 | 0.7698 | 0.520 | 0.003546 | $\overline{3}$.54977 | — 0.02194 | » |
| 1.00 | 0.7854 | 0.520 | 0.003372 | $\overline{3}$.52783 | — 0.10046 | 0.00498 |
| 1.05 | 0.8659 | 0.519 | 0.002639 | $\overline{3}$.42137 | — 0.10148 | 0.00452 |
| 1.10 | 0.9503 | 0.519 | 0.002089 | $\overline{3}$.31989 | — 0.09696 | 0.00415 |
| 1.15 | 1.0387 | 0.518 | 0.001671 | $\overline{3}$.22293 | — 0.09281 | » |
| 1.20 | 1.1310 | 0.518 | 0.001349 | $\overline{3}$.13012 | | |

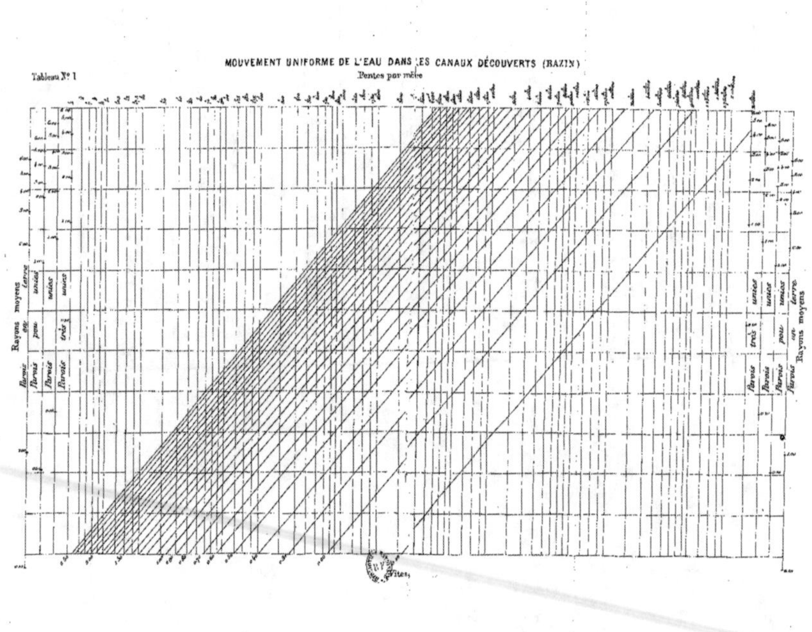

MOUVEMENT UNIFORME DE L'EAU DANS LES CANAUX DÉCOUVERTS (BAZIN)
Tableau N° 1
Pentes par mètre
Rayons moyens des
Rayons moyens

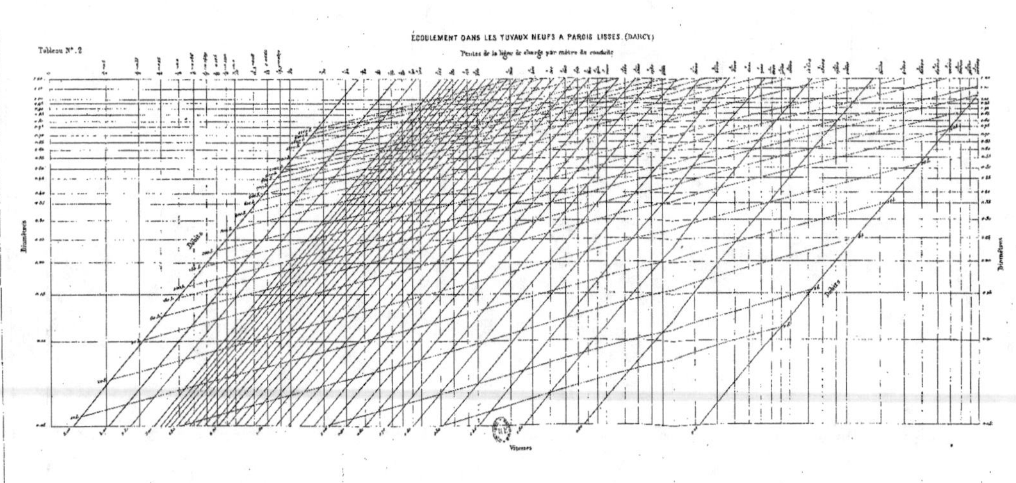

Tableau N°.2
ÉCOULEMENT DANS LES TUYAUX NEUFS A PAROIS LISSES. (DARCY)
Pentes de la ligne de charge par mètre de conduite
Diamètres
Débits
Débits
Vitesses

# TABLE DES MATIÈRES

## INTRODUCTION HISTORIQUE


Généralités.................................... 1
Époque romaine................................ 1

Ère chrétienne et temps modernes............. 13
Revue historique des recherches scientifiques.. 15


## PREMIÈRE PARTIE. — HYDROLOGIE

### CHAPITRE PREMIER


§ I. — Origine des eaux........................ 18
§ II. — Des eaux en général.................... 19
   Eaux potables........................ 19
   Eaux non potables.................... 21
   Eaux calcaires....................... 22
   Eaux médicinales..................... 23
   Eaux limoneuses. — Eaux stagnantes 23
§ III — Analyse des eaux.......................
   Procédés rapides.....................
   Dosage de l'air...................... 24
   Dosage des matières organiques..... 25
   Dosage des principes fixes. — Hydro-
   timétrie ............................ 26
§ IV. — Sources d'alimentation................
   Eaux de pluie........................ 30
   Eaux de sources...................... 31
   Eaux de puits, de lacs et d'étangs... 32
   Eaux de fleuves et de rivières....... 33


### CHAPITRE II

*Recherche des eaux.*


§ I. — Généralités sur la recherche des
   sources.............................. 35
§ II. — Principes généraux de géognosie ... 35
§ III. — Origine des sources................ 
   Leur formation....................... 37

§ IV. — Direction souterraine des sources... 38
§ V. — Point où les fouilles doivent être faites  39
   Point où une source doit être plus
   abondante .. ........................ 40
§ VI. — Recherche de la profondeur d'une
   source en un point déterminé.... 40
§ VII. — Recherche du volume d'une source
   souterraine.......................... 42
   Sources intermittentes et intercal-
   caires .............................. 43


### CHAPITRE III

*Moyens de recueillir et de retenir les eaux.*


§ I. — Captation des sources................
   Travaux à exécuter pour mettre les
   sources à découvert.................. 44
   Conduite d'une source hors de terre. 44
§ II. — Citernes.............................. 49
§ III. — Puits............................... 55
   Sources artificielles................ 60
§ IV. — Puits artésiens...................... 60
   Procédés de forage................... 63
   Exemples d'installation de forage .. 72
   Forages instantanés.................. 88
   Puits à cuvelage filtrant............ 91
   Puits absorbants..................... 94


## DEUXIÈME PARTIE. — HYDRAULIQUE

### CHAPITRE PREMIER

*Théorie générale du mouvement des eaux
courantes.*


§ I. — Causes qui déterminent le mouvement
   de l'eau............................. 96
   Hydrodynamique des liquides...... 97
§ II. — Écoulement des liquides par des
   orifices ............................
   Loi de Torricelli.................... 98
   Formules usuelles de l'écoulement par
   les orifices......................... 101


### CHAPITRE II

*Conduite des eaux.*


§ I. — Établissement des canaux découverts.
   Mouvement de l'eau dans les canaux
   découverts........................... 102
   Application à la résolution de quel-
   ques problèmes relatifs à l'établis-
   sement des canaux découverts.... 108
   Recherches expérimentales de MM.
   Darcy et Bazin ...................... 110
   Applications de la formule 11....... 122

§ II. — Établissement des aqueducs.........
Mouvement de l'eau dans les aqueducs — 123
Tracé et construction des aqueducs.. — 125
Regards, cheminées............... — 128
Siphons..................... — 130
Notes sur quelques aqueducs.... .. — 134
Aqueduc de la Dhuis.............. — 137
Détails sur la dérivation des eaux de la Vanne..................... — 137
§ III. — Établissement des conduites d'eau... — 161
Mouvement uniforme de l'eau dans les tuyaux................... — 162
Table pour le calcul des conduites d'eau, d'après la théorie de M. Maurice Lévy.................... — 176
Problèmes..................... — 177
Solutions..................... — 177
Table de M. Henri Vallot.......... — 184
Du mouvement de l'eau dans les conduites à diamètre variable....... — 189
Piézomètre différentiel de M. Bélanger — 191

CHAPITRE III

*Jaugedge des eaux courantes.*

§ I. — Jaugeage de l'eau qui s'écoule par un petit orifice................... — 196
§ II. — Jaugeage d'une source, d'un ruisseau...................... — 199
§ III. — Jaugeage des cours d'eau.......... — 201
Cas du mouvement uniforme....... — 201
Levé de la section transversale..... — 202

§ III. — Instruments de jaugeage........... — 204
Tiges lestées ou flotteurs plongeants. — 208
Moulinet de Woltmann............. — 209
Perfectionnement de M. Baumgarten. — 212
Moulinet de M. Harlacher.......... — 213
Moulinet Bréguet................. — 218
Moulinet de M. Ritter............. — 219
Tachomètre de Brünings........... — 227
Tube de Pitot................... — 228
Modifications de MM. Darcy et Baumgarten..................... — 230
Tube jaugeur de M. Ritter......... — 233
Tachymètre de surface de M. Ritter... — 237
Hydro-dynamomètre de M. de Perrodil — 242
Pendule hydrométrique............ — 243
Tarage des instruments de jaugeage. — 244
Méthodes de calcul des débits....... — 249
Jaugeage d'un cours d'eau. — Croquis-type..................... — 254
Tableau-type A.................. — 255
Tableau-type B.................. — 256
Tableau-type C.................. — 257
Jaugeage d'un cours d'eau. — Croquis-type..................... — 258
Tableau-type D.................. — 259
Jaugeage du volume d'une nappe d'eau..................... — 260
Considérations générales sur les différentes méthodes employées pour le jaugeage des eaux courantes...... — 261


## TROISIÈME PARTIE. — ÉLÉVATION DES EAUX


CHAPITRE PREMIER

*Des machines élévatoires*

§ I. — Machines simples à faible action.... — 264
a. — Les écopes................. — 264
b. — Les seaux................. — 265
c. — Les chapelets.............. — 268
d. — Les norias................ — 269
e. — Les vis................... — 272
f. — Les roues élévatoires....... — 274
g. — Les pompes à chapelets..... — 279
Pompe Murray.............. — 279
Pompe Gwynne............. — 280
§ II. — Machines à pression atmosphérique. — Les pompes................. — 281
I. — Pompes à piston à mouvement alternatif................. — 281
Pompe Delpech............. — 286
Pompe Schavaber........... — 286
Pompe Noël............... — 286
Pompes Champonnois........ — 287
Pompes Letestu............. — 288
II. — Pompes oscillantes........... — 290
III. — Pompes rotatives à un axe.... — 291
§ III. — Appareils à hélice et à force centrifuge — 292
Hydrovores................. — 292
Pompe Appold............... — 293
Pompe Gwynne.............. — 295
Pompe Neut et Dumont......... — 296
Pompe Coignard.............. — 297

§ III. — Pompe Maginot ............... — 297
Pompe Le Demours.............. — 297
§ IV. — Machines à action directe...........
Roues à seaux et à godets.......... — 300
Bélier hydraulique............... — 301
Bélier hydraulique de M. Bolée..... — 302
Appareil Caligny................ — 305
Pulsomètre..................... — 305
Pulsomètre de Ritter............. — 305
§ V. — Considérations sur les conditions de bon fonctionnement des machines élévatoires...................
Causes de pertes. — Leur importance — 307
a. — Remplissage ou amorçage... — 308
b — Clapets de retenue.......... — 310
c. — Disposition de paniers-lanternes ou cloches d'aspiration. — 310
d — Captage de la source. — Disposition du puits ou puisard.. — 311
e. — Disposition de la conduite d'aspiration............... — 311
f. — Construction des réservoirs d'air sur tuyaux horizontaux ou verticaux............. — 313
g. — Disposition des soupapes ou des clapets. — Vitesse et course du piston.......... — 316
h. — Le frottement du piston; les garnitures diverses intérieures et extérieures..... — 320

Pages

*i.* — Le frottement de l'eau dans les conduites et l'influence du réservoir d'air.......... 320
*j.* — Le déchet de la pompe (rendement en eau)............ 321
*k.* — Rendement en travail....... 321

### CHAPITRE II
*Des moteurs.*

§ I. — Les moteurs animés.............. 322
§ II. — Le vent...................... 325
    Moulins en Hollande.............. 326
    Moulins en France............... 328
    Moulins en Amérique............. 331
§ III. — L'eau...................... 332
    Choix des moteurs hydrauliques.... 333
    Roues pendantes................. 334
    Roues en dessous................ 334
    Roue Poncelet................... 335
    Roues de côté................... 336
    Roues en dessus................. 339
    Les turbines.................... 339
    Turbine Fontaine................ 342
    Turbine Jonval.................. 345
    Turbine Koechlin................ 345
    Turbine Fourneyron.............. 346
    Turbine Thomas.................. 349
    Turbines Girard................. 349
§ IV. — La vapeur.................... 352
    Choix du moteur................. 352

### CHAPITRE III
*Installations diverses et usines élévatoires*

§ I. — Force nécessaire............... 357
    Installations avec moteurs hydrauliques..................... 358
    *a.* — Applications des pompes centrifuges...................
      Usine de Dombrot-sur-Vair.. 358
    *b.* — Applications des pompes spirales....................
      Usine élévatoire de Mousquety 359

§ I. — *c.* — Applications des pompes aspirantes et foulantes.......
    Usine élévatoire des Crémades 360
    Usine hydraulique de St-Maur 362
    — — de Tours. 362
    — — de Toulouse................... 362
    Usine élévatoire de la Forge à Theil, près Sens.......... 362
    Machine hydraulique de la ville de Genève............ 363
    Usine hydraulique de Marly. 364
    — — près d'Alcolea (Espagne)............ 366
§ II. — Installations avec moteurs à vapeur..
    *a.* — Application des écopes à vapeur ...................... 372
    *b.* — Application des pompes rotatives.................... 372
    *c.* — Application des pompes centrifuges à vapeur........... 373
    Usine hydraulique de Demerera ..................... 373
    Usine hydraulique de l'Armellière..................... 375
    *d.* — Application des pompes ordinaires...................
    Élévation d'eau du lac de Harlem ................... 376
    Pompe de la machine de Chaillot.................. 378
    Machine hydraulique à vapeur de Chartres............... 378
    Usine élévatoire de Créteil.. 379
    — — d'Angers... 379
    — — de Maisons-Laffitte................... 381
    Usine élévatoire de la ville d'Angoulême ............. 382
    Usine élévatoire de Katatbeh. 382
    — — de Bercy.... 387

## QUATRIÈME PARTIE. — DISTRIBUTION DES EAUX

### CHAPITRE PREMIER
*Filtration des eaux.*

Des divers moyens employés pour la clarification des eaux......................... 392
§ I. — Filtration naturelle.............. 394
    Filtration des eaux à Toulouse...... 394
    — — à Angers........ 394
    — — à Lyon.......... 394
    — — du Rhône pour l'alimentation de la ville de Nîmes. 397
§ II. — Filtration artificielle..............
    — des eaux à Londres...... 401
    — — à Berlin........ 404
    — — à Marseille, à Dunkerque, etc................... 404
    — des eaux à Glascow...... 405
    — des — stagnantes....... 405

§ II. — Divers systèmes de filtration artificielle. 406
    *a.* — Système Fonvielle........... 406
    *b.* — Procédé Clark.............. 406
    *c.* — Emploi de la laine tontisse... 407
    Prix de revient................. 407

### CHAPITRE II
*Réservoirs de distribution.*

§ I. — Réservoirs d'approvisionnement.....
    Considérations générales.......... 408
    Réservoir sur le Rio-Lozoya (Espagne). 409
    — du gouffre d'Enfer, sur le Furens (Loire)................ 410
    Barrage du Pas-de-Riot, sur le Furens (Loire)................... 411
    Réservoir du lac d'Orédon......... 413

| | Pages |
|---|---|
| § II. — Réservoirs d'emmagasinement | 415 |
| a. — Réservoirs en tôle | 416 |
| Premier exemple. — Réservoir en tôle circulaire à fond plat | 417 |
| Deuxième exemple. — Réservoir en tôle à fond circulaire | 417 |
| b. — Réservoirs en maçonnerie | 420 |
| Réservoir d'Orléans | 421 |
| — d'Amiens | 4.4 |
| — du haut service de Lyon | 4.4 |
| — de la porte d'Alais à Nîmes | 424 |
| — de la place du Palais, à Besançon | 425 |
| Réservoir du Mont-Valérien | 427 |
| — de Passy | 427 |
| — De Montsouris | 427 |
| Considérations générales sur l'établissement des réservoirs | 428 |

## CHAPITRE III

*Conduite générale de distribution.*

| | Pages |
|---|---|
| § I. — Des divers modes de prise d'eau | 430 |
| § II. — Détermination du tracé et des diamètres des conduites | 432 |
| 1° Du tracé des conduites | 432 |
| Volumes d'eau nécessaires | 432 |
| 2° Du diamètre des conduites | 433 |
| a. — Conduite simple à débit variable | 434 |
| Calcul des tuyaux d'érogation | 436 |
| b. — Conduites complexes | 438 |
| c. — Application relative au calcul des conduites cylindriques | 440 |
| d. — Limites qu'il convient d'adopter pour le diamètre des conduites | 444 |
| Formule qui sert à régler l'épaisseur des tuyaux | 446 |
| e. — Applications numériques | 446 |

# CINQUIÈME PARTIE

## APPAREILS ET ACCESSOIRES DE LA DISTRIBUTION

### CHAPITRE PREMIER
*De l'exécution des conduites.*

| | Pages |
|---|---|
| § I. — De la prise d'eau | 454 |
| Prise d'eau dans un réservoir | 455 |
| — — sur un aqueduc | 459 |
| — — sur une conduite de distribution | 460 |
| § II. — De la nature des tuyaux | 467 |
| a. — Tuyaux en bois | 467 |
| b. — Tuyaux en poterie | 468 |
| c. — Tuyaux en pierre naturelle et en pierre artificielle | 468 |
| Tuyaux en ciment de la Porte de France | 470 |
| Tuyaux en sidéro-ciment (système Bordenave) | 471 |
| d. — Tuyaux en plomb | 472 |
| e. — Tuyaux en tôle | 474 |
| Tuyaux en tôle et bitume de Chameroy | 474 |
| Tuyaux en tôle plombée et bitumée du système Clausel | 476 |
| f. — Tuyaux en fonte | 476 |
| 1° Tuyaux à emboîtement et cordon | 476 |
| 2° Tuyaux à brides | 478 |
| Tuyaux des usines de Commentry et Fourchambault | 483 |
| Tuyaux à emboîtement sphérique du système Doré | 484 |
| 3° Tuyaux à garniture de joints en caoutchouc | 489 |
| § III. — Conditions de réception et essai des tuyaux | 491 |
| a. — De la résistance des tuyaux | 491 |
| b. — Détermination de l'épaisseur des tuyaux | 493 |
| c. Visite et essai des tuyaux de fonte | 493 |
| Machines à essayer les tuyaux | 494 |
| § IV. — Moyens de conservation des conduites. Considérations sur l'influence de la qualité des eaux dans l'établissement des conduites | 497 |

| | Pages |
|---|---|
| § IV. — Moyens de préserver les tuyaux de fonte de l'oxydation | 498 |
| Curage des conduites | 499 |
| § V. — Pose des conduites | 500 |

### CHAPITRE II
*Organes accessoires de la canalisation.*

| | Pages |
|---|---|
| a. — Robinets d'évent-ventouses | 504 |
| b. — Robinets | 506 |
| Robinets d'arrêts | 506 |
| Robinets-vannes | 508 |
| Robinets à double vanne | 514 |
| Pose des robinets | 514 |

### CHAPITRE III
*Dégorgement*

| | Pages |
|---|---|
| § I. — Appareils d'écoulement pour le service des voies publiques | 518 |
| Bornes-fontaines | 522 |
| a. — Bornes-fontaines à l'abri de la gelée | 523 |
| b. — Bornes-fontaines à débit variable | 524 |
| c. — Bornes-fontaines ordinaires | 526 |
| d. — Poteaux d'arrosage et fontaines à boire | 527 |
| Divers types de bornes-fontaines | 531 |
| Bornes-fontaines évitant le coup de bélier | 531 |
| Bornes-fontaines filtrantes | 532 |
| — — jaugée | 533 |
| Bouche de lavage | 534 |
| Bouches d'incendie | 534 |
| § II. — Distribution dans les maisons des particuliers | |
| a. — Conduite de distribution intérieure | 537 |
| Canalisation | 538 |
| b. — Robinetterie et orifices d'écoulement | 539 |

Pages

Robinet à repoussoir Chameroy .... 540
Robinet de M. Sinson Saint-Albin.. 541
Robinet se fermant seul de la Cie Glenfield.......... 543
Divers robinets de puisage....... 544
Divers robin ts d'arrêt.......... 545
Nourrices et autres appareils spéciaux 545
§ III. — Filtrage et épuration des eaux......
L'eau potable à domicile.......... 547
Filtration de l'eau dans les maisons particulières.......... 548
a. — Filtre Carré.......... 549
b. — Filtres Bourgoise.......... 553
c. — Filtres Chamberland (système Pasteur).......... 553
d. — Filtre Maignen.......... 556
e. — L'aérifiltre Mallié.......... 556
f. — Filtre Varral-Brisse.......... 558
Filtration et épuration de l'eau au point de vue industriel.......... 559
1° Filtrage David et Mauceau....... 560
2° Appareil du système Paul Gaillet. 562
§ IV. — Vente de l'eau à domicile..........
Des divers modes de distribution de l'eau.......... 563
a. — Distribution discontinue.... 563
b. — Distribution continue....... 563

§ IV. — Des divers modes de concession de l'eau aux particuliers.......... 566
Des différents systèmes de compteurs d'eau.......... 568
A. — Compteurs sans pression.... 568
B. — Compteurs sous pression.... 569
a. — Compteurs à mouvement rotatif.......... 570
Compteur Siemens.......... 570
Compteur Faller.......... 570
Compteur à turbine (système Michel).......... 573
b. — Compteurs à compartiments extensibles.......... 575
c. — Compteurs à piston.......... 575
Compteur Hirt.......... 576
Compteur Samain .......... 577
Compteur de M. Roux....... 578
Compteur Frager.......... 578
Compteur Kennedy.......... 582
Compteur Kern (système Kennedy).......... 583
Indicateur d'eau, avertisseur des fuites 588
Avertisseur de rupture de tuyaux de conduite.......... 590
Règlement sur les abonnements dans la ville de Paris.......... 591


## SIXIÈME PARTIE. — ASSAINISSEMENT

### CHAPITRE PREMIER

*Assainissement à la surface du sol des voies publiques*


Assainissement à la surface du sol des voies publiques.......... 595


### CHAPITRE II

*Assainissement des habitations*


§ I. — Dispositions générales.......... 597
Règlement pour l'écoulement direct des eaux vannes dans les égouts publics.......... 599
§ II. — Détail des appareils sanitaires......
Siphons et tuyaux de conduite...... 602
Boîtes d'aérage.......... 604

§ II. — Appareil automatique de chasse d'eau 605
Appareils à chasse d'eau discontinue 608


### CHAPITRE III

*Du réseau des égouts*


§ I. — Choix des divers types à adopter pour les égouts et calcul de la pente à donner à chacun d'eux.......... 609
§ II. — Construction des égouts.......... 611
Branchement d'égouts.......... 613
Système Waring et Sones.......... 615
§ III. — Service des égouts.......... 617
§ IV. — Utilisation des égouts.......... 619


## SEPTIÈME PARTIE

### RENSEIGNEMENTS PRATIQUES ET APPLICATIONS

### CHAPITRE PREMIER

*Examen des travaux modernes exécutés pour l'adduction des eaux de sources.*


Dérivation des eaux de source à Bordeaux .... 620
Dérivation des eaux de source à Montpellier... 621
Distribution des eaux de source à Lille....... 621
Service des eaux de la ville de Nîmes........ 622
Exposé du système suivi par la ville de Paris pour la distribution des eaux et l'assainissement de la capitale.......... 626
Canaux.......... 627
Pompes à feu.......... 628
Usines hydrauliques.......... 629

Adduction et distribution des eaux de source.. 630
Dérivation de la Dhuis.......... 631
Dérivation de la Vanne.......... 631
Système des conduites de distribution.......... 632
Construction des conduites.......... 633
Canalisations secondaires.......... 633
Système des égouts.......... 634


### CHAPITRE II

*Renseignements divers*


§ I. — Type de règlement concernant les concessions d'eau d'une ville..... 635
Type d'instructions pour les abonnés à la distribution d'eau d'une ville. 638

|  |  | Pages |
|---|---|---|
| § II. — | Projet de distribution d'eau pour une ville industrielle |  |
|  | Programme | 639 |
|  | Évaluation du volume total d'eau à fournir journellement | 639 |
|  | Volume maximum dépensé par seconde | 640 |
|  | Calcul des divers éléments de la distribution | 640 |
| a. — | Réservoirs | 641 |
|  | Bassin d'arrivée d'eau de source au réservoir | 642 |
|  | Tuyauterie. — Robinetterie. | 643 |

|  |  | Pages |
|---|---|---|
| b. — | Distribution | 643 |
|  | Récapitulation des dépenses par groupe et par seconde | 647 |
|  | Conduites principales | 650 |
|  | Tables de Mary | 652 |
|  | Tables de Darcy | 659 |

APPENDICE

Tableau n° 1. — Mouvement uniforme de l'eau dans les canaux découverts (Bazin).

Tableau n° 2. — Écoulement dans les tuyaux neufs à parois lisses (Darcy).

## TABLES ET GRAPHIQUES CONTENUS DANS CET OUVRAGE

Table des vitesses théoriques $v = \sqrt{2gh}$ correspondant à différentes hauteurs de chute............ 19

### MOUVEMENT DE L'EAU DANS LES CANAUX

Table donnant les valeurs correspondantes de la fonction $aU + bU^2$ pour des valeurs de U, de centimètre en centimètre depuis 0,01 jusqu'à 3 mètres. Ces valeurs calculées avec les coefficients d'Eytelwein de Prony et de Saint-Venant............ 106

Table des valeurs du coefficient M. — Formules de M. Bazin — $RI = MU^2$............ 111

Table pour aider au calcul du rayon moyen d'un canal de section trapézoïdale et de l'aire de cette section............ 114

Table de de Prony pour le calcul de la vitesse moyenne des cours d'eau............ 251

$$\text{Formule}\quad \frac{U}{V} = \frac{V + 2,37}{V + 3,15}$$

Table de M. Bazin donnant les valeurs du rapport $\frac{U}{v}$ des vitesses moyennes et maxima correspondantes aux valeurs de $\frac{RI}{U^2}$ comprises entre 0,00015 et 0,003 pour des valeurs comprises entre $0^m01$ et 6 mètres............ 250

### MOUVEMENT DE L'EAU DANS LES TUYAUX

Table de Prony (formule $au + bu^2 = \frac{1}{4} DJ$............ 166

Table de Mary, établissant les relations entre les volumes écoulés, la charge par mètre linéaire et la vitesse............ 652

Table de M. Fourneyron............ 170

Table de Darcy donnant les valeurs $b_1$ et $\alpha$ pour les tuyaux neufs $\left(\text{Formules } RJ = b_1 u^2 \text{ et } \alpha = \frac{Q^2}{J}\right)$ 172

Table de Darcy établissant les relations entre les diamètres, les sections, le débit Q et la perte de charge par 100 mètres............ 659

Table pour le calcul des conduites d'eau d'après la théorie de M Maurice Lévy............ 176

Tableaux graphiques pour servir à la comparaison des vitesses obtenues par les formules de Darcy et celles de M. Maurice Lévy............ 180

Table de M. Henri Vallot............ 184

Tables de M. Bresse............ 676

### APPENDICE

Tableau n° 1. — Mouvement uniforme de l'eau dans les canaux découverts (Bazin).

— n° 2. — Écoulement dans les tuyaux neufs à parois lisses (Darcy).

Tours. — Imp. DESLIS Frères, rue Gambetta, 6